Mit digitalen Extras: exklusiv für Buchkäuferinnen und Buchkäufer!

Ihre digitalen Extras zum Download:

- Checklisten
- (Selbst-)Tests
- weiterführende Literaturhinweise
- viele zusätzliche Arbeitsmaterialien

Den Link sowie Ihren Zugangscode finden Sie am Buchende.

Praxishandbuch Betriebliches Gesundheitsmanagement

Martin Lange/David Matusiewicz/Oliver Walle (Hrsg.)

Praxishandbuch Betriebliches Gesundheitsmanagement

Grundlagen – Standards – Trends

1. Auflage

Haufe Group
Freiburg · München · Stuttgart

Bibliografische Information der Deutschen Nationalbibliothek

Die Deutsche Nationalbibliothek verzeichnet diese Publikation in der Deutschen Nationalbibliografie; detaillierte bibliografische Daten sind im Internet über http://dnb.dnb.de/ abrufbar.

Print:	ISBN 978-3-648-15880-7	Bestell-Nr. 14156-0001
ePub:	ISBN 978-3-648-15881-4	Bestell-Nr. 14156-0100
ePDF:	ISBN 978-3-648-15882-1	Bestell-Nr. 14156-0150

Martin Lange/David Matusiewicz/Oliver Walle (Hrsg.)
Praxishandbuch Betriebliches Gesundheitsmanagement
1. Auflage, Juni 2022

www.haufe.de
info@haufe.de

Bildnachweis (Cover): © Funtap, Adobe Stock

Produktmanagement: Dr. Bernhard Landkammer
Lektorat: Helmut Haunreiter, Marktl am Inn

Inhaltsverzeichnis

Vorwort

Das vorliegende Praxishandbuch »Betriebliches Gesundheitsmanagement« knüpft an aktuelle Entwicklungen wie die Alterung der Belegschaften, den Fachkräftemangel und die steigenden mentalen Anforderungen an die Mitarbeitenden an. Digitale Kompetenzen, individuelle Gesundheitskompetenzen, personelle Ressourcen und Agilität sind nur einige Aspekte, die es in ein modernes Betriebliches Gesundheitsmanagement zu integrieren gilt. Die Mitarbeitenden können als strategische Unternehmensressource angesehen werden, deren Gesundheit und Leistungsfähigkeit im Vordergrund steht. Das Personalmanagement im Allgemeinen und das Betriebliche Gesundheitsmanagement im Besonderen müssen sich somit äußeren und unternehmensinternen Druckpotenzialen stellen und diese meistern. Es ist daher wichtig, zunächst wissenschaftliche Grundlagenthemen zu kennen, um anschließend einen Wissenschaftspraxistransfer in Form von Maßnahmen und Best Practices durchzuführen.

Im ersten Abschnitt dieses Buchs wird zunächst ein Kapitel zu gesundheitswissenschaftlichen Grundlagen, das sich mit Gesundheit, Krankheit und Arbeitsfähigkeit beschäftigt, vorgestellt. Im Anschluss daran werden weitere Themen, die eine wesentliche Rolle spielen, erörtert: Gesundheitsverhalten und Gesundheitskompetenz, die Auswirkungen des demografischen Wandels auf das Erwerbspersonenpotenzial, die Morbidität und Arbeitsunfähigkeit. Ein Überblick über die gesetzlichen Grundlagen sowie ein Rahmenmodell für ein modernes Betriebliches Gesundheitsmanagement runden das Kapitel ab.

Der zweite Abschnitt handelt von der Bedarfsbestimmung und Initiierung des Betriebliches Gesundheitsmanagements. Hierbei werden Institutionen und Akteure vorgestellt und Grundlagen zu Organisationsstruktur und -kultur gegeben. In diesem Zusammenhang werden auch die Themenfelder Führung und Kommunikation aufgezeigt, da beide Aspekte wichtige Querschnittsthemen bilden.

Der dritte Abschnitt widmet sich Prozessen des Betrieblichen Gesundheitsmanagements, die sich unter anderem mit Maßnahmen der Betrieblichen Gesundheitsförderung sowie der Personal- und Organisationsentwicklung beschäftigen. Das Betriebliche Eingliederungsmanagement sowie der Arbeits- und Gesundheitsschutz sind ebenfalls wichtige Bestandteile des Abschnitts.

Im darauffolgenden vierten Abschnitt geht es um die Ergebnisse des Betrieblichen Gesundheitsmanagements und deren Evaluation. Neben den Grundlagen der Evaluation und des Assessments werden Verfahren und Methoden der Datenerhebung beschrieben. In diesem Zusammenhang werden auch Kennzahlen und Prozesse vorgestellt sowie deren Auswertung, Bewertung und Präsentation.

Das vorliegende Buch schließt im letzten Abschnitt mit den Zukunftsthemen des Betrieblichen Gesundheitsmanagements, die sich unter anderem mit Agilität, New Work, Homeoffice, Arbeit 4.0, Wertehaltung, Generationsmanagement und Resilienz beschäftigen.

Mit dem Praxishandbuch Betriebliches Gesundheitsmanagement möchten die Herausgeber systematisch, praxisnah und zukunftsweisend die Entwicklungen des Betriebliches Gesundheitsmanagements in einer modernen Arbeitswelt aufzeigen. Thematisch werden dazu Aspekte des klassischen Betrieblichen Gesundheitsmanagements aufgegriffen und mit neuen Denkansätzen einer unbeständigen und komplexen Arbeitswelt verzahnt.

Das Werk gibt gleichermaßen Impulse für Führungskräfte und Mitarbeitende in Unternehmen wie auch für Hochschulmitarbeitende, Studierende in gesundheitsbezogenen Studiengängen, für die Politik, für Unternehmensberatungen und andere Wirtschaftsbranchen.

Wir danken allen Autorinnen und Autoren für die wertvollen Beiträge zu diesem Werk. Unser Dank gilt selbstverständlich auch dem Bundesverband Betriebliches Gesundheitsmanagement (BBGM) für die vertrauensvolle und gute Zusammenarbeit. Wir wünschen allen Leserinnen und Lesern ein informatives Lesevergnügen und eine gewinnbringende Lektüre.

Prof. Dr. Martin Lange
Prof. Dr. David Matusiewicz
Oliver Walle

Geleitwort von Prof. Dr. Bernhard Badura

Arbeit und Gesundheit erfreuen sich erheblicher Popularität – nicht nur in der Wissenschaft, sondern auch in der Politik und in den Verwaltungen, Unternehmen und Dienstleistungsorganisationen. Es geht um den Schutz und die Förderung des wichtigsten Potenzials einer innovationsgetriebenen Gesellschaft: ihrer erwerbstätigen Bürgerinnen und Bürger, ihrer Bildung und ihres Wohlbefindens. Es geht um die Stärkung des allgemeinen Gesundheitsbewusstseins und die Förderung vertrauensvoller Zusammenarbeit als Basis für das Verfolgen sinnvoller Ziele. Gesundheit ist ein biopsychosoziales Potenzial, das seine Energie aus intrinsischer Motivation, sozialer Verbundenheit und sinnvoller Betätigung speist. Schutz und Förderung dieses Potenzials fällt in die Verantwortung der Führung, der betrieblichen Gesundheitsexperten und der Beschäftigten selbst. Auf welchem Weg dies geschehen soll, schreibt das Präventionsgesetz vor: durch die Entwicklung betrieblicher Strukturen, die Erhebung betrieblicher Einflussfaktoren und durch entsprechende Rahmenbedingungen und Qualifikationen; unter Beteiligung der Betroffenen und der Berücksichtigung wissenschaftlicher Evidenz.

Wo in Deutschland besonderer Bedarf besteht, findet sich in den Routinedaten der GKV, aber auch der Rentenversicherung, mit ihren Angaben zur krankheitsbedingten Arbeitsunfähigkeit und zur krankheitsbedingten Frühverrentung: im Schutz und in der Förderung insbesondere der psychischen Gesundheit. Mit dem Strukturwandel der Wirtschaft in Richtung Kopfarbeit wird die psychische Gesundheit, neben angemessener Qualifikation, zur wichtigsten Voraussetzung für die flexible Bewältigung der Herausforderungen einer sich immer schneller entwickelnden Weltwirtschaft.

Das BGM in Deutschland wurde in Anlehnung an das Total Quality Management (TQM) entwickelt. Das BGM teilt mit dem TQM das Ziel der Förderung von Lernprozessen und Motivation der Beschäftigten und speziell im BGM: ihrer Bindung, ihrer Gesundheit sowie der **Qualität ihrer horizontalen und vertikalen Zusammenarbeit**. Wesentliche Grundlagen von TQM und BGM bilden Pionierarbeiten von Deming und Shewhart, insbesondere die von ihnen vorgeschlagene Methodik des PDCA-Zyklus, die wir an der Universität Bielefeld für das BGM wie folgt weiterentwickelt haben:

1. ohne **datengestützte Organisationsdiagnose** keine bedarfsgerechte Ableitung von Prioritäten und Maßnahmen;
2. ohne konkrete **Zieldefinition** bis hin zur Auswahl quantifizierbarer Zielparameter (Kennzahlen) keine zwingend gebotene Sicherung der Ergebnisse;
3. ohne **Ergebnissicherung** keine Lernprozesse im BGM;
4. ohne Lernprozesse keine **kontinuierliche Verbesserung** seiner Bedarfsgerechtigkeit, Wirksamkeit und Effizienz (Badura, Steinke 2019).

Üblicherweise werden im BGM zwei Schwerpunkte gesundheitsförderlicher Interventionen unterschieden: »Verhältnisbezogene« und »verhaltensbezogene« Maßnahmen/Projekte. Mittlerweile dürfte aber klargeworden sein, dass zwischen beiden erhebliche Wechselwirkungen bestehen können und sie daher sinnvollerweise gemeinsam als interventionsrelevant erachtet werden sollten, **abhängig von dem in der Diagnostik festgestellten Bedarf!**

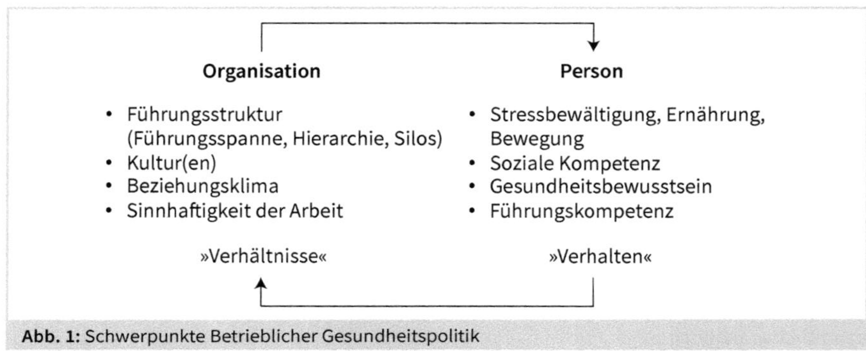

Abb. 1: Schwerpunkte Betrieblicher Gesundheitspolitik

Teil 1: Gesundheitswissenschaftliche Grundlagen

1 Theoretische Rahmenkonzepte im Kontext Gesundheit und Krankheit

Anja Liebrich

In diesem Kapitel geht es um das Verständnis der für dieses Buch zentralen Begriffe Gesundheit, Krankheit und Arbeitsfähigkeit. Ein kurzer Einblick in die Konzepte der Salutogenese und des finnischen Arbeitsfähigkeitskonzeptes verdeutlichen die Kerngedanken eines Betrieblichen Gesundheitsmanagements.

1.1 Vorbemerkung

kein einheitliches Begriffsverständnis

Im Mittelpunkt des Betrieblichen Gesundheitsmanagements steht die Unterstützung und systematische Förderung der Gesundheit und Arbeitsfähigkeit von Mitarbeiterinnen und Mitarbeitern. Diese sollen so lange und gesund wie möglich, bestenfalls mit Freude und Motivation die Tätigkeiten, die ihre Arbeit mit sich bringt, ausführen können. Dies scheint unumstritten. Allerdings existiert bis heute keine allgemein verbindliche Definition des Begriffs »Gesundheit« und so zeigt es sich, dass das Verständnis von »Gesundheit«, »Krankheit« und »Arbeitsfähigkeit« recht unterschiedlich sein kann. Vor allem in der Praxis sind diese Begriffe nicht klar umrissen. Häufig werden Fehlzeiten als Indikator für fehlende Gesundheit interpretiert und als Kennzahl zur Steuerung genutzt. Weitere Ansatzpunkte und hilfreiche Steuerungsgrößen, vor allem im Hinblick auf ein positives Verständnis des Begriffs Gesundheit, sind wenig verbreitet und bleiben eher diffus. Dies führt zu unterschiedlichen Interpretationen, aus denen unterschiedliche Ansatzpunkte, Prozesse und Interventionen im Rahmen des Betrieblichen Gesundheitsmanagements resultieren.

Die Auseinandersetzung mit den unterschiedlichen Konzeptionen lässt es jedoch zu, grundlegende Aspekte herauszuarbeiten, die die Basis für das aktuelle Verständnis von »Gesundheit« und »Krankheit« bilden (vgl. hierzu auch Ulich & Wülser, 2018, S. 33). Diese werden im Folgenden näher betrachtet.

1.2 Gesundheit und Krankheit – ein kurzer Blick auf sich wandelnde Konzepte

Gesundheitskonzeptionen unterliegen normativen Vorstellungen

Der im Mittelpunkt dieses Bandes stehenden Begriffe der Gesundheit – und damit auch des scheinbaren Gegenpols »Krankheit« – ist vielschichtig. Auch wenn beides meist als »zum Leben dazugehörend« verstanden wird, zeigen sich Unterschiede im Verständnis. Dies drückt sich in Meinungen und Überzeugungen darüber aus, was nun genau »gesund bzw. krank sein« bedeutet, wann es möglich ist, tägliche Dinge zu verrichten, wann man arbeitsfähig ist und wann das Bett gehütet werden muss. Es sind die Ergebnisse von gesellschaftlichen Diskursen, medizinischem Wissen, politischen Positionen, sozialen Strukturen und ökonomischen Bedingungen, die sich in diesen normativen Vorstellungen manifestieren, die sie prägen und beeinflussen (Klotter, 1999).

Um die unterschiedlichen Sichtweisen und Ansatzpunkte im betrieblichen Geschehen besser zu verstehen, ist ein kurzer Blick in unterschiedliche Ansätze der Gesundheitskonzeption hilfreich. Denn aus den unterschiedlichen Blickrichtungen von Gesundheit und Krankheit resultieren unterschiedliche Ansatzpunkte für Prävention und Gesundheitsförderung in der Praxis (Klotter, 1999). Diese wiederum führen zu unterschiedlichen Herangehensweisen und Implementierungen von Betrieblichen Gesundheitsmanagementsystemen und stellen Wissenschaft und Praxis vor verschiedene Herausforderungen.

objektive und subjektive Gesundheitskonzepte

Bei der Diskussion um die individuelle Verfasstheit stellt sich die Frage, nach welchen Kriterien entschieden wird, wie es um den aktuellen Gesundheitszustand bestellt ist. Zum einen sind dies objektive Kriterien wie Mess- und Untersuchungswerte oder die Anzahl bekannter Diagnosen. Zum anderen wirken sich auch individuelle Überzeugungen und persönliche Sichtweisen, sogenannte »subjektive Theorien« oder »Laienkonzepte«, auf den Umgang mit der eigenen Verfasstheit aus. Sie beeinflussen die Entscheidungen, ob zur Arbeit gegangen wird oder ein Arztbesuch nötig ist, ob der Kurs zur Wirbelsäulengymnastik regelmäßig besucht oder die Hebehilfen verwendet werden. So ist es auch nicht verwunderlich, dass die Berücksichtigung dieser individuellen Laienkonzepte vor allem im Rahmen des Betrieblichen Gesundheitsmanagements von großer Bedeutung ist. Denn es zeigen sich positive Effekte auf die Umsetzung und Akzeptanz, wenn Angebote und Maßnahmen auf Überzeugungen und die Lebensumstände von Mitarbeiterinnen und Mitarbeitern ausgerichtet sind (Greiner, 1998). Neuere Gesundheitsmodelle beziehen objektive und subjektive Indikatoren (Ulich & Wülser, 1999) ein, um durch diese Kombination die Vorteile beider Sichtweisen zu nutzen.

Dieser Gedanke findet sich auch im Konzept des subjektiven Wohlbefindens bzw. »Well-Beeings«, das immer mehr Berücksichtigung erfährt – auch in der betrieblichen Praxis. Die Weltgesundheitsorganisation stellte ihn bereits 1946 ins Zentrum ihrer Gesundheitskonzeption: »Gesundheit ist ein Zustand vollkommenen körperlichen, psychischen und sozialen Wohlbefindens und nicht allein das Fehlen von Krankheit und Gebrechen« (WHO, 1946, S. 1). Diese weit verbreitete und häufig zitierte Definition wird nicht unkritisch und zweitweise auch als utopisch angesehen, trotzdem verdeutlicht sie einen der wichtigsten Ansatzpunkte betrieblicher Arbeit. Denn sie schließt die Lebensqualität in physischer, psychischer und sozialer Hinsicht mit ein.

Wie bedeutend diese Dimensionen sind, zeigt sich beispielsweise bei der Betrachtung unterschiedlicher Krankheitsbilder. Personen mit neurologischen Krankheitsbildern berichten nur in geringem Ausmaß über Schmerzen, sind aber sozial und psychisch in hohem Maße beeinträchtigt. Personen mit einer psychischen Erkrankung können starke Einschränkungen bei Vitalität und psychischer Funktionalität zeigen, aber in guter körperlicher Verfassung sein (Güthlin et al. 2020).

biopsychosoziale Modell im Mittelpunkt

Um das Ausmaß von gesundheitlichen Einschränkungen möglichst exakt zu erfassen, entwickelte die WHO die »Internationale Klassifikation der Funktionsfähigkeit, Behinderung und Gesundheit« (ICF) (DIMDI, 2005). Auch hier dient als Grundlage das biopsychosoziale Modell. Demgemäß ist jedes Gesundheitsproblem die Folge einer Wechselwirkung psychischer, physischer und sozialer Komponenten (vgl. Abb. 1).

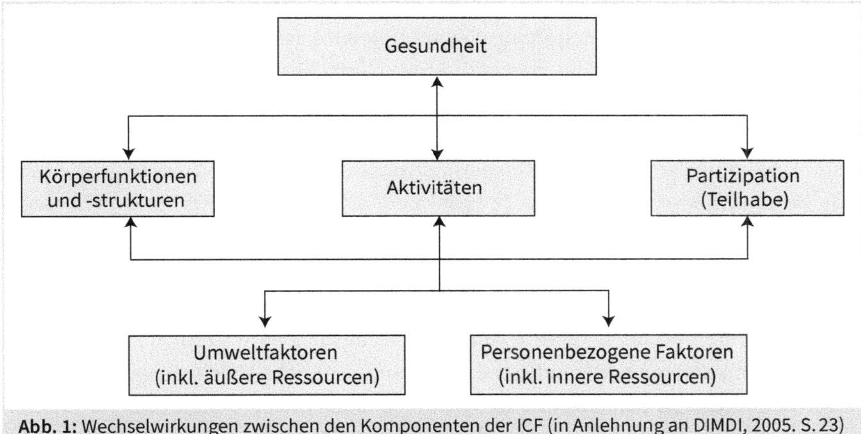

Abb. 1: Wechselwirkungen zwischen den Komponenten der ICF (in Anlehnung an DIMDI, 2005. S. 23)

Die gesundheitliche Verfasstheit eines Menschen wird als eine Wechselwirkung zwischen Gesundheit und Kontextfaktoren verstanden.

Kontextfaktoren beachten

Vor allem in Bezug auf das Betriebliche Gesundheitsmanagement ist die Betrachtung der Kontextfaktoren wichtig, denn sie umfassen den gesamten Lebenshintergrund von Menschen und somit auch die Auswirkungen der Arbeitssituation auf die Gesundheit. Die Gestaltung der Verhältnisse, also von menschen- und gesundheitsgerechten Arbeitsbedingungen, ist dabei genauso von Bedeutung wie die Unterstützung der Verhaltensweisen einzelner Personen durch die Betriebliche Gesundheitsförderung.

Gesundheit »geschieht nicht einfach so«. Sie wird positiv wie negativ beeinflusst.

Gestaltung von Lebens- und Arbeitssituationen ist bedeutend

Dem Aufbau und der Aufrechterhaltung der Gesundheit sowie der Gestaltung der Lebens- und Arbeitsumstände, die einen großen Einfluss besitzen, kommt eine aktive Rolle zu. Dies betont u. a. auch die sogenannte »Ottawa-Charta« (WHO, 1986). In ihr wird die zentrale Bedeutung der Gesundheitsförderung formuliert. Mit einem systematischen und ganzheitlichen Betrieblichen Gesundheitsmanagement wird diese Rolle in Unternehmen und Behörden wahrgenommen.

1.3 Das Konzept der Salutogenese

Großen Einfluss auf die aktuelle Gesundheitsforschung und -praxis besitzt nach wie vor das Salutogenesekonzept von Aaron Antonovsky (1979). In dessen Mittelpunkt steht die Frage nach der Entstehung von Gesundheit und damit nach Einflussfaktoren und Prozessen, die sie positiv beeinflussen, erhalten und fördern. Um das neue an dieser Sichtweise zu verdeutlichen, prägte Antonovsky einen neuen Begriff, der dem der Pathogenese, die die Entstehung von Krankheit fokussiert, entgegensteht: die Salutogenese – ein Kompositum, das aus Genesis (griechisch für Ursprung) und Saluto (lateinisch für Gesundheit) konzipiert ist (Antonovsky,1979).

Gesundheits-Krankheits-Kontinuum

Grundlage ist ein Verständnis der Gesundheit, das die Vorstellung in sich birgt, dass sich jede Person zu einem gegebenen Zeitpunkt auf einer bestimmten Position in einem Gesundheits-Krankheits-Kontinuum befindet (Antonovsky, 1996). In jedem Menschen können gleichzeitig gesunde und ungesunde Komponenten wirken. Gesundheit ist relativer zu verstehen als das bereits vorgestellte Konzept der WHO (Lindström & Erikson, 2019) und sie ist somit kein absolutes und idealistisches Konzept, da dies nicht die realen Gegebenheiten widerspiegle. Es existieren vielmehr gleichzeitige positive wie negative Einflüsse, die auch gleichzeitig wirken. So beschreibt Antonovsky die Aufteilung auf diesem Kontinuum als »facettenreiche Seinsweise oder Beschaffenheit des menschlichen Organismus« (Antonovsky, 1987, S. 64).

Zentral für das Verständnis des salutogenetischen Ansatzes sind die Konzepte der Generellen Widerstandsressourcen und das der Kohärenz, in der Antonovsky die Ursprünge der Gesundheit sieht (Antonovsky,1979).

generelle Widerstandsressourcen und Kohärenzsinn sind von zentraler Bedeutung

Widerstandsressourcen unterstützen Personen dabei, generell krankmachende Einflüsse zu bewältigen, ohne selbst zu erkranken. Diese können in der Person selbst vorhanden sein (innere Ressourcen, z. B. Entspannung, Introspektionsfähigkeit) oder sich aus externen Quellen speisen (externe Ressourcen, z. B. materielle Ressourcen oder soziale Unterstützung). Grundvoraussetzung für die Entwicklung eines starken Kohärenzgefühls sind eine sinnvolle Tätigkeit, die Auseinandersetzung mit existenziellen Fragen, Kontakt mit den eigenen Emotionen sowie soziale Beziehungen (Lindström & Erikson, 2019). Wichtig dabei ist, dass diese auch in der entsprechenden Weise zur Förderung der Gesundheit aktiviert werden können.

Definition: Kohärenzgefühl

!

Das Kohärenzgefühl »ist eine globale Orientierung, die ausdrückt, in welchem Ausmaß man ein durchdringendes, andauerndes und dennoch dynamisches Gefühl des Vertrauens hat, dass

1. die Stimuli, die sich im Laufe des Lebens aus der inneren und äußeren Umgebung ergeben, strukturiert, vorhersagbar und erklärbar sind;
2. einem die Ressourcen zur Verfügung stehen, um den Anforderungen, die diese Stimuli stellen, zu begegnen;
3. diese Anforderungen Herausforderungen sind, die Anstrengung und Engagement lohnen.«

(Antonovsky, 1997, S. 36, übersetzt von A. Franke).

Dementsprechend umfasst das Kohärenzgefühl die drei Dimensionen Verstehbarkeit, Handhabbarkeit und Sinnhaftigkeit. Alle drei Dimensionen sind eng miteinander verknüpft und beeinflussen sich gegenseitig.

Interventionen können Kohärenzgefühl positiv beeinflussen

Die Empirie zeigt, dass der Kohärenzsinn einer Person relativ konstant ist und auch nach Stresserfahrungen seine Stabilität wiedergewinnt. Trotz dieser Konstanz zeigen sich einige Entwicklungstendenzen und -möglichkeiten. So wird er beispielsweise mit zunehmendem Alter noch stärker. Zudem weisen neuere Studien darauf hin, dass sich Interventionen positiv auf seine Entwicklung auswirken können (Lindström & Erikson, 2019). Dies ist von besonderer Bedeutung für die Ansätze des Betrieblichen Gesundheitsmanagement, da damit die Möglichkeit besteht, Mitarbeiterinnen und Mitarbeiter zu stärken. Vor allem im Hinblick auf die Dimensionen Verstehbarkeit, Handhabbarkeit und Sinnhaftigkeit lassen sich viele Ansatzpunkte für Maßnahmen eines ganzheitlichen Gesundheitsmanagements ableiten.

1.4 Das finnische Arbeitsfähigkeitskonzept

Ein Konzept, das das prozesshafte Verständnis von Gesundheit im Kontext von Handlungs- und Arbeitsfähigkeit in den Mittelpunkt stellt, ist das finnische Arbeitsfähigkeitskonzept. Dieses wird im Folgenden kurz skizziert.

Arbeitsfähigkeit bzw. Arbeitsbewältigungsfähigkeit (je nach Übersetzung des Begriffs »Work Ability«) ist, neben dem eben vorgestellten Salutogenesekonzepts, ein weiteres bedeutendes und zielführendes Konzept für das Betriebliche Gesundheitsmanagement. Das heutige arbeitswissenschaftliche Verständnis wurde von den seit den 1980er Jahren existierenden Forschungsarbeiten des Finnischen Instituts für Arbeitsmedizin (FIOH) geprägt.

! **Definition Arbeitsfähigkeit**

Arbeitsfähigkeit bezeichnet »die Summe von Faktoren [...], die eine Person in einer bestimmten beruflichen Situation in die Lage versetzen, gestellte Aufgaben erfolgreich zu bewältigen« (Ilmarinen & Tempel 2002, S. 166).

Oft wird in der betrieblichen Praxis »Arbeitsfähigkeit« mit Gesundheit oder aber auch mit der Leistungsfähigkeit von Mitarbeiterinnen und Mitarbeiter gleichgesetzt. Doch beides ist falsch und geht an der Bedeutung des Begriffs vorbei. Vielmehr handelt es sich um ein »Verhältnismaß«, das ausdrückt, inwieweit die Anforderungen aus der Arbeit mit den Voraussetzungen der ausführenden Person in Einklang sind. Eng verbunden mit diesem Konzept ist der Work-Ability-Index (WAI), ein validierter Fragebogen, der dieses Verhältnis durch eine Kennzahl verdeutlicht.

Arbeitsfähigkeit ≠ Gesundheit

Aufbauend auf dem Arbeitsfähigkeitskonzept und dem WAI wurden weitere Instrumente entwickelt, die die Gestaltung der Balance zwischen den Anforderungen der Arbeitstätigkeit und dem Können, Wollen und Dürfen von Mitarbeitenden zum Ziel haben.

Für die Entwicklung und Implementierung wird in diesem Kontext das sogenannte »Haus der Arbeitsfähigkeit« als Orientierungsrahmen genutzt (vgl. Abbildung 2).

In diesem Ordnungsgebäude finden sich die wesentlichen Handlungsfelder, die beim Wiederherstellen, Verbessern, Unterstützen oder Erhalten der Arbeitsfähigkeit zu berücksichtigen sind.

Es besteht aus vier Handlungsfeldern, die im Modell häufig analog zur Vorstellung eines Hauses auch »Stockwerke« genannt werden, sowie einem fünften Handlungsfeld, das das äußere Umfeld betrachtet. Diese werden im Folgenden kurz beschrieben:

physische, psychische und soziale Gesundheit

1. Gesundheit: Veränderungen der physischen, psychischen und sozialen Gesundheit der einzelnen Beschäftigten wirken sich unmittelbar auf ihre Arbeitsfähigkeit aus und sind Gegenstand dieses Handlungsfeldes. Ebenso ist der Umgang mit Einschränkungen und Krankheit hier angesiedelt. Dies gewinnt insbesondere vor dem Hintergrund des demografischen Wandels an Bedeutung: Die Belegschaften werden im Durchschnitt immer älter, was zu einer Zunahme der Einschränkungen führen wird.

lebensbegleitendes Lernen und Kompetenzerwerb

2. Kompetenz: Das zweite Handlungsfeld beinhaltet die Aspekte der Qualifikation, des Wissens, der Erfahrungen sowie der Fähigkeiten und Fertigkeiten einer Person. Gemeint sind fachliche, methodische und soziale Kompetenzen. Im Zuge der sich fortlaufend verändernden Arbeitswelt ist lebensbegleitendes Lernen notwendig und eine lernförderliche Gestaltung der Arbeit zum Erhalt und zur Förderung gesundheitsgerechter Arbeitsbedingungen unabdingbar. Die Missachtung

von Kompetenzdefiziten kann zur Beeinträchtigung des individuellen Potenzials bis hin zur Erkrankung führen.

3. Werte: Dieses Handlungsfeld stellt Werte, Einstellungen und Motivation in den Mittelpunkt. Sie prägen das Denken, Fühlen und Verhalten von Menschen sowie deren Motivation. Das Erleben von Sinnhaftigkeit der eigenen Tätigkeit und ihrer Wertschätzung ist in diesem Kontext von zentraler Bedeutung.
4. Arbeitsbedingungen und Führung: Im vierten und bedeutendsten Handlungsfeld werden die Arbeitsbedingungen an sich betrachtet. Studien zeigen, dass das soziale Miteinander und insbesondere Führung eine der wichtigsten Arbeitsbedingungen sind, wenn es um den Erhalt und die Förderung von Arbeitsfähigkeit geht.
5. Persönliches, familiäres und regionales Umfeld: Neben betrieblichen Aspekten werden auch die Einflussfaktoren und Wechselwirkungen der privaten, außerbetrieblichen Lebensbereiche thematisiert. Denn auch diese können die Arbeitsfähigkeit positiv wie negativ beeinflussen. Wichtige Aspekte sind z. B. zu pflegende Angehörige und die Betreuung von Kindern.

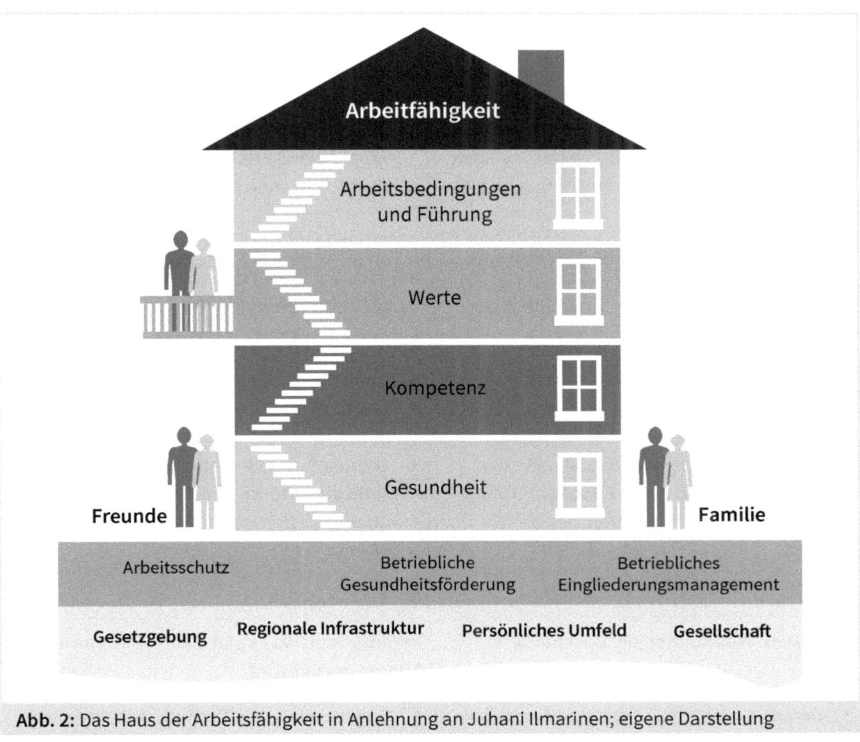

Abb. 2: Das Haus der Arbeitsfähigkeit in Anlehnung an Juhani Ilmarinen; eigene Darstellung

Alle Handlungsfelder sind eng miteinander verbunden und stehen in Wechselwirkungen zueinander. So kann sich bspw. eine gesundheitliche Einschränkung auf die Motivation von Beschäftigten auswirken, gute Arbeitsbedingungen oder wertschätzendes

Führungsverhalten einen starken positiven Einfluss auf die Gesundheit ausüben (Ilmarinen & Tempel 2002).

Dialog- und Handlungsorientierung

Um die Arbeitsfähigkeit der Beschäftigten wiederherzustellen, zu erhalten und zu fördern ist es wichtig, in einen Dialog zu treten. Dieser zeichnet sich durch zwei grundsätzliche Fragen aus:

- Was können die Beschäftigten tun und
- was kann das Unternehmen gemeinsam mit den Führungskräften tun,

damit die Beschäftigten so lange wie möglich, so gesund wie möglich und mit Freude ihrer Arbeit nachgehen können. Die folgende Tabelle zeigt Beispiele für Maßnahmen im jeweiligen Handlungsfeld. Die Zuordnung zu einzelnen Stockwerken in der Tabelle greift die in diesem Ansatz verwendete Metapher des Hauses auf (vgl. Abb.2).

Arbeitsfähigkeit	
Handlungsfeld: Arbeitsbedingungen und Führung (4. Stock)	
Verhalten: Was können die Beschäftigten tun?	**Verhältnisse: Was kann das Unternehmen/ Führungskraft tun?**
• Arbeitsbedingungen reflektieren und körperliche und psychische Fehlbelastungen anzeigen, Verbesserungen vorschlagen, Überlastungen dem Arbeitgeber anzeigen • Ergonomische Arbeitsmittel entsprechend nutzen	• Ganzheitliche Gefährdungsbeurteilung und Unterweisung umsetzen • Gesundheitsgerechte und prospektive Arbeitsplatzgestaltung • Wertschätzende Führung etablieren
Handlungsfeld: Arbeitsbedingungen und Führung (3. Stock)	
Verhalten: Was können die Beschäftigten tun?	**Verhältnisse: Was kann das Unternehmen/ Führungskraft tun?**
• Eigene Ziele und Wünsche regelmäßig reflektieren und anpassen; eigenen Beitrag für ein gutes Betriebsklima einbringen • Notwendigkeit für Kommunikation mit Kolleginnen und Kollegen sowie Führung erkennen und praktizieren	• Gerechte Bezahlung • flexible Arbeitszeitmodelle/Homeoffice/ mobile Arbeit • Arbeitsplatzsicherheit • Motivationsförderliche Arbeitsgestaltung • Dialog mit den Beschäftigten auf Augenhöhe
Handlungsfeld: Kompetenz (2. Stock)	
Verhalten: Was können die Beschäftigten tun?	**Verhältnisse: Was kann das Unternehmen/ Führungskraft tun?**
• Initiative für Weiterbildung und -entwicklung ergreifen • Offenheit und Neugier beibehalten für Neues • Kollegialen Austausch initiieren und fördern	• Qualifizierungsmaßnahme anbieten und Freistellungen gewähren • Lernförderliche Arbeitsgestaltung (z. B. Job Rotation), altersgemischte Teams • Erfahrungswissen sichern und wertschätzen

Arbeitsfähigkeit	
Handlungsfeld: Gesundheit (1. Stock)	
Verhalten: Was können die Beschäftigten tun?	**Verhältnisse: Was kann das Unternehmen/ Führungskraft tun?**
• Ausreichend Bewegung und gesunde Ernährung • Selbstmanagement unterstützen z. B. durch Zeitmanagement, Achtsamkeitstrainings • Regelmäßige Vorsorgeuntersuchungen wahrnehmen • Ruhepausen einhalten	• Betriebliche Rahmenbedingungen für Bewegung, Ernährung, Pausen schaffen (z. B. aktive Pausen, Pausenräume, entsprechende gesunde Kantinenangebote, Kursangebote) • Betriebliche Vorsorgeuntersuchungen
Handlungsfeld: Familiäres, persönliches, regionales Umfeld (Umgebung)	
Verhalten: Was können die Beschäftigten tun?	**Verhältnisse: Was kann das Unternehmen/ Führungskraft tun?**
• Regionale Infrastruktur (z. B. Betreuungsstrukturen zur Pflege Angehöriger und Kinderbetreuung) zur eigenen Entlastung • Freundschaften pflegen	• Flexible Arbeitszeiten/Anpassung Arbeitszeiten auf aktuelle Situation (z. B. Pflege Angehörige, Betreuung Kinder) • Ermöglichen von Homeoffice/mobiler Arbeit

Tab. 1: Beispielhafte Maßnahmen zur Verbesserung der Arbeitsfähigkeit; in Anlehnung an Reuter, Liebrich, Giesert, 2021, S. 130

empirische Evidenzen

Die Handlungsfelder und deren Einflussfaktoren auf die Arbeitsfähigkeit wurden während der Entwicklung des Modells durch umfangreiche, vor allem finnische Studien fundiert (z. B. Gould, Ilmarinen, J., Järvisalo & Koskinen, 2008; van den Berg, Elders, de Zwart & Burdorf, 2009). Es zeigen sich beispielsweise Zusammenhänge zwischen der Einschätzung der eigenen Arbeitsfähigkeit durch den Work-Ability-Index und dem Alter, mentaler Probleme, psychischer Erkrankungen (z. B. Depressionen) und Rückenschmerzen. Längsschnittstudien weisen auf eine erhöhte Wahrscheinlichkeit eines frühzeitigen Berufsaustiegs und einer frühen Mortalität bei einer niedrigen Arbeitsfähigkeit hin (Tuomi, Ilmarinen, Martikainen, Aalto & Klockars, 1997, Salonen, Arola, Nygard, Huhtala & Koivisto, 2003).

Die Konzeption des finnischen Arbeitsfähigkeitskonzeptes mit dem Haus der Arbeitsfähigkeit folgt einem systemischen Verständnis. Sie ist in einen betrieblichen und außerbetrieblichen Rahmen eingebettet. Auf betrieblicher Ebene sind dies die Prozesse, Strukturen und Ergebnisse des Betrieblichen Gesundheitsmanagements, auf deren Grundlage die Maßnahmen und Ansatzpunkte der Förderung der Arbeitsfähigkeit basieren.

1.5 Grundlagen eines Betrieblichen Gesundheitsmanagements

Unter dem Begriff »Betriebliches Gesundheitsmanagement« wird die »systematische sowie nachhaltige Schaffung und Gestaltung von gesundheitsförderlichen Strukturen und Prozessen einschließlich der Befähigung der Organisationsmitglieder zu einem eigenverantwortlichen, gesundheitsbewussten Verhalten« (Deutsches Institut für Normung 2012, S. 7) verstanden.

Gesundheit und Arbeitsfähigkeit sind somit als betriebliches Ziel zu verstehen, zu dessen Umsetzung es eines ganzheitlichen Managementprozesses bedarf (GKV, 2021). In diesen sind die Förderung und Erhaltung von Gesundheit und Arbeitsfähigkeit als Querschnittsaufgaben in Prozesse und Strukturen von Unternehmen und Behörden zu implementieren und nachhaltig zu verankern. Dabei ist es zielführend, die individuelle Ebene so wie auch gruppen- und organisationale Aspekte in den Gestaltungsprozess mit einzubeziehen. Ebenso ist dieser Managementprozess organisationsspezifisch zu gestalten. Es existiert keine »Blaupause«, die auf alle Organisationen, Behörden oder Branchen passt.

PDCA-Zyklus

Eine Auseinandersetzung mit einer sinnhaften und zielführenden Ausgestaltung und Implementierung im Kontext bestehender Prozesse und Strukturen ist unabdingbar. Dementsprechend ist auch deren kontinuierliche Umsetzung und Verbesserung im Sinne eines PDCA-Zyklus zu verwirklichen (Becker, Krause & Siegemund, 2014). Dies meint, dass Kriterien und Methoden festgelegt werden, um eine wirksame Durchführung, Steuerung und Überprüfung der Prozesse zu ermöglichen. Darüber hinaus ist im Sinne einer Evaluation das Vorgehen systematisch zu bewerten und durch geeignete Maßnahmen die Wirksamkeit des BGMs zu verbessern.

rechtliche Regelungen

Dabei greift das BGM gesetzliche Regelungen auf. Meist wird im Rahmen des BGM auf die folgenden drei wesentlichen Aspekte verwiesen: den Arbeitsschutz (insbesondere auf das Arbeitsschutzgesetz), das Betriebliche Eingliederungsmanagement (BEM – § 167 Abs. 2 SGB IX) und die Betrieblichen Gesundheitsförderung (BGF – insbesondere § 20b SGB V) (Giesert, 2012). Teilweise finden sich die Suchtprävention (Esslinger, 2019) oder aber auch medizinische Leistungen zur Prävention (im Sinne des § 14 SGB VI) zur Sicherung der Erwerbsfähigkeit für gesundheitlich Beeinträchtigte (GKV, 2021) als »vierte Säule des BGMs« in den jeweiligen Konzeptionen.

Ein nachhaltiges BGM verknüpft diese rechtlichen Grundlagen sinnvoll miteinander, um Synergien zu nutzen. Ebenfalls können Kooperationen mit außerbetrieblichen Akteurinnen und Akteuren gewinnbringend für die Ausgestaltung und Optimierung dieses Managementprozesses sein, so z. B. die Zusammenarbeit mit Krankenkassen, den Trägern der gesetzlichen Unfallversicherung (Unfallkassen und Berufsgenossenschaften), der Rentenversicherung, den Integrationsämtern und Beratungsstellen auf kommunaler Ebene.

Hinweis !

Eine ausführliche Darstellung zu den konzeptionellen Grundlagen eines Betrieblichen Gesundheitsmanagements sind in Kapitel 6 aufgeführt.

1.6 Zukünftige Herausforderungen

psychische Belastung

Die Arbeitswelt ist im Wandel. Die digitale Transformation und nicht zuletzt die beinahe disruptiven Veränderungen, die die pandemische Situation im Kontext des SARS-Covid-Virus auslöste, haben immense Auswirkungen auf Arbeitssituationen und das Gesundheitserleben von Erwerbstätigen. In vielen Bereichen wurde »von heute auf morgen« das Homeoffice eingeführt, Arbeitsprozesse haben sich in den »digitalen Raum« verlagert, alte und gewohnte Muster wurden durchbrochen. Arbeitsweisen, Kooperationsmöglichkeiten, Informations- und Kommunikationsflüsse veränderten sich. Dieser Digitalisierungsschub verstärkt die Entwicklungen, die seit längerem zu beobachten sind. Seit Jahren weist die Gesundheitsberichterstattung auf Müdigkeit und Erschöpfungszustände hin. Die psychische Belastung und ihre Auswirkung auf Mitarbeitende rückt vermehrt in den Mittelpunkt der Diskussion. Denn diese beeinträchtigt die Gesundheit und Arbeitsfähigkeit von Mitarbeitenden und dadurch auch die Arbeitsleistung. Aspekte einer prospektiven, gesundheits- und menschengerechten Arbeitsgestaltung und deren Einbettung in ein ganzheitliches BGM sind somit aktueller denn je.

Veränderungen durch Digitalisierung

Neben Aspekten psychischer Gesundheit wird vor allem die Bedeutung sozialer Aspekte durch die aktuelle kollektive Pandemie-Erfahrung deutlich. Das Wegbrechen sozialer Kontakte sowie die fehlende informelle Kommunikation mit Kolleginnen und Kollegen haben Auswirkungen auf das eigene Wohlergehen – Aspekte, die zukünftig im BGM an Bedeutung gewinnen werden. Denn aktuellen Einschätzungen zufolge wird die Arbeit weiterhin deutlich digitaler und häufiger in einem mobilen Arbeitssetting bzw. im Homeoffice erbracht werden (Rennert, Richter & Kliner, 2021), aber nur für jene Arbeitsbereiche und Tätigkeiten, die dafür geeignet sind.

Das ist eine Herausforderung für alle.

digitales BGM

Aber nicht nur inhaltlich steht das BGM vor neuen Herausforderungen. Die Digitalisierung birgt neue Möglichkeiten der Gestaltung eines »digitalen BGM«, das mit neuen digitalen Instrumenten »klassische Ansätze« sinnvoll unterstützt. So bieten

Gesundheitsapps, Wearables, Gesundheits- sowie Onlinecoachingplattformen, die in sogenannten »BGM-Komplettsystemen« zusammengefasst werden können, neue Möglichkeiten, die Gesundheit und Arbeitsfähigkeit von Mitarbeiterinnen und Mitarbeitern systematisch zu fördern und zu unterstützen (Kaiser & Matusiewicz, 2018). Bedeutend sind in diesem Zusammenhang Fragen zum Datenschutz bzw. zur Datensicherheit sowie der Gebrauchstauglichkeit. Das sind Aspekte, die die Nutzung und Akzeptanz von digitalen Unterstützungsmöglichkeiten erhöhen.

Literatur

Antonovsky, A. (1979). *Health, Stress, and Coping*. San Francisco: Jossey-Bass.

Antonovsky, A. (1996). The Salutogenic Model as a Theory to Guide Health Promotion. *Health Promotion International, 11 (1),* 11-18.

Antonovsky, A. (1997). *Salutogenese. Zur Entmystifizierung der Gesundheit.* Deutsche erweiterte Ausgabe von A. Franke. Tübingen: Verlag Deutsche Gesellschaft für Verhaltenstherapie.

Becker, E., Krause, C. & Siegemund, B. (2014). *Betriebliches Gesundheitsmanagement nach DIN SPEC 91020 – Erläuterungen zur Spezifikation für Anwender.* Herausgeber: DIN Deutsches Institut für Normung e. V. Berlin, Wien, Zürich: Beuth Verlag.

DIMDI – Deutsches Institut für Medizinische Dokumentation und Information (2005). *ICF: Internationale Klassifikation der Funktionsfähigkeit, Behinderung und Gesundheit,* hrsg. vom Deutschen Institut für Medizinische Dokumentation und Information. World Health Organization, Genf, Neu-Isenburg: MMI, Med. Medien-Informations-GmbH.

Esslinger A. S. (2019) Betriebliches Gesundheitsmanagement. In R. Haring (Hrsg.) *Gesundheitswissenschaften.* Berlin, Heidelberg: Springer, S. 725 – 734.

Giesert (2012). Arbeitsfähigkeit und Gesundheit erhalten. *AiB – Arbeitsrecht im Betrieb, 5,* 336-340.

GKV-Spitzenverband (Hrsg.) (2021). *Leitfaden Prävention – Handlungsfelder und Kriterien nach § 20 Abs.2 SGB V.* Berlin: GVK-Spitzenverband.

Gould, R., Ilmarinen, J., Järvisalo, J. & Koskinen, S. (2008). *Dimensions of work ability – Results of the Health 2000 Survey.* Helsinki: Finnish Centre for Pensions, The Social Insurance Institution, National Puplic Health Institute, Finnish Institute of Occupational Health.

Greiner, B. A. (1998). Der Gesundheitsbegriff. In E. Bamberg, A. Ducki & A.-M. Metz (Hrsg.), *Handbuch Betriebliche Gesundheitsförderung. Arbeits- und organisationspsychologische Methoden und Konzepte* (S. 39–55). Göttingen: Angewandte Psychologie.

Güthlin, C., Köhler, S. & Dieckelmann, M. (2020). *Chronisch krank sein in Deutschland: Zahlen, Fakten und Versorgungserfahrung.* Frankfurt/Main: Goethe Universität, Institut für Allgemeinmedizin.

Hofmann, J. C. (2021). Arbeit in Zeiten von Gesundheitskrosen – Veränderungen in der Corona-Arbeitswelt und danach. In B. Badura, A. Ducki, H. Schröder & M. Meyer (Hrsg.). *Fehlzeiten-Report 2021 – Betriebliche Prävention stärken – Lehren aus der Pandemie* (S. 27-42). Berlin: Springer.

Ilmarinen, J. & Tempel, J. (2002). *Arbeitsfähigkeit 2010 – was können wir tun, damit Sie gesund bleiben?* Hamburg: VSA.

Ilmarinen, J. (2009): Work Ability – a Comprehensive Concept for Occupational Health Research and Prevention. *Scandinavian Journal of Work, Environment & Health, 35* (1), 1-5.

Kaiser, L. & Matusiewicz, D. (2018). Effekte der Digitalisierung auf das Betriebliche Gesundheitsmanagement (BGM). In D. Matusiewicz und L. Kaiser (Hrsg). *Digitales Betriebliches Gesundheitsmanagement – Theorie und Praxis* (S. 1-34). Wiesbaden: Springer Gabler.

Klotter, C. (1999). Historische und aktuelle Entwicklungen der Prävention und Gesundheitsförderung – Warum Verhaltensprävention nicht ausreicht. In R. Oesterreich & W. Volpert (Hrsg.), *Psychologie gesundheitsgerechter Arbeitsbedingungen* (S. 23–61). Bern: Huber.

Lindström, B. & Errikson, M. (2019). Von der Anatomie der Gesundheit zur Architekur des Lebens – Salutogene Wege der Gesundheitsförderung. In C. Meier Magistretti (Hrsg.), *Salutogenese kennen und verstehen* (S. 25-107). Weinheim: Hogrefe.

Rennert, D., Richter, M. & Kliner, K. (2021). Krise – Wandel – Aufbruch: Ergebnisse der Beschäftigtenbefragung 2021. In F. Knieps & Pfaff, H. (Hrsg.). *BKK Gesundheitsreport 2021 Krise – Wandel – Aufbruch* (S. 59-82). MWV: Berlin.

Reuter, T., Liebrich, A. & Giesert, M. (2020). Arbeitsfähigkeit im Dialog wiederherstellen, erhalten und fördern. Das Haus der Arbeitsfähigkeit als ein nützliches Tool in der Sozialwirtschaft. *Zeitschrift für Sozialmanagement – Journal of Social Management, 18 (2),* 123-138.

Tuomi, K., Ilmarinen, J., Martikainen, R., Aalto, L., & Klockars, M. (1997). Aging, work, lifestyle and work ability among Finnish municipal workers in 1981–1992. *Scandinavian Journal of Work, Environment & Health, 23(Suppl 1)*, 58–65.

Salonen, P. H., Arola, H., Nygard, C.-H., Huhtala, H. & Koivisto, A.-M. (2003). Factors associated with premature departure from working life among ageing food industry employees. *Occupational Medicine 53(1)*, 65-68.

Ulich, E. & Wülser, M. (2018). *Gesundheitsmanagement in Unternehmen. Arbeitspsychologische Perspektiven*, 7. Auflage. Wiesbaden: Springer Gabler.

van den Berg, T. I., Elders, L. A., de Zwart, B. C. & Burdorf, A. (2009). The effects of work-related and individual factors on the Work Ability Index: A systematic review. *Occupational and environmental medicine*, 66, 211-220.

World Health Organization (WHO) (Hrsg.) (1946). *Constitution of the World Health Organization*. URL: http://apps.who.int/gb/bd/PDF/bd47/EN/constitution-en.pdf (abgerufen am 02.12.2021).

World Health Organization (WHO) (Hrsg.) (1986). *Ottawa-Charta zur Gesundheitsförderung 1986*. URL https://www.euro.who.int/de/publications/policy-documents/ottawa-charter-for-health-promotion,-1986 (abgerufen am 02.12.2021).

2 Theorien und Modelle zum Gesundheitsverhalten

Sonia Lippke, Andrea Reusch

In diesem Kapitel werden verschiedene Theorien und Modelle vorgestellt, die das Gesundheitsverhalten von Menschen erklären und beschreiben. Zum Gesundheitsverhalten zählen körperliche Aktivität, gesunde Ernährung und alle weiteren Verhaltensweisen, die die Gesundheit positiv beeinflussen. Im Betrieblichen Gesundheitsmanagement helfen diese Modelle, zu verstehen, warum sich Mitarbeitende im Arbeitskontext gesund verhalten oder auch nicht. Auf Basis der Modelle können Ansätze entwickelt werden, um Beschäftigte zu unterstützen, etwas für sich und die eigene Gesundheit zu tun.

2.1 Theorien und Modelle zum Gesundheitsverhalten

Verhaltensprävention

Im folgenden Abschnitt geht es um die Förderung von Gesundheitsverhalten der Beschäftigten im Rahmen des Betrieblichen Gesundheitsmanagements (BGM). Die Betriebliche Gesundheitsförderung ist in der Regel Verhaltensprävention. Durch die Angebote des BGM soll gesundheitsbewusstes Verhalten der Mitarbeitenden während und außerhalb der Arbeit und damit deren Gesundheit und Wohlbefinden positiv beeinflusst und die Leistungsfähigkeit gestärkt werden.

Gesundheitsverhalten

Mit Gesundheitsverhalten ist jegliches Verhalten gemeint, das die Gesundheit fördert und langfristig erhält, Schäden und Einschränkungen fernhält und damit Erkrankungen verhindert und die Lebenserwartung verlängert. Darunter fällt auch die Unterlassung eines Risikoverhaltens, das die Gesundheit gefährdet. Im betrieblichen Kontext kann das beinhalten, die Sitzzeiten zu unterbrechen, Dehnungsübungen am Schreibtisch durchzuführen, gesunde Snacks mitzubringen, Stressmanagement zu praktizieren oder Pausen mit Kolleg*innen einzulegen.

Intention

Die hier vorgestellten Theorien und Modelle können helfen, besser zu verstehen, warum Menschen sich gesundheitsbewusst verhalten (wollen) oder wann und warum nicht. Sie definieren relevante Einflussfaktoren auf das Gesundheitsverhalten und wie diese gestärkt werden können. Sich gesundheitsförderlich verhalten zu wollen, wird auch als Absicht, Ziel oder Intention bezeichnet – was einen wichtigen Schritt in Richtung Handlung bzw. Verhalten kennzeichnet.

Merken Sie sich bitte:

Theorien und Modelle des Gesundheitsverhaltens

Theorien und Modelle beschreiben, wie und unter welchen Bedingungen bestimmte Einflussfaktoren zusammenwirken und ein Gesundheitsverhalten begünstigen. Aus ihnen lassen sich Zusammenhänge und Vorhersagen sowie Maßnahmen (sog. Interventionen) ableiten, die positiv auf das Gesundheitsverhalten wirken.

Einflussfaktoren

Interventionen

Mittlerweile gibt es sehr viele Theorien und Modelle, die Gesundheitsverhalten erklären und bei Interventionen (Maßnahmen, Schulungen, Trainings) genutzt werden. Sie können grundsätzlich fünf Gruppen zugeordnet werden:

- Motivationale Modelle zur Absichtsbildung durch Bedrohung und Stärkung der Handlungskompetenz,
- Volitionale Modelle zur Überwindung von Schwierigkeiten, eine gute Absicht in die Tat umzusetzen,
- Stadienmodelle zur passgenauen, individualisierten Intervention,
- Hybridmodelle, die motivationale, volitionale und Stadienmodelle integrieren und
- Lebensstilansätze, die verschiedene Verhaltensbereiche gemeinsam betrachten.

Aus jeder Gruppe wird im Folgenden exemplarisch ein Modell beschrieben.

2.2 Motivationale Modelle

Gesundheitsbedrohung

Die historisch ersten Modelle zum Gesundheitsverhalten gingen davon aus, dass Menschen, die eine gesundheitliche Bedrohung bzw. einen gesundheitlichen Anreiz für eine Verhaltensänderung erkennen, motiviert sind, sich entsprechend zu verhalten (Bedrohungserwartung). Später wurde zum Konzept der Gesundheitsbedrohung die Einschätzung der eigenen Handlungskompetenz als ein relevanter Motivationsfaktor hinzugefügt.

Furchtappelle

So beschreibt z. B. die Theorie der Schutzmotivation (*Protection Motivation Theory,* PMT; Rogers, 1975), wie Furchtappelle das Gesundheitsverhalten positiv beeinflussen: Ein relevanter Einflussfaktor, der durch den Furchtappel stimuliert wird, ist die Bedrohungserwartung. Diese *Bedrohungseinschätzung* (»Wenn ich im Büro nur sitze, werden die Rückenbeschwerden schlimmer.«) setzt sich zusammen aus der eigenen *Verwundbarkeit* (»Ich hatte schon zwei Bandscheibenvorfälle.«) und dem *Schweregrad* der Verwundung (»Wenn ich noch einen Bandscheibenvorfall bekomme, kann ich nicht mehr arbeiten.«).

Bewältigungseinschätzung

Der Bedrohungseinschätzung gegenübergestellt wird die Bewältigungseinschätzung. Die Bewältigungseinschätzung besteht aus den positiven Komponenten *Handlungswirksamkeit* (oder auch Handlungsergebniserwartung, »Wenn ich Rückenübungen mache, habe ich weniger Schmerzen.«) und *Selbstwirksamkeit* (»Ich traue mir zu, regelmäßig Rückenübungen zu machen.«), von denen die negativen *Handlungskosten* (»Wenn ich am Arbeitsplatz zwischendurch übe, kostet das Zeit.«) abgezogen werden. Bedrohungseinschätzung und Bewältigungseinschätzung führen gemeinsam zu einer *Intention* (Absicht), die wiederum eine *Verhaltensänderung* begünstigt.

Selbstwirksamkeitserwartung

Die Ergebnisse von zwei Metaanalysen zur PMT (Floyd, Prentice Dunn & Rogers, 2000; Milne, Sheeran & Orbell, 2000) haben die Annahmen bestätigt: Je mehr sich Personen als anfällig und die Gesundheitseinschränkungen als schwerwiegend wahrnehmen, je mehr sie an die Wirkung eines Verhaltens glauben und sich als selbstwirksam einschätzen, desto stärker bilden sie eine Intention aus und desto eher zeigen sie das Zielverhalten. Milne und Kollegen stellten fest, dass Bedrohungseinschätzungen stärker beeinflusst werden konnten als die anderen Variablen. In beiden Metaanalysen hat sich jedoch gezeigt: Selbstwirksamkeitserwartung ist am wichtigsten (s. u.; Bandura, 1997).

Furchtappell-Theorien

Theorien, die annehmen, dass Menschen mit ihrem Risiko konfrontiert und wachgerüttelt werden müssen, damit sie ihr Verhalten ändern, werden zusammenfassend als Furchtappell-Theorien bezeichnet. Interventionen zur Gesundheitsförderung haben früher deshalb auf die Risiko-Aufklärung gesetzt. Menschen sollten sich der Gefahren bestimmter Lebensstile bewusst sein und damit Überzeugungen ausbilden, die zu gesundheitlichem Handeln motivieren.

Reaktanz

Auf diesem Ansatz basieren beispielsweise Plakat-Aktionen aus den 1970er Jahren zur Schädlichkeit des Rauchens (z. B. Totenkopfschädel mit Zigarette im Mund), die auch in Büros aufgehängt wurden (in denen damals noch geraucht werden durfte). Solche Furchtappelle können jedoch auch zum Herunterspielen des Risikos oder zur Reaktanz (Abwehrreaktion) führen. Furchtappelle motivieren nur dann wirksam zu Verhaltensänderungen, wenn sie auch die Bewältigungskompetenzen unterstützen (Witte & Allen, 2000).

Beispiel: Kampagne zur Bewegungsförderung der Universität Würzburg

Übungen gegen Verspannungen am Schreibtisch

In einer Kampagne der Universität Würzburg zu Übungen gegen Verspannungen am Schreibtisch (s. digitale Extras) werden z. B. effektive und kurze Übungen erklärt, ohne dass dabei vertieft auf die Gesundheitsrisiken von mangelnder Bewegung eingegangen wird. Diese Übungen sollen die Beschäftigten einfach in ihren Arbeitsalltag integrieren können. Die Kampagne nutzt dazu verschiedene Verbreitungswege: Informationen auf der Webseite der Gesunden Hochschule, ein Tischkalender mit Übungen für alle Beschäftigten und kurze Online-Videoclips. Mit einer wöchentlichen (online-)bewegten Pause werden diese und weitere Übungen gemeinsam durchgeführt.

Bedrohungswahrnehmung

Der feine Unterschied zwischen Bedrohung und ergänzender Handlungsergebniserwartung wird hier deutlich: Die Warnung »Schreibtischarbeit kann zu Verspannungen führen« und »Wer Übungen am Schreibtisch macht, verringert das Risiko von Verspannungen« können beide Bedrohungswahrnehmungen auslösen. Jedoch unterstützt der zweite Satz gleichzeitig die Handlungsergebniserwartung. Viele Studien haben gezeigt, dass Interventionen, die die Handlungsergebniserwartung stärken, mit einer höheren Wahrscheinlichkeit zu einer Verhaltensänderung führen als der Furchtappell alleine. Auch kommt es auf das rechte Mittelmaß bei der Bedrohungswahrnehmung an: Zu viel Bedrohungserwartung oder Angst kann lähmend wirken (Lippke et al., 2022); insbesondere wenn keine Bewältigungsmöglichkeiten gesehen werden, also keine Möglichkeit der eigenen Einflussnahme erlebt wird.

Aufklärung

Merken Sie sich bitte:

Motivationale Modelle

Furcht vor einer gesundheitlichen Bedrohung erzielt vorwiegend kurzfristige Effekte (s. Barth & Bengel, 1998). Deshalb wird auch im Bereich der Betrieblichen Gesundheitsförderung Information und Aufklärung zu gesundem Arbeitsverhalten immer handlungs- und ergebnisorientiert angeboten, um auch langfristig positive Effekte zu erzielen.

2.3 Volitionale Modelle

Handlungspläne

Obwohl Menschen sich ein Gesundheitsverhalten vornehmen, ändern viele ihr bisheriges Verhalten doch nicht: Trotz einer guten Absicht verhalten sie sich so wie bisher und entsprechend ihrer automatisierten Gewohnheiten. Theorien, die erklären, wie eine Intention in Verhalten umgesetzt werden kann, werden volitionale Theorien genannt. Die wichtigsten Einflussfaktoren sind hier Handlungspläne. Sie definieren, wann, wo und wie ein Verhalten ausgeübt werden soll. Sie haben die Struktur von »Wenn ... dann«-Beziehungen (»Wenn die E-Mails beantwortet sind, dann mache ich die Dehnungsübung«). Damit wird ein Automatismus in Gang gesetzt, durch den die Kontrolle des Verhaltens vom Individuum an die Umwelt übertragen wird. Wenn der »Reiz« (»E-Mails sind fertig beantwortet« oder »Telefonklingeln«) eintritt, dann wird die »Reaktion« ausgelöst (»Aufstehen und Dehnungsübung machen«).

Verhaltensänderung

Je konkreter Handlungspläne sind (in Form von Was-wann-wo-wie-Plänen), desto einfacher können sie auch umgesetzt werden. Beispielsweise haben schon Leventhal und Kollegen in den 1960er Jahren gezeigt, dass Furchtappelle zwar zu einer Intentionssteigerung führen, aber nur dann eine Verhaltensänderung initiieren, wenn konkrete Handlungspläne gebildet werden (Leventhal, Singer & Jones, 1965). Dies ist vielfach für verschiedene Verhaltensbereiche nachgewiesen worden. In Übersichtsarbeiten zu vielen Einzelstudien wurden zusammenfassend mittlere (Koestner et al., 2002) bis große (Sheeran, 2002) Zusammenhänge zwischen Plänen und Zielerreichung gefunden. Allgemein gilt Folgendes: Menschen, die Pläne machen, erreichen ihre Ziele eher als diejenigen, die keine Pläne formulieren (experimentelle Studien; Gollwitzer & Sheeran, 2003). Pläne helfen, Ziele zu erreichen und sich wohler zu fühlen (Koestner et al., 2002).

sitzende Tätigkeit

Für die Betriebliche Gesundheitsförderung bedeutet dies: Wenn Beschäftigte mit überwiegend sitzender Tätigkeit dabei unterstützt werden, sich konkrete Pläne zu machen, wie sie ihre Sitzzeiten unterbrechen und z. B. zwei bis drei Minuten Rückenübungen und Dehnungen machen, dann kann dies helfen, vom Vorsatz ins tatsächliche Handeln zu kommen. Beschäftigte könnten z. B. planen, sich alle 60 Minuten einen Wecker zu stellen und dann die Übungen zu machen, oder wenn das Telefon klingelt aufzustehen und im Stehen zu telefonieren, den Drucker oder Papierkorb weiter weg zu stellen oder ein Meeting mit Kolleg*innen als gemeinsamen Spaziergang zu planen.

Bewältigungspläne

Neben diesen Handlungsplänen ist es ebenso wichtig, konkrete Bewältigungspläne für schwierige Situationen zu machen. Schwierige Situationen sind vor allem dadurch gekennzeichnet, dass »etwas dazwischenkommen« kann. So kann z. B. eine Beschäftigte die Übungen nicht machen, während sie in einem Außeneinsatz ist. Es müsste also geplant werden, wann die Übungen an den »Tagen mit Außeneinsatz« stattdessen gemacht werden können.

Handlungs- und Bewältigungspläne sind nur dann effektiv, wenn man sich vorab für ein konkretes Ziel entschieden hat. Personen, die noch keine ausreichende Absicht zu einer bestimmten Verhaltensänderung haben, profitieren nicht von der Planung. Von der Planung profitieren nur Menschen, die bereits motiviert sind, also ausreichend positive Ergebniserwartungen und Selbstwirksamkeitserwartung haben (vgl. dazu Abschnitt 2.2 »Motivationale Modelle«).

!

Merken Sie sich bitte:

Intentions-Verhaltens-Lücke

Volitionale Modelle

Der Verdienst der volitionalen Modelle ist vor allem darin zu sehen, dass sie die Lücke zwischen Absicht und Handlung schließen – die sog. Intentions-Verhaltens-Lücke. Sie ergänzen damit die motivationalen Theorien. Pläne sind »Wenn-dann«-Verbindungen, die eine konkrete Verhaltensumsetzung veranlassen. Es sollte also gut geplant werden, wann, wo und wie die Absicht in Handeln umgesetzt werden soll (Handlungsplanung). Ferner kann es hilfreich sein, Barrieren vorwegzunehmen und ihre Bewältigung zu planen (Bewältigungsplanung).

2.4 Stadienmodelle

Die bisher beschriebenen motivationalen (s. Abschnitt 2.2) und volitionalen Modelle (s. Abschnitt 2.3) nehmen an, dass Menschen einen geradlinigen (»kontinuierlichen«, »linearen«) Prozess der Verhaltensänderung durchlaufen: Je stärker die Bedrohung und je besser die Bewältigungskompetenzen wahrgenommen werden, desto größer ist die Absicht zur Verhaltensänderung und desto wahrscheinlicher das Zielverhalten. Sie werden deshalb auch kontinuierliche, lineare Modelle der Verhaltensänderung genannt (Lippke, Schüz & Godde, 2021).

kontinuierliche, lineare Modelle

Im Gegensatz dazu postulieren Stadien-, Phasen oder Stufenmodelle, dass Menschen eine Entwicklung durchmachen, bei der auf unterschiedlichen Stadien unterschiedliche Einflüsse wirken und unterschiedliche Faktoren wichtig sind. Menschen machen demnach eine Entwicklung durch, bei der sie die Stadien nacheinander durchlaufen (wie ein Schmetterling vom Ei zur Raupe, zur Puppe, zum Schmetterling).

Entwicklung

Nach diesen Modellen unterscheiden sich die Stadien nicht durch ein Mehr-oder-Weniger, sondern qualitativ (s. Tabelle 1). Das heißt, Personen in demselben Stadium unterscheiden sich wenig, Personen in verschiedenen Stadien unterscheiden sich deutlich in ihren Gedanken, Gefühlen und ihrem Verhalten. Entsprechend reagieren Menschen gemäß Stadienmodellen nur auf die für sie »passenden« Angebote und können nur von passenden Interventionen profitieren, um ins nächste Stadium überzuwechseln. Indem sie mehrere Stadien durchlaufen, entwickeln sie sich hin zum Zielverhalten.

Das bekannteste Stadienmodell ist das Transtheoretische Modell (Transtheoretical Model, TTM; Prochaska, DiClemente & Norcross, 1992) mit seinen fünf bzw. sechs Stadien, die in Tabelle 1 erläutert werden.

transtheoretisches Modell

Transtheoretisches Modell	
Allgemeines Charakteristikum	**Beispiel**
1. Stadium: Absichtslosigkeit (Precontemplation)	
Person führt das Zielverhalten nicht aus und denkt nicht darüber nach, ihr Verhalten zu ändern	»Ich mache keine Dehnungsübungen am Schreibtisch und habe noch nie daran gedacht, das zu tun.«
2. Stadium: Absichtsbildung (Contemplation)	
Transtheoretisches Modell	
Allgemeines Charakteristikum	**Beispiel**
Person führt das Zielverhalten nicht aus, aber wägt ab, ob sie das Zielverhalten ausüben will (eine Absicht liegt jedoch noch nicht vor).	»Ich denke darüber nach, Dehnungsübungen zu machen.«

Transtheoretisches Modell	
Allgemeines Charakteristikum	**Beispiel**
3. Stadium: Vorbereitung (Preparation)	
Person führt das Zielverhalten nicht aus, hat aber die feste Absicht, das Zielverhalten auszuüben. Vorbereitungen dazu werden getroffen (z. B. Pläne gebildet).	»Ich habe mir fest vorgenommen, Dehnungsübungen zu machen und plane nun genauer, wie und wann«.
Handlung (Action)	
Person führt das Zielverhalten seit kurzer Zeit aus.	»Ich habe die letzten Tage Dehnungsübungen gemacht.«
Aufrechterhaltung (Maintenance)	
Person führt das Zielverhalten seit längerer Zeit aus.	»Ich mache seit einigen Wochen regelmäßig Dehnungsübungen.«
Stabilisierung (Termination)	
Person führt das Zielverhalten automatisiert (nahezu unbewusst) aus; die Wahrscheinlichkeit, das Zielverhalten aufzugeben, ist gleich Null.	»Ich mache die Dehnungsübungen ganz automatisch, das gehört bei mir zum Büroalltag dazu. «
Anmerkungen: In der Spalte »Beispiele« sind mögliche Aussagen formuliert, denen Personen zustimmen sollten, damit das Stadium, in dem sie sich befinden, bestimmt werden kann (= Stadienalgorithmus)	

Tab. 1: Beschreibung der TTM-Stadien

Unterstützungsangebote

Stadienmodelle nehmen an, dass in den unterschiedlichen Stadien unterschiedliche Einflüsse zur Weiterentwicklung wirksam werden. Einer Person im Stadium der Vorbereitung kann gezielt beim Planen und Vorbereiten geholfen werden, andere Unterstützungsangebote können entfallen, die für dieses Stadium nicht wichtig sind. Wenn bekannt ist, in welchem Stadium sich eine Person befindet und welches die passenden Strategien für dieses Stadium sind, kann eine Intervention für die wenig Zeit und Aufwand bei gleichzeitig hoher Effektivität angeboten werden.

Strategien

Das TTM macht entsprechende Annahmen zu stadienspezifischen Interventionstechniken oder Strategien (vgl. Tabelle 2). Die Strategien stammen aus verschiedenen Theorien (deshalb auch der Name *Trans*theoretisches Modell[1]) und Beobachtungen aus der klinischen Praxis (vgl. Prochaska et al., 1992).

1 Das TTM versteht sich nicht nur als Stadienmodell, sondern als Modell, das v. a. Strategien zur Verhaltensänderung beschreibt und unterstützen hilft. In diesem Kapitel wird jedoch der Schwerpunkt auf die Darstellung der Stadien gelegt.

Strategien (»processes of change«)	PC	C	P	A	M
Kognitiv-affektive Strategien					
Steigern des Problembewusstseins (»consciousness raising«)	OXx	OXx			
Wahrnehmen förderlicher Umweltbedingungen (»social liberation«)	X	X	O	O	
Emotionales Erleben (»dramatic relief«, »emotional arousal«)	Ox	OXx	X		
Selbstneubewertung (»self-reevaluation«)		OXx	OXx		
Neubewertung der persönlichen Umwelt (»environmental reevaluation«)	x	Xx	X		
Verhaltensorientierte Strategien					
Selbstverpflichtung (»self-liberation«, »commitment«)			OXx	OXx	
Nutzen hilfreicher Beziehungen (»helping relationships«)			X	OXx	Ox
(Selbst-)Verstärkung (»reinforcement management«, »reward«)				OXx	OXx
Gegenkonditionierung (»counterconditioning«)				OXx	OXx
Kontrolle der Umwelt (»stimulus control«)				OXx	OXx

Anmerkungen:
Stadien: PC = Absichtslosigkeit; C = Absichtsbildung; P = Vorbereitung; A = Aufnahme; M = Aufrechterhaltung;
Wirksamkeit: O/X/x = theoretische Zuordnung zur angenommenen Effektivität in verschiedenen Stadien; O nach Prochaska et al., 1992; X nach Keller, Prochaska und Velicer, 1999; x nach Biddle und Mutrie, 2001.

Tab. 2: Strategien und ihre Wirksamkeit in den Stadien

Stadienalgorithmus

Mithilfe des Stadienalgorithmus (s. Tabelle 1, Anmerkungen) kann eine Person eindeutig einem Stadium zugeordnet werden, bevor das Verhalten selbst beobachtbar ist. Gesundheitsförderung ist erfolgreich, wenn Menschen einen Stadienwechsel bewältigen, sich z. B. ihres Problemverhaltens bewusst werden oder sich vornehmen, etwas zu verändern. Es geht dabei nicht um ein Mehr-oder-Weniger- oder um ein Alles-oder-Nichts-Prinzip, sondern um dynamische, qualitativ unterschiedliche Entwicklungsschritte. Die Befundlage spricht mittlerweile dafür, dass Änderungen von Gesundheitsverhalten durch Stadien beschrieben werden können (Lippke, Schüz &

Godde, 2021). Es ist jedoch nicht eindeutig geklärt, welche Strategien wann genau und bei wem wirksam sind und entsprechend bearbeitet werden sollten.

Beispiel: Kampagne zur Bewegungsförderung der Universität Würzburg

An der Universität Würzburg werden Beschäftigte, die sich im Stadium der Absichtslosigkeit oder Absichtsbildung befinden, über kognitiv-affektive Strategien erreicht. Hierzu werden Informationen in Vorträgen oder auf Postern und Flyern angeboten, um das Problembewusstsein der Beschäftigten zu steigern (»consciousness raising«). Oder es werden allen Beschäftigten Videoclips und Tischkalender mit Übungen (s. digitale Extras) sowie Fitnessbänder zur Verfügung gestellt, um förderliche Umweltbedingungen zu schaffen (»social liberation«). Auf Aktionstagen, wie dem jährlichen »Gesundheitstag«, werden Trainingsangebote zur Unterbrechung der Sitzzeiten durchgeführt, um ein emotionales Erleben (»dramatic relief«, »emotional arousal«) zu begünstigen und eine Selbstneubewertung (»self-reevaluation«) und die Neubewertung der persönlichen Umwelt (»environmental reevaluation«) zu begünstigen.

verhaltensorientierte Strategien

Beschäftigte, die dann gemäß dem TTM eine Absicht entwickelt haben, können mit verhaltensorientierten Strategien unterstützt werden. Im Rahmen des BGM wird an der Universität Würzburg z. B. eine Team-Challenge initiiert, bei der Kolleg*innen-Teams gegeneinander antreten. Hier werden Selbstverpflichtung (»self-liberation«, »commitment«) und das Nutzen hilfreicher Beziehungen (»helping relationships«) unterstützt und am Ende wird durch die Belohnung von Gewinnerteams eine Verstärkung (»reinforcement management«, »reward«) angeboten.

!

Merken Sie sich bitte:

Stadienmodelle

Maßschneidern

Der Nutzen von Stadienmodellen liegt darin, dass mithilfe einer Stadiendiagnostik passende Maßnahmen festgelegt werden können: Wenn klar ist, in welchem Stadium sich eine Person befindet und welche Strategien stadienspezifisch wirksam sind, dann reichen wenige maßgeschneiderte Interventionen aus, um eine Veränderung zu bewirken und unerwünschte Effekte können vermieden werden. Das Maßschneidern führt zu einer besseren Passung und damit zu einer höheren Wirksamkeit der Intervention.

2.5 Hybridmodelle

sozial-kognitives Prozessmodell des Gesundheitsverhaltens

Eine Theorie, die motivationale und volitionale Modelle mit Stadienannahmen verknüpft, ist das sozial-kognitive Prozessmodell des Gesundheitsverhaltens (Health Action Process Approach, HAPA; Schwarzer (2004)). Das HAPA wird deshalb als Hybridmodell bezeichnet. Es nimmt an, dass Menschen zuerst einen konflikthaften Entscheidungs- und Motivierungsprozess durchlaufen. Wenn dieser Prozess zu einer Zielsetzung führt, dann wird anschließend das Zielverhalten geplant und in die Tat umgesetzt.

Non-Intender

Die Stadien des HAPA-Modells bedingen, welche Einflussfaktoren wirksam sind, um wiederum ins nächste Stadium zu wechseln: Bis eine Person sich ein Ziel gesetzt hat, gilt sie als Non-Intender (»Ich habe nicht die Absicht, mich nach der Arbeit gut zu erholen.«). Die Risikowahrnehmung einer Person ist über die subjektive Einschätzung des Schweregrads von Erkrankungen sowie der eigenen Verwundbarkeit definiert (»Mein Risiko, einen Burnout zu bekommen, ist hoch.«). Wird eine Bedrohung wahrgenommen, kommt es zum Abwägen von Handlungsergebniserwartungen bezüglich des Gesundheitsverhaltens (»Wenn ich mich nach Dienstschluss beim Sport erhole, dann ... geht es mir besser« und »... habe ich weniger Zeit für meine Familie.«). Selbstwirksamkeitserwartung ist darüber hinaus für die Zielsetzung erforderlich (»Ich bin mir sicher, dass ich mich regelmäßig zum Erholen überwinden kann, auch wenn ich hohen Termindruck habe.«). Mit der Zielsetzung (»Ich habe die Absicht, immer nach Dienstschluss eine Runde zu joggen, um Abstand zu gewinnen.«) endet die Motivationsphase.

Intender

Die Person wechselt vom Non-Intender (Unentschiedene:r) zum Intender (Entschiedene:r), also in die Volitionsphase über. In dieser intentionalen Phase erfolgt zunächst die genaue Planung (»Ich nehme meine Joggingschuhe immer mit ins Büro, sodass ich auch direkt auf dem Heimweg joggen kann.«). Die Selbstwirksamkeitserwartung ist in dieser Phase weiterhin wichtig. Diese Selbstwirksamkeitserwartung kann ihre Qualität verändern: In der intentionalen Phase geht es um den Start eines neuen Verhaltens und nicht mehr um das Setzen von Zielen. Entsprechend muss das Vertrauen stark sein, Sportkleidung zu kaufen, sich zum Yogakurs anzumelden oder Äpfel fürs Büro mitzubringen.

Actor

Mit der Initiierung der Handlung beginnt die aktionale Phase, d. h., ein Intender wird zum Actor (Aktive:r). Während dieser Phase findet eine ständige Handlungsausführungskontrolle statt. Hier gilt es, sowohl die Handlung als auch die Intention gegenüber Ablenkungen (Distraktoren, sog. Temptations) abzuschirmen: Metakognitive Abschirm- und Durchhaltekompetenzen können dafür sorgen, dass man nicht vom Ziel abkommt, die Handlung nicht unterbricht oder seine Aufmerksamkeit nicht ständig anderen Dingen zuwendet (»Ich will und werde jeden Tag sportlich aktiv sein, deswegen gehe ich jeden Morgen vor dem Frühstück eine Runde laufen, egal, was der Tag bringt: Ich schaue erst danach in meine E-Mails und Social-Media-Kanäle rein.«). Barrieren müssen gemeistert und personale und soziale Ressourcen genutzt werden, um das Verhalten zielgerichtet ausüben zu können. Die Selbstwirksamkeitserwartung bleibt nach wie vor von großer Bedeutung.

!

Merken Sie sich bitte:

Hybridmodelle

Hybridmodelle

Hybridmodelle, wie das HAPA-Modell, geben viele Ansatzpunkte für die Förderung von Gesundheitsverhalten am Arbeitsplatz. Sie vereinen den Stadiengedanken mit den Erkenntnissen zu motivationalen und volitionalen Modellen. Damit lassen sich die Einflussfaktoren, Strategien und Interventionsbausteine aller Modelle sinnvoll nutzen. Das Modell erklärt auch, warum unmotivierte Personen mit gut gemeinten Ratschlägen und Verhaltenstipps wenig anfangen können: Diese brauchen Non-Intender nicht. Das Modell beschreibt darüber hinaus, warum erst eine Intention gebildet werden muss, damit Planung seine volle Wirksamkeit entfalten kann: Es ist ein aufeinanderfolgender Prozess im intentionalen Stadium. Ferner erklärt das Modell auch, warum Risikoinformationen nicht mehr wirksam sind, wenn schon eine Intention gebildet wurde: Intender können damit nichts anfangen, sie brauchen Planung und Selbstwirksamkeit.

2.6 Lebensstilansätze

Die bisher vorgestellten Ansätze beschreiben Einflussfaktoren, Strategien und Prozesse für ein bestimmtes Gesundheitsverhalten (z. B. Dehnungsübungen am Schreibtisch). Häufig bemühen sich Menschen aber insgesamt um einen gesünderen Lebensstil und damit um mehrere Verhaltensbereiche (z. B. mehr Bewegung, gesündere Ernährung, Verzicht auf Rauchen und/oder Alkohol). Oder sie verhalten sich gesund, weil sie dabei ein höheres Lebensziel erreichen möchten (z. B. fit für eine berufliche Karriere zu sein).

verschiedene Verhaltensweisen

Verschiedene Verhaltensweisen und Lebensziele interagieren miteinander (Gao et al., 2020; Lippke & Cihlar, 2021). So möchte eine Person z. B. insgesamt körperlich fitter sein, geht deshalb joggen und nimmt an einem Rückentraining teil. Hier hängen die Verhaltensweisen eng zusammen. Eine andere Person nutzt als Stressmanagementstrategien z. B. körperliche Aktivität zur Erholung am Feierabend und ein optimiertes Aufgabenmanagement zur besseren Strukturierung der Arbeitszeit. Hier hängen die Verhaltensweisen nicht miteinander zusammen, verfolgen aber dasselbe Ziel: Stressreduktion.

Lebensziele

Oft steht als übergeordnetes Ziel aber auch gar nicht die Gesundheit im Vordergrund. Verschiedene Verhaltensweisen können im Zusammenhang mit sehr allgemeinen Lebenszielen stehen (z. B.: »Ich will erfolgreich im Beruf sein und Karriere machen.« oder »Ich will für meine Familie sorgen.«). Solche emotional relevanten, höhergeordneten Lebensziele sind wichtige Motive auch für das Gesundheitsverhalten. Sie können gleichzeitig verschiedene Verhaltensweisen initiieren und deren Aufrechterhaltung unterstützen. Die Wichtigkeit von solchen Zielen und ihrer Bewusstmachung hat sich wiederholt gezeigt (Epton et al. 2015).

Das Compensatory Carry-Over Action Model (CCAM; Abb. 1) berücksichtigt deshalb den gesundheitsförderlichen Lebensstil und damit mehrere Verhaltensweisen gleichzeitig und in ihrer Interaktion miteinander. Im CCAM stehen an erster Stelle die Lebensziele über den Faktoren, die in den bisherigen Modellen beschrieben wurden (Bedrohung, Handlungsergebniserwartung, Selbstwirksamkeitserwartung). Lebensziele und die weiteren Faktoren sind Auslöser für die Intention zu einer oder mehrerer Verhaltensänderungen (s. Abb. 1).

Compensatory Carry-Over Action Model

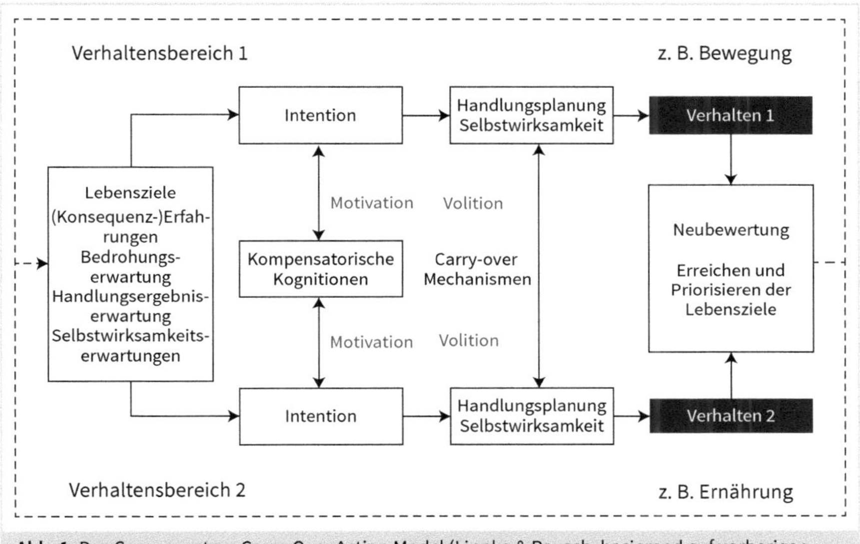

Abb. 1: Das Compensatory Carry-Over Action Model (Lippke & Reusch, basierend auf vorherigen Überlegungen, Lippke, Schüz & Godde, 2021)

Das CCAM basiert auf den oben beschriebenen hybriden Modellen, beschreibt aber zusätzlich Wechselwirkungen zwischen mehreren Verhaltensbereichen. Dabei werden zwei Mechanismen beschrieben, die von einem Verhaltensbereich auf einen anderen wirken können:

CCAM: zwei Mechanismen

1. Die kompensatorischen Kognitionen wirken *hemmend* von einem Verhaltensbereich auf die Intention des anderen Verhaltensbereichs.
2. Carry-Over-Mechanismen wirken *förderlich* hinsichtlich der Selbstwirksamkeitserwartung und Handlungsplanung von einem auf den anderen Verhaltensbereich (s. Abb. 1).

Kompensatorische Kognitionen können erklären, warum eine Intention in einem Verhaltensbereich die Intention in einem anderen Bereich hemmt. Beispielsweise kann eine Person mit Übergewicht, die vor dem Büro joggen war, dann im Büro Kekse essen, mit dem Gedanken, die zusätzlichen Kalorien schon verbrannt zu haben. Die Idee,

kompensatorische Kognitionen

ungesunde Verhaltensweisen oder »Ausrutscher« in einem Verhaltensbereich durch ein anderes Verhalten auszugleichen oder zu kompensieren, kann richtig sein. Jedoch kann diese Kompensation dazu führen, dass ein übergeordnetes Ziel (z. B. abzunehmen) nicht erreicht wird. Diese kompensatorischen Kognitionen erklären, wieso es zu »Ausrutschern«, also intentionsabweichenden Verhaltensweisen, kommt.

Carry-Over-Mechanismus

Der Carry-Over-Mechanismus beschreibt die fördernde Wirkung zwischen Verhaltensbereichen. Eine Person, die schon gelernt hat, wie sie ein bestimmtes Verhalten ändern kann (z. B. körperlich aktiver zu sein), kann diese Erfahrungen auch auf andere Verhaltensweisen übertragen (z. B. gesündere Pausensnacks ins Büro mitbringen). Die Selbstwirksamkeitserwartung und die Kompetenzen zur Handlungsplanung können übertragen werden.

Transfer

Diese Carry-Over-Mechanismen funktionieren leichter, wenn sich Verhaltensweisen ähnlich sind – wie körperliche Bewegung und gesunde Ernährung. Auch Risikoverhalten, wie Rauchen und Alkoholkonsum, die besser nur in Maßen bzw. gar nicht praktiziert werden, sind sich ähnlich. Hier ist der Transfer leichter und wahrscheinlicher, weil eine Übertragung naheliegend ist. Dagegen ist zwischen sehr verschiedenen Verhaltensweisen (z. B. Rauchstopp und Bewegung) ein Transfer schwerer, weil beim Aufbau eines Gesundheitsverhaltens andere Planungsstrategien genutzt werden als beim Abbau eines Risikoverhaltens.

Erfolgserfahrung

Obwohl ein Transfer von Gelerntem aus einem Verhaltensbereich auf einen anderen schwieriger ist, ist er doch möglich. Denn wer sich genug bewegt und gesund ernährt wird auch besser mit Stress umgehen können – unter anderem, weil eine Erfolgserfahrung (sog. Mastery Experience) von einem Verhaltensbereich auf einen anderen übertragen werden kann: Wenn eine Person es regelmäßig schafft, im Büro beim Telefonieren aufzustehen, traut sie sich auch zu, ein weiteres Vorhaben anzugehen – wie beispielsweise immer zum Mittagessen ein Stück frisches Obst zu wählen anstatt eines Eises oder Puddings. Die Selbstwirksamkeitserwartung und Planungsstrategien können übertragen werden.

Lebensziele sollten auch in der Betrieblichen Gesundheitsförderung genauer beachtet werden: Es gilt, besser verstehen zu können, warum ein Gesundheitsverhalten zwar vordergründig als wichtig bewertet, aber trotz Planung nicht umgesetzt wird. Der Lebensstilansatz betrachtet deshalb verschiedene Lebensbereiche und -ziele des Menschen. Vielleicht sind Menschen Zusammenhänge zwischen Erwerbsfähigkeit, Bewegung und Erholung nicht klar. Vielleicht haben sie aber auch nur andere Prioritäten? Vielleicht wollen sie gesünder leben und arbeiten, aber sie wissen nicht wie? Oder sie haben schon Ideen, wie das funktionieren könnte, aber es gibt immer wieder Störungen wie Zeitdruck, mangelnde Kontrollierbarkeit oder ein ungünstiges kollegiales

Klima, das Gesundheitsförderung als unwichtig abtut. Es kann also hilfreich sein, die individuellen Ziele der Mitarbeitenden besser zu verstehen: Wer in seinen Lebenszielen die Familie priorisiert, braucht vielleicht flexible Arbeitszeiten und kann dann auch wieder effektiv arbeiten.

Zielintegration

Bestenfalls resultiert aus einer gelungenen Zielintegration und Nutzung der Ressourcen also ein gut integriertes Gesundheitsverhalten (z. B.: »Ich habe erlebt, dass ich besser mit Stress umgehen kann, mich fitter für den Job fühle und belastbarer für verantwortungsvolle Arbeiten bin, wenn ich mich ausreichend erhole, indem ich regelmäßig Bewegung und Aktivitäten mit meiner Familie in meinen Alltag integriere.«). Verschiedene Studien haben das CCAM und einzelne Annahmen überprüft und gezeigt, dass es sinnvoll ist, mehr als ein Verhalten zu betrachten (z. B. Gao et al., 2020; Lippke & Cihlar, 2021; Lippke et al., 2022).

!

Merken Sie sich bitte:

ganzheitliche Unterstützung Mitarbeitender

Lebensstilansätze

Der Lebensstilansatz ist eine Weiterentwicklung der bisherigen Modelle zum Gesundheitsverhalten. Er betont die Bedeutung übergeordneter Lebensziele für multiple Gesundheitsverhaltensweisen und beschreibt, wie sich diese gegenseitig fördern oder hemmen können. Für die Gesundheitsförderung im betrieblichen Kontext bedeutet dies, persönliche, berufliche und gesundheitliche Ziele gemeinsam zu thematisieren und die Beschäftigten zu unterstützen, diese Ziele aufeinander abzustimmen. Idealerweise lassen sich so Mitarbeitende ganzheitlicher unterstützen, sodass sie dem Betrieb und dem Arbeitsmarkt länger und zufriedener erhalten bleiben.

2.7 Zusammenfassung

Motivation

Schon die frühen Modelle und Theorien zur Erklärung von Gesundheitsverhalten beschäftigten sich mit veränderbaren Einflussfaktoren. Motivationale Modelle definierten insbesondere den Aspekt der Bedrohung (Bewertung der Schwere einer Gesundheitsbedrohung und der eigenen Verwundbarkeit). Ein Furchtappel alleine reicht jedoch nicht aus, um eine Absicht aufzubauen und eine langfristige Verhaltensänderung zu bewirken. Die Handlungsergebniserwartung und eigene Zuversicht (Selbstwirksamkeitserwartung) in eine Verhaltensänderung sind für die Motivation besonders wichtig. Eine Person muss also wissen, dass sie eine gesundheitliche Bedrohung auch effektiv reduzieren kann.

Handlungsplanung

Defizite weisen die motivationalen Modelle jedoch auf, wenn es um die konkrete Umsetzung einer Absicht in ein Verhalten geht. Die volitionalen Modelle schließen diese Lücke und definieren Einflussfaktoren wie Handlungsplanung und Handlungskontrolle, die eine Verhaltensänderung wahrscheinlicher machen. Sehr wichtig ist dabei die Selbstwirksamkeitserwartung, also der Glaube an die eigene Fähigkeit, an Zielen festzuhalten und sie in die Tat umzusetzen, auch wenn dies schwierig ist.

Stadienmodelle postulieren ähnliche Einflussfaktoren. Sie betrachten jedoch den Prozess der Verhaltensänderung nicht als linear, sondern durch Stadien verlaufend. Sie betonen, dass für unterschiedliche Stadien verschiedene Strategien zur Unterstützung effektiv sind. Besonders für die Entwicklung von Interventionen haben sich diese Modelle bewährt.

Lebensstilansätze

Hybridmodelle integrieren diese drei Ansätze und können damit besser Verhalten erklären und eine Grundlage für Maßnahmen bieten. Lebensstilansätze sind wiederum eine Weiterentwicklung der Hybridmodelle und betrachten auch die begünstigenden oder hemmenden Einflüsse zwischen verschiedenen Zielen und Verhaltensbereichen. Es kann angenommen werden, dass Maßnahmen, die auch die Erlebniswelt von Mitarbeitenden außerhalb der Arbeit berücksichtigen, effektiver sind, da sie die Menschen ganzheitlich betrachten und unterstützen – also Mitarbeitende in allen Lebensbereichen und nicht nur in ihrer Rolle als Beschäftigte betrachten.

Literatur

Bandura, A. (1997): *Self-efficacy: The exercise of control*, New York, NY: W. H. Freeman and Company.

Barth, J./Bengel, J. (1998): Prävention durch Angst? Stand der Furchtappellforschung. (Schriftenreihe der BZgA: Forschung und Praxis der Gesundheitsförderung, Band 4.) Köln: BZgA.

Biddle, S. J. H./Mutrie, N. (2001): *Psychology of physical activity: Determinants, well-being and interventions*, New York, NY: Routledge.

Deci, E. L./Ryan, R. M. (1980): Self-determination theory: When mind mediates behavior, in *Journal of Mind and Behavior*, United States: University of Maine, Vol. 1, Nr. 0, 33-43.

Epton, T./Harris, P. R./Kane, R./van Koningsbruggen, G. M./Sheeran, P. (2015): The impact of self-affirmation on health-behavior change: A meta-analysis, in: *Health Psychology*, Washington: American Psychological Association, Vol. 34, Nr. 3, 187.

Floyd, D. L./Prentice Dunn, S./Rogers, R. W. (2000): A meta-analysis of research on protection motivation theory, in: *Journal of Applied Social Psychology*, Milton: John Wiley & Sons, Vol. *30*, 407-429.

Gao, L./Gan, Y./Lippke, S. (2020): Multiple health behaviors across age: Physical activity and internet use, in: *American Journal of Health Behavior*, Oak Ridge: PNG Publications, Vol. 44, No. 3, 333-344.

Keller, S./Prochaska, J./Velicer, W. (1999): Das Transtheoretische Modell – Eine Übersicht, in: S. Keller (Hrsg.), *Motivation zur Verhaltensänderung – Das Transtheoretische Modell in Forschung und Praxis*, Freiburg: Lambertus.

Koestner, R./Lekes, N./Powers, T. A./Chicoine, E. (2002): Attaining personal goals: Self-concordance plus implementation intentions equals success, in: *Journal of Personality & Social Psychology,* Washington: American Psychological Association, Vol. *83* No.1, 231-244.

Leventhal, H./Singer, R./Jones, S. (1965): Effects of fear and specificity of recommendation upon attitudes and behavior, in: *Journal of Personality and Social Psychology*, Washington: American Psychological Association Vol. 2, 20-29.

Lippke, S./Cihlar, V. (2021): Social participation during the transition to retirement: Findings on work, health and physical activity beyond retirement from an interview study over the course of 3 years, in: *Activities, Adaptation & Aging,* London: Routledge, Vol. 45, No.2, 135-158.

Lippke, S./Keller, F. M./Derksen, C./Kötting, L./Dahmen, A. (2022): Hygiene Behaviors and SARS-CoV-2-Preventive Behaviors in the Face of the COVID-19 Pandemic: Self-Reported Compliance and Associations with Fear, SARS-CoV-2 Risk, and Mental Health in a General Population vs. a Psychosomatic Patients Sample in Germany, in: Hygiene, Vol. 2 No. 1, 28-43.

Lippke, S./Schüz, B./Godde, B. (2021). Modelle gesundheitsbezogenen Handelns und Verhaltensänderung, in: Tiemann M./Mohokum M. (Hrsg.), *Prävention und Gesundheitsförderung*, Springer: Berlin, Heidelberg.

Milne, S./Sheeran, P./Orbell, S. (2000): Prediction and intervention in health-related behavior: A meta-analytic review of protection motivation theory, in: *Journal of Applied Social Psychology*, Milton: John Wiley & Sons, Vol. 30, No.1, 106-143.

Prochaska, J. O/DiClemente, C. C./Norcross, J. C. (1992): In search of how people change: Applications to addictive behaviors, in: *American Psychologist,* Los Angeles: SAGE Publications, Vol. 47, No. 9, 1102-1114.

Rogers, R. W. (1975): A protection motivation theory of fear appeals and attitude change, in: *Journal of Psychology*, London: Taylor & Francis group, Vol. 91, 93-114.

Rogers, R. W. (1983): Cognitive and physiological processes in fear appeals and attitude change: A revised theory of protection motivation, in: J. R. Cacioppo/R. E. Petty (Eds.), *Social psychology: A sourcebook*, New York: Guilford.

Schwarzer, R. (2004): *Psychologie des Gesundheitsverhaltens. Eine Einführung in die Gesundheitspsychologie,* 3. Aufl., Göttingen: Hogrefe.

Sheeran, P. (2002). Intention-behavior relations: A conceptual and empirical review, in: W. Stroebe/M. Hewstone (Eds.), *European Review of Social Psychology,* Chichester: Wiley.

Witte, K./Allen, M. (2000): A meta-analysis of fear-appeals: Implications for effective public health campaigns, in: *Health Education & Behavior,* Los Angeles: SAGE Publications, Vol. 27, No. 5, 591-615.

3 Theorien und Modelle zur Gesundheitskompetenz

Silja Fiedler, Melanie Zirves

Einleitung

Dass Gesundheit und Kompetenz eng zusammenhängen, ist nicht auf den ersten Blick ersichtlich. Seit den 1990er Jahren ist Gesundheitskompetenz jedoch ein weit verbreitetes Konzept. Vor dem Hintergrund, dass sich 2019 17,3 Tage Arbeitsunfähigkeit pro Arbeitnehmerin bzw. Arbeitnehmer und dadurch 88 Milliarden Euro an Produktionsausfällen ergaben (BAuA, 2021), wird deutlich, dass Kompetenz auch im Hinblick auf physische und psychische Gesundheit relevant ist. Ohne Gesundheitskompetenz ergeben sich nicht nur individuell, sondern auch gesamtgesellschaftlich Einschränkungen oder gar Schäden. Da in Deutschland 45 Millionen Menschen erwerbstätig sind, wird es für Unternehmen immer bedeutender, die Gesundheitskompetenz ihrer Mitarbeitenden zu fördern oder zumindest aufrechtzuerhalten.

Ziele und Inhalt des Kapitels

Was unter Gesundheitskompetenz und ihrer Förderung zu verstehen ist, beleuchtet dieses Kapitel. Dabei wird zunächst eine Begriffsdefinition vorgenommen (Kapitel 3.1), bevor darauf eingegangen wird, wer Gesundheitskompetenz benötigt (Kapitel 3.2) und warum sie im Arbeitskontext besonders gestärkt werden sollte (Kapitel 3.3). Anhand von Modellen wird aufgezeigt, wie sich Gesundheitskompetenz klassifizieren lässt (Kapitel 3.4). In Kapitel 3.5 werden vier Handlungsfelder angeführt, in denen sich Gesundheitskompetenz in der Praxis fördern lässt und es werden sechs Ansätze genannt, wie sich Gesundheitskompetenz in die Praxis integrieren lässt. Bei den digitalen Extras finden Sie zudem zwei Fragebögen und ein Schulungskonzept zur Gesundheitskompetenz.

3.1 Was ist Gesundheitskompetenz?

Definition Gesundheitskompetenz

Das Kompositum *Gesundheitskompetenz* entstand in den 1990er Jahren im englischsprachigen Raum und wurde dort unter dem Begriff *health literacy* geprägt. Aus dem klinisch-medizinischen Kontext abgeleitet, umfasst Gesundheitskompetenz individuelle Fähigkeiten im Bereich des Schreibens, Lesens und Rechnens, die Menschen grundlegend benötigen, um medizinische Informationen im Alltag lesen und verstehen zu können (Soellner et al., 2009). Damit geht einher, dass es sich um eine dynamische und erlernbare Kompetenz handelt. Diese eng gefasste klinische Definition ist v. a. im angloamerikanischen Raum verbreitet und bezieht sich auf eine »Gesundheits-Alphabetisierung«.

Das Begriffsverständnis zur Gesundheitskompetenz wurde um die Jahrtausendwende um einen Public-Health-Ansatz ergänzt und umfasst nun – v. a. im europäischen

Raum – auch die Fähigkeit, gesundheitsrelevante Informationen zu finden, kognitiv zu durchdringen, kritisch zu reflektieren und zu beurteilen sowie sinnvoll auf das eigene Leben anzuwenden (Pleasant & Kuruvilla, 2008). Gesundheitskompetenz beinhaltet also auch eine aktiv-konstruktive Art, mit Informationen und der eigenen Gesundheit umzugehen. Sie ist eine Entscheidungsgrundlage, die im Rahmen der Krankheitsbewältigung, der Förderung der Gesundheit und der Prävention zur Aufrechterhaltung und Verbesserung der Lebensqualität über die gesamte Lebensspanne dient (Sørensen et al. 2012). Sie erlaubt dem Individuum bezüglich seiner Gesundheit in Eigenverantwortung zu treten, selbstbestimmt und kontrolliert Entscheidungen zu treffen sowie Handlungen zu vollziehen, die der Gesundheit dienlich sind (Nutbeam 2008). So kann Gesundheitskompetenz als Schlüssel- und Lebenskompetenz im Hinblick auf gesunde und aktive Lebensführung betrachtet werden.

Merken Sie sich bitte: !

Gesundheitskompetenz umfasst die Fähigkeit, Entscheidungen im Hinblick auf die eigene Gesundheit gut informiert treffen zu können. Hierzu ist vonnöten, Informationen, die die Gesundheit betreffen, finden, verstehen, reflektieren und anwenden zu können. In der Prävention, Krankheitsbewältigung und Gesundheitsförderung kann Gesundheitskompetenz dazu beitragen, die Lebensqualität beizubehalten und/oder zu verbessern.

organisationale Gesundheitskompetenz

Neuere Analysen belegen, dass Gesundheitskompetenz nicht rein durch individuelle Fähigkeiten bestimmt wird, sondern durch ein Zusammenspiel ebendieser mit den Gegebenheiten der Umwelt (Bitzer & Sørensen, 2018). Organisationale Gesundheitskompetenz bezieht sich auf Einrichtungen der gesundheitlichen Versorgung. Wird Gesundheitskompetenz dort personen- und patientenzentriert gelebt, kann dies individuelle Defizite auffangen. Organisationen müssen im Rahmen von Audits, Weiterbildungen und Qualitätsstandards dazu befähigt werden, Bedürfnisse und Anforderungen von Patientinnen und Patienten erfüllen zu können (Bitzer & Sørensen, 2018). Beim Suchen von Informationen können Einrichtungen dabei helfen, den Zugang einfacher zu gestalten. Sie müssen auch dafür sorgen, dass ein Verstehen der gefundenen Informationen möglich ist und Entscheidungen im Hinblick auf eine sinnvolle Auswahl von gesundheitsfördernden Maßnahmen unterstützt werden. Mit Blick auf die Anwendung müssen Ressourcen angeboten und das Lernen insgesamt muss gefördert werden.

3.2 Wer braucht Gesundheitskompetenz und warum?

Entwicklungen im Zusammenhang mit Gesundheitskompetenz

Aktuellen Studien zufolge können in Deutschland knapp 59 % der Menschen nur auf eine eingeschränkte Gesundheitskompetenz zurückgreifen (Schaeffer et al., 2021). Diesen Personen bereitet es Schwierigkeiten, gesundheitsbezogene Informationen ausfindig zu machen, zu verstehen, zu beurteilen und sie im Alltag zu nutzen. Im Hinblick auf die COVID-19-Pandemie, die mit einer erhöhten Konfrontation mit Gesundheitsfragen sowie (medialer) gesundheitlicher Aufklärung einherging, zeigte sich, dass sich die Gesundheitskompetenz in der Bevölkerung verbesserte (Schaeffer et al., 2021), was verdeutlicht, dass auch von außen Einfluss auf die Gesundheitskompetenz genommen werden kann.

Der Nationale Aktionsplan zur Gesundheitskompetenz (Schaeffer et al., 2018) fasst sieben gesellschaftliche Entwicklungen zusammen, die verdeutlichen, dass und warum Gesundheitskompetenz für jeden Einzelnen, aber auch für die Gesamtgesellschaft von Bedeutung ist und künftig sein wird:

1. Der Anteil an älteren Menschen wird größer.
1. Die Zahl an chronisch erkrankten Menschen steigt.
2. Es gibt mehr Menschen mit Migrationshintergrund.
3. Die Zahl der Menschen mit niedrigem sozioökonomischem Status nimmt zu.
4. Im Hinblick auf die Komplexität des Gesundheitssystems, die mit einem Risiko der Über-, Fehl- und Unterversorgung einhergeht, führen die genannten ersten vier Punkte zu dem Wunsch, dass auch ältere, chronisch erkrankte Menschen sowie Menschen mit divergierendem kulturellem und sprachlichem Hintergrund in möglichst guter Gesundheit und mit möglichst hoher Lebensqualität in Deutschland leben und alt werden (können).
5. Hinzu kommt der Wandel der Patientenrolle vom passiven Leistungsempfänger hin zum aktiven Mitentscheider und -gestalter.
6. Schließlich macht auch die Digitalisierung, die neue Wege der Information und Kommunikation, aber auch eine Informationsflut mit sich bringt, Kompetenzen nötig, die es dem Einzelnen ermöglichen, diese Informationen zu ordnen, kritisch zu reflektieren, zu bewerten und anzuwenden.

Outcomes zur Gesundheitskompetenz

Vonnöten ist eine hohe Gesundheitskompetenz also auch deswegen, weil es in der modernen Welt einen Zuwachs an Entscheidungsmöglichkeiten und Anforderungen an die Entscheidungsverantwortung gibt. Zugleich geht mit der Auflistung einher, dass verschiedene Bevölkerungsgruppen eine unterschiedlich hohe Gesundheitskompetenz aufweisen. Menschen mit Migrationshintergrund, niedrigem sozio-ökonomischem Status und niedrigem Bildungsstatus sowie ältere und chronisch kranke Menschen haben im Durchschnitt die niedrigste Gesundheitskompetenz (Quenzel et al., 2016).

Die aktuelle Forschung, die sich bisher vor allem auf die vulnerablen Gruppen sowie die Stärkung der funktionalen Gesundheitskompetenz fokussierte (d.h. auf basale Fähigkeiten wie das Lesen und Verstehen von Informationen mit Gesundheitsbezug), stellt zudem heraus, dass Gesundheitszustand und -verhalten miteinander korrelieren (Berkman et al., 2011). Im Vergleich zu Menschen mit hoher Gesundheitskompetenz verhalten sich Menschen mit niedriger bis problematischer Gesundheitskompetenz weniger gesundheitsförderlich, was sich beispielsweise in schlechteren Bewegungs- und Ernährungsgewohnheiten äußert. Sie nehmen häufiger das kurative als das präventive Gesundheitssystem in Anspruch, haben eine geringere Compliance und tun sich im Umgang mit chronischen und psychischen Erkrankungen schwerer, was häufig eine erhöhte Morbidität sowie erhöhte Kosten für das Gesundheitssystem impliziert (Schaeffer et al., 2021). Studien belegen somit, dass Gesundheitskompetenz ein gesamtgesellschaftliches Thema ist und sein muss.

Der Nationale Aktionsplan (Schaeffer et al., 2018) bezeichnet die Situation um die Gesundheitskompetenz als paradox, da Gesundheitskompetenz auf der einen Seite immer wichtiger zu werden scheint, auf der anderen Seite heute eine schier unüberblickbare Fülle an Informationen vorhanden ist, die entweder schwer zugänglich oder inhaltlich hinsichtlich Vertrauenswürdigkeit, Qualitätssicherung und Richtigkeit schwer zu durchdringen und zu bewerten ist. Dies kann bei den Informationssuchenden eine Überforderung bedingen. Hinzu kommen mitunter wirtschaftliche Interessen, die die Darstellung oder Aufbereitung von Informationen beeinflussen.

3.3 Gesundheitskompetenz im Arbeitskontext

Stressoren im Zusammenhang mit Gesundheitskompetenz

Gesundheitskompetenz wird seit einigen Jahren auch vermehrt im Arbeitskontext thematisiert und die aktive Förderung im beruflichen Kontext ist zunehmend wichtig. Hierbei gilt es einerseits, betriebs- und volkswirtschaftliche Einbußen, die von Absentismus, Präsentismus, geringer Produktivität und Leistungsmotivation verursacht werden, zu vermeiden, andererseits Arbeitsfähigkeit, Gesundheit, Wohlbefinden und Engagement der Beschäftigten zu erhalten und zu fördern. Das mit hohen Anforderungen einhergehende digitale, globale und jüngst pandemisch geprägte Arbeitsumfeld belastet alle Erwerbstätigen in zunehmendem Maße. Umso wichtiger ist es, dass ihr Gesundheitszustand – auch langfristig – erhalten bleibt. Durch mobiles Arbeiten steigen Flexibilität und Unabhängigkeit, kognitive und emotionale Anforderungen nehmen jedoch zu. Gleichzeitig ergeben sich dadurch zusehends atypische Arbeitszeiten und eine Vermischung von Privat- und Berufsleben, was psychische, emotionale, kognitive und soziale Belastungen mit sich bringt (Waltersbacher et al., 2019). Vor allem seit dem Ausbruch der COVID-19-Pandemie muss sich die Arbeitswelt vielfältig anpassen. Viele Unternehmen aus dem Dienstleistungssektor stellten auf Homeoffice um, während zahlreiche Produktionsmitarbeiter vorübergehend in Kurzarbeit geschickt wurden. Die sozialen und beruflichen Kontakte haben sich durch Distanz- und Hygieneregelungen verändert, zudem sind auch hier Gruppenunterschiede auszumachen: So stand die Kulturbranche beispielsweise monatelang still, während das Gesundheitswesen deutlich mehr Arbeit hatte als in nicht-pandemischen Zeiten. Dabei bleibt noch zu untersuchen, ob Menschen mit erhöhter Gesundheitskompetenz ggf. besser mit diesen Veränderungen umgehen konnten als Menschen mit geringerem sozioökonomischem Status und daher eher weniger Gesundheitskompetenz, die darüber hinaus vermehrt in Berufen arbeiten, die kein Homeoffice zuließen oder gar vermehrtes Arbeiten forderten.

Das Bundesministerium für Arbeit und Soziales (2020) verweist darauf, dass Multitasking als höchster Stressor hinsichtlich Arbeitsorganisation und -inhalt wahrgenommen wird. Gestiegen ist auch der Anteil an Beschäftigten, die sich von der Menge an Arbeit überfordert fühlen (2019: 23%, 2012: 19%, 2006: 17%). Veränderungen der Arbeitswelt bringen folglich Chancen und Risiken bezüglich der Gesundheit der Erwerbstätigen mit sich. Im Hinblick darauf, ob für die Erwerbstätigen eher die positiven oder negativen Folgen überwiegen, haben Individuen, aber auch Unternehmen, einen Gestaltungsspielraum – je nachdem, wie aktiv sie sich mit der Gesundheitskompetenz auseinandersetzen.

Führungskraft als Vorbild und Multiplikator

Dabei kommt vor allem Führungskräften eine zentrale Rolle zu, da sie sowohl als Vorbild und Multiplikator fungieren als auch selbst hohen Arbeitsbelastungen standhalten müssen. Sie sind folglich im Hinblick auf Gesundheitskompetenz sowohl Adressaten als auch Partner von Unternehmen, indem sie Transparenz und eine unterstützende Beteiligungskultur schaffen (Fiedler et al., 2019).

!

Merken Sie sich bitte

Angesichts von 45 Millionen Beschäftigten in Deutschland ist das Arbeitsumfeld ein wichtiges Handlungsfeld, in dem sowohl individuelle Aspekte als auch Kontextfaktoren Berücksichtigung finden sollten, wenn es um die Förderung der Gesundheitskompetenz geht. Gesundheitskompetenzmodelle können dabei genutzt werden, um eine Brücke zwischen Wissenschaft und Praxis zu bauen.

3.4 Gesundheitskompetenzmodelle

Die zahlreichen Definitionen zu Gesundheitskompetenz werden von einer Vielzahl an Modellen und Messinstrumenten begleitet. Die beschriebene Schreib-, Lese- und Rechenfähigkeit wird in den Modellen um systembezogene, aber auch weitere individuelle Aspekte ergänzt (Soellner et al., 2009; Sørensen et al., 2012). Modelle insgesamt und vor allem die grafische Darstellung von Modellen verdeutlichen in Theorie und Praxis Zusammenhänge, Wirkungsprinzipien und Mechanismen zwischen Komponenten und erleichtern somit die Nachvollziehbarkeit komplexer Konstrukte. So wird zudem ersichtlich, dass es sich bei Gesundheitskompetenz um ein Konstrukt handelt, das als multidimensional bezeichnet werden kann. Zwei zentrale Dimensionen lassen sich jedoch in allen Modellen gleichermaßen ausmachen: Die Konzentration auf die Kerncharakteristika von Gesundheitskompetenz und deren Zusammenspiel (1) sowie der auf gesundheitskompetentes Handeln gerichtete Fokus (2). Einen detaillierten

Überblick zu unterschiedlichen Modellen liefern der englischsprachige Review-Artikel von Sørensen et al. (2012) sowie der deutschsprachige Artikel von Soellner et al. (2009).

Nutbeams Modell (2000) folgt dem Public-Health-Ansatz und umfasst drei Formen der Gesundheitskompetenz, die aufeinander aufbauen:

Modell nach Nutbeam

- Die funktionale Gesundheitskompetenz als Basis bezieht sich auf grundlegende kognitive Fähigkeiten wie Lesen und Verstehen von Gesundheitsinformationen.
- Die kommunikative und interaktive Gesundheitskompetenz umfasst elaboriertere kognitive und soziale Fähigkeiten. Durch diese Aspekte kann eine Person im Umgang mit der eigenen Gesundheit eine aktive Rolle einnehmen.
- Die kritische Gesundheitskompetenz als drittes ermöglicht ein reflexives und kritisches Umgehen mit Vorgaben und Informationen, die die Gesundheit betreffen.

Modell nach Sörensen

Das Modell von Sørensen et al. (2012) kann als Meta-Modell bezeichnet werden, denn es integriert in seine theoretische sowie inhaltsanalytische Herleitung 17 Definitionen und zwölf Gesundheitskompetenzmodelle. Es umfasst zudem sowohl den Public-Health- als auch den klinisch-medizinischen Ansatz. Um Informationen mit Gesundheitsbezug erhalten, verstehen, bewerten und anwenden zu können, braucht es im Kern Wissen, Motivation und diverse Kompetenzen. Daneben sind Einflussfaktoren auf und Konsequenzen von Gesundheitskompetenz zu bedenken.

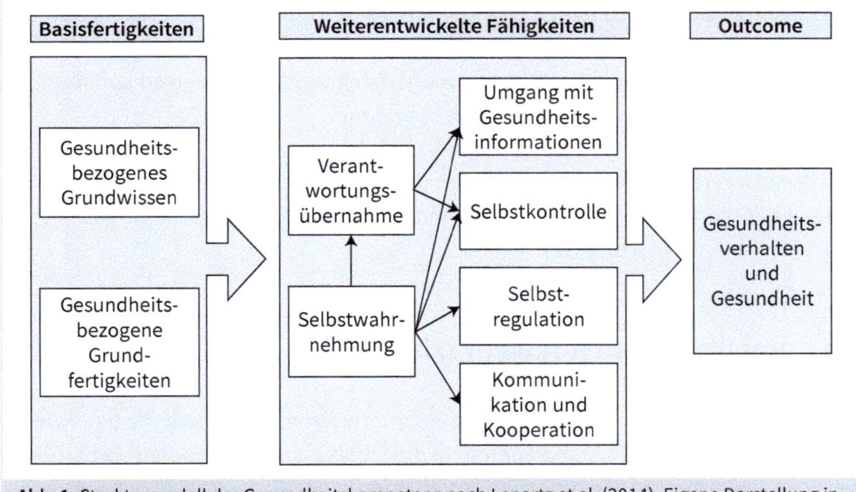

Abb. 1: Strukturmodell der Gesundheitskompetenz nach Lenartz et al. (2014). Eigene Darstellung in Anlehnung an (Lenartz et al. 2014).

Strukturmodell nach Lenartz, Soellner und Rudinger

Im Strukturmodell nach Lenartz, Soellner und Rudinger (2014) (Abbildung 1), das evaluiert ist und weniger komplex ausfällt, werden Basisfähigkeiten, weiterentwickelte Fähigkeiten und das Outcome grafisch dargestellt und in Relation zueinander gesetzt.

Das Modell ist in unterschiedlichen gesundheitsrelevanten Kontexten anwendbar, zudem gibt es dafür einen validierten Fragebogen (Lenartz, 2012). Dabei entsprechen die Basisfertigkeiten in diesem Modell der funktionalen Gesundheitskompetenz des Modells von Nutbeam (2000). Im Mittelpunkt stehen die weiterentwickelten Fähigkeiten, die sich in eine perzeptiv-emotionale und eine handlungsorientierte Ebene gliedern. Diese Fähigkeiten entsprechen der kommunikativen und interaktiven sowie kritischen Form der Gesundheitskompetenz bei Nutbeam (2000). Hinzu kommen eine motivationale Komponente (aktive Übernahme von Verantwortung) sowie die Aspekte Selbstwahrnehmung, -regulation und -kontrolle.

Die Selbstwahrnehmung bildet die Basis für die weiterentwickelten Fähigkeiten sowie die Selbst- und Verhaltensregulation. Die kognitiv-motivationale Ebene der Gesundheitskompetenz wird durch aktive Verantwortungsübernahme für die individuelle Gesundheit angesprochen. Jemand, der Verantwortung für die eigene Gesundheit übernimmt, trifft bewusstere Entscheidungen für seine Gesundheit und sorgt sich um diese (Lenartz et al., 2014).

Selbstwahrnehmung und Verantwortungsübernahme aktivieren die handlungsbezogene Ebene des Modells. Selbstregulation und Selbstkontrolle bilden kognitive Fähigkeiten ab, wobei die Selbstregulation dazu dient, Absichten zu erreichen und beizubehalten, während Selbstkontrolle darauf zielt, innere Impulse zu steuern. Der Umgang mit Gesundheitsinformationen beschreibt die Fähigkeiten, gesundheitsrelevante Informationen zu finden und kognitiv zu durchdringen. Kommunikation und Kooperation umfassen die Fähigkeit, innerhalb des Gesundheitssystems sowie mit anderen Menschen angemessen zu gesundheitsrelevanten Themen zu kommunizieren und im Sinne der Unterstützung zu kooperieren.

Basis- und weiterentwickelte Fähigkeiten machen es im Outcome möglich, sich gesundheitsförderlich zu verhalten und somit ein physisch und psychisch gesünderes Leben zu führen (Lenartz, 2012).

3.5 Implikationen für die Praxis

Auch wenn sie zunächst theoretisch und komplex wirken, lassen sich die beschriebenen Modelle zur Gesundheitskompetenz in die Praxis integrieren, indem sie beispielsweise in visualisierter Form den Mitarbeitenden einer Organisation zur Verfügung gestellt oder eigens an eine Organisation angepasst werden. Zudem lassen sich auf der Basis dieser Modelle Fragebögen und Schulungsinhalte entwickeln, die es ermöglichen, die Gesundheitskompetenz der Führungskräfte und über sie dann die der Mitarbeitenden oder der Patientinnen und Patienten – und somit der Organisation insgesamt – zu verbessern. Es geht dabei auch darum, für die Praxis deutlich zu machen, was jede und jeder Einzelne, aber auch jede Organisation tun kann, um insgesamt eine höhere Gesundheitskompetenz in der Bevölkerung aufzubauen.

Rolle der Organisation

Aus diesen Punkten wird ersichtlich, dass sich in der Praxis nicht nur beim Individuum, sondern auch bei der Organisation bzw. beim System ansetzen lässt. Organisationen kommt im Hinblick auf Gesundheitskompetenz eine besonders bedeutende Rolle zu, denn der moderne Mensch verbringt den Großteil seines Lebens in verschiedenen Organisationen – sei es bei der Arbeit, der Freizeit, im Bildungssystem oder im Krankheits- und Pflegefall. Da in Organisationen viele Menschen zusammenkommen und an ihrem jeweiligen Stand der Gesundheitskompetenz abgeholt und angesprochen werden können, bietet es sich an, hier Maßnahmen zur Förderung der Gesundheitskompetenz in den schon bestehenden Strukturen und Prozessen zu etablieren und zu fördern (ÖPGK, 2019). Im Zuge der System- und Organisationsentwicklung sowie im Rahmen von Weiter- und Fortbildungen ermöglicht es eine gesundheitskompetente Organisation nach Brach et al. (2012) ihren Mitgliedern und Besuchenden, besser auf Informationen zurückgreifen, diese verstehen und für sich nutzen zu können. Brach et al. (2012) halten zehn Merkmale einer gesundheitskompetenten Organisation fest (vgl. den folgenden Kasten).

Merken Sie sich bitte: !

In einer gesundheitskompetenten Organisation:

1. ist Gesundheitskompetenz in das Leitbild, die Strukturen und Prozesse integriert.
2. ist Gesundheitskompetenz in die strategische Planung, die Evaluation von Maßnahmen, die Entwicklung der Qualität und die Patientensicherheit integriert.
3. wird die Gesundheitskompetenz der Mitarbeitenden beobachtet und gefördert.
4. werden die Zielgruppen an der Entwicklung, Implementation und Evaluation von Angeboten, die die Gesundheit betreffen, beteiligt.
5. werden bedürfnisorientierte Methoden angewandt, die zur Förderung der Gesundheitskompetenz der Zielgruppen dienen.
6. werden verständliche Strategien zur Förderung der Gesundheitskompetenz im Rahmen der interpersonellen Kommunikation eingesetzt.
7. wird Unterstützung bei der Orientierung in der Organisation sowie beim Zugang zu Gesundheitsinformationen angeboten.
8. werden verständliche, auf die Zielgruppe ausgerichtete Medien zur Kommunikation der gesundheitsförderlichen Informationen genutzt.
9. wird Gesundheitskompetenz auch in Hochrisikosituationen, an Versorgungsschnittstellen und im Hinblick auf Medikamenteninformationen gefördert.
10. wird transparent gemacht, welche Kosten bei der Inanspruchnahme von Leistungen übernommen oder selbst zu tragen sind.

Auch für Organisationen selbst ergibt sich hieraus ein Vorteil, da gesündere Mitarbeitende sowie gesündere Patientinnen und Patienten der Organisation zugutekommen. Somit ist hier von einer Win-Win-Situation zu sprechen.

Die Etablierung einer gesundheitskompetenten Organisation braucht jedoch Zeit, auch wenn es sich bei den Maßnahmen um sogenannte automatisch mitlaufende »Add-ins« handeln soll und nicht um »Add-ons«, die zusätzliche Ressourcen benötigen. So gilt es, mit kleinen Maßnahmen der Umsetzung zu beginnen, die sich jedoch auf alle Ebenen beziehen. Als Leitgedanke kann hier dienen, dass auch kleine Schritte zum Ziel führen und der Erfolg in kleinen Dingen zu einem Mehr motivieren kann (ÖPGK 2019).

Förderung der Gesundheitskompetenz in der Arbeitswelt

Der Nationale Aktionsplan (Schaeffer et al., 2018) nennt vier Handlungsfelder, um Gesundheitskompetenz nachhaltig zu fördern:

- die alltägliche Lebenswelt des Menschen, worunter auch der Arbeitsplatz zählt,
- das Gesundheitssystem,
- das Feld der chronischen Erkrankungen sowie
- das Feld der Forschung.

Da in Deutschland über 45 Millionen Erwerbstätige leben, die den Großteil ihrer wöchentlichen Zeit bei der Arbeit verbringen, und, wie bereits aufgezeigt wurde, aufgrund der Rolle, die Organisationen – und somit auch der Arbeitsplatz – spielen, bietet dieses Handlungsfeld besonders gute Möglichkeiten der Förderung der Gesundheitskompetenz. Hinzu kommt, dass die Arbeitsanforderungen durch digitales und flexibles Arbeiten stetig wachsen (Waltersbacher et al., 2019). Daher ist es im Zuge der Prävention und Gesundheitsförderung unabdingbar, gesundheitsrelevante Informationen am Arbeitsplatz zu verbreiten und die Förderung der Gesundheitskompetenz in das Betriebliche Gesundheitsmanagement und die Arbeitssicherheit zu integrieren. Hier ist von Relevanz, nicht nach einem Gießkannen-Prinzip vorzugehen und möglichst viele und strukturierte Maßnahmen, sondern bedarfsorientierte und zielgerichtete Angebote und Strukturen zu schaffen.

Ansätze zur Förderung der Gesundheitskompetenz in der Arbeitswelt

Solch konkrete Ansätze können beispielsweise sein, Fort- und Weiterbildungen für Führungskräfte zu gesundheitskompetenter Führung anzubieten (siehe folgende Praxisbeispiele). Führungskräfte können mit gutem Beispiel vorangehen und als Multiplikatoren für Mitarbeitende dienen, wenn es darum geht, Angebote wahrzunehmen. Weitere Möglichkeiten bestehen darin, die sozialen und zeitlichen Abläufe im Unternehmen derart zu optimieren, dass Mitarbeitende gezielt durch interne oder externe Kurse (z. B. Sportkurse, Meditation, Yoga) angesprochen, ihnen Interaktionsmöglichkeiten geboten und flexible Arbeitsbedingungen bspw. im Rahmen des Berufsstarts, der Familiengründung oder der Pflege von Angehörigen offeriert werden. Auch sollte ein Informationsangebot geschaffen werden, auf das Mitarbeitende während des mobilen Arbeitens zugreifen können. Hierzu eignet sich die regelmäßige Kommunikation über verschiedene Kanäle, über die auch Informationskampagnen geschaltet werden können (z. B. E-Mail, Intranet, Team-Meetings, Gesundheitstag). Auf diese Weise lässt sich eine Work-Life-Balance erreichen. Wichtig ist zudem, eine Anlaufstelle im Unternehmen zu etablieren, wo Unterstützung geboten wird, ohne dass sich dies negativ auf die Stellung der Mitarbeitenden im Unternehmen auswirkt. Dies setzt voraus, dass Vertrauen in die Mitarbeitenden sowie zwischen Mitarbeitenden und Führungskräften besteht bzw. dass es, sofern es hier Defizite gibt, gestärkt werden muss.

Zur besseren Vorstellung, wie die Integration der theoretischen Aspekte in die Praxis aussehen kann, die folgenden drei Praxisbeispiele:

Praxisbeispiele:

Die **Toolbox GesiMa** (Gesundheitskompetenz im Markt) stellt Medien und Instrumente bereit, die Führungskräfte darin unterstützen, die Gesundheitskompetenz ihrer Mitarbeitenden zu fördern. Ein Handlungsleitfaden ermöglicht eine leichte praktische Umsetzung im Unternehmen. Weitere Informationen finden sich unter www.inga.de.

Das Programm **MHFA** (Mental Health First Aid – Empfehlung zum gesundheitskompetenten Leben mit chronischer Krankheit) bietet evidenzbasierte Kurse an, die dem besseren Umgang mit eben diesen Erkrankungen dienen und fundierte Informationen zum Erkennen von Symptomen, zu Erste-Hilfe-Ansätzen bei psychischen Krisen oder zu Behandlungsmöglichkeiten bereitstellen. Weitere Informationen finden sich unter www.mentalhealthfirstaid.org.

Das an der Universität zu Köln angesiedelte Forschungsprojekt **HeLEvi** (Promoting the health literacy of managers – An evidence-based training program) entwickelte und evaluierte ein Schulungsprogramm zur Förderung der Gesundheitskompetenz von Führungskräften. Weitere Informationen finden sich unter www.imvr.de oder bei den digitalen Extras.

Um Gesundheitskompetenz in der Praxis umzusetzen, kann sechs Ansätzen gefolgt werden. Ein erster umfasst das Bestreben, gesundheitliche und soziale Ungleichheit durch die Förderung von Gesundheitskompetenz abzubauen (Schaeffer et al., 2018). Da sozial schwächer gestellte Personen und solche mit Migrationshintergrund schwerer zu erreichen sind, sollten Angebote leicht verfügbar, z. B. in mehreren Sprachen, auf allen Unternehmensebenen und in allen -bereichen angeboten werden.

Die individuellen und strukturellen Bedingungen zu verändern, stellt den zweiten Ansatz dar (Schaeffer et al., 2018). Es geht nicht darum, auf das einzelne Individuum zu zielen, sondern die gesamte Organisation im Sinne der Verhaltens- und Verhältnisprävention in den Blick zu nehmen. Lassen es individuelle oder organisationale Strukturen nicht zu, dass Angebote wahrgenommen werden (z. B. aus zeitlichen Gründen), nützt es nichts, Angebote vorzuhalten. Ein Ansatz auf längere Sicht wäre an dieser

Stelle, Komponenten der gesunden Lebensführung im Beruf als Element in Ausbildungs- oder Studiengängen mit aufzunehmen.

Der dritte Ansatz zielt darauf ab, Partizipation und Teilhabe zu ermöglichen (Schaeffer et al. 2018). Die Annahme, dass sich die eigene Gesundheit durch das eigene Handeln bzw. Verhalten beeinflussen lässt, kann gestärkt werden, indem Menschen an Entscheidungen beteiligt werden, die zum Ziel haben, die Gesundheitskompetenz zu fördern. Stichwörter lauten hier Diversität, Inklusion, Feedback und Kommunikation zwischen allen Beteiligten. Da Angebote mit ihrer Nutzung stehen und fallen, ist es wichtig, die Zielgruppe derart anzusprechen, dass sie involviert ist und ein ernstes Interesse an Programmen entwickelt.

Digitalisierung im Hinblick auf den Aufbau und die Förderung von Gesundheitskompetenz als Chance zu nutzen, ist ein vierter Ansatz (Schaeffer et al. 2018). Die Angebote für mobiles Arbeiten und digitales Lernen sind heute vielfältig, doch implizieren das Internet und die neue Art des Arbeitens auch einen Zuwachs an Informationen und Flexibilität, die es richtig einzuschätzen und einzuschränken gilt.

Ein fünfter Ansatz ist die Kooperation, die zwischen allen beteiligten Akteuren entstehen muss, damit Synergien genutzt werden können (Schaeffer et al. 2018). An dieser Stelle kommt Betrieblichen Gesundheitsmanagern eine bedeutende Rolle zu, denn sie können Einzelinitiativen koordinieren, mit anderen Unternehmen, der Krankenkasse, der Forschung und Universität oder mit privaten Anbietern Netzwerke aufbauen, die darauf abzielen, die Unterstützungsmöglichkeiten möglichst breit aufzustellen und langfristig zu erhalten.

Der Erfolg oder Misserfolg gesundheitsfördernder Angebote muss sechstens regelmäßig hinterfragt werden, wobei eine Evaluation der Wirksamkeit nach unterschiedlichen Kriterien – am besten qualitativ und quantitativ – erfolgen sollte (siehe digitale Extras). Auch hierfür ist eine Kooperation mit der Wissenschaft von Vorteil, damit aus Angeboten ein bleibender Nutzen entstehen und eine tatsächliche Verankerung im Unternehmen stattfinden kann. Damit individuelle Kompetenzen wachsen können, ist es unabdingbar, organisationale Kontextfaktoren in den Blick zu nehmen und in Einklang zu bringen.

Literatur

BAuA (2021). Volkswirtschaftliche Kosten durch Arbeitsunfähigkeit 2019. Verfügbar unter: https://www.baua.de/DE/Themen/Arbeitswelt-und-Arbeitsschutz-im-Wandel/Arbeitsweltberichterstattung/Kosten-der-AU/pdf/Kosten-2019.pdf?__blob=publicationFile&v=4 (abgerufen am 22.11.2021).

Berkman, Nancy D./Sheridan, Stacey L./Donahue, Katrina E./Halpern, David J./Crotty, Karen (2011). Low health literacy and health outcomes: an updated systematic review.

Annals of internal medicine 155 (2), 97–107. https://doi.org/10.7326/0003-4819-155-2-201107190-00005.

Bitzer, Eva Maria/Sørensen, Kristine (2018). Gesundheitskompetenz – Health Literacy. Gesundheitswesen 80, 754–766.

Brach, Cindy/Keller, Debra/Hernandez, Lyla M./Baur, Cynthia/Parker, Ruth/Dreyer, Benard/Schyve, Paul/Lemerise, Andrew J./Schillinger, Dean (2012). Ten Attributes of Health Literate Health Care Organizations.

Bundesministerium für Arbeit und Soziales (2020). Sicherheit und Gesundheit bei der Arbeit – Berichtsjahr 2019. https://doi.org/10.21934/BAUA:BERICHT20201215.

Fiedler, Silja/Pfaff, Holger/Petrowski, Katja/Pförtner, Timo-Kolja (2019). Effects of a Classroom Training Program for Promoting Health Literacy Among IT Managers in the Workplace: A Randomized Controlled Trial. Journal of occupational and environmental medicine 61 (1), 51–60. https://doi.org/10.1097/JOM.0000000000001471.

Fiedler, Silja/Pförtner, Timo-Kolja/Nitzsche, Anika/McKee, Lorna/Pfaff, Holger (2017). Health literacy of commercial industry managers: an exploratory qualitative study in Germany. Health promotion international 34 (1), 5–15. https://doi.org/10.1093/heapro/dax052.

Lenartz, Norbert (2012). Gesundheitskompetenz und Selbstregulation. Göttingen, V&R unipress, Bonn Univ. Press.

Lenartz, Norbert/Soellner, Renate/Rudinger, Georg (2014). Gesundheitskompetenz. Modellbildung und empirische Modellprüfung einer Schlüsselqualifikation für gesundes Leben. Die Zeitschrift für Erwachsenenbildung 2, 29–32.

Mackert, Michael/Champlin, Sara/Su, Zhaohui/Guadagno, Marie (2015). The Many Health Literacies: Advancing Research or Fragmentation? Health communication 30 (12), 1161–1165. https://doi.org/10.1080/10410236.2015.1037422.

Nutbeam, Don (2000). Health literacy as a public health goal: a challenge for contemporary health education and communication strategies into the 21st century. Health promotion international 15 (3), 259–268.

Nutbeam, Don (2008). The evolving concept of health literacy. Social science & medicine (1982) 67 (12), 2072–2078. https://doi.org/10.1016/j.socscimed.2008.09.050.

ÖPGK (2019). Gesundheitskompetenz in Organisationen verwirklichen – Wie kann das gelingen? Praxisleitfaden zur Entwicklung einer gesundheitskompetenten Organisation. Wien.

Pleasant, Andrew/Kuruvilla, Shyama (2008). A tale of two health literacies: public health and clinical approaches to health literacy. Health promotion international 23 (2), 152–159. https://doi.org/10.1093/heapro/dan001.

Quenzel, Gudrun/Vogt, Dominique/Schaeffer, Doris (2016). Unterschiede der Gesundheitskompetenz von Jugendlichen mit niedriger Bildung, Älteren und Menschen mit Migrationshintergrund. Gesundheitswesen (Bundesverband der Arzte des Offentlichen Gesundheitsdienstes (Germany)) 78 (11), 708–710. https://doi.org/10.1055/s-0042-113605.

Schaeffer, Doris/Berens, Eva-Maria/Gille, Svea/Griese, Lennert/Klinger, Julia/Sombre, Steffen de/Vogt, Dominique/Hurrelmann, Klaus (2021). Gesundheitskompetenz der Bevölkerung in Deutschland vor und während der Corona Pandemie: Ergebnisse des HLS-GER 2. https://doi.org/10.4119/UNIBI/2950305.

Schaeffer, Doris/Hurrelmann, Klaus/Bauer, Ullrich/Kolpatzik, Kai (2018). Nationaler Aktionsplan Gesundheitskompetenz. Die Gesundheitskompetenz in Deutschland stärken. Berlin.

Soellner, Renate/Huber, Stefan/Lenartz, Norbert/Rudinger, Georg (2009). Gesundheitskompetenz – ein vielschichtiger Begriff. Zeitschrift für Gesundheitspsychologie 17 (3), 105–113. https://doi.org/10.1026/0943-8149.17.3.105.

Sørensen, Kristine/Pelikan, Jürgen M./Röthlin, Florian/Ganahl, Kristin/Slonska, Zofia/Doyle, Gerardine/Fullam, James/Kondilis, Barbara/Agrafiotis, Demosthenes/Uiters, Ellen/Falcon, Maria/Mensing, Monika/Tchamov, Kancho/van den Broucke, Stephan/Brand, Helmut (2015). Health literacy in Europe: comparative results of the European health literacy survey (HLS-EU). European journal of public health 25 (6), 1053–1058. https://doi.org/10.1093/eurpub/ckv043.

Sørensen, Kristine/van den Broucke, Stephan/Fullam, James/Doyle, Gerardine/Pelikan, Jürgen/Slonska, Zofia/Brand, Helmut (2012). Health literacy and public health: a systematic review and integration of definitions and models. BMC public health 12, 80. https://doi.org/10.1186/1471-2458-12-80.

Waltersbacher, Andrea/Maisuradze, Maia/Schröder, Helmut (2019). Arbeitszeit und Arbeitsort– (wie viel) Flexibilität ist gesund? In: Bernhard Badura/Antje Ducki/Helmut Schröder et al. (Hg.). Fehlzeiten-Report 2019: Digitalisierung– gesundes Arbeiten ermöglichen. Berlin, Springer, 77–107.

4 Auswirkungen des demografischen Wandels auf Erwerbspersonenpotenzial, Morbidität und Arbeitsunfähigkeit

Rüdiger Meierjürgen

Die Megatrends der Globalisierung, Digitalisierung und des demografischen Wandels führen zu zahlreichen Herausforderungen in Wirtschaft und Gesellschaft. Die Arbeitswelt steht vor einem tiefgreifenden Strukturwandel. Veränderungen im Altersaufbau der Bevölkerung beeinflussen bereits heute spürbar das Arbeitsangebot und die Altersstruktur der Beschäftigten. Der Mangel an Nachwuchs- und Fachkräften sowie alternde Belegschaften kennzeichnen die Lage in zahlreichen Unternehmen.

Der nachfolgende Beitrag gibt einen einführenden Überblick über die demografische Entwicklung, beschreibt die Auswirkungen einer schrumpfenden und alternden Bevölkerung auf den Arbeitsmarkt und nimmt die damit verbundenen Veränderungen im Krankheitsspektrum in den Blick.

4.1 Demografischer Wandel: Deutschland schrumpft und altert

4.1.1 Entwicklung der Bevölkerungszahl

Seit der Wiedervereinigung ist die Bevölkerungszahl in Deutschland deutlich gestiegen. Ende 2020 lebten in Deutschland rund 83,2 Millionen Menschen (Statistisches Bundesamt, 2021). Als Folge des demografischen Wandels wird künftig die Bevölkerung schrumpfen und altern. Welche Auswirkungen die Coronavirus-Pandemie auf die Bevölkerungsentwicklung nehmen wird, ist derzeit noch nicht absehbar. Im Jahr 2020 ist die Bevölkerungszahl in Deutschland um 12 Tsd. Personen leicht gesunken (ebenda). Die demografische Entwicklung wird durch das Zusammenwirken von drei Faktoren bestimmt:

1. der Entwicklung der Geburtenrate und damit der Anzahl der Geburten,
2. der Entwicklung der Lebenserwartung und damit der Anzahl der Sterbefälle,
3. der Entwicklung des Wanderungssaldos.

Entwicklung Geburtenrate

Die Zahl der Geburten beeinflusst unmittelbar den Altersaufbau der Bevölkerung. Nach hohen Geburtenraten in den 1950er- und 1960er-Jahren ist die Geburtenrate in Deutschland seit Ende der 1960er-Jahre stark zurückgegangen (»Pillenknick«) und befindet sich seither auf einem anhaltend niedrigen Niveau. Um eine Bevölkerung ohne Zuwanderung auf einem konstanten Niveau zu halten, müssten in Deutschland rechnerisch etwa 2,1 Kinder pro Frau geboren werden. Diesen Wert erreicht Deutschland jedoch seit Jahrzehnten nicht mehr. Seit 2010 schwankt die zusammengefasste Geburtenziffer zwischen 1,4 und 1,6. Im Jahr 2020 betrug sie 1,53 Kinder je Frau (ebenda).

Entwicklung Lebenserwartung

Die Lebenserwartung der deutschen Bevölkerung ist in den vergangenen Jahrzehnten kontinuierlich gestiegen. Seit den 1970er-Jahren hat sich die Lebenserwartung bei Geburt jedes Jahrzehnt um etwa 2,5 Jahre erhöht. Derzeit beträgt die Lebenserwartung neugeborener Mädchen 83,4 und die der Jungen 78,4 Jahre (Statistisches Bundesamt, 2019). Zwar wird davon ausgegangen, dass in Zukunft die Lebenserwartung weiter steigt, die Zunahme wird jedoch geringer ausfallen als in der Vergangenheit und sie wird zudem etwas langsamer für Frauen als für Männer steigen. Nach den Vorausberechnungen ist langfristig bis zum Jahr 2060 – je nach Modellvariante – von einem Anstieg für Jungen um weitere vier bis acht Jahre auf ca. 82 bis 86 Jahre und für Mädchen um weitere drei bis sieben Jahren auf über 86 bis fast 90 Jahre auszugehen (ebenda).

Entwicklung Zuwanderung

Neben der natürlichen Bevölkerungsbewegung (Geburten und Lebenserwartung) beeinflusst die Wanderungsbewegung in erheblicher Weise die Bevölkerungsentwicklung. Die Bevölkerung Deutschlands würde ohne Nettozuwanderung aus dem Ausland (Außenwanderung) schon seit mehr als einem halben Jahrhundert schrumpfen, da schon seit 1972 die jährliche Zahl der Gestorbenen die jährliche Zahl der Geborenen übersteigt. Die stark gestiegene Zuwanderung in den Jahren 2014 bis 2017, darunter überwiegend jüngere Menschen, hat der Schrumpfung der Bevölkerungszahl entgegengewirkt und zugleich das Erwerbspersonenpotenzial verjüngt. Demgegenüber führt die Wanderung innerhalb Deutschlands (Binnenwanderung) dazu, dass Regionen, die von massiver Abwanderung betroffen sind, demografisch stärker altern. Vor allem in Regionen der neuen Bundesländer traten vor allem als Folge der wirtschaftlichen Strukturschwäche und der geringen Wirtschaftskraft in den vergangenen Jahrzehnten gleichzeitig Schrumpfungs- und Alterungsprozesse der Bevölkerung auf.

Wie sich der Wanderungssaldo künftig entwickelt, hängt maßgeblich von der politischen und wirtschaftlichen Entwicklung Deutschlands und vom Migrationspotenzial und -druck in den Herkunftsländern ab. Aufgrund der zahlreichen Einflussfaktoren ist die längerfristige Entwicklung der Zuwanderungen nach Deutschland nur schwer zu prognostizieren. Die Bevölkerungsvorausschätzungen arbeiten daher mit verschiedenen Annahmen über die künftige Entwicklung der Zuwanderung.

Nach den Ergebnissen der Hauptvarianten der 14. Koordinierten Bevölkerungsvorausberechnung wird die Bevölkerung in Deutschland noch bis zum Jahr 2024 zunehmen und spätestens nach dem Jahr 2040 schrumpfen. Vor allem die Annahmen über den Wanderungssaldo üben dabei einen starken Einfluss auf die Ergebnisse der Vorausberechnungen aus (Statistisches Bundesamt 2019).

Wie die folgende Abbildung 1 zeigt, wird bei einer moderaten Entwicklung von Geburten und Lebenserwartung in Deutschland und bei einer Nettozuwanderung von durchschnittlich 221.000 Personen pro Jahr die Bevölkerungszahl bis zum Jahr 2060 auf 78,2 Millionen (Variante 2, G2-L2-W2) und bei einer niedrigen Nettozuwanderung von 147.000 Personen pro Jahr auf 74,4 Millionen (Variante 1, G2-L2-W1) zurückgehen. Bei einem dauerhaft hohen Wanderungssaldo mit einer Nettozuwanderung von 311.000 Personen pro Jahr wird sich die Bevölkerungszahl im Jahr 2060 auf dem Niveau von 2018 bewegen (Variante 3, G2-L2-W3).

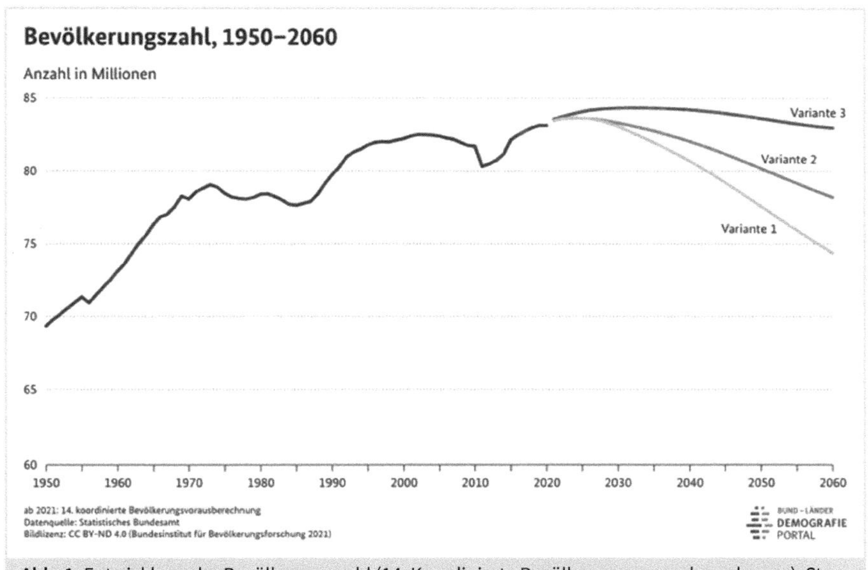

Abb. 1: Entwicklung der Bevölkerungszahl (14. Koordinierte Bevölkerungsvorausberechnung); Statistisches Bundesamt (Destatis), 2019

4.1.2 Veränderungen der Altersstruktur

Bevölkerungspyramide

Noch zu Beginn des 20. Jahrhunderts nahm der Altersaufbau der Bevölkerung eine typische Pyramidenform ein: Viele Kinder und Jugendliche bildeten eine breite Basis, mit zunehmendem Alter nahm die Zahl der Menschen eines Jahrgangs relativ gleichmäßig ab. Seither hat sich die Altersstruktur grundlegend verändert. Die sinkenden Geburtenraten verkleinern die Basis, die Spitze der Pyramide wird durch die steigende Lebenserwartung immer breiter.

Babyboomer-Generation

Der aktuelle Altersaufbau der Bevölkerung wird durch die stark besetzten Jahrgänge von 1955 bis 1970, die sog. Babyboomer-Generation, geprägt. Die Babyboomer sind derzeit im Alter von Anfang 50 bis etwa Mitte 60. Der geburtenstärkste Jahrgang 1964 erreicht im Jahr 2031 das 67. Lebensjahr. Wenn die Babyboomer in den kommenden zwei Jahrzehnten aus dem Erwerbsalter ausscheiden und ihnen aufgrund der anhaltend niedrigen Geburtenraten viel schwächer besetzte jüngere Altersjahrgänge in das Erwerbsleben nachfolgen, wird die Zahl der Personen im erwerbsfähigen Alter zurückgehen und sich deren Durchschnittsalter erhöhen.

Im Jahr 2018 waren 51,8 Mio. Personen im erwerbsfähigen Alter von 20 bis 66 Jahren. Im Jahr 2060 werden unter der Annahme, dass sich Geburtenhäufigkeit und Lebenserwartung in den kommenden Jahrzehnten moderat entwickeln, je nach Wanderungssaldo zwischen 40 Mio. und 46 Mio. Menschen im erwerbsfähigen Alter sein. Die Zahl der Personen im erwerbsfähigen Alter spiegelt die Größenordnung des künftig maximal zur Verfügung stehende Arbeitskräftepotenzials wider.

Entwicklung Altersstruktur

Abbildung 2 zeigt, dass sich der Anteil der unter 20-Jährigen von 19 % im Jahr 2018 je nach Annahme der Bevölkerungsentwicklung unterschiedlich entwickelt. Er wird im Jahr 2060 voraussichtlich zwischen 16 % und 21 % liegen. Der Anteil der Menschen im Erwerbsalter von 20 bis 66 Jahren wird dagegen in allen Varianten sinken und Werte zwischen 53 % und 58 % annehmen. Der Bevölkerungsanteil der über 67-Jährigen wird von 19 % im Jahr 2018 bis zum Jahr 2060 auf 24 % bis 30 % steigen.

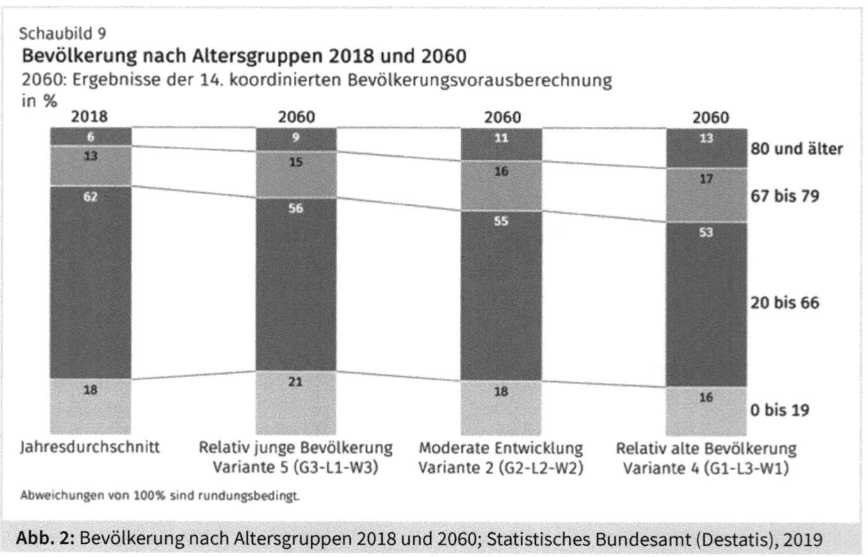

Abb. 2: Bevölkerung nach Altersgruppen 2018 und 2060; Statistisches Bundesamt (Destatis), 2019

Das Durchschnittsalter der Bevölkerung lag mit 44,4 Jahren im Jahr 2018 um fast 10 Jahre höher als im Jahr 1950. Es wird weiter ansteigen und sich bis 2060 auf mindestens 45 und maximal 50 Jahre erhöhen (Statistisches Bundesamt, 2019: 26).

Der demografische Wandel führt somit dazu, dass in den kommenden Jahrzehnten die Zahl der Erwerbsfähigen sinkt. Künftig wird es immer weniger jüngere und bis zum

Ausscheiden der Babyboomer aus dem Erwerbsleben immer mehr ältere Personen, die kurz vor dem Ruhestand stehen, geben.

Merken Sie sich bitte: !

Demografische Entwicklung

- Unter dem demografischen Wandel versteht man im Kern die Entwicklung von Bevölkerungszahl und -struktur. Wesentliche Einflussfaktoren sind die Geburtenrate, die Lebenserwartung sowie die Wanderungsbewegungen.
- Die amtlichen Bevölkerungsvorausberechnungen stützen sich auf Analysen demografischer Trends. Die Vorausberechnungen zeigen auf, wie sich unter der Annahme bestimmter demografischer Voraussetzungen die Bevölkerungszahl und Altersstruktur langfristig entwickeln. Es handelt sich um keine Bevölkerungsprognosen.
- Nach der 14. Koordinierte Bevölkerungsvorausberechnung wird bei einer moderaten Entwicklung von Geburtenrate, Lebenserwartung und Nettozuwanderung die Bevölkerung von rd. 83 Mio. Menschen im Jahr 2018 auf 78,2 Mio. Menschen im Jahr 2060 zurückgehen.
- Der Anteil der Menschen im Erwerbsalter (hier: 20 bis 66 Jahre) wird von 62 Prozent im Jahr 2018 in den kommenden beiden Jahrzehnten deutlich sinken und bis 2060 einen Wert zwischen 53 bis 58 Prozent annehmen.

4.2 Auswirkungen des demografischen Wandels auf den Arbeitsmarkt

Erwerbspersonenpotenzial

In der Bundesrepublik hat ein steigendes Erwerbspersonenpotenzial über viele Jahre den Aufschwung am Arbeitsmarkt gestützt. Das absehbare geringere Arbeitskräfteangebot macht es für Unternehmen schwieriger, den Arbeitskräftebedarf zu decken. Dieser Entwicklung kann entgegengewirkt werden, wenn es gelingt, das vorhandene Arbeitskräftepotenzial besser auszuschöpfen oder neue Arbeitskräfte aus dem Ausland zu gewinnen.

Einflussfaktoren Erwerbspersonenpotenzial

Das künftige Erwerbspersonenpotenzial wird von drei Faktoren bestimmt:

1. der Entwicklung der Erwerbsbeteiligung verschiedener Bevölkerungsgruppen (z. B. Jüngere, Ältere oder Frauen),
2. der Entwicklung des Arbeitsvolumen der Erwerbstätigen (z. B. durch Umwandlung von Teilzeit- in Vollzeitstellen),
3. der Entwicklung der Wanderungsbewegungen von und nach Deutschland.

Erwerbsbeteiligung von Frauen und Älteren

In den vergangenen Jahrzehnten hat die positive wirtschaftliche Entwicklung in Deutschland dazu beigetragen, dass die Frauenerwerbsbeteiligung und die Erwerbsbeteiligung älterer Personen (über 50 Jahre) deutlich angestiegen ist. Die Frauenerwerbstätigenquote in Deutschland lag 2019 mit 76,6 % deutlich über dem EU-Durchschnitt von 67,5 %. Der Anteil der erwerbstätigen Männer stieg bei den 60- bis 64-Jährigen von 43,0 Prozent im Jahr 2008 auf 65,5 Prozent im Jahr 2018 und damit um mehr als 20 Prozentpunkte an. Bei Frauen erhöhte sich die Erwerbsbeteiligung bei den 60- bis 64-Jährigen im gleichen Zeitraum um fast 30 Prozentpunkte – von 27,2 Prozent auf 55,6 Prozent. Der langfristige Anstieg der Erwerbsbeteiligung der Älteren resultiert insbesondere aus dem Abbau von Frühverrentungsmöglichkeiten, dem steigenden Bildungsniveau der Älteren sowie vor allem durch die schrittweise Erhöhung des Regelrenteneintrittsalters von 65 auf 67 Jahre (Eurostat 2021; Klaffke 2021; Wilke 2020).

Auch bei den tatsächlich geleisteten Arbeitsstunden sind erhebliche Zuwächse zu beobachten gewesen. Die Zuwächse in den jüngeren Altersgruppen lassen sich im Wesentlichen auf den Anstieg der Frauenerwerbstätigkeit zurückführen. In den höheren Altersklassen fiel der Anstieg der Arbeitsstundenzahl noch deutlich höher aus. Bei den 60- bis 64-Jährigen hat sich die Zahl der geleisteten wöchentlichen Arbeitsstunden von 11,2 auf 21,6 fast verdoppelt (Bundesinstitut für Bevölkerungsforschung 2019). Projektionen des Bundesinstituts für Bevölkerungsforschung zur Entwicklung der geleisteten Arbeitsstunden zeigen, dass das Arbeitsangebot zumindest bis 2030 nahezu konstant bleiben kann, wenn die Frauenerwerbstätigkeit und die Erwerbsbeteiligung bei Personen über 55 Jahren weiter ansteigen. Die mit der Verrentung der Babyboomer entstehenden Lücken könnten somit bis 2030 weitgehend geschlossen werden (ebenda).

Entwicklung der Arbeitsnachfrage

Nicht zuletzt wird neben den verschiedenen Determinanten der Entwicklung des Arbeitsangebots das künftige Erwerbspersonenpotenzial auch von der Entwicklung der Arbeitsnachfrage abhängen, die u. a. von der konjunkturellen Entwicklung und dem technischen Fortschritt bestimmt wird. Untersuchungen zeigen, dass in den kommenden Jahren die Verbreitung digitaler Technologien zu keinen gravierenden Beschäftigungsverlusten führt, jedoch einen erheblichen Strukturwandel nach sich ziehen wird (Walwei, 2017).

Erwerbspersonenvorausberechnung

Nach der Erwerbspersonenvorausberechnung des Statistischen Bundesamtes aus dem Jahr 2020 wird die Gesamtzahl der Erwerbstätigen in Deutschland – je nach Modellvariante von 43,6 Mio. im Jahr 2019 bis zum Jahr 2060 auf 41,5 Mio. und im ungünstigsten Szenario auf 33,4 Mio. im Jahr 2060 zurückgehen (vgl. Tabelle 1). Ein geringerer Rückgang von etwa 2 Mio. setzt einen dauerhaft hohen positiven Wanderungssaldo aus dem Ausland von über 300 Tsd. Personen pro Jahr sowie eine stärkere Erwerbsbeteiligung voraus. Bei einer niedrigeren Nettozuwanderung von 150 Tsd. Personen und einer stagnierenden Erwerbsbeteiligung sinkt dagegen die Erwerbspersonenzahl um etwa 10 Mio. auf die genannten 33,4 Mio. Die Entwicklung der Nettozuwanderung übt im Vergleich zum Erwerbsverhalten einen wesentlich höheren Einfluss auf die künftige Erwerbspersonenzahl aus (Statistisches Bundesamt, 2020).

Insgesamt zeigen die Modellberechnungen, dass langfristig mit einem demografisch bedingten Rückgang der Erwerbspersonenpotenzials zu rechnen ist. Die Auswirkungen des demografischen Wandels können über eine Zuwanderung und höherer Erwerbsbeteiligung nicht kompensiert, jedoch zumindest abgemildert werden.

Entwicklung der Zahl an Erwerbspersonen					
	2019	**2030**	**2040**	**2050**	**2060**
Variante 1: niedriger Wanderungssaldo, 147 Tsd. Personen pro Jahr (W1-EQ 1)	43.570	40.011	37.687	35.767	33.399
Variante 2: moderater Wanderungssaldo, 221 Tsd. pro Jahr (W2-EQ 1)	43.570	40.147	38.541	37.346	35.555
Variante 3: hoher Wanderungssaldo, 311 Tsd. pro Jahr (W3-EQ 1)	43.570	40.628	39.795	39.405	38.458
Variante 4: niedriger Wanderungssaldo, 147 Tsd. Personen pro Jahr: (W1-EQ 2)	43.570	42.508	40.299	38.574	36.044
Variante 5: moderater Wanderungssaldo, 221 Tsd. pro Jahr (W2-EQ 2)	43.570	42.648	41.188	40.234	38.449
Variante 6: hoher Wanderungssaldo, 311 Tsd. pro Jahr (W3-EQ 2)	43.570	43.143	42.490	42.387	41.493
Anmerkungen: EQ 1: Erwerbsquoten entsprechen dem Durchschnitt der Jahre 2017 bis 2019 und bleiben bis 2060 konstant EQ 2: Erwerbsquoten steigen bis 2060 kontinuierlich entsprechend dem Kohortenansatz					

Tab. 1: Entwicklung der Zahl an Erwerbspersonen bis 2060 (in 1.000); nach Statistisches Bundesamt (2020)

Die Hauptursache für das Sinken der Erwerbspersonenzahl ist das Ausscheiden der geburtenstarken Jahrgänge 1955 bis 1970 aus dem erwerbsfähigen Alter in den kommenden beiden Jahrzehnten. Die Altersjahrgänge der 50- bis 59-Jährigen sind – wie Abbildung 3 zeigt – deutlich stärker vertreten als die jüngeren Altersgruppen. Scheiden die älteren Erwerbstätigen aus dem Erwerbsleben aus, sinkt die Zahl der Erwerbspersonen. Damit einher geht der Altersstrukturwandel. Es wird in Zukunft immer weniger jüngere und zugleich immer mehr ältere Erwerbspersonen kurz vor dem Erreichen des Rentenalters geben. Dieser Alterungsprozess wird sich bis zum Ausscheiden der Babyboomer aus dem Erwerbsleben fortsetzen. Bis zum Jahr 2060 werden sich die starken Unterschiede zwischen den Altersgruppen wieder nivellieren (Statistisches Bundesamt, 2020; Wilke, 2019).

Auch Fuchs et al., (2021) kommen zu dem Ergebnis, dass längerfristig eine höhere Erwerbsbeteiligung von Frauen und von Älteren die rückläufige Entwicklung des Erwerbspersonenpotenzials nicht aufhalten können. Auch die Wanderungssalden der vergangenen Jahre reichen nicht aus, um den demografischen Effekt vollständig zu kompensieren.

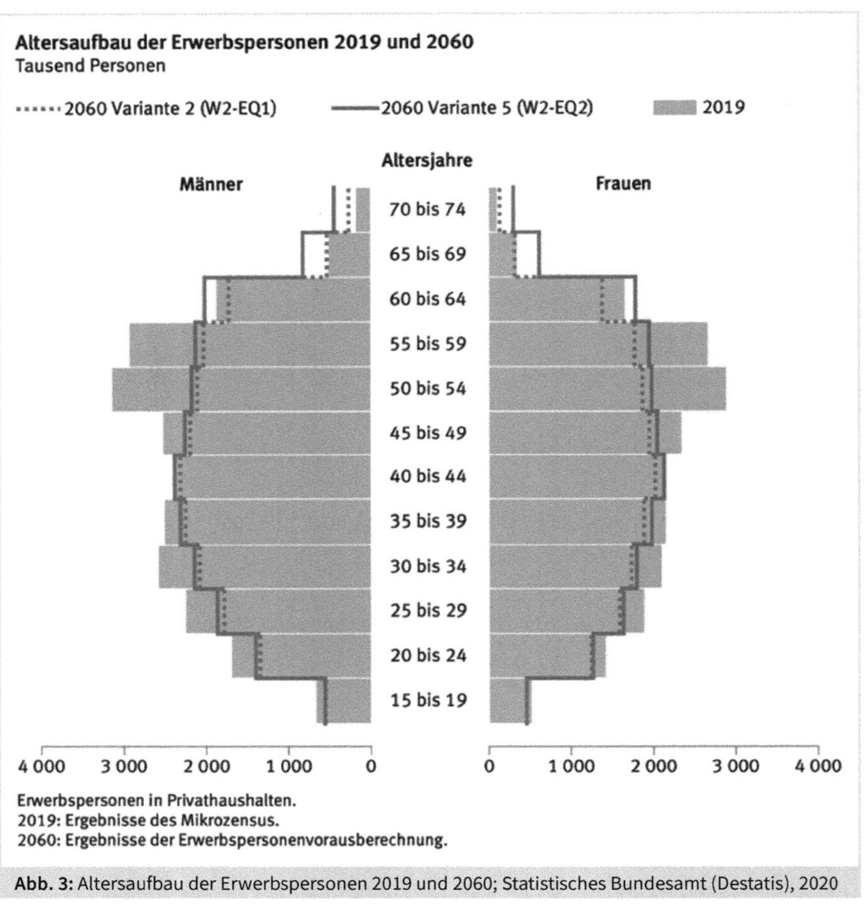

Abb. 3: Altersaufbau der Erwerbspersonen 2019 und 2060; Statistisches Bundesamt (Destatis), 2020

Abschwächung der Auswirkungen der demografischen Alterung

Es gibt verschiedene Ansatzpunkte, die Auswirkungen der demografischen Alterung auf dem Arbeitsmarkt abzuschwächen:

- Investitionen in lebenslange Bildung können dazu beitragen, dass Beschäftigte während ihres gesamten Erwerbslebens über ein adäquates Qualifikationsniveau verfügen, um die Herausforderungen des digitalen Wandels erfolgreich zu bewältigen.
- Die Vereinbarkeit von Beruf und Familie ließe sich für beide Geschlechter durch einen weiteren Ausbau der Infrastrukturen für Kinder (z. B. Ganztags-Kitas) sowie Maßnahmen zur Vereinbarkeit von Erwerbstätigkeit und Familienpflege weiter

fördern. Vor allem die Erhöhung von bedarfsgerechten Betreuungsangeboten würde Frauen die kontinuierliche Berufstätigkeit erleichtern oder bislang Teilzeitbeschäftigten den Weg ebnen, ihre wöchentlichen Arbeitszeiten zu erhöhen.

- Die schrittweise Erhöhung des Regelrenteneintrittsalters von 65 auf 67 Jahre hat in den vergangenen Jahren den Anstieg der Erwerbsbeteiligung der Älteren unterstützt. Eine weitere Anhebung der Regelaltersgrenze – wie in jüngerer Zeit diskutiert – würde nicht nur die Finanzierung der Rentenversicherung, sondern auch den künftigen Arbeitsmarkt entlasten, sofern Beschäftigte nicht früher mit Rentenabschlägen oder gesundheitsbedingt aus dem Erwerbsleben ausscheiden. Die Maßnahme ist gleichwohl gesellschaftspolitisch umstritten. Ein politischer Konsens über die Erhöhung des Renteneintrittsalters lässt sich derzeit kaum erreichen. Ein Ausbau von Maßnahmen, wie die Einführung einer abschlagsfreien »Rente mit 63« für langjährige Versicherte, mindert dagegen tendenziell die Erwerbsbeteiligung der Älteren.
- Maßnahmen des Betrieblichen Gesundheitsmanagements sowie einer altersgerechten Arbeitsplatzgestaltung können dazu beitragen, die Erwerbstätigkeit auch im höheren Alter zu fördern (Bundesinstitut für Bevölkerungsforschung 2019).

Betriebliche Auswirkungen der Verknappung des Arbeitsangebots

Um den Folgen der demografischen Verknappung des Arbeitsangebots entgegenzuwirken, müssen Unternehmen zur Sicherung ihres Fachkräftenachwuchses ihre Anstrengungen intensivieren, jüngere Beschäftigte auf dem Arbeitsmarkt zu rekrutieren. Im Vergleich zur älteren Generation verfügt die jüngere Generation aufgrund »der Macht der geringen Zahl« auf dem Arbeitsmarkt über deutlich mehr Alternativen und Wahlmöglichkeiten (Klaffke, 2021). Unternehmen sollten angesichts des Fachkräftemangels im »war for talents« die Ansprüche und Erwartungen der jüngeren Generation berücksichtigen. Dazu gehören u. a. die Förderung von Entwicklungs- und Selbstverwirklichungsmöglichkeiten, von Gesundheit und Wohlbefinden sowie eine ausgewogene Work-Life-Balance oder die Vereinbarkeit von Beruf und Pflege (Parment 2014). Um ihren Fachkräftebedarf abzudecken, werden Unternehmen zudem ihre Aktivitäten ausbauen müssen, jüngere Fachkräfte aus der Europäischen Union und aus Drittländern zu gewinnen. Eine erfolgreiche Integration von Fachkräften aus dem Ausland setzt betriebliche Rahmenbedingungen voraus, die auf Fairness und Wertschätzung aller Mitarbeitenden und auf der Akzeptanz kultureller Vielfalt beruhen.

Für Unternehmen verstärkt sich zudem auch die Notwendigkeit, ältere Beschäftigte länger und enger an das Unternehmen zu binden und nicht, wie es in der Vergangenheit häufig der Fall war, durch Frühverrentungsprogramme in den Ruhestand zu verabschieden. Um die Berufserfahrung und das Know-how der älteren Beschäftigten länger nutzen zu können, bedarf es einer alter(n)sgerechten Gestaltung und Organisation der Arbeit sowie der fortlaufenden Qualifizierung und Weiterbildung und zudem einer Unternehmenskultur, die die intergenerationale Zusammenarbeit und den Wissensaustausch zwischen den verschiedenen Generationen fördert. Das Gelingen wird nicht zuletzt davon bestimmt, wie motiviert die älteren Beschäftigten sind, länger im Erwerbsleben oder ggf. auch darüber hinaus, z. B. als »Senior Experts«, im Unternehmen verbleiben zu wollen. Es hängt zudem maßgeblich davon ab, ob die Gesundheit der Generation 50+ »mitspielt« (Pfaff & Zeike 2019: 22). Nachlassende Gesundheit kann als ein zentrales Risiko für die berufliche Leistungsfähigkeit von alternden Belegschaften angesehen werden. Es bedarf daher betrieblicher Rahmenbedingungen, die ein umfassendes Generationenmanagement stützen und die Gesundheit der Beschäftigten fördern (Klaffke 2021; Gellert et al., 2018).

!

Merken Sie sich bitte:

Auswirkungen der demografischen Entwicklung

- Die demografische Entwicklung führt langfristig zu einem Sinken des Erwerbspersonenpotenzials.
- Eine höhere Erwerbsbeteiligung von Frauen und vor allem von Älteren kann diese Entwicklung lediglich abschwächen.
- Auch die Zuwanderungen werden vermutlich nicht ausreichen, um die demografischen Effekte vollständig zu kompensieren.
- Betrieben stehen künftig wahrscheinlich immer weniger Arbeitskräfte zur Verfügung.
- Ein gezieltes Generationenmanagement und Maßnahmen des Betrieblichen Gesundheitsmanagements gewinnen an Bedeutung.

4.3 Demografischer Wandel, Krankheitsarten und Fehlzeiten

Angesichts der Verknappung des Erwerbstätigenpotenzials und der Alterung der Belegschaften wird die Gesundheit der Beschäftigten zu einem Schlüsselfaktor, um im Wettbewerb mit anderen Unternehmen bestehen zu können. Dabei geht es nicht nur um die Erhaltung der Arbeitsfähigkeit der »Generation 50+«, sondern darum, die Gesundheit aller Mitarbeitergenerationen zu fördern, sodass sich insgesamt die Leistungsfähigkeit und Attraktivität des Unternehmens auf einem enger werdenden Arbeitsmarkt erhöht.

Da das Alter ein wesentlicher Einflussfaktor für den Gesundheitszustand ist, muss bei demografischen Änderungen der Alterszusammensetzung und -struktur der Bevölkerung bzw. Erwerbspersonen auch mit einer veränderten Häufigkeit und Gewichtung von gesundheitlichen Problemen und Krankheiten gerechnet werden.

4.3.1 Chronische Erkrankungen und Multimorbidität

Der Blick auf das Krankheits- und Arbeitsunfähigkeitsgeschehen zeigt, dass bis zum Auftreten der Covid-19-Pandemie im Jahr 2020 nicht-übertragbare chronische Erkrankungen das Krankheitsspektrum prägten. Ob die Covid-19-Pandemie längerfristig den Stellenwert von infektiösen Erkrankungen im Krankheitsspektrum wieder erhöht, ist derzeit nicht absehbar. Auch ist das Ausmaß der längerfristigen gesundheitlichen Einschränkungen durch Covid-19-Erkrankungen (Long-Covid) aktuell noch nicht hinreichend erforscht.

Definition chronische Erkrankungen

Als chronische Erkrankung werden langandauernde Erkrankungen bezeichnet, die nicht vollständig geheilt werden können und eine andauernde und wiederkehrend erhöhte Inanspruchnahme von medizinischen Leistungen nach sich ziehen (Scheidt-Nave 2010). Hierzu zählen Herz-Kreislauf-Erkrankungen wie koronare Herzkrankheit oder Schlaganfall, Krebs, Stoffwechselerkrankungen wie Diabetes, chronische Atemwegserkrankungen wie Asthma oder COPD, Krankheiten des Muskel-Skelett-Systems oder psychische Störungen. Häufige Krankheitsfolgen sind bleibende Störungen der Körper- und Organfunktionen, Behinderungen und die häufige Inanspruchnahme von Gesundheitsleistungen. Chronische Erkrankungen beeinflussen Lebensqualität, Arbeitsfähigkeit und Sterblichkeit. So sind in Deutschland Herz-Kreislauf-Erkrankungen und Krebserkrankungen die häufigsten Todesursachen. Auf die beiden Krankheitsarten entfielen im Jahr 2020 57,8 % aller Todesfälle (Datenreport, 2021).

Mit zunehmendem Lebensalter steigt das individuelle Risiko sowie die Wahrscheinlichkeit für das gleichzeitige Auftreten mehrerer chronischer Erkrankungen (Multimorbidität). In einer alternden Gesellschaft werden daher altersassoziierte chronische Erkrankungen künftig häufiger auftreten und das Problem der Mehrfacherkrankungen wird angesichts zunehmend gleichzeitiger physischer und neurodegenerativer Erkrankungen (wie z. B. Demenz) an Bedeutung gewinnen (Scheidt-Nave et al., 2010; Nowossadeck, 2012).

Ergebnisse der GEDA-2019/2020 EHIS Studie

Nach den Ergebnissen der Studie »Gesundheit in Deutschland aktuell« (GEDA-2019/2020 EHIS) wird von 49,2 % der Teilnehmenden das Vorliegen einer chronischen Krankheit oder eines lang andauernden gesundheitlichen Problems angegeben (Männer: 46,4 %; Frauen: 51,9 %). Die Häufigkeit steigt mit dem Lebensalter von 33,8 % bei Frauen und 15,8 % bei Männern bei den unter 30-Jährigen auf 61,9 % bei Frauen und 62,0 % bei Männern bei den über 80-Jährigen an. Lang andauernde gesundheitliche Einschränkungen bei alltäglichen Aktivitäten mit einer Dauer von mindestens 6 Monaten werden von 33,4 % der Befragten benannt. Die Prävalenz liegt mit 35 % bei Frauen höher als bei Männern mit 31,0 %. Mit zunehmendem Lebensalter ist ein deutlicher Anstieg in der Prävalenz der gesundheitlichen Einschränkungen zu verzeichnen. Diese beträgt in der Altersgruppe der 18- bis 29-Jährigen 16,8 % bei den Frauen und 10,5 % bei den Männern. Bei den über 80-Jährigen dagegen beträgt sie 63,2 % bei den Frauen und 58,1 % bei den Männern (vgl. Tabelle 3).

	Chronische Krankheit oder gesundheitliches Problem (mindestens 6 Monate)		**Gesundheitsbedingte Einschränkung bei alltäglichen Aktivitäten (stark oder mäßig, mindestens 6 Monate)**	
	Angaben in %		**Angaben in %**	
	Frauen	**Männer**	**Frauen**	**Männer**
18-29 Jahre	33,8	25,8	16,8	10,5
30-44 Jahre	40,9	34,6	21,3	18,5
45-64 Jahre	58,6	53,1	39,2	38,8
65-79 Jahre	61,9	63,8	46,1	42,9
80 Jahre u. älter	61,9	62,0	63,2	58,1
insgesamt	51,9	46,4	35,5	31,0

Tab 3: Prävalenzen chronischer Krankheiten/langanhaltende gesundheitliche Probleme und gesundheitsbedingter Einschränkungen (GEDA 2019/2020-EHIS); Heidemann, Chr. et al. (2021), Auszug Tabelle 1 (ohne Konfidenzintervalle), S. 8.

Vor allem die Prävalenzen von Diabetes, koronarer Herzkrankheit, Schlaganfall und seiner Folgebeschwerden, chronisch obstruktiven Lungenerkrankungen (COPD) sowie Arthrose steigen ab dem mittleren Lebensalter (ab 45 Jahren) bis ins hohe Erwachsenenalter deutlich an. Dagegen treten Depressive Symptome und Allergien häufiger im unteren und mittleren Lebensalter auf (GEDA-2019/2020 EHIS).

»Life-Style-Faktoren«

Viele chronische Erkrankungen stehen im engen Zusammenhang mit den Lebensgewohnheiten. Herz-Kreislauf-Erkrankungen, Krebs, Atemwegserkrankungen und Diabetes werden maßgeblich durch vier »Life-Style-Faktoren« beeinflusst: Fehlernährung, mangelnde körperliche Aktivität, Tabakkonsum und exzessiver Alkoholkonsum. Prävention und Gesundheitsförderung sind daher wichtige Ansatzpunkte, um der Entstehung von chronischen Erkrankungen und ungünstigen Verläufen entgegenzuwirken (Prütz et al., 2014).

Krankenkostenrechnung

Mit den oftmals langwierigen chronischen Erkrankungen gehen erhebliche Gesundheitskosten einher. Nach der Krankheitskostenrechnung des Statistischen Bundesamtes entfielen im Jahr 2015 rund die Hälfte der direkten Krankheitskosten in Höhe von 338,2 Mrd. € in Deutschland auf die vier Krankheitsgruppen Herz-Kreislauf-Erkrankungen (46,4 Mrd. €), psychische und Verhaltensstörungen (44,4 Mrd. €), Krankheiten des Verdauungssystems (41,6 Mrd. €) und Muskel-Skelett-Erkrankungen (34,2 Mrd. €)

(Statistisches Bundesamt 2017). Hinzu kommen die vor allem durch Arbeitsunfähigkeit, Invalidität und vorzeitigen Tod der erwerbstätigen Bevölkerung hervorgerufenen indirekten volkswirtschaftlichen Kosten.

4.3.2 Krankheitsbedingte Fehlzeiten

Nach Schätzungen der Bundesanstalt für Arbeitsschutz und Arbeitsmedizin verursachten im Jahr 2019 712,2 Mio. Arbeitsunfähigkeitstage volkswirtschaftliche Produktionsausfälle von 88 Mrd. Euro bzw. 149 Mrd. Euro Ausfall an Produktion und Bruttowertschöpfung (BMAS 2021).

Die Kennziffer »Krankenstand« informiert über den Umfang der Krankmeldungen durch Beschäftigte. Arbeitnehmer sind verpflichtet, den Arbeitgebern und Krankenkassen ihre Arbeitsunfähigkeit zu melden, da sie in den ersten sechs Wochen ihrer Erkrankung ein Anrecht auf Lohnfortzahlung seitens ihrer Arbeitgeber und danach einen Anspruch auf Krankengeldzahlungen durch ihre Krankenkasse haben. Verschiedene Krankenkassen bzw. Krankenkassenverbände berichten in Fehlzeiten- und Gesundheitsreporten über das Arbeitsunfähigkeitsgeschehen ihrer Mitglieder. Darüber hinaus erfasst das Bundesministerium für Gesundheit auf der Grundlage von Stichtagsmeldungen den monatlichen Krankenstand der Erwerbstätigen (Busch, 2009).

Die Aussagekraft der Arbeitsunfähigkeitsdaten ist mit verschiedenen Einschränkungen verbunden. Es werden lediglich Krankenstandsdaten ab dem dritten Krankheitstag erfasst. Zudem unterliegt der Krankenstand im Zeitablauf Schwankungen, die nicht direkt mit Veränderungen der Gesundheit der Erwerbstätigen im Zusammenhang stehen. Dies ist etwa dann der Fall, wenn in Zeiten hoher Arbeitslosigkeit Beschäftigte aus Sorge um den Verlust ihres Arbeitsplatzes eine Krankschreibung vermeiden. Darüber hinaus wird die Vergleichbarkeit der einzelnen Reporte durch unterschiedliche methodische Verfahren und Abgrenzungen erschwert. Trotz der verschiedenen Einschränkungen tragen die Krankenstandsdaten zum Verständnis von Unterschieden im Krankenstand zwischen Beschäftigtengruppen, Krankheitsarten und deren Veränderungen im Zeitablauf bei (vgl. ausführlich BARMER, 2021/Knieps & Pfaff 2021; Meyer et al., 2021; Storm, 2021; Techniker Krankenkasse, 2021). Im Folgenden werden Ergebnisse aus Reporten präsentiert, die sich auf gleiche methodische Vorgehensweisen stützen.

Die Arbeitsunfähigkeitsdaten zeigen, dass die krankheitsbedingten Fehlzeiten mit dem Lebensalter der Beschäftigten zunehmen. Der Krankenstand der Frauen ist in allen Altersklassen höher als der der Männer. Die jüngeren Beschäftigten sind im Durchschnitt häufiger, aber kürzer krankgeschrieben. Ältere Beschäftigte fehlen demgegenüber seltener, sind aber länger arbeitsunfähig. Abbildung 4 zeigt exemplarisch den Krankenstand nach Falldauer und -häufigkeit für die Versicherten der DAK-Gesundheit im Jahr 2020 auf.

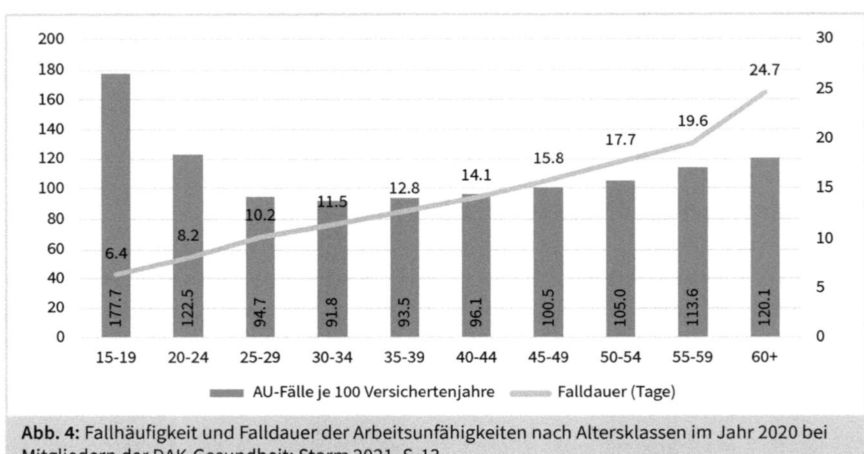

Abb. 4: Fallhäufigkeit und Falldauer der Arbeitsunfähigkeiten nach Altersklassen im Jahr 2020 bei Mitgliedern der DAK-Gesundheit; Storm 2021, S. 13.

Die Langzeitarbeitsunfähigkeitsfälle mit einer Dauer von mehr als 6 Wochen haben mit 4,7 % bis 6,0 % zwar lediglich einen geringen Anteil an den gesamten Arbeitsunfähigkeitsfällen, dagegen beläuft sich ihr Anteil an den Arbeitsunfähigkeitstagen auf 45,5 % bis 53,2 % (Tabelle 4). Der Anteil der Langzeitfälle steigt mit zunehmendem Lebensalter an. So sind bei der DAK-Gesundheit im Jahr 2020 bei den über 60-Jährigen mehr als 60 % des Krankenstands durch Erkrankungen von über 6 Wochen Dauer verursacht worden (Storm, 2021: 14).

	Arbeitsunfähigkeits-Fälle In %	**Arbeitsunfähigkeits-Tage In %**
BARMER	5,5	53,2
DAK	4,7	46,7
TK	6,0	52,7

Tab. 4: Langzeitarbeitsunfähigkeit (43 und mehr Tage) im Jahr 2020 – AU-Fälle und AU-Tage in Prozent; BARMER 2021, Storm 2021, Techniker Krankenkasse 2021

Arbeitsunfähigkeitsgeschehen nach Krankheitsarten

Tabelle 5 weist das Arbeitsunfähigkeitsgeschehen nach Krankheitsarten mit den größten Anteilen an den Arbeitsunfähigkeitstagen und -fällen im Jahr 2020 aus. Auf Erkrankungen des Muskel-Skelett-Systems, auf psychische Erkrankungen sowie auf Erkrankungen des Atmungssystems entfallen mehr als die Hälfte aller Fehltage (BARMER: 55,8 %, DAK: 52,8 %, TK: 52,9 %).

Im Jahr 2020 hatten die Erkrankungen des Muskel-Skelett-Systems mit über 20 % die höchsten Anteile am Krankenstand bei der BARMER und DAK-Gesundheit. Dagegen standen mit einem Anteil von 19,8 % bei der Techniker Krankenkasse die psychischen Erkrankungen an erster Stelle.

Mit 398 Fehltagen je 100 Versichertenjahre hatten bei der BARMER die Erkrankungen des Muskel-Skelett-Systems einen Anteil von 22,1% an den Fehltagen. Im Jahr 2020 waren im Mittel damit erwerbstätige Versicherte bei der BARMER knapp 4 Tage wegen Erkrankungen des Muskel-Skelettsystems krankgeschrieben. Ein durchschnittlicher Krankheitsfall belief sich auf 23,9 Tage. Die Reporte weisen dagegen mit 332 Tagen für die DAK-Gesundheit und mit 270 Tagen für die Techniker-Krankenkasse deutlich niedrigere Krankheitsfehltage je 100 Versichertenjahre aus.

Auch bei den psychischen Erkrankungen waren mit 368 Tagen die Krankheitsfehltage je 100 Versichertenjahre und einer durchschnittlichen Dauer von 50,7 Tagen bei der BARMER am höchsten, gefolgt von der Techniker Krankenkasse mit 299 Krankheitsfehltagen je 100 Versichertenjahre bei einer durchschnittlichen Dauer von 49 Tagen. Der Anteil der psychischen Erkrankungen an allen Krankheitsarten belief sich bei der Techniker Krankenkasse auf 19,8% und war damit höher als der Anteil der Muskel-Skelett-Erkrankungen mit 17,9%.

Atemwegserkrankungen weisen zwar mit über einem Viertel aller Krankheitsfälle die höchste Fallhäufigkeit auf. Sie haben jedoch im Durchschnitt mit etwa 7 bis 8 Tagen eine vergleichsweise geringe Krankheitsdauer, was darauf hindeutet, dass es sich bei Atemwegserkrankungen häufig um relativ leichte Erkrankungen handelt.

Neben diesen drei dominierenden Krankheitsarten wird das Fehlzeitengeschehen durch zahlreiche weitere Krankheitsarten geprägt (vgl. Tabelle 5).

Fehlzeitengeschehen durch Krankheitsarten (alle Angaben in %)						
	BARMER	**DAK**	**TK**	**BARMER**	**DAK**	**TK**
Muskel-Skelett-System	22,1	21,2	17,9	15,4	15,8	13,5
Psychische Erkrankungen	20,5	17,1	19,8	6,8	6,5	6,3
Atmungssystem	13,2	14,5	15,2	26,7	25,9	30,0
Verletzungen	11,5	11,8	10,0	8,0	7,2	6,8
Verdauungssystem	4,7	4,9	4,0	9,6	9,4	8,8
Unspezifische Symptome	3,6	4,6	6,2	6,5	7,6	7,4
Infektionen	4,1	4,6	4,4	9,7	9,5	9,7
Nervensystem, Augen, Ohren	4,2	4,6	4,5	5,3	5,3	5,4
Neubildungen	4,7	4,3	3,6	1,8	1,5	1,6
Kreislaufsystem	4,3	4,1	3,2	2,5	2,4	2,1
Sonstige	7,1	8,3	11,2	7,7	8,9	1,8

Tab. 5: Anteilige Verteilung der Arbeitsunfähigkeitstage und -fälle auf die 10 wichtigsten Krankheitsarten in Prozent; BARMER 2021/Storm 2021/Techniker Krankenkasse 2021, eig. Berechnungen

	AU-Tage je 100 Versicherten-jahre			AU-Tage je Fall		
	BARMER	DAK	TK	BARMER	DAK	TK
Muskel-Skelett-System	398	331,5	270	23,9	20,1	20,0
Psych. Erkrankungen	368	264,6	299	50,7	38,8	49,0
Atmungssystem	237	212,6	230	8,3	7,8	7,9
Verletzungen	206	174	151	24,0	23,2	22,9
Verdauungssystem	85	70,2	61	8,2	7,1	7,2
Unspez. Symptome	65	66,7	93	9,3	8,4	12,9
Infektionen	73	65,1	67	7,1	6,6	7,1
Nervensystem, Augen, Ohren	77	65,8	68	13,3	11,8	13,2
Neubildungen	84	66,2	54	45,2	42,4	33,9
Kreislaufsystem	77	59,4	48	28,6	23,9	23,9

Tab. 6: AU-Tage je 100 Versichertenjahre und je Fall nach Krankheitsarten 2020; BARMER, 2021; Storm, 2021; Techniker Krankenkasse, 2021

4.3.3 Arbeitsunfähigkeit aufgrund psychischer Erkrankungen

Bedeutungszuwachs psychischer Erkrankungen

In den vergangenen beiden Dekaden ist die Zunahme der psychischen Erkrankungen eine der auffälligsten Entwicklungen im Arbeitsunfähigkeitsgeschehen. Die steigende Zahl psychischer Erkrankungen und die oftmals damit verbundenen langfristigen Krankheitsverläufe verursachen erhebliche Ausgaben im Gesundheitsbereich. Nach Berechnungen des Statistischen Bundesamtes beliefen sich die wegen psychischen und Verhaltensstörungen entstandenen Krankheitskosten im Jahr 2015 auf 44,1 Mrd. Euro. Das entspricht einem Anteil von 13,1 Prozent an allen Krankheitskosten (Statistisches Bundesamt, 2017). Psychische Erkrankungen stellten 2018 mit 43 Prozent die Hauptursache für Frühverrentungen dar. Im Vergleich zu anderen Diagnosegruppen treten Berentungsfälle wegen »Psychischer Störungen und Verhaltensstörungen« deutlich früher ein. Das durchschnittliche Berentungsalter lag 2018 mit 50,5 Jahren fünf Jahre unter dem bei orthopädischen Erkrankungen (Hesse et al., 2019).

Abbildung 5 zeigt exemplarisch die langfristige Entwicklung der AU-Tage und AU-Fälle aufgrund psychischer Erkrankungen für die DAK-Gesundheit. Seit 1997 haben sich die Arbeitsunfähigkeitstage von 76,7 Tage je 100 Versicherten bis 2020 auf 264,6 Tage je 100 Versicherten mehr als verdreifacht. Auch die Arbeitsunfähigkeitsfälle verzeichnen im gleichen Zeitraum einen Anstieg von 2,5 Fällen auf 6,8 Fälle je 100 Versicherten. Im Schnitt dauerte im Jahr 2020 ein einzelner Arbeitsunfähigkeitsfall eines Beschäftigten aufgrund von psychischen Erkrankungen 38,8 Tage (vgl. Tabelle 6). Auch Auswertungen anderer Krankenkassen und Krankenkassenverbände belegen den langfristigen Bedeutungszuwachs psychischer Erkrankungen (z. B. Meyer et al., 2021; Techniker Krankenkasse, 2021). Unter den psychischen Erkrankungen bilden Depressionen (Depressive Episode/Rezidivierende depressive Störung) die häufigste Einzeldiagnose gefolgt von Reaktionen auf schwere Belastungen und Anpassungsstörungen sowie andere neurotische Störungen. Die Zahl der AU-Tage aufgrund psychischer Erkrankungen steigt mit dem Lebensalter der Versicherten kontinuierlich an. DAK-Versicherte Frauen weisen einen höheren Krankenstand aufgrund psychischer Erkrankungen als Männern auf. Im Jahr 2020 waren im Durchschnitt erwerbstätige weibliche Versicherte mehr als drei Tage und männliche Versicherte zwei Tage wegen psychischer Erkrankungen krankgeschrieben (Storm, 2021).

Wissenschaftliche Begründung der Zunahme psychischer Erkrankungen

Die Zunahme psychischer Erkrankungen wird in der Wissenschaft kontrovers diskutiert. Der Anstieg resultiert vermutlich nicht nur aus ihrer gewachsenen Bedeutsamkeit in der sich wandelnden Arbeitswelt, sondern auch aufgrund einer höheren Aufmerksamkeit für diese Erkrankungen und einem geänderten ärztlichen Verhalten im Umgang mit entsprechenden Diagnosen und Krankschreibungen (RKI, 2015).

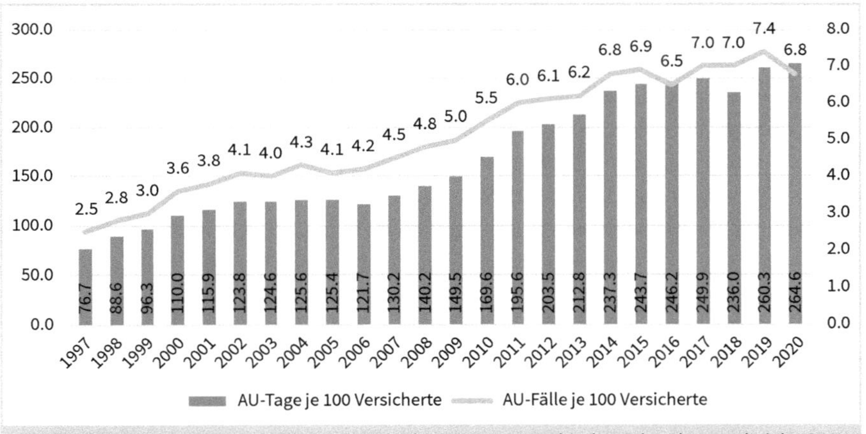

Abbildung 5: AU-Tage und AU-Fälle je 100 Versicherte wegen psychischer Erkrankungen bei der DAK-Gesundheit; Storm (2021), S. 18

!

Merken Sie sich bitte:

Krankheitsentwicklung

- Das Krankheitspanorama in Deutschland wird durch chronische nicht-übertragbare Krankheiten dominiert. Ob die Covid-19 Pandemie langfristig zu einem Wandel des Krankheitsgeschehens führt, ist derzeit nicht absehbar.
- Chronische Krankheiten sind altersassoziiert. Hinzu kommt, dass Menschen im Alter oft an mehreren Erkrankungen gleichzeitig leiden (Multimorbidität). Der demografische

Wandel führt somit unter sonst gleichen Bedingungen zu einer Zunahme von chronischen Erkrankungen und Multimorbidität.

- Zahlreiche chronische Erkrankungen werden durch lebensstilassoziierte Risikofaktoren bzw. risikobehaftete Verhaltensweisen begünstigt bzw. verursacht.
- Arbeitsunfähigkeitszeiten nehmen mit dem Lebensalter zu. Ältere Beschäftigte sind seltener, aber länger krankgeschrieben. Langzeitarbeitsunfähigkeitsfälle haben einen hohen Anteil an den Arbeitsunfähigkeitstagen.
- Krankenkassen verzeichnen seit Jahren einen starken und stetigen Anstieg der psychischen Erkrankungen bei den Krankschreibungen.

4.4 Fazit

Mit dem demografischen Wandel ist nicht nur eine schrumpfende Gesamtbevölkerung verbunden, sondern auch eine rückläufige Erwerbspersonenzahl und alternde Belegschaften.

Für Unternehmen ergibt sich daher zum einen die Herausforderung, im »war for talents« junge geeignete Fachkräfte zu rekrutieren, zum anderen verstärkt sich die Notwendigkeit, ältere Beschäftigte länger und enger an das Unternehmen zu binden. Dazu bedarf es eines umfassenden betrieblichen Generationenmanagements. Zugleich wird die Gesundheit der Beschäftigten dabei angesichts der rasanten wirtschaftlichen und technologischen Entwicklungen und Umbrüche zu einem Schlüsselfaktor, um im Wettbewerb auf globalen Märkten erfolgreich zu bestehen. Der Bedeutungszuwachs der oftmals langwierigen chronischen Erkrankungen in alternden Belegschaften und nicht zuletzt die betrieblichen Auswirkungen der Covid-19-Pandemie verdeutlichen den Stellenwert umfassender Strategien und Maßnahmen des Betrieblichen Gesundheitsmanagements.

Literatur

Barmer (2021): BARMER Gesundheitsreport 2021, Berlin.

Busch, K. (2009): Die Arbeitsunfähigkeit in der Statistik der GKV, in: Badura, B., Schröder, H., Vetter, C. (Hrsg.), Fehlzeiten-Report 2008, S. 437-442., Heidelberg: Springer.

Bundesministerium für Arbeit und Soziales und Bundesanstalt für Arbeitsschutz und Arbeitsmedizin (2021): Volkswirtschaftliche Kosten durch Arbeitsunfähigkeit 2019.

Bundesinstitut für Bevölkerungsforschung (2019): Alterung und Arbeitsmarkt. Auswirkungen weniger dramatisch als befürchtet, Policy Brief, September 2019, Wiesbaden.

Eurostat (2021): Beschäftigte und Erwerbspersonen nach Alter und Geschlecht – jährliche Daten online Datencode, https://ec.europa.eu/eurostat/de/data/database (Abruf 27.12. 2021).

Fuchs, J./Söhnlein, D./Weber, B. (2021): Demografische Entwicklung lässt das Arbeitskräfteangebot stark schrumpfen, Institut für Arbeitsmarkt- und Berufsforschung, IAB-Kurzbericht 25/2021.

Gellert, F.-J./ Kesselmann, M./Wilke, Chr. (2018): Arbeitswelt im Wandel. Betriebliche Gesundheitsmanagement in alternden Belegschaften, Zeitschrift für Gesundheitsförderung und Prävention, S. 12-17.

Heidemann C./Scheidt-Nave C./Beyer AK./Baumert J./Thamm R. et al. (2021): Gesundheitliche Lage von Erwachsenen in Deutschland – Ergebnisse zu ausgewählten Indikatoren der Studie GEDA 2019/2020-EHIS. Journal of Health Monitoring 6(3): 3–27. DOI 10.25646/8456.

Hesse, B./Hessel, A./Ågren C./Falk J./ Nebe A./Weinbrenner, S. (2019): Psychische Erkrankungen in der Rehabilitation und bei Erwerbsminderung – zentrale Handlungsfelder, In: RVaktuell 8/2019, S. 195-199.

Meyer, M./Wing, L./Schenkel, A./Meschede, M. (2021): Krankheitsbedingte Fehlzeiten in der deutschen Wirtschaft im Jahr 2020. In: Badura, B. et al. (Hrsg.), Fehlzeiten-Report 2021, S. 443-512, Wiesbaden: Springer.

Nowossadeck E (2012): Demografische Alterung und Folgen für das Gesundheitswesen. Hrsg. Robert Koch-Institut Berlin, GBE kompakt 3(2) www.rki.de/gbe-kompakt (Stand: 03.04.2012).

Parment, A. (2014): Erwartungen zukünftiger Generationen. In: Badura et al., Fehlzeitenreport 2014, S. 61-73, Wiesbaden: Springer.

Pfaff, H. /Zeike, S. (2018)/Arbeit und Gesundheit in der Generation 50+: Ein Überblick. In: Knieps, F./Pfaff, H. (Hrsg.), Arbeit und Gesundheit Generation 50+. Zahlen. Daten. Fakten., S. 22-33, Berlin: Medizinisch Wissenschaftliche Verlagsgesellschaft (MWV).

Prütz, F./Seeling, S./Ryl, F./Scheidt-Nave, C./Ziese, T./Lampert, T. (2014): Welche Krankheiten bestimmen die Zukunft. In: Badura, B. et al., Fehlzeitenreport 2014, S. 113-126, Wiesbaden: Springer.

Robert Koch-Institut (2014): Chronisches Kranksein. Faktenblatt zu GEDA 2012: Ergebnisse der Studie »Gesundheit in Deutschland aktuell 2012«. RKI, Berlin

Robert-Koch-Institut (2015): Gesundheit in Deutschland. Gesundheitsberichterstattung des Bundes gemeinsam getragen von RKI und DESTATIS, Berlin.

Scheidt-Nave, C. (2010): Chronische Erkrankungen – Epidemiologische Entwicklung und die Bedeutung für die öffentliche Gesundheit. In: Public Health Forum 18 (1): 2.e1–2.e4.

Scheidt-Nave, C./ Richter, S. /Fuchs, J./Kuhlmey, A. (2010): Herausforderungen an die Gesundheitsforschung für eine alternde Gesellschaft am Beispiel »Multimorbidität«, Bundesgesundheitsblatt, 53. Jg., S. 441–450.

Statistisches Bundesamt (2017): Herz-Kreislauf-Erkrankungen verursachen die höchsten Kosten, Pressemitteilung Nr. 347 vom 29. September 2017.

Statistisches Bundesamt (2019): Bevölkerung im Wandel. Annahmen und Ergebnisse der 14. koordinierten Bevölkerungsvorausberechnung, Pressebroschüre 27. Juni 2019, Wiesbaden.

Statistisches Bundesamt (2020): Erwerbspersonenvorausberechnung 2020, Ausgabe 2020, 2. November 2020, Wiesbaden.

Statistisches Bundesamt (2021): Ausblick auf die Bevölkerungsentwicklung in Deutschland und den Bundesländern nach dem Corona-Jahr 2020. Erste mittelfristige Bevölkerungsvorausberechnung 2021 bis 2035, Wiesbaden.

Statistisches Bundesamt (Destatis): Wissenschaftszentrum Berlin für Sozialforschung (WZB) Bundesinstitut für Bevölkerungsforschung (BiB) (Hrsg.) (2021). Datenreport 2021. Ein Sozialbericht für die Bundesrepublik Deutschland, Bonn.

Storm, A. (Hrsg.) (2021): Gesundheitsreport 2021, Corona-Krise und Digitalisierung, DAK-Gesundheit, Berlin: Medizinisch-Wissenschaftliche Verlagsgesellschaft.

Walwei, U. (2017): Beschleunigt die Digitalisierung den Wandel der Erwerbsformen?, https://www.iab-forum.de, abgerufen 02.01.2022.

Wilke, Chr. (2020): Demografischer Wandel in Deutschland – Hintergründe, Zukunftsszenarien und Arbeitsmarktpotenziale. In: Rebeggiani, L., Wilke, Chr., Wohlmann, M. (Hrsg.), Megatrends aus Sicht der Volkswirtschaftslehre, S. 3-24. FOM-Edition, Wiesbaden: Springer.

Techniker Krankenkasse (2021): Gesundheitsreport 2021 – Arbeitsunfähigkeiten, Hamburg.

5 Gesetzliche Grundlagen im BGM

Angela Lindfeld

Unter rechtlichen Gesichtspunkten ist das Betriebliche Gesundheitsmanagement (BGM) in der bundesdeutschen Gesetzgebung weder ein einheitliches Rechtsgebiet noch gibt es eine ausdrückliche gesetzliche Grundlage. Vielmehr sind nur Teilaspekte des BGM normiert und das zudem in verschiedenen gesetzlichen Regelungen. Folglich ergeben sich die für einen konkreten Betrieb relevanten rechtlichen Rahmenbedingungen durch ein Zusammenwirken unterschiedlichster Normgeber und Normen aus den verschiedensten Rechtsgebieten.

Die komplexen und wenig strukturierten rechtlichen Rahmenbedingungen des BGM werden in vielen Unternehmen daher häufig ignoriert oder als »Störfaktor« betrachtet nach dem Motto: »Recht und Gesetz schränken die unternehmerischen Freiheiten ein; ohne die rechtlichen Vorgaben wäre das Unternehmen besser dran.« Dabei wird übersehen, dass die rechtlichen Normen Mindeststandards darstellen, welche Orientierung geben und damit die Etablierung des BGM erleichtern sollen. Zudem bleiben den Unternehmen in der Regel große Handlungsspielräume in der Umsetzung.

Wie bei allen rechtlichen Vorgaben besteht folglich auch im BGM die Verantwortung der Unternehmensführung darin, einerseits sicherzustellen, dass die für das Unternehmen geltenden Normen aus dem Bereich BGM eingehalten werden, soweit sie verpflichtend sind, und andererseits nicht verpflichtende Normen zu identifizieren, die für das Unternehmen Chancen eröffnen, um zu entscheiden, ob diese nutzbar gemacht werden sollen.

Die in diesem Zusammenhang zu bewältigenden Aufgaben können als Rechtsmanagement bezeichnet werden. Die Überlegungen in diesem Kapitel sollen einen Überblick über die rechtlichen Rahmenbedingungen des BGM verschaffen und der Unternehmensführung erste Impulse für das Rechtsmanagement im Kontext des BGM geben.

5.1 Einführung

Rechtsmanagement

Die Einhaltung von Regeln setzt voraus, dass die Regeln bekannt sind. Im Rahmen des Rechtsmanagements sind dafür im Wesentlichen die folgenden Aufgaben zu bewältigen:

Recherche und Dokumentation

Es müssen möglichst alle für das Unternehmen geltenden Gesetze und sonstigen Vorschriften ermittelt und dokumentiert werden. Für eine Systematisierung bietet sich eine Gliederung gemäß den drei wesentlichen (in Kapitel 1 bereits erwähnten) Bereichen des BGM an: Arbeitsschutz, Betriebliches Eingliederungsmanagement und Betriebliche Gesundheitsförderung. Die bekanntesten Normen sind sicherlich

- das Arbeitsschutzgesetz (ArbSchG) sowie § 1 und § 14 des Sozialgesetzbuches VII (SGB VII) für den Arbeits- und Gesundheitsschutz,
- § 167 Abs. 2 SGB IX für das betriebliche Eingliederungsmanagement (BEM),
- sowie §§ 20 ff. SGB V und das Präventionsgesetz für die Betriebliche Gesundheitsförderung (BGF).
- Eher selten erwähnt, aber aus betrieblicher Sicht nicht weniger relevant, sind die zivilrechtlichen Grundlagen des BGM, insbesondere die Fürsorgepflicht des Arbeitgebers, §§ 611 und 618 BGB.

Zahlreiche weitere Normen treten hinzu, deren rechtliche Verbindlichkeit sich – anders als bei Gesetzen – für den juristischen Laien nicht unmittelbar erschließt (z. B. Arbeitsstättenverordnung, DGUV-Vorschriften, GKV-Leitfaden Prävention, Präventionsrichtlinie). Zusätzlich sind Schutzvorschriften für besondere Personengruppen (z. B. Mutterschutzgesetz, Jugendarbeitsschutzgesetz) sowie branchenspezifische Sonderregeln relevant. Für jeden Betrieb muss daher im Einzelfall überprüft werden, welche Normen konkret gelten (siehe Kap. 5.2 bis 5.5).

Frühwarnsystem

Ferner muss sichergestellt sein, dass überwacht wird, ob und ggf. wann sich bei den für das Unternehmen geltenden Gesetzen etwas ändern könnte, z. B. durch eine geplante Gesetzesänderungen, die Erweiterung eines Geschäftsbereichs oder wichtige Gerichtsurteile. Unter Umständen muss die Dokumentation angepasst werden, wenn sich durch Gesetz oder andere Umstände die Rechtslage tatsächlich ändert.

Information und Schulung der Mitarbeiter

Ergänzend muss sichergestellt sein, dass die Führungskräfte und die Belegschaft über die für sie jeweils relevanten geltenden Gesetze informiert sind und auf dem Laufenden gehalten werden (siehe Kap. 5.6).

kompetente Ansprechpartner

Das Rechtsmanagement muss ferner dafür Sorge tragen, dass kompetente Ansprechpartner zur Verfügung stehen, mit denen rechtliche Themen geklärt werden können. Selbstverständlich kann es auch im BGM zu Meinungsverschiedenheiten kommen, sodass die klassische Rechtsberatung und/oder Prozessführung ebenfalls eine Rolle spielen können.

make or buy

Schließlich gehört zu den Kernkompetenzen des Managements die Entscheidung, welche der vorstehenden Aufgaben des Rechtsmanagements intern wahrgenommen und welche extern am Markt der Rechtsdienstleistungen eingekauft werden. Bei einer internen Lösung ist zusätzlich zu bestimmen, wer die Aufgabe übernimmt (z. B. die Führungsebene selbst, eine evtl. vorhandene Rechtsabteilung oder fachkundige Mitarbeiter). In rechtlicher Hinsicht stellt sich dabei stets die Frage, ob und ggf. welche Aufgaben des BGM die Unternehmensführung überhaupt an interne Mitarbeiter oder externe Dritte delegieren kann und welche Qualifikationen diese Personen aufweisen müssen.

5.2 Arbeits- und Gesundheitsschutz

Normen des Arbeits- und Gesundheitsschutzes sind Vorschriften, die dazu bestimmt sind, das Leben und die Gesundheit der arbeitenden Menschen zu schützen und deren Arbeitskraft zu erhalten. In der Regel handelt es sich um Normen in Form von öffentlich-rechtlichen Pflichten, d. h., sie werden durch den Staat auferlegt. Sie ergeben sich also insbesondere nicht aus vertraglichen Vereinbarungen (z. B. Arbeitsverträgen oder Tarifverträgen).

Normen in Form von öffentlich-rechtlichen Pflichten

Aus den öffentlich-rechtlichen Normen ergeben sich daher in der Regel sowohl Pflichten für ein Unternehmen als auch Pflichten für die dort Beschäftigten.

Die Anzahl der in der Bundesrepublik geltenden Gesetze, Verordnungen, Leitlinien, technischen Ausführungsbestimmungen, Verfahrensvorschriften und anderen Normen im Bereich des Arbeits- und Gesundheitsschutzes ist nicht mehr überschaubar. Soweit ersichtlich, gibt es bislang keine vollständige Übersicht über alle Vorschriften. Erschwerend kommt hinzu, dass die Bestimmungen in immer kürzer werdenden Abständen geändert oder ergänzt werden und das durch unterschiedliche Normgeber. Es existiert daher auch keine einheitliche Anlaufstelle oder Quelle, um sich über anstehende Normänderungen zu informieren.

Der Unternehmer, der diejenigen Normen ermitteln und dokumentieren möchte, die im eigenen Betrieb relevant sind bzw. werden könnten, sollte sich dessen bewusst sein und sich zunächst auf die wesentlichen gesetzlichen Rahmenbedingungen konzentrieren. Zum Einstieg hilft es, sich die Normenhierarchie und die Normgeber ins Bewusstsein zu rufen (vgl. das nächste Kapitel 5.2.1). Im Anschluss folgen im Kapitel 5.2.2 Hinweise zur Recherche und in den Kapitel 5.2.3 bis 5.2.10 folgt ein Überblick über gängige Arbeits- und Gesundheitsschutzvorschriften.

5.2.1 Normenhierarchie

Die Normenhierarchie, also die Frage, welche rechtliche Regelung im Zweifel Vorrang hat, wenn es zu Widersprüchen kommt, wird oft als Pyramide beschrieben und als solche dargestellt. Denn die Anzahl der Regelwerke nimmt von der obersten zur untersten Hierarchieebene zu.

Zugleich werden die Regelwerke immer konkreter. An der Spitze stehen einige wenige internationale Vereinbarungen und europäische Rechtsakte, die abstrakt formulierte programmatische Grundsätze und Zielsetzungen definieren. In der Praxis sind diese für den Rechtsanwender wenig greifbar und daher zu vernachlässigen.

nationale Gesetze

Die Grundsätze und Zielsetzungen werden dann auf jeder weiteren Stufe präzisiert. Für die tägliche Arbeit relevant sind zunächst nationale Gesetze, in denen Themen des Arbeits- und Gesundheitsschutzes geregelt sind. Sie werden durch den Bundestag oder einen Landtag erlassen (Beispiel: Das ArbSchG)). Häufig setzen die Bundesgesetze dabei internationale Vereinbarungen und Europäische Richtlinien oder andere internationale Bestimmungen in nationales Recht um.

nationale Verordnungen

In der Hierarchie darunter stehen nationale Verordnungen. Dies sind Rechtsnormen, die durch die Regierung oder eine Behörde erlassen werden. Regierung oder Behörde sind dazu aber nur befugt, wenn es eine Ermächtigungsgrundlage in einem Gesetz gibt. Verordnungen basieren also auf Gesetzen. Beispielsweise ermächtigt § 18 Abs. 1 und 2 ArbSchG die Bundesregierung dazu, Verordnungen zu erlassen, welche die Maßnahmen konkretisieren, zu denen Arbeitgeber nach dem ArbSchG verpflichtet sind. Zuständig innerhalb der Bundesregierung für den Erlass dieser Verordnungen ist das Bundesministerium für Arbeit und Soziales (BMAS), das z. B. die Arbeitsstättenverordnung und die Gefahrstoffverordnung erlassen hat.

Ergänzend ist zu erwähnen, dass in der Coronapandemie § 18 Abs. 3 ArbSchG hinzugefügt wurde. Der wesentliche Unterschied zu den Verordnungen nach § 18 Abs. 1 und 2 ArbSchG liegt darin, dass diese langfristig Bestand haben sollen, während diejenigen nach § 18 Abs. 3 ArbSchG zeitlich befristet sind und zudem ohne Zustimmung des Bundesrates erlassen werden können. Das BMAS hat auf dieser Basis die SARS-CoV-2-Arbeitsschutzverordnung (Corona-ArbSchV) erlassen.

DGUV-Vorschriften

Grundsätzlich auf der gleichen Hierarchieebene wie Verordnungen, aber unterhalb der Gesetze, stehen die sogenannten DGUV-Vorschriften. Sie werden auf Grundlage des § 15 SGB VII erlassen, der die Unfallversicherungsträger (Berufsgenossenschaften und Unfallkassen) ermächtigt, unter Mitwirkung der Deutschen Gesetzlichen Unfallversicherung (DGUV) als autonomes Recht Unfallverhütungsvorschriften zu erlassen, **wenn staatliche Arbeitsschutzvorschriften keine Regelungen treffen**. Sollte es also zu einem bestimmten Thema staatliche, z. B. durch das BMAS erlassene Verordnungen geben, gehen deren Regelungen vor. Hervorzuheben im Kontext des BGM sind die DGVU Vorschriften 1 (Grundsätze der Prävention) und 2 (Betriebsärzte und Fachkräfte für Arbeitssicherheit).

technische Regeln

Technische Regeln konkretisieren und erläutern einzelne Aspekte der Gesetze und Verordnungen und geben konkrete Hinweise dazu, wie die Anforderungen der Gesetze und Verordnungen im Unternehmen erfüllt bzw. umgesetzt werden können (Beispiele: die DGVU Regeln konkretisieren die DGVU Vorschriften; die technischen Regeln für Gefahrstoffe konkretisieren die Gefahrstoffverordnung, die ihrerseits auf Basis des § 18 ArbSchG erlassen wurde). Technische Regeln haben keinen unmittelbaren rechtsverbindlichen Charakter, sie stellen vielmehr den Stand der Technik dar und zeigen Wege zur Einhaltung der Gesetze und Verordnungen auf. Da jedoch die Gerichte bei Einhaltung des Stands der Technik normalerweise davon ausgehen, dass keine Pflichtverletzung vorliegt, gibt die Beachtung der Regeln den Unternehmen Rechtssicherheit.

rechtlich unverbindliche Vorschläge

Die gesetzlichen Regelungen beschreiben häufig nur Mindestanforderungen. Gesundheitsfördernde Maßnahmen können und sollten jedoch darüber hinausgehen. Daher sind Normen zu finden, die z. B. als Handreichung, Handlungsempfehlung, Information, Checkliste oder ähnlich bezeichnet werden. Hierbei handelt es sich in der Regel um rechtlich unverbindliche Vorschläge und Hinweise zum BGM.

Verwaltungsvorschriften

Den vorstehenden Normen ist allen gemein, dass sie sich unmittelbar an den Bürger bzw. ein Unternehmen richten. Demgegenüber entfalten Verwaltungsvorschriften keine unmittelbare Außenwirkung. Es handelt sich vielmehr um behördeninterne Anweisungen. Sie sollen häufig die einheitliche Handhabung und Interpretation der Gesetze durch alle behördlichen Stellen und Beschäftigten sicherstellen. Die Entscheidung, die eine Behörde trifft, wird deswegen oft, neben dem eigentlichen Gesetzestext, vom Inhalt der Verwaltungsvorschriften mitbestimmt. Auf diese Weise entfalten Verwaltungsvorschriften mittelbar Außenwirkung.

Präventionsrichtlinie

Verwaltungsvorschriften werden nicht immer so benannt. Häufig werden auch die Begriffe Runderlass, Richtlinie, Leitlinie, Verfügung oder Technische Anleitung verwendet. Beispielsweise ist auch die nach § 14 Abs. 2 SGB VI durch die Deutsche Rentenversicherung Bund erlassene Präventionsrichtlinie eine solche Verwaltungsvorschrift. In § 14 Abs. 2 SGB VI heißt es ausdrücklich, dass die Präventionsrichtlinie erlassen wird, *»um eine einheitliche Rechtsanwendung durch alle Träger der Rentenversicherung sicherzustellen«*.

5.2.2 Recherche und Dokumentation

Bevor sich Führungskräfte und andere im Betrieb für das BGM verantwortliche Personen detailliert mit den Einzelvorschriften der unteren Normenhierarchien beschäftigen oder Fachliteratur durcharbeiten, lohnt ein Blick in die eigentlichen Gesetze und Verordnungen (im Weiteren einheitlich als Gesetz bezeichnet). Sie enthalten bereits alle wesentlichen Informationen.

Dies kann – wie die gesamte Planung und Konzeption des BGM – selbstverständlich durch bzw. in Zusammenarbeit mit externen Experten, z. B. Rechtsanwälten und anderen fachkundigen Personen, erfolgen.

Dennoch sind viele Situationen denkbar, in denen es für eine Führungskraft erforderlich oder sinnvoll ist, sich selbst einen Überblick über den Inhalt der relevanten

Gesetze und sonstigen Rechtsvorschriften zu verschaffen, beispielsweise weil keine Rechtsabteilung und kein Budget für externe Rechtsberatung vorhanden sind oder die Einholung eines Rechtsrates durch externe Berater zu viel Zeit in Anspruch nehmen würde (in der Coronapandemie waren die externen Rechtsberater und Rechtsabteilungen so stark gefragt, dass nicht alle Anfragen zeitnah beantwortet werden konnten).

Arbeitshilfe

Die Recherche in den Websites der Akteure im BGM (z. B. Krankenkassen, DGVU, Berufsgenossenschaften, Bundesministerien) ist ein sehr guter Einstieg, um **alle typischerweise zum Arbeits- und Gesundheitsschutz zählenden Vorschriften** ausfindig zu machen. Zusätzlich bieten diese Akteure auf Wunsch auch individuelle Beratung in den für sie jeweils relevanten Bereichen des BGM an. In der **Arbeitshilfe** zu diesem Kapitel, die Sie bei den digitalen Extras finden, werden einige Internetquellen genannt, die einen guten Überblick oder sehr umfassende Listen mit allen einschlägigen Rechtsvorschriften enthalten sowie Verweise auf weiterführende Internetauftritte.

Quick-Start

Unter den zusammengetragenen Vorschriften sind sodann diejenigen zu identifizieren, die für das eigene Unternehmen relevant sein könnten. Um sich einen Überblick zu verschaffen, genügt in der Regel zunächst die Lektüre der drei folgenden Teilbereiche eines Gesetzes:

- Name sowie Beginn des Gesetzes (also den oder die ersten Paragrafen): Zu Beginn wird in der Regel der Zweck des Gesetzes und seine wesentliche Zielsetzung beschrieben. Ferner wird zu Beginn in der Regel festgelegt, für wen das Gesetz überhaupt gilt. Mit diesen Informationen kann entschieden werden, ob ein Gesetz relevant werden kann für das eigene Unternehmen oder nicht. Sofern z. B. keine Jugendlichen beschäftigt werden, ist das Jugendarbeitsschutzgesetz bereits begrifflich nicht einschlägig für das Unternehmen.
- Das Ende des Gesetzes, häufig als Schlussbestimmungen bezeichnet: Dort sind in der Regel Sanktionen bestimmt wie z. B. Bußgelder oder auch Geld- und Freiheitsstrafen bei strafrechtlich relevanten Verstößen. Mit diesen Informationen kann abgeschätzt werden, wie hart eine Sanktion das Unternehmen bzw. die Unternehmensführung bei einem Verstoß treffen würde. Zivilrechtliche Folgen sind ergänzend zu erwägen.
- Das Inhaltsverzeichnis mit den Kurzüberschriften aller Paragrafen. Bei längeren Gesetzen genügen zunächst die großen Zwischenüberschriften. Aus diesen (Zwischen-)Überschriften wird ersichtlich, welche konkreten Themen in dem Gesetz geregelt werden. So kann weiter überprüft werden, ob das Gesetz voraussichtlich für das eigene Unternehmen eine hohe oder eher eine geringe Relevanz haben wird.

Ausgehend von diesem Überblick kann dann eine Priorisierung vorgenommen werden und man kann sich mit einzelnen Vorschriften der relevanten Gesetze genauer befassen. Dann sind auch die weiteren Normen hinzuzuziehen, wie z. B. technische Regeln, DGVU-Vorschriften oder Verwaltungsvorschriften.

Gemäß diesem vorstehenden Vorschlag für eine »Quick-Start« finden sich nachfolgend kurze Beschreibungen sowie Zitate aus wichtigen Gesetzen und Verordnungen des Arbeits- und Gesundheitsschutzes. Die Übersicht ist bei weitem nicht vollständig.

5.2.3 Sozialgesetzbuch (SGB)

Das SGB, das von I bis IX nummeriert ist, ist die Rechtsgrundlage für die wichtigsten Träger der Sozialleistungen und deren Leistungen. Für den Arbeits- und Gesundheitsschutz sind § 14 SGB IV sowie § 1 und § 14 SGB VII besonders relevant. § 167 SGB IX (betriebliche Eingliederungsmanagement) und §§ 20 ff. SGB V (Betriebliche Gesundheitsförderung) werden an späterer Stelle noch gesondert betrachtet (siehe Kap. 5.4 und 5.5).

Aus § 14 Abs. 1 SGB VII und auch § 1 SGB VII folgt, dass »*die Unfallversicherungsträger mit allen geeigneten Mitteln für die Verhütung von Arbeitsunfällen, Berufskrankheiten und arbeitsbedingten Gesundheitsgefahren und für eine wirksame Erste Hilfe zu sorgen [haben]. Sie sollen dabei auch den Ursachen von arbeitsbedingten Gefahren für Leben und Gesundheit nachgehen*«,

Unfallversicherung

Die Unfallversicherung hat also einen präventiven Auftrag. Daneben verantwortet sie auch die Rehabilitation und die Entschädigung nach arbeitsbedingten Unfällen und Erkrankungen. Erklärtes Ziel des präventiven Auftrags ist die sogenannte »Vision Zero«. Sie verfolgt die Idealvorstellung einer Welt ohne arbeitsbedingte Unfälle und Erkrankungen.

Unfallverhütungsvorschriften

Zum Erreichen dieses Ziels werden auf Grundlage des § 15 SGB VII die Unfallversicherungsträger (Berufsgenossenschaften und Unfallkassen) ermächtigt, unter Mitwirkung der DGUV als autonomes Recht Unfallverhütungsvorschriften zu erlassen. Davon wurde reichlich Gebrauch gemacht (sogenannte DGUV Vorschriften). Hervorzuheben im Kontext des BGM sind die DGVU Vorschriften 1 (Grundsätze der Prävention) und 2 (Betriebsärzte und Fachkräfte für Arbeitssicherheit). Aus Sicht eines Unternehmens enthalten diese DGVU Vorschriften zahlreiche verpflichtende Rechtsnormen.

Die DGVU Vorschriften stellen jedoch nur einen Aspekt der Präventionsmaßnahmen dar. Der ganz überwiegende Teil der in SGB VII geregelten Präventionsmaßnahmen besteht aus Regelungen zur besseren Zusammenarbeit zwischen den Sozialleistungsträgern, zu allgemeinen Forschungs- und Informationsaufgaben sowie zu Angeboten an Unternehmen, z. B. durch das Schaffen von Anreizen die Sicherheit und Gesundheit der Beschäftigten weiter zu stärken oder zu Beratung auf Anfrage.

Im SGB VII befinden daher nicht nur Verpflichtungen für ein Unternehmen, sondern auch Normen, die für das Unternehmen Chancen eröffnen.

Deutsche Rentenversicherung Bund

Das gleiche gilt für die Leistungen der Deutsche Rentenversicherung Bund. Diese hat den Auftrag »*medizinische Leistungen zur Sicherung der Erwerbsfähigkeit an Versicherte, die erste gesundheitliche Beeinträchtigungen aufweisen, die die ausgeübte Beschäftigung gefährden*« zu erbringen, § 14 Abs. 1 SGB VI. Um eine einheitliche Rechtsanwendung durch alle Träger der Rentenversicherung sicherzustellen, hat die Deutsche Rentenversicherung Bund die Präventionsrichtlinie erlassen, die die Voraussetzungen und das Verfahren regelt, um Leistungen in Anspruch zu nehmen.

Im Rahmen des BGM ist daher zu entscheiden, ob und wie diese Angebote und Leistungen der Sozialversicherungsträgern zugunsten der eigenen Mitarbeiter und des eigenen Unternehmens abgerufen und eingesetzt werden können.

5.2.4 Präventionsgesetz

Das Präventionsgesetz hat 2015 die Regelungen zur Betrieblichen Gesundheitsförderung in den §§ 20 ff. SGBV ausgebaut (siehe dazu noch Kap. 5.5).

5.2.5 Arbeitsschutzgesetz (ArbSchG)

Ziel des ArbSchG ist es, »**Sicherheit und Gesundheitsschutz** der Beschäftigten bei der Arbeit durch Maßnahmen des Arbeitsschutzes zu sichern **und zu verbessern**«, § 1 Abs. 1 Satz 1 ArbSchG

Hervorzuheben ist an dieser Stelle, dass der Gesetzgeber ausdrücklich auch die Beschäftigten in die Pflicht nimmt. §§ 15 und 16 ArbSchG verpflichten die Beschäftigten, »nach ihren Möglichkeiten sowie gemäß der Unterweisung und Weisung des Arbeitgebers für ihre **Sicherheit und Gesundheit** bei der Arbeit Sorge zu tragen«. Und sie müssen auch für die Sicherheit und Gesundheit der Personen Sorge tragen, auf die ihre eigene Arbeit Auswirkungen haben kann. Sicherheitskleidung ist ordnungsgemäß zu tragen und Gefahren oder Mängel an Sicherheitseinrichtungen sind unverzüglich dem Arbeitgeber oder Vorgesetzen zu melden.

Demgegenüber besteht die Kardinalpflicht des Arbeitsgebers darin, die »erforderlichen Maßnahmen des Arbeitsschutzes unter Berücksichtigung der Umstände zu treffen, die Sicherheit und Gesundheit der Beschäftigten bei der Arbeit beeinflussen«, § 3 Abs. 1 Satz 1 ArbSchG. Zu diesem Zweck muss er eine sogenannte **Gefährdungsbeurteilung** erstellen, §§ 5 und 6. ArbSchG. Neben den klassischen Gefährdungsarten wie chemische, physikalische, biologische Faktoren und Gefahren bei Arbeits- und Fertigungsprozessen sind ausdrücklich auch psychische Gesundheitsgefährdungen zu beurteilen. Der Arbeitgeber ist verpflichtet eine Gefährdungsbeurteilung vorzunehmen, hat aber in der Frage des »Wie« einen weiten Handlungsspielraum. Aus der Gefährdungsbeurteilung hat der Arbeitgeber sodann die erforderlichen Maßnahmen zum Arbeits- und Gesundheitsschutz abzuleiten.

Verstöße können mit Bußgeldern und bei Vorsatz mit Freiheitsstrafe bis zu einem Jahr oder mit Geldstrafe bestraft werden.

5.2.6 Arbeitssicherheitsgesetz (ASiG)

»Der Arbeitgeber hat nach Maßgabe dieses Gesetzes Betriebsärzte und Fachkräfte für Arbeitssicherheit zu bestellen. Diese sollen ihn beim **Arbeitsschutz und** bei der **Unfallverhütung** unterstützen«, § 1 Sätze 1 und 2 ASiG.

Das Gesetz wird insbesondere flankiert durch die DGUV Vorschrift 2 – Betriebsärzte und Fachkräfte für Arbeitssicherheit. Verstöße können mit Bußgeldern bestraft werden.

5.2.7 Arbeitszeitgesetz (ArbZG)

»Zweck des Gesetzes ist es, (1) die **Sicherheit und den Gesundheitsschutz** der Arbeitnehmer ... bei der Arbeitszeitgestaltung zu gewährleisten und die Rahmenbedingungen für flexible Arbeitszeiten zu verbessern sowie (2) den Sonntag und die staatlich anerkannten Feiertage als Tage der Arbeitsruhe und der seelischen Erhebung der Arbeitnehmer zu schützen«, § 1 ArbZG. In einfachen Worten: Das Gesetz regelt die Gestaltung der Arbeitszeit so, dass die Gesundheit durch die Arbeit nicht gefährdet wird. Verstöße können mit Bußgeldern und bei Vorsatz mit Freiheitsstrafe bis zu einem Jahr oder mit Geldstrafe bestraft werden.

5.2.8 Mutterschutzgesetz (MuSchG)

»Dieses Gesetz schützt die Gesundheit der Frau und ihres Kindes am Arbeits-, Ausbildungs- und Studienplatz...«, § 1 Abs. 1 MuSchG.

5.2.9 Jugendarbeitsschutzgesetz (JugendArbSchG)

Das JugendArbSchG enthält das Verbot der Kinderarbeit und schützt Kinder und Jugendliche in ihrer Gesundheit und Entwicklung durch strengere Regelungen bzgl. der Arbeitsbedingungen. Verstöße können mit Bußgeldern und bei Vorsatz mit Freiheitsstrafe bis zu einem Jahr oder mit Geldstrafe bestraft werden.

5.2.10 Verordnungen zum Arbeits- und Gesundheitsschutz

Auf Grundlage des § 18 Abs. 1 und 2 ArbSchG sind u. a. die folgenden Verordnungen vom BMAS erlassen worden, die Liste erhebt keinen Anspruch auf Vollständigkeit:

Verordnung zur Arbeitsmedizinischen Vorsorge (ArbMedVV)
»Ziel der Verordnung ist es, durch Maßnahmen der **arbeitsmedizinischen Vorsorge** arbeitsbedingte Erkrankungen einschließlich Berufskrankheiten frühzeitig zu erkennen und zu verhüten. Arbeitsmedizinische Vorsorge soll zugleich einen Beitrag zum Erhalt der Beschäftigungsfähigkeit und zur **Fortentwicklung des betrieblichen Gesundheitsschutzes** leisten«, § 1 Abs. 1 ArbMedVV.

Arbeitsstättenverordnung (ArbStättV)
»Diese Verordnung dient der Sicherheit und dem **Schutz der Gesundheit** der Beschäftigten beim Einrichten und Betreiben von Arbeitsstätten. Für folgende Arbeitsstätten gelten nur [die folgenden §§ …]«, § 1 ArbStättV.

Nichtraucherschutz und Bildschirmarbeitsplätze

Die ArbStättV regelt neben sicherheitstechnischen und arbeitsmedizinischen Maßnahmen für die Einrichtung und den Betrieb von Arbeitsstätten auch Hygiene, den Nichtraucherschutz und die Maßnahmen zur Gestaltung von Bildschirmarbeitsplätzen.

Baustellenverordnung (BaustellV)
»Diese Verordnung dient der wesentlichen Verbesserung von **Sicherheit und Gesundheitsschutz** der Beschäftigten auf Baustellen. Die Verordnung gilt nicht für Tätigkeiten und Einrichtungen im Sinne des § 2 des Bundesberggesetzes«, § 1 BaustellV.

Betriebssicherheitsverordnung (BetrSichV)
»Diese Verordnung gilt für die Verwendung von Arbeitsmitteln. Ziel dieser Verordnung ist es, die **Sicherheit und den Schutz der Gesundheit von Beschäftigten bei der Verwendung von Arbeitsmitteln** zu gewährleisten. Dies soll insbesondere erreicht werden durch

- die Auswahl geeigneter Arbeitsmittel und deren sichere Verwendung,
- die für den vorgesehenen Verwendungszweck geeignete Gestaltung von Arbeits- und Fertigungsverfahren sowie
- die Qualifikation und Unterweisung der Beschäftigten«, § 1 BetrSichV.

Gefahrstoffverordnung (GefStoffV)
»Ziel dieser Verordnung ist es, den **Menschen und die Umwelt** vor stoffbedingten Schädigungen zu **schützen** …«, § 1 GefStoffV.

Lärm- und Vibrations-Arbeitsschutzverordnung (LärmVibrationsArbSchV)
»Diese Verordnung gilt zum Schutz der Beschäftigten vor tatsächlichen oder möglichen **Gefährdungen ihrer Gesundheit und Sicherheit durch Lärm oder Vibrationen** bei der Arbeit«, § 1 Abs. 1 LärmVibrationsArbSchV.

5.3 Zivilrechtliche Grundlagen des Arbeits- und Gesundheitsschutzes

Fürsorgepflichten

In jedem bestehenden Dienstverhältnis, nicht nur in Arbeitsverhältnissen, bestehen gesetzliche Fürsorgepflichten des Dienstberechtigten (also des Auftraggebers oder Arbeitgebers). Diese werden insbesondere in den §§ 617 und 618 des Bürgerlichen Gesetzesbuches (BGB) konkretisiert. § 617 BGB regelt die Krankenfürsorge; § 618 BGB verlangt, dass der Dienstverpflichtete (also der Auftragnehmer bzw. Arbeitnehmer) gegen Gefahr für Leben und Gesundheit so weit geschützt ist, als die Natur der Dienstleistung es gestattet.

Doppelwirkung der Arbeitsschutzvorschriften

Die zahlreichen öffentlich-rechtlichen Arbeitsschutzvorschriften (siehe Kap. 5.2), konkretisieren diese arbeitsrechtliche Fürsorgepflicht weiter. Sofern die jeweilige öffentlich-rechtliche Regelung auch den Schutz des Einzelnen bezweckt, liegt bei Missachtung immer zugleich ein Verstoß gegen § 618 BGB bzw. die Fürsorgepflicht vor (sogenannte Doppelwirkung).

Aus betrieblicher Sicht ist die zivilrechtliche Komponente deshalb von Bedeutung, weil die Verletzung der öffentlich-rechtlichen Vorschriften nicht nur Straftat oder Ordnungswidrigkeit sein kann. Vielmehr kann der Arbeitnehmer bei einem Verstoß des Arbeitgebers gegen die arbeitsschutzrechtlichen Pflichten aus § 618 BGB i. V. m. den öffentlich-rechtlichen Arbeitsschutznormen unmittelbare Ansprüche gegen den Arbeitgeber ableiten.

Leistungsverweigerungsrecht des Arbeitnehmers

Der Verstoß kann ein Leistungsverweigerungsrecht des Arbeitnehmers nach § 273 BGB begründen, d. h., der Arbeitnehmer kann die Arbeit verweigern unter Fortzahlung der Bezüge.

Ferner kann der Arbeitnehmer Erfüllung verlangen, also die Herstellung des geschuldeten Sicherheitsstandards. In Zeiten der Coronapandemie ist § 618 BGB daher wieder in den Fokus gerückt. Denn § 618 BGB verpflichtet den Arbeitgeber u. a. zum Schutz der Arbeitnehmer vor Infektionen; Arbeitsstätten sind folglich so einzurichten (vgl. § 4 ArbSchG, § 3 ArbSiG, § 4 Arbeitsstättenverordnung sowie Unfallverhütungsvorschriften), dass gesunde Arbeitnehmer vor einer Ansteckung durch erkrankte

Beschäftigte geschützt werden. Daraus folgt aber nicht zwingend, dass der Arbeitnehmer Anspruch auf eine bestimmte Art der Umsetzung dieser Verpflichtungen hat, z. B. verlangen könnte, im Homeoffice oder in einem Einzelbüro zu arbeiten. Denn es obliegt dem Arbeitgeber zu entschieden, wie er seinen in § 618 BGB verankerten Verpflichtungen gerecht wird.

Anspruch auf Erstellung einer Gefährdungsbeurteilung

Das Bundesarbeitsgericht (BAG) hat ferner einen einklagbaren Anspruch auf Erstellung einer Gefährdungsbeurteilung bejaht und aus § 618 BGB abgeleitet (BAG Urteil vom 12.8.2008 – 9 AZR 117/06).

Schadenersatzansprüche

Schließlich löst ein Verstoß des Arbeitgebers Schadenersatzansprüche aus, sei es aus § 823 Abs. 2 BGB oder daneben aus einer Verletzung vertraglicher Verpflichtungen (Grüneberg 2021, § 618 Rn. 6 ff.). In der Regel kann sich der Arbeitgeber nämlich nicht darauf berufen, er habe keine Kenntnis von den jeweils relevanten Arbeits- und Gesundheitsschutzvorschriften gehabt.

Eine ähnliche Konkretisierung der zivilrechtlichen Fürsorgepflicht kann sich auch in zivilrechtlichen Spezialgesetzen (z. B. in § 62 HGB für den Handlungsgehilfen), in Tarifverträgen oder in Betriebsvereinbarungen finden.

Schnittstelle zum Betriebsverfassungsrecht

Die Schnittstelle zum Betriebsverfassungsrecht kann hier nur angerissen werden. Sie ergibt sich aufgrund der Tatsache, dass bei vielen gesetzlichen Bestimmungen des BGM der Arbeitgeber einen Handlungs- und Gestaltungsspielraum hat (z. B. im ArbSchG). Die dadurch erforderliche betrieblich Ausgestaltung unterliegt der Mitbestimmung. Gerade im BGM können sich Betriebsräte daher auf die zwingende Mitbestimmung gemäß § 87 Abs. 1 Nr. 7 BetrVG berufen (z. B. bei der Erstellung der Gefährdungsbeurteilung oder der Ausgestaltung der Unterweisungen (siehe Kap 5.6) (vgl. umfassend zum Betriebsverfassungsrecht im BGM: Kiesche, 2013).

weitere flankierende Gesetze

Darüber hinaus werden zunehmend weitere flankierende Gesetze erlassen, die mittelbar die Einführung und Weiterentwicklung des BGM fördern.

Mindestinhalt der nichtfinanziellen Erklärung

Ein bekanntes Beispiel ist die Pflicht für bestimmte Kapitalgesellschaften im Lagebericht auch eine sogenannte »nichtfinanzielle Erklärung« abzugeben, § 289b HGB. Der Mindestinhalt der nichtfinanziellen Erklärung richtet sich nach § 289c HGB. Im Zusammenhang mit dem BGM ist hier insbesondere § 289c Abs. 2 Nr. 2 HGB relevant, in dem die Arbeitnehmerbelange »Gesundheitsschutz und Sicherheit am Arbeitsplatz« ausdrücklich angesprochen werden.

Corporate Social Responsibility – Richtlinie

Die Regelungen der §§ 289b und 289c HGB setzen die 2014/95/EU-Richtlinie (Corporate-Social-Responsibility-Richtlinie) in nationales Recht um und gelten für alle Geschäftsjahre, die nach dem 1.1.2016 beginnen. Sie gelten nur für Kapitalgesellschaften, die kumulativ die folgenden Voraussetzungen erfüllen:

1. Die Kapitalgesellschaft ist eine große Kapitalgesellschaft im Sinne von § 267 HGB,
2. sie ist kapitalmarktorientiert im Sinne von § 264d HGB und
3. sie beschäftigt im Jahresdurchschnitt mehr als 500 Arbeitnehmer (zum Thema insgesamt: Rubner/Leuering, 2017).

Auch wenn die Verpflichtung zunächst nur wenige Kapitalgesellschaften betrifft, hat sich doch in der Vergangenheit gezeigt, dass Maßstäbe für kapitalmarktorientierte Unternehmen Vorbildfunktion übernehmen. Im Laufe der Zeit setzen sich diese Maßstäbe häufig nach und nach auch bei mittelständischen und kleineren Unternehmen als Standard für eine ordnungsgemäße Geschäftsführung durch.

5.4 Betriebliches Eingliederungsmanagement (BEM)

Beteiligung der Betroffenen und ggf. weiterer Akteure

Seit 2004 sind alle Unternehmen unabhängig von Größe und Branchenzugehörigkeit verpflichtet, ein BEM durchzuführen, sofern Beschäftigte mehr als 6 Wochen innerhalb eines Jahres arbeitsunfähig sind bzw. aus gesundheitlichen Gründen fehlen. Das wesentliche Ziel des BEM ist es, unter Beteiligung des Betroffenen und ggf. weiterer Akteure Möglichkeiten zu finden, wie die Arbeitsunfähigkeit überwunden, einer zukünftigen Arbeitsunfähigkeit vorgebeugt und der Arbeitsplatz erhalten werden kann. Rechtsgrundlage ist § 167 Abs. 2 SGB IX.

BEM dient daher auch der Prävention

Bei Bedarf kann ein BEM auch schon früher durchgeführt werden, insbesondere wenn Schwierigkeiten erkennbar werden, die eine Fortsetzung des Arbeitsverhältnisses gefährden könnten. Das BEM dient daher auch der Prävention vor erneuten Ausfällen von Arbeitnehmern. Rechtsgrundlage ist hier § 167 Abs. 1 SGB IX.

Hervorzuheben ist, dass der Arbeitgeber verpflichtet ist, dem Beschäftigten Maßnahmen des BEM aktiv anzubieten, er darf also nicht darauf warten, dass der Beschäftigte das BEM einfordert; die Initiative zum BEM muss im Zweifel vom Arbeitgeber ausgehen. Für den Arbeitnehmer ist die Teilnahme an einer solchen Maßnahme hingegen freiwillig. Sofern er die Teilnahme ablehnt, dürfen ihm keine Nachteile daraus entstehen. Die gesetzlichen Vorschriften sind also nur halbzwingend.

keine Bußgelder

Welche Maßnahmen im konkreten Einzelfall ergriffen werden, also das »Wie« der Umsetzung des BEM, ist durch den Gesetzgeber bewusst nicht reglementiert worden. Hier besteht ein weiter Handlungsspielraum für die Arbeitgeber, um dem individuellen Bedarf des Betroffenen gerecht werden zu können. Im Gegensatz zu vielen anderen öffentlich-rechtlichen Normen drohen dem Arbeitgeber auch keine Bußgelder, wenn er der Pflicht zur Durchführung eines BEM nicht nachkommt.

krankheitsbedingte Kündigung des Betroffenen erheblich erschwert

Dennoch kann ein Verstoß negative Konsequenzen auf der zivilrechtlichen Ebene haben. Insbesondere ist eine krankheitsbedingte Kündigung des Betroffenen erheblich erschwert, wenn ein BEM nicht oder nicht ordnungsgemäß durchgeführt wird. Die grundlegende Entscheidung des BAG hierzu erging bereits 2008. Die Leitsätze des Gerichtes bringen die Folgen eines fehlenden BEM auf den Punkt:

> **BAG vom 23.04.2008 NZA-RR 2008, 515**
> »Eine Kündigung ist … unverhältnismäßig und damit rechtsunwirksam, wenn sie durch andere mildere Mittel vermieden werden kann …
> Dabei ist das BEM an sich zwar kein milderes Mittel. Durch das BEM können aber solche milderen Mittel, z. B. die Umgestaltung des Arbeitsplatzes oder eine Weiterbeschäftigung zu geänderten Arbeitsbedingungen auf einem anderen – gegebenenfalls durch Umsetzungen »freizumachenden« – Arbeitsplatz erkannt und entwickelt werden.
> Ein unterlassenes BEM steht einer Kündigung [nur] dann nicht entgegen, wenn sie auch durch das BEM nicht hätte verhindert werden können.«

Mit anderen Worten: Ohne ein BEM wird es dem Arbeitgeber nur schwer gelingen, in einem Gerichtsprozess nachzuweisen, dass er alles getan hat, um die Kündigung abzuwenden. Das aber ist Voraussetzung für eine wirksame Kündigung. Als einziges Argument für eine wirksame krankheitsbedingte Kündigung bliebe dann, dass es objektiv betrachtet ausgeschlossen war, eine Möglichkeit für eine alternative Beschäftigung zu finden, das BEM also nutzlos gewesen wäre.

Hierzu genügt es wiederum nicht, wenn der Arbeitgeber nur pauschal behauptet, er kenne keine alternativen Einsatzmöglichkeiten für den erkrankten Arbeitnehmer bzw. es gebe keine »freien Arbeitsplätze«, die der erkrankte Arbeitnehmer aufgrund seiner Erkrankung noch ausfüllen könne. Es bedarf vielmehr eines umfassenden konkreten Sachvortrags des Arbeitgebers zu einem nicht mehr möglichen Einsatz des Arbeitnehmers auf dem bisher innegehabten Arbeitsplatz einerseits und zu der Frage, warum andererseits eine leidensgerechte Anpassung und Veränderung des Arbeitsplatzes ausgeschlossen ist oder der Arbeitnehmer nicht auf einem (alternativen) anderen Arbeitsplatz bei geänderter Tätigkeit eingesetzt werden kann (BAG NZA-RR 2008, 515; so auch Arbeitsgericht Ulm vom 20.01.2017, NZA-RR 2017 240). Der Arbeitgeber hat grundsätzlich ein neuerliches BEM durchzuführen, wenn der Arbeitnehmer innerhalb eines Jahres nach Abschluss eines BEM erneut länger als sechs Wochen durchgängig oder wiederholt arbeitsunfähig erkrankt war (BAG NZA 2022, 253).

Die Hürden für eine wirksame krankheitsbedingte Kündigung liegen also extrem hoch, wenn kein BEM durchgeführt wurde. Vorsorglich sei angemerkt, dass bei einem hinreichenden Angebot des Arbeitgebers für ein BEM, das der Arbeitnehmer abgelehnt hat, die fehlende Durchführung des BEM nicht dem Arbeitgeber angelastet werden kann (in diese Richtung auch das BAG NZA-RR, 515 ganz am Ende).

5.5 Betriebliche Gesundheitsförderung (BGF)

Präventionsgesetz

Das Präventionsgesetz gehört wohl zu den bekanntesten Gesetzen im Bereich der BGF. Es trat im Juli 2015 in Kraft. Das Präventionsgesetz hat die Regelungen zur Betrieblichen Gesundheitsförderung jedoch keineswegs erst eingeführt; bereits seit 1989 gehört die BGF zu den Aufgaben der gesetzlichen Krankenversicherung (GKV). Das Präventionsgesetz ist auch kein eigenständiges Gesetz, sondern ergänzte das SGB V um die §§ 20a-20k SGB. Das BGF wurde damit erheblich ausgebaut. Aus betrieblicher Sicht ist insbesondere § 20b SGB V von Bedeutung:

> **§ 20 b SGB V**
> (1) Die Krankenkassen fördern mit Leistungen zur Gesundheitsförderung in Betrieben (Betriebliche Gesundheitsförderung) insbesondere den Aufbau und die Stärkung gesundheitsförderlicher Strukturen.... Hierzu erheben sie unter Beteiligung der Versicherten und der Verantwortlichen für den Betrieb sowie der Betriebsärzte und der Fachkräfte für Arbeitssicherheit die gesundheitliche Situation einschließlich ihrer Risiken und Potenziale und entwickeln Vorschläge zur Verbesserung der gesundheitlichen Situation sowie zur Stärkung der gesundheitlichen Ressourcen und Fähigkeiten und unterstützen deren Umsetzung. Für im Rahmen der Gesundheitsförderung in Betrieben erbrachte Leistungen zur individuellen, verhaltensbezogenen Prävention gilt § 20 Absatz 5 Satz 1 entsprechend.
> (2) Bei der Wahrnehmung von Aufgaben nach Absatz 1 arbeiten die Krankenkassen mit dem zuständigen Unfallversicherungsträger sowie mit den für den Arbeitsschutz zuständigen Landesbehörden zusammen ...
> (3) Die Krankenkassen bieten Unternehmen ... in gemeinsamen regionalen Koordinierungsstellen Beratung und Unterstützung an. Die Beratung und Unterstützung umfasst insbesondere die Information über Leistungen nach Absatz 1 ...

GKV-Leitfaden Prävention

Die Richtlinien zur Umsetzung sind im GKV-Leitfaden Prävention niedergelegt, der auf Grundlage des § 20 Abs. 2 SGB V in Zusammenarbeit mit den Verbänden der Krankenkassen auf Bundesebene erlassen wurde. Er legt die inhaltlichen Handlungsfelder und **qualitativen Kriterien für die Leistungen der Krankenkassen** verbindlich fest.

Die von diesem Leitfaden abgedeckten Leistungsarten umfassen die individuelle verhaltensbezogene Prävention nach § 20 Abs. 4 Nr. 1 und Abs. 5 SGB V, die »Prävention und Gesundheitsförderung in Lebenswelten« nach § 20a SGB V sowie die Betriebliche Gesundheitsförderung nach § 20b und 20c SGB V. Maßnahmen, die nicht den in diesem Leitfaden dargestellten Handlungsfeldern und Kriterien entsprechen, dürfen von den Krankenkassen nicht durchgeführt oder gefördert werden. (vgl. Homepage des Spitzenverbandes der GKV, www.gkv-spitzenverband.de, Abruf am 22.01.2022)

Nach Maßgabe des § 20b Abs. 3 SGB V werden regionale BGF-Koordinierungsstellen unterhalten (siehe dazu auch Kap. 8). Diese sollen einfachen Zugang zu kompetenten Ansprechpartnern für eine Beratung von interessierten Unternehmen gewährleisten; Zielgruppe sind insbesondere kleine und mittlere Unternehmen. Eine kostenlose Beratung ist auch über ein Onlineportal möglich.

Steuervorteile

Maßnahmen der BGF werden auch steuerlich gefördert. Gemäß § 3 Nr. 34 des Einkommensteuergesetzes (EStG) sind steuerfrei

- »zusätzlich zum ohnehin geschuldeten Arbeitslohn erbrachte Leistungen des Arbeitgebers
- zur Verhinderung und Verminderung von Krankheitsrisiken und zur Förderung der Gesundheit in Betrieben,
- die hinsichtlich Qualität, Zweckbindung, Zielgerichtetheit und Zertifizierung den Anforderungen der §§ 20 und 20b SGB V genügen.«

Pro Jahr und Beschäftigten können Arbeitgeber bis zu 600 Euro für Maßnahmen der BGF aufwenden, ohne dass die Beschäftigten diese Zuwendungen als geldwerten Vorteil versteuern müssen. Die Umsetzungshilfe des Bundesministeriums der Finanzen (BMF) vom 20.04.2021 (IV C 5-S 2342/20/10003:003) konkretisiert, welche Anforderungen die Maßnahmen erfüllen müssen, um steuerlich begünstigt zu sein. Die Umsetzungshilfe kann auf der Homepage des BMF abgerufen werden.

5.6 Information und Schulung der Mitarbeiter

aushangpflichtige Gesetze

Der Arbeitgeber ist verpflichtet, den Wortlaut bestimmter rechtlicher Vorschriften im Betrieb auszuhängen oder auszulegen bzw. den Mitarbeitern zugänglich zu machen. Den Mitarbeitern soll dadurch die Möglichkeit gegeben werden, sich über wichtige Rechte und Pflichten (!) zu informieren.

Die Verpflichtung besteht ab dem ersten Mitarbeiter, eine bestimmte Betriebsgröße ist nicht erforderlich. Die rechtlichen Vorschriften müssen stets in der aktuellen Fassung vorgehalten werden. Sie sind an »geeigneter Stelle« zur Verfügung zu stellen, d. h., sie müssen von allen Mitarbeitern jederzeit mühelos und unbeobachtet einsehbar sein. Geeignet können daher z. B. sein: Pausen- und Aufenthaltsräume, das schwarze Brett, die Kantine oder das Betriebsratsbüro. Digitale Lösungen sind ebenfalls möglich, sofern alle Mitarbeiter im Betrieb über die technischen Zugangsvoraussetzungen verfügen und sichergestellt ist, dass der Zugriff nicht »beobachtet«, also nicht nachverfolgt werden kann.

Zu den aushangpflichtigen Gesetzen zählen insbesondere zahlreiche Vorschriften des Arbeits- und Gesundheitsschutzes; für das BGM hat die Aushangpflicht daher besondere Bedeutung. Aushangpflichtig sind ferner viele Vorschriften des sozialen Arbeitsschutzes, die nicht unmittelbar dem BGM zugeordnet werden können (z. B. Kündigungsschutzgesetz, Mindestlohngesetz).

Ein Verstoß gegen diese Verpflichtungen zum Aushang kann mit einem Ordnungsgeld geahndet werden von derzeit bis zu 5.000 EUR.

Das Zusammentragen der einzelnen Gesetzestexte und Regelwerke können sich Arbeitgeber in der Regel sparen, indem sie eine Gesetzessammlung mit allen aushangpflichtigen Gesetzen beschaffen und zugänglich machen (z. B. von Haufe: »Aushangpflichtige Gesetze«). In der Regel sind in diesen Gesetzessammlungen auch weitere wichtige Arbeitsschutzvorschriften enthalten. Alternativ muss eine regelmäßige Überprüfung und Aktualisierung der eigenen Zusammenstellung der aushängpflichtigen Gesetze im Betrieb erfolgen.

Abschließend ist darauf hinzuweisen, dass es für bestimme Branchen zusätzliche aushangpflichtige Gesetze gibt, z. B. für den Gesundheitsbereich oder den Bildungsbereich. Hierfür bieten zahlreiche Verlage ebenfalls spezielle Gesetzessammlungen an.

Unterweisung

Die Verpflichtung des Arbeitgebers, die aushangpflichtigen Gesetze zur Verfügung zu stellen, korrespondiert mit einer Holschuld der Mitarbeiter. Zusätzlich ist der Arbeitgeber aber auch verpflichtet, die Beschäftigten aktiv über Sicherheit und Gesundheitsschutz bei der Arbeit ausreichend und angemessen zu unterweisen.

Pflicht zur Schulung der Beschäftigten

Die zentrale gesetzliche Grundlage dafür ist § 12 Arbeitsschutzgesetz. Die Unterweisung umfasst Anweisungen und Erläuterungen, die eigens auf den Arbeitsplatz oder den Aufgabenbereich der Beschäftigten ausgerichtet sind. Sie muss bei der Einstellung, bei Veränderungen im Aufgabenbereich, der Einführung neuer Arbeitsmittel oder einer neuen Technologie vor Aufnahme der Tätigkeit der Beschäftigten erfolgen. Für die Inhalte der Unterweisungen, die regelmäßig an die Gefährdungsentwicklung angepasst werden müssen, ist insbesondere die Gefährdungsbeurteilung maßgeblich.

Die Unterweisung ist daher mindestens jährlich zu wiederholen (Folgeunterweisung). In speziellen Regelungen können kürzere Fristen vorgesehen sein, bei Jugendlichen ist z. B. eine halbjährliche Folgeunterweisung erforderlich. Die Unterweisung hat zudem in kürzeren Abständen zu erfolgen, wenn ein Anlass besteht, z. B. wenn sich die Gefährdungsbeurteilung geändert hat, sich ein Unfall ereignet hat oder der Arbeitnehmer den Aufgabenbereich wechselt.

Hervorzuheben ist, dass derzeit noch eine persönliche Unterweisung gefordert wird. Reine E-Learning-Angebote sollen nicht genügen, sondern allenfalls flankierend eingesetzt werden können. Dies wird damit begründet, dass es erforderlich werden kann, den Beschäftigten vor Ort auf relevante Gefahren hinzuweisen oder zu kontrollieren, ob der Beschäftigte die Unterweisungen richtig umsetzen kann (z. B. an Maschinen). Es bleibt abzuwarten, ob diese Ansicht nach den Erfahrungen der Coronapandemie so pauschal Bestand haben wird.

Die »DGVU Vorschrift 1 – Grundsätze der Prävention« verlangt in § 4 zusätzlich, dass die Unterweisungen schriftlich festgehalten und vom Unterwiesenen unterzeichnet werden. Ähnliche Regelungen finden sich auch in anderen auf Grundlage des § 12 ArbSchG erlassenen Verordnungen. Die Bedeutung der Unterweisung wird damit unterstrichen. Zudem kann durch die Unterschrift der Nachweis geführt werden, dass die Unterweisungspflicht erfüllt wurde.

Qualifizierung

Schließlich sind konkrete Aus- und Fortbildungsmaßnahmen für diejenigen Mitarbeiter erforderlich, die im Rahmen des Arbeitsschutzes oder des BGM besondere Funktionen übernehmen sollen.

5.7 Fazit

Die rechtlichen Rahmenbedingungen des BGM sind derzeit noch sehr komplex und unübersichtlich. Das waren andere, heute gut strukturierte Rechtsthemen vormals auch. Es ist daher zu erwarten, dass mit wachsender Bedeutung des BGM der Gesetzgeber und die anderen Normgeber diese Vielfalt an Regelungen konsolidieren, aufeinander abstimmen und insgesamt für den Anwender überschaubarer gestalten werden. Erste Initiativen haben sich dies bereits zum Ziel gesetzt. Beispielsweise haben die Träger der Gemeinsamen Deutschen Arbeitsschutzstrategie das Leitlinienpapier zur Neuordnung des Vorschriften- und Regelwerks im Arbeitsschutz erarbeitet. Vielleicht wird schon in einigen Jahren an dieser Stelle über das »BGM-Gesetz« zu berichten sein?

Literatur

Grüneberg (vormals Palandt): Bürgerliches Gesetzbuch, Kommentar, 81. Auflage. 2022, C. H. BECK Verlag.

Kiesche, Eberhard: Betriebliches Gesundheitsmanagement, 2013, Bund-Verlag GmbH, Frankfurt am Main.

Rubner, Daniel/Leuering, Dieter: Das CSR-Richtlinie-Umsetzungsgesetz, NJW-Spezial 2017, 719.

6 Verständnis und Rahmenmodell des Betrieblichen Gesundheitsmanagements

Martin Lange

Nachdem die vorherigen Abschnitte zunächst eine gesundheitswissenschaftliche Basis gelegt haben und anschließend skizziert wurde, welchen Bedarf es angesichts der gesellschaftlich-technologischen Entwicklung am Thema Gesundheit im betrieblichen Kontext gibt, wird im folgenden Abschnitt ein Rahmenverständnis eines ganzheitlichen Betrieblichen Gesundheitsmanagements (BGM) vorgestellt.

Nach einer kurzen historischen Darstellung der Entwicklung des BGM werden etablierte Definitionen und Konzepte rund um das Thema BGM präsentiert. Gleichzeitig wird neben der begrifflichen Abgrenzung die Notwendigkeit einer Perspektiverweiterung hergeleitet und der Ansatz eines multiperspektivischen Rahmenmodells des BGM begründet. Hierbei wird auf die einzelnen Komponenten und Perspektiven genauer eingegangen.

Damit ganzheitliche BGM-Ansätze möglichst nachhaltig in Unternehmen implementiert werden können, wird abschließend das Thema der Haltung und Einstellung gegenüber dem BGM angerissen.

6.1 Einleitung

Verdichtung der Veränderung

Der Wandel der Arbeitswelt ist grundsätzlich nicht neu. Im Gegenteil, die Arbeitswelt unterliegt seit jeher dem Einfluss unterschiedlichster Faktoren wie der technologischen Entwicklung, der demografischen Veränderung, den politischen Vorgaben oder auch der Globalisierung und Vernetzung. In den vergangenen Jahren kam es jedoch verstärkt zu einer Verkürzung der Abstände von zäsurhaften Veränderungen, zum Teil überlagerten sich diese oder verschmolzen (Laloux, 2015).

Ein sehr bedeutsamer Aspekt in diesem Zusammenhang ist die Tatsache, dass der Prozess des Wandels der Arbeitswelt einem langfristigen Transformationsprozess gleicht. Für die Arbeitswelt bedeutet diese Transformation, dass Veränderung Gegenstand des Arbeitsalltages wird und in diesem Sinne ein langfristiger, im Idealfall nie endender Prozess ist. Die Arbeitswelt – konkret das Erleben und die Bewältigung des eben Geschilderten durch die Beschäftigten – ist somit nicht nur von berufsspezifischen und fachlichen Anforderungen geprägt, sondern von einer permanenten Veränderungsdynamik (Höf-Bausenwein, November 2020).

veränderte Anforderungen

Die gesamtgesellschaftlichen Herausforderungen in diesem Kontext sind mannigfaltig. Es steigen nicht nur die Anforderungen an die Beschäftigten, sondern der kontinuierliche Transformationsprozess muss mit einer zunehmend älteren Belegschaft und einem rückläufigen Erwerbspersonenpotenzial gestaltet werden (Rump & Eilers, 2017; Hermanni, 2021). Auf der Mitarbeiterebene zeigen sich vor allem Tätigkeiten, die Kreativität, Interaktion, Selbstorganisation erfordern und damit die Komplexität erhöhen. Für Unternehmen bedeutet dies wiederum, flexibel auf diese Anforderungen zu reagieren, Mitarbeiter in ihren Kompetenzen zu fördern und die Arbeitsorganisation so zu gestalten, dass die Tätigkeitsanforderungen mit den verfügbaren Ressourcen nachhaltig leistbar sind (Robert Bosch Stiftung, 2013; Höf-Bausenwein, November 2020).

Auswirkungen für Mitarbeiter

Die Auswirkungen und Bedarfe des Transformationsprozesses und der sich verändernden Anforderungen sind in der Literatur bereits viele Jahre bekannt, doch in der Praxis zeigen sich bis dato noch große Herausforderung im Umgang damit. So sind in den vergangenen Jahren vor allem die Arbeitsunfähigkeitstage aufgrund von psychischen Erkrankungen erheblich gestiegen. Im Fehlzeitenreport 2020 zeigen sich seit 2010 Anstiege um über 30 %-Punkte bei den AU-Fällen und um rund 54 %-Punkten bei den AU-Tagen (Badura et al., 2020). An dieser Stelle sind die Möglichkeiten der Deduktion eines Kausalzusammenhangs begrenzt, es weisen jedoch zahlreiche Studien auf

- eine zunehmende Arbeitsverdichtung (Ahlers & Erol, 2019; Pusch & Rehm, 2017; Himmelreicher & Schlachter, 2021),
- höhere Beanspruchung (Himmelreicher & Schlachter, 2021) und
- eine disruptiv-sorgenbehaftete Reaktionen mit Überforderungs- und Überlastungssymptomatik hin (Law et al., 2020).

Während diese Auswirkungen der sich wandelnden Arbeitswelt zunächst einmal alle erwerbstätigen Menschen in gleichem Ausmaß betreffen, gibt es Zielgruppen, die besonders vulnerabel auf die Veränderungsdynamik reagieren und in den vergangenen Jahren zunehmend in den Fokus des Themas Betriebliche Gesundheit gerückt sind. Hierzu gehören

- Personen mit niedrigem Sozialstatus (Schneiders & Ahrendt, 2018),
- Erwerbstätige mit Migrationshintergrund, deren Zahl – verursacht durch die Zuwanderung – zugenommen hat,
- Erwerbstätige mit demografisch bedingten chronischen Erkrankungen (Robert Koch-Institut, 2015) sowie
- Berufstätige in bestimmten Berufsbranchen wie bspw. in Handwerks-, Industrie-, Pflege- und Dienstleistungsberufe (Badura et al., 2020).

soziales System Organisation

Die beschriebenen Veränderungen zeigen jedoch nicht nur Auswirkungen auf individueller, sondern vor allem auf organisationaler Ebene. Organisationen wirken wie ein soziales System, in dem sich die Mitarbeiter bewegen und die Herausforderungen erleben. Organisationen müssen sich daher ebenso den Veränderungen anpassen wie ihre Mitarbeiter. Die Anpassungsfähigkeit entscheidet darüber, ob eine Organisation als Ressource die negativen Auswirkungen auf die Mitarbeitergesundheit puffert oder im umgekehrten Falle verstärkt. Entscheidende organisationale Variablen sind bspw. die Unternehmenskultur, der Führungsstil, die Fehlerkultur, die Arbeitsprozesse und -ressourcen, Innovation, Kreativität und vieles mehr (Burnard & Bhamra, 2011). Ob die organisationalen Bedingungen mehr eine Ressource oder mehr ein Stressor für die Mitarbeitergesundheit darstellen, hängt damit von der Anpassungsfähigkeit des Unternehmens ab.

Die wechselseitige Beziehung zwischen gesunder Organisation und gesunden Mitarbeitern ist die gemeinsame Verständnisbasis für eine nachhaltige Arbeitswelt von morgen. Mitarbeitergesundheit liegt damit nicht allein in der Verantwortung der Mitarbeiter, der sie bspw. durch ein gesundes Verhalten nachkommen, sondern gleichzeitig bei der Organisation mit gesunden Arbeitsverhältnissen.

Vor dem Hintergrund der skizzierten Veränderungen der Arbeitswelt und deren Auswirkungen auf Mitarbeiter und Organisationen besteht ein erheblicher Handlungsbedarf, um das Thema Gesundheit in Unternehmen zu implementieren. Von der steigenden Komplexität der Anforderung für Unternehmen und Mitarbeiter bis hin zu den geringer werdenden Ressourcen stellt die Sicherung der Leistungsfähigkeit der Mitarbeiter – und damit ihrer Gesundheit – die unmittelbare Sicherung des Unternehmenserfolgs dar.

Das Betriebliche Gesundheitsmanagement (BGM) stellt einen ganzheitlichen und systematischen Ansatz dar, mit dem Maßnahmen auf allen Ebenen der Organisation (Strukturen und Prozesse) sowie individuelle Maßnahmen, die die Gesundheit der Mitarbeiter erhalten, gefördert und bei der Wiederherstellung der Arbeitsfähigkeit unterstützt werden. Bevor auf ein Rahmenverständnis und die Anforderungen an ein solches eingegangen wird, soll kurz die historische Entwicklung des BGM betrachtet werden.

6.2 Historische Entwicklung des BGM

Das BGM hat in den vergangenen Jahren als Querschnittsdisziplin über verschiedene Zugangswege Eingang in Organisationen gefunden. Bis heute werden bei der Umsetzung unterschiedliche Schwerpunkte gesetzt – vom Arbeits- und Gesundheitsschutz über das Eingliederungsmanagement bis hin zur Betrieblichen Gesundheitsförderung. Ein kurzer Blick auf die Genese gibt Antworten auf die etablierten Denkweisen, tradierten Handlungsmuster sowie die systemimmanente Veränderungskultur des BGM.

Erstes Gesetz des Arbeitsschutzes

Je nach Profession und Perspektive kann man für den Beginn des BGM unterschiedliche Zeitpunkte nennen. Die ersten Vorläufer des BGM lassen sich zu Beginn der Industrialisierung mit dem Preußischen Regulativ um 1839 beobachten. Das Gesetz wurde vom preußischen König Friedrich Wilhelm III zur Einschränkung der Kinderarbeit und zum Erhalt der Wehrtauglichkeit verabschiedet (Singer, 2010). Es war damit das erste deutsche Gesetz zum Arbeitsschutz. Im weiteren Verlauf gab es zunehmend Ausweitungen, die alle von der Sicherung der Arbeitsfähigkeit motiviert waren, wie bspw. das Mutterschutzgesetz (1952) oder das Arbeitsschutzgesetz (1973). Singer (2010) bezeichnete dies als »bedeutenden Ausbau der Sozialgesetzgebung«.

Ottawa-Charta

Nach diesen ersten Ansätzen, die vornehmlich in der Unfallverhütung und Sicherung der Arbeitsfähigkeit lagen, wurde durch die WHO-Konferenzen ein Paradigmenwechsel eingeleitet. Maßgeblich war hier die Ottawa-Charta 1986, die ebenso als Geburtsstunde der Gesundheitsförderung bezeichnet wird. Sie legte die grundlegende Basis für Maßnahmen der Betrieblichen Gesundheitsförderung (Faller, 2021). Das Novum der Ottawa-Charta lag vor allem darin, nicht mehr nur auf die Gesundheitserziehung, sondern vielmehr auf eine strategisch ausgerichtete, institutionsübergreifende gesundheitsförderliche Haltung, persönliche Kompetenzen und Lebenswelten zusetzen. Der Bereich der Betrieblichen Gesundheitsförderung ist aus dem BGM nicht mehr wegzudenken und wurde mit dem Präventionsgesetz (§ 20 SGB V) politisch überdauernd manifestiert (Faller, 2021).

Arbeitsschutzgesetz

Flankiert wurde die Entwicklung der BGF Mitte der 1990er Jahre mit dem Arbeitsschutzgesetz (ArbSchG). Das Gesetz entstand auf Basis der EU-Rahmenrichtlinie Arbeitsschutz (Richtlinie 89/391/EWG) und stellte ein umfassendes Konzept des betrieblichen Arbeits- und Gesundheitsschutzes dar. Das ArbSchG verfolgte bereits damals das Ziel der menschengerechten Arbeitsgestaltung und bezog als ganzheitlicher Ansatz Arbeitsmittel, Arbeitsbedingungen, Arbeitsorganisation und die Qualifikation der Beschäftigten mit ein. Auch die Verminderung von psychischen Belastungen waren darin frühzeitig als Aufgabe des Arbeitgebers aufgeführt (Institut für angewandte Arbeitswissenschaft, 2017).

Im Jahr 2004 wurde der Präventionsgedanke in das SGB IX mit dem § 84 Abs. 2 SGB IX (aktuell § 167 Abs. 2 SGB IX) aufgenommen, um die Arbeits- und Beschäftigungsfähigkeit zu erhalten. Auch wenn es in der Praxis fälschlicherweise oftmals als »Kündigungsvorverfahren« bezeichnet wird, liegt der Kerngedanke eben in der frühzeitigen Verhinderung der Kündigung (Stöpel et al., 2019).

Managementansätze

Mit den eher voneinander losgelösten sozialgesetzlichen Grundlagen und den Normativen Ansätzen der Ottawa-Charta kam es letztlich nur zu einem mäßigen operativen Durchdringungsgrad. Die Gründe liegen vor allem in einer Diskrepanz zwischen der partizipativen, sozialen Wertehaltung der Charta und den eher tradierten, leistungsgetriebenen Vorgaben der ausführenden Institutionen und Unternehmen (Faller & Abel, 2017). In dieser Phase wurden allerdings die normativen Ansätze nach und nach durch Managementansätze ersetzt (Faller, 2021). Diese verliehen den betrieblichen Gesundheitsansätzen eine stärkere Zielorientierung, mehr Systematik und Ökonomie. Die Entwicklung von einzelnen Aspekten der Mitarbeitergesundheit zu einem umfassenden und systematischen Managementansatz wurde von vielen weiteren Aktivitäten begleitet, die in ihrer Summe den Wert des Menschen und seine Gesundheit immer mehr in den Mittelpunkt rücken. (Faller, 2021, 3)

Bei der retrospektiven Betrachtung wird deutlich, dass die Bereiche der Gesundheitsförderung, des Arbeits- und Gesundheitsschutzes wie der des Eingliederungsmanagements nach dem heutigen Verständnis von BGM dieses dominieren. Doch muss an dieser Stelle betont werden, dass die Entwicklung des BGM bei Weitem nicht abgeschlossen ist. Vielmehr wirken sich die soziokulturellen, politischen und wirtschaftlichen Dynamiken auf das BGM aus. Vor allem die Gestaltung der Arbeitsorganisation (Organisationentwicklung) sowie der Befähigung und Kompetenzentwicklung (Personalentwicklung) nehmen immer mehr Raum im BGM ein.

6.3 Ein multiperspektivisches Rahmenmodell des BGM

verschiedene Schwerpunkte

Mit dem Betrieblichem Gesundheitsmanagement werden allgemein Gesundheitsthemen im Setting Betrieb mit Management-Ansätzen systematisch und regelmäßig bearbeitet. Betrachtet man aktuelle und etablierte Definitionen (vgl. Tabelle 1), zeigen sich Schnittmengen zwischen dem Bereich des Schaffens gesundheitsförderlicher Strukturen, den Prozessen über alle Unternehmensbereiche hinweg sowie dem Ziel der Förderung und des Erhalts der Mitarbeitergesundheit. Diskrepanzen offenbaren sich darin, Schwerpunktle zu legen – u. a. beim Wohlbefinden von Mitarbeitern (Wienemann, 2002), der Betonung der Langfristigkeit (BBGM, 2015), der Befähigung von Mitarbeitern (Badura & Steinke, 2009; DIN SPEC 91020) oder der Differenzierung von individueller und kollektiver Gesundheit (Pfaff & Zeike, 2018).

Definitionen des BGM	Quelle
[…] ist die systematische und zielorientierte Steuerung aller betrieblichen Prozesse, mit dem Ziel die Gesundheit und Leistung aller Mitarbeiter zu erhalten und zu fördern, um langfristig im Unternehmen erfolgreich zu sein. BGM ist somit die strukturierte Durchführung von gesundheitsförderlichen und gesundheitspräventiven Maßnahmen zugunsten der Mitarbeitenden in einem Unternehmen.	Bundesverband Betriebliches Gesundheitsmanagement (BBGM) e. V. 2015
[…] ist die bewusste Steuerung und Integration aller betrieblichen Prozesse mit dem Ziel der Erhaltung und Förderung der Gesundheit und des Wohlbefindens der Beschäftigten.	Wieneman 05.09.2002

Definitionen des BGM	Quelle
[...] die Entwicklung betrieblicher Rahmenbedingungen, betrieblicher Strukturen und Prozesse, die die gesundheitsförderliche Gestaltung von Arbeit und Organisation und die Befähigung zum gesundheitsfördernden Verhalten der Mitarbeiter zum Ziel haben.	Badura und Steinke 2009
[...] werden alle Aktivitäten der Planung, Durchführung, Evaluation und Steuerung von gesundheitsförderlichen Maßnahmen eines Unternehmens verstanden, die das Ziel haben, die individuelle und kollektive Gesundheit der Mitarbeiter*innen dauerhaft zu erhalten oder zu verbessern.	Pfaff und Zeike 2019
[...] systematische sowie nachhaltige Schaffung und Gestaltung von gesundheitsförderlichen Strukturen und Prozessen einschließlich der Befähigung der Organisationsmitglieder zu einem eigenverantwortlichen, gesundheitsbewussten Verhalten.	DIN SPEC 91020

Tab. 1: Gegenüberstellung ausgewählter Definition von Betrieblichem Gesundheitsmanagement

Theorie ist nicht gleich Praxis

Faller und Abel (2017) merken in diesem Zusammenhang an, dass zwischen dem theoretischen Verständnis und der praktischen Realität starke Abweichungen bestehen. Häufig besteht die Grundannahme, dass BGM auf individualpräventive Maßnahmen reduziert werden kann, ohne Zielorientierung und systematischen Vorgehen. Die Kritik umfasst vor allem:

- eine mangelnde gesundheitsförderliche Haltung im Sinne der Unternehmenskultur und des Führungsideals,
- das Fehlen eines systematischen, ziel- und bedarfsorientierten und kennzahlengestützten Vorgehens sowie
- eine ganzheitliche und integrative Prozessgestaltung mit allen gesundheitsrelevanten Arbeitsbereichen wie dem Arbeits- und Gesundheitsschutz und dem Betrieblichen Eingliederungsmanagement.

Über die Gründe für den fehlenden Theorie-Praxis-Transfer lässt sich an dieser Stelle nur spekulieren. Es zeigen sich jedoch Parallelen, die sich in einem modelltheoretischen Verständnis – dem sogenannten BGM-Haus – manifestiert haben. Das BGM-Haus beschreibt BGM als ein Dachkonzept, bestehend aus den sozialgesetzlichen Perspektiven:

- Betriebliches Eingliederungsmanagement (§ 167 Abs. 2 SGB IX, ehemals § 84 Abs. 2 SGB IX),
- Betriebliche Gesundheitsförderung (§ 20b SGB V),
- Arbeits- und Gesundheitsschutz (SGB VII sowie weitere Regelungen ArbSchG, ASiG, BetrVG u. v. w.).

Medizinische Leistungen zur Prävention (§ 14 SGB VI) sind in den gängigen Darstellungen nicht mit inbegriffen. Erst in der neuen Version des Leitfaden Prävention (GKV-Spitzenverband 2021, 105) findet sich die Berücksichtigung des § 14 SGB VI wieder. In der Praxis zeigt sich dahingehend bislang eine defensive Umsetzung, bei kontinuierlich steigenden Antragszahlen (Deutsche Rentenversicherung (DRV) Bund 2020).

In seiner Erweiterung wird dieses sozialgesetzliche Kernverständnis ergänzt mit Elementen der Personal- und Organisationsentwicklung, jedoch nicht mit der notwendigen Gewichtung. Die von Faller (2018) formulierten Umsetzungsdefizite zeigen sich vor allem in den Bereichen, in denen übergreifende, ganzheitliche Strategien über die reinen Gesetzesvorgaben hinaus gefordert werden. So werden die gesetzlichen Mindestanforderungen wie bspw. die des Arbeitsschutzes oder des Angebots an präventiven Maßnahmen überwiegend erfüllt, jedoch mehr losgelöst bzw. strategisch vor dem Hintergrund eines gemeinsamen Gesundheitsziels koordiniert.

Gesundheitsverständnis im BGM

Während die Gesetzgebungen insbesondere die Interventionsebenen in Form eines Minimalmaßes als einen Rahmen vorgeben, bilden vor allem eine gesundheitsförderliche Unternehmenskultur sowie die Befähigung von Mitarbeitern eine verbindende Komponente im BGM. Wissenschaftlich bildet sich dieser Umstand im salutogenetischen Gesundheitsverständnis (Antonovsky, 1997) und dem Job-Demand-Ressource-Modell ab (Bakker & Demerouti, 2007). Beide Modelle vereint die Ressourcenorientierung und die Befähigung von Menschen im Umgang mit Belastungen und Anforderungen. Zudem wird die Verantwortung nicht allein auf das individuelle Verhalten der Mitarbeiter (Verhaltensprävention) übertragen, sondern mit Blick auf eine gesundheitsförderliche Arbeitsgestaltung ebenso auf die Organisation (Verhältnisprävention) verteilt.

Ressourcenansatz

In diesem Zusammenhang ist in der Praxis häufig ein reduziertes Verständnis von BGM vorzufinden, das primär Präventions- und Gesundheitsförderungsmaßnahmen in den Vordergrund stellt. Mindestens ebenso werden in der Praxis die Begriffe BGF und BGM synonym verwendet. Präventionsmaßnahmen basieren auf einem biomedizinischen Verständnis der Krankheitsverhinderung, wohingegen die Gesundheitsförderung dem Prinzip der Salutogenese folgt (GKV-Spitzenverband, 2021). Im Rahmen des BEM ergibt sich jedoch eine weitere Perspektive, die im Auftrag des Arbeitgebers liegt: Mitarbeiter bei der Überwindung der Arbeitsunfähigkeit zu unterstützen – was eine Situation betrifft, bei der die Gesundheit bereits beeinträchtigt ist bzw. Krankheit vorliegt. Auch hier greift der salutogenetische Ansatz bspw. mit einer ressourcenseitigen Unterstützung durch das Unternehmen, jedoch ist das Stadium auf dem Krankheits-Gesundheits-Kontinuum deutlich krankheitslastiger (Antonovsky, 1997). An dieser Stelle ist es von zentraler Bedeutung, nicht nur Gesundheit zu erhalten und zu fördern, sondern vor allem vulnerable und (chronisch) kranke Mitarbeiter im Umgang mit bzw. bei der Überwindung von ihrer Krankheit zu unterstützen.

multiperspektivisches Rahmenmodell

Die Ausführungen zeigen, dass das tradierte, sozialgesetzlich geprägte Verständnis von Betrieblichem Gesundheitsmanagement den heutigen Ansprüchen eines integralen, ganzheitlichen BGM nicht ausreichend gerecht wird. Zur Förderung der Integration der verschiedenen Akteure, Professionen, zahlreichen Zugangswege und Schwerpunktsetzungen im BGM sowie des zentralen Regelmechanismus (PDCA) und der hohen Qualitätsansprüche ergibt sich der Bedarf ein multiperspektivisches Rahmenverständnis des BGM mit gleichwertigen Teilaspekten (vgl. Abbildung 1).

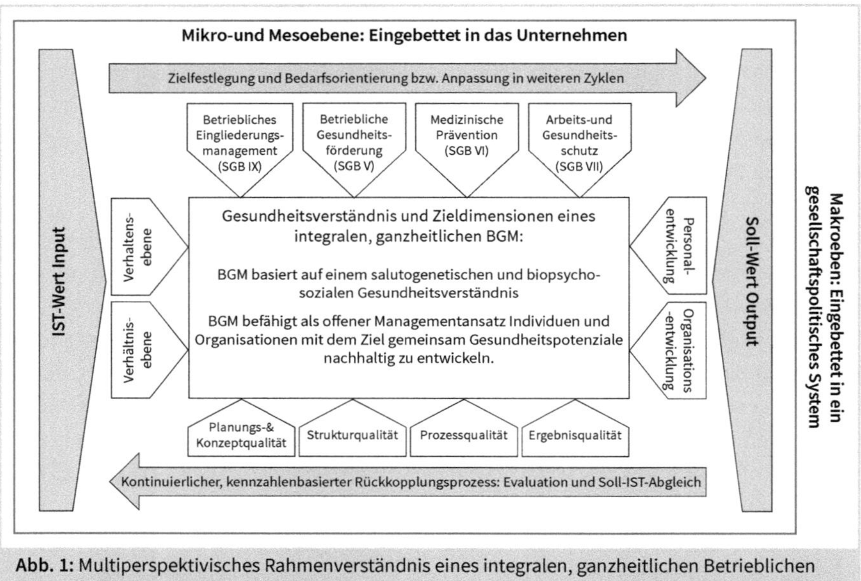

Abb. 1: Multiperspektivisches Rahmenverständnis eines integralen, ganzheitlichen Betrieblichen Gesundheitsmanagementsystems.

Das integrale, ganzheitliche und systematische BGM fußt auf einem salutogenetischen, biopsychosozialen Gesundheitsverständnis. BGM als System wirkt auf die Organisation und auf die Individuen (Mitarbeiter) über verschiedene, kontextabhängige, gleichwertige Zugangswege.

Basierend auf dieser Grundhaltung eröffnet der gesetzliche Rahmen über Umsetzungspflichten oder die freiwillige Unterstützungsleistungen bei BGM-Maßnahmen in den Bereichen

- des Betrieblichen Eingliederungsmanagements (§ 167 Abs. 2 SGB IX, § 16 SGB VI),
- des Arbeits- und Gesundheitsschutzes (§ 1 SGB VII, § 14 SGB VII)
- der Betrieblichen Gesundheitsförderung (§ 20b SGB V)
- der Leistungen zur medizinischen Prävention (§ 14 SGB VI).

!

Merken Sie sich bitte:

Pflicht und Freiwilligkeit

Hinsichtlich der Umsetzung der gesetzlichen Vorgaben bestehen unterschiedliche Anforderung für Arbeitgeber (AG) und Arbeitnehmer (AN). Eine Umsetzungs- und Mitwirkungspflicht bestehen für AG und AN im Bereich des Arbeits- und Gesundheitsschutzes. Das Betriebliche Eingliederungsmanagement ist vom AG verpflichtend umzusetzen, die Teilnahme des AN hingegen ist freiwillig. Maßnahmen der Betrieblichen Gesundheitsförderung sind sowohl für AG als auch AN freiwillig. Angebote der medizinischen Präventionsleistungen der Deutschen Rentenversicherung sind freiwillige Leistungen, die vom AG zu unterstützen sind, sollten Mitarbeiter das Angebot annehmen.

Verhalten und Verhältnisse

Die Maßnahmen können je nach Ziel- und Wirkrichtung unterschieden werden in verhaltensbezogene oder verhältnisorientierte Maßnahmen. Erstere umfassen damit Interventionen, die gesundheitsfördernd auf das Verhalten der Mitarbeiter einwirken sollen. Verhältnisorientierte Maßnahmen hingegen sind Veränderungen des Systems auf struktureller oder prozessoraler Ebene, wie bspw. die Verbesserung der Arbeitsbedingungen oder -abläufe. In einigen Fällen ist diese Differenzierung abhängig von der eingenommenen Perspektive, denn für Mitarbeiter stellt das Verhalten einer Führungskraft eine strukturelle Bedingung (Verhältnis) dar, jedoch nicht umgekehrt.

Organisationsentwicklung

Der Verhaltens- und Verhältnisperspektive stehen die Personal- (PE) und Organisationsentwicklung (OE) gleichbedeutend gegenüber. Auch wenn dies in der Vergangenheit nicht weniger bedeutsam war, so hat die Relevanz und die Anerkennung der OE in der Praxis vor allem aus der Gesundheitsperspektive betrachtet immens zugenommen. Denn eine sich dynamisch anpassende Organisation erkennt unnötige Arbeitsprozesse, reduziert damit erhebliche Belastungspotenziale und spart Ressourcen ein. Weiterhin wird eine kontinuierliche OE mit einer positiven Organisationskultur assoziiert (Basińska-Zych & Springer, 2021; Felipe et al., 2017; Lindberg & Meredith, 2012), was wiederum positiv mit der Mitarbeitergesundheit zusammenhängt (Lee et al., 2021b; Ouellette et al. 2020; Felipe et al. 2017). Aus dem modernen BGM-Verständnis ist die Organisationsentwicklung nicht mehr wegzudenken.

Personalentwicklung

Der Personalentwicklung (PE) wird ähnlich der OE ebenso eine hohe Assoziation mit Parametern der Mitarbeitergesundheit zugeschrieben (Pohling et al., 2016; Kuijpers et al., 2020; Culbertson et al., 2010). Die entscheidende Moderation geschieht über das Konstrukt der Kompetenz. In der Vergangenheit lag der Fokus der PE vornehmlich auf der Sicherung von Prozessabläufen, dem Wissensmanagement und der Einarbeitung in neue Software oder Themen. Zahlreiche Untersuchungen von Belastungen und Beanspruchungen sowie von Anforderungen und Ressourcen zeigten, dass der Kompetenzentwicklung in der Bewältigung von arbeitsbedingten Aufgaben eine hohe Ressourcenfunktion zugeschrieben wird. Kompetente Mitarbeiter zeigen demnach weniger Stressempfinden und eine geringere Beanspruchung (Joyce et al., 2018; Hartwig et al., 2020).

Qualitätsdimensionen

Ein weiterer Aspekt eines multiperspektivischen Rahmenverständnisses ist das der Qualität. Mit der Qualitätssicherung und dem Qualitätsmanagement wird die Wahrscheinlichkeit erhöht, die gewünschten Ergebnisse zu erzielen und eine wissenschaftliche Fundierung von Interventionen zu gewährleisten (Tempel & Kolip, 2011). Im Bereich des Gesundheitswesens hat sich das Modell von Donabedian (1988) etabliert, bei dem der Begriff Qualität genauer differenziert wird: in Struktur-, Prozess- und Ergebnisqualität. Tempel und Kolip (2011) haben dieses Modell um die Dimension der Konzept- und Planungsqualität erweitert, das dem starken Projektcharakter von BGM-Maßnahmen Rechnung trägt. Die

- sorgfältige und systematische Planung von BGM-Maßnahmen (bspw. Ermittlung von Ressourcen und Bedarfen etc.),
- Schaffung von Strukturen (bspw. Steuerungskreis, Kommunikationskanäle, Qualifizierung von BGM-Beauftragten etc.) und

Sicherstellung von Prozessen (bspw. Maßnahmenabläufe) führen zu einem höchstmöglichen Erreichungsgrad hinsichtlich der gesetzten Ziele.

Die Systematik des Qualitätsmanagements ergibt sich auf drei aufeinanderfolgenden Prozessschritte (Tempel & Kolip 2011, 14). Hierzu gehören die

- Datenerhebung: Vor Maßnahmenbeginn (Bedarfsermittlung) und nach Beendigung der Maßnahmen (Zielerreichung);
- Datenbewertung: Bewertung von Wirkungsrichtung, Wirkungsgrad usw.;
- Rückkopplung: Abgleich zwischen gesetzten (Soll) und den erreichten Kennzahlen (Ist) mit entsprechender Adaption und Neuformulierung von Zielen.

Der beschriebene Mechanismus des Qualitätsmanagements zeigt sich in unterschiedlichen Bereichen des BGM in Form von Regelkreisläufen wie bspw. dem Betrieblichen Gesundheitsförderungszyklus (GKV-Spitzenverband 2021, 111) oder der Gefährdungsbeurteilung (Deutsche Gesetzliche Unfallversicherung 2020, 22). Der Prozesscharakter wird in seiner Grundform durch den PDCA-Zyklus beschrieben.

6.4 PDCA-Systematik als Motor

von Shewhart zu Deming

Der von Deming adaptierte Shewhart-Zyklus ist heutzutage überwiegend als PDCA-Zyklus bekannt, wobei PDCA ein Akronym ist, das für *Plan-Do-Check-Act* steht (Deming, 1986). Der PDCA-Zyklus kommt ursprünglich aus dem Bereich des Qualitätsmanagements und hatte seinen Beginn mit der Demingschen Reaktionskette, die im Wesentlichen besagt, dass Qualität von jedem einzelnen Mitarbeiter erzeugt wird.

Diese Haltung ist auch heutzutage im BGM von zentraler Bedeutung, wenn es um eine dauerhafte Implementierung und kontinuierliche Verbesserung geht (Hensen, 2019). Der PDCA-Zyklus ist heutzutage ein zentrales Element von Managementansätzen, da er durch den dynamisch wiederkehrenden Zyklus und den permanenten Soll-Ist-Abgleich zu einer kontinuierlichen Verbesserung führt.

Die vier einzelnen wiederkehrenden Prozessschritte des Deming-Zyklus lassen sich wie folgt charakterisieren (Deming, 1986):

- *Plan* (Planen): Basierenden auf einer Bedarfsermittlung werden in dieser Phase Ziele festgelegt und entsprechende Prozesse (Maßnahmen) geplant. Entscheidend ist eine hohe Passung zwischen den zu erzielenden Ergebnissen, den Bedarfen der Mitarbeiter und der Unternehmensphilosophie.
- *Do* (Durchführen): Die Durchführung umfasst alle Aspekte der Maßnahmenausführung einschließlich der Umsetzung begleitender Prozesse.
- *Check* (Prüfen): Die umgesetzten Maßnahmen werden anhand vorher festgelegter Kennzahlen überwacht. Der Vorgang beinhaltet eine Messung (Assessment) und anschließende Bewertung (Evaluation) der BGM-Maßnahmen und -Prozesse. Der Abgleich (Soll-Ist) ergibt eine positive oder negative Diskrepanz zwischen festgelegten Zielen und erreichten Kennzahlen.
- *Act* (Verbessern/Handeln): Die Abweichung von den Zielen erfordert eine Anpassung der Ziele oder Maßnahmen. Bei einer Zielerreichung werden neue Ziele definiert. Der sich automatisch wiederholende Zyklus sichert die Zielerreichung bzw. verbessert die Qualität des BGM-Systems.

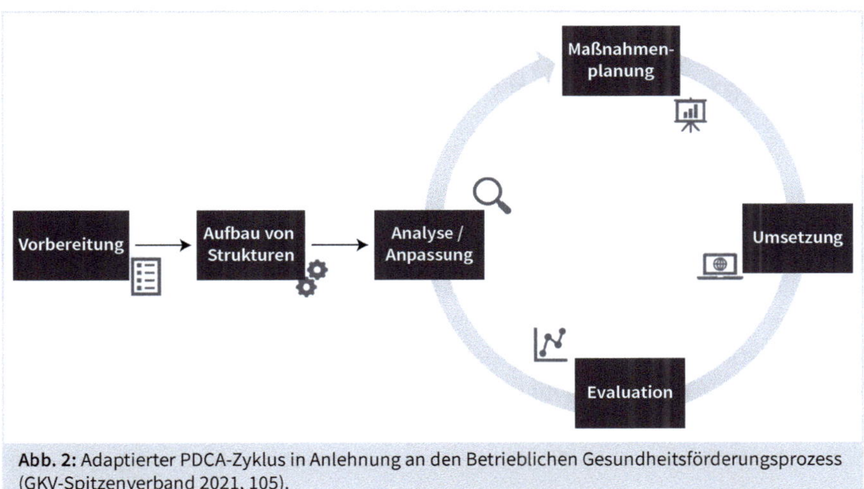

Abb. 2: Adaptierter PDCA-Zyklus in Anlehnung an den Betrieblichen Gesundheitsförderungsprozess (GKV-Spitzenverband 2021, 105).

Kernelement Kontinuität

Der Kern des PDCA-Zyklus liegt in der kontinuierlichen Auseinandersetzung mit erhobenen Kennzahlen, die zur Zielausrichtung und zum Abgleich der Zielerreichung herangezogen werden. Für das betriebliche Setting wurde der PDCA-Zyklus durch den Betrieblichen Gesundheitsförderungsprozess (GKV-Spitzenverband 2021, 105) erweitert, indem die Initiierung des Prozesses durch zwei weitere Phasen gesondert betont wird (vgl. Abbildung 2). Die Differenzierung in Vorbereitungs- und Strukturaufbauphase erweist sich für die BGM-Praxis als höchst sinnvoll, da die Genese des PDCA-Zyklus aus dem QM herrührt, das sich auf die Optimierung bestehender Unternehmensbereiche und -prozesse konzentrierte. Mit Blick auf die Vergangenheit stellten das BGM und das Thema Gesundheit hingegen nicht unmittelbar ein organisationales Kernthema dar, in dem bis auf den Arbeits- und Gesundheitsschutz keine übergreifenden Strukturen und Prozesse wiederzufinden waren. Solche übergreifenden Strukturen vorzubereiten und sie zu schaffen, ist somit eine wesentliche Voraussetzung für ein funktionierendes BGM-System mit PDCA-Mechanismus.

Vor dem Hintergrund der nachhaltigen Implementierung stellt der Prozesscharakter mit mehreren Zyklen die größte Herausforderung dar. BGM als ein organisationsintegrales, ganzheitliches System zu betrachten, ist in der Praxis nicht in jedem Fall zu beobachten. Häufig werden losgelöste Einzelevents wie bspw. Gesundheitstage, Präventionskurse oder die oftmals reine Erfüllung der gesetzlichen Auflagen des Arbeits- und Gesundheitsschutzes als BGM bezeichnet (Badura et al., 2021).

Bindeglied zwischen Zyklen ist Evaluation

Durch den Zyklus finden die einzelnen Prozessschritte wiederkehrend statt. Das Bindeglied zwischen zwei Zyklen ist die Evaluationsphase, die durch die Bewertung der Ergebnisse Auskunft über Wirkungsgrade und -richtungen der Maßnahmen gibt. Die Ergebnisse bilden die Basis für die Adjustierung der weiteren Ziele und Maßnahmen. Basierend auf den Ergebnissen werden dann im nächsten Zyklus die vorher definierten Ziele angepasst. Unter Umständen kann es die Situation bedingen, einen neuen Schwerpunkt zu beleuchten und die Wiederholungsbefragung zu ergänzen (vgl. Abbildung 3).

Nachhaltigkeit

Der Demingsche Management-Ansatz stellt somit die treibende Kraft der einzelnen Handlungsfelder im Kontext betrieblicher Gesundheit dar und verbindet diese gleichermaßen. In der Praxis zeigen sich durch diese systematische Vorgehensweise erfolgreiche und vielversprechende BGM-Ansätze, die jedoch in Teilen einen Projektcharakter haben, was ihre langfristige Wirkung abschwächt. Dies liegt zuweilen daran, dass BGM innerhalb der Unternehmenskultur nicht immer die Wertschätzung genießt, die es zwingend benötigt (Badura et al., 2021). Die Nachhaltigkeit eines systematischen BGM entsteht vor allem dann, wenn es durch die Institutionalisierung auf höchster (Management-)Ebene in alle Organisationsstrukturen und -prozessen integriert wird.

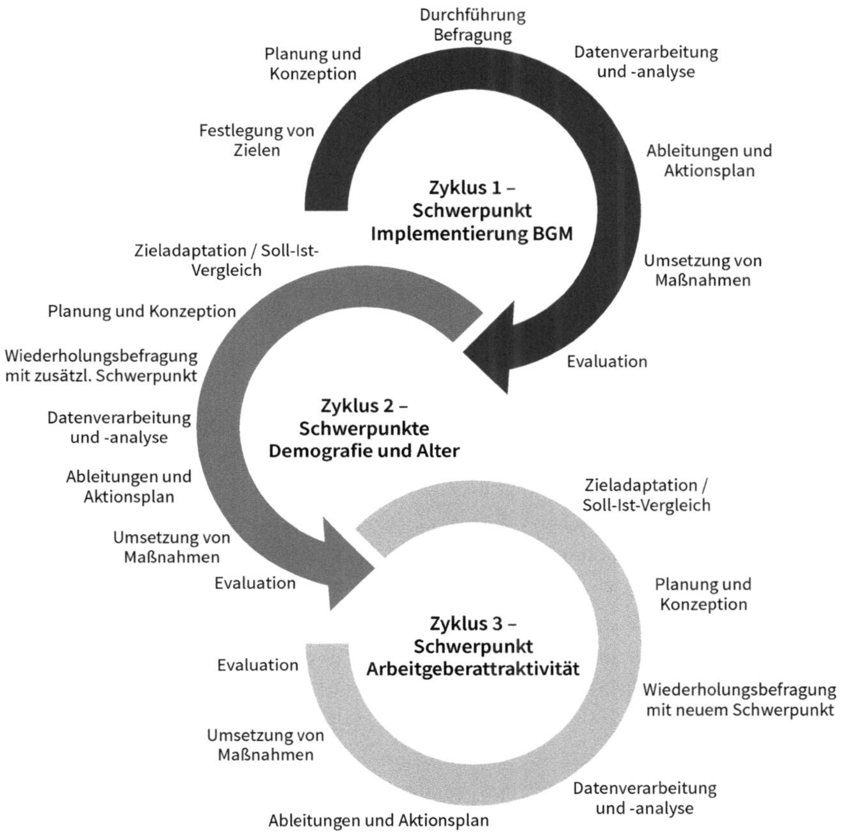

Abb. 3: Zykluskette des BGM mit unterschiedlichen Schwerpunkten; eigene Darstellung)

Merken Sie sich bitte:

In »Gesundheit« denken

Geschäftsführungen und Führungskräfte sind in den vergangenen Jahrzehnten stark durch eine ökonomische Denkweise sozialisiert worden. Prozesse oder der Personaleinsatz werden dabei stets vor dem Hintergrund des Kosten-Outcomes oder des Return-on-Invest betrachtet. Wird durch die Prozessoptimierung Zeit gespart, wird dieser Gewinn nur selten in den Mitarbeiter reinvestiert. Stattdessen wird er auf Basis des Leistungsprinzips in einen anderen Prozess verschoben. Integratives, ganzheitliches und systematisches BGM betrachtet die gleichen Prozesse durch eine Gesundheitsperspektive und erreicht damit eine nachhaltige Sicherung der Arbeits- und Wettbewerbsfähigkeit.

Mit dem Aspekt der Nachhaltigkeit eröffnet sich neben der Zielerreichung auf individueller Ebene eine weitere Wirkebene, die vor allem durch Kontinuität erreicht wird – die organisationale Gesundheit.

6.5 Organisationale Gesundheitskompetenz

Befähigung der Organisation

Das multiperspektivische Rahmenverständnis des BGM mit dem inhärenten Managementansatz führt über einen längeren Zeitraum zu einer organisationalen Befähigung im Kontext Gesundheit. Im Rahmen von Qualitätsmanagementsystemen erlangen Unternehmen durch den Managementansatz eine Qualitätsfähigkeit, die über die Kontinuität in steigende Reifegrade mündet (Hensen, 2019). Einen Transfer dieses Ansatzes in den BGM-Kontext, also die organisationale Befähigung, lässt sich durch das Modell der organisationalen Gesundheitskompetenz gut beschreiben. BGM verfolgt damit nicht nur das Ziel, Individuen zu einem gesundheitsförderlichen Verhalten zu befähigen, sondern gleichzeitig, Organisationen dabei zu unterstützen, gesunde Strukturen und Prozesse zu schaffen.

Gesundheitskompetenz einer Organisation

Ein Modell der organisationalen Gesundheitskompetenz (OHL – Organizational Health Literacy) entwickelte sich primär für Gesundheitseinrichtungen aus einer Versorgungsperspektive (Charoghchian Khorasani et al., 2020; Farmanova et al., 2018). Die grundlegende Annahme liegt darin begründet, dass die Förderung der individuellen Gesundheitskompetenz ebenso gesundheitsfördernde Strukturen und Prozesse benötigt. Dieser Ansatz bedeutet dahingehend einen Perspektivwechsel, als die Entstehung von Gesundheitskompetenz nun nicht mehr alleinig beim Individuum, sondern vor allem auch bei der Organisation liegt. Gleichzeitig ergab sich daraus die Forderung, dass jedem Individuum die Möglichkeit gegeben werden muss, gesundheitsbewusste Entscheidungen zu treffen und demgemäß zu handeln (Farmanova et al., 2018).

Damit wird eben nicht mehr nur das Individuum betrachtet, sondern auch das System, in dem bzw. mit dem das Individuum Gesundheitskompetenz erlangen soll. Vor diesem Hintergrund definierte das Deutsche Netzwerk für Gesundheitskompetenz (DNGK) »Gesundheitskompetenz als [den] Grad, zu dem Individuen durch das Bildungs-, Sozial- und/oder Gesundheitssystem in die Lage versetzt werden, die für angemessene gesundheitsbezogene Entscheidungen relevanten Gesundheitsinformationen zu finden, zu verarbeiten und zu verstehen.« (Schaefer et al., 15.11.2019). Für das BGM bedeutet dies, dass das soziale System »Organisation« entscheidend für die Förderung, die Erhaltung und die Unterstützung bei der Wiederherstellung der Mitarbeitergesundheit ist und nicht nur das Individuum allein.

Merken Sie sich bitte:

Organizational Health Literacy (OHL)

OHL beschreibt einen unternehmensweiten Ansatz, der es Menschen ermöglicht, Informationen leichter zu erhalten, sie zu verstehen und sie anzuwenden.

!

Ressourcen, Qualifikation und Strukturen

Praktisch verfolgt die OHL, dass Organisationen bzw. Unternehmen gesundheitsrelevante Informationen allen Mitarbeitern zu Verfügung stellen. Die Informationen sind so aufzubereiten, dass diese verständlich und für die eigenständige Anwendung geeignet sind. Dazu werden Mitarbeitern im Rahmen eines BGM gesundheitsbezogene Informationen und Dienstleistungen (Maßnahmen) in Form von

- Regelungen und Vereinbarungen,
- Ressourcen,
- Qualifikationen,
- Strukturen und
- Prozessen zur Verfügung gestellt (Schaefer et al., 15.11.2019).

Reifegrad einer Organisation

Im Betrieblichen Gesundheitsmanagement sind die aufgelisteten Aspekte genuiner Bestandteil eines in den Betrieb integrierten Gesundheitssystems. Dies beginnt bereits bei der Vision und Mission, bei denen der Mitarbeiter und seine Belange einen zentralen Stellenwert einnehmen sollten. Das Unternehmen zeigt hier eine ehrliche Verpflichtung. Zusätzlich fixieren »reife« Unternehmen ihr BGM in Betriebsvereinbarungen entweder allgemein zum BGM oder speziell zu Bereichen wie das BEM oder den AGS. Zudem werden entsprechende zeitliche, finanzielle und personelle Ressourcen regelmäßig für das BGM zur Verfügung gestellt. Damit können wiederum umfassende Strukturen (Steuerungskreise, themenspezifische Arbeitsgruppen oder Anlaufstationen für BGM-Themen) aufgebaut und Prozesse (bspw. BEM-Prozessregelungen; Maßnahmen zur Unfallverhütung) etabliert werden.

Der Ansatz der organisationalen Gesundheitskompetenz ist für das BGM ein inhärenter Bestandteil. Die Befähigung erlangt ein Unternehmen jedoch erst durch die langfristige und systematische Einbindung von BGM. Gleichzeitig nimmt zur Erlangung der OHL die Organisationsentwicklung eine bedeutendere Rolle ein. In der Praxis lässt sich dieses Rollenverständnis von Organisationsentwicklung und OHL noch als defizitär charakterisieren. Vor allem bei mittelständigen und kleineren Unternehmen sollte die Gesundheit von Mitarbeitern bereits beginnend bei der Vision bis hin zur strategisch-operativen Ausrichtung immanenter Bestandteil sein.

6.6 Einstellung zu Gesundheit als Basis des BGM

BGM als organisationales Querschnittsthema

Die bisherigen Ausführungen zeigen, dass sich das BGM in den vergangenen Jahren zu einem wichtigen organisationalen Querschnittthema entwickelt hat. Entwicklungen und Faktoren wie die Demografie, die Globalisierung und vor allem die digitale Transformation beschleunigen den Bedarf, die Mitarbeitergesundheit in den Mittelpunkt zu stellen. Während in einer Vielzahl von Unternehmen das BGM häufig den Charakter eines Projektmanagements einnimmt oder eine mehr sektorale Erfüllung von Arbeitsschutzauflagen mit flankierenden BGF-Angeboten darstellt, zeigen sich vor allem in größeren und BGM-erfahreneren Unternehmen ganzheitliche und integrative Ausprägungen. In diesem Rahmen ist die Organisationsentwicklung vor dem Hintergrund der organisationalen Befähigung mittlerweile ein Schlüsselelement. Es stellt sich daher die Frage, welche strukturellen Voraussetzung für den Aufbau eines integralen, ganzheitlichen BGM gegeben sein müssen.

Gesundheit im Kontext Betrieb ist oftmals Widerständen und Herausforderungen ausgesetzt, die die Einführung und die Umsetzung eines BGM erschweren. So ist die Arbeitswelt seit Jahrzehnten durch einen Leistungsgedanken sozialisiert, der es nur bedingt ermöglicht, andere, weichere leistungsassoziierte Faktoren wie den der Gesundheit zu integrieren. Dabei stellt Gesundheit eine unabdingbare Voraussetzung für Leistung dar. Über die Zeit etabliert sich in den Unternehmen dann eine Kultur, die Kranksein nicht zulässt und Präsentismus als »New Normal« lebt. Solch eine Kultur steht konträr zum Grundverständnis des BGM und bietet keinen Nährboden für eine dauerhafte Implementierung. In solchen Fällen ist neben der Betrachtung von relevanten Gesundheitskennzahlen zunächst die gewünschte Haltung und die Unternehmenskultur zu erarbeiten.

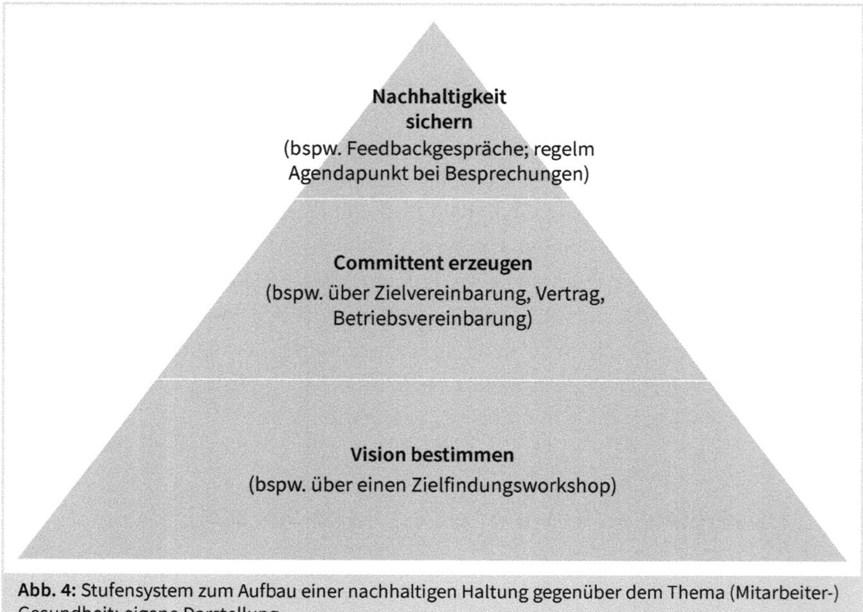

Abb. 4: Stufensystem zum Aufbau einer nachhaltigen Haltung gegenüber dem Thema (Mitarbeiter-) Gesundheit; eigene Darstellung

Aufbau und Sicherung einer BGM-Kultur

Der Aufbau eines BGM-Systems erfordert zunächst eine angemessene Einstellung (Mindset) zum Thema Gesundheit sowie eine gelebte Verpflichtung aller Unternehmensbereiche, vor allem jedoch seitens der Unternehmensleitung (vgl. Kapitel 31). In der Praxis hat sich daher folgende Vorgehensweise als zweckdienlich erwiesen (vgl. Abbildung 4):

1. Gründung eines Steuerungskreises: Die Gründung eines zentralen Steuerungsgremiums stellt den ersten Schritt dar. Das Düsseldorfer Modell ist dem Berliner Modell vorzuziehen, da bei diesem die Führungskräfte und Entscheidungsträger mit eingebunden sind und die bearbeiteten Themen schnell multipliziert werden können.
2. Klärung von Vision und Philosophie: In einem zweiten Schritt des Steuerungskreises wird die Vision und Haltung (Philosophie) zum Thema Gesundheit geklärt. In diesem Schritt sind vor allem die Geschäftsführung und Führungskräfte mit einzubeziehen. Methodisch bieten sich Zielfindungsworkshops zur Erarbeitung der Haltung an.
3. Vertrag und Geschäftsordnung: Damit die erarbeiten Ziele und die Vision mehr Gewicht erhalten, können diese in einer Art Vertrag oder Geschäftsordnung für den Steuerungskreis schriftlich fixiert werden. Alternativ kann eine Art Verpflichtungserklärung zur Umsetzung der Vision genutzt werden. Alle Dokumente werden anschließend von allen Beteiligten unterschrieben. Die Unterschrift hat nicht nur Symbolcharakter, sie fördert zudem ein erhöhtes Commitment aller Beteiligten in der täglichen Arbeit, um die formulierten Visionen und Ziele zu erreichen.
4. Wiederkehrender Agendapunkt »Gesundheitskultur«: Die Veränderung einer Wertehaltung und damit der Aufbau einer gesundheitsbewussten Unternehmenskultur benötigt teils viel Zeit. Zur Sicherung der Nachhaltigkeit sollte die Gesundheitskultur daher als ein wiederkehrender Agendapunkt in den Steuerungskreissitzungen behandelt werden.

Mit den oben genannten Schritten wird deutlich, dass das BGM weit über die klassischen Maßnahmen auf den Ebenen gesetzlicher Vorgaben hinausgeht. Die organisationalen Rahmenbedingungen wie Strukturen, Kultur und Strategien spielen, je nach Ausgangslage des Unternehmens, teils die bedeutendste Rolle. Organisationen, die diese Rahmenbedingungen durch gezielte Organisationsentwicklung in eine positive Gesundheitskultur transferieren, erreichen langfristig eine stabilere und höhere Qualitätsstufe im BGM (Thom, 2014).

6.7 Fazit

Die Digitalisierung, die demografische Entwicklung sowie die Globalisierung sorgen dafür, dass Veränderungen in einer übermäßigen Geschwindigkeit und mit hoher Dichte auf soziale Systeme und Menschen einwirken. Im Kontext der Arbeit ist dies besonders stark zu spüren. Die Belegschaften werden im Durchschnitt nicht nur älter, sondern gleichzeitig auch weniger. Die ökonomische Last der sozialen Sicherungssysteme muss langfristig mit dem zur Verfügung stehenden Erwerbspersonenpotenzial gemeistert werden. Politische Instrumente wie die Verlängerung der Lebensarbeitszeit oder eine kontinuierlich zunehmende Arbeitsdichte sind die Folge. Diese und viele weitere Entwicklungen wirken unmittelbar auf die Unternehmen und ihre Mitarbeiter. Verfügen diese nicht über ausreichende Kompetenzen im Umgang mit diesen Herausforderungen, sind die Konsequenzen für die Mitarbeiter erhöhte Arbeitsunfähigkeitstage, hohe Fluktuationsraten und starke Unzufriedenheit. Für Unternehmen entstehen auf Dauer Auftragseinbußen und im Extremfall der Konkurs.

von der Leistungskultur zur Mitarbeiterkultur

Der Zusammenhang zwischen Unternehmenserfolg und Mitarbeitern folgt aus einer Gesundheitsperspektive mit salutogenetischem Grundverständnis und hinterfragt die Aspekte, die ein Unternehmen für seinen Erfolg benötigt. Der Zusammenhang von unternehmerischem Erfolg und Mitarbeitergesundheit ist durch die »an«-sozialisierte Dominanz unserer Leistungskultur nicht immer ersichtlich und doch so simpel wie evident (Lee et al., 2021a). Der sich immer stärker abzeichnende Fachkräftemangel verändert diese Perspektive jedoch erheblich und richtet den Fokus auf ein sich bereits länger anbahnendes Problem. Für die Gesundheitswissenschaften ist die derzeitige Veränderung der Perspektive Fluch und Segen zugleich. In positiver Hinsicht bewirken die Entwicklungen eine Neuorientierung, wenn es um die Mitarbeitergesundheit und das Wohlbefinden im Allgemeinen geht. Ob die Motivation aus der Sicherung der Arbeitskraft oder dem Anwerben von neuen Mitarbeitern herrührt, ist nebensächlich, wenn Gesundheit und Unternehmenserfolg eine systemische und integrale Haltung darstellen. Auf der anderen Seite ist es sehr schwer und aufwendig, etablierte Denkweisen, Strukturen und Verhaltensweisen aufzubrechen und zu ändern. In unserer heutigen modernen Gesellschaft ist vor dem Hintergrund der genannten Entwicklungen ein systematisches, integrales und ganzheitliches Betriebliches Gesundheitsmanagement nicht mehr wegzudenken.

Grundlage für Erfolg ist Mitarbeitergesundheit

Mit dieser gesundheitsbewussten Grundhaltung müssen sich Unternehmen, ob klein oder groß, im Sinne nachhaltigen Handelns zukünftig konfrontiert sehen. Mitarbeitergesundheit ist eine äußerst kostbare und sich erschöpfende Ressource. Organisationen tragen damit eine sehr weitreichende Verantwortung, indem sie ihre Mitarbeiter nicht in einem kranken Zustand an das Rentensystem übergeben. Vielmehr müssen sie alle in ihrem Rahmen möglichen Ressourcen zur Verfügung stellen, damit Mitarbeiter ihre Arbeit gesund gestalten und ausüben können. Mitarbeiter wiederum haben ihrerseits die Verantwortung, Unterstützung anzunehmen, entsprechende Gesundheitskompetenzen aufzubauen und ihre Gesundheit zu »pflegen«.

Vor dem Hintergrund der Ausführungen dieses Kapitels wird abschließend betont, dass BGM nicht nur eine Systematik für Maßnahmen im Sinne der Erfüllung von gesetzlichen Auflagen mit Projektcharakter ist. Vielmehr stellt Betriebliches Gesundheitsmanagement eine Haltung in Form eines systematischen, integralen und ganzheitlichen Ansatzes dar, Organisationen und Mitarbeiter so zu befähigen, dass ihre Gesundheitspotenziale möglichst maximal genutzt werden.

Literatur

Ahlers, E./Erol, S. (2019). Arbeitsverdichtung in den Betrieben? Empirische Befunde aus der WSI-Betriebsrätebefragung. Wirtschafts- und Sozialwissenschaftliches Institut. Düsseldorf. Policy Brief 33.

Antonovsky, Aaron (Hg.) (1997). Salutogenese. Zur Entmystifizierung der Gesundheit. Tübingen, Dgvt-Verl.

Badura, Bernhard/Ducki, Antje/Schröder, Helmut/Klose, Joachim/Meyer, Markus (2020). Fehlzeiten-Report 2020. Berlin, Heidelberg, Springer Berlin Heidelberg.

Badura, Bernhard/Ducki, Antje/Schröder, Helmut/Meyer, Markus (2021). Betriebliche Prävention stärken – Lehren aus der Pandemie. Berlin/Heidelberg, Springer.

Badura, Bernhard/Steinke, M. (2009). Betriebliche Gesundheitspolitik in der Kernverwaltung von Kommunen. Eine explorative Fallstudie zur aktuellen Situation. Universtität Bielefeld. Bielefeld.

Bakker, Arnold B./Demerouti, Evangelia (2007). The Job Demands-Resources model: state of the art. Journal of Managerial Psychology 22 (3), 309–328. https://doi.org/10.1108/02683940710733115.

Basińska-Zych, Agata/Springer, Agnieszka (2021). Organizational and Individual Outcomes of Health Promotion Strategies-A Review of Empirical Research. International journal of environmental research and public health 18 (2). https://doi.org/10.3390/ijerph18020383.

Bundesverband Betriebliches Gesundheitsmanagement (BBGM) e.V. (Hrsg.) (2015). Definition Betriebliches Gesundheitsmanagement. Verfügbar unter: https://bbgm.de/ueber-uns/unser-verstaendnis/ (abgerufen am 15.12.2021).

Burnard, Kevin/Bhamra, Ran (2011). Organisational resilience: development of a conceptual framework for organisational responses. International Journal of Production Research 49 (18), 5581–5599. https://doi.org/10.1080/00207543.2011.563827.

Charoghchian Khorasani, Elham/Tavakoly Sany, Seyedeh Belin/Tehrani, Hadi/Doosti, Hassan/Peyman, Nooshin (2020). Review of Organizational Health Literacy Practice at Health Care Centers: Outcomes, Barriers and Facilitators. International journal of environmental research and public health 17 (20). https://doi.org/10.3390/ijerph17207544.

Culbertson, Satoris S./Fullagar, Clive J./Mills, Maura J. (2010). Feeling good and doing great: the relationship between psychological capital and well-being. Journal of occupational health psychology 15 (4), 421–433. https://doi.org/10.1037/a0020720.

Deming, W. Edwards (1986). Out of the Crisis. Cambridge, MIT Press.

Deutsche Gesetzliche Unfallversicherung (Hg.) (2020). DGUV Grundsatz 311-003: Erstellung von Handlungshilfen zur Gefährdungsbeurteilung. Verfügbar unter: https://publikationen.dguv.de/widgets/pdf/download/article/3676 (abgerufen am 15.12.2021).

Deutsche Rentenversicherung (DRV) Bund (Hg.) (2020). Reha-Atlas 2020. Die Teilhabeleistungen der Deutschen Rentenversicherung in Zahlen, Fakten und Trends. Verfügbar unter: https://www.deutsche-rentenversicherung.de/SharedDocs/Downloads/DE/Statistiken-und-Berichte/Rehaatlas/2020/rehaatlas_2020_download.html (abgerufen am 15.12.2021).

Donabedian, A. (1988). The quality of care. How can it be assessed? JAMA 260 (12), 1743–1748. https://doi.org/10.1001/jama.260.12.1743.

Faller, Gudrun (2021). Future Challenges for Work-Related Health Promotion in Europe: A Data-Based Theoretical Reflection. International journal of environmental research and public health 18 (20). https://doi.org/10.3390/ijerph182010996.

Faller, Gudrun/Abel, Bettina (Hg.) (2017). Lehrbuch betriebliche Gesundheitsförderung. 3. Aufl. Bern, Hogrefe.

Farmanova, Elina/Bonneville, Luc/Bouchard, Louise (2018). Organizational Health Literacy: Review of Theories, Frameworks, Guides, and Implementation Issues. Inquiry : a journal of medical care organization, provision and financing 55, 46958018757848. https://doi.org/10.1177/0046958018757848.

Felipe, Carmen/Roldán, José/Leal-Rodríguez, Antonio (2017). Impact of Organizational Culture Values on Organizational Agility. Sustainability 9 (12), 2354. https://doi.org/10.3390/su9122354.

GKV-Spitzenverband (Hg.) (2021). Leitfaden Prävention. Handlungsfelder und Kriterien nach § 20 Abs. 2 SGB V. Berlin. Verfügbar unter: https://www.gkv-spitzenverband.de/media/dokumente/krankenversicherung_1/praevention__selbsthilfe__beratung/praevention/praevention_leitfaden/2021_Leitfaden_Pravention_komplett_P210177_barrierefrei3.pdf (abgerufen am 15.12.2021).

Hartwig, Angelique/Clarke, Sharon/Johnson, Sheena/Willis, Sara (2020). Workplace team resilience: A systematic review and conceptual development. Organizational Psychology Review 10 (3-4), 169–200. https://doi.org/10.1177/2041386620919476.

Hensen, Peter (2019). Qualitätsmanagement im Gesundheitswesen. Grundlagen für Studium und Praxis. 2. Aufl. Wiesbaden, Springer Gabler.

Hermanni, Alfred-Joachim (2021). Zukunft der Arbeitswelt im digitalen Wandel: Qualifizieren für den technologischen Fortschritt. In: Vernetzte Arbeitswelt – Der digitale Arbeitnehmer. Tagungsband zur Konferenz. Wiesbaden, Springer Fachmedien Wiesbaden, 35–50.

Himmelreicher, R./Schlachter, J. (2021). Mindestlohn und Arbeitsintensität. Ein Literaturüberblick. In: Birgit Blättel-Mink (Hg.). Gesellschaft unter Spannung. Verhandlungen des 40. Kongresses der Deutschen Gesellschaft für Soziologie 2020, Gesellschaft unter Spannung, Digital, 1–11.

Höf-Bausenwein, Heike (2020). Arbeitswelten transformieren. Dynamischer Wandel durch neue Methoden. Freiburg/München/Stuttgart, Haufe Group.

Institut für angewandte Arbeitswissenschaft (2017). Handbuch Arbeits- und Gesundheitsschutz. Praktischer Leitfaden für Klein- und Mittelunternehmen. Berlin, Heidelberg, Springer Berlin Heidelberg.

Joyce, Sadhbh/Shand, Fiona/Tighe, Joseph/Laurent, Steven J./Bryant, Richard A./Harvey, Samuel B. (2018). Road to resilience: a systematic review and meta-analysis of resilience training programmes and interventions. BMJ open 8 (6), e017858. https://doi.org/10.1136/bmjopen-2017-017858.

Kuijpers, Evy/Kooij, Dorien T. A. M./van Woerkom, Marianne (2020). Align your job with yourself: The relationship between a job crafting intervention and work engagement, and the role of workload. Journal of occupational health psychology 25 (1), 1–16. https://doi.org/10.1037/ocp0000175.

Laloux, Frédéric (2015). Reinventing organizations. Ein Leitfaden zur Gestaltung sinnstiftender Formen der Zusammenarbeit. München, Verlag Franz Vahlen.

Law, P. C. F./Too, L. S./Butterworth, P./Witt, K./Reavley, N./Milner, A. J. (2020). A systematic review on the effect of work-related stressors on mental health of young workers. International archives of occupational and environmental health 93 (5), 611–622. https://doi.org/10.1007/s00420-020-01516-7.

Lee, Dong-Wook/Lee, Jongin/Kim, Hyoung-Ryoul/Kang, Mo-Yeol (2021a). Health-Related Productivity Loss According to Health Conditions among Workers in South Korea. International journal of environmental research and public health 18 (14). https://doi.org/10.3390/ijerph18147589.

Lee, Edmund W. J./Zheng, Han/Aung, Htet Htet/Seidmann, Vered/Li, Chen/Aroor, Megha Rani/Lwin, May O./Ho, Shirley S./Theng, Yin-Leng (2021b). Examining Organizational, Cultural, and Individual-Level Factors Related to Workplace Safety and Health: A Systematic Review and Metric Analysis. Health communication 36 (5), 529–539. https://doi.org/10.1080/10410236.2020.1731913.

Lindberg, Arley/Meredith, Larry (2012). Building a culture of learning through organizational development: the experiences of the Marin County Health and Human Services Department. Journal of evidence-based social work 9 (1-2), 27–42. https://doi.org/10.1080/15433714.2012.636309.

Ouellette, Rachel R./Goodman, Allison C./Martinez-Pedraza, Frances/Moses, Jacqueline O./Cromer, Kelly/Zhao, Xin/Pierre, Jeffrey/Frazier, Stacy L. (2020). A Systematic Review of Organizational and Workforce Interventions to Improve the Culture and Climate of Youth-Service Settings. Administration and policy in mental health 47 (5), 764–778. https://doi.org/10.1007/s10488-020-01037-y.

Pfaff, Holger/Zeike, Sabrina (2019). Controlling im Betrieblichen Gesundheitsmanagement. Das 7-Schritte-Modell. Wiesbaden/Heidelberg, Springer Gabler.

Pohling, Rico/Buruck, Gabriele/Jungbauer, Kevin-Lim/Leiter, Michael P. (2016). Work-related factors of presenteeism: The mediating role of mental and physical health. Journal of occupational health psychology 21 (2), 220–234. https://doi.org/10.1037/a0039670.

Pusch, Toralf/Rehm, Miriam (2017). Positive Effekte des Mindestlohns auf Arbeitsplatzqualität und Arbeitszufriedenheit. Wirtschaftsdienst 97 (6), 409–414. https://doi.org/10.1007/s10273-017-2152-z.

Robert Bosch Stiftung (2013). Die Zukunft der Arbeitswelt. Auf dem Weg ins Jahr 2030 ; Bericht der Kommission »Zukunft der Arbeitswelt« der Robert Bosch Stiftung. Stuttgart, Robert-Bosch-Stiftung.

Robert Koch-Institut (2015). Was sind die wichtigsten Ergebnisse? In: Gesundheit in Deutschland. Gesundheitsberichterstattung des Bundes. Berlin, 488–498. Verfügbar unter: https://edoc.rki.de/bitstream/handle/176904/2194/24W1QOOWkkI.pdf?sequence=1&isAllowed=y.

Rump, Jutta/Eilers, Silke (2017). Auf dem Weg zur Arbeit 4.0. Innovationen in HR. Berlin/Heidelberg, Springer Gabler.

Schaefer, C./Bitzer, E. M./Dierks, M. L. (2019). Mehr Organisationale Gesundheitskompetenz in die Gesundheitsversorgung bringen! Ein Positionspapier des DNGK. Köln. Verfügbar unter: https://dngk.de/wp-content/uploads/2019/11/DNGK-PosPap-OGK-final_19115.pdf (abgerufen am 15.12.2021).

Schneiders, K./Ahrendt, I. (2018). Betriebliche Sozialpolitik. Eine Bestandsaufnahme. Friedrich-Ebert Stiftung. Bonn. 01/2018. Verfügbar unter: https://library.fes.de/pdf-files/wiso/13982.pdf.

Singer, Stefanie (2010). Entstehung des Betrieblichen Gesundheitsmanagements. In: Adelheid Susanne Esslinger/Martin Emmert/Oliver Schöffski (Hg.). Betriebliches Gesundheitsmanagement. Mit gesunden Mitarbeitern zu unternehmerischem Erfolg. Wiesbaden, Gabler, 25–48.

Tempel, N./Kolip, N. (2011). Qualitätsinstrumente in der Prävention und Gesundheitsförderung. Ein Leitfaden für Praktiker in Nordrhein-Westfalen. Düsseldorf. Verfügbar unter: https://www.lzg.nrw.de/_php/login/dl.php?u=/_media/pdf/liga-praxis/liga-praxis_8_qualitaetswegweiser.pdf (abgerufen am 15.12.2021).

Thom, N. (2014). Die vier Ebenen der Gesundheitskultur. Personalwirtschaft (Sonderheft 11), 20–24.

Wieneman, E. (2002). Betriebliches Gesundheitsmanagement. Gesünder Arbeiten in Niedersachsen. 1. Kongress für betrieblichen Arbeits- und Gesundheitsschutz Braunschweig, 05.09.2002.

Teil 2: Bedarfsbestimmung und Initiierung des BGM

7 Bedarfsbestimmung als Grundlage einer strategischen Planung eines BGM

Oliver Walle, Sarah Staut

Dieses Kapitel erläutert, welche Herausforderungen für die Betriebe und Beschäftigten existieren, weshalb Aktivitäten zur Betrieblichen Gesundheitsförderung oder der Aufbau eines BGM lohnend sein können. Die Bedarfsbestimmung auf Basis marktbezogener Herausforderungen und die Betrachtung interner Themen ermöglicht dem Unternehmen eine Risikoprüfung und die Ableitung von übergeordneten BGM-Zielen. Mit der Bedarfsbestimmung wird der BGM-Prozess auf Basis des PDCA-Zyklus in Gang gesetzt, zugleich führt die stetige Betrachtung von Herausforderungen zu einem kontinuierlichen Verbesserungsprozess und zur Weiterentwicklung des BGM.

7.1 Einführung

»Warum BGM? Wir haben genügend andere Projekte!« So oder so ähnlich äußern sich oftmals Führungskräfte, wenn im Unternehmen verkündet wird, dass nun ein Betriebliches Gesundheitsmanagement (BGM) eingeführt und Maßnahmen zur Betrieblichen Gesundheitsförderung (BGF) angeboten werden sollen. Die Haltung der Führungskräfte ist durchaus nachvollziehbar, da BGM oder auch die BGF keine Pflicht, sondern vielmehr eine Kür für Unternehmen darstellen. Verpflichtende Aufgaben in Bezug auf die Sicherheit und Gesundheit im Unternehmen ergeben sich für Arbeitgeber durch das Arbeitsschutz- und Arbeitssicherheitsgesetz, durch nachgelagerte Verordnungen sowie durch Vorschriften der Deutschen Gesetzlichen Unfallversicherung (DGUV) und durch das untergeordnete Regelwerk. Die vollumfängliche Betrachtung sämtlicher Regelungen ist bereits eine große Herausforderung, insbesondere für kleine und mittlere Unternehmen, sogenannte KMU, weshalb die Erfüllung der gesetzlichen Anforderung erst einmal Vorrang hat. Beleuchtet man den in § 3 Abs. 1 ArbSchG genannten Begriff »Gesundheit« etwas genauer, so wird bereits im Gesetzestext deutlich, dass bei der Umsetzung vorrangig Maßnahmen des Arbeitsschutzes herangezogen werden, die auf einer pathogenetischen Sichtweise beruhen. Deutlich wird dies in § 5 ArbSchG, wonach Arbeitgeber verpflichtet sind, Belastungen zu beurteilen und dabei mögliche Gefährdungen zu identifizieren. Ziel ist das frühzeitige Handeln zur Vermeidung von Unfällen und arbeitsbedingten Erkrankungen. Weitergehende Informationen zum Arbeitsschutz finden sich in Kapitel 15.

Arbeitsschutz und BEM liegt pathogenetischer Handlungsansatz zugrunde

Betrachtet man Gesundheit nun aus der salutogenetischen Perspektive, so geht es vielmehr um den Erhalt und die Stärkung von Ressourcen. An dieser Stelle kommt der Arbeitsschutz mit seiner Methodik an seine Grenzen, weshalb die Gesundheitsförderung und das Aufbauen eines Gesundheitsmanagementsystem eine lohnende Ergänzung zu den gesetzlichen Regelungen darstellen. In diesem Zusammenhang muss noch eine weitere gesetzliche Regelung, das Betriebliche Eingliederungsmanagement (BEM) gemäß § 167 Abs. 2 SGB IX, betrachtet werden. Danach hat der Arbeitgeber die Pflicht, Beschäftigten, die innerhalb eines Jahres länger als sechs Wochen ununterbrochen oder wiederholt arbeitsunfähig waren, ein Gesprächsangebot zu unterbreiten. In diesem sollen die Möglichkeiten besprochen werden, wie die Arbeitsunfähigkeit möglichst überwunden und mit welchen Leistungen oder Hilfen einer erneuten Arbeitsunfähigkeit vorgebeugt und der Arbeitsplatz erhalten werden kann. Für die betroffene Person ist die Teilnahme freiwillig. Weiterführende Informationen zum BEM finden Sie in Kapitel 14. Obgleich der Ausgangspunkt dieser gesetzlichen Regelung in einer pathogenetischen Betrachtung liegt, geht es langfristig aber auch um den Aufbau von Ressourcen, sodass einer erneuten Arbeitsunfähigkeit tatsächlich vorgebeugt werden kann. Dies wiederum erfordert über den Arbeitsschutz hinausgehende methodische Vorgehensweisen und Maßnahmen, weshalb BEM in vielen Unternehmen sehr eng mit dem BGM verbunden ist.

BGM basiert primär auf salutogenetischem Ansatz

Die primären Motive für die Ingangsetzung eines BGM oder dem Angebot von Maßnahmen zur Mitarbeitergesundheit liegen jedoch nur bedingt in der sinnvollen Ergänzung des Arbeitsschutzes und des BEM. Unbestritten ist die Tatsache, dass Unternehmen primär ökonomisch handeln müssen, weshalb es ein grundlegendes Ziel eines jeden Unternehmens ist, seine Wettbewerbsfähigkeit herzustellen und zu halten. Da zur Realisierung der unternehmerischen Ziele in der Regel auch Manpower erforderlich ist, das heißt Arbeitskräfte benötigt werden, stellt die »Ressource« Mensch einen wichtigen Faktor dar. Auch wenn der Arbeitsschutz und das BEM bereits einen wesentlichen Beitrag dazu leisten, so muss die Sichtweise auf die Ressource Mensch weiter gefasst werden. Unternehmen investieren insbesondere dann in ihre Mitarbeiter, wenn dies einen wichtigen Beitrag zur Realisierung der Unternehmensziele darstellt. Daher gilt es zu prüfen, welchen Herausforderungen sie gegenüberstehen, welche Risiken sich daraus für die Realisierung ihrer Unternehmensziele ableiten lassen und wie ein BGM zur Lösungsfindung beitragen kann. Dadurch rückt BGM in eine strategische Rolle zum Nutzen des Unternehmens und wird nicht als *nice-to-have* oder *Wohlfühl-Programm* für die Beschäftigten betrachtet.

BGM muss Beitrag zu Unternehmenszielen leisten

Welchen Herausforderungen stehen nun Unternehmen gegenüber?

Bei den Herausforderungen lassen sich einerseits marktbezogene und zum anderen betriebsintern Themen unterscheiden. Wie in Abbildung 1 zu erkennen ist, spielen folgende marktbezogene Herausforderungen, denen Unternehmen in unterschiedlicher Ausprägung gegenüberstehen, eine Rolle:

- Demografischer Wandel
- Wertewandel/Generationen Babyboomer bis Z
- Gesundheit(s), -verhalten und -kompetenz in der Bevölkerung
- Arbeitswelt 4.0/digitale Transformation/VUCA-Welt/New Work
- Seit 2020 neu: Coronapandemie und deren Folgen/hybrides Arbeiten

Auf der betriebsinternen Seite geht es um die Prüfung folgender Bereiche:

- Routinedaten (Krankenstand, Unfälle, Fluktuation, ...)
- Altersstruktur/Personalplanung
- Unternehmensziele/Gesundheitspolitik
- Führungsverständnis/Unternehmenskultur
- Status quo Arbeitsschutz/BEM/BGM/BGF

Die nachfolgenden Kapitel erläutern die Herausforderungen im Kontext der Bedarfsbestimmung für ein BGM sowie deren Bedeutung für die strategische Ausrichtung des BGM.

Bedarfsbestimmung für BGM trägt wesentlich zu dessen Erfolg bei

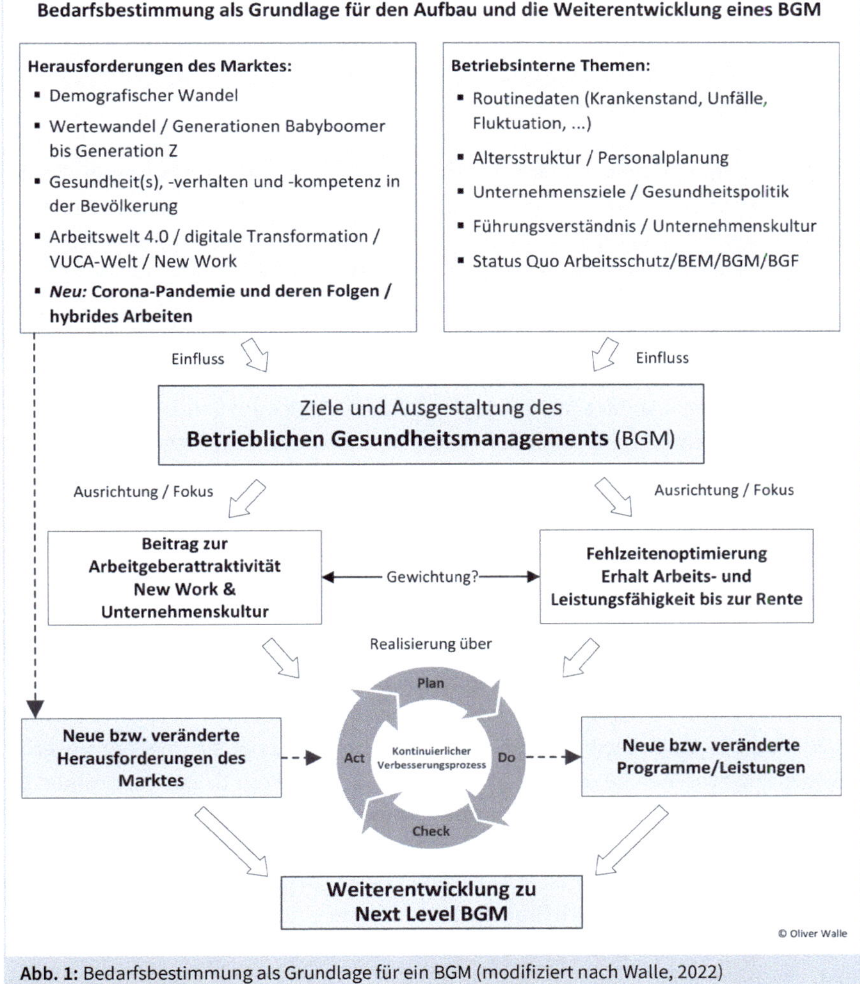

Abb. 1: Bedarfsbestimmung als Grundlage für ein BGM (modifiziert nach Walle, 2022)

7.2 Herausforderungen des Marktes

Im Rahmen des Bedarfsbestimmung für das Ingangsetzen oder die Weiterentwicklung eines BGM, spielen marktbezogene Herausforderungen eine besondere Rolle. Sie bestimmen maßgeblich strategische Entscheidungen in Bezug auf die Ressource Mensch, weshalb die nachfolgenden Darstellungen dieser Herausforderungen auch unabhängig von einem BGM von großer Bedeutung für das Personalmanagement – oftmals mit HR oder HRM (Human Resource Management) abgekürzt – sind. Dies bedeutet, dass die Themen ohnehin im Unternehmen diskutiert und Konsequenzen für die Unternehmensstrategie abgeleitet werden. Die nachfolgenden Darstellungen erläutern kurz die Herausforderungen allgemein und anschließend auch in Bezug auf das BGM.

7.2.1 Demografischer Wandel

Der Begriff Demografie leitet sich aus dem Griechischen her und bedeutet die Beschreibung der Bevölkerung. Aus fachlicher Sicht wird darunter die Wissenschaft der Populationen verstanden, deren Veränderung sich durch die drei Prozesse Geburtenverhalten, Migration und Alterung ergibt (MPIDR, 2022).

In der öffentlichen Wahrnehmung ist in diesem Kontext insbesondere der Begriff des demografischen Wandels bekannt, der sich primär auf die Veränderungen der Altersstruktur einer Region oder eines Landes bezieht. Im Hinbick auf Deutschland bedeutet dies die Tendenz hin zu einer alternden und schrumpfenden Gesellschaft, mit entsprechenden Konsequenzen unter anderem für die Sozialsysteme und den Arbeitsmarkt. Daher rückt dieses Thema auch in den Fokus des Personalmanagements, da im Besonderen die Felder Personalbeschaffung und -entwicklung davon betroffen sind.

Laut einer Pressemeldung des Statistischen Bundesamts zur 14. Koordinierten Bevölkerungsvorausberechnung ist bis zum Jahr 2024 ein Bevölkerungswachstum zu erwarten, spätestens ab 2040 wird es jedoch einen Rückgang geben (Destatis, 2019a). Die älteren Bevölkerungsgruppen werden bis 2039 anwachsen und anschließend bis 2060 relativ stabil bleiben. Eine andere Entwicklung zeigt sich bei der Erwerbsbevölkerung zwischen 20 und 66 Jahren. Bis 2035 wird diese Gruppe um rund 4 bis 6 Millionen schrumpfen, sich danach stabilisieren und dann bis 2060, je nach Nettozuwanderung, erneut verringern (Destatis, 2019b). Diese Entwicklung macht deutlich, dass Unternehmen mit einer älter werdenden Belegschaft rechnen müssen, zugleich wird diese Entwicklung je nach Branche und Tätigkeit eine unterschiedlich starke Rolle spielen. Der Rückgang der Erwerbsbevölkerung führt letztlich zur Herausforderung für das Recruiting von Unternehmen, die Bereichen angehören, in denen bereits heute ein Fachkräftemangel herrscht.

Eine weitere und für das BGM besonders relevante Beobachtung ist der Anstieg des Krankenstandes und zugleich ein Rückgang der Arbeitsfähigkeit mit zunehmendem Alter. Verdeutlicht wird dies durch die jährlichen Gesundheitsreporte der gesetzlichen Krankenkassen. So zeigt der Fehlzeitenreport 2021 bei den Arbeitsunfähigkeitstagen der GKV-Versicherten, dass ihre Zahl mit zunehmendem Alter steigt (Busch, 2021, S. 791). Ausgehend von den Betrachtungen des AU-Geschehens seit 2007 wird ein Zusammenhang zwischen dem Alter und der Arbeitsunfähigkeit erkennbar. Forciert wird dies durch die zunehmende Erwerbstätigkeit in der Altersgruppe der über 60-Jährigen. Betrachtet man den Verlauf der Arbeitsfähigkeit, die verstanden wird als die Summe der Faktoren, die einen Menschen in einer bestimmten Arbeitssituation in die Lage versetzen, die ihm gestellten Arbeitsaufgaben erfolgreich zu bewältigen (Ilmarinen & Tempel, 2002, S. 166), so zeigt sich ab dem 45. Lebensjahr ein konstanter Rückgang, sofern keine (Gegen-)Maßnahmen ergriffen werden (Ilmarinen, Darstellung nach Richenhagen, 2007).

BEDEUTUNG DIESER HERAUSFORDERUNG FÜR DAS BGM:

- Höhere Krankenstände und sinkende Arbeitsfähigkeit mit zunehmendem Alter → Lösungsansätze zum Erhalt und zur Förderung der Gesundheit und Arbeitsfähigkeit finden
- Fachkräftemangel → BGM so gestalten, dass es einen Beitrag zur Steigerung der Arbeitgeberattraktivität leistet

7.2.2 Wertewandel/Generationen Babyboomer bis Z

Der wahrnehmbare Wertewandel ist eng verbunden mit den Generationen. Unter einer Generation wird zum einen eine Personengruppe verstanden, die einer Geburten-/Alterskohorte zuzuordnen ist. Dies können Personen des gleichen Jahrgangs oder einer Bandbreite von Jahrgängen sein. Zum anderen wird unter einer Generation auch eine Alterskohorte verstanden, die aufgrund einer gemeinsamen Prägung durch eine spezifische historische oder kulturelle Konstellation eine zeitbezogene Ähnlichkeit aufweisen. Aktuell befinden sich 4 Generationen in den Unternehmen (Scholz, 2014; Eberhardt, 2016):

- Babybommer (ab 1950 Geborene),
- X (ab 1965 Geborene),
- Y (ab 1980 Geborene) und
- Z (ab 1995 Geborene).

Letztere kennzeichnet sich durch eine stärkere Bedeutung der Work-Life-Balance und auch die Forderung nach deren Einhaltung. Zudem sind die als Digital Natives bezeichnete Generation Y und auch die Generation Z mit dem Internet aufgewachsen und unterscheiden sich von den Babyboomern insbesondere durch die Verwendung neuer Medien und Kommunikationsmittel.

Während die Generation Babyboomer und auch zum Teil die Generation X ein Commitment zum Unternehmen haben, weil es Pflicht ist, so zeigen die nachfolgenden Generationen Commitment erst dann, wenn die Tätigkeit Spaß macht. Für die Generationen Y und Z haben Hierarchien und Führung eine geringere Bedeutung als für die vorherigen Generationen, sie bevorzugen stattdessen eine Netzwerkbildung (Rump, 2014).

Im Rahmen einer Studie der Deutschen Hochschule für Prävention und Gesundheitsmanagement wurden Führungskräfte und Vertreter des Personalmanagements in zwei großen Industrieunternehmen hinsichtlich der Unterschiede zwischen den Generationen befragt. Hierbei wurden die Generationen Y und Z sowie X und Babyboomer zusammengefasst, da gerade Y und Z sich erheblich aufgrund der veränderten Werte (»mehr Work-Life-Balance«) und der Internet-/Smartphone Nutzung unterscheiden. Die Teilnehmer wurden zu den Themenbereichen Führung, Kommunikation, Gesundheit und Forderungen interviewt. Es zeigten sich zwischen den beiden Generationengruppen, wie zu erwarten, Unterschiede. So zeigte sich bei den Generationen Y und Z beispielsweise:

- eine geringere Akzeptanz von Hierarchieebenen,
- die Ablehnung einer autoritären Führung
- sowie der Wunsch nach aktiver Nutzung sozialer Netzwerke und Messenger wie WhatsApp bei der Kommunikation im Unternehmen und
- nach dem Einsatz digitaler Lösungen bei Gesundheitsmaßnahmen.

Für diese beiden Generationen dient BGM weniger der Vermeidung von Rückenschmerzen und dem Erhalt der Arbeitsfähigkeit, sondern vielmehr der Steigerung der Arbeitgeberattraktivität.

Weiterführende Informationen zum Arbeitsschutz finden sich in Kapitel 32.

BEDEUTUNG DIESER HERAUSFORDERUNG FÜR DAS BGM:

- Der Wertewandel bedingt auch ein anderes Führungsverständnis → Programme zu »Gesund Führen« unter Berücksichtigung der Erwartungen vorhandener Generationen anbieten
- Generation Babyboomer als »älteste Generation« im Unternehmen → gesundheitliche Herausforderungen beachten (siehe im Kapitel 7.2.1 Herausforderungen durch demografischen Wandel)
- BGF-Angebote müssen stärker an Zielgruppen und deren gesundheitlicher Bedarfslage sowie an deren Erwartungen angepasst werden

7.2.3 Gesundheit(s), -verhalten und -kompetenz in der Bevölkerung

Wie bereits in den Bezeichnungen Betriebliches Gesundheitsmanagement und Gesundheitsförderung zu erkennen ist, geht es beim BGM und der BGF um das Thema Gesundheit. Demnach spielen auch der Gesundheitszustand sowie das Gesundheitsverhalten der Mitarbeiter eine besondere Rolle, nicht nur bei der Umsetzung von Maßnahmen, sondern bereits bei der Bedarfsbestimmung. Aus Sicht der Arbeitgeber stellt sich die Frage, welche Verantwortung und welche Rolle sie in Bezug auf die Mitarbeitergesundheit einnehmen. Aus rechtlicher Sicht sind die Arbeitsschutzanforderungen sowie die Regeln zum Betrieblichen Eingliederungsmanagement einzuhalten. Kommt der Arbeitgeber diesen Pflichten nach und zeigen sich trotzdem hohe Krankenstände oder tritt eventuell auch das Phänomen der Low-Performance aufgrund gesundheitlicher Risiken der Beschäftigten auf, muss er seine Rolle als Unterstützer in Sachen Gesundheit strategisch prüfen. Nicht wenige Führungskräfte und Arbeitgeber selbst sehen bei privatbedingten Gesundheitsrisiken und -erkrankungen erst einmal die Eigenverantwortung eines jeden Beschäftigten, selber für eine erforderliche Arbeitsfähigkeit zu sorgen. Und bei Krankheitsfällen, so die Sichtweise vieler Unternehmen, existiert ja ein Gesundheitssystem, wonach Ärzte für eine Beratung, die Kuration und Vorsorge aufzusuchen sind.

Auch wenn dies formal so gesehen werden kann, beeinträchtigen die Folgen eines unzureichenden Gesundheitszustands und -verhaltens die Leistungsfähigkeit des Unternehmens, bei Krankenständen tragen Arbeitgeber zudem noch die Lohnfortzahlungskosten. Daher lohnt es sich, die Beschäftigten aktiv zu unterstützen, um Risiken auf diesem Gebiet zu minimieren. Aber auch ohne auffällige Krankenstände bieten Unternehmen aus sozialem und fürsorgerischem Antrieb heraus entsprechende Gesundheitsprogramme an und sehen darin ein Investment in die Zukunft.

Welche Herausforderungen zeigen sich in Bezug auf den Gesundheitszustand und das Gesundheitsverhalten der Bevölkerung?

Reduziert auf die wesentlichen Fakten zeigen sich folgende Herausforderungen:
- 53 % waren gemäß dem Mikrozensus 2017 übergewichtig. Hierbei weisen die Männer mit 62 % einen deutlich größeren Anteil gegenüber den Frauen (43 %) auf (Destatis, 2018).
- 42,2 % weisen einen Bewegungsmangel auf. Deutschland gehört damit zu den schlechtesten Ländern in der EU (Guthold et al. 2018).
- 59 % verfügen über eine geringe Gesundheitskompetenz (Schaeffer et al., 2021, S. 3-4).
- Der Krankenstand hat sich von 1991 bis 2007 tendenziell nach unten, danach jedoch wieder nach oben entwickelt. Im Jahr 2019 erreichte der Krankenstand erstmals wieder den höchsten Wert seit 1996 (Busch, 2021, S. 785).

- Primäre Diagnosen im Jahr 2019 waren gemäß den AU-Tagen der GKV-Statistik:
  - Rang 1 Krankheiten des Muskel-Skelett-Systems und des Bindegewebes (25 %),
  - Rang 2 Psychische und Verhaltensstörungen (19 %) und
  - Rang 3 Krankheiten des Atmungssystems (14 %) (Busch, 2021, S. 799).

BEDEUTUNG DIESER HERAUSFORDERUNG FÜR DAS BGM:

- Privatbedingte Gesundheitsrisiken und Erkrankungen können die Produktivität des Unternehmens gefährden → es sollten zielgruppen- und bedarfsbezogene Programme zur Prävention und Gesundheitsförderung geprüft werden
- Unzureichendes Gesundheitsverhalten gefährdet die Arbeitsfähigkeit → damit steigt das Risiko für (schwere) Erkrankungen bis hin zur Frühberentung → das ist eine Herausforderung für die Personaleinsatzplanung, ggf. auch die Stellennachbesetzung
- Unabhängig von persönlichen Gesundheitsrisiken erwarten Beschäftigte zunehmend Gesundheitsförderungsangebote als Benefits → BGF leistet einen Beitrag zur Arbeitgeberattraktivität

7.2.4 Arbeitswelt 4.0/digitale Transformation/VUCA-Welt/New Work

Digitalisierung, Flexibilisierung und Prozessbeschleunigungen sind zentrale Merkmale der Arbeitswelt 4.0 und sie treffen dann auch noch auf den Wertewandel in der Gesellschaft, der sich insbesondere durch den Wunsch nach mehr Arbeitszeitautonomie und Mitsprache, nach besserer Work-Life-Balance bzw. auch besserem Work-Life-Blending sowie durch Homeoffice-Möglichkeiten kennzeichnet.

Aus Sicht von Diebig, Müller und Angerer (2017) ergeben sich aus Beschreibungen zur Arbeitswelt 4.0 drei zentrale Themen, die im Rahmen des Arbeits- und Gesundheitsschutzes betrachtet werden müssen:

1. Kontrolltätigkeiten am Bildschirm,
1. Mensch-Roboter-Interaktion und
2. Überwachung der individuellen Arbeitsleistung.

Unternehmen müssen einen Blick darauf haben, welche Risiken mit der Digitalisierung einhergehen können. Dementsprechend sollte in regelmäßigen Abständen geprüft werden, ob und inwieweit die Beschäftigten mit den Anforderungen zurechtkommen oder gar über- bzw. unterfordert sind. Dabei ist es von enormer Bedeutung, für ausreichend Entscheidungsbefugnisse und Autonomie der Beschäftigten zu sorgen.

Das Akronym VUCA ist eine Denk- bzw. Herangehensweise zum Umgang mit den aufgrund der Arbeitswelt 4.0 bestehenden Herausforderungen und Problemen. VUCA bedeutet:

- Volatility (Volatilität/Flüchtigkeit): Die Umwelt ist von häufigen Veränderungen und sprunghaften Entwicklungen geprägt.
- Uncertainty (Unsicherheit/Ungewissheit): Es ist kaum vorhersehbar, wann Veränderungen auftreten.
- Complexity (Komplexität): Gleichzeitig wirken viele bzw. vielfältige Elemente ineinander.
- Ambiguity (Mehrdeutigkeit): Mehrdeutigkeiten bzw. Widersprüche nehmen zu (Petry, 2018).

Durch die neuen Arbeitsformen ergeben sich auch neue Möglichkeiten wie beispielsweise mobiles Arbeiten oder Tele(heim)arbeit. Daneben stellen Themen wie Work-Life-Blending, Arbeitszeitautonomie und neue Bürokonzepte Aspekte der New-Work-Konzepte dar.

So definiert der Begründer der New-Work-Bewegung Bergmann (2017) New Work »als die Arbeit, die ein Mensch wirklich wirklich will« und New Work heißt nach Bergmann, »dass man Arbeit ganz anders erleben und empfinden kann als bisher und sich auf diese Andersartigkeit vorbereiten muss« (Haufe Online Redaktion, 2018). Zudem ist Bergmann der Ansicht, dass die Arbeit der Zukunft so gestaltet werden muss, dass Freiraum und Selbstbestimmung ermöglicht und persönliche Entfaltung unterstützt werden. Demzufolge ist es nachvollziehbar, dass gerade die jüngeren Generationen Flexibilität und ortsunabhängiges Arbeiten fordern.

Da jedoch sogenannte »mobile Workers«, also ortsungebundene Beschäftigte, oftmals dazu neigen, weniger Pausen zu machen und häufig die Kontrolle über die Arbeitszeit zu verlieren, sollten Führungskräfte permanent einen Blick darauf haben. Dahingehend obliegt es auch der Führungskraft, die Mitarbeiter auf die (emotionale) Fähigkeit zur Selbstdistanzierung hinzuweisen und daruaf, Überforderung zu vermeiden. Zudem ist auch der Workload zu berücksichtigen. Eine Klärung gegenseitiger Erwartungen vonseiten der Führungskräfte, aber auch von Mitarbeitern ist empfehlenswert. Denn die Potenziale der Digitalisierung sollten sinnvoll eingesetzt werden und nicht zur Überforderung führen.

Aufgrund der Tatsache, dass Arbeitsort und Arbeitszeit häufig keine zentrale Rolle mehr bei der Ausübung beruflicher Tätigkeiten spielen, werden Projekte von Führungskräften aus der Distanz geleitet. Dies stellt eine enorme Herausforderung für Führungskräfte dar, die Arbeitsprozesse und Kommunikationsroutinen den neuen Arbeitsprozessen anzupassen. Regelmäßige Abstimmungen, ein Feedbacksystem und auch eine neue Meeting-Kultur sind daher erforderlich.

BEDEUTUNG DIESER HERAUSFORDERUNG FÜR DAS BGM:

- Erfassung psychischer Belastungen in der Arbeitswelt 4.0 → es muss geprüft werden, ob die Gefährdungsbeurteilung für psychische Belastungen methodisch angepasst werden muss (Einsatz von Instrumenten, die Belastungen im Zusammenhang mit neuen Technologien berücksichtigen)
- Mit der Digitalisierung nimmt die wahrgenommene Arbeitsbelastung seitens der Beschäftigten zu → die Belastungen sollen durch den Arbeitgeber geprüft werden und die Beschäftigten sind bei Selbstreflexion und Risikoerkennung zu unterstützen
- Umgang mit psychischen Belastungen in der Arbeitswelt 4.0 → Lösungsansätze sind seitens des Arbeitgebers zu prüfen, z. B. durch Maßnahmen der Verhältnisprävention; zudem Prüfung von Unterstützungsangeboten bei den Beschäftigten, z. B. zur Resilienzstärkung und zum Erwerb von Stresskompetenz
- Forderungen nach New-Work- und/oder Work-Life-Balance-Konzepten → Prüfung, wie sich diese auf die Mitarbeitergesundheit auswirken; zudem soll geprüft werden, ob der Einsatz digitaler Lösungen (wie bspw. Apps und Wearables), die zur Gesundheitsförderung beitragen, sinnvoll ist.
- VUCA-Welt → Unternehmen müssen permanent achtsam und für Veränderungen bereit sein → flexibles Vorgehen und schnelles Reagieren bei der Gestaltung des BGM-Prozesses sollte beachtet werden

7.2.5 Corona-Pandemie und deren Folgen/hybrides Arbeiten

Seit 2020 beeinflusst die Coronapandemie nunmehr das Privatleben und die berufliche Tätigkeit. Infolge mehrerer Coronawellen kam es immer wieder zu Shutdowns, was auch die Betriebliche Gesundheitsförderung (BGF) vor Ort bzw. in Präsenz betroffen hat. Zugleich liefern digitale »Ersatzlösungen« eine ganzjährige Versorgung mit Gesundheits- und Fitnessprogrammen über Apps, abrufbare Videos oder Livestreams. Viele BGM-/BGF-Dienstleister haben bereits in den Jahren 2020 und 2021 zahlreiche neue Produkte auf digitaler Basis entwickelt und werden auch noch weitere entwickeln. Für viele Beschäftigte existierte bereits lange vor Corona der Wunsch, auch einmal im Homeoffice arbeiten zu dürfen. Dies wurde dann mit Beginn der Pandemie und im Zuge des ersten Lockdowns im März 2020 quasi über Nacht möglich. Wenn betrieblich machbar, wurden Beschäftigte ins Homeoffice geschickt, oftmals ohne vorherige Klärung rechtlicher Grundlagen, technischer Lösungen und ergonomischer Arbeitsplatzgestaltung. Dies war in solch kurzer Zeit auch nicht machbar, da schnelles Handeln aufgrund der Infektionslage erforderlich war und Arbeitgeber entsprechenden Schutzmaßnahmen ergreifen mussten.

Wirft man einen Blick in die zahlreichen Homeoffice-Studien des letzten Jahres, wird deutlich, dass viele Beschäftigte gerade während des ersten Lockdowns diese »new experience« positiv bewertet hatten. Gründe hierfür waren die Reduzierung der Anfahrtszeiten zur Arbeit, eine bessere Vereinbarkeit von Familie und Beruf, konzentrierteres Arbeiten durch weniger Ablenkung sowie mehr Zeit für Gesundheitsförderung.

Dem gegenüber stehen aber auch Herausforderungen, so zum Beispiel durch eine unzureichende ergonomische Arbeitssituation. Während das kurzzeitige Verwenden des Laptops am Wohnzimmertisch oder auf der Couch für das Muskel-Skelettsystem noch verkraftbar sind, werden längere Arbeitszeiten zum Problem. In einer Studie der Deutschen Hochschule für Prävention und Gesundheitsmanagement vom Juli/August 2020 bemängelten die Teilnehmer (N = 340) vor allem den Stuhl, Tisch und Bildschirm. Es fehlt zuhause die Höhenverstellbarkeit des Tisches und auch der Laptop-Bildschirm ist nicht vergleichbar mit dem im Büro. Zwischenzeitlich haben Beschäftigte ihr Homeoffice auf eigene Kosten ergonomisch optimiert, zum Teil auch unterstützt durch den Arbeitgeber. Neben der Ergonomie belegte die Studie auch die Herausforderung des Social Distancing, also des Fehlens sozialer Kontakte mit Kolleginnen und Kollegen sowie auch im Freundes- und Familienkreis. Während des zweiten Lockdowns, der sich über die kompletten Wintermonate erstreckte, wurde diese Auswirkung noch verschärft. Bereits vor Corona gab es im Herbst und Winter eine saisonale Depression. Diese verstärkte sich durch die Pandemie deutlich. In der Sonderauswertungen der DAK zeigten sich ein Anstieg der Rückenschmerzen und Anpassungsstörungen (DAK, 2021).

Wie sieht die Zukunft aus?

Fasst man die Themen, die sich aus den bisherigen Erfahrungen mit der Pandemie in den Jahren 2020 und 2021, den zuvor dargestellten Herausforderungen der Arbeitswelt 4.0 bzw. der VUCA-Welt sowie den Veröffentlichungen in einschlägigen Magazinen und Studien zu der sich veränderten Arbeitswelt ergeben, zusammen, so stehen für das Personalmanagement (HRM) folgende Aufgaben ganz oben auf der Agenda:

- Homeoffice muss aus rechtlicher Sicht betrachtet werden, dabei ist auch zu prüfen, wie der Arbeitsschutze zu Hause sowie die ergonomische Gestaltung des Homeoffice gewährleistet werden können.
- Arbeitgeber müssen den Umgang mit dem hybriden Arbeiten und dessen Ausgestaltung prüfen und anschließend strategische Entscheidungen im Hinblick auf ein dauerhaftes Angebot bzw. eine Umsetzung von Homeoffice und Desk-Sharing-Modellen treffen.

- Ebenfalls zu prüfen sind die Einführung/Umsetzung einer agilen Organisation und das daraus resultierende Führungsverständnis im Hinblick auf die neuen/veränderten Arbeitswelten sowie die daraus resultierenden Arbeitsformen.
- Sofern im Unternehmen New Work eine Rolle spielt, braucht es ein eigenes Verständnis zur Ausgestaltung, zur Umsetzung und zu New-Work-Methoden. Hierbei spielen Arbeitszeit- und Arbeitsortautonomie sowie die Umsetzung von New Work auch in der Produktion oder in ähnlichen Bereichen eine Rolle.
- Prüfung der Gestaltung von Teamarbeit bei hybriden Teams.
- Finden von Lösungsansätzen für Gesundheitsrisiken der neuen Arbeitswelt und Folgen der Pandemie.
- Anpassung Gefährdungsbeurteilung an veränderte Arbeitsformen.

BEDEUTUNG DIESER HERAUSFORDERUNG FÜR DAS BGM:

- Einfluss der Pandemie und ihrer Folgen auf die Gesundheit der Beschäftigten → Es sollen vorliegende Forschungsergebnisse bei der Weiterentwicklung des BGM berücksichtigt werden; zugleich soll weitere Forschung betrieben werden.
- Erweiterung der BGM-Handlungsfelder um die zuvor genannten Themen des Personalmanagements → Welchen Beitrag kann das BGM leisten? Welche Einflüsse auf die Gesundheit sind vorstellbar?
- Erreichbarkeit von Beschäftigten für Gesundheitsförderungsmaßnahmen → Prüfung und Entwicklung von Homeoffice-tauglichen Maßnahmen sowie Programmen zum (Gesundheits-)Kompetenzerwerb

7.3 Herausforderungen aufgrund betriebsinterner Themen

Ergänzend zur Betrachtung der von außen einwirkenden Herausforderungen, gilt es auch, die betriebsinternen Themen zu prüfen. Hierbei spielen vor allem Kennzahlen wie der Krankenstand, die Zahl der Unfälle, die Fluktuation und Zahlen zur Altersstruktur eine Rolle. Diese werden von Unternehmen in der Regel routinemäßig erhoben, bei Krankenstand und Unfällen existieren gesetzliche Regelungen, die eine Erhebung erfordern. Diese beiden Kennzahlen sind insbesondere bedeutsam, da sie auch einen direkten ökonomischen Bezug haben. Krankheitsbedingte Fehlzeiten führen zur Lohnfortzahlung, je nach Unternehmenssituation auch zu Folgekosten für Ersatzkräfte oder zu »Strafzahlungen« bei verzögerter bzw. nicht erfolgter Leistungserbringung gegenüber Kunden.

Neben den Kennzahlen sind aber auch Informationen zur Unternehmensstrategie und zur Rolle, die den Beschäftigten in diesem Zusammenhang zugedacht ist, relevant. Aus Sicht des BGM stellt sich dabei die Frage, welche unternehmerischen Ziele das Unternehmen verfolgt und was bzw. wie die Mitarbeiter zu deren Erreichen beitragen können. Das Ergebnis dieser Sichtweise spiegelt sich dann auch bei der Umsetzung von betrieblicher Gesundheitsförderung bzw. bei der Einführung eines BGM, bei dessen Ausgestaltung, Qualität und Nachhaltigkeit wider. Die Sichtweise hat zudem Einfluss auf das allgemeine Führungsverständnis und die Unternehmenskultur.

Geht es um die Ingangsetzung eines BGM oder dessen Weiterentwicklung, spielen auch die vorhandenen Systeme wie der Arbeitsschutz und das Betriebliche Eingliederungsmanagement (BEM) eine Rolle. Wie gut werden sie umgesetzt und wie steht es um die Beurteilung der arbeitsbezogenen Gefährdungen? Mittlere und große Unternehmen sind in der Regel im Arbeitsschutz gut aufgestellt, bei kleineren zeigen sich oftmals noch gravierende Defizite. Die Beurteilung der psychischen Belastung gilt aber nach wie vor in vielen Unternehmen als Herausforderung – sowohl im Hinblick auf den Umsetzungsgrad als auch hinsichtlich der inhaltlichen und methodischen Qualität. Daher gilt es auch diese Herausforderungen im Zusammenhang mit dem BGM zu prüfen und mögliche Unterstützungsmaßnahmen vonseiten des BGM herauszuarbeiten.

7.4 Strategische Ingangsetzung/Weiterentwicklung eines BGM

In den vorangegangenen Kapiteln wurden zahlreiche Herausforderungen für Unternehmen dargestellt, die Einfluss auf die Mitarbeitergesundheit und in der Folge auf die Performance von Organisationen nehmen können. Hierbei spielt es keine Rolle, ob es sich um die Privatwirtschaft oder den öffentlichen Dienst (öD) handelt. Da es sich beim BGM um ein Managementsystem mit prozessorientiertem Ansatz handelt, gilt es, die Herausforderungen des Marktes und den Status quo im Unternehmen zu prüfen, da dies die Grundlage für die Ingangsetzung eines BGM darstellt. Mit diesem ersten Schritt wird auch die Entscheidung zur Einführung und langfristig zur Weiterentwicklung des BGM getroffen. Die Basis der prozessorientierten Vorgehensweise bildet der Plan-Do-Check-Act, kurz PDCA-Zyklus. Dieser von dem US-Amerikaner Walter Andrew Shewhart (1986) entwickelte und von W. Edwards Deming (1982) verbreitete Regelkreis bildet die Grundlage für weitere Managementsysteme wie das Qualitäts-, Arbeitsschutz- und Umweltmanagement. Hierbei gilt es

- Maßnahmen zu planen (P),
- durchzuführen (D),
- den Erfolg zu messen (C) und
- Verbesserungen abzuleiten (A).

Dieser Zyklus wiederholt sich im Sinne eines kontinuierlichen Verbesserungsprozesses (KVP), da sich Anforderungen ändern können. Wie in Abbildung 1 dargestellt, gilt es in der ersten Phase Plan (P) grundsätzlich den Bedarf für ein BGM auf Basis von Herausforderungen, mit denen ein Unternehmen konfrontiert ist, darzustellen und daraus Ziele abzuleiten. Die Prüfung von Herausforderungen des Marktes sowie betriebsinterner Themen sollte daher jährlich stattfinden, um veränderte Rahmenbedingungen, wie beispielsweise durch die Coronapandemie geschehen, zeitnah auf deren Einfluss auf das Unternehmen und das BGM hin zu prüfen.

Literatur

Bergmann, F. (2017). Neue Arbeit, neue Kultur (6. Auflage, 1. broschierte Ausgabe). Freiburg im Breisgau: Arbor Verlag.

Busch, K. (2021). Die Arbeitsunfähigkeit in der Statistik der GKV. In B. Badura, A. Ducki, H. Schröder, M. Meyer (Hrsg.), *Fehlzeiten-Report 2021. Betriebliche Prävention stärken – Lehren aus der Pandemie* (S. 781-800). Berlin: Springer.

DAK. (2021). DAK-Krankenstands-Analyse: Krankheitsgeschehen in der Arbeitswelt während der Pandemie massiv verändert. Verfügbar unter: https://www.dak.de/dak/bundesthemen/krankenstand-2020-2424242.html#/ (abgerufen am 25.01.2022).

Deming, W. E. (1982). Out of the Crisis. Cambridge: Massachusetts Institute of Technology.

Diebig, M., Müller, A. & Angerer, P. (2017). Psychische Belastungen in der Industrie 4.0. Eine selektive Literaturübersicht zu (neuartigen) Belastungsbereichen. ASU Zeitschrift für medizinische Prävention (52), 832–839.

Eberhardt, D. (2016). Generationen zusammen führen. Mit Millenials, Generation X und Babyboomern die Arbeitswelt gestalten (1. Aufl.). Freiburg: Haufe-Lexware.

Guthold R., Stevens, G. A., Riley, L. M., Bull, F. C. (2018). Worldwide trends in insufficient physical activity from 2001 to 2016: a pooled analysis of 358 population-based surveys with 1.9 million participants, The Lancet Global Health, Volume 6, Issue 10, 2018.

Haufe Online Redaktion (2018). Frithjof Bergmann: »Ich ärgere mich sehr, sehr tüchtig«. Verfügbar unter: https://www.haufe.de/personal/hr-management/frithjof-bergmann-uebt-kritik-an-akteuller-new-work-debatte_80_467516.html (abgerufen am 30.01.2022).

Ilmarinen, J., Tempel, J. (2002). Arbeitsfähigkeit 2010 – Was können wir tun, damit wir gesund bleiben? Hamburg: VSA Verlag.

Max-Planck-Institut für demografische Forschung [MPIDR]. (2021). Was ist Demografie? Verfügbar unter: https://www.demogr.mpg.de/de/ueber_uns_6113/was_ist_demografie_6674 (abgerufen am 18.01.2022).

Petry, T. (2018). Agile Führung als Antwort auf eine VUCA-Umwelt. Personalmagazin, 70 (3), 18–23.

Richenhagen, G. (2007). Beschäftigungsfähigkeit, altersflexibles Führen und gesundheitliche Potentiale. In: Personalführung 8 (2007), S. 44–51.

Rump, J. (2014). Flexicurity: Flexibilität und Stabilität als Leitprinzip in der Arbeitswelt von morgen, Petersberg. Verfügbar unter https://www.petersberger-akademie.de/programme/health-on-top/referenten-health-on-top/?_sf_s=rump (abgerufen am 25.01.2022).

Schaeffer, D., Berens, E.-M., Gille, S., Griese, L., Klinger, J., de Sombre, S., Vogt, D., Hurrelmann, K. (2021): Gesundheitskompetenz der Bevölkerung in Deutschland – vor und während der Corona Pandemie: Ergebnisse des HLS-GER 2. Bielefeld: Interdisziplinäres Zentrum für Gesundheitskompetenzforschung (IZGK), Universität Bielefeld.

Scholz, C. (2014). Generation Z. Wie sie tickt, was sie verändert und warum sie uns alle ansteckt (1. Auflage). Weinheim: Wiley-VCH; Wiley.

Shewhart, W. A. (1986). Statistical Method from the Viewpoint of Quality Control. New York: Dover Publications.

Statistisches Bundesamt [Destatis]. (2018). Mikrozensus – Fragen zur Gesundheit – Körpermaße der Bevölkerung. Verfügbar unter: https://www.google.com/url?sa=t&rct=j&q=&esrc=s&source=web&cd=&cad=rja&uact=8&ved=2ahUKEwi_3tqR_brxAhV6 gP0HHaIMDnAQFjAAegQICBAD&url=https%3A%2F%2Fwww.destatis.de%2FDE%2FThemen%2FGesellschaft-Umwelt%2FGesundheit%2FGesundheitszustand-Relevantes-Verhalten%2FPublikationen%2FDownloads-Gesundheitszustand%2Fkoerpermasse-5239003179004.pdf%3F__blob%3DpublicationFile&usg=AOvVaw3rdGmfR6e9qs4tstSZHGhF (abgerufen am 25.06.2021).

Statistisches Bundesamt [Destatis]. (2019a). 14. koordinierte Bevölkerungsvorausberechnung – Basis 2018. Verfügbar unter: https://www.destatis.de/DE/Themen/Gesellschaft-Umwelt/Bevoelkerung/Bevoelkerungsvorausberechnung/aktualisierung-bevoelkerungsvorausberechnung.html (abgerufen am 25.06.2021).

Statistisches Bundesamt [Destatis]. (2019b). Bevölkerung im Erwerbsalter sinkt bis 2035 voraussichtlich um 4 bis 6 Millionen. Verfügbar unter https://www.destatis.de/DE/Presse/Pressemitteilungen/2019/06/PD19_242_12411.html (abgerufen am 25.06.2021).

Walle, O. (2022). Handlungssätze für ein Betriebliches Gesundheitsmanagement. In: Allmann, B., Loth, J., Morsch, A. (Hrsg.): Zivilisationskrankheiten. Krankheitsketten vermeiden – Präventionsprinzipien entwickeln. Hamburg: fitness Management.

8 Institutionen und Akteure im BGM

Mustapha Sayed, Iris Brandes

Akteure im BGM

Das Betriebliche Gesundheitsmanagement (BGM) hat viele Facetten und Akteure. Neue, flexiblere, schneller sich verändernde Arbeitsformen, der demografische Wandel und weitere Faktoren stellen die Unternehmen vor große Herausforderungen. Damit einher geht die Einsicht, dass neben Arbeitgebern und Arbeitnehmern auch von einer Reihe weiterer Akteure große Anstrengungen erbracht werden müssen, um die Erwerbsfähigkeit der Menschen im Erwerbsalter auf hohem Niveau zu halten. Das Deutsche Netzwerk Versorgungsforschung hat in seinem Memorandum »Gesundheitskompetenz« die Herausforderungen für das BGM konkretisiert. Deutlich wird dabei, dass mögliche Konzepte und Maßnahmen zum BGM sowohl die unterschiedlichen Voraussetzungen der Arbeitnehmer (individuelle Fähigkeiten und Einstellungen, Lebensphase, gesundheitliche Probleme etc.) als auch des Arbeitsplatzes (Größe des Betriebes, Art und Umfang bestehender BGM-Angebote, Veränderungen durch neue Arbeitsformen, psychische Arbeitsbelastungen, längere Lebensarbeitszeit, Struktur und Organisation des Betriebes etc.) berücksichtigen müssen. Weniger zielführend sind also einfache und leicht übertragbare Angebote. Es gilt vielmehr, individuelle und flexible Konzepte zu entwickeln, die dynamisch den sich verändernden Rahmenbedingungen angepasst werden können (Ernstmann et al., 2020). Um diesen Herausforderungen begegnen zu können, ist die Zusammenarbeit der verschiedensten am BGM beteiligten Akteure erforderlich (s. Abbildung 1). Der Zahl und die Auswahl der Kooperationspartner kann und wird dabei ebenso variieren wie die Form der Zusammenarbeit. Eine entscheidende Rolle spielen dabei insbesondere die betriebsinternen Akteure (s. Kapitel 8.2).

8.1 Akteure im BGM – ein Überblick

Einen wichtigen Anschub hat die Betriebliche Gesundheitsförderung durch die Umsetzung des Präventionsgesetzes im Jahr 2015 erhalten. Mit der Verankerung der Betrieblichen Gesundheitsförderung (BGF) im Gesetz wurde dessen Bedeutung hervorgehoben und die Rolle der politischen Entscheidungsträger deutlich gemacht. Konkretisiert und festgelegt werden die Aufgaben und Funktionen der gesetzlichen Akteure in den einzelnen Sozialgesetzbüchern (s. Kapitel 8.3). Als maßgeblicher Akteur wird die Gesetzliche Krankenversicherung (GKV) genannt, die die Maßnahmen zusammen mit den Trägern der gesetzlichen Unfallversicherung (GUV) und den für Arbeitsschutz zuständigen Landesbehörden umsetzen sollen. Doch auch die Träger der gesetzlichen Rentenversicherung (GRV) sind verpflichtet, Präventionsangebote anzubieten. Eine bislang eher untergeordnete Rolle nimmt die Bundesagentur für Arbeit ein. Traditionell liegt ihr Schwerpunkt eher auf der individuellen Beratung mit dem Ziel der Vermittlung geeigneter Arbeitnehmer als auf der Entwicklung von gesundheitsbezogenen Präventionsangeboten.

Weitere Akteure unterschiedlicher Rechtsformen kommen aus verschiedensten Bereichen und beteiligen sich mehr oder weniger intensiv an der Ausgestaltung des BGM (s. Kapitel 8.4). Dazu zählt die Bundeszentrale für gesundheitliche Aufklärung, die als Bundesoberbehörde des Bundesgesundheitsministeriums der gesundheitlichen Aufklärung der Bevölkerung dient, wobei BGM aktuell nicht im Vordergrund steht.

Die wissenschaftliche Perspektive wird von verschiedenen hochschulnahen Akteuren vertreten, die sich entweder ausschließlich mit BGM beschäftigen – z. B. Deutsches Netzwerk Betriebliche Gesundheitsförderung (DNBGF), European Network for Work Health Promotion (ENWHP) – oder einen Teil ihres thematischen Schwerpunktes dem BGM widmen wie z. B. das Deutsche Netzwerk Versorgungsforschung (DNVF). Ergänzt werden diese durch Netzwerke und Informationsportale, die eine eher unternehmensorientierte Perspektive vertreten wie z. B. die Initiative Neue Qualität der Arbeit (INQA) oder die Bundesanstalt für Arbeitsschutz und Arbeitsmedizin (BAuA). Ferner gibt es BGM-Dienstleister, die überwiegend die Umsetzung der Angebote realisieren.

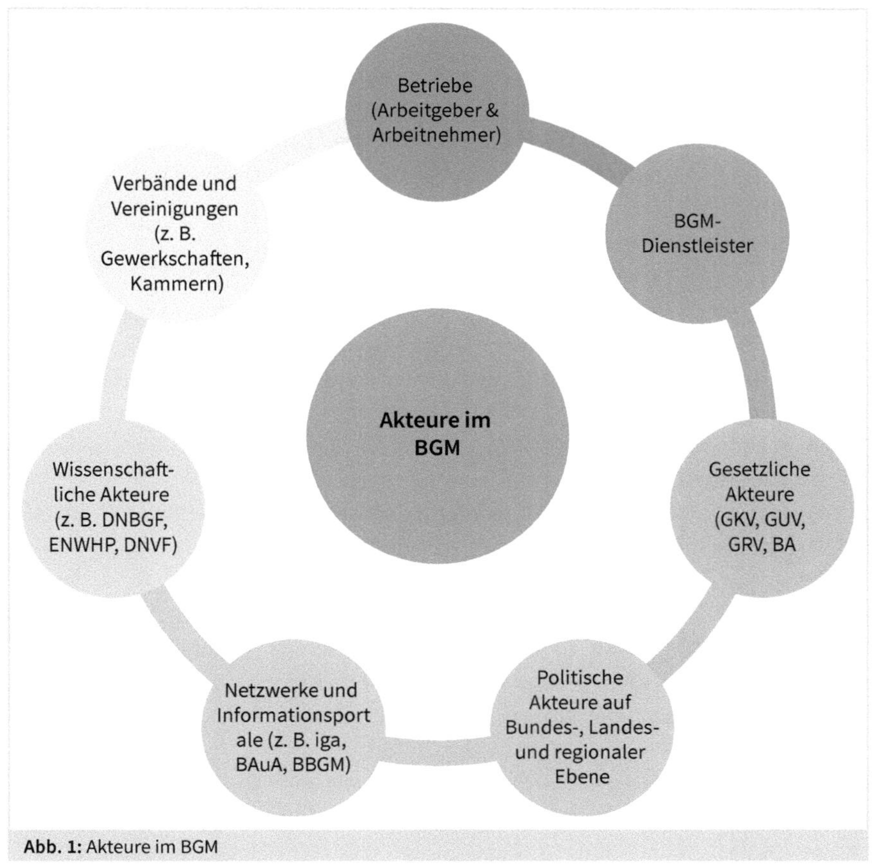

Abb. 1: Akteure im BGM

8.2 Akteure aus Unternehmensperspektive

Unternehmen sind nicht nur ein Ort, an dem die Betriebliche Gesundheitsförderung stattfindet, sondern sie sind insbesondere auch entscheidende und handelnde Akteure des BGM. Die Vielfalt der Unternehmen hat auch für die Betriebliche Gesundheitsförderung eine große Relevanz. So ist zunächst zwischen Großunternehmen und kleinen und mittelständischen Unternehmen (KMU) zu unterscheiden. Große Betriebe haben bereits den Nutzen von BGM erkannt und setzen entsprechend finanzielle und personelle Ressourcen ein. Eine Reihe von Studien zeigt, dass sich eine Investition in ein BGM lohnt – auch für KMU (Chapman, 2012; Baicker et al., 2010).

Handwerksbetriebe machen einen erheblichen Anteil der KMU aus. Vertreten werden diese durch die Handwerkskammern, die neben der Interessensvertretung auch Aufgaben im Bereich der Aus- und Weiterbildung übernehmen, teilweise auch Beratungen zum BGM anbieten. Die Industrie- und Handelskammern vertreten als berufsständische Selbstverwaltung die zugehörigen Unternehmen gegenüber Politik und Öffentlichkeit. Insofern ist BGM dort eher ein nachrangiges Thema. Allerdings werden zertifizierte Aus- und Weiterbildungsangebote für Gesundheitsmanager etabliert. Die branchenzugehörigen Innungen sind regional organisiert und nur sporadisch in Projekten zur Betrieblichen Gesundheitsförderung involviert (Kohte & Kaufmann, 2021). Einen besonderen Fokus auf das BGM richten derzeit Einrichtungen bzw. Unternehmen, die dem Bereich der ambulanten und stationären Pflege angehören. Neben den jeweiligen Einrichtungsträgern werden hier auch zahlreiche Initiativen durch externe Akteure initiiert oder begleitet (Bendig, 2017).

Abbildung 2 gibt einen Überblick über mögliche interne und externe Akteure aus Sicht von Unternehmen. Zu den betriebsinternen Akteuren zählen zum einen die Arbeitgeber (Geschäftsführung, Vorstand) und die Beschäftigten selbst. Arbeitnehmer nehmen hinsichtlich der Betrieblichen Gesundheitsförderung zwei Positionen ein:

1. Einerseits wird ihre Gesundheit durch günstige oder ungünstige Arbeitsbedingungen beeinflusst,
2. andererseits treffen die Arbeitnehmer Entscheidungen im Berufs- und Privatleben, die gesundheitliche Probleme verhindern oder fördern können.

Insofern erscheinen Strategien zur Verbesserung der Gesundheitskompetenz bei Arbeitnehmern zielführend. Daher ist es erforderlich, umfassende Maßnahmen zur Förderung der arbeitsplatzbezogenen Gesundheitskompetenz von Beschäftigten zu entwickeln und sie umzusetzen (Ernstmann et al., 2020).

Obwohl die Beschäftigten nachweislich für den Erfolg von BGM-Maßnahmen wesentlich sind, werden sie häufig gar nicht oder nicht ausreichend in die Entwicklung und die damit einhergehenden Entscheidungsprozesse einbezogen. Die Geschäftsführung nimmt eine ganz entscheidende Rolle für den BGM-Erfolg des Unternehmens ein. Sie entscheidet in der Regel nicht nur über personelle und finanzielle BGM-Ressourcen, sondern hat eine wichtige Vorbildfunktion sowohl für die weiteren Führungskräfte als auch für die restliche Belegschaft im Unternehmen (Pomorin, 2020).

Abhängig von der Größe des Unternehmens gibt es in Unternehmen beispielweise Fachkräfte für Arbeitssicherheit, Betriebsärzte, BGM-Verantwortliche, Betriebsrat, Schwerbehindertenvertretung oder auch die Personalabteilung. Diese Personengruppen bilden im Idealfall einen Arbeitskreis, um sich über gemeinsame Ziele im Sinne der Belegschaft im Unternehmen abzustimmen. Zu den externen Akteuren zählen u. a. Vertreter der GKV, GUV und GRV, aber auch BGM-Dienstleister, Berufsverbände, Gewerkschaften, Städte und Kommunen sowie Netzwerke, Initiativen und Vereine.

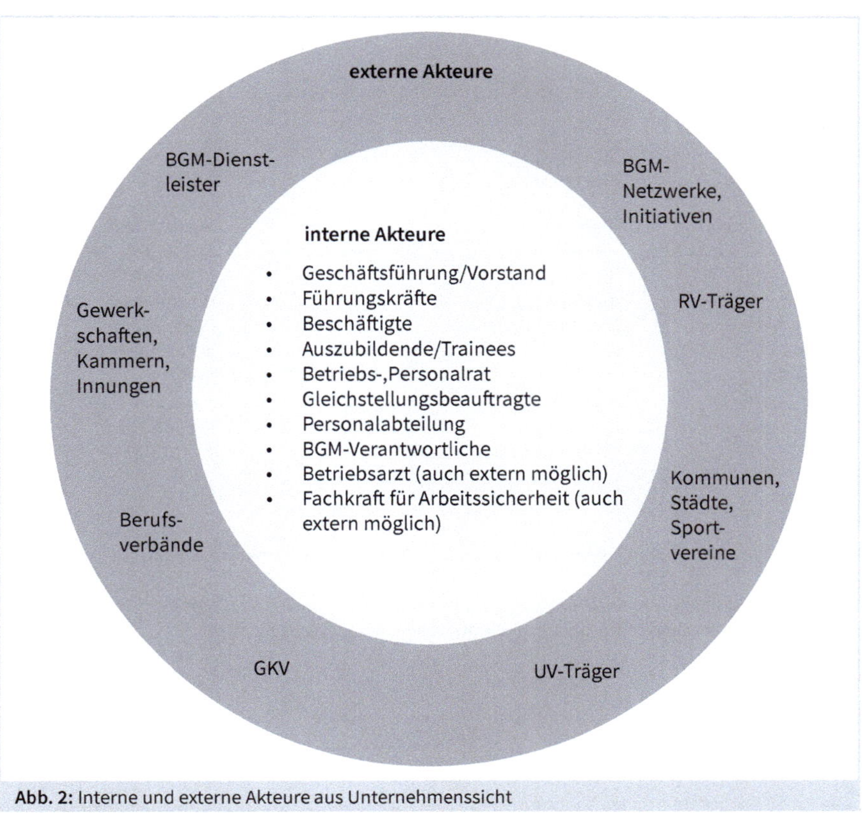

Abb. 2: Interne und externe Akteure aus Unternehmenssicht

8.3 Betriebliche Ansätze und Akteure im gesetzlichen Sozialversicherungssystem

Die nationalen Sozialversicherungssysteme halten unterschiedliche Ansätze und Maßnahmen für Gesundheitsförderung und Prävention bereit (s. Abbildung 3). Betriebliche Gesundheitsförderung, Arbeitsschutz, Betriebliches Eingliederungsmanagement und medizinische Leistungen zur Prävention weisen zahlreiche Berührungspunkte und Gemeinsamkeiten auf. Die einzelnen Teilaufgaben der gesetzlichen Akteure können im Rahmen eines Betrieblichen Gesundheitsmanagements vielfach sinnvoll miteinander verknüpft werden (Faller, 2017). Im Gegensatz zum gesetzlich vorgeschriebenen Arbeitsschutz sowie zur Pflicht, ein Betriebliches Eingliederungsmanagement anzubieten, ist die Umsetzung von Maßnahmen der Betrieblichen Gesundheitsförderung für Unternehmen nicht verpflichtend. Im Folgenden werden die einzelnen, gesetzlichen Akteure mit ihren Aufgaben näher beleuchtet.

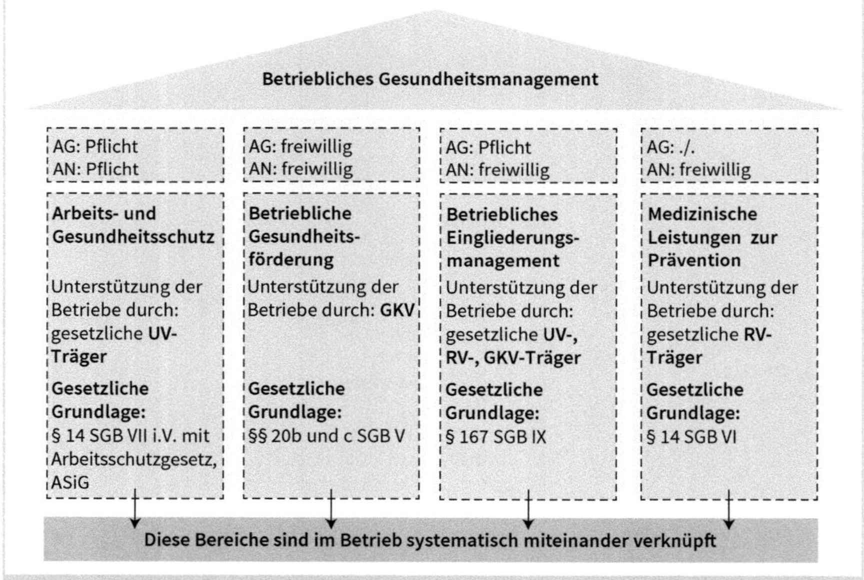

Abb. 3: Gesundheit in der Arbeitswelt – Beiträge der Unfall-, Kranken-, und Rentenversicherungsträger; eigene Darstellung in Anlehnung an Bundesrahmenempfehlungen (2018)

!

Merken Sie sich bitte:

BGM und Sozialgesetzgebung

Die im SGB festgelegten Maßnahmen zum Erhalt der Erwerbsfähigkeit umfassen die Betriebliche Gesundheitsförderung, den Arbeitsschutz, das Betriebliche Eingliederungsmanagement und die medizinischen Leistungen zur Prävention. Im Gegensatz zum gesetzlich vorgeschriebenen Arbeitsschutz sowie zur Pflicht, ein Betriebliches Eingliederungsmanagement anzubieten, ist die Umsetzung von Maßnahmen der Betrieblichen Gesundheitsförderung für Unternehmen nicht verpflichtend.

8.3.1 Nationale Präventionsstrategie

nationale Präventionsstrategie

Bevor in den folgenden Unterkapiteln auf die einzelnen gesetzlichen Akteure eingegangen wird, ist es wichtig, vorab die gesetzlichen Rahmenbedingungen zu skizzieren und dabei insbesondere auf die nationale Präventionsstrategie und auf das im Jahr 2015 verabschiedete Präventionsgesetz (PrävG) einzugehen. Nach mehreren gescheiterten Versuchen in vorherigen Legislaturperioden verabschiedete am 18.06.2015 der Bundestag das »Gesetz zur Stärkung der Gesundheitsförderung und der Prävention (Präventionsgesetz – PrävG)« (Meierjürgen et al., 2016). Das zentrale Ziel des Präventionsgesetzes ist es, die trägerübergreifende und zielorientierte Zusammenarbeit in der Prävention und Gesundheitsförderung in den Lebenswelten der Menschen zu stärken. Darüber hinaus sollen die Leistungen der Krankenkassen zur Früherkennung von Krankheiten weiterentwickelt und das Zusammenwirken von Betrieblicher Gesundheitsförderung und Arbeitsschutz verbessert werden (Deutscher Bundestag, 2015).

Mit dem Präventionsgesetz wurde die Nationale Präventionskonferenz (NPK) eingeführt (§ 20e SGB V). Träger der NPK sind die gesetzliche Krankenversicherung (GKV), die gesetzliche Rentenversicherung (GRV), die gesetzliche Unfallversicherung (GUV) und die soziale Pflegeversicherung (SPV), jeweils vertreten durch ihre Spitzenorganisationen: GKV-Spitzenverband als Spitzenverband Bund der Krankenkassen (zwei Sitze) und der Pflegekassen (zwei Sitze), Deutsche Rentenversicherung Bund (zwei Sitze), Deutsche Gesetzliche Unfallversicherung e. V. (ein Sitz) sowie Sozialversicherung für Landwirtschaft, Forsten und Gartenbau (ein Sitz).

Nach § 94 Abs. 1a SGB X bilden diese die NPK als Arbeitsgemeinschaft. Seit dem 10.02.2017 hat der Verband der privaten Kranken- und Pflegeversicherung ebenfalls einen Sitz in der NPK, da der PKV-Verband die Voraussetzung in Form einer angemessenen finanziellen Beteiligung an Programmen und Projekten im Sinne der Bundesrahmenempfehlungen erfüllt (Nationale Präventionskonferenz, 2019). Als beratende Mitglieder sind Bund und Länder (mit je vier Sitzen), die kommunalen Spitzenverbände auf Bundesebene (drei Sitze), die Bundesagentur für Arbeit (ein Sitz), die Sozialpartner (zwei Sitze), die Interessenvertretungen von Patientinnen und Patienten gemäß § 140f Abs. 2 SGB V (zwei Sitze) und die Bundesvereinigung Prävention und Gesundheitsförderung e. V. (BVPG) als Repräsentant des Präventionsforums (ein Sitz) in der NPK vertreten (Nationale Präventionskonferenz, 2019). Zentrale Aufgabe der NPK ist die Entwicklung einer nationalen Präventionsstrategie (§ 20d SGB V). Die wesentlichen Arbeitsschwerpunkte der nationalen Präventionsstrategie werden bestimmt durch:

- die Erstellung von Vereinbarungen zu bundeseinheitlichen, trägerüberübergreifenden Rahmenempfehlungen (Bundesrahmenempfehlungen) zur Gesundheitsförderung und Prävention in Lebenswelten einschließlich Betrieben;
- die Erstellung eines trägerübergreifenden Berichts alle vier Jahre (erstmalig zum 01.07.2019) über die Entwicklung der Gesundheitsförderung und Prävention mit Angaben zu den Ausgaben für die Leistungen der Mitgliedsorganisationen der Träger der NPK, den Zugangswegen, den erreichten Personen, den erreichten gemeinsamen Zielen und Zielgruppen, den Erfahrungen mit der Qualitätssicherung und zur Zusammenarbeit sowie zu mögliche Schlussfolgerungen (GKV-Spitzenverband, 2021).

Das Präventionsgesetz sieht für die Umsetzung der Bundesrahmenempfehlungen sogenannte Landesrahmenvereinbarungen (LRV) vor, in denen sich die Sozialversicherungsträger nach § 20f SGB V mit den in den Bundesländern zuständigen Stellen auf gemeinsame Grundsätze ihrer Zusammenarbeit vor Ort verständigen. An der Vorbereitung der Landesrahmenvereinbarungen sind darüber hinaus die Bundesagentur für Arbeit, die für den Arbeitsschutz zuständigen obersten Landesbehörden sowie die kommunalen Spitzenverbände auf Landesebene zu beteiligen (Nationale Präventionskonferenz, 2019). Die NPK wird durch ein Präventionsforum beraten, das in der Regel einmal jährlich stattfindet und erstmals 2016 tagte. Teilnehmer des Präventionsforums sind die stimmberechtigten und beratenden Mitglieder der NPK sowie Vertreter der für die Gesundheitsförderung und Prävention maßgeblichen Organisationen und Verbände (GKV-Spitzenverband, 2021).

Die Träger der NPK bringen sich nach den Bundesrahmenempfehlungen entsprechend ihren gesetzlichen Aufgaben in die lebensweltbezogene Prävention und Gesundheitsförderung ein, die Krankenkassen also gemäß den Kriterien des GKV-Leitfadens Prävention für den Setting-Ansatz und die Betriebliche Gesundheitsförderung (s. Kapitel 8.3.2) (GKV-Spitzenverband 2021).

Das Präventionsgesetz ist ein Mantelgesetz und ist im Sozialgesetzbuch V verankert, das als gesetzliche Grundlage für die GKV gilt. Neben der Einführung der NPK und der von ihr zu verantwortenden nationalen Präventionsstrategie brachte es im SGB V mehrere weitere Veränderungen mit sich, die Anreize für eine Stärkung der Betrieblichen Gesundheitsförderung setzen (Nationale Präventionskonferenz, 2019):

- Leistungen zur Gesundheitsförderung und Prävention in Lebenswelten (§ 20a SGB V) wurden zu Pflichtleistungen der gesetzlichen Krankenkassen. Etwa ein Viertel der darauf bezogenen Mindestausgaben erhält die Bundeszentrale für gesundheitliche Aufklärung zur Unterstützung der Krankenkassen bei der Wahrnehmung ihrer Aufgaben zur Gesundheitsförderung und Prävention in Lebenswelten
- Leistungen zur Gesundheitsförderung in Betrieben (§ 20b SGB V)

- nach § 20b Abs. 3 SGB V Gründung einer regionalen BGF-Koordinierungsstellen, um mit BGF-Leistungen zur Betrieblichen Gesundheitsförderung auch kleine und mittlere Betriebe besser zu erreichen
- der GKV-Spitzenverband ist verpflichtet, die vom Kooperationsverbund gesundheitsziele.de entwickelten und in § 20 Abs. 3 SGB V genannten Gesundheitsziele sowie die im Rahmen der Gemeinsamen Deutschen Arbeitsschutzstrategie erarbeiteten Arbeitsschutzziele bei der Entwicklung der Handlungsfelder und Kriterien der Krankenkassen für Leistungen zur Gesundheitsförderung und Prävention zu berücksichtigen.

8.3.2 Gesetzliche Krankenversicherung (GKV)

Gesetzliche Krankenversicherung

Betriebliche Gesundheitsförderung (BGF) gehört bereits seit vielen Jahren zu den Aufgaben der gesetzliche Krankenversicherung (GKV). Mit dem oben skizzierten Präventionsgesetz wurde seit 2015 die Betriebliche Gesundheitsförderung als Aufgabe der gesetzlichen Krankenversicherung (GKV) weiter ausgebaut. Das Erfordernis von Gesundheitsförderung im Setting Betrieb (als Bestandteil eines umfassenden Betrieblichen Gesundheitsmanagements) wird damit begründet, dass die berufstätigen Menschen dort einen erheblichen Teil ihrer Lebenszeit verbringen und somit der Betrieb als soziales Umfeld und durch seine Organisationsstruktur Einfluss auf ihre Gesundheit nimmt. Daraus leitet sich auch die Anforderung an die Organisationsentwicklung als Methode der Gesundheitsförderung ab. Darüber hinaus ist der Betrieb das einzige Setting, in dem erwachsene (erwerbstätige) Menschen unterschiedlicher sozialer Schichten in Deutschland gezielt erreicht werden können, um das Gesundheitsverhalten zu verbessern (Sayed & Brandes, 2020).

Das Präventionsgesetz – Auswirkungen auf die Betriebliche Gesundheitsförderung

Präventionsgesetz

Mit der Verabschiedung des Präventionsgesetzes (PrävG) durch den Deutschen Bundestag war/ist die Hoffnung verbunden, Gesundheitsförderung und Prävention (GFP) auch im betrieblichen Umfeld zu stärken. Im Präventionsgesetz wird der Aufbau einer Kooperations- und Koordinierungsstruktur als Voraussetzung für eine intensivere Zusammenarbeit der Sozialversicherungsträger, Länder und Kommunen in den Bereichen Prävention und Gesundheitsförderung eingefordert, wobei sich das Gesetz weiter wesentlich auf die Gesetzliche Krankenversicherung (GKV) stützt und die anderen Sozialversicherungen sowie den Arbeitsschutz mit einbezieht (Bundesministerium für Gesundheit, 2019). Mit dem PrävG sollen strukturelle (soziale und geschlechtsbezogene) Ungleichheiten in der Gesundheitsförderung und Prävention verringert werden. Ziel ist daher ein ganzheitlicher Ansatz der GFP in jedem Lebensalter und in verschiedenen explizit genannten Lebenswelten (Pieck et al., 2016). Der Settingansatz erleichtert den Zugang zu sozial benachteiligten Bevölkerungsgruppen und ermöglicht Veränderungen nicht nur auf Verhaltens- sondern auch auf Verhältnisebene (Kuhn 2013). Der Gesetzgeber hat mit dem PrävG ausdrücklich das Ziel formuliert, eine stärkere Verankerung der Betrieblichen Gesundheitsförderung (BGF) auch in den kleinen und mittelständischen Betrieben (KMU) zu erreichen (Nationale Präventionskonferenz, 2019).

Der Orientierungswert für die GFP-Ausgaben in der gesetzlichen Krankenversicherung liegt für das Jahr 2022 bei 7,94 Euro pro Versichertem, darin enthalten sind der Mindestausgabewert für BGF in Höhe von 3,33 Euro (davon 1,06 Euro für Krankenhäuser und Pflegeeinrichtungen) und weitere 2,27 Euro für Prävention in nichtbetrieblichen Lebenswelten. Auch wenn die Orientierungs- und Mindestwerte für das Jahr 2022 im Vergleich zum Vorjahr unverändert bleiben, sind die jährlichen Ausgaben für betriebliche und nichtbetriebliche Lebenswelten seit 2015 stetig gestiegen (für die BGF mit 2,00 Euro je Versichertem gestartet).

Laut dem aktuellen Präventionsbericht lagen die BGF-Ausgaben der gesetzlichen Krankenkassen für das Jahr 2020 bei 159.407.107 Euro, was 2,18 Euro je Versichertem entspricht. Darin enthalten sind 0,54 Euro für die BGF in der Pflege, wovon Krankenhäuser und stationäre Pflegeeinrichtungen profitieren sollen (Präventionsbericht 2021). Der Rückgang der Ausgaben für 2020 im Vergleich zum Vorjahr um 34 % zeigt den Einfluss der Coronapandemie und der damit zusammenhängenden Einschränkungen auf die Umsetzung der BGF.

Ein ähnliches Bild zeigt sich bei den direkt erreichten Betrieben. Während vor der Coronapandemie über den Verlauf der letzten 10 Jahre ein kontinuierlicher Anstieg der erreichten Betriebe zu verzeichnen ist, konnten 2020 (nur) noch 16.742 Betriebe direkt erreicht werden (2019: 23.221), was einem Rückgang bei den erreichten Betrieben um 28 % im Vergleich zum Vorjahr entspricht (Präventionsbericht 2021). Bei einer durchgeführten Befragung zur Coronapandemie- unter Krankenkassen-Beschäftigten gaben lediglich 8 % an, dass die BGF-Projekte, die vor dem März 2020 begonnen hatten, ohne Einschränkung fortgesetzt werden konnten. Weitere 27 % der BGF-Maßnahmen mussten auf (un-)bestimmte Zeit verschoben werden. 36 % der Aktivitäten wurden in veränderter Form (z. B. in digitalen Formaten) oder mit Einschränkungen (20 %) wie beispielsweise mit verkleinerter Gruppengröße durchgeführt. 7 % die begonnenen BGF-Aktivitäten mussten gänzlich abgebrochen werden (Präventionsbericht 2021).

BGF-Koordinierungsstellen

BGF-Koordinierungsstellen

Mit § 20b Abs. 3 SGB V wird der Anforderung des Präventionsgesetzes nach der Einrichtung regionaler kassenübergreifender Koordinierungsstellen zur Beratung und Unterstützung von Unternehmen im Bereich der BGF Rechnung getragen. Ziel ist es, mehr Unternehmen – insbesondere kleine und mittelständische Unternehmen (KMU) – mit

BGF zu erreichen. Für die Ausgestaltung der Aufgaben, die Arbeitsweise und Finanzierung der BGF-Koordinierungsstellen sowie für die Einbeziehung örtlicher Unternehmensorganisationen sind die Landesverbände der Krankenkassen und Ersatzkassen verantwortlich. Die BGF-Koordinierungsstellen bilden einen möglichen Zugangsweg für Unternehmen zu den Leistungen der NPK-Träger zur betrieblichen Prävention, Gesundheits-, Sicherheits- und Teilhabeförderung (Nationale Präventionskonferenz, 2019).

Merken Sie sich bitte:

Struktur und Qualitätssicherung

Fehlende strukturierte Übersichten über die Akteure und fehlende qualitätsgesicherte Informationen zu BGM-Anbietern erschweren den KMU die Identifikation möglicher Kooperationspartner und bedarfsgerechter Maßnahmen.

Seit Mai 2017 haben die gesetzlichen Krankenkassen das verpflichtende Angebot der regionalen BGF-Koordinierungsstellen in Form eines gemeinsamen Informations- und Beratungsportals (www.bgf-koordinierungsstelle.de) umgesetzt. Auf dem Portal erhalten Unternehmen Informationen zu den Leistungen der gesetzlichen Krankenkassen rund um den Betrieblichen Gesundheitsförderungsprozess sowie eine qualitätsgesicherte, persönliche, wettbewerbsneutrale und kostenlose Erstberatung durch Experten der Krankenkassen, die telefonisch oder auf Wunsch vor Ort im Betrieb durchgeführt werden kann. Über das Informationsportal haben interessierte Unternehmen die Möglichkeit, sich selbst eine Krankenkasse auszuwählen, von der sie beraten werden möchten, oder sie können sich über ein Kontaktformular eine Beratung durch eine Krankenkasse vermitteln lassen (BGF-Koordinierungsstelle 2022). Die Krankenkassen sind angehalten, sich innerhalb von zwei Werktagen bei dem anfragenden Unternehmen zu melden (Nationale Präventionskonferenz, 2019).

Im Zeitraum von Mai 2017 bis November 2018 untersuchte man, in welchem Umfang das Onlineportal genutzt wurde. Demnach wurde das Portal in diesem Zeitraum 33.400-mal besucht und es wurden insgesamt 4.560 Kontaktaufnahmen übermittelt. Die anfragenden Unternehmen wählten wesentlich häufiger den direkten Weg zu einer gesetzlichen Krankenkasse (4.000 Kontaktaufnahmen) als sich über das Kontaktformular eine Krankenkasse vermitteln zu lassen (560 Kontaktaufnahmen). Von den anfragenden Unternehmen waren rund 40 % KMU mit bis zu 49 Mitarbeitenden; weitere 30 % der Anfragen stammten von KMU mit 50-249 Beschäftigten. Für die (weitere) Verbreitung des Angebots der BGF-Koordinierungsstellen wird das Ziel erfolgt, mit örtlichen Unternehmensorganisationen wie z. B. Arbeitgeberverbänden, Industrie- und Handelskammern, Handwerkskammern sowie Wirtschaftsfachverbänden zu kooperieren, um mit ihrem Zugang zu Unternehmen den Bekanntheitsgrad der BGF-Koordinierungsstelle zu erhöhen (Nationale Präventionskonferenz, 2019).

LEITFADEN PRÄVENTION

Leitfaden Prävention

Im Jahr 2020 hat die GKV mit dem Leitfaden Prävention erstmals Handlungsfelder und Kriterien für die Primärprävention und Betriebliche Gesundheitsförderung festgelegt. Der Leitfaden bildet das zentrale Instrument der Qualitätssicherung und -entwicklung und wird seitdem kontinuierlich aktualisiert und weiterentwickelt (Präventionsbericht 2021). Mit dem aktuellen Leitfaden legt der GKV-Spitzenverband Handlungsfelder und Kriterien für die Leistungen der Krankenkassen in der Primärprävention und Gesundheitsförderung nach den §§ 20, 20a und 20b des SGB V vor, die für die Leistungserbringung verbindlich sind (Leitfaden Prävention 2021). Die Krankenkassen dürfen nur Maßnahmen gem. den §§ 20, 20a und 20b SGB V durchführen oder fördern, die dem Leitfaden Prävention entsprechen. Nach dem Leitfaden Prävention muss dabei insbesondere auf die Strukturqualität (u. a. Anbieterqualifikation), Konzept- und Planungsqualität (z. B. Zieldefinition), Prozessqualität (z. B. Maßnahmendurchführung) und Ergebnisqualität (Wirksamkeitsnachweis) geachtet werden. Die gesetzlichen Krankenkassen sind verpflichtet zu überprüfen, ob eine geplante und von ihnen geförderte Maßnahme den Kriterien des Leitfadens entspricht (Leitfaden Prävention 2021).

8.3.3 Gesetzliche Unfallversicherung (GUV)

Gesetzliche Unfallversicherung

Die gesetzliche Unfallversicherung (GUV) nimmt neben der skizzierten Beteiligung an der Nationalen Präventionsstrategie auch »eigene« Aufgaben im Betrieblichen Gesundheitsmanagement wahr. Die GUV-Träger (Berufsgenossenschaften und Unfallkassen) haben nach § 14 Abs. 1 SGB VII mit allen geeigneten Mitteln für die Verhütung von Arbeitsunfällen, Berufskrankheiten und arbeitsbedingten Gesundheitsgefahren und für eine wirksame Erste Hilfe zu sorgen. Dabei sollen sie auch den Ursachen von arbeitsbedingten Gefahren für Leben und Gesundheit nachgehen. Die wesentliche Rechtsgrundlage hierfür ist das Arbeitsschutzgesetz (ArbSchG). Mit Inkrafttreten des Arbeitsschutzgesetzes im Jahr 1996 sind alle Arbeitgeber – unabhängig von der Mitarbeiterzahl – dazu verpflichtet, auf Basis einer Beurteilung der Arbeitsbedingungen festzustellen, welche Maßnahmen des Arbeitsschutzes erforderlich sind, sie umzusetzen und im Hinblick auf ihre Wirksamkeit zu evaluieren. Das ArbSchG setzt die europäische Arbeitsschutz-Rahmenrichtlinie 89/391/EWG in deutsches Recht um und gilt für alle Tätigkeiten in Wirtschaft und Verwaltung (Bundesanstalt für Arbeitsschutz und Arbeitsmedizin, 2021a). Als Arbeits- und Gesundheitsschutz werden alle Maßnahmen, Mittel und Methoden zum Schutz der Beschäftigten vor arbeitsbedingten Sicherheits- und Gesundheitsgefährdungen verstanden. Nach § 4 Abs. 1 ArbSchG ist es das Ziel, die Arbeit so zu gestalten, dass eine Gefährdung für das Leben sowie physische und psychische Erkrankungen möglichst vermieden werden und die verbleibende Gefährdung möglichst geringgehalten wird (Bundesministerium der Justiz und für Verbraucherschutz 2022).

Arbeitsschutz

Die Umsetzung des Arbeitsschutzes wird von den Aufsichtsbehörden der Länder und den Trägern der gesetzlichen Unfallversicherung (Berufsgenossenschaften und Unfallversicherungsträger der öffentlichen Hand) überwacht. Darüber hinaus beraten die gesetzlichen Unfallversicherungen bei Bedarf Unternehmen zur Gefährdungsbeurteilung, zu Managementsystemen für Sicherheit und Gesundheit bei der Arbeit, unterstützen bei der betriebsärztlichen und sicherheitstechnischen Betreuung, qualifizieren insbesondere betriebliche Akteure für die Themen Sicherheit und Gesundheit und überwachen die Einhaltung arbeitsschutzrechtlicher Vorgaben (Nationale Präventionskonferenz 2019). Die Aktivitäten der GUV werden u. a. unter dem Dach der Gemeinsamen Deutschen Arbeitsschutzstrategie (GDA) in Zusammenarbeit mit den staatlichen Arbeitsschutzbehörden durchgeführt (Bundesanstalt für Arbeitsschutz und Arbeitsmedizin 2017). Die GDA-Leitlinie »Organisation des betrieblichen Arbeitsschutzes« beschreibt die rechtlichen Verpflichtungen der Betriebe zur Arbeitsschutzorganisation mittels 15 Elementen der Überwachung und Beratung durch das Aufsichtspersonal der Länder und die Unfallversicherungsträger (Sommer, 2018).

Die Präventionsleistungen der gesetzlichen Unfallversicherungsträger beziehen sich schwerpunktmäßig auf die Verhütung von arbeitsgedingten Unfall- und Gesundheitsgefahren. Zu den Präventionsleistungen der GUV zählen daher u. a.

- die betriebsärztliche und sicherheitstechnische Betreuung der Arbeitgeber bei der Umsetzung des Arbeitssicherheitsgesetzes,
- die Ermittlung der möglichen Ursachen und Begleitumstände von Arbeitsunfällen, Berufskrankheiten sowie arbeitsbedingten Gesundheitsgefahren,
- Kampagnen zur Verbreitung von Wissen um die Notwendigkeit von Prävention sowie
- das Schaffen von Anreizsystemen für die Durchführung bestimmter Präventionsmaßnahmen, (Nationale Präventionskonferenz 2019).

Bei der Betrieblichen Gesundheitsförderung und der Verhütung arbeitsbedingter Gesundheitsgefahren sollen die Träger der gesetzlichen Unfallversicherung auf der Grundlage von §§ 20 b und c SGB V bzw. § 14 (2) SGB VII eng mit den gesetzlichen Krankenkassen zusammenarbeiten. Die Zusammenarbeit zwischen den Verbänden der Unfallversicherungsträger und der GKV bei der BGF und der Verhütung arbeitsbedingter Gesundheitsgefahren ist seit 2015 mit dem Präventionsgesetz noch verbindlicher geregelt. Nach § 20b Abs. 2 sollen die Krankenkassen die Ergebnisse vorhandener Gefährdungsbeurteilungen nach § 5 des Arbeitsschutzgesetzes (ArbSchG) bei der Betrieblichen Gesundheitsförderung nutzen und so die BGF mit dem Arbeitsschutz enger verzahnen. Eine Zusammenarbeit bietet sich beispielsweise bei der Durchführung von Analysen im Betrieb und der Umsetzung daraus abgeleiteter Maßnahmen an. Laut dem aktuellen Präventionsbericht liegt die Beteiligung der Unfallversicherungsträger bei krankenkassenunterstützten Projekten, bei denen die Unfallversicherung als weiterer Kooperationspartner Ressourcen mit einbrachte, für das Jahr 2020 bei 30 % (Präventionsbericht, 2021).

Eine weitere Möglichkeit der Zusammenarbeit im Kontext der Betrieblichen Gesundheitsförderung besteht in sozialversicherungsübergreifenden Initiativen. Gemeinsam mit dem BKK Dachverband, dem AOK-Bundesverband und dem Verband der Ersatzkasse e. V. (vdek) engagiert sich beispielsweise die Deutsche Gesetzliche Unfallversicherung (DGUV) seit einigen Jahren für die Betriebliche Gesundheitsförderung in Deutschland. Unter dem Dach der gemeinsamen Initiative Gesundheit und Arbeit (iga) ist die DGUV auch Träger des Deutschen Netzwerks für Betriebliche Gesundheitsförderung (DNBGF, s. Kapitel 8.4).

Gefährdungsbeurteilungen

Gefährdungsbeurteilungen

Die Gefährdungsbeurteilung ist das zentrale Element im betrieblichen Arbeitsschutz und stellt für die Unternehmen die Grundlage für ein effektives und erfolgreiches Arbeitsschutz- und Arbeitssicherheitsmanagement dar. Ziel ist es, die unternehmensspezifischen Gefährdungen zu erkennen und ihnen mit effektiven und kontinuierlich geprüften Maßnahmen entgegenzuwirken. Die Verantwortung für die Einhaltung des Arbeitsschutzgesetzes wird an die Arbeitgeber übertragen und über das Instrument der Gefährdungsbeurteilung werden sie verpflichtet, den Sicherheits- und Gesundheitsschutz der Beschäftigten fortlaufend zu verbessern (Bundesanstalt für Arbeitsschutz und Arbeitsmedizin, 2021a).

Die Arbeitgeber können geeignete Personen mit der Durchführung der Gefährdungsbeurteilung beauftragen und dabei auf fachkundige Expertise beispielsweise von Fachkräften für Arbeitssicherheit oder Betriebsärzten zurückgreifen (§ 3 und § 5 Arbeitssicherheitsgesetz). Die Fachkräfte für Arbeitssicherheit und Betriebsärzte stehen nach dem Arbeitssicherheitsgesetz (ASiG) bei Fragen zum medizinischen Arbeitsschutz, zur Arbeitssicherheit, zur Unfallverhütung und zur menschengerechten Arbeitsgestaltung beratend zur Verfügung. Ferner führen sie regelmäßige Begehungen durch und unterstützen beim Etablieren von Schutzmaßnahmen. Mit ihrer Fachexpertise sollen sie in den Unternehmen Gefährdungen beurteilen und abschätzen, bei welchen Anforderungen zusätzliche interne oder externe Unterstützung erforderlich ist (Bundesanstalt für Arbeitsschutz und Arbeitsmedizin, 2021a).

Zu den Gefährdungsfaktoren zählen körperliche Arbeitsbelastungen und technisch-stoffliche Gefährdungen wie z. B. mechanische,- elektrische,- thermische Gefährdungen, Gefährdungen durch Biostoffe und physikalische Einwirkungen oder auch die Arbeitszeitgestaltung. Mit der Novellierung des Arbeitsschutzgesetzes sind Unternehmen seit 2013 dazu verpflichtet, bei dieser Gefährdungsbeurteilung explizit auch psychische Belastungen der Arbeit zu berücksichtigen. Diese Forderung findet sich auch in der Arbeitsstättenverordnung (§ 3 ArbStättV), in der Betriebssicherheitsverordnung (§ 3 BetrSichV) und in der Biostoffverordnung (§ 4 BioStoffV) wieder (Bundesanstalt für Arbeitsschutz und Arbeitsmedizin, 2021b).

Auf Grundlage der physischen und psychischen Gefährdungsbeurteilung können Unternehmen Arbeitsschutzmaßnahmen ergreifen und Ansatzpunkte für Maßnahmen des BGM identifizieren. Dabei wird deutlich, wie wichtig die Zusammenarbeit zwischen Arbeitsschutz und BGF für die Erhaltung der Arbeits- und Beschäftigungsfähigkeit ist. Durch eine sinnvolle Verzahnung von Betrieblicher Gesundheitsförderung und Arbeitsschutz können die gesetzlichen Verpflichtungen des Arbeitsschutzes erfüllt und gleichzeitig nachhaltig Leistungspotenziale der Mitarbeiter gefördert werden (Sayed & Kubalski, 2016). Allerdings haben insbesondere kleine und mittelständische Unternehmen (KMU) aufgrund fehlender betriebsärztlicher und sicherheitstechnischer Betreuung Schwierigkeiten, die Gefährdungsbeurteilung durchzuführen, sodass sie auf externe Unterstützung angewiesen sind. Eine regelmäßige Betreuung des Unternehmens und Begehung der Arbeitsstätte durch den Betriebsarzt und eine Fachkraft für Arbeitssicherheit findet in KMU sehr selten statt. Zur Unterstützung von KMU könnten durch die Zusammenarbeit der Sozialversicherungsträger Synergien genutzt werden, was bislang allerdings noch zu selten geschieht (Sayed & Kubalski, 2016).

8.3.4 Gesetzliche Rentenversicherung (GRV)

Gesetzliche Rentenversicherung

Die Träger der Rentenversicherung erbringen Präventionsleistungen für Beschäftigte, bei denen erste gesundheitliche Beeinträchtigungen die ausgeübte Beschäftigung gefährden. Ziel einer frühzeitigen Interventionsleistung der Rentenversicherung ist es, eine dauerhaften Beschäftigungsfähigkeit zu sichern und einen konkreten Rehabilitationsbedarf zu vermeiden. Die Träger der Rentenversicherung unterstützen im Rahmen ihres Firmenservice Unternehmen dabei, Präventionsleistungen der Rentenversicherung in ihr Betriebliches Gesundheitsmanagement zu implementieren und sie umzusetzen (Deutsche Rentenversicherung Bund 2020a). Daher nimmt in der Gesundheitsförderung und Prävention die gesetzliche Rentenversicherung (GRV) – neben der GKV und GUV – eine wichtige Rolle für Unternehmen ein. Nach § 14 Abs. 1 SGB VI sollen die Träger der Rentenversicherung medizinische Leistungen zur Sicherung der Erwerbsfähigkeit an Versicherte, die erste gesundheitliche Beeinträchtigungen aufweisen, anbieten (Deutsche Rentenversicherung Bund 2020a).

Die persönlichen Voraussetzungen für Präventionsleistungen nach § 14 Abs. 1 SGB VI erfüllen Versicherte der gesetzlichen Rentenversicherung, bei denen erste gesundheitliche Beeinträchtigungen vorliegen, die keine akutmedizinische Behandlung bzw. keine längere Arbeitsunfähigkeit zur Folge haben und die in absehbarer Zeit die Beschäftigungsfähigkeit gefährden können. Sollten bereits Funktionsstörungen mit einhergehender Gefährdung vorliegen, sind für den Erhalt der Erwerbsfähigkeit Leistungen zur medizinischen Rehabilitation vorzuziehen. Versicherungsrechtliche Voraussetzung für die Präventionsleistungen ist für GRV-Versicherte, dass sie aktiv beschäftigt sind. Dabei ist es nach § 11 SGB VI unerheblich, ob zum Zeitpunkt der Antragstellung Versicherungspflicht in der GRV besteht. Es ist ausreichend, wenn beispielsweise in den letzten zwei Jahren vor der Antragstellung sechs Kalendermonate mit Pflichtbeiträgen für eine versicherte Beschäftigung geleistet wurden oder die Wartezeit von 15 Jahren erfüllt ist. Ferner können Versicherte, die eine geringfügige, versicherungsfreie Beschäftigung ausüben, anspruchsberechtigt sein (Deutsche Rentenversicherung Bund 2020a).

Medizinische Leistungen zur Prävention – RV Fit

Präventionsangebot der Rentenversicherung

RV Fit ist das Präventionsangebot der Rentenversicherung, das Beschäftigte individuell dabei unterstützen soll, Belastungen aus der Lebens- und Arbeitswelt zu reduzieren und gleichzeitig ihre gesundheitlichen Ressourcen zu stärken. Für die Bewilligung und Durchführung ist eine Antragstellung durch den Versicherten beim zuständigen Rentenversicherungsträger erforderlich. Im Rahmen von RV Fit sollen GRV-Versicherte lernen, Eigenverantwortung für eine gesundheitsbewusste Lebensführung in den Themenfeldern Ernährung, Bewegung und im Umgang mit Stress zu übernehmen. Die Präventionsleistungen des Programms RV Fit sind modular gegliedert und werden in vier aufeinander aufbauenden Phasen erbracht. Während die ersten beiden Phasen (Startphase und Auffrischungsphase) entweder ganztägig ambulant oder stationär in einer Rehabilitationseinrichtung durchgeführt werden, finden die Trainings- und Initiativphasen berufsbegleitend ambulant sowie wohnort- oder arbeitsplatznah statt (Deutsche Rentenversicherung Bund 2020a). Nähere Informationen für Arbeitgeber und generell zum Programmablauf sind hier zu finden: www.rv-fit.de.

8.3.5 Betriebliches Eingliederungsmanagement

Betriebliches Eingliederungsmanagement

Das betriebliche Eingliederungsmanagement (BEM) ist gesetzlich in § 167 Abs. 2 SGB IX verankert. Ziel des betrieblichen Eingliederungsmanagements ist, mit zielführenden Maßnahmen die Arbeitsunfähigkeit von betroffenen Beschäftigten zu überwinden und erneuten Arbeitsunfähigkeiten vorzubeugen, um das Arbeitsverhältnis der Betroffenen langfristig zu erhalten. Im Rahmen der gesetzlichen Regelung sind Arbeitgeber verpflichtet, Beschäftigten, die innerhalb eines Jahres länger als sechs Wochen ununterbrochen oder wiederholt arbeitsunfähig sind, ein BEM anzubieten (Gunkel 2020). Der Zeitraum ist dabei nicht auf das Kalenderjahr beschränkt und gilt unabhängig von der Erkrankung oder den Ursachen. Mit der Klärung der Ursachen, die beruflich oder privat begründet sein können, wird angestrebt, die Beschäftigten schnellstmöglich wieder in den Arbeitsprozess zu integrieren. Die Verantwortung für die Durchführung eines BEM-Verfahrens liegt ausschließlich beim Arbeitgeber. Für die Beschäftigten ist die Teilnahme an dem BEM-Prozess freiwillig und bedarf für einen erfolgreichen Verlauf der Mitwirkung des erkrankten Beschäftigten (Kohte & Kaufmann 2021; Feldes et al., 2016).

Je nach Einzelfall und Einverständnis des Betroffenen wird entschieden, wer am BEM-Gespräch/Prozess teilnimmt. So können beim Vorliegen des Einverständnisses die Interessenvertretung bzw. Schwerbehindertenvertretung, eine Fachkraft für Arbeitssicherheit oder ein Betriebsarzt als Berater hinzugezogen werden, sofern im Unternehmen vorhanden (Faller 2020). Auch externe Partner wie beispielsweise Rehabilitationsträger oder das Integrationsamt sind möglich. In Großunternehmen werden für den BEM-Prozess häufig Integrationsteams gebildet oder BEM-Beauftragte im Unternehmen installiert (Deutsche Rentenversicherung Bund (2020b). Aber auch in KMU wird nach Kohte & Kaufmann (2021) inzwischen BEM, insbesondere in Betrieben mit mehr als 50 Beschäftigten, erfolgreich umgesetzt.

Zuständigkeit im BEM

Allgemeine Informationen und Unterstützung bei der Einführung und Durchführung eines strukturierten BEM bieten die gesetzlichen Renten-, Kranken- und Unfallversicherungen an. Die Zuständigkeit des jeweiligen Sozialversicherungsträgers hängt vom Einzelfall ab. Liegt ein Arbeitsunfall oder eine Berufserkrankung vor, ist die gesetzliche Unfallversicherung zuständig und unterstützt bei der Durchsetzung der benötigten Leistungen. Darüber hinaus bieten die Träger der Unfallversicherung auch Präventionsmaßnahmen an. Die gesetzliche Rentenversicherung ist bei Rehabilitationsmaßnahmen oder Leistungen zur Teilhabe am Arbeitsleben der richtige Ansprechpartner und kann mit Zustimmung des Beschäftigten durch ihre Rehabilitationsträger nach § 6 SGB IX zum Verfahren hinzugezogen werden. Bei schwerbehinderten Beschäftigten ist u. a. auch das zuständige Integrationsamt zu beteiligen (Deutsche Rentenversicherung Bund 2020b). Die gesetzlichen Krankenversicherungen bieten ebenfalls Informationen und Leitfäden für betriebliche Akteure zum BEM-Verfahren an (IQPR & BARMER, 2018).

Das Instrument des Betrieblichen Eingliederungsmanagements hat sich in den letzten 15 Jahren als ein wichtiger Faktor der Betrieblichen Gesundheitspolitik entwickelt (Kohte & Kaufmann 2021). Die Betriebliche Gesundheitsförderung sowie der Arbeits- und Gesundheitsschutz können durch das BEM gezielt unterstützt und für ein langfristiges und nachhaltiges Betriebliches Gesundheitsmanagement miteinander verzahnt werden.

!

Merken Sie sich bitte:

Akteure des BGM

Das Betriebliche Gesundheitsmanagement ist gekennzeichnet durch eine Vielzahl heterogener Akteure.

8.4 Verbände und Netzwerke

Verbände und Netzwerke

Eine umfassende Darstellung aller relevanten Akteure im Bereich der Betrieblichen Gesundheitsförderung ist nicht möglich. In den letzten Jahren sind verschiedene Netzwerke als Zusammenschluss homogener oder heterogener Akteure entstanden. Insbesondere komplexere Maßnahmen erfordern das Einbeziehen der Expertise mehrerer Akteure. Es wird davon ausgegangen, dass die Effektivität, Nachhaltigkeit und Verbreitung des BGM dadurch positiv beeinflusst werden kann (Müller et al. 2018). Die folgende Darstellung der verschiedenen Akteure begrenzt sich daher auf Netzwerke, Verbände und Initiativen, bei denen die Intention oder der Auftrag klar auf die Entwicklung und praktische Umsetzung des BGM ersichtlich ist. Keine Berücksichtigung finden Netzwerke, die ausschließlich mit dem Ziel des internen Austausches oder der Verfolgung kommerzieller Interessen gegründet wurden. Das Gleiche gilt für Netzwerke, die ohne erkennbare wissenschaftliche Expertise agieren.

8.4.1 Europäisches Netzwerk für Betriebliche Gesundheitsförderung (ENWHP)

ENWHP

Das Europäische Netzwerk für Betriebliche Gesundheitsförderung (ENWHP) setzt sich zusammen aus europäischen und außereuropäischen Mitgliedseinrichtungen, die sich für die Betriebliche Gesundheitsförderung einsetzen. Ziel ist die Unterstützung von nationalen Infrastrukturen in allen ENWP-Mitglieder-Ländern, damit alle relevanten institutionellen und nicht institutionellen Interessensgruppen »Good WHP (workplace health promotion) Practice« erbringen (Sochert und Siebeneich 2009). Das Netzwerk sieht seine Aufgabe darin, Informationen und Ergebnisse aus aktuellen regionalen Forschungsprojekten zu sammeln und zur Verfügung zu stellen. Dazu gehören auch die Entwicklung von Leitlinien für effektive BGF, die Identifikation, Erprobung und Dokumentation geeigneter Methoden und die aktive Unterstützung zum Aufbau von Netzwerken. Mittels verschiedener Angebote zur Fortbildung und zum Erlernen guter Praxis im Bereich der BGF sowie zur Akkreditierung soll die Qualität der BGF verbessert und das Wissen in die Breite getragen werden (Sochert & Siebeneich, 2009).

Das ENWHP übernimmt dabei eine koordinierende und steuernde Funktion, die praktische Umsetzung erfolgt in den Mitgliedseinrichtungen vor Ort, die sowohl regional als auch überregional aufgestellt sein können. Unterstützt werden auch Kooperationen oder Projekte zwischen mehreren Mitgliedseinrichtungen. Auf der Internetseite der ENWHP (https://www.enwhp.org/) sind verschiedene frei zugängliche Beiträge zu Deklarationen, Projektberichten, Instrumenten und Methoden, Good-Practice-Beispielen und zum Newsletter abrufbar.

8.4.2 Deutsches Netzwerk für Betriebliche Gesundheitsförderung (DNBGF)

Bei dem Deutschen Netzwerk für Betriebliche Gesundheitsförderung (DNBGF) handelt es sich um ein regionales Netzwerk, das auf Initiative des ENWHP gegründet worden ist und vom Bundesministerium für Arbeit und Soziales (BMAS) sowie vom Bundesministerium für Gesundheit (BMG) unterstützt wird. Träger ist die Initiative Gesundheit und Arbeit (iga). Die Mitglieder des DNBGF kommen überwiegend aus den Bereichen Sozialversicherung, Politik, Wirtschaft, Wissenschaft und aus thematisch angrenzenden Verbänden. Das Ziel des Netzwerkes besteht darin, verschiedenste Akteure der Betrieblichen Gesundheitsförderung sowie Interessierte miteinander zu vernetzen, die BGF in Deutschland stärker zu verbreiten und die gesundheitsförderliche Gestaltung der Arbeitswelt zu unterstützen. Zu diesem Zweck werden verschiedene Veranstaltungen angeboten und in Zusammenarbeit mit der iga relevante Erkenntnisse zur Verfügung gestellt (weitere Informationen unter: https://www.dnbgf.de/home/).

8.4.3 Initiative Gesundheit und Arbeit (iga)

Der Zusammenschluss von drei Verbänden der Sozialversicherungen (BKK Dachverband, Deutsche Gesetzliche Unfallversicherung und Verband der Ersatzkassen e.V.) in der Initiative Gesundheit und Arbeit (iga) dient der Koordination von gemeinsamen Projekten zur Gesundheitsförderung am Arbeitsplatz. Ziel ist die Weiterentwicklung gemeinsamer Präventions- und Interventionsansätze der gesetzlichen Kranken- und Unfallversicherungen. Die in diesem Zusammenhang gewonnenen Erkenntnisse und entwickelten Methoden sollen den Betrieben zur Verfügung gestellt werden. Dabei werden unterschiedliche Kooperationen mit Unternehmen, Instituten und Experten aus Wirtschaft, Wissenschaft und Politik sowie dem Sozialpartner und der Selbstverwaltung eingegangen. Darüber hinaus wird ein kontinuierlicher Austausch verschiedener Experten und Expertinnen unterschiedlicher Bereiche angeregt und unterstützt, um so letztendlich den sich ständig ändernden Arbeitsbedingungen begegnen zu können. iga

Anders als die bisher vorgestellten Akteure ist die iga nur indirekt über die Sozialversicherungsverbände gesetzlichen Regelungen unterworfen. Die Veröffentlichungen der iga decken eine große Bandbreite der Handlungsfelder wie auch der Präventionsformen ab. Eher wissenschaftlich orientierte Methodenreports werden dabei ergänzt durch wiederholte Querschnittserhebungen und erfolgreiche praxisnahe Beispiele. Kennzeichnend sind die gezielten Befragungen von Beschäftigten wie auch von bislang eher vernachlässigten Zielgruppen (z. B. Auszubildende). Die von der iga herausgegebenen Publikationen belegen ein umfassendes Verständnis des BGM, indem die Perspektiven von Wissenschaft, Wirtschaft und Praxis gleichermaßen berücksichtigt werden (weitere Informationen unter: https://www.iga-info.de).

8.4.4 Bundesanstalt für Arbeitsschutz und Arbeitsmedizin (BAuA)

BAuA und BMAS

Die Bundesanstalt für Arbeitsschutz und Arbeitsmedizin (BAuA) ist eine zum Geschäftsbereich des Bundesministeriums für Arbeit und Soziales (BMAS) gehörende Bundesoberbehörde und ist zuständig für alle Fragen von Sicherheit und Gesundheit bei der Arbeit und der menschengerechten Gestaltung der Arbeit. Insofern übernimmt die BAuA Aufgaben im Bereich der Forschung und Entwicklung zur stetigen Verbesserung aller gesundheitlichen Belange, die im Zusammenhang mit der Arbeit stehen. Neben der Beratung der Betriebe obliegt der BAuA die Initiierung, Koordinierung und Durchführung von Projekten mit dem Ziel, die daraus resultierenden Erkenntnisse der Öffentlichkeit zur Verfügung zu stellen. Hervorgehoben wird von der BAuA die Entwicklung von Konzepten und Strategien sowie praktischen Anwendungen zum präventiven Arbeitsschutz und zur Betrieblichen Gesundheitsförderung.

Die Erkenntnisse der BAuA sollen den Unternehmen helfen, eine gewisse Rechtssicherheit hinsichtlich der Gestaltung der Arbeitsplätze und -abläufe zu schaffen und eine gesundheitliche Gefährdung der Beschäftigten zu minimieren. Grundlage für die Entwicklung und Umsetzung des BGM ist die Gefährdungsbeurteilung, ein wesentliches Aufgabengebiet der BAuA. Die Beratung und die Projektarbeit der BAuA basiert somit letztendlich auf dem Arbeitsschutzgesetz. Konkrete Informationen werden zu verschiedenen Erkrankungsgruppen gegeben. Diese Informationen beziehen sich auf die arbeitsmedizinische Vorsorge, das betriebliche Eingliederungsmanagement und Fragen zur Entschädigung. Ziele und Aufgaben der BAuA sind politisch intendiert und fokussieren auf die Einhaltung der Rechtsvorschriften. Zielgruppe sind im Besonderen die Entscheidungsträger der Unternehmen (weitere Informationen unter: https://www.baua.de/DE/Die-BAuA/Geschichte/Geschichte_node.html).

8.4.5 Initiative Neue Qualität der Arbeit (INQA)

INQA

Die Initiative Neue Qualität der Arbeit (INQA), initiiert durch das Bundesministerium für Arbeit und Soziales (BMAS), vereint »unter einem Dach Bund, Länder und Kommunen, Arbeitgeberverbände und Kammern, Gewerkschaften, die Bundesagentur für Arbeit sowie die Bundesanstalt für Arbeitsschutz und Arbeitsmedizin.« Anders als bei anderen Akteuren ist kein Sozialversicherungsträger an der Initiative Neue Qualität der Arbeit beteiligt, vielmehr ist der Steuerkreis paritätisch besetzt mit Vertretern der Arbeitgeber- und Gewerkschaftsverbände.

Das erklärte Ziel der Initiative besteht darin, die Arbeit in Deutschland zu optimieren. Zum Erreichen dieses Ziels werden, in Zusammenarbeit mit Experten aus Wissenschaft und Praxis, Checks entwickelt und zur Verfügung gestellt, die der Aufdeckung von Verbesserungspotenzialen dienen. Darüber hinaus werden kurze Texte mit allgemeingültigen Informationen zum BGM und zu anderen gesundheitsorientierten Themen erstellt. Die Themen werden jeweils durch eine Reihe von kurzen Interviews und Videos mit erfolgreichen Beispielen aus Unternehmen unterfüttert. In Abgrenzung zur BAuA konzentriert sich die INQA weniger auf die Umsetzung der Rechtsgrundlagen mittels individueller Beratung und Durchführung konkreter Projekte, sondern vielmehr auf die Weitergabe aktueller wissenschaftlicher Erkenntnisse und erfolgreicher Praxisbeispiele z. B. in Form einer Art Handbuch »Gesunde Mitarbeiter – Gesundes Unternehmen«. Zielgruppe und Ausführende der Checks und der Informationen sind die Entscheidungsträger der Unternehmen (weitere Informationen unter: https://inqa.de/DE/initiative-und-partner/partner-botschafter-innen_artikel.html?nn=11445e0b-6d55-407a-b718-803523b78950).

8.4.6 Bundeszentrale für gesundheitliche Aufklärung (BZgA)

Die Bundeszentrale für gesundheitliche Aufklärung (BZgA) untersteht dem Bundesministerium für Gesundheit (BMG). Ziel ist die gesundheitliche Aufklärung der deutschen Bevölkerung. In diesem Zusammenhang obliegt der BZgA die Aufgabe, die von der Politik verabschiedeten Gesundheitsziele – soweit sie der Prävention zuzuordnen sind – in die praktische Umsetzung zu begleiten.

Zur Verbesserung und Sicherung der Qualität der gesundheitlichen Aufklärung erarbeitet die BZgA in Kooperation mit anderen Einrichtungen und Institutionen Grundsätze und Richtlinien für Inhalte und Methoden der praktischen Gesundheitserziehung. Diesem Auftrag folgend gibt die BZgA auf ihrer Internetseite eine als grundlegend anzusehende Definition und Beschreibung der Betrieblichen Gesundheitsförderung (Hartung et al. 2021). Darüber hinaus können weitere Artikel zu wissenschaftsbasierten Methoden, Konzepten und Strategien zur Gesundheitsförderung allgemein zu einem besseren Verständnis von Betrieblicher Gesundheitsförderung beitragen. Die thematischen Schwerpunkte der BZgA sind durch die politisch definierten Gesundheitsziele vorgegeben, Betriebliche Gesundheitsförderung findet sich aktuell nicht darunter (weitere Informationen unter: https://www.bzga.de/was-wir-tun/). BZgA

8.4.7 Bundesverband Betriebliches Gesundheitsmanagement (BBGM)

Ein weiterer Akteur ist der Bundesverband Betriebliches Gesundheitsmanagement. BBGM e. V. Hier handelt es sich um einen selbstständigen und unabhängigen Fachverband, der unterschiedlichste BGM-Dienstleister, aber auch z. B. Hochschulen und Verbände unter einem Dach vereint. Ziel ist die Stärkung, Erhaltung und Wiederherstellung der Gesundheit von Mitarbeitenden und Führungskräften durch BGM-Maßnahmen. Um dieses Ziel zu erreichen, stellt der BBGM eine Plattform zur Verfügung, welche die

Mitglieder zur Information, Qualifizierung und zum fachbezogenen Austausch nutzen können. Zielgruppe sind sowohl interne betriebliche Fachkräfte als auch externe Akteure wie beispielsweise BGM-Dienstleister. Angestrebt wird die Weiterentwicklung, Professionalisierung und Qualitätssicherung des Fachgebietes z. B. durch Zertifizierungsangebote (weitere Informationen unter: https://bbgm.de/ueber-uns/wir-ueber-uns/).

8.4.8 Bundesvereinigung Prävention und Gesundheitsförderung e. V. (BVPG)

BVPG In der Bundesvereinigung Prävention und Gesundheitsförderung e. V. (BVPG) sind eine ganze Reihe von Institutionen und Bundesverbänden zusammengeschlossen, die im Bereich Prävention und Gesundheitsförderung aktiv sind. Es handelt sich um einen gemeinnützigen und politisch unabhängigen Verband, der sich für den Erhalt und die Verbesserung der Strukturen der Prävention und Gesundheitsversorgung einsetzt. Neben anderen ist das Thema Sicherheits- und Gesundheitskompetenz als Aufgabenschwerpunkt für die kommenden Jahre festgelegt worden. Damit soll das Verständnis des Arbeitsschutzes erweitert werden. Die BVPG sieht sich als »Brückeninstanz« zwischen den Akteuren aus Politik, Wirtschaft, Wissenschaft und Praxis. Ziel ist die »… Vernetzung der jeweils kompetenten und zuständigen Partnerorganisationen, die Bündelung von Ressourcen, das Erreichen von Synergien und die langfristige oder dauerhafte Verfestigung der dadurch entstehenden Plattformen oder Aktionsbündnisse.« (weitere Informationen unter: https://bvpraevention.de/cms/index.asp?inst=newbv&snr=12343).

8.4.9 Weitere Akteure

Die Darstellung relevanter Akteure im Bereich der Betrieblichen Gesundheitsförderung kann nicht vollständig sein. Neben den bereits genannten Akteuren und Netzwerken ist eine sehr große Anzahl weiterer unterschiedlichster Anbieter im Bereich der Betrieblichen Gesundheitsförderung wie auch eine Reihe weiterer Verbände oder Vereinigungen aktiv. Dazu gehören z. B. Gewerkschaften, Sportvereine, kommerzielle Anbieter von BGM, Integrationsämter aber auch Netzwerke und Dachverbände, die sich aus einer Gruppe homogener oder heterogener Mitglieder zusammengeschlossen haben. Nicht immer ist deren Intention oder Auftrag klar ersichtlich. Darüber hinaus sind mitunter die Ziele einseitig auf den internen Austausch oder die Verfolgung kommerzieller Interessen ausgerichtet oder es fehlt eine Qualitätssicherung der Maßnahmen. Daher ist die Einbeziehung von Einrichtungen und Institutionen der Bildung bzw. Wissenschaft wichtig, die insbesondere im Bereich der konzeptionellen Entwicklung und Evaluation von Strategien zum BGM aktiv sind.

Vielfalt an Akteuren

Trotz der Vielfalt der Akteure wird die Bandbreite der für die Prävention und Gesundheitsförderung festgelegten Handlungsfelder unausgewogen abgebildet. So gibt es einen deutlichen Schwerpunkt im Bereich der Bewegungsförderung, möglicherweise mitbedingt durch die vielseitigen Angebote der privaten Bewegungscoaches, Sportstudios, der Sportindustrie und des Sporthandel etc. Es gibt aber auch Akteure aus Politik und Verwaltung auf Bundes-, Landes- und kommunaler Ebene sowie bestimmte Berufsgruppen bzw. Einrichtungen, die sich im Rahmen der Verhältnisprävention mit der (Um-)Gestaltung des Wohn- und Arbeitsumfeldes hin zu einer bewegungsfördernden Umwelt beschäftigen (Wäsche et al., 2018). Weitere Handlungsfelder wie Stress, Sucht und Ernährung sowie Führung und Gestaltung der Arbeitstätigkeiten und -bedingungen werden zunehmend wahrgenommen und thematisiert.

8.5 Fazit

Als Fazit bleibt festzuhalten, dass in den letzten Jahren viele unterschiedlichste Akteure, Plattformen, Initiativen und Netzwerke im Bereich BGM aktiv geworden sind und wichtige Erkenntnisse auf theoretischer und praktischer Ebene gewonnen und gut verständlich zur Verfügung gestellt wurden. Dennoch sind einige Problembereiche auf struktureller, inhaltlicher und qualitativer Ebene zu benennen.

Qualitätsaspekte

So ist davon auszugehen, dass es insbesondere kleinen und mittelständischen Unternehmen schwerfällt, die für sie richtigen Berater oder Kooperationspartner zu finden. Insbesondere für den Bereich der vielen häufig kommerziell orientierten BGM-Dienstleister fehlt eine Übersicht, in der neben Zielen und Aufgaben auch Qualitätsaspekte (Qualifikation, Erfahrung etc.) dargelegt werden. Begrenzte Ressourcen und fehlendes spezifisches Wissen führen darüber hinaus dazu, dass die vorhandenen BGM-Angebote nicht adäquat für die eigenen betrieblichen Bedarfe genutzt werden können.

Von verschiedenen Stellen werden daher Defizite in der Umsetzung des BGM in Deutschland angemahnt. So stellt die Deutsche Gesellschaft für Sozialmedizin und Prävention (DGSMP) in ihrer Stellungnahme zum Bericht der Nationalen Präventionskonferenz aus dem Jahr 2019 fest, dass KMU durch die Einführung der virtuell angelegten BGF-Koordinierungsstellen nicht erreicht werden und somit keine entsprechende Förderung durch die Sozialversicherungsträger erhalten. Ein Umdenken der Sozialversicherungsträger in Richtung aufsuchender Konzepte wird empfohlen (Seidler und Grotkamp 2020). Das Deutsche Netzwerk Versorgungsforschung mahnt die Entwicklung neuer Modelle zu Verbesserung des Informationsflusses, des Datenaustauschs und der Zusammenarbeit zwischen den ärztlichen und weiteren Gesundheitsprofessionen sowie den Betriebsärzten an, um die Gesundheits- und Gesundheitskompetenzen Erwerbstätiger zu fördern (Ernstmann et al., 2020).

Die hier aufgeführten Akteure sind überwiegend durch arbeits- und sozialversicherungsrechtliche Aspekte geprägt und in ihrem Handlungsbereich entsprechend begrenzt. Bedingt durch die jeweilige Trägerschaft und ihren Handlungsauftrag weisen diese Akteure häufig eine spezifische Ausrichtung z. B. beschränkt auf ein Handlungsfeld oder eine Zielgruppe auf. Wissenschaftliche Ansätze und Methoden sowie Erkenntnisse aus der Evaluation von Forschungsprojekten finden zwar Eingang in die Strategien und Konzepte des BGM, die vorliegenden Forschungsergebnisse reichen jedoch bislang nicht aus, um klare und konkrete Handlungsempfehlungen abgeben zu können (Barthelmes et al., 2019).

Vor diesem Hintergrund ist die Empfehlung zur Bildung homogener insbesondere aber auch heterogener Netzwerke zu sehen, in denen die jeweiligen Perspektiven unterschiedlicher Akteure vertreten werden. Ziel ist der Austausch von Erfahrungs- und wissensbasierten Informationen und die Entwicklung gemeinsamer Konzepte unter Berücksichtigung theorie- und praxisbezogener Ansätze und Methoden.

Relevanz von Vernetzung

Die Vernetzung von Akteuren unterschiedlicher Bereiche ist auch deshalb wichtig, weil der Nachweis der Effektivität und Wirtschaftlichkeit gesundheitsfördernder Maßnahmen in den Betrieben auch aus wissenschaftlicher Sicht eine große Herausforderung darstellt. Es werden große Fallzahlen benötigt, um mögliche kausale Zusammenhänge zwischen den Einflussfaktoren (Ursachen) einer Erkrankung und der Krankheit selbst abzuleiten, da multiple Einflussfaktoren auf die Krankheitsentwicklung und das Krankheitsgeschehen einwirken, die zum Teil auch außerhalb des Einflussbereichs eines Betriebs liegen. Die bislang vorliegenden Forschungsergebnisse sind nicht ausreichend (Sayed & Brandes, 2018).

Literatur

Baicker K.; Cutler D.; Song Z. (2010) Workplace wellness programs can generate savings. Health Affairs. 29(2): 304–311.

Barthelmes, I.; Bödeker, W.; Sörensen, J-; Kleinlercher, K.-M.; Odoy, J. (2019): Wirksamkeit und Nutzen arbeitsweltbezogener Gesundheitsförderung und Prävention. Zusammenstellung der wissenschaftlichen Evidenz 2012-2018. Hrsg. v. Initiative Gesundheit und Arbeit (iga). Dresden (iga.Report 40).

Bendig, H. (2017): Gesundheit für Pflegekräfte im Berufsalltag. Empfehlungen für die betriebliche Gesundheitsförderung und Prävention in der Pflege. 1. Auflage. Hg. v. Initiative Gesundheit und Arbeit (iga). Dresden (iga.Wegweiser).

BGF-Koordinierungsstelle (2022): Beratungsablauf. https://bgf-koordinierungsstelle.de/beratungsablauf/.(abgerufen am 03.01.2022).

Bundesanstalt für Arbeitsschutz und Arbeitsmedizin (2021a): Handbuch Gefährdungsbeurteilung. Dortmund: Bundesanstalt für Arbeitsschutz und Arbeitsmedizin.

Bundesanstalt für Arbeitsschutz und Arbeitsmedizin (2021b): Handbuch Gefährdungsbeurteilung – Teil 2. Psychische Faktoren. Dortmund: Bundesanstalt für Arbeitsschutz und Arbeitsmedizin.

Bundesanstalt für Arbeitsschutz und Arbeitsmedizin (2017): Leitlinie Organisation des betrieblichen Arbeitsschutzes. Geschäftsstelle der Nationalen Arbeitsschutzkonferenz (Hrsg.). https://www.gda-portal.de/DE/Downloads/pdf/Leitlinie-Arbeitsschutzorganisation.pdf?__blob=publicationFile&v=2 (abgerufen am 05.12.2021).

Bundesministerium für Gesundheit (2019): Präventionsgesetz. Glossar. https://www.bundesgesundheitsministerium.de/service/begriffe-von-a-z/p/praeventionsgesetz.html (abgerufen am 23.12.2021).

Bundesministerium der Justiz und für Verbraucherschutz (2022): Gesetz über die Durchführung von Maßnahmen des Arbeitsschutzes zur Verbesserung der Sicherheit und des Gesundheitsschutzes der Beschäftigten bei der Arbeit. https://dguv.de/de/versicherung/gesetz_grundlage/index.jsp (abgerufen am 04.01.2022).

Bundesrahmenempfehlungen (2018): Bundesrahmenempfehlungen nach § 20d Abs. 3 SGB V, Fassung vom 29.08.2018, Die Träger der Nationalen Präventionskonferenz (Hrsg.). BBGK Berliner Botschaft Gesellschaft für Kommunikation mbH.

Chapman, L. (2012). Meta-Evaluation of Worksite Health Promotion Economic Return Studies: 2012 Update. American Journal of Health Promotion. 26(4):1–12.

Deutscher Bundestag (2015): Drucksache 18/5261, Beschlussempfehlung und Bericht des Ausschusses für Gesundheit (14. Ausschuss) zu dem Entwurf eines Gesetzes zur Stärkung der Gesundheitsförderung und Prävention vom 17.06.2015.

Deutsche Rentenversicherung Bund (2020a): RV Fit – Rahmenkonzept für Leistungen zur Prävention. Berlin: Deutsche Rentenversicherung Bund.

Deutsche Rentenversicherung Bund (2020b): Starker Service. Starke Firmen. Leitfaden zum Betrieblichen Gesundheitsmanagement. Berlin: Deutsche Rentenversicherung Bund.

Ernstmann, N.; Bauer, U.; Berens, E.-M-; Bitzer, E. M.; Bollweg, T. M.; Danner, M. et al. (2020): DNVF Memorandum Gesundheitskompetenz (Teil 1) – Hintergrund, Relevanz, Gegenstand und Fragestellungen in der Versorgungsforschung. In: Gesundheitswesen 82 (07), e77-e93. DOI: 10.1055/a-1191-3689.

Faller, G. (2020): Arbeitsschutz und Betriebliche Gesundheitsförderung. Böhm, K.; Bräunling, S.; Geene, R.; Köckler, H. (Hrsg.): Gesundheit als gesamtgesellschaftliche Aufgabe. Wiesbaden: Springer Verlag.

Faller, G. (Hrsg.) (2017). Lehrbuch betriebliche Gesundheitsförderung. 3. Aufl. Bern.

Feldes, W.; Niehaus, M.; Faber, U. (Hrsg.) (2016). Werkbuch BEM -Betriebliches Eingliederungsmanagement – Strategien und Empfehlungen für Interessen-vertretungen. Frankfurt a. M.: Bund-Verlag.

Gunkel, S. (2020): Betriebliches Eingliederungsmanagement (BEM). Matusiewicz, D.; Kardys, C.; Nürnberg, V. (Hrsg.): Betriebliches Gesundheitsmanagement: analog und digital. Berlin: MWV Medizinisch Wissenschaftliche Verlagsgesellschaft. 80-86.

GKV-Spitzenverband (2021): Nationale Präventionskonferenz. https://www.gkv-spitzenverband.de/krankenversicherung/praevention_selbsthilfe_beratung/praevention_und_bgf/npk/nationale_praeventionskonferenz.jsp (abgerufen am 22.12.2021).

Hartung, S.; Faller, G.; Rosenbrock, R. (2021): Betriebliche Gesundheitsförderung. Hrsg. v. Bundeszentrale für gesundheitliche Aufklärung (BZgA). https://leitbegriffe.bzga.de/alphabetisches-verzeichnis/betriebliche-gesundheitsfoerderung/ (abgerufen am 05.01.2022, zuletzt aktualisiert am 19.05.2021).

Institut für Qualitätssicherung in Prävention und Rehabilitation (IQPR); BARMER (2018): Das betriebliche Eingliederungsmanagement. Helfen. Stärken. Motivieren. Ein Leitfaden für betriebliche Akteure. Berlin: BARMER.

Kohte, W.; Kaufmann, S. (2021): Lotsen und Netzwerke in der betrieblichen Gesundheitspolitik. Praxisbeispiele für eine inklusive Gesundheitspolitik in kleinen und mittleren Unternehmen. Düsseldorf: Hans-Böckler-Stiftung (Working paper Forschungsförderung, Nummer 206 (Februar 2021)). https://www.boeckler.de/download-proxy-for-faust/download-pdf?url=http%3A%2F%2F217.89.182.78%3A451%2Fabfrage_digi.fau%2Fp_fofoe_WP_206_2021.pdf%3Fprj%3Dhbs-abfrage%26ab_dm%3D1%26ab_zeig%3D9189%26ab_diginr%3D8483 (abgerufen am 22.12.2021).

Kuhn, J. (2013): Prävention in Deutschland – eine Sisyphosgeschichte. In: G+G Wissenschaft (GGW) 13/2013, S. 22-30.

Leitfaden Prävention (2021): Leitfaden Prävention – Handlungsfelder und Kriterien nach § 20 Abs. 2 SGB V. GKV-Spitzenverband (Hrsg.). BBGK Berliner Botschaft, Gesellschaft für Kommunikation mbH, Berlin.

Nationale Präventionskonferenz (2019): Erster Präventionsbericht nach § 20d Abs. 4 SGB V. Die Träger der Nationalen Präventionskonferenz (Hrsg.). BBGK Berliner Botschaft Gesellschaft für Kommunikation mbH.

Meierjürgen, R.; Becker, S. & Warnke, A. (2016). Die Entwicklung der Präventionsgesetzgebung in Deutschland. Prävention und Gesundheitsförderung, 11(4), 206–213.

Müller, E.; Fischmann, W.; Kötter, R.; Drexler, H.; Kiesel, J. (2018): Nutzen und Nachhaltigkeit von Netzwerken zur betrieblichen Gesundheitsförderung in kleinen und mittleren Unternehmen – Am Beispiel der KMU-Netzwerke »Bewegte Unternehmen« und »Vitale Unternehmen«. In: Gesundheitswesen (Bundesverband der Ärzte des Öffentlichen Gesundheitsdienstes (Germany)) 80 (5), S. 458–462. DOI: 10.1055/s-0042-121599.

Pieck, N.; Polenz, W.; Sochert, R. (2016): Neues zur Gesundheitsförderung und Prävention im Betrieb. In: Präv Gesundheitsf 11/2016 S. 271-281.

Pomorin, N. (2020): Betriebliche Gesundheitsförderung. Matusiewicz, D.; Kardys, C.; Nürnberg, V. (Hrsg.): Betriebliches Gesundheitsmanagement: analog und digital. Berlin: MWV Medizinisch Wissenschaftliche Verlagsgesellschaft. 73-79.

Präventionsbericht (2021): Leistungen der gesetzlichen Krankenversicherung: Primärprävention und Gesundheitsförderung. Leistungen der sozialen Pflegeversicherung: Prävention in stationären Pflegeeinrichtungen. Berichtsjahr 2020. (Hrsg.): Medizinischer Dienst des Spitzenverbandes der Krankenkassen und GKV-Spitzenverband, Koffler DruckManagement GmbH, Berlin.

Sayed, M.; Brandes, I. (2020): BGM vor dem Hintergrund des Präventionsgesetztes und des digitalen Wandels. Matusiewicz, D.; Kardys, C.; Nürnberg, V. (Hrsg.): Betriebliches Gesundheitsmanagement: analog und digital. Berlin: MWV Medizinisch Wissenschaftliche Verlagsgesellschaft. 20-28.

Sayed, M.; Brandes, I. (2018): Das neue Präventionsgesetz – Weiterentwicklung des BGM? In: Matusiewicz, D.; Nürnberg, V.; Nobis, S. (Hsg.): Gesundheit und Arbeit 4.0 – Wenn Digitalisierung auf Mitarbeitergesundheit trifft. Heidelberg: medhochzwei, S. 335–348.

Sayed, M.; Kubalski, S. (2016). Überwindung betrieblicher Barrieren für ein betriebliches Gesundheitsmanagement in kleinen und mittelständischen Unternehmen. Pfannstiel, M. A.; Mehlich, H. (Hrsg.). Betriebliches Gesundheitsmanagement. Konzepte, Maßnahmen, Evaluation. Wiesbaden: Springer Verlag. 1-20.

Seidler, A.; Grotkamp, S. (2020): Stellungnahme der Deutschten Gesellschaft für Sozialmedizin und Prävention (DGSMP) zum 1. Präventionsbericht nach § 20d Abs. 4 SGB V der Nationalen Präventionskonferen (NPK) vom Juni 2019. In: Gesundheitswesen 82, S. 7–9.

Sochert, R.; Siebeneich, A. (2009): Europäisches Netzwerk für Betriebliche Gesundheitsförderung. Hg. v. BKK Bundesverband / ENWHP Geschäftsstelle. Essen.

Sommer, S. (2018): Organisation des betrieblichen Arbeitsschutzes- ein Blick auf aktuelle Daten. 69. Jahrgang. Berlin: Erich Schmidt Verlag 03/18.

Wäsche, H.; Peters, S.; Appelles, L.; Woll, A. (2018): Bewegungsförderung in Deutschland: Akteure, Strukturen und Netzwerkentwicklung. In: B & G 34 (06), S. 257–273. DOI: 10.1055/a-0739-9857.

9 Grundlagen von Organisationsstruktur und -kultur

Arnd Schaff

In diesem Kapitel werden wichtige Grundlagen der Organisationskultur und Organisationsstruktur eingeführt. Beide Themen können alleine eigene Lehrbücher füllen. An dieser Stelle sollen deshalb ausschließlich die Aspekte erwähnt werden, die für die Gestaltung eines erfolgreichen BGM notwendig sind.

Im Bereich der Organisationskultur werden zwei Kulturmodelle in Theorie und Praxis eingeführt. Danach geht es um die Gestaltung der Organisation in der Aufbau- und Ablauforganisation. Wichtige Elemente moderner Organisationsgestaltung wie Gruppenarbeit, Projektarbeit und Agiles Arbeiten werden eingeführt und mit dem BGM verknüpft. Der Begriff der Unternehmenskultur soll für die Zwecke dieses Kapitels synonym mit Organisationskultur verstanden werden.

Organisationsentwicklung, Change Management und schließlich die Betrachtung der »Gesunden Organisation« runden das Themenspektrum ab.

9.1 Einleitung

Unternehmenskultur

Ein Betriebliches Gesundheitsmanagement findet nicht im luftleeren Raum statt, sondern immer vor dem Hintergrund einer Unternehmenskultur und der Organisationsstruktur, die sich auf dieser Basis formt. Insofern ist es für die Gestaltung des BGM wichtig zu verstehen, wie eine Unternehmenskultur entsteht, wie sie entschlüsselt und gegebenenfalls verändert werden kann. Eine Kultur, die im Kern nicht gesundheitsförderlich ist und die Gesundheit nicht als Grundwert versteht, ist keine geeignete Grundlage für Betriebliches Gesundheitsmanagement.

Organisationsstruktur

Auch die Organisationsstruktur ist ein wesentliches Element im BGM. Diese Tatsache ist nicht so offensichtlich wie bei der Kultur, aber hier ist zu beachten, dass die Organisationsstruktur den Rahmen für alle Handlungen der Mitarbeitenden vorgibt. Eine stark hierarchisch gegliederte Organisationsform spiegelt eine andere Art der Führung wider als eine Organisation, die sich zum Beispiel das agile Arbeiten zum Ziel gesetzt hat. Notwendigerweise finden sich in den beiden Ausprägungen andere Arten der Führung, mit unterschiedlichen Auswirkungen auf die Ressourcen der Mitarbeitenden, wie auch auf deren Belastungen. Neben dem Aspekt der Führung und Führungskultur hat die Organisationsform auch einen ganz praktischen Einfluss auf die

Struktur des BGM-Prozesses, denn dieser muss ja effektiv und effizient innerhalb der bestehenden Organisation funktionieren.

In diesem Kapitel werden einige grundlegende Konzepte der Organisationsstruktur und kultur vorgestellt, die im BGM beachtenswert sind.

9.2 Organisationskultur

Organisationskultur als Basis von allem

Die Organisationskultur ist der Hintergrund und der Nährboden für alle Strukturen und Prozesse, die im Unternehmen stattfinden. Sie ist zum Teil offen sichtbar, zu einem größeren Teil aber auch verborgen und nur indirekt zu erfassen. Es ist deswegen von großem Vorteil, ein wissenschaftliches Kulturmodell zu benutzten, mit dem die vorhandene Unternehmenskultur zunächst einmal entschlüsselt wird, um sie dann im nächsten Schritt zielgerichtet zu verändern. Es gibt eine ganze Reihe gut beschriebener Kulturmodelle, aus denen hier wegen der guten Nutzbarkeit im BGM die Modelle von Edgar Schein und Geert Hofstede herausgegriffen werden.

9.2.1 Kulturebenenmodell von Edgar Schein

3 Ebenen der Unternehmenskultur

Edgar H. Schein hat 1985 das so bezeichnete »Kulturebenenmodell« eingeführt (vgl. Schein, 1985). Es ist das heute vielleicht bekannteste Modell der Unternehmenskultur. Schein nähert sich der Beschreibung der Kultur auf drei verschiedenen Ebenen (Abb. 1).

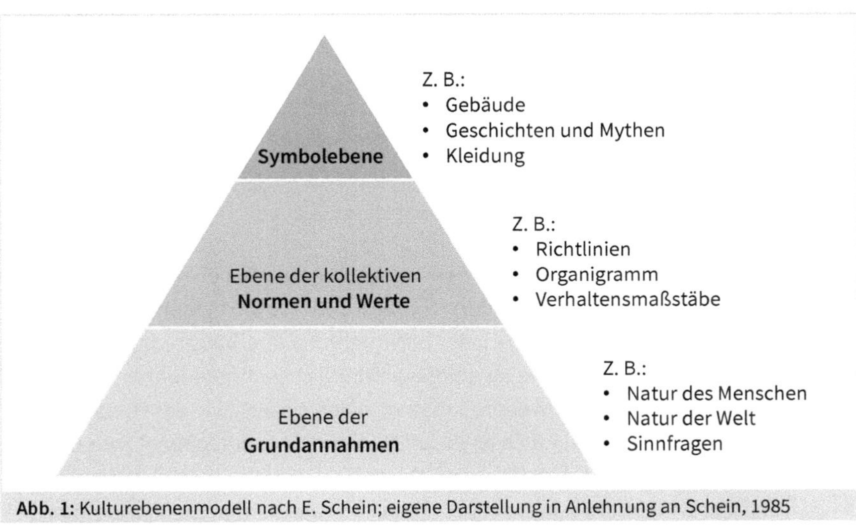

Abb. 1: Kulturebenenmodell nach E. Schein; eigene Darstellung in Anlehnung an Schein, 1985

VERTIEFUNG

Kulturebenenmodell nach Edgar Schein

1. Symbolebene

Die erste Ebene umfasst alle Elemente, die grundsätzlich gehört oder gesehen werden können – also als »Symbole« für die Organisation stehen. Inhaltlich können das sehr verschiedene Dinge sein, zum Beispiel:

- Gestaltung des Firmengebäudes
- Stil des Mobiliars
- Geschichten und Mythen, die neuen Mitarbeitenden erzählt werden
- Bekleidung und sichtbares Verhalten der Mitarbeitenden

Diese Elemente können durch eine reine Beobachtung beschrieben werden, kennzeichnen die Organisation und machen sie damit von anderen Organisationen unterscheidbar. Die tiefere Bedeutung und Herkunft der Symbolik bleibt allerdings letztlich verschlossen. Um die Symbole näher zu verstehen, ist eine Einordnung und Interpretation nötig. Nur so kann der Bedeutungszusammenhang erschlossen werden.

2. Ebene der kollektiven Normen und Werte

Auf dieser Ebene befinden sich alle Elemente, die in einem weiten Sinn als gemeinsame »Regeln« einer Organisation verstanden werden können. Diese Regeln können physisch niedergeschrieben sein oder auch nur implizit bestehen. Beispiele hierfür sind:

- Unterschriftenregelungen
- Hierarchie in Organisationsdiagrammen
- Unternehmensleitbild
- Prozessrichtlinien
- Informelle Regeln der Begrüßung, Geburtstagsgratulation, Verhalten auf Firmenevents etc.

Manche Elemente spiegeln sowohl Aspekte der ersten wie auch der zweiten Ebene wider; dazu gehört z. B. die typische Bekleidung. Sie ist einerseits ein Symbol und kann andererseits auch eine (formelle oder informelle) Bekleidungsregel darstellen.

3. Ebene der Grundannahmen

Die Elemente dieser Ebene werden in aller Regel nicht bewusst wahrgenommen, sondern stellen den »Hintergrund« für die beiden anderen Ebenen – und das Mensch-Sein im Unternehmen überhaupt – dar. Sie sind so tief verwurzelt, dass sie als selbstverständlich wahrgenommen und im Alltag nicht hinterfragt werden. Im Kern sagen sie aus, wie der Mensch und die Welt »ist«. Offensichtlich ist diese Ebene im Kern erst einmal zutiefst individuell, aber in einer ausgeformten Organisation wird sich eine Gruppe von Menschen mit mehr oder weniger ähnlichen Grundannahmen zusammenfinden – entweder durch Anpassung oder durch das Ausscheiden derjenigen mit Grundannahmen, die zu verschieden sind. Beispiele für solche Grundannahmen sind:

- Wesen und Natur des Menschen
- Wert und Zweck von Gemeinschaft
- Sinngehalt des Lebens
- Natur der Welt als freundlich, feindlich, herausfordernd, ...

Die drei Ebenen sind nicht unabhängig voneinander, sondern beeinflussen sich gegenseitig stark. Aus den Grundannahmen heraus ergeben sich z. B. die Regeln und Normen der zweiten Ebene: Wenn nach den Annahmen der dritten Ebene der Mensch grundsätzlich verantwortungsvoll ist und handelt, wird sich automatisch ein eher weitmaschiges Regelwerk ergeben. Aber auch von ganz oben nach ganz unten kann es Einflüsse geben: Grandiose Symbole, z. B. in Form von Gebäuden oder Firmenfahrzeugen, können auch zu grandiosen Annahmen über die eigene menschliche Natur führen.

Dieses Kulturmodell kann zunächst dazu dienen, die in der Organisation herrschende Kultur zu verstehen; auf jeder Ebene und auch im Zusammenspiel der Ebenen. Daraus werden sich dann automatisch denkbare Ansatzpunkte für Veränderungen ergeben.

Praxisbeispiel

Kulturanalyse im BGM
Ein Beratungsunternehmen weist auf der Ebene der Symbole ein sehr komfortabel ausgestattetes Bürogebäude und Firmenwagen der oberen Mittelklasse und Oberklasse auf. Die Kleidung orientiert sich zu jeder Zeit am gediegenen, konservativen Business-Standard. In der Kantine wird sehr hochwertiges, gesundes Essen serviert; es gibt einen gut ausgestatteten Sportraum. Man spricht mit Hochachtung, fast Ehrfurcht, über die Gründer, die Zeit ihres Lebens an jedem Tag der Woche hart gearbeitet haben. Man hat sie eigentlich zu jeder Zeit im Büro angetroffen.

Die Richtlinien auf der zweiten Ebene sind eher weit gesteckt und berufen sich auf die Verantwortung jedes einzelnen Mitarbeitenden. Die Strafen für Regelverstöße sind dagegen hart: In der Regel droht häufig das Ausscheiden aus dem Unternehmen. Die Werte der Organisation sind festgeschrieben und werden von den Organisationsmitgliedern gerne und häufig wie ein Kodex zitiert. Jeder Verstoß wird moralisch bewertet.

Was das Verständnis über die Natur des Menschen und der Welt angeht, würde man durch eine Analyse folgendes feststellen: »Der Mensch zeichnet sich durch sein kompromissloses Engagement aus und jede persönliche Anstrengung unterhalb der maximal möglichen Leistung ist ein Ausdruck moralischen Versagens. Jeder Einzelne ist zu jeder Zeit für sich, das Kollektiv und optimale Ergebnisse verantwortlich. Fehler sind möglich, fordern den Menschen aber zur sofortigen Veränderung auf. Wir sind eine Gemeinschaft der Besten.« Dies sind die Zuschreibungen und Weltanschauungen, die die Mitglieder der Organisation weitgehend teilen. Jemandem, der diese Anschauungen sichtbar nicht teilt, wird der Ausstieg sogar explizit empfohlen.

Aus Sicht des BGM lassen sich in dieser Organisationskultur positive und negative Aspekte erkennen:

Positiv: Gesunde Ernährung und Sportmöglichkeiten sind vorhanden, die Wichtigkeit ist offenbar im Grundsatz erkannt. Es gibt potenziell nahezu unbegrenzte finanzielle Ressourcen für das BGM. Eigenverantwortung und Engagement ist im Kern der Organisation fest etabliert.

Negativ: Es existiert ein massiver, kompromissloser Leistungsanspruch, hinter dem alle anderen Faktoren (auch die Gesundheit) zurückstehen. Vordergründig gesunde Elemente erweisen sich schnell als Feigenblattpolitik. Der starke Chorgeist steht Veränderungen zunächst einmal entgegen, abweichende Ansichten und Bestrebungen werden durch Ausscheiden eliminiert. Die Gruppe ist wichtiger als der Einzelne – und seine Gesundheit. Die eigene Selbstaufopferung wird positiv bewertet und am Gründervorbild gespiegelt.

9.2.2 Kulturdimensionen nach Geert Hofstede

6 Kulturdimensionen nach Hofstede

Neben dem Ebenenmodell soll das Modell der Kulturdimensionen von Geert Hofstede vorgestellt werden (vgl. Hofstede, 2010). In diesem Modell hat Hofstede in den sechziger Jahren des letzten Jahrhunderts sechs verschiedene Aspekte der Kultur beschrieben, die sich in der internationalen GLOBE Studie weitgehend nachvollziehen ließen (vgl. House et al., 2004; vgl. GLOBE 2020).

VERTIEFUNG

Kulturdimensionen nach Geert Hofstede

1. **Machtdistanz**: Verteilung der Machtverhältnisse in einer Organisation.
   Leitfragen: Wie stark ist die Macht in der Organisation »oben« versus »unten« verteilt? Wie stark werden Entscheidungen »von oben« hinterfragt?
2. **Individualismus versus Kollektivismus**: Schwerpunktsetzung auf den Einzelnen oder auf das Kollektiv.
   Leitfrage: Wie wichtig sind die Ziele und das Wohlergehen des Individuums im Gegensatz zum Wohl aller?

3. **Maskulinität versus Femininität**: Verteilung der als maskulin bezeichneten Werte (Selbstbewusstsein, Konkurrenz) versus die als feminin deklarierten Werte (Bescheidenheit, Fürsorge, Zusammenarbeit).
   Leitfrage: Welche Werte sind in der Organisation real dominierend?
4. **Vermeidung von Unsicherheit**: Grad der Aversion gegen Unsicherheit.
   Leitfrage: Wie stark orientiert sich das Verhalten an der Vermeidung von Unsicherheit?
5. **Langfristige Ausrichtung**: Planungszeitraum einer Organisation.
   Leitfrage: Wie weit greift eine Planung typischerweise in die Zukunft?
6. **Bedürfniserfüllung versus Beherrschung**: Grad der Freiheit beim Ausleben der Bedürfnisse.
   Leitfrage: Wie gut ist es möglich, eigene Bedürfnisse (auch: Genuss) offen zu äußern und umzusetzen?

Auch diese Kulturstrukturierung kann im BGM genutzt werden, um die Unternehmenskultur in der Tiefe zu verstehen und Ansatzpunkte für Veränderungen zu identifizieren. In der realen Anwendung empfiehlt es sich, nicht nur **ein** Kulturmodell zu nutzen, denn verschiedene Modelle liefern durch ihre ganz unterschiedlichen Schwerpunkte jeweils andere – und wichtige – Erkenntnisse.

Kultur als diffuses Gebilde

Leider wird der Analyse der Kultur im operativen Betrieblichen Gesundheitsmanagement sehr häufig kein Raum eingeräumt. Die Kultur erscheint als zu diffuses Gebilde, um mit Bordmitteln erfassbar und veränderbar zu sein. Sie wird als außerhalb des BGM-Auftrags liegend verstanden und sie scheint per se nicht antastbar zu sein – dies sind drei häufig zu findende Gründe, um diesen eigentlich unverzichtbaren Bestandteil des BGM außen vor zu lassen.

Die Folge ist, dass Veränderungen des BGM-Programms nur kurzfristig wirken (können), wenn sie grundlegenden Elementen der Kultur widersprechen. Mittel- und langfristig wird sich immer die vorherrschende Kultur gegen Programm- und Projektveränderungen durchsetzen – wenn nicht auch die Kulturveränderung selber im Zentrum der Anstrengungen steht.

9.3 Klassische Organisationsformen

Organe des Unternehmens

Der Begriff der Organisation kommt ursprünglich aus dem Bereich der Gesundheit: Es geht um Organe, die die Lebensfähigkeit des Gesamten (also der Organisation) sicherstellen und dafür zwingend benötigt werden. Diesem Verständnis folgend beschreibt die Organisationstheorie, welche Werkzeuge (»Organe«) benötigt werden, um den Gesamtorganismus Unternehmen lebendig und gesund zu erhalten.

Die Organisationstheorie und -praxis ist ein so großer Forschungsbereich, dass für eine vollständige Beschreibung eine eigene Reihe von Bänden notwendig wäre. An dieser Stelle sollen deshalb nur diese einzelnen Elemente beleuchtet werden, die im BGM von größerer Relevanz sind.

9.3.1 Aufbauorganisation

Einlinien- und Mehrlinienorganisation

In der Aufbauorganisation wird die Strukturierung des Unternehmens nach Bereichen, Abteilungen und Teams festgelegt (vgl. Bullinger et al., 2009). Ihren physischen Ausdruck findet diese Organisation vor allem im Organigramm eines Unternehmens. Damit verbunden ist auch die Regelung von Zuständigkeiten und Kompetenzen: Aus einem hierarchischen Organigramm folgt eine entsprechende Vollmachtenregelung für geschäftliche Entscheidungen, die von allen Organisationsmitgliedern verbindlich befolgt werden müssen. Eine solche Organisation wird Linienorganisation genannt – entlang der »Linien« findet Weisung und Führung statt. Diese Führung kann sowohl disziplinarischer als auch fachlich-funktionaler Art sein. Wenn beide Aspekte jeweils von der gleichen Führungskraft verkörpert werden, spricht man von einer Einlinienorganisation. In einer Mehrlinienorganisation ist die Führung der Mitarbeitenden auf mehrere Vorgesetzte verteilt, die jeweils einen bestimmten Teilaspekt von Führung wahrnehmen. So ist in Konzernunternehmen häufig eine Matrixorganisation anzutreffen, in der ein Mitarbeitender an mehrere Vorgesetze gleichzeitig berichtet.

Arbeitsteilung: Parallelisierung und Zerlegung

Zum Verständnis der heutigen Struktur der meisten produzierenden Unternehmen ist ein Blick auf die Industriegeschichte hilfreich. Die Industrialisierung ging, neben der Nutzung von immer komplexeren Maschinen, Transportsystemen und Steuerungshilfsmitteln, schon zu Beginn mit einem wesentlichen neuen Organisationsprinzip einher: der Arbeitsteilung. In diesem Konzept werden zwei Grundprinzipien der Organisation operativer Arbeit umgesetzt: die Parallelisierung und die Zerlegung.

DEFINITION

Formen der Arbeitsteilung

Parallelisierung: Arbeitsabläufe werden nicht mehr nacheinander, sondern möglichst parallel zueinander ausgeführt. Anders, als ein klassischer Handwerker arbeitet, geschieht zum Beispiel die Produktion eines Autos in vielen, zueinander zeitlich parallel ablaufenden Arbeitssträngen. Dadurch kann in den einzelnen Arbeitssträngen eine gewisse Spezialisierung erreicht werden und zusätzlich ist das Endprodukt deutlich schneller fertig als bei einer nichtarbeitsteiligen Arbeitsweise.

Zerlegung: Innerhalb eines Arbeitsstrangs kann die Arbeit weiter in kleinere, inhaltlich unterscheidbare Blöcke zerlegt werden, die jeweils von speziell geschultem Personal ausgeführt werden: Die Arbeit wird zerlegt. Diese Zerlegung erlaubt eine weitere Spezialisierung und damit potenziell eine höhere Effizienz und einen besseren Qualitätsstandard durch zielgerichtete Ausbildung und engmaschige Qualitätskontrolle am Ende jedes Teilschrittes. Kaufmännisch eröffnet sich damit aber auch die Möglichkeit, jeden Teilschritt adäquat, also analog der jeweils geforderten Qualifikation, zu entlohnen. Damit geht automatisch eine Kostensenkung einher, wenn im gesamten Arbeitsstrang unterschiedliche Qualifikationsstufen gebraucht werden – ohne Zerlegung müsste sich die Entlohnung erst einmal am schwierigsten, hochwertigsten Arbeitsschritt orientieren.

Diese beiden Aspekte der Arbeitsteilung setzt die Aufbauorganisation klassischerweise in eine funktionale Logik um, in der die Arbeit nach gleichen Funktionen (d. h. Tätigkeiten, Maschinen, Anlagen, ...) eingeteilt wird. Auf diese Weise entstehen dann im Organigramm funktional zusammengehörige Bereiche, so wie sie nach wie vor in den meisten Unternehmen zu finden sind.

Schnittstellen als Problem

Neben allen Vorteilen, die diese Organisationsform hat, gibt es auch einen erheblichen Nachteil: die Schnittstellen. Unternehmensprozesse benötigen sehr häufig eine Vielzahl an einzelnen Tätigkeiten aus verschiedenen Abteilungen und die erreichte Effizienz geht häufig an der Schnittstelle zu anderen Abteilungen wieder verloren. Aus diesem Grund haben sich neben der funktionalen Aufteilung andere Konzepte entwickelt und bewährt, die versuchen, das beschriebene Schnittstellenproblem weitgehend zu vermeiden. In Kapitel 9.4 werden einige Ansätze näher beschrieben.

9.3.2 Ablauforganisation

Effektivität und Effizienz

In der Ablauforganisation werden die konkreten Unternehmensabläufe innerhalb einer Organisationseinheit und auch einheitenübergreifend geplant und koordiniert. Es geht darum, die Tätigkeiten des regelmäßigen Geschäfts möglichst effektiv und effizient auszuführen (vgl. Bullinger et al., 2009).

Im Fokus steht auf der untersten Ebene die Tätigkeit und ihre konkrete Ausführung, dann die Verknüpfung verschiedener Tätigkeiten miteinander. Dies beinhaltet sowohl physische Aspekte wie Produktionstechnik und Transport als auch die Erzeugung, Weiterleitung und Nutzung von Informationen.

Prozesse

Ein wichtiges Hilfsmittel zum Verständnis und zur Planung sind Prozessmodelle wie zum Beispiel das Wertstrom-Modell. In diesem Modell wird der allmähliche Wertzuwachs eines Produktes im Ablauf der einzelnen Produktionsschritte dargestellt und ebenso die nicht unmittelbar wertschöpfenden Nebenprozesse.

Die Ablauforganisation tritt dabei mit der Aufbauorganisation in Wechselwirkung: Aus einem Prozessmodell lassen sich sinnvolle Organisationseinheiten ableiten, die dann im Organigramm zum Beispiel zu einer Arbeitsgruppe zusammengefasst werden.

Typische Ziele einer Ablauforganisation sind: eine möglichst kurze Durchlaufzeit des Produktes, eine effiziente Produktion (Minimierung von Prozesszeiten, Reduzierung von Qualitätsproblemen), die Vermeidung von Abfällen und jeder anderen Art von Verschwendung, eine kleinstmögliche Lagerhaltung und hohe Flexibilität bei einer Veränderung der Marktanforderungen.

9.4 Elemente moderner Organisationsgestaltung

Optimierung der Schnittstellen

Die klassische funktionale Organisationsgestaltung führt insbesondere in großen Organisationen häufig zu Ineffizienzen durch eine Vielzahl von Schnittstellen. Der Produkterstellungsprozess wird unterbrochen, was zu Übergabeaufwänden führt (in Form von Zeit, aber auch Kosten), Fehlerrisiken birgt und nicht zuletzt auch die Gesamtdauer zum Teil signifikant erhöht und entsprechend negative Folgen bei der Kundenzufriedenheit haben kann.

Es geht also darum, die Schnittstellen einerseits zu optimieren, aber natürlich idealerweise weitgehend oder ganz auszuschalten. Dies gelingt dann, wenn ein Prozess ohne Schnittstellen innerhalb einer Abteilung verläuft, was zu einer sogenannten »prozessorientierten Aufbauorganisation« führen kann. Die so definierten Organisationseinheiten integrieren alle notwendigen Tätigkeiten, die zur Fertigstellung eines Produktes oder einer Gesamtaufgabe notwendig sind (oder zumindest einen erheblichen Teil davon). Um das zu erreichen, müssen sie verschiedenste Funktionen und Qualifikationen beinhalten.

9.4.1 Gruppenarbeit und Fertigungsinseln

Team als Verantwortungseinheit

Bei diesen Organisationsformen wird eine Gruppe von Mitarbeitenden dauerhaft der Erstellung eines Produktes oder einer Dienstleistung zugeordnet. Die Gruppe ist gemeinsam für die Erstellung des angestrebten Ergebnisses verantwortlich und bekommt alle Mittel, die dafür benötigt werden: Know-how, Personalkapazitäten, Platz, Werkzeuge, Materialien.

In der industriellen Fertigung werden sogenannte »Fertigungsinseln« aufgebaut, die mit ihrer Umwelt nur am »Steg«, also an der Be- und Entschickung mit Material, verbunden sind. Innerhalb der Fertigungsinsel wird häufig keine komplexe, softwareunterstütze Planungs- und Steuerungssoftware eingesetzt, sondern eine Steuerung auf Zuruf oder ein Kanban-System, das auf dem Austausch von Materialbehältern und Papierkarten beruht, die gleichzeitig auch als Bearbeitungssignal dienen.

Fertigungsinseln

Die Gruppenarbeit mündet bei kontinuierlicher Verkleinerung der Gruppengröße letztlich in die Einzelarbeit, bei der ein Mitarbeitender (ähnlich wie ein klassischer Handwerker) alle Arbeitsschritte multifunktional in eigener Verantwortung ausführt.

9.4.2 Projektarbeit

In einem Projekt wird eine spezifisch definierte Aufgabe innerhalb eines normalerweise klar gesteckten Zeitrahmens bearbeitet. Die Zuordnung der Mitarbeitenden zu einem Projekt ist deswegen notwendigerweise zeitlich begrenzt und endet bei Projektabschluss. Diese Organisationsform unterscheidet sich darin substanziell von der hierarchisch dauerhaft gegliederten Linienorganisation, die über einen längeren Zeitraum und unabhängig von einzelnen Aufgaben stabil bleibt.

zeitlich begrenzte Projektarbeit

Es gibt sicher kein Unternehmen, in dem nicht immer wieder solche Projekte aufgesetzt werden und Mitarbeitende entweder parallel zu ihrer Rolle in der Linienorganisation zusätzlich eine Projektrolle bekommen oder auch für ein Projekt von der regulären Aufgabe freigestellt werden. Es kann aber auch sein, dass ein Unternehmen grundsätzlich in Projekten »denkt«, sodass Mitarbeitende gar keine reguläre Tätigkeit und Stelle in der Linienorganisation innehaben, sondern von einem Projekt zum nächsten wechseln. Eine solche Art der Organisation weisen zum Beispiel viele Unternehmensberatungen auf.

9.4.3 Agiles Arbeiten

Die Idee des sogenannten agilen Arbeitens entstand in der Softwareentwicklung durch die Beobachtung, dass insbesondere größere Projekte oft hoch kompliziert in der Gesamtsteuerung, unübersichtlich, fehlerbehaftet und verspätet sind.

Um diese Probleme zu beseitigen, entwarfen 17 Softwareentwickler im Jahre 2001 das sogenannte »Agile Manifest«, in dem die schon vorher erprobten Verbesserungsmöglichkeiten in einem Gesamtkonzept plakativ zusammengefasst wurden (vgl. Beck et al., 2001). Dieses Konzept beinhaltet vor allem vier wichtige Grundwerte.

4 Grundwerte agilen Arbeitens

DEFINITION

Grundwerte im Manifest der agilen Softwareentwicklung

- Das Individuum und die Interaktion von Individuen sind wichtiger als Prozesse und Werkzeuge.
- Eine funktionierende Software ist besser als eine erschöpfende Dokumentation.
- Die operative Zusammenarbeit mit dem Kunden ist wichtiger als kaufmännische Verhandlungen.
- Es ist wichtiger, auf Veränderungen zu reagieren, als einem (festen) Plan zu folgen.

12 Prinzipien des agilen Arbeitens

Aus den 4 Grundwerten ergeben sich zwölf Prinzipien, die das agile Arbeiten operativ bestimmen. Das Einsatzgebiet ist dabei heute erheblich größer als der Bereich der Softwareentwicklung. In den meisten Branchen wird versucht, die Vorteile dieser neuen Arbeitsform nutzbringend einzusetzen (vgl. Maximini, 2019).

Die zwölf Prinzipen bestimmen die Grundlagen für die Organisationsstruktur und die Prozesse eines agilen Teams. Die Unterschiede zu einem klassischen Projekt und auch zum Arbeiten in einer Linienorganisation sind erheblich. Tabelle 1 verdeutlicht dies.

	Linienorganisation	Klassisches Projekt	Agiles Arbeiten
Beauftragung	Implizit durch die Aufbau- und Ablauforganisation gegeben, langfristig	Explizit durch den Projektauftrag der Führungsorganisation erteilt	Explizit in Form eines »Kundenauftrages« erteilt
Führungsstruktur	Klar nach disziplinarischer und fachlicher Führung geregelt	Klar durch Projekt- und ggf. Teilprojektleitungen geregelt	Ohne formale Hierarchie, echte Gleichordnung
Verantwortlichkeit	Leiter der jeweiligen Organisationseinheit	Projektleitung	»Product Owner« gegenüber dem »Kunden«, Team nur sich selbst gegenüber
Arbeitsweise	Orientiert an der Ablauforganisation	Orientiert am Projektplan	Orientiert an der gerade kurzfristig abzuarbeitenden Einzelaufgabe als Teil einer Gesamtlösung
Dauer der Zuordnung	Dauerhaft	Während der Projektlaufzeit	Während der Abarbeitung des Aufgabenvorrates

Tab. 1: Gegenüberstellung von Linienorganisation, Projektorganisation und Agilem Arbeiten

Scrum und Product Owner

Das agile Team bekommt seinen Auftrag vom internen oder externen Kunden, dessen Vertreter der sogenannte »Product Owner« ist. Dieser Product Owner versteht, was der Kunde braucht, hat idealerweise erste Ideen und übersetzt die Notwendigkeiten und Wünsche des Kunden in die Sprache des Teams. Das Team zerlegt die Gesamtaufgabe selbstständig in einzelne Bausteine, die iterativ abgearbeitet und zeitnah an Auftraggeber ausgeliefert werden. Ein solcher einzelner Arbeitszyklus wird »Scrum« genannt. So ist unmittelbares Feedback gewährleistet, der Kunde erhält eine arbeitsfähige Teillösung und notwendige Anpassungen können sofort vorgenommen werden.

Scrum Master

Der Product Owner ist gegenüber dem Kunden in der Verantwortung, hat aber gegenüber dem Team keine Weisungsbefugnis. Das Team ist komplett selbststeuernd und wird vom »Scrum Master« in seiner Arbeit begleitet und beraten. Der Scrum Master ist Spezialist für die Prozesse des agilen Arbeitens und berät das Team insbesondere bei auftretenden Störungen und Problemen. Damit ist der größte Unterschied zur Linienorganisation und zu klassischen Projekten offensichtlich: das Fehlen der formalen Hierarchie.

Kollision mit der Linienorganisation

An der Schnittstelle zur klassischen Linienorganisation kommt es dabei zu einem potenziell problematischen Bruch: Die vorgesetzte Linienfunktion (der »Kunde« des agilen Arbeitens) ist gegenüber der höheren Ebene und letztlich gegenüber den Aufsichtsgremien für das Erreichen der Ziele persönlich verantwortlich oder sogar haftbar. Wenn ein agiles Team einen wesentlichen Baustein zur Zielerreichung beitragen muss, besteht das Problem, dass im Falle einer drohenden Minderleistung nicht unmittelbar steuernd eingegriffen werden kann. Ein solcher disziplinarischer Eingriff ist im agilen Arbeiten in der Reinform nicht vorgesehen. Hier gilt es, je nach Inhalt der Aufgaben, Unternehmenstypus, Kultur und beteiligten Personen, tragbare Lösungen zu finden, die sowohl agiles Arbeiten auf der einen Seite als auch die Einhaltung von Verantwortlichkeitsstandards auf der anderen Seite ermöglichen.

In realen Unternehmen kommen sehr häufig alle Arten der Aufbauorganisation nebeneinander vor: die klassische funktionale Linienorganisation, das prozessorientierte Arbeiten in Projekten und agile Teams. Auftretende Schnittstellenprobleme, wie das beschriebene Verantwortungsproblem, müssen idealerweise bereits vor dem Auftreten von Schwierigkeiten gelöst werden.

Vertiefung:

Organisation des BGM

Das Betriebliche Gesundheitsmanagement benötigt zur Umsetzung eine eigene Organisationsstruktur, die häufig in zwei verschiedenen Ausprägungen vorkommt.

BGM als Projekt: In manchen Unternehmen wird Gesundheitsmanagement als zeitlich begrenzte Aktivität zum Erreichen eines definierten Zielzustands verstanden. Bei einem solchen Ansatz (der aus vielen Gründen zu kritisieren ist) liegt eine Projektstruktur nahe: Ein BGM-Projektleitender führt ein zugeordnetes Team an Spezialistinnen und Spezialisten, die an definierten Gesundheitszielen im Unternehmen arbeiten. Häufig sind die Beteiligten nicht für dieses BGM-Projekt freigestellt, sondern müssen die Ziele »on top« erreichen. Neben dem Kapazitätsmangel, der durch diese Aufstellung vorhanden ist, leidet das BGM hier unter der Sichtweise, eine zeitlich begrenzte Aktivität zu sein – statt einer ständig vorhandenen Aufgabe. Diese Botschaft wird von allen Beteiligten im Projekt, aber auch von den Mitarbeitenden und Führungskräften als »Kunden« zumindest unterschwellig wahrgenommen und schadet der Entwicklung einer dauerhaft vorhandenen Gesundheitskultur.

BGM als Organisationseinheit: Eine effektivere und effizientere Aufstellung entsteht, wenn das BGM als eigene Organisationseinheit realisiert wird, mit einem zumindest kleinen Stamm fest zugeordneter Spezialistinnen und Spezialisten. Durch diese Struktur ist strategische und inhaltliche Stabilität gewährleistet und Know-how wird langfristig aufgebaut. Das Argument, eine solche Struktur würde mehr Ressourcen kosten, ist bei näherer Betrachtung falsch: Die Arbeit in einer spezialisierten Abteilung ist sicher effizienter und damit ressourcenschonender als bei ständig wechselnden Projekten. Gleichzeitig kann durch die feste Struktur der geleistete Aufwand genau verfolgt werden und damit können die Erfolge in einer Kosten-Nutzen-Rechnung bewertet werden. Unterhalb der festen BGM-Abteilung können auch Projekte zur Erledigung einzelner Aufgaben flexibel eingesetzt werden; damit werden beide Organisationsformen sinnvoll kombiniert.

Neben diesen beiden organisatorischen Lösungen funktioniert das BGM in den allermeisten Firmen nach wie vor auf der kleinsten organisatorischen Ebene: Eine einzelne Mitarbeiterin oder ein einzelner Mitarbeiter wird alleine für das Thema verantwortlich gemacht (häufig aus dem Personalbereich oder dem Sekretariat). Dass diese Lösung in den seltensten Fällen Großes bewirken kann, versteht sich von alleine.

9.5 Organisationsentwicklung und Change Management

Organisationskörper

Eine Organisation entwickelt sich stets weiter, wie ein lebendiger Organismus. Diese Tatsache wird im Begriff des »Organisationskörpers« deutlich, der sowohl die stete Anpassung an veränderte Lebensumstände zum Ausdruck bringt als auch die Tatsache, dass es um Gesundheit geht: Auch eine Organisation kann mehr oder weniger gesund oder krank sein.

Um festzustellen, wie der Zustand diese Organisationskörpers ist, muss eine umfassende Diagnose erfolgen. Nach der Diagnose kommt dann die Veränderung: Hier greifen die Methoden der Organisationsentwicklung und des Change Managements (vgl. Lauer, 2019; vgl. Doppler/Lauterburg, 2019).

9.5.1 Organisationsdiagnose

Diagnose als Veränderungsbasis

Wie bei einem Menschen, steht vor einer zielgerichteten Veränderung die Diagnostik. Es muss festgestellt werden, an welcher Stelle etwas nicht optimal funktioniert, und was genau das Problem ist. Nur dann kann es gelingen, die Störung effektiv und effizient zu beseitigen. Dabei ist es wichtig, nicht nur in die Organisation hineinzuschauen und innere Störungen zu identifizieren. Es ist auch wichtig, die Passung zwischen Organisation und Umwelt zu prüfen, so wie ein guter Arzt oder Therapeut auch immer die äußeren Lebensumstände eines Menschen im Blick hat (vgl. Werner/Elbe, 2013).

Bauchgefühl als falsche Sicherheit

Die Diagnose beginnt dabei schon mit der Haltung. Eine wichtige Hürde, die es zu überwinden gilt, ist der subjektive Eindruck, das »Bauchgefühl«, schon alles (oder zumindest genug) zu wissen. Aus diesem Eindruck heraus wird die Diagnosephase in sehr vielen Fällen entweder gar nicht oder nur halbherzig durchgeführt, denn in einer Kosten-Nutzen-Abwägung erscheint der Aufwand unnötig. Das führt dazu, dass die aus der subjektiven Gewissheit heraus getroffenen Veränderungsentscheidungen nicht oder nur zufällig zur wirklich vorhandenen Situation passen – ein Szenario, dessen Absurdität bei dem Vergleich mit dem Gang zum Arzt sofort klar wird. Es geht hier um nichts weniger, als die Untersuchung als Grundlage der Behandlung einfach wegzulassen und sofort mit der Behandlung nach dem persönlichen Gefühl zu beginnen.

Angst vor unangenehmen Wahrheiten

Eine weitere wichtige Hürde kann in der Hemmung liegen, die ungeschönte Wahrheit über das eigene Unternehmen (und auch die oberste Führung) mitgeteilt zu bekommen, und dann diese Wahrheit auch mit der Organisation teilen zu müssen. Hier stößt manche Führungskraft an persönliche Grenzen, an denen Unsicherheiten und Ängste unbewusst gegen den Nutzen für die Gesamtorganisation abgewogen werden.

Bielefelder Unternehmensmodell

Wenn die Hürden überwunden sind, stehen zahlreiche Methoden und Anregungen für eine zielgerichtete Organisationsdiagnose zur Verfügung. Wichtige Bereiche dieser Analyse sind im Folgenden aufgeführt, analog zu den Grundzügen des Bielefelder Unternehmensmodells nach Prof. Bernhard Badura (vgl. Badura, 2017).

Betriebswirtschaftliche Analyse: Der Zweck eines Wirtschaftsunternehmens ist wirtschaftlicher Erfolg. Nur damit ist das langfristige Überleben sichergestellt. Ein wesentlicher Teil der Diagnoseanstrengungen muss also auf die Betrachtung der wirtschaftlichen Leistungsfähigkeit gerichtet werden. Das beginnt bei Umsatz und Gewinn auf der obersten Ebene und muss dann auf die betrachteten Organisationeinheiten, wie Geschäfts- oder Produktbereiche, heruntergebrochen werden. Die betriebswirtschaftliche Analyse ist eine Aufgabe, die an sich bereits ganze Bände füllen kann und Geschäftsgegenstand von Beratungsunternehmen und Wirtschaftsprüfungsgesellschaften ist. An dieser Stelle sollen nur einige wichtige Leitfragen als Orientierung dienen:

- Wie hat sich der wirtschaftliche Erfolg in den Organisationseinheiten entwickelt und wie sieht die weitere Prognose aus?
- Welche Produkte und Dienstleistungen tragen in welcher Größenordnung zum Gewinn oder Verlust bei?
- Wie steht das Unternehmen im Markt da? Wie ist die Position im Verhältnis zu den Wettbewerbern und in Bezug auf Marktveränderungen?
- Wie steht es um die Effizienz und Effektivität der Unternehmensprozesse, der Unternehmensorganisation und der Schnittstellen?
- Wie gut sind die genutzten Betriebsmittel geeignet, den Geschäftszweck zu erfüllen?

Personalanalyse: Der Betrieb des Unternehmens beruht in fast allen Fällen elementar darauf, das Leistungspotenzial der Mitarbeitenden auszuschöpfen. Insofern ist auch dieser Bereich in einer Diagnostik umfassend zu erforschen. Nur wenn dieses Potenzial optimal genutzt wird, kann es auch gelingen, ein optimales Geschäftsergebnis zu erzielen. Wichtig ist dabei, vor allem auch vor dem Hintergrund des Betrieblichen Gesundheitsmanagements, die langfristige Perspektive. Es geht darum, Bedürfnisse und Wünsche der Mitarbeitenden mit geschäftlichen Anforderungen in Einklang zu bringen, anstatt sich hier mit einem Gegensatz zufriedenzustellen, der letztlich in beiden Bereichen zu Unzufriedenheit führt. Wichtige Leitfragen sind:

- Wie gut ist die Personalausstattung der Organisationsbereiche hinsichtlich der notwendigen Personalkapazität? Wie hoch ist die Arbeitsbelastung?
- Wie gut sind die Mitarbeitenden für ihre Aufgaben ausgebildet und qualifiziert?
- Wie steht es mit der Mitarbeitermotivation und -gesundheit? Wie ist die Loyalität zum Unternehmen?

Soziale Analyse: Der Einzelne ist im Unternehmen ein kleiner Teil des betrieblichen sozialen Netzwerks. Dieses Netzwerk spiegelt sowohl die Aufbau- als auch die Ablauforganisation auf sozialer Ebene und tritt mit Prozessen und Struktur in Wechselwirkung. Im Bielefelder Unternehmensmodell werden die drei Bereiche Führung, Kultur und Betriebsklima in diesem Bereich verortet; und damit alle Aspekte, die das Zusammenspiel der Menschen im Unternehmen betreffen und daraus entstehen. Leitfragen sind:

- Wie ist die Unternehmenskultur insgesamt und in ihren Teilaspekten (u. a. Führungskultur, Fehlerkultur, Streitkultur, Innovationskultur etc.)?
- Wie veränderungsfähig ist die bestehende Kultur? Inwieweit wird die bestehende Kultur in der Organisation geteilt und bewertet?
- Wie ist das soziale Klima im Unternehmen? Was sind Erwartungen an das soziale Gefüge und welche Ängste bestehen?

- Wie gehen Mitarbeiter auf der gleichen Ebene und in Führungssituationen miteinander um?
- Wie wird Führung im Unternehmen wahrgenommen? Wie wird Führung geschult und welche Qualifikation besteht?

Diese drei Dimensionen der Organisationsdiagnose werden wiederum mit verschiedenen Mitteln erhoben. Wesentliche Informationsquellen sind dabei:

Informationsquellen

- Unternehmensdaten, z. B. aus dem Controlling, der Buchhaltung, dem Personal- und Qualitätswesen
- Analyseworkshops, z. B. zu Strategie, Markt, Produktivität
- Einzel- und Gruppeninterviews

Wichtig ist, dabei nicht nur die »einfachen« und »günstigen« Datenquellen zu nutzen – also die Daten, die im System einfach abrufbar sind. Diese Fakten sind wichtig, aber in fast allen Fällen nicht selbsterklärend, sondern nur im Kontext sinnvoll verständlich. Es müssen auch sogenannte weiche Kennzahlen und Informationen erhoben werden, die sich häufig nur im Dialog vollständig erfassen lassen.

Praxisbeispiel

Fehlzeitenanalyse in der Organisationsdiagnose

Die ABC GmbH möchte wissen, wie es in der Organisation mit der Gesundheit der Mitarbeitenden bestellt ist. Zu diesem Zweck wird das Controlling gebeten, die Fehlzeitenquote des Unternehmens zu ermitteln. Das Ergebnis ist eine betriebliche Absentismusquote von 4,9 %, mit der man im Branchenvergleich sehr zufrieden ist. Nach erster Analyse liegt die ABC GmbH im besten Viertel aller betrachteten Unternehmen. Man stellt fest: Mit der Gesundheit der Mitarbeitenden ist offenbar alles in Ordnung!

Auf Intervention des Betriebsrates, der sich mit diesem Ergebnis nicht so richtig zufriedengeben möchte, ermittelt das Controlling die Daten nun auch nach einzelnen Organisationsbereichen und damit verändert sich das Bild: Von den vier Abteilungen des Unternehmens liegen drei Bereiche unterhalb von 4 % – aber ein großer Bereich liegt bei einer Fehlzeitenquote von 8,5 %. Bei näherer Betrachtung dieser Abteilung wird deutlich, dass es sich vor allem um Kurzzeiterkrankungen handelt, häufig rund um das Wochenende. Alarmiert startet die Unternehmensleitung nun ein tiefergehendes Analyseprogramm mit Einzelinterviews und stößt dabei auf erhebliche Probleme in den Bereichen Führung und Betriebsklima. Nach einem Jahr zielgerichteter Veränderungen ist die Fehlzeitenquote in der Abteilung gesunken – und das Unternehmen mit einer Fehlzeitenquote von nun 4,0 % besser als je zuvor.

9.5.2 Organisationsveränderung

Change Management

Die Begriffe Organisationsentwicklung und Change Management (im deutschen: Veränderungsmanagement) werden häufig nicht trennscharf verwendet. Change Management umfasst alle notwendigen Schritte, um eine angestrebte Veränderung im Unternehmen umzusetzen. Die Inhalte der Veränderungen sind dabei beliebig. Es kann genauso um die Einführung einer neuen Organisationsstruktur wie um die Schließung eines Standortes gehen. Auch sozialer und kultureller Change gehören dazu (vgl. Lauer, 2019; vgl. Doppler/Lauterburg, 2019).

Organisationsentwicklung

Die Organisationsentwicklung richtet ihren Fokus auf einen engeren Bereich. Hier geht es vor allem um die Weiterentwicklung des sozialen Gefüges und der einzelnen Menschen darin. In diesem Sinne kann man die Organisationsentwicklung als Teilgebiet des Veränderungsmanagements verstehen, allerdings sind auch Aspekte der klassischen Personalentwicklung, wie z. B. Qualifizierungsmaßnahmen, enthalten.

Phasenmodell von Kurt Lewin

Veränderung lässt sich nach dem Phasenmodell von Kurt Lewin aus dem Jahr 1947 in drei Schritte einteilen: auftauen, verändern und stabilisieren (vgl. Lewin, 1947).

- »**Unfreezing**«: Im ersten Schritt werden die bestehenden Verhältnisse aufgelockert, um eine Veränderung erst zu ermöglichen. Das beinhaltet vor allem, die angestrebte Veränderung gut zu kommunizieren. Nur so gelingt es, die Mitarbeitenden mitzunehmen, einzubinden und zu Treibern der Veränderung zu machen – statt Widerstand zu erzeugen und zu verstärken.
- »**Moving**«: Nach der Auflockerung kommt die Phase der Veränderung. Nun finden alle Prozesse statt, die in die neue Situation hineinführen. Bei langen Veränderungszeiträumen ist die Prozessmotivation wichtig, also eine Motivation aus der Veränderungsaufgabe an sich heraus, die die Überwindung von Hindernissen und Durststrecken ermöglicht.
- »**Freezing**«: Nach Durchführung der Veränderungen geht es darum, die neuen Verhältnisse wieder zu stabilisieren und damit gegen ungewollte weitere Veränderungen zu schützen. Wenn die Stabilität erreicht ist, kann natürlich trotzdem weiter optimiert werden, im Sinne eines kontinuierlichen Verbesserungsprozesses. Ebenso ist es wichtig, den neuen Zustand weiter daraufhin zu beobachten, ob die ursprünglichen Ziele immer noch erreicht werden – oder ob nachgesteuert werden muss.

ganzheitliche Betrachtung wichtig

Eine solche Organisationsveränderung ist ein Prozess, der auf allen Ebenen des in Kapitel 9.5.1 erwähnten Bielefelder Unternehmensmodells stattfindet: in der betriebswirtschaftlichen, personellen und sozialen Dimension (vgl. Badura, 2017). Es ist für den Erfolg kritisch, alle drei Ebenen explizit zu bearbeiten. Wenn der Fokus z. B. zu sehr auf den technischen und betriebswirtschaftlichen Aspekten liegt und die soziale Dimension vernachlässigt oder gar nicht beachtet wird, ist auch ein an sich sinnvolles und Erfolg versprechendes Projekt zum Scheitern verurteilt. Nur bei einer ganzheitlichen Betrachtung wird die Veränderung auch zu einem Erfolg. Auch hier liegt die Analogie zu Veränderungsprozessen beim Menschen nahe: Nur wenn alle physischen, psychischen und sozialen Aspekte für sich und auch in ihrem Zusammenhang betrachtet werden, kann eine gesunde Veränderung stattfinden.

Merken Sie sich bitte:

!

Betriebliches Gesundheitsmanagement und Change Management

Das BGM umfasst die Planung, Steuerung, Durchführung und Evaluation aller Maßnahmen, die dazu dienen, die Belegschaft gesund zu erhalten und vor Krankheit zu schützen. Dazu wird eine Management-Systematik aufgebaut, die die Umsetzung dieser Aufgabe gewährleistet und die Einzelmaßnahmen der Betrieblichen Gesundheitsförderung, der Arbeitssicherheit und des Wiedereingliederungsmanagements unter einem Dach vereinigt.
Durch die Vielzahl an Stellhebeln, die Gesundheit und Krankheit der Mitarbeitenden beeinflussen, besteht eine hohe Verwandtschaft zu den Inhalten des Change Managements. Es kann sein, dass Führungsprozesse krank machen, Prozesse durch ihre Gestaltung Überforderung erzeugen, technische Arbeitsbedingungen Gesundheit gefährden oder das soziale Klima Ängste erzeugt. Die dann notwendigen Veränderungen lassen sich als Change-Management-Prozesse verstehen und mit den professionellen Instrumenten des Veränderungsmanagements durchführen. Aus diesem Grund kann jedem BGM-Verantwortlichen empfohlen werden, sich mit den Ansätzen und Werkzeugen des Change Managements eng vertraut zu machen; insbesondere auch zum Umgang mit Widerständen und Ängsten.

9.6 Gesunde Organisation

Der Begriff der »Gesunden Organisation« findet sich in vielen Disziplinen: im BGM mit einer Fokussierung auf die physische und psychische Gesundheit der Mitarbeitenden, in der Führungslehre mit einer Akzentuierung auf Gesunde Führung und auch im Change Management mit Blick auf eine leistungsfähige Organisation an sich. Eine einheitliche Definition ist also schwierig, unter dem Einfluss so verschiedener Fachrichtungen.

INQA: Gesunde Organisation

Die »Initiative Neue Qualität der Arbeit« (INQA) setzte 2016 in der »Offensive Mittelstand – Gut für Deutschland« für eine gesunde Organisation das Ziel: »*Wir achten darauf, dass Gesundheit in allen relevanten betrieblichen Entscheidungen berücksichtigt und im Alltagshandeln gelebt wird (Präventionskultur). Bei der Arbeitsplanung und -gestaltung berücksichtigen wir die Erfahrungen und das Wissen der Beschäftigten und deren Vielfalt.*« (INQA, 2016)

Betriebliche Gesundheitspolitik

Eine hochkarätig besetzte gemeinsame Expertenkommission der Bertelsmann-Stiftung und der Hans-Böckler-Stiftung definierte 2004 eine Vision für die Betriebliche Gesundheitspolitik und eine gesunde Organisationen: »*Die Vision betrieblicher Ge-*

sundheitspolitik ist gesunde Arbeit in gesunden Organisationen. Gesunde Organisationen fördern beides: Wohlbefinden und Produktivität ihrer Mitglieder. Die Kommission sieht die gesundheitsrelevanten Problemstellungen in den Unternehmen, Verwaltungen und Dienstleistungsorganisationen nicht mehr allein an der Mensch-Maschine-Schnittstelle, sondern insbesondere an der Mensch-Mensch-Schnittstelle: in der Qualität der Menschenführung, in der Qualität der Unternehmenskultur sowie in der Qualität der zwischenmenschlichen Beziehungen.« (Bertelsmann-Stiftung/Hans-Böckler-Stiftung, 2004)

Beide Zielsetzungen sind so allgemein gehalten, dass darunter viele Teilaspekte einer gesunden Organisation aus verschiedenen Fachrichtungen subsumiert werden können. Allerdings steht in den beiden genannten und den meisten anderen Definitionen der Mensch und seine Gesundheit im Mittelpunkt der »Gesunden Organisation«. Das ist aus der Herkunft und Wortbedeutung von »Gesundheit« auch nachvollziehbar und zu erwarten. Es fehlt dabei allerdings die Betrachtung der Bedürfnisse der Organisation an sich – des Organisationskörpers in Analogie zum Körper eines Menschen. Natürlich ist dieser Organisationskörper nicht von den Mitgliedern der Organisation zu trennen, aber er hat darüberhinausgehende Bedürfnisse vor allem wirtschaftlicher und struktureller Natur.

Gesundheit im betriebswirtschaftlichen Sinne

Ein Unternehmen ist dann »gesund«, wenn es in der Lage ist, in seinen Marktverhältnissen langfristig erfolgreich zu wirtschaften und so im Wettbewerb zu bestehen. Gleichzeitig ist der Begriff »Unternehmen« typischerweise mit Mindestanforderungen an die strukturelle und zeitliche Stabilität verbunden. Damit kann man definieren: Ein gesundes Unternehmen ist ein längerfristig stabiles Gebilde im Markt, das wirtschaftlich hinreichend erfolgreich ist. Man könnte darüber hinaus folgern, dass der wirtschaftliche Erfolg eine notwendige Voraussetzung für das längerfristige Überleben des Unternehmens und damit auch des Organisationskörpers ist.

Das bedeutet, eine gesunde Organisation muss unter diesem erweiterten Blickwinkel nicht nur in der Lage sein, die Beschäftigten gesund zu erhalten, sondern es muss auch dazu in der Lage sein, den wirtschaftlichen Erfolg des Unternehmens in geeigneter Weise zu unterstützen. Aus diesem Gedanken heraus ergibt sich ein neuer Teilaspekt des Betrieblichen Gesundheitsmanagements, nämlich die Rolle in der Aufrechterhaltung und Steigerung der Leistungsbereitschaft und Leistungsfähigkeit der Mitarbeitenden als Grundlage für leistungsfähige Organisationseinheiten.

!

Merken Sie sich bitte:

BGM und Leistungsmanagement

Betriebliches Gesundheitsmanagement und Leistungsmanagement gehen Hand in Hand: Durch die Gestaltung einer gesundheitsförderlichen Organisation gelingt es, die Mitarbeitenden sowohl leistungsbereit wie auch leistungsfähig zu erhalten und so die Unternehmensziele zu erreichen. Damit sind die Gesundheit und Motivation der Mitarbeitenden sowie der betriebswirtschaftliche Erfolg keine Gegensätze, sondern genau im Gegenteil wechselseitige Bedingungen. Wirtschaftlicher Erfolg auf Kosten der Ausbeutung der Gesundheit der Mitarbeitenden ist kein langfristiges Erfolgsmodell, insbesondere in Zeiten des durch den demografischen Wandel bedingten Fach- und Führungskräftemangels. Das Wohlergehen der Mitarbeitenden und des Unternehmens sind untrennbar miteinander verbunden.

Literatur

Badura, B. (Hrsg.) (2017): Arbeit und Gesundheit im 21. Jahrhundert. Mitarbeiterbindung durch Kulturentwicklung. 1. Aufl., Berlin.

Beck, K./Beedle, M./Bennekum, A. v./Cockburn, A./Cunningham, W./Fowler, M./Grenning, J./Highsmith, J./Hunt, A./Jeffries, R./Kern, J./Marick, B./Martin, R. C./Mellor, S./Schwaber, K./Sutherland, J./Thomas, D. (2001): Manifest für Agile Softwareentwicklung. https://agilemanifesto.org/iso/de/manifesto.html (abgerufen am 15.08.2021).

Bertelsmann Stiftung/Hans-Böckler-Stiftung (Hrsg.) (2004): Zukunftsfähige betriebliche Gesundheitspolitik. 1. Aufl., Gütersloh.

Bullinger, H. J./Spath, D./Warnecke, H. J./Westkämper, E. (Hrsg.) (2009): Handbuch Unternehmensorganisation. 3. Aufl., Berlin/Heidelberg.

Doppler, K./Lauterburg, C. (2019): Change Management: Den Unternehmenswandel gestalten. 14. Aufl., Frankfurt.

GLOBE (2020): GLOBE 2020 – Global Leadership and Organizational Behaviour Effectiveness. https://globeproject.com/ (abgerufen am 03.08.2021.

Hofstede, G./Hofstede, G. J./Minkov, M. (2010): Cultures and Organizations: Software of the Mind. 3. Aufl., New York.

House, R./Hanges, P. J./Javidan, M. (2004): Culture, Leadership, and Organizations – The GLOBE Study of 62 Societies. 3. Aufl., Thousand Oaks.

INQA (2016): INQA-Check «Gesundheit«. https://inqa.de/SharedDocs/downloads/inqa-check-gesundheit.pdf;jsessionid=6B3F5E50BE2D20D1325C9A7F242AECBE.delivery2-master?__blob=publicationFile&v=2 (abgerufen am 15.08.2021.

Lauer, T. (2019): Change Management. Grundlagen und Erfolgsfaktoren. 3. Aufl., Berlin.

Lewin, K. (1947): Frontiers in group dynamics. Concept, method and reality in social science. Social equilibria and social change. In: Human Relations, 1947, Bd. 1, Nr. 1, S. 5–41.

Maximini, D. (2019): The Scrum Culture. Introducing Agile Methods in Organizations. 2. Aufl., Basel.

Schein, E. H. (2016): Organizational Culture and Leadership, 5. Aufl., San Francisco.

Werner, C./Elbe, M. (Hrsg.) (2013): Handbuch Organisationsdiagnose. 1. Aufl., München.

10 Grundlagen der Führung

Claudia Kardys

Das vorliegende Kapitel zeigt insbesondere elementares theoretisches und praktisches Grundwissen rund um die Führungsrolle auf. Dabei werden die verschiedenen Herausforderungen für Führungskräfte aufgegriffen und mögliche anwendungsbezogene Ansatzpunkte vorgestellt. Hierzu bedarf es im ersten Schritt einer expliziten Beschreibung der dazugehörigen theoretischen Konzepte und Erklärungsmodelle. Darauf aufbauend gilt es zu analysieren, was eine »gute und gesunde Führung« ausmacht sowie welche Kompetenzen im Rahmen einer virtuellen Teamarbeit vorhanden sein sollten.

10.1 Einleitung

Wandel der Arbeitswelt

Führungsthemen begleiten Menschen, Unternehmen und Forscher verschiedener Disziplinen seit jeher. Gemeinschaft, Kooperation und Zusammenarbeit sind wesentliche Merkmale einer funktionierenden Gesellschaft. Die Anforderungen an jeden Einzelnen in der Arbeitswelt unterliegen jedoch einem erheblichen Wandel, sodass es auch eindeutige Veränderungen im Führungskontext zu berücksichtigen gilt. Das moderne Arbeitsumfeld ist geprägt von Digitalisierungs- und Flexibilisierungsprozessen, einer alternden Belegschaft, einem Fachkräftemangel sowie einem Wertewandel bei der jüngeren Generation. Führungskräfte von heute und morgen müssen mit den damit verbundenen Herausforderungen umgehen können, um Teamarbeit erfolgreich zu meistern – insbesondere in unsicheren und turbulenten Zeiten. Vor diesem Hintergrund gewinnen neue Arbeits- und Kommunikationsmethoden unter dem Stichwort »virtuelles Arbeiten« (Synonyme: Remote- oder New Work) an Bedeutung. Inwieweit beeinflussen diese neuen Technologien das Führungsverhalten oder die Führungsqualität? Welche Implikationen können für den Führungsalltag aus der früheren und aktuellen Forschung abgeleitet werden?

10.2 Begriffliche Einordnung

Definition Führung

Aufgrund der zahlreichen Wissenschaftsdisziplinen, die sich mit dem Wesen von Führung beschäftigen, existiert eine Vielzahl an Definitionen und somit stellt Führung ein unscharf definiertes Konstrukt dar. Diese Vielschichtigkeit konstatierte bereits Stogdill (1974, S. 259) »(T)here are almost as many definitions of leadership as there are persons who have attempted to define the concept.« Führung wird von Yukl (2010, S. 26) folgendermaßen beschrieben:

Merken Sie sich bitte:

!

Führung: »Prozess, in dem Andere dahingehend beeinflusst werden, dass sie verstehen und darin übereinstimmen, was zu tun ist und wie es zu tun ist, sowie der Prozess, individuelle und kollektive Anstrengungen, gemeinsam Ziele zu erreichen, zu unterstützen.«

Zusammenfassend enthält eine hohe Anzahl an Begriffsbestimmungen den Aspekt der Einflussnahme auf andere Personen (z. B. Brodbeck, 2008, S. 281 f.; Northouse, 2010, S. 3; Weibler, 2012, S. 19). Die Verhaltensbeeinflussung konzentriert sich nicht nur auf das Erreichen von unternehmerischen Zielen, sondern soll auch Team- oder Individualziele berücksichtigen (Fajen, 2017, S. 133).

Management vs. Leadership

Hierzulande wird sowohl in der Wissenschaft (z. B. in der Arbeits- und Organisationspsychologie) als auch im alltäglichen Gebrauch oftmals das Synonym Management für Führung (engl. Leadership) verwendet (Rosenstiel, 2009a, S. 196). Im anglo-amerikanischen Sprachraum dagegen werden die Begrifflichkeiten deutlich unterschieden oder sogar als gegensätzlich angesehen (Zaleznik, 1977, S. 67 ff.). Gemäß dieser Differenzierung kann Management als »zielorientiertes Gestaltungs- und Lenkungshandeln in Unternehmen« (Jung et al., 2013, S. 6) definiert werden. In einer Gegenüberstellung können dabei verschiedene Facetten betrachtet werden (Tab. 1). Bennis & Nanus (1985, S. 221) verdeutlichten die beiden differenzierten Ansätze folgendermaßen: Management bedeutet, die Dinge richtig zu tun, und Führung bedeutet, die richtigen Dinge zu tun. Hierbei spiegelt sich der jeweilige Fokus mit seinem kontrastreichen Kern wider. Bei Managern steht die Effizienz im Vordergrund, die von Objektivität und Kontrolle geprägt ist, und bei Führern geht es insbesondere um Effektivität, die auf Subjektivität sowie Motivation und Inspiration beruht (u. a. Steyrer, 1995, S. 78).

	Management/Manager	Leadership/Leader
Hauptanliegen	Stabilität	Wandel
Schwergewicht	auf Managen von Arbeit	auf Führung von Menschen
sieht Mitarbeiter	als Unterstellte	als Gefolgsleute
Zeithorizont	kurzfristig	langfristig
Orientierung	an Zielen	an Vision
Steuerung	plant im Detail	gibt nur Richtung vor
Entscheidung	trifft er selbst	ermöglicht er
Macht und Einfluss	durch formale Autorität	durch persönliches Charisma
Ausrichtung	auf den Kopf	auf das Herz
investiert Energie	in Überwachung	in Engagement

Kultur	verordnet er	gestaltet er
Handlungsbereitschaft	reaktiv	proaktiv
Meinung	sagt er	begründet und »verkauft« er
bevorzugt	Aktion	Anstrengung
strebt an	Ergebnisse	bedeutende Leistung
Risiko	minimiert er	geht er ein
Regeln	setzt er	verletzt er (partiell)
Konflikt	vermeidet er	nutzt er
Vorgehen	geht bekannte Wege	beschreitet neue Wege
Wahrheit	legt er fest	sucht er
Besorgtheit	richtig zu liegen	was das Richtige ist
Anerkennung	nimmt er	gibt er
Schuld	sucht er nicht bei sich	übernimmt er
Tausch	Arbeit für Geld	Arbeit für Befriedigung
Führungsstil	transaktional	transformational
Ergebnisse	erzeugt Ordnung und Konstanz	erzeugt Wandel und Bewegung

Tab. 1: Unterscheidung von Management und Leadership (Kotter 1990, S. 4 ff.; ChangingMinds.org o. J. zitiert nach Sarges 2013, S. 114 f.)

10.3 Allgemeine Ziele und Aufgaben von Mitarbeiterführung

Wie zuvor bereits thematisiert, stellt Führung die bewusste und zielbezogene Einflussnahme auf Menschen dar, um gemeinschaftliche Ziele zu erreichen. Neben Unternehmenszielen wie beispielsweise der Erhöhung des Umsatzes, sollten auch Humanziele verfolgt werden. Hierbei kann u. a. die Verbesserung des Wohlbefindens oder der Zufriedenheit der Belegschaft angestrebt werden. Denn Führungserfolg zeigt sich auch an der Leistung bzw. Leistungsfähigkeit der Beschäftigten (Rosenstiel, 2009b, S. 3; Nerdinger, 2014, S. 84). Somit kann Führungserfolg einerseits hinsichtlich aufgabenbezogener Ergebnisse (ökonomische Effizienz) und andererseits in Bezug auf sozioemotionale Ergebnisse (soziale Effizienz) differenziert werden (Fajen, 2017, S. 138), die sich jedoch gegenseitig beeinflussen.

Darüber hinaus spielt die Führungsebene in der Betrachtung der konkreten Aufgaben eine wichtige Rolle. Im operativen Tagesgeschäft dominieren insbesondere fachliche und kommunikative Aufgaben, die ein strategisches und umfassendes Managen, Planen, Organisieren und Kontrollieren sowie Koordinieren und Motivieren erfordern (Güttel & Kleinhanns-Rollé 2011, S. 11 f.). Im beruflichen Alltag steht der Führungsprozess in einer Wechselwirkung zwischen Vorgesetzten und Mitarbeitern, der sich in Zukunft aufgrund von persönlichen und strukturellen Veränderungen in der Arbeitswelt, wie Dezentralität oder Wertewandel, weiter verstärken wird (Nerdinger 2014, S. 94).

zentrale Führungsaufgaben

Als praktische Orientierungshilfe führen Pfister und Neumann (2019, S. 61) auf Grundlage unterschiedlicher Forschungsrichtungen einen Führungskompass auf (Abb. 1). Laut der Autoren beinhaltet eine wirksame Führung sechs zentrale Führungsaufgaben, wobei kommunikative Aufgaben in allen Bereichen greifen müssen und daher als Fundament gelten (Pfister & Neumann 2019, S. 62 ff.):

- Für Ziele sorgen (abgestimmte, bewertbare Ziele und Zielcommitment)
- Organisieren (Kundenorientierung und Flexibilität für Veränderungen)
- Kontrollieren und Beurteilen (Selbstkontrolle ermöglichen)
- Entscheiden (nachvollziehbare Entscheidungen)
- Potenziale entfalten (Personal- und Organisationsentwicklung)
- Für Zusammenarbeit sorgen (förderliche Zusammenarbeits- und Entwicklungskultur)

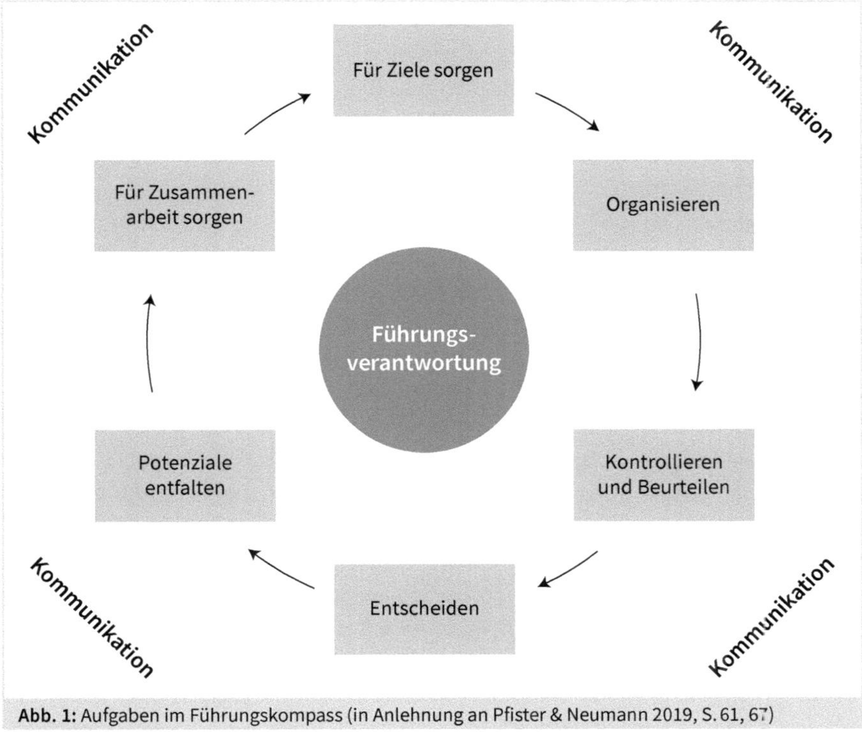

Abb. 1: Aufgaben im Führungskompass (in Anlehnung an Pfister & Neumann 2019, S. 61, 67)

10.4 Führungstheorien und Führungsstile im Überblick

Führungstheorien können in verschiedene Oberkategorien zusammengefasst werden. Im Folgenden werden sie danach aufgeteilt, worauf sie den Fokus ausrichten:

- auf die Persönlichkeit (Eigenschaftsansätze),
- den Führungsstil (Verhaltenstheorien) sowie
- die Situation (situative Führung) und
- die aktuellen Ansätze der Führungsforschung, die sich insbesondere mit dyadischen Führungstheorien auseinandersetzen.

Zu den dynamischen Führungstheorien gehören die Leader-Member-Exchange-Theorie (LMX), die transaktionale und transformationale Führung. In diesem Zusammenhang wird zudem das Full Range of Leadership Model kurz erläutert.

10.4.1 Eigenschaftstheorien

Stogdill (1948 und 1974) analysierte zahlreiche Studien bezüglich der Auswahl von Führungskräften sowie Besetzung von Führungspositionen und identifizierte Eigenschaften bzw. Merkmale einer erfolgreichen Führungspersönlichkeit. Der Fokus auf die Persönlichkeit zählt dabei zu den ersten Ansätzen der systematischen Erforschung von Führung, die sich bis heute in verhaltens- und situationsorientierten Führungsstilen sowie in der transformationalen und transaktionalen Führung wiederfinden.

Great-Man-Theorie

Zuerst ist dabei die Great-Man-Theorie zu benennen, bei der bestimmte angeborene und ererbte physische Merkmale (z. B. Körpergröße) sowie Persönlichkeitseigenschaften (z. B. Extraversion) und kognitive Fähigkeiten (z. B. Intelligenz) bei erfolgreichen Führungskräften vorliegen sollen. Dabei konnten einige Zusammenhänge – auch wenn es in der wissenschaftlichen Community vielfach kritisiert wird und kein Konsens vorliegt – festgestellt werden (u. a. Judge et al. 2002; Schmidt 2002; Yukl 2010). Ein »Führungsgen« existiert jedoch nicht, lediglich einzelne Eigenschaften bzw. Fähigkeiten sind in einer Führungsrolle begünstigend und tragen zum Erfolg bei. Zu berücksichtigen ist daher eine Vielzahl von inneren und äußeren Einflussfaktoren (vgl. Leadership-Insiders, o. J.). Walenta und Kirchler (2011, S. 30 f.) gehen dabei zudem von einem Zusammenspiel zwischen Person, Situation und Verhalten aus (Abb. 2).

Situationsabhängig zeigen sich bestimmte Persönlichkeitseigenschaften, die wiederum bestimmte Verhaltensweisen zur Folge haben. Die direkte Verbindung scheint eine untergeordnete Rolle zu spielen (vgl. Walenta & Kirchler 2011, S. 31), was empirische Studien ebenfalls nahelegen (Gebert und Rosenstiel 2002, S. 187; Schuler 2006, S. 103). Hier zeigen sich niedrige Korrelationen zwischen den individuellen Eigenschaften der Führungskraft und dem Führungserfolg. Es gilt stets Situationsmerkmale zu beachten.

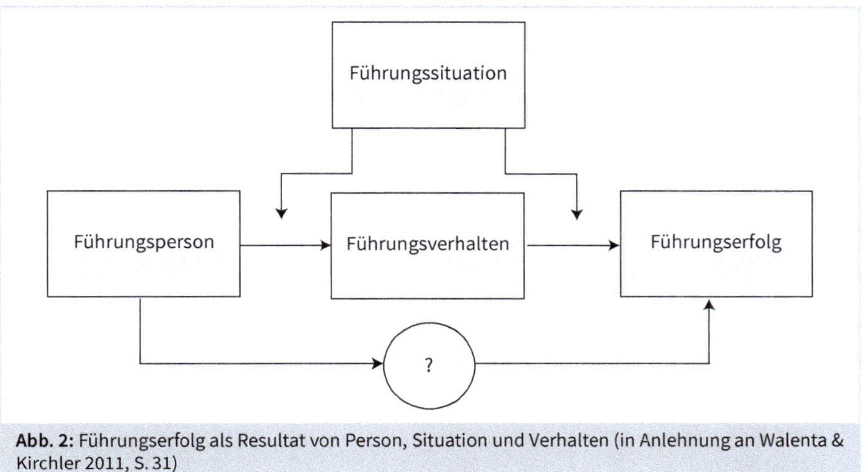

Abb. 2: Führungserfolg als Resultat von Person, Situation und Verhalten (in Anlehnung an Walenta & Kirchler 2011, S. 31)

10.4.2 Verhaltenstheorien

von den klassischen Führungsstilen zum Führungsstilkontinuum

Im weiteren Forschungsverlauf richtete sich die Forschung vermehrt auf Führungsstile und Führungsverhalten, wonach sich Führungskräfte nach bestimmten Verhaltensmustern einteilen lassen. Hierbei gelten die sog. Iowa-Studien, aus denen die klassischen Führungsstile hervorgegangen sind, als Grundstein (Lewin et al., 1939): autokratischer (autoritärer) Führungsstil, demokratischer (kooperativer) Führungsstil und laissez-fairer Führungsstil. In diesem Kontext hat sich das Führungsstilkontinuum von Tannenbaum und Schmidt (1958) zu einem sehr bekannten Modell (eindimensionaler Verhaltensansatz) entwickelt, das sieben verschiedene Stile von autoritär bis zu delegativ/demokratisch aufführt (Abb. 3). Hierbei werden zwei Pole gegenübergestellt: Die vorgesetztenzentrierte Führung und die mitarbeiterzentrierte Führung, die sich im Entscheidungsspielraum bzw. Grad der Partizipation der jeweiligen Beteiligten unterscheiden. Beim autoritären Führungsstil besteht keine Einflussmöglichkeit der Beschäftigten, beim demokratischen Führungsstil ist die Einflussnahme hingegen sehr hoch (Tannenbaum & Schmidt, 1958, S. 96).

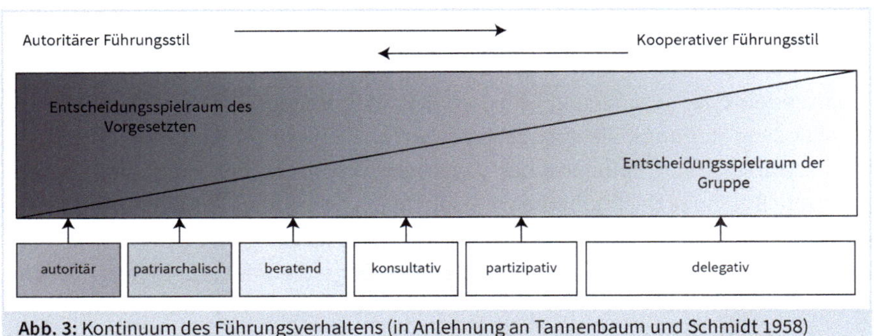

Abb. 3: Kontinuum des Führungsverhaltens (in Anlehnung an Tannenbaum und Schmidt 1958)

Zu den in Abbildung 3 dargestellten Führungsstilen:

- **autoritär**
  Vorgesetzter entscheidet ohne Konsultation der Mitarbeiter
- **patriarchalisch**
  Vorgesetzter entscheidet, ist aber bestrebt, die Mitarbeiter von seinen Ent-scheidungen zu überzeugen, bevor er sie anordnet
- **beratend**
  Vorgesetzter entscheidet, gestattet jedoch Fragen zu seinen Ent-scheidungen, um dadurch Akzeptanz zu erreichen
- **konsultativ**
  Vorgesetzter informiert Mitarbeiter über beabsichtigte Ent-scheidungen. Mitarbeiter können ihre Meinung äußern, bevor Vorgesetzter die endgültige Entscheidung trifft
- **partizipativ**
  Gruppe entwickelt Vorschläge, Vorgesetzter entscheidet sich für die von ihm favorisierte Alternative
- **delegativ**
  Gruppe entscheidet, nachdem Vorgesetzter Probleme aufgezeigt und Grenzen des Entscheidungsspielraums festgelegt hat
  Gruppe entscheidet, Vorgesetzter fungiert als Koordinator nach innen und außen

Mitarbeiter- und Aufgabenorientierung als weitere Dimensionen

Das eindimensionale Führungsstilmodell stand aufgrund der Fokussierung auf ein Merkmal (Entscheidungsbeteiligung) in der Kritik. So entwickelte ein interdisziplinäres Team von Wissenschaftlern an der Ohio State University ein zweidimensionales Führungsstilmodell mit folgenden Betrachtungsaspekten: die Mitarbeiterorientierung (Fokus auf die Bedürfnisse der Mitarbeiter, z. B. Wertschätzung, respektvoller Umgang, Empathie, Wohlbefinden, Zusammengehörigkeitsgefühl) und die Aufgabenorientierung (Fokus auf die Aufgabenerfüllung, u. a. Einhalten von Arbeitsregeln und Verfahrensvorschriften, Effektivität und Effizienz). Die University of Michigan veröffentlichte zeitgleich eine weitere Studie mit vergleichbarem Ergebnis, wobei sich die beiden aufgeführten Dimensionen gegenseitig nicht ausschließen (Birker, 1997, S. 137 ff.; Staehle et al., 1999, S. 342 f.; Steinle, 2005, S. 643).

9.9-Führungsstil im Verhaltensgittermodell gilt als erfolgsversprechend

Darauf aufbauend erstellten Blake und Mouton (1977) ein Verhaltensgitter (engl. »Managerial« oder »Leadership Grid«) als 9-Punkte-System, bei dem theoretisch 81 verschiedene Führungsstile unterschieden werden können (Abb. 4). Hierbei steht die Wechselwirkung von Betonung des Menschen (entspricht der Mitarbeiterorientierung) und Betonung der Produktion (entspricht der Aufgabenorientierung) im Vordergrund. Jedes Kästchen im Gitter symbolisiert einen Führungsstil. Blake und Mouton legten den Fokus auf die fünf abgebildeten Führungsstile (Abb. 4). Als besonders erstrebenswert gilt der 9.9-Führungsstil, der sich durch eine hohe Arbeitsleistung von begeisterten Mitarbeitern sowie durch die gemeinsame Zielverfolgung auszeichnet

(Blake & Mouton 1977, S. 21 ff.; Staehle et al. 1999, S. 839 f.) Die Verhaltensmerkmale von Führungspersonen wurden anfangs anhand von sechs Punkten erfasst und bewertet:

- Entscheidungen,
- Überzeugungen,
- Behandlung von Konflikten,
- Emotionen (Launen),
- Humor und
- Anstrengung.

In neueren Fassungen werden zum Teil andere Kategorien, wie z. B. Konfliktlösung, Initiative, Standpunkt, Entscheidung und konstruktive Kritik, verwendet (Blake & McCance 1995, S. 37 f.).

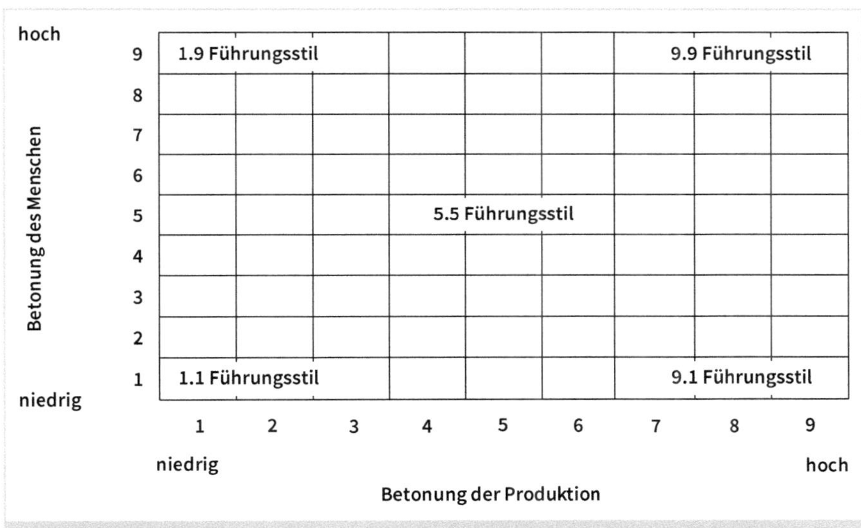

Abb. 4: Verhaltensgitter (engl. »Managerial« oder »Leadership Grid«) als 9-Punkte-System (in Anlehnung an Blake und Mouton 1977)

Zu den in Abbildung 4 dargestellten Führungsstilen:

- Führungsstil 1.1:
  Geringmögliche Einwirkung auf Arbeitsleistung und auf die Menschen
- Führungsstil 1.9:
  Sorgfältige Beachtung der zwischenmenschlichen Beziehungen führt zu einer bequemen und freundlichen Atmosphäre und zu einem entsprechenden Arbeitstempo
- Führungsstil 5.5:
  Ausreichende Arbeitsleistung möglich durch das Ausbalancieren der Notwendigkeit zur Arbeitsleistung und zur Aufrechterhaltung der zu erfüllenden Arbeitsleistung

- Führungsstil 9.1:
  Wirksame Arbeitsleistung wird erzielt, ohne dass viel Rücksicht auf zwischenmenschliche Beziehungen genommen wird
- Führungsstil 9.9:
  Hohe Arbeitsleistung von begeisterten Mitarbeitern. Verfolgung des gemeinsamen Zieles führt zu gutem Verhältnis

10.4.3 Situative Führung als mehrdimensionales Modell

Reifegrad der Mitarbeiter als Situationsvariable

Hersey et al. (1979) greifen neben der Aufgaben- und Mitarbeiterorientierung eine Situationsvariable auf, den sog. Reifegrad der Mitarbeiter, der sich aus aufgabenrelevanten Fertigkeiten und fachspezifischem Wissen (arbeitsbezogene Reife) sowie aus Leistungsmotivation, Verantwortungsbewusstsein und Selbstsicherheit (psychologische Reife) zusammensetzt (Walenta & Kirchler 2011, S. 48; Wunderer 2011, S. 211).

Abhängig vom Reifegrad (= Fähigkeit und Vertrauen, eine bestimmte Aufgabe zu erfüllen) des jeweiligen Mitarbeiters wählt die Führungsperson einen geeigneten Führungsstil: Delegationsstil, partizipativer Führungsstil, integrierender Führungsstil oder autoritärer Führungsstil (Hersey et al. 1979, S. 421). In aktuelleren Veröffentlichungen gibt es teilweise andere Bezeichnungen für diese Führungsstile. Hersey et al. (2013) definieren beispielsweise »Instruieren« als Führungsstilverhalten, bei dem es z. B. um Rollenverständnis geht. »Trainieren« hat das Einüben zentraler Verhaltensabläufe sowie Aufbau von Sicherheit und Vertrauen in die eigenen Fähigkeiten zum Ziel. Die Führungskraft unterstützt dabei, indem sie Lob ausspricht, konstruktive Rückmeldungen gibt, Arbeitsabläufe trainiert und Vertrauen verstärkt. »Partizipieren« wird auch als »Coachen« bezeichnet. (Hersey et al. 2013 zitiert nach Pfister & Neumann 2019, S. 47).

10.5 Aktuelle Ansätze in der Führungsforschung

Die gravierenden Veränderungen in der Gesellschaft und in der Arbeitswelt stellen neue Anforderungen an die Führung. In Zeiten des stetigen Umbruchs und der kontinuierlichen Umstrukturierungsprozesse gewinnen die transformationale Führung, die transaktionale Führung und das »Full Range Model of Leadership« zunehmend an Bedeutung.

Beim **transformationalen Führungsverhalten** stellt die Sinngebung der Arbeit eine wichtige Rolle dar. Diese setzt an Zielen, Werten, Einstellungen und Wünschen an und versucht die intrinsische Motivation der Beschäftigten anhand einer inspirierenden und attraktiven Vision zu erhöhen. Auf diese Art und Weise können überdurchschnittliche Leistungen und hohe Unternehmensziele erreicht werden (Walenta & Kirchler, 2011, S. 80 ff.; Nerdinger, 2019, S. 102 ff.). Im Zentrum der transformationalen Führung kommen vier interdependente Bereiche zusammen, die von Walenta & Kirchler (2011, S. 80) nachfolgend umfassend beschrieben wurden:

Komponenten der transformationalen Führung

- »Idealisierter Einfluss (Charisma) (idealizied influence) ist der Grad, zu dem eine Führungskraft durch Vorbildwirkung und authentisches Verhalten Identifikationsmöglichkeiten schafft. Charismatische Führungskräfte üben durch Begeisterung und Glaubwürdigkeit Einfluss auf die Geführten aus und stellen hohe Erwartungen an diese. Durch Bewunderung, Stolz, Respekt und Vertrauen entsteht eine emotionale Bindung zur Führungskraft.«
- »Inspirierende Motivierung (inspriational motivation) ist der Grad, zu dem eine Führungskraft eine Vision für die Zukunft artikuliert und diese begeisternd kommuniziert. Mittels symbolischer und optimistischer Kommunikation zeigt sie Wege auf, wie alle der Zielerreichung näherkommen können, und vermittelt die Sinnzusammenhänge der dafür notwendigen Schritte.«
- »Intellektuelle Stimulierung (intelectual stimlation) ist der Grad, zu dem eine Führungskraft dazu anregt, über Probleme und Herausforderungen auf neue Art und Weise nachzudenken. Es gilt, kreative unkonventionelle Ideen von Mitarbeitern zu fördern und anzuerkennen, innovative Problemlösungen auszuprobieren und das Risiko eventuell auftretender Fehler in Kauf zu nehmen.«
- »Individuelle Berücksichtigung (individualized consideration) ist der Grad, zu dem eine Führungskraft den individuellen Bedürfnissen und Potenzialen der Mitarbeiter Aufmerksamkeit und Wertschätzung entgegenbringt und zu einer Organisationskultur beiträgt, in der Entwicklungschancen des Einzelnen gefördert werden.«

Transformationale Führung, die durch den amerikanischen Politikwissenschaftlicher Burns (1978) namentlich geprägt wurde und auf der transaktionalen Führung aufbaut, ist einer der einflussreichsten Führungsstile der letzten Jahrzehnte.

transaktionale Führung als Austauschprozess

Die **transaktionale Führung** stellt betriebswirtschaftliche Ziele mithilfe des Prinzips Management by Exception (Kurz: MBE, deutsch: Führen nach dem Ausnahmeprinzip) in den Vordergrund. Die Grundlage hierfür bildet das lerntheoretische Prinzip der Verstärkung, was im Rahmen eines Austauschverhältnisses zwischen einer Führungskraft und ihren Mitarbeitern erfolgt: Die Führungskraft greift ein, wenn es zu Problemen kommt und kontrolliert aktiv, »sucht« Fehler und korrigiert diese bei Unter-/Überschreitung von Toleranzwerten. Ferner setzt oder vereinbart sie Ziele und belohnt deren Erfüllung durch bestimmte Gegenleistungen wie beispielsweise eine monetäre Vergütung, Beförderung, ein Lob oder Anerkennung. Bei Nichterfüllung bzw. Zielverfehlung erfolgt eine Bestrafung. Auf dieser Basis sind Erwartungen und Anforderungen für beide Seiten eindeutig – ebenso wie die Konsequenzen (Nerdinger et al., 2019, S. 103; Walenta & Kirchler, 2011, S. 83 f.; Pfister & Neumann, 2019, S. 52 f.).

Full-Range-of-Leadership-Modell

Das **Full-Range-of-Leadership-Modell** von Bass und Avolio (1994) versucht das gesamte Spektrum an Führungsverhalten in ein Rahmenkonzept zu integrieren und wurde im Laufe der Jahre mehrfach empirisch überprüft. Den Kern bilden die transaktionale und transformationale Führung, die um die Dimension Laissez-faire ergänzt wurde (Tab. 2) (Walenta & Kirchler, 2011, S. 83). Führungskräfte, die erfolgreich sein wollen, müssen beide Dimensionen bedienen können. Felfe (2006, S. 165) führt zudem bei der transformationalen Führung eine weitere Anforderung auf: Charisma. Demnach sollen Führungspersonen auch durch ihre Persönlichkeit überzeugen, z. B. Begeisterung vermitteln und Vertrauen schaffen. Das Modell beinhaltet die jeweiligen Verhaltensweisen einer Führungskraft, die anhand ihrer Aktivität und Effektivität entlang zweier Achsen eingeteilt werden. Die Achsen verlaufen zwischen der Bandbreite passiv – aktiv bzw. ineffektiv – effektiv (Bass & Avolio, 1994).

Transaktionale Führung	Transformationale Führung
Bedingte Belohnung: verspricht Belohnung für gute Leistung; wird Leistung anerkennen	**Idealisierter Einfluss:** vermittelt eine Vision und das Gefühl einer Mission; gibt Stolz, Respekt und Vertrauen
Management durch Ausnahmen (aktiv): beobachtet und sucht nach Abweichungen von der Regel und unternimmt korrektive Maßnahmen	**Inspiration:** kommuniziert hohe Erwartungen; wird Bemühung fokussieren; kann sich im Hinblick auf wichtige Ziele sehr verständlich ausdrücken
Management durch Annahmen (passiv): interveniert nur, wenn Standards nicht erreicht werden	**Intellektuelle Stimulierung:** fördert intelligentes, rationales und sorgfältig überdachtes Problemlösen
Laissez-faire: verweigert sich Verantwortlichkeiten; vermeidet das Fällen von Entscheidungen	**Intellektuelle Berücksichtigung:** spendet individuelle Aufmerksamkeit; behandelt jeden Mitarbeiter als Individuum; ist Coach und leitet an

Tab. 2: Dimensionen des »Full Range of Leadership«-Modells; Walenta & Kirchler, 2011, S. 83

Beziehungsqualität im Zentrum der Leadership Member Exchange Theorie

Auch die **Leadership Member Exchange Theorie** (LMX) von Graen bzw. in der späteren Entwicklung von Graen & Uhl-Bien (1995) gehört zu einer der bekanntesten Führungstheorien der letzten Jahre. Hier liegt der Fokus auf dem Interaktions- und Austauschprozess zwischen Führungsperson und Geführten, bei dem die Beziehungsqualität eine zentrale Funktion darstellt (Pfister & Neumann, 2019, S. 51). Es werden zwei Typen von Beziehungen unterschieden: Die Mitglieder der In-Group (Innengruppe) besitzen einen besonderen Status, indem sie in Entscheidungsprozesse eingebunden werden sowie mehr Verantwortung, Aufmerksamkeit und Zuwendung erhalten. Die Beziehung zum Vorgesetzten der Out-Group-Mitglieder (Außengruppe) basiert in erster Linie auf formalen Vereinbarungen und ist eher ökonomisch geprägt (Walenta & Kirchler, 2011, S. 72).

10.6 Gesunde Führung im virtuellen Kontext

Führungskraft als wichtige Gesundheitsdeterminante

Haben Führung und Gesundheit der Mitarbeiter etwas miteinander zu tun? Ja! Der Unternehmenserfolg hängt von der Leistungsfähigkeit, der Motivation und Zufriedenheit der Belegschaft ab und ist somit auch an die Gesundheit und das Wohlbefinden gekoppelt. Zahlreiche Studien, Reviews und Meta-Analysen bestätigen den Zusammenhang zwischen Führung und Gesundheit (siehe u. a. Montano et al., 2017, Gregersen et al., 2011).

!

Merken Sie sich bitte:

Führungskräfte tragen neben ihrer Fürsorgepflicht und Verantwortlichkeit im Arbeits- und Gesundheitsschutz nicht nur zu einer Verbesserung von Arbeitsplätzen bei, sondern können ihre Mitarbeiter auch direkt durch ihr Führungsverhalten positiv oder negativ hinsichtlich ihrer Gesundheit beeinflussen.

Somit stellt der Führungsstil als Gesundheitsdeterminante entweder eine Ressource oder einen Stressor dar. Die (wahrgenommene) soziale Unterstützung spielt dabei eine entscheidende Rolle. Diese kann in Form einer materiellen, informativen oder emotionalen Unterstützung erfolgen (Stadler & Spieß, 2002, S. 8). Die gesundheitlichen Auswirkungen finden sich sowohl auf psychischer als auch auf körperlicher Ebene. Beispielsweise geht geringe soziale Unterstützung mit Schulter- und Nackenbeschwerden, Herz-Kreislauf-Erkrankungen, psychosomatischen Beschwerden oder Stressanfälligkeit einher. Dies führt zu einer höheren Quote an Arbeitsunfähigkeiten und Fluktuationen (Stadler & Spieß, 2002, S. 10; INQA, o. J.).

Häfner et al. (2019, S. 24, 26) fassen empirische Erkenntnisse zu einer gesundheitsschädlichen bzw. einer gesundheitsförderlichen Führung zusammen. Zu einem ungewünschten Führungsverhalten zählen u. a. Beleidigungen, schlechtes Konfliktmanagement bei Meinungsverschiedenheiten oder ungerechtfertigte Kontrolle. Wohingegen ein gesunder Führungsstil von folgenden beispielhaften Merkmalen gekennzeichnet ist: Interesse am Mitarbeiter, Beteiligung von Mitarbeitern, Wertschätzung, Lob und Anerkennung oder Aufzeigen von Entwicklungsmöglichkeiten.

Führungskräfte müssen »Gesundheit« (vor-)leben

Ein bedeutsamer Faktor ist das Thema der Selbstführung. Führungskräfte sind Multiplikatoren und haben eine Vorbildfunktion, d. h., sie müssen zunächst an ihrer eigenen Haltung, ihren Einstellungen und ihrem Verhalten ansetzen, um »Gesundheit« vorzuleben und ihre Mitarbeiter aktiv davon zu überzeugen. Komponenten in diesem Kontext sind beispielsweise die persönliche Lebensweise (Ernährungs-, Bewegungsverhalten, Umgang mit Belastungen etc.), die Nutzung von Gesundheitsangeboten oder die Einhaltung von Arbeitsschutzbestimmungen (Häfner et al., 2019, S. 30).

Begriffsbestimmung virtuelles Team

Gesundheitsförderliche Führung bedeutet insbesondere in einer agilen, digitalen und globalen Zeit eine große Herausforderung, die von Zeit-, Termin- und Leistungsdruck, neuen Technologien, kurzen Innovations- und Produktionszyklen, Rationalisierungs- und Flexibilisierungsprozessen sowie erhöhten Anforderungen bei steigender Komplexität gekennzeichnet ist (Regnet, 2014, S. 32 ff; Kardys & Rump, 2021, S. 56 ff.). Teamarbeit in virtuellen Welten prägt inzwischen zunehmend die Arbeitsrealität.

!

Merken Sie sich bitte:

Lipnack & Stamps (1998, S. 31) definieren ein virtuelles Team als »(...) eine Gruppe von Menschen, die mittels voneinander abhängiger – interdependenter – Aufgaben, die durch einen gemeinsamen Zweck verbunden sind, interagieren. Im Gegensatz zum konventionellen Team arbeitet ein virtuelles über Raum-, Zeit- und Organisationsgrenzen hinweg und benutzt dazu Verbindungsnetze, die durch Kommunikationstechnologien ermöglicht werden.«

gesundheitsorientierte Führung im digitalen Raum

Das Konzept- und Diagnosetool der gesundheitsorientierten Führung (»health-oriented Leadership«) von Pundt und Felfe (2017) gliedert sich in die drei folgenden Bereiche:

- gesundheitsorientierte Selbstführung der Führungskräfte (SelfCare der Führungskräfte),
- gesundheitsorientierte Mitarbeiterführung (StaffCare) und
- gesundheitsorientierte Selbstführung der Mitarbeiter (SelfCare der Mitarbeiter).

Diese drei Bereiche werden unabhängig voneinander bei den entsprechenden Zielgruppen erfragt (Selbst- und Fremdeinschätzung). In der virtuellen Zusammenarbeit bietet das Instrument eine wertvolle Grundlage, um konkrete gesundheitsbezogene Ansatzpunkte abzuleiten. Kordsmeyer et al. (2020a, S. 77) stellen potenzielle Maßnahmen zur Förderung einer gesundheitsorientierten Führung in der virtuellen Teamarbeit dar (Tab. 3):

Bereich	Beispielhafte Maßnahmen
Gesundheitsorientierte Selbstführung der Führungskräfte	• Einhaltung von Erholungs- und Regenerationszeiten • Festgelegte Zeiten der Nicht-Erreichbarkeit • Lebensstilbedingte Vorbildfunktion (z. B. durch Teilnahme an Maßnahmen der Betrieblichen Gesundheitsförderung) • Führungsspezifische Vorbereitungs- und Trainingsmaßnahmen • Führungskräfte-Mentoring/Austausch von Erfahrungsberichten

Bereich	Beispielhafte Maßnahmen
Gesundheitsorientierte Mitarbeiterführung	• Kick-Off-Veranstaltung (mit gemeinsamen Unternehmungen) • Maßnahmen bzgl. erweiterter Erreichbarkeit (Austausch von Erreichbarkeitszeiten, festgelegte Zeiten der Nicht-Erreichbarkeit, Priorisierung, Vertretungsregelungen, festgelegte Antwortzeiten, Regeln für den Mailverkehr) • Förderung des sozialen Austauschs (Nutzung von Chatforen, virtuelle Kaffeepausen) • Maßnahmen zur Vertrauensförderung (Betonung von Gemeinsamkeiten, Transparenz in der Kommunikation, Verringerung des Wettbewerbs untereinander) • Einbettung von positivem Feedback (gesundheitsorientierten Themen in sozialen Medien/wöchentlichen Newslettern) • Instrumente (Online-)Gefährdungsbeurteilung • Gesundheits- und Arbeitszirkel
Gesundheitsorientierte Selbstführung der Mitarbeiter	• Onlinebasierte Angebote (z. B. Gesundheits-Apps • Schulungen/Workshops zur Stressreduktion (z. B. kognitive Interventionen oder Achtsamkeitstrainings) • Schulungen/Workshops zur Förderung des Selbst- und Projektmanagements • Vorbereitende Schulungen/Workshops auf das Arbeitssetting (z. B. Kommunikations- oder interkulturelle Trainings)

Tab. 3: Übersicht über mögliche Maßnahmen zur Förderung einer gesundheitsorientierten Führung (Kordsmeyer et al. 2020, S. 77)

Vertrauen als Grundvoraussetzung einer virtuellen Zusammenarbeit

Die Führung auf Distanz, Diversität innerhalb von Teams und eine asynchrone Form der Zusammenarbeit schaffen ein Spannungsfeld von Kontrolle und Vertrauen, Nähe und Distanz sowie Integration und Loslassen. Forschungsarbeiten belegen eine Korrelation zwischen Vertrauen und Motivation und letztlich auch mit der Leistungsfähigkeit virtueller Teams (z. B. Brahm & Kunze, 2013; Geister et al., 2006), denn »Trust needs touch« (Handy 1995).

!

Merken Sie sich bitte:

Zu den Grundvoraussetzungen der Führung auf Distanz gehören daher u. a. ein niedriges Kontrollbedürfnis bzw. eine hohe Vertrauensbereitschaft, eine partizipative Orientierung, technische und Medienkompetenz sowie Offenheit gegenüber unterschiedlichen Kulturen (kulturkongruente Führung). In klassischen und virtuellen Teams spielen kommunikative Kompetenzen sowie die Fähigkeit, eigenständig und dennoch teamorientiert zu arbeiten, eine zentrale Rolle (u. a. Kordsmeyer et al. 2020a; Fajen 2017; Müller 2018; Falkenstein & Kardys 2021, S. 209).

zentrale Führungskompetenzen von heute und morgen

Müssen Führungskräfte eine eierlegende Wollmilchsau sein? Eine Metastudie des Instituts für Führungskultur im digitalen Zeitalter (IFIDZ) zeigt in einem Ranking in Summe 86 Führungskompetenzen auf, die nach drei Kompetenz-Arten unterschieden werden (Abb. 5). Die Abbildung 5 zeigt die 20 wichtigsten Kompetenzen auf (IFIDZ 2019). Das Anforderungsprofil an heutige und zukünftige Führungskräfte ist über die Jahre deutlich gewachsen und komplexer geworden. Führungspersonen müssen demnach diverse Rollen erfüllen, u. a. Moderator, Coach, Motivator, Diversity-Manager, Personalentwickler, Vorbild, Experte, Verantwortlicher für Sicherheit und Gesundheit, Veränderungsmanager usw. (Regner, 2014, S. 37 ff.; Malhotra et al., 2007, S. 68; IFIDZ 2019).

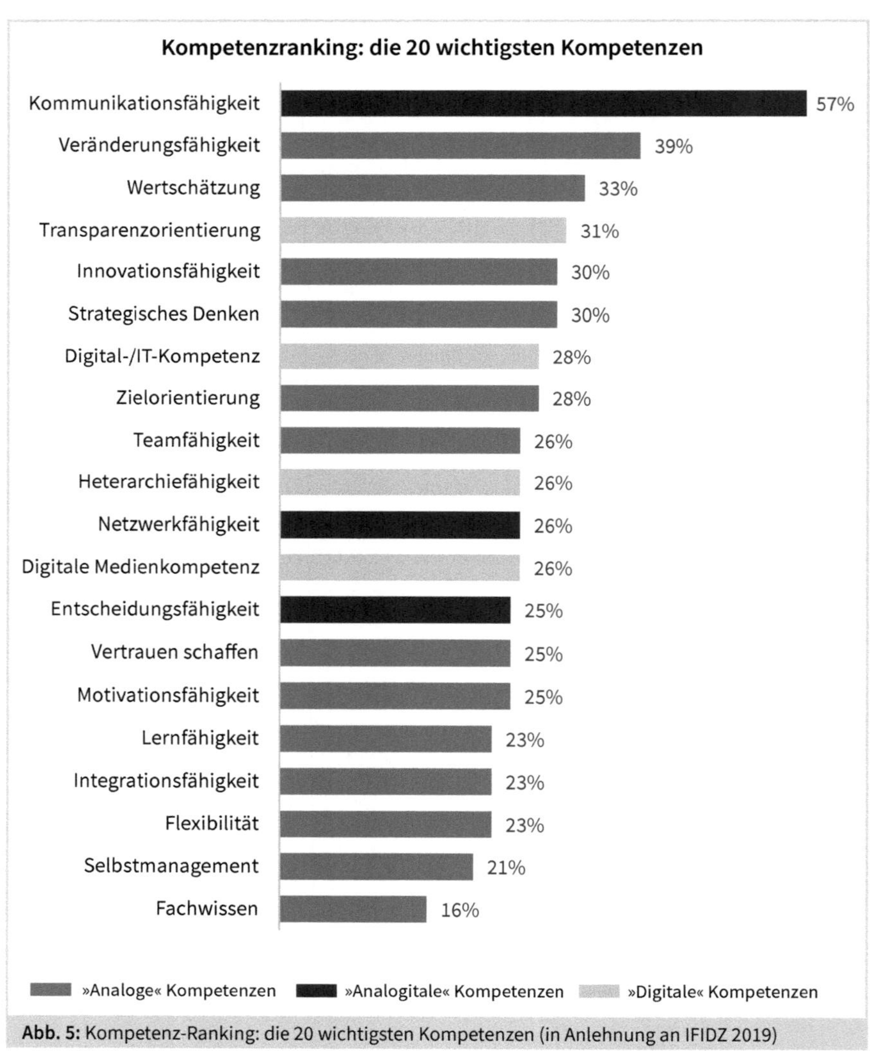

Abb. 5: Kompetenz-Ranking: die 20 wichtigsten Kompetenzen (in Anlehnung an IFIDZ 2019)

Erläuterungen zu den in Abbildung 5 dargestellten Kompetenzen:

- »Analoge« Kompetenzen:
  Kompetenzen, die im »vordigitalen Zeitalter« bekannt und relevant waren, sich nicht oder nur marginal verändert haben.
- »Analogitale« Kompetenzen
  Kompetenzen, die »vordigitalen Zeitalter« bekannt und relevant waren, sich jedoch signifikant verändert haben.
- »Digitale« Kompetenzen:
  Kompetenzen, die »vor-digitalen Zeitalter« entweder noch nicht existierten oder kaum Bedeutung hatten und erst durch die Digitalisierung relevant wurden.

10.7 Praktische Implikationen für Unternehmen und Führungskräfte zur Steigerung der Leistungsfähigkeit

Wechselwirkung von Person, Verhalten und Situation

Die praktische Relevanz der verschiedenen theoretischen Ansätze spiegelt sich in modernen Selektions- und Personalentwicklungsverfahren (z. B. Assessment-Center) wider. Dabei werden wichtige Führungsanforderungen mithilfe diverser Verfahren und Aufgaben überprüft. Die Berücksichtigung der drei Komponenten Person (Eigenschaften, Persönlichkeit), Verhalten (Führungsstile) und Situation (u. a. dyadische Beziehung) gilt als erfolgsversprechend (Walenta & Kirchler, 2011, S. 31 f.). Im Rahmen von Führungskräftetrainings können anhand von standardisierten Fragebögen zur Reflexion des persönlichen Führungsstils gezielt Führungspersonen ihre Kompetenzen bewerten und trainieren (Walenta & Kirchler, 2011, S. 42). Neben der Assessment-Auswahl bei der Einstellung oder Beförderung und Schulung zur Personalentwicklung – die insbesondere Kriterien der Führungskraft fokussieren – interessieren sich Wissenschaftler zudem für die Wirkung des Führungsverhaltens. Hierbei können subjektive (z. B. Arbeitszufriedenheit) und objektive Kennzahlen (z. B. Fehlzeiten) evaluiert werden (Rosenstiel, 2014, S. 5). Gemäß den mehrdimensionalen Ansätzen gilt bis heute, dass nicht in jeder Situation gleich geführt werden kann. Die dynamischen Veränderungen in der modernen Arbeit lassen praxistauglicheren integrativen Führungsansätzen vermehrt Raum.

Überblick: virtuelle Führungskompetenzen

Im virtuellen Kontext zählt der Aufbau von Vertrauen zu den Kernaufgaben einer Führungskraft. Faktoren zur Vertrauensbildung können dabei in aufgabenbezogene und teambezogene Faktoren unterteilt werden (Kordsmeyer et al., 2020b, S. 7). Eine ganzheitliche Kommunikationsfähigkeit – zeit-, orts- und standortunabhängig – ist hierbei ein Schlüsselelement. Kordsmeyer et al. (2020b, S. 1) fassen drei Kernbotschaften für eine gesundheitsfördernde Führung von Teams im Homeoffice auf Grundlage der aktuellen Forschungslage zusammen:

1. Die virtuelle Teamarbeit bedarf einer Führungskraft, die delegierend, beratend, koordinierend und medienkompetent führen kann.
2. Klare Rollenverhältnisse, definierte Erwartungen und Verantwortungsbereiche, transparente Kommunikation und Dokumentation sowie regelmäßige Informationen und Rückmeldungen (offene und wertschätzende Kultur) können einen wertvollen Beitrag für den Vertrauensaufbau leisten.
3. Bei der Führung und Zusammenarbeit auf Distanz (physisch) gilt es, mithilfe eines informellen, nicht-aufgabenbezogenen Informationsaustausches die soziale Interaktion zu fördern (Kordsmeyer et al. 2020b, S. 1)

Unter Beachtung der genannten Aspekte sind mitarbeiterzugewandte und kooperative Führungsstile, die u. a. durch die transformationale Führung vertieft und weiterentwickelt wurden, erfolgsversprechende Ansätze.

Literatur

Bass, Bernard, Avolio, Bruce (1994): Improving Organizational Effectivness Through Transformational Leadership. Thousand Oaks, CA: Sage.

Bennis, Warren, Nanus, Burt (1985): Leaders. The strategies for taking charge. New York: Harper.

Blake, Robert, Mouton, Jane (1977): Verhaltenspsychologie im Betrieb. Das Verhaltensgitter, eine Methode zur optimalen Führung in Wirtschaft und Verwaltung. Düsseldorf: Econ-Verlag.

Blake, Robert, McCanse, Adams (1995): Das GRID-Führungsmodell, Düsseldorf: Econ.

Birker,Klaus (1997): Führungsstile und Entscheidungsmethoden. Berlin: Cornelsen.

Brahm, Taiga, Kunze, Florian (2013): The role of trust climate in virtual teams. In: Journal of Managerial Psychology, 27 (6), S. 595-614.

Brodbeck, Felix (2008): Leadership in organizations. In: Chmiel, Nik (Ed.): An introduction to work and organizational psychology. A European perspective. Malden: Blackwell, S. 281-304.

Burns, James (1978): Leadership. New York: Harper.

ChangingMinds.org (o.J.): Leadership vs. Management. Online abrufbar unter: http://changingminds.org/disciplines/leadership/articles/manager_leader.htm (abgerufen am 11.12.2021).

Falkenstein, Michael, Kardys, Claudia (2021): Altersgerechte Arbeit und Führung im digitalen Zeitalter. In: Richter, Götz (Hrsg.): Arbeit und Altern. Eine Bilanz nach 20 Jahren Forschung und Praxis. Baden-Baden: Nomos, S. 201-216.

Fajen, Annalena (2017): Erfolgreiche Führung multikultureller virtueller Teams. Wie Führungskräfte neuartige Herausforderungen meistern. Dissertation. Wiesbaden: Springer-Gabler.

Felfe, Jörg (2006): Transformationale und charismatische Führung – Stand der Forschung und aktuelle Entwicklungen. In: Zeitschrift für Personalpsychologie, 5(4), S. 163-176.

Gebert, Diether, Rosenstiel, Lutz von (2002): Organisationspsychologie. 5. Auflage. Stuttgart: Kohlhammer.

Geister, Susanne, Konradt, Udo, Hertel, Guido (2006): Effects of Process Feedback on Motivation, Satisfaction, and Performance in Virtual Teams. In: Small Group Research, 37 (5), S. 459-489.

Graen, George, Uhl-Bien, Mary (1995): Relationship-based approach to leadership: Development of leader-member exchange (LMX) theory of leadership over 25 years: Applying a multi-level multi-domain perspective. In: The Leadership Quarterly, Volume 6, Issue 2, S. 219-247.

Gregersen, Sabine, Kuhnert, Saskia, Zimber, Andreas, Nienhaus, Albert (2011): Führungsverhalten und Gesundheit – Zum Stand der Forschung. Leadership Behaviour and Health – Current Research State. In: Das Gesundheitswesen, 73 (1), S. 3-12.

Güttel, Wolfgang, Kleinhanns-Rollé, Astrid (2011): Leadership Landscape. Führungsfähigkeiten, Führungsidentität und Führungseffektivität. In: Austrian Management Review, Vol. 11, S. 11-29.

Häfner, Alexander, Pinneker, Lydia, Hartmann-Pinneker, Julia (2019): Gesunde Führung. Gesundheit, Motivation und Leistung fördern. Wiesbaden: Springer.

Handy, Charles (1995): Trust and the virtual organization. In: Harvard Business Review, 73(3), S. 40-50.

Hersey, Paul, Blanchard, Kenneth, Natemeyer, Walter (1979): Situational Leadership, Perception, and the Impact of Power. In: Group & Organizational Management 4(4), S. 418-428.

IFIDZ (2019): Metastudie 2019: Führungskompetenzen im digitalen Zeitalter. Online abrufbar unter: https://www.hrperformance-online.de/news/metastudie-2019-fuehrungskompetenzen-im-digitalen-zeitalter (abgerufen am 18.12.2021).

INQA (o.J.): Führung. Wie soziale Unterstützung die Gesundheit im Betrieb stärkt. Online abrufbar unter: https://inqa.de/DE/wissen/fuehrung/mitarbeitermotivation/soziale-unterstuetzung.html (abgerufen am 01.12.2021).

Judge, Timothy, Bono, Joyce, Ilies, Remus, Gerhardt, Megan (2002): Personality and leadership. A qualitative and quantitative review. In: Journal of Applied Psychology 87 (4), S. 765–780.

Kardys, Claudia, Rump, Axel (2021): Sozialer und kultureller Wandel in Unternehmen durch COVID-19. In: Heinemann, Stefan, Matusiewicz, David (Hrsg.): Rethink Healthcare. Krise als Chance. Gesundietswesen in der Praxis. Heidelberg, medhochzwei, S. 55–62.

Kordsmeyer, Ann-Christin, Mette, Janika, Harth, Volker, Mache, Stefanie (2020a). Gesundheitsorientierte Führung in der virtuellen Teamarbeit. In: Zentralblatt für Arbeitsmedizin, Arbeitsschutz und Ergonomie (70), S. 76-82.

Kordsmeyer, Ann-Christin, Rohwer, Elisabeth, Harth, Volker, Mache, Stefanie (2020b): Gesundheitsfördernde Führung von Teams im Homeoffice. Bremen: Kompetenznetz Public Health COVID-19.

Kotter, John (1990): A Force for Change – How Leadership Differs from Management, New York, S. 4-6.

Leadership-Insiders (o.J.): Eigenschaftstheorie der Führung. Online abrufbar unter: https://www.leadership-insiders.de/lexikon/eigenschaftstheorie-der-fuehrung/ (abgerufen am 20.12.2021).

Lewin, Kurt, Lippit, Ronald, White, Ralph (1939): Patterns of aggressive behavior in experimentally created «social climates«. In: Journal of Social Psychology 10, S. 271–299.

Lipnack, Jessica, Stamps, Jeffrey (1998): Virtuelle Teams: Projekte ohne Grenzen; Teambildung, virtuelle Orte, intelligentes Arbeiten, Vertrauen in Teams. Wien: Ueberreuter.

Malhotra, Avind, Majchrzak, Ann, Rosen, Benson (2007): Leading Virtual Teams. In: Academy of Management Perspectives, 21, No. 1, S. 60–70.

Montano, Diego, Reeske, Anna, Franke, Franziska, Hüffmeier, Joachim (2017): Leadership, followers‹ mental health and job performance in organizations: A comprehensive meta-analysis from an occupational health perspective. In: Journal of Organizational Behavior, 38(3), S. 327–350.

Nerdinger, Friedemann (2014): Führung von Mitarbeitern. In: Arbeits- und Organisationspsychologie. Springer-Lehrbuch. Springer, Berlin, Heidelberg, S. 83-102.

Nerdinger, Friedemann (2019): Führung von Mitarbeitern. In: Nerdinger, Friedemann, Blickle, Gerhard, Schaper, Nicolas (Hrsg.): Arbeits- und Organisationspsychologie. 4. Auflage. Berlin, Heidelberg: Springer, S. 95-117.

Northouse, Peter (2010). Leadership: Theory an Practice (5th edition). Thousand Oaks, CA: Sage.

Pfister, Andreas, Neumann, Uwe (2019): Führungstheorien. In: Lippmann, Eric, Pfister, Andreas, Jörg, Urs (Hrsg.): Handbuch Angewandte Psychologie für Führungskräfte. Führungskompetenz und Führungswissen. 5. Auflage, Berlin: Springer, S. 39-74.

Pundt, Franziska, Felfe, Jörg (2017). HoL. Health oriented leadership – Instrument zur Erfassung gesundheitsförderlicher Führung. Bern: Hogrefe.

Regnet, Erika (2014). Der Weg in die Zukunft -Anforderungen an die Führungskräfte. In: Rosenstiehl, Lutz von, Regnet, Erika, Domsch, Michael (Hrsg.): Führung von Mitarbeitern. Handbuch für erfolgreiches Personalmanagement. 7. Auflage. Stuttgart: Schäffer-Poeschel, S. 29-45.

Rosenstiel, Lutz von (2009a): Arbeits- und Organisationspsychologie: Management und Führung. In: Krampen, Günther (Hrsg.): Psychologie – Experten als Zeitzeugen. Göttingen: Hogrefe, S. 195-212.

Rosenstiel, Lutz von (2009b): Grundlagen der Führung. In: Rosenstiel, Lutz von; Domsch, Michel; Regnet, Erika (Hrsg.): Führung von Mitarbeitern. 6. Aufl. Stuttgart: Schäffer-Poeschel, S. 3–27.

Rosenstiel, Lutz von (2014). Grundlagen der Führung. In: Rosenstiehl, Lutz von, Regnet, Erika, Domsch, Michel Hrsg.): Führung von Mitarbeitern. Handbuch für erfolgreiches Personalmanagement. 7. Auflage. Stuttgart: Schäffer-Poeschel, S. 3-28.

Sarges, Werner (2013): Management und Führung. In: Sarges, Werner (Hrsg): Management-Diagnostik. 4., vollständig überarbeitete und erweiterte Auflage. Göttingen: Hogrefe, S. 113-118.

Schmidt, Frank (2002): The Role of General Cognitive Ability and Job Performance. Why There Cannot Be a Debate. In: Human Performance 15 (1-2), S. 187–210.

Schuler, Heinz (2006): Lehrbuch der Personalpsychologie. 2. Auflage. Göttingen, Hogrefe.

Stadler, Peter, Spieß, Erika (2002): Mitarbeiterorientiertes Führen und soziale Unterstützung am Arbeitsplatz. Schriftenreihe der Bundesanstalt für Arbeitsschutz und Arbeitsmedizin. Forschung. Dortmund/Berlin/Dresden, BAuA.

Staehle, Wolfgang, Conrad, Peter, Sydow, Jörg (1999).: Management. Eine verhaltenswissenschaftliche Perspektive. 8. Auflage. München: Vahlen.

Steinle, Claus (2005): Ganzheitliches Management. Eine mehrdimensionale Sichtweise integrierter Unternehmensführung. Wiesbaden: Gabler.

Steyrer, Johannes (1995): Charisma in Organisationen. Frankfurt: Campus.

Stogdill, Ralph (1948): Personal factors associated with leadership; a survey of the literature. In: The Journal of psychology 25, S. 35–71.

Stogdill, Ralph (1974): Handbook of leadership: A survey of the literature. New York: Free Press.

Tannenbaum, Robert, Schmidt, Warren (1958): How to chose a leadership pattern. In: Havard Business Review 36 (2), S. 95-101.

Walenta, Christa, Kirchler, Erich (2011): Führung.1. Auflage. Wien: facultas wuv utb.

Weibler, Jürgen (2012): Personalführung. 2. Auflage. München: Vahlen.

Wunderer, Rolf (2011): Führung und Zusammenarbeit. Eine unternehmerische Führungslehre. 9., neu bearbeitete Auflage. Köln: Luchterhand.

Yukl, Gary (2010): Leadership in Organizations. 7. Auflage. Upper Saddle River, NJ: Pearson.

Zaleznik, Abraham (1977): Leaders and managers: Are they different. Harvard Business Review, 15 (3), S. 67-84.

11 Grundlagen der Kommunikation

Lena Christiaans, Miriam Goetz
Um Mitarbeiterinnen und Mitarbeiter wirkungsvoll für Angebote und Maßnahmen im Rahmen des Betrieblichen Gesundheitsmanagements (BGM) zu motivieren, ist eine gute Kommunikation zentrale Voraussetzung. Da sich insbesondere die Aktivierung der Belegschaft oft als große Herausforderung gestaltet, widmet sich der vorliegende Beitrag der Frage, welche klassischen Elemente der Unternehmenskommunikation einen Beitrag für das BGM leisten und welche neuen Ansätze im Bereich der Gesundheitskommunikation verfolgt werden können. Der Beitrag erläutert dabei in einem ersten Schritt, worin sich die gesundheitsbezogene und die gesundheitsrelevante Kommunikation unterscheiden. Es werden ferner die Einsatzmöglichkeiten der Kommunikation in den Bereichen Prävention, Betriebliche Gesundheitsförderung (BGF), Betriebliches Eingliederungsmanagement (BEM) und Arbeits- und Gesundheitsschutz (AGS) beleuchtet. Anhand eines Prozessmodells werden die zentralen Schritte der Kommunikationsplanung durchlaufen. Dabei wird herausgestellt, dass gesellschaftliche Entwicklungen und sich wandelnde Umfeldbedingungen grundsätzlich neue Ansätze erfordern, die Belegschaft kommunikativ zu erreichen. Mittels eines Praxisfalls werden zentrale Elemente der Kommunikationsplanung an konkreten Beispielen einer erfolgreichen Gesundheitskommunikation verdeutlicht. Als vielversprechende Ergänzung zur strategischen Kommunikationsplanung wird zum Ende ein aus der politischen Kommunikation und der Verhaltensökonomie bereits bekannter Ansatz vorgestellt und anwendungsorientiert beleuchtet: das Nudging.

11.1 Die Bedeutung der Kommunikation für das Betriebliche Gesundheitsmanagement (BGM)

Das Kennen und Beherrschen der Grundlagen von Kommunikation und deren psychologischer Wirkung ist nicht nur für eine gelungene Kommunikation zwischen den Gesprächspartnern, sondern auch für das durchaus komplexe System menschlicher Gesundheit entscheidend (vgl. Mücke, 2014, S. 185). Das betrifft nicht nur die Gesundheit des jeweils einzelnen, sondern ganzer Menschengruppen. »Gesunde, gelingende Kommunikationsstrukturen und -interaktionen, auf der Basis zentraler Erkenntnisse der Kommunikationsforschung, sind nicht nur der wesentliche Faktor für den Erfolg von Firmen, Parteien (...), sondern das A und O jeglicher Gruppierungen beruflicher und privater Art (...).« (Mücke, 2014, S. 185)

Gesundheitskommunikation

Grundsätzlich meint die Gesundheitskommunikation »(...) die Gesamtheit aller mehr oder weniger organisierten Bemühungen, die Botschaft der Gesundheit auf allen vermittlungsrelevanten Ebenen (Individuen, Organisationen, ganze Gesellschaften) durch den Einsatz möglichst vieler zielführender Strategien (Beratung, Organisationsentwicklung, Aufklärungs- und Informationskampagnen) und unter der Verwendung einer Mischung geeigneter Medien (Buch, Presse, Funk, Fernsehen, Internet) zu verbreiten, um dadurch die Einstellungen und Verhaltensweisen der Menschen in einer Weise zu beeinflussen, die diese zu einer möglichst selbstbestimmten, auf die Vermeidung von Krankheitsrisiken und die Stärkung von Gesundheitsressourcen ausgerichtete Lebensführung befähigt, was bei Bedarf auch die Fähigkeiten mit einschließen muss, die eigenen Gesundheitsinteressen gegen Widerstand durchzusetzen« (Schnabel, 2009, S. 39; In: Baumann/Hurrelmann, 2014, S. 129).

Eine gesunde Betriebskommunikation ist eine der Lebensadern eines gesunden Betriebs und dazu ein wichtiges Führungsinstrument, das Informationen mündlich oder schriftlich zwischen dem Sender bzw. der Senderin und dem Empfänger und der Empfängerin der Botschaften transportiert. Kommunikation bleibt nie wirkungs- oder folgenlos, umso höher ist die Bedeutung effektiver Kommunikation im gesundheitlichen Kontext und dem BGM zu verorten.

11.2 Kommunikation im BGM: gesundheitsbezogen oder gesundheitsrelevant

Das BGM meint die systematische und strukturierte Entwicklung, Planung und Lenkung betrieblicher Strukturen und Prozesse, um die Gesundheit der Beschäftigten zu erhalten und zu fördern. Es verfolgt dabei erstens das Ziel einer gesundheitsförderlichen Veränderung der Arbeits- und Organisationsgestaltung sowie zweitens die Befähigung der Beschäftigten zu einem gesundheitsförderlichen Verhalten.

gesundheitsbezogene und gesundheitsrelevante Kommunikation

Sprechen wir über die Kommunikation im BGM, so wird klassischerweise zwischen der **gesundheitsbezogenen** und der **gesundheitsrelevanten Kommunikation** unterschieden (vgl. Rossmann, 2019). »Gesundheitsbezogene Kommunikation wird auf diejenigen Kommunikationsanteile bezogen, die die Themen Gesundheit, Prävention, Versorgung oder Gesundheitspolitik ausgesprochen oder unausgesprochen zum Thema haben, unabhängig vom jeweils verwendeten Vermittlungsweg. Gesundheitswirksame Formen der Organisationskommunikation ohne inhaltliche Bezugnahme auf die Themen Gesundheit, Prävention, Versorgung oder Gesundheitspolitik werden dagegen als gesundheitsrelevant bezeichnet« (Faller, 2017, S. 191).

Die **gesundheitsbezogene Kommunikation** hat also das Thema Gesundheit zum Inhalt. Hierunter fallen Forschungs- und Expertenberichte zu gesundheitlichen Themen, aber auch Informationsberichte der Krankenkassen. Die **gesundheitsrelevante Kommunikation** befasst sich mit der Art der Vermittlung von gesundheitsbezogenen Themen. Einen großen Schwerpunkt bildet hierbei auch die Frage nach der Art der Motivation für gesundheitliche Themen. Themen wie gesundheitliche Prävention, rückenschonendes Arbeiten, Resilienz u. a. sind erfahrungsgemäß bei der breiten Masse der Leserinnen und Leser nicht besonders beliebt bzw. verhaften nur selten langfristig im Bewusstsein der Adressaten, sodass sie nur schwerlich effektiv und langfristig im Alltag angewandt und in den Alltag integriert werden. Umso entscheidender ist es, die Möglichkeiten einer gelungenen gesundheitsrelevanten Kommunikation zu kennen.

Die eben skizzierte, scharfe Trennung zwischen gesundheitsbezogener und gesundheitsrelevanter Kommunikation muss jedoch kritisch betrachtet werden. Nicht selten mischen sich Themen der gesundheitsbezogenen und der gesundheitsrelevanten Kommunikation miteinander. Wenn etwa ein Vorgesetzten-Mitarbeiter-Gespräch die Fehlzeiten des Beschäftigten zum Thema hat (gesundheitsbezogen), die Art und Weise der Gesprächsführung aber Reaktanz oder Schuldgefühle hervorruft (gesundheitsrelevant) (vgl. Faller, 2017, S. 191). Ein großer Teil der Beiträge zu Kommunikation im BGM fokussiert sich auf gesundheitsbezogene Themen, auch dieses Kapitel wird sich vornehmlich mit diesem Bereich auseinandersetzen. Themen aus dem Bereich der gesundheitsrelevanten Kommunikation können und sollen jedoch auch Eingang finden, da dies der ganzheitlichen Betrachtungsweise des BGM entspricht.

11.3 Differenzierung der Kommunikation in den Bereichen BGF, BEM und AGS

BGF, BEM und AGS

Eine weitere Möglichkeit, die Kommunikation im BGM zu differenzieren, ist die Unterscheidung in die Bereiche **BGF, BEM** und **AGS**, die seitens des Gesetzgebers festgelegt wurde: Arbeitssicherheit und Gesundheitsschutz (AGS), Betriebliches Eingliederungsmanagement (BEM) und Betriebliche Gesundheitsförderung (BGF). In einem integrierten, ganzheitlichen BGM sollte die Kommunikation bereichsübergreifend im Einklang stehen. Es gilt also die jeweils einzelnen, passenden Maßnahmen pro Bereich aufeinander abzustimmen. Je nachdem in welchem Schwerpunkt man ansetzt, sind unterschiedliche Kommunikationsinhalte und Kommunikationsinstrumente denkbar.

Im Bereich AGS dominieren klassischerweise schriftliche Anweisungen oder Hinweise dazu, wie die Arbeitssicherheit und der Gesundheitsschutz eingehalten werden sollen. Schulungen bestimmter, ausgewählter Mitarbeiter für den Arbeitsschutz ergänzen die schriftliche Kommunikation, die via E-Mail, als Newsletter stattfinden oder ganz klassisch am schwarzen Brett aushängen kann.

Das betriebliche Eingliederungsmanagement (BEM) erweist sich im Vergleich dazu schon deutlich komplexer, was sich auch auf die Kommunikationsmaßnahmen auswirkt. Arbeitnehmern, die länger als 6 Wochen oder wiederholt arbeitsunfähig sind, soll damit ermöglicht werden, möglichst frühzeitig wieder im Betrieb arbeiten zu können (vgl. Deutsche Rentenversicherung 2020). Kommunikation umfasst hier das direkte Mitarbeitergespräch, in dem den betroffenen Beschäftigten sachlich verständlich gemacht werden muss, dass der Nutzen des Wandels die Kosten dieser Anstrengung aufwiegt (vgl. Kunert 2014, S. 139). Durch Gruppenarbeiten und moderierte Workshops sollen in den BEM-Maßnahmen die Kreativität und Selbsterfahrung der Mitarbeiter gefördert werden.

In der Betrieblichen Gesundheitsförderung (BGF) heißt es wiederum, die Mitarbeiter durch Informationen über gesundheitsfördernde Maßnahmen (Impfungen, Präventionsangebote, Ermäßigungen in Fitnessstudios u. ä.) direkt z. B. mit E-Mailings oder klassischerweise via Intranet zu informieren. Alternativ dazu kann auch in Kooperation mit Partnern (Krankenkassen, Fitnessanbietern o. ä.) die Information an die Mitarbeiter als Live-Kommunikation umgesetzt werden.

Da die Kommunikationsinstrumente und Inhalte in den Bereichen BEM und AGS aufgrund der damit einhergehenden psychologischen oder arbeitssicherheitsspezifischen Anlässe sehr komplex sind, könnten sie im Rahmen dieses Beitrags nicht in ausreichender Tiefe behandelt werden. Aus diesem Grund wird sich dieses Kapitel vorrangig auf die Kommunikation im Bereich BGF beziehen.

Merken Sie sich bitte: !

Kommunikation im ganzheitlichen BGM

Kommunikation im BGM differenziert sich nach BGF, AGM und BGS. Die Kommunikation sollte in einem integrierten BGM bereichsübergreifend in Einklang stehen. Trotz unterschiedlicher Kommunikationsinhalte und Instrumente sollten die einzelnen Maßnahmen aufeinander abgestimmt werden.

11.4 Kommunikation in der BGF und Prävention

Ein Schwerpunkt der gesundheitsbezogenen Kommunikationsarbeit im BGM liegt in der Gesundheitsförderung und Prävention. Die Aufgabe der Kommunikation in der betrieblichen Prävention besteht laut Faller (2017, S. 192) aus den drei Kernaspekten:

- Bekanntmachen von bestehenden und vor allem neuen verhaltens- und verhältnisorientierten Angeboten.
- Erweiterung des Wissens von Beschäftigten über Gesundheit und die damit einhergehenden betrieblichen Aktivitäten.
- Aktivierung der Beschäftigten, damit sie die oben genannten Aktivitäten nutzen und mitgestalten.

Um diese Aufgaben zu realisieren, bietet sich als strategisches Mittel der Gesundheitskommunikation in der BGF die Planung von Gesundheitskampagnen an. Nach Reifegerste und Ort (2018, S. 153) ist das Ziel strategischer Gesundheitskampagnen, »gesundheitsrelevante Einstellungen oder Verhaltensweisen zielgerichtet und systematisch zu verändern.« In ihrem umfassenden Werk zu Kommunikationskampagnen im Gesundheitsbereich beschreiben Bonfadelli und Friemel (2010, S. 18) Gesundheitskampagnen als

»1) die Konzeption, Durchführung und Evaluation von
2) systematischen und zielgerichteten
3) Kommunikationsaktivitäten zur
4) Förderung von Wissen, Einstellungen und Verhaltensweisen
5) gewisser Zielgruppen
6) im positiven, d. h. gesellschaftlich erwünschten Sinn.«

11.4.1 Planungsprozess der Kommunikation

Um Kommunikationskampagnen im Gesundheitsbereich systematisch zu planen, können verschiedene Prozessmodelle genutzt werden, die sich sowohl in der Literatur zum Kommunikationsmanagement als auch zur Gesundheitskommunikation etabliert haben. Stellvertretend soll hier das Modell von Bruhn (2015) aus dem Kommunikationsmanagement als Basis für die weitere detaillierte Ausführung genutzt werden. Als sinnvolle Ergänzung aus dem Gesundheitsbereich ist das Systemmodell zur Durchführung von Kommunikationskampagnen von Bonfadelli und Friemel (2010, S. 25) zu nennen.

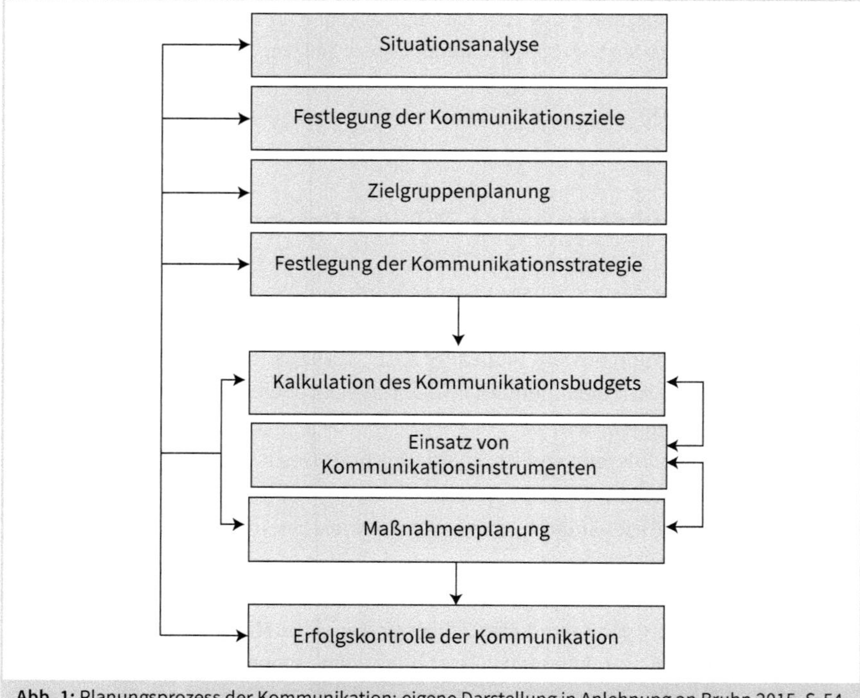

Abb. 1: Planungsprozess der Kommunikation; eigene Darstellung in Anlehnung an Bruhn 2015, S. 54

Jeder Planungsprozess sollte zunächst auf einer umfassenden **Situationsanalyse** basieren. Im Kontext des BGM sollte an dieser Stelle zunächst die Problemstellung definiert werden, die sich aus einem Anliegen oder Defizit ergibt, und zu deren Lösung eine Kommunikationskampagne erfolgversprechend erscheint. Das Problem sowie die zugrunde liegende Situation sollten anhand von vorhandenen Daten analysiert werden, um Ursachen, Einflussfaktoren und Veränderungsmöglichkeiten zu identifizieren. Dabei geht es in erster Linie auch darum, die Bedürfnisse der Kommunikationszielgruppe zu verstehen und zu berücksichtigen. Daten für die Analyse können z. B. aus Befragungen, Beobachtungen, Verhaltensstatistiken über Krankheiten oder Statistiken zur Inanspruchnahme von Leistungen stammen (vgl. Reifegerste/Ort, 2018, S. 154).

Situationsanalyse

Auf Basis der Erkenntnisse aus der Analyse werden im nächsten Schritt die **Kommunikationsziele** abgeleitet und möglichst präzise definiert (SMARTe Ziele: spezifisch, messbar, attraktiv, realistisch, terminierbar). Häufig verwendete Zieldefinitionen umfassen Aspekte wie die Anregung, Entwicklung, Stabilisierung oder Veränderung von gesundheitsrelevanten Faktoren, die auf drei Ebenen verortet werden können (ebd., S. 156).

Kommunikationsziele

- **Kognitive Ziele**: Erzielung von Aufmerksamkeit für ein Thema oder Problem, Vermittlung von Wissen zu Ursachen und Zusammenhängen oder einer neuen Sichtweise auf ein Gesundheitsthema.
- **Affektive Ziele**: Auslösen definierter emotionaler Zustände oder Beeinflussung vorhandener Emotionen zur Förderung von Akzeptanz und Motivation der Zielgruppe für ein gesundheitsförderliches Verhalten (bzw. Warnung/Abschreckung vor gesundheitsschädlichem Verhalten).
- **Konative Ziele:** Beeinflussung des gesundheitsrelevanten Verhaltens der Zielgruppe – entweder durch das Etablieren neuer, gesundheitsförderlicher Verhaltensweisen oder die Veränderung bestehender (gesundheitsschädlicher) Verhaltensweisen.

Das Erreichen konativer Ziele schließt nahezu immer auch das Erreichen kognitiver und affektiver Ziele mit ein bzw. setzt diese voraus. Daher werden in der Zielsetzung die drei Zielebenen optimalerweise miteinander kombiniert. Wichtig ist zudem, die Ziele so weit wie möglich zu quantifizieren und den Zielerreichungsgrad fortlaufend zu überprüfen, um die Kommunikationsaktivitäten ggf. anzupassen.

Die im Folgenden beschriebene **Zielgruppenplanung**, die oft bereits parallel zur Festlegung der Ziele stattfindet, ist ein wichtiger Schritt für eine Erfolg versprechende Kommunikation. Denn nur wenn die Kampagne an die Bedürfnisse der Zielgruppe anknüpft, kann sie die gewünschte Wirksamkeit erreichen. Dies bezieht sich sowohl auf die Inhalte bzw. Botschaften der Kampagne als auch auf die einzusetzenden Kommunikationsinstrumente und -kanäle. Innerhalb des BGM richten sich Kampagnen in

Zielgruppenplanung

der Regel an die Belegschaft. Eine Herausforderung bildet dabei die Heterogenität der Beschäftigten: Führungskräfte, Auszubildende, Schicht- und Büroangestellte, Außendienst- und Zweigstellenmitarbeiter müssen gleichermaßen berücksichtigt werden. Da sie alle einen unterschiedlichen Bezug zum Unternehmensalltag und damit zum Thema Gesundheit im Arbeitskontext haben, unterscheiden sich auch ihre Bedürfnisse. In international tätigen Unternehmen stellt sich zudem die Frage, ob es sich um ein standortbezogenes, regionales, nationales oder internationales Thema handelt. Eine passgenaue Ansprache und Motivation ist daher oft zielführender als ein *One-size-fits-all*-Ansatz (vgl. DGFP 2014, S. 73).

Nach Reifegerste und Ort (2018, S. 156) lassen sich die folgenden Faktoren für die differenzierte Zielgruppenplanung nutzen:

- Soziodemografie (z. B. Geschlecht, Alter, Bildung, Position etc.)
- Lebensstil (z. B. Persönlichkeitsmerkmale, Werte, Einstellungen)
- Mediennutzung (Nutzung bestimmter Kommunikationskanäle, Zugang zu PC etc.)
- Problembezug (Unterscheidung der Zielgruppen nach ihrem direkten Bezug zum Thema der Kampagne, z. B. indirekt Betroffene, potenziell Betroffene, Betroffene ohne Handlungsmotivation, Sensibilisierte, Veränderungswillige, Personen, die das Problem bereits bewältigt haben).

Kommunikationsstrategie

Als nächstes stellt sich die Frage, mit welcher **Kommunikationsstrategie** die festgelegten Ziele in den jeweiligen Zielgruppen erreicht werden können. Die Strategie umfasst sowohl den Inhalt der Kampagne in Form von Kernbotschaften, Informationen und Argumenten als auch die Ausgestaltung der konkreten Maßnahmen. Je nachdem, auf welcher Ebene sich die Ziele der Kampagne verorten lassen (kognitiv, affektiv, konativ), lassen sich unterschiedliche Strategieansätze definieren, die sich sukzessive auch auf die Gestaltung der Botschaften auswirken (vgl. Tabelle 1).

Ebene	Ziel	Strategien	Methoden	Beispiele
kognitiv	Wissensvermittlung	Problematisieren	Auf ein Problem aufmerksam machen	Furchtappell, der Folgen von Masern aufzeigt
		Informieren	Wissen über Ursachen und Zusammenhänge kommunizieren	Berichterstattung über Rauchen als Ursache von Lungenkrebs
		Orientieren	Neue Sicht des Problems kommunizieren	Neue Erkenntnisse der Forschung zum Alkoholkonsum einordnen

Ebene	Ziel	Strategien	Methoden	Beispiele
affektiv	Erhöhung von Selbstwirksamkeit, Verständnis und Lebenszufriedenheit, Vorbeugung psychischer Probleme	Sensibilisieren	Emotionale Einstellung zum Thema verändern, Akzeptanz für Themen schaffen	Akzeptanz für psychische Erkrankungen verändern
		Motivieren	Motivation für ein gesundheitsförderliches Verhalten erhöhen oder vor gesundheitsschädlichem Verhalten warnen	Zu mehr körperlicher Aktivität ermuntern
verhaltensbezogen	Informationssuche, Suche von Unterstützung, richtige Ausführung, Vermeidung von Gewalt	Instruieren	Beeinflussung des Verhaltens, bestehende Verhaltensweisen verändern	Anleitung zur richtigen Technik des Händewaschens
		Aktivieren	Neue Verhaltensweisen nahelegen, gesundheitsförderliche Verhaltensweisen fördern, riskante Verhaltensweisen verringern	Patienten ermuntern, selbstständig Informationen zu finden, diese auf Qualität und Nützlichkeit zu bewerten und situations- und bedarfsgerecht für sich nutzbar zu machen

Tab. 1: Kommunikationsziele und Strategien zur Zielerreichung; nach Bonfadelli/Friemel 2010, S. 28 ff. In: Reifegerste/Ort 2018, S. 159

Kommunikationsinstrumente

Im Rahmen der Kommunikationsstrategie wird ebenfalls festgelegt, welches **Budget** für die Kampagne zur Verfügung steht und wie die Mittel auf Kommunikationsinstrumente und -maßnahmen verteilt werden. Die Wahl der **Kommunikationsinstrumente** richtet sich idealerweise nach dem Mediennutzungsverhalten der Zielgruppe (siehe Zielgruppenplanung). Entsprechend wird sie oft in Form eines Media-Mixes ausgestaltet, d. h., als gezielte Kombination von unterschiedlichen Instrumenten und Medien. Dazu kann auf Instrumente aus den Bereichen Face-to-Face, Digital und Print zurückgegriffen werden (vgl. Kienzle/Zerres, 2016; Mast, 2019; Reifegerste/Ort, 2018).

Zu berücksichtigen ist hier, dass sich das Kommunikationsverhalten der Menschen in den letzten Jahren deutlich gewandelt hat und »klassische« Kommunikationsinstrumente oft nicht mehr die intendierte Wirkung zeigen. Gesellschaftliche Entwicklungen beeinflussen die Präferenz- und Bedürfnismuster der Adressaten (vgl. Bruhn 2018). Der Trend zur Individualisierung und Selbstverwirklichung bedingt eine individualisierte Ansprache, die Interaktionsmöglichkeiten bietet, z. B. individuelle Medienangebote. In Zeiten der Informationsüberflutung funktioniert das klassische Kommunikationsmodell »Sender – Medium – Empfänger« oft nicht mehr, da es auf einseitige (Massen-) Kommunikation ausgelegt ist (sog. Push-Kommunikation). Stattdessen sollte das individuelle Interaktions- und Kommunikationsbedürfnis berücksichtigt werden. Im Idealfall holt sich der Informationsnachfrager dann selbst die Informationen, die er benötigt (sog. Pull-Kommunikation). Das bringt mit sich, dass eine vom Nachfrager initiierte, interaktive Kommunikation weniger planbar ist als der Einsatz von klassischen Push-Kommunikationsinstrumenten. Für die Kommunikation im BGM-Kontext bedeutet dies, dass z. B. über digitale Plattformen, Social Media oder Apps Möglichkeiten zu Partizipation und Dialog geschaffen werden sollten. Gleichzeitig lassen sich über digitale Kommunikationsinstrumente die Bedürfnisse der Zielgruppen erfassen und für passgenaue Angebote nutzen.

! **Merken Sie sich bitte:**

Wandel des Kommunikationsverhaltens

Das Kommunikationsverhalten der Menschen hat sich in den letzten Jahren stark gewandelt. Deshalb zeigen klassische Kommunikationsinstrumente (z. B. Print-Magazin) nicht mehr die erwünschte Wirkung. Wichtig ist gerade im Kontext der Digitalisierung eine individualisierte Ansprache, die zielgruppenspezifisch Interaktionsmöglichkeiten bietet (z. B. Mitarbeiter-Apps/Digitale Plattformen).

Auch die persönliche Interaktion im Rahmen der Face-to-Face-Kommunikation ist weiterhin von hoher Bedeutung. Durch persönliche Beziehungen können auch Personen angesprochen werden, die mit anderen Kommunikationsmaßnahmen schwer erreichbar sind (vgl. Reifegerste/Ort, 2018, S. 178). Wichtiges Element im Kontext des BGM ist die Führungskräftekommunikation, da Führungskräfte einen direkten Bezug zu ihren Mitarbeitern haben und als zentrale Multiplikatoren fungieren (vgl. Kapitel 10). Zudem fällt unter diesen Bereich auch die Live-Kommunikation, d. h. die Kommunikation in Form von persönlichen, multisensualen und emotionalisierenden Erlebnissen (z. B. Veranstaltungen, Ausstellungen). Formate der Live-Kommunikation können bei den Zielgruppen eine höhere Aufmerksamkeit, Erinnerungsleistung und Glaubwürdigkeit erzielen als indirekte Vermittlungsformen (ebd., S. 179). Daher eignen sie sich insbesondere zur Aktivierung der Beschäftigten im Rahmen des BGM.

Maßnahmen

Im letzten Schritt der Kommunikationsstrategie sind die konkreten **Maßnahmen** festzulegen. Darunter fallen z. B. Gesundheitsaktionen, Gewinnspiele, Infosessions, Erfahrungsberichte, Plakate/Visualisierungen, Faktenboxen, Testimonials oder Edutainment (Education Entertainment). Bei der Gestaltung sind sowohl zeitliche als auch dramaturgische und inhaltliche Aspekte zu berücksichtigen. Für einen Überblick über die je nach gewählter Kommunikationsstrategie möglichen Maßnahmen sei auf Reifegerste und Ort (2018, Kapitel 10.2) verwiesen.

Erfolgskontrolle

Die **Erfolgskontrolle** bzw. Evaluation sollte nicht nur zum Abschluss einer Kampagne stattfinden, sondern auch prozessbegleitend, um die Wirksamkeit der (geplanten) Kommunikationsmaßnahmen im Hinblick auf die Zielerreichung zu kontrollieren. So kann bereits während der Planungs- und Umsetzungsphase gezielt gegengesteuert werden, falls sich eine Botschaft, eine Maßnahme oder ein Instrument als ungeeignet erweist. Während der Entwicklung der Kampagne sollten Botschaften und Kommunikationsangebote bereits mit Vertretern der Zielgruppe und ggf. mit Experten getestet werden, um Verständlichkeit und Wirkung zu überprüfen. Während des Prozesses kann z. B. direktes Feedback der Zielgruppen eingeholt und die Teilnahme an Aktionen überprüft werden. Zudem können über ein gezieltes Medienmonitoring Klickzahlen und Reaktionen ausgewertet werden. Abschließend erfolgt die Ergebniskontrolle in Form eines Vergleichs zwischen dem angestrebten und dem nach der Kampagne tatsächlich erreichten Zustand (vgl. Reifegerste/Ort, 2018, S. 161 f.). Mit der Erfolgskontrolle wird also nicht nur die Effizienz und Effektivität von Kampagnen gemessen, sondern es werden auch wichtige Erkenntnisse für die Gestaltung zukünftiger Kampagnen gewonnen.

Zuletzt ist aber darauf hinzuweisen, dass nicht die Kommunikation allein entscheidend für die Aktivierung, d. h. für die Beteiligungsbereitschaft der Mitarbeiter sein kann. Eine entscheidende Rolle spielt z. B. auch die Unterstützung der direkten Vorgesetzten im Hinblick auf ihre Bereitschaft, das Engagement ihrer Mitarbeiterinnen und Mitarbeiter zu fördern, sowie hinsichtlich ihrer Offenheit für Bottom-up-Feedback (vgl. Faller, 2017, S. 196). Führungskräfteschulungen und Coachings können bei Bedarf sinnvolle Ergänzungsmaßnahmen sein (vgl. Kapitel 10).

Um die Zielerreichung auf der Verhaltensebene wirksam zu unterstützen, sollten Kommunikationskampagnen im Gesundheitsbereich grundsätzlich langfristig ausgerichtet sein und mit Interventionen auf anderen Ebenen kombiniert werden (vgl. Reifegerste/Ort, 2018). Eine sinnvolle ergänzende Intervention kann das »Anstupsen« von erwünschtem Verhalten, das sog. *Nudging*, darstellen, auf das im Abschnitt 11.5 im Detail eingegangen wird. Durch *Nudging* werden gesundheitsförderliche Entscheidungsoptionen gegeben, was insbesondere sinnvoll ist, um Zielgruppen zu erreichen, die sich relativ wenig für Gesundheitsthemen interessieren.

Für eine praxisorientierte Veranschaulichung der hier eingeführten Elemente der Kommunikationsplanung dient der folgende Praxisfall

11.4.2 Praxisfall Henkel AG & Co. KGaA

»Wenn wir das Kommunikative drumherum weglassen, kommt keiner«
(Dr. Andreas Bauck, Director Corporate Health, Henkel)
Die Henkel AG & Co. KGaA mit Hauptsitz in Düsseldorf beschäftigt rund 53.000 Mitarbeiter weltweit und ist in drei Geschäftsfeldern tätig: Adhesive Technologies (Klebstoff-Technologien), Beauty Care (Schönheitspflege) und Laundry & Home Care (Wasch-/Reinigungsmittel). Am Standort Düsseldorf ist der Funktionsbereich Corporate Health ansässig, der neben dem lokalen werksärztlichen Dienst mit eigener Standortklinik auch die Bereiche BGF, BGS und BEM weltweit verantwortet. Als Standortdienstleister betreut der werksärztliche Dienst die eigenen 6.000 Henkel Mitarbeiter sowie rund 4.000 weitere Beschäftigte des Industrieparks u. a. in den Bereichen Medizin, Gesundheitsförderung, Rehabilitation bis hin zur Physiotherapie. Als Funktionsbereich steuert Corporate Health die strategische Ausrichtung des BGM weltweit.

In Bezug auf die Ausrichtung der Kommunikation sind zunächst die Bereiche BGS, BEM und BGF zu unterscheiden. Da Gesundheitsschutz und Arbeitsmedizin u. a. stark regulatorisch getrieben sind, ist auch die Kommunikation standortspezifisch bzw. deutschlandweit ausgerichtet. Auch im betrieblichen Eingliederungsmanagement findet sich ein nationaler Ansatz. Die Kommunikation im Rahmen der BGF ist dagegen in großen Teilen weltweit ausgerichtet, d. h., Angebote und Aktionen werden, wenn möglich, von der Zentrale ausgehend skaliert. Alle Bereiche werden jedoch unter einem integrierten Ansatz des BGM vereint. Die Kommunikation wird in enger Zusammenarbeit mit dem Funktionsbereich Corporate Communications gestaltet.

Die Kommunikationsstrategie im BGF basiert auf einem Jahreskommunikationsplan, der jeweils aktuelle Situationen und Themen aufgreift (z. B. während der Corona-Pandemie die Themen Arbeiten von zu Hause, mentale Belastungssituationen, Kollaboration fördern u. v. m.) und im Rahmen von entsprechenden Kommunikationskampagnen mit Wissenselementen und Aktivierungselementen in die Umsetzung gebracht wird. Um die internen Zielgruppen mit ihren unterschiedlichen Bedürfnissen und Lebenslagen zu erreichen, wird eine Multi-Channel-Strategie verfolgt, d. h., es wird ein Media-Mix eingesetzt, der für eine möglichst hohe Durchdringung sorgt. Kernelement dieses Ansatzes ist der *MyCare Hub*, eine weltweite Plattform, die alle Angebote des BGM zusammenführt. Auf der Plattform können die unterschiedlichen Services des BGM differenziert dargestellt und über sog. Tags spezifischen Mitarbeiter- bzw. Zielgruppen zugeordnet werden, je nachdem in welchem Bereich die Bedürfnisse liegen (z. B. medizinische Bedürfnisse, psychologische Unterstützung, Reise etc.). Auch unterschiedliche Angebotsarten wie News, Termine (z. B. Terminierungstool des Impfzentrums), Events und dauerhafte Angebote (z. B. vor Ort und digital) können differenziert dargestellt und miteinander vernetzt werden.

Der *MyCare Hub* wird im Rahmen von Kampagnen mit weiteren Instrumenten und Aktionen verknüpft. Ein Beispiel ist eine weltweite Kampagne zur Kooperation mit dem Urban Sports Club, die mit Artikeln in Intranet und Mitarbeiterzeitung, Plakataktionen, Promotionaktionen in den Kantinen und Give-Aways (z. B. Massage Rolls und Sporttaschen) flankiert wurde. Die Angebote des Urban Sports Club wurden dann im Rahmen einer Sportwoche, die mit dem *MyCare Hub* verlinkt wurde, zusätzlich beworben. Die klassische Push-Kommunikation wurde auf diese Weise mit einer individuellen Ansprache durch passgenaue Angebote verbunden, um somit auch eine Pull-Kommunikation über den Hub zu fördern.

Die Live-Kommunikation spielt im Rahmen des Media-Mixes eine große Rolle, da sie über Veranstaltungen und persönliche Erlebnisse einen stark motivatorischen und aktivierenden Charakter hat. Als Beispiel ist hier die Kick-off-Veranstaltung für eine weltweite Gesundheitskampagne zu nennen, bei der mit der ehemaligen Profiathletin Heike Drechsler eine glaubwürdige Multiplikatorin eingesetzt wurde. Neben einer motivierenden Ansprache übernahm Heike Drechsler die Eröffnung eines Sport-Parcours und führte die Übungen persönlich online vor, was mehr als 4.000 Mitarbeiter dazu animierte, im Homeoffice selbst aktiv zu werden. Um die Partizipation und Aktivierung der Mitarbeiter zusätzlich zu unterstützen, nutzt Henkel digitale Gamification Elemente: Die Mitarbeiter werden z. B. über Apps spielerisch in Wettbewerbe rund um die Themen des BGM eingebunden. So zum Beispiel bei Henkels Tischtenniskampagne: Gemeinsam mit Düsseldorfs Oberbürgermeister Stephan Keller und dem Tischtennisteam Borussia Düsseldorf kündigte Deutschlandpräsident und Standortleiter Daniel Kleine die Förderung einer Sport-App durch Henkel und einen darauf basierenden Tischtenniswettbewerb öffentlich an. In diesem Kontext waren auch Tischtennisplatten auf Henkels Standortgelände aufgebaut worden, die Mitarbeiter z. B. in der Mittagspause nutzen konnten.

Im Anschluss an den Wettbewerb fand ein Match zwischen CEO Carsten Knobel und Tischtennisprofi Timo Boll statt und wurde digital in die ganze Welt übertragen. Im Gespräch der beiden wurde auch die Bedeutung psychologischer und körperlicher Gesundheit als wichtige Erfolgsvoraussetzungen hervorgehoben. Ein weiterer Gamification-Ansatz bestand aus einer Wellbeing Challenge, bei der die Mitarbeiter durch Stretch- und Dehnungsübungen für jede Körperregion Punkte sammelten und im Anschluss einen Barcode scannten. Im Rahmen einer »virtuellen Reise um die Welt« traten die unterschiedlichen Regionen weltweit beim Punktesammeln gegeneinander an. Um einen zusätzlichen Anreiz zur Teilnahme zu schaffen, wurde diese Challenge mit einer Charity Initiative verknüpft, sodass für den erfolgreichen Abschluss des Spiels ein festgelegter Betrag der deutschen Sporthilfe zukam.

Die Initiativen und Kommunikationsangebote werden kontinuierlich im Rahmen der Erfolgsmessung evaluiert. Während Teilnahmequoten bzw. Abwesenheiten oder Klickzahlen relativ leicht zu messen sind, ist es eine größere Herausforderung, den Beitrag von Kommunikationskampagnen zur Zielerreichung auf der Verhaltensebene (z. B. Verbesserung der Gesundheit) zu evaluieren. Henkel nutzt hier Mitarbeiterbefragungen, Studien oder auch gezieltes Benchmarking mit anderen Unternehmen bzw. Branchen. Auf Basis der Evaluationen werden Angebote kontinuierlich weiterentwickelt.

Ein nächster Schritt für die Zukunft besteht darin, über digitale Tools eine noch stärkere Verknüpfung der Mitarbeiterbedürfnisse mit gezielten Angeboten des BGM zu erreichen, um – damit einhergehend – die Nutzung der Angebote noch besser tracken zu können.

Wenn Angebote trotz kommunikativer Begleitmaßnahmen von den Mitarbeitern noch nicht wie gewünscht angenommen werden, setzt Henkel aktionsbezogene Interventionen auf der Verhaltensebene ein (Nudging), um die Aktivierungsquote zu erhöhen bzw. Verhalten in die gewünschte Richtung zu lenken. Beispiele finden sich hier im Bereich der Ernährung sowie beim Impfen der Mitarbeiter. So wird z. B. in der Kantine das Salatbuffet zum gleichen Preis angeboten wie das Standard-Menü. Zusätzlich wird immer eine vegetarische Alternative zum Standard-Menü sowie kostenloses Trinkwasser angeboten. Impfangebote können grundsätzlich während der Arbeitszeit in Anspruch genommen werden. Um die Impfquote zusätzlich zu erhöhen, wurden Henkel-Produkte als Geschenk zu jeder Impfung angeboten.

Sehr erfolgreich verlief auch eine Impfkampagne mit QR-Codes zur Impfanmeldung, die auf Taschentücher-Packungen oder auf einer Seife des Unternehmens abgedruckt waren – beides wurde in den Kantinen ausgegeben. Durch diese Anreize wurde nicht nur die Aktivierungsquote erhöht, sondern mit diesen Henkel-Produkten wurde auch die Firmenzugehörigkeit bzw. Identifikation der Mitarbeiter gestärkt. Während sich der Einsatz dieser sog. Nudges bei Henkel noch aktionsbezogen gestaltet, bietet sich das Potenzial eines systematischen Ausbaus durch einen Nudging-Planungsprozess. Die Gestaltung eines systematischen Nudgings im BGM wird im folgenden Abschnitt eingehender erläutert.

Die Autorinnen bedanken sich bei Dr. Andreas Bauck, Director Corporate Health der Henkel AG & Co. KG, für das Interview zu diesem Praxisfall.

!

Merken Sie sich bitte:

Erfolgsfaktoren der BGM Kommunikation von Henkel

- Strategische Planung im Rahmen von Jahres-Kommunikationsplänen.
- »Roter Faden« in den Kommunikationskampagnen: Neue Kommunikationselemente werden immer mit dem Hauptthema der Kampagne gekoppelt, z. B. der Hauptrahmen »Fitness« vereint Elemente zu körperlicher und mentaler Fitness sowie Fitness durch Ernährung.

- Berücksichtigung individueller Bedürfnisse der Zielgruppen und Verknüpfung mit passenden Angeboten über digitale Tools.
- Regelmäßige individualisierte Aktivierungselemente (z. B. Aktivierungsmails).
- Einbindung der Unternehmensführung (CEO) und weiterer glaubwürdiger Persönlichkeiten/Botschafter.
- Kontinuierliche Erfolgskontrolle mit Rückkopplungsschleifen, regelmäßiges Benchmarking.
- Unterstützende Nudges zur Erhöhung der Aktivierungsquote.

11.5 Nudging im BGM

Das zuvor erwähnte Nudging (engl. *to nudge* = anstupsen) ist im Bereich der Verhaltensökonomie bzw. der Behavioural Insights zu verorten. Es ist als Konzept inzwischen auch in Deutschland angekommen, viele wissen jedoch noch nicht konkret, was sich dahinter verbirgt bzw. wie man es gerade im Bereich des BGM am effektivsten einsetzen sollte. Nudging fußt auf den Erkenntnissen der Verhaltens- und Kommunikationswissenschaften (vgl. Thaler/Sunstein, 2020). Es geht davon aus, dass sich Menschen von Natur aus nicht rational verhalten und oft aus Gewohnheit oder bisweilen Faulheit die »falschen« (im Sinn von ungesunden, ineffizienten) Entscheidungen treffen. Nudging will Menschen dazu bewegen, die richtigen Entscheidungen zu treffen, ohne sie zu bevormunden. Entscheidend ist dabei, dass Menschen durch Nudging nicht manipuliert werden, sondern sich weiterhin zwischen den bestehenden Optionen frei entscheiden können.

11.5.1 Gestaltungsmodelle des Nudgings

Es gibt unterschiedliche Modelle im Bereich des Nudging, um verhaltenssteuernde Einflüsse und mögliche Nudges zu klassifizieren. Die bekanntesten Modelle sind das *MINDSPACE*- und das *EAST-Modell*. Für das *MINDSPACE-Modell*, das primär in der Politikberatung eingesetzt wird, wurden neun Einflüsse auf menschliches Verhalten eruiert, die allesamt nicht auf Zwang beruhen. Das *EAST-Modell* ist eine aktualisierte Version des *MINDSPACE-Modells* und basiert auf vier einfachen Prinzipien, die noch mehr Erkenntnisse der Verhaltenswissenschaften in die praktische Anwendung bringen. Demnach sollte ein bestimmtes Verhalten gefördert werden, indem es nach den vier Parametern einfach, attraktiv, sozial passend und zeitlich passend gemacht wird. Auch das *EAST-Modell* wurde ursprünglich in der Politikberatung eingesetzt. Der Arzt und Sozialwissenschaftler Mathias Krisam und die Verhaltenswissenschaftlerin Mona Maier kombinierten die Erkenntnisse aus beiden Modellen und entwickelten auf dieser Basis das sog. *AEIOU-Modell* (vgl. Krisam/Maier 2020). Das Besondere des *AEIOU-Modells* ist dessen dezidierte Anwendbarkeit in der Gesundheitskommunikation.

Alle Elemente des *EAST-Modells* wurden hierfür übernommen und durch das *MINDSPACE*-Instrument *Affect* (emotionale Kommunikation) ergänzt. Das überarbeitete Modell wurde um Maßnahmen ergänzt, die auf Basis ihres konkreten, empirisch belegten Nutzens und ihrer Relevanz bei der Umsetzung ausgewählt wurden und bereits in der Unternehmens-Praxis Erfolg zeigten. Neue Faktoren waren hierbei das sog. Prompting (d.h. das unmittelbare Auffordern zu einer gesunden Handlung), das Erinnern, Priorisieren, Lob als immaterielle Ergänzung zu Sanktionen, das Einbinden spielerischer Elemente bzw. der Einsatz von Gamification. Ebenfalls in der Praxis bewährten sich das direkte Hinführen zur Handlung, eine attraktive Namensgebung, die hervorgehobene Bedeutung visueller Elemente und der Personalisierung. Diese Aspekte wurden (anders als in den Vorgänger-Modellen) separat aufgeführt und analysiert, um dem jeweiligen Bereich mehr Bedeutung zuzusprechen. Die aufgeführten Faktoren wurden dann zu thematischen Übergruppen zusammengefasst, um Darstellung, Lesbarkeit und Anwendung des entstandenen Modells zu erleichtern.

AEIOU-Modell

Die einzelnen Buchstaben des *AEIOU-Modells* stehen für:

Ansprache: Visuelle Elemente, Personalisierung, Emotionsbasierte Komunikation, Attraktive Namensgebung einbringen

Einfachheit: Einfache Sprache, Einfache, bequeme, zeitlich passende Handlungsempfehlungen, zielgerichtete Positionierung, gesunde Option als Standardoption einsetzen

Incentivierung: Belohnungen, spielerische Elemente, Wettkämpfe, Lob einbinden

Orientierung: Verbindlichkeit schaffen, soziale Normen und Vergleiche, soziale Vorbilder und Unterstützung nutzen

Unmittelbarkeit: Erinnerungen, Planungsunterstützung, Ziele und kurzfristige Vorteile leicht verständlich und direkt kommunizieren, Unmittelbare Information dort einsetzen, wo die Entscheidung getroffen wird (Prompting)

Abb. 2: Das AEIOU-Modell; eigene Darstellung in Anlehnung an Krisam/Maier 2020, S. 10

Das *AEIOU-Modell* bietet einen praktischen Handlungsrahmen, mit dem eigene Lösungen und Maßnahmen entstehen können. Die finalen fünf Kategorien umfassen insgesamt 20 dahinterliegende Instrumente. Diese Instrumente werden danach mit Themenbereichen aus dem BGM (wie etwa Impfen, digitale Gesundheitskommunikation, Maßnahmen zur Förderung der Gesundheit u. a.) verknüpft. Den Ausgangspunkt jeder Modellanwendung im Bereich Nudging bildet zunächst die Analyse des aktuellen Verhaltens der Menschen u. a. durch Beobachtung und Befragung der Mitarbeiter und Mitarbeiterinnen. Erst danach folgt die Anwendung der Modellkriterien. Der Ablauf eines systematisch aufgesetzten Nudgings wird nun im folgenden Abschnitt eingehender erläutert.

11.5.2 Der Nudging-Prozess

Ein systematisch aufgesetzter Nudging-Prozess durchläuft verschiedene Phasen, die in Abbildung 3 gezeigt werden: Nudging-Prozess

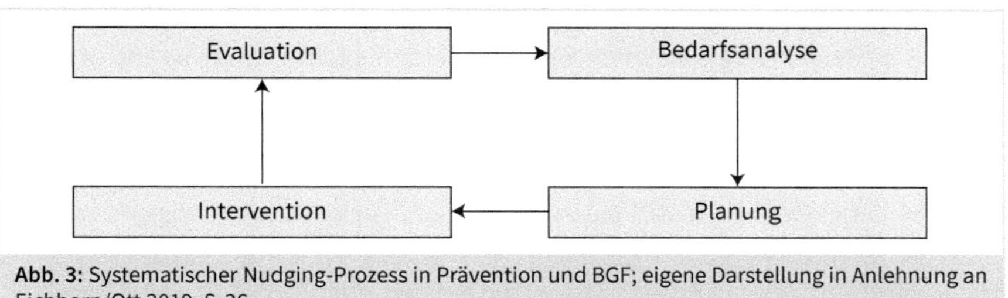

Abb. 3: Systematischer Nudging-Prozess in Prävention und BGF; eigene Darstellung in Anlehnung an Eichhorn/Ott 2019, S. 36

Schritt 1 – Bedarfsanalyse
Hier muss das konkrete Zielverhalten benannt werden, das idealerweise spezifisch und messbar definiert ist. Je konkreter die Benennung des Zielverhaltens, desto besser. Die genaue Zieldefinition hilft dabei, den Umfang der geplanten Intervention personell und finanziell abzuschätzen. Diese erste Definition des Zielverhaltens wird idealerweise auf Basis von vorliegenden Daten (z. B. Zahl erkrankter Mitarbeiter) getroffen, die später nach erfolgter Nudging-Intervention als Vergleich herangezogen werden und den Erfolg oder Misserfolg des Nudging-Projekts quantifizieren können (vgl. Eichhorn/Ott, 2019, S. 30).

Schritt 2 – Planung
Nun wird der eigentliche Entscheidungsprozess von den betroffenen Personen genauer unter die Lupe genommen. Hierbei ist wichtig, dass Vertreter der ausgewählten Zielgruppe eingebunden werden, damit erstens Transparenz gewährleistet und zweitens das Feedback der betroffenen Personen direkt eingeholt werden kann. Das Wissen über spezifische Verhaltensweisen in den jeweiligen Situationen ist Grundlage für die Wirksamkeit der abgeleiteten Maßnahmen und Techniken der Verhaltensänderungen. Nur wenn die Gewohnheit in einer bestimmten Situation (z. B. Aufzug nehmen statt Treppe steigen) klar erkannt und benannt wird, kann hierfür der passende Nudge zielgerichtet erarbeitet und aufgesetzt werden. Dafür müssen Zielgruppe, Kontextfaktoren, Handlungsoptionen der Zielgruppe, die ihnen zur Verfügung stehenden Informationen wie auch die Eigenschaften der Entscheidung ganz genau analysiert werden (vgl. ebd., S. 31).

Schritt 3 – Intervention
In diesem Schritt gilt es, die verschiedenen psychologischen Wirkmechanismen heranzuziehen, auf deren Basis ein für die vorliegende Situation passender Nudge entwickelt werden kann. Hierfür bieten sich die zuvor beschriebenen Parameter des *MINDSPACE*- und *EAST*- bzw. des hier favorisierten *AEIOU-Modells* an.

Schritt 4 – Evaluation
Am Ende muss die Implementierung vollzogen und das erreichte Ziel überprüft werden. Die eigentliche Umsetzung der entwickelten Nudging-Intervention sollte alle relevanten betrieblichen Akteure einbinden. Wie zu Beginn in Schritt 1 erläutert, ist es sinnvoll, von Beginn an ein klar definiertes Ziel festzuhalten und mit den entsprechenden Kennzahlen zu versehen. Auf Basis dieser Parameter kann dann der Erfolg der Intervention klar überprüft werden. In der Praxis hat sich oft auch ein Pre-Test der entwickelten Nudging-Maßnahme in einer kleinen, ausgewählten Testgruppe bewährt. Schlagen die entwickelten Wirkmechanismen des eingesetzten Nudges bereits bei dieser Testgruppe nicht an, so gilt es, diese vor dem Einsatz in der größeren Gruppe betroffener Personen nochmals zu überarbeiten (vgl. ebd., S. 35).

Zusammen mit einer strategischen Kommunikationsplanung, mit der – wie in Abschnitt 11.4.1 ausgeführt – Gesundheitskampagnen gezielt gestaltet und umgesetzt werden können, bietet der Nudging-Prozess das Potenzial, Interventionen auf der Verhaltensebene systematisch zu entwickeln und ergänzend einzusetzen. Insbesondere dort, wo die »regulären« Kommunikationsmaßnahmen noch nicht die gewünschte Aktivierungsquote der Belegschaft erreichen, können Nudging-Maßnahmen gezielt integriert werden. Somit erhöht sich die Wahrscheinlichkeit, auch die Menschen zu aktivieren, die über Gesundheitskampagnen nicht erreicht werden.

Literatur

Bonfadelli, Heinz/Friemel, Thomas (2010): Kommunikationskampagnen im Gesundheitsbereich: Grundlagen und Anwendungen., 2. Aufl., UVK: Konstanz.

Bruhn, Manfred (2015): Kommunikationspolitik. Systematischer Einsatz der Kommunikation für Unternehmen. 8. Aufl., Vahlen: München.

Bruhn, Manfred (2018): Kommunikationspolitik. Systematischer Einsatz der Kommunikation für Unternehmen. 9. Aufl., Vahlen: München.

Deutsche Rentenversicherung Bund (2020): Starker Service- starke Firma; Leitfaden zum Betrieblichen Eingliederungsmanagement. 3. Aufl. Berlin.

DGFP (2014): Integriertes Gesundheitsmanagement: Konzept und Handlungshilfen für die Wettbewerbsfähigkeit von Unternehmen, W. Bertelsmann Verlag, 2014. S. 73.

Eichhorn, Diana/Ott, Ida (2019): Nudging im Unternehmen. Den Weg für gesunde Entscheidungen bereiten. https://www.iga-info.de/fileadmin/redakteur/Veroeffentlichungen/iga_Reporte/Dokumente/iga-Report_38_Nudging_im_Unternehmen.pdf (abgerufen am 23.09.2021.

Faller, Gudrun (2017): Mehr als Marketing: Kommunikation und Gesundheit im Betrieb. In: Faller Gudrun (Hrsg.): Lehrbuch Betriebliche Gesundheitsförderung, 3. Aufl., Bern.

Hurrelmann, Klaus/Baumann, Eva (2014): Handbuch Gesundheitskommunikation. Mannheim.

Kienzle, Matthias/Zerres, Christopher (2016): Instrumente einer internen Unternehmenskommunikation. In: Zerres, Christopher (Hrsg.): Arbeitspapiere für Marketing und Management. Schriftenreihe, Hochschule Offenburg.

Krisam, Mathias/Maier, Mona (2020): Das AEIOU-Modell für einfache und effektive Verhaltensförderung in Gesundheitsförderung und Prävention, S. 3-26, Berlin.

Kunert, Sebastian (2014): Health Change Management: Gesundheitsorientierten Wandel gestalten, In: Jochen Zimmer, Martin Elbe, Daniel Lange (Hrsg.): Handbuch Gesundheitscoaching – Kompendium für Praxis und Lehre; 1. Aufl. Digitales Druckzentrum Bucec & Co. Berlin KG, S. 137-153.

Mast, Claudia (2019): Unternehmenskommunikation, 7. Aufl., UVK: München.

Mücke, Alexander (2014): Gesunde Kommunikation – Grundlagen gesunder Gesprächsführung, In: Jochen Zimmer, Martin Elbe, Daniel Lange (Hrsg.): Handbuch Gesundheitscoaching – Kompendium für Praxis und Lehre; 1. Aufl. Digitales Druckzentrum Bucec & Co. Berlin KG, 185-203.

Reifegerste, Doreen/Ort, Alexander (2018): Gesundheitskommunikation. Nomos, Baden-Baden.

Rossmann, Constanze & Hastall, Matthias R. (2019): Handbuch der Gesundheitskommunikation. Kommunikationswissenschaftliche Perspektiven. Springer Gabler: Wiesbaden.

Thaler, Richard/Sunstein, Cass (2020): Nudge. Wie man kluge Entscheidungen anstößt. Ullstein Verlag. Berlin.

Teil 3: Prozesse im BGM

12 Maßnahmen im Betrieblichen Gesundheitsmanagement

Thomas Olbrecht

Im folgenden Kapitel werden Maßnahmen zu vier wesentlichen Themen im Betrieblichen Gesundheitsmanagement behandelt. Zunächst werden die vier Handlungsfelder des BGMs vorgestellt und deren Wirkung auf ein gesundes Unternehmen betrachtet. Der PDCA-Zyklus wird im Kapitel 12.2 behandelt. Dieser iterative Ansatz dient der Weiterentwicklung von Produkten und Dienstleistungen und unterstützt bei der Fehler-Ursachen-Analyse. Wird der PDCA-Zyklus im BGM angewendet, lassen sich die Fortschritte in der Entwicklung gesundheitsrelevanter Maßnahmen erkennen und weiter optimieren. Kapitel 12.3 widmet sich externen Dienstleistern zu. Hier werden mögliche Prozessschritte für die berufliche Praxis vorgestellt und Wege aufgezeigt, einen entsprechenden Partner für das eigene Vorhaben zu finden und auszuwählen. Kapitel 12.4 wendet sich dem Thema Controlling und Kennzahlen zu. Dort wird dargestellt, welche Möglichkeiten Unternehmen zur Bewertung ihres BGM nutzen können. Welche Kennzahlen liegen im Unternehmen vor und wo liegen ggf. die Grenzen, einen Return on Investment (ROI) zu berechnen.

12.1 Wirkungsfelder Betriebliches Gesundheitsmanagement

Anspruchsfelder und Zielsetzung

Gesundheitsbezogene Maßnahmen im Unternehmen zu planen, zu organisieren und zu adressieren sind die zentralen Aufgaben eines Betrieblichen Gesundheitsmanagements (BGM). Zwei Anspruchsfelder können bei der Zielsetzung unterschieden werden: Zum einen die Orientierung des BGM hin zu den Beschäftigten. Hier stehen die Gesundheit und die Leistungsfähigkeit ebenso im Fokus wie der Erhalt und die Verbesserung der Zufriedenheit. Ferner ist es Teil dieser Ausrichtung, ein optimales Arbeitsumfeld zu schaffen. Zum anderen dient das Managementsystem dazu, den wirtschaftlichen Erfolg mitzusichern. Dabei geht es darum, das mögliche Potenzial der Beschäftigten in ihrer Tätigkeit auszuschöpfen.

Ein nachhaltiges effektives Gesundheitsmanagement gestaltet sich in einem fortlaufenden Prozess und darf nicht als Insellösung verstanden werden. Die Aufgaben des BGM lassen sich nur umsetzen, wenn dazu alle Wirkfelder des Unternehmens, die auf die Gesundheit Einfluss nehmen, beachtet werden (siehe Abbildung 1). Nur bei einer gesundheitsorientierten Unternehmenskultur, einer entsprechenden Führung und Organisation, einer modernen Personalpolitik sowie einer individuellen Ansprache der Beschäftigten ergeben sich die Voraussetzung für eine positive Leistungsbereitschaft und -fähigkeit sowie für eine optimale Gesundheitssituation unter den Beschäftigten.

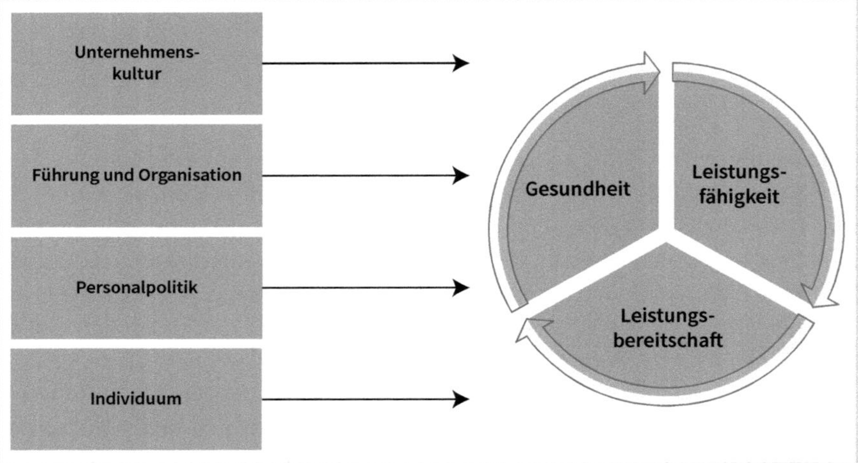

Unternehmens-kultur → Führung und Organisation → Personalpolitik → Individuum → Gesundheit / Leistungsfähigkeit / Leistungsbereitschaft

Abb. 1: Wirkungsfelder BGM (Schaff, 2021)

! **Merken Sie sich bitte:**

Zwei zentrale Aufgaben eines BGM können unterschieden werden:

1. Orientierung hin zu den Beschäftigten im Unternehmen. Die Gesundheit und die Leistungsfähigkeit stehen im Fokus sowie der Erhaltung und die Verbesserung der Arbeitszufriedenheit.
2. Managementsystem mit Orientierung, die auf den Unternehmenserfolg ausgerichtet ist, unter Ausschöpfung des möglichen Potenzials der Beschäftigten in ihrer Tätigkeit.

12.1.1 Unternehmenskultur

Unternehmenskultur

Jedes Unternehmen entwickelt mit der Zeit eine eigene Kultur – die Gesamtheit der Verhaltenskonfigurationen jedes einzelnen Individuums im Unternehmen. Die Kultur eines Unternehmens zeigt sich darin, wie die einzelnen Akteur:innen miteinander sowie mit der externen Umgebung interagieren, welche Werte sie im Unternehmen vertreten und nach welchen Kriterien Entscheidungen getroffen werden (vgl. hierzu Kapitel 9). Badura und Ehresmann verstehen unter dem Begriff Kultur »gemeinsame Werte, Überzeugungen und Regeln eines Kollektivs, die seine Mitglieder zur Kooperation befähigen und ihr Bedürfnis nach Bindung und Sinnstiftung befriedigen (Badura & Ehresmann, 2017, S. 196)«.

Die Unternehmenskultur besteht aus einem über die Jahre angeeigneten Verhalten, aus ungeschriebenen Regeln, Einstellungen und Umgangsformen. Diese beeinflussen den Unternehmensalltag zum Teil bewusst, zum größten Teil jedoch unbewusst (Schein, 1985). Geht es darum, einen ersten Eindruck zur Kultur im Unternehmen zu gewinnen, genügen wenige Kulturelemente (siehe Tabelle 1), die direkt beobachtbar sind. So geben Einstellungs- und Verhaltensweisen, Kommunikationsgewohnheiten, der Grad der Selbstorganisation, die Arbeitsumgebung sowie die Werte und Normen einen guten Eindruck zur Kultur im betrachteten Unternehmen. Mit entsprechenden Leitfragen können externe (bspw. Bewerber:innen) wie auch interne Interessierte sehr schnell einen Einblick zum Sozialverhalten im Unternehmen erhalten. Die einzelnen beobachtbaren Kulturelemente bedingen sich gegenseitig, sodass sie positiv oder auch negativ auf das Unternehmen einwirken können. So können eine unzureichende Unternehmenskommunikation sowie ein autoritäres Führungsverhalten die Stimmung unter den Beschäftigten negativ beeinflussen, was in der Konsequenz zu einer geringeren Leistungsfähigkeit und -bereitschaft führen wird.

Kulturelemente und Leitfragen

Einen Überblick über verschiedene Kulturelementen und die passenden Leitfragen gibt die folgende Tabelle:

Kulturelemente	Leitfragen
Verhaltensweisen und Umgang miteinander	Wie begrüßt/verabschiedet man sich? Gibt es einen Dresscode? Wie ist der Zusammenhalt im Team?
Machtverhältnisse & Führung	Wie viel Eigenverantwortung obliegt den einzelnen Mitarbeitenden? Wie eingeschränkt sind die Mitarbeitenden durch ihre Vorgesetzten? Wie werden Entscheidungen getroffen?
Kommunikationsweisen	Wie sieht die offizielle/inoffizielle Kommunikation aus? Wer weiß wie viel? Wird ausreichend kommuniziert?
Organisationsform & Struktur	Ist das Unternehmen strikt hierarchisch oder flach und gleichberechtigt strukturiert? Wie sind die Teams strukturiert? Gibt es Teams?
Arbeitsumgebung & Einrichtung	Wie sieht das Büro aus? Welche Auswirkungen hat die Büroform auf die Stimmung? Werden Speisen und Getränke zur Verfügung gestellt?
Werte & Normen	Wie ist die Einstellung zu Fehlern/Leistung/Regeln? Wie hoch ist die Risikobereitschaft? Ist es wichtig, Sinn zu stiften?

Tab. 1: Unternehmenskultur beschreiben: Worin zeigt sie sich (nach Clevis, 2021)

Die Autoren Badura und Ehresmann (2017) zeigten in ihrer Untersuchung die Bedeutung der Unternehmenskultur für die Gesundheit und das Arbeitsverhalten. In ihrer Studie wurden Daten von 6.750 Beschäftigten aus 17 Organisationen anhand einer standardisierten Befragung erhoben. Durch die statistische Auswertung konnte eine

Beeinflussung der Unternehmenskultur auf die emotionale Bindung ihrer Angehörigen bestätigt werden. Diese Bindung ist wiederrum ein bedeutsamer Faktor für die Gesundheit. »Je stärker die Qualität der Organisationskultur im Sinne gemeinsamer Werte, Überzeugungen und Regeln ausgeprägt ist, bzw. je höher die Akzeptanz der Kultur, desto stärker sind die Mitarbeiter an ihre Organisation gebunden. Sie sind stolz auf die von ihnen geleistete Arbeit und würden nicht in einer anderen Organisation arbeiten wollen« (Badura & Ehresmann, 2017, S. 205). Ein BGM benötigt daher eine gesundheitsförderliche Unternehmenskultur, die eine wertschätzende Kommunikation im Unternehmen ermöglicht und den Beschäftigten erlaubt, sich in kooperativer Weise zu verhalten. Gleichzeitig sind Respekt und Wertschätzung Leitplanken im Umgang miteinander.

!

Merken Sie sich bitte:

»Je stärker die Qualität der Organisationskultur im Sinne gemeinsamer Werte, Überzeugungen und Regeln ausgeprägt ist, bzw. je höher die Akzeptanz der Kultur, desto stärker sind die Mitarbeiter an ihre Organisation gebunden. Sie sind stolz auf die von ihnen geleistete Arbeit und würden nicht in einer anderen Organisation arbeiten wollen« (Badura & Ehresmann, 2017, S. 205).

Bielefelder Sozialkapital-Index (BISI)

Diese Feststellung legt die Frage nah, wie sich die Unternehmenskultur systematisch untersuchen lässt, um ggf. Handlungsmaßnahmen daraus abzuleiten. Anhand von Befragungen unter den Akteuren im Unternehmen lassen sich Einstellungs- und Verhaltensbereiche im Arbeitskontext untersuchen. Der Bielefelder Sozialkapital-Index (BISI) zeigt eine mögliche Operationalisierung der Unternehmenskultur (Rixgens 2010). Anhand dieses wissenschaftlich fundierten und zugleich praxisorientierten Fragebogeninstruments lässt sich das Sozialkapital mit seinen drei Dimensionen Netzwerk-, Führungs- und Wertekapital quantitativ messen und bewerten. Tabelle 2 zeigt die Operationalisierung der Unternehmenskultur, wie sie im BISI vorgenommen wird.

Kultur-Items
1. Konflikte und Meinungsverschiedenheiten werden in unserem Unternehmen sachlich und vernünftig ausgetragen.
2. Bei uns gibt es in allen Bereichen einen sehr großen Teamgeist unter den Beschäftigten.
3. Bei uns setzen sich fast alle Beschäftigten mit großem Engagement für die Ziele des Unternehmens ein.
4. Als Beschäftigter kann man sich voll und ganz auf die Unternehmensleitung verlassen.
5. Die Wertschätzung eines jeden einzelnen Mitarbeiters ist in unserem Unternehmen sehr hoch.
6. Führungskräfte und Mitarbeiter orientieren sich bei ihrer täglichen Arbeit sehr stark an gemeinsamen Regeln und Werten.

Kultur-Items
7. Unser Unternehmen kann man fast mit einer großen Familie vergleichen.
8. In unserem Unternehmen gibt es gemeinsame Visionen bzw. Vorstellungen darüber, wie sich der Betrieb weiterentwickeln soll.
9. Bei uns werden alle Beschäftigten gleichbehandelt.
10. Insgesamt habe ich den Eindruck, dass es bei uns im Umgang mit den Beschäftigten fair und gerecht zugeht.

Tab. 2: Items zur Messung der Qualität der Unternehmenskultur (Rixgens 2010)

Weitere mögliche Maßnahmen zur Veränderung der Ist-Situation hin zu einer gesunden Unternehmenskultur sind: die Aufnahme des BGM in die Unternehmenskultur als ihr integraler Bestandteil, die Entwicklung einer positiven Fehlerkultur sowie die Beschäftigung mit unbequemen Tatsachen im Unternehmen (bspw. psychische Erkrankungen, Führungs- und Organisationsprobleme und kulturelle Schwächen).

12.1.2 Führung und Organisation

Ein BGM funktioniert im Unternehmen nur, wenn es von allen Beteiligten gelebt wird. Den Führungskräften kommt dabei eine zentrale Rolle zu, denn sie entscheiden häufig mit ihren Verhalten, ob Maßnahmen erfolgreich sind oder scheitern. Gesundheit wird damit zu einer Führungsaufgabe.

Gesundheit ist Führungsaufgabe

Führungskräfte benötigen das Wissen über eine gesundheitsgerechte Führungsumgebung sowie die Selbstwahrnehmung zum eigenen Führungsverhalten (»Wie gesundheitsorientiert führe ich?«). Darüber hinaus brauchen sie Verhaltensformen, um zu verstehen, wie die Gesundheit und Zufriedenheit der Beschäftigten konkret verbessert und gestärkt werden kann. Denn sind die Faktoren Vorbildfunktion, Beziehungsgestaltung und Rahmenbedingungen der Arbeit positiv ausgefüllt, können Beschäftigte besser mit Stressoren umgehen und hohe Anforderungen können zu anregenden Herausforderungen werden. Maßnahmen zur Analyse der Führungsqualität im Unternehmen liegen in Form von Befragungen und Beobachtungen als etablierte Instrumente vor. Im Kern beschäftigen sich diese mit der Qualität gesundheitsorientierter Führung sowie dem Wohlbefinden und der Zufriedenheit der Beschäftigten (vgl. hierzu Kapitel 17).

Merken Sie sich bitte:

!

Führungskräfte benötigen das Wissen über eine gesundheitsgerechte Führungsumgebung sowie die Selbstwahrnehmung zum eigenen Führungsverhalten: »Wie gesundheitsorientiert führe ich?«.

Leistungsmanagement

Als Organisationseinheit benötigt das BGM Entscheidungsspielraum, Budget und Personalkapazität, um auf die fortdauernden Veränderungen in der Arbeitswelt mit passgenauen Lösungen reagieren zu können. Um aber besser auf den zunehmenden Strukturwandel, die neuen Arbeitsformen und die geänderten Beschäftigungsverhältnisse reagieren zu können, sollte das BGM Teil eines integralen Gesamtkonzepts im Unternehmen sein. BGM ist keine Insellösung, sondern Lösungsanbieter für ein nachhaltiges Leistungsmanagementkonzept im Unternehmen. Das Gesundheitsmanagement gliedert sich somit neben anderen Unternehmensfunktionen in dieses Konzept ein. An die Stelle des Ziels Gesundheit tritt die Wirkung, die letztlich durch die verbesserte Gesundheit erreicht werden soll: eine verbesserte Arbeitsfähigkeit und damit Leistung für das Unternehmen. Gesundheit ist also eine notwendige Voraussetzung, um diesem Ziel gerecht zu werden. BGM liefert dazu Ideen, Maßnahmen und Strukturen.

12.1.3 Personalentwicklung

Vereinbarkeit von individuellen und betrieblichen Zielen

Durch einen zunehmenden kulturellen, demografischen wie auch digitalen Wandel der Arbeitswelt ist der Anspruch an den Bereich Personalentwicklung sehr hoch. Beschäftigte müssen sich immer schneller neuen Gegebenheiten anpassen und die entsprechenden Hebel setzen, um den neuen Anforderungen gerecht zu werden. Das Ziel der Personalentwicklung besteht darin, die betrieblichen Ziele sowie die individuellen Ziele der Beschäftigten zu vereinbaren. Die Interessen des Unternehmens münden in eine Bedarfsermittlung sowie Planerstellung. Anhand der gewonnenen Erkenntnisse erhalten die Beschäftigten die Möglichkeit zur Aus- und Weiterbildung, Fortbildung und gegebenenfalls Umschulung. Durch diese Unterstützungsleistungen wird die Bindung der Leistungs- und Kernkompetenzträger an das Unternehmen zusätzlich erhöht (vgl. hierzu Kapitel 16).

Eine Entscheidungsgrundlage für Veränderungsprozesse liefern Bewertungen zum Leistungsvermögen im Unternehmen. Neben der fachlichen Kompetenz der Beschäftigten orientiert sich eine gesundheitsförderliche Personalentwicklung an »weichen« Kennzahlen, zum Beispiel zum Wohlbefinden oder zur individuellen Motivation der Beschäftigten. Das BGM kann hierbei unterstützen, die Menschen widerstandsfähiger und resilienter zu machen, aber auch deren Motivation zu steigern.

12.1.4 Individuum

unterschiedliche Wertesysteme und Zielvorstellungen der Generationen

Kein Unternehmen kann ein systematisches BGM entwickeln ohne Beschäftigte, die entweder die gleichen Ziele teilen oder den Willen und die Fähigkeit besitzen, diese Ziele anzunehmen. Um als wichtiger Akteur unter den Beschäftigten wahrgenommen zu werden, benötigt das BGM eine stärkere Zuwendung zu zwei wesentlichen Entwicklungen in den Unternehmen:

Zum einen erfordert die Alterung der Belegschaft im Zusammenhang mit dem gleichzeitig verschärften Fachkräftemangel eine neue Herangehensweise an die Gesunderhaltung der älteren Beschäftigtengruppen. Auch wenn die älteren Beschäftigten bisher schon von den entsprechenden Maßnahmen profitiert haben, muss die Zielsetzung geändert und an die heutige Situation angepasst werden: Ältere Beschäftigte motiviert und gesund in Arbeit zu halten ist schon heute für viele Unternehmen die einzige Möglichkeit, das Produktionsniveau und Umsatzvolumen aufrecht zu erhalten. Diese Entwicklung wird sich durch den fortschreitenden demografischen Wandel weiter deutlich verstärken und setzt dabei neue Standards für die Ziele und Prioritäten im BGM.

Der zweite Aspekt betrifft die zunehmende generationelle Spreizung im Unternehmen. Die Herausforderung besteht dabei, die unterschiedlichen Wertesysteme und Zielvorstellungen der Generationen in Einklang zu bringen. Um die unterschiedlichen Generationsgruppen optimal zu betreuen, ist eine differenzierte und zielgruppenorientierte Herangehensweise notwendig.

Merken Sie sich bitte: !

Kein Unternehmen kann eine systematisches BGM entwickeln ohne Beschäftigte, die entweder die gleichen Ziele teilen oder den Willen und die Fähigkeit besitzen, diese Ziele anzunehmen.

12.2 Initiierung eines PDCA-Zyklus

Mit dem PDCA-Zyklus (Abbildung 2) wird ein iterativer Ansatz im kontinuierlichen Verbesserungsprozess verstanden. Er dient der Weiterentwicklung von Produkten und Dienstleistungen und unterstützt bei der Fehler-Ursachen-Analyse. Wird der PDCA-Zyklus im BGM angewendet, lassen sich die Fortschritte in der Entwicklung gesundheitsrelevanter Maßnahmen erkennen und weiter optimieren (vgl. hierzu Kapitel 6).

iterativer Ansatz im kontinuierlichen Verbesserungsprozess

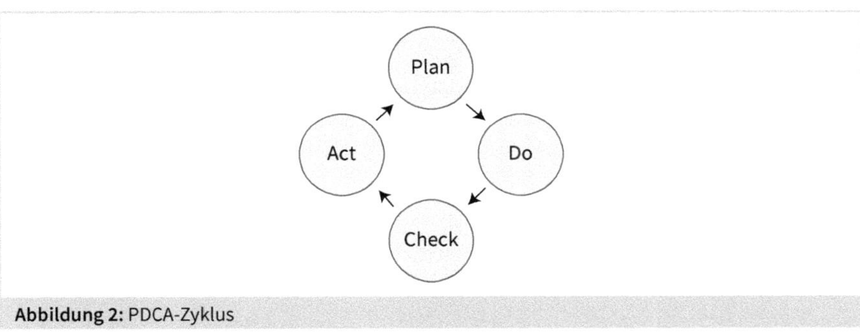

Abbildung 2: PDCA-Zyklus

vielseitig anwendbare Methode

1. Jeder Verbesserungsprozess benötigt einen Ausgangspunkt und eine Zielsetzung. In der ersten Phase (**PLAN**) erfolgt die deskriptive Beschreibung des Ist-Zustands, der durch den Steuerungskreis bestimmt wird. Bekannte Probleme (z. B. krankheitsbedingte Fehlzeiten im Unternehmen) werden dargestellt und auf Basis dieser Betrachtung werden entsprechende Ziele vereinbart. Diese orientieren sich sowohl an der Verbesserung der Ausgangssituation als auch an einem entsprechenden Zeitraum, in dem diese Verbesserung erfolgen soll. Sind die Ziele und der Ist-Zustand dokumentiert, wird der Bedarf ermittelt. Dieser kann aufgrund der Voraussetzungen im Unternehmen sehr individuell und unterschiedlich sein. Mögliche Instrumente, um den Bedarf zu ermitteln, sind bspw. Befragungen unter den Angehörigen des Unternehmens, Arbeitsplatzanalysen sowie das Auswerten betriebsspezifischer Kennzahlen (Fehlzeiten, Arbeitsunfälle).
2. In der zweiten Phase (**DO**) werden die geplanten Verhaltens- und Verhältnismaßnahmen umgesetzt. Für die interne Vermarktung der Maßnahmen bieten sich bestehende offline und online Kommunikationskanäle im Unternehmen an. Bei der Frage, wie Beschäftigte dazu bewogen werden können, eigenverantwortlich die angebotenen Maßnahmen anzunehmen, sollte neben einer »breiten« Ansprache (z. B. Newsletter, Intranet, Info-Brief) die direkte Kommunikation gewählt werden. So bietet eine Bedarfsidentifizierung (mit entsprechenden Angebotshinweisen) über die arbeitsmedizinische Vorsorge, die jährlichen Mitarbeitergespräche und Gespräche in Rahmen von BEM-Verfahren bessere Überzeugungsmöglichkeit im Vergleich zu den allgemeinen Hinweisen. Eine wertschätzende Kommunikation zwischen Arbeitsmedizin, Führungsebene und den Beschäftigten ist dabei eine Grundvoraussetzung für eine mögliche Überzeugung.
   In dieser Phase ist es zudem wichtig, die Ausführung der Maßnahmen zu bewerten: Wie wurden die Maßnahmen von der potenziellen Zielgruppe angenommen? Was waren die Stärken oder Schwächen der angebotenen Maßnahmen?
3. In der Phase **CHECK** werden der Prozessablauf und die Zielerreichung geprüft. Es wird die Frage beantwortet, ob mit den durchgeführten Maßnahmen die zuvor formulierten Ziele erreicht wurden. Die Ist- und Soll-Werte (z. B. aktuelle krankheitsbedingte Fehltage und gesetztes Ziel zu den Fehltagen) werden verglichen und bewertet.
4. In der abschließenden Phase (**ACT**) erfolgt eine Bewertung durch den Steuerungskreis. Aus den bisherigen Erfahrungen werden Handlungsmöglichkeiten für zukünftige Problemsituationen gewonnen. Wurden die gesetzten Ziele erreicht, können die durchgeführten Maßnahmen bestehen bleiben. Der Steuerungskreis sollte auch bei erfolgreichen Maßnahmen immer die Möglichkeit einer Optimierung im Blick behalten.

!

Merken Sie sich bitte:

Wird der PDCA-Zyklus im BGM angewendet, lassen sich die Fortschritte in der Entwicklung gesundheitsrelevanter Maßnahmen erkennen und weiter optimieren.

12.3 BGM und externe Beratung

In vielen Unternehmen gehört das BGM zum integralen Bestandteil der Organisation. Das Thema »Gesundheit« vernetzt die verschiedenen Akteure in einem professionellen Managementprozess.

Nach allen positiven Entwicklungen der Vergangenheit tauchen heute neue Herausforderungen auf, die eine Veränderung des BGM notwendig machen. Es muss seinen Fokus verändern und erweitern, um im Unternehmensumfeld weiter als wichtig und hilfreich wahrgenommen zu werden. Die Verknüpfung von Arbeitsschutz, BGF und BEM sind für ein erfolgreiches BGM ebenso erforderlich wie das Einbeziehen des Managements, die Partizipation der Beschäftigten, der Zielgruppenbezug oder die Kombination der Verhaltens- und Verhältnisprävention (Walle, 2020). Unternehmen können dabei aufgrund fehlender Ressourcen oder mangelnder Fachkenntnisse externe Dienstleister und Experten zur Zielbestimmung und zur strategischen Ausrichtung ihres BGM hinzuziehen. Das Ziel einer externen Unterstützung besteht darin, Unternehmen zu befähigen, ihr BGM nach einer Strategie- oder Prozessberatung selbstständig weiterzuführen.

externe Dienstleister und Experten als Partner gewinnen

Eine externe Beratung erarbeitet passgenaue Lösungen, die Unternehmen dabei unterstützen, ein zielgerichtetes BGM aufzubauen, zu etablieren und erfolgreich in der Organisation zu verankern. Die folgenden Prozessschritte – orientiert am PDCA-Zyklus – zeigen das Vorgehen einer externen Beratung in fünf aufeinander bauenden Schritten. Angefangen von der Ist-Analyse zum Gesundheitszustand im Unternehmen bis hin zur Bewertung der durchgeführten Maßnahmen und einer kontinuierlichen Weiterentwicklung.

passgenaue Lösungen für Unternehmen

Maßgeblich für den Erfolg einer Prozessbegleitung ist, sich daran zu orientieren, wie die Situation im Unternehmen am Anfang der Zusammenarbeit von den internen wie externen Akteuren verstanden wird. Zum Startpunkt der Zusammenarbeit (Schritt 1) gilt es, den Gesundheitszustand im Unternehmen sowie die individuellen Ziele zusammen mit den Beteiligten des Unternehmens (z. B. Steuerungskreis, Entscheidern) zu ermitteln. Im zweiten Schritt werden die Arbeitsplätze nach gesundheitspräventiver Sicht analysiert. Dies kann durch persönliche Gespräche und/oder anhand von Befragungsinstrumenten erfolgen. Diese Analyse ermöglicht es, den individuellen Bedarf zu erkennen und in Folge gezielte Lösungen für die Beschäftigten anzubieten. Im Anschluss (Schritt 3) erfolgt die Konzeptentwicklung und die Maßnahmenplanung. Hier werden für das Unternehmen gesundheitsfördernden Leistungen im Bereich der Verhaltens- und Verhältnisprävention erarbeitet. So dienen beispielsweise Maßnahmen, die konkrete sachliche Bedingungen verändern (z. B. Belastungen durch Lärm, Schmutz), der Verhältnisprävention. Maßnahmen, die direkt das Verhalten der Einzelnen beeinflussen, gehören zur sogenannten Verhaltensprävention (z. B. Schulungen und Einzelberatungen). Im vierten Schritt werden die aus den Zielen und der Bedarfsermittlung abgeleiteten Maßnahmen durchgeführt. Dies können Vorträge und Workshops oder auch gesundheitsförderliche Veränderungen der Arbeits- und Organisationsgestaltung sein. Im abschließenden Teil (Schritt 5) erfolgen die Evaluation und Wirkungskontrolle der durchgeführten Maßnahmen sowie ein Abgleich mit den zuvor formulierten Unternehmenszielen (Schritt 1). Nach einer erfolgreichen Bewertung der durchgeführten Maßnahmen werden diese nachfolgend regelmäßig evaluiert, um eine kontinuierliche Weiterentwicklung zu ermöglichen.

Durch die stetig steigende Zahl an Dienstleistern im Bereich der BGM-Beratung wird es für Unternehmensentscheider immer schwieriger, den für das Unternehmen geeignetsten Anbieter auszuwählen. Geht es nach Nürnberg und Matusiewicz (2019), so sollen bei der Bewertung der Angebote formale Aspekte herangezogen werden. Insgesamt zählen die Autoren 10 Kriterien auf, mit denen sich Rückschlüsse auf die Qualität des Leistungsangebotes sowie auf das Unternehmen ziehen lassen.

Kriterium 1: DIN-ISO Zertifizierung

Auswahlkriterien

Die DIN EN ISO 9001 oder die DIN SPEC 91020 stellen adäquate Formen in der Qualitätssicherung dar. Zu kritisieren ist hier, das im Handbuch und in den Leitlinien sehr standardisierte und zu starre Qualitätsmanagement.

Kriterium 2: Publikationen

Anhand veröffentlichter Beiträge lässt sich ein erster Eindruck zur handelnden Person oder dem angebotenen Produkt des Dienstleisters gewinnen. Neben der Quantität, Anzahl an Veröffentlichungen, ist auch die Qualität für die Auswahlentscheidung relevant. So haben wissenschaftlich relevante Publikationen eine höhere Relevanz (z. B. Veröffentlichungen im Peer-Review-Verfahren) im Vergleich zu versteckten Werbebeiträgen zur Vermarktung von Produkten des Dienstleisters.

Kriterium 3: Datenschutz

Daten nicht unbefugt erheben

Einen besonders hohen Stellenwert haben der Datenschutz und die Datensicherheit in Deutschland. Externe Dienstleister verpflichten sich, die Anonymität der erhobenen Daten (z. B. einer Befragung unter Arbeitnehmer:innen) des Einzelnen gegenüber dem Unternehmen zu wahren. Den bei der Datenverarbeitung beschäftigten Personen wird untersagt, personenbezogene Daten unbefugt zu erheben, zu verarbeiten oder zu nutzen (Datengeheimnis).

Kriterium 4: Kreditreformauszug

Gerade bei neugegründeten Unternehmen (Start-ups) ist eine Auskunft zur wirtschaftlichen Situation zu empfehlen. Weniger als die Hälfte der Start-ups überstehen die ersten zwei Jahre nach Gründung. Eine Auskunft bei der Schufa oder Creditreform schafft Transparenz über die Bonität und Zuverlässigkeit des Geschäftspartners.

Kriterium 5: Kooperationspartner

Ein gutes Netzwerk ist insbesondere im Betrieblichen Gesundheitsmanagement unverzichtbar. Die Angaben zu Kooperationspartnern auf Unternehmensbroschüren oder dem Internetauftritt ermöglicht eine weitere Einschätzung zur Qualität der beworbenen Leistung sowie zum Unternehmen selbst. Wird bspw. eine Krankenkasse als Partner genannt, so ist diese ein guter Indikator, da sie ihrerseits die Verwendung ihrer Mittel im Sinne des § 20 SGB V garantieren muss.

Kriterium 6: nachprüfbare Referenzen

Kennzahlen im BGM

Eine sehr wichtige Entscheidungsgrundlage bei der Auswahl von externen Dienstleistern liefern Angaben zu Referenzunternehmen oder -projekten. Dabei sollten konkrete Ansprechpartner:innen benannt werden, um Nachfragen zu ermöglichen.

Kriterium 7: (Fremd-)Evaluation

Eine Projektanalyse in Form einer Evaluation schafft Transparenz und lässt den Erfolg der durchgeführten Maßnahmen im Nachgang bewerten. In der Regel findet eine solche Projektevaluation bei den meisten Dienstleistern nicht bzw. nur unzureichend statt. Mögliche Kennzahlen sind die Teilnehmerquote und die Zufriedenheit der Beteiligten mit den angebotenen Leistungen sowie die Arbeitsfähigkeit (z. B. über den WAI), Präsentismus oder die Zufriedenheit der Beschäftigten.

Kriterium 8: Formale Qualifikation

Die angebotenen Leistungen benötigen entsprechendes Fachwissen. So wird eine Sucht- oder Stressmaßnahme von einem Psychologen oder einer Psychologin durchgeführt. Dagegen informieren und beraten Ökotrophologen und Ökotrophologinnen über gesunde Ernährung sowie Nahrungsmittel und deren Zusammensetzung.

Kriterium 9: Zertifizierung/Anerkennung nach § 20 SGB V (a oder b)

Zertifizierung über die ZPP für BGM-Dienstleister

Die Zentrale Prüfstelle Prävention (ZPP) ist eine Kooperationsgemeinschaft von gesetzlichen Krankenkassen mit dem Ziel, die Qualität von Präventionsangeboten sicherzustellen. Dienstleister können ihre Angebote prüfen und zertifizieren lassen, sodass das Angebot später für alle angeschlossenen Krankenkassen förderungsfähig ist. Somit ist eine Zertifizierung über die ZPP für BGM-Dienstleister unabdingbar.

Kriterium 10: Mitgliedschaften in Vereinigungen wie BBGM

Der wichtigste Verband im BGM für Dienstleister ist der Bundesverband Betriebliches Gesundheitsmanagement (BBGM). Der Bundesverband setzt Qualitätskriterien in Hinblick auf die Potenzial-, Prozess- und Ergebnisqualität der von den Mitgliedsunternehmen angebotenen Leistungen fest. Eine Mitgliedschaft gibt somit einen Hinweis zur Qualität der angebotenen Leistungen. Neben dem BBGM gibt es weitere Fachgesellschaften zum Themengebiet Betriebliches Gesundheitsmanagement. In der Regel wird für eine Mitgliedschaft geprüft, ob der Dienstleister selbst bzw. seine Leistungen die gestellten Anforderungen erfüllt.

!

Merken Sie sich bitte:

Die persönliche Einschätzung, das »gute Gefühl« ist bei der Auswahl von externen Dienstleistern mit entscheidend. Denn die Zusammenarbeit mit einem Partner sollte langfristig ausgelegt sein und damit sind gegenseitige Wertschätzung und Vertrauen zueinander entscheidende Faktoren, um das gemeinsame Ziel sowie die erfolgreiche Umsetzung dern Maßnahmen voranzutreiben und umzusetzen.

12.4 Controlling und Erfolgsmessung im BGM

Kennzahlen im BGM

Das Betriebliche Gesundheitsmanagement steht gemeinhin unter dem Druck, seine Maßnahmen zu begründen, möglichst mithilfe quantitativer Business Cases. Die Beschäftigung mit Kennzahlen im Betrieblichen Gesundheitsmanagement dient dazu, die Maßnahmen zur Gesundheitsprävention besser bewertet und steuern zu können (vgl. hierzu Kapitel 20). Gleichzeitig lässt sich aus den unterschiedlichen Datenquellen ein Eindruck zur Leistungsfähigkeit im Unternehmen herstellen. Ein Controlling im BGM trägt dazu bei, die Bedeutung des Gesundheitsmanagements für das Erreichen der Unternehmensziele anhand von Kennzahlen zu verdeutlichen. Dafür ist es elementar, dass die dort gesetzten Themen, deren Gewichtung und die jeweiligen Ziele aus den Unternehmenszielen abgeleitet und somit zu einem festen Bestandteil der Unternehmensstrategie werden.

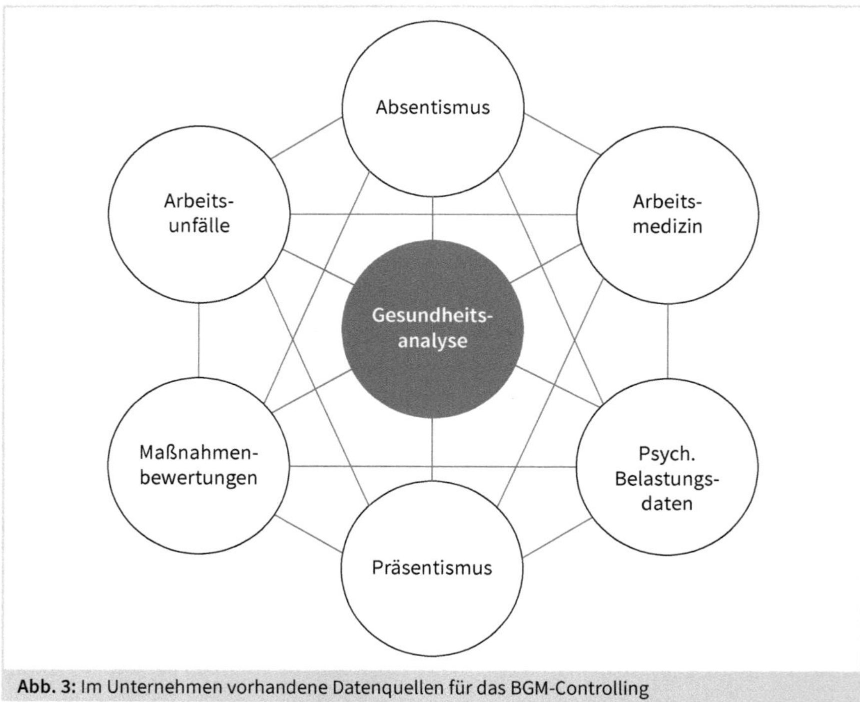

Abb. 3: Im Unternehmen vorhandene Datenquellen für das BGM-Controlling

In vielen Fällen fehlt es Entscheidern an Daten und Kennzahlen und damit fehlt es an Wissen über die Gesundheits- und Risikopotenziale der Beschäftigten, weshalb Unternehmen die Mehrwerte der eigenen Investitionen nur schwer bemessen können. Aufgrund unterschiedlicher und schnell verfügbarer Datenquellen (siehe Abbildung 3) eignet sich das BGM sehr gut für eine quantitative Betrachtung der angebotenen Maßnahmen und der daraus resultierenden Wirkungen.

Mehrwerte der eigenen Investitionen quantifizieren

Unterstützung erfährt diese Einschätzung anhand zahlreicher Beispiele in der Literatur. In ihrem Standardwerk zum Nachweis der finanziellen Benefits personalwirtschaftlicher Maßnahmen widmen Cascio und Beaudreau (2010) neben der Kostenbetrachtung von Absentismus, dem Gesundheitsmanagement ein ganzes Kapitel. In einer Metastudie ermittelten Baicker mit Kollegen (2010) für jeden investierten Dollar Ersparnisse von durchschnittlich 3,27 Dollar aus Gesundheitskosten und weitere 2,73 Dollar aus der Reduktion des Krankenstandes. Ähnliche Ergebnisse ermittelte Aldana (2001) sowie Conn et al. (2009). Der Return on Investment (ROI) liegt somit deutlich im Bereich dreistelliger Prozentwerte, wobei jedoch die Ergebnisse wegen der Unterschiede in der Finanzierung des Gesundheitswesens nicht vollständig auf Deutschland übertragbar sind.

Return on Investment (ROI)

Es wäre nun sehr einfach, die oben aufgeführten durchschnittlichen Einspareffekte aus wissenschaftlichen Analysen als quantitative Business Cases in Entscheidungsvorlagen zu nutzen. Trotz der durchgängig positiven Auswirkungen von Maßnahmen des Betrieblichen Gesundheitsmanagements warnen Atabaki, Olbrecht und Weckmüller (2017) aber aus den folgenden Gründen vor vereinfachenden Darstellungen:

1. Die ROI Berechnung blieb in weiten Teilen nicht budgetrelevant, da eine vollständige Zuweisung auf einzelne Budgetpositionen nicht möglich ist: Die entgangenen Gewinne durch Krankenstand werden beispielsweise nicht budgetiert. Der scheinbare Widerspruch zwischen errechneten und nachweisbaren Einsparungen kann die Akzeptanz senken.
2. Die Wirkzusammenhänge sind sehr vielfältig und komplex, neben direkten Zusammenhängen wirken auch indirekte. Diese Komplexität ist in Entscheidungsvorlagen, die auf einen rechnerischen ROI abzielen, nicht darstellbar. Untersuchungen zum Entscheidungsverhalten zeigen, dass unter solchen Bedingungen ROI-basierte Empfehlungen weniger oft angenommen werden als Empfehlungen, die auf Basis qualitativer oder intermediärer Zielgrößen wie Krankenstand, Mitarbeiterzufriedenheit etc. getroffen werden (Latham & Whyte, 1994). Entscheidungsträgern scheint es wichtiger zu sein, die Zusammenhänge zu verstehen und plausibilisieren zu können, als unbedingt eine aggregierte betriebswirtschaftliche Kenngröße vorliegen zu haben.

! **Merken Sie sich bitte:**

Wissenschaftliche Befunde sollen zur Unterstützung der Entscheidungsfindung mit genutzt werden. Entscheidungsträgern ist es wichtig, die Zusammenhänge zu verstehen und plausibilisieren zu können.

ökonomischer Vorteil

Stattdessen schlagen Atabaki, Olbrecht und Weckmüller (2017) vor, die wissenschaftlichen Befunde zur Unterstützung der Entscheidungsfindung zu nutzen, ohne aber exakte Berechnungen anzustellen. Ergänzend können unternehmensspezifische Effektivitätsstudien durchgeführt werden, die i. d. R. vom Management eher akzeptiert werden als allgemeine wissenschaftliche Studien. Das genaue Design ist stark von der Fragestellung und den Umsetzungsmöglichkeiten im Unternehmen abhängig. Im Optimalfall kann man im Unternehmen einigen Beschäftigte die Maßnahme zur Stressprävention anbieten (Experimentalgruppe), während eine andere vergleichbare Gruppe diese Maßnahme nicht bekommt (Kontrollgruppe), um so den Effekt der Maßnahme abzuschätzen. Ergibt sich dabei zum Beispiel, dass in der Experimentalgruppe im Vergleich zur Kontrollgruppe die Fehlzeiten um zwei Tage pro Jahr reduziert werden konnten, lässt sich hieraus die ökonomische Vorteilhaftigkeit der Maßnahme ableiten. Dieser Schritt ist in der Praxis je nach Kontext umfangreicher als hier dargestellt, kann aber selbst bei einfachen Schätzungen zusammen mit Sensitivitätsanalysen wichtige Erkenntnisse zur Sinnhaftigkeit einer Maßnahme generieren.

Literatur

Aldana, S. G. (2001). Financial Impact of Health Promotion Programs: A Comprehensive Review of the Literature. American Journal of Health Promotion, 15(5), 296–320.

Atabaki, A./Olbrecht, T./Weckmüller, H. (2017). Psychische Erkrankungen und BGM, in: PERSONALquarterly, Jg. 17, Nr. 3, S. 42-45, Haufe-Lexware GmbH & Co. KG, Freiburg.

Baicker, K./Cutler, D./Song, Z. (2010). Workplace wellness programs can generate savings. Health affairs, 29(2), 304-311.

Bernhard B./Ehresmann, C. (2017). In: Arbeit und Gesundheit im 21. Jahrhundert: Mitarbeiterbindung durch Kulturentwicklung. 189-209; Berlin, Heidelberg: Springer Berlin Heidelberg.

Cascio, W./Boudreau, J. (2010). Investing in people: Financial impact of human resource initiatives. Ft Press.

Clevis (2022). Unternehmenskultur beschreiben: Worin zeigt sie sich? https://www.clevis.de/ratgeber/unternehmenskultur (abgerufen am 28.12.2021).

Conn, V. S./Hafdahl, A. R./Cooper, P. S./Brown, L. M. /Lusk, S. L. (2009). Meta-analysis of workplace physical activity interventions. American Journal of Preventive Medicine, 37(4), 330–339.

Latham, G. P./Whyte, G. (1994). The futility of utility analysis. Personnel Psychology, 47(1), 31-46.

Nürnberg, V./Matusiewicz, D. (2019). Qualitätskriterien für BGM-Dienstleister. HCM, 3, 44.

Rixgens P (2010). Messung von Sozialkapital im Betrieb durch den »Bielefelder Sozialkapital-In- dex« (BISI). In: Badura B./Macco K./Klose J./Schröder H. (Hrsg) Fehlzeiten-Report 2009. Arbeit und Psyche: Belastungen reduzieren – Wohlbefinden fördern. Springer, Berlin, S 263–274.

Schaff, A. (2021, 7. Mai). Betriebliches Gesundheitsmanagement in der Unternehmensführung. Handreichung für Sprecherausschüsse der Leitenden Angestellten (Workshop-Präsentation). DFK – Verband für Fach- und Führungskräfte e. V., Essen.

Schein, E.H. (1985). Organizational Culture and Leadership. A Dynamic View, San Francisco etc. (Jossey-Bass).

Walle, O. (2020). BGM-System-Aufbau unter Berücksichtigung der DIN ISO 45001 »Managementsysteme für Sicherheit und Gesundheit bei der Arbeit«. In Matusiewicz, D./Kardys, C./Nürnberg, V. (Hrsg.), Betriebliches Gesundheitsmanagement: analog und digital. Berlin: MWV Medizinisch Wissenschaftliche Verlagsgesellschaft.

13 Maßnahmen der Betrieblichen Gesundheitsförderung

Sarah Siefen

In diesem Kapitel wird dargelegt, was unter der Betrieblichen Gesundheitsförderung (BGF) zu verstehen ist und nach welcher Systematik die BGF-Maßnahmen gegliedert werden können. Zudem werden im Folgenden die Vorteile einer langfristigen Betrieblichen Gesundheitsförderung auf die Entwicklung der internen Führungs- und Unternehmenskultur sowie auf die Gesundheit der Beschäftigten dargelegt. Eine Bewertungsmatrix zu konkreten Praxisbeispielen ermöglicht eine erste Einschätzung der Umsetzbarkeit von Maßnahmen für verschiedene Bedarfe und Unternehmensgrößen. Die abschließende Betrachtung zur Wirksamkeit von BGF-Maßnahmen aus neurophysiologischer Sicht mit einer Ableitung von Empfehlungen für Gesundheitstage und Kurse runden die praktische Betrachtungsweise ab.

13.1 Einführung

BGF – Förderung und Erhalt der Mitarbeitergesundheit

Die Betriebliche Gesundheitsförderung hat das Ziel, die Gesundheitsressourcen und -kompetenzen der Beschäftigten eines Unternehmens zu erhalten, zu entwickeln bzw. zu fördern. Durch eine Gesundheitsförderung werden damit sowohl persönliche als auch berufliche und unternehmerische Bedürfnisse erfüllt, um die Gesundheit und das Wohlbefinden sowie die Beschäftigungsfähigkeit zu erhalten und zu verbessern.

Die Betriebliche Gesundheitsförderung umfasst hierbei impulsgebende Einzelmaßnahmen, temporäre Angebote sowie langfristige Gesundheitsmaßnahmen, ohne dass zwingend ein umfassender Prozess eines Betrieblichen Gesundheitsmanagements zugrunde liegen muss. Einzelne Maßnahmen haben insbesondere eine aufmerksamkeitssteigernde Wirkung und finden häufig in Form von Gesundheitstagen, Challenges, (Team-)Events oder Vorträgen zu betrieblichen Anlässen statt. Strategisch geplante und implementierte Konzepte zielen hingegen eher darauf ab, spezifische Indikatoren und Unternehmensziele zu erreichen, und werden häufig in Form von Seminaren, Workshops und Kursen umgesetzt. In der Praxis können beide Formen miteinander wirkungsvoll ergänzt werden.

BGF-Maßnahmen können auf Verhältnis- und Verhaltensebene wirken

Eine strategische Planung und Umsetzung von Betrieblichen Gesundheitsmaßnahmen fokussiert und fördert spezifische Potenziale der Beschäftigten. Dadurch wird das individuelle Gesundheitsbewusstsein und das Wohlbefinden verbessert. Zudem wird auch die persönliche Einstellung zur Arbeitssituation, zu stattfindenden Veränderungen und zur eigenen Entwicklung positiv gestärkt. Insofern ist die Betriebliche Gesundheitsförderung eine wirkungsvolle Ergänzung zum innerbetrieblichen Gesundheitsschutz ist, da sie neben der Verbesserung von arbeitsbedingten Verhältnissen insbesondere auch auf die Verhaltensebene abzielt. Die resultierende Zufriedenheit, Leistungsfähigkeit, Motivation und Offenheit sichert damit langfristig auch die Performanceleistung des Unternehmens und begründet damit nicht zuletzt die Bedeutsamkeit einer Betrieblichen Gesundheitsförderung aus unternehmerischer Sicht.

13.2 Gesundheitskompetenzen und -ressourcen

13.2.1 Gesundheitskompetenzen

Als Gesundheitskompetenz wird insbesondere die Fähigkeit verstanden, mit den unterschiedlichsten gesundheitsrelevanten Informationen umzugehen. Dies umfasst z. B. das Auffinden relevanter Gesundheitsinformationen, das Verstehen von Gesundheitsrisiken und des Nutzens eines gesundheitsförderlichen Verhaltens sowie den Umgang und die selbstbestimmte Anwendung dieses Wissens (vgl. Abel et al. (2018)).

13.2.2 Gesundheitsressourcen

Als Gesundheitsressourcen werden die Potenziale bezeichnet, die gezielt entwickelt und gefördert werden können, um die Gesundheit zu erhalten und das Wohlbefinden zu fördern. Der Begriff wurde bereits bei der ersten internationalen Konferenz zur Gesundheitsförderung im Jahr 1986 in Ottawa geprägt (vgl. WHO (1986), dt. Text vgl. Conrad/Kickbusch (1988)), wobei er sich im Laufe der Jahre hinsichtlich seiner Wirkungsvielfalt im betrieblichen Zusammenhang weiterentwickelt hat.

Zu den Gesundheitsressourcen zählen individuelle Ressourcen der Beschäftigten wie z. B. die Grundeinstellung zum Thema Gesundheit, ein positives Selbstwertgefühl, eine hohe Selbstwirksamkeit und Problemlösungsbereitschaft sowie insgesamt eine gute Verfassung hinsichtlich der physischen und mentalen Gesundheit, um den bestehenden Anforderungen und Bedingungen am Arbeitsplatz flexibel, widerstands- und leistungsfähig zu begegnen. Maßnahmen der Betrieblichen Gesundheitsförderung wirken hier an der Basis. Durch Gesundheits- und Betreuungsangebote sowie eine begleitende Kommunikation können Denk- und Verhaltensweisen langfristig entwickelt werden, sodass sie eine förderliche Wirkung auf die Gesundheit und das Wohlbefinden haben.

individuelle Ressourcen

Die externen Gesundheitsressourcen schließen den Aspekt der sozialen und organisationalen Gesundheit mit ein. Zu den sozialen Ressourcen gehören z. B. eine gesundheitsförderliche, entwicklungs- und lernfreundliche Umgebung und Unternehmenskultur, ein wertschätzender Umgang und ein gesundheitsförderliches Führungsverhalten. Hier greifen insbesondere Maßnahmen, welche die Führungskultur, das Gemeinschaftsgefühl sowie

soziale Ressourcen

eine gemeinsame Wertevorstellung und (Unternehmens-)Vision fördern. In diesem Bereich können beispielsweise Führungskräftetrainings, Change-Management-Workshops, teambildende Maßnahmen, Mediationen und gemeinsame Teamworkshops unterstützen.

organisationale Ressourcen

Organisationale Ressourcen umfassen ferner bereitgestellte Möglichkeiten und Handlungsspielräume zur Weiterbildung und zum Einsatz persönlicher Stärken, Kontakt- und Austauschmöglichkeiten, eine gute soziale Einbindung und Beteiligung in vorherrschende Strukturen und Prozessen sowie die Bereitstellung von unterstützenden (Gesundheits-)Leistungen und Netzwerken. Hier greift die Betriebliche Gesundheitsförderung, indem sie unterschiedliche Aspekte verfolgt: die Entwicklung und Optimierung einer gesundheitsförderlichen Arbeitsumgebung und der Arbeitsbedingungen, die Bereitstellung von bedarfsorientierten Gesundheitsmaßnahmen und -diensten, eine zielgerichtete Gesundheitskommunikation zum Wissensaufbau und zum Austausch sowie die Förderung der Diversity & Inclusion durch die aktive Partizipation von Mitarbeiterinnen und Mitarbeitern am Prozess der Planung und bei der Durchführung von Maßnahmen (vgl. Franzkowiak, P. (2003), Kaba- Schönstein (2018)). Insbesondere der letzte Punkt bietet auch für Unternehmen mit Beschäftigten unterschiedlicher Kultur- und Sprachherkunft die Möglichkeit, gezielt interne Gesundheitsfachkräfte auszubilden, die im Austausch mit Kolleginnen und Kollegen als positiv verstärkende Multiplikatoren wirken. Sie können somit als authentische Ansprechpartner und Vorbilder wirken und Mitarbeitende gezielt unterstützen.

13.2.3 Entwicklung der Unternehmenskultur durch BGF

geringe Hürden zur Nutzung von Gesundheitsmaßnahmen für Akzeptanz und Teilnahmequote

Durch die Stärkung der sozialen und organisationalen Ressourcen werden ebenso die individuellen Ressourcen, wie die Selbstwirksamkeit und das ganzheitliche Commitment, beeinflusst und gestärkt. Somit kann bewusst eine Transformation der Unternehmenskultur angestoßen werden. Der gedankliche Ausgangspunkt dieses Entwicklungsprozesses ist, dass durch angebotene BGF-Maßnahmen neue Erfahrungen geschaffen werden (siehe Abbildung 1). Die Beschäftigten erhalten durch die Betriebliche Gesundheitsförderung die Möglichkeit, Angebote mit einer geringen Einstiegshürde zu nutzen. Hierbei ist es bedeutsam, dass die Maßnahmen ein spürbares Kohärenzgefühl durch die Aspekte der Verstehbarkeit, Handhabbarkeit und Sinnhaftigkeit gemäß Antonovsky (1979) erlebbar vermitteln und Freude wecken. Somit sammeln die Teilnehmenden bereits während der Maßnahme neue positive Erfahrungen und erhalten zudem Anreize, das erlernte Wissen umzusetzen. Durch die Umsetzung werden wiederum weitere Erfahrungen erlangt, die bisherige Wissenslücken schließen, Handlungsblockaden lösen oder sogar limitierende Glaubenssätze auflösen. Typische limitierende Glaubenssätze, die in der Praxis der Gesundheitsförderung anzutreffen sind, lauten häufig: »Yoga ist nur etwas für gelenkige Menschen«, »Gesunde Ernährung ist aufwendig und teuer«, »Entspannung ist zu esoterisch«.

Die strategische Ausrichtung einer Betrieblichen Gesundheitsförderung fördert somit die Mitarbeitenden kontinuierlich während des gesamten Umsetzungsprozesses im beruflichen und privaten Bereich, sodass sich durch die veränderte Einstellung und das wachsende Gesundheitsbewusstsein auch das persönliche Verhalten ändert. Die daraus folgenden Resultate sind z. B. durch ein besseres Wohlbefinden und eine bessere Beweglichkeit persönlich erfahrbar und auch unternehmerisch messbar, z. B. durch die Senkung des Krankenstandes und die Steigerung der Arbeitszufriedenheit.

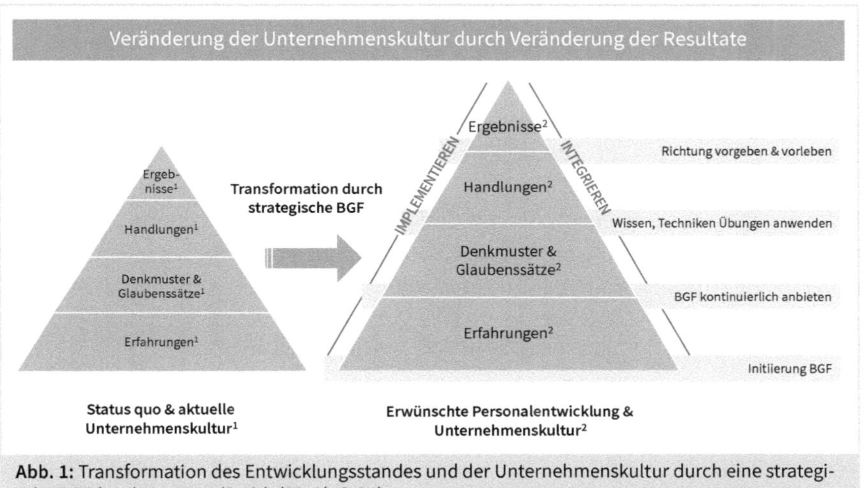

Abb. 1: Transformation des Entwicklungsstandes und der Unternehmenskultur durch eine strategische BGF (nach Connors/Smith (2012), S. 24)

13.3 Handlungsfelder der Betrieblichen Gesundheitsförderung

Die Handlungsfelder der Betrieblichen Gesundheitsförderung können nach verschiedenen Kriterien zusammengefasst werden. Eine Orientierung aus der Praxis bietet der Leitfaden Prävention der gesetzlichen Krankenkassen. Tabelle 1 veranschaulicht auf der linken Seite die vier Handlungsfelder und die dazugehörigen Präventionsprinzipien gemäß § 20 Abs. 4 Nr. 1 SGB V. Demnach kann die gesetzliche Krankenkasse Interventionen zur individuellen verhaltensbezogenen Prävention finanziell fördern, sofern diese Leistung nach Abs. 2 Satz 2 zertifiziert ist. Im Fokus der verhaltensbezogenen Primärprävention stehen hierbei Leistungen für versicherte Einzelpersonen, die dazu motiviert und befähigt werden, auch nach einem zeitlich begrenzten Gruppenkurs die gesundheitsförderlichen Verhaltensweisen im Alltag umzusetzen. Die förderungsfähigen Handlungsfelder der Primärprävention haben das Ziel, die Ursachen stark verbreiteter Krankheitsbilder, wie beispielsweise Herz-Kreislauf-Erkrankungen, Diabetes mellitus Typ 2 und psychische Erkrankungen, zu lindern bzw. zu beheben und damit das Erkrankungsrisiko zu reduzieren. Demnach beinhalten derartige Präventionskurse sowohl konkrete Übungen zur Risikosenkung für spezifische Erkrankungen als auch Wissenselemente, um nachhaltig das Bewusstsein und die Kompetenzen der Teilnehmenden zu stärken.

Auf der rechten Seite der Tabelle 1 befinden sich die Handlungsfelder gemäß § 20b SGB V. Demnach fördern die gesetzlichen Krankenkassen ebenso Leistungen der Betrieblichen Gesundheitsförderung. Der Fokus liegt hierbei nicht auf Einzelpersonen, sondern auf dem Aufbau und der Stärkung von gesundheitsförderlichen Arbeitsstrukturen und -bedingungen, um die individuellen, sozialen und organisationalen Ressourcen zu stärken. Dazu zählen beispielsweise BGF-Maßnahmen zur Förderung der Führungskultur, die Planung und Umsetzung von Gesundheitszirkeln zur Prozesssteuerung, die Unterstützung der internen Gesundheitskommunikation, verhaltenspräventive Gesundheitsmaßnahmen sowie die Entwicklung einer bewegungsfreundlichen Arbeitsumgebung.

Hierbei ist eine Zusammenarbeit mit der gesetzlichen Krankenkasse möglich, um die aktuelle gesundheitsbezogene Situation im Unternehmen zu erfassen und darauf aufbauend mögliche Interventionen zu entwickeln und umzusetzen.

Handlungsfelder & Präventionsprinzipien	
Primärprävention nach § 20 Abs. 4 Nr. 1 SGB V	**Betriebliche Gesundheitsförderung nach § 20b SGB V**
1. **Bewegungsgewohnheiten** • Reduzierung von Bewegungsmangel durch gesundheitssportliche Aktivität • Vorbeugung und Reduzierung spezieller gesundheitlicher Risiken durch geeignete verhaltens- und gesundheitsorientierte Bewegungsprogramme 2. **Ernährung** • Vermeidung von Mangel- und Fehlernährung • Vermeidung und Reduktion von Übergewicht 3. **Stress- und Ressourcenmanagement** • Multimodales Stress- und Ressourcenmanagement • Förderung von Entspannung und Erholung 4. **Suchtmittelkonsum** • Förderung des Nichtrauchens • Gesundheitsgerechter Umgang mit Alkohol/ Reduzierung des Alkoholkonsums	5. **Beratung zur gesundheitsförderlichen Arbeitsgestaltung** • Gesundheitsförderliche Gestaltung von Arbeitstätigkeit und -bedingungen • Gesundheitsgerechte Führung • Gesundheitsförderliche Gestaltung betrieblicher Rahmenbedingungen (bewegungsförderliche Umgebung, gesundheitsgerechte Verpflegung im Arbeitsalltag, verhältnisbezogene Suchtprävention im Betrieb) 6. **Gesundheitsförderlicher Arbeits- und Lebensstil** • Stressbewältigung und Ressourcenstärkung • Bewegungsförderliches Arbeiten und körperlich aktive Beschäftigte • Gesundheitsgerechte Ernährung im Arbeitsalltag • Verhaltensbezogene Suchtprävention im Betrieb 7. **Überbetriebliche Vernetzung und Beratung** • Verbreitung und Implementierung von BGF durch überbetriebliche Netzwerke

Tab. 1: Handlungsfelder und Präventionsprinzipien gemäß GKV-Leitfaden; vgl. GKV-Spitzenverband (2021)

Abbildung 2 zeigt eine andere Unterteilung. Hierbei werden die vier GKV-Handlungsfelder der Primärprävention um zwei weitere Schwerpunkte ergänzt. Dabei handelt es sich um die Gesundheitsvorsorge zur Minimierung von Risikofaktoren zum Beispiel durch Check-ups und (Selbst-)Monitoring-Maßnahmen sowie das Feld der persönlichen Entwicklung anhand der Entwicklung und Förderung von Kompetenzen, Stärken und Werten.

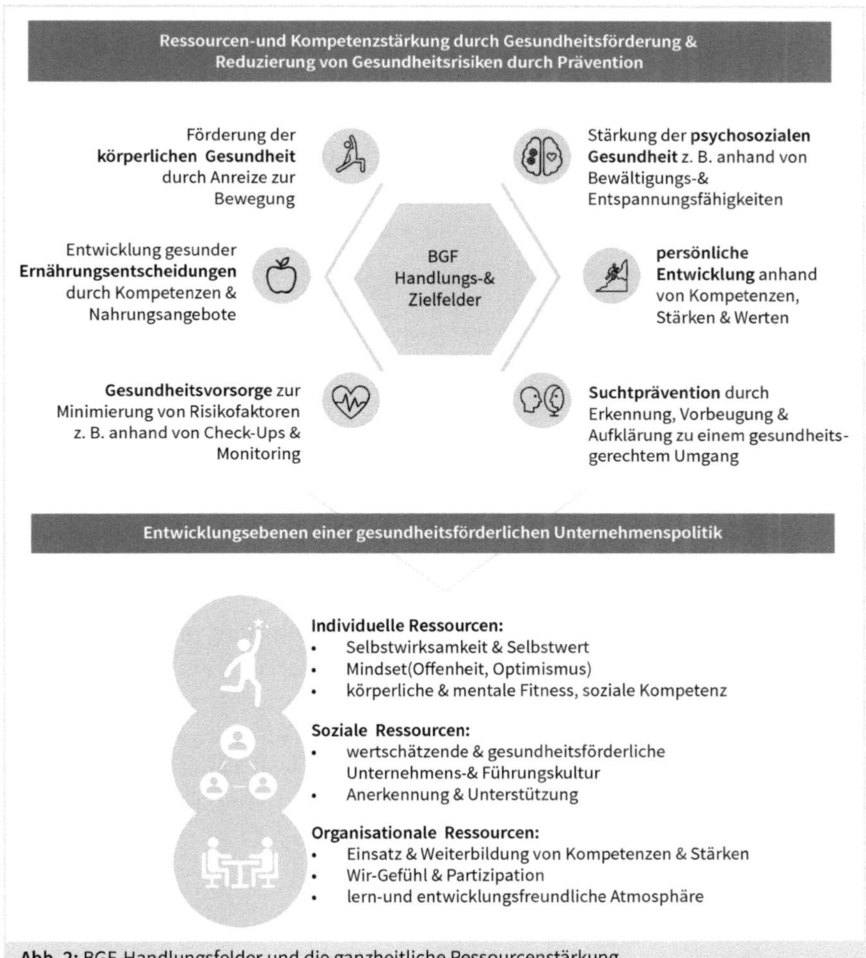

Abb. 2: BGF-Handlungsfelder und die ganzheitliche Ressourcenstärkung

13.4 BGF-Handlungsfelder und Praxisbeispiele

Im folgenden Abschnitt werden die Handlungsfelder aus Abbildung 2 mithilfe verschiedener Praxisbeispiele und -empfehlungen dargelegt.

! **Hinweis**

Tabelle 2 enthält einzelne Beispiele. Weitere umfangreiche und individuelle Beispiele finden Sie bei den digitalen Extras.

In der folgenden Tabelle gibt es zunächst eine Einteilung in verhaltens- und verhältnisbezogene Aktionen. Als verhältnisbezogene Maßnahmen werden insbesondere Maßnahmen verstanden, die dazu motivieren, unnötige belastende Verhältnisse zu ändern bzw. aktiv zu gestalten. Zu den Verhältnissen zählen beispielsweise Arbeitsbedingungen, die Arbeitsorganisation, die Partizipation sowie die sozialen Beziehungen.

Verhaltensbezogene Maßnahmen richten sich insbesondere auf die Sensibilisierung und Stärkung der Kompetenzen im Umgang mit belastenden Situationen. Die eindeutige Zuordnung einer Maßnahme hängt jedoch insbesondere von der Ausgestaltung in der Praxis ab. Zudem können Maßnahmen auch beide Aspekte vereinen, wodurch zugleich eine höhere Wirksamkeit erzielt werden kann.

Ferner wird in der Tabelle die Handlungsebene betrachtet. Hierbei wird unterschieden, ob die Maßnahmen bei der Teilnahme eine aktive Handlung und Umsetzung erfordert oder ob es sich vorwiegend um eine passiv zu konsumierende Gesundheitsmaßnahme handelt, wodurch die Selbstverantwortung und -wirksamkeit wenig bis gar nicht gefördert wird. Der Schwierigkeitsgrad ist ein Indikator für die Anstrengung und zeigt, wie stark die Teilnehmenden körperlich oder kognitiv gefordert sind, um das vermittelte Wissen, die Impulse und Anleitungen zu reflektieren und anzuwenden. Die Umsetzung des Wissens kann sowohl bereits im Rahmen der Maßnahme stattfinden (z. B. Bewegungskurs) oder durch die Übertragung auf den Alltag erfolgen.

Beispiele	Ebene		Aktive / passive Handlung	Schwierigkeitsgrad	Für wen ist diese Maßnahme geeignet?			Für welche typischen Arbeitsplätze & Rollen ist diese Maßnahme geeignet?					
	Verhaltensbezogen	Verhältnisbezogen			Kleinunternehmen	Mittelständisches Unternehmen	Großunternehmen	sitzende Tätigkeit	stehende Tätigkeit	schwer körperliche Arbeit	lehrende/ soziale Tätigkeit	Homeoffice	Führungskräfte
Bewegungsförderung													
Bewegungsangebote mit Betreuung & konkreten Tipps z. B. Rückengesundheit, Herzkreislauftraining, Jogging, Yoga	x		aktiv	★★★☆	x	x	x	x	x	x	x	x	x
Aktive Pausen		x	aktiv	★★☆☆	x	x	x	x	x	x	x	x	x
Impulsvorträge z. B. zur Aufklärung von Bewegungsmangel und möglichen Übungen im (Arbeits-)Alltag	x		passiv	★★☆☆	x	x	x	x	x	x	x	x	x
Seminare zur Stärkung der Handlungskompetenz z. B. für Rückengesundheit, Ausdauer, Kraft	x		aktiv	★★★☆	x	x	x	x	x	x	x	x	x
Gesundheitstag z. B. mit Kennenlernangeboten zur aktiven Teilnahme an verschiedenen Bewegungs-/Sportarten	x		aktiv	★★★☆		x	x	x	x	x	x		x

Beispiele	Ebene		Aktive / passive Handlung	Schwierigkeitsgrad	Für wen ist diese Maßnahme geeignet?			Für welche typischen Arbeitsplätze & Rollen ist diese Maßnahme geeignet?					
	Verhaltensbezogen	Verhältnisbezogen			Kleinunternehmen	Mittelständisches Unternehmen	Großunternehmen	sitzende Tätigkeit	stehende Tätigkeit	schwer körperliche Arbeit	lehrende/ soziale Tätigkeit	Homeoffice	Führungskräfte
Ernährungsgewohnheiten													
Vorträge z. B. zur gesunden Pausenverpflegung	x		passiv	★★☆☆	x	x	x	x	x	x	x	x	x
Seminare zur Aufklärung und Umsetzung einer gesunden Ernährung	x		aktiv	★★★☆	x	x	x	x	x	x	x	x	x
Kücheninseln zur Kühlstellung und Erwärmung von mitgebrachten Speisen		x	passiv	☆☆☆☆		x	x	x	x	x	x		x
Teamevents z. B. mit Kochkursen, gemeinsames Meal-Prep, Kräuterwanderungen	x		aktiv	★★☆☆	x	x	x	x	x	x	x	x	x
Regelmäßige Gesundheitskommunikation mit Tipps und Rezepten	x		passiv	☆☆☆☆	x	x	x	x	x	x	x	x	x

Beispiele	Ebene		Aktive / passive Handlung	Schwierigkeitsgrad	Für wen ist diese Maßnahme geeignet?			Für welche typischen Arbeitsplätze & Rollen ist diese Maßnahme geeignet?					
	Verhaltensbezogen	Verhältnisbezogen			Kleinunternehmen	Mittelständisches Unternehmen	Großunternehmen	sitzende Tätigkeit	stehende Tätigkeit	schwer körperliche Arbeit	lehrende/ soziale Tätigkeit	Homeoffice	Führungskräfte
Gesundheitsvorsorge													
Check-Ups & Analysen z. B. Haltungsanalysen, Status der Muskelkraft, Beweglichkeitstest, Atemvolumen, HRV-Messung		x	passiv	★☆☆☆	x	x	x	x	x	x	x	x	x
Vorträge zur Aufklärung über spezifische Gesundheitsrisiken & -potenziale	x		passiv	★★☆☆	x	x	x	x	x	x	x	x	x
Mobile Massage		x	passiv	☆☆☆☆	x	x	x	x	x	x	x		x
Physio Check		x	passiv	★☆☆☆	x	x	x	x	x	x	x	x	x
Monitoring & App-Tracking		x	passiv	★☆☆☆	x	x	x	x	x	x	x	x	x
Psychosoziale Gesundheit													
Führungskräfteseminare zur Stärkung einer gesundheitsförderlichen & wertschätzenden Kultur		x	aktiv	★★★★	x	x	x						x

Beispiele	Ebene		Aktive / passive Handlung	Schwierigkeitsgrad	Für wen ist diese Maßnahme geeignet?			Für welche typischen Arbeitsplätze & Rollen ist diese Maßnahme geeignet?					
	Verhaltensbezogen	Verhältnisbezogen			Kleinunternehmen	Mittelständisches Unternehmen	Großunternehmen	sitzende Tätigkeit	stehende Tätigkeit	schwer körperliche Arbeit	lehrende/ soziale Tätigkeit	Homeoffice	Führungskräfte
Seminare zur Burn-Out Vorbeugung, Work-Life-Balance, Stressmanagement, Resilienz	x		aktiv	★★★★	x	x	x	x	x	x	x	x	x
Kursangebote wie MBSR (Achtsamkeit), Yoga, Entspannung	x		aktiv	★★★☆	x	x	x	x	x	x	x	x	x
Betriebliches Eingliederungsmanagement		x	passiv	★☆☆☆	x	x	x	x	x	x	x		x
Coachings zum Umgang mit Stress & Veränderungen	x		aktiv	★★★☆	x	x	x					x	x
Persönliche Weiterentwicklung													
Stärkenworkshop	x		aktiv	★★★★	x	x	x	x	x	x	x	x	x
Individuelle Ressourcenstärkung z. B. Selbstwert, Selbstbewusstsein	x		aktiv	★★★★	x	x	x	x	x	x	x	x	x
Seminar zum Selbstmanagement	x		aktiv	★★★★	x	x	x	x	x	x	x	x	x
Coaching zur Entwicklung & Verfolgung von Visionen, Zielen & Intentionen	x		aktiv	★★★☆		x	x					x	
Seminare zur Förderung der Motivation & Kreativität	x		aktiv	★★★★	x	x	x	x	x	x	x	x	x

Beispiele	Ebene		Aktive / passive Handlung	Schwierigkeitsgrad	Für wen ist diese Maßnahme geeignet?			Für welche typischen Arbeitsplätze & Rollen ist diese Maßnahme geeignet?					
	Verhaltensbezogen	Verhältnisbezogen			Kleinunternehmen	Mittelständisches Unternehmen	Großunternehmen	sitzende Tätigkeit	stehende Tätigkeit	schwer körperliche Arbeit	lehrende/ soziale Tätigkeit	Homeoffice	Führungskräfte
Suchtprävention													
Vorträge zur Aufklärung & Sensibilisierung z. B. durch Vorträge, Kommunikationskampagnen	x		passiv	★★☆☆	x	x	x	x	x	x	x	x	x
Coaching zur Suchtprävention	x		aktiv	★★★★		x	x	x	x	x	x	x	x
Arbeitsgruppen zur Fokussierung von Suchtthemen bilden	x		aktiv	★★★☆		x	x	x	x	x	x		x
Wiedereingliederungsmaßnahmen nach einem Entzug		x	passiv	★★★☆	x	x	x	x	x	x	x	x	x
Angebot von Hilfemaßnahmen		x	passiv	★★☆☆	x	x	x	x	x	x	x	x	x

Tab. 2: BGF-Praxisbeispiele und Kriterienmatrix

13.5 Umsetzung von BGF-Maßnahmen in der Praxis

13.5.1 Erfolgsfaktoren für BGF-Maßnahmen – Lernen aus neurophysiologischer Sicht

Mit dem Entschluss, langfristige Maßnahmen im Rahmen der Betrieblichen Gesundheitsförderung einzuführen, entscheidet sich ein Unternehmen auch für die Weiterentwicklung seiner Beschäftigten (vgl. Abbildung 1). Somit ist die BGF unweigerlich auch mit dem Prozess des Lernens verbunden, sofern die Maßnahmen bedarfsgerecht und zielorientiert implementiert werden. Der Vorteil dieses Lernprozesses ist, dass alle Beteiligten sowohl neues gesundheitsförderliches Wissen als auch neue Denk- und damit Verhaltensweisen erwerben können. Die oft als Nachteil empfundene Tatsache ist, dass ein Lernprozess Zeit und Wiederholungen benötigt, was insbesondere im unternehmerischen Kontext mit finanziellen und personellen Ressourcen verbunden ist. Einmalige Maßnahmen zeigen wenig bis gar keine nachhaltige Wirkung. Demnach ist es empfehlenswert, Gesundheitsinterventionen aufeinander aufzubauen oder miteinander zu ergänzen und sie im Rahmen eines partizipativen Prozesses langfristig zu planen, umzusetzen und zu evaluieren.

Da das Verstehen des Lernprozesses die Wirksamkeit von BGF-Maßnahmen bekräftigt und damit einen wesentlichen Einfluss auf die Bereitschaft für langfristige gesundheitsförderliche Interventionen hat, werden im Folgenden die unterschiedlichen Formen des Lernens genauer erläutert.

Wissen erwerben

Das Lernen von neuem Wissen erfolgt primär rein gehirnbasiert, indem unterschiedlichste Informationen, Bilder und Fakten, die beispielsweise in Vorträgen und Seminaren gewonnen werden, im Gedächtnis abgespeichert werden. Der Lernprozess kann signifikant durch Wiederholungen oder aufbauende Inhalte unterstützt und sogar erleichtert werden, sodass aus der Erkenntnis über wiederkehrende Fakten und Zusammenhänge zunehmend eine Kenntnis, d. h. Wissen wird (Birkenbihl (2018), S. 65 ff.).

Verlauf einer Wissenskurve ist exponentiell

Der Verlauf einer Wissenslernkurve zu einem bestimmten Thema ist exponentiell. Das bedeutet, dass anfängliche Impulsmaßnahmen häufig wenig Umsetzung erfahren, da das Wissen noch nicht ausreichend verarbeitet werden konnte. Das Erlernen von neuem Wissen dauert zu Beginn lange. Je höher der eigene Kenntnisstand jedoch durch den laufenden Prozess geworden ist, desto leichter ist das Lernen von zusätzlichem Wissen auf diesem Gebiet. Hier wird bei der Umsetzung von Gesundheitsmaßnahmen, wie zum Beispiel Seminaren, häufig Potenzial verschenkt. Wird beispielsweise ein Stressmanagementseminar angeboten und durchlaufen, gibt es häufig für die gleichen Personen keine weiteren Seminare in diesem spezifischen Bereich. Jedoch würde sich zeigen, dass das erworbene Wissen umso höher ist, je umfangreicher bereits die Vorkenntnis ist (siehe Abbildung 3).

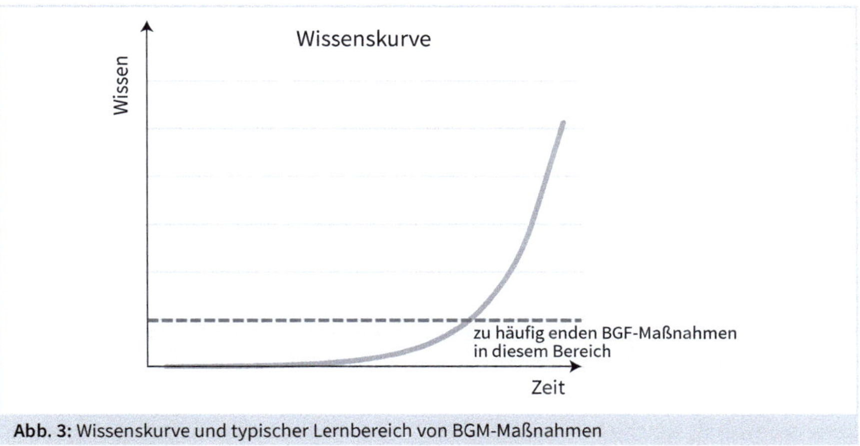

Abb. 3: Wissenskurve und typischer Lernbereich von BGM-Maßnahmen

Der beschriebene Lernprozess verdeutlicht, wie wirksam aufbauende Maßnahmen mit aufklärendem, informativem und wissensvermittelndem Charakter im Bereich der Gesundheitsförderung sind. In der Praxis könnte dies beispielsweise durch modulare Seminare gewährleistet werden, um zunächst den Zugang zu neuen Themen zu ebnen. Anschließend können die Informationen dann verarbeitet und abgespeichert werden.

Im Bereich der mentalen Gesundheit könnte dies beispielsweise durch den schrittweisen Aufbau der instrumentellen, mentalen und regenerativen Stresskompetenz erfolgen. Mit der Erkenntnis über die Möglichkeiten und die Wirksamkeit von Stressbewältigungsmethoden auf das eigene Wohlbefinden werden Teilnehmerinnen und Teilnehmer offener sein, auch neue, ihnen bisher unbekannte Methoden, auszuprobieren. Werden Themen aus dem Leben beleuchtet, auf welche die Teilnehmenden täglich stoßen und die somit eine hohe Relevanz haben (z. B. Ernährung, Rückengesundheit, Stressbewältigung), wird der Mehrwert und die Teilnahme umso höher sein. Damit gelingt ein anschließender Einstieg z. B. in persönlich sehr tiefgreifende Themen wie Achtsamkeit und Meditation häufig leichter und wirkt für die Teilnehmenden greifbarer und authentischer.

Merken Sie sich bitte: !

Darauf ist bei der Umsetzung von BGM-Maßnahmen zu achten

Für den Lernfortschritt und die Erfolgsmessung ist es empfehlenswert, Maßnahmen modular aufzubauen. Ein solcher schrittweiser Aufbau ermöglicht es, vermitteltes Wissen erneut zu reflektieren und zu vertiefen sowie Fakten oder Übungen zu wiederholen. Damit kann der Erwerb und die Verarbeitung von Wissen unterstützt und erleichtert werden. Hierbei ist es wichtig, den aktuellen Wissensstand der Teilnehmenden abzuschätzen oder nach Möglichkeit zu ermitteln, um einen bestmöglichen Anknüpfungspunkt zu gewährleisten. Zusammenhänge, Übungen und Informationen werden aufgrund der beschriebenen Vorgehensweise besser verstanden, sodass sie anschließend besser umgesetzt werden können.

Verhaltensweisen und Handlungen lernen

Die zweite Form des Lernens bezieht sich auf den Erwerb oder die Erweiterung einer Kompetenz und eines Könnens durch das Erlernen von neuen Verhaltensweisen. Dies wird in der Praxis häufig als Training bezeichnet, was beispielsweise in Kursformaten wie Yoga- oder Pilates-Kursen anzutreffen ist.

Lernen einer neuen Handlung oder Verhaltensweise erfolgt in vier Phasen

Jedoch kann auch das Erlernen einer Handlung weiter differenziert werden, was im Folgenden näher erläutert wird. Wird beispielsweise eine neue Selbstverteidigungs- oder Boxtechnik gelernt, kommt es oftmals auf kleine Details an, um den Gegner mit schnellen Bewegungsabläufen und einer sauberen Technik zu besiegen. Zu Beginn werden die Details einem Anfänger nicht bewusst sein (Phase 1: unbewusste Inkompetenz) und er sammelt erste reale Trainingserfahrungen. Ab diesem Moment wird ihm bereits bewusst, welche Fähigkeiten aktuell noch fehlen und daher trainiert werden müssen (Phase 2: bewusste Inkompetenz). Ein typisches Praxisbeispiel beim Boxen ist die Deckung zum eigenen Schutz. Auch wenn das theoretische Wissen abrufbar ist, ist das Verhalten zu Beginn noch nicht verinnerlicht. Hier ist es hilfreich, den Lernenden immer wieder daran zu erinnern, um schließlich auch die Umsetzung der Handlung zu wiederholen und zu festigen (Phase 3: bewusste Kompetenz). Damit wird es ihm zunehmend leichter fallen, innerhalb kürzester Reaktionszeit und unter Stress diese erlernte Handlung in einer Art Autopilotenmodus abzurufen, ohne darüber nachzudenken (Phase 4: unbewusste Kompetenz). Der Übergang von einem bewussten Ausführen einer Technik oder Verhaltensweise zum unbewussten, automatischen Ablauf ist fließend und braucht Zeit.

Das bedeutet, dass im besten Fall nach einer Phase, die durch Beobachtungen und vielleicht sogar ein spielerisches Erleben und Ausprobieren geprägt ist, eine Phase des Trainings kommt. Erst durch das Wiederholen und bewusste, stetige Üben verbessert sich die Fähigkeit, das Erlernte abzurufen und Techniken automatisiert ablaufen zu lassen.

Der damalige Pilotentrainer und Aikido-Meister George Leonard beschreibt den Lernprozess als Ebenenmodell. Demnach erweitert der Mensch sein Können stufenweise mit dazwischenliegenden Plateaus (Leonard (1998)). Zu Beginn des Erlernens einer neuen Sache dauert es zunächst, bis ein Fortschritt spürbar ist. Völlig unerwartet steigt dann das Niveau auf ein neues Level (oft als Erfolgserlebnis verzeichnet), sinkt zwischenzeitlich nach dem Hoch wieder kurz ab und erreicht anschließend ein neues Plateau. Demnach kann die eigene Fähigkeit nur durch kontinuierliches Training erweitert werden, bei dem die Plateaus durchlaufen werden, um das nächste Kompetenzlevel zu erreichen. Während der Plateauphase findet trotz gefühlter Stagnation ein intensiver neurophysiologischer Prozess statt. Im Gehirn werden neue Nervenbahnen errichtet bzw. gestärkt und verzweigt.

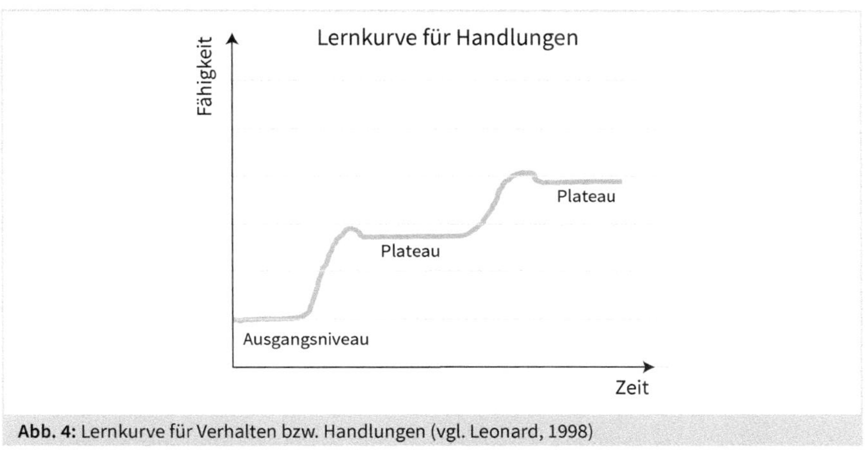

Abb. 4: Lernkurve für Verhalten bzw. Handlungen (vgl. Leonard, 1998)

Die neuronale Plastizität nimmt infolge des Trainings und der Wiederholungen durch die Synapsenbildung und -verstärkung zu. Die Leistungs- und Reaktionsfähigkeit steigt signifikant. Durch das Üben in einem sicheren Umfeld, beispielsweise im Rahmen eines Trainings oder Workshops, kann die Fähigkeit weiter gefestigt werden und wird somit auch zunehmend unter widrigen Bedingungen abrufbar. Dieses Prinzip ist ebenso auf motorische Lernprozesse in Bewegungskursen für eine verbesserte Rückengesundheit übertragbar, wie auch auf Seminare zur Förderung der mentalen Gesundheit. Auch wenn die Techniken im Bereich der mentalen Gesundheit häufig nicht physisch greifbar sind, handelt es sich ebenfalls um Verhaltensweisen, die reflektiert und trainiert werden müssen, um sie in stressigen Akutsituationen abrufen zu können. So wird beispielsweise durch Resilienz-Fortbildungen eine Haltung trainiert, die es ermöglicht, auf eintreffende Stressoren nicht impulsartig zu reagieren, sondern zwischen dem Reiz und der darauffolgenden Reaktion einen verstandeskontrollierten Raum entstehen zu lassen, um überlegter zu handeln. Dies stützt die Aussage, dass Wiederholungen und aufbauende Maßnahmen im Hinblick auf den Lernprozess empfehlenswert sind.

Im Zusammenhang mit der Betrieblichen Gesundheitsförderung ist die Verinnerlichung einer gesundheitsförderlichen Lebensweise über das Angebot von Maßnahmen hinaus das höchste Ziel (vgl. Phase 4). Maßnahmen zur BGF dienen hierbei insbesondere als Initialzündung und unterstützen den Übergang zu Phase zwei und drei des Lernprozesses, während das Erreichen einer unbewussten Kompetenz in Form vollautomatisierter Routineabläufe wohl eher durch die intrinsisch motivierte Umsetzung im Alltag, losgelöst von BGF-Maßnahmen, erreicht wird.

Wie Beobachtungen den Lernprozess steuern

Wie im obigen Beispiel um Boxen erläutert, ist die Anfangsphase beim Erlernen von neuen Verhaltensweisen oder Handlungen von hoher Bedeutung. Bevor Teilnehmende Wissen und Übungen im Alltag so verinnerlicht haben, dass sie zu neuen automatisierten Routinen geworden sind, bedarf es zunächst eines beginnenden Impulses und einer ersten im Lernprozess gewonnenen Erfahrung. Dies kann beispielsweise ein Impulsvortrag zu einem spezifischen Thema sein, der das Interesse der Teilnehmenden weckt und zum Reflektieren einlädt. Sind die persönlichen Bedürfnisse geweckt, erwächst daraus die Motivation für weitere Gesundheitsmaßnahmen.

Insbesondere beim Lernen neuer Verhaltensweisen, wie sie beispielsweise auch in Kursen vermittelt werden, basiert die erste Phase auf dem Beobachten und Nachahmen, da die neue Handlung oder Verhaltensweise noch nicht ausreichend gefestigt ist. Dies ist ein angeborener Lerninstinkt, der für das spielerische und neugierige Entdecken und Ausprobieren verantwortlich ist; ein wertvoller Instinkt, der im Rahmen von Gesundheitsmaßnahmen auch gezielt eingesetzt und gefördert werden kann, um durch Erlebnisorientierung das Interesse zu wecken.

Das Beobachten und Nachahmen sind damit wesentliche Schritte im Lernprozess, was verdeutlicht, wie bedeutsam die zwischenmenschliche Beziehung und das Vertrauen zu Referenten und Trainern im Rahmen von Betrieblichen Gesundheitsmaßnahmen ist. Durch das beobachtete Verhalten werden über Spiegelneuronen Areale im präfrontalen Cortex aktiviert, die alleine durch Beobachtungen Gehirnaktivitäten aufweisen, als würde man die Aktivität selbst durchführen. Werden demnach die Spiegelneuronen im Lernprozess getriggert, wird der Lernprozess gestärkt, da das beobachtete Verhalten eher intuitiv nachgeahmt wird.

Die Rolle der Führungskraft im Lernprozess

Führungskräfte können BGF-Maßnahmen unterstützen

Im betrieblichen Alltag ist hierbei jedoch ein weiterer Aspekt nicht zu vernachlässigen. Der Prozess des Beobachtens durch die Mitarbeitenden ist nicht nur auf den zeitlichen Rahmen einer Gesundheitsmaßnahme und die Vorbildwirkung einer referierenden Person beschränkt. Zu jedem Moment werden bewusst oder auch unbewusst Informationen aufgenommen und verarbeitet. Auch Führungskräfte werden demnach in ihren Verhaltensweisen beobachtet. Dabei geht es nicht um die Bewertung, ob etwas gut oder schlecht ist. Vielmehr geht es um die Frage, ob sich eine Führungskraft dieses Prozesses bewusst ist und wie sie vom eigenen Team wahrgenommen werden möchte. Eine Führungskraft kann diese Form des Lernen nutzen, um als Vorbild zu wirken, die Teamentwicklung bewusst zu steuern und ebenso das Gesundheitsbewusstsein kontinuierlich zu stärken. Dies kann durch die Kommunikation, das regelmäßige Ankündigen von Maßnahmen, die Offenheit und Ernsthaftigkeit hinsichtlich der eigenen Weiterentwicklung im Bereich der Gesundheit, die Unterstützung und eigene Beteiligung an BGF-Maßnahmen sowie insbesondere durch das Vorleben einer gesundheitsförderlichen Lebensweise geschehen. Die Führungskraft spielt demnach eine Schlüsselrolle.

!

Merken Sie sich bitte:

Vorbilder unterstützen die Motivation

Führungskräfte sind immer Vorbilder. Sie sind in die Planung, Durchführung und Kommunikation von BGF-Maßnahmen aktiv einzubeziehen und haben die Aufgabe, als positiv wirkende Vorbilder und Multiplikatoren zu wirken. Zur Unterstützung des Lernprozesses können den Beschäftigten auch (externe) Vorbilder angeboten werden. Das können beispielsweise inspirierende Trainer, Referenten und Autoren sein.

spielerisches Entdecken und Ausprobieren fördert Kreativität und Lernfreude

Während der vorhergehende Aspekt insbesondere das Lernen durch Beobachtungen betrachtete, ist nun noch die Wirkung des Spielens zu beleuchten. Auch wenn das Spielen im erwachsenen oder sogar betrieblichen Umfeld scheinbar kaum existent zu sein mag, hat es seine Daseinsberechtigung und eröffnet somit auch in der Betrieblichen Gesundheitsförderung neue Perspektiven. Denn Spielen ist eine gewinnbringende Verschmelzung des analytischen und intuitiven Geistes, wodurch Klarheit, Präzision und Rationalität auf Lebendigkeit, Kreativität und Träumen trifft. Ein Vorgang, wie wenn Kinder aus Bausteinen ein ganzes Universum erschaffen. Wenn der Arbeitsplatz mit allen Fassetten im weiten Sinne als »Spielen« angesehen werden kann, impliziert dies eine wertschätzende lern-, fehlerfreundliche und damit entwicklungsförderliche Arbeitskultur, in der es Spaß macht und Energie verleiht, zu arbeiten. Nicht zuletzt wird dadurch die Kreativität und die Motivation gefördert, die sich auch auf den Innovationsgrad und die Produktivität eines Unternehmens auswirkt.

!

Merken Sie sich bitte:

Die spielerische Leichtigkeit fördern

Die Kreativität und Freude bei der Arbeit kann bewusst durch den Aspekt des spielerischen Lernens und Entwickelns gefördert werden. Ganzheitliche Maßnahmen können dabei unterstützen, den Mehrwert des »Spielens« auch im unternehmerischen Zusammenhang zu erkennen und zu beleben. Die Ausgestaltung und Umsetzung kann sehr vielfältig sein.

Beispiele

Umsetzungsmöglichkeiten zur Förderung der Kreativität und Motivation

Folgende Ansätze können zur Entwicklung individueller Konzepte dienen:

- motivationsförderliche, charismatische **Kommunikation** (verbale sowie schriftliche interne Unternehmenskommunikation durch Aushänge, Ankündigungen und Mails)
- Stärkung der **Führungsfähigkeiten** zur Vorbildwirkung
- Konzepte zur **Anerkennung** und Auszeichnung von guten Ideen/Projekten

- **Kreativitätskurse**
- **Teamevents**
- Anbieten von **bewegten Meetings** (z. B. Walk & Talk)
- Arbeitsgruppen, die **Ideen aufnehmen** und weiterentwickeln
- **innovative interne Konferenzen** oder Barcamps mit Vorstellung zukunftsweisender Ideen für mögliche Weiterentwicklungen in der Branche
- ansprechende, moderne, **farbige Gestaltung** von:
  - Arbeitsplätzen, welche die Ergonomie und Konzentrationsfähigkeit unterstützen,
  - Ruhebereichen zur Regeneration z. B. für die Mittagspause oder für Schichtarbeitende,
  - Bewegungs-/Fitnessbereichen mit Ausstattung wie Faszien-Tools und Yogamatten,
  - Kreativitätsbereichen für gemeinsame Brainstorming-Einheiten,
  - Pausenbereichen mit Anregungen zur gesunden Ernährung,
  - Meetingräumen, die auch zu bewegten Meetings einladen.

Der Lernprozess lebt von Zeit, von spielerischem Freiraum zum sich Entfalten und von Wiederholungen. Demnach stellt sich die Frage, welche Schlüsse daraus für die Betriebliche Gesundheitsförderung gezogen werden können. Zeit ist bei BGF-Projekten häufig ein kritischer Faktor. Durch unerwartete Ereignisse, Budgetrestriktionen, Managementwechsel oder auch durch das fehlende Verständnis und die mangelnde Bereitschaft für Gesundheitsinvestitionen droht die Priorität und Aufmerksamkeit für Gesundheitsmaßnahmen in Unternehmen zu sinken. Demnach laufen Maßnahmen ohne weiterführende Konzepte aus oder einmalige Impulsmaßnahmen, wie Gesundheitstage, verlieren ohne Anschlussstrategien ihre Wirkung. Ein Lernprozess kann somit nicht einsetzen. Um mit Maßnahmen die Gesundheit der Beschäftigten nachhaltig zu fördern und zu erhalten, bedarf es demnach der Offenheit und Bereitschaft, die Betriebliche Gesundheitsförderung langfristig umzusetzen.

!

Merken Sie sich bitte:

Wiederholungen unterstützen die erfolgreiche Entwicklung neuer Routinen

Lernprozesse von Handlungen und Bewegungsabläufen benötigen Zeit und Wiederholungen, damit das Gehirn neue Nervenbahnen bauen und stärken kann. Daher ist auch die Regelmäßigkeit und Langzeitkontinuität in der Betrieblichen Gesundheitsförderung von hoher Bedeutung, um auf individueller und betrieblicher Ebene gesundheitsbezogene Resultate zu erzielen.

13.5.2 Betriebliche Gesundheitstage

Gesundheitstage sind beliebte Formate in Unternehmen, die häufig einmal im Jahr für die Mitarbeitenden angeboten werden. Hierbei ist das primäre Ziel, die Beschäftigten für die eigene Gesundheit zu sensibilisieren und zugleich die Aufmerksamkeit für die Betriebliche Gesundheitsförderung zu wecken, damit die Arbeit gesundheitsförderlicher gestaltet wird. Daher werden an Gesundheitstagen häufig verschiedene Angebote präsentiert, um den Besucherinnen und Besuchern des Gesundheitstages verschiedene Impulse und Anregungen geben zu können. Diese Angebote können offen oder auch themenspezifisch sein und sich auf konkrete Maßnahmen wie z. B. die Ergonomie am Arbeitsplatz fokussieren. Die Maßnahme wird entweder vom Unternehmen oder durch Unterstützungsleistungen der betrieblichen Krankenkasse finanziert.

Beispiele

Programmpunkte eines Gesundheitstages
Häufige Elemente eines Gesundheitstages können beispielsweise folgende sein:

- Informationsangebote zur Gesundheit am Arbeitsplatz und in der Freizeit
- Impulsvorträge
- Kursangebote
- Produktvorstellungen und dazu gehörende Teststationen (z. B. für ergonomische Sitzmöbel)
- Simulationsangebote (z. B. Altersanzug, VR-Brillen)
- Persönliche Beratungsgespräche (z. B. zur Ergonomie an Bildschirmarbeitsplätzen)
- Gesundheitschecks und Analysen (z. B. Körperzusammensetzungstest, Haltungsanalysen, Herzratenvariabilitätsmessung)
- Parcours-Angebote (z. B. Koordinationsspiele)
- Mobile Massage
- Ernährungsangebote (z. B. gesunde Snacks und Getränke)
- Quiz, Challenges, Spiele
- Befragungen.

Gesundheitstage entfalten beste Wirkung als Teil eines langfristigen BGF-Konzeptes

Zur Planung und Umsetzung eines Gesundheitstages arbeiten interne Gesundheitsmanager, Personalverantwortliche, Betriebsärzte und Betriebsräte mit externen Kooperationspartnern wie Krankenkassen, Fachkräften im Bereich der Betrieblichen Gesundheitsförderung sowie regionalen Physiotherapien, Fitnessstudios oder Fachgeschäften zusammen. Somit entsteht ein vielfältiges Angebot, das die Beschäftigten zur Teilnahme motiviert. Durch die Anregung zum Ausprobieren beispielsweise von Kursangeboten, können im Rahmen von Evaluationen die Bedürfnisse und Wünsche für weiterführende Maßnahmen auf Basis der Erfahrungen, die die Teilnehmer an einem solchen Tag gemacht haben, konkreter erfasst werden. Zudem kann durch die erfolgreiche Ausgestaltung eines Gesundheitstages die Aufmerksamkeit und Bereitschaft zur aktiven Nutzung weiterer Maßnahmen positiv beeinflusst werden, da die Beschäftigten durch die Impuls-, Beratungs- und Analyseangebote die Relevanz der Angebote für die eigene Gesundheit erkennen können.

Gesundheitstag	
Dos	**Don'ts**
• aktuelles **Schwerpunktthema** identifizieren • Impulsvorträge zu privat (und beruflich) **relevanten Themen**, um die Zielgruppe zur Teilnahme zu gewinnen • persönliche **Bedürfnisse berücksichtigen** • **langfristige Planung** mit allen Beteiligten (z. B. internes Organisationsteam, externe Anbieter, Krankenkassen) • frühzeitige **zielgruppenspezifische Kommunikation** und internes Marketing • **Erwartung zur Teilnahme** auch durch Führungskräfte kommunizieren • Kombinationsangebote zur **Verhältnis- und Verhaltensprävention** • **Anschlussangebote**, um die Umsetzung der Angebote zu fördern (z. B. wiederholtes Beratungsgespräch) • Gesundheitstag für **Umfragen** nutzen (z. B. zu den Bedürfnissen der Teilnehmer) • Gesundheitstag **evaluieren** (z. B. Feedback, Beteiligung am Gesundheitstag, anschließende Beteiligung an Folgemaßnahme) • ansprechende Wohlfühlatmosphäre und **Räumlichkeit** (ggf. externe Räumlichkeit mieten) • Event **ansprechend begleiten** (z. B. durch Moderation, Musik) • Beschäftigte zum Gesundheitstag (zeitweise) **freistellen** • über **Erlebnisse und Ergebnisse** nach der Maßnahme **berichten** (z. B. Fotos teilen)	• **fehlende** personelle und finanzielle **Ressourcenbereitstellung** für Planung und Durchführung • Aufgabe zur Planung intern als **Zusatzaufgabe** zum Tagesgeschäft vergeben • **fehlendes Engagement** bei der Planung • Ausrichtung eines Gesundheitstages **ohne Strategie** • Gesundheitstag als »**Freizeitevent**«, ohne das Potenzial für die langfristige Betriebliche Gesundheitsförderung zu nutzen • zu viele vereinzelte Angebote mit **fehlendem Fokus** • **kein internes Bewerben** der Maßnahme • Gesundheitstag **nebenbei anbieten**, ohne Beschäftigte freizustellen • **ungeeignete Räumlichkeiten** (z. B. kleine Meetingräume für Kurse, kalte Produktionsbereiche für Analysen) • **fehlende Folgemaßnahmen** • **fehlende Unterstützung** und Beratung z. B. durch externe BGM-/ BGF-Anbieter • **keine Evaluation** hinsichtlich der Wirksamkeit und Bedarfsermittlung • **Führungskräfte nehmen nicht teil** • **kein internes Berichten** über die gemeinsamen Erfolge des Gesundheitstages

Tab. 3: Dos und Don'ts bei der Planung und Durchführung von Gesundheitstagen

13.5.3 Betriebliche Gesundheitskurse

Gesundheitskurse – hohes Potenzial zu Förderung und Erhalt der Mitarbeitergesundheit

Ein Kurs ist im Vergleich zum Gesundheitstag eine laufende Maßnahme über einen befristeten oder sogar unbefristeten Zeitraum hinweg, der häufig als Maßnahme der Betrieblichen Gesundheitsförderung implementiert wird. Dabei haben Kurse im Allgemeinen das Ziel der individuellen Verhaltensprävention. Bei solchen Kursen werden die Teilnehmenden in einem Zeitrahmen von ca. 45 bis 90 Minuten in Präsenz oder auch digital angeleitet und betreut und lernen dabei unterschiedlichste Übungen und Techniken zur Bewegung oder auch Entspannung. Zugleich bieten Kurse jedoch auch die Möglichkeit, wertvolle Hintergrundinformationen zu teilen, die den Teilnehmenden helfen, Grundlagen sowie typische Beschwerden, Auswirkungen und Handlungsmöglichkeiten kennenzulernen, um selbstwirksam aktiv zu werden. Somit sind Gesundheitskurse nicht nur ideale Möglichkeiten, um Verhaltensprävention voranzutreiben, sondern auch, um bestehende Maßnahmen der Verhältnisprävention zu ergänzen.

Ein weiterer Vorteil von Gesundheitskursen sind die geringen Hürden zur Teilnahme für die einzelne Person. Die Beschäftigten können im Rahmen der Arbeitszeit oder direkt im Anschluss die Möglichkeit für einen aktiven Ausgleich nutzen, sodass zusätzliche Wege und Kosten entfallen. Durch gemeinsame Verabredungen mit Kolleginnen und Kollegen steigt zudem die Motivation zur Teilnahme und die persönliche Verbindlichkeit. Eine gemeinsame Teilnahme stärkt das Teamgefühl und fördert zugleich die Gesundheit. Die Finanzierung der Maßnahme erfolgt durch den Betrieb, die Teilnehmenden oder die betriebliche Krankenkasse.

Beispiele

Betriebliche Kurse

Zu den betrieblichen Kursangeboten zählen zum Beispiel:

- Yoga,
- Pilates,
- Faszien-Kurs,
- Rückenschule,
- Jogging,
- Achtsamkeitsbasierte Stressbewältigung,
- Meditation.

Gesundheitskurse	
Dos	**Don'ts**
• **regelmäßiges Bewerben der Kurse** über Meetings, Intranet, Programmhefte • **Bedürfnisse** vorher **ermitteln** (z. B. mittels Gesundheitstag, psychischer Gefährdungsbeurteilung) • möglichst **unterschiedliche Kursschwerpunkte** anbieten (z. B. Bewegung, Entspannung) • **zielgruppenspezifische Angebote** schaffen (z. B. 50+) • möglichst Kurse zu **unterschiedlichen Zeiten** anbieten, um auch Schicht- und Teilzeitarbeitenden die Teilnahme zu ermöglichen • **Hürden** zur Teilnahme **abbauen** (z. B. Freistellung, keine eigene Bezahlung) • Kurse sollten **Übungen und Hintergrundwissen** vermitteln • **ansprechende Räumlichkeiten** nutzen • Maßnahme regelmäßig **evaluieren** und ggf. anpassen	• **nur Sportbegeisterte** ansprechen • **keine zielgruppenspezifische** Kommunikation • **keine regelmäßige Kommunikation**, um das Personal zu motivieren • **keine Information** über Angebote **für neue Beschäftigte** • **keine zielgruppenspezifischen Angebote** • angebotene **Zeiten liegen ungünstig** • Kursangebote entsprechen nicht den Bedürfnissen der Mitarbeitenden • **starre Kurskonzepte** (z. B. kein Übergang zu digitalen Angeboten während Covid-19) • **ungeeignete Räumlichkeiten** • ungeeignetes oder **fehlendes Equipment** (z. B. Fehlen von Trainingsequipment oder digitaler Ausstattung für Onlinekurse) • **fehlende Kontinuität** in den Angeboten

Tab. 4: Dos and Don'ts bei der Planung und Durchführung von Gesundheitskursen

Die Erläuterungen verdeutlichen, dass mit der Betrieblichen Gesundheitsförderung in der Praxis ein großes Potenzial bei den Beschäftigten sowie beim Unternehmen geweckt und gefördert werden kann. Durch ein strategisches Konzept und aufeinander aufbauende bzw. sich ergänzende Maßnahmen in der Verhaltens- und Verhältnisprävention können somit langfristig Erfolge erzielt werden und die Gesundheit, das Wohlbefinden sowie die Zufriedenheit und emotionale Bindung der Beschäftigten gestärkt werden.

Literatur

Abel, Thomas/Bruhin, Eva/Sommerhalder, Kathrin/Jordan, Susanne (2018): Health Literacy: Gesundheitskompetenz. Bundeszentrale für gesundheitliche Aufklärung. Köln.

Antonovsky, Aaron. (1979): Health, stress and coping. London: JosseyBass.

Birkenbihl, Vera F. (2018): Stroh im Kopf: Vom Gehirn-Besitzer zum Gehirn-Benutzer. 56. Auflage. München: mvg-Verlag.

Conrad, Günter/Kickbusch, Ilona (1988): Die Ottawa-Konferenz, in: Grenzen der Prävention, Argument Sonderband AS 178. Hamburg: Argument, S. 142-150.

Connors, Roger/Smith, Tom (2012): Change the Cultur Change the Game: The Breakthrough Strategy for Energizing Your Organization and Creating Accountability for Results. New York: Penguin Group.

Franzkowiak, Peter (2003): Protektivfaktoren/Schutzfaktoren. In: Bundeszentrale für gesundheitliche Aufklärung – BZgA (Hrsg.) (2003). Leitbegriffe der Gesundheitsförderung. Glossar zu Konzepten, Strategien und Methoden der Gesundheitsförderung. 4. Aufl. Schwabenheim a. d. Selz: Fachverlag Peter Sabo, S. 189 – 190.

GKV-Spitzenverband (2021): Leitfaden Prävention – Handlungsfelder und Kriterien nach § 20 Abs. 2 SGB V. Berlin.

Kaba- Schönstein, Lotte (2018): Gesundheitsförderung 1: Grundlagen. In: Bundeszentrale für gesundheitliche Aufklärung – BZgA (Hrsg.) (2018). Leitbegriffe der Gesundheitsförderung und Prävention. Glossar zu Konzepten, Strategien und Methoden der Gesundheitsförderung. Köln, S. 227 – 238.

Leonard, George (1998): Der längere Atem: Die fünf Prinzipien für langfristigen Erfolg im Leben. München: Ludwig Verlag.

Matthias/Michael (2021): Echtzeit: Die Kunst intuitiv zu denken. Mainz: Verlag Hermann Schmidt Verlag.

World Health Organization (1986): Ottawa Charter for Health Promotion 1986: First International Conference on Health Promotion Ottawa, 21 November 1986. Ottawa, Kanada.

14 Maßnahmen des Betrieblichen Eingliederungsmanagements

Andrea Lange, Georg Kolbe

Dieses Kapitel gibt Ihnen zunächst einen Überblick über die im Rahmen des Betrieblichen Eingliederungsmanagements (BEM) zu gestaltenden Prozesse.

Dabei werden im Anschluss an den Prozessüberblick der Situationsanalyse und der Maßnahmenplanung besonderes Augenmerk geschenkt. Die Situationsanalyse wird als wesentliche Grundlage zur Ableitung von zielgerichteten und nachhaltigen Maßnahmen beschrieben. Der Schwerpunkt dabei liegt auf der Beschreibung möglicher betrieblicher Gestaltungsfelder.

Ebenfalls ausführlicher wird auf den Aufbau eines innerbetrieblichen Netzwerkes zwischen den Fach- und Hierarchieebenen innerhalb des Betrieblichen Gesundheitsmanagements eingegangen und es wird beschrieben, welche Synergien in diesem Kontext genutzt werden können.

14.1 BEM-Prozess: Verfahren und Ablauf

Das Betriebliche Eingliederungsmanagement untergliedert sich grundsätzlich in:

- fallbezogene Prozesse,
- dazugehörige Dokumentation im Einzelfall und
- darüberhinausgehende begleitende Prozesse.

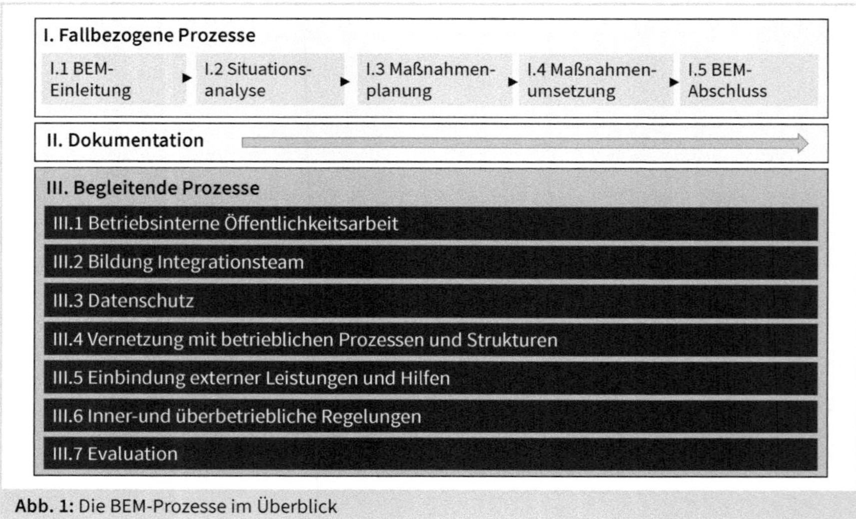

Abb. 1: Die BEM-Prozesse im Überblick

Fallbezogene Prozesse beziehen sich stets auf den jeweiligen BEM-Einzelfall und umfassen, systematisch durchstrukturiert, alle zu durchlaufenden Schritte von der Einleitung bis hin zum Abschluss des BEM-Verfahrens auf einem einheitlich hohen Qualitätsniveau.

Die Dokumentation dient der Nachvollziehbarkeit aller BEM-Prozesse und ist für deren effektive und rechtssichere Durchführung erforderlich und hilfreich.

Die begleitenden Prozesse beziehen sich auf die betrieblichen Rahmenbedingungen und auf vorhandene Ressourcen, Strukturen und Abläufe sowie die überbetrieblichen Bedingungen, die mit dem BEM in Verbindung stehen.

Die durchgängige Beschreibung dieser Prozesse bereits vor der Erstellung betrieblicher Vereinbarungen und der Durchführung der ersten BEM-Einzelfälle ist eine wesentliche Voraussetzung für eine erfolgreiche Umsetzung.

14.1.1 Fallbezogene Prozesse

Nachfolgend werden die Prozesse dargestellt, die für jeden einzelnen BEM-Fall durchzuführen sind.

BEM – Einleitung
Die Personalabteilung leitet dem Integrationsteam monatlich eine aktuelle Auflistung der Beschäftigten zu, die die Voraussetzungen des BEM erfüllen. Die Auflistung (»AU-Liste«) beinhaltet die Namen, Personalnummer, den Arbeitsbereich und ggf. die Schwerbehinderteneigenschaft der Beschäftigten. Der Betriebsrat/Personalrat erhält eine Kopie der AU-Liste; sind schwerbehinderte Menschen betroffen, erhält die Schwerbehindertenvertretung ebenfalls eine Kopie der AU-Liste.

Das Integrationsteam informiert die Betroffenen in einem Anschreiben über Anlass, Ziel und Freiwilligkeit des BEM, über das Angebot eines Informationsgesprächs sowie ggf. über die Möglichkeit, eine Ansprechperson aus dem Integrationsteam, den Fallmanager, zu wählen. Erfolgt keine Rückmeldung, wiederholt das Integrationsteam nach 4 Wochen sein Informations- und Gesprächsangebot.

Situationsanalyse
Um die gesetzlich vorgeschriebenen Ziele erreichen zu können, sollte im Rahmen einer systematischen Situationsanalyse abgeklärt werden, von welchen Bedingungen die Arbeitsunfähigkeit bzw. eine positive Wiedereingliederung der Betroffenen beeinflusst wird und welche davon seitens des Betriebes verändert werden können und sollen.

! **Merken Sie sich bitte:**

Eine qualifizierte und differenzierte Analyse der Situation der betroffenen Beschäftigten ist die Grundlage für ein zielführendes Betriebliches Eingliederungsmanagement.

Ebenfalls ist im Rahmen der Situationsanalyse abzuklären, wie von betrieblicher Seite der Beschäftigte dabei unterstützt werden kann, seine Gesundheit zu stabilisieren oder Überlastungen in seiner privaten Situation abzubauen. Dabei soll seine Beteiligung und Eigeninitiative gefördert werden. Somit bildet die Situationsanalyse die Grundlage für passgenaue und nachhaltige Maßnahmen im Einzelfall.

Leider spiegelt sich dies in der betrieblichen Praxis bislang noch unzureichend wider. Die Folge sind wenig passgenaue und nachhaltige Maßnahmen, die die Beschäftigungsfähigkeit nicht ausreichend sicherstellen. Der Situationsanalyse und der darauf aufbauenden Maßnahmenableitung wird daher im Abschnitt 14.2 »Situationsanalyse und Maßnahmenplanung des BEM im Detail« besondere Aufmerksamkeit gewidmet.

Maßnahmenplanung

Bei der Entwicklung von Gestaltungsideen ist es wichtig, dass sich die am BEM beteiligten Personen nicht einschränken, was die Vielfalt an Maßnahmen und deren Reichweite angeht, z. B. bei einer sinnvollen Veränderung, Umgestaltung oder Neugestaltung des Arbeitsplatzes. Das zentrale Ziel ist, den Betroffenen am vorhandenen, an einem anderen oder einem ihren Fähigkeiten entsprechenden Arbeitsplatz die Teilhabe am Arbeitsleben zu ermöglichen.

! **Merken Sie sich bitte:**

Maßnahmenplanung und -umsetzung im BEM ist eine Querschnittsaufgabe im Unternehmen.

Dies kann nur gelingen, wenn die jeweilige Führungskraft, die Beschäftigtenvertretung, die Personalabteilung, die Fachkraft für Arbeitssicherheit, der/die Arbeitsmediziner*in und die Betroffenen einbezogen werden.

Die Situationsanalyse ergibt i. d. R. eine Empfehlung für Maßnahmen, die geeignet erscheinen, die Ziele des BEM zu erreichen. Die Maßnahmenplanung erfolgt, nachdem der Fallmanager, ggf. gemeinsam mit dem Betroffenen, die Ergebnisse der Situationsanalyse im BEM-Team vorgestellt hat. Die Maßnahmen werden anschließend im BEM-Team eingehend beraten und erörtert.

Hierzu hat das Bundesarbeitsgericht am 10.12.2009 geurteilt (2 AZR 198/09):

»Alle Teilnehmer am BEM machen Vorschläge zur Lösung des Problems; alle ihre eingebrachten Vorschläge sind sachlich zu erörtern.«

Bei der Maßnahmenauswahl berücksichtigen die Beteiligten im Einzelfall ein breites Spektrum von gesundheits- und beschäftigungserhaltenden Maßnahmen. Vertiefende Informationen sind im Abschnitt 14.2 »Situationsanalyse und Maßnahmenplanung des BEM im Detail« dargestellt.

Hinweis !

Bei den digitalen Extras finden Sie ein Dokument mit einem »Pool an Eingliederungsmaßnahmen«.

Erfolgversprechende Maßnahmen werden mit dem Betroffenen besprochen und ihre Bedeutung und mögliche Konsequenzen werden erörtert. Danach wird ein verbindlicher schriftlicher Maßnahmenplan im Konsens zwischen Betroffenen und BEM-Team festgelegt. Die Rolle und Aufgabe der Betroffenen im Rahmen der Maßnahmenumsetzung wird klar definiert. Der Maßnahmenplan enthält Angaben über Art, Umfang und Zielsetzung der Maßnahmen.

Maßnahmenumsetzung

Das BEM-Team entscheidet im Konsens mit dem Betroffenen über die Art und den Umfang der umzusetzenden Aktivitäten in diesem Prozessabschnitt. Zuständig für die prozess- und maßnahmenbegleitende Beratung und Betreuung des Betroffenen ist der jeweilige BEM-Fallmanager. Er berichtet regelmäßig über den Verlauf der umgesetzten Maßnahmen im BEM-Team.

Zur Durchführung der Maßnahme gehört es, dass bei arbeitsorganisatorischen Veränderungen und insbesondere bei dauerhaften Einsatzeinschränkungen das betriebliche Arbeitsumfeld (Kollegen) durch den Fallmanager und den Vorgesetzten informiert und beteiligt wird, immer unter Wahrung der Persönlichkeitsrechte des Betroffenen. Das kann in einigen Fällen eine erfolgreiche Maßnahmenrealisierung erst ermöglichen. Eine kontinuierliche Begleitung der Betroffenen während der Maßnahmenumsetzung ist für die Kontinuität des Prozesses wichtig.

BEM – Abschluss

Der Abschlussprozess umfasst die Entscheidungsfindung zur Beendigung des BEM-Verfahrens. Er legt Art und Weise der Abschlussdokumentation fest, ist Bestandteil der Ergebnissicherung und sorgt für einen ausreichenden Informationsfluss an alle Beteiligten.

Nicht immer ist ein BEM-Verfahren erfolgreich und kann denentsprechend nicht mit Erfolg abgeschlossen werden. Darüber hinaus gibt es aber auch weitere Konstellationen, die einen Abschluss nicht ermöglichen. So wird das BEM ausgesetzt, wenn der Betroffene das verlangt oder beispielsweise der Krankheitsverlauf dies erfordert. In diesem Fall ist zunächst **kein** BEM-Abschluss einzuleiten.

14.1.2 Dokumentation

Mithilfe der fallbezogenen Verlaufsdokumentation erfüllt das BEM-Team die Verpflichtung des Arbeitgebers nach § 167 Abs. 2 SGB IX, ein ordnungsgemäßes, rechtssicheres und den Abmachungen in der Betriebs-/Dienstvereinbarung entsprechendes BEM durchgeführt zu haben. Da das Gesetz keine Personen oder Stellen benennt, denen die Leitung des BEM anzuvertrauen ist, geht es um die Etablierung eines verlaufs- und ergebnisoffenen Maßnahmen-Suchprozesses, der mithilfe der Falldokumentation in der BEM-Akte festgehalten werden kann.

Für das BEM-Team gibt die Dokumentation eine Hilfestellung zum strukturierten und systematischen Vorgehen im Rahmen aller fallbezogenen Prozessphasen.

Dem Betroffenen ermöglicht die Dokumentation, einen Rückblick auf die Entwicklungen seines Falles zu nehmen, und dem Fallmanager wird ein Überblick über bereits geplante Aktivitäten im BEM-Einzelfall und damit auch über die aktuelle Steuerung der Einzelfälle gegeben.

14.1.3 Begleitende Prozesse

Nachfolgend werden Prozesse vorgestellt, die geeignete Rahmenbedingungen für die erfolgreiche Durchführung des BEM schaffen und erhalten.

Betriebsinterne Öffentlichkeitsarbeit

Im Rahmen der innerbetrieblichen Öffentlichkeitsarbeit werden alle Beschäftigten über die Hintergründe, den Umfang, den Ablauf und die Ziele des BEM informiert.

> **!** **Merken Sie sich bitte:**
>
> Eine möglichst breite Information und Kommunikation dient dazu, transparente Prozesse zu schaffen, und zielt darauf ab, präventiv auf mögliche Befürchtungen und Ängste der Mitarbeiterinnen und Mitarbeiter einzugehen.

Die Art und Weise der betriebsinternen Öffentlichkeitsarbeit ist so zu gestalten, dass alle Beschäftigten erreicht werden (Berücksichtigung von Arbeitszeit- und Schichtmodellen, Sprachbarrieren usw.). Die Verbreitung der Informationen findet über möglichst verschiedene Kanäle und Medien statt (Betriebsversammlungen, Gruppensitzungen, Rundschreiben an die Mitarbeiter, Flyer, Plakate, Aushänge, Intranet usw.).

> **!** **Hinweis**
>
> Online bei den digitalen Extras finden Sie einen BEM-Flyer.

Es sollte stets erkennbar sein, dass es sich bei dem Verfahren zum BEM um ein von den Betriebsverfassungsparteien (Arbeitgeber und betriebliche Interessenvertretung) gemeinsam getragenes und zwischen ihnen abgestimmtes Verfahren handelt.

Aktivitäten, um Akzeptanz für das BEM im Unternehmen zu schaffen, sind nicht nur bei der Einführung des BEM notwendig, sondern fortlaufend während des gesamten BEM-Geschehens.

BEM-Akteure und BEM-Team

Im § 167 Abs. 2 SGB IX wird die Bildung eines BEM-Teams oder Integrationsteams nicht gefordert. Der in der Rechtsprechung konkretisierte und geforderte »koordinierte Suchprozess« spricht jedoch für die Bildung eines BEM- oder Integrationsteams. Dieses Vorgehen hat sich auch bei der Umsetzung des BEM in vielen Unternehmen bewährt.

Das BEM-Team besteht verpflichtend aus einem Vertreter des Arbeitgebers (häufig aus der Personalabteilung) und einem Vertreter der Interessenvertretung (Betriebs- oder Personalrat/Mitarbeitervertreter).

2016 hat das BAG[1] entschieden, dass die betroffene Person bei der Einleitung des BEM-Prozesses zustimmen muss, ob der Betriebsrat hinzugezogen werden darf. Dies gilt ebenfalls für die Teilnahme des Personalrates.

Bei den Fällen schwerbehinderter Beschäftigter ist zudem die Vertrauensperson der schwerbehinderten Menschen zu beteiligen.

Fallbezogen können zur Beratung des Teams z. B. folgende weitere interne und externe Experten hinzugezogen werden:

- der Arbeitsmediziner,
- die Fachkraft für Arbeitssicherheit,
- externe Stellen wie Fachkräfte des Integrationsamts, der Rehabilitationsträger (Krankenkasse, Rentenversicherung, Unfallversicherung, Agentur für Arbeit), von Einrichtungen der medizinischen oder beruflichen Rehabilitation oder des Integrationsfachdienstes.

Merken Sie sich bitte: !

Die Mitglieder des BEM-Teams sind während ihrer Tätigkeit im BEM ausschließlich den Zielen des BEM verpflichtet. Das setzt eine klare Aufgaben- und Rollentrennung zu ihren sonstigen Funktionen im Unternehmen voraus.

1 BAG v. 23.3.2016 – 1 ABR 14/14, in Behindertenrecht 2016, S. 197.

Es empfiehlt sich, die Zusammenarbeit, Arbeitsweise, Aufgaben und Kompetenzen der BEM-Teams klar zu definieren.

Datenschutz im BEM

Die Regelung des Datenschutzes ist das zentrale Thema zur Vertrauensbildung im BEM und noch vor der eigentlichen Einleitung des BEM-Verfahrens zu bearbeiten. Der Datenschutz ist auf der Grundlage der Datenschutz-Grundverordnung (DSGVO) sowie des Bundesdatenschutzgesetzes (BDSG) 2018 sicherzustellen. Die Anforderungen der DSGVO sowie des BDSG verlangen eine Konkretisierung der Rechte und Freiheiten der Beschäftigten, die in einer Betriebs- oder Dienstvereinbarung geregelt werden sollten. Wesentliche Eckpfeiler des Datenschutzes sind u. a. die Datenminimierung, die Zweckgebundenheit, das Transparenzgebot und die Verhältnismäßigkeit.

Vernetzung mit betrieblichen Prozessen und Strukturen

Das BEM ist neben der Betrieblichen Gesundheitsförderung (BGF) und den freiwilligen Leistungen des Arbeitsgebers eine der drei Säulen eines Betrieblichen Gesundheitsmanagements (BGM). Alle drei Säulen stehen auf dem Fundament eines ganzheitlichen Arbeits- und Gesundheitsschutzes, der als Basis einer gesundheits- und lernförderlichen sowie alternsgerechten Gestaltung von Arbeit dient. Hierzu gehört auch eine beteiligungsorientierte und wertschätzende Führungskultur, die durch die bestehende Unternehmenskultur geprägt wird.

Abb. 2: Struktur des Betrieblichen Gesundheitsmanagements

Mit dem Prozess der innerbetrieblichen Vernetzung soll sichergestellt werden, dass alle im Unternehmen vorhandenen Ressourcen und Verfahren, die einen erfolgreichen BEM-Prozess im Einzelfall unterstützen können, genutzt werden. Es sollen fallübergreifende Erkenntnisse vom BEM-Team an die Fachabteilungen weitergegeben werden, das BEM-Team wiederum soll bei seiner Arbeit von den betrieblichen Experten unterstützt werden.

Dabei können verschiedene Unternehmensebenen und Zielgruppen unterschieden werden:

- Unternehmensleitung und betriebliche Interessenvertretung
  Das BEM-Team ist im Auftrag des Arbeitgebers tätig. Die betriebliche Interessenvertretung gestaltet den Prozess mit und überwacht diesen.
  Zur Aufgabe gehört es damit, in regelmäßigen Abständen Rückmeldung an den Arbeitgeber und die Interessenvertretung über die Arbeit des BEM-Teams zu geben, Erfolge aufzuzeigen, unter Umständen Schwierigkeiten bei der Umsetzung des BEM zu benennen und die Zusammenarbeit mit den betrieblichen Instanzen zu bewerten.
  Damit kann das Problembewusstsein der Unternehmensleitung für das BEM und die damit in Verbindung stehenden Themen des Arbeits- und Gesundheitsschutzes geschärft sowie die Bereitschaft für betriebliche Veränderungen erhöht und damit die Erfolgsaussichten für alle gesundheitsrelevanten Aktivitäten des Unternehmens verbessert werden.
- Beschäftigte des Unternehmens (Betriebsöffentlichkeit)
  Das Betriebliche Eingliederungsmanagement lebt vom Vertrauen der Beschäftigten, dass das Verfahren ausschließlich mit dem Ziel durchgeführt wird, die Beschäftigungsfähigkeit zu erhalten. Vertrauensbildung heißt in diesem Zusammenhang, Transparenz über den Ablauf des Verfahrens herzustellen und der Belegschaft regelmäßig Rückmeldungen über die Ergebnisse der Arbeit des BEM-Teams zu geben.
- Kooperationspartner des BEM im Stab und in der Linie
  Die Personalabteilung ist Ansprechpartner bei der Planung und Durchführung von Qualifizierungsmaßnahmen und der Umsetzungen im Rahmen des BEM.
  Führungskräften kommt im BEM eine besondere Schlüsselrolle zu. Sie sind grundsätzlich beteiligt. Das gehört zu ihrer Fürsorgepflicht und ihrer Führungsverantwortung für die betroffenen Beschäftigten. Sie sind aber insbesondere bei Arbeitsgestaltungsmaßnahmen aktiv einzubeziehen und letztendlich verantwortlich für die inhaltlich korrekte und termintreue Realisierung der vereinbarten Maßnahmen. Von ihrem Engagement für die nachhaltige Eingliederung eines erkrankten Mitarbeiters hängt der Erfolg des BEM wesentlich ab. Daher ist eine Qualifizierung zum Nutzen des BEM für die Arbeit der Führungskräfte sowie zu ihren Rollen und Aufgaben im BEM eine weitere Voraussetzung für eine erfolgreiche Umsetzung.
  Die Fachkraft für Arbeitssicherheit und der Betriebsarzt sind im Rahmen ihrer Aufgaben die Berater des Arbeitgebers und der betrieblichen Interessenvertretung für den Arbeitsschutz, bei der Unfallverhütung und in allen Fragen des Gesundheitsschutzes. Damit ist die Fachkraft für Arbeitssicherheit auch ein wichtiger Akteur bei der leistungs- und einschränkungsgerechten Arbeitsplatzgestaltung im Rahmen

des BEM. Gleichzeitig stellt die Fachkraft für Arbeitssicherheit häufig die Gefährdungsbeurteilung zur Verfügung und unterstützt dabei, diese für den betroffenen Arbeitsplatz zu aktualisieren und/oder zu ergänzen. Der Betriebsarzt wird darüber hinaus entsprechend § 167 Abs. 2 SGB IX in die Arbeit des BEM-Teams einbezogen.

Der Arbeitsschutzausschuss hat die Aufgabe, die mit dem Arbeitsschutz und der Unfallverhütung befassten Funktionsträger zusammenzubringen, um über die Angelegenheiten des Arbeitsschutzes zu beraten.

Aufgaben des Arbeitsschutzausschusses sind unter anderem:

- Analyse des Unfallgeschehens im Betrieb,
- Beratung über Maßnahmen und Einrichtungen zur Vermeidung von Unfall- und Gesundheitsgefahren,
- Erfahrungsaustausch zu durchgeführten Maßnahmen,
- Beratung zu sicherheitstechnischen und gesundheitsrelevanten Aspekten bei der Einführung neuer Arbeitsverfahren, der Gestaltung von Arbeitsplätzen und bei neuen Gefahrstoffen.

Damit ist der Arbeitsschutzausschuss das betriebliche Gremium, in dem auch anonymisiert über die Maßnahmen des BEM berichtet werden kann und soll.

Einbindung externer Leistungen und Hilfen

Außerbetriebliche Netzwerkakteure sind vor allem die Rehabilitations- und Sozialleistungsträger sowie die Rehabilitationseinrichtungen. Im § 6 SGB IX ist gesetzlich verankert, wer Träger der Leistung zur Teilhabe sein kann:

- Gesetzliche Krankenkassen
- Bundesagentur für Arbeit
- Träger der gesetzlichen Unfallversicherung
- Träger der gesetzlichen Rentenversicherung

Bei anerkannt schwerbehinderten Menschen ist darüber hinaus auch das Integrationsamt zuständig.

Weitere externe Leistungsträger und Unterstützungsmöglichkeiten, die zum Erreichen der BEM-Ziele beitragen können, sind beispielweise:

- der Integrationsfachdienst zur psychosozialen Begleitung,
- örtliche psychosoziale Beratungsstellen zur psychosozialen Begleitung,
- Selbsthilfegruppen,
- Gesundheitsämter (koordinierende Funktion für verschiedene psychosoziale Leistungen),
- Hausärzte, Fachärzte, Kliniken, Psychotherapeuten mit Einverständnis des Betroffenen,

- ein Berufsförderungswerk (oder andere Einrichtungen) z. B. bei der Erstellung eines Fähigkeitsprofils und eines Qualifizierungsplans,
- Datenbanken, z. B. REHADAT-Datenbank.

Größere Unternehmen schließen häufiger Kooperationsvereinbarungen mit externen Anbietern psychosozialer Leistungen (Mitarbeiterberatungen), die auch unter dem Begriff »EAP: Employee Assistance Program« zu finden sind.

Für mittelständische oder kleinere Unternehmen bietet sich die Nutzung regionaler Anbieter von Leistungen wie Beratungsstellen, Selbsthilfegruppen und anderen Hilfsangeboten an. Es empfiehlt sich, ein Verzeichnis mit den entsprechenden externen Stellen anzulegen und zu pflegen (z. B. Caritas, Parisozial, Diakonie etc.). Selbstverständlich hängt es auch hier von der Bereitschaft der Betroffenen ab, ob und wie diese professionellen und privaten Hilfen ins BEM einbezogen werden können.

Hinweis !

Unter den digitalen Extras finden Sie das Beispiel eines außerbetrieblichen Netzwerkes im BEM.

Inner- und überbetriebliche Regelungen

Inner- und überbetriebliche Regelungen bilden wesentliche Rahmenbedingungen für eine inhaltlich fundierte, die betrieblichen Abläufe und organisatorischen Regelungen beachtende Arbeit des BEM-Teams.

Insbesondere bei der Situationsanalyse sowie der Maßnahmenplanung und -umsetzung sollte das BEM-Team Kenntnis von unterstützenden Regelungen haben, um zielgerichtet und regelkonform arbeiten zu können. Solche unterstützende Regeln können z. B. die Entlohnung oder Qualifizierung bei der Umgestaltung des Arbeitsplatzes oder bei Versetzungen auf einen dem Fähigkeitsprofil des Betroffenen entsprechenden Arbeitsplatz betreffen.

Merken Sie sich bitte: !

Betriebliche Regelungen in Form von Betriebs- bzw. Dienstvereinbarungen legen wesentliche Verfahrensregeln fest, um das Eingliederungsmanagement auf das Erreichen des gesetzlichen Ziels auszurichten und dauerhaft die Durchführung des BEM sicherzustellen.

Eine Betriebs- bzw. Dienstvereinbarung definiert, wie die Organisationsstrukturen, Verfahrensabläufe und Verantwortlichkeiten im Eingliederungsmanagement geregelt sind.

Evaluation

Das mit der Durchführung des BEM beauftragte BEM-Team sollte regelmäßig die Qualität des BEM prüfen, um zu beurteilen, ob die Ziele des BEM erreicht werden. Eine Evaluation ermöglicht es, mittels geeigneter Verfahren und Instrumente anhand vorher festgelegter Zielgrößen wie z. B. Erfolgsquote der Wiedereingliederung oder verstrichene Zeit zwischen Maßnahmenplanung und -umsetzung das BEM zu untersuchen und zu beurteilen.

14.2 Situationsanalyse und Maßnahmenplanung des BEM im Detail

Zu oft wird im Eingliederungsgespräch danach gefragt, ob eine Erkrankung durch den Arbeitsplatz verursacht wird. Diese Frage greift aber zu kurz.

Um die Ziele im BEM erreichen zu können, sollte im Rahmen einer systematischen Situationsanalyse abgeklärt werden, von welchen Faktoren die Arbeitsunfähigkeit bzw. eine positive Wiedereingliederung der Betroffenen beeinflusst werden. Sinnvoll ist eine detaillierte Analyse der Situation am Arbeitsplatz mit dem Ziel einer »individuellen Gefährdungs- und Belastungsbeurteilung«, die alle Elemente des Arbeitssystems berücksichtigt.

Darauf aufbauend kann geprüft werden, welche Faktoren seitens des Betriebs verändert werden sollten. Als zentrales Gestaltungsfeld für das Unternehmen steht damit die betriebliche Arbeitssituation im Mittelpunkt des BEM.

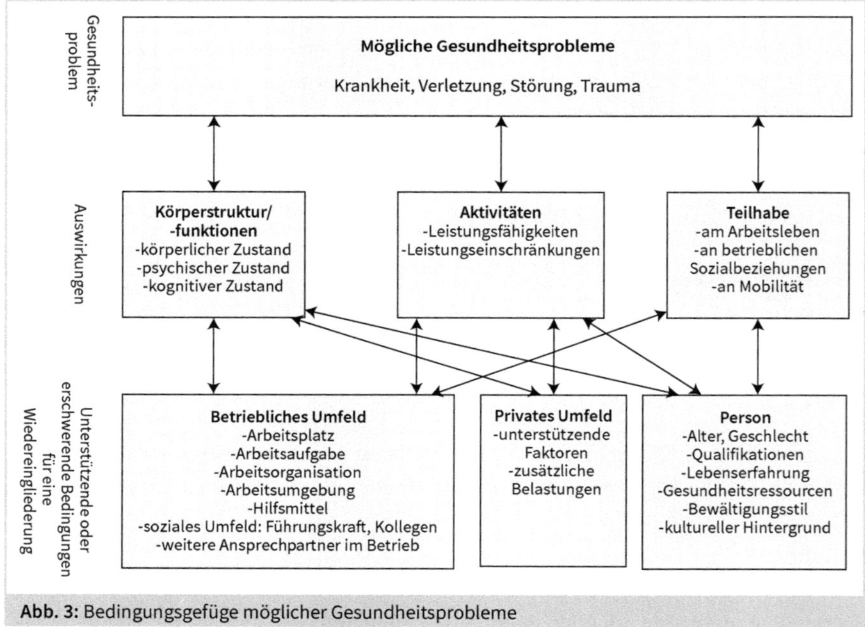

Abb. 3: Bedingungsgefüge möglicher Gesundheitsprobleme

Darüber hinaus ist aber im Rahmen der Situationsanalyse auch abzuklären, wie Beschäftigte unterstützt werden können, um vorhandene Erschwernisse im privaten Umfeld wie pflegebedürftige Angehörige, Verschuldung, Trennung oder Tod des Partners oder eines Familienangehörigen oder auch suchtkranke Angehörige abzumildern.

Förderliche oder hemmende Aspekte einer positiven Wiedereingliederung können auch in der Person selbst liegen. Hierzu zählen zum Beispiel die Qualifikation bzw. die Kompetenzen der betroffenen Beschäftigten, das Alter, die vorhandenen Gesundheitsressourcen oder der Bewältigungsstil im Umgang mit der Erkrankung, Verletzung oder Störung. Solche Aspekte können gemeinsam mit dem begleitenden Fallmanager bzw. in enger Zusammenarbeit mit den Arbeitsmedizinern betrachtet werden. Die Analyse der psychosozialen Situation der Betroffenen ist nicht nur eine wesentliche Voraussetzung einer Wiedereingliederung, sondern liefert hemmende und förderliche Faktoren für eine positiven Wiedereingliederung, aus der nachhaltige Maßnahmen ableitbar werden.

Insbesondere die Berücksichtigung von Fehlbelastungen aus dem privaten Umfeld und von förderlichen bzw. hemmenden Faktoren die aus der Person selbst resultieren, setzen eine vertrauensvolle Zusammenarbeit mit den jeweiligen BEM-Akteuren voraus und können nur mit Einverständnis des BEM-Nehmers in das BEM einbezogen werden. Die Förderung der Eigeninitiative des BEM-Nehmers, seine Beteiligung und Selbstbestimmung im gesamten BEM-Prozess sind besonders zentrale Qualitätskriterien für das BEM.

14.2.1 Komponenten der Situationsanalyse des BEM

In der Situationsanalyse wird ein Anforderungsprofil erstellt, in dem die aus der Arbeitstätigkeit resultierenden Anforderungen an die Betroffenen ermittelt werden. Ferner werden in einem Fähigkeitsprofil die Ressourcen, die ihnen aus dem betrieblichen und privaten Umfeld zur Verfügung stehen, sowie ihre Leistungsfähigkeit erfasst.

Das Anforderungsprofil beinhaltet Kriterien wie:

- benötigte Arbeitskenntnisse, Fachkenntnisse und Berufserfahrung,
- den verfügbaren Handlungs- und Entscheidungsspielraum,
- Kooperationsmöglichkeiten und -erfordernisse,
- Anforderungen an die Mitarbeiterführung und
- die physischen, kognitiven, sozialen sowie emotionalen Anforderungen, die aus den Gefährdungen und Belastungen durch die Arbeitstätigkeit resultieren.

Die ermittelten Belastungen ergänzen somit die erforderlichen fachlichen Voraussetzungen zu einem ganzheitlichen Anforderungsprofil. Es ermöglicht damit auch den gezielten Arbeitseinsatz von Beschäftigten mit Leistungseinschränkungen, ohne dass dies zu Produktivitätsverlusten führen muss.

Das Anforderungsprofil wird erstellt aus:

- einer differenzierten Aufgabenbeschreibung,
- einer ganzheitlichen, alterskritischen Gefährdungsbeurteilung und
- weiteren Messergebnissen und Befragungsmaßnahmen.

Für die detaillierte Beschreibung und Bewertung der Arbeitsplätze kommen im Rahmen der Situationsanalyse insbesondere folgende Methoden zum Einsatz:

- Strukturierte Erfassung der Anforderungen des Arbeitsplatzes durch:
  - Gespräche mit Betroffenen (siehe z. B. digitale Extras »Interviewleitfaden Arbeitsbedingungen«),
  - Rückgriff auf vorhandene Daten sowie ggf. deren Aktualisierung bzw. Vervollständigung wie beispielsweise Aufgabenbeschreibung, Gefährdungsbeurteilungen und sonstige Auswertungen,
  - Gespräche mit Vorgesetzten der Betroffenen
  - Begehung des Arbeitsplatzes.
- Strukturierte Erfassung des Fähigkeitsprofils:
  - durch Qualifikationsnachweise (Berufsausbildung, Weiterbildung),
  - durch Auswertung von Attesten durch den/die Arbeitsmediziner*in,
  - strukturierte Selbsteinschätzung,
  - Erfassung weiterer Kompetenzen der Betroffenen wie z. B. Spezialkenntnisse und Erfahrungswissen, Gespräche mit Führungskräften zur Einschätzung von Fähigkeiten und Ressourcen.

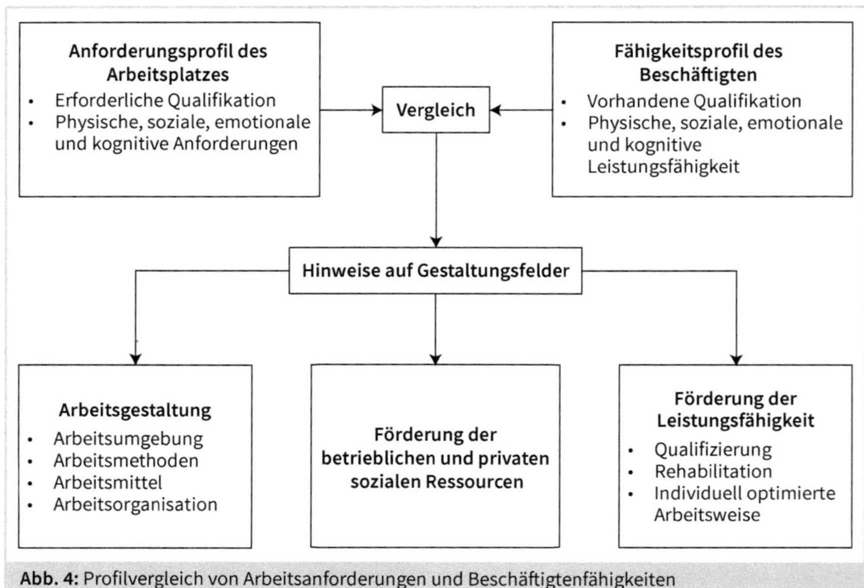

Abb. 4: Profilvergleich von Arbeitsanforderungen und Beschäftigtenfähigkeiten

Aus dem Vergleich von Anforderungsprofil des Arbeitsplatzes und Fähigkeitsprofil des Beschäftigten werden Maßnahmen abgeleitet, welche die Abweichungen zwischen Anforderungen und Fähigkeiten verringern

14.2.2 Maßnahmenplanung und -umsetzung im BEM

Bei der Entwicklung von Maßnahmen ist es wichtig, dass sich die beteiligten BEM-Akteure nicht einschränken, was die Vielfalt an Maßnahmen oder deren Reichweite angeht. Das umfasst z. B. auch eine sinnvolle Veränderung, Umgestaltung oder Neugestaltung des Arbeitsplatzes. Das zentrale Ziel ist, die Betroffenen am vorhandenen, an einem anderen oder einem ihren Fähigkeiten entsprechenden Arbeitsplatz die Teilhabe am Arbeitsleben zu ermöglichen.

Bei der Maßnahmenplanung ist folgendes Vorgehen empfehlenswert:

1. Im Rahmen der Situationsanalyse wurde festgestellt, in welchen Bereichen Auslöser, Defizite und Potenziale zur Überwindung der Arbeitsunfähigkeit bzw. zur Vorbeugung von erneuter Arbeitsunfähigkeit zu finden sind. Diese können sich auf einen oder mehrere der folgenden Aspekte erstrecken:
   - den Arbeitsplatz bzw. die Arbeitsorganisation,
   - die Arbeitskraft des BEM-Betroffenen,
   - das betrieblich-soziale Umfeld,
   - den privaten Bereich.
2. Ausgehend von den festgestellten Problemen und Potenzialen werden zielgerichtet Maßnahmen geplant, die zur Überwindung der Arbeitsunfähigkeit beitragen bzw. erneuter Arbeitsunfähigkeit vorbeugen. In diesem Schritt geht es darum, schrittweise nach Maßnahmen zu suchen, die zur Zielerreichung führen können (Finalitätsprinzip). Bei diesem Suchprozess hat es sich in der Praxis bewährt, entlang der verschiedenen Elemente des Arbeitssystems (siehe Abbildung 5) Maßnahmen zu finden.
3. Im dritten Schritt ist zu überprüfen, welche unterstützenden internen und externen Leistungen und Hilfen genutzt werden können, um die Maßnahmen realisieren zu können.

Anschließend wird entschieden, welche Maßnahmen umgesetzt werden sollen. Bei der Maßnahmenauswahl berücksichtigen die Beteiligten im Einzelfall ein breites Spektrum von gesundheits- und beschäftigungserhaltenden Maßnahmen. Solche Maßnahmen sind z. B. Belastungsabbau, Arbeitsgestaltung, betriebliche Weiterbildung, berufsbegleitende (psychosoziale) Beratung, Coaching, Mediation, Arbeitsplatzanpassung, technische Hilfen, medizinische, berufliche und soziale Rehabilitation, stufenweise Wiedereingliederung, Arbeits- und Belastungserprobung, Arbeitsschutz- und Gesundheitsförderungsmaßnahmen.

Erfolg versprechende Maßnahmen werden mit dem Betroffenen diskutiert und ihre Bedeutung und mögliche Konsequenzen werden erörtert. Danach wird ein verbindlicher schriftlicher Maßnahmenplan festgelegt, über den ein Konsens zwischen Betroffenem und BEM-Team besteht. Die Rolle und Aufgabe der Beteiligten im Rahmen der Maßnahmenumsetzung wird klar definiert.

Geht es um Maßnahmen zur Arbeitsgestaltung (Arbeitsaufgabe, Arbeitsplatzgestaltung, Hilfsmittel, Arbeitszeit oder andere arbeitsorganisatorische Maßnahmen), ist der jeweilige Vorgesetzte der zentrale Ansprechpartner. Mit der Pflichtenübertragung im Arbeits- und Gesundheitsschutz wird ihm die originäre Fürsorgepflicht für die Gesundheit seiner Mitarbeiter zuteil. Davon unberührt bleibt die Eigenverantwortung des Betroffenen, der insbesondere bei Maßnahmen im privaten Umfeld durch eine aktive Mitarbeit zu einer erfolgreichen Wiedereingliederung beitragen kann.

Der Maßnahmenplan enthält Angaben über Art, Umfang und Zielsetzung der Maßnahmen.

Arbeitsplatzsichernde Maßnahmen berücksichtigen folgende Maßgaben und Rangfolge:

1. Ausschöpfung aller Eingliederungsmöglichkeiten zum Verbleib am bisherigen Arbeitsplatz,
2. Angebot eines vergleichbaren Arbeitsplatzes, möglichst im angestammten Arbeitsbereich,
3. Versetzung auf einen den jeweiligen Fähigkeiten entsprechenden Arbeitsplatz,
4. Schaffen eines gesundheits- und fähigkeitsgerechten Arbeitsplatzes.

!

Merken Sie sich bitte:

Entsprechend des TOP-Prinzips ist die Gestaltung der Arbeitsaufgabe und -organisation die erste Interventionsebene zur Verbesserung der Passung zwischen dem individuellen aktuellen Leistungsprofil des Betroffenen und den Arbeitsanforderungen.

14.2.3 Exemplarische Gestaltungsansätze im BEM

Grundsätzliche Gestaltungsmaßnahmen im BEM entlang der Komponenten des Arbeitssystems sind:

Führung

- Anerkennung, Wertschätzung und Unterstützung durch Vorgesetzte,
- kurzfristige und qualifizierte Rückmeldung zu den Arbeitsergebnissen,
- die Beteiligung von Beschäftigten an betrieblichen Planungs- und Entscheidungsprozessen.

Soziale Beziehungen

- Anerkennung, Wertschätzung und Unterstützung durch Kolleginnen/Kollegen und Mitarbeiterinnen/Mitarbeiter,
- konstruktiver Umgang mit Konflikten,
- Kommunikationsmöglichkeiten am Arbeitsplatz.

Arbeitsumgebung

- Vermeiden unnötiger Fehlbelastungen durch Hitze, Kälte, Zugluft, Lärm, mangelhafte Beleuchtung oder Verunreinigungen der Luft.

Arbeitsmittel und Arbeitsgegenstände

- Ausreichende Anzahl und zuverlässige Funktion der Arbeitsmittel wie Maschinen, Werkzeuge oder Software,
- gute Handhabbarkeit von Werkzeugen,
- ergonomische Gestaltung der Arbeitsplätze.

Arbeitsorganisation

- Qualitativ und quantitativ fordernde, aber nicht überfordernde Anforderungen und Ziele entsprechend der individuellen Leistungsfähigkeit,
- Arbeitstätigkeiten, die physisch und psychisch der individuellen Leistungsfähigkeit entsprechen und dem individuellen Bedürfnis nach Routine und Abwechslung entsprechen,
- Gewährung von Handlungs- und Entscheidungsspielräumen bei der Arbeit entsprechend der individuellen Fähigkeiten und Bedürfnisse,
- rechtzeitige und adressatengerechte Bereitstellung der für die Arbeitsaufgabe benötigten Informationen,
- störungs- und unterbrechungsfreie Durchführung geplanter Aufgaben,
- individuelle Gestaltung von Arbeits-, Pausen- und Erholungszeiten entsprechend der aktuellen Leistungsfähigkeit.

Mensch

- Qualifizierungs- und Weiterbildungsmöglichkeiten,
- individuelle Maßnahmen wie Ernährungsberatung, psychotherapeutische Maßnahmen, Schuldnerberatung sowie ergo- und physiotherapeutische Arbeitsplatzberatung, siehe hierzu auch den vorangegangenen Abschnitt zur Einbindung externer Leistungen im Kapitel 14.1.3 »Begleitende Prozesse«,
- betriebsärztliche Betreuung der Betroffenen zur engmaschigen Erkennung und Beobachtung der Auswirkungen von Arbeitsbedingungen auf die Erkrankung, Einschränkung oder Störung,
- individuelle verhaltensorientierte Gesundheitsberatungsangebote zur Stressreduktion wie z. B. autogenes Training, Yoga und zur Vermeidung von Risikofaktoren wie Übergewicht und Nikotinkonsum durch Ernährungsberatungen und Raucherentwöhnungsprogramme.

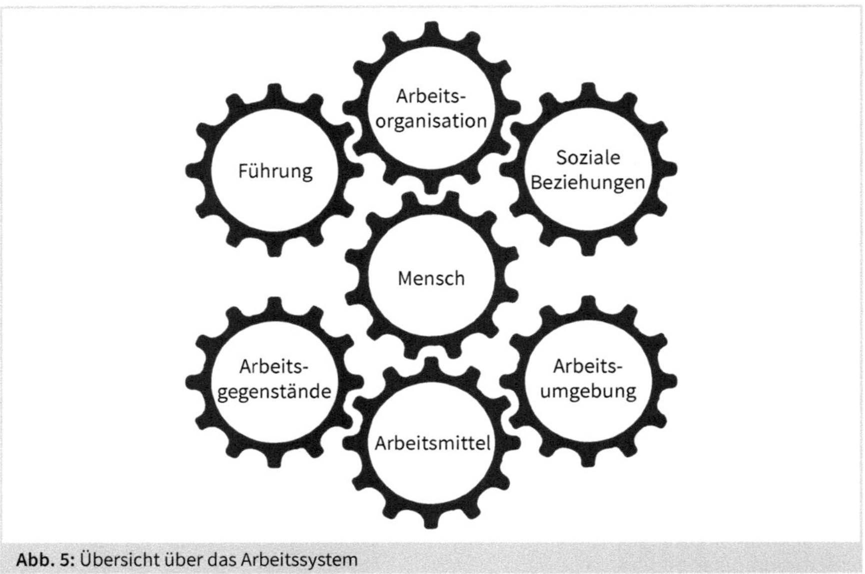

Abb. 5: Übersicht über das Arbeitssystem

Die Umsetzung arbeitsorganisatorischer Maßnahmen wie z. B. die Veränderung von Aufgabenzuschnitten oder ein geplanter Arbeitsplatzwechsel stellt in der BEM-Praxis eine besondere Herausforderung dar, da diese Maßnahmen Auswirkungen auf weitere Arbeitsplätze im Betrieb oder der Abteilung haben können.

Gerade in diesen Fällen ist ein frühzeitiges Einbeziehen der KollegInnen unabdinglich, um Akzeptanz zu erreichen. Gemeinsam sollten geeignete Veränderungen bereits im Vorfeld einer Arbeitserprobung vereinbart werden, die im Laufe des Eingliederungsprozesses angepasst und situationsbezogen verändert werden können. Es gibt Arbeitsplätze, bei denen die Umsetzung des Standes der Technik und arbeitswissenschaftlicher Erkenntnisse nicht im gewünschten Maße möglich ist und sich daher gesundheitsgefährdende Belastungen bei der Ausführung der Arbeit nicht oder nicht vollständig beseitigen lassen. Dort sind Mittel der Wahl, um die körperlichen und psychischen Belastungen auf ein gesundheitsverträgliches Maß zu reduzieren und die Beschäftigungsfähigkeit der Belegschaft zu erhalten:

- Ein geplanter belastungsorientierter Arbeitsplatzwechsel,
- die Anpassung der Aufgabe an die Fähigkeiten und Fertigkeiten der Beschäftigten und eine darauf angepasste Arbeits(-zeit)organisation und
- ein wertschätzendes und fürsorgliches Führungsverhalten sowie positive Team- und Kommunikationsbeziehungen.

Die Entwicklung einer wertschätzenden und beteiligungsorientierten Führungskultur oder die Auswahl und Qualifizierung (fachlich, sozial) von Führungskräften kann über den BEM-Einzelfall hinaus eine Schnittstelle zum Betrieblichen Gesundheitsmanagement darstellen, das diese Aspekte im Rahmen von Maßnahmen zur Verbesserung der Führungs- und Unternehmenskultur bearbeitet.

Das Einbeziehen des sozialen Umfelds am Arbeitsplatz stellt eine bedeutende organisationale Eingriffsmöglichkeit zur Verringerung der Belastungen für Betroffene dar. Ferner erfordert das Einbeziehen Dritter unbedingt die Berücksichtigung des individuellen Bedürfnisses der Betroffenen nach Privatsphäre und Diskretion und dementsprechend immer ihr Einverständnis in folgenden Situationen:

- Aufklärung des Teams über krankheitsbedingte Verhaltensveränderungen zum Schaffen von Verständnis bzw. zur Sensibilisierung und zur Akzeptanz der sich daraus ergebenden Gestaltungsmaßnahmen im Arbeitsbereich,
- Supervision im Team,
- Coaching der Betroffenen oder des gesamten Teams,
- Einbindung eines sozialpsychiatrischen Dienstes.

15 Arbeitsschutz als Grundlage – erfolgreich mit BGM in der DIN ISO 45001

Oliver Walle

In diesem Beitrag lernen Sie die Grundlagen des gesetzlich geregelten Arbeitsschutzes kennen, da diese eine wichtige Basis für den Aufbau und die Umsetzung eines Betrieblichen Gesundheitsmanagements darstellen. Ferner wird die seit 2018 am Markt vorhandene DIN ISO 45001 »Managementsysteme für Sicherheit und Gesundheit bei der Arbeit« vorgestellt, da diese den Arbeitsschutz mit dem BGM in einer Norm vereint.

15.1 Historie Arbeitsschutz in Deutschland

Regelungen zum Schutz von Arbeitern sowie deren Absicherung reichen bis in das 19. Jahrhundert zurück. Den Anfang machte das Unfallversicherungsgesetz im Jahr 1884, das der Krankenversicherung ein Jahr nach ihrer Einführung folgte. 1880 begann der damalige Reichskanzler Bismarck mit der Ingangsetzung einer öffentlich-rechtlichen Unfallversicherung mit dem Ziel, gewerbliche Arbeiter gegen soziale Risiken abzusichern (Quellensammlung zur Geschichte der deutschen Sozialpolitik 1867 bis 1914).

Grundlegende Regelungen zum Arbeitsschutz entstanden bereits 1891 durch das Arbeiterschutzgesetz, sie wurden aber während der beiden Weltkriege ausgesetzt. Eine Weiterentwicklung des Arbeitsschutzes begann ab 1949 (siehe Abbildung 1), und führte 1973 zu der heutigen Form des Arbeitssicherheitsgesetztes sowie 1996 zum Arbeitsschutzgesetz. Seit dieser Zeit folgen, je nach Bedarf, Aktualisierungen der beiden Gesetze, zudem entstanden nachgelagerte Regelungen durch Verordnungen und Vorschriften, die die gesetzlichen Regelungen konkretisieren. Auch wenn das Arbeitsschutz- und das Arbeitssicherheitsgesetz die primären Regelungen darstellen, so wird in Abbildung 1 deutlich, dass auch weitere Bereiche die Sicherstellung eines wirksamen Arbeitsschutzes unterstützen. Dazu gehören bspw. § 20 SGB V (heute § 20c SGB V), die Einrichtung einer gemeinsamen Arbeitsschutzstrategie und verschiedener Managementsysteme wie die der mittlerweile zurückgezogenen britischen Norm BS OHSAS 18001 sowie der aktuellen Norm DIN ISO 45001 »Managementsysteme für Sicherheit und Gesundheit bei der Arbeit«.

Aufgrund der mittlerweile sehr umfangreich vorliegenden gesetzlichen Regelungen, Verordnungen und Vorschriften sowie der zahlreichen Erläuterungen, Informationen und Handlungshilfen wird es kaum möglich sein, den Arbeitsschutz vollumfänglich in nur einem Buchkapitel darzustellen. Daher zeigen die nachfolgenden Abschnitte nur die wesentlichen Aspekte des Arbeitsschutzes, die zudem auch für das Betriebliche Gesundheitsmanagement (BGM) relevant sind.

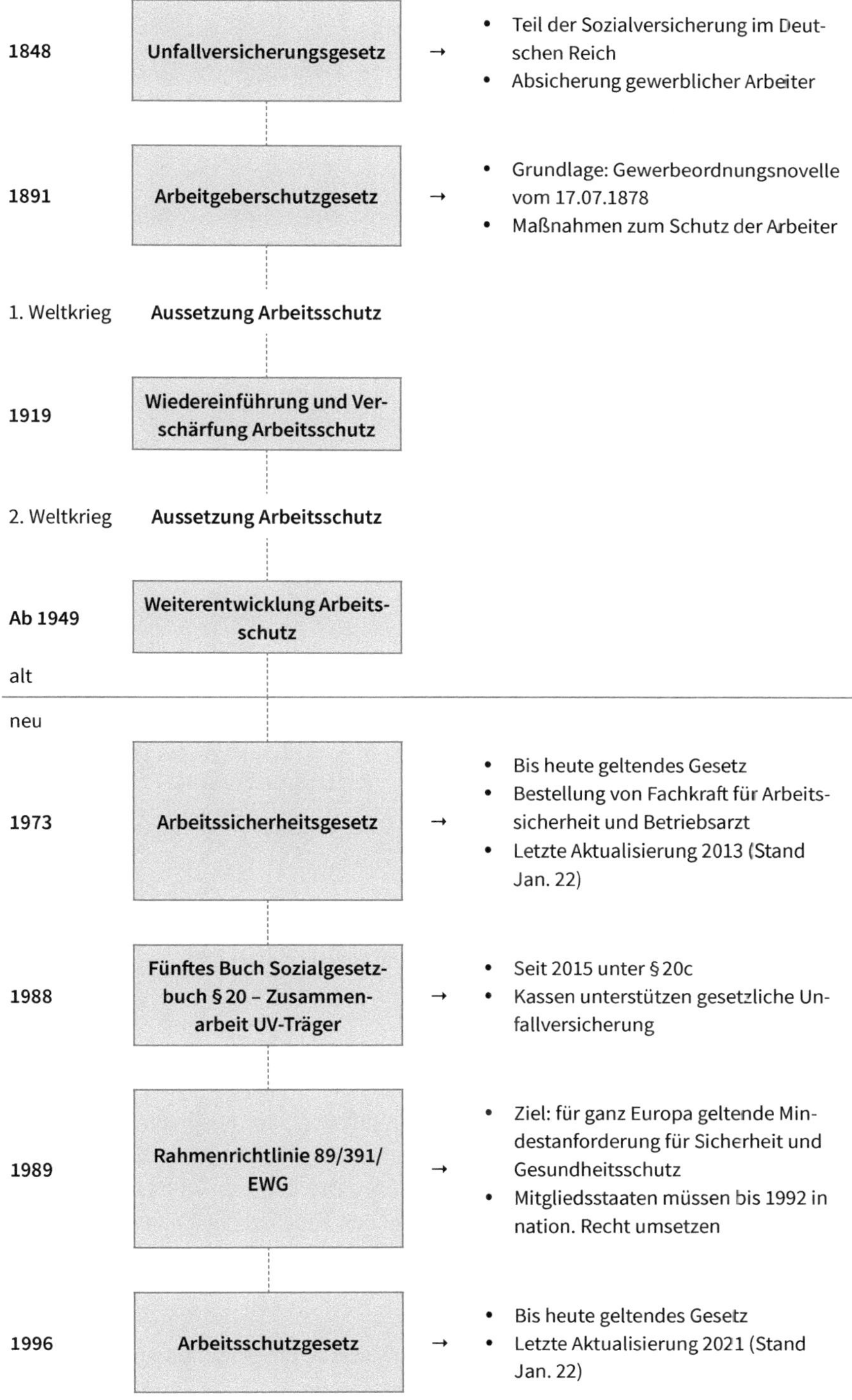
1848
Unfallversicherungsgesetz
→
• Teil der Sozialversicherung im Deutschen Reich
• Absicherung gewerblicher Arbeiter
1891
Arbeitgeberschutzgesetz
→
• Grundlage: Gewerbeordnungsnovelle vom 17.07.1878
• Maßnahmen zum Schutz der Arbeiter
1. Weltkrieg
Aussetzung Arbeitsschutz
1919
Wiedereinführung und Verschärfung Arbeitsschutz
2. Weltkrieg
Aussetzung Arbeitsschutz
Ab 1949
Weiterentwicklung Arbeitsschutz
alt
neu
1973
Arbeitssicherheitsgesetz
→
• Bis heute geltendes Gesetz
• Bestellung von Fachkraft für Arbeitssicherheit und Betriebsarzt
• Letzte Aktualisierung 2013 (Stand Jan. 22)
1988
Fünftes Buch Sozialgesetzbuch § 20 – Zusammenarbeit UV-Träger
→
• Seit 2015 unter § 20c
• Kassen unterstützen gesetzliche Unfallversicherung
1989
Rahmenrichtlinie 89/391/EWG
→
• Ziel: für ganz Europa geltende Mindestanforderung für Sicherheit und Gesundheitsschutz
• Mitgliedsstaaten müssen bis 1992 in nation. Recht umsetzen
1996
Arbeitsschutzgesetz
→
• Bis heute geltendes Gesetz
• Letzte Aktualisierung 2021 (Stand Jan. 22)

1996	**Siebtes Buch Sozialgesetzbuch Gesetzliche Unfallversicherung**	→	• Bis heute geltendes Gesetz • Letzte Aktualisierung 2021 (Stand Jan. 22)
1999	**BS OHSAS 18001**	→	• Arbeits- und Gesundheitsschutz-Managementsystem • Ehemalige britische Norm; international anerkannt • Wurde aufgrund der DIN ISO 45001 zurückgezogen
2007	**Gemeinsame Deutsche Arbeitsschutzstrategie (GDA)**	→	• Bündnis von Bund, Ländern und Unfallversicherungsträgern • Kontinuierliche Verbesserung des Arbeitsschutzes • Verankert im Arbeitsschutzgesetz und SGB VII
2018	**DIN ISO 45001**	→	• Deutsche und internationale Norm: Managementsysteme für Sicherheit und Gesundheit bei der Arbeit • Ersetzt die BS OHSAS 18991 und die DIN SPEC 91020 BGM

Abb. 1: Übersicht zur Historie und den wesentlichen Entwicklungsschritten des heutigen Arbeitsschutzes in Deutschland

15.2 Praktische Umsetzung des Arbeitsschutzes

Arbeitsschutzgesetz

Die primären Anforderungen für die inhaltliche Umsetzung des Arbeitsschutzes ergeben sich aus dem Arbeitsschutzgesetz (ArbSchG). Die grundlegenden Ziele werden in § 2 Abs. 1 dargestellt, wonach Unternehmen verpflichtet sind, Maßnahmen zur Verhütung von Unfällen und arbeitsbedingten Gesundheitsgefahren sowie zur Gestaltung einer menschengerechten Arbeit durchzuführen. Die konkreten Pflichten ergeben sich aus § 3 des Arbeitsschutzgesetzes, hierbei dann auch die beiden Fokusbereiche Sicherheit und Gesundheit bei der Arbeit, die bereits in Absatz 1 genannt werden:

> **§ 3 Abs. 1 ArbSchG**
>
> Der Arbeitgeber ist verpflichtet, die erforderlichen Maßnahmen des Arbeitsschutzes unter Berücksichtigung der Umstände zu treffen, die Sicherheit und

> Gesundheit der Beschäftigten bei der Arbeit beeinflussen. Er hat die Maßnahmen auf ihre Wirksamkeit zu überprüfen und erforderlichenfalls sich ändernden Gegebenheiten anzupassen. Dabei hat er eine Verbesserung von Sicherheit und Gesundheitsschutz der Beschäftigten anzustreben.

Der Bereich der Sicherheit durch die Unfallverhütung ist gut greifbar. Allerdings stellt sich die Frage, was im Sinne dieses Gesetzes unter Gesundheit verstanden wird. Etwas deutlicher wird § 4 *Allgemeine Grundsätze*, wonach es gilt, Gefährdungen für das Leben sowie die physische und psychische Gesundheit der Beschäftigten möglichst zu vermeiden und verbleibende Gefährdungen möglichst gering zu halten (§ 4 Nr. 1 ArbSchG). Damit verfolgt das Gesetz einen eher pathogenetischen Ansatz, da Risiken betrachtet und Gefährdungen, so weit möglich, vermieden werden sollen. Die Formulierung in § 3 Abs. 1 nennt aber noch eine andere Besonderheit, nämlich den Begriff *Gesundheitsschutz* im letzten Satz. Auch diese Formulierung unterstreicht nochmals die pathogenetische Sichtweise, zugleich wird dieser Begriff auch für den Arbeitsschutz allgemein in der Form *Arbeits- und Gesundheitsschutz* verwendet. Es handelt sich dabei aber nur um ein Synonym zum Arbeitsschutz, das in vielen Veröffentlichungen verwendet wird.

Ergänzend zu den bereits genannten §§ 2 (Begriffsbestimmung), 3 (Grundpflichten des Arbeitgebers) und 4 (Allgemeine Grundsätze) nimmt § 5 ArbSchG eine besondere Rolle ein. Er ist vielen unter dem Begriff Gefährdungsbeurteilung bekannt, obwohl die Überschrift zu § 5 »Beurteilungen der Arbeitsbedingungen« lautet. Auf Basis dieser Beurteilung gilt es, mögliche Gefährdungen zu identifizieren und Maßnahmen des Arbeitsschutzes zu prüfen (§ 5 Abs. 1 ArbSchG). Die Formulierungen machen deutlich, dass Unternehmen grundsätzlich nur Belastungen und keine Beanspruchungen prüfen müssen. Als Belastungen werden die von außen auf den Menschen einwirkenden Größen und Faktoren bezeichnet, die zu unterschiedlichen Auswirkungen bei Menschen aufgrund ihrer jeweiligen physischen und psychischen Fähigkeiten führen (Rohmert/Rutenfranz, 1975; DIN EN ISO 26800:2011-11). Eine Bewertung der Beanspruchungen im Rahmen der Gefährdungsbeurteilung gemäß § 5 wäre sehr aufwendig und aufgrund der Heterogenität der Beschäftigten unter Umständen nicht zielführend.

Welche Bereiche gilt es nun zu prüfen? Gemäß Absatz 3 können sich Gefährdungen insbesondere ergeben durch:

> **§ 5 Abs. 3 ArbSchG**
>
> [...]
>
> 1. die Gestaltung und die Einrichtung der Arbeitsstätte und des Arbeitsplatzes,
> 2. physikalische, chemische und biologische Einwirkungen,

3. die Gestaltung, die Auswahl und den Einsatz von Arbeitsmitteln, insbesondere von Arbeitsstoffen, Maschinen, Geräten und Anlagen sowie den Umgang damit,
4. die Gestaltung von Arbeits- und Fertigungsverfahren, Arbeitsabläufen und Arbeitszeit und deren Zusammenwirken,
5. unzureichende Qualifikation und Unterweisung der Beschäftigten,
6. psychische Belastungen bei der Arbeit.

Die Vorgehensweise bei der Gefährdungsbeurteilung ist nicht vorgegeben und kann durch den Betrieb selbst definiert werden. Um Fehler und daraus resultierende Konsequenzen vonseiten der Behörden oder Aufsichtsstellen zu vermeiden, lohnt sich die Orientierung an veröffentlichten Leitlinien und Empfehlungen, so z. B. durch die der Gemeinsame Deutsche Arbeitsschutzstrategie (GDA). Die GDA ist eine auf Dauer angelegte im Arbeitsschutzgesetz und im SGB VII verankerte Plattform von Bund, Ländern und Unfallversicherungsträgern (GDA, 2022). Auf deren Webseite stehen neben zahlreichen anderen Informationen auch eine allgemeine *Leitlinie Gefährdungsbeurteilung und Dokumentation* (GDA, 2017a) sowie eine Broschüre mit »*Empfehlungen zur Umsetzung der Gefährdungsbeurteilung spezifischer Belastung*« (GDA, 2017b) zum Download zur Verfügung.

Abbildung 2 zeigt die empfohlene Vorgehensweise der GDA, darüber hinaus auch die Problematik zur Auswahl geeigneter Verfahren sowie zur Grenzwertbestimmung. Hier ergibt sich oftmals Diskussionsbedarf im Unternehmen, da neben den grundlegenden Verfahren auch eine Entscheidung zu den Methoden und Instrumenten erforderlich ist. Existiert im Unternehmen eine Arbeitnehmervertretung, so ist diese zwingend in die Diskussion und Entscheidung einzubeziehen. Die in Abbildung 2 auf der rechten Seite dargestellte Frage nach der Grenzwertbestimmung ist eine oftmals unterschätzte Herausforderung, sofern verwendete Methoden und Instrumente keine Angaben zur Bewertung nach dem Ampelschema grün-gelb-rot liefern. Gerade die Grenze von gelb zu rot ist deutlich kritischer zu betrachten als der Grenzbereich von grün zu gelb. Um eine Gefährdung identifizieren zu können, braucht es Anhaltspunkte, wie vorhandene Belastungen bewertet werden können und danach auch eine Entscheidung für einen Handlungsbedarf getroffen werden kann. In der Praxis zeigt sich gerade bei der Beurteilung psychischer Belastungen eine deutliche Heterogenität bei den verfügbaren Methoden und insbesondere bei den am Markt vorhandenen Instrumenten. Dies betrifft vor allem Befragungsinstrumente, deren inhaltliche Gestaltung nicht immer die Anforderungen einer Gefährdungsbeurteilung gemäß § 5 ArbSchG erfüllen. Eine Orientierung in Bezug auf Qualitätsgrundsätze liefert die GDA mit der *Leitlinie Beratung und Überwachung bei psychischer Belastung am Arbeitsplatz* (GDA, 2018).

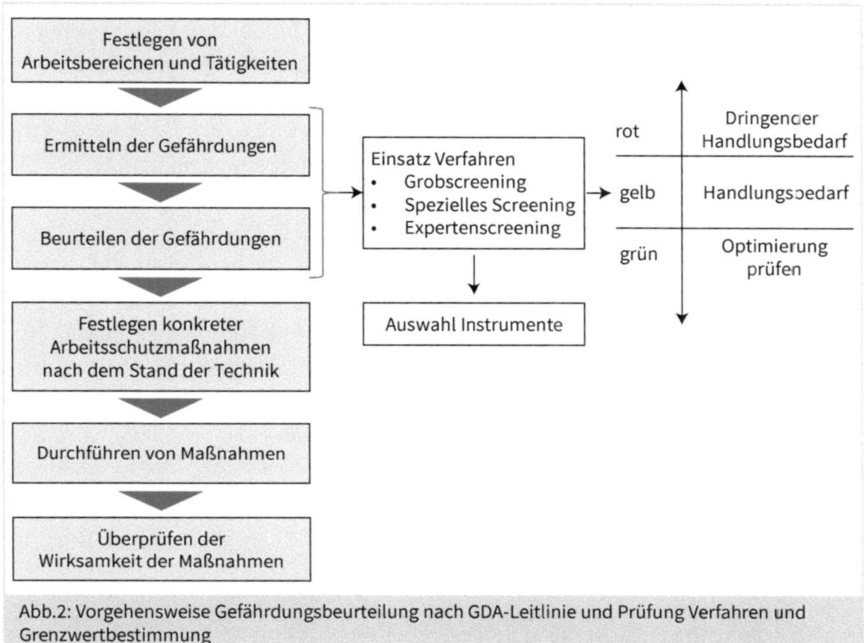

Abb.2: Vorgehensweise Gefährdungsbeurteilung nach GDA-Leitlinie und Prüfung Verfahren und Grenzwertbestimmung

Hinsichtlich der Umsetzung von Arbeitsschutzmaßnahmen können Unternehmen auf Arbeitsschutzverordnungen zurückgreifen, die nicht nur Anforderungen stellen, sondern auch Gestaltungshinweise liefern (BMAS, 2021). Diese Verordnungen können nochmals durch technische und arbeitsmedizinische Regeln ergänzt und konkretisiert werden. Eine gemeinsame Arbeitsschutzregel ist die SARS-CoV-2-Arbeitsschutzregel, sie konkretisiert die SARS-CoV-2 Arbeitsschutzverordnung (BAuA, 2022).

Auch wenn das Arbeitsschutzgesetz primär Anforderungen an den Arbeitgeber stellt, gelten auch Pflichten für die Beschäftigten. Eine wichtige Anforderung an den Arbeitgeber ist die Unterweisung der Beschäftigten über die Sicherheit und den Gesundheitsschutz bei der Arbeit (§ 12 Abs. 1 ArbSchG). Für die Beschäftigten ergibt sich daraus die Pflicht, nach ihren Möglichkeiten sowie gemäß der Unterweisung und Weisung des Arbeitgebers für ihre Sicherheit und Gesundheit bei der Arbeit Sorge zu tragen (§ 15 Abs. 1 ArbSchG).

Arbeitssicherheitsgesetz

Das zweite wesentliche Gesetz zum Arbeitsschutz stellt das Arbeitssicherheitsgesetz dar, das im Gesetzestext als *Gesetz über Betriebsärzte, Sicherheitsingenieure und andere Fachkräfte für Arbeitssicherheit* genannt wird. Mit dieser Bezeichnung wird deutlich, dass es um die Bestellung von Betriebsätzten (§§2-4 ASiG) und Fachkräften für Arbeitssicherheit (§§5-7 ASiG) geht, deren primäre Aufgabe die Beratung und Unterstützung des Arbeitsgeber in Bezug auf die Umsetzung des Arbeitsschutzes ist.

Zu den Aufgaben von Betriebsärzten gehören gem. §3 Abs. 1 Nr. 1 bis 4 ArbSchG:

- den Arbeitgeber und die sonst für den Arbeitsschutz und die Unfallverhütung verantwortlichen Personen zu beraten
- die Arbeitnehmer zu untersuchen, arbeitsmedizinisch zu beurteilen und zu beraten sowie die Untersuchungsergebnisse zu erfassen und auszuwerten,
- die Durchführung des Arbeitsschutzes und der Unfallverhütung zu beobachten und im Zusammenhang damit die Arbeitsstätten in regelmäßigen Abständen zu begehen, auf die Benutzung der Körperschutzmittel zu achten und Ursachen von arbeitsbedingten Erkrankungen zu untersuchen sowie
- darauf hinzuwirken, daß sich alle im Betrieb Beschäftigten den Anforderungen des Arbeitsschutzes und der Unfallverhütung entsprechend verhalten.

Zu den Aufgaben der Fachkräfte für Arbeitssicherheit gehören gem. §6 Nr. 1 bis 4 ArbSchG:

- den Arbeitgeber und die sonst für den Arbeitsschutz und die Unfallverhütung verantwortlichen Personen zu beraten,
- die Betriebsanlagen und die technischen Arbeitsmittel insbesondere vor der Inbetriebnahme und Arbeitsverfahren insbesondere vor ihrer Einführung sicherheitstechnisch zu überprüfen,
- die Durchführung des Arbeitsschutzes und der Unfallverhütung zu beobachten und im Zusammenhang damit die Arbeitsstätten in regelmäßigen Abständen zu begehen, auf die Benutzung der Körperschutzmittel zu achten und Ursachen von Arbeitsunfällen zu untersuchen sowie
- darauf hinzuwirken, daß sich alle im Betrieb Beschäftigten den Anforderungen des Arbeitsschutzes und der Unfallverhütung entsprechend verhalten

Der zeitliche und inhaltliche detaillierte Umfang des Einsatzes von Betriebsärzten und Fachkräften für Arbeitssicherheit wird durch die Unfallverhütungsvorschrift DGUV Vorschrift 2 »*Betriebsärzte und Fachkräfte für Arbeitssicherheit*« konkretisiert. Darüber hinaus existieren auch weitere Vorschriften und ein Regelwerk der Deutschen Gesetzlichen Unfallversicherung [DGUV], die eine Umsetzung der Anforderungen, die sich aus dem »Siebten Buch Sozialgesetzbuch – Gesetzliche Unfallversicherung« ergeben, konkretisieren. Hierzu zählen DGUV-Vorschriften, Regeln und Informationen, die auf der Webseite der DGUV abrufbar sind.

Überwachung und Konsequenzen

Zur Durchsetzung des Arbeitsschutzes gemäß den gesetzlichen Regelungen wurden auch in den beiden Gesetzen Arbeitsschutz- und Arbeitssicherheitsgesetz Konsequenzen im Falle von Ordnungswidrigkeiten vorgesehen. So drohen Geldbußen bei vorsätzlichem oder fahrlässigem Verhalten, das Arbeitsschutzgesetz enthält zusätzlich noch Strafvorschriften, die ein Strafmaß bis hin zur Freiheitsstrafe vorsehen. Darüber hinaus können auch auf Basis des SGB VII Ordnungswidrigkeiten mit Bußgeldern geahndet werden. Regelungen hierzu finden sich im neunten Kapitel unter § 209 SGB VII.

Die Überwachung der Arbeitsschutzvorschriften ergibt sich aus § 21 ArbSchG. Gleich zu Beginn in Absatz 1 wird klargestellt, dass die Überwachung eine staatliche Aufgabe ist und demnach zuständige Behören die Einhaltung der Rechtsverordnungen prüfen, aber auch Arbeitgeber beraten sollen. Hinsichtlich der praktischen Umsetzung sind Landesbehörden zuständig, zudem soll gemäß § 21 Abs. 3 ArbSchG mit den Unfallversicherungsträgern auf eine gemeinsame Beratungs- und Überwachungsstrategie hingewirkt werden.

15.3 Organisation des Arbeitsschutzes – Managementsysteme

Bereits in § 3 Abs. 2 Nr. 1 ArbSchG stellt das Arbeitsschutzgesetz die Anforderung, für eine geeignete Organisation zu sorgen. Eine Konkretisierung hierzu wird nicht genannt, stattdessen gibt es die Möglichkeit, eine eigene Organisation zu definieren oder am Markt verfügbare Empfehlungen heranzuziehen. Die DIN EN ISO 9000:2015 »Qualitätsmanagementsysteme – Grundlagen und Begriffe« definiert in Kapitel 3.5.3 Managementsysteme als einen »Satz zusammenhängender oder sich gegenseitig beeinflussender Elemente einer Organisation, um Politiken, Ziele und Prozesse zum Erreichen dieser Ziele festzulegen«. Im weiteren Verlauf listet die Norm die Elemente eines Managementsystems auf, hierzu gehören: »... die Struktur der Organisation, Rollen und Verantwortlichkeiten, Planung, Betrieb, Politiken, Praktiken, Regeln, Überzeugungen, Ziele und Prozesse zum Erreichen dieser Ziele.«

Überträgt man dies auf den Arbeitsschutz, so würde man unter Beachtung der gesetzlichen Regelungen zu den eben genannten Elementen entsprechende Informationen dazu, wie diese im eigenen Unternehmen umgesetzt werden können, darstellen und sie dann auch in der Praxis umsetzen. Seit 2018 existiert eine deutsche und internationale Managementnorm zur Sicherheit und Gesundheit bei der Arbeit [DIN ISO 45001], die nun auch für den Arbeitsschutz als Leitlinie zum Aufbau eines Managementsystems genutzt werden kann. Im nachfolgenden Kapitel 15.4 wird diese Norm vorgestellt. Darüber hinaus wird auch dargelegt, wie das BGM und der Arbeitsschutz gemeinsam in der Norm abgebildet werden können.

15.4 Arbeitsschutz und BGM im Rahmen der DIN ISO 45001

Im Arbeitsschutz galt lange Zeit die britische Norm OHSAS 18001 als international anerkanntes und zertifizierbares Arbeitsschutzmanagementsystem. Die OHSAS 18001 wurde aber im Jahr 2018 durch die DIN ISO 45001 »Managementsysteme für Sicherheit und Gesundheit bei der Arbeit« abgelöst, weshalb die bislang nach der OHSAS 18001 zertifizierten Unternehmen auf die neue Norm umsteigen mussten – sofern sie weiter zertifiziert bleiben wollten.

Die 45001 weist zwei Besonderheiten auf:

1. Der Fokus liegt nicht mehr nur auf dem Arbeitsschutz, sondern nun auf den beiden Bereichen Sicherheit und Gesundheit.
2. Es gilt nun, neben den Risiken auch Chancen zu bewerten.

Dies macht deutlich, dass die Bereiche Arbeitsschutz und BGM durch die neue Norm zusammenrücken, weshalb auch die DIN SPEC 91020 BGM im Jahr 2020 zurückgezogen wurde. Hierbei handelte es sich um eine 2012 durch das Deutsche Institut für Normung e.V. (DIN) herausgegebene Spezifikation zum Betrieblichen Gesundheitsmanagement. Auch wenn es sich nicht um eine Norm handelte, so konnten Unternehmen trotzdem danach zertifiziert werden. Die Kapitelstruktur der DIN SPEC 91020 entsprach bereits der High Level Structure, einer einheitlichen Grundstruktur für Managementsystemnormen. Die nachfolgende Abbildung 3 kennzeichnet die vereinheitlichte Kapitelstruktur am Beispiel der bekannten Qualitätsmanagementnorm DIN EN ISO 9001, der DIN SPEC 91020 BGM sowie der DIN ISO 45001. Die bisherige Arbeitsschutzmanagementnorm BS OHSAS 18001 hingegen weist eine deutlich reduziertere Gliederungsstruktur auf, weshalb die Zuordnung inhaltlicher Themen zu denen anderer Normen nur schwer gelingt. Abbildung 3 zeigt zudem auf, dass mit der DIN ISO 45001 nun das Arbeitsschutzmanagement mit dem Gesundheitsmanagement zusammengeführt werden kann.

Arbeitsschutz und BGM in der DIN ISO 45001

Bereits die Veröffentlichung der DIN SPEC 91020 BGM und nun auch der DIN ISO 45001 »Managementsysteme für Sicherheit und Gesundheit bei der Arbeit« führte bei vielen Unternehmen und auch BGM-/BGF-Dienstleistern zur Frage, ob es denn ein solch komplexes Konstrukt braucht, um BGM abbilden zu können. Zudem wird kritisiert, dass das BGM aufgrund der dort genannten Anforderungen zu einem starren System wird und der Aufwand zum Aufbau und zur Aufrechterhaltung zu groß sei. Sicherlich ist es einfacher, vorhandene Leitfäden und Kriterienlisten wie die der Luxemburger Deklaration, die Qualitätskriterien für das Präventionsfeld *Gesundheit im Betrieb* der gesetzlichen Unfallversicherungsträger und der DGUV oder die Empfehlungen zur Betrieblichen Gesundheitsförderung im GKV-Leitfaden Prävention für die Ausgestaltung eines BGM heranzuziehen.

DIN EN ISO 9001 Qualitätsmanagement	BS OHSAS 18001 Arbeits- und Gesundheitsschutzmanagement (A&G)	DIN SPEC 91020 Betriebliches Gesundheutsmanagement (BGM)	DIN ISO 45001 Managemantsysteme für Sicherheit und Gesundheit bei der Arbeit (SGA)
1. Anwendungsbereich	1. Anwendungsbereich	1. Anwendungsbereich	1. Anwendungsbereich
2. Normative Verweisungen	2. Referenzen und Veröffentlichungen	2. Normative Verweisungen	2. Normative Verweisungen
3. Begriffe	3. Begriffe und Definitionen	3. Begriffe	3. Begriffe
4. Kontext der Organisation	4. Anforderungen an das A&G-Management-system	4. Umfeld der Organisation	4. Kontext der Organisation
5. Führung	4.4 Implementierung u. Durchführung	5. Führungsverhalten	5. Führung und Beteiligung der Beschäftigten
6. Planung	4.3 Planung	6 Planung	6. Planung
7. Unterstützumg	4.4 Implementierung u. Durchführung	7. Unterstützumg	7. Unterstützumg
8. Betrieb	4.4 Implementierung u. Durchführung	8. Betrieb	8. Betrieb
9. Bewertung der Leistung	4.5 Überprüfung	9. Evaluation der Leistung	9. Bewertung der Leistung
10. Verbesserung	4.5.3 Vorfalluntersuchungen, Nichtkomformität, Korrektur- und Vorbeugungsmaßnahmen	10. Verbesserung	10. Verbesserung

Abb.3: Vergleich der Kapitelstrukturen von Managementsystemen (Walle, 2020)

Die DIN ISO 45001 bietet gegenüber der Verwendung von Leitlinien und Kriterienlisten aber den Vorteil, ein durch zahlreiche Experten geprüftes System zu verwenden, das in 167 Ländern (ISO, 2022) der Welt anerkannt ist. Aber auch die Logik der Systemanforderungen ermöglicht eine qualitätsbezogene Vorgehensweise und trägt damit zur Qualitätssicherung in Bezug auf die gesteckten Ziele bei. Vereinfacht gesagt, kann durch die Erfüllung der Anforderungen ein erfolgreicher BGM-Systemaufbau gelingen. Gleiches gilt auch für den Arbeitsschutz, der sich hinsichtlich der inhaltlichen Darlegungen zur Normerfüllung auf den Bereich Sicherheit bei der Arbeit fokussiert, während das BGM auf den Bereich Gesundheit ausgerichtet ist.

Der DIN ISO 45001 liegt, wie allen anderen Managementsystemen auch, der von dem US-Amerikaner Walter Andrew Shewhart entwickelte und von W. Edwards Deming verbreitete Regelkreis Plan-Do-Check-Act, kurz PDCA-Zyklus, zugrunde. Hierbei gilt es

- Maßnahmen zu planen (**P**lan),
- durchzuführen (**D**o),

- den Erfolg zu messen (**C**heck) und
- Verbesserungen abzuleiten (**A**ct).

Betrachtet man die Kapitelstruktur der Norm, lässt sich der PDCA-Zyklus wie folgt zuordnen:

PDCA-Zuordnung	Kapitel der DIN ISO 45001
Plan	4. Kontext der Organisation
	5. Führung und Beteiligung der Beschäftigten
	6. Planung
	7. Unterstützung
Do	8. Betrieb
Check	9. Bewertung der Leistung
Act	10. Verbesserung

Tab. 1: PDCA-Zyklus und DIN ISO 45001

Die Kapitel 1 bis 3 stellen keine Anforderungen dar, hier werden nur allgemeine Informationen gegeben. Daher werden sie dem PDCA-Zyklus auch nicht zugeordnet. Im Hinblick auf die Kapitel 4-10 gilt es, die gestellten Anforderungen zu prüfen und deren Erfüllung unternehmensspezifisch darzulegen.

Nachfolgend die einzelnen Kapitel – eingebettet in den PDCA-Zyklus – mit den primären Anforderungen:

Plan

4. Kontext der Organisation
   - Betriebliche Herausforderungen/Umfeld der Organisation kennen
   - Die Erfordernisse und Erwartungen der interessierten Parteien kennen
5. Führung und Beteiligung der Beschäftigten
   - Verpflichtung der obersten Leitung zur Gesamtverantwortung Prävention sowie zur Umsetzung der SGA-Ziele und Sicherstellung des SGA-Managementsystems [Anm.: SGA = Sicherheit und Gesundheit bei der Arbeit]
   - Eine Kultur entwickeln, leiten und fördern, welche die beabsichtigten Ergebnisse des SGA-Managementsystems unterstützt
   - Eine SGA-Politik festlegen, verwirklichen und aufrechterhalten
   - Klärung der Rollen, Verantwortlichkeiten und Befugnisse
   - Beschäftigte bzw. deren Vertreter in alle Phasen des Prozesses einbeziehen (Entwicklung, Planung, Umsetzung, Bewertung und Verbesserung)

6. Planung
   - Ermittlung und Bewertung der SGA-Risiken und -Chancen
   - Festlegen von Zielen zur Sicherheit und Gesundheit bei der Arbeit auf Basis der SGA-Politik und der Bewertung der SGA-Risiken und -Chancen
7. Unterstützung
   - Bereitstellung von erforderlichen Ressourcen
   - Bestimmen und Sicherstellen von erforderlichen Kompetenzen – sowohl die der für das SGA-System verantwortlichen Akteure als auch der Beschäftigten
   - Festlegen und Umsetzen notwendiger Prozesse für die interne und externe Kommunikation
   - Erstellen und Aktualisieren der dokumentierten Informationen (z. B. interner Gesundheitsbericht, BGM-/SGA-Systemhandbuch)

Do

8. Betrieb
   - Maßnahmen zum Erreichen der SGA-Ziele planen, durchführen, steuern und aufrechthalten
   - Gefahren beseitigen und SGA-Risiken verringern
   - Hinsichtlich der Beschaffung von Produkten und Dienstleistungen Prozesse festlegen, umsetzen und aufrechthalten, sodass eine Konformität zum SGA-System sichergestellt wird
   - Notfallplan erstellen

Check

9. Bewertung der Leistung
   - Prozesse zur Überwachung, Messung, Analyse und Leistungsbewertung festlegen, umsetzen und aufrechterhalten
   - Bewertung der Compliance mit rechtlichen und anderen Anforderungen
   - Regelmäßig (i. d. R. jährlich) interne Audits und Managementbewertungen durchführen

Act

10. Verbesserung
   - Bedarf zur Verbesserung prüfen und notwendige Maßnahmen durchführen
   - Prozess festlegen, wie bei einem Vorfall oder Nichtkonformität zu handeln ist
   - Fortlaufend die Eignung, Angemessenheit und Wirksamkeit des SGA-Managementsystems verbessern

Eine Besonderheit der DIN ISO 45001 ist die Risiken-Chancen-Betrachtung, die gerade die Akteure des Arbeitsschutzes vor Herausforderungen stellt. Aus der Historie der OHSAS 18001, aber auch grundsätzlich aus der Anforderung von § 5 ArbSchG heraus galt es bislang, lediglich Risiken in Form von Gefährdungen zu prüfen und zu beurteilen sowie das Arbeitsschutzmanagementsystem primär auf das Vermeiden/Reduzieren dieser Risiken auszurichten. In der DIN ISO 45001 müssen nun gemäß Kapitel 6.1.2.3 Chancen, in diesem Fall zur Sicherheit und Gesundheit bei der Arbeit, ermittelt und bewertet werden. Für das BGM und entsprechend für den Bereich Gesundheit fällt es deutlich leichter, Chancen zu formulieren, da Ressourcenstärkung, Kompetenzerwerb und Resilienztraining ohnehin wichtige Themen des BGM bereits vor dem Erstellen der DIN ISO 45001 waren.

Fazit

Die DIN ISO 45001 bietet dem Arbeitsschutz die Möglichkeit, auf Basis eines international anerkannten Managementsystems die Leistungsfähigkeit des bisherigen internen Systems nach außen darzustellen. Zudem sichern die Anforderungen der DIN ISO 45001 – verglichen mit einer selbst definierten Organisation – einen qualitätsorientierten Weg zum Erreichen der Arbeitsschutzziele deutlich besser ab. Für das BGM gilt dies im Hinblick auf den qualitätsorientierten Aufbau und ebenso auf die Weiterentwicklung, zudem ermöglicht die Normerfüllung auch eine deutlich bessere strukturelle Verankerung des BGM im Unternehmen. Auch die Logik des Kontinuierlichen Verbesserungsprozesses (KVP), der sich durch die Anforderungen automatisch ergibt, erfasst zwangsläufig neue/veränderte Herausforderungen, die dann in Bezug auf die Zielerreichung geprüft werden oder zu neuen Zielen führen. Jüngstes Beispiel ist die Corona-Pandmie, die sowohl den Arbeitsschutz als auch das BGM vor neue Herausforderungen stellte. Diese veränderte Situation fließt schematisch in die Prüfungen gemäß Kapitel 4 der DIN ISO 45001 ein und wird, dem PDCA-Zyklus folgend, entsprechend aufgearbeitet.

Literatur

Bundesanstalt für Arbeitsschutz und Arbeitsmedizin. (2022). Technischer Arbeitsschutz. Verfügbar unter: https://www.baua.de/DE/Angebote/Rechtstexte-und-Technische-Regeln/Technischer-Arbeitsschutz/Technischer-Arbeitsschutz_node.html (abgerufen am 25.01.2022).

Bundesministreium für Arbeit und Soziales. (2021). Was ist Arbeitsschtz? Verfügbar unter: https://www.gda-portal.de/DE/Downloads/pdf/Leitlinie-Gefaehrdungsbeurteilung.pdf?__blob=publicationFile&v=2 (abgerufen am 25.01.2022).

BS OHSAS 18001. (2007). Arbeits- und Gesundheitsschutz – Managementsysteme – Anforderungen

DIN EN ISO 26800 (2011). Ergonomie – Genereller Ansatz, Prinzipien und Konzepte. Berlin: Beuth.

DIN EN ISO 9001. (2015). Qualitätsmanagementsysteme – Anforderungen. Berlin: Beuth.

DIN ISO 45001 (2018). Managementsysteme für Sicherheit und Gesundheit bei der Arbeit. Berlin: Beuth.

DIN SPEC 91020 (Juli 2012). Betriebliches Gesundheitsmanagement. Berlin: Beuth.

Gemeinsame Deutsche Arbeitsschutzstrategie [GDA]. (2022). Die Gemeinsame Deutsche Arbeitsschutzstrategie. Verfügbar unter: https://www.gda-portal.de/DE/GDA/GDA_node.html (abgerufen am 25.01.2022).

Gemeinsame Deutsche Arbeitsschutzstrategie [GDA]. (2018). Leitlinie Beratung und Überwachung bei psychischer Belastung am Arbeitsplatz. Verfügbar unter: https://www.gda-portal.de/DE/Downloads/pdf/Leitlinie-Psych-Belastung.pdf?__blob=publicationFile&v=5 (abgerufen am 25.01.2022).

Gemeinsame Deutsche Arbeitsschutzstrategie [GDA]. (2017a). Leitlinie Gefährdungsbeurteilung und Dokumentation. Verfügbar unter: https://www.gda-portal.de/DE/Aufsichtshandeln/Gefaehrdungsbeurteilung/Gefaehrdungsbeurteilung_node.html (abgerufen am 25.01.2022).

Gemeinsame Deutsche Arbeitsschutzstrategie [GDA]. (2017b). Empfehlungen zur Umsetzung der Gefährdungsbeurteilung psychischer Belastung. Verfügbar unter: http://www.gda-psyche.de/SharedDocs/Publikationen/DE/broschuere-empfehlung-gefaehrdungsbeurteilung.pdf?__blob=publicationFile&v=11 (abgerufen am 25.01.2022).

International Organization for Standardization [ISO]. (2022). About us. Verfügbar unter https://www.iso.org/about-us.html (abgerufen am 25.01.2022).

Quellensammlung zur Geschichte der deutschen Sozialpolitik 1867 bis 1914, I. Abteilung (1867-1881), Band 1: Grundfragen staatlicher Sozialpolitik. Die Diskussion der Arbeiterfrage auf Regierungsseite vom preußischen Verfassungskonflikt bis zur Reichstagswahl von 1881, bearbeitet von Florian Tennstedt und Heidi Winter unter Mitarbeit von Wolfgang Ayaß und Karl-Heinz Nickel, Stuttgart 1994. Verfügbar unter https://kobra.uni-kassel.de/bitstream/handle/123456789/2018040454847/QuellensammlungAbt1Band1.pdf?sequence=3&isAllowed=y (abgerufen am 26.01.2022).

Rohmert, W. & Rutenfranz, J. (1975). Arbeitswissenschaftliche Beurteilung der Belastung und Beanspruchung an unterschiedlichen industriellen Arbeitsplätzen. Bonn: Bundesministerium für Arbeit und Sozialordnung.

Walle, O. (2020). BGM-System-Aufbau unter Berücksichtigung der DIN ISO 45001 »Managementsysteme für Sicherheit und Gesundheit bei der Arbeit«. In Matusiewicz, D., Kardys, C. & Nürnberg, V. (Hrsg.), Betriebliches Gesundheitsmanagement: analog und digital. Berlin: MWV Medizinisch Wissenschaftliche Verlagsgesellschaft.

16 Maßnahmen der Personalentwicklung

Jörg Pscherer

Dieses Kapitel gibt Ihnen einen Überblick über mögliche Maßnahmen des Betrieblichen Gesundheitsmanagements im Rahmen der Personal- und Führungskräfteentwicklung. Übergeordnetes Ziel jedes Gesundheitsmanagements als systematischer Prozess von der Planung bis zur Evaluation und Weiterentwicklung ist es, die leistungsbezogene Mitarbeitergesundheit nachhaltig zu stärken. Auf Basis gesundheitspsychologischer und medizinischer wissenschaftlicher Kenntnisse sowie betriebswirtschaftlicher und unternehmensstruktureller Rahmenbedingungen sollen Mitarbeiter und deren Führungskräfte geschult und angeleitet werden, sich gesundheitsbewusst zu verhalten. Eine besondere Rolle in diesem so verstandenen selbstregulativen, mittel- bis langfristigen Prozess spielt das Selbstmanagement des Einzelnen (Pscherer, 2016, 2018), ein dynamisches, ressourcen- und bewältigungsorientiertes Konzept, das persönlichkeitsspezifische Eigenschaften mit verhaltenspsychologischen Lern- und situativen Kontextfaktoren verbindet. Darauf aufbauend lassen sich gezielt individuelle und strukturelle Personalentwicklungsmaßnahmen einsetzen, die in diesem Kapitel abgeglichen werden mit einem Blick auf zukünftige Relevanzen: Moderne Selbstregulation erfordert den Umgang insbesondere mit digitalen und mobilen Herausforderungen für effektive Arbeitsgestaltung mittels Stärkung der Gesundheitskompetenz auf Wissens- und Handlungsbasis. Eine so verstandene Personalentwicklung, die fachliche, psychosoziale und gesundheitliche Kompetenzen verbindet, ist damit nicht zuletzt eine zentrale Führungsaufgabe der Zukunft.

16.1 Methoden der Gesundheitsförderung in der Personalentwicklung

Gesundheitsförderliche Maßnahmen der Personalentwicklung sollten grundsätzlich darauf abzielen, die Kompetenz der Mitarbeiter und Mitarbeiterinnen im Hinblick auf die Gesundheit zu stärken, um die Arbeitsfähigkeit eigenverantwortlich und langfristig zu erhalten. Gesundheitskompetenz kann daher auch als Schlüsselqualifikation mit Must-Have-Charakter bezeichnet werden (vgl. Pfannenstiel & Mehlich, 2018). Sie ist eine Fähigkeit, gesundheitsbezogene Informationen adäquat zu beurteilen und zu nutzen für angemessene Entscheidungen im beruflich-privaten Kontext. Eine betriebliche Maßnahme ist daher keine Einmalanwendung, sondern gerade in Zeiten besonderer Risiken und Anpassungen durch mobile, digitale, altersbedingte und aktuell auch pandemische Herausforderungen ein prozessbezogener Konzeptgedanke. Dabei reicht es schon lange nicht mehr aus, somatische

Fitnesskurse im Gießkannenprinzip präventiv anzubieten, sondern vielmehr in der Weiterbildung gezielt die individuelle und gemeinschaftliche Erkenntnis anzuregen, fortlaufend und autonom Informationen für die körperliche und mentale Gesundheit zu verarbeiten. Eng damit im Zusammenhang steht eine übergeordnete Problemlöse- und Ressourcenkompetenz auf Basis des persönlichen, flexiblen Selbst-, Zeit- und Gesundheitsmanagements. Flexibilität ist nicht zu verwechseln mit Beliebigkeit und Optimierungsdruck, vielmehr mit behutsamem und ganzheitlichem Umgang mit Stressoren (innere und äußere Belastungen) auf einer Work-Live-balancierten Haltungsebene.

Daher müssen Personalentwicklungsmaßnahmen in einen integrativen Rahmen gesetzt werden, ob mittels Seminaren, Coachings, Workshops oder app-gestützten Medienangeboten zur Selbstanwendung (zur Thematik der Digitalisierung im BGM siehe Matusiewicz & Kaiser, 2018). Sinnvoller als singuläre Veranstaltungen mit nur kurzfristiger und nicht selten alibimäßiger Funktion sind abgestimmte, modulare Strategien, die Schwerpunkte je nach Bedarf und Möglichkeiten setzen, ob nun extern, fachlich, materiell oder motivational begrenzt. Das ist die entscheidende Planungs- und Begleitungsaufgabe jeder Steuereinheit im BGM im Sinne eines Kommunikations- und Koordinationskonzepts, das nicht zuletzt in der Arbeit mit Schlüsselpersonen und Mediatoren für das Thema Gesundheit sensibilisiert und dieses praktiziert im Sinne: »Tue Gutes und sprich darüber!« (Uhle & Treier, 2019, S. 216). Auf Basis gesundheitsbezogener Beurteilungs- und Anreizsysteme (vgl. Zimolong & Elke, 2001) werden Leistungsentwicklungsziele daher immer auch unter Gesundheitsaspekten betrachtet und eingeordnet in gesundheitsförderliche Maßnahmen der individuellen Selbst- und Mitarbeiterführung, eingerahmt durch Arbeitsschutz, Stress- und Suchtprävention sowie betriebliche Wiedereingliederung.

Gesundheitskompetenz im Fokus der Personalentwicklung

Gesundheitskompetenz als Alltagsroutine mit Eigenverantwortung zu schulen und strukturiert zu begleiten, ist eine wichtige zukünftige Aufgabe der Personal- und Führungskräfteentwicklung. Dabei sollten immer auch alters-, geschlechts- und tätigkeitsspezifische Gesichtspunkte berücksichtigt und zielgruppengerecht angepasst werden. Selbstmanagement als übergeordnete Kompetenz bildet dann die Klammer: Identifizieren (potenzieller) gesundheitlicher Risiken, gezielte Problemanalyse durch Selbstbeobachtung/-bewertung, entsprechende Zielsetzung, Planung und Veränderungsmotivierung je nach Ist-/Soll-Differenz, konkrete Veränderungsschritte und deren längerfristige Umsetzungsbewertung. Der aus dem Qualitätsmanagement als BGM-Metamodell bekannte PDCA-Zyklus (vgl. etwa Leal, 2020) spiegelt sich auch im individuellen, wissens- und kompetenzbasierten Gesundheitsmanagement wider: Plan, Do, Check, Act (vgl. auch Kapitel 12). Er sollte entsprechend vermittelt werden in den diversen beruflich-persönlichen, evidenzbasierten Personalentwicklungsprogrammen.

16.2 Führungskräfte als Vorbilder resilienten Selbstmanagements

Die Gesundheitsfrage der Arbeitswelt 4.0 zielt neben strukturellen Verbesserungsoptionen von Arbeitsplatzverhältnissen insbesondere auf die Ressourcen individueller Leistungsgestaltung. Mehr denn je sind gerade Menschen mit Führungsverantwortung gefordert, durch Selbstregulierung und den Einsatz psychosozialer Handlungskompetenzen berufliche Systeme und Prozesse flexibel und mitarbeitergerecht zu steuern. Führungskräfte haben hierbei die besondere Aufgabe, vorbildhaft resiliente Faktoren im Sinne verhaltensbezogener Skills, kognitiver Selbstwirksamkeit und psychovegetativer Immunsteuerung zu nutzen. Dabei ist es ein wichtiges Themenfeld der Führungskräfte- und Personalentwicklung, nicht nur ein authentisches Selbst- und Stressmanagement zu fördern, sondern auch die persönliche Motivation (Martens & Kuhl, 2013) und die salutogenen Fertigkeiten (Antonovsky, 1997). Die Basis dafür ist eine stabile Persönlichkeitsstruktur der Geförderten. In Zeiten von Tempoverschärfung und Komplexitätszunahme, was beides Übersicht und Entscheidungssicherheit erfordert, ist der souveräne, individuell und situativ ausbalancierte Umgang mit fachlichen Aufgaben und den Belangen der Mitarbeiter, unter Berücksichtigung ihrer persönlichen Entwicklungsstände, unabdingbar (Hersey & Blanchard, 1982). Hier spielt gerade der authentische Führungsstil (Walumbwa et al., 2008) eine zentrale Rolle, da dieser die Vorbildwirkung des eigenen Gesundheitsbewusstseins glaubwürdig widerspiegelt.

ganzheitliches Selbstmanagement stärkt Resilienz

Im Sinne des Selbstmanagements setzt gesunde Führung (vgl. Häfner et al., 2019) sich und anderen adäquate Ziele, die Motivation, Möglichkeiten und Fähigkeiten der Mitarbeiter und Mitarbeiterinnen sinnvoll einbeziehen. Mittels einer leistungs- und gesundheitsadäquaten Planung werden (gemeinsam) Strategien zur konsequenten Umsetzung inklusive regelmäßiger Ergebniskontrollen eingesetzt und fortlaufend entlang der Qualitätssicherung geprüft bzw. angepasst.

Im Unterschied zu früheren Zeitorganisationstechniken (vgl. Seiwert 1997, Klein et al., 2003) werden bei heutigen Selbstmanagementtrainings (Braun, 2019; Storch & Krause, 2006) neben der volitionalen Selbstdisziplin (vgl. Heckhausen & Gollwitzer, 1987) auch Werte, Bedürfnisse und die Lebensqualität der Mitarbeitenden berücksichtigt. Individuumsorientierte Modelle, die sich besonders für die Personal- und Führungskräfteentwicklung eignen, präferieren es, die intrinsische Motivation bis hin zum sogenannten Flow-Erleben (Csikszentmihalyi & LeFevre, 1989) zu fördern .

Mit Schwerpunkt auf dem persönlichen Gesundheitsverhalten integrieren sozialkognitive Prozessmodelle wie das HAPA-Modell (Schwarzer, 2008, 2016) die Rolle der Selbstwirksamkeit bei der Initiierung und Aufrechterhaltung gesundheitlichen Handelns und füllen im Sinne des Empowerments die Lücke zwischen Intention und Verhalten. So betrachtet nimmt eine resiliente Führungskraft eher eine flexible, anregend-beratende, denn eine beauftragend-bestimmende Funktion im beruflichen Alltag ein, um die Potenziale der Mitarbeiter gesundheitlich angemessen zu fördern.

Das verbreitete evidenzbasierte Kompetenzmodell der Führung LeaD (Dörr et al., 2014) liefert pragmatische Handlungsempfehlungen, die auf ganzheitlichen Bedürfnissen, Fähigkeiten und vertrauensvollen Beziehungen aufbauen: »Erfolgreiche Führungskräfte können verschiedene Quellen und Ressourcen situationsadäquat und flexibel einsetzen. Voraussetzung ist, dass sie über ein integratives mentales Modell der Führung (innere Haltung) und über entsprechende Kompetenzen (Verhalten) verfügen« (S. 21). Handlungsempfehlungen für Führungskräfte zur Förderung ressourcenorientierter Arbeit wurden im vLead-Verbundprojekt digitaler Projekt- und Teamarbeit[1] entwickelt (vgl. Antoni et al., 2021, Mander et al., 2020).

Gesundheitssensible Führungsinstrumente basieren auf Vertrauen, wertschätzender, transparenter Kommunikation und Partizipation. Dazu gehören positive Selbsteinschätzungen, wie sie beispielweise in der Aussage zum Ausdruck kommen, dass beim eigenen Verhalten darauf geachtet wird, eine gesunde und motivierte, selbstorganisierte Arbeitsweise vorzuleben. Ein gutes Selbst- und Zeitmanagement – nicht zuletzt auch im Sinne von Zeit für gemeinsame, unterstützende Erfahrungen – ist demnach ein wirksamer Schutzschild gegen die Überlastung von Einzelnen wie auch von Arbeitsgruppen und lässt sich entwickeln und trainieren.

EXKURS

Selbstmanagement-Strategien (vgl. Pscherer, 2016, 2018), Übungshinweise für Teilnehmer eines Workshops im Rahmen eines Change-Prozesses am Arbeitsplatz:

- *Selbstkontrolle:* Belohnung und Vermeidung zur Steuerung des eigenen Verhaltens. Tipp: Belohnen Sie sich bei der Arbeit mit einer angenehmen Pause oder schalten Sie verlockende E-Mail-Signale aus oder verzichten Sie auf kurzfristige Ablenkungen, wenn Sie konzentriert arbeiten müssen.
- *Gedankensteuerung:* Die Kraft der Selbstinstruktion. Tipp: Reden Sie mit sich wie ein guter Trainer. Leiten Sie sich an (»Eins nach dem anderen«), loben und motivieren Sie sich (»Gut gemacht«).
- *Korrektur selbstüberfordernder Einstellungen:* Grenzen setzen. Tipp: Respektieren Sie Ihre Belastungsgrenzen und kommunizieren Sie offen, bevor Sie überfordert sind.

1 Das Verbundprojekt »Modelle ressourcenorientierter und effektiver Führung digitaler Projekt- und Teamarbeit (vLead)« wird mit Mitteln des Bundesministeriums für Bildung und Forschung (BMBF) im Rahmen des Förderprogramms »Zukunft der Arbeit« als Teil des Dachprogramms »Innovationen für die Produktion, Dienstleistung und Arbeit von morgen« und aus dem Europäischen Sozialfonds (ESF) der Europäischen Union gefördert und vom Projektträger Karlsruhe (PTKA) betreut.

- *Reduzieren körperlicher Anspannung:* Loslassen. Tipp: Ob durch Sport, Yoga, Kino oder Party – nähren Sie Ihre Lebensfreude.
- *Üben ausgewogener Leistungsmuster:* Balance lässt sich lernen. Tipp: Wann immer Sie sich wohl und ausgeglichen fühlen – halten Sie es fest. Was braucht es dazu? Was müssten Sie tun, um die Balance zu zerstören? Arbeiten Sie dann stets auf das gespeicherte positive Gefühl hin.

Authentisches Selbstmanagement im Rahmen von Aufgabengestaltung und Mitarbeiterführung (siehe Abbildung 1) ist also Dreh- und Angelpunkt resilienten Leistungsvermögens und nachhaltigen Unternehmenserfolgs (vgl. Pscherer, 2016). Es ist Teil einer gesundheitsförderlichen Führungs- und Unternehmenskultur und sollte daher auch in keiner Maßnahme zur Entwicklung von Führungskräften fehlen. Denn, so auch Uhle und Treier (2019): »Gesundes Führen muss aber stets authentisches Führen sein, denn nur Vorbildverhalten schafft Vertrauen. Gesunde Führung setzt gesunde Führungskräfte voraus.« (S. 254). Der Fokus und Nutzen liegt sowohl auf Führungs- als auch Mitarbeiterseite in der Stärkung intrinsischer Motivation durch freiwilliges Engagement und eine konstruktive, positive Haltung.

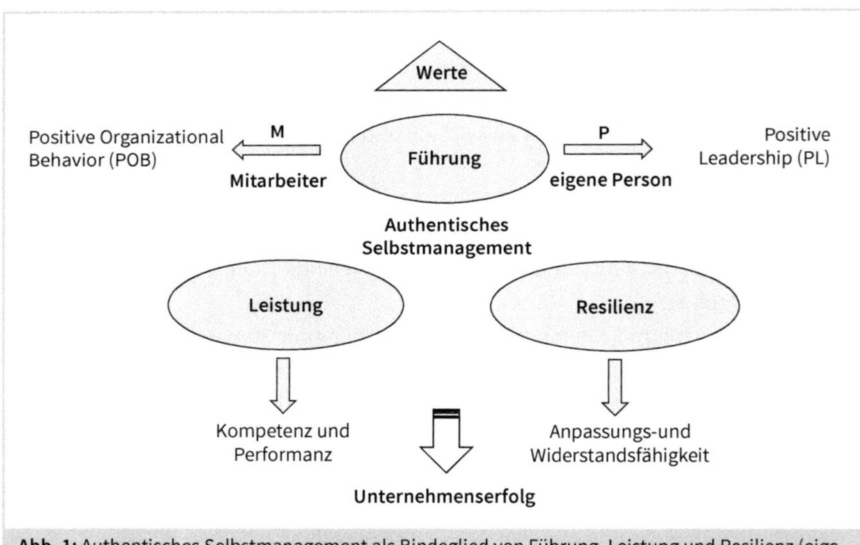

Abb. 1: Authentisches Selbstmanagement als Bindeglied von Führung, Leistung und Resilienz (eigene Darstellung, Pscherer, 2016, S. 395)

16.3 Strategische Entscheidungshilfen für passgenaue Maßnahmen

Gesundheitspräventive und resilienzfördernde Methoden im Rahmen der Personalentwicklung sollten über den generellen Aspekt einer authentischen und selbstreflexiven Grundhaltung in Planung, Durchführung sowie Prozess- und Ergebnisevaluation zielgruppengerecht und damit nachhaltigkeitsorientiert sein. Bekanntermaßen haben settingspezifische Maßnahmen einen höheren Akzeptanz- und Wirkungsgrad als globale Interventionen (vgl. GKV-Spitzenverband, 2010). Die darauf bezogene Unterscheidung in Verhaltens- und Verhältnisprävention ist hier ebenfalls hilfreich (siehe methodisch hierzu auch die sog. Toolbox BGM bei Uhle & Treier, 2019, S. 177 f.). Praktische Entscheidungshilfen gesundheitsfördernder Personal- und Führungskräfteentwicklung können sich hierbei an gesundheitspsychologischen, biopsychosozialen Ebenen orientieren, nämlich am mentalen, somatischen, Wissens- sowie Handlungsfokus (siehe Tabelle 1). Genauere Planungshilfen von der Bedarfs- bis zur Ergebnisanalyse liefern bewährte Verfahrensprotokolle wie die des »Intervention Mapping« (Kok, 2014). Viele gesundheitspsychologische Programme sind modular aufgebaut, sodass sie flexibel in entsprechende PE-Maßnahme-Pakete integriert werden können. Einen Überblick liefert die Homepage der Fachgruppe Gesundheitspsychologie der Deutschen Gesellschaft für Psychologie (DGP, 2021), etwa über das evaluierte Stressbewältigungsprogramm »GET.ON Fit im Stress«, ein webbasiertes Gesundheitstraining bei beruflicher Beanspruchung, das auf Techniken der Problemlösung und Emotionsregulation basiert (vgl. hierzu auch die Meta-Analyse von Heber et al., 2017).

Fokus	Verhaltensprävention	Verhältnisprävention
mental	psychische Stresskompetenz (kognitiv-emotionale Ebene, z. B. Stressimpfungstraining, Resilienz-/Entspannungsübungen)	Gestaltung von Arbeitsräumen, -zeiten, -formen (Recreation-Orte, flexible Zeitmodelle, Live-Balance-Konzepte)
somatisch	körperliche Präventionsangebote (Ernährung, Bewegung, Chronobiologie/Schichtarbeit)	Gestaltung von Organisationsstrukturen (z. B. Kantinensystem, Gesundheitsdienste)
Wissen	Gesundheits-/Risikokompetenz (Health Literacy, Reflexions- und Entscheidungsfähigkeit)	Informations-/Kommunikationsmanagement (Portale, Networking, Expertentransfer)
Handlung	Selbstmanagement, Selbstwirksamkeit (Training, Coaching)	soziale Unterstützung, Beratung, BGM-Arbeitskreise
Mitarbeiter/innen	individuelle, gesundheitsorientierte Entwicklungsmaßnahmen, Aufgaben-/Karriereplanung	ergonomische Arbeitsplatzgestaltung, Flexibilisierung, Home-Office/Mobilität
Führungskräfte	Schulung in gesunder Führung und authentischer Vorbildwirkung	gesundheitsgerechte Führungs-/Unternehmenskultur (Leitbildfunktion)

Tab. 1: Entscheidungsmatrix BGM-Maßnahmen der Personalentwicklung; eigene Darstellung; vgl. auch Toolbox in Uhle & Treier, Kap. 4.2, S. 177 f.

passgenaue Maßnahmen auf Verhaltens- und Verhältnisebene

Entscheidungshilfen für/wider bestimmte Einzelmaßnahmen sollten die in der Praxis meist integrative Frage beantworten, ob in der Personalentwicklung eine individuelle Gesundheitsförderung von Mitarbeitenden und Führungskräften im Mittelpunkt steht oder eher die strukturellen Verhältnisse der jeweiligen Vor-Ort-Situation. Im Fall der sogenannten verhaltenspräventiven Ebene fokussieren Maßnahmen dann zielgruppenspezifische Angebote zur Gesundheits-, Stress- und Risikokompetenz im Rahmen von Übungen, selbstorganisierten und angeleiteten Trainings, Workshops (siehe Praxisbeispiel) und Coachings. Auf der verhältnispräventiven Ebene werden strukturelle Bedingungen für gesunde Arbeit hinterfragt, geändert bzw. gefördert wie etwa die Pflege von Gesundheitsportalen, die Einrichtung medizinischer Angebote und die Umgestaltung von Arbeitsbedingungen (z. B. Kantinen-Check, flexible Arbeitszeitmodelle, Optionen des mobilen Arbeitens).

Mitarbeiter und Führungskräfte an Veränderungsprozessen dieser Art proaktiv und zukunftsorientiert zu beteiligen (bedarfsbezogen getrennt oder in gemeinsamen Maßnahmen), ist ein Ziel der Personalentwicklung und sollte daher prozessevaluativ geprägt sein von den jeweiligen Belangen der Beteiligten. Wichtiger als eine technische Arbeitsplatzanalyse ist in dieser Hinsicht eine subjektive Betroffenenanalyse anfangs, während und nach einer Maßnahme mittels Mitarbeiterbefragung inklusive standardisierter psychometrischer Instrumente.

Wie grundsätzlich in der Konzeptionierung und Umsetzung von BGM-Maßnahmen müssen von den Beteiligten, ggf. qualitätszirkelflankiert, jeweilige Kosten-/Nutzenaspekte, Implementierungsmöglichkeiten inklusive deren Rahmenbedingungen (etwa finanziell-materielle, rechtliche, marktspezifische) berücksichtigt und argumentativ belegt werden im Sinne einer wissenschaftlichen Begründung, sowohl was die Motivation des Einzelnen wie auch die Akzeptanz auf Unternehmensführungsseite anbelangt. Nachhaltige Gesundheitsmaßnahmen sind immer auch eine Frage der Überzeugungsarbeit, Zustimmung und praktikablen Umsetzbarkeit. Sonst bleiben sie entweder ungenutzt, theoretisch-ideell oder sie versanden in Versuch und Irrtum. Oberstes Ziel ist immer der Erhalt der Arbeitsfähigkeit (vgl. Ilmarinen & Tempel, 2010), damit die Mitarbeitenden im jeweiligen Arbeitskontext die gestellten Aufgaben erfolgreich bewältigen.

Der jeweilige Mix individuell verhaltenspräventiver und organisationsbezogenener Verhältnisanteile wird in der Personalentwicklung von den konkreten Anforderungen, Möglichkeiten und Rahmenbedingungen bestimmt. Eine stringente Trennung der biopsychosozialen Präventionsebenen ist daher weder möglich noch sinnvoll, jedoch die Differenzierung dreier Schwerpunkte in der Entscheidungsmatrix: Geht es schwerpunktmäßig eher um Können, Wollen oder Dürfen/Sollen? Ersteres zielt auf die persönliche Kompetenzentwicklung, zweiteres auf die individuelle und gruppenbezogene Motivations- und Sinnförderung inklusive des Abbaus von Hindernissen, das Dritte fokussiert die Regulierung struktureller Anforderungen und Bedingungen.

Aus gesundheitspsychologischer Sicht ist gerade der resilienzorientierte Umgang mit psychosozialen Hürden und Widerständen von Interesse, denn moderne Metamodelle wie das Prozessmodell gesundheitlichen Handelns HAPA (Schwarzer, 2008, 2016) betonen die ressourcenaktivierende, selbstwirksame Aufrechterhaltung und Wiederherstellung gesunden Verhaltens im Alltagsgetriebe und nach Rückschlägen.

Praxisbeispiel (vgl. Pscherer, 2019):

Selbstfürsorge-/Achtsamkeits-Workshop für Vertriebsmitarbeiter in der Finanzbranche (Personalentwicklungsmaßnahme):

- Abholen: Reflexion/Austausch über Status quo im Change-Prozess
- Erwartungsabfrage/Erfahrungs-Refreshing zum Thema Resilienz
- Edukationseinheiten (Ist-Soll-Vergleiche, Stressoren/Coping)
- Übungseinheiten zu Achtsamkeit, Selbstregulation und Live-Balance
- Thementransfer inklusive Ressourcenaktivierung/Selbstfürsorge
- Hausaufgaben inklusive Materialnutzung (Knowledge Nuggets)
- Nachfolgevereinbarungen für Integration in den Arbeitsalltag

16.4 Zukunftsthemen gesundheitsorientierter Personalentwicklung

Maßnahmen der Personalentwicklung im Kontext des Betrieblichen Gesundheitsmanagements müssen sich heute wie auch zukünftig neben den in diesem Kapitel bereits ausführlich behandelten Themen um drei weitere Bereiche kümmern: digitale Gesundheitskompetenz, Zielgruppenbelange wie Alter, Gender und Mobilität sowie soziale Beziehungen am Arbeitsplatz. Laut der Health Literacy Survey Germany (HLS-GER 2), einer repräsentativen Bevölkerungserhebung zur Gesundheitskompetenz in Deutschland, hat sich diese in den letzten Jahren auch im internationalen Vergleich (Thiel et al., 2018) verschlechtert, knapp 60 % der Bevölkerung (siehe Abbildung 2) zeigt eine geringe Kompetenz (speziell bei der Beurteilung von Informationen), die während der Corona-Pandemie allerdings insgesamt leicht gestiegen ist. Vor allem Menschen mit niedrigem Bildungsniveau und Sozialstatus, Migrationshintergrund sowie ältere und chronische kranke Personen weisen vergleichsweise eine geringe Gesundheitskompetenz auf, aber auch jüngere Menschen sind nicht ausgenommen. Die Autoren der Studie (Schaeffer et al., 2021) fordern als wichtige Public-Health-Aufgabe zielgruppenspezifische Interventionskonzepte, um die gesundheitsbezogene und insbesondere auch die gesundheitsförderliche Informationsverarbeitung vulnerabler Gruppen etwa zum Impfen zu verbessern.

Speziell bei der digitalen Kompetenz haben drei Viertel der Befragten Probleme hinsichtlich der Einschätzung von Vertrauenswürdigkeit und Neutralität digitaler Quellen – trotz der größeren Vielfalt ab Nutzungsoptionen. Immerhin zeigte sich hier die jüngere Altersgruppe im Verlauf der Pandemie kompetenter. Nicht zuletzt für die Anwendung von Gesundheitsinformationen ist es wichtig, neben verhaltensorientierten Maßnahmen auch verhältnis- und lebensumweltbezogene Interventionen zu entwickeln. Genau hier sollten die betrieblichen Gesundheitskonzepte ansetzen, um mithilfe adäquater Kommunikationsmittel zwischen Führungskräften und Mitarbeitenden für gesundheitsgerechtes Finden, Verstehen, Beurteilen und Anwenden gesundheitsrelevanten Wissens sensibel zu machen. Zentrale Stellschraube ist das Miteinander, dessen sozialverträgliche Förderung, zu dem auch die Unterstützung bei Problem- und Konfliktlösungen (nicht nur) am Arbeitsplatz gehört. Eine gesundheitsförderliche Gesamtentwicklung wird in der Zukunft Themen der Work-Live-Abgrenzung flexibler als früher handhaben müssen, denn das sprichwörtliche Fünf-Uhr-Stift-fallen-Lassen ist bereits seit längerem nicht mehr möglich, nicht nur, weil die Stifte oft schon digital geformt und daher meist »zur Hand sind«.

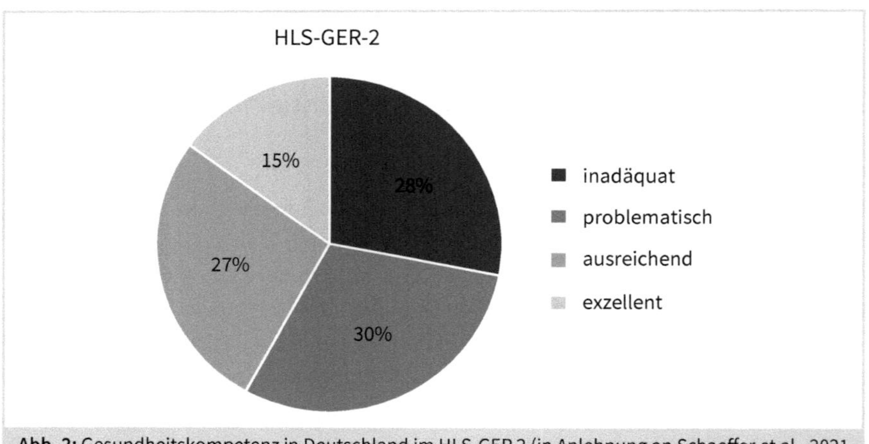

Abb. 2: Gesundheitskompetenz in Deutschland im HLS-GER 2 (in Anlehnung an Schaeffer et al., 2021, S. 21)

kommunikationsförderliche Gestaltung des Arbeitsklimas

Ein wichtiger gesundheitsrelevanter Faktor, so auch eine Studie des BAuA-Projekts »Psychische Gesundheit in der Arbeitswelt« (Drössler et al., 2016), ist die gesundheitsförderliche Gestaltung sozialer Beziehungen am Arbeitsplatz. Der gesellschaftliche

Wandel der Arbeit muss hierbei noch deutlicher als bisher berücksichtigt werden, um in Prävention und Intervention individuelle Strategien und die Organisationsebene multidimensional zu verknüpfen. Die Erforschung wirksamer Maßnahmen zur Stärkung sozialer Beziehungen ist damit eine wichtige Aufgabe der Zukunft, um nicht zuletzt negative psychische Risiken mangelnden Supports oder konfliktbesetzter beruflicher Kontakte zu mindern und die Arbeitszufriedenheit und Leistungsfähigkeit zu fördern. Im Rahmen der betrieblichen Prävention und Wiedereingliederung ist darüber hinaus die kommunikative Gesundheitskompetenz von Bedeutung, um die Interaktion und Nutzung von Gesundheitsdiensten optimal zu gestalten.

Selbstverantwortung, Partizipation und die Erwartung mündigen Entscheidens fordern eine Kommunikationskompetenz nicht zuletzt bei der jüngeren Generation, die laut der gennannten HLS-GER Nachfolgestudie (Schaeffer et al., 2021) neben Personen aus unteren Bildungs- und Sozialschichten Nachholbedarf hat. Und gerade hier können im adäquaten E-Health-Nutzungssinne »mobile bzw. smarte Kommunikation« (Uhle & Treier, 2019, S. 213) und individualisierte Medienkanäle bewusst in der präventiven Gesundheits- bzw. Personalentwicklung eingesetzt werden. Diese digitalen Möglichkeiten sind, wie auch Matusiewicz und andere Forscher (Matusiewicz & Kaiser, 2018) einschätzen, gerade für KMU-Betriebe oder auch mobile (Außendienst-) Mitarbeiter von künftig verstärktem Interesse.

Aus eigener Erfahrung als Inhaber einer Praxis für Verhaltenstherapie und Business-Coaching kann der Autor dieses Buchkapitels bestätigen, dass sinnvoll genutzte, sprich die Präsenztermine ergänzende, app-/webbasierte Gesundheitstools (z. B. mobil kombiniertes Biofeedback-Training inklusive Messung der Herzratenvariabilität, zusätzliche Videosprechstunden, Apps zum Stress-Coping) einen zunehmenden Anklang bei Klienten bzw. Patienten finden, und zwar unabhängig von der Altersgruppe.

Ein Grund neben der coronabedingten Nutzungszunahme räumlich distanter Methoden ist sicherlich die größere Offenheit und Bekanntheit für hybride, zeit- und organisationssparende Optionen für Selbstbeobachtung, Selbstreflexion und -übung. Voraussetzung – hier ist sicherlich auch die individuelle Motivierungsfähigkeit des Trainers/Beraters gefordert – ist die eigenverantwortliche und regelmäßige bzw. gewohnheitsmäßige Anwendung im privaten bzw. häuslichen Bereich. Selbstverantwortung und Eigenregie auf der einen Seite, sozialmedial professionell gestützte Gesundheitsförderung auf der anderen, schließen sich nicht aus, sondern bilden eine flexible Kombination. Dies passgenau anzubieten, anzuwenden und gerade die bis dato schwieriger anzusprechenden Zielgruppen und Personen zu erreichen, dürfte die größte und spannendste Herausforderung für die Arbeits- und Gesundheitswelt der Zukunft und damit auch für BGM-Maßnahmen sein.

Literatur

Antoni C.H., Latniak E., Hellert U. (2021) Modelle ressourcenorientierter und effektiver Führung digitaler Projekt- und Teamarbeit – vLead. In: W. Bauer, S. Mütze-Niewöhner, S. Stowasser, C. Zanker, N. Müller (Hrsg.) Arbeit in der digitalisierten Welt (S. 189-202). Springer Vieweg.

Antonovsky, A. (1987). The salutogenetic perspective: Toward a new view of health and illness. Advances, 4, 47-55.

Braun, O.L. (Hrsg.) (2019). Selbstmanagement und Mentale Stärke im Arbeitsleben, https://doi.org/10.1007/978-3-662-57909-1_1.

Csikszentmihalyi, M. & LeFevre, J. (1989). Optimal experience in work and leisure. Journal of Personality and Social Psychology, 56, 815-822.

Deutsche Gesellschaft für Psychologie (DGP). (2021). Präventionsprogramme. https://www.gesundheitspsychologie.net/index.php/de/datenbanken (abgerufen am 30.11.2021).

Dörr, S., Schmidt-Huber, M. & Maier, G. (2014). Wirksam führen – Motive, Fähigkeiten und vertrauensvolle Beziehungen. Wirtschaftspsychologie aktuell, 21(1), 21-26.

Drössler, S., Steputat, A., Schubert, M., Euler, U. & Seidler, A. (2016). Soziale Beziehungen am Arbeitsplatz (Poster). Dortmund: Bundesanstalt für Arbeitsschutz und Arbeitsmedizin. DOI: 10.21934/baua:berichtkompakt20161005/2b.

GKV-Spitzenverband (Hrsg.). (2021). Leitfaden Prävention – Handlungsfelder und Kriterien nach § 20 Abs. 2 SGB V. https://www.gkv-spitzenverband.de/media/dokumente/krankenversicherung_1/praevention__selbsthilfe__beratung/praevention/praevention_leitfaden/Leitfaden_Pravention_komplett_P210177_2021_barrierefrei.pdf (abgerufen am 22.11.2021).

Häfner, A., Pinneker, L. & Harmann-Pinneker, J. (2019). Gesunde Führung: Gesundheit, Motivation und Leistung fördern. Berlin: Springer.

Heckhausen, H. & Gollwitzer, P. (1987). Thought contents and cognitive functioning in motivational versus volitional states of mind. Motivation Emotion, 11, 101-120.

Heber E, Ebert DD, Lehr D, Cuijpers P, Berking M, Nobis S, Riper H. The Benefit of Web- and Computer-Based Interventions for Stress: A Systematic Review and Meta-Analysis. J Med Internet Res 2017;19(2):e32. DOI: 10.2196/jmir.5774.

Hersey, P. & Blanchard, K. (1982): Management of Organizational Behavior. (4. Aufl.). New Jersey: Prentice-Hall.

Ilmarinen J., Tempel J. (2001) Arbeitsfähigkeit 2010. Was können wir tun, damit Sie gesund bleiben?. Hamburg:166 VSA Verlag.

Kehr, H. (2008). Authentisches Selbstmanagement. Übungen zur Steigerung von Motivation und Willensstärke. Weinheim: Beltz.

Klein, S., König, C., & Kleinmann, M. (2003). Sind Selbstmanagement-Trainings effektiv? Zwei Trainingsansätze im Vergleich. Zeitschrift für Personalpsychologie, 2(4), 157-168.

Kok, G. (2014). A practical guide to effective behavior change: How to apply theory- and evidence-based behavior change methods in an intervention. European Health Psychologist, 16(5), 156-170.

Leal, W. (Hrsg.). (2020). Qualitätsmanagement in der Gesundheitsversorgung. Berlin: Springer.

Mander, R., Müller, F. & Hellert, U. (2020). Mindset für Zeit- und Handlungsspielraum: Handlungsempfehlungen für Führungskräfte virtueller Teams. In S. Mütze-Niewöhner, W. Hacker, T. Hardwig, S. Kauffeld, E. Latniak, M. Nicklich & U. Pietrzyk (Hrsg.) Projekt- und Teamarbeit in der digitalisierten Arbeitswelt (S. 139-154). Berlin: Springer.

Martens, J., & Kuhl, J. (2019). Die Kunst der Selbstmotivierung: Neue Erkenntnisse der Motivationsforschung praktisch nutzen. (6. Aufl.). Stuttgart: Kohlhammer.

Matusiewicz, D., & Kaiser, L. (Hrsg.). (2018). Digitales Betriebliches Gesundheitsmanagement: Theorie und Praxis (FOM-Edition). Wiesbaden: Springer Fachmedien.

Pscherer, J. (2016). Resilientes Selbstmanagement – eine Führungsaufgabe der Zukunft. Ergebnisse einer Online-Studie zum Einfluss von Selbstregulierung auf das Erfolgserleben. Organisationsberatung, Supervision, Coaching, 4 (2016), S. 391-409.

Pscherer, J. (2018). Authentisches Selbstmanagement – Chance für Führungskräfte, Schutz für Mitarbeiter. In: Matusiewicz, D., Nürnberg, V. & Nobis, S. (Hrsg.): Gesundheit und Arbeit 4.0. Wenn Digitalisierung auf Mitarbeitergesundheit trifft (2018). Heidelberg: medhochzwei Verlag, S. 127-137.

Pscherer, J. (2019). Achtsamkeit als resiliente Veränderungskompetenz – Erfahrungen aus der Change-Management-Beratung eines Finanzunternehmens. In: Chang-Gusko, Y.-S., Heße-Husain, J., Cassens, M. & Meßtorff, C. (Hrsg.): Achtsamkeit in Arbeitswelten. Für eine Kultur des Bewusstseins in Unternehmen und Organisationen (2019). Wiesbaden: Springer Gabler, FOM-Edition, S. 213-226.

Pfannstiel, M. A. & Mehlich, H. (Hrsg.). (2018). BGM – Ein Erfolgsfaktor für Unternehmen. Lösungen, Beispiele, Handlungsanleitungen. Wiesbaden: Springer Gabler.

Schaeffer, D., Berens, E.-M., Gille, S., Griese, L., Klinger, J., de Sombre, S., Vogt, D., Hurrelmann, K. (2021): Gesundheitskompetenz der Bevölkerung in Deutschland – vor und während der Corona Pandemie: Ergebnisse des HLS-GER 2. Bielefeld: Interdisziplinäres Zentrum für Gesundheitskompetenz-forschung (IZGK), Universität Bielefeld. DOI: https://doi.org/10.4119/unibi/2950305.

Schwarzer, R. (2008). Modeling health behavior change: How to predict and modify the adoption and maintenance of health behaviors. Applied Psychology, 57(1), 1-29.

Schwarzer, R. (2016). Health Action Process Approach (HAPA) as a theoretical framework to understand behavior change. Actualidades en Psicología, 30(121), 119-130.

Seiwert, L. (2000). Selbstmanagement: Persönlicher Erfolg, Zielbewusstsein, Zukunftsgestaltung. Offenbach: Gabal.

Storch, M. & Krause, F. (2017). Selbstmanagement – ressourcenorientiert: Grundlagen und Trainingsmanual für die Arbeit mit dem Zürcher Ressourcen Modell (ZRM). Göttingen: Hogrefe.

Thiel, R., Deimel, L., Schmidtmann, D., Piesche, K., Hüsing, T., Rennoch, J. et al. (2018). Gesundheits-system-Vergleich Fokus Digitalisierung. #SmartHealthSystems Digitalisierungsstrategien im internationalen Vergleich. Gütersloh: Bertelsmann Stiftung.

Uhle, T. & Treier, M. (2019). Betriebliches Gesundheitsmanagement. Gesundheitsförderung in der Arbeitswelt – Mitarbeiter einbinden, Prozesse gestalten, Erfolge messen. (4. Aufl.). Wiesbaden: Springer.

Walumbwa, F. O., Avolio, B. J., Gardner, W. L., Wernsing, T. S. & Peterson, S. (2008). Authentic leadership: Development and validation of a theory-based measure. Journal of Management, 34(1), 89-126.

Weisweiler, S., Dirscherl, B. & Braumandl, I. (2012). Zeit- und Selbstmanagement: Ein Trainingsmanual – Module, Methoden, Materialien für Training und Coaching. Berlin: Springer.

Zimolong, B., & Elke, G. (2001). Die erfolgreichen Strategien und Praktiken der Unternehmer. In B. Zimolong (Hrsg.), Management des Arbeits- und Gesundheitsschutzes. Die erfolgreichen Strategien der Unternehmen (S. 235-268). Wiesbaden: Gabler.

17 Konzepte der Organisationsentwicklung

Gerhard Westermayer

In diesem Beitrag geht es um die Entwicklung von Grundgedanken für die Zukunft der Organisationsentwicklung im Betrieblichen Gesundheitsmanagement, hergeleitet aus Quellen wie Lewin und Antonovsky, und von aktuellen Bedürfnissen der betrieblichen Organisation. Hier wird erstmals die Originaldefinition der Organisationsentwicklung nach Shepard diskutiert.

17.1 Geschichten, Datenfeedback, Führung: das ABC der Organisationsentwicklung

Was ist eigentlich der Unterschied zwischen historischen Führern und modernen Managern? Stellen Sie sich mal Bill Gates vor, wie er mit wehenden Fahnen in die Welt reitet und eine Eroberung nach der anderen macht. Der klassische Führer hätte heute keine Akzeptanz mehr. Wer mit lautem Gebrüll nach vorne stürmt, bekommt heute bestenfalls Tranquilizer und wenig Applaus.

Der heutige Führer agiert nicht mehr als Beispiel, er brüllt weder herum, noch schlägt er zu. Heutige Führer erzählen *Geschichten* und je besser sie darin sind, desto größer ist ihre Akzeptanz und damit ihre Autorität.

Doch die Geschichten, die sie erzählen, haben alle etwas gemeinsam: Sie handeln ausnahmslos vom Unternehmen, sie bekräftigen die geheimen Grundregeln und Werte des Unternehmens und sie kommen niemals als Tragödie oder Satire daher. Sie handeln immer von Abenteuern (Heldengeschichten), von lustigen Begebenheiten (Komödien) oder von Sehnsucht und Liebe (Romanze). Sie erzählen von legendären Mitarbeiterinnen und Mitarbeitern, von den Gründern und von Situationen, in denen das Unternehmen sich bewähren musste: Krisen, Großaufträge, Umstrukturierungen.

Geschichtenstile

Ein charismatischer Führer ist bei Lichte besehen ein intelligenter Märchenonkel. Die Geschichten müssen nicht unbedingt wahr sein, aber sie müssen gut sein. Daher werden sie regelmäßig verändert und im Weitererzählen weiterentwickelt. So wie jeder Mensch seine Biografie hat, so hat diese auch jedes Unternehmen. Das Wort *Biografie* hat im Deutschen zwei Bedeutungen: einmal die Geschichte eines Lebens, die erzählenswert ist, zum anderen die Führung dieses Lebens selbst. Wenn jemand sein Leben so führt, dass man daraus eine erzählenswerte Geschichte ableiten kann, ist das ein gutes und erfülltes Leben.

Unternehmen bieten den Mitarbeiterinnen und Mitarbeitern in ihrer Geschichte einen Ort, an dem die Mitarbeiter eine eigene Identität verliehen bekommen. Sie haben einen Teil der Unternehmensidentität genau dann übernommen, wenn sie die Unternehmensgeschichte gerne und oft erzählen, wenn sie sie also kennen.

Im Folgenden erzähle ich möglichst knapp die Geschichte der Organisationsentwicklung von Lewin bis zu Antonovskys salutogener Organisation.

17.2 Von Lewin zu Antonovsky

Kurt Lewin hat 1920 in seinem Artikel »Die Sozialisierung des Taylorsystems« die Grundlagen sowohl für das Konzept der Organisationsentwicklung (OE) als auch für die »gesunde« Organisation gelegt. Beide Aspekte sollen in diesem Artikel kurz dargestellt und dann im Weiteren in ihre Verbreitung in nachfolgenden Ansätzen der OE dargestellt werden. Die dafür notwendigen begrifflichen Instrumente werde ich in einem ersten Abschnitt zur Verfügung stellen.

17.2.1 Lewins Begriffe als Schlüsselinstrumente der Organisationsentwicklung

Die zwei Gesichter der Arbeit nennt Lewin Konsumption und Produktion. Konsumption stellt dem Arbeitenden Potenziale zur Verfügung wie Lernmöglichkeiten, Sinn, Entscheidungsspielräume und noch einige psychologische Motivationen mehr, während die Arbeit als Produktion das verkörpert, was wir heute als Gefährdungen bzw. Belastungen bezeichnen würden. Es gibt, wie Lewin sagt, nichts Praktischeres als eine gute Theorie und diese wird in mehreren Grundlagenwerken von ihm entfaltet.

Aus meiner Sicht lässt sie sich wie folgt zusammenfassen:

Das Grundbedürfnis des arbeitenden Menschen ist die Fortentwicklung seiner Fähigkeiten, das Streben danach, zu lernen und sich darin zu transformieren, liegt in seiner Natur. Das allerdings ist nach Lewin nur dann möglich, wenn er/sie in die Lage versetzt wird, sich für oder gegen etwas entscheiden zu können. Lewins Werk ist voller Überraschungen, die von ihm experimentell erzeugt wurden. Eine nicht erwartete Beobachtung, durch Experimente herbeigeführt, ist der erste Schritt zur neuen Hypothese und darin zu einer neuen Theorie.

Ob es hier um eine neue psychologische Ökologie geht, in deren Zentrum die Möglichkeit steht, sich für mehr oder weniger Spinatkonsum als bleibende Veränderung in einem Projekt zur gesunden Ernährung in den USA zu entscheiden, oder um die experimentell überprüfte und hergestellte Hypothese, dass ein autokratischer Führungsstil weit weniger effektiv und effizient als ein demokratischer Führungsstil ist – gemeinsames Kennzeichen ist ein Forschungsprozess, der immer vier Schritte beinhalten muss:

Effektivität von Führungsstilen

1. Aufstellen einer Hypothese,
2. Systematische Variation der Rahmenbedingungen im Experiment,
3. Beteiligung der Versuchspersonen in einem Dialog,
4. Verfassen gemeinsamer Schlussfolgerungen für die Bildung einer neuen Theorie.

Besonders der dritte Punkt kennzeichnet die Eigenart des Lewinschen Forschungsverständnisses: Das experimentelle Design und das gleichberechtigte Verhältnis von Versuchsperson und Forscher in einem Dialog stellen in seinem Verständnis keinerlei Widerspruch dar – im Gegenteil, ohne diesen Dialog wäre das psychologische Feld nicht zu bestellen und dieses ist im Lewinschen Verständnis genauso wirklich wie ein physikalisches Feld. Wer sich bei den Darstellungen der Lewinschen psychologischen Felder an keimende Samen bzw. Blätter erinnert fühlt, tut das deshalb, weil Lewin in der Tat mit seinen Jordankurven energetische Ganzheiten beschreibt, die das Produkt und Ergebnis widerstrebender Kräfte darstellen, die als solche quasistationäre Gleichgewichte bilden und erst aufgetaut werden müssten, bevor sie verändert werden könnten. Allerdings hat das englische »unfreezing« weniger mit Auftauen im Sinne von Eis schmelzen, als vielmehr mit der Reduktion von Komplexität zu tun. Hier ist Lewin den Systemikern Niklas Luhmann und mehr noch Fritz Simon begrifflich sehr nahe.

Kurt Lewin

Auch nahe bei diesen Systemikern ist Lewins Spätwerk, das die Geburtsstunde der *Gruppendynamik* einleitet.

Wahrscheinlich können die gruppendynamischen Erkenntnisse aus Lewins Umfeld nicht hoch genug für alle weiteren psychologischen Entwicklungen in der Gestaltpsychologie eingeschätzt werden.

T-Groups bzw. *groups for strangers* sind eine experimentell hergestellte Interventionsform, die sich, wie fast immer bei Lewin, dem *Zusammenspiel* von Dialog, Datenfeedback und Experiment verdanken.

Herbert A. Shepard

Herbert A. Shepard beschreibt in einem Grundlagenartikel 1964 die spezielle Wirkweise der T-Group Intervention:

»The T-Group during this phase is like a poker game, in which each player is careful not to show his hand. Each wears a mask and a customary suit of armor that has done a reasonably good job in protecting him from exploitation, and getting him what he wants, in other social relationships; a facade necessary for survival in coercion-compromise structures. During this phase, the T-Group is a dramatic demonstration of the operation of the primary mentality. Unlike the members, the trainer is open, non-defensive, empathic, genuine in expressing his own feelings, graduality the absurdity of the structure and dynamics they have created becomes apparent to the participants.« (Shepard, 1133)

Der *primary mentality*, die sich durch *competition* und *compromise* beschreiben lässt, stellt Shepard die *secondary mentality* gegenüber, die aus dem Zusammenspiel von *collaboration* und *consensus* erwächst. Hier nimmt er ausführlich Bezug auf die damals sehr populären Erkenntnisse der Psychologen McGregor, Rogers und A. Maslow. Deren Schriften und Erkenntnisse zur Selbstaktualisierung, zu Persönlichkeitswachstum und Transformation überträgt er von einer individualpsychologischen Sichtweise auf ein gruppendynamisches Konzept, das er als erster Autor mit dem Begriff »Organisationsentwicklung« beschreibt.

»Changing relationships is a mutual matter; it involves all parties to the relationship. Thus, organization development[1], or changing interpersonal and intergroup relations in an organization, cannot be accomplished by training individuals in isolation from those with whom they are organizationally interdependent. In this sense, the process of change is a process of re-education of the organization: It comes to be characterized by new relationships among its parts.« (Shepard, S. 1136)

Hier ist Shepard ganz in der Tradition des Lewinschen Verständnisses von organisationalem Lernen: Es sind nicht individuelle Lernprozesse, sondern die Neuordnung von Beziehungen, die auch spektakuläre Erfolge möglich machen.

»The unfrozen period marks the dissolution of the regenerative system of mutual distrust and threat, and the beginning of a regenerative cycle of openness and mutual trust.« (Shepard, S. 1136)

In einem berühmt gewordenen Projekt schlug Lewin einem Fabrikbesitzer vor, jedem Mitarbeiter in einer unproduktiven Fabrik einen Mitarbeiter aus einer produktiven zur Seite zu stellen. Innerhalb von sehr kurzer Zeit holten die vermeintlich unproduktiven Mitarbeiter auf und erreichten dieselbe Produktivität wie ihre erfolgreichen Kollegen.

17.2.2 Salutogenese als psychologisches Feld

Nach Antonovskys Modell der Salutogenese scheint das Vorhandensein eines tief verankerten Gefühls des Vertrauens (Sense of Coherence) Voraussetzung für den

1 Hier wird der Begriff organization development zum ersten Mal formuliert

Erhalt der Gesundheit zu sein (Antonovsky, 1983, S. 13)[2]. Das Salutogenesemodell Antonovskys entstand im Kontext von Forschungsarbeiten zur Verarbeitung traumatisierender Erfahrungen von Überlebenden aus Konzentrationslagern. Ein starkes Kohärenzgefühl, so die Essenz der Ergebnisse Antonovskys, gewährte offensichtlich eine wirksame Abwehr gegen verletzende Belastungen. Einerseits führt Antonovsky die Voraussetzungen zur Entwicklung eines solchen Kohärenzgefühls auf die Erfahrungen und Chancen zurück, die Menschen von der Gesellschaft geboten werden, andererseits betont er, dass die Möglichkeit der Entwicklung eines starken Kohärenzgefühls unabhängig von den Inhalten derjenigen Wertvorstellungen existiert, die durch die jeweiligen Gesellschaftsformen transportiert werden: »Ich würde gern behaupten, daß ein starkes Kohärenzgefühl nur in einer Gesellschaft möglich ist, die Autonomie, Kreativität, Freiheit, Gleichheit, Wärme in menschlichen Beziehungen, Würde und Respekt für alle Menschen erlaubt. Dies sind Werte, an die ich glaube. Aber unglücklicherweise muß ich feststellen, dass ein starkes Kohärenzgefühl nicht nur unter verschiedenen sozialen und kulturellen Bedingungen entstehen, sondern auch aufrechterhalten werden kann. Es läßt sich vereinbaren mit vielen unterschiedlichen Arten des Lebens, auch mit solchen, die Werte verletzen, die mir bedeutsam sind. Wer sagt, daß Gesundheit der einzige Wert im menschlichen Leben ist oder auch nur der wichtigste?« (Antonovsky, S. 13)

Salutogenese

Nach Antonovsky liegen die Voraussetzungen für Gesundheit also nicht in bestimmten ethischen Wertorientierungen, sondern darin, eine kohärente Erfahrung in Übereinstimmung mit oder in Abgrenzung zu dem jeweiligen kulturellen Umfeld machen zu können.

Arbeitspsychologische Ergebnisse weisen in die gleiche Richtung: Die Möglichkeit und Fähigkeit, selbst bestimmte Ziele zu verfolgen und zu erreichen, bietet eine wesentliche Voraussetzung für den Erhalt der Gesundheit (Ducki & Greiner, 1992). Dies bestätigen auch Ergebnisse industriesoziologischer Untersuchungen, die eine neue, nicht vorhergesehene Wirkung von Rationalisierungsprozessen auf die Gesundheit von Arbeitnehmern feststellen. Schlüsselbegriffe sind hier »Enervierung der Arbeit« (Marstedt, 1994), »leistungspolitischer Double-Bind« (Böhle 1992) oder »kontrollierte Autonomie« (Wotschack, 1987).

2 Antonovsky definert den »Sense of Coherence« folgendermaßen: »Eine globale Orientierung, die das Ausmaß ausdrückt, in dem jemand ein durchdringendes, überdauerndes und dennoch dynamisches Gefühl des Vertrauens hat, daß erstens die Anforderungen aus der internalen oder externalen Umwelt im Verlauf des Lebens strukturiert, vorhersagbar und erklärbar sind, und daß zweitens die Ressourcen verfügbar sind, die nötig sind, um den Anforderungen gerecht zu werden. Und drittens, daß diese Anforderungen Herausforderungen sind, die Investitionen und Engagement verdienen.« (Antonovsky 1993, S. 12)

Gemeint ist mit diesen Neologismen ein Phänomen, das man vielleicht am besten mit den Worten Johnsons als »Kolonialisierung des Inneren« beschreiben könnte. Denn neben den breit diskutierten Veränderungen im Bereich der Informationstechnologie und den Strukturveränderungen im Aufbau von Organisationen (Lean Production) hat sich quasi unter der Hand eine zweite Veränderung in den Rationalisierungsprozessen von Unternehmen vollzogen: eine neue Form von Sozial- und Psychotechnologie. Wurden in der Vergangenheit Mitarbeiter auf der Basis eines eher behavioristischen Belohnungs- und Bestrafungsmodells zu dem von ihnen erwarteten Verhalten »motiviert«, werden heute subtilere Formen der Mitarbeiterführung eingesetzt.

Taylor

Früher war das Verhalten von Mitarbeitern gemäß dem Denksystem des Ingenieurs Taylor im Prinzip immer eine mehr oder weniger steuerbare Störung der Organisation, während in modernen Produktionskonzepten das Verhalten der Mitarbeiter als Möglichkeit zur Optimierung der Organisation beschrieben wird (vgl. Wotschak, 1985). Das bedeutet, dass Mitarbeiter in einem weitaus größeren Maß als Teil der funktionalen Abläufe der Organisation betrachtet werden, als dies früher der Fall war.

Eine solche weitgehende Integration zu bewerkstelligen, kann nur über zwei Möglichkeiten gelingen: entweder über eine Steigerung von Partizipationsmöglichkeiten für Mitarbeiter, die es ihnen in der Tat erlauben, eigene persönliche Lebensziele in Einklang mit Organisationszielen zu bringen, indem sie auch an der Gestaltung der Organisationsziele partizipieren und darin das Unternehmen wirklich zu einem Teil des eigenen Lebenswerks machen. Oder über eine Strategie der Manipulation, die Mitarbeitern das Erreichen von Unternehmenszielen als Ersatz für das Verfolgen eigener Lebensziele nahebringt und gleichzeitig dafür Sorge trägt, dass Mitarbeiter so gut wie keine Möglichkeit haben, sich über eigene Lebensziele klar zu werden. In diesen Unternehmen finden wir in der heutigen Phase des »Downsizing« eine Desorientierung und einen Sinnverlust, der sich auf allen Ebenen des Unternehmens zeigt und zu einer sich verselbständigenden Dynamik führt: Je bedrohlicher die ökonomischen Eckdaten werden, desto enger wird die Perspektive auf diese Aspekte des Unternehmens. Gerade im Bereich der Betrieblichen Gesundheitsförderung werden dann schnelle Lösungen gesucht: Fehlzeitenmanagement durch Disziplinierung der Mitarbeiter oder eilig anberaumte Trainings von Führungskräften haben dort Konjunktur.

Eine gründliche Reflexion der eigenen Unternehmensstruktur, der Werte, die durch dieses Unternehmen verkörpert werden, eine Einladung zu dieser Reflexion an die Mitarbeiter mit der Möglichkeit, an der Gestaltung der Unternehmenszukunft mitzuwirken, klingt dann nachgerade wie Hohn oder weltfremde Sektiererei.

Doch genau eine solche gründliche Reflexion über Unternehmensabläufe, Unternehmensziele, Partizipationsmöglichkeiten der Mitarbeiter und die Integration von persönlichen Zielsetzungen in diesen Reflexionsprozess verfolgt Betriebliche Gesundheitsförderung und führt darin tatsächlich zu ökonomischen Erfolgen.

Antonovskys Dreiteilung des von ihm so genannten *Sense of Coherence* lässt sich hervorragend nutzen, um alle Unternehmensabläufe daraufhin zu prüfen, ob sie ausreichend die Möglichkeit gewähren, einen solchen kollektiven *Sense of Coherence* innerhalb des Unternehmensalltags möglichst hochzuhalten. In unserer Arbeit für die AOK Berlin nutzen wir folgendes Schema auf vielfältige Weise.

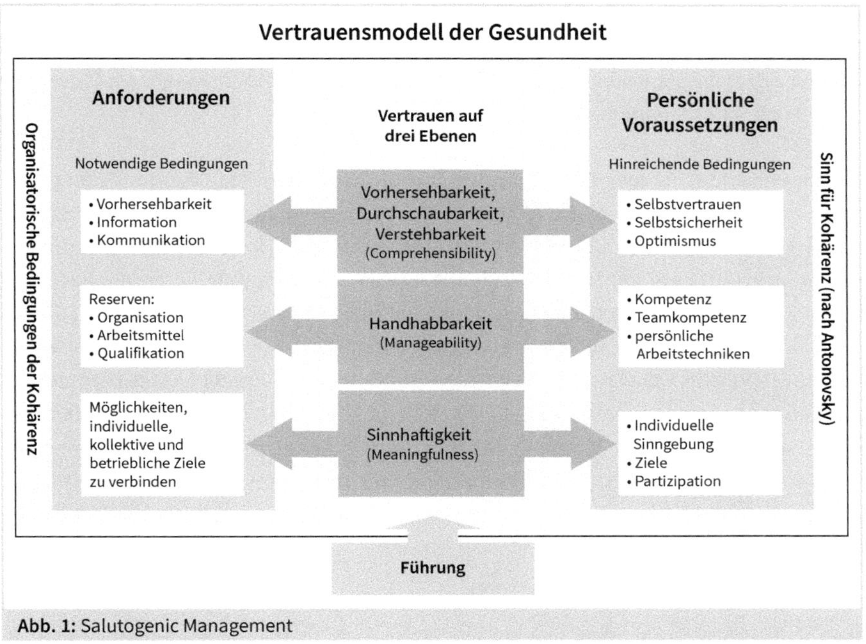

Abb. 1: Salutogenic Management

Insbesondere die Gestaltung von Führungshandeln erhält mit diesem Schema weitgehend neue Implikationen. So lässt sich dieses Schema hervorragend nutzen, um die derzeit zwar weit verbreiteten, doch oft ad hoc und konzeptlos umgesetzten Trainings zur Führung von sog. Rückkehrgesprächen oder Fürsorgegesprächen daraufhin zu prüfen, inwiefern sie tatsächlich einen Beitrag leisten können, um in der Unternehmung für die Mitarbeiter eine kohärente Situation zu schaffen.

Gestaltung von Führungshandeln

Sinn, Verstehbarkeit und Handhabbarkeit sind so weit gefasste Kategorien, dass sie in der Tat sowohl auf die Funktion von Unternehmensstrukturen bezogen werden können als auch auf die Beurteilung einzelner Verhaltensweisen von verantwortlichen Führungskräften und Managementmitgliedern. Die Anwendung dieses Schemas führt in jedem Falle in einem Unternehmen dazu, dass man sich bei konkreten Abläufen und

Strukturen darüber klar werden wird, was im Rahmen des jeweiligen Unternehmens als sinnvoll gilt, was als verständlich und transparent gilt und was im operativen Geschäft als hilfreich im Sinne von Handhabbarkeit bewertet wird.

Die bewusste Beschäftigung mit diesen zugegeben sehr weit gefassten Dimensionen führt in der Regel zu einem Prozess des Hinterfragens von bisher als selbstverständlich und daher nicht weiter beachteten Regeln der Organisation, die sich dann sehr oft als wichtiger Bestandteil von komplexen Aufschaukelungsprozessen herausstellen, an deren Ende nicht gewollte Ergebnisse wie Belastungen und lange Krankheitszeiten stehen. Ich sehe in Antonovskys Schema, das wir gewissermaßen als Heuristik und als Initialzündung für einen gemeinsamen Reflexionsprozess benutzen, einen sehr wertvollen Beitrag zur Verknüpfung von erfolgreichen Managementstrategien mit den Zielen betrieblicher Gesundheitsförderung.

Dieser Reflexionsprozess lässt sich nur starten, wenn wir das, was im Prinzip den Kern von Antonovskys Modell darstellt, bewusst an den Anfang setzen: Vertrauen. Die Entwicklung einer so verstandenen Vertrauensorganisation erfordert nicht nur die Orientierung an dem genannten Modell, sondern von allen Beteiligten auch Mut. Es ist riskant, die – wenn auch meist resignativ gefärbte – Sicherheit zu verlassen, die Organisationen bieten, die auf Misstrauen aufbauen. Misstrauen gibt in gewisser Weise mehr persönliche Sicherheit als Vertrauen – und dies ist bereits in Klassikern der Organisationsentwicklung beschrieben worden. Im Folgenden möchte ich in gebotener Kürze Stationen auf dem Weg von der Misstrauensorganisation zur Vertrauensorganisation skizzieren und dabei auch auf die damit verbundenen nicht unerheblichen persönlichen Risiken, die unternehmensinterne Change Agents eingehen müssen, hinweisen.

17.3 Die Misstrauensorganisation

Die wohl bekannteste Darstellung einer Misstrauensorganisation stammt von McGregor. Sie ist unter dem Titel Theorie X und Theorie Y bekannt geworden. Während sie in der Regel genutzt wird, um schematisch verschiedene Führungsstile auf die impliziten Menschenbilder der Unternehmensleiter beziehungsweise Führungskräfte zurückzuführen, bietet sie meines Erachtens gleichzeitig einen ersten Einstieg in grundlegende psychodynamische Organisationsaspekte.

Misstrauens-organisation

Das Schema der Theorie X in McGregors Darstellung ist das der Misstrauensorganisation und folgt dem deutschen Sprichwort: »Vertrauen ist gut, Kontrolle ist besser«. Die Implikationen sind bekannt. Mitarbeiter seien von Natur aus arbeitsscheu, daher müssen sie durch strenge Vorschriften und eine weitgehend umfassende Kontrolle zur

Arbeit angeleitet werden. Das nach McGregor gerade hierdurch entstehende passive Arbeitsverhalten und die hierin entstehende Angst davor, selbst Initiative zu ergreifen, führt wiederum zu einer Bestätigung der Ausgangstheorie: Diese Mitarbeiter sind eben nur durch Kontrolle und strenge Vorschriften zur Arbeit zu bewegen.

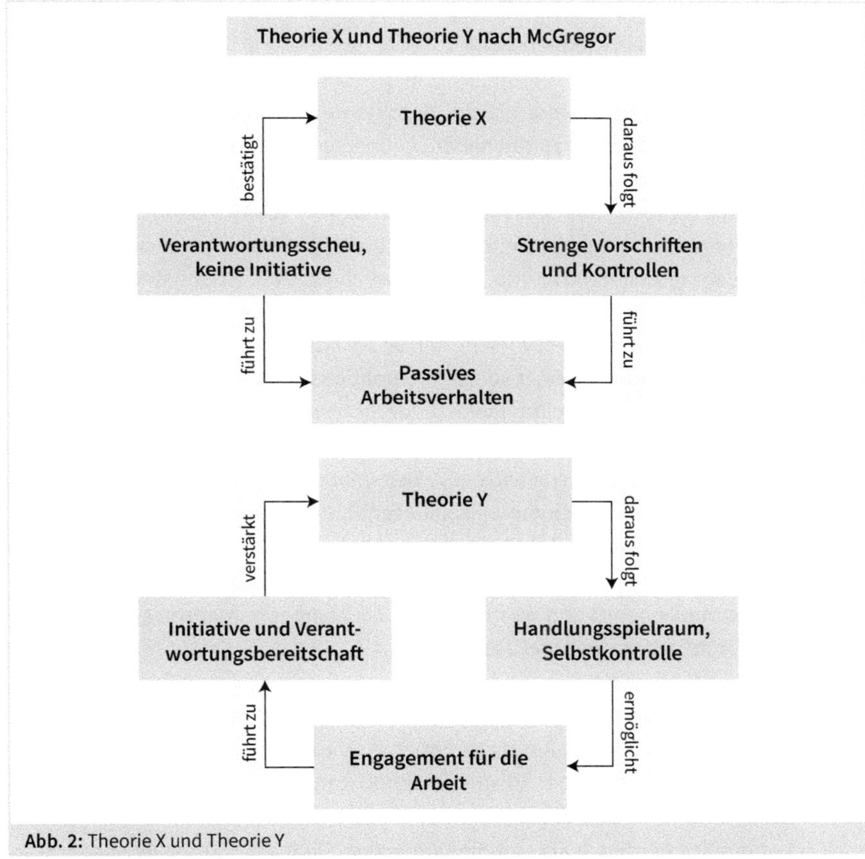

Abb. 2: Theorie X und Theorie Y

Gewissermaßen als »Gegengift« zur Theorie X wird die Theorie Y eingeführt. Hier wird der Mitarbeiter als Wesen gedacht, das in der Arbeit das Streben nach Selbstverwirklichung verfolgt. Wenn eine Identifikation mit den Zielen des Unternehmens besteht, sind dauernde Kontrollen nicht nötig. Handlungsspielräume führen eher zur Selbstkontrolle, das Engagement für die Arbeit steigt, Initiative und Verantwortungsbereitschaft werden entwickelt und bestärken darin wieder die Richtigkeit der Theorie Y. Wenn man bedenkt, dass McGregors Modell aus dem Jahre 1960 stammt, ist es erstaunlich, wie wenig weit über eine solche schematische Gegenüberstellung Betriebliche Gesundheitsförderung heute hinausgekommen ist.

An den bereits von McGregor und anderen Pionieren formulierten Zielen für eine adäquate Mitarbeiterführung orientieren sich in der Regel viele Konzepte betrieblicher Gesundheitsförderung, ja implizit sind diese in der oft zitierten Ottawa-Charta der WHO formuliert. Nur – weshalb lassen sich solche, an gesundheitsförderlichem Vertrauen in die Selbstverantwortlichkeit, Partizipation und Selbstkontrolle orientierten Konzepte, so wenig umsetzen? Weshalb setzt sich unter dem Strich und unter der Hand meist die Theorie X wieder durch?

Ich hatte oben darauf hingewiesen, dass wir es heute mit anderen Produktions-konzepten als zur Zeit McGregors zu tun haben. In unseren modernen, mittlerweile auch in Deutschland schlanken Unternehmen (lean management) umfasst die Theorie X des Misstrauens nicht nur das, was man damals noch als »passives Arbeitsverhalten« bezeichnen konnte, sondern viel weiter gehend auch jene Elemente, die in McGregors Konzept als Bestandteil der Theorie Y gekennzeichnet sind. Kreativität, Verantwortung, Wahrnehmen des eigenen Handlungsspielraums, Engagement für die Arbeit ist mittlerweile Objekt von strengen Vorschriften und Kontrollen. Der flexible, engagierte, selbstverantwortlich handelnde, ja seine Partizipationsmöglichkeiten aktiv wahrnehmende Mitarbeiter ist das Ziel eines jeden modernen Personalmanagements. Er muss darüber hinaus teamfähig sein, also über ausgebildete soziale Kompetenzen verfügen und möglicherweise für den Erhalt seines Arbeitsplatzes auf tariflich verbriefte Rechte verzichten. Kurz, er soll in einem beispiellosen Rationalisierungsprozess nicht nur sein Verhalten den neuen Produktionszyklen anpassen, sondern auch sein Denken, Handeln und Fühlen. Dies ist im Kern das, was man in der Industriesoziologie »kontrollierte Autonomie« nennt und was nachweislich zu einer immensen Erhöhung von psychosozialer Belastung im Arbeitsalltag führt.

Das Problem mit dieser neuen Art von Belastung besteht darin, dass sie so gut wie nicht artikuliert werden kann. Auf unser Schema *Salutogenic Management* bezogen, könnte man sagen, dass in einer so verstandenen Rationalisierung die Dimensionen Handhabbarkeit und Verständlichkeit (im Sinne von Transparenz der Organisationsabläufe) optimiert werden, während die Dimension Sinnhaftigkeit völlig vernachlässigt wird.

Während sich zu McGregors Zeiten das Misstrauen noch auf das Arbeitsverhalten im engeren Sinn bezog, bezieht es sich heute auch auf das dem Verhalten zugrunde liegende Fühlen, Denken und Handeln. Dies erklärt meiner Meinung nach die Angst und das tief sitzende Misstrauen von Mitarbeitern, aber auch von Managementvertretern und Betriebsräten, die einem spürbar entgegen schlägt, wenn man von betrieblicher Gesundheitsförderung spricht: Letztlich, so die Vermutung, wird es darum gehen, die letzten Rationalisierungspotenziale zu aktivieren und für den Betrieb zu nutzen.

17.4 Die Entwicklung einer Vertrauensorganisation

Ein Schema, das sich mit dem gleichen Sachverhalt beschäftigt, wie es McGregor tat, aber nach meiner Meinung den heutigen subtileren Misstrauensverhältnissen angemessener ist, stellt Peter Block vor. Er gibt gleichzeitig auch den entscheidenden Hinweis, wie man aus dem sich verselbständigenden Teufelskreis von *Misstrauen-Angst-Abschottung-Misstrauen* etc. hinausfinden kann. Er betrachtet das Thema von der Warte politischer Aktivität im Unternehmen aus und dies ist meines Erachtens die entscheidende Dimension für die Möglichkeit der Umsetzung betrieblicher Gesundheitsförderung in einem Unternehmen.

Vertrauensorganisation

Genau zu diesem Thema äußert sich Uwe Lenhardt. So stellt er bei der Frage nach den Gründen für die geringe Umsetzungsfrequenz von betrieblicher Gesundheitsförderung fest, dass es sich hierbei nicht um einen »prinzipiellen Mangel an Wissen über Kriterien und Ansatzpunkte präventiv wirksamer Strategien im Betrieb« handeln könne: »Die Erklärung liegt wahrscheinlich auf einer anderen Ebene: Zu welchen Präventivmaßnahmen betriebliche Such- und Entscheidungsprozesse führen (bzw. ob es überhaupt zu solchen Interventionen kommt), hängt wohl in erster Linie von den institutionell und professionell begründeten Interessenslagen, Sichtweisen, Handlungsmustern und Machtpotentialen der präventionspolitisch relevanten Akteure sowie deren Konfiguration im Betrieb ab« (Lenhardt, 1994, S. 155).

Mit anderen Worten: Letztlich ist Betriebliche Gesundheitsförderung nicht nur durch politische Entscheidungen initiiert worden, sondern ihrem Wesen nach selbst eine genuin politische Arbeit. Die Förderung von Entscheidungsspielräumen, Partizipation, die Entwicklung von Methoden zur Erfassung von »Erfahrungswissen« von Mitarbeiterinnen und Mitarbeitern im Betrieb, die Durchsetzung von neuen Formen der Arbeitsgestaltung und von Managementkonzepten, die sowohl in oben verstandenem Sinne gesundheitsförderlich, aber auch in ökonomischer Hinsicht für die Betriebe gewinnbringend sein sollen, das sind alles Aktivitäten, die ins Mark jeder Organisation zielen und in jeder Organisation ein großes Ausmaß an Veränderungsbereitschaft erfordern.

17.5 Bürokratische und unternehmerische Zyklen

Die folgenden Abschnitte stellen wesentliche Aspekte der Kommunikation dar. Im bürokratischen Zyklus richten sich Dynamiken in Richtung der höchsten Hierarchieebene (misstrauensorientiert) aus. Bei unternehmerischen (Entrepreneurship) Zyklen hingegen entstehen Dynamiken, die auf Vertrauen basieren. Das Management von Commitment hilft bei der Entwicklung und dem Aufbau eben dieser unternehmerischen Zyklen.

17.5.1 Entrepreneurship (Unternehmertum)

Noch einmal: Wesentlich ist, sich bereits am Beginn einer solchen politischen Arbeit, wie sie am Ende des vorherigen Abschnitts beschrieben wurde, klarzumachen, dass es hier zwei prinzipiell verschiedene Auffassungen von Politik gibt, eine eben auf der *Basis von Misstrauen* und eine auf der *Basis von Vertrauen*.

Der Weg zu einem Salutogenic Management führt nur über Vertrauen. Peter Block gibt Regeln an die Hand, wie selbst in einem von Misstrauen geprägtem Umfeld politische Veränderungsarbeit auf der Basis von Vertrauen oder wie er es nennt »Entrepreneurship« möglich wird.

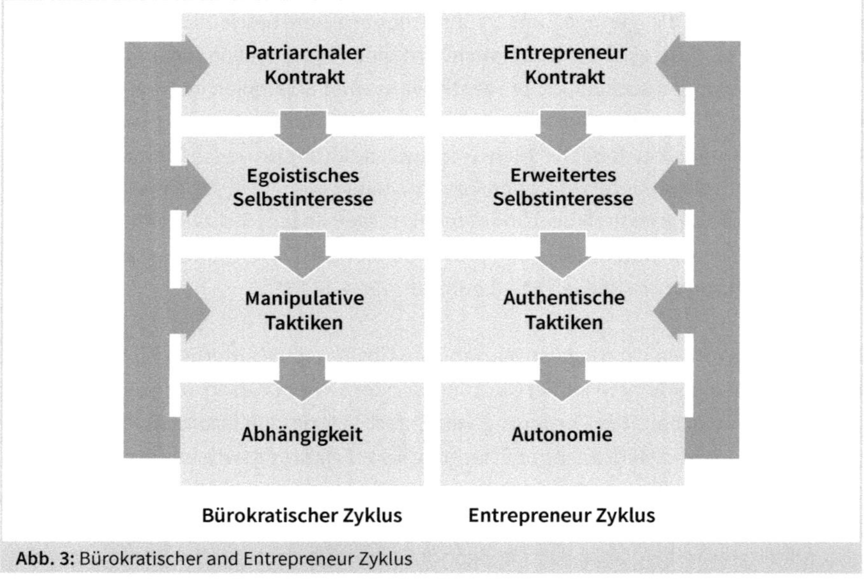

Abb. 3: Bürokratischer and Entrepreneur Zyklus

Entrepreneuership und Bürokratie sind nach Block zwei grundverschiedene Weisen, Politik zu verstehen. Während auf der Bürokratieseite in einem patriarchalen Kontrakt Fürsorge und Kontrolle von zentraler Stelle, nämlich der Unternehmensleitung, ausgehen, gibt es in einer Vertrauensorganisation im Prinzip an jeder Stelle des Unternehmens die Möglichkeit, initiativ zu werden und – das bedeutet Entrepreneuership wörtlich – sein eigenes Unternehmen zu gestalten.

Während im Bürokratiesystem egoistische Selbstinteressen durch traditionelle Belohnungssysteme wie garantierter Aufstieg auf der Karriereleiter, finanzielle Entlohnung, Incentives etc. den eigentlichen Motor für Handlungen bieten, ist es in der Vertrauensorganisation das Verfolgen einer Vision, das Commitment für die Verwirklichung einer Idee. Im bürokratischen System ergeben sich nach Block fast zwangsläufig Taktiken, die auf Manipulation, Verschwiegenheit, Zurückhaltung und Misstrauen beruhen. In der Vertrauensorganisation hingegen geht es um sogenannte authentische Taktiken, die im Kern darauf beruhen, dass die Ziele und die dahinterstehenden Wertorientierungen möglichst offen und verständlich dargelegt werden. Während in der bürokratischen Organisation langsam, aber stetig Abhängigkeitsverhältnisse stabilisiert werden, die ihrerseits wiederum nach einer starken patriarchalischen Führung fordern, wird in der Entrepreneurorganisation Autonomie zum Ergebnis und zum Ausgangspunkt des Entrepreneurkontraktes. Die Verpflichtung auf ein Ziel, das es Wert ist, verfolgt zu werden, das für sich Belohnung genug ist, ist hier der Motor für jede Veränderung.

Wir haben oben gesehen, dass allein mit der Forderung nach Handlungsspielräumen, Partizipation und ähnlichen gesundheitsrelevanten Arbeitsbedingungen keine letztlich auf tiefem Misstrauen beruhenden Organisationen verändert werden können.

In jedem Projekt der Betrieblichen Gesundheitsförderung ist es vielmehr notwendig, dass die Vision eines Salutogenic Management gem. dem oben genannten Verständnis auch voll verstanden und getragen wird von wichtigen Change Agents – oder in der Sprache Blocks – von Entrepreneurs im Unternehmen.

die Rolle der Entrepeneurs

In der Regel spricht man in der Betrieblichen Gesundheitsförderung von Instrumenten, Methoden und Ergebnissen. Die von Lenhardt erwähnte Dimension der politischen Arbeit wird selten benannt. Doch jeder, der in diesem Feld tätig ist, weiß, dass kein »Arbeitskreis Gesundheit« funktionieren würde, dass nicht einmal gewährleistet wäre, Fragebogenergebnisse zu veröffentlichen, wenn nicht zumindest in einem Anfangsstadium ein paar ausgesuchte, couragierte Entrepreneurs auf der Basis einer starken persönlichen Vision von dem von ihnen gewollten salutogenen Unternehmen große persönliche Risiken auf sich nehmen, um so einen komplexen Veränderungsprozess in Gang zu setzen, wie es ein Projekt der Betrieblichen Gesundheitsförderung darstellt.

Hierzu gehört es, sich sehr klar und deutlich mögliche Konsequenzen vor Augen zu führen, die es mit sich bringen würde, wenn man wirklich eine salutogene Organisation entwickeln wollte. Dann würde klar werden, wo Widerstände zu erwarten sind, wer mit ins Boot gezogen werden kann, wer sich dem Veränderungsvorhaben verschließen wird. Zu Beginn eines solchen Projektes gibt es in der Tat aber nicht viel mehr als ein schwer begründbares Vertrauen darauf, dass es möglich sein wird, Veränderungen herbeizuführen und dass diese Veränderungen auch tatsächlich zu den gewünschten »salutogenen« Ergebnissen führen werden. Die in der Literatur und dort auch von mir beschriebenen Instrumente der Betrieblichen Gesundheitsförderung ermöglichen die Umsetzung, nicht jedoch den Beginn eines solchen Projektes.

Block gibt weiterhin Hinweise, wie im Anfangsstadium eines solchen Veränderungsprozesses Verbündete für die Idee gefunden werden können.

Es wird selten über solche Suchprozesse geschrieben, obwohl sie gerade im Bereich der Betrieblichen Gesundheitsförderung wesentlich sind.

Abb. 4: Wie bekomme ich Unterstützung bei meiner Vision?; in Anlehnung an: P. Block (1987). The Empowered Manager. Jossey-Bass Inc., San Francisco.

Mit der Entwicklung einer zweidimensionalen Matrix systematisiert Block verschiedene mögliche Typen von Verbündeten und Gegnern für die Förderung der anvisierten Vision. Er schlägt vor, zwei Ebenen zu unterscheiden: die Ebene des Vertrauens und die Ebene der eher sachlich kognitiven Zustimmung. Er kommt damit zur Unterscheidung von fünf möglichen Gesprächspartnern: *Verbündete, Gegner, Feinde, Zaungäste* und *»Bedfellows«*. Selbstverständlich muss man sich nicht auf dieses oder ein ähnliches Schema beziehen, wenn man im Vorfeld einer geplanten Organisationsveränderung nach Weggefährten sucht. Das von Block vorgeschlagene Schema ermöglicht aber, sich sehr genau darüber klar zu werden, wen man wann und wie anspricht. Freilich weist er auch auf den sehr wichtigen Punkt hin, dass eine Einteilung von Gesprächspartnern nach diesem Schema auch Ausdruck eigener Projektion sein kann und es von daher zunächst nur eine heuristische Funktion besitzen dürfte.

Verbündete

Wichtig in jedem Veränderungsprozess sind Verbündete, also Weggefährten, die zum Change Agent ein hohes Maß an Vertrauen haben und zu denen dieser ebenso Vertrauen hat – und mit denen man inhaltlich auch die Ziele der Organisationsveränderung teilt.

Wichtiger, so Block, sind jedoch diejenigen, die er Opponenten/Gegner nennt. Das sind diejenigen Weggefährten, die hohes Vertrauen zu einem haben, und denen man auch vertraut, die jedoch inhaltlich nicht mit den vorgeschlagenen Zielen übereinstimmen. Sie sind es, die zu Beginn eines Projektes Hinweise geben, wo die Vision unrealistisch ist, wo bestimmte Details nicht durchdacht wurden, wo es andere Einschätzungen gibt.

Bedfellows und Fencesitters

Wichtig sind weiterhin diejenigen Partner, die Block als »Bedfellows« und »Fencesitters« (Zaungäste) bezeichnet. Bei den Fencesitters weiß man nie, was sie wollen, wo sie stehen, was sie im Zweifelsfall tun werden. Auf Sie muss ganz besonderes Augenmerk gelegt werden, möglichst mit dem Ziel, sie zu Verbündeten oder zu Adversaries (Feinde) zu machen. Jedenfalls ist es wichtig, auch sie in den Veränderungsprozess im Vorfeld miteinzubeziehen. Sie werden es sein, die als erste sagen, wenn etwas nicht ganz nach Plan läuft, »Ich wusste es ja gleich!«

Bedfellows sind Gesprächspartner, die sachlich hohe Übereinstimmung mit den Projektzielen signalisieren, denen man aber – aus welchen Gründen auch immer – nicht so recht über den Weg traut. Diesen Gefühlen muss zu Beginn eines Projekts Raum gegeben werden, es muss ein Weg gefunden werden, über mögliche Risiken des eingeschlagenen Weges offen zu sprechen.

Feinde

Schließlich sind da in jedem Projekt auch die »Feinde«, gewissermaßen die Feinde. Sie haben weder Vertrauen in das geplante Vorhaben noch ein Quäntchen Übereinstimmung damit. Sie werden das Projekt behindern, wo dies nur möglich ist, und damit muss man leben ohne, und das ist wichtig, ihnen gegenüber in alte manipulative Taktiken zu verfallen. Aber nach einer Klärung der unterschiedlichen Standpunkte wird es auch nicht weiter notwendig sein, um die Unterstützung von erklärten Gegnern des Projekts zu werben, denn diese wird man nicht bekommen. Das Ergebnis wird langfristig über die Machtverhältnisse entschieden.

In der Beschreibung von Projekten der Betrieblichen Gesundheitsförderung wird meist nur auf die formalen Machtpositionen verwiesen: So soll ein Arbeitskreis Gesundheit besetzt sein mit den verschiedenen Funktionen des Unternehmens. Das ist jedoch nur die eine Seite der Medaille, die andere besteht in den verschiedenen eher *informellen* Prozessen der Visionsbildung, des Entrepreneurships und der aktiven Suche nach Verbündeten.

17.5.2 Management von Commitment

Die bekannten amerikanischen Organisationsexperten Beckhardt und Harris haben ein sogenanntes *Commitment-Schema* entwickelt, das im Anschluss an eine Reflexion über Verbündete und Gegner für die eigene Zielsetzung verwendet werden kann.

Es ermöglicht einer vorbereitenden Projektgruppe zu überlegen, wo Commitment, also die Zustimmung für die geplante Veränderung, voraussichtlich in Übereinstimmung mit dem per Funktion oder persönlichem Einfluss notwendigen Ausmaß steht.

Commitment

Zu denken ist beispielsweise an Führungskräfte oder Betriebsräte, die faktisch für die Umsetzung der geplanten Veränderungen eintreten müssen, jedoch bisher nicht in die Planung mit einbezogen wurden. Auf der Basis der Auswertung eines solchen Commitment-Schemas wird es dann möglich, entsprechende Informationsveranstaltungen, Workshops, Gespräche, Seminare, Gesundheitszirkel oder andere Aktivitäten zu planen, die betroffene Mitarbeiter so informieren, dass auch ihr Standpunkt angemessen in den weiteren Projektverlauf integriert werden kann. Das Commitment-Schema kann zu verschiedenen Zeitpunkten des Projektes als Reflexionsinstrument benutzt werden, besonders dann, wenn sich Widerstände einstellen, mit denen die Projektgruppe nicht gerechnet hat. Wesentliches Ziel ist es dann immer, den Hintergrund der Widerstände zu verstehen und gleichzeitig die eigenen Zielsetzungen auf der Basis dieser neuen Informationen erneut zu reflektieren.

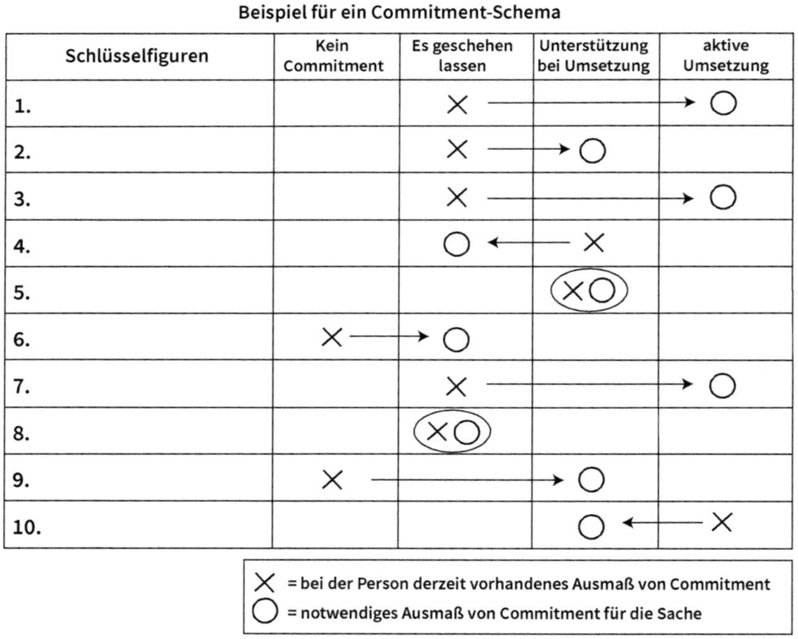

Beispiel für ein Commitment-Schema

Schlüsselfiguren	Kein Commitment	Es geschehen lassen	Unterstützung bei Umsetzung	aktive Umsetzung
1.		X →	→	→ O
2.		X →	→ O	
3.		X →	→	→ O
4.		O ←	← X	
5.			(X O)	
6.	X →	→ O		
7.		X →	→	→ O
8.		(X O)		
9.	X →	→	→ O	
10.			O ←	← X

X = bei der Person derzeit vorhandenes Ausmaß von Commitment
O = notwendiges Ausmaß von Commitment für die Sache

Abb. 5: Beispiel für ein Commitment-Schema

17.5.3 Vom richtigen Zeitpunkt

Als vorletzten Hinweis zur Organisationsentwicklung, den man im Bereich der Betrieblichen Gesundheitsförderung berücksichtigen sollte, ist die Frage des richtigen Zeitpunkts für ein Veränderungsprojekt zu nennen. In der Regel wird ein Projekt dann gestartet werden, wenn verschiedene Dinge zusammenkommen.

Projektstart

Zunächst sind es die oben genannten Voraussetzungen: Es muss eine Vision vorhanden sein darüber, was und wie eine salutogene Organisation sein soll, es müssen couragierte Entrepreneurs vorhanden sein, die sich auf eine ebenso couragierte Suche nach Verbündeten begeben, es müssen selbstverständlich die methodischen Voraussetzungen gegeben sein, also das notwendige Know-how aus den Bereichen der Analyse und Moderation in der Betrieblichen Gesundheitsförderung (auf die ich in diesem Artikel nicht eingegangen bin) und es muss das geschaffen worden sein, was man in der Organisationsentwicklung die »kritische Masse« nennt. In der Regel wird darunter eine ausreichend große Zahl von Unternehmensmitgliedern verstanden, die bereit sind, einmal vollzogenen Veränderungen auch mitzutragen. Voraussetzung hierfür ist aber wiederum eine Einschätzung, die Beckhard und Harris als Veränderungsformel bezeichnen.

Die Veränderungsformel

C = [ABD] > X

C = **Veränderung**
ist gleich
A = **Level der Unzufriedenheit mit dem Status quo**
und
B = **Sehnsucht nach der vorgestellten Veränderung oder dem Endzustand**
sowie
D = **Umsetzbarkeit der Veränderung (minimales Risiko und Unterberechungen),**
die zusammen größer sein müssen als
X = **„Kosten" der Veränderung**

Abb. 6: Veränderungsformel; in Anlehnung an: Beckhard, R.; Harris; R. T. (1987). Organizational Transitions. Addison-Wesley, Menlo Park; California

Es sind vier Größen, die darüber entscheiden werden, ob ein Projekt den Weg zur salutogenen Organisation erfolgreich bis zum Ende gehen wird. Die Sehnsucht nach der neuen Organisation, die Unzufriedenheit mit der alten Organisation, die Umsetzbarkeit der Veränderungen und die Kosten, die durch die Veränderung entstehen.

Wenn die drei ersten Größen, also Sehnsucht, Unzufriedenheit und Umsetzbarkeit größer eingeschätzt werden als die Kosten, hat nach Beckard und Harris das Projekt eine gute Chance, zu starten.

In Projekten der Betrieblichen Gesundheitsförderung ist es meiner Erfahrung nach oft nur die Unzufriedenheit mit der aktuellen Situation, welche die Initiative für ein Projekt hervorbringt. Und hier ist es sehr oft die Unzufriedenheit nur einer Partei im Unternehmen, nämlich die der Unternehmensleitung. Die Unzufriedenheit bezieht sich da oft auf die Kosten, die durch Fehlzeiten und Krankheiten entstehen.

Es ist wichtig, bereits im Vorfeld klarzumachen, dass Fehlzeitenraten nur einen sehr marginalen Aspekt des komplexen Gesamtgeschehens darstellen. Die Sehnsucht (Desire) nach einer wirklich salutogenen Organisation muss vorhanden sein, um den hier nur in Ansätzen beschriebenen Veränderungsprozess auch wirklich zu vollziehen. Dann hat er aber tatsächlich eine große Chance, realisiert zu werden.

17.6 Das ABCD der Organisationsentwicklung

Gerade die Orientierung an neuen, modernen und insbesondere in den USA hochaktuellen und erfolgreichen Organisationsentwicklungskonzepten macht Betriebliche Gesundheitsförderung zu einem Zukunftskonzept und das aus einem ganz einfachen ökonomischen Grund: Es lohnt sich!

ABCD der Organisationsentwicklung

Lassen Sie mich zum Ende einen Zugang zum Feld der Organisationsentwicklung skizzieren, der es einfacher macht, sich in den vielfältigen Techniken und Interventionsmöglichkeiten zu orientieren: **Das ABCD der Organisationsentwicklung.**

Alle Tools und Interventionen der Organisationsentwicklung müssen immer ABCD erfüllen:
A = **Awareness** – Aufmerksamkeit erzeugen.
B = **Branding** bzw. Bindung herstellen.
C = **Controlling** bzw. Nutzen erzeugen und last but not least
D = **Doing** – ABC in einer Weise koordinieren, dass sie Selbstläufer werden.

Hier liegt auch die Logik des Cycle of Experience, wie bei allen Management Regelkreisen, also auch dem im BGM-System gerne zitierte PDCA-Zyklus. Hier kommen wir wieder an Lewins Anfänge zurück: Planen, Experimentieren, Datenfeedback, Check, Act.

17.7 Ausblick: Die Zukunft der Organisationsentwicklungsansätze im BGM

Es gibt noch einige weitere Ansätze im Bereich der Organisationsentwicklung, welche die grundsätzlichen Überlegungen zur Systematisierung von Veränderungsprozessen mit dem Ziel der Entwicklung von Vertrauensorganisationen weitergeführt und differenziert haben. Hier ist in erster Linie der Ansatz von Pete Senge zu nennen, der den Entwicklungsprozess in der Anwendung und Optimierung von fünf Disziplinen der lernenden Organisation sieht.

Senge (1995; 1996) gibt eine Vielzahl sehr praktischer Anleitungen, die auch in jedem Projekt der Betrieblichen Gesundheitsförderung genutzt werden können.

Aus Platzgründen ist es an dieser Stelle nur möglich, einen groben Überblick über die von Senge angeführten Disziplinen zu geben. Die Abbildung 7 unterscheidet dabei mit dem Autor drei Dimensionen, die innerhalb jeder Disziplin strukturierend wirken sollen:

- Essenzen,
- Prinzipien und
- daraus abgeleitete Techniken.

Auch bei Senge spielt die Orientierung an einer persönlichen und einer gemeinsamen Vision die zentrale Rolle. Personal Mastery, Team-Lernen, Aufbau einer gemeinsamen Vision, der reflektierte Umgang mit sogenannten mentalen Modellen und insbesondere das Systemdenken ermöglichen die Entwicklung einer »lernenden Organisation«.

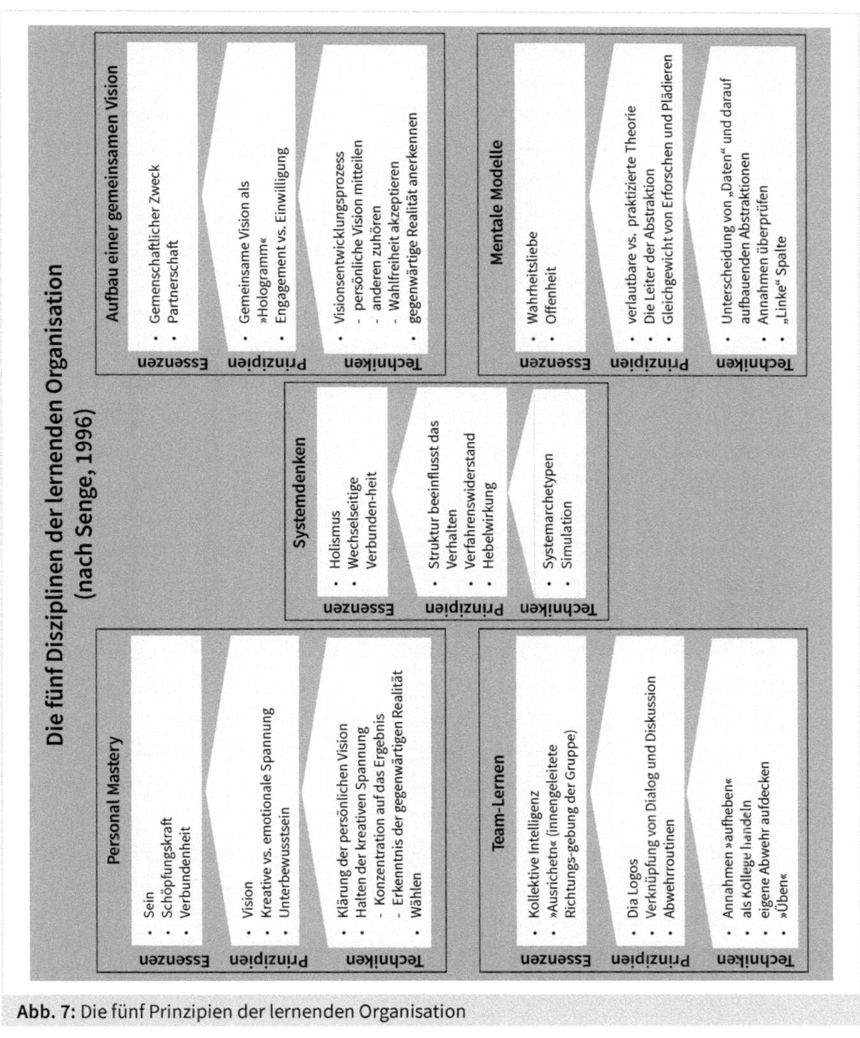

Abb. 7: Die fünf Prinzipien der lernenden Organisation

Literatur

Antonovsky, A. (1983). Gesundheitsforschung vs. Krankheitsforschung. In A. Franke & M. Broda (Hrsg.), Psychosomatische Gesundheit. (S. 3-14). Tübingen: DGVT.

AOK Berlin (1995). Handbuch zur betrieblichen Gesundheitsförderung. Unveröffentlichtes Manuskript. Berlin: AOK Berlin.

AOK Berlin (1996). Curriculum zur betrieblichen Gesundheitsförderung. Unveröffentlichtes Manuskript. Berlin: AOK Berlin.

Beckhard, R./Harris, R. T. (1987). Organizational Transitions. Managing Complex Change (2. Aufl.). Massachusetts: Addison-Wesley.

Block, P. (1987). The Empowered Manager. San Francisco: Jossey-Bass.

Böhle, F. (1991). Neue Techniken. In U. Flick et al. (Hrsg.), Handbuch qualitative Sozialforschung. München: Psychologie Verlags Union.

Böhle, F. et al. (1992). Neue Belastungen und Risiken bei qualifizierter Produktionsarbeit. In Institut für Sozialforschung et al. S. 67-137.

Ducki, A. & Greiner, B. (1992). Gesundheit als Entwicklung von Handlungsfähigkeit – Ein arbeitspsychologischer Baustein zu einem allgemeinen Gesundheits-modell. Zeitschrift für Arbeits- und Organisationspsychologie, 36, 4, 84-89.

Ferber, L. von (1977). Psychosoziale Belastungen im Berufsleben. In U. Schlaudraff (Hrsg.), Gesundheit am Arbeitsplatz. Erfahrungen mit dem Arbeitssicherheitsgesetz. (S. 71-93) Loccum: Loccumer Protokolle 11.

Friczewski, F./Jenewein, R./Lieneke, A./Schiwon, L./Westermayer, G./Brandenburg, U. (1990). Primärprävention mit arbeitsplatzbezogenen Gesundheitszirkeln. In U. Brandenburg et al. (Hrsg.), Prävention im Betrieb. (S. 107-119). München: Minerva-Fachserie.

Heisig, R. (1995). AOK Berlin. Grundlagen, Ziele und Angebote betrieblicher Gesundheitsförderung. In R. Busch (Hrsg.), Betriebliche Gesundheitsförderung in Berlin. (S. 136-144). Berlin: Freie Universität Berlin.

Johnson, G. (1988a). Der Computer und die Technologisierung des Inneren. In A. Krafft & G. Ortmann (Hrsg.), Computer und Psyche. Angstlust am Computer. (S. 27-52). Frankfurt a. Main: Nexus.

Johnson, G. (1988b). Organisationskrise und Gruppenregression. Anmerkungen zu Kidders »Die Seele einer neuen Maschine«. In A. Krafft & G. Ortmann (Hrsg.), Computer und Psyche. Angstlust am Computer. (S. 147-184). Frankfurt a. Main: Nexus.

Lenhardt, U. (1994). Betriebliche Strategien zur Reduktion von Rückenschmerzen. Aspekte des Interventionswissens und der Interventionspraxis. (S. 94-206). Veröffentlichungsreihe der Forschungsgruppe Gesundheitsrisiken und Präventionspolitik. Berlin: Wissenschaftszentrum Berlin für Sozialforschung.

Marstedt, G. (1994). Rationalisierung und Gesundheit. (S. 94-204). Veröffentlichungsreihe der Forschungsgruppe Gesundheitsrisiken und Präventionspolitik. Berlin: Wissenschaftszentrum Berlin für Sozialforschung.

McGregor, D. (1960). The Human Side Of Enterprise. New York: McGraw Hill.

Senge, P. M. (1993). Die fünfte Disziplin – die lernfähige Organisation. In G. Fatzer (Hrsg.), Organisationsentwicklung für die Zukunft. Ein Handbuch. (S. 145-178). Köln: Edition Humanistische Psychologie.

Senge, P. M./Kleiner, A./Smith, B./Roberts, C./Ross, R. (1996). Das Fieldbook zur fünften Disziplin. Stuttgart: Klett-Cotta.

Shepard, Herbert A.: Changing interpersonal and intergroup Relationships in Organizations. In: Handbook of Organizations. Routledge: Abingdon and New York.

Slesina, W. (1990). Gesundheitszirkel – Ein neues Verfahren zur Verhütung arbeits-bedingter Erkrankungen. In U. Brandenburg et al. (Hrsg.), Prävention und Gesundheitsförderung im Betrieb, (S. 315-328). München: Minerva-Fachserie.

Stein, B./Fahr, A. Analysieren, Optimieren. Organisationsentwicklung als betriebliche Gesundheitsförderung in einem Unternehmen der Metallindustrie. Erscheint in E. Bamberg, A. Ducki, A. M. Metz (Hrsg.), Betriebliche Gesundheitsförderung. Theorien, Methoden, Konzepte. Göttingen: Hogrefe.

Stein, B./Westermayer, G. (1995). Das Verhalten der Verhältnisse. Betriebliche Gesundheitsförderung als prozessorientierte Organisationsentwicklung. In. R. Busch (Hrsg.), Betriebliche Gesundheitsförderung in Berlin. (S. 156-163). Berlin: FU, Referat Weiterbildung.

Stein, B./Westermayer, G. (1996). Betriebliche Gesundheitsförderung als Organisationsentwicklung. In. R Busch (Hrsg.), Unternehmenskultur und betriebliche Gesundheitsförderung, (S. 36-49). Berlin: FU, Referat Weiterbildung.

Westermayer, G. (1993). Unternehmenskultur als Bezugsrahmen für eine qualitative Krankenstandsanalyse und betriebliche Gesundheitsförderung. In W. Fastenmeier, P. Stadler & G. Strobel (Hrsg.), Neue Wege der präventiven Gesundheitsarbeit. (S. 160-169). Bremerhaven: NW-Verlag.

Westermayer, G. (1994). Qualitative Krankenstandsanalyse bei der IVECO MAGI-RUS AG Ulm. In. G. Westermayer & B. Bähr (Hrsg.), Betriebliche Gesundheitszirkel. (S. 169-171). Göttingen: Hogrefe.

Westermayer, G. (1994). Qualitative Krankenstandsanalyse. In G. Westermayer & B. Bähr (Hrsg.), Betriebliche Gesundheitszirkel. (S. 172-181). Göttingen: Hogrefe.

Westermayer, G. (1995). Welche Einsichten können aus der Arbeit mit Gesundheitszirkeln gewonnen werden? In R. Busch (Hrsg.), Betriebliche Gesundheitsförderung in Berlin. (S. 74-86). Berlin: Freie Universität Berlin.

Westermayer, G./Lieneke, A./Zahn, P. (1992). Durch viele Fäden auf das Innere des Wollknäuels blicken. Management by Blind Spots. In Management & Seminar. 2,92, 45-47. München: Neuer Merkur.

Westermayer, G./Stein, B. (1996). Salutogenic Management. In. R. Busch (Hrsg.), Unternehmenskultur und betriebliche Gesundheitsförderung. (S. 50-75). Berlin: FU, Referat Weiterbildung.

Wotschack, W. (1985). Neue Konzepte der Arbeitsgestaltung – Dispositionsspiel-räume und Arbeitsbelastung. In F. Naschod (Hrsg.), WZB-Schriften. (S. 241-266). Frankfurt a. Main: Campus.

Teil 4: Ergebnisse und Evaluation

18 Grundlagen und Systematisierungsansätze für die Evaluation

Andrea Schaller

Dieses Kapitel beschreibt Grundlagen zur Planung und Implementierung einer Evaluation im BGM. Aufgrund der Komplexität der Themen werden diese anhand der Betrieblichen Gesundheitsförderung (BGF) vorgestellt. Die vorgestellten Systematiken und Grundsätze sind aber selbstverständlich auch auf andere Bereiche, z. B. das Betriebliche Gesundheitsmanagement (BGM) oder das Betriebliche Eingliederungsmanagement (BEM), übertragbar. Im vorliegenden Kapitel wird zunächst die Relevanz von Evidenzbasierung und Evaluationen erläutert (18.1). Anschließend werden allgemeine Grundlagen der Evaluation eingeführt (18.2) und dann die spezifischen Herausforderungen von Evaluationen komplexer Intervention am Beispiel der BGF aufgezeigt (18.3). Abschließend wird ein Ansatz zur systematischen und anwendungsorientierten Planung einer Evaluation in der BGF vorgestellt (18.4).

18.1 Relevanz von Evidenzbasierung und Evaluationen in der BGF

Mit dem im Jahr 2015 verabschiedeten Präventionsgesetz (PrävG) hat auch die Betriebliche Gesundheitsförderung im Rahmen des BGM massiv an Bedeutung gewonnen (Sayed and Brandes 2021). Die wachsende Bedeutung der BGF zeigt sich auch an den Ausgaben der gesetzlichen Krankenversicherungen für die BGF: Im Jahr 2019 war die BGF mit 38 % der Gesamtausgaben für Primärprävention die kostenmäßig größte Leistungsart im Rahmen der Primärprävention nach § 20 SGB V. Damit wurden über 23.000 Betriebe und mehr als 2,2 Millionen Versicherte erreicht (Medizinischer Dienst des Spitzenverbandes Bund der Krankenkassen 2020). Mit dem wachsenden Stellenwert der Primärprävention und insbesondere der BGF gehen auch wachsende Erwartungen der beteiligten Akteure aus Praxis, Politik und Wissenschaft in Bezug auf die Fragen nach der Umsetzbarkeit, Wirkung und Wirksamkeit der entsprechenden Angebote einher.

Evidenzbasierung in der BGF

Dies ist mit einer zunehmenden **Forderung nach Evidenzbasierung und Qualitätssicherung** der Angebote verbunden (Sayed and Brandes 2021; Kramer et al. 2009). Evidenzbasierung gilt als grundlegende Voraussetzung dafür, dass Prävention und Gesundheitsförderung und damit auch die BGF als Säule des Gesundheitssystems nachhaltig etabliert und weiterentwickelt werden können und deren Finanzierung gerechtfertigt werden kann (de Bock et al. 2020). Da für die BGF bislang noch kein konsentiertes Konzept für die Evidenzbasierung besteht (Sayed and Brandes 2021), bietet sich eine Anlehnung an die Definition der Evidenzbasierung in Public Health an. Dabei wird Evidenzbasierung definiert als:

»Entscheidungen auf Grundlage einer **systematischen und bewussten Integration** der **für die Frage** relevanten **besten verfügbaren wissenschaftlichen Erkenntnisse,** der **praktischen Erfahrungen und der Expertise relevanter Fachleute** sowie der **Werte und Präferenzen der betroffenen Personen**« (Rehfuess et al. 2021).

Für die Evidenzbasierung bzw. die Evidenzentwicklung in der BGF lässt sich somit ableiten, dass diese drei genannten Dimensionen systematisch und transparent integriert werden müssen. So leistet sowohl die

1. externe Evidenz im Sinne der Berücksichtigung der Studienlage und der verfügbaren wissenschaftlichen Erkenntnisse als auch
2. die Berücksichtigung der Expertise von BGF-Fachleuten bzw. Praxisakteuren sowie
3. der subjektiven Bedarfe und Bedürfnisse der Beschäftigten bzw. potenziellen Teilnehmer und Teilnehmerinnen der Angebote

jeweils einen wichtigen Beitrag zur Evidenzentwicklung in der BGF. Abbildung 1 skizziert die Integration dieser drei genannten Dimensionen im Sinne der evidenzbasierten BGF.

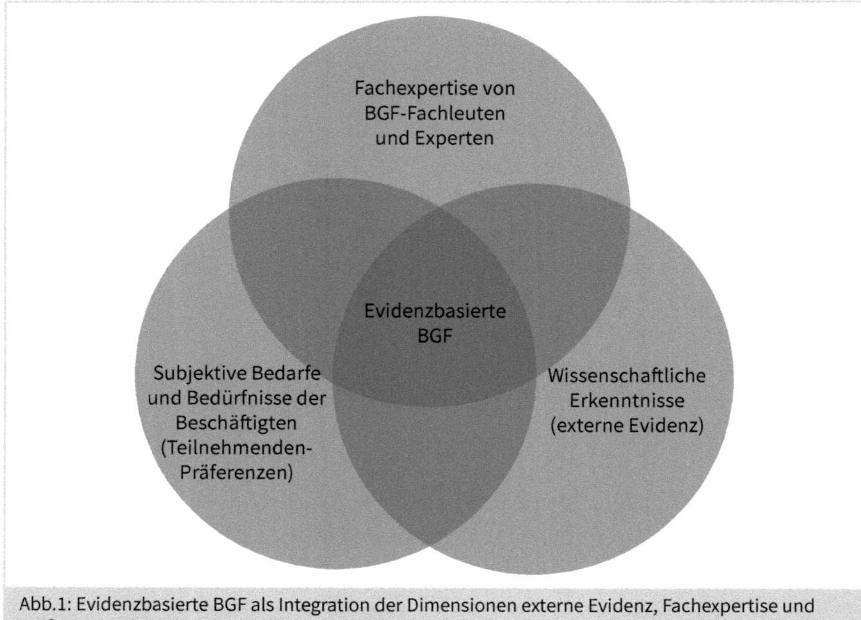

Abb.1: Evidenzbasierte BGF als Integration der Dimensionen externe Evidenz, Fachexpertise und Präferenzen der Teilnehmenden

Merken Sie sich bitte:

Evidenz beschränkt sich nicht ausschließlich auf die Berücksichtigung der Studienlage (externe Evidenz) sondern erfordert zudem auch die Berücksichtigung der jeweiligen Fachexpertise und der Bedarfe bzw. Bedürfnisse der Zielgruppe.

allgemeine Prinzipien der Evidenzbasierung in der Gesundheitsförderung

Für die **praktische Umsetzung von Evidenzbasierung bzw. die Evidenzentwicklung** bietet das Memorandum zur evidenzbasierten Prävention und Gesundheitsförderung der Bundeszentrale für gesundheitliche Aufklärung (BZgA) einen guten Rahmen (deBock et al., 2020; Rehfuess et al., 2021). Dabei werden fünf allgemeine Prinzipien beschrieben (deBock et al., 2020):

- *Systematik (S),* d. h. systematische Sichtung, Bewertung und Zusammenfassung der besten verfügbaren wissenschaftlichen Erkenntnisse z. B. in Form von systematischen Übersichtsarbeiten oder Rapid Reviews (Khan et al., 2004)
- *Transparenz und Umgang mit Unsicherheit (T)* z. B. durch die Berücksichtigung vorhandener Leitlinien, der systematischen Qualitätsbewertung verwendeter Studien (Thomas et al., 2004; Effective Public Health Practice Project.), einer transparenten Beschreibung der eigenen Vorgehensweise (Methodik)
- *Integration und Partizipation (I),* d. h. die Berücksichtigung von Werten und Präferenzen der verschiedenen Beteiligten bzw. Stakeholder z. B. in Form von Konsultationen, Umfragen oder partizipativer Gestaltung von Entscheidungsprozessen
- *Umgang mit Interessenkonflikten (I),* d. h. Transparenz im Umgang mit den verschiedenen legitimen Interessen (z. B. finanziell, institutionell) der verschiedenen Beteiligten bzw. Akteursgruppen (z. B. Beschäftigte, Finanzierer der Maßnahme, Unternehmen, Politik, Anbieter der Maßnahme etc.)
- *strukturierter, reflektierter Prozess (P) in fünf Schritten:*
  - (1) Formulierung einer klaren Fragestellung
  - (2) Suche nach der besten verfügbaren externen Evidenz (vgl. Systematik)
  - (3) kritische Prüfung der wissenschaftlichen Erkenntnisse (vgl. Transparenz im Umgang mit Unsicherheiten)
  - (4) Anwendung der Evidenz (Maßnahmenumsetzung, Intervention)
  - (5) Bewertung der Umsetzung (Reflexion, Evaluation)

Stellenwert von Evaluationen

Sowohl bei der praktischen Umsetzung der Evidenzbasierung als strukturiertem und reflektiertem Prozess (*P*) als auch auf dem Weg der Erkenntnisgewinnung zu den drei Dimensionen der evidenzbasierten BGF spielt die **Evaluation mit ihren unterschiedlichen Formen, Möglichkeiten und Grenzen** eine wichtige Rolle. Der Begriff Evaluation wird in zahlreichen Kontexten verwendet und steht dabei zunächst ganz allgemein für »Bewertung« bzw. »Beurteilung« (Kromrey, 2001). Auch im Rahmen eines ganzheitlichen BGF-Prozesses ist die Evaluation als eine von vier Phasen explizit benannt (Badura et al., 2010; BGF-Koordinierungsstellen 2021).

Dabei wird im Sinne der Maßnahmenevaluation in der Regel evaluiert bzw. überprüft, ob ein angestrebtes Ziel auf dem vorgesehenen Weg (Verlaufskontrolle) erreicht wird (Erfolgskontrolle) (Haack & Haß, 2020). Darüber hinaus sind Evaluationen auch impliziter, aber unabdingbarer Bestandteil der anderen drei Phasen des BGF-Zyklus (Analyse, Planung, Umsetzung). Allerdings sind dabei, je nachdem, ob eine Evaluation in der Phase der Analyse, Planung oder Umsetzung umgesetzt wird, jeweils verschiedene Evaluationsziele relevant. So kann zum Beispiel in der Analysephase die Frage nach spezifischen Bedarfen und gesundheitlichen Risikofaktoren der Beschäftigten im Mittelpunkt stehen. In der Planungsphase könnten Fragen nach den Bedürfnissen und Wünschen von Beschäftigten sowie nach subjektiven Förderfaktoren und Barrieren bei der Umsetzung evaluiert werden. Ferner könnten im Verlauf der Umsetzungsphase Fragen bezüglich der Nutzung und Akzeptanz von Maßnahmen von Interesse sein und am Ende der Umsetzungsphase kann die Evaluation der Wirkung einer Maßnahme relevant sein.

Jedes dieser exemplarisch genannten Evaluationsziele und die damit verbundene Fragestellung bedarf anderer Evaluationsansätze bzw. Evaluationsmethoden. Unabhängig von der Evaluationsmethode und der Phase des BGF-Prozesses (Badura et al., 2010; BGF-Koordinierungsstellen 2021) ist allerdings immer ein systematischer, transparenter und nachvollziehbarer Ansatz zur Erhebung und Auswertung der jeweils relevanten Informationen bzw. Daten von großer Bedeutung. Dabei ist es auch von grundsätzlicher Relevanz, ob eine Evaluation auf die Individuumsebene (z. B. das Gesundheitsverhalten der Beschäftigten) oder die organisationale Ebene (z. B. die Veränderung gesundheitsförderlicher Struktur- und/oder Prozessmerkmale) ausgerichtet ist und ob diese im jeweiligen Kontext machbar ist (z. B. unter Berücksichtigung der zur Verfügung stehenden zeitlichen und personellen Ressourcen).

Neben einem Beitrag zur Evidenzbasierung, was aus wissenschaftlicher und auch gesundheitspolitischer Perspektive von großer Bedeutung ist, leisten Evaluationen aus der Praxisperspektive betrachtet auch einen unverzichtbaren Beitrag zur **Qualitätsentwicklung und Qualitätssicherung** von BGF-Angeboten (Pelikan et al., 1998) und damit für ein systematisches und zielorientiertes Vorgehen im BGF (Wetzstein, 2016). Doch trotz des inzwischen hohen Stellenwerts von BGF in der präventiven Gesundheitsversorgung sind systematische Evaluationen in diesem Bereich derzeit noch kein Standard bzw. keine Routine. Die Gründe dafür sind zahlreich, zum Beispiel die methodischen Herausforderungen der Evaluation komplexer Interventionen, ein Mangel an allgemein gültigen Evaluationsinstrumenten, fehlende finanzielle und personelle Ressourcen und die Herausforderungen, die bei den Transfers und der Zusammenarbeit zwischen Wissenschaft und Praxis entstehen. Um Evaluationen der BGF im BGM fundiert und umsetzbar planen und durchführen zu können, werden im nachfolgenden Kapitel (18.2) allgemeine Grundlagen zu Evaluationen vorgestellt.

Merken Sie sich bitte: !

Für eine Evaluation stehen verschiedene Evaluationsmethoden zur Verfügung. Aus diesem Spektrum gilt es, die geeignete Methode zur Beantwortung der jeweiligen Fragen auszuwählen und systematische, transparente und nachvollziehbar zu beschreiben.

18.2 Allgemeine Grundlagen der Maßnahmenevaluation in der BGF

Plant man die Evaluation eines BGF-Angebotes, gilt es zunächst, den jeweiligen **Evaluationsgegenstand** zu definieren. Evaluationsgegenstand könnte beispielsweise ein einzelnes verhaltens- oder verhältnisbezogenes BGF-Angebot, ein komplettes BGF-Programm mit verschiedenen verhaltens- und bzw. oder verhältnisbezogenen Angeboten oder auch das komplette BGM eines Unternehmens mit allen drei Säulen (BGF, Arbeitsschutz, Betriebliches Eingliederungsmanagement) sein. Unabhängig davon hat eine professionelle Evaluation stets das Ziel einer systematischen und nachvollziehbaren Bewertung des ausgewählten Evaluationsgegenstandes. Evaluationen erfolgen damit immer systematisch, d. h., sie sind auf bestimmte Evaluationszwecke hin ausgerichtet (DeGEval 2016).

Bedeutung der konkreten Fragestellung

Dafür ist im zweiten Schritt die Formulierung einer entsprechenden Fragestellung zwingend notwendig. Der Formulierung der Fragestellung kommt bei der Evaluationsplanung eine entscheidende Bedeutung für die nachfolgenden methodischen Schritte zu. Leider beschränkt sich dies oft auf die Formulierung eines mehr oder minder vagen bzw. unspezifischen Evaluationsinteresses, wodurch eine Evaluation im BGF oft auf einem sehr schwachen Fundament steht. Durch eine **klar formulierte und präzise Fragestellung** werden bestimmte Aspekte eines Evaluationsgegenstandes fokussiert und das oftmals sehr breite Feld an Evaluationsmöglichkeiten wird reduziert und strukturiert. Eine präzise formulierte Evaluationsfrage bildet auch die Brücke vom Interesse am Evaluationsgegenstand, das sich in der Regel aus der BGF-Praxis ergibt, zur »handwerklich« fundierten methodischen Planung einer Evaluation unter Berücksichtigung wissenschaftlicher Standards (vgl. Abb. 2).

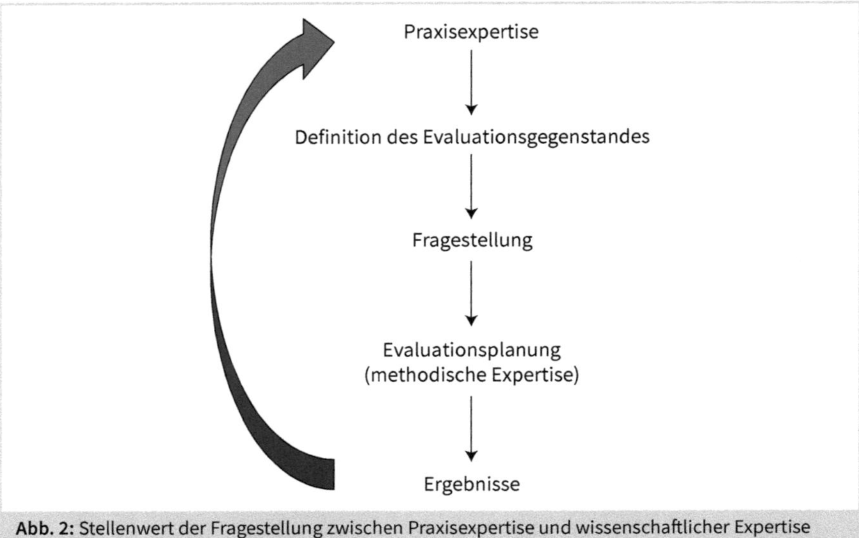

Abb. 2: Stellenwert der Fragestellung zwischen Praxisexpertise und wissenschaftlicher Expertise

Fragetypen

Übergeordnete Kriterien einer präzisen Fragestellung bei der Maßnahmenevaluation im BGF sind dabei, dass diese für die BGF-Praxis von Relevanz ist und dass sie im vorgesehenen Zeitraum und unter Berücksichtigung der zur Verfügung stehenden Ressourcen (zeitlich, methodisch, personell) beantwortbar ist. In Anlehnung an die Versorgungsforschung (Schrappe & Pfaff, 2017) lassen sich für Evaluationen im BGF folgende Fragetypen ableiten:

- Wie ist die BGF-Maßnahme gestaltet? **(Beschreiben)**
- Welche Faktoren sind für diese Gestaltung verantwortlich? **(Erklären)**
- Welche konkreten BGF-Angebote und Konzepte können bzw. sollten aufgrund des vorhandenen Wissens um versorgungsrelevante Bedarfe für die Beschäftigtengruppe und betriebsspezifische Bedingungen entwickelt werden? **(Gestaltung)**
- Welche Implementierungs-/Umsetzungsprobleme treten im Rahmen von BGF-Angeboten auf? **(Evaluative Begleitung)**
- Wie wirksam ist die BGF-Maßnahme unter Alltagsbedingungen? **(Wirksamkeit)**
- Wie ist der Nutzen unter Alltagsbedingungen zu beurteilen? **(Angemessenheit)**

Somit kann sich eine konkrete Fragestellung zur Evaluation eines BGF-Angebotes zum Beispiel auf die Nutzung und Akzeptanz einer BGF-Maßnahme (Evaluative Begleitung) oder auch auf die Effektivität einer BGF-Maßnahme im Hinblick auf einen intendierten Zielparameter (Wirksamkeit) bzw. deren Kosten-Effektivität (Angemessenheit) beziehen.

von der Fragestellung zur Evaluationsmethode

Die Fragestellung bestimmt wiederum die Auswahl des Evaluationsdesigns bzw. der **Evaluationsmethode.** Jede Evaluation ist datengestützt und dafür steht eine Bandbreite empirisch-wissenschaftlicher Methoden zur Auswahl, die je nach Leistungsschwerpunkt und Ziel eingesetzt werden können (DeGEval 2016). Grundsätzlich wird dabei zwischen qualitativen und quantitativen Evaluationsmethoden unterschieden, die jeweils unterschiedliche Möglichkeiten und Grenzen zur Beantwortung einer Fragestellung anbieten und sich damit ergänzen (Baur et al., 2017).

quantitative Evaluationen

Bei quantitativen Evaluationen werden Daten in Zahlenform erhoben und dadurch beispielsweise Anteile, Häufigkeiten, zentrale Werte der Verteilung (z. B. Mittelwert, Median) mit Streuungsmaßen (z. B. Varianz, Standardfehler) und/oder statistische Zusammenhänge bzw. Unterschiede (z. B. mittels parametrischer oder nicht parametrischer Unterschiedstests, Regressionsanalysen etc.) der erhobenen Daten ermittelt. Dabei wird allgemein zwischen formativen und summativen Evaluationen unterschieden (DeGEval 2016). Ziel einer **formativen Evaluation** ist es meist, der Frage nach Verbesserungspotenzial hinsichtlich der Gestaltung und Umsetzung eines Evaluationsgegenstands nachzugehen. Damit sind formative Evaluationen beispielsweise bei den Fragetypen nach der Beschreibung, Gestaltung und evaluativen Begleitung einsetzbar und haben einen wichtigen Stellenwert hinsichtlich der Qualitätsentwicklung und Qualitätssicherung von Maßnahmen. Oftmals werden sie mittels deskriptiver statistischer Verfahren (z. B. Häufigkeiten der Teilnahme, Mittelwerte zur Akzeptanz einer Maßnahme) zur Prozessevaluation eingesetzt und leisten einen Beitrag zu Fragen der Machbarkeit (z. B. »Inwieweit wird die Zielgruppe erreicht?«; »Inwieweit kann das BGF-Angebot wie geplant umgesetzt werden und welche personellen und finanziellen Ressourcen sind dafür nötig?«; »Wie ist die Evaluation des BGF-Angebotes organisatorisch und methodisch umsetzbar?«) oder der Implementierung (z. B. »Was sind Förderfaktoren und Barrieren für die Umsetzung unter Routinebedingungen?«).

Davon abzugrenzen ist die sogenannte **summative Evaluation**, die, unter Anwendung eines geeigneten Studiendesigns, konkrete Fragen zur Veränderung, Wirksamkeit und/oder Angemessenheit beantwortet. Um die Möglichkeiten und Grenzen verschiedener Studiendesigns im Rahmen einer summativen Evaluation vor dem Hintergrund des Evaluationszwecks abwägen zu können, sind grundlegende Kompetenzen im Bereich der methodischen Vorgehensweise einer Evaluation unabdingbar. Das Studiendesign muss bereits vor der Interventionsdurchführung festgelegt werden, da es zu einem späteren Zeitpunkt nicht mehr veränderbar ist.

Studiendesigns werden entsprechend methodischer Charakteristika zur Beurteilung ihrer Aussagekraft unterschieden. Diese Beurteilung orientiert sich an der »Beweiskraft« einer Studie (interne Validität) – also daran, in welchem Ausmaß davon ausgegangen werden kann, dass Evaluationsergebnisse den »wahren« Effekt einer Intervention, z. B. eines BGF-Angebots, bei der gewählten Zielgruppe wiedergeben (Schaller et al., 2018; Röhrig et al., 2009).

Die Auswahl des Studiendesigns beeinflusst allerdings nicht nur die Beweiskraft, d. h. die wissenschaftliche Aussagekraft der Ergebnisse, sondern auch den praktischen und finanziellen Aufwand der Umsetzung einer Evaluation (Döring & Bortz, 2016).

Zwischen diesen beiden Polen – praktische Umsetzbarkeit vs. wissenschaftliche Aussagekraft – finden sich oftmals viele Diskussionen zwischen BGF-Praktikern und -Praktikerinnen sowie Evaluierenden bzw. Forschenden. Da Evaluationen im BGF das Ziel haben, mithilfe wissenschaftlicher Methoden und Theorien einen Beitrag zur Lösung praktischer Probleme zu leisten (Döring & Bortz, 2016), ist die Auswahl eines für alle Beteiligten angemessenen Studiendesigns von besonders großer Bedeutung.

Studiendesigns bei quantitativen Evaluationen

Das **Studiendesign** charakterisiert die grundsätzliche methodische Vorgehensweise im Rahmen einer Evaluation und ist der wichtigste Aspekt der Studienplanung (Röhrig et al., 2009). Man kann beispielsweise verschiedene Studiendesigns nach der *Anzahl der Messzeitpunkte* unterscheiden. Querschnittstudien haben nur einen Messzeitpunkt, d. h., die Daten werden nur zu einem definierten Zeitpunkt untersucht. Derartige Evaluationen können zwar beschreibende Informationen liefern (z. B. Schätzung von Häufigkeiten und Mittelwerten zu einer relevanten Zielvariablen) oder auch Zusammenhänge zwischen Variablen aufzeigen (z. B. Alter und Gesundheitsverhalten), allerdings ist es grundsätzlich nicht möglich, ursächliche Zusammenhänge (Kausalitäten) und/oder Veränderungen durch Interventionen zu identifizieren.

Längsschnittstudien haben hingegen mindestens zwei Messzeitpunkte, das heißt, die Daten zu den Teilnehmenden werden zu mehreren Zeitpunkten (mindestens zwei Zeitpunkte) erhoben. Dies bedeutet im Vergleich zu Querschnittstudien einen deutlich höheren Aufwand bei der Planung, Datenerhebung und Auswertung.

Eine weitere sehr wichtige Unterscheidung bei der Auswahl eines Studiendesigns betrifft die Frage, ob man im Rahmen einer Evaluation einen Verlauf ausschließlich beobachten will *(Beobachtungsstudie)* oder ob man selbst in den Verlauf eingreift und die Auswirkungen dieser Intervention (z. B. BGF-Angebot) vergleichend untersucht *(Interventionsstudie).* Beobachtungsstudien beschreiben Sachverhalte im Zeitverlauf. Dabei werden Kohortenstudien, Querschnittsstudien und Fall-Kontroll-Studien unterschieden. Zudem unterscheidet man bei Interventionsstudien grundsätzlich zwischen klassischen Experimenten (randomisierte kontrollierte Studie (RCT)) und quasi-experimentellen Designs (Döring and Bortz 2016). Die jeweiligen Studiendesigns haben unterschiedliche Stärken und Schwächen, die wiederum die Aussagekraft einer Studie beeinflussen (Döring & Bortz, 2016).

Zielvariablen und Operationalisierung

Unabhängig von der Evaluationsform (formativ, summativ) und dem Studiendesign müssen für die Beantwortung einer Fragestellung mit quantitativen Methoden auch immer relevante Zielvariablen festgelegt und messbar gemacht werden **(Operationalisierung)**. Die Zielvariable ist die abhängige Variable, die eine Veränderung durch den Evaluationsgegenstand bzw. das BGF-Angebot abbildet. Die Auswahl der Zielvariablen ist vom spezifischen Evaluationszweck und der Fragestellung abhängig und sollte eine mögliche Veränderung in geeigneter Weise abbilden können. Häufige Zielvariablen in der BGF auf Individuumsebene (Beschäftigtenebene) sind zum Beispiel der subjektive Gesundheitszustand, das Gesundheitsverhalten bzw. bestimmte Teilbereiche davon (Bewegungs-, Ernährungsverhalten), Umgang mit Stress, Stressbelastung oder auch die Gesundheitskompetenz der Beschäftigten.

Zielvariablen auf organisationaler Ebene können beispielsweise die Veränderung des Präventionswillens, der Präventionsinfrastruktur, des Sozialkapitals oder auch der Unternehmenskultur durch BGF-Angebote sein. Dafür muss die Zielvariable nicht nur eine mögliche Veränderung abbilden können, sondern auch mit einem geeigneten Instrument (z. B. mittels eines validierten Fragebogens oder eines objektiven Testverfahrens) operationalisiert, d. h. messbar gemacht werden können. Um die anwendungsorientierte Ausrichtung der Evaluation für die Praxis sicherzustellen, ist es zudem wichtig, mögliche Perspektiven verschiedener Interessens- und Akteursgruppen zu berücksichtigen (vgl. auch Checkliste N1 bei den digitalen Extras).

Je nach Interessens- und Akteursgruppe kann sich auch die Antwort auf die Frage, welche Zielvariable als bedeutsam, d. h. als relevant, beurteilt wird, deutlich unterscheiden (vgl. Schaller et al., 2018). So kann zum Beispiel für ein Unternehmen die Zielvariable der Arbeitsfähigkeit von Interesse sein, aus Führungskraftperspektive das Gesundheitsverhalten, aus Beschäftigtenperspektive die Lebensqualität und/oder Schmerzen und aus politischer Perspektive kann die subjektive Erwerbsprognose von primärem Interesse sein. Diesbezüglich gilt es in der Evaluationsplanung sowohl zu berücksichtigen, auf welcher Ebene durch eine BGF-Maßnahme realistischerweise eine Veränderung erreicht werden kann (proximales Outcome), als auch, wie die jeweiligen Interessen der Interessens- und Akteursgruppe abzuwägen und zu priorisieren sind bzw. welche Kompromisse diesbezüglich möglich sind.

Tipp !

Anwendungsorientierte Hinweise zur schrittweisen Planung und Auswertung quantitativer Evaluationen finden Sie beispielsweise auf DEVACHEK (https://www.devacheck.de/), einer Initiative der Bundeszentrale für gesundheitliche Aufklärung (BZgA) und des Leibniz-Instituts für Präventionsforschung und Epidemiologie (BIPS GmbH). Auch auf der Homepage des Landeszentrums Gesundheit Nordrhein-Westfalen (LZG.NRW) werden praktische Planungshilfen und Evaluationstools für Akteure der Prävention und Gesundheitsförderung angeboten, die auch in der BGF einsetzbar sind (LZG NRW 2021).

Während bei quantitativen Evaluationen mit Zahlen gearbeitet wird, werden bei **qualitativen Evaluationen** in der Regel Daten in Textform ausgewertet (Flick et al., 2008), z. B. transkribierte Interviews oder schriftliche Beobachtungsprotokolle. Qualitative Evaluationen können beispielsweise durchgeführt werden, um aus der Perspektive der Stakeholder den Maßnahmenbedarf und/oder die Akzeptanz zu untersuchen und verfolgen dabei einen induktiven Ansatz. Das bedeutet, sie haben das Ziel, die soziale Lebenswelt aus Perspektive des bzw. der Befragten »von innen heraus« zu beschreiben und zu verstehen.

qualitative Evaluationen

Um diesem Anspruch gerecht zu werden, erfolgt die Datenerhebung im Vergleich zu quantitativen Evaluationen weniger standardisiert und orientiert sich stärker am Subjekt (z. B. Interviewpartner/-in, Teilnehmende an der Gruppendiskussion) und dem Kontext (z. B. betriebliche Bedingungen, Hierarchien, Akteursgruppen, etc.). Dementsprechend unterscheiden sich auch die Qualitätskriterien qualitativer Evaluationen zum Teil deutlich von den Qualitätskriterien quantitativer Evaluationen. So gelten beispielsweise der Prozesscharakter von Forschung und Gegenstand, die Flexibilität und Reflexivität sowie die Offenheit sowohl bei der Fragestellung als auch bei der Gesprächsführung, bei ausreichender Transparenz und Explikation der Vorgehensweise explizit als Qualitätskriterium qualitativer Evaluationen (vgl. Lamnek, 1995). Ergänzend sei an dieser Stelle hinzugefügt, dass es seit einiger Zeit, neben der Auswertung von Daten in Textform, auch qualitative Evaluationsansätze zur Analyse visueller Daten (Fotos, Videos), wie z. B. die Photovoice-Methode, gibt (Unger, 2014). Diese können grundsätzlich auch wertvolle Evaluationsmethoden sein, z. B. im Kontext von Fragen nach der Beschreibung und Gestaltung verhältnisorientierter BGF-Angebote. Anwendungsorientierte Hinweise zur Planung und Auswertung qualitativer Evaluationen finden Sie beispielsweise hier: Kuckartz et al., 2008; Tong et al., 2007; Bayerisches Landesamt für Gesundheit und Lebensmittelsicherheit 2010.

Abbildung 3 gibt abschließend einen Überblick über die Möglichkeiten der jeweiligen quantitativen bzw. qualitativen Evaluationsmethoden in Bezug auf die übergeordneten Fragetypen im BGF.

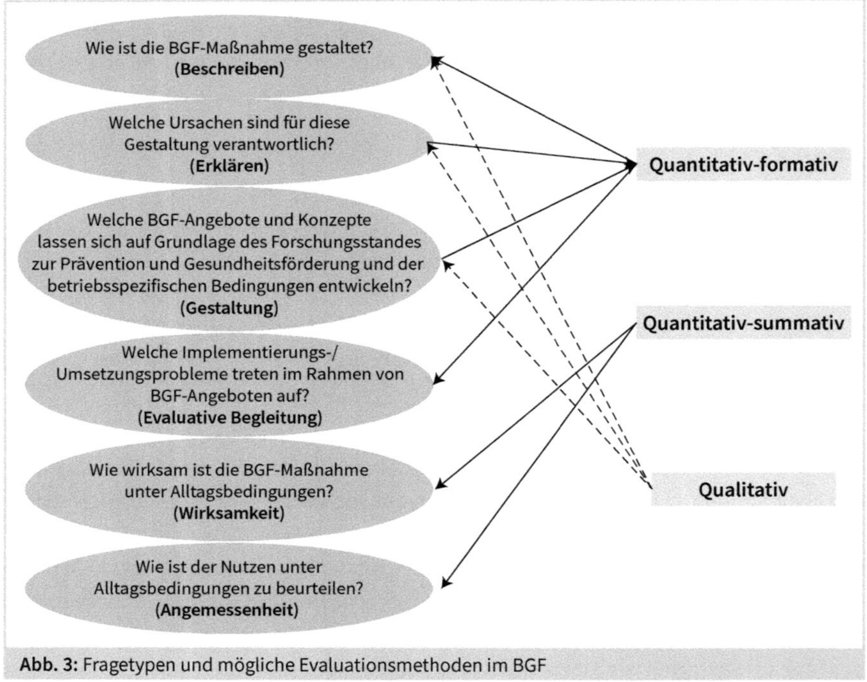

Abb. 3: Fragetypen und mögliche Evaluationsmethoden im BGF

Merken Sie sich bitte:

!

Bestimmen Sie im ersten Schritt den Evaluationsgegenstand. Formulieren Sie dann die konkrete Fragestellung bezüglich des Evaluationsgegenstandes und wählen Sie im dritten Schritt eine angemessene Methode zur Beantwortung der Fragestellung aus.

Um die **Qualität von Evaluationen** zu sichern und weiterzuentwickeln, hat die Deutsche Gesellschaft für Evaluation (DGEVAL) unabhängig von der jeweiligen Evaluationsmethode vier grundlegende Eigenschaften bzw. allgemeine Standards von Evaluationen beschrieben. Diese vier grundlegenden Eigenschaften sind **Nützlichkeit, Durchführbarkeit, Fairness** und **Genauigkeit** einer Evaluation (DeGEval 2016). Davon ausgehend wurden insgesamt 25 Einzelstandards ausdifferenziert, die sich an beteiligte Akteursgruppen einer Evaluation richten (z. B. Betriebsrat, BGF-Beauftragte, Geschäftsleitung, Führungskräfte etc.) und als Bezugspunkte zur Reflexion, zum Dialog der Akteursgruppen und insgesamt zur Qualität bei Planung und Durchführung von Evaluationen dienen (DeGEval 2016).

Für die Anwendung in der Praxis finden Sie bei den digitalen Extras eine Tabelle mit den Einzelstandards und mit relevanten Reflexionsfragen zur Evaluationsplanung und -durchführung von BGF-Maßnahmen. Ein Link zum Glossar der Deutschen Gesellschaft für Evaluation mit den in den Standards verwendeten zentralen Begrifflichkeiten findet sich ebenfalls bei den digitalen Extras bzw. (DeGEval 2016).

18.3 Herausforderungen von Evaluationen in der BGF

Je nach Bedarf können BGF-Angebote eine große Bandbreite von Themen adressieren. So können verhaltensbezogene BGF-Angebote zur Verbesserung bzw. dem Erhalt eines gesundheitsförderlichen Arbeits- und Lebensstils aus den Bereichen aller vier Handlungsfelder der Primärprävention (Bewegungsgewohnheiten, Ernährung, Stressmanagement, Suchtmittelkonsum) angeboten werden. Verhältnisbezogene Angebote können sich auf das Handlungsfeld der Beratung zur gesundheitsförderlichen Arbeitsgestaltung (Gestaltung von Arbeitstätigkeit und -bedingungen, gesundheitsgerechte Führung, gesundheitsförderliche Gestaltung betrieblicher Rahmenbedingungen) und das Handlungsfeld der überbetrieblichen Vernetzung und Beratung (Präventionsprinzip: Verbreitung und Implementierung von BGF durch überbetriebliche Netzwerke) beziehen (GKV-Spitzenverband 2021; GKV-Spitzenverband 2020).

BGF-Angebote als komplexe Intervention

Trotz dieser offensichtlichen Vielfalt an Möglichkeiten verhaltens- und verhältnisbezogener BGF-Interventionen haben alle BGF-Angebote eine Gemeinsamkeit, woraus sich auch spezifische Herausforderungen für die Evaluation ergeben: Alle verhaltens- und verhältnisbezogenen BGF-Angebote können bzw. müssen als **komplexe Interventionen** bezeichnet werden und dies muss nicht nur bei der Planung, sondern auch bei der Evaluation berücksichtigt werden. Somit kann bei der Evaluation von BGF-Angeboten nicht von einem linearen Ursache-Wirkungs-Modell ausgegangen werden, wonach das BGF-Angebot einen direkten ursächlichen Einfluss auf eine Veränderung oder den Zielparameter hat (vgl. Abb. 4).

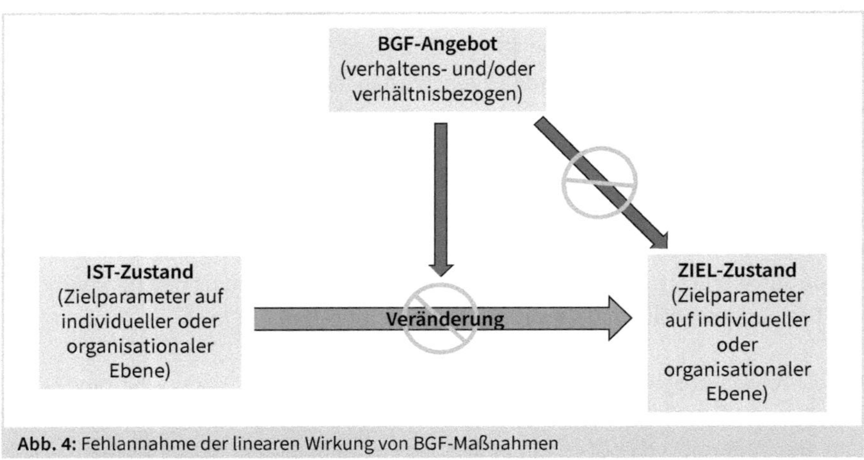

Abb. 4: Fehlannahme der linearen Wirkung von BGF-Maßnahmen

BGF-Angebote sind komplexe Interventionen, was bedeutet, dass diese in der Regel aus **verschiedenen Interventionskomponenten** bestehen, die in Wechselwirkung zueinander stehen bzw. stehen können (z. B. Präsenzangebote und digitale Angebote; Kombination von verhaltens- und verhältnisbezogenen Angeboten; BGF-Angebote aus verschiedenen Handlungsfeldern etc.). Zudem zeichnen sich komplexe Interventionen durch eine große **Heterogenität der Teilnehmenden** bzw. Zielgruppe aus. Es gibt z. B. Unterschiede im Alter, dem Gesundheitszustand und/oder der Gesundheitskompetenz oder auch dem soziodemografischen Hintergrund der Beschäftigten. Auch bezogen auf die **Anbieter und Anbieterinnen** trifft dieser Aspekt der Heterogenität zu, selbst bei vergleichbarem Qualifikationsniveau (z. B. geschlechtsspezifische Unterschiede, Alter, »Typ« etc.). Zudem gibt es eine Komplexität im Sinne einer großen **Bandbreite möglicher und relevanter Zielgrößen** und Effekte oder auch möglicher zielgruppenspezifischer Modifikationen der Maßnahme (Craig et al., 2008; Skivington et al., 2021). All diese Dimensionen der Komplexität müssen sowohl bei der Planung als auch der Evaluation von BGF-Interventionen berücksichtigt werden.

BGF in komplexen Settings

Über diese genannten Aspekte hinaus wird die Komplexität von BGF-Maßnahmen noch erhöht, da diese stets in der Lebenswirklichkeit, d. h. in **komplexen Settings** (z. B. einzelne Abteilungen oder auch ein komplettes Unternehmen), umgesetzt werden (Rickles, 2009). Dies ist wiederum mit einer unspezifischen Interdependenz (z. B. einer wechselseitigen Beeinflussung von BGF-Intervention und Unternehmenskultur), mit einer Offenheit im Sinne des Austauschs mit angrenzenden Systemen (z .B. Unternehmen und regionales Umfeld) sowie mit einer begrenzten Planbarkeit von Wirkungen aufgrund einer anzunehmenden Nicht-Linearität und einer gewissen Unvorhersehbarkeit der (Neben-)Wirkungen eines BGF-Angebots verbunden (Patton, 2011). Visualisiert man diese Dimensionen der Komplexität von BGF-Maßnahmen (vgl. Abb. 5), so wird offensichtlich, dass sich auch für die Evaluation spezifische Herausforderungen ergeben, die der Berücksichtigung verschiedener Evaluationsmethoden bedürfen (vgl. 18.2).

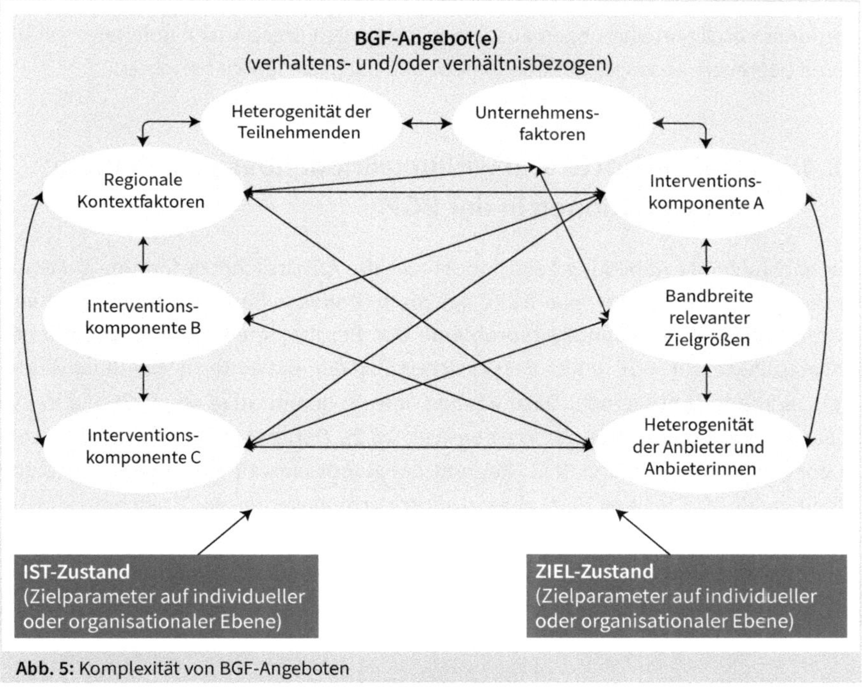

Abb. 5: Komplexität von BGF-Angeboten

Dies alles setzt für die Evaluation beispielsweise eine fundierte Annahme bzw. ein theoretisches Verständnis dazu voraus, warum und wie eine BGF-Maßnahme eine Veränderung bei der ausgewählten Zielvariable bewirken kann. Auch die zahlreichen möglichen Förderfaktoren und Barrieren bei der Implementierung einer BGF-Maßnahme gilt es folglich bei der Evaluation zu berücksichtigen. Durch begleitende formative Prozessevaluationen sollte ein Eindruck darüber gewonnen werden, ob eine BGF-Maßnahme aus inhaltlichen Gründen nicht wirksam war oder ob dies vielleicht eher auf Implementierungsprobleme oder eine mangelnde Durchführungsqualität zurückzuführen ist (z. B. Nicht Erreichen der Zielgruppe, nicht geeigneter Zeitpunkt oder Zeitraum der Maßnahme, geringe Teilnahmequoten etc.).

Zudem geht die Heterogenität der Zielgruppe in der Regel mit der Notwendigkeit einer größeren Stichprobe einher, um eine mögliche Wirksamkeit statistisch belegen zu können. Und im gleichen Zuge sollte man sich bei der Evaluation auch nicht auf eine einzelne Zielvariable festlegen, sondern mehrere Zielvariablen untersuchen, um zum einen die unterschiedlichen Interessen beteiligter Akteure angemessen berücksichtigen zu können und zum anderen auch möglichen unintendierte Nebeneffekten der BGF-Maßnahme erkennen zu können (Craig et al., 2008; Skivington et al., 2021).

Zu guter Letzt ist es bei der Ergebnisinterpretation äußerst wichtig, sehr konservativ vorzugehen. Das bedeutet, dass man keine unangemessenen Schlussfolgerungen und/oder Verallgemeinerungen aus den vorliegenden Ergebnissen ableitet und über deren begrenzte Aussagekraft transparent und nachvollziehbar berichtet.

18.4 Arbeitsschritte und wirkungsmodellbasierte Planung von Evaluationen in der BGF

Die nachfolgende Abbildung zeigt modellhaft die Arbeitsschritte für eine systematische Evaluationsplanung von BGF-Angeboten. Dabei sollten im ersten Schritt **versorgungsrelevante Gesundheitsprobleme** der Beschäftigten und **organisationale Ansatzpunkte** zur BGF unter Berücksichtigung der präventiven Handlungsfelder (vgl. 18.3) ermittelt werden. Dazu können sowohl quantitative als auch qualitative Evaluationsansätze eingesetzt werden (vgl. 18.2). Darüber hinaus kann bzw. sollte entsprechende Literatur (z. B. Reports der Bundesanstalt für Arbeitsschutz und Arbeitsmedizin (z. B. baua 2021) ebenso berücksichtigt werden wie Branchen- und Gesundheitsberichte (z. B. BGF GmbH 2021; Techniker Krankenkasse 2021). Darauf aufbauend werden im zweiten Schritt die **vielversprechenden Interventionen ermittelt,** die praktisches Lösungs- bzw. Verbesserungspotenzial und wissenschaftliche Evidenz für die Verbesserung der identifizierten Gesundheitsprobleme aufweisen.

Für die konkrete Evaluationsplanung der eingesetzten BGF-Angebote sollte im dritten Schritt ein **Wirkungsmodell** entwickelt werden (siehe unten). Dieses ermöglicht dann eine systematische **Evaluation** der *Machbarkeit* (z. B. Akzeptanz und Nutzung der Angebote), der *Wirksamkeit* (inkl. Kosten-Effektivität) und der *Implementierung* (u. a. Übertragbarkeit auf das spezifische Unternehmenssetting) der BGF-Angebote unter Berücksichtigung der Standards für Evaluationen (vgl. 18.2).

Über alle Arbeitsschritte hinweg ist dabei sowohl der Input von betrieblichen Praxisakteuren (Problemidentifikation, Umsetzbarkeit des BGF-Angebots sowie der Evaluation in der Alltagsroutine, relevante Evaluationsziele etc.) als auch aus der wissenschaftlichen Perspektive (Recherchearbeit, Theoriebildung, Evaluationskompetenzen etc.) zu integrieren (vgl. Abbildung 6)

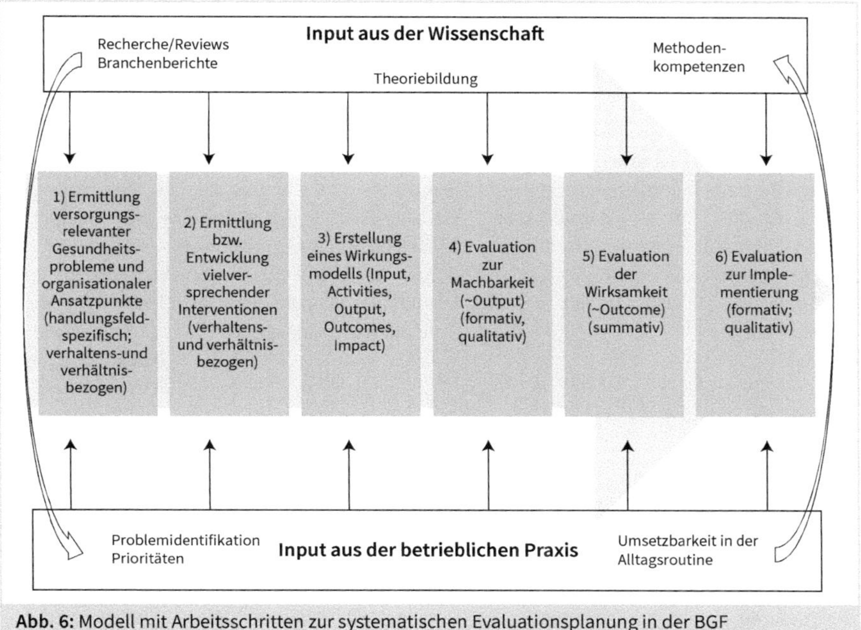

Abb. 6: Modell mit Arbeitsschritten zur systematischen Evaluationsplanung in der BGF

wirkungs-modellbasierte Evaluations-planung

Für die konkrete Planung einer systematischen Evaluation hat sich die Arbeit mit Wirkungsmodellen als sehr gewinnbringend erwiesen. Wirkungsmodelle veranschaulichen, in der Regel grafisch, die Veränderung eines intendierten **Zielparameters (Outcome)** durch eine oder mehrere darauf ausgerichtete verhaltens- und/oder verhältnisbezogene **BGF-Angebote (Activity/Activities).** Dabei bietet ein Wirkungsmodell allerdings mehr als eine rein grafische Darstellung und umfasst auch die zugrundeliegenden Theorien zur geplanten Veränderung (z. B. aus der Gesundheitspsychologie, der Organisationssoziologie etc.), die notwendigen **Ressourcen (Input)** und relevante Aspekte der spezifischen **Prozessbewertung (Output).**

Grundsätzlich sind sowohl die Anwendungsbereiche als auch die Arten von Logic Models vielfältig: Während zur Maßnahmenentwicklung häufig Modelle des Intervention Mapping (Eldredge et al., 2016) eingesetzt werden, eignet sich für die Evaluationsplanung vor allem das Modell der W. K. Kellogg Foundation (W.K. Kellogg Foundation 1998). Diese Art des Logic Model umfasst fünf Standardkomponenten und bietet insbesondere vor dem Hintergrund der Herausforderungen bei der Evaluation komplexer BGF-Angebote (vgl. 18.3) eine gute Grundlage zur Systematisierung einer Evaluation. Dies gilt sowohl für Evaluationen zu Fragestellungen über die Machbarkeit (Output) als auch zu Fragestellungen hinsichtlich der Veränderung (Outcome). Tabelle 1 zeigt und beschreibt die Standardkomponenten eines Logic Models zur Evaluationsplanung im BGF-Kontext.

Maßnahmenplanung		Maßnahmenevaluation		
Input	**Activity**	**Output**	**Outcome**	**Impact**
Definition:				
Personelle, finanzielle, betriebliche und regional-kommunale Ressourcen, die für das BGF-Angebot notwendig sind	Verhaltens- und/oder verhältnisbezogene BGF-Angebote (innerbetrieblich und/oder überbetrieblich; digital und/oder Präsenz)	Struktur- und Prozessbewertung der jeweiligen Activity (formative Evaluation)	Summative Evaluation der angestrebten Veränderungen auf individueller und/oder organisationaler Ebene	Übergeordnete Ziele, in die ein BGF-Angebot eingebettet ist, die aber in der Regel zu komplex und distal sind, um sie mit einer Maßnahme zu adressieren
Beispiele:				
Finanzielle Mittel, Personalmittel, Räumlichkeiten, externe Unterstützung für die Durchführung, Zugangswege, Netzwerke und Kontakte, Informationsmaterialien etc.	**Verhaltensebene:** Angebote zum Umgang mit Stress, Bewegungsförderungsangebote, Ergonomieberatung etc. **Verhältnisebene:** Steuerungskreise, räumliche Veränderungen etc.	Anzahl der einzelnen Angebote, Nutzung und Bewertung (z. B. Akzeptanz, Zufriedenheit)	**Verhaltensebene:** Wissen, Gesundheitskompetenz, Stressreduktion, Schmerzreduktion etc. **Verhältnisebene:** Präventionsinfrastruktur, Unternehmenskultur, Sozialkapital, organisationale Gesundheitskompetenz etc.	**Verhaltensebene:** Beitrag zur Reduktion des Bewegungsmangels in Deutschland, Beitrag zur Verbesserung der Lebensqualität etc. **Verhältnisebene:** Beitrag zur Mitarbeiterbindung, Beitrag zur Verbesserung der Beschäftigtensituation in einer bestimmten Branche etc.

Tab. 1: Standardkomponenten eines Logic Model im BGF-Kontext

Diese Standardkomponenten des Logic Model ermöglichen einen systematischen und visuellen Ansatz, um das Verständnis im Hinblick auf die Zusammenhänge zwischen den Ressourcen, die für das BGF-Angebot notwendig sind (Input), den BGF-Angeboten (Activities), deren Prozessbewertung (Output) und den Veränderungen (Outcome) darzustellen – was eine Grundvoraussetzung für eine systematische Evaluation einer komplexen Intervention ist. Dabei werden externe Faktoren (z. B. Heterogenität der Teilnehmenden, mögliche umweltbezogene Stör- oder Einflussvariablen) zwar meist nicht in die Darstellung einbezogen, sie sollten aber bei einer Evaluation in Form von Subgruppenanalysen und/oder adjustierten Auswertungen mit einbezogen werden.

Abbildung 7 zeigt abschließend ein exemplarisches Logic Model zur Evaluation einer verhaltens- und verhältnisbezogenen BGF-Maßnahme.

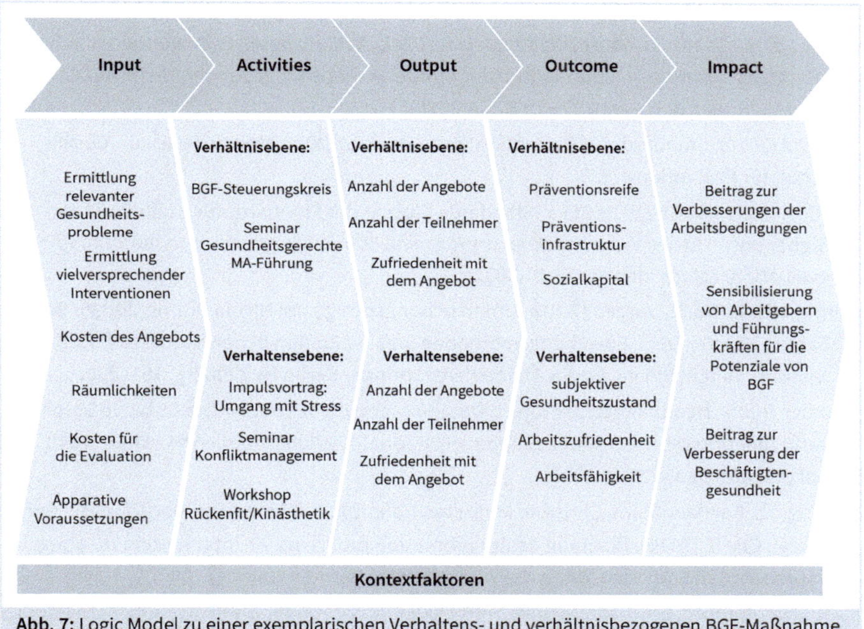

Abb. 7: Logic Model zu einer exemplarischen Verhaltens- und verhältnisbezogenen BGF-Maßnahme

Literatur

Badura, Bernhard./Walter, Uta./Hehlmann, Thomas. (2010). Standards des Betrieblichen Gesundheitsmanagements. In: Bernhard. Badura/Uta. Walter/Thomas. Hehlmann (Eds.). Betriebliche Gesundheitspolitik. Der Weg zur gesunden Organisation. 2nd ed. Berlin/ Heidelberg, Springer, 147–161.

baua (2021). Arbeitsweltberichterstattung. Verfügbar unter: https://www.baua.de/DE/Themen/Arbeitswelt-und-Arbeitsschutz-im-Wandel/Arbeitsweltberichterstattung/Arbeitsweltberichterstattung_node.html (abgerufen am 23.11.2021).

Baur, Nina/Kelle, Udo/Kuckartz, Udo (2017). Mixed Methods – Stand der Debatte und aktuelle Problemlagen. KZfSS Kölner Zeitschrift für Soziologie und Sozialpsychologie 69 (S2), 1–37. https://doi.org/10.1007/s11577-017-0450-5.

Bayerisches Landesamt für Gesundheit und Lebensmittelsicherheit (2010). Evaluation in der Gesundheitsförderung. Eine Schritt-für-Schritt-Anleitung für Gesundheitsförderer. Erlangen, Bayerisches Landesamt für Gesundheit und Lebensmittelsicherheit.

BGF GmbH (2021). BGF GmbH: Gesundheitsberichte. Verfügbar unter: https://www.bgf-institut.de/service/gesundheitsberichte/ (abgerufen am 23.11.2021).

BGF-Koordinierungsstellen (2021). Betriebliche Gesundheitsförderung erklärt – BGF Koordinierungsstelle. Verfügbar unter: https://bgf-koordinierungsstelle.de/bgf-erklaert/ (abgerufen am 2.11. 2021).

Craig, Peter/Dieppe, Paul/Macintyre, Sally/Michie, Susan/Nazareth, Irwin/Petticrew, Mark (2008). Developing and evaluating complex interventions: new guidance // Developing and evaluating complex interventions: the new Medical Research Council guidance. Medical Research Council (MRC) 337, a1655. https://doi.org/10.1136/bmj.a1655.

deBock, Freia/Dietrich, Martin/Rehfuess, Eva (2020). Evidenzbasierte Prävention und Gesundheitsförderung. Memorandum der Bundeszentrale für gesundheitliche Aufklärung (BZgA). https://doi.org/10.17623/BZGA:2020-EPGF-DE-1.0.

DeGEval (2016). Standards für Evaluation. Erste Revision 2016. Mainz, DeGEval – Gesellschaft für Evaluation e. V.

DeGEval (2021). DeGEval: DeGEval-Standards Glossar der Standards für Evaluation. Verfügbar unter: https://www.degeval.org/degeval-standards/glossar-der-standards-fuer-evaluation/ (abgerufen am 23.11.2021).

Döring, Nicola/Bortz, Jürgen (2016). Untersuchungsdesign. In: Nicola Döring/Jürgen Bortz/Sandra Pöschl (Eds.). Forschungsmethoden und Evaluation in den Sozial- und Humanwissenschaften. 5th ed. Berlin, Heidelberg, Springer Berlin Heidelberg, 181–220.

Effective Public Health Practice Project. Quality Assessment Tool for Quantitative Studies. Verfügbar unter: https://www.ephpp.ca/PDF/Quality%20Assessment%20Tool_2010_2.pdf (abgerufen am 25.10.2021).

Eldredge, L. Kay/Markham, Christine M./Ruiter, Robert A. C./Fernández, María E./Kok, Gerjo/Parcel, Guy S. (2016). Planning health promotion programs. An intervention mapping approach. San Francisco, CA, Jossey-Bass a Wiley Brand.

Flick, Uwe/Kardorff, Ernst von/Steinke, Ines (2008). Was ist qualitative Forschung? Einleitung und Überblick. In: Uwe Flick/Ernst von Kardorff/Ines Steinke (Eds.). Qualitative Forschung. Ein Handbuch. 6th ed. Reinbek bei Hamburg, Rowohlt Taschenbuch Verlag, 12–29.

GKV-Spitzenverband (2021). Leitfaden Prävention – GKV-Spitzenverband. Verfügbar unter: https://www.gkv-spitzenverband.de/krankenversicherung/praevention_selbsthilfe_beratung/praevention_und_bgf/leitfaden_praevention/leitfaden_praevention.jsp (abgerufen am 12.11.2021).

GKV-Spitzenverband (Hrsg.) (2020). Leitfaden Prävention Handlungsfelder und Kriterien nach § 20 Abs. 2 SGB V. Verfügbar unter: https://www.gkv-spitzenverband.de/media/dokumente/krankenversicherung_1/praevention__selbsthilfe__beratung/praevention/praevention_leitfaden/Leitfaden_Pravention_2020_barrierefrei.pdf (abgerufen am 12.11.2021).

Haack, Gina/Haß, Wolfgang (2020). Evaluation. https://doi.org/10.17623/BZGA:224-i016-1.0.

Khan, Khalid S./Kunz, Regina/Kleijnen, Jos/Antes, Gerd (2004). Systematische Übersichten und Meta-Analysen. Berlin, Heidelberg, Springer Berlin Heidelberg.

Kramer, Ina/Sockoll, Ina/Bödeker, Wolfgang (2009). Die Evidenzbasis für betriebliche Gesundheitsförderung und Prävention – Eine Synopse des wissenschaftlichen Kenntnisstandes. In: Bernhard Badura/Helmut Schröder/Christian Vetter (Eds.). Betriebliches Gesundheitsmanagement. Kosten und Nutzen. Heidelberg, Springer Medizin, 64–76.

Kromrey, Helmut (2001). Evaluation – ein vielschichtiges Konzept: Begriff und Methodik von Evaluierung und Evaluationsforschung, Empfehlungen für die Praxis. Sozialwissenschaften und Berufspraxis (24 (2)), 105–131. Verfügbar unter: https://nbn-resolving.org/urn:nbn:de:0168-ssoar-37648.

Kuckartz, Udo/Dresing, Thorsten/Rädiker, Stefan/Stefer, Claus (2008). Qualitative Evaluation. Der Einstieg in die Praxis. 2nd ed. Wiesbaden, VS Verlag für Sozialwissenschaften.

Lamnek, Siegfried (1995). Qualitative Sozialforschung. Weinheim, Beltz PVU.

LZG NRW (Hrsg.) (2021). Evaluationstools.de – LZG.NRW. Verfügbar unter: https://www.lzg.nrw.de/ges_foerd/qualitaet/evaluationstools/index.html (abgerufen am 12.11.2021).

Medizinischer Dienst des Spitzenverbandes Bund der Krankenkassen (Ed.) (2020). Präventionsbericht 2020. Leistungen der gesetzlichen Krankenversicherung: Primärprävention und Gesundheitsförderung Leistungen der sozialen Pflegeversicherung: Prävention in stationären Pflegeeinrichtungen Berichtsjahr 2019. Berlin/Essen.

Patton, Michael Quinn (2011). Developmental evaluation. Applying complexity concepts to enhance innovation and use. New York, NY, Guilford Press.

Pelikan, Jürgen M./Dietscher, Christina/Novak-Zezula, Sonja (1998). Evaluation als Strategie der Qualitätssicherung in der Gesundheitsförderung. Probleme, Ansätze, Beispiele. In: Wolfgang Dür/Jürgen M. Pelikan (Eds.). Qualität in der Gesundheitsfärderung. Ansätze und Beispiele zur Qualitätsentwicklung und Evaluation. Wien, Facultas-Univ.-Verl., 11–40.

Rehfuess, Eva A./Zhelyazkova, Ana/Philipsborn, Peter von/Griebler, Ursula/Bock, Freia de (2021). Evidenzbasierte Public Health: Perspektiven und spezifische Umsetzungsfaktoren. Bundesgesundheitsblatt, Gesundheitsforschung, Gesundheitsschutz 64 (5), 514–523. https://doi.org/10.1007/s00103-021-03308-x.

Rickles, Dean (2009). Causality in complex interventions. Medicine, health care, and philosophy 12 (1), 77–90. https://doi.org/10.1007/s11019-008-9140-4.

Röhrig, Bernd/Du Prel, Jean-Baptist/Wachtlin, Daniel/Blettner, Maria (2009). Types of study in medical research: part 3 of a series on evaluation of scientific publications. Deutsches Arzteblatt international 106 (15), 262–268. https://doi.org/10.3238/arztebl.2009.0262.

Sayed, Mustapha/Brandes, Iris (2021). BGM vor dem Hintergrund des Präventionsgesetzes und des digitalen Wandels. In: David Matusiewicz/Claudia Kardys/Volker Nürnberg (Eds.). Betriebliches Gesundheitsmanagement: analog und digital. Berlin, MWV Medizinisch Wissenschaftliche Verlagsgesellschaft, 20–28.

Schaller, Andrea/Exner, Anne-Kathrin/Wild, Burkhard/Sauzet, Odile (2018). »Dann können wir endlich zeigen, dass das was bringt«. B&G Bewegungstherapie und Gesundheitssport 34 (05), 225–231. https://doi.org/10.1055/a-0670-5239.

Schrappe, Matthias/Pfaff, Holger (2017). Einführung in Konzept und Grundlagen der Versorgungsforschung. In: Holger Pfaff/Edmund Neugebauer/Gerd Glaeske et al. (Eds.). Lehrbuch Versorgungsforschung. Systematik – Methodik – Anwendung. 2nd ed. Stuttgart, Schattauer.

Skivington, Kathryn/Matthews, Lynsay/Simpson, Sharon Anne/Craig, Peter/Baird, Janis/Blazeby, Jane M./Boyd, Kathleen Anne/Craig, Neil/French, David P./McIntosh, Emma/

Petticrew, Mark/Rycroft-Malone, Jo/White, Martin/Moore, Laurence (2021). Framework for the development and evaluation of complex interventions: gap analysis, workshop and consultation-informed update. Health technology assessment (Winchester, England) 25 (57), 1–132. https://doi.org/10.3310/hta25570.

Techniker Krankenkasse (2021). Gesundheitsreporte. Techniker Krankenkasse of 2021. Verfügbar unter: https://www.tk.de/firmenkunden/service/gesund-arbeiten/gesundheitsberichterstattung/gesundheitsreport-2021-2033772?tkcm=ab (abgerufen am 23.11.2021).

Thomas, B. H./Ciliska, Donna/Dobbins, Maureen/Micucci, Sandra (2004). A process for systematically reviewing the literature: providing the research evidence for public health nursing interventions. Worldviews on evidence-based nursing 1 (3), 176–184. https://doi.org/10.1111/j.1524-475X.2004.04006.x.

Tong, Allison/Sainsbury, Peter/Craig, Jonathan (2007). Consolidated criteria for reporting qualitative research (COREQ): a 32-item checklist for interviews and focus groups. International journal for quality in health care : journal of the International Society for Quality in Health Care 19 (6), 349–357. https://doi.org/10.1093/intqhc/mzm042.

Unger, Hella von (Ed.) (2014). Partizipative Forschung. Wiesbaden, Springer Fachmedien Wiesbaden.

W.K. Kellogg Foundation (1998). W.K. Kellogg Foundation Logic Model Development Guide. Battle Creek, Michigan, W.K. Kellogg Foundation.

Wetzstein, Annekatrin (2016). Evaluation von Betrieblichem Gesundheitsmanagement. In: Mario A. Pfannstiel/Harald Mehlich (Eds.). Betriebliches Gesundheitsmanagement. Wiesbaden, Springer Fachmedien, 371–380.

19 Verfahren und Methoden der Datenerhebung im BGM

Martin Lange, Volker Nürnberg

Die für die Evaluation notwendigen Daten werden mittels verschiedener methodischer Verfahren erhoben. In einem sehr heterogenen Forschungsfeld ist es wichtig, die Qualität der Daten für die Vergleichbarkeit und Bewertung hochzuhalten. Praktisch kommen teils unterschiedliche Verfahren zum Einsatz oder in kombinierter Form als Methodenmix. Das Ziel des Beitrages ist es, eine Übersicht über die wesentlichen Datenerhebungsverfahren zu geben, die im Rahmen des Betrieblichen Gesundheitsmanagements zum Einsatz kommen. Zunächst wird auf grundlegende Aspekte der Datenerhebung eingegangen (Kapitel 19.1) und es werden Arten der Datenerhebungen vorgestellt (Kapitel 19.2). Zum besseren Verständnis und zur Einordnung der einzelnen Verfahren werden die wissenschaftlichen Gütekriterien Objektivität, Reliabilität und Validität erläutert (Kapitel 19.3). Im Nachgang geht der Beitrag auf die Beobachtungs-, Interview- und Fragebogenmethode (Kapitel 19.4 bis 19.6) näher ein. Abschließend werden weitere Verfahren in einer zusammenfassenden Darstellung eingeordnet (19.7).

19.1 Übergeordnete Aspekte der Datenerhebung

Entstehung von Daten

Daten spielen im Rahmen der Evaluation eine zentrale Rolle. Ihre Erfassung ist teils sehr komplex. Von großer Bedeutung ist daher die Frage der Entstehung der Daten, die für eine Bewertung herangezogen werden. Der Prozess der Datenerhebung erstreckt sich damit von der Zielfestlegung über die Kennzahlen, die ausgewählten Assessmentverfahren bis hin zur Datenerhebung im Betrieb und deren Auswertung (Kromrey et al., 2016). In diesem Zusammenhang sind im Vorfeld vier wesentliche Aspekte zu beachten, wenn es um die Vorbereitung und die Auswahl eines Instruments zur Datenerhebung geht:

- das System (Setting) und seine Bedingungen, in dem die Daten erhoben werden,
- das gewünschte Konstrukt (z. B. Mitarbeiterzufriedenheit, Gesundheit etc.), das die festgelegten Zielgrößen (Kennzahlen) abbildet,
- die Methode und deren Güte (bspw. Fragebogen, Interview etc.), mit der die Daten erhoben werden und
- die Operationalisierung des Konstruktes durch das gewählte Datenerhebungsverfahren.

Testbedingungen im Betrieb

Eine präzise und objektive Bewertung von Daten hinsichtlich der Wirkungsrichtung und der Wirkungsstärke von Maßnahmen ist nur dann möglich, wenn Daten objektiv, valide, reliabel, möglichst verzerrungsfrei und unter standardisierten Bedingungen erfasst werden. Optimale Voraussetzungen für eine solche Datengewinnung herrschen in der Regel in Laboren, wo nahezu alle Testbedingungen sehr gut zu kontrollieren sind (Sedlmeier & Renkewitz, 2018). In der Feldforschung hingegen sind die Bedingungen teils sehr volatil, oftmals von Störgrößen beeinflusst und bei größeren Stichproben nicht immer objektiv zu erfassen. Das Betriebliche Gesundheitsmanagement ist ein solches »Feld« (Setting), wo verschiedenste Kulturen, Testbedingungen und Testszenarien sowie unterschiedliche Anforderungen an inhaltliche Bereiche aufeinandertreffen. Die Testbedingungen lassen sich damit als sehr heterogen charakterisieren. Voraussetzungen zur Vergleichbarkeit von Daten im Sinne eines Soll-Ist-Abgleichs zu schaffen, ist folglich von zentraler Bedeutung (Döring & Bortz, 2016).

19.2 Arten der Datenerhebung

Breites Spektrum an Verfahren

In Abhängigkeit von der Zielsetzung, den zu erfassenden Kennzahlen und den Bedingungen im Betrieb kommen unterschiedliche Arten der Datenerhebung zum Einsatz. Die Vielfalt der Verfahren, die im Rahmen des Betrieblichen Gesundheitsmanagements zum Einsatz kommen, erstreckt sich von medizinischen Tests bis hin zu sozialwissenschaftlichen Verfahren. Döring und Bortz (2016, 321) differenzieren diese zunächst aus einer allgemeinen Systematik heraus wie folgt:

- Beobachtung:
  - Begehungen
  - Beobachtung
- Interview
  - Standardisiertes Interview
  - Teilstandardisiertes Interview
- Fragebogen
  - Psychologischer Fragebogen
  - Selbstentwickelter Fragebogen
  - Checklisten, Prüflisten und -kataloge
- Weitere Verfahren
  - Psychologische Test
  - Physiologische Testung
  - Gruppenverfahren

Erhebung, Verarbeitung und Speicherung von Daten

Neben der Einteilung der Verfahren ergeben sich für den Auswahlprozess eines optimalen Erhebungsverfahrens für ein konkretes Setting weitere Perspektiven. Dazu gehören die Art der Datenverarbeitung und -speicherung (analog/digital), die Art der Datenerhebung (subjektiv/objektiv) (Formazin & Schütte, 2019) und die Untersuchungsmethodik (quantitativ/qualitativ) (Döring & Bortz, 2016). Die ergänzende Berücksichtigung weiterer Perspektiven erhöht einerseits den Komplexitätsgrad, hilft jedoch in komplexen Settings potenzielle Qualitätsverluste zu verhindern.

Zu den genannten Arten der Datenverarbeitung:

- subjektiv und objektiv: Bezieht sich darauf, wie die Daten gemessen werden. Objektive Messverfahren sind technische Messverfahren, die nicht auf Selbstauskunft beruhen. Zu den subjektiven Verfahren gehören bspw. Fragebögen oder Interviews.
- analog und digital: Bezieht sich darauf, wie die Daten erfasst und gespeichert (bzw. verarbeitet) werden. Bei analogen Verfahren werden Daten von einer Person festgehalten. Digitale Verfahren halten die Messung direkt elektronisch fest. Fragebögen können in Industriehallen mit einem schlechten Zugang zu Computern analog in Papierform eingesetzt werden, im gleichen Betrieb an Schreibtischarbeitsplätzen in digitaler Form.
- quantitativ und qualitativ: Bezieht sich auf die Methodik der Datengenerierung und deren Standardisierungsgrad. Qualitative Verfahren finden Anwendung, wenn es um offene, explorative Suchprozesse geht, wohingegen quantitative Verfahren hochstandardisiert Zahlen erfassen und Merkmale messbar machen. Zu den qualitativen Verfahren gehören bspw. Interviews oder Beobachtungen, zu den quantitativen Verfahren entsprechend Fragebögen oder medizinische Messverfahren wie die Blutdruckmessung.

Methodenmix

Mit der Vielfalt an Perspektiven können komplexe Settings strukturiert werden. In der Praxis ergeben sich oftmals Situationen, in denen nicht das eine Verfahren eingesetzt werden kann, sondern ein Mix aus verschiedenen Instrumenten und Untersuchungsphasen (Kelle, 2019). So wird beispielsweise ein quantitatives, subjektives Verfahren wie der Fragebogen als Screening-Methode eingesetzt, um großflächig im gesamten Betrieb Risiken und Auffälligkeiten zu ermitteln (bspw. Zufriedenheit, subjektives Stressempfinden o. ä.) (Huber, 2019). In einem zweiten Schritt kommen dann tiefergehende Assessmentverfahren zum Einsatz wie bspw. Gruppeninterviews oder Beobachtungen bei einer auffälligen Abteilung oder einer Personengruppe.

Ein weiterer, mitunter entscheidender Aspekt besteht in der Abwägung zwischen der Anwendbarkeit und der wissenschaftlichen Güte. Die wissenschaftliche Güte ergibt sich aus den Gütekriterien Objektivität, Reliabilität und Validität (vgl. Kapitel 19.3). Die Anwendbarkeit umfasst Aspekte wie Stichprobengröße, Kosten und Aufwand. Sollen bei einem Gesundheitstag medizinische Daten wie das Körperfett oder ein körperlicher Leistungstest angeboten werden, können aufwendige, aber hochgenaue Verfahren wie die Bioimpedanzanalyse oder eine Spiroergometrie eingesetzt werden. Bei den genannten Verfahren ist bei sauberer Anwendung die wissenschaftliche Güte äußerst hoch, jedoch mit sehr hohen Kosten, umfangreichen Vorbereitungen und hohem Untersuchungsaufwand verbunden, weshalb diese Verfahren insgesamt eine geringere Anwendung finden. Bei großen Belegschaften ist daher auf alternative, schnellere und günstigere Verfahren mit akzeptabler wissenschaftlicher Güte zurückzugreifen (vgl. Abbildung 1).

situations- und zielangemessenes Verfahren

Die Art der Datenerhebung hat einen entscheidenden Einfluss auf die Datenqualität, die zur Bewertung von Ausprägungen oder Veränderungen herangezogen werden. Das Setting Betrieb ist äußerst komplex und von zahlreichen Störgrößen geprägt, die einen Einfluss auf die Datenqualität haben. Vor diesem Hintergrund ist es entscheidend, für die jeweilige Situation (in Abhängigkeit von Kennzahlen, Zweck und den situativen Bedingungen) ein möglichst passendes Verfahren auszuwählen (Krause und Deufel 2014).

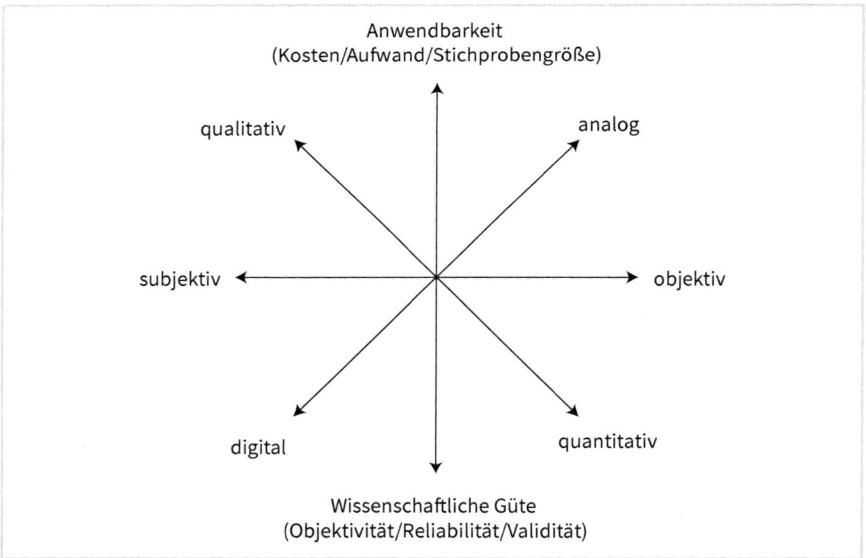

Abb. 1: Allgemeine Strukturierungsperspektiven von Verfahren zur Datenerhebung; eigene Darstellung

!

Merken Sie sich bitte:

Prioritäten setzen: Ziele und Zweck einer Befragung

Im betrieblichen Setting kann es im Rahmen von Befragungen zu divergierenden Zielen und Zwecken kommen. Der Betriebsrat legt hohen Wert auf Befragungen unter Einhaltung aller Vorgaben der Datensicherheit, während die Geschäftsführung die Vergleichbarkeit von Kennzahlen, wie es dem Controlling entspricht, in den Vordergrund stellt und der BGM-

Beauftragte möglichst alle Menschen mit in die Befragung einschließen möchte. Es kommt folglich zu einem Interessenskonflikt. Für jeden Stakeholder (Arbeitnehmervertretung, Geschäftsführung und BGM-Beauftragten) gibt es eine angemessene Lösung, nicht jedoch für alle Interessen auf einmal. So können sehr flache Screenings mit wenig Informationstiefe eingesetzt werden, sodass kaum Möglichkeiten einer Nachverfolgung bestehen. Die Ziele der Geschäftsführung könnten mit Verfahren hoher wissenschaftlicher Güte und Vergleichbarkeit erreicht werden, wohlwissend um die Gefahr einer geringen Teilnahme. Für die BGM-Beauftragten kommen auf der anderen Seite Verfahren in Betracht, die mehrsprachig, und niedrigschwellig im Zugang für alle Beteiligten sind.
Eine zentrale Aufgabe besteht nun darin, ein gemeinsames Ziel zu formulieren und zu priorisieren, damit ein passendes Verfahren gewählt werden kann. Im Vorfeld der Datenerhebung sollten dann alle Vor- und Nachteile eines Verfahrens transparent gegenüber den Stakeholdern kommuniziert werden.

19.3 Gütekriterien von Datenerhebungsverfahren

Die heterogenen Testvoraussetzungen erfordern neben einer möglichst standardisierten Gestaltung der Testbedingungen (z. B. Erfassung zu vergleichbaren Zeiträumen) insbesondere eine entsprechende Robustheit der jeweiligen Datenerhebungsmethode mit dem Ziel, die Qualität der zu erhebenden Daten hochzuhalten. Ein Datenerhebungsverfahren sollte die wissenschaftlichen Gütekriterien daher angemessen erfüllen (Döring & Bortz, 2016):

- Objektivität: Beschreibt den Grad, in dem die Ergebnisse eines Tests unabhängig vom Untersucher sind (Goddard, 1973). (Bühner, 2021, 568) unterscheidet Durchführungs-, Auswertungs- und Interpretationsobjektivität.
- Reliabilität: Beschreibt die Messgenauigkeit eines Verfahrens bzw. den Grad der Zuverlässigkeit eines Messwertes.
- Validität: Gibt an, ob ein Test das Konstrukt misst, das er zu messen beansprucht. Im Kontext des BGM ist vor allem die Konstruktvalidität von Relevanz.

Objektivität

Durchführungs-, Auswertungs- und Interpretationsobjektivität

Unabhängig davon, ob ein Fragebogen, ein Interview oder eine Beobachtung zur Datenerhebung genutzt wird, darf die Durchführung des Verfahrens nicht von Erhebung zu Erhebung variieren. Ferner dürfen die Ergebnisse nicht von einer Person abhängig sein. Dies ermöglicht die Vergleichbarkeit von Werten, wenn es bspw. um die Erfassung einer Veränderung geht oder wenn Gruppen miteinander verglichen werden sollen (bspw. Abteilungen) (Bühner, 2021). Es ist daher von zentraler Bedeutung, den Test unter möglichst gleichen Bedingungen durchzuführen (Durchführungsobjektivität). Das gilt für die Auswertung gleichermaßen (Auswertungsobjektivität). Die Auswertung eines Tests erfolgt entlang eines Manuals oder im Vorfeld festgelegter Auswertungsschritte. Beobachtungen und Interviews sollten ebenso einem detaillierten Auswertungsschema folgen, sodass keine Abhängigkeit zu einem einzelnen Untersucher entsteht (Interpretationsobjektivität).

Reliabilität

Messgenauigkeit eines Verfahrens

Die Reliabilität entspricht dem Grad der Messgenauigkeit eines Verfahrens. Eine hohe Reliabilität ergibt sich aus einem möglichst »wahren« Messwert mit einem möglichst kleinen Fehleranteil (Bühner, 2021, 598). In der Praxis sind wahre Messwerte ohne Fehleranteile aufgrund von situativen Störgrößen, Lerneffekten oder Missverständnissen kaum vorzufinden. Auch durch einen Test selbst können Fehler entstehen, wenn beispielsweise die Merkmale in einem selbstentwickelten Fragebogen ungenau formuliert sind. Ein reliabler Test erhebt bei einer wiederholten Messung bei den gleichen Personen unter gleichen Bedingungen exakt die gleichen Messwerte, sofern sich diese nicht geändert haben. Eine Korrelation der beiden Messwerte ergibt in diesem Fall den Wert 1 (reliabel). Besteht kein Zusammenhang, so liegt der Wert der Korrelation nahe dem Wert 0 (unreliabel). Als ausreichend reliabel gelten Verfahren mit einem Reliabilitätskoeffizienten von 0,80 oder höher. Ab 0,90 besteht eine hohe Reliabilität. Bei Wiederholungsmessungen kann die Test-Retest-Reliabilität und bei Einmalerhebungen die Testhalbierungsmethode (Split-Half-Reliabilität) berechnet werden (Bühner, 2021, 598 ff.).

!

Merken Sie sich bitte:

Reliabilität eines Verfahrens

Ist eine Frage in einem Fragebogen ungenau formuliert, kann dies bei Anwendung unter gleichen Bedingungen zu unterschiedlichen Ergebnissen führen. Ein gutes Beispiel ist die Frage nach der Anzahl an Schritten mit einem Bezugszeitraum wie »in den vergangenen 7 Tagen« versus »in der vergangenen Woche«. Befragte haben bei der Angabe »eine Woche« möglicherweis unterschiedliche Vorstellungen. Unter der Annahme von »einer Woche« mit 5-Tagen geben sie höchstwahrscheinlich andere Werte bei derselben Frage an, als wenn sie von einem Bezugszeitraum von 7 Tagen ausgehen.

Validität

Im Kontext der Validität wird geprüft, ob ein Verfahren das erfasst, was es zu messen beansprucht. Die Validität differenziert zwischen Inhalts-, Kriteriums- und Konstruktvalidität. Die Inhaltsvalidität umfasst die Präzision von Items (Fragebogen) oder Fragen (Interview) hinsichtlich des zu erfassenden Merkmals (bspw. Gesundheitszustand). Die Frage »Wie fühlen Sie sich derzeit?« erfasst den Gesundheitszustand globaler und unpräziser als die Frage »Wie bewerten Sie Ihre mentale Gesundheit in den vergangen vier Wochen?«. Eine hohe Inhaltsvalidität ist folglich ein zentraler Aspekt der Güte eines Verfahrens und hängt damit unmittelbar mit der Reliabilität zusammen (vgl. Abbildung 2) (Döring & Bortz, 2016; Moss, 1994).

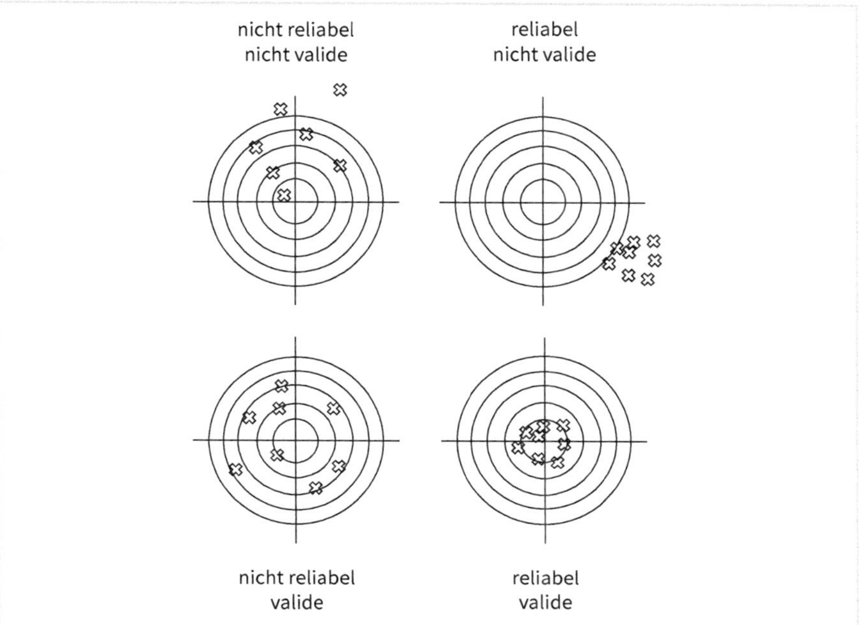

Abb. 2: Grafische Darstellung des Zusammenspiels von Reliabilität (Zuverlässigkeit) und Validität (Gültigkeit).

Dimensionsstruktur

Wenn zwischen einem Messverfahren und den inhaltlich interessierten Konstrukten ein hoher inhaltlicher Zusammenhang besteht, so spricht man von Konstruktvalidität. Die Konstruktvalidität hängt damit im weiteren Sinne mit der Kriteriums- und der Inhaltsvalidität zusammen (Bühner, 2021, 603), da sich der Inhalt eines Tests strukturell als Konstrukt (bspw. durch die faktorielle Struktur) widerspiegeln sollte. Ein theoretisches Konstrukt bezeichnet in der Sozialwissenschaft Variablen, die nicht direkt beobachtbar, also latent, sind. Im Betrieblichen Gesundheitsmanagement sind dies bspw. Mitarbeiterzufriedenheit, Unternehmenskultur, Resilienz oder gesunde Führung. Diese theoretischen Konstrukte können sich durch verschiedene modelltheoretische Einflüsse in ihrer Dimensionsstrukturen stark voneinander unterscheiden. In Tabelle 1 sind die abweichenden Dimensionsstrukturen des Konstrukts »Mitarbeiterzufriedenheit« gegenübergestellt. Die Anzahl der Dimensionen variiert bei den ausgewählten Instrumenten von 5 bis 10. Bei der Auswahl eines geeigneten Verfahrens sollten die dimensionale Struktur berücksichtigt und deren Konstruktvalidität geprüft werden (Schwetje, 1999).

Dimensionen der Mitarbeiterzufriedenheit	JDI	JDS	JSS	ABB	MODI
Anerkennung			X		
Arbeitsbedingungen			X	X	X

Dimensionen der Mitarbeiterzufriedenheit	**JDI**	**JDS**	**JSS**	**ABB**	**MODI**
Arbeitsplatzsicherheit		X		(X)	
Arbeitstätigkeit	X		X	X	X
Arbeitszeit				X	
Berufliche Entwicklungsmöglichkeiten	X	X	X	X	X
Bezahlung	X	X	X	X	X
Information & Kommunikation			X		X
Innovation					X
Kollegen	X	X	X	X	X
Kundenorientierung					X
Organisation & Leitung				X	X
Vorgesetzter	X	X	X	X	X
Zusatzleistungen			X		
Gesamtzahl der Dimensionen	**5**	**5**	**9**	**7**	**10**
JDI – Job Descriptive Index (Smith et al. 1969); JDS – Job Diagnostic Survey (Hackman und Oldham 1974); JSS – Job Satisfaction Survey (Spector 1985); ABB – Arbeitsbeschreibungsbogen (Neuberger 1976); MODI – Mannheimer Organisationsdiagnose-Instrument (Trost et al.);					

Tab. 1: Vergleich der Dimensionen von verschiedenen Instrumenten zur Erfassung der Mitarbeiterzufriedenheit (Schwetje, 1999).

Nebengütekriterien

Neben den Hauptgütekriterien können zur Auswahl eines geeigneten Tests Nebengütekriterien herangezogen werden (Bühner, 2021, 637). Zu den Nebengütekriterien gehören

- Normierung: Ein Test gilt als normiert, sofern zu ihm repräsentative und große Referenzwerte vorliegen, um die erhobenen Messwerte damit zu vergleichen.
- Vergleichbarkeit: Existieren von einem Test Parallelformen bzw. Tests mit demselben Gültigkeitsbereich, gilt entsprechende Vergleichbarkeit.
- Ökonomie: Ökonomie bezieht sich auf die Länge, die Handhabung, die Materialsparsamkeit und eine schnelle und einfache Auswertbarkeit.
- Nützlichkeit: Das Testverfahren solle nützlich sein und damit Merkmale messen, für die praktische Bedürfnisse bestehen.
- Zumutbarkeit: Testverfahren sollen Probanden zeitlich, psychisch und physisch fair und schonend behandeln.
- Fairness: Ein Testverfahren soll keine Probanden diskriminieren und lediglich zweckdienliche Daten erfassen.
- Nicht-Verfälschbarkeit: Probanden sollen nicht in der Lage sein, den Test willentlich zu beeinflussen.

Nicht in jedem Fall finden sich für den eigenen Untersuchungszweck Testverfahren, die allen Gütekriterien ausreichend genügen. Vor diesem Hintergrund ist es wichtig, zunächst die Tauglichkeit eines Verfahrens im Hinblick auf die Hauptgütekriterien zu prüfen. Anschließend sollte ein Test möglichst vielen Nebengütekriterien gerecht werden (Bühner 2021).

Merken Sie sich bitte: !

Hilfreiche Fragen zur Auswahl eines Testverfahrens

1. Welche Ziele liegen vor und welche Kennzahlen leiten sich daraus ab?
2. Welche(s) Verfahren bilde(n)t die gewünschte Kennzahl am geeignetsten ab?
3. Werden Referenzwerten benötigt oder sollen Wiederholungsmessungen als interne Referenz dienen?
4. Welche Erfahrungswerte liegen zu Objektivität, Reliabilität und Validität vor?
5. Welche Gesamtlänge ergeben das einzelne oder die Kombination aller Verfahren.
6. Wie sind die Fragen skaliert?
7. Gibt es Erfahrungen zu Mehrsprachigkeit/liegen Übersetzungen vor?
8. Welche Gesamtbeurteilung ergibt sich für das Verfahren (Anwendbarkeit im Setting X, Verständlichkeit, Fairness, Vergleichbarkeit etc.)?

19.4 Beobachtungen

Die Beobachtung spielt in zahlreichen Wissenschaftsdisziplinen eine zentrale Rolle, ob im Labor unter Hinzunahme eines Mikroskops oder bei der Exploration menschlichen Verhaltens mittels Videoanalysen. In der Sozialwissenschaft hat sich neben technikvermittelten Beobachtungen vor allem die direkte Beobachtung durch auditive und visuelle Daten etabliert (Döring & Bortz, 2016). Im BGM wird das Verfahren der Beobachtung häufig in Form einer Betriebsbegehung, der Beobachtung von Handlungsabläufen im Rahmen der Ergonomie oder des Verhaltens von Gruppen in konkreten Situationen umgesetzt.

DEFINITION

Wissenschaftliche Beobachtung und Betriebsbegehung

Unter einer wissenschaftlichen Beobachtung versteht man die zielgerichtete, systematische und regelgeleitete Erfassung, Dokumentation und Interpretation von Merkmalen, Ereignissen oder Verhaltensweisen mithilfe menschlicher Sinnesorgane und/oder technischer Sensoren zum Zeitpunkt ihres Auftretens (Döring und Bortz 2016, 324).

Eine Begehung ist eine Form der Beobachtung und beschreibt eine Expertenanalyse vor Ort. Gegenstand der Begehung ist die Begutachtung von Arbeitsprozessen, Arbeitsplätzen und Arbeitsumgebungen entlang von Vorgaben und Zielgrößen. Die Beobachtungen der Begehung werden in Begehungsbögen (Prüfprotokolle) dokumentiert. Ergänzend werden Foto- und Videoaufnahmen verwendet (Ritter 2021).

Einsatz von Beobachtungen

Beobachtungen werden eingesetzt, wenn verbale Verfahren an ihre Grenzen kommen. Dies ist z. B. der Fall, wenn Verhaltensweisen sprachlich nicht umfassend erfasst werden können oder es auf Details ankommt, die Menschen während ihres Verhaltens nicht immer bewusst sind. Im betrieblichen Kontext eignen sich Beobachtungsverfahren daher vor allem in Situationen, in denen automatisierte oder unverfälschte Verhaltensweisen einzelner Individuen oder Gruppen von Interesse sind.

Eine Verfälschung durch die Beobachteten ist allerdings ebenso wenig auszuschließen, da das bloße Wissen um eine stattfindende Beobachtung zu einem sozial erwünschten Verhalten und damit zu einer Verzerrung führen kann. Die Vorbereitung und Auswahl der Beobachtungsform und des Ablaufs sind folglich von großer Bedeutung. Aspekte wie

- die Beobachterrolle und Verantwortlichkeit,
- der Beobachtungsort,
- die Beobachtungszeit
- die Beobachtungsobjekte und
- die Beobachtungseinheiten

sind im Rahmen der Planung festzulegen (Deutsche Gesetzliche Unfallversicherung 2021). Selbst bei einer einfachen Betriebsbegehung werden die interessierenden Merkmale in einer Prüfliste festgehalten und während der Begehung visuell bestätigt oder abgelehnt.

Strukturierung von Beobachtung

In komplexeren Situationen sind weitere verschiedene Formen und methodische Aspekte zu berücksichtigen. Döring und Bortz (2016, 326) differenzieren je nach Zweck und Untersuchungskontext folgende Strukturierungsmerkmale:

- qualitativ oder quantitativ: Bei der qualitativen Beobachtung werden verbale, visuelle und auditive Daten generiert. Bei der quantitativen Form werden numerische Daten wie Dauer, Häufigkeit oder Intensitätsdaten ermittelt.
- teilnehmend oder nicht-teilnehmend: Der Beobachter nimmt während der zu beobachtenden Situation aktiv teil oder verhält sich neutral und greift nicht in die Beobachtungssituation ein.
- un-, teil- oder vollstrukturiert: Meint den Grad der Strukturierung von einer explorativen, spontanen Beobachtung bis hin zu einer vollstrukturierten Beobachtung mit im Vorfeld festgelegten Kriterien.
- verdeckt oder offen: Bestimmt, ob eine Beobachtung offen bekannt gemacht wird oder der Vorgang bewusst verdeckt gehalten wird.
- Fremd- oder Selbstbeobachtung: Der Beobachter ist entweder selbst Gegenstand der Beobachtung oder er beobachtet andere Personen.

Ergebnisse und Auswertung aus einer Beobachtung

Bei der Beurteilung von Arbeitssituationen und -prozessen findet im Kontext des BGM häufig eine qualitative, teil- oder vollstrukturierte Fremdbeurteilung statt. Die Strukturierung dient vor allem der Objektivitätssicherung und ermöglicht eventuelle Vergleiche. Bei einer ergonomischen Bewertung der Arbeitssituation in der Fertigung werden im Vorfeld Kriterien formuliert und in den konkreten Situationen beobachtet. In einem Protokoll werden anschließend die Erkenntnisse als ausformulierter Text festgehalten. Da Verhaltensweisen teils sehr komplex sind und nicht alle Auffälligkeiten im Vorfeld bedacht werden können, kann die Ergebnisdarstellung bei der Beobachtung sehr breit ausfallen. Aus den Feldnotizen, die während der Beobachtung gemacht werden, entstehen in der nachgelagerten Überarbeitungsphase dann lesbare und verständliche Extrakte bzw. Zusammenfassungen (Breidenstein et al., 2013; Boer & Reh, 2012). Bei der Betriebsbegehung hingegen folgt die Beobachtung zwar ebenso klaren Kriterien, diese haben jedoch mehr einen Prüfcharakter. Im anzufertigenden Protokoll werden die Aspekte markiert, die erfüllt bzw. nicht erfüllt sind.

Merken Sie sich bitte: !

Wesentliche Kerninhalte eines Beobachtungsprotokolls

Ein Beobachtungsprotokoll enthält Angaben zu Datum, Uhrzeit (Beginn, Ende), zum Namen des Beobachters, Namen der Beobachteten und zum Beobachtungsort. Ebenso werden die Beobachtungsthemen (Einsatz von Hilfsmitteln, Bewegungsabläufe bei der Warenannahme etc.) und eventuell begleitende Merkmale festgehalten. Im Anschluss werden für die Auswertung die Namen der Auswerter, das Auswertungsdatum, Speicherort der Rohdaten (Notizen, Videos etc.) sowie der Speicherort des Auswertungsprotokolls festgehalten.
Je nach Situation ist zu jedem Bild- oder Videomaterial die Einverständnis- und Datenschutzerklärung von den beobachteten Personen einzuholen. Diese sind jeweils mit den Aufzeichnungen zu speichern.

Die Methode der Beobachtung ist kein einfaches Verfahren und erfordert ein hohes Maß an Erfahrung. Vor allem im betrieblichen Kontext gilt es, die datenschutzrechtlichen Aspekte im Vorfeld zu klären, wenn bspw. Videoaufnahmen vorgenommen werden. Gleichzeitig bietet die Beobachtung als Methode die Möglichkeit, komplexere und übergreifende Handlungen und deren Zusammenhänge mit anderen Faktoren unter realen Bedingungen zu analysieren. So können bspw. Problem entdeckt werden, die mittels anderer Verfahren verdeckt geblieben wären (Deutsche Gesetzliche Unfallversicherung 2021; Döring & Bortz, 2016).

19.5 Interview

teilstandardisierte Interviews im BGM

Unter einem Interview ist eine wissenschaftliche mündliche Befragung zu verstehen. Es können qualitative und quantitative Interviews unterschieden werden. Bei ersterer Form handelt es sich entweder um unstrukturierte oder teilstrukturierte Interviews (Döring & Bortz, 2016). Das quantitative Interview findet häufig in Form der Fragebogenmethode statt und gilt damit als vollstrukturiert. Der Grad der

Strukturierung bezieht sich auf die Standardisierung der Interviewsituation und der Fragesystematik. Bei unstrukturierten Interviews werden offene Fragen gestellt und zum Teil ergeben sich diese spontan im Gesprächsverlauf. Aus diesem Grund sind unstrukturierte Interviews nur schwer vergleichbar, bieten jedoch den Vorteil, über Themen sehr tiefgehend und ausführlich zu sprechen. Bei vollstrukturierten Interviews ist die gesamte Interviewsituation standardisiert, von den situativen Bedingungen (im gleichen Raum, gleiche Interviewleitung usw.) bis hin zu den Fragen, die häufig in geschlossener Form und mit Antwortvorgaben standardisiert sind (Döring & Bortz, 2016). Im Kontext von BGM-Analysen werden vor allem halbstrukturierte Interviews für eine tiefergehende Analyse von identifizierten Problembereichen eingesetzt. Halbstrukturierte Interviews werden entlang eines Leitfadens umgesetzt, der einen Katalog von offenen Fragen zu vorgegebenen Themenblöcken enthält.

DEFINITION:

Wissenschaftliches Interview

»Ein wissenschaftliches Interview (ist) die zielgerichtete, systematische und regelgerechte Generierung und Erfassung von verbalen Äußerungen einer Befragungsperson (Einzelbefragung) oder mehrerer Befragungspersonen (Gruppenbefragung) zu ausgewählten Aspekten ihres Wissens, Erlebens und Verhaltens in mündlicher Form.« (Döring & Bortz, 2016, 356).

Je standardisierter ein Interview gestaltet wird, desto höher ist eine potenzielle Vergleichbarkeit von Daten. In der BGM-Praxis erweisen sich die Vorteile von Interviews jedoch mehr in der qualitativen Ergründung von Ursachen, Beziehungen und Zusammenhängen von Sachverhalten und schaffen so eine wichtige Verständnisgrundlage, die mittels anderer Methoden nicht immer möglich ist (Diebig et al., 2018; Rohrmoser & Hellweger, 2019). Gleichzeitig wird durch die teilstrukturierte Vorgehensweise Freiraum für Aspekte geschaffen, die im Vorfeld nicht unbedingt ersichtlich sind. Interviews werden daher häufig nach einem breiten fragebogenbasierten Screening eingesetzt, um weitere Informationen zu auffälligen Bereichen zu gewinnen (Helfferich, 2019).

Kompetenzanforderung an Interviewleitung

Als nachteilig können der erhöhte Ressourceneinsatz (gesamter Zeitaufwand und Auswertung) und die erhöhten Kompetenzanforderungen an den Interviewleitenden betrachtet werden (Jedinger & Michael, 2019). Nur wenn die Befragten Vertrauen haben und die Fragen verständlich gestellt werden, werden diese offen und ehrlich beantwortet, was wiederum zu einer erhöhten Datenqualität führt. Gleichzeitig werden so mögliche Verzerrungen minimiert.

Ablauf und Phasen

Die folgende Tabelle gibt einen Überblick über die Phasen eines qualitativen, teilstrukturierten Interviews:

	Phasen	Merkmale
1	Inhaltliche und organisatorische Vorbereitung	• Festlegung des Themenbereiches • Formulierung und Erprobung der Hauptfragen • Auswahl der Befragungspersonen oder Ausschreibung über Mail bzw. Aushänge • Schulung der/des Interviewer(s) • Versendung von Information und Einladung an Befragungspersonen mit konkreten Terminen • Organisation von neutralen, störungsfreien Räumlichkeiten • Organisation und Prüfung von Interviewmaterial (Rekorder, Leitfaden etc.)
2	Gesprächsbeginn	• Begrüßung der Befragungspersonen • Beachtung von angemessener Nähe-Distanz-Regulation • Aufklärung zum Gesprächsablauf und den Modalitäten
3	Gespräch	• Beginn der Aufnahme • Steuerung des Interviewverlaufs durch Interviewer (neutrale Haltung, Unterdrückung von emotionalen Reaktionen etc.) • Sicherung eines offenen Gesprächsverlaufs durch Aufrechterhaltungs- und Unterstützungsfragen • Einhaltung einer angemessenen Gesprächsdauer
4	Gesprächsende	• Informeller Ausklang des Gesprächs, ähnlich der Begrüßung • Aufmerksam auf weitere, wichtige Informationen achten • Unter Umständen Einsatz von Fragebogen bspw. zu soziodemografischen Angaben
5	Verabschiedung und Gesprächsnotizen	• Abgabe von Kontaktinformationen an die Befragten • Angebote zur Nachbetreuung bei belastenden Themen • Danksagung • Vermerk von Notizen zu Störungen, Unterbrechungen, weiteren Äußerungen, Atmosphäre usw.
6	Transkription	• Wahl einer Transkriptionstechnik und -software • Empfehlung der einfachen wörtlichen Verschriftlichung für den Kontext des BGM • Unter Umständen ist eine Glättung des Texts hilfreich
7	Analyse	• Je nach Umfang entweder manuelle oder computergestützte Auswertung • Auswertung durch zweite oder dritte Person oder durch mehrere Analysezyklen • Zusammenfassung der Ergebnisse in einem Bericht

Tab. 2: Phasen eines qualitativen, teilstrukturierten Interviews; adaptiert nach Döring und Bortz 2016, 365 ff.

Die Umsetzung eines teilstrukturierten Interviews lässt sich in verschiedene Phasen einteilen. Döring und Bortz (2016) unterschieden für ein wissenschaftliches Interview insgesamt 10 Phasen, die in Tabelle 2 in adaptierter Form auf sieben Phasen zusammengefasst sind. Im betrieblichen Kontext ist in jedem Fall die Konformität mit dem Datenschutz zu gewährleisten. Es bietet sich oftmals an, die Interviews von einer externen, neutralen Instanz ausführen zu lassen. Die detaillierten Transkripte verbleiben im Anschluss beim externen Partner. Der Betrieb erhält eine umfangreiche Zusammenfassung mit entsprechenden Handlungsempfehlungen für den Steuerungskreis Gesundheit.

!

Merken Sie sich bitte:

Interviewleitfaden (vgl. auch digitale Extras)

Interviews sind sehr sorgfältig vorzubereiten. Für unerfahrene Interviewer bietet es sich an, Testläufe durchzuführen oder als neutraler, passiver Beobachter an einem Interview teilzunehmen. Ein Interviewleitfaden, der im Rahmen einer Gefährdungsbeurteilung kombiniert mit einem Fragebogeninstrument eingesetzt wurde, kann online angeschaut werden. Der Leitfaden kann adaptiert und für eigene Interviews genutzt werden.

19.6 Fragebogenbasierte Erhebungsinstrumente

Befragungen von Beschäftigten im Arbeitskontext gehören zu den meistverwendeten Verfahren im Bereich der Organisationsentwicklung und dem Change-Management (Domsch & Ladwig, 2013). Deren Anwendung und Verbreitung in Unternehmen ist in den vergangenen Jahren stetig gestiegen, nicht zuletzt aufgrund der Digitalisierung. In Deutschland nutzen 50 bis 59 % der Unternehmen Befragungstools (Nürnberg, 2017). Insgesamt sind Befragungen als Steuerungsinstrumente nicht mehr wegzudenken, vor allem im Kontext der Betrieblichen Gesundheit bilden sie die Basis für die zielgerichtete Steuerung von Gesundheitsmaßnahmen. Vor diesem Hintergrund gilt die Fragebogenmethode als das zentrale Verfahren zur Datengewinnung im Rahmen des BGM.

un-, teil- und vollstrukturierte Fragebögen

Wissenschaftlich dienen Fragebogeninstrumente allgemein dazu, zielgerichtet, systematisch und regelgeleitet verbale und numerische Selbstauskünfte zu generieren (Döring & Bortz, 2016, 398). Diese Selbstauskünfte beziehen sich auf Verhaltensweisen, Erlebnisse oder Zustände. Ähnlich den vorhergehenden Verfahren differenziert der Grad der Strukturierung Fragebögen in eine un-, teil- und vollstrukturierte Variante. Qualitative Fragebögen enthalten vor allem Fragen mit offenen Antwortformaten, quantitative Instrumente enthalten Aussagen mit vorgegebenen Antwortformaten (Borg, 2019).

DEFINITION:

Vollstandardisierter Fragebogen

»Der vollstandardisierten schriftlichen Befragung liegt ein quantitativer bzw. vollstrukturierter […] Fragebogen zugrunde. Er besteht überwiegend aus geschlossenen Fragen bzw. Aussagen mit Antwortvorgaben, sodass die Befragten die jeweils passenden Antwortalternativen auswählen können.« (Döring & Bortz, 2016, 405).

Im Folgenden wird auf quantitative, vollstrukturierte Fragebögen im Rahmen von Mitarbeiterbefragungen eingegangen, da diese in der BGM-Praxis sehr häufig vorkommen. Diese werden oftmals durch Fragen mit offenen Antwortformaten ergänzt, sodass es sich dann um eine Kombination aus quantitativen und qualitativen Fragebogenformen handelt. Mit Blick auf die zugrundeliegenden Konstrukte (Stresswahrnehmung, Zufriedenheit, Gesundheit etc.) werden Mitarbeiterbefragungen jedoch den quantitativen Verfahren zugeordnet.

sorgfältige Planung und transparente Kommunikation

Die Mitarbeiterbefragung ist aufgrund ihrer systemischen Funktion ein wichtiges Screening-Instrument (Müller et al., 2021). Sie bildet die Basis für sämtliche Struktur- und Prozessbausteine wie die Planung und Konzeption von Maßnahmen sowie deren Evaluation. Als strukturelles Element sollten standardisierte Fragebögen möglichst in regelmäßigen Zyklen eingesetzt werden. Damit Fragebögen im betrieblichen Kontext möglichst genaue Daten generieren, bedarf es der Berücksichtigung folgender Aspekte (Döring & Bortz, 2016; Müller et al., 2021):

- Die Einbettung der Befragung sollte konkret an die Unternehmensstrategie und die Zielen angelehnt sein,
- mit Beginn der Planung sind wesentliche Interessensgruppen (Arbeitnehmervertretung, Führungskräfte usw.) mit einzubeziehen,
- der Fragebogen sollte wissenschaftlichen Gütekriterien standhalten, zweckmäßig und fair gestaltet sein,
- die Befragung sollte genau geplant und umgesetzt werden (bspw. Berücksichtigung von Ferien, Einbeziehen aller Abteilungen, Verständlichkeit, Umsetzbarkeit usw.),
- transparente, rechtzeitige Kommunikation durch die Führungskräfte an die Mitarbeiter und Klärung von Fragen und Vorbehalten,
- die Präsentation und Kommunikation von zentralen Ergebnissen soll zeitnah erfolgen, da der von den Mitarbeitern wahrgenommene Nutzen mit zunehmender Zeit sinkt und Wiederholungsbefragungen gefährdet sind.

Formen einer Mitarbeiterbefragung

Die Form der Befragung bestimmt den Grad der Datenqualität entscheidend mit. Bei der Vielfalt an möglichen Befragungsformen gilt es, das passende Format für die jeweilige Organisation auszuwählen. Die Möglichkeiten bedienen sich überwiegend aus den Differenzierungsvarianten der Sozial- und Marktforschung. Dennoch haben sich über die Jahre zwei Formen durchgesetzt (Müller et al., 2021):

- die anonyme Online-Mitarbeiterbefragung mit umfassendem Charakter und Einbindung aller Mitarbeiter sowie
- die schriftliche, anonyme, strukturierte und standardisierte Mitarbeiterbefragung.

Vor- und Nachteile analoger und digitaler Fragebögen

Schriftliche Online-Befragungen sind im Vergleich zu anderen Verfahren praktikabler und ressourcenschonender, da die Dateneingabe durch den Befragten geschieht. Fehlerquellen und Verluste werden dadurch erheblich minimiert. Gleichzeitig gehen die Fragebögen nicht durch mehrere Hände, sondern werden direkt gespeichert. Wichtig ist es daher, sicherzustellen, dass keine Rückverfolgung über die IP-Adresse oder etwaige Login-Verfahren auf einzelne Personen möglich ist. Im Idealfall läuft die Befragung über einen separaten Server einer externen, unternehmensunabhängigen Instanz (Borg, 2019). Schriftliche Befragung eignen sich hingegen für einen Vor-Ort-Einsatz im gewerblich-industriellen Bereich, wo der Zugang zu Computerarbeitsplätzen eingeschränkt ist (Müller et al., 2021).

Konstrukt und Dimensionsstruktur

Standardisierten und wissenschaftlich fundierten Fragebögen liegt in der Regel ein theoretisches Verständnis in Form eines multidimensionalen Konstruktes zugrunde (Bühner, 2021). Die Dimensionen beschreiben auf Basis von evidenten Erkenntnissen Bereiche, die das Konstrukt näher umreißen. Die Dimensionen können je nach Kontext teils stark voneinander abweichen (siehe folgendes Beispiel). Ferner werden Dimensionen durch sogenannte Merkmale (Fragebogenitems) erfasst, deren Anzahl ebenfalls von Instrument zu Instrument stark variieren kann.

Beispiel:

Vergleich der Dimensionsstruktur von zwei Burnout-Skalen

Zur Erfassung von Burnout (Konstrukt) können im Unternehmen verschiedene Instrumente zum Einsatz kommen. Ein sehr verbreitetes Instrument ist das Maslach Burnout Inventar (MBI). In seiner englischsprachigen Originalversion erfasst das Instrument das Konstrukt Burnout mit 22 Items in den folgenden drei Dimensionen (Maslach et al., 1997):

- Emotionale Erschöpfung (Exhaustion)
- Leistungsunzufriedenheit (Accomplishment)
- Depersonalisation (Depersonalisation)

Das MBI ist mittlerweile nicht ganz unumstritten, zum einen vor dem Hintergrund der aufkommenden Evidenz zur Komplexität des Konstrukts Burnout und zum anderen durch sich verändernde (Koeske & Koeske, 1989) Arbeitsbedingungen. Ein alternatives Instrument stellt daher das Hamburger Burnout Inventar (HBI) dar (Burisch, 2020). Dieses beinhaltet insgesamt zehn Dimensionen mit insgesamt 39 Items. Die ersten drei Dimensionen ähneln denen des MBI:

- Emotionale Erschöpfung,
- Leistungsunzufriedenheit,
- Distanziertheit,
- depressive Reaktion auf emotionale Belastungen,
- Hilflosigkeit,
- innere Leere,
- Arbeitsüberdruss,

- Unfähigkeit zur Entspannung,
- Selbstüberforderung,
- aggressive Reaktion auf emotionale Belastung.

Der Vergleich zeigt, dass einem Konstrukt (Burnout) abweichende theoretische Annahmen und unterschiedliche dimensionale Strukturen zugrunde liegen, die zu einer mitunter stark differenzierten Erfassung (22 Items vs. 39 Items) führen können.

Kombination von Fragebögen oder kombiniertes Verfahren

Mit Blick auf die Vergleichbarkeit von Daten ist es von großer Bedeutung, Fragebogeninstrumente nicht einfach zu verändern. Es empfiehlt sich, ein Instrument durch andere Instrumente zu komplementieren oder durch eigene Fragen zu ergänzen (Döring & Bortz, 2016). Somit bleibt die Vergleichbarkeit zu bereits publizierten Referenzdaten erhalten. Im Rahmen von BGM-Datenerhebungsverfahren werden häufig gesundheitsorientierte, indikationsorientierte und verhältnisbeschreibende Merkmale erfasst. Da kein Fragebogen alle interessierten Merkmale alleine erfasst, ist die Zusammenstellung eines passenden Assessments unumgänglich. Innerhalb der Verfahren für eine Mitarbeiterbefragung existieren kombinierte Verfahren, die sowohl Arbeitsverhältnisse als auch assoziierte Belastungsmerkmale erfassen. Solch ein kombiniertes Instrument ist beispielsweise der COPSOQ-Fragebogen zum Erfassen psychischer Belastungen am Arbeitsplatz (Copenhagen Psychosocial Questionnaire) (vgl. Tabelle 3).

Dimension	**Merkmalsausprägungen**
Anforderungen	• Qualitative Anforderungen • Emotionale Anforderungen • Emotionen Verbergen • Work-Privacy-Konflikte • Entgrenzung
Einfluss und Entwicklungsmöglichkeiten	• Einfluss auf Arbeit • Spielraum für Pausen und Urlaub • Entwicklungsmöglichkeiten • Bedeutung der Arbeit • Verbundenheit mit dem Arbeitsplatz
Soziale Beziehung und Führung	• Vorhersehbarkeit der Arbeit • Rollenklarheit • Rollenkonflikte • Führungsqualität • Unterstützung bei der Arbeit • Feedback/Rückmeldung • Menge sozialer Kontakte • Gemeinschaftsgefühl • Ungerechte Behandlung • Vertrauen, Gerechtigkeit und Wertschätzung

Dimension	Merkmalsausprägungen
Weitere Faktoren	• Arbeitsumgebung/phys. Anforderungen • Unsicherheit des Arbeitsplatzes • Unsicherheit der Arbeitsbedingungen
Auswirkungen	• Gedanke an Berufs-/Stellenwechsel Arbeitszufriedenheit • Arbeitsengagement • Allgemeiner Gesundheitszustand Burnout-Symptome • Präsentismus • Unfähigkeit abzuschalten

Tab. 3: Dimensionen und Merkmale der deutschen Standard-Version des COPSOQ-Fragebogens; Nübling et al. 2005; in seiner aktuellen Fassung unter https://www.copsoq.de/copsoq-fragebogen/

Spannungsfeld betriebliche Praxis

Hinsichtlich der Umsetzung einer Befragung gelten im Wesentlichen die Regeln der empirischen Sozialforschung (Döring & Bortz, 2016). Die Realität soll durch die erhobenen Daten möglichst genau abgebildet werden und mit den theoretischen Annahmen in Verbindung stehen. In der betrieblichen Praxis kommt es häufig zu einem Spannungsfeld zwischen der Erfüllung vieler Forschungsstandards auf der einen Seite und dem Aufwand bzw. Kosten-Nutzen-Verhältnis sowie der Umsetzbarkeit auf der anderen Seite. In jedem Fall sind alle ausgewählten Fragebogeninstrumente inhaltlich danach zu prüfen, ob sie die interessierten Merkmale präzise und valide abbilden.

Antwortformate

In Fragebögen werden Merkmale (Fragebogenitems) oftmals mit einer Kombination aus der Likert-Skala und Freitext-Antwortfeldern erhoben. Die Likert-Skala ist ein graduelles, ordinalskaliertes und geschlossenes Antwortformat, das in der Regel fünf oder sieben Antwortitems enthält (Bühner, 2021). Sie gibt Antwortmöglichkeiten vor, mit denen einer Aussage zugestimmt werden kann bzw. mit denen sie abgelehnt werden kann. Die Anzahl der Antwortmöglichkeiten hängt von verschiedenen Faktoren ab. Zum einen besteht die Möglichkeit zwischen geraden und ungeraden Antwortoptionen zu wählen. Gerade Antwortmöglichkeiten werden als Forced-Choice-Items bezeichnet, da sie den Befragten zu einer Tendenz zwingen und eben nicht wie bei ungeraden Antwortmöglichkeiten eine mittlere Antwort (sog. Fluchtkategorie) zulassen (Bühner, 2021). Eine legitime Fluchtkategorie ist ein Item, das nachgelagert auf die Likert-Skala folgt und eine klare Ausstiegsmöglichkeit für die Beantwortung offeriert (vgl. Abbildung 3).

ungerade Skalierung mit Fluchtitem

Zum anderen besteht die Möglichkeiten, durch möglichst viele Antwortoptionen einen hohen Grad der Differenzierung zu ermöglichen. Empfohlen werden in der Literatur im Rahmen von Mitarbeiterbefragungen drei, fünf oder sieben Antworten begleitet von einer Option »kann ich nicht beurteilen« oder »trifft auf mich nicht zu« (Latcheva & Davidov, 2019; Franzen, 2019).

Variante/ Frage:	Die Informationen zu Maßnahmen im BGM in unserem Betrieb sind umfangreich?					
gerade	stimme überhaupt nicht zu	stimme kaum zu	stimme ein wenig zu	stimme kaum zu		
ungerade	stimme überhaupt nicht zu	stimme kaum zu	stimme weder zu, noch lehne ich ab	stimme kaum zu	stimme voll und ganz zu	
ungerade mit Fluchtitem	stimme überhaupt nicht zu	stimme kaum zu	stimme weder zu, noch lehne ich ab	stimme kaum zu	stimme voll und ganz zu	kann ich nicht beurteilen
offenes Antwortformat	Sonstige Anmerkungen (Freitext): ___					

Abb. 3: Verschiedene Antwortformate für den Einsatz in standardisierten Fragebögen

Auswahl von fragebogenbasierten Erhebungen

Die Inhalte eines ersten fragebogenbasierten Screenings (systemische Funktion; Müller et al., 2021) in einem Unternehmen orientiert sich zunächst an den Zielen und Kennzahlen der BGM-Strategie. Lauten die Ziele bspw. »Verbesserung der Arbeitsfähigkeit«, »Reduktion von Stress« und »Verbesserung des allgemeinen Gesundheitszustandes«, sollten die Instrumente die Konstrukte Arbeitsfähigkeit, Stress und Gesundheitszustand abbilden. Um bei der Addition mehrerer Zielparameter die Gesamtlänge des zusammengestellten Fragebogen-Assessments in einem angemessenen Rahmen zu halten, sollten möglichst kurze Instrumente der einzelnen Zielparameter ausgewählt werden. Fungiert die Befragung als erstmaliges Screening, sollten möglichst viele Bereiche erfasst werden und der Fragebogen ist tendenziell umfangreicher und umfassend. Entsprechend der Zielbereiche und der betrieblichen Rahmenbedingungen wird das Assessment dann zusammengestellt und getestet. Die Fragebogenlänge hat einen erheblichen Einfluss auf die Datenqualität, da mit zunehmender Länge ein flüchtiges Antwortverhalten wahrscheinlicher wird (Müller et al., 2021). Es ist davon abzuraten eine Befragung von mehr als 45 Minuten anzusetzen. Als optimal gelten Befragungen von bis zu 15 Minuten, wobei bis zu 30 Minuten im akzeptablen Bereich liegen. Für eine flüssige Beantwortung der Fragen wirken eine einfache Itemformulierung, ein übersichtliches Layout, ein homogenes Antwortformat sowie kurze, prägnante Erklärungstexte förderlich (Döring & Bortz, 2016).

Merken Sie sich bitte: !

Fragebogenmethode

Die Fragebogenmethode ist insgesamt ein sehr etabliertes Verfahren, dessen Herausforderungen vor allem in der detaillierten Vorbereitung (Auswahl von Instrumenten und Kommunikation an Befragte) liegen. Sind alle Vorbereitung sorgfältig getroffen, ist die Handhabung

der Datenerhebung vergleichsweise einfach und ökonomisch. Das ermöglicht zudem einen guten Vergleich zu Normstichproben und Wiederholungsmessungen innerhalb eines Unternehmens.
Auf den digitalen Extras stellen wir Ihnen eine Übersicht mit ausgewählten Verfahren, Instrumenten und unterschiedlichen Konstrukten zur Verfügung.

19.7 Weitere Verfahren

breites Spektrum an Datenerhebungsverfahren

Die Rolle des BGM als Querschnittsdisziplin spiegelt sich eindeutig im breiten Spektrum der Datenerhebungsverfahren wider. Neben den erwähnten Verfahren kommen weitere, teils sehr spezielle Datenerhebungsverfahren zum Einsatz, die in ihrer Gänze nicht alle aufgeführt werden können. Zu diesen Verfahren gehören neben den bisher beschriebenen (Deutsche Gesetzliche Unfallversicherung 2021; Döring & Bortz, 2016):

- Dokumentenanalysen,
- psychologische Tests und
- physiologische Tests.

Im Folgenden werden die genannten Verfahren lediglich angerissen.

Dokumentenanalysen

Zuordnung von Inhalten entlang Kategoriensystem

Die qualitative Analyse von Dokumenten ist im BGM kein vergleichsweise häufig angewandtes Verfahren. Es findet beispielsweise im Rahmen der Auswertung von qualitativen Rückmeldungen von Fragebögen, Kummerkästen oder KVP-Systemen (Kontinuierliches Verbesserungssystem) statt. Die qualitative Inhaltsanalyse ist geprägt von datengesteuerten induktiven Ableitungen. Die Daten werden über ein entsprechendes Kodiersystem generiert, das die Beobachtungen nach latenten Bedeutungen strukturiert (Döring & Bortz, 2016, 542).

In der Praxis werden die Rückmeldung einem vordefiniertem Kategoriensystem zugeordnet. Solch ein Kategoriensystem könnte im Kontext von BGM-Analysen bspw. aus Verhaltens- oder Verhältnisdimensionen, Wünschen, Ursachen oder Belastungsfaktoren bestehen. Die qualitativen Rückmeldungen werden dann manuell den einzelnen Kategorien zugeordnet und quantitativ ausgezählt. Somit kann festgestellt werden, in welchem Bereich ein erhöhter Handlungsbedarf besteht.

Ausführliche Beschreibungen zu den einzelnen Aspekten von qualitativen Inhaltsanalysen können Döring und Bortz (2016) oder Mayring (2010) entnommen werden.

Psychologische Tests

Entgegen anderen Begriffsdeutungen beschreibt der psychologische Test ein »wissenschaftliches Datenerhebungsverfahren, das [durch] mehrere Testaufgaben sowie festgelegte Regeln zu deren Anwendung und Auswertung [...] psychologische Merkmal[e] (Konstrukt) [wie eine] Fähigkeit oder eine Persönlichkeitseigenschaft erfasst.« (Döring & Bortz, 2016, 431). Die Anwendung von psychologischen Testverfahren unterliegt strengen Regelungen und wird normalerweise von qualifizierten Medizinern, Psychologen oder Psychotherapeuten durchgeführt.

psychologische Tests im BEM und der Personalentwicklung

Das Einsatzgebiet solcher Verfahren ist überwiegend das BEM, wenn es um die Testung von Fähigkeiten für die bestehende oder eine neue Tätigkeit geht wie beispielsweise die Erstellung von Kompetenzprofilen (Stöpel et al., 2019). Weiterhin kommen psychologische Verfahren im Bereich der Personalentwicklung vor, wenn es um die Passung von bestimmten Tätigkeiten und Persönlichkeitseigenschaften geht. Für einige Professionen bestehen mitunter Verpflichtungen zu psychologischen Tests im Rahmen des Arbeits- und Gesundheitsschutzes (bspw. Piloten, Polizisten o. ä.). In jedem Fall ist der Einsatz von psychologischen Testverfahren höchst vorsichtig, transparent gegenüber dem Befragten und unter Einhaltung der aktuell gültigen Datenschutzregelungen vorzunehmen.

Physiologische Tests

Die Erfassung von physiologischen Daten ist vor allem auf Maßnahmenebene in der Betrieblichen Gesundheitsförderung sowie im Rahmen der arbeitsmedizinischen Vorsorgeuntersuchung von Relevanz. Physiologische Verfahren erheben Daten in Echtzeit auf unterschiedlichen Organebenen. Mögliche Variablen sind u. a Blutdruck, Herzfrequenz, Puls, körperfettassoziierte Variablen und Blutwerte (Döring & Bortz, 2016).

ressourcenintensiv und hochpräzise

Im Gegensatz zu Verfahren wie Interviews, Beobachtungen oder Fragebögen hängt die Datenqualität direkt vom technischen Messgerät und dessen korrekter Anwendung ab. Aufgrund der technischen Präzision sind Datenerhebungen unter gleicher Anwendung und gleichen Bedingungen stets reliabel. Solche Voraussetzungen zu schaffen, ist sehr ressourcenintensiv (Anschaffung, Kalibrierung, Wartung etc.). Ebenso können durch verschiedene situative Einflüsse physiologische Prozesse verzerrt werden bspw. durch Medikamente oder besondere Stresssituationen (Döring und Bortz 2016). Unter Umständen ruft die Teilnahme an einer Untersuchung und das Messgerät selbst eine Veränderung physiologischer Parameter hervor (bspw. Blutdruck, Herzfrequenz etc.).

Auf der anderen Seite liefern physiologische Messverfahren ein sofortiges Feedback körpereigener Werte und spiegeln den Probanden unmittelbar ihren Ist-Zustand. Bei Gesundheitstagen oder Interventionen kann dies motivierend und kompetenzfördernd wirken. Der Einsatz von physiologischen Messverfahren und der Umgang mit erhobenen Daten ist im betrieblichen Kontext besonders sensibel zu handhaben, da Gesundheitsdaten als besonders schützenswert gelten und einem restriktiven Verarbeitungsverbot unterliegen. Sie dürfen keine arbeitsrechtlichen Konsequenzen haben oder in unautorisierte Hände fallen.

19.8 Fazit

Die Erhebung von Daten im BGM erstreckt sich über ein breites inhaltliches wie methodisches Spektrum, beginnend von der einfachen Beobachtung bis hin zum komplexen Controlling von gesundheitsrelevanten Parametern. Dabei sind wissenschaftliche Standards (Gütekriterien), gesetzliche Rahmenbedingungen (u. a. Datenschutz) und die Herausforderungen der Umsetzbarkeit im Betrieb zu berücksichtigen. Einen »Goldstandard« für ein betriebliches Szenario existiert folglich nicht. Die Auswahl eines geeigneten Instrumentes oder einer Kombination von Verfahren ist vielmehr individuell an die Ziele (abgeleitete Kennzahlen) und die Rahmenbedingungen des Unternehmens anzupassen.

Literatur

Boer, Heike de/Reh, Sabine (2012). Beobachtung in der Schule – Beobachten lernen. Wiesbaden, Springer VS.

Borg, Ingwer (2019). Mitarbeiterbefragungen. In: Nina Baur/Jörg Blasius (Hg.). Handbuch Methoden der empirischen Sozialforschung. Wiesbaden, Springer Fachmedien Wiesbaden, 919–926.

Breidenstein, Georg/Hirschauer, Stefan/Kalthoff, Herbert (2013). Ethnografie. Die Praxis der Feldforschung. Konstanz, UVK; UVK Verl.-Ges.

Bühner, Markus (2021). Einführung in die Test- und Fragebogenkonstruktion. 4. Aufl. München, Pearson.

Burisch, Matthias (2020). HBI – Hamburger Burnout-Inventar. Berlin, Heidelberg, Springer Berlin Heidelberg.

Deutsche Gesetzliche Unfallversicherung (2021). Der Methodenkoffer. Eine Sammlung von Methoden zur Anwendung in Evaluationen. Berlin, DGUV.

Diebig, Mathias/Jungmann, Franziska/Müller, Andreas/Wulf, Ines Catharina (2018). Inhalts- und prozessbezogene Anforderungen an die Gefährdungsbeurteilung psychischer Belastung im Kontext Industrie 4.0. Zeitschrift für Arbeits- und Organisationspsychologie A&O 62 (2), 53–67. https://doi.org/10.1026/0932-4089/a000265.

Domsch, Michel E./Ladwig, Désirée (Hg.) (2013). Handbuch Mitarbeiterbefragung. 3. Aufl. Berlin/Heidelberg, Springer Gabler.

Döring, Nicola/Bortz, Jürgen (2016). Forschungsmethoden und Evaluation in den Sozial- und Humanwissenschaften. 5. Aufl. Berlin/Heidelberg, Springer.

Formazin, Maren/Schütte, Martin (2019). Übereinstimmung von objektiver Messung und subjektiver Erfassung der Arbeitsumgebungsfaktoren Klima, Beleuchtung und Lärm. Zeitschrift für Arbeitswissenschaft 73 (2), 153–164. https://doi.org/10.1007/s41449-018-0115-x.

Franzen, Axel (2019). Antwortskalen in standardisierten Befragungen. In: Nina Baur/Jörg Blasius (Hg.). Handbuch Methoden der empirischen Sozialforschung. Wiesbaden, Springer Fachmedien Wiesbaden, 843–854.

Goddard, David (1973). Max Weber and the Objectivity of Social Science. History and Theory 12 (1), 1. https://doi.org/10.2307/2504691.

Hackman, J. Richard/Oldham, Greg R. (1974). The Job Diagnostic Survey: An Instrument for the Diagnosis of Jobs and the Evaluation of Job Redesign Projects. Yale University Press.

Helfferich, Cornelia (2019). Leitfaden- und Experteninterviews. In: Nina Baur/Jörg Blasius (Hg.). Handbuch Methoden der empirischen Sozialforschung. Wiesbaden, Springer Fachmedien Wiesbaden, 669–686.

Huber, Oswald (2019). Das psychologische Experiment. Eine Einführung: mit fünfundfünfzig Cartoons aus der Feder des Autors. 7. Aufl. Bern, Hogrefe.

Jedinger, Alexander/Michael, Tobias (2019). Interviewereffekte. In: Nina Baur/Jörg Blasius (Hg.). Handbuch Methoden der empirischen Sozialforschung. Wiesbaden, Springer Fachmedien Wiesbaden, 365–376.

Kelle, Udo (2019). Mixed Methods. In: Nina Baur/Jörg Blasius (Hg.). Handbuch Methoden der empirischen Sozialforschung. Wiesbaden, Springer Fachmedien Wiesbaden, 159–172.

Koeske, Gary F./Koeske, Randi Daimon (1989). Construct Validity of the Maslach Burnout Inventory: A Critical Review and Reconceptualization. The Journal of Applied Behavioral Science 25 (2), 131–144. https://doi.org/10.1177/0021886389252004.

Krause, A./Deufel, A. (2014). Kombinierter Einsatz von Fragebogen, Beobachtung und Gruppendiskussion im Rahmen der Gefährdungsbeurteilung. Webanhang zu Bundesanstalt für Arbeitsschutz und Arbeitsmedizin (Hrsg.) Gefährdungsbeurteilung psychischer Belastung. Erfahrungen und Empfehlungen (1. Auflg.). Berlin: Erich Schmidt Verlag. Olten, Schweiz.

Kromrey, Helmut/Roose, Jochen/Strübing, Jörg (2016). Empirische Sozialforschung. Modelle und Methoden der standardisierten Datenerhebung und Datenauswertung mit Annotationen aus qualitativ-interpretativer Perspektive. 13. Aufl. Konstanz, UVK Verlagsgesellschaft mbH.

Latcheva, Rossalina/Davidov, Eldad (2019). Skalen und Indizes. In: Nina Baur/Jörg Blasius (Hg.). Handbuch Methoden der empirischen Sozialforschung. Wiesbaden, Springer Fachmedien Wiesbaden, 893–905.

Maslach, C./Jackson, S. E./Leiter, M. P. (1997). Maslach Burnout Inventory: Thrid edition. In: C. P. Zalaquett/R. J. Wood (Hg.). Evaluating stress. A book of resources. Lanham, Md., The Scarecrow Press, 191–218.

Mayring, Philipp (2010). Qualitative Inhaltsanalyse. Grundlagen und Techniken. 11. Aufl. Weinheim, Beltz.

Moss, Pamela A. (1994). Can There Be Validity Without Reliability? Educational Researcher 23 (2), 5–12. https://doi.org/10.3102/0013189X023002005.

Müller, Karsten/Kempen, Regina/Straatmann, Tammo (2021). Mitarbeiterbefragung. Organisationales Feedback wirksam gestalten. Göttingen, Hogrefe.

Neuberger, O. (1976). Der Arbeitsbeschreibungsbogen: Ein Versuch zur Messung der Arbeitszufriedenheit. Problem und Entscheidung (1), 1–169.

Nübling, M./Stößel, U./Hasselhorn, H.-M./Michaelis, M./Hofmann, F. (2005). Methoden zur Erfassung psychischer Belastungen. Erprobung eines Messinstrumentes (COPSOQ) ; [Abschlussbericht zum Projekt »Methoden zur Erfassung psychischer Belastungen – Erprobung eines Messinstrumentes (COPSOQ)« – Projekt F 1885. Bremerhaven, Wirtschaftsverl. NW Verl. für Neue Wiss.

Nürnberg, Volker (2017). Mitarbeiterbefragungen. Ein effektives Instrument der Mitbestimmung. Freiburg/München/Stuttgart, Haufe Gruppe.

Ritter, Albert (2021). Betriebsbegehungen. Lexikonbeitrag aus Haufe Personal Office Platin. Verfügbar unter: https://www.haufe.de/personal/haufe-personal-office-platin/betriebsbegehungen_idesk_PI42323_HI2613051.html.

Rohrmoser, Christoph/Hellweger, Barbara (2019). Das OMEGA-Verfahren: Ein innovatives Analyse-Tool für Selbstanwender zur Gefährdungsbeurteilung psychischer Belastungen. Betriebliche Prävention (10). https://doi.org/10.37307/j.2365-7634.2019.10.06.

Schwetje, Thomas (1999). Kundenzufriedenheit und Arbeitszufriedenheit bei Dienstleistungen. Operationalisierung und Erklärung am Beispiel des Handels. Zugl.: Münster, Univ., Diss., 1999. Wiesbaden, Gabler.

Sedlmeier, Peter/Renkewitz, Frank (2018). Forschungsmethoden und Statistik für Psychologen und Sozialwissenschaftler. 3. Aufl. Hallbergmoos, Pearson.

Smith, P. C./Kendall, L. M./Hulin, C. L. (1969). The measurement of satisfaction in work and retirement: a strategy for the study of attitudes. Rand Macnally.

Spector, P. E. (1985). Measurement of human service staff satisfaction: development of the Job Satisfaction Survey. American journal of community psychology 13 (6), 693–713. https://doi.org/10.1007/BF00929796.

Stöpel, Frank/Lange, Andrea/Voß, Jürgen (Hg.) (2019). Betriebliches Eingliederungsmanagement in der Praxis. Arbeitsfähigkeit sichern, rechtssicher agieren, Potenziale nutzen. 2. Aufl. Freiburg, Haufe-Lexware GmbH & Co. KG.

Trost, A./Jöns, I./Bungard, W. Mitarbeiterbefragung. Augsburg, WEKA Fachverlag für technische Führungskräfte.

20 Kennzahlen im BGM und Steuerung des BGM-Prozesses

Sabrina Zeike, Holger Pfaff

20.1 Einleitung

Organisationen sind soziale Systeme. Ihr Funktionieren und Überleben hängt davon ab, ob die im Organisationssystem vernetzten Menschen und Rollenträger gemeinsam an einem oder mehreren Zielen arbeiten und sich so koordinieren, dass diese Ziele erreicht werden. Das Festlegen von Zielen und die Steuerung von Prozessen zum Zwecke der Zielerreichung nehmen für den unternehmerischen Erfolg eine zentrale Rolle ein.

für Unternehmenserfolg: Ziele festlegen und Prozesse steuern

Durch die steigende Komplexität in der Arbeitswelt gewinnt der Aspekt der zielgerichteten Zusammenarbeit für den Unternehmenserfolg zusätzlich an Bedeutung. Kooperation wiederum setzt voraus, dass alle Kooperierenden gesund und leistungsfähig sind und dass das soziale Klima die Zusammenarbeit eher erleichtert als erschwert. Dies wird eindrücklich durch wissenschaftliche Studien belegt. So zeigen zahlreiche Studien, dass – mit wenigen Ausnahmen (Song & Baicker, 2019) – konkrete BGF-Maßnahmen Fehlzeiten reduzieren, die Gesundheit verbessern oder einen angemessenen Return on Investment sicherstellen (Berry et al., 2010; O'Donnell, 2015; Vuori et al., 2012; Serxner et al. 2009; Egawa et al. 2006; Baker et al. 2008). Was diese Programme vor allem erzielen, ist eine Verbesserung des Gesundheitsverhaltens (Song & Baicker, 2019). Es gibt auch Hinweise dafür, dass das Vorhandensein eines Betrieblichen Gesundheitsmanagements mit geringeren Fehlzeiten, höherer subjektiver Unternehmensperformance und einem besseren Innovationsklima einhergeht (Pfaff et al., 2008; Plath et al., 2008; Köhler et al., 2010). Ein systematisches BGF im Rahmen des BGM wird daher zunehmend als wichtiges Instrument zur Förderung der Gesundheit der Mitarbeitenden, zur Steigerung der Produktivität und zur Fachkräftegewinnung angesehen.

Studien belegen die Wirksamkeit von BGF-Maßnahmen

Vor diesem Hintergrund nützt die Investition in ein BGM nicht nur den Mitarbeitenden, sondern auch dem Unternehmen. Die Entwicklung der letzten Jahre zeigt, dass sich aus all diesen Gründen BGM für viele Unternehmen von einem »Nice-to-have« zu einem »Must-have« entwickelt hat. Während der Mehrwert des BGM in der Vergangenheit noch wenig bekannt war, wird er heute mehr gesehen.

Ein ganzheitliches und zielführendes BGM sollte in der Unternehmensstrategie verankert sein und von einem strategisch und operativ geleiteten Prozess begleitet werden. Um dies im unternehmerischen Kontext umzusetzen, ist es wichtig, BGM als Managementprozess zu verstehen und im Unternehmen zu implementieren. Zur Steuerung

BGM als Managementprozess in Unternehmen implementieren

des BGM sind Kennzahlen ein entscheidendes Mittel. Unternehmen sind auch im Rahmen des BGM auf Kennzahlen angewiesen, weil diese das Ermitteln eigener Stärken und Schwächen und das Einleiten von Lernprozessen ermöglichen (Pfaff et al., 2004). Zudem können Kennzahlen zur Ermittlung von Ursache-Wirkungsbeziehungen und zur Evaluation von Maßnahmen herangezogen werden.

Ziel dieses Beitrages ist zunächst, die Bedeutung von Kennzahlen für das BGM herauszustellen. Ferner werden Ziele und Zwecke von BGM-Kennzahlen genannt und verschiedene Kennzahlentypen und -systematiken vorgestellt. Darüber hinaus wird in dem Beitrag erläutert, wie Kennzahlen im Rahmen des BGM-Prozesses eingesetzt werden können.

20.2 Sinn und Zweck von Kennzahlen

DEFINITION

Kennzahlen

Eine Kennzahl kann als »Zusammenfassung von quantitativen, d. h. in Zahlen ausdrückbaren Informationen für den innerbetrieblichen [...] und zwischenbetrieblichen [...] Vergleich« definiert werden (Krieger o.J.).

!

Merken Sie sich bitte:

In der Praxis werden verschiedene Begriffe synonym für Kennzahlen verwendet wie z. B. Indikatoren und KPI (Key Performance Indicator).

Kennzahlen sind Instrumente, die zur Unterstützung der Planung, Steuerung und Kontrolle von managementrelevanten Sachverhalten eingesetzt werden (Lelke 2005). Sie werden benötigt, damit Unternehmen in der Fülle an Daten und betriebswirtschaftlichen Informationen das Wesentliche vom Unwesentlichen unterscheiden können. Zu diesem Zweck werden Sachverhalte mittels Kennzahlen komprimiert und dennoch aussagekräftig abgebildet.

Kennzahlen helfen, Komplexität zu reduzieren

Es muss hervorgehoben werden, dass Kennzahlen einerseits dazu dienen, die zielorientierte Zusammenarbeit in Organisationen zu ermöglichen und zu erleichtern. Andererseits geht es darum, die Komplexität der Organisation und der Entscheidungssituationen auf eine für den Menschen beherrschbare Art und Weise zu reduzieren. Aus Sicht der Systemtheorie ist die Komplexität der Welt ein Grundproblem der Menschen (Luhmann, 2005). Die Menschen streben daher danach, diese Komplexität systematisch zu reduzieren (Luhmann, 2000; Luhmann, 2009). Eine Lösung dafür sind Kennzahlen. Sie sind ein zentrales Mittel, um in Unternehmen die innere und äußere Komplexität dieser Organisationen entscheidungsunterstützend zu vermindern.

Kennzahlen sind wichtig für unternehmerisches Controlling

Damit Organisationen als ein Kollektiv erfolgreich handeln können, müssen diese – folgt man der Theorie sozialer Systeme – vier Funktionen erfüllen. Sie müssen:

- Ziele setzen, verfolgen und erreichen können,
- einen hohen sozialen Zusammenhalt aufweisen,
- Ressourcen zum Leben und Überleben der Organisation generieren können und
- in der Lage sein, das innere Programm der Organisation (Werte, Wissen, Überzeugungen, Weltsicht) auf Dauer zu erhalten und an die jüngere Generation weiterzugeben (Parsons, 1951; Parsons, 1956; Pfaff et al., 2021; Pfaff & Ohlmeier, 2017).

Kennzahlen sind Informationsinstrumente, die an der ersten Funktion »Ziele setzen, verfolgen und erreichen können« ansetzen. Gleichzeitig können Kennzahlen genutzt werden, um zu messen, ob und inwieweit die restlichen drei Funktionen erfüllt werden.

Die Aufgabe des Controllings besteht darin, die Entscheidungsträger dabei zu unterstützen, Ziele zu setzen und sie durch eine kennzahlengestützte Steuerung auch zu erreichen. Es gibt jedoch Führungskräfte, die so gute »Antennen« und ein so gutes »Bauchgefühl« haben, dass es ihnen reicht, subjektive Eindrücke zu sammeln. Sie verzichten auf Kennzahlen und erzielen dennoch gute Ergebnisse. Dies ist jedoch eher die Ausnahme. Subjektive Eindrücke zu sammeln, kann in kleineren, überschaubaren und wenig komplexen Organisationen eine sinnvolle Grundlage für Entscheidungen sein. Diese Art der Informationsgewinnung ist jedoch selten für große Kollektive von Menschen, wie sie in mittleren und großen Unternehmen vorzufinden sind, geeignet.

Kennzahlen können verschiedene Funktionen erfüllen

In der betrieblichen Praxis können Kennzahlen verschiedene Funktionen erfüllen (Jung, 2011; Schulze, 2017):

- *Informationsfunktion* – Kennzahlen informieren über komplexe Sachverhalte und zeigen Schwachstellen und Potenziale auf
- *Operationalisierungsfunktion* – Kennzahlen machen Ziele und die Zielerreichung konkret messbar
- *Früherkennungsfunktion* – Kennzahlen ermöglichen es, Auffälligkeiten und Veränderungen frühzeitig zu erkennen
- *Vergleichsfunktion* – Kennzahlen ermöglichen den Vergleich innerhalb einer Organisation und zwischen Organisationen
- *Steuerungs- und Kontrollfunktion* – Kennzahlen ermöglichen die Kontrolle und Steuerung von Prozessen durch Soll-Ist-Vergleiche
- *Entscheidungsunterstützungsfunktion* – Kennzahlen können als Grundlage von Entscheidungen dienen
- *Koordinationsfunktion* – Kennzahlen haben Orientierungsfunktion und helfen bei der Koordination der Handlungen von Mitarbeitern und Unternehmensbereichen.

20.3 Kennzahlen im BGM

Das Betriebliche Gesundheitsmanagement ist das Dach aller direkt oder indirekt gesundheitsbezogenen Aktivitäten in Unternehmen (Badura et al., 2009). Diese Aktivitäten erstrecken sich auf folgende Funktionsbereiche (Pfaff & Zeike, 2019):

sieben Funktionsbereiche des BGM

1. Arbeits- und Gesundheitsschutz
2. Betriebliche Prävention und Gesundheitsförderung
3. Gesundheitsrelevante Personalarbeit und Organisationsentwicklung
4. Gesundheitsorientierte Führung
5. Betriebliches Eingliederungsmanagement (BEM)
6. Betriebliches Fehlzeitenmanagement (BFM)
7. Betriebliches Versorgungsmanagement (BVM)

Quer zu diesen sieben inhaltlichen Bereichen liegt der aufkommende Bereich des digitalen Gesundheitsmanagements (Braun & Nürnberg, 2018; Matusiewicz et al., 2020).

Da moderne Organisationen weniger hierarchisch und mehr über das Prinzip der Selbstabstimmung und Selbstorganisation geführt werden (Kieser & Walgenbach, 2007; Häusling & Rutz, 2017), sind BGM-Kennzahlen nicht nur für das Top-Management, sondern auch für das mittlere Management, das untere Management und ebenso für alle Mitarbeitenden ohne Führungsverantwortung relevant. Sie ermöglichen auf allen Ebenen des Unternehmens eine gesundheitsförderliche Steuerung der Aktivitäten.

Kennzahlen spiegeln die Ziele des BGM wider

Die verschiedenen Anspruchsgruppen (Mitarbeitende, Führungskräfte, Betriebs-/Personalrat, Controlling, Arbeitsmedizin, Sicherheitsfachkraft, BGM-Manager/in) werden jeweils verschiedene Kennzahlen als wichtig erachten. Dies kann zu einer unüberschaubaren Zahl an Kennzahlen führen. Deshalb ist das Festlegen weniger, zentraler BGM-Kennzahlen – z. B. für ein Kennzahlen-Dashbord – ein Prozess, der implizit oder explizit eine Priorisierung der Ziele des BGM beinhaltet. Im Rahmen dieses Prozesses kann es hilfreich sein, das im Folgenden dargestellte BGM-Wirkmodell heranzuziehen.

20.3.1 Das BGM-Wirkmodell

Das BGM-Wirkmodell nach Pfaff und Zeike (2019) ist für die Steuerung des BGM zentral und hat Auswirkungen auf die Nutzung von Kennzahlen. Dieses Wirkmodell geht davon aus, dass die kollektive Gesundheit der Mitarbeitenden über BGM- und BGF-Maßnahmen nur indirekt beeinflusst werden kann, und zwar über den Umweg der Gesundheitsdeterminanten. Während die Gesundheit durch gesundheitsrelevante Maßnahmen nur indirekt beeinflusst werden kann, können die Gesundheitsdeterminanten durch Maßnahmen oft direkt verändert werden. Dies gilt umso mehr, je evidenzbasierter und damit nachweislich wirksam diese Maßnahmen sind (Pfaff et al., 2020).

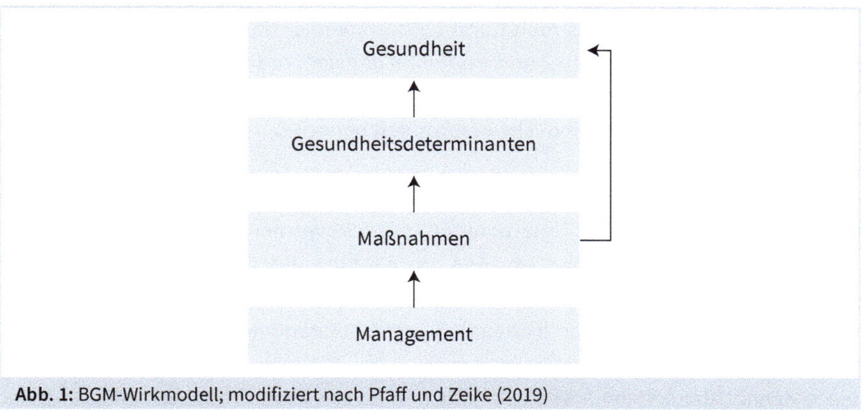

Abb. 1: BGM-Wirkmodell; modifiziert nach Pfaff und Zeike (2019)

Die Kausalität im BGM-Wirkmodell ist wie folgt: Ein effektives und evidenzorientiertes Management ist in der Lage, evidenzbasierte Maßnahmen zu planen und umzusetzen, die ihrerseits relevante Gesundheitsdeterminanten positiv beeinflussen und darüber die Gesundheit des Einzelnen und der Belegschaft fördern. Auf dieser Basis kann das BGM geeignete evidenzbasierte Strategien und Maßnahmen auswählen, planen und umsetzen (z. B. evidenzbasierte Rückenkurse, Führungstrainings, Teamentwicklung). Diese helfen, die Gesundheitsdeterminanten der Belegschaft zu stärken, und erhöhen darüber die Chance, die Gesundheit zu verbessern. So kann z. B. ein Kurs zum gesunden Führen (Maßnahme) eine positive Änderung des Führungsstils in Richtung gesundes Führen bewirken (Gesundheitsdeterminante) und dies wiederum kann die Gesundheit der Geführten und der Führungskraft selbst verbessern (Gesundheit).

Bestimmte Maßnahmen können aber auch direkt die Gesundheit fördern, etwa wenn körperliche Betätigung (Maßnahme) zu einer Senkung des Blutdrucks (Gesundheit) führt. Eine solche direkte Wirkung der Maßnahme ist insbesondere dann zu erwarten, wenn statt der Verhältnisprävention die Verhaltensprävention Gegenstand der Maßnahme ist.

20.3.2 Controlling des BGM und Controlling im BGM

Ausgehend von dem BGM-Wirkmodell können vier Formen des BGM-Controllings unterschieden werden:

vier Formen des Controllings

1. Gesundheits-Controlling
2. Gesundheitsdeterminanten-Controlling
3. Maßnahmen-Controlling
4. Management-Controlling

man unterscheidet »Controlling des BGM« und »Controlling im BGM«

Fasst man die Controlling-Formen 1 und 2 zusammen, ist das sogenannte Controlling **im** BGM gegeben. Die Formen 3 und 4 ergeben dagegen das Controlling **des** BGM. Wir unterscheiden daher das »Controlling des BGM« von dem »Controlling im BGM«. In beiden Fällen werden unterschiedliche Kennzahlen benötigt.

Das Controlling im BGM liefert Informationen darüber, ob und inwieweit die eigentlichen Gesundheitsziele des Unternehmens erreicht wurden. Es gibt – wie erwähnt – zwei Formen des Controllings im BGM. Im Rahmen des Gesundheits-Controllings werden Kennzahlen wie z. B. die Gesundheitsquote, die Fehlzeitenquote, die Burnout-Quote, die Wohlbefindensquote oder die Depressivitätsquote erfasst.

Diese Kennzahlen können – wie ebenfalls bereits erwähnt – vom BGM allerdings nur indirekt beeinflusst werden, weil diese Outcomes oft von Gesundheitsdeterminanten abhängen wie z. B. von der Qualität der (gesunden) Führung oder dem Betriebsklima. Das Controlling dieser und anderer Determinanten der Gesundheit wird als Gesundheitsdeterminanten-Controlling bezeichnet (Pfaff & Zeike, 2019).

Im Gegensatz zum Controlling im BGM bezieht sich das Controlling des BGM auf die Strukturen und Prozesse des BGM selbst und auf die durch sie ausgelösten Maßnahmen. Das Maßnahmen-Controlling benutzt Kennzahlen über die Maßnahmen, die vom Gesundheitsmanagement geplant und umgesetzt werden. Zu diesen Kennzahlen zählen z. B. die Anzahl der angebotenen Verhaltenspräventionskurse/Jahr, die Inanspruchnahme-Quote dieser Kurse oder die Weiterempfehlungsrate der Kurse.

Das Management-Controlling dient der Verbesserung der Strukturen und Prozesse des BGM selbst. Kennzahlen wie z. B. das BGM-Budget pro Mitarbeitendem (Strukturkennzahl) oder die Anzahl der stattgefundenen Sitzungen der BGM-Steuerungsgruppe pro Jahr (Prozesskennzahl) können herangezogen werden, um z. B. im überbetrieblichen Vergleich zu sehen, wo man steht, und ob man Nachhol- oder Rückbaubedarf hat.

Nach dem BGM-Wirkmodell können somit vier Kategorien von Kennzahlen unterschieden werden: Managementkennzahlen, Maßnahmenkennzahlen, Kennzahlen über die Gesundheitsdeterminanten und Gesundheitskennzahlen.

20.4 Kennzahlen: Merkmale und Arten

An die Formulierung und Gestaltung von Kennzahlen sind bestimmte Anforderungen zu stellen. Damit eine Kennzahl berechenbar und vergleichbar wird, bedarf es bei der Festlegung eines hohen Präzisierungsgrades.

Wichtige Dimensionen, die zur Spezifizierung einer Kennzahl festgelegt werden sollten, sind:

beim Festlegen von Kennzahlen wichtige Dimensionen beachten

1. Art der Kennzahl
2. Bezeichnung der Kennzahl, d.h. einheitliche Benennung der Kennzahl (z.B. Gesundheitsquote)
3. Datengrundlage (z.B. Personalstammdaten)
4. Berechnungsformel/Messvorschrift (z.B. Gesundheitsquote = 100%-Fehlzeitenquote)
5. Einheit (z.B. Prozent)
6. Ein- und Ausschlusskriterien (z.B. Einschluss der »Active Workforce« und Ausschluss von Praktikanten, Mitarbeitenden in Elternzeit)
7. Definition der Bestandteile der Formel (d.h. Definition der wesentlichen Begriffe zur Berechnung der Kennzahl)

Bei der Berechnung einer Kennzahl ist wichtig, dass die Formel zur Berechnung der Kennzahl verbindlich festgehalten wird, damit z.B. ein interner und externer Benchmark auf vergleichbarem Niveau durchgeführt werden kann.

Arten von Kennzahlen

Es existieren verschiedene Möglichkeiten, Kennzahlen zu kategorisieren bzw. zu systematisieren. Im Folgenden sollen einige Arten von Kennzahlen aufgeführt werden.

viele Möglichkeiten, um Kennzahlen zu kategorisieren

Absolute Kennzahlen sind Zahlen, die eine absolute Größe darstellen. Hierbei wird unterschieden zwischen Einzelkennzahlen, Summen bzw. Differenzen und Mittelwerten (Sprotte, 2009). Relative Kennzahlen, auch als Verhältniskennzahlen oder Relativkennzahlen bezeichnet, geben Verhältnisse zwischen zwei oder mehr absoluten Kennzahlen wieder, z.B. Teilnehmerquoten.

Ferner können deskriptive von normativen Kennzahlen unterschieden werden. Deskriptive Kennzahlen stellen eine Beschreibung von Sachverhalten dar. Normative Kennzahlen wiederum legen Ziele oder interne Standards fest und dienen der Ermittlung von Handlungsbedarfen (Reichmann, 1990).

Weiter kann man zwischen strategischen und operativen Kennzahlen unterscheiden. Strategische Kennzahlen werden zur langfristigen (Strategie-)Planung und Kontrolle eingesetzt. Operative Kennzahlen hingegen sind eher ein Instrument der kurzfristigen Einflussnahme und Optimierung (Lutz & Helms, 1999).

Manche Forscher unterscheiden zwischen »harten« und »weichen« Kennzahlen (Pfaff et al., 2004). Anders als die weichen Kennzahlen sind harte Kennzahlen i.d.R. leichter und direkt vom Unternehmen zu messen. Sie sind direkt oder indirekt monetär darstellbar wie beispielsweise krankheitsbedingte Fehltage oder der Return on Investment (ROI). Weiche Kennzahlen hingegen beschreiben sogenannte Konstrukte, die nicht ohne Weiteres direkt gemessen werden können und schwieriger monetär darzustellen sind. Weiche Kennzahlen müssen oftmals über Befragungen erfasst werden. Beispiele für weiche Kennzahlen sind: Mitarbeiterzufriedenheit, Motivation und Sozialkapital (Badura et al., 2008).

Eine für die Datenerfassung wichtige Unterscheidung ist die zwischen befragungsbasierten und nicht-befragungsbasierten Kennzahlen. Während zum Beispiel die Fehlzeitenquote zu den nicht-befragungsbasierten Kennzahlen gehört, ist das subjektive Wohlbefinden gemessen mit dem WHO-5-Fragebogeninstrument eine befragungsbasierte Kennzahl (Treier & Uhle, 2016).

Bezüglich der zeitlichen Dimension einer Kennzahl kann zwischen kurz- und langfristigen Kennzahlen, zwischen Früh- und Spätindikatoren und zwischen prospektiven und retrospektiven Kennzahlen unterschieden werden (Treier & Uhle, 2016). Prospektive Kennzahlen werden zur frühzeitigen und zielgerichteten Steuerung eingesetzt. Retrospektive Kennzahlen hingegen spielen beispielsweise bei einem nachhaltigen Controlling von Maßnahmen eine Rolle.

Gliedert man Kennzahlen nach ihrem Bezug zu den Finanzen, kann man zwischen finanziellen und nicht-finanziellen Kennzahlen unterscheiden. Ein Beispiel für eine finanzielle Kennzahl ist der Return on Investment, während der Krankenstand eines Unternehmens eine nicht-finanzielle Kennzahl darstellt.

Kennzahlen können auch danach gegliedert werden, ob sie aus internen oder externen Quellen stammen. Während die Fehlzeiten eines Unternehmens aus internen Unternehmensdaten ermittelt werden können, müssen die Vergleichsdaten dazu aus externen Datenquellen bezogen werden, z. B. von Krankenkassen.

20.5 Nützliche Kennzahlen-Systeme im BGM

verschiedene Kennzahlensysteme für das BGM

Eine zentrale Kennzahlen-Systematik auf Basis des BGM-Wirkmodells wurde bereits vorgestellt. Bei der Anwendung dieses Modells wird zwischen Management-, Maßnahmen-, Gesundheitsdeterminanten- und Gesundheitskennzahlen unterschieden. Neben dieser Systematik gibt es noch weitere Systematiken. Dies sind die Kennzahlensystematiken nach dem Modell von Donabedian, die Präventionssystematik, die sich aus der Einteilung in Verhalten- und Verhältnisprävention ergibt, und die Kennzahlensystematik auf Basis des Throughput-Modells. Diese werden im Folgenden dargestellt.

20.5.1 Die Systematik nach dem Modell von Donabedian

Bereits in den 1960er Jahren entwickelte Avedis Donabedian ein Schema zur Qualitätsmessung im Gesundheitswesen, das heute international anerkannt und nicht nur in der Wissenschaft weit verbreitet ist. Von Donabedian stammt die Unterscheidung nach Struktur-, Prozess- und Ergebnisqualität (Donabedian 1966). Das Grundmodell von Donabedian bezeichnen wir als Struktur-Prozess-Ergebnis-Modell (SPE-Modell) (siehe Abbildung 2).

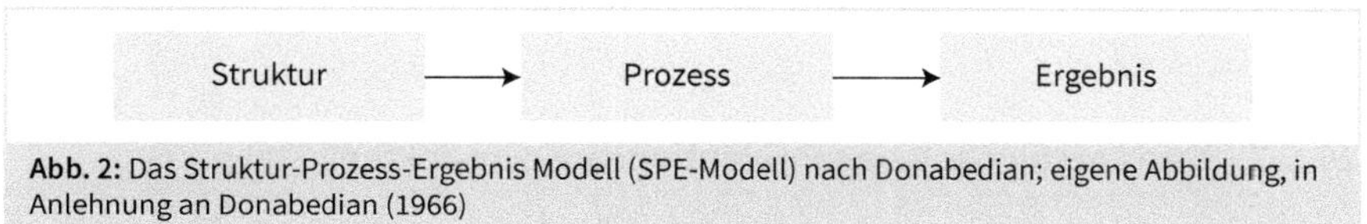

Abb. 2: Das Struktur-Prozess-Ergebnis Modell (SPE-Modell) nach Donabedian; eigene Abbildung, in Anlehnung an Donabedian (1966)

Aus dem SPE-Modell ergibt sich eine sehr sinnvolle Gliederung der Kennzahlen, und zwar danach, ob sie Strukturen, Prozesse oder Ergebnisse beschreiben. Entsprechend erhält man Struktur-, Prozess und Ergebniskennzahlen.

Unterscheidung: Struktur-, Prozess und Ergebniskennzahlen

Strukturkennzahlen beschreiben die Strukturen des Managements und der Maßnahmen. Ein Beispiel für eine Strukturkennzahl ist der Anteil an Mitarbeitenden mit Erste-Hilfe-Ausbildung.

Prozesskennzahlen messen die Prozesse im Bereich des Betrieblichen Gesundheitsmanagements und die Prozesse im Rahmen der Maßnahmenumsetzung. Ein Beispiel für eine Prozesskennzahl ist die Zeit, die von dem Beschluss einer BGF-Maßnahme bis zu ihrem Start bzw. ihrer erfolgreichen Durchführung vergeht.

Ergebniskennzahlen messen, ob und inwieweit relevante Ergebnisziele erreicht werden konnten. Ein Beispiel für eine Ergebniskennzahl im Bereich der Maßnahmen ist die Zufriedenheit der Mitarbeitenden mit einer BGF-Maßnahme (Pfaff und Zeike 2019). Beispiele für Kennzahlen im Bereich der Gesundheitsdeterminanten sind die »Quote der gesundheitskompetenten Mitarbeitenden« und die »Quote der Mitarbeitenden mit großem Handlungsspielraum«. Beispiele für Ergebniskennzahlen im Bereich der Gesundheit stellen die Gesundheitsquote, die Wohlbefindensquote oder die Fehlzeitenquote dar.

Beispiel

In einem Unternehmen hat sich in der Verwaltungsabteilung auf Basis einer Mitarbeiterbefragung eine hohe Prävalenz von Rückenbeschwerden gezeigt. In vertiefenden Fokusgruppen mit Mitarbeitenden und Führungskräften wurde die unergonomische Sitzsituation als Ursache für diese Beschwerden angenommen. Als gesundheitsrelevante Maßnahme wurde die Beschaffung von höhenverstellbaren Tischen und ergonomischen Stühlen für alle Mitarbeitenden in der Verwaltung beschlossen.

Der Anteil der höhenverstellbaren Tische an der Gesamtzahl der Tische und der Anteil an ergonomischen Stühlen an der Gesamtzahl der vorhandenen Stühle wären zwei geeignete Strukturkennzahlen. Die Häufigkeit des Wechsels zwischen Stehen und Sitzen im Laufe einer Woche wäre eine mögliche Prozesskennzahl. Der Anteil der rückengesunden Mitarbeitenden an alle Mitarbeitenden oder die durchschnittliche Intensität der Rückenbeschwerden nach einem Jahr wären in diesem Beispiel relevante Ergebniskennzahlen.

20.5.2 Systematik nach den Präventionsansatzpunkten

Unterscheidung: Verhaltens- Verhältnis- und Gesundheitskennzahlen

Kennzahlen im BGM lassen sich auch in das etablierte Konzept der Verhaltens- und Verhältnisprävention einordnen (Lehmann, 2003). Man kann zwischen Kennzahlen der Verhaltens- und Verhältnisprävention unterscheiden und diese um die Kategorie der Gesundheitskennzahlen (z. B. Wohlbefinden) als Outcome ergänzen. Folgende Tabelle gibt eine Übersicht über mögliche Verhaltens-, Verhältnis- und Gesundheitskennzahlen.

Verhaltenskennzahlen	Verhältniskennzahlen	Gesundheitskennzahlen
Raucherquote (Anteil der rauchenden MA im Unternehmen)	Quote der MA, die eine Gratifikationskrise haben	AU-Tage
Quote der MA, die sportlich aktiv sind	Quote der MA, die mehr als 55 Stunden/Woche arbeiten	Quote der MA mit BMI>30
Quote der MA, die mindestens einen BGF-Kurs im Berichtsjahr besucht haben	Quote der MA, die ein geringes Sozialkapital erleben	Quote der Mitarbeiter*innen mit schlechtem Wohlbefinden (WHO-5 < 13)
Quote der MA, die mindestens ein BGF-Angebot (z. B. Stressmanagement-Kurs) im Berichtsjahr genutzt haben	Quote der MA, die eine hohe Arbeitsintensität wahrnehmen	Quote der Mitarbeiter mit Bluthochdruck
Quote der MA mit hoher Gesundheitskompetenz	Quote der MA, die eine hohe Kundenbelastung erleben	BEM-Quote (Quote der BEM-Fälle/100 Mitarbeiter)
Quote der MA, die sich gesundheitsbewusst ernähren	Quote der MA, die geringen Handlungsspielraum haben	Quote der MA mit geringer Arbeitsfähigkeit
Legende: AU = Arbeitsunfähigkeit; BEM=Betriebliches Eingliederungsmanagement; BGF = Betriebliche Gesundheitsförderung; BMI = Body-Mass-Index; MA = Mitarbeitende; WHO-5 = Wohlbefindensindex der Weltgesundheitsorganisation;		

Tab. 1: Praxisbeispiele für Verhaltens-, Verhältnis- und Gesundheitskennzahlen aus dem BGM; eigene Darstellung, modifiziert nach Pfaff & Zeike (2019)

20.5.3 Systematik der Kennzahlen nach dem Throughput-Modell

Unterscheidung: Input-, Throug-hput-, Output- und Outcome-Kenn-zahlen

Das Througput-Modell nach Pfaff (2003) bietet eine weitere Möglichkeit zur Systmatisierung von Zielen und Kennzahlen im BGM (Pfaff und Schrappe(2011)). Legt man dieses Modell zugrunde, kann man zwischen

1. Input-Kennzahlen,
2. Throughput-Kennzahlen,
3. Output-Kennzahlen und
4. Outcome-Kennzahlen

unterscheiden (siehe Abb. 3).

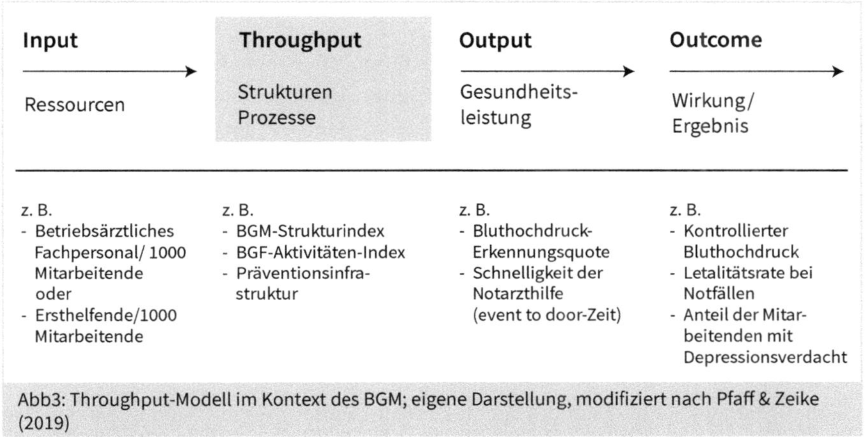

Abb3: Throughput-Modell im Kontext des BGM; eigene Darstellung, modifiziert nach Pfaff & Zeike (2019)

Input-Kennzahlen messen, wie viele finanzielle, sachliche und personelle Ressourcen in welcher Qualität in eine Maßnahme oder ein BGM-System einfließen. Beispiele für Input-Kennzahlen sind das jährliche BGM-Budget und der Anteil der BGM-Personalstellen an der Gesamtzahl der Mitarbeitenden.

Throughput-Kennzahlen geben Auskunft über die Prozesse und Strukturen, die zur Leistungserstellung im BGM notwendig sind. Throughput-Kennzahlen erfassen in erster Linie die Qualität und Quantität der Throughput-Prozesse im BGM. Beispiele dafür sind die Zeitspanne vom Maßnahmenbeschluss bis zum Beginn einer BGF-Maßnahme, die durchschnittliche Dauer der Durchführung einer BEM-Maßnahme, der Grad der Einhaltung der vorgegebenen Prozessschritte im Rahmen des BEM und die Abweichung vom Zeitplan in Wochen in BGM-Projekten.

Unter Output-Kennzahlen werden Kennzahlen verstanden, die sich auf die konkret erbrachte Leistung des BGM beziehen. Output-Kennzahlen spiegeln wider, welche konkreten Leistungen das BGM erbracht hat. Dazu zählen die Anzahl an abgeschlossenen

BGF-Kursen im Berichtsjahr, die Anzahl der Mitarbeitenden mit mindestens einem vollständig absolvierten BGF-Kurs im Berichtsjahr oder die Anzahl der im vergangenen Jahr neuqualifizierten Ersthelfer.

Outcome-Kennzahlen sind Kennzahlen, die die langfristigen Ergebnisse einer Maßnahme erfassen und damit die Sinnhaftigkeit der Maßnahme messen. Sie können dazu genutzt werden, die Frage zu beantworten, ob eine Maßnahme die gewünschte mittel- und langfristige Wirkung zeigt. Outcome-Kennzahlen sind z. B. die Mitarbeiterzufriedenheit, die Fehlzeiten-, die Gesundheits- oder die Burnout-Quote.

20.6 Steuerung des BGM-Prozesses mittels Kennzahlen

In der BGM-Realität steht dem Gesundheitsaktionismus, der sich durch viele vereinzelte BGF-Maßnahmen und ein fehlendes übergeordnetes Ziel auszeichnet, das systematisch aufgebaute Betriebliche Gesundheitsmanagement gegenüber. Letzeres zeichnet sich durch eine Steuerung des BGM-Prozesses aus, die mit einer Bewertung des Erfolgs und einem kontinuierlichen Verbesserungsprozess verbunden ist. Dies sind zentrale Elemente eines lernenden BGM-Systems. Dabei ist insbesondere das Etablieren von Rückkopplungsschleifen von besonderer Bedeutung.

Steuerung des BGM-Prozesses: 7-Schritte-Modell

Das 7-Schritte-Modell nach Pfaff und Zeike (2019) baut auf diesem allgemeinen Zyklus auf und bietet Orienterung bei der Steuerung des BGM-Prozesses.

Die sieben Schritte des Prozesses lassen sich aufteilen in Schritte des strategischen Controllings (»das Richtige tun«; Schritte 1-3) und in Schritte des operativen Controllings (»das Richtige richtig tun«; Schritte 4-7). Das operative Controlling mit den Schritten 4 bis 7 deckt sich weitestgehend mit dem weit verbreiteten Plan-Do-Check-Act (PDCA)-Zyklus. Der gesamte BGM-Zyklus besteht aus folgenden sieben Schritten (siehe Abbildung 3):

1. Strategie festlegen
2. Ziele und Kennzahlen festlegen
3. Diagnose durchführen
4. Maßnahmen planen
5. Maßnahmen durchführen
6. Maßnahmenumsetzung überprüfen
7. Ergebnisse evaluieren und Folgediagnose durchführen

SWOT-Analyse und Balanced-Scorecard

Der erste Schritt im BGM-Controlling besteht darin, eine Strategie für das BGM festzulegen. In diesen Schritt sollten alle relevanten Stakeholder mit einbezogen werden. Hierzu bietet sich eine moderierte Strategiesitzung an. Bei der Ausarbeitung einer Strategie können verschiedene Methoden behilflich sein. Beispiele für geeignete Methoden sind die SWOT-Analyse (Kotler et al. 2016) oder die Anwendung der Balanced-Scorecard (Kaplan et al. 1997).

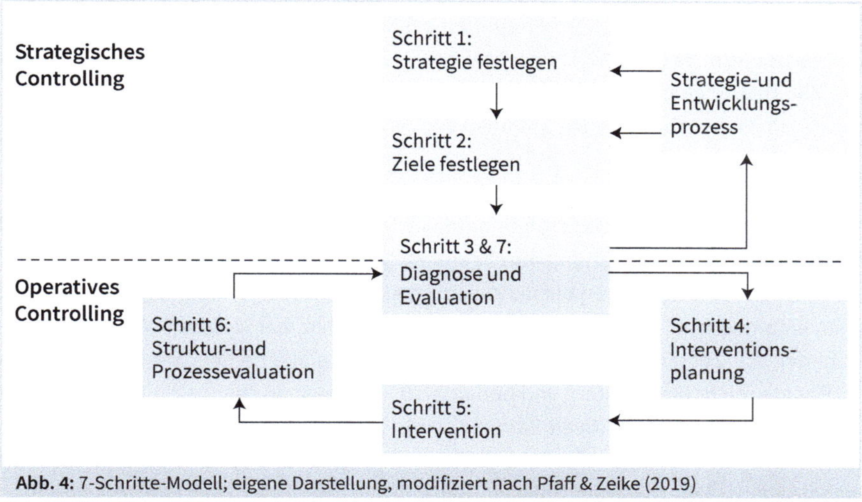

Abb. 4: 7-Schritte-Modell; eigene Darstellung, modifiziert nach Pfaff & Zeike (2019)

Wenn auf diese Weise eine BGM-Strategie festgelegt werden konnte, muss diese Strategie im zweiten Schritt auf konkrete und messbare Ziele heruntergebrochen werden. Ziel dieses Schrittes ist es, aus Strategien Soll-Vorgaben abzuleiten. Dafür eignet sich das SMART-Prinzip. Nach diesem Prinzip müssen Ziele so formuliert sein, dass sie die folgenden Kriterien erfüllen:

- **s**pezifisch,
- **m**essbar,
- **a**ttraktiv,
- **r**ealistisch und
- **t**erminiert.

Die festgelegten Ziele werden anschließend operationalisiert, d. h. in messbare Kennzahlen heruntergebrochen. Es ist sinnvoll, für diese Kennzahlen zusätzlich Grenz- bzw. Schwellenwerte festzulegen, die erreicht oder vermieden werden sollen. Werden diese Grenzwerte überschritten oder unterschritten, besteht Handlungsbedarf. Die Höhe der Grenzwerte sollte möglichst auf der Basis wissenschaftlicher Studien festgelegt werden (Zeike et al., 2018).

Beispiel

In einem Unternehmen wird der Wohlbefindensindex der Weltgesundheitsorganisation (WHO-5) regelmäßig über eine Mitarbeitendenbefragung erhoben. Die Ergebnisse der vergangenen Befragung haben gezeigt, dass das Wohlbefinden bei einzelnen Abteilungen auf einer Skala von 0-25 im Mittel unter dem etablierten und gut erforschten Grenzwert von 13 lag. Ab einem Skalenwert ≥ 13 spricht die WHO von einem guten Wohlbefinden. Es wurde daher in einem BGM-Projekt das Ziel formuliert, das Wohlbefinden bei den betroffenen Abteilungen so zu verbessern, dass der Wert im Mittel über dem Grenzwert von 13 liegt. Um dieses Ziel zu erreichen, wurden für Abteilungen, die im Mittel unter diesem Grenzwert lagen, evidenzbasierte Maßnahmen zur Verbesserung des Wohlbefindens geplant und umgesetzt.

Grenzwerte legen fest, wann Maßnahmen eingeleitet werden sollen

Nach dem Motto »keine Taten ohne Daten« wird im dritten Schritt eine Diagnose auf der Basis einer Datenerhebung durchgeführt. Dazu müssen zunächst das Ziel und die Kennzahl, die das Erreichen dieses Ziels zum Ausdruck bringt, festgelegt werden. Hat man eine Kennzahl gefunden, muss festgelegt werden, bei welchem Wert der Kennzahl der Soll-Zustand liegen soll. Hat man zum Beispiel eine Kennzahl, die von 0 bis 10 Punkte reicht (Kontinuum) und bedeuten 0 Punkte einen sehr negativen, 10 Punkte hingegen einen sehr positiven Zustand, dann muss festgelegt werden, ab welchem Grenzwert (z. B. weniger als 7 Punkte) Handlungsbedarf besteht und Gegenmaßnahmen eingeleitet werden müssen. Beim Festlegen dieser Grenzwerte sollten die Ergebnisse wissenschaftlicher Studien, wie z. B. Normwerte aus repräsentativen Befragungen, herangezogen werden.

Stehen Kennzahl und Grenzwert fest, geht es im nächsten Schritt darum, festzustellen, ob der durch die Datenerhebung ermittelte Ist-Zustand im Bereich des festgelegten Soll-Zustands (Punktwert 7 bis 10) liegt oder nicht. Zeigt die Datenerhebung, dass der Soll-Zustand, d. h. der Zielzustand, nicht erreicht wird, so ist Handlungsbedarf angezeigt. Im Wesentlichen dient dieser Schritt also dazu, eine Bedarfsanalyse durchzuführen und im Bedarfsfall für die kritischen Organisationsbereiche Maßnahmen einzuleiten.

Betroffene sollten an der Maßnahmenplanung partizipieren

Ist Handlungsbedarf gegeben, geht es im vierten Schritt darum, konkrete Maßnahmen zu planen, die das identifizierte Problem lösen bzw. mildern können. Für diesen Schritt empfiehlt es sich, einen moderierten Workshop zur Entwicklung von Maßnahmenplänen durchzuführen (Maßnahmen-Werkstatt). Bei diesem Schritt ist es wichtig, dass betroffene Personen (z. B. Mitarbeitende) und für die Umsetzung zuständige Personen (z. B. Führungskräfte) an dem Prozess beteiligt werden.

Struktur-, Prozess- und Ergebnisevaluation sind zentral und bilden eine Einheit

Im Sinne eines kontinuierlichen Lern- und Entwicklungsprozesses ist eine Evaluation der eingeleiteten Maßnahmen unerlässlich. Im sechsten Schritt des Zyklus wird daher eine Umsetzungsevaluation durchgeführt. Die Umsetzungsevaluation kann aufgeteilt werden in eine Strukturevaluation und eine Prozessevaluation. Bei der Strukturevaluation wird mithilfe von Strukturkennzahlen die Frage beantwortet, ob und inwieweit die geplanten Strukturmaßnahmen im Rahmen des BGM umgesetzt wurden und ob das angestrebte Qualitätsniveau erreicht wurde. In der Prozessevaluation soll mithilfe von Prozesskennzahlen herausgefunden werden, ob die geplanten Prozessmaßnahmen tatsächlich in allen Organisationsbereichen termingerecht und vollständig umgesetzt wurden. Die Prozessevaluation geht außerdem der Frage nach, wie, wann und vor allem auch warum die Umsetzung der Maßnahmen erfolgreich oder nicht erfolgreich war.

Im letzten Schritt des BGM-Zyklus wird das Endergebnis evaluiert (Ergebnisevaluation). Ziel dieser letzten Phase des BGM-Zyklus ist es herauszufinden, ob die in Schritt 2 festgelegten Ziele erreicht werden konnten. Dies geschieht dadurch, dass jene Ergebniskennzahlen, die Ausgangspunkt der Maßnahmenplanung waren, erneut erhoben werden, um zu sehen, ob sich diese gebessert haben. Ergeben sich aus der Ergebnisevaluation neue Handlungsbedarfe, so werden diese im Sinne eines ständigen Entwicklungs- und Lernprozesses in den nächsten PDCA-Zyklus aufgenommen und der Prozess startet wieder mit einer Maßnahmenwerkstatt (Schritte 4-7).

20.7 Evaluation von BGM-Maßnahmen mittels Ergebniskennzahlen

Ergebniskennzahlen – wichtig für Legitimation des BGM

Das BGM steht immer mehr unter einem Legitimationsdruck und -zwang. Unternehmensleitung und Controller geben sich oft nicht mehr damit zufrieden, lediglich schöne Worte über die Wirkungen des BGM zu hören. Gerade die Controller wollen meist konkrete Belege für die Wirksamkeit sehen. Das kann nur über eine systematische Evaluation der Maßnahmen des BGM geleistet werden. In diesem Rahmen haben die Ergebniskennzahlen eine wichtige Funktion, da sie den Grad der Zielerreichung erfassen, können.

Die Evaluation von Maßnahmen ist ein weites Feld. Sie reicht von pragmatisch-praktischen Ansätzen, die in jedem Unternehmen eingesetzt werden können, bis hin zu wissenschaftlich durchgeführten Evaluationen, für die im Wissenschaftsbereich in der Regel die Durchführung von Forschungsprojekten erforderlich ist. Die pragmatisch--praktischen Evaluationen weisen dabei – naturgemäß – ein geringeres wissenschaftliches Qualitätsniveau auf als die nach streng wissenschaftlichen Kriterien durchgeführten Evaluationen.

Schritt 1: Maßnahmenspezifisches Wirkmodell erstellen

ein Maßnahmen-Wirkmodell ist lohnenswert

Unabhängig davon, welches Qualitätsniveau im Rahmen der Evaluation angestrebt wird, sollte bei der Durchführung von Evaluationen immer genau überlegt werden, welche Wirkungen man erwartet, wenn man die Intervention, also die Maßnahme, durchführt. Als hilfreich hat sich dabei die Erstellung eines maßnahmenspezifischen Wirkmodells (Maßnahmen-Wirkmodell) erwiesen (Blettner et al., 2018).

Ein Maßnahmen-Wirkmodell legt dar, welche kurz-, mittel- und langfristige Wirkungen eine Maßnahme auf die verschiedenen Wirkungsebenen haben kann. International wird das Thema Wirkmodell auch unter den Begriffen »Program Theory« (Bickman, 1996; Parry et al., 2012), »Logical Framework Approach« bzw. »Logic Model« (Couillard et al., 2009; Des Gasper, 2000; Anderson et al., 2011; The Health Foundation, 2015) oder »Theory of Change« (Davidoff et al., 2015; De Silva, Mary J. de et al., 2014; Weitzman et al., 2002) diskutiert. Aus Platzgründen wird an dieser Stelle nur auf das sehr praktikable und nachvollziehbare Logik-Modell eingegangen.

Kausalkette ist wichtig, um Wirkung einer Maßnahme zu beurteilen

Evaluation ist eine sehr wertvolle Methode. Ihren Wert kann man in besonderem Maße steigern, wenn man sich über die konkreten Wirkungen der Maßnahme Gedanken macht und überlegt, wie man diese Wirkungen messen kann. Man muss in diesem Zusammenhang unterscheiden zwischen dem, was man gerne mit einer Maßnahme erreichen möchte, und dem, was man von einer Maßnahme mindestens mit hoher Wahrscheinlichkeit erwarten kann. Die Erfahrung zeigt, dass sich BGM-Verantwortliche oft zu viel von Maßnahmen versprechen. Sie wollen z. B. durch eine Schulung der Gesundheitskompetenz die Gesundheit der Beschäftigten verbessern. Misst man in diesem Fall nur die körperliche Gesundheit der Geschulten, so kann es sein, dass bei diesem Outcome keine Verbesserung feststellbar ist und man zum Schluss kommen muss, dass die Maßnahme wirkungslos ist. Hätte man sich beschieden und lediglich erwartet, dass sich das Gesundheitswissen durch die Schulung verbessert, wäre eine positive Evaluation wahrscheinlicher gewesen. Die Gesundheitswissenschaft zeigt, dass der Grund dafür die Gesundheitskausalkette ist. Diese sieht wie folgt aus (siehe Abb. 5):

Wissen → Einstellung → Verhalten → Gesundheit

Abb. 5: Verhaltensbezogenes Gesundheitsmodell

Nach diesem verhaltensbezogenen Gesundheitsmodell kann beispielsweise bei einer Schulung zum Thema Gesundheitskompetenz kein sofortiger direkter Effekt auf die Gesundheit erwartet werden. Was man erwarten kann, ist eine Erweiterung des Wissens zum Thema Gesundheitskompetenz und ggf. eine Veränderung der Gesundheitseinstellung. Ob sich daraus dann das erhoffte Gesundheitsverhalten ergibt, ist – nach allem was wir wissen – wahrscheinlich, aber nicht sicher. Selbst wenn sich aufgrund der Schulung das Gesundheitsverhalten verbessern würde, ist unklar, ob und wann letztlich die körperliche Gesundheit gefördert wird (Fiedler et al., 2019).

Um die Wirksamkeit einer Maßnahme und die Chance, dass ihre Wirksamkeit durch die Evaluation nachgewiesen werden kann, zu erhöhen, empfiehlt es sich, ein Maßnahmen-Wirkmodell zu erstellen (Dixon-Woods et al., 2011), z. B. auf Basis des in Kapitel 20.3.1 dargestellten allgemeinen BGM-Wirkmodells. Maßnahmen-Wirkmodelle können die Form einer linearen Ursache-Wirkungs-Kette haben. Sie können aber auch komplexe Rückkopplungsschleifen zwischen zahlreichen Variablen und Interventionskomponenten beinhalten.

Man geht im Rahmen eines Maßnahmen-Wirkmodells davon aus, dass Aktivitäten Outputs bewirken, die den eigentlichen Zweck der Intervention (purpose) hervorrufen und diese wiederum die Langzeit-Outcomes beeinflussen (Joly et al., 2007; Des Gasper, 2000). Das Maßnahmen-Wirkmodell entspricht der Grundstruktur des Throughput-Modells (Pfaff, 2003). Nach diesem Modell ist – wie im Abschnitt 20.5.3 bereits beschrieben – der Output das konkrete Ergebnis der Kombination von Ressourceninput und Throughput-Prozessen. Dieser Output beeinflusst dann auf Dauer einen der vielen möglichen Outcomes. Maßnahmen-Wirkmodelle (Schrappe & Pfaff, 2017) beinhalten meist die Annahme einer linearen Ursache-Wirkungs-Kette (Joly et al., 2007). Eine Methode innerhalb des Rahmens des Maßnahmen-Wirkmodells ist die Anwendung der Logframe-Matrix. Bei dieser Matrix werden für jede einzelne Ursache-Wirkungs-Kette die zentralen Annahmen, die zur Messung nötigen Kennzahlen und deren Datenbasen sowie die Risiken und Umsetzungsverantwortlichen aufgeschrieben (The Health Foundation, 2015; Goeschel et al., 2012).

Schritt 2: Evaluationsdesign festlegen

es können verschiedene Evaluationsstufen unterschieden werden

In der Wissenschaft unterscheidet man verschiedene Qualitätsniveaus von Evaluationen (Balshem et al., 2011; Guyatt et al., 2008). Auf der niedrigsten Stufe befinden sich die Expertenmeinungen und die subjektive Einschätzung der Teilnehmer zur Wirkung der Maßnahme (4. Stufe). Auf der nächsten Stufe folgen Beobachtungsstudien (3. Stufe) und auf der darauffolgenden Stufe sind die Vorher-Nachher-Messungen mit und ohne Kontrollgruppe angesiedelt (2. Stufe). Das höchste Niveau ist erreicht, wenn eine Studie in Form eines Experiments durchgeführt wird, das aus einer Interventionsgruppe und einer Kontrollgruppe besteht, wobei das Zufallsprinzip entscheidet, welcher Proband welcher dieser beiden Gruppen zugeordnet wird (randomisiertes kontrolliertes Experiment) (1. Stufe) (Fiedler et al., 2019). Diese höchste Stufe der Evaluation ist der »Goldstandard« der Evaluation (Guyatt et al., 2008; Balshem et al., 2011; Shekelle et al., 1999).

auch einfache Evaluationsdesigns bieten in der Praxis einen großen Vorteil

Während die höchste Stufe der Evaluation aufgrund des hohen Aufwands meist nur von der Wissenschaft mit entsprechend hohen Drittmitteln geleistet werden kann (Dickson-Swift et al., 2014; Robroek et al., 2021; Faller, 2021; Proper & van Oostrom, 2019), sind Evaluationen der zweiten Stufe auch in der Unternehmenspraxis möglich. Auf der zweiten Stufe können z. B. mittels Ergebniskennzahlen Vorher-Nachher-Messungen durchgeführt werden, um zu erfassen, ob sich durch die Maßnahmen die Ergebniskennzahlen verbessert haben. Die Ergebnisse einer einfachen Vorher-Nachher-Evaluation bringen wichtige Erkenntnisse in Bezug auf die Wirkung einer Maßnahme, obwohl bei dieser Qualitätsstufe viele alternative Erklärungsmöglichkeiten infrage kommen. Trotzdem gilt, dass solche pragmatischen Evaluationsverfahren im Vergleich zur Alternative, gar keine empirischen Hinweise zu haben, besser sind, weil sie auf jeden Fall helfen, die Unsicherheit der Entscheidung zu reduzieren.

Für Entscheidungsträger im Unternehmen und im Gesundheitsmanagement, die es gewohnt sind, Entscheidungen unter Unsicherheit zu treffen, stellen pragmatische Formen der Evaluation einen großen Fortschritt dar, weil sie die Unsicherheit bei der Entscheidung deutlich verringern. Die Unsicherheit kann weiter verringert werden, wenn es für die pragmatisch evaluierte Maßnahmen zudem auch Belege aus wissenschaftlichen Studien gibt. Diese pragmatische Form der Evaluation ist daher in der Praxis ein sehr zu empfehlendes Vorgehen.

!

Merken Sie sich bitte:

Pragmatische Formen der Evaluation stellen in der Praxis eine empfehlenswerte Vorgehensweise dar, vor allem dann, wenn die Alternative ist, keine Evaluation durchzuführen.

Ergebniskennzahlen, die über Routinedaten erhoben werden (z. B. Fehlzeitenquote), können auch genutzt werden, um sogenannte natürliche Experimente durchzuführen. Diese sind sinnvoll, um mehr über die Ursache-Wirkungsbeziehungen im BGM herauszufinden. So können Zeitreihen über die Fehlzeiten der letzten 10 bis 15 Jahre genutzt werden, um Zeitreihenanalysen durchzuführen. Mit diesen kann geprüft werden, ob eine besonders impactstarke Maßnahme in der Vergangenheit zu einem signifikanten Senken oder Ansteigen der Fehlzeiten geführt hat. Eine solche potenziell impactstarke Maßnahme ist z. B. die Einführung des BGM im Unternehmen selbst. Andere impactstarke Ereignisse wären z. B. die Corona-Pandemie, ein Wechsel in der der Unternehmensführung, ein Strategiewechsel und/oder eine Änderung der Organisationsstruktur.

20.8 Fazit

In Zeiten einer stetig agiler werden Arbeitswelt und eines immer stärker werdenden Fachkräftemangels ist es für Unternehmen unerlässlich, ein BGM zu etablieren, das dafür sorgt, dass das Arbeiten im Unternehmen attraktiv ist und bleibt, und das durch die Förderung der Gesundheit dafür sorgt, dass die Mitarbeitenden fit für die neuen Herausforderungen sind. Ein agiles und zielgerichtetes BGM sollte dazu in die Unternehmensstrategie eingebunden sein.

Kennzahlen spielen dabei eine unterstützende und orientierende Rolle. Mit ihnen wird es möglich, den Entwicklungs- und Lernprozess im BGM optimal zu steuern. BGM-Kennzahlen dienen dazu, Informationen zu verdichten, Schwachstellen aufzuzeigen und Abweichungen durch Soll-Ist-Vergleiche zu signalisieren. Sie helfen dabei, Ziele zu operationalisieren und deren Erreichen zu steuern und zu kontrollieren. Sie sind Ausgangspunkt von Entscheidungen und unterstützen bei der Steuerung und Koordination verschiedener Unternehmensbereiche. Kennzahlen können darüber hinaus für ein regelmäßiges Reporting, zur Erfolgsmessung und zur Legitimation des BGM genutzt werden.

In unseren Beitrag konnten wir zeigen, dass es eine Vielzahl an Möglichkeiten zur Kategorisierung von Kennzahlen gibt. Die in diesem Kapitel vorgeschlagenen Kennzahlensystematiken haben den Vorteil, dass sie auch in agilen Zeiten bestehen bleiben, da sie gewissermaßen unabhängig vom Zeitgeist sind. Für BGM-Verantwortliche ist es daher wichtig, sich mit den verschiedenen Formen, Kategorien sowie Systematiken von Kennzahlen vertraut zu machen. So kann für jedes Unternehmen ein geeignetes Kennzahlensystem aufgebaut werden. Zur Steuerung des BGM-Prozesses kann das vorgestellte 7-Schritte-Modell eine hilfreiche Orientierung bieten. Das Modell vereint ein strategisches Controlling (Tun wir das Richtige?) mit einem operativen Controlling (Tun wir das Richtige richtig?). Das Modell ermöglicht eine flexible Anpassung des BGM-Kennzahlensystems an die Unternehmensstrategie.

Literatur

Anderson, Laurie M./Petticrew, Mark/Rehfuess, Eva/Armstrong, Rebecca/Ueffing, Erin/Baker, Phillip/Francis, Daniel/Tugwell, Peter (2011). Using logic models to capture complexity in systematic reviews. Research Synthesis Methods 2 (1), 33–42. https://doi.org/10.1002/jrsm.32.

Baker, Kristin M./Goetzel, Ron Z./Pei, Xiaofei/Weiss, Audrey J./Bowen, Jennie/Tabrizi, Maryam J./Nelson, Craig F./Metz, R. Douglas/Pelletier, Kenneth R./Thompson, Elizabeth (2008). Using a return-on-investment estimation model to evaluate outcomes from an obesity management worksite health promotion program. Journal of Occupational and Environmental Medicine 50 (9), 981–990. https://doi.org/10.1097/JOM.0b013e318184a489.

Balshem, Howard/Helfand, Mark/Schünemann, Holger J./Oxman, Andrew D./Kunz, Regina/Brozek, Jan/Vist, Gunn E./Falck-Ytter, Yngve/Meerpohl, Joerg/Norris, Susan/Guyatt, Gordon H. (2011). GRADE guidelines: 3. Rating the quality of evidence. Journal of Clinical Epidemiology 64 (4), 401–406. https://doi.org/10.1016/j.jclinepi.2010.07.015.

Berry, Leonard L./Mirabito, Ann M./Baun, William B. (2010). What's the hard return on employee wellness programs? Harvard Business Review 88 (12), 104-12, 142.

Bickman, Leonard (1996). The application of program theory to the evaluation of a managed mental health care system. Methodological Issues in Evaluating Mental Health Services 19 (2), 111–119. https://doi.org/10.1016/0149-7189(96)00002-X.

Blettner, Maria/Dierks, Marie-Luise/Donner-Banzhoff, Norbert/Hertrampf, Katrin/Klusen, Norbert/Köpke, Sascha/Masanneck, Michael/Pfaff, Holger/Richter, Rainer/Sundmacher, Leonie (2018). Überlegungen des Expertenbeirats zu Anträgen im Rahmen des Innovationsfonds. Zeitschrift für Evidenz, Fortbildung und Qualität im Gesundheitswesen 130, 42–48. https://doi.org/10.1016/j.zefq.2018.01.004.

Couillard, Jean/Garon, Serge/Riznic, Jovica (2009). The Logical Framework Approach – Millennium. Project Management Journal 40 (4), 31–44. https://doi.org/10.1002/pmj.20117.

Davidoff, Frank/Dixon-Woods, Mary/Leviton, Laura/Michie, Susan (2015). Demystifying theory and its use in improvement. BMJ Quality and Safety 24 (3), 228–238. https://doi.org/10.1136/bmjqs-2014-003627.

De Silva, Mary J. de/Breuer, Erica/Lee, Lucy/Asher, Laura/Chowdhary, Neerja/Lund, Crick/Patel, Vikram (2014). Theory of Change: a theory-driven approach to enhance the Medical Research Council's framework for complex interventions. Trials 15 (1), 267. https://doi.org/10.1186/1745-6215-15-267.

Des Gasper (2000). Evaluating the «logical framework approach« towards learning-oriented development evaluation. Public Administration and Development 20, 17–28. https://doi.org/10.1002/1099-162X(200002)20:1<17::AID-PAD89>3.0.CO;2-5.

Dickson-Swift, Virginia/Fox, Christopher/Marshall, Karen/Welch, Nicky/Willis, Jon (2014). What really improves employee health and wellbeing. International Journal of Workplace Health Management 7 (3), 138–155. https://doi.org/10.1108/IJWHM-10-2012-0026.

Dixon-Woods, Mary/Bosk, Charles L./Aveling, Emma Louise/Goeschel, Christine A./Pronovost, Peter J. (2011). Explaining Michigan: developing an ex post theory of a quality improvement program. The Milbank quarterly 89 (2), 167–205. https://doi.org/10.1111/j.1468-0009.2011.00625.x.

Donabedian, Avedis (1966). Evaluating the quality of medical care. The Milbank Memorial Fund Quarterly 44 (3), 166–206.

Egawa, Ken'ichi/Arao, Takashi/Muto, Takashi/Oida, Yukio/Sawada, Susumu/Maruyama, Chizuko/Matsuzuki, Hiroe/Moriyasu, Ai/Takanashi, Kumiko (2006). Effect of a convenience intervention program for lifestyle modification in physical activity and nutrition (LiSM10!) in middle-aged male office workers: A randomized controlled trial. International Congress Series 1294, 119–122. https://doi.org/10.1016/j.ics.2006.01.083.

Faller, Gudrun (2021). Future Challenges for Work-Related Health Promotion in Europe: A Data-Based Theoretical Reflection. International Journal of Environmental Research and Public Health 18 (20), 10996. https://doi.org/10.3390/ijerph182010996.

Goeschel, Christine A./Weiss, William M./Pronovost, Peter J. (2012). Using a logic model to design and evaluate quality and patient safety improvement programs. International Journal for Quality in Health Care 24 (4), 330–337. https://doi.org/10.1093/intqhc/mzs029.

Guyatt, Gordon H./Oxman, Andrew D./Vist, Gunn E./Kunz, Regina/Falck-Ytter, Yngve/Alonso-Coello, Pablo/Schünemann, Holger J. (2008). GRADE: an emerging consensus on rating quality of evidence and strength of recommendations. BMJ 336 (7650), 924. https://doi.org/10.1136/bmj.39489.470347.AD.

Häusling, André/Rutz, Bernd (2017). Agile Führungsstrukturen und Führungskulturen zur Förderung der Selbstorganisation – Ausgestaltung und Herausforderungen. In: Corinna von Au (Hg.). Struktur und Kultur einer Leadership-Organisation: Holistik, Wertschätzung, Vertrauen, Agilität und Lernen. Wiesbaden, Springer Fachmedien Wiesbaden, 105–122.

Joly, Brenda M./Polyak, Georgeen/Davis, Mary V./Brewster, Joan/Tremain, Beverly/Raevsky, Cathy/Beitsch, Leslie M. (2007). Linking accreditation and public health outcomes: a logic model approach. Journal of Public Health Management and Practice 13 (4), 349–356. https://doi.org/10.1097/01.PHH.0000278027.56820.7e.

Jung, Hans (2011). Controlling. 3. Aufl. München, Oldenbourg.

Kaplan, R. S./Norton, D. P./Horváth, P. (1997). Balanced scorecard. Schäffer-Poeschel.

Kieser, Alfred/Walgenbach, Peter (2007). Organisation. Stuttgart, Schäffer-Poeschel.

Köhler, Thorsten/Janßen, Christian/Plath, Sven Christoph/Reese, Jens/Lay, Jann/Steinhausen, Simone/Gloede, Tristan D./Kowalski, Christoph/Schulz-Nieswandt, Frank/Pfaff, Holger (2010). Communication, social capital and workplace health management as determinants of the innovative climate in German banks. International Journal of Public Health 55, 561–570. https://doi.org/10.1007/s00038-010-0195-7.

Kotler, Philip/Berger, Roland/Bickhoff, Nils (2016). Strategic Frames of Reference: The Key Tools of Strategy Determination, Their Principles, and How They Interact. In: The Quintessence of Strategic Management. Springer, Berlin, Heidelberg, 23–53.

Krieger, Winfried (o.J.). Kennzahlen. Definition: Was ist »Kennzahlen«? Springer Fachmedien Wiesbaden GmbH. Verfügbar unter: https://wirtschaftslexikon.gabler.de/definition/kennzahlen-41897 (abgerufen am 17.01.2022).

Lehmann, Manfred (2003). Verhaltens- und Verhältnisprävention. In: Peter Franzowiak/Lotte Kaba-Schönstein/Manfred Lehmann et al. (Hg.). Leitbegriffe der Gesundheitsförderung : Glossar zu Konzepten, Strategien und Methoden in der Gesundheitsförderung. Schwabenheim a. d. Selz, Fachverlag Peter Sabo, 238–240.

Lelke, Frank (2005). Kennzahlensysteme in konzerngebundenen Dienstleistungsunternehmen unter besonderer Berücksichtigung der Entwicklung eines wissensbasierten Kennzahlengenerators. Dissertation zur Erlangung des akademischen Grades der Wirtschaftswissenschaften.

Luhmann, Niklas (2000). Entscheidungsprämissen. In: Niklas Luhmann (Hg.). Organisation und Entscheidung. Wiesbaden, VS Verlag für Sozialwissenschaften, 222–255.

Luhmann, Niklas (2005). Haltlose Komplexität. In: Niklas Luhmann (Hg.). Soziologische Aufklärung 5: Konstruktivistische Perspektiven. Wiesbaden, VS Verlag für Sozialwissenschaften, 58–74.

Luhmann, Niklas (2009). Zur Komplexität von Entscheidungssituationen. Soziale Systeme 15 (1), 3–35. https://doi.org/10.1515/sosys-2009-0102.

O'Donnell, Michael P. (2015). What is the ROI for workplace health promotion? It really does depend, and that's the point. American Journal of Health Promotion 29 (3), v–viii. https://doi.org/10.4278/ajhp.29.3.v.

Parry, Gareth J./Carson-Stevens, Andrew/Luff, Donna F./McPherson, Marianne E./Goldmann, Donald A. (2012). Recommendations for evaluation of health care improvement initiatives. Acad Pediatr (Academic Pediatrics) 13 (6), 23-30. https://doi.org/10.1016/j.acap.2013.04.007.

Parsons, Talcott (1951). The social system. New York, The Free Press of Glencoe.

Parsons, Talcott (1956). Suggestions for a Sociological Approach to the Theory of Organizations-II. Administrative Science Quarterly ??? (???).

Pfaff, Holger/Hammer, Antje/Ballester, Marta/Schubin, Kristina/Swora, Michael/Sunol, Rosa (2021). Social determinants of the impact of hospital management boards on quality management: a study of 109 European hospitals using a parsonian approach. BMC Health Services Research 21 (1), 70. https://doi.org/10.1186/s12913-020-06053-0.

Pfaff, Holger/Lindert, Lara/Zeike, Sabrina (2020). Evidenzbasierte psychische Gefährdungsbeurteilung. Wiesbaden, Germany, Springer Fachmedien Wiesbaden.

Pfaff, Holger/Lütticke, Jürgen/Badura, Bernhard/Piekarski, Claus/Richter, Peter (2004). »Weiche« Kennzahlen für das strategische Krankenhausmanagement. Stakeholderinteressen zielgerichtet erkennen und einbeziehen. Bern, Huber.

Pfaff, Holger/Ohlmeier, Silke (2017). Wissenschaftsnetzwerke in Public Health: Voraussetzungen wirksamer Nachhaltigkeit aus soziologischer Perspektive. Gesundheitswesen (Bundesverband der Arzte des Offentlichen Gesundheitsdienstes (Germany)) 79 (11), 966–974.

Pfaff, Holger/Plath, Sven-Christoph/Köhler, Thorsten/Krause, Holger (2008). Gesundheitsförderung im Finanzdienstleistungssektor. Prävention und Gesundheitsmanagement bei Banken und Versicherungen. Berlin, Ed. Sigma.

Pfaff, Holger/Zeike, Sabrina (2019). Controlling im Betrieblichen Gesundheitsmanagement. In: Controlling im Betrieblichen Gesundheitsmanagement. Springer Gabler, Wiesbaden, 41–59.

Plath, Sven-Christoph/Köhler, Thorsten/Krause, Holger/Pfaff, Holger (2008). Prevention, health promotion and workplace health management in German banks: Results from a nationwide representative survey. Journal of Public Health 16, 195–203. https://doi.org/10.1007/s10389-007-0165-6.

Proper, Karin I./van Oostrom, Sandra H. (2019). The effectiveness of workplace health promotion interventions on physical and mental health outcomes – a systematic review of reviews. Scandinavian Journal of Work, Environment & Health (6), 546–559. https://doi.org/10.5271/sjweh.3833.

Robroek, Suzan Jw/Coenen, Pieter/Oude Hengel, Karen M. (2021). Decades of workplace health promotion research: marginal gains or a bright future ahead. Scandinavian Journal of Work, Environment & Health 47 (8), 561–564. https://doi.org/10.5271/sjweh.3995.

Schrappe, Matthias/Pfaff, Holger (2017). Versorgungsforschung: Grundlagen und Konzept. In: Holger Pfaff/Edmund Neugebauer/Gerd Glaeske et al. (Hg.). Lehrbuch Versorgungsforschung. Systematik – Methodik – Anwendung. 2. Aufl. Stuttgart, Schattauer, 2–10.

Schulze, Mike (2017). Kennzahlen. Verfügbar unter: https://www.haufe.de/finance/haufe-finance-office-premium/kennzahlen_idesk_PI20354_HI654202.html (abgerufen am 17.01.2022).

Serxner, Seth/Gold, Daniel/Meraz, Angela/Gray, Ann (2009). Do employee health management programs work? American Journal of Health Promotion 23 (4), 1-8, iii. https://doi.org/10.4278/ajhp.23.4.tahp.

Shekelle, Paul G./Woolf, Steven H./Eccles, Martin/Grimshaw, Jeremy (1999). Developing guidelines. British Medical Journal 318 (7183), 593–596.

Song, Zirui/Baicker, Katherine (2019). Effect of a Workplace Wellness Program on Employee Health and Economic Outcomes: A Randomized Clinical Trial. A randomized clinical trial. JAMA 321 (15), 1491–1501. https://doi.org/10.1001/jama.2019.3307.

Sprotte, Andreas (2009). Performance Measurement auf der Basis von Kennzahlen aus betrieblichen Anwendungssystemen: Entwurf eines kennzahlengestützten Informationssystem ... Arbeitsberichte aus dem Fachbereich Informatik Fachbereich Informatik.

The Health Foundation (Hg.) (2015). Evaluation. What to consider : commonly asked questions about how to approach evaluation of quality improvement in health care : quick guide. London, The Health Foundation.

Treier, Michael/Uhle, Thorsten (2016). Einmaleins des betrieblichen Gesundheitsmanagements. Eine Kurzreise in acht Etappen zur gesunden Organisation. Wiesbaden, Springer.

Vuori, Jukka/Toppinen-Tanner, Salla/Mutanen, Pertti (2012). Effects of resource-building group intervention on career management and mental health in work organizations: randomized controlled field trial. Journal of Applied Psychology 97 (2), 273.

Weitzman, Beth C./Silver, Diana/Dillman, Keri-Nicole (2002). Integrating a comparison group design into a theory of change evaluation: the case of the urban health initiative. American Journal of Evaluation 23 (4), 371–385. https://doi.org/10.1177/109821400202300402.

Zeike, Sabrina/Ansmann, Lena/Lindert, Lara/Samel, Christina/Kowalski, Christoph/Pfaff, Holger (2018). Identifying cut-off scores for job demands and job control in nursing professionals: a cross-sectional survey in Germany. BMJ Open 8 (12), e021366. DOI: 10.1136/bmjopen-2017-021366.

21 Statistische Auswertung und differenzierte Analyse

Ina Kayser

Im folgenden Beitrag wird die statistische Basis grundlegender und weiterführender statistischer Analysen betrachtet; Ziel des Beitrags ist es, dem Leser einen Eindruck über die Möglichkeiten und Grenzen der empirischen Datenauswertung zu geben und ihn für populäre Missverständnisse der Statistik zu sensibilisieren. Dabei werden Standards und Grundlagen der Datenauswertung anhand von praktisch-relevanten Beispielen vorgestellt. Vor allem im Kontext betrieblicher Gesundheitsmaßnahmen sind Daten von hoher Bedeutung, da mit ihrer Hilfe korrekte Annahmen und Handlungsableitungen vorgenommen werden können und die Zielgruppen mit dem entsprechenden Bedarf erreichen.

In der betrieblichen Praxis kommt es häufig zu unzureichenden Datenauswertungen, Verzerrungen oder gar Fehlinterpretationen. Vor diesem Hintergrund ist die sorgfältige Auseinandersetzung mit Gesundheitsdaten von großer Bedeutung. Wie der folgende Beitrag unterstreicht, folgt die statistische Datenauswertung einer klaren Methodik, die auf unterschiedliche Settings und Fragestellungen übertragbar ist.

Im vorliegenden Beitrag wird zunächst die Relevanz fundierter statistischer Auswertungen dargelegt (Kap. 21.1) und dann werden deren wissenschaftstheoretische Grundlagen näher beleuchtet (Kap. 21.2). Es folgt eine Übersicht über die zu durchlaufenden Schritte bei der Datenanalyse (Kap. 21.3), bevor in Abschnitt 21.4 deskriptive und in den Abschnitten 21.5 sowie 21.6 weiterführende statistische Verfahren vorgestellt werden.

21.1 Traue keiner Statistik?

Relevanz statistischer Analysen

Gerade im Zuge der Covid-19-Pandemie erlebt die Statistik in der öffentlichen Wahrnehmung eine wahre Renaissance. Inzidenzen, Hospitalisierungsraten und Impfquoten bestimmen den medialen Alltag. Jedoch sind einige dieser Darstellungen mit Vorsicht zu genießen: Deswegen beginnt dieses Kapitel damit, die Relevanz der fundierten statistischen Analyse aufzuzeigen und Sensibilität für einen der gängigsten statistischen Denkfehler zu schaffen: den Prävalenzfehler.

Prävalenz bedeutet laut Duden (2021) zunächst nichts anderes als die »Rate der zu einem bestimmten Zeitpunkt oder in einem bestimmten Zeitabschnitt an einer bestimmten Krankheit Erkrankten (im Vergleich zur Zahl der Untersuchten)«. Doch inwieweit kann diese Rate falsch sein?

Betrachten wir folgendes Beispiel zum Thema Impfdurchbrüche und Hospitalisierung, das sich auf vorliegende Daten des Robert-Koch-Instituts (2021) vom November 2021 bezieht:

Nehmen wir an, wir betrachten insgesamt 100 Personen im Alter von über 60 Jahren, aufgeteilt in zwei Gruppen von Menschen: eine Gruppe mit Geimpften und eine Gruppe mit Ungeimpften. In der Gruppe der Geimpften seien 88 Personen, in der Gruppe der Ungeimpften 12 Personen. Des Weiteren nehmen wir an, dass aus beiden Gruppen jeweils 5 Personen nach einer Infektion mit SARS-CoV-2 im Krankenhaus behandelt werden müssen. Dann sind auf der Station mit den Corona-Patienten zwar absolut betrachtet zur Hälfte Geimpfte und zur Hälfte Ungeimpfte, die Aussage, dass in den Krankenhäusern 50 % Geimpfte lägen, ist jedoch falsch und irreführend:

Die Wahrscheinlichkeit für eine zufällige Person der insgesamt 100 Personen, in die Klinik zu müssen, ist nicht gleich. Diese Betrachtung ignoriert die sogenannte A-priori-Wahrscheinlichkeit dafür, dass jemand geimpft ist, wie folgende Abbildung veranschaulicht:

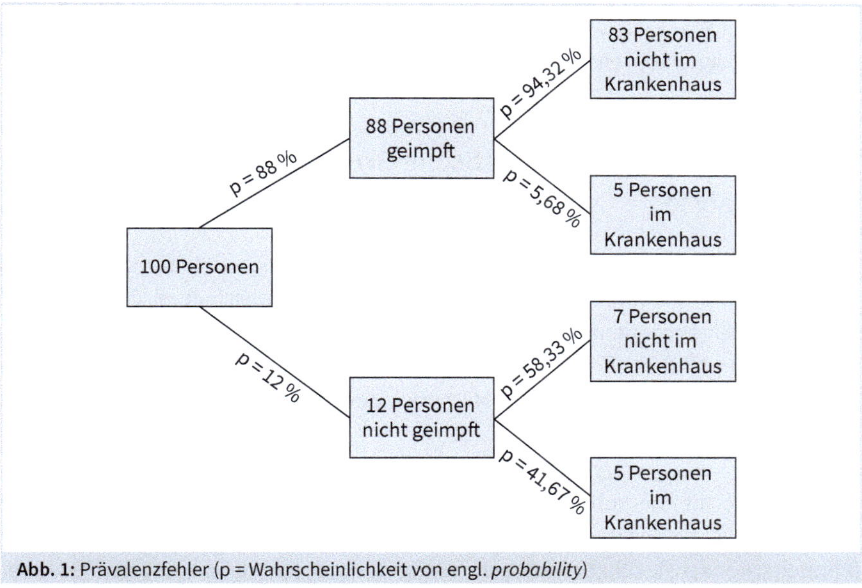

Abb. 1: Prävalenzfehler (p = Wahrscheinlichkeit von engl. *probability*)

Prävalenzfehler

Da von unseren 100 betrachteten Personen 88 geimpft sind, ist die Wahrscheinlichkeit, dass jemand Zufälliges im Alter über 60 zur Gruppe der Geimpften zählt, folglich p = 88 %. Die Wahrscheinlichkeit, dass eine zufällige Person über 60 Jahre zur Gruppe der Ungeimpften zählt, liegt damit bei p = 12 %. Von 88 Geimpften kommen 5 ins Krankenhaus; das entspricht einer Wahrscheinlichkeit von $\frac{5}{88} * 100\ \% = 5{,}68\ \%$. Die Gegenwahrscheinlichkeit liegt damit bei 94,32 %. In der Gruppe der Ungeimpften beträgt die

Wahrscheinlichkeit für einen Krankenhausaufenthalt analog $\frac{5}{12}$*100 % = 41,67 % und die Gegenwahrscheinlichkeit 58,33 %.

Obwohl die Absolutzahlen der Erkrankten mit und ohne Impfung im Krankenhaus (jeweils 5 Personen) identisch ist, gilt Folgendes hinsichtlich der Wahrscheinlichkeit, dass ein Krankenhausaufenthalt nötig wird:

Unter der Bedingung, dass man geimpft ist, beträgt die Wahrscheinlichkeit 5,68 %, wegen einer Covid-Infektion ins Krankenhaus zu müssen. In der Gruppe der Ungeimpften ist diese Wahrscheinlichkeit mit 41,67 % jedoch viel höher.

Bayes-Theorem

Der Fehler, der bei Berichten, die von einer Pari-pari-Situation auf den Stationen sprechen, gemacht wird, ist also, dass die bedingte Wahrscheinlichkeit einer einzelnen Variablen (Krankenhausaufenthalt ja oder nein) vermischt wird mit einer Information über die statistische Grundgesamtheit (geimpft oder ungeimpft). Man spricht in diesem Zusammenhang von einem formalen Fehlschluss. Wer sich mit dieser Thematik näher befassen möchte, dem sei empfohlen, sich mit dem Bayes-Theorem zu beschäftigen, das sich mit der Analyse bedingter Wahrscheinlichkeiten befasst. Der beschriebene Prävalenzfehler unterstreicht, wie wichtig eine dezidierte statistische Betrachtung von Daten ist.

21.2 Wissenschaftstheoretische Grundlagen der statistischen Analyse

Kritischer Rationalismus

Die quantitative Forschung und die statistische Auswertung von Daten stammen aus der wissenschaftstheoretischen Tradition der Naturwissenschaften. Diese bedient sich im Zuge eines sequenziell strukturierten Forschungsprozesses quantitativer, d. h. strukturierter, Methoden der Datenerhebung, aus denen numerische Daten (Messwerte) resultieren, die statistischen Methoden der Datenanalyse unterzogen werden (Döring & Bortz, 2016).

Der wissenschaftstheoretische Grundpfeiler jeder statistischen Auswertung in der empirischen Sozialforschung ist vor allem der Kritische Rationalismus nach Popper (Popper & Hansen, 1979). Der Kritische Rationalismus geht davon aus, dass Erkenntnisgewinn dadurch zustande kommt, dass man zunächst Theorien formuliert, daraus Hypothesen ableitet und diese in nachvollziehbarer Weise anhand von Daten prüft (Döring & Bortz, 2016). Dieses Vorgehen entspricht einer deduktiven Schlussfolgerung. Popper und Hansen (1979) postulierten ferner, dass Hypothesen durch keine endliche Menge von Beobachtungen verifiziert werden, aber bereits durch ein einziges Gegenbeispiel falsifiziert werden können. Im statistischen Sinne gibt es also keine absolute Sicherheit.

Um dennoch aussagekräftige Resultate zu erlangen, wird bei diesem Vorgehen die Erfahrungswirklichkeit anhand ihrer einzelnen Merkmale und ihrer Zusammenhänge untereinander mittels Stichproben untersucht (Döring & Bortz, 2016). Im kritischen Rationalismus sind Erfahrungen das Korrektiv der Vernunft. Eines der Kernmerkmale ist dabei der Fallibilismus, also die erkenntnistheoretische Anerkennung des Vermutungswissens und damit die prinzipielle Anerkennung der Fehlbarkeit. Daraus resultiert der methodische Rationalismus: das Bewusstsein, kritisch mit Methoden zur Problemlösung umzugehen und diese fortwährend zu überprüfen. Dem schließt sich ein kritischer Realismus an, der besagt, dass es eine unabhängige Wirklichkeit der Erkenntnisgewinnung geben kann – ohne subjektive Verzerrungen.

Deduktion und Induktion

Wir stellen also fest, dass statische Datenauswertung zumeist deduktiv ist, wenngleich auch induktive Schlüsse auf Basis von Wahrscheinlichkeitsaussagen möglich sind. Deduktion bedeutet das Aufstellen allgemeingültiger Theorien und das Ableiten von Wissen auf Einzelfälle. Beispielsweise wissen wir, dass alle Fische im Wasser leben. Wir sehen einen zufälligen Fisch und schlussfolgern deduktiv, dass er im Wasser lebt.

In der empirischen Forschung, die stark von den Methoden der Psychologie geprägt ist, ist der deduktive Ansatz der konventionelle Ansatz. Deduktiv bedeutet, dass logische Schlussfolgerungen vom Allgemeinen auf das Besondere getroffen werden. Ein potenziell auftretendes Problem hierbei sind Übergeneralisierungen. Diese sind möglich, wenn das Prinzip von Ursache und Wirkung vermischt wird mit dem Konzept der Zusammenhänge (in der Fachsprache spricht man von Kausalität versus Korrelation). Der Ausgangspunkt deduktiver Forschung ist ein grundlegendes Forschungsinteresse, zumeist konkretisiert in einer oder mehrerer Forschungsfragen. Basierend auf einer theoretischen Analyse werden Hypothesen abgeleitet. Zur Überprüfung einer Hypothese werden darin enthaltene theoretische Begriffe (»Konstrukte«) operationalisiert (direkt beobachtbaren Indikatoren zugeordnet) (Lettau & Breuer, o.J.).

Die Datenauswertung erfolgt dann mithilfe statistischer Prozeduren, denen wir uns in diesem Kapitel widmen wollen. Über Signifikanzprüfungen wird ferner versucht, das Maß der Erkenntnisgewissheit zu bestimmen. Die Ergebnisse der Hypothesenprüfung werden dann auf die Ausgangstheorie bezogen und – entsprechende Ergebnisse vorausgesetzt – als Indiz für die Gültigkeit der Theorie angeführt (Lettau & Breuer, o.J.).

Sinnhaftigkeit statistischer Analysen

Dieser Ansatz ist dann sinnvoll, wenn die folgenden Kriterien erfüllt sind (Döring & Bortz, 2016; Lettau & Breuer, o.J.):

- Die Daten, die erhoben und ausgewertet werden sollen, sollen möglichst objektiv sein.
- Die Daten, die erhoben werden sollen, sind numerisch abbildbar und es lassen sich Häufigkeiten messen.
- Die Daten bieten eine Struktur, durch die sich Beziehungen und Ursachen analysieren lassen.

- Ergebnisse sollen bspw. durch Hochrechnungen auf ganze Populationen übertragbar sein.
- Eine theoretische Grundlage (Modell) für die Überprüfung von Forschungshypothesen und die Erklärung kausaler Zusammenhänge können aus dem aktuellen Stand der Forschung abgeleitet werden.

21.3 Schritte der Datenanalyse

Zunächst muss an dieser Stelle betont werden, dass bei der Erhebung von Daten, die zu einem späteren Zeitpunkt folgende Analyse stets im Hinterkopf sein sollte. Die folgenden Abschnitte formulieren daher Anforderungen an Daten, um verschiedene Verfahren anwenden zu können. Je nachdem, welche Fragestellungen untersucht werden sollen, gilt es, dies bei der Erhebung vor der Analyse zu bedenken.

Datenaufbereitung

Bei der quantitativen Analyse ist der erste Auswertungsschritt die Datenaufbereitung. Dazu werden die Daten sortiert, zugeordnet, ggf. digitalisiert und formatiert. So soll ein strukturierter Datensatz entstehen, der dann in Excel oder einem Statistikprogramm (z. B. SPSS, SAS, R) analysiert werden kann. Die Sortierung, Zuordnung, Digitalisierung und Formatierung des Rohdatenmaterials führen so zu strukturierten Datensätzen. Dazu können Metainformationen wie das Erhebungsdatum (im Sinne einer Methodendokumentation im Datensatz) ergänzt werden, falls diese nicht bspw. von einer elektronischen Umfrageplattform eingefügt wurden (Döring & Bortz, 2016).

Bei quantitativen Datensätzen sollten darüber hinaus in der Datendatei die Bedeutungen der Variablen und der vergebenen numerischen Werte festgehalten werden (sog. Labeling, d. h. die Vergabe von Variablen- und Wertelabels) (Döring & Bortz, 2016).

Kontrolle des Datensatzes

Ein weiterer wichtiger Schritt ist das Entfernen/Ersetzen von Informationen, die zur Identifizierung von Untersuchungsteilnehmenden führen könnten. Dies ist notwendig, um gesetzlichen Rahmenbedingungen Rechnung zu tragen, die vor einer Untersuchung zu prüfen sind, zum Beispiel im Sinne der DSGVO. Besondere Vorkehrungen müssen auch getroffen werden, damit eventuell vorhandene, identifizierende Einwilligungserklärungen zwar archiviert, aber eben nicht mit dem Datenmaterial direkt verknüpft werden können. Dies gilt gleichermaßen für quantitative und qualitative Studien.

Bei quantitativen Daten findet nun eine Sichtkontrolle des Datensatzes statt. Auf folgende Elemente ist zu achten (Döring & Bortz, 2016):

- Vollständigkeit,
- Einheitlichkeit (z. B. von Datums- und Währungsangaben, Verwendung von Akronymen), dazu gehört auch die Prüfung der Wertebereiche (fragwürdige Werte? Tippfehler vs. Falschantworten),

- Ausschluss doppelter Werte/mehrfacher Datenzeilen,
- sachgerechte Behandlung von fehlenden Werten,
- Erkennen und Behandeln von Ausreißerwerten,
- Plausibilität der Antwortmuster,
- Prüfung der Wertelabels (wurden alle Codierungen und deren Bedeutung fehlerfrei und allgemeinverständlich eingegeben?).

Döring und Bortz (2016) schlagen folgendes Vorgehen für die Behandlung fehlender Werte in quantitativen Studien vor:

Umgang mit fehlenden Werten

Fehlende Werte (»missing values«) erhalten bestenfalls einen numerischen Code für die Ursache des fehlenden Wertes. Einzelne fehlende Werte eines Falles können bei der Auswertung als Leerstellen behandelt werden oder – falls man ein Statistikprogramm wie SPSS verwendet – durch sog. Imputationswerte (Verfahren zur Vervollständigung bei fehlenden Antworten) ausgetauscht werden. In SPSS sollten fehlende Werte möglichst nicht als echte Leerstellen auftreten, sondern idealerweise ausschließlich mit Codes für fehlende Werte (z. B. –99, –77) gekennzeichnet werden. So kann bei Fragebögen z. B. differenziert werden, ob eine Lücke im Datensatz einer Person vorliegt, weil sie

- aufgrund der Filterführung die Frage gar nicht vorgelegt bekommen hat,
- zum betreffenden Sachverhalt ausdrücklich keine Meinung hat,
- zu einer persönlichen Frage die Angabe verweigert (Baur & Blasius, 2019).

Enthält ein einzelner Fragebogen sehr viele fehlende Werte (z. B. fehlende Angaben bei über 50 % der erhobenen Variablen) und/oder wurde er offensichtlich nicht ernsthaft ausgefüllt (z. B. erkennbar durch durchgestrichene Seiten oder Fragen, beleidigende Kommentare, oder »witzige« Randbemerkungen), so wird der ganze Fall von der Analyse ausgeschlossen. Dementsprechend entstehen dann fehlende Fälle. Dabei ist jedoch zu dokumentieren, welche Fälle aus welchen Gründen von der weiteren Analyse ausgeschlossen wurden, um die Objektivität und Nachvollziehbarkeit der Untersuchung zu gewährleisten.

21.4 Deskriptive Charakterisierung von Daten

Wir wollen damit beginnen, uns die deskriptive (beschreibende) Statistik für einzelne Merkmale wie z. B. Alter oder Geschlecht anzuschauen. Dabei kann man Maßzahlen der zentralen Tendenz (Mittelwerte, Median, Modus) sowie Dispersionsmaße (Varianz/Standardabweichung, Interquartilsabstand und Spannweite) sowie grafische Repräsentationen betrachten. Maße der zentralen Tendenz sind für sich genommen wenig aussagekräftig. Zusätzlich werden häufig Dispersionsmaße angegeben, die Aussagen über die Streuung einer Variablen machen. Wichtig ist an dieser Stelle, dass das sog. Skalenniveau der Merkmale beachtet wird, denn nicht jede Maßzahl kann für jedes Skalenniveau bestimmt werden.

21.4.1 Skalenniveau von Variablen

Bevor wir uns mit den Skalenniveaus befassen, wollen wir zunächst einige Grundbegriffe klären.

Merkmale und Merkmalsausprägungen

Ein Merkmal in der Statistik ist die Eigenschaft eines Untersuchungsobjekts, für die man sich interessiert bzw. die man analysieren möchte, z. B. das Körpergewicht einer Person oder der Beruf einer Person. Bei Erhebungen verwendet man hier häufig auch den Begriff »Variable«; eine Variable ist ein durch eine Zahlenrepräsentation dargestelltes Merkmal.

Die Merkmalsausprägung ist dann der festgestellte Befund des Merkmals z. B. 175 cm bei der Körpergröße oder Tischler als Merkmalsausprägung für das Merkmal Beruf.

Bei dem Beruf handelt es sich um ein sog. diskretes Merkmal, das endlich viele, man spricht von abzählbar vielen, Merkmalsausprägungen besitzt (Schreiner, Kaufmann, Rechtsanwalt ...). Zwischen einzelnen Merkmalsausprägungen diskreter Merkmale gibt es keine Zwischenstufen (es gibt einen Schreiner und einen Rechtsanwalt, aber wahrscheinlich keinen Menschen, der zur Hälfte Schreiner und zur Hälfte Rechtsanwalt ist).

Das Füllvolumen einer Gießkanne hingegen ist ein stetiges Merkmal, das beliebig viele Ausprägungen annehmen kann bzw. für das es jeweils Zwischenstufen gibt (zumindest dann, wenn man sehr genau mit beliebig vielen Nachkommastellen misst).

Merkmalsträger sind die Untersuchungsobjekte, für die man die Merkmalsausprägung erfasst, z. B. die Teilnehmer an einem Fitnesskurs für das Merkmal Körpergewicht oder die Bewerber um eine ausgeschriebene Arbeitsstelle für das Merkmal Beruf.

Je nachdem, ob man ein Merkmal, zwei Merkmale oder mehrere Merkmale einzeln erfasst und betrachtet oder ob man auch Zusammenhänge zwischen einem, zwei oder mehreren Merkmalen betrachten will, nennt man die Analyse univariat, bivariat und multivariat — und davon hängen die möglichen statistischen Analysen ab. So kann man z. B. bei zwei Merkmalen eine mögliche Korrelation (Zusammenhang) untersuchen.

Ein Merkmal ist also eine Eigenschaft, die zu einem Objekt oder einer Person gehört und eine bestimmte Anzahl von Merkmalsausprägungen hat. Damit man diese Merkmale statistisch analysieren kann, wird versucht, sie durch Messungen in Zahlen zu überführen. Merkmale, die in Zahlen überführt wurden, werden als Variablen bezeichnet. Diese Überführung nennt man Operationalisierung. Wenngleich dieser methodische Unterschied besteht, werden die Begriffe Merkmal und Variable im Zusammenhang mit statistischen Analysen häufig synonym verwendet.

Um zu differenzieren, für welche Art von Merkmalen welche Analysen durchgeführt werden können, werden die Merkmale ihren Skalenniveaus zugeordnet. Diese sind entscheidend für die statistischen Analysen. Man unterscheidet im nominalskalierte, ordinalskalierte und kardinalskalierte (metrische) Merkmale.

Bei nominalskalierten Merkmalen handelt es sich um solche Merkmale, deren Ausprägungen Namen oder Kategorien sind, wobei sich die Kategorien nicht in eine sinnvolle Reihenfolge bringen lassen. Zwei Beispiele sind das Geschlecht mit den Ausprägungen weiblich und männlich oder die Nationalität mit den Ausprägungen deutsch, spanisch, US-amerikanisch etc. Da man keine sinnvollen Abstufungen bzw. Reihenfolgen zwischen den Merkmalen herstellen kann (gemeint sind Aussagen etwa in der Art »männlich ist besser als weiblich« oder umgekehrt), handelt es sich um ein nominalskaliertes Merkmal. Das gleiche gilt für die Nationalität.

Nominalskala

Das nächsthöhere Skalenniveau ist die Ordinalskala. Ordinalskalierte Merkmale weisen ebenfalls Ausprägungen auf, die Kategorien sind. Im Gegensatz zur Nominalskala lassen sich die Kategorien aber in eine sinnvolle Reihenfolge bringen. Das klassische Beispiel für ein ordinalskaliertes Merkmal sind die Schulnoten mit den Ausprägungen sehr gut bis ungenügend. Die Ausprägungen sind Kategorien und man kann sagen, dass *sehr gut* besser als *gut*, *gut* besser als *befriedigend* usw. ist. Wichtig ist aber dabei, dass sich die Abstände zwischen den Merkmalsausprägungen nicht mathematisch sinnvoll interpretieren lassen. So könnte man bspw. nicht anbringen, dass die Note *gut* doppelt so schlecht wie die Note *sehr gut* ist. Aus demselben Grund ist auch die Berechnung von Durchschnittsnoten nicht zulässig, da – wie wir noch sehen werden – die Berechnung des Mittelwerts mindestens metrische Daten erforderlich macht.

Ordinalskala

Ist es jedoch möglich, die Abstände zwischen Merkmalsausprägungen sinnvoll mathematisch zu interpretieren, so befindet man sich beim stärksten Skalenniveau, der sog. Kardinalskala, auch metrische Skala genannt. Bei kardinalskalierten Merkmalen, die man auch als metrisch skalierte Merkmale bezeichnet, handelt es sich um solche, deren Ausprägungen Zahlen sind und deren Abstände mathematisch sinnvoll interpretierbar sind. Das Alter ist bspw. ein metrisch skaliertes Merkmal, da dessen Ausprägungen Zahlen sind. Zudem kann man sagen, dass eine 20-jährige Person halb so alt wie eine 40-jährige Person ist. Oder eine 33-jährige Person ist ein Jahr älter als eine 32-jährige Person. Die Abstände können also sinnvoll interpretiert werden.

Kardinale Skalen

21.4.2 Maßzahlen der zentralen Tendenz und Dispersion

Im Folgenden betrachten wir die deskriptive Statistik für ein einzelnes Merkmal. Dabei kann man Maße der zentralen Tendenz (Mittelwert, Median, Modus) sowie Dispersionsmaße (Varianz/Standardabweichung, Interquartilsabstand und Spannweite) betrachten.

Arithmetischer Mittelwert

Der Mittelwert (arithmetisches Mittel, engl. mean) wird berechnet, in dem die Werte aller Beobachtungen addiert werden und durch die Anzahl der Beobachtungen geteilt wird.

$$\bar{x} = \frac{1}{n} \cdot \sum_{i=1}^{n} x_i$$

Beispiel:

Merkmal Alter

Person (n=10)	Person 1	Person 2	Person 3	Person 4	Person 5	Person 6	Person 7	Person 8	Person 9	Person 10
Alter x_i	23	28	30	34	44	52	29	21	33	37

$$\bar{x} = \frac{1}{10} \cdot \sum_{i=1}^{10} (x_i) = \frac{1}{10} * (23 + 28 + \ldots + 37) = 33{,}1 \textit{ Jahre}$$

Im Durchschnitt sind die Personen also 33,1 Jahre alt.

Der Mittelwert ist anfällig für Ausreißer; er wird durch diese stark verzerrt. Ein Ausreißer ist ein Wert, der von allen anderen erhobenen Werten stark nach oben oder unten abweicht. Wegen dieser Anfälligkeit hinsichtlich Verzerrungen durch Ausreißer ist der Mittelwert nicht immer die beste Wahl, wenn es darum geht, vernünftige Aussagen über die zentrale Tendenz eines Datensatzes zu treffen. Die zentrale Tendenz sollte einen Eindruck davon vermitteln, welcher Wert am wahrscheinlichsten auftritt – und das muss nicht zwingend der Mittelwert sein. Es könnte auch der Median oder sogar der Modus sein.

Zusätzlich zum arithmetischen Mittel existieren zwei weitere Mittelwerte, die je nach Untersuchungsgegenstand zum Tragen kommen: Das geometrische Mittel und das harmonische Mittel.

geometrischer Mittelwert

Der geometrische Mittelwert dient dazu, Aussagen über die zentrale Tendenz bei Wachstums- oder Zuwachsgrößen zu liefern. Es ermittelt dann das durchschnittliche Wachstum und ist definiert als

$$x_g = \sqrt[n]{x_1 * x_2 * \ldots * x_n}$$

Beispiel:

Merkmal Fluktuationsrate im Unternehmen; gesucht: durchschnittliche Fluktuation pro Jahr (p. a.)

Fluktuation pro Monat	5 %	2 %	1,5 %	3,8 %	2,8 %	3 %	0,5 %	4 %	2,6 %	3,7 %

$$x_g = \sqrt[10]{0{,}05 * 0{,}02 * \ldots * 0{,}037} = 0{,}0249 = 2{,}49\,\%$$

Die durchschnittliche Fluktuation pro Monat beträgt folglich 2,49 %.

harmonischer Mittelwert

Das harmonische Mittel wird zur Bildung von Mittelwerten verwendet, wenn man es mit Anteilswerten oder Verhältniszahlen (z. B. Preis pro Liter, Kilometer pro Stunde) zu tun hat, also mit solchen Größen, die sich relativ auf eine bestimmte Einheit beziehen. Es ist definiert als

$$x_h = \frac{n}{\Sigma(\frac{1}{x_i})}$$

Beispiel:

Merkmal: Laufgeschwindigkeit bei einem Marathon; gesucht: Durchschnittliche Geschwindigkeit pro km

	1. Kilometer	2. Kilometer	3. Kilometer	...	42. Kilometer
Geschwindigkeit für den Kilometer in km/h	4	3,9	4,1	...	4,5

$$x_h = \frac{42}{(\frac{1}{4} + \frac{1}{3{,}9} + \ldots + \frac{1}{4{,}5})} = 4{,}2\ km/h$$

Die durchschnittliche Laufgeschwindigkeit beträgt pro Kilometer somit 4,2 km/h.

Median

Der Median $x_{0,5}$ (engl. median) ist die mittlere Beobachtung in einem sortierten Datensatz. Das entspricht in einer ungeraden Anzahl von Beobachtungen genau der Beobachtung in der Mitte oder dem arithmetischen Mittelwert der mittleren beiden Beobachtungen in einer geraden Anzahl an Beobachtungen. Das bedeutet, dass der Median gemäß seiner Definition genau die Mitte des (sortierten) Datensatzes wiedergibt. Man nennt ihn auch das 50 %-Quantil, d. h., dass 50 % der Beobachtungen darunter und 50 % der Beobachtungen darüber liegen.

Beispiel:

Merkmal Alter

Person (n=10)	Person 1	Person 2	Person 3	Person 4	Person 5	Person 6	Person 7	Person 8	Person 9	Person 10
Alter x_i	23	28	30	34	44	52	29	21	33	37

Sortierter Datensatz:

Alter x_i	21	23	28	29	30	33	34	37	44	52

$$x_{0,5} = \frac{(30 + 33)}{2} = 31{,}5 \text{ Jahre}$$

Die ersten 50 % der Personen sind folglich bis zu 31,5 Jahre alt.

Modus Der Modus x_{mod} (engl. mode) beschreibt die Beobachtung(en) im Datensatz, die am häufigsten auftritt/auftreten.

Beispiel:

Merkmal Beruf

Person (n=10)	Person 1	Person 2	Person 3	Person 4	Person 5	Person 6	Person 7	Person 8	Person 9	Person 10
Beruf	Arzt	Physiotherapeut	Pfleger	Arzt	MTA	Heilpraktiker	Pfleger	Arzt	Physiotherapeut	Osteopath

$$x_{mod} = \{Arzt\}$$

Die häufigste Merkmalsausprägung ist »Arzt«.

Beim vorherigen Beispiel handelt es sich um eine unimodale Stichprobe, da nur eine Merkmalsausprägung am häufigsten vorkommt. Wären es zwei (wenn bspw. noch ein dritter Physiotherapeut unter den Befragten gewesen wäre), spräche man von einer bimodalen Stichprobe. Sind es mehr als zwei Merkmale, die als Modus auftauchen, spricht man von einer multimodalen Stichprobe.

Maße der zentralen Tendenz sind für sich alleine betrachtet wenig aussagekräftig. Zusätzlich werden häufig Dispersionsmaße angegeben, die Aussagen über die Streuung bzw. Verteilung einer Variablen machen.

Das einfachste Dispersionsmaß ist die Spannweite. Die Spannweite (engl. range) berechnet sich als Differenz des maximalen Beobachtungswerts und des minimalen Beobachtungswerts.

Spannweite

Beispiel:

Merkmal Alter

Person (n=10)	Person 1	Person 2	Person 3	Person 4	Person 5	Person 6	Person 7	Person 8	Person 9	Person 10
Alter xi	23	28	30	34	44	52	29	21	33	37

Hier beträgt die Spannweite 52 – 21 = 31 Jahre. Das Alter der Befragten variiert folglich um 31 Jahre.

Der Interquartilsabstand (engl. interquartile range; IQR) gibt das zentrale Intervall (entspricht den mittleren 50 % der Beobachtungen in einem sortierten Datensatz) eines Datensatzes an und ist die Differenz aus dem oberen und unteren Quartil. Dadurch ist der Interquartilsabstand besonders robust gegen Ausreißer an den Rändern des Datensatzes. Quartile bestimmt man vereinfacht gesprochen analog zum Median für die obere und untere Hälfte des Datensatzes. Sie teilen den der Größe nach sortierten Datensatz folglich bei 25 % und 75 %. In Excel oder den gängigen Statistikprogrammen erfolgt die Berechnung etwas genauer (weil es je nach Stichprobenumfang keine genaue Grenze bei 25 %, 50 % und 75 % gibt), weswegen sich Ergebnisse in der Nachkommastelle leicht unterscheiden können.

Interquartilsabstand

Beispiel:

Sortierter Datensatz für da Merkmal Alter:

Alter x_i	21	23	28	29	30	33	34	37	44	52

$$x_{0,25} = 28\,;\; x_{0,75} = 37$$

Der Interquartilsabstand beträgt somit 37 – 28 = 9 Jahre. Die zentralen 50 Prozent der Personen variieren hinsichtlich ihres Alters folglich um maximal 9 Jahre.

Varianz und Standardabweichung

Die Varianz (engl. Variance) ist ein Streuungsmaß, das sich aus der Differenz der Summe der quadrierten Beobachtungen und dem Mittelwert, geteilt durch die Anzahl der Beobachtungen minus eins berechnet.

$$s^2 = \frac{1}{n-1} \cdot \sum_{i=.1}^{n} (x_i - \bar{x})^2 = \frac{n}{n-1} \cdot \left(\overline{x^2} - \bar{x}^2\right)$$

Konzeptionell ist die Varianz nicht aussagekräftig; sie wird erst durch das Ziehen der Wurzel interpretierbar, wodurch die Varianz in die Standardabweichung (engl. standard deviation) überführt wird. Die Standardabweichung beschreibt die Streuung der Beobachtungswerte um ihren Mittelwert.

Beispiel:

Merkmal Alter

Person (n=10)	Person 1	Person 2	Person 3	Person 4	Person 5	Person 6	Person 7	Person 8	Person 9	Person 10
Alter xi	23	28	30	34	44	52	29	21	33	37

$$s^2 = \frac{10}{9} \cdot (1174{,}9 - 1095{,}61) = 88{,}1$$

$$s = \sqrt{s^2} = \sqrt{88{,}1} = 9{,}39$$

Im Durchschnitt sind die Befragten folglich 33,1 Jahre ± 9,39 Jahre alt.

21.4.3 Normalverteilung

Um die Überlegungen zur Streuung zu verdeutlichen, wollen wir uns die Normalverteilung anschauen. Bei einer einigermaßen normalverteilten Variablen entspricht der Abstand einer Standardabweichung nach oben und nach unten um den Mittelwert ca. 68 % der Beobachtungen. Im Abstand von zwei Standardabweichungen nach oben und nach unten um den Mittelwert liegen dann etwa 96 % aller Beobachtungen.

Beispielhaft ist bekannt, dass die Verteilung des Intelligenzquotienten beim Menschen einer Normalverteilung folgt, mit einem Erwartungswert von 100 und einer Standardabweichung von etwa 15. Das bedeutet, 34 % der Menschen sollten in ein Intervall zwischen 100 und 115 fallen; weitere 34 % sollten in ein Intervall zwischen 85 und 100 fallen. In das Intervall zwischen 115 und 130 fallen dann weitere 14 %, während ebenfalls weitere 14 % in das Intervall zwischen 70 und 85 fallen.

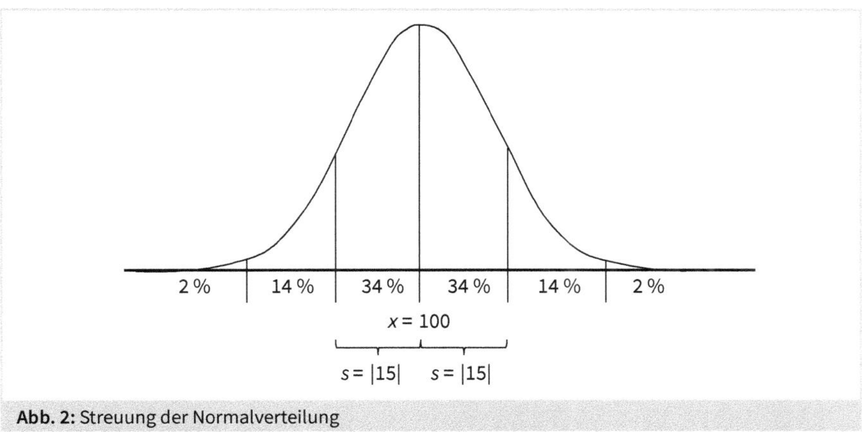

Abb. 2: Streuung der Normalverteilung

Die Normalverteilung zeichnet sich durch die Glockenkurve, oder auch Gauß-Kurve genannt, aus. Ein wichtiges Charakteristikum der Normalverteilung ist, dass es sich um eine symmetrische Verteilung hinsichtlich ihrer zentralen Tendenz handelt; alle Verteilungsparameter der zentralen Tendenz (Mittelwert, Median, Modus) liegen im selben Punkt. Gauß-Kurve

Dem zentralen Grenzwertsatz folgend, nähert sich die Summe unabhängiger Zufallsvariablen (wie hier im Beispiel der IQ einer zufällig ausgewählten Person) mit steigender Beobachtungszahl n einer Normalverteilung an. Das erklärt, warum die Normalverteilung einen so wichtigen Stellenwert einnimmt.

21.4.4 Boxplots

Deskriptive Daten lassen sich grafisch auf verschiedene Arten visualisieren. Neben zahlreichen standardisierten Grafiken, die Sie sicherlich aus Excel kennen, sei an dieser Stelle insbesondere auf die Darstellung deskriptiver Kenngrößen als Boxplot verwiesen. Boxplots

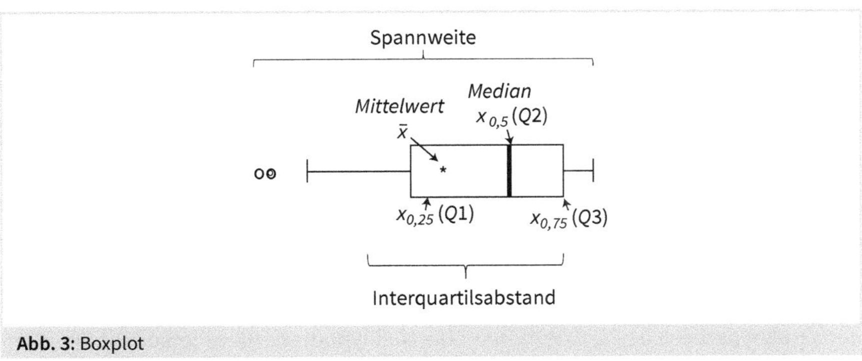

Abb. 3: Boxplot

Der Median ist die Linie innerhalb der Box. Zusätzlich kann bspw. durch einen Asterisk der Mittelwert abgebildet werden. Die Box selbst entspricht in ihrer Breite dem Interquartilsabstand, d. h., linke und rechte Seite entsprechen der Lage des unteren und oberen Quartils. Die »Antennen« (Englisch Whisker) sind bei Boxplots uneinheitlich definiert. Eigentlich bilden sie die Spannweite, also den Minimumwert (unterer Whisker) und Maximalwert (oberer Whisker) ab. Liegen jedoch Ausreißer vor, so werden diese ausgenommen und als Punkte eingetragen. Ausreißer werden dabei ab einer Entfernung von etwa dem eineinhalbfachen Interquartilsabstand von der Box als solche bezeichnet. Bis zu einer Entfernung i. H. v. dem dreifachen Interquartilsabstand spricht man von sog. milden Ausreißern; darüber liegende Punkte werden als extreme Ausreißer charakterisiert.

Die folgenden Aspekte befassen sich mit einem tiefgreifenderen Blick auf Daten. Bisher haben wir uns rein deskriptive, also beschreibende Auswertungsmethoden angeschaut. Will man jedoch auch Aussagen über Signifikanz, Zusammenhänge und Ursache-Wirkungsbeziehungen treffen, sind die folgenden Analysen – insbesondere für größere Kohorten und/oder wissenschaftliche Projekte – unerlässlich.

21.5 Tests, Signifikanz und Konfidenz

Tests in der Statistik

Testverfahren bieten die Möglichkeit, aus Daten, die in einer Stichprobe erhoben wurden, abgesicherte, allgemeingültige Aussagen zu generieren. Zum Beispiel könnte überprüft werden, ob eine Intervention einen signifikanten Einfluss auf bestimmte Gesundheitsparameter hat, indem vorher und nachher Messungen gemacht werden und deren statistische Unterscheidung auf Signifikanz geprüft wird. Doch wie testet man eine Vermutung, die sich vielleicht aus der Betrachtung eines Datensatzes oder aus inhaltlichen Überlegungen ergeben hat? Ein statistischer Test ist dabei eine Entscheidungsregel, mit der auf Grundlage einer Stichprobe über eine Hypothese H0 gegenüber einer Alternativhypothese H1 entschieden wird. Ein statistischer Test sagt also aus, ob man sich für oder gegen eine Hypothese entscheiden sollte. Diese Entscheidung trifft der Test auf Basis der Stichprobe und untermauert diese Entscheidung auf der Basis von Wahrscheinlichkeiten.

Null- und Alternativhypothesen

Bevor man testen kann, müssen die Hypothese H0 und die Alternativhypothese H1 formuliert werden. Dies geschieht nach einem festgelegten Schema: Die eigentlich zu prüfende Forschungshypothese ist dabei in der Regel die Alternativhypothese H1. Sie postuliert die Existenz eines bestimmten Effekts, Zusammenhangs, Unterschieds oder einer Veränderung in der Stichprobe. Die Alternativhypothese H1 kann auch eine Wirkungsrichtung beinhalten. Dann spricht man von einer gerichteten Hypothese. Wenn die Alternativhypothese feststeht, ist damit indirekt auch die Hypothese H0, die auch Nullhypothese heißt, fixiert. Denn Die Nullhypothese H0 widerspricht der Alternativhypothese H1 und behauptet genau das Gegenteil, nämlich, dass es überhaupt keinen Effekt, Zusammenhang, Unterschied oder Veränderung gibt – oder sogar ein entgegengerichteter Effekt besteht.

Basierend auf den gewonnenen Daten wird der Wert einer empirischen Teststatistik berechnet und mit einem tabellierten Wert (für das jeweilige Signifikanz- bzw. Konfidenzniveau und die entsprechende Stichprobengröße) verglichen. Auf dieser Basis kann man entscheiden, ob es sich um ein signifikantes Ergebnis handelt, oder nicht.

Signifikanz von Testentscheidungen

Die Entscheidung über die Signifikanz wird auf Basis der Nullhypothese getroffen. Wenn wir die Nullhypothese jetzt testen und dann mittels Testresultat entscheiden, ob wir die Nullhypothese beibehalten oder verwerfen, dann machen wir dies auf einem sog. empirischen Signifikanzniveau. Das bedeutet, wir überlegen, wie abgesichert unsere Entscheidung für oder gegen H0 sein soll. Meist wird auf einem Signifikanzniveau von 5 %, d. h. einem Konfidenzniveau von 95 % getestet. Das heißt, dass man mit einer Wahrscheinlichkeit von 5 % eine falsche Entscheidung gegen H0 trifft, obwohl die Nullhypothese in der Grundgesamtheit wahr wäre. Im Umkehrschluss heißt das, dass Sie mit dem Test nicht H1 bestätigen können, Sie können nur auf einem bestimmten Signifikanzniveau H0 verwerfen. Da ihr Hypothesenpaar alle möglichen empirischen Situationen vollständig abbildet, ist das dann die implizite Bestätigung für H1.

Es gibt für verschiedene Fragestellungen und Skalenniveaus verschiedene statistische Tests, die anzuwenden sind. Das Internet bietet hier mit sog. Methodenbäumen eine Entscheidungshilfe.

Konfidenzintervalle

Ein ähnliches Konzept verfolgt man, wenn man zusätzlich zu Durchschnittswerten Konfidenzintervalle angibt. Diese Intervalle werden statistisch berechnet und lokalisieren den in der Grundgesamtheit wahren Wert mit einer gewissen Wahrscheinlichkeit (meist 95 %) um einen angegebenen Parameter (z. B. das arithmetische Mittel).

21.6 Korrelation und Kausalität

statistische Zusammenhänge

Analysiert man nicht nur eine einzelne Variable, sondern zwei Variablen, kann man statistische Zusammenhänge (Korrelation) und Abhängigkeiten (Kausalität) bestimmen. Die Korrelation nach Bravais-Pearson drückt sowohl die Richtung als auch die Stärke des Zusammenhangs zweier metrisch skalierter Variablen aus. Der Wert des Korrelationskoeffizienten kann dabei zwischen -1 (perfekt negative Korrelation) und +1 (perfekt positive Korrelation) liegen; bei einem Wert von 0 liegt kein Zusammenhang vor.

Beispiel:

Betrachtet man die metrisch-skalierten Variablen Alter und Gewicht, kann man untersuchen, ob es einen linearen Zusammenhang zwischen beiden Variablen gibt. Würde ein positiver linearer Zusammenhang festgestellt, lässt dies Aussagen in folgender Art zu: Je höher das Alter, desto höher das Gewicht und umgekehrt.

Der Korrelationskoeffizient berechnet sich wie folgt:

$$r_{x,y} = \frac{(\overline{x^{*}y} - \overline{x}^{*}\overline{y})}{\left(\sqrt{\overline{x^2} - (\overline{x})^2} * \sqrt{\overline{y^2} - (\overline{y})^2}\right)}$$

Beispiel:

Möchte man untersuchen, ob das Alter einen signifikanten Einfluss auf das Gewicht hat, also ob steigendes Alter ursächlich für Gewichtszunahmen sein kann, reicht die Korrelationsanalyse, also die Analyse auf einen Zusammenhang zwischen Variablen, nicht aus. Dies kann mit einem Kausalmodell untersucht werden, mit dem sich Vermutungen über Ursache-Wirkungsbeziehungen aufstellen lassen.

Kausalaussagen, z. B. dahingehend, dass eine unabhängige Variable x eine abhängige Variable y positiv oder negativ beeinflusst, sind nicht mithilfe der Korrelationsanalyse möglich. Hier kommt mindestens die Regressionsanalyse zum Einsatz; aber auch komplexere multivariate Verfahren sind denkbar, etwa aus dem Bereich der Strukturgleichungsmodellierung.

Ursache-Wirkungs-Analysen

In der Regressionsanalyse geht es darum, eine erklärte Variable y (Regressand; abhängige Variable) durch eine oder mehrere erklärende Variablen x_i (Regressor(en); unabhängige Variable(n)) zu erklären. Das erlaubt, den kausalen Zusammenhang zwischen einer oder mehrere(r) Variable(n) x_i und einer Variablen y zu bestimmen. Durch die Methode der kleinsten Quadrate wird die Gerade bzw. Ebene bei mehreren unabhängigen Variablen gefunden, die man durch eine Punktwolke in einem Streudiagramm legen kann. Diese Gerade heißt Regressionsgerade. Das ist dann genau die Gerade, deren quadrierter Abstand zu allen Punkten der Punktwolke minimal ist. Dieses Vorgehen erlaubt festzustellen, ob eine Variable x eine andere Variable y beeinflusst. Zudem lässt sich anhand der Variablen x auch vorhersagen, wie der Wert für y wahrscheinlich ausfällt. Zudem lässt sich erklären, wie stark die Variable y in Abhängigkeit von der Variablen x streut. Die Regressionsgleichung hat allgemein die Form

$$y_{ik} = b_0 + b_1 \cdot x_{i1} + b_2 \cdot x_{i2} + \ldots + b_k \cdot x_{ik} + e$$

Natürlich gibt es zahlreiche weitere statistische Tests und Kausalmodelle. Grundsätzlich unterscheidet man Verfahren in strukturprüfende (konfirmatorische) Verfahren und strukturentdeckende (explorative) Verfahren. Strukturprüfende Verfahren prüfen mit statistischen Methoden, ob eine aus der Theorie hergeleitete Struktur, die typischerweise in Hypothesen formuliert wird, empirisch anhand von erhobenen Daten nachgewiesen werden kann. Strukturentdeckende Verfahren hingegen sind quantitativ immer dann sinnvoll, wenn im Vorfeld der Analysen keine expliziten Annahmen über die Strukturen (oder Zusammenhänge) von Variablen gemacht werden können (Baur & Blasius, 2019).

Literatur

Baur, N. & Blasius, J. (Hrsg.). (2019). *Handbuch Methoden der empirischen Sozialforschung*. Springer Fachmedien Wiesbaden. https://doi.org/10.1007/978-3-658-21308-4

Döring, N. & Bortz, J. (2016). *Forschungsmethoden und Evaluation in den Sozial- und Humanwissenschaften* (5. Aufl.). *Springer-Lehrbuch*. Springer. http://dx.doi.org/10.1007/978-3-642-41089-5, https://doi.org/10.1007/978-3-642-41089-5

Duden. (2021). *Prävalenz*. https://www.duden.de/rechtschreibung/Praevalenz (abgerufen am 31.1.2022).

Lettau, A. & Breuer, F. (o.J.). *Kurze Einführung in den qualitativsozialwissenschaftlichen Forschungsstil*. Universität Münster. https://www.uni-muenster.de/imperia/md/content/psyifp/aebreuer/alfb.pdf (abgerufen am 31.1.2022).

Popper, K. R. & Hansen, T. E. (Hrsg.). (1979). *Die Einheit der Gesellschaftswissenschaften: Bd. 18. Die beiden Grundprobleme der Erkenntnistheorie*. Mohr.

Robert-Koch-Institut. (2021). *Daten zum Download*. https://www.rki.de/DE/Content/InfAZ/N/Neuartiges_Coronavirus/nCoV_node.html;jsessionid=385E92CA69DAF5AE79681B44637384B9.internet091#doc13490882bodyText12 (abgerufen am 31.1.2022).

22 Datenbewertung und -präsentation

Angelina Heub

In diesem Kapitel geht es um die Bewertung von Ergebnissen der Evaluation sowie deren Kommunikation und Präsentation als zentrale Bestandteile des Betrieblichen Gesundheitsmanagements (BGM). Diese Prozessschritte sind im Hinblick auf ein wirksames BGM von besonderer Relevanz – und sie bergen auch eine Vielzahl an Herausforderungen und Stolperfallen. Hürden sind dabei auf der rechtlichen ebenso wie auf der zwischenmenschlich-sozialen Ebene zu überwinden. Um eine Hilfestellung für eine erfolgreiche Datenbewertung und -präsentation zu geben, beantwortet dieses Kapitel zwei wesentliche Leitfragen:

8. »Wie gehe ich mit Daten und deren Bewertung um?«
9. »Wie präsentiere ich die Ergebnisse?«

22.1 Bewertung von Ergebnissen

Ziel der Ergebnisbewertung ist es, auf Grundlage der vorangegangenen statistischen Analysen Gesundheitschancen und -risiken, Zusammenhänge und weitere Auffälligkeiten zu identifizieren. Diese sind dabei auf einige wenige Hauptthemen zu verdichten, die dann im Rahmen der Ergebnispräsentation und Darlegung an alle Beschäftigten zu kommunizieren sind. Ferner sind die abgeleiteten Folgemaßnahmen zu etablieren. Nürnberg (2017) empfiehlt eine Konzentration auf vier bis fünf Themenbereiche. Die Bewertung sollte möglichst zeitnah erfolgen (Müller et al. 2007, S. 48) und umfasst mehrere Prozessschritte. Zuallererst sind die Perspektiven der Bewertung abzustecken. Im Falle einer Selbstevaluation folgen anschließend die Bewertung der Datenqualität sowie die Bewertung und Einordnung der Ergebnisse selbst.

22.1.1 Perspektiven der Bewertung

Selbst- und Fremdevaluation

Es muss entschieden werden, ob die Bewertung als Selbst- oder Fremdevaluation durchgeführt werden soll. Beide Optionen gehen mit verschiedenen Vor- und Nachteilen einher, die es gegeneinander abzuwägen gilt. Das Vorgehen sollte so gewählt werden, dass der individuellen Zielsetzung sowie den Ressourcen des Unternehmens Rechnung getragen wird. Nachfolgend sind verschiedene Perspektiven beider Evaluationsoptionen aufgezeigt (vgl. Tabelle 1):

	Pro	Contra
Selbst-evaluation	• Geringe Kosten • Kenntnis über interne Strukturen • Vertrauen seitens der Belegschaft • Ansprechperson ist den Beschäftigten bekannt und zugänglich • schnelle Abstimmungsmöglichkeiten mit Stakeholdern	• evtl. fehlende Methodenkompetenz oder zeitintensives Aneignen notwendiger Kenntnisse • Fehlende Unabhängigkeit • Betriebsblindheit • Arbeitskraft hat mitunter weitere Aufgaben mit vorrangiger Priorität • Gefahr der Unterstellung einer Ergebnisbeeinflussung
Fremd-evaluation	• Methodenkompetenz • Entlastung des Unternehmens • Neutralität, Unabhängigkeit • Ressourceneinsparungen • Zugriff auf Branchenvergleichsdaten evtl. möglich • zeigt hohe Verbindlichkeit • Bessere Gewährleistung der Anonymität	• Höhere Kosten • Fehlendes Know-how bezüglich Unternehmensinterna • Einarbeitungsaufwand in das Projekt • Womöglich fehlende Unternehmens-individuelle Anpassung verwendeter Instrumente

Tab. 1: Perspektiven der Selbst- und Fremdevaluation

Gemeinhin empfiehlt sich für größere oder besonders relevante Evaluationsvorhaben eine Fremdevaluation. Hier stehen die Ergebnisqualität und Seriosität gegenüber dem Kostenaspekt im Vordergrund. Dazu sollte ein Dienstleitungsunternehmen beauftragt werden, das sich konkret mit dem Thema BGM befasst. Kleinere Auswertungen, wie die Evaluation eines Kursangebotes zur Betrieblichen Gesundheitsförderung, können auch durch den BGM-Verantwortlichen im Unternehmen evaluiert werden. Um dabei Zeit und Ressourcen zu sparen, sollte eine Auswertung für Unternehmen mit mehreren Standorten zentral erfolgen.

Ein Kompromiss zwischen Selbst- und Fremdevaluation ist die interne Fremdevaluation. Hier erfolgt die Bewertung durch eine neutrale Person, die in einem unabhängigen Verhältnis zu der zu evaluierenden Maßnahme steht. Jedoch gehört sie dem Betrieb an, sodass die betrieblichen Strukturen vertraut sind.

Stolperfallen der Selbstevaluation

Wird eine Selbstevaluation umgesetzt, können durch unterschiedliche Perspektiven im Unternehmen verschiedene Schwierigkeiten und Stolperfallen auftreten. Im Folgenden wird eine Auswahl entsprechender Fälle skizziert:

1. **Der Klassiker:** Die Beschäftigten werden nicht oder nicht ausreichend informiert.
2. **Der Fachlateiner:** Die Ergebnispräsentation erfolgt in einer ausgeprägten Fachsprache oder mit Daten und Abbildungen ohne Bezug und Erläuterung.
3. **Der Skeptiker:** Vorbehalte, dass Negatives nicht berichtet oder abgefragt wird, aber auch Vorwürfe wie: »Es ändert sich sowieso nichts« können seitens der Be-

legschaft vorgebracht werden. Skepsis seitens der Geschäftsführung rührt meist aus der Angst vor kritischen Ergebnissen.

4. **Die Alibi-Erhebung:** Ermittelte Optimierungspotenziale werden nicht genutzt, die Erhebung beleibt folgenlos.

Treten diese Fälle auf, sind Misstrauen und ein fehlender Glaube an Veränderungen oft die Folge. Um einem solchen Verlauf vorzubeugen, hilft es vorab, die unterschiedlichen Perspektiven aller am Prozess beteiligten Personen zu bedenken und sich mit deren Ängsten und Wünschen vertraut zu machen.

22.1.2 Umgang mit Daten

Datenschutz

Gesundheitsdaten, die zumeist im Rahmen des BGM erhoben oder evaluiert werden, lassen sich gemäß Art. 9 Datenschutz-Grundverordnung (DSGVO) »besondere[n] Kategorien personenbezogener Daten« zuordnen. Ihre Verarbeitung ist zunächst einmal untersagt. Ausnahmen gelten dabei für Daten zur »Beurteilung der Arbeitsfähigkeit des Beschäftigten«. Werden andere Daten betrachtet, wie etwa weiterführende Daten zum Gesundheitsverhalten Beschäftigter, so ist deren Verarbeitung und damit auch eine Bewertung nur zulässig, wenn eine Einwilligung für den Verarbeitungszweck vorliegt.

!

Wichtig

Für bereits anonymisierte Daten gilt die oben vorgestellte Reglementierung nicht (ErwGr. 26 DSGVO). Jedoch ist auch der Vorgang der Anonymisierung als eine Verarbeitung nach Art. 9 DSGVO zu verstehen.

Anonymität

Neben datenschutzrechtlichen Aspekten sollte auch ein vertraulicher Umgang mit dem Datenmaterial gewährleistet sein. Wichtig ist eine anonymisierte Auswertung. Um diese sicherzustellen, sollte eine Mindestanzahl von Befragten gegeben sein. Ein Schwellenwert von zumindest zehn Personen gilt gemeinhin als Mindestmaß. Je größer allerdings die Gruppe der einbezogenen Individuen ist, desto höher ist auch der Grad der Anonymität. Vorsicht ist bei der differenzierten Betrachtung einzelner Bereiche oder demografischer Merkmale wie Alter oder Geschlecht geboten. Dabei wird die Grundgesamtheit in verschiedene Subgruppen unterteilt. Auch hier ist der Schwellenwert in den einzelnen Gruppen zu beachten.

Datenbereinigung

Weiter sollte die Datenbereinigung an dieser Stelle Beachtung finden, denn sie hat einen wesentlichen Einfluss auf das zugrundeliegende Datenmaterial und damit auch auf die Resultate statistischer Auswertungen. Ein häufiges Phänomen sind lückenhafte Antworten. Entsprechende Befragungsbögen können von der Auswertung ausgeschlossen werden oder fehlende Werte mithilfe von Imputationsverfahren ersetzt werden (Engel & Schmidt, 2014, S. 343-346). Auch ist festzulegen, wie mit Mehrfachantworten sowie mit Antworten, die außerhalb der vorgegebenen Antwortmöglichkeiten liegen, umgegangen werden soll. Werden nicht alle Antworten berücksichtigt, beeinflusst dies die finale Response Rate und damit womöglich auch die Repräsentativität. Manipulationen des Datenmaterials, wie der Ausschluss bestimmter Bögen, sind mitunter sinnvoll, sollten jedoch klar kommuniziert werden (Nürnberg, 2017, S. 74-76).

22.1.3 Bewertungskriterien

Um die Resultate einer Evaluation zu bewerten, können verschiedene Kriterien herangezogen werden. Diese helfen, die Aussagekraft der Ergebnisse zu beurteilen und einzuordnen. Um die Qualität der Daten zu beurteilen, wird zunächst die Datengrundlage betrachtet. Weiterhin sind die Ergebnisse selbst unter verschiedenen Gesichtspunkten zu beurteilen.

Kriterien zur Bewertung der Datengrundlage

Untersuchungsdesign

Ein grundlegendes Kriterium ist die Eignung des Untersuchungsdesigns und der Erhebungsmethode für das Forschungsvorhaben. Qualitative Untersuchungen sind explorativ ausgerichtet. Sie dienen der Ideengewinnung oder Theorienfindung, indem sie erste Tendenzen aufzeigen. So können beispielsweise Ideen zu Optimierungspotenzialen von evaluierten Konzepten gewonnen werden. Eine weitere Möglichkeit ist, mithilfe der qualitativen Evaluation Hypothesen und Theorien zu Hintergründen eines möglichen Scheiterns von Interventionen zu erarbeiten. Eine exakte Bestimmung und Deskription interessierender Sachverhalte erfolgt mittels quantitativer Untersuchungen. Hier muss weiter zwischen Screening-Methoden und diagnostischen Verfahren unterschieden werden. Screening-Methoden ermöglichen allgemeine Aussagen bezüglich breit gefächerter Untersuchungsbereiche. Tief gehende Untersuchungen ausgewählter Teilbereiche können hingegen durch diagnostische Verfahren umgesetzt werden.

Repräsentanz der Datengrundlage

Ebenso wesentlich für die Qualität der Daten ist deren Repräsentanz. Neben der Wahl der Erhebungsform (Totalerhebung oder Stichprobenziehung) haben auch die Rücklaufquote sowie die Response Rate einen Einfluss auf die Repräsentativität (Bortz und Döring 2007, S. 258). Sofern keine Vollerhebung durchgeführt wurde, sollte die Stichprobe genauer betrachtet werden. Von Interesse sind insbesondere die Stichprobengröße sowie auch das Verfahren der Stichprobenziehung. Im Hinblick auf die Stichprobengröße lässt sich festhalten, dass die Zuverlässigkeit der Parameterschätzung mit zunehmender Stichprobengröße ansteigt (Bortz & Döring, 2007, S. 419). Betrachtet man die Verfahren der Stichprobenziehung, so kann eine zufällige Auswahl verglichen mit nichtzufälligen Verfahren als repräsentativer angenommen werden (Kaya & Himme, 2009, S. 81).

Responsivität

Ein weiteres Kriterium ist die Responsivität. Antwortverfälschungen oder -tendenzen wirken auf die Ergebnisse ein. Aspekte wie soziale Erwünschtheit bestimmter Antworten oder Selbstdarstellung führen dabei zu einer bewussten Manipulation durch Befragte. Von dieser ist die unbewusste Manipulation zu unterscheiden. Sie kann unter anderem durch fehlerhafte Auffassung der Fragestellung oder das kognitive Vermögen des Befragten hervorgerufen werden (Bortz & Döring, 2007, S. 231-236).

BESONDERHEITEN IM RAHMEN DER RESPONSIVITÄT

Wurden Daten länderübergreifend erhoben, so ist ein Vergleich der Ergebnisse aufgrund von Länderunterschieden nur eingeschränkt möglich. Unterschiede im Antwortverhalten begründen sich hier mit unterschiedlichen kulturellen Werten und Normen. So tendieren Beschäftigte in Nord-, Mittel- und Südamerika zu einer besseren Einstufung von Arbeitsbedingungen. Länder im ostasiatischen Raum beurteilen hingegen reservierter. Beschäftigte aus dem europäischen Raum lassen sich in ihrem Bewertungsverhalten in der Mitte einordnen (Müller et al., 2007, S. 53).

Plausibilität

Abschließend sollte der Datensatz einem Plausibilitätscheck unterzogen werden. Hierbei können Eingabe- und Transkriptionsfehler aufgedeckt werden (Bortz und Döring 2007, S. 85). Indizien sind unschlüssige Parameter der Stichprobenzusammensetzung, unvorhergesehene Werte im Rahmen der Antwortcodierung oder aber auch eine Rücklaufquote, die über 100 % liegt.

Kriterien zur Bewertung der Ergebnisse

Bewertung von Zusammenhängen

Bei der Ergebnisbewertung sind neben besonders positiven oder negativen Outcome-Parametern vor allem Zusammenhänge einzelner Resultate von Interesse. Ein wesentlicher Indikator für Zusammenhängen ist die Signifikanz. Ergebnisse sind signifikant, wenn sie nicht auf einem Zufall beruhen. Bestimmt wird die Signifikanz mittels statistischer Verfahren. Dabei ist der p-Wert gemeinsam mit dem Signifikanzniveau α zu betrachten. Der p-Wert beschreibt im Kontext der Testung auf Signifikanz die Irrtumswahrscheinlichkeit. Das Signifikanzniveau α legt dabei die Obergrenze ebendieser Irrtumswahrscheinlichkeit fest. Als signifikant gelten Ergebnisse für p-Werte $< \alpha$. Zusätzlich empfiehlt Nürnberg (2017, S. 81), an dieser Stelle langjährige Beschäftigte für einen Plausibilitätscheck der konstatierten Zusammenhänge hinzuzuziehen.

Betrachtung von Mittelwerten

Ebenso wird im Rahmen der Auswertung die Verteilung verschiedener Parameter dargestellt. Ein häufig genutztes Lagemaß ist der Mittelwert. Dieser eignet sich jedoch oft nur bedingt für eine entsprechende Reproduktion (Artmann, 2019, S. 131-132). Enthält der Datensatz eine hohe Anzahl an Ausreißern oder liegt eine breite Streuung vor, kann der Mittelwert schnell zu Fehlinterpretationen führen. Durch seine alleinige Betrachtung kommen Unterschiede in den Datensätzen nicht zum Ausdruck. Möchte man also Aussagen auf Basis des Mittelwertes ableiten, so sollten zur Beurteilung stets weitere Werte wie die Standardabweichung einbezogen werden.

Ursachenforschung

Im Rahmen des BGM interessiert häufig die Frage nach Kausalzusammenhängen. Zur Beantwortung ebendieser Frage empfiehlt die Literatur prospektive Panel-Studien (Häder, 2010, S. 115-117). Diese umfassen, anders als Querschnittsstudien, eine Befragung zu verschiedenen Zeitpunkten. Nur so kann der Faktor Zeit adäquat berücksichtigt werden. Panel-Studien sind im Kontext des BGM jedoch nur schwer realisierbar. Für eine praktikable Ursachenforschung empfehlen sich hier qualitative Interviews. Weiter ist es möglich, im Rahmen von Diskursen oder Workshops eine qualitative Ursachenforschung in die Bewertung einzubeziehen.

Möglichkeiten der Querschnittsbefragung

Mitarbeiterbefragungen im Querschnittsdesign eignen sich nur bedingt für eine Ursachenforschung. Die Untersuchung von Kausalzusammenhängen ist auf diese Weise nur mittelbar und eingeschränkt möglich, dafür bedarf es weiterer Untersuchungen (Häder, 2010, S. 116). Vielmehr haben sich entsprechende Studien für eine Status-quo-Erhebung sowie zur Evaluierung von Projekten bewährt. Für große Belegschaften eignet sich dabei vor allem die schriftliche Form der Befragung.

Gütekriterien

Nicht zuletzt sind an dieser Stelle die erzielten Resultate mithilfe der Gütekriterien »Objektivität«, »Reliabilität« und »Validität« zu hinterfragen.

22.1.4 Bewertungsverfahren

Zur Bewertung von Zusammenhängen können, wie oben beschrieben, statistische Verfahren hinzugezogen werden. Ergebnisse lassen sich hier mithilfe von Grenzwerten problemlos bewerten. Als weitaus größere Herausforderung gestaltet sich die Bewertung gebildeter Indizes. Hier stellt sich die Frage, ab wann entsprechende Parameter gut oder schlecht, Belastungen hoch oder aber auch Ressourcen ausreichend sind. Um entsprechende Parameter interpretieren zu können, ist ein Maßstab erforderlich, gegen den die Ausprägungen abgeglichen werden können.

Referenzwerte

Eine Möglichkeit ist es, Ergebnisse anhand von Referenzwerten zu beurteilen. Dazu können die Daten sowohl internen als auch externen Vergleichswerten gegenübergestellt werden. Intern lassen sich so verschiedene Abteilungen, Berufsgruppen und Standorte vergleichen. Auch können Zeitvergleiche gezogen oder Ist-Werte mit intern festgelegten Soll-Werten verglichen werden. Extern sind unter anderem berufsgruppenspezifische Vergleiche, Benchmarkings oder weitere Branchenvergleiche möglich. Gegebenenfalls ist an dieser Stelle aber auch ein Vergleich mit branchenfremden Unternehmen aufschlussreich. Die Referenzdaten können über verschiedene Datenbanken bezogen werden. Auch standardisierte Mitarbeiterbefragungen halten häufig entsprechende Vergleichswerte vor (Beck et al., 2014, S. 84-86; Nürnberg, 2017, S. 82).

verfahrensdefinierte Vorgaben

Einige Befragungsinstrumente bieten dem Nutzer definierte Kriterien, welche die Einordnung erleichtern sollen. Dazu halten entsprechende Instrumente ein konkretes Vorgehen zur Ermittlung der Ergebnisse vor. Eine Vergleichbarkeit kann nur gewährleistet werden, wenn dieses Vorgehen befolgt wurde (Beck et al., 2014, S. 82-84). Als konkretes Beispiel lässt sich der Work-Ability-Index nennen. Dieser hält vier Ergebniskategorien vor, in die sich der errechnete Wert einordnen lässt. Den Kategorien entsprechend kann die Arbeitsfähigkeit so als kritisch, mäßig, gut oder sehr gut eingestuft werden.

Beurteilung im Diskurs

Als letztes Bewertungsverfahren wird die Beurteilung der Ergebnisse im Rahmen eines Diskurses oder Workshops vorgestellt. Diese Methodik bietet sich vor allem dann an, wenn die zu beurteilenden Ergebnisse bereits qualitativ in einem offenen Diskurs erarbeitet wurden. Aber auch weitere Erhebungsalternativen wie Befragungen können als Grundlage für eine Beurteilung diskutiert werden. Die Bewertung und die Einordnung finden hierbei in einem interaktiven Austausch zwischen den Beteiligten statt. Diese können beispielsweise über Punktevergabe Chancen und Risiken beurteilen oder Prioritäten setzen (Beck et al., 2014, S. 86-88).

22.2 Ableitung von Handlungsempfehlungen

Letztlich gilt es, die Erkenntnisse aus der Ergebnisbewertung in die Praxis zu übertragen. Dazu sind stets individuelle Voraussetzungen im Unternehmen zu berücksichtigen. Hier spielen eigene Kenntnisse und Fähigkeiten, die Größe des Unternehmens, die Unternehmens- und Kommunikationskultur und natürlich auch die Zielgruppe eine wesentliche Rolle.

Ein weiterer Schritt, der oftmals gemeinsam mit der anschließenden Ergebnispräsentation und Darlegung kommuniziert wird, sind Handlungsempfehlungen für Follow-up-Maßnahmen. Daher wird auch auf die Thematik der Maßnahmenpriorisierung nachfolgend eingegangen.

Priorisierung von Auffälligkeiten

Häufig ergeben sich mehrere Auffälligkeiten, die ein Handeln erfordern. Jedoch ist das gleichzeitige Bearbeiten mehrerer Auffälligkeiten in der Praxis selten möglich und meist auch nicht sinnvoll. Entsprechend sollte eine Priorisierung der Themenfelder vorgenommen werden. Möglichkeiten zur Priorisierung sind beispielsweise Ampel- oder Rankingsysteme, das Bilden von Indexwerten oder auch die Anwendung einer 4- bzw. 6-Feldertafel. Folgende Überlegungen können bei der Priorisierung unterstützen (Beck et al., 2014, S. 105):

- Welche Auffälligkeiten bergen Risiken und wie groß sind die Risiken?
- Wie hoch ist die Notwendigkeit, sofort zu handeln?
- Wie häufig tritt die identifizierte Problematik auf?
- Welche personellen, zeitlichen und materiellen Ressourcen stehen uns zum jetzigen Zeitpunkt zur Verfügung?
- Gibt es Quick Wins?

BESONDERHEITEN DER MASSNAHMENPRIORISIERUNG IM KONTEXT DES ARBEITSSCHUTZES

Besonderheiten gelten bei der Priorisierung von Arbeitsschutzmaßnahmen. Dabei ist §4 des Arbeitsschutzgesetzes (ArbSchG) zu berücksichtigen. Weiterführende Spezifikationen des ArbSchG sowie auch branchenspezifische Hinweise können verschiedenen Vorschriften und Verordnungen entnommen werden. Das Vorgehen bei der Priorisierung entsprechender Maßnahmen wird durch das STOP-Prinzip beschrieben. »STOP« ist hierbei ein Akronym, das die Hierarchie und die Art der Schutzmaßnahmen beschreibt (TRGS 500):

1. »Substitution«
2. »Technische Schutzmaßnahmen«
3. »Organisatorische Schutzmaßnahmen«
4. »Persönliche Schutzmaßnahmen«

Handlungsempfehlungen formulieren

Um nach einer Priorisierung spezifische Handlungsempfehlungen entwickeln zu können, müssen relevante Resultate konkret beschrieben und analysiert werden. Dabei sind neben der Problematik selbst auch betroffene Personengruppen und Arbeitsbereiche, mögliche Folgen und Auswirkungen sowie die der Problematik zugrunde liegenden Ursachen zu bedenken. Ausgehend von den Ursachen können erste inhaltliche Entscheidungen bezüglich der Handlungsempfehlung getroffen werden. Bei der Formulierung der Handlungsempfehlung sollte die Praktikabilität im Vordergrund stehen. Einer möglichst konkreten Formulierung steht die Gefahr nicht erfüllter Erwartungen gegenüber. Demzufolge sollten Empfehlungen nur soweit konkret formuliert werden, als die hiermit verbundenen Erwartungen erfüllt werden können. Dasselbe gilt für Zeitangaben. Zudem sollte eine Handlungsempfehlung weitere Schritte aufzeigen und die notwendigen Ressourcen benennen. Sie sind Ausgangspunkt für weiterführende Planungsschritte und relevant für die Freigabe entsprechender Maßnahmen durch die Geschäftsleitung.

22.3 Präsentation und Darlegung von Ergebnissen

Im Anschluss an die Bewertung sind eine Präsentation und Darlegung der Ergebnisse unabdingbar. Häufig scheitern BGM-Projekte an einer unzureichenden oder fehlenden Kommunikation. Aber auch bereits eine inkorrekte Kommunikation der Daten kann sich negativ auf den Projekterfolg auswirken. Während Zweifel und Misstrauen Folgen einer schlechten Kommunikation sind, wirkt sich eine gute Kommunikation positiv auf Aspekte wie Vertrauen, Unterstützung sowie auch Motivation und Teilnahmen aus (Badura et al., 2010, S. 313).

die Leitfrage der Ergebnispräsentation

Hinsichtlich des Vorgehens kann kein Königsweg beschrieben werden. Vielmehr gilt es, individuelle Kommunikationskonzepte zu entwickeln. Breitbach formuliert hierzu folgende Leitfrage: »WAS kommuniziere ich an WEN, WANN und mit welchem Medium (WIE)?« (Breitbach, 2018, S. 246). Aus dieser Leitfrage ergeben sich vier Bereiche, die für eine Kommunikation relevant sind (vgl. Abbildung 1).

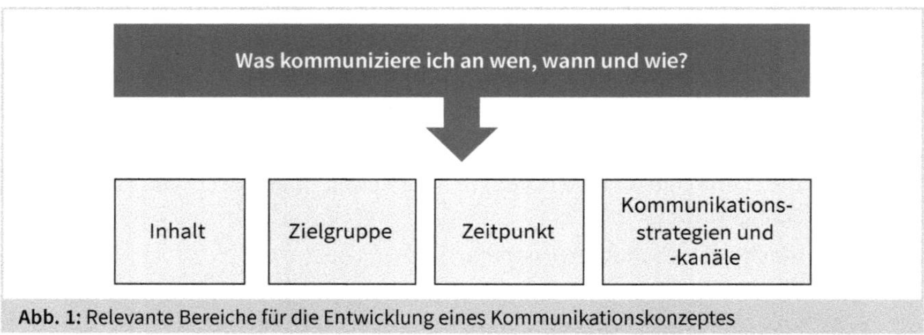

Abb. 1: Relevante Bereiche für die Entwicklung eines Kommunikationskonzeptes

22.3.1 Wann wird präsentiert

zeitlicher Ablauf der Kommunikation

Die Frage nach dem »Wann« steht in direktem Zusammenhang mit der Frage, »an wen« kommuniziert werden soll. Es empfiehlt sich, den Zeitpunkt der Kommunikation aber auch den Inhalt nach Unternehmens- bzw. Hierarchieebenen zu differenzieren. Hinsichtlich des Detaillierungsgrades finden sich in der Literatur diverse Empfehlungen. Zumindest sollten die folgenden Schritte berücksichtig werden:

1. **Besprechung im Steuerkreis**
   Idealerweise wird der Steuerkreis bereits während der Ergebnisbewertung hinzugezogen. So können die Ergebnisse aus verschiedenen Blickwinkeln beleuchtet und interpretiert werden.
2. **Berichterstattung an die Geschäftsleitung**
   Eine besondere Bedeutung kommt einer strategischen Wahl des Zeitpunktes bei der Kommunikation gegenüber der Geschäftsleitung zu. Gerade wenn diese zeitgleich mit der Ergebnispräsentation auch von weiterführenden Maßnahmen überzeugt werden muss, kann ein gut gewählter Zeitpunkt entscheidend sein.
3. **Kommunikation an die Mitarbeitenden**
   Es ist unbedingt sicherzustellen, dass alle Mitarbeitenden durch die Kommunikation erreicht werden. Keinesfalls sollten ausschließlich die Geschäftsleitung sowie nachgeschaltete Führungsebenen über die Resultate informiert werden.

Es ergibt sich ein mehrstufiges Vorgehen zur Kommunikation, das dem Top-down-Ansatz folgt. Je nach Unternehmensgröße können weitere (Führungs-)Ebenen zwischengeschaltet werden. Insgesamt sollte die Präsentation und Darlegung der Ergebnisse möglichst zügig nach dem Ende der Datenerhebung erfolgen.

Zeitpunkt der Kommunikation

Eine rechtzeitige Kommunikation ist ein sehr zentraler Aspekt der Ergebnisdarlegung. Sie kann das Gelingen des gesamten Prozesses wesentlich beeinflussen. Vergeht zu viel Zeit zwischen Datenerhebung und Ergebnisrückmeldung, so kann dies das Vertrauen in die Befragung und daran anknüpfende Maßnahmen schmälern. Bezüglich eines konkreten Zeitpunktes lässt sich festhalten, dass ein bis zwei Monate nach Beendigung einer Datenerhebung die Mitarbeitenden noch ein großes Interesse an den Resultaten haben, das dann jedoch stetig abnimmt (Nürnberg, 2017, S. 71). Entsprechend sollte das Vorgehen zur Ergebniskommunikation so konzipiert werden, dass spätestens zwei Monate, nach Möglichkeit jedoch schon eher, eine umfängliche Kommunikation an alle Beschäftigten erfolgt ist.

22.3.2 Was wird präsentiert

Aufbereitung der Inhalte

Im Rahmen der inhaltlichen Ausgestaltung sind die gesamten Resultate, nicht nur die Kernergebnissen zu betrachten. Es wird eine umfassende Auswertung aller Ergebnisse angefertigt, die bei Bedarf bereitgestellt werden kann. An dieser Stelle sollten jedoch nicht alle Ergebnisse explizit kommuniziert werden. Für die Kommunikation von Interesse sind lediglich die relevantesten Erkenntnisse und Auffälligkeiten. Hier sollten zunächst die wichtigsten Aussagen zusammengefasst werden (Pfannstiel & Mehlich, 2018, S. 426). Weiter sollten diese Auffälligkeiten zu einigen wenigen Hauptthemen verdichtet bzw. auf sie reduziert werden. Dabei sind sowohl positive als auch negative Erkenntnisse miteinzubeziehen. Letztere sollten in keinem Fall verschwiegen werden. Vielmehr können schlechte Resultate als Chance angesehen werden. Sie zeigen Problematiken auf und bieten somit umfassende Möglichkeiten zur Optimierung und Weiterentwicklung. Eine objektive und sachliche Betrachtungsweise hilft bei einem konstruktiven Umgang mit negativen Resultaten.

Im Anschluss gilt es, die gewonnenen Erkenntnisse als kurze und prägnante Kernbotschaften zu formulieren. Wurden bereits konkrete Handlungsempfehlungen abgeleitet, so werden auch diese hier aufgegriffen. Es empfiehlt sich eine Zusammenfassung in nach Themenbereichen gruppierte Informationsblöcke. Für einen strukturierten Überblick sollten die Informationen einem »roten Faden « folgen. Sie können dann zielgruppengerecht aufbereitet und unter Zuhilfenahme adäquater Kommunikationsmittel an die Empfänger übermittelt werden.

Zielgruppenspezifische Besonderheiten

zielgruppenorientierte Formulierung

Informationen müssen für die jeweilige Zielgruppe relevant und verständlich gestaltet werden (Müller et al., 2007, S. 48). Hierzu sind genaue Kenntnisse der Zielgruppe notwendig. Es müssen unter anderem alters- und geschlechtsspezifische Unterschiede, Diversität und Nationenvielfalt, oder aber auch das Bildungsniveau bedacht werden. Allen Zielgruppen ist gemein, dass eine Präsentation in einer für sie verständlichen Sprache erfolgen sollte (Bortz & Döring, 2007, S. 132). Dies umfasst sowohl den Satzbau als auch die Ausdrucksweise und die Verwendung von Fachwörtern. Wenn in einem Unternehmen neben der deutschen Sprache vermehrt auch andere Muttersprachen vertreten sind, kann die Überlegung sinnvoll sein, ob die Inhalte auch in weiteren Sprachen bereitgestellt werden können.

Männer erreichen

Entscheidungen hinsichtlich der Kommunikation sollten auch Unterschiede im Gesundheits- und Kommunikationsverhalten von Mann und Frau zugrunde gelegt werden. Ein Gender-Mainstreaming hilft, die unterschiedlichen Wirkmechanismen auf beide Geschlechter zu berücksichtigen. Da gerade Männer schwer für Gesundheitsaktionen zu gewinnen sind, kann es sinnvoll sein, diese gesondert anzusprechen. Die Kommunikation mit Männern gelingt, indem faktenbasiert Benefits verdeutlicht werden. Das Hauptaugenmerk sollte dazu weniger auf den gesundheitlichen Nutzen, als vielmehr auf Benefits für das Leistungsvermögen gelegt werden. Dabei hilft es, die entsprechenden Benefits als Lösungsvorschläge zu »verkaufen«. Ein Formulieren von Vorschriften und Anordnungen wird an dieser Stelle nicht zielführend sein (Kuhn et al., 2018, S. 83; Matyssek, 2013, S. 18).

Führungsebenen und Beschäftigte

Auch die Menge und die Inhalte der Informationen unterscheiden sich je nach Zielgruppe. In diesem Kontext sind vor allem die Geschäftsführung, die weiteren Führungsebenen und die Mitarbeitenden zu unterscheiden. Auswertungen für die Beschäftigten und Führungskräfte nehmen Bezug auf das ganze Unternehmen oder aber auf einzelne Bereiche, in denen die Zielgruppen tätig sind. Während für die Geschäftsführung der Kostenfaktor sowie Vorteile für das Unternehmen von zentralem Interesse sind, interessiert die Mitarbeitenden vermehrt der individuelle Nutzen.

Präsentation statistischer Daten

Eine Herausforderung stellt die Präsentation statistischer Daten dar, die ebenso für die Zielgruppen lesbar und verständlich aufbereitet werden müssen. Umfangreiche Daten sind für Fachfremde oft unüberschaubar und nur schwer zu interpretieren. Umso wichtiger ist es, diese Daten in Aussagen zu überführen, die für jeden greifbar sind. Hierzu eignet sich vor allem eine Visualisierung in Form von Grafiken (Müller et al., 2007, S. 48). Mit ebendiesen ist es möglich, Datenmengen übersichtlich zu präsentieren. Verteilungen, Trends aber auch Beziehungen lassen sich so aufzeigen und sind für den Betrachter schnell zu erfassen.

Beispiele: Diagramm- und Visualisierungsformen zur Präsentation statistischer Daten

Es kann aus einer Vielzahl von Visualisierungsformen gewählt werden. Tabelle 2 stellt einige gängige Formen kurz dar.

Visualisierungsformen	
Balken- oder Säulendiagramm	• Rangfolgen und Häufigkeiten • Vergleich mehrerer Variablen
Gestapeltes Balken- oder Säulendiagramm	• Zusammensetzung mehrerer Variablen • Vergleich der Antwortverteilung über die Antwortkategorien
Kreisdiagramm	• Zusammensetzung einer Variablen • Verteilung der Antworten über die Antwortkategorien
Liniendiagramm	• Zeitverläufe und Entwicklungen
Spinnennetz	• Ausprägung einzelner Dimensionen mehrdimensionaler Konstrukte
Heatmap	• Übersicht über einen großen Datensatz
Wortwolke	• Ergebnisdarstellung für offene Fragen

Tab. 2: Diagramm- und Visualisierungsformen für statistische Daten

Unabhängig von der Art der Datenvisualisierung ist sicherzustellen, dass die Grafiken intuitiv verständlich sind. Zahlenangaben ohne Kontext sind zu vermeiden. Daten sollten stets mit Vergleichswerten oder einer unmittelbaren Interpretation angegeben werden. Farbspektren können bei der Kategorisierung helfen.

22.3.3 Wie wird präsentiert

Kommunikationskanäle

Damit eine gute Kommunikation gelingt, müssen weiter Entscheidungen bezüglich der richtigen Kommunikationskanäle getroffen werden. Nur wenn diese gut gewählt sind, kann die zu kommunizierende Thematik Gehör finden. Kuhn et al. (2018) beschreiben dazu drei grundlegende Kommunikationskanäle:

1. Kommunikation auf direktem Wege – diese erfolgt stets persönlich
2. Kommunikation über Printmedien
3. Kommunikation über digitale Medien und Wege

Auswahl geeigneter Kanäle

Einer Auswahl geeigneter Kanäle sollte die Überlegung vorausgehen, wie welche Zielgruppe erreicht werden kann (Helferich, 2018, S. 10-11). Dabei muss bedacht werden, dass nicht jede Arbeitskraft Zugang zu einem Computerarbeitsplatz und damit Zugriff auf E-Mails oder andere Onlinekanäle hat. Außendienstmitarbeiter hingegen haben in der Regel keinen Zugang zu Medien vor Ort, wie dem Schwarzen Brett. Weiterhin müssen auch das individuelle Kommunikationsverhalten der Beschäftigten sowie die Kommunikationskultur im Unternehmen in entsprechende Überlegungen einbezogen werden. Übergreifende, konkrete Empfehlungen können an dieser Stelle nicht gegeben werden. Die Wahl der Kommunikationskanäle muss letztlich immer individuell erfolgen und sich an den individuellen Gegebenheiten im Unternehmen orientieren.

!

Wichtig

Multi-Channel-Approach

In der Praxis sollte die Kommunikation in einem Multi-Channel-Approach realisiert werden. Werden mehrere Kommunikationskanäle genutzt, erhöht das die Wahrnehmung und hilft, Informationen omnipräsent darzustellen. So lässt sich eine deutlich breitere Zielgruppe erreichen. Für eine optimale Realisation sollte die verwendete Kommunikations- und Medienvielfalt möglichst flächendeckend sein und sich nahtlos in den Berufsalltag einfügen. Die Form der persönlichen Mitteilung ist dabei die bedeutsamste Form der Kommunikation. Sie sollte, sofern es möglich ist, stets eingebunden und mit anderen Formen kombiniert werden (Halbe-Haenschke und Reck-Hog, 2017, S. 69).

Persönliche Kommunikation

Vorteile der persönlichen Kommunikation

Anders als eine rein mediale Präsentation, bietet die persönliche Kommunikation die Möglichkeit für unmittelbare Nachfragen. Weiterhin bietet ein persönlicher Kontakt durch Komponenten wie Körpersprache und Augenkontakt einen erweiterten Zugang zum Gegenüber. Auf diese Weise wird Vertrauen in die Ergebnisse und in weitere Vorhaben geschaffen.

Möglichkeiten für eine direkte Ergebniskommunikation sind:

- Persönliche Gespräche
- Personalgespräche
- Teamsitzungen und Meetings
- Steuerkreise
- Workshops
- Events und Veranstaltungen (z. B. Gesundheitstage)
- Telefon- und Videokonferenzen

Kommunikation in speziellen Settings

Telefon- und Videokonferenzen sind gegenüber anderen Möglichkeiten der direkten Kommunikation ortsunabhängig und lassen größere Teilnehmerzahlen zu. Sie bieten sich beispielsweise für eine Ergebniskommunikation an Führungskräfte verschiedener Standorte an. Events und Veranstaltungen eignen sich hingegen gut für die Information großer Belegschaften.

Generell sollte die Rückmeldung durch eine unabhängige, neutrale Person erfolgen. Vor allem im Rahmen großer Projekte empfiehlt es sich, die Geschäftsführung durch externe Beratende zu informieren (Bungard et al., 2007, S. 56). Die Kommunikation an untergegliederte Ebenen kann durch den für die Evaluation zuständigen Mitarbeitenden selbst erfolgen. Mit zunehmender Unternehmensgröße sinken allerdings die Möglichkeit für eine direkte Kommunikation durch den für die Evaluation Zuständigen. Hier können auch Multiplikatoren eingesetzt werden. Diese übernehmen die Aufgabe der direkten Kommunikation entsprechender Inhalte. Sofern möglich, sollte die Multiplikatorenrolle von Führungskräften übernommen werden (Stummer et al., 2008, S. 235-240).

Wer kommuniziert?

Mediengestützte Kommunikation

Die mediengestützte Präsentation kommuniziert entsprechende Inhalte über Aushänge, Flyer oder Informationsschreiben. Ein wesentlicher Vorteil dieser Variante ist die zeitliche Unabhängigkeit. Diese Medien stehen fortwährend zur Verfügung, was sich auf die Quantität der Kontakte auswirkt. Teilnahmezahlen sind hier nicht begrenzt. So können zeitgleich viele Personen erreicht werden. Diese Effektivität macht die mediale Präsentation zu einer kostengünstigen und zeitsparenden Variante. Tabelle 3 zeigt, welche Kommunikationskanäle unter anderem zur mediengestützten Präsentation herangezogen werden können.

Vorteile der mediengestützten Kommunikation

Online	Offline
• Betriebszeitschriften/-newsletter • Intranet • Rundmails • Mitarbeiter-App oder Messenger • Wikis • QR-Codes • Virtuelles Schwarzes Brett	• Aushänge am Schwarzen Brett oder in der der Kantine • Flyer, Plakate • Rundschreiben • Informationsbriefe und -broschüren • Beilagen zum Lohnzettel • Betriebszeitschrift

Tab. 3: Online- und Offline-Instrumente der mediengestützten Kommunikation

Es kann davon ausgegangen werden, dass Aushänge, oder aber auch Beiträge in der Mitarbeiterzeitung nicht alle Mitarbeitenden erreichen, denn nicht jeder Beschäftigte nutzt diese Medien regelmäßig. Um sicherzustellen, dass die Ergebniskommunikation tatsächlich jeden Beschäftigten erreicht, muss eine gezielte und explizite Verteilung erfolgen. Dies ist mittels Rundschreiben, Informationsbriefen, Beilagen beim Lohnzettel, aber auch im Kontext der direkten Kommunikation möglich. Jedoch sollte keineswegs auf Kommunikationskanäle wie das Schwarze Brett verzichtet werden. Vielmehr kann eine Kombination verschiedene Kanäle angestrebt werden, um die Sichtbarkeit der zu verteilenden Informationen zu erhöhen.

Kommunikationsmedien gestalten

Bei der Gestaltung und Ausarbeitung der Kommunikationsmedien sind Kreativität und Einfallsreichtum gefragt. Medien sollen Aufmerksamkeit erwecken und zum Weiterlesen anregen. Dies gelingt mit einer ansprechenden Gestaltung. Badura et al. (2010) empfiehlt hier eine Kombination aus informativen und »emotional ansprechenden« Inhalten. Es sollte ein persönlicher Mehrwert für die Zielgruppe ersichtlich sein. Um den Wiedererkennungswert zu erhöhen, können auch mit dem Projekt verbundene Slogans oder ein Corporate-Design integriert werden (Breitbach, 2018, S. 247).

Abschließend soll noch einmal auf die Relevanz dieses Kapitels hingewiesen werden. Der Prozessschritt der Ergebnispräsentation übernimmt hier nicht nur die Aufgabe, einen Rechenschaftsbericht zu liefern, er hat darüber hinaus auch einen außerordentlich bedeutenden Einfluss auf das Committment der Beschäftigten und Stakeholder. Damit werden die Weichen für Folgeprozesse gestellt.

22.4 Zusammenfassung und Fazit für die Praxis

In diesem Kapitel wurde mit der Ergebnisbewertung und Präsentation ein ganz wesentlicher Bestandteil des BGM-Prozesses behandelt. Eine gelungene Umsetzung in die Praxis ist hier von besonderer Relevanz, denn unabhängig von der Qualität vorangegangener Prozessschritte kann das Gelingen eines guten BGM durch diesen Punkt wesentlich beeinflusst werden.

Hier sollen abschließend die größten Hürden und Stolperfallen sowie die im Hinblick auf die Praxis relevantesten Aspekte noch einmal zusammengefasst werden.

DO'S

- zeitnahe Datenbewertung und Präsentation der Ergebnisse
- Beachtung von Aspekten des Datenschutzes und der Anonymisierung
- gewissenhafter Umgang mit Daten
- Einbeziehung von Beschäftigten zur Überprüfung der Plausibilität von Ergebnissen
- zielgruppenspezifische Kommunikationskonzepte
- Kombination einer persönlichen Ergebnisdarlegung mit weiteren Kommunikationskanälen zur Erreichung einer flächendeckenden Kommunikation
- ansprechende Ergebnispräsentation; Interesse wecken
- Verwendung von Grafiken und Farben zur Präsentation statistischer Ergebnisse
- Beachtung von Aspekten des Gender-Mainstreamings
- Priorisierung von Follow-up-Maßnahmen
- Beschäftigte einbinden

DONT'S

- Ursachenforschung auf Basis von Querschnittsbefragungen
- Mittelwertinterpretation ohne Einbeziehung weiterer Parameter
- wichtige Resultate verschweigen oder beschönigen
- Informationsüberflutung durch eine unmittelbare Präsentation aller Ergebnisse
- Subgruppen <10 bei der Datenauswertung
- Präsentation von Kennzahlen und Outcome-Parametern ohne Bezug
- gleiche Kommunikation an alle Beschäftigtengruppen
- Missachten der Unternehmenshierarchien in der zeitlichen Abfolge der Ergebnisdarlegung
- Abteilungen, Zielgruppen oder Individuen anprangern
- Auswertung ohne Schlussfolgerungen und Folgemaßnahmen

Insgesamt gilt es im Kontext der Ergebnisbewertung und Präsentation anhand der zugrundeliegenden Daten die richtigen Schlüsse zu ziehen, um zielführende Maßnahmen zu implementieren. Nur mit richtigen Rückschlüssen und auf entsprechenden Handlungsempfehlungen fußenden Maßnahmen kann ein Betriebliches Gesundheitsmanagement nachhaltigen Erfolg haben. Ebenso wirkt sich eine entsprechende Ergebniskommunikation maßgeblich auf den Erfolg des Betrieblichen Gesundheitsmanagements aus. So wird Vertrauen geschaffen und die Akzeptanz, nicht nur für Follow-up-Maßnahmen, sondern für das gesamte BGM und das Thema Gesundheit, wird erhöht. Damit werden Maßnahmen des BGM nicht nur zu Pflichtveranstaltungen für die Mitarbeitenden, sondern zu einem persönlichen Anliegen.

Literatur

Artmann, Thomas (2019). Betriebliches Gesundheitsmanagement – inkl. Arbeitshilfen online. Neue Erfolgsstrategien für Unternehmen. Freiburg, Haufe Lexware Verlag.

Badura, Bernhard/Walter, Uta/Hehlmann, Thomas (2010). Betriebliche Gesundheitspolitik. Berlin, Heidelberg, Springer Berlin Heidelberg.

Beck, David/Morschhäuser, Martina/Richter, Gabriele (2014). Durchführung der Gefährdungsbeurteilung psychsischer Belastung. In: Bundesanstalt für Arbeitsschutz und Arbeitsmedizin (Hg.). Gefährdungsbeurteilung psychischer Belastung. Erfahrungen und Empfehlungen. Berlin, Erich Schmidt Verlag, 45–130.

Bortz, Jürgen/Döring, Nicola (2007). Forschungsmethoden und Evaluation. für Human- und Sozialwissenschaftler. 4. Aufl. Heidelberg, Springer.

Breitbach, Christine (2018). Tue Gutes und sprich darüber – Strategien für eine gelungene Vermarktung des Betrieblichen Gesundheitsmanagements (BGM). In: Mario A. Pfannstiel/Harald Mehlich (Hg.). BGM – Ein Erfolgsfaktor für Unternehmen. Lösungen, Beispiele, Handlungsanleitungen. Wiesbaden, Springer Gabler, 235–250.

Bungard, Walter/Müller, Karsten/Niethammer, Cathrin (Hg.) (2007). Mitarbeiterbefragung – was dann…? MAB und Folgeprozesse erfolgreich gestalten. Heidelberg, Springer.

Datenschutz-Grundverordnung. Verordnung (EU) 2016/679 des Europäischen Parlaments und des Rates vom 27. April 2016 (ABl. L 119 vom 4. Mai 2016, S. 1–88) zum Schutz natürlicher Personen bei der Verarbeitung personenbezogener Daten, zum freien Datenverkehr und zur Aufhebung der Richtlinie 95/46/EG (Datenschutz-Grundverordnung).

Engel, Uwe/Schmidt, Björn Oliver (2014). Unit- und Item-Nonresponse. In: Nina Baur/Jörg Blasius (Hg.). Handbuch Methoden der empirischen Sozialforschung. Wiesbaden, Springer, 331–348.

Häder, Michael (2010). Empirische Sozialforschung. Eine Einführung. 2. Aufl. Wiesbaden, VS Verlag Für Sozialwissenschaften.

Halbe-Haenschke, Babette/Reck-Hog, Ursula (2017). Die Erfolgsstrategie für Ihr BGM. Methoden und Umsetzung eines effektiven Betrieblichen Gesundheitsmanagements. Wiesbaden, Springer.

Helferich, Pia Sue (2018). Leitfaden Interne Kommunikation. Mitarbeiter und Partner erreichen.

Kaya, Maria/Himme, Alexander (2009). Möglichkeiten der Stichprobenbildung. In: Sönke Albers/Daniel Klapper/Udo Konradt et al. (Hg.). Methodik der empirischen Forschung. 3. Aufl. Wiesbaden, Springer, 79–88.

Kuhn, Detlef/Naumann, Franziska/Patzwald, Patrick/Volkhammer, Anja/Weißleder, Uta-Maria, Will, Hannes (2018). Das gesunde Unternehmen. Betriebliches Gesundheitsmanagement aus der Praxis für die Praxis. Frankfurt am Main, Mabuse-Verlag.

Matyssek, Anne Katrin (2013). BGM voranbringen! Praxistipps für beteriebliches Gesundheitsmanagement: Fallstricke vermeiden – Stolperfallen umgehen – Menschen gewinnen. 2. Aufl. Norderstedt, Books on Demand GmbH.

Müller, Karsten/Liebig, Christian/Jöns, Ingela/Bungard, Walter (2007). Durchführung der Befragung. In: Walter Bungard/Karsten Müller/Cathrin Niethammer (Hg.). Mitarbeiterbefragung – was dann …? MAB und Folgeprozesse erfolgreich gestalten. Heidelberg, Springer, 27–53.

Nürnberg, Volker (2017). Mitarbeiterbefragungen: Ein effektives Instrument der Mitbestimmung. Freiburg, München, Stuttgart, Haufe Gruppe.

Pfannstiel, Mario A./Mehlich, Harald (Hg.) (2018). BGM – Ein Erfolgsfaktor für Unternehmen. Lösungen, Beispiele, Handlungsanleitungen. Wiesbaden, Springer Gabler.

Stummer, H./Nöhammer, E./Schaffenrath-Resi, M./Eitzinger, C. (2008). Interne Kommunikation und betriebliche Gesundheitsförderung. Prävention und Gesundheitsförderung 3 (4), 235–240. https://doi.org/10.1007/s11553-008-0136-y.

TRGS 500. Technische Regeln für Gefahrstoffe: Schutzmaßnahmen. Ausgabe: September 2019. GMBl 2019 S. 1330-1366 [Nr. 66/67] (vom 13.12.2019) berichtigt GMBl 2020 S. 8 [Nr. 4] (vom 31.01.2020).

23 Gesundheitlicher und ökonomischer Nutzen

Ina Barthelmes

»Und – was bringt das Ganze?« Sollten Sie zu den Fachleuten gehören, die sich in ihrem Arbeitsalltag mit Gesundheitsförderung und Prävention im Betrieb beschäftigen, wurde Ihnen diese Frage mit ziemlicher Wahrscheinlichkeit schon einmal gestellt. Aber auch wenn Sie nicht bzw. noch nicht zu den Fachleuten zählen, ist die Frage eine ziemlich essenzielle, die Sie vielleicht oder gerade nach der Lektüre der bisherigen Kapitel des vorliegenden Fachbuchs umtreibt.

Die nächsten Seiten versuchen, ausgehend vom derzeitigen Kenntnisstand der internationalen Wirksamkeitsforschung, Impulse zur Beantwortung dieser – zugegeben alles andere als einfachen – Frage zu geben. Hierfür wird zunächst auf zugrundeliegende Konzepte und die damit verbundenen Herausforderungen eingegangen, im Anschluss wird das Thema Effizienz und Return on Investment näher beleuchtet, bevor abschließend ein umfassender Überblick über die Evidenzlage gegeben wird.

23.1 Systematische Reviews zur Evidenzbeurteilung

Wirksamkeits- und Nutzenbetrachtungen in der Gesundheitsförderung und Prävention sind inzwischen untrennbar mit dem Begriff der Evidenzbasierung verknüpft (siehe hierzu Kapitel 18). Ihren Ursprung hat diese im Anfang der 1990er Jahre entwickelten Konzept der Evidenzbasierten Medizin (EbM), das heutzutage als Inbegriff für eine moderne und wissensbasierte Medizin steht.

externe Evidenz

Die externe Evidenz bildet dabei neben der Expertise des Fachpersonals und den subjektiven Präferenzen der Teilnehmenden eine der drei Säulen, auf denen die Wissensbasis fußt. Vereinfacht ausgedrückt meint sie das Wissen um die Wirksamkeit und den Nutzen von Interventionen aus wissenschaftlichen Studien. Da das Wissen in verstreuter Form über eine Vielzahl an Quellen hinweg vorliegt, ist es in der Praxis meist unüberschaubar. An dieser Stelle setzen systematische Reviews (Übersichtsarbeiten) an: Sie unterstützen Expertinnen und Experten darin, mit der Informationsflut umzugehen, indem sie die externe Evidenz zu einer bestimmten Fragestellung möglichst vollumfänglich erfassen und beurteilen. Die Reviews folgen dabei einer standardisierten methodischen Vorgehensweise, um so größtmögliche Transparenz zu schaffen und potenzielle Einflüsse im Entstehungsprozess, die das Ergebnis verzerren könnten, zu vermeiden.

DEFINITION

Was sind systematische Reviews?

Systematische Reviews sind strukturierte Übersichtsarbeiten, die wissenschaftliche Studien zu einem Thema nach festgelegten Kriterien zusammenfassen und kritisch beurteilen. Die Methodik ist durch folgende Merkmale gekennzeichnet:

- eine präzise Definition der Fragestellung, die untersucht werden soll,
- die systematische, umfassende Recherche aller relevanten Publikationen nach vorab definierten Ein- und Ausschlusskriterien (wobei angestrebt wird, auch unveröffentlichte Studien und nicht englischsprachige Literatur zu berücksichtigen),
- die Bewertung der Qualität der eingeschlossenen Studien mittels standardisierter Instrumente,
- die Extraktion und Analyse relevanter Daten aus den eingeschlossenen Publikationen,
- eine klar festgelegte Vorgehensweise bei der Synthese und Interpretation der Studienergebnisse einschließlich Durchführung einer Meta-Analyse, sofern die Datenlage es ermöglicht.

Wie andere wissenschaftliche Veröffentlichungen auch können systematische Reviews in ihrer Qualität variieren. Wie verlässlich die Informationen aus einer Übersichtsarbeit sind, erschließt sich dem Lesepublikum allerdings nicht immer auf den ersten Blick. Zwischenzeitlich wurden mehrere Methoden und Standards entwickelt, die dabei helfen sollen, qualitativ hochwertige Reviews zu erkennen bzw. solche zu erstellen. Als Beispiel sei an dieser Stelle das PRISMA Statement genannt, das sich inzwischen als internationaler Qualitätsstandard für den Bericht systematischer Reviews von Gesundheitsinterventionen etablieren konnte und seitdem stetig weiterentwickelt wird (Moher et al., 2009; Page et al., 2020).

Cochrane Reviews

Ein hoher Stellenwert im Zusammenhang mit qualitativ hochwertigen Übersichtsarbeiten kommt den so genannten Cochrane Reviews zu, die von der internationalen Cochrane Collaboration verfasst werden. Die Cochrane Collaboration hat sich als globales, unabhängig agierendes Netzwerk von Forschenden, medizinischen Fachkräften und vielen anderen Interessierten dem Ziel verschrieben, »...mit zugänglichen und glaubwürdigen Informationen eine Grundlage für Entscheidungen zu schaffen, welche die Gesundheit von Menschen überall auf der Welt verbessern.« (The Cochrane Collaboration, 2021). Die Methodik von Cochrane Reviews ist besonders anspruchsvoll und aufwendig: Zunächst wird ein Protokoll verfasst, das die geplante Vorgehensweise beschreibt und im Anschluss wissenschaftlich begutachtet wird. Alle Reviews werden von einem Team von Fachleuten nach dem Vier-Augen-Prinzip[1] erstellt. Cochrane Reviews sind zudem dynamisch angelegt – d. h., sie werden regelmäßig aktualisiert, um neueste Studienergebnisse zu berücksichtigen.

RCTs als Goldstandard

Für den Nachweis von Wirksamkeit gelten in der EbM klassischerweise systematische Reviews randomisierter kontrollierter Studien, abgekürzt RCT (randomized controlled trial), als sogenannter »Goldstandard«. Die Übertragung dieser Vorgehensweise ist für die Gesundheitsförderung und Prävention nicht unumstritten. In der einschlägigen Literatur wird seit Jahren eine Debatte geführt, mit der sich Gesundheitsförderung und Prävention hierzulande in ein gewisses «Evidenzdilemma« manövriert haben: Auch wenn der potenzielle Nutzen von RCTs nicht grundsätzlich infrage gestellt wird, finden sich mehrfach Stimmen, die das Studiendesign für die Evaluierung der Gesundheitsförderung und Prävention als unangemessen zurückweisen. RCTs würden der Komplexität und Kontextabhängigkeit der Interventionen als soziale Konstruktionen in den Lebenswelten nicht gerecht (vgl. Kapitel 18). Zudem würden die für die Durchführung erforderlichen Aufwände den erzielbaren Erkenntnisgewinn nicht rechtfertigen (vgl. Bödeker, 2012; Elkeles, 2006; oder zusammenfassend Ackermann, 2016). Hinzu kommt in Bereichen wie z. B. dem Arbeitsschutz, dass infolge gesetzlicher Vorgaben die Bildung von Kontrollgruppen schwierig bis unmöglich ist.

Die Kritik ist in Teilen berechtigt und daher ernst zu nehmen (vgl. hierzu auch O'Donnell, 2015). Allerdings stellt keiner der genannten Punkte für die Evidenzbasierung von Interventionen ein Alleinstellungsmerkmal der Gesundheitsförderung und Prävention dar. Vergleichbare Hürden sind auch in verschiedenen anderen Handlungsfeldern der medizinischen Versorgung anzutreffen (Mühlhauser/Lenz/Meyer, 2012). Ebenso wenig unterscheidet sich die Aufgabe der Prävention vom beschriebenen Ziel der EbM (Antes/Kunzweiler/Töws, 2016, S. 39).

Die Akteure in der Gesundheitsförderung und Prävention in Deutschland sehen sich daher zunehmend vor die Herausforderung gestellt, ein einheitliches Verständnis über angemessene Methoden und Standards zu entwickeln. Eine mögliche Vorgehensweise hierfür bildet die verstärkte Auseinandersetzung mit Evaluations- und Studienkonzepten, die sich für den Wirksamkeitsnachweis eignen und gleichzeitig die verschiedenen Auffassungen zusammenbringen (Ackermann, 2016; Bödeker/Möbus 2020). Gleichzeitig mangelt es in vielen Handlungsfeldern der Gesundheitsförderung und Prävention in Deutschland nachweislich an überzeugenden Studien zur Wirksamkeit von Programmen (vgl. z. B. Barthelmes et al., 2019; Barthelmes et al., 2021; Barthelmes et al., in Vorb.; Geene/Topritz, 2017; Roling/Metzing, 2020; Sörensen/Bart-

1 Das bedeutet, dass qualitätskritische Schritte im Erstellungsprozess wie die Selektion der Literatur, die Datenextraktion oder die Studienbewertung von (mindestens) zwei unabhängigen Mitgliedern des Reviewteams vorgenommen werden.

helmes/Marschall, 2018). Zur Stärkung der nationalen Evidenzbasis muss es entsprechend auch darum gehen, die Zahl systematischer Evaluationen generell zu erhöhen (zu den Grundlagen und Methoden siehe Kapitel 18).

23.2 Wirtschaftlichkeit und Return on Investment

Nicht selten werden Maßnahmen der Betrieblichen Gesundheitsförderung und Prävention mit der Absicht implementiert, dass diese einen positiven Einfluss auf organisationsbezogene Zielgrößen wie Absentismus, krankheitsbezogene Kosten und Produktivität ausüben sollen. Viele Betriebe verstehen die Interventionen analog zu anderen Geschäftsbereichen daher in erster Linie als Investitionen. Mithin stellt sich auch für Maßnahmen der Gesundheitsförderung und Prävention grundsätzlich die Frage nach ihrer Wirtschaftlichkeit.

Gegenüberstellung von Kosten und Nutzen

Neben dem Ziel, Unternehmen aufzuzeigen, dass sich BGM-Maßnahmen rechnen, dienen Wirtschaftlichkeitsbetrachtungen dem Zweck, die durch Prävention vermeidbaren Kosten abzuschätzen. So sollen die kostengünstigsten Präventionsmaßnahmen identifiziert werden, um verfügbare Mittel optimal investieren zu können. Um die Effizienz von Maßnahmen oder Programmen zu ermitteln, werden im Zuge von gesundheitsökonomischen Evaluationen die investierten Kosten dem ermittelten Nutzen gegenübergestellt. Hierfür steht eine Reihe verschiedener Methoden zur Verfügung (siehe z. B. Atzler et al., 2011).

direkte und indirekte Kosten

Die zu berücksichtigenden finanziellen Auswirkungen umfassen dabei den gesamten, in Geldeinheiten bewerteten Ressourcenverbrauch im Zusammenhang mit dem jeweiligen Gesundheitsproblem. In der Regel wird zwischen direkten und indirekten Kosten unterschieden: Direkt meint dabei alle Kosten, die für medizinische und nicht-medizinische Versorgungsleistungen im Zusammenhang mit dem jeweiligen Gesundheitsproblem anfallen. Indirekte Kosten beschreiben den Produktionsverlust, der durch krankheitsbedingten Arbeitsausfall oder speziell im betrieblichen Kontext durch Fluktuation verursacht wird (König, 2017).

Um das Kosten-Nutzen-Verhältnis auszudrücken, wird in der Betriebswirtschaft die Kennzahl »Return on Investment« verwendet, kurz ROI. Der ROI ist auch jene Erfolgskennzahl, die in den Studien zum ökonomischen Nutzen der Betrieblichen Gesundheitsförderung und Prävention am häufigsten zum Einsatz kommt. Sie veranschaulicht das Einsparpotenzial, das sich durch den Einsatz betrieblicher Programme durch z. B. die Vermeidung von Ausfallzeiten erreichen lässt.

DEFINITION

Return on Investment (ROI)
Der ROI ist eine betriebswirtschaftliche Kennzahl, die zur Veranschaulichung der Rendite eines Unternehmens bzw. einer unternehmerischen Tätigkeit genutzt wird. Er bemisst sich am prozentualen Verhältnis von investiertem Kapital und erzieltem Gewinn und dient dazu, eine Investition, die Leistung eines Unternehmenszweiges oder auch des gesamten Unternehmens zu beurteilen.

Maßnahmen der Betrieblichen Gesundheitsförderung und Prävention und deren strategische Anwendung im Rahmen eines nachhaltigen BGMs zielen allerdings nicht in erster Linie auf monetäre, sondern auf gesundheitliche Gewinne ab. Hier lassen sich Parallelen zum Qualitätsmanagement ziehen, das ebenfalls auf die Verbesserung nicht-monetarisierbarer Indikatoren wie z. B. Kundenzufriedenheit, Unternehmensimage oder Kommunikationsprozesse ausgerichtet ist. Entsprechend bilden die aus Wirtschaftlichkeitsbetrachtungen gewonnenen Erkenntnisse nur eine von mehreren relevanten Komponenten im Evaluationskanon ab. Entscheidungen für oder gegen bestimmte Maßnahmen sollten daher nie allein auf Basis ökonomischer Analysen getroffen werden, da diese mit Blick auf die bestehenden Wirksamkeitspotenziale zu kurz greifen (vgl. Atzler et al., 2011).

Value on Investment

International lässt sich daher zunehmend ein Trend beobachten, der in Richtung eines deutlich breiter angelegten Business Cases für Gesundheitsmanagement geht und im »Value of Investment« bzw. »Value on Investment«-Ansatz (VOI) seinen Ausdruck findet (Marlo et al., 2015; Ozminkowski et al., 2016). Neben der Rendite sind danach auch Leistungsindikatoren wie Motivation und Zufriedenheit der Beschäftigten, gesundheitliche Risiken, Präsentismus, Lebensqualität u. a. in die Rechnung miteinzubeziehen.

23.3 Wissenschaftlicher Kenntnisstand

iga.Report 40

Bereits seit knapp 20 Jahren beschäftigt sich auf nationaler Ebene die Initiative Gesundheit und Arbeit (iga) mit dem Thema Wirksamkeit und ökonomischer Nutzen der Betrieblichen Gesundheitsförderung und Prävention. Mit dem iga.Report 40 (Barthelmes et al., 2019) erschien die inzwischen vierte Zusammenschau der wissenschaftlichen Evidenz auf dem Gebiet. Wie die drei vorangegangenen Berichte zur Wirksamkeit (erschienen als iga.Reporte 3, 13 und 28) verfolgt dieser den Ansatz einer »Übersichtsarbeit von Übersichtsarbeiten«, mit dem Ziel, die in wissenschaftlichen Fachzeitschriften veröffentlichten systematischen Reviews möglichst vollumfänglich zusammenzustellen. Übersichtsarbeiten nach dieser Methodik werden auch als Umbrella Review, Overview oder Meta-Review bezeichnet.

49 Reviews zu zwölf Themenbereichen

Alle Reviews wurden mithilfe einer international anerkannten Checkliste (Shea et al., 2017) einer Qualitätsprüfung unterzogen[2]. In die weitere Auswertung gingen nur die Arbeiten ein, die mindestens »moderate Qualität« erreichten und damit als methodisch belastbar angesehen werden können. Dieses Vorgehen unterscheidet den iga. Report 40 von den Vorgängerberichten. Von ursprünglich 100 recherchierten thematisch einschlägigen Übersichtsarbeiten wurden nach dem Abschluss von Qualitätscheck und ergänzenden inhaltlichen Überlegungen final 49 systematische Reviews eingeschlossen. Ergänzt wurden die Auswertungen um zwölf Meta-Reviews, die für einen Abgleich der Ergebnisse genutzt wurden und die – wo erforderlich – nicht gut besetzte Schwerpunkte thematisch abdeckten. Für Bereiche, zu denen sich kein Meta-Review fand, wurde für den Abgleich auf die Ergebnisse des vorangegangenen iga.Reports 28 (Pieper et al., 2015) zurückgegriffen.

Evidenz für verhältnispräventive Maßnahmen

Insgesamt berichtet der iga.Report 40 Ergebnisse aus zwölf verschiedenen Themenbereichen, die im Folgenden zusammenfassend dargestellt sind:

AUSGEWÄHLTE ERGEBNISSE DES IGA.REPORTS 40 IM KURZÜBERBLICK

Verhältnispräventive Interventionen zur Reduktion des Sitzverhaltens am Arbeitsplatz besitzen das Potenzial, die Sitzdauer am Arbeitsplatz zu verringern. Im Bereich körperliche Effektivität können Bewegungsprogramme krankheitsbedingte Fehltage effektiv reduzieren, für Schrittzähler sind die Befunde widersprüchlich. Für Maßnahmen zur Förderung von gesunder Ernährung zeigt sich, dass kombinierte Ansätze rein verhältnispräventiven überlegen sind. Im Bereich Rauchentwöhnung gibt es eine solide Evidenzbasis, u. a für gruppentherapeutische Ansätze oder persönliche Einzelberatungen. Mit Mehrkomponentenprogrammen zur Gewichtskontrolle lässt sich eine Gewichtszunahme verhindern. Deutlicher Forschungsbedarf besteht für Maßnahmen zur Alkoholprävention und Vermeidung von Substanzstörungen. Die überzeugendste Evidenz gibt es im Handlungsfeld Stress und psychische Störungen, u. a. für die Wirksamkeit kognitiv-behavioraler Programme. Für Muskel-Skelett-Erkrankungen ist die Befundlage nach wie vor uneinheitlich. Starke Evidenz zeigt sich für Arbeitsschutztrainings in Bezug auf verbessertes sicherheitsrelevantes Verhalten. Die erfolgreiche Implementierung von Maßnahmen hängt nachweislich von mehreren Gelingensbedingungen wie z. B. der Unterstützung durch Führungskräfte ab. Reviews ökonomischer Evaluationen berichten für durchschnittlich 65 Prozent der Studien einen monetären Nutzen. Für den Return on Investment (ROI) wird im Mittel ein Wert von 2,7 berichtet.

2 AMSTAR 2 bewertet Reviews anhand von 14 und Meta-Analysen anhand von 18 Qualitätskriterien und stuft diese in eine von vier möglichen Kategorien ein: 1. besonders geringe Qualität, 2. geringe Qualität, 3. moderate Qualität, 4. hohe Qualität.

23.3.1 Lebensstilbezogene Verhaltensweisen

Sitzverhalten

Die Ergebnisse für die Wirksamkeit verhältnispräventiver Interventionen zur Veränderung des Sitzverhaltens am Arbeitsplatz sind insgesamt vielversprechend. Es gibt die Evidenz, dass mithilfe höhenverstellbarer Bürotische und Arbeitsstationen zur Aktivitätssteigerung (z. B. Laufbandschreibtische) in Kombination mit Beratung die Sitzzeit effektiv reduziert werden kann. Hinweise gibt es auch dahingehend, dass sich die Implementierung aktiver Arbeitsstationen nicht negativ auf die Produktivität von Beschäftigten auswirkt. Die Frage nach der Wirkung der Interventionen auf Endpunkte abseits der Sitzzeiten ist noch nicht beantwortet. Streng betrachtet lassen die Ergebnisse daher noch keinen Rückschluss auf damit einhergehende tatsächliche gesundheitliche Wirkungen zu. Offen ist bislang ebenfalls, ob die Interventionen mit unerwünschten »Nebenwirkungen« in Form erhöhter Sitzzeiten in der Freizeit einhergehen.

höhenverstellbare Sitz-Steh-Tische und Arbeitsstationen können die Sitzdauer am Arbeitsplatz verringern

Mit Blick auf den Effekt regelmäßiger Gehpausen, von Achtsamkeitstraining und Fitnessarmbändern zur Reduktion der Sitzdauer ist die Evidenzlage unklar. Bezüglich der Pausendauer werden Kurzpausen jede halbe Stunde als wirksamer als lange Pausen eingeschätzt.

Für Informationsstrategien sowie Beratung und Feedback werden signifikante Effekte auf die Sitzdauer für mittelfristige Zeiträume berichtet. Ähnliches gilt für computergestützte Maßnahmen in Kombination mit Informationen sowie kombinierte Programme. Die Qualität der Evidenz ist bedingt durch methodische Mängel der zugrundeliegenden Studien allerdings noch nicht überzeugend.

Die Ergebnisse des iga.Reports 40 für Maßnahmen zur Reduktion von Sitzzeiten werden im Wesentlichen durch die eines weiteren Umbrella Review bestätigt (Backé/Kreis/Latza, 2019). Dieser beschreibt ergänzend Multikomponentenprogramme als den anderen Interventionen überlegen. Face-to-Face-Interventionen erweisen sich verglichen mit der Informationsvermittlung über Medien als nicht wirksamer.

Körperliche Aktivität

Obwohl der Bereich körperliche Aktivität allgemein umfangreich untersucht ist, konnten nur wenige der aufgefundenen Reviews in der Qualitätsbewertung überzeugen und wurden für den iga.Report 40 ausgewertet. Diesen zufolge gestaltet sich die Befundlage für den Nutzen von Schrittzählern zur Erhöhung der Schrittzahl, die im Rahmen von betrieblichen Maßnahmen zum Einsatz kommen, uneinheitlich.

positive Effekte für Bewegungsprogramme

Für Beschäftigte in Schichtarbeit werden positive Effekte durch zielgruppenspezifisch zugeschnittene Bewegungsprogramme berichtet, ebenso für *breiter angelegte*

Interventionen, die nicht nur auf körperliche Aktivität, sondern auch auf andere Verhaltensweisen zielen. Auch für Pflegekräfte finden sich Hinweise zugunsten der Wirksamkeit bewegungsfördernder Maßnahmen. Die Effekte sind in der Regel jedoch klein bis moderat. Insgesamt ist die Evidenz qualitativ begrenzt.

Laut verfügbaren Umbrella Reviews gibt es jedoch eine Evidenz dafür, dass Bewegungsprogramme krankheitsbedingte Fehltage effektiv reduzieren. Dies gilt insbesondere für kurze, einfache Übungs- und Fitnessprogramme mit ein bis zwei Komponenten. Für die Wirksamkeit von Mehrkomponentenprogrammen zur Bewegungssteigerung für Beschäftigte, die bereits gesundheitliche Einschränkungen aufweisen, ist die Befundlage widersprüchlich. In Bezug auf organisationsbezogene Outcomes wie Produktivität mangelt es an Erkenntnissen (White et al., 2016).

Mit Blick auf die Effekte von Betriebssport auf unternehmensrelevante Endpunkte wie Fehlzeiten, Fluktuation und Steigerung der Identifikation der Beschäftigten mit dem Unternehmen sind die Ergebnisse gemischt. Eine positive Wirkung des Sports wird jedoch auf individuelle Outcomes wie körperliche Fitness der Beschäftigten oder die Reduktion der Intensität muskulärer Schmerzen berichtet (Dömling, 2016).

Gesunde Ernährung

kombinierte Programme sind effektiver

Im Bereich gesunde Ernährung werden für verhältnispräventive Maßnahmen wie beispielsweise ein gesünderes Speisenangebot in Kantinen kleine bis mittlere Effekte auf ernährungsbezogene Outcomes berichtet. Die verfügbaren Studien sprechen ebenfalls dafür, dass kombinierte Interventionen, die das Verhalten und die Verhältnisse adressieren, rein verhältnispräventiven Maßnahmen überlegen sind. Für Schichtarbeitende gibt es Hinweise, dass breiter angelegte Gesundheitsinterventionen in der Lage sind, das Ernährungsverhalten positiv zu beeinflussen. Insgesamt ist die Qualität der Evidenz im Handlungsfeld Ernährung allerdings nicht zufriedenstellend. Diese Einschätzung deckt sich in weiten Teilen mit den Ergebnissen des vorangegangenen iga. Reports 28.

Nikotin- und Tabakkonsum

überzeugende Evidenzbasis

Für Maßnahmen zur Verringerung des Nikotin- und Tabakkonsums liegt mittlerweile eine substanzielle Zahl an randomisierten wie auch kontrollierten Einzelstudien vor, weshalb diese als gut untersucht angesehen werden können. Besonders erfolgversprechend sind die Interventionsansätze für Beschäftigte, die tatsächlich beabsichtigen, mit dem Rauchen aufzuhören. Anreize von Unternehmensseite tragen dazu bei, die Zahl der Teilnehmenden zu erhöhen, steigern die Zahl der Aufhörenden aber nicht in vergleichbarem Maße. Der Arbeitsplatz erweist sich demnach als besonders geeignetes Setting im Hinblick auf die Erreichbarkeit der Zielgruppe. Überzeugende Evidenz findet sich für die Wirksamkeit gruppentherapeutischer Ansätze, persönlicher Einzelberatungen, medikamentöser Behandlungen sowie kombinierter Interventionen. Nicht überzeugen können Maßnahmen, die mit Selbsthilfe-Methoden, sozialer Unterstützung oder mit unterstützenden Elementen in der Umgebung arbeiten. Gleiches gilt für umfassende Programme, die neben Rauchen auf die Veränderung mehrerer risikoreicher Verhaltensweisen abzielen. Ein ergänzender Umbrella Review kommt zu vergleichbaren Resultaten (Fishwick et al., 2013).

Gewichtskontrolle

Belege für Mehrkomponentenprogramme

Studien zur Gewichtskontrolle untersuchen überwiegend die Effekte von Mehrkomponentenprogrammen, die auf verschiedene Verhaltensweisen ausgerichtet sind und meist verhaltens- mit verhältnispräventiven Elementen kombinieren. Es gibt eine Evidenz dafür, dass Bewegungsangebote am Arbeitsplatz Unterschiede im Übergewicht, die durch den sozioökonomischen Status bedingt sind, reduzieren können. Voraussetzung ist jedoch, dass sie gezielt Personen mit geringem sozioökonomischem Status ansprechen und auf deren Bedarfe zugeschnitten werden.

Mithilfe kombinierter Maßnahmen lässt sich zudem nachweislich eine Gewichtszunahme vermeiden. Für Zielgrößen wie Body-Mass-Index (BMI) und Taillenumfang kann für Programme zur Gewichtskontrolle jedoch nur geringe Evidenz festgestellt werden, da die zugrundeliegenden Studien methodische Mängel aufweisen. Teilweise werden für die Interventionen in den Follow-ups auch negative Ergebnisse berichtet. Die Zusammenstellung der Evidenz zur Gewichtskontrolle im iga.Report 28 ergab ein vergleichbares Bild – hier fand sich ebenfalls eine mäßige Evidenz für die Wirksamkeit kombinierter Programme. Einzelmaßnahmen in den Bereichen Bewegung bzw. Ernährung bewirken dagegen keine Änderung gewichtsbezogener Endpunkte.

Alkohol- und Substanzkonsum

Studienlage wenig überzeugend

Im Bereich Alkoholprävention und Prävention von Substanzstörungen ist die Evidenzlage aufgrund einer schlechten Studienlage unzureichend. Für Alkoholscreening-Maßnahmen und Kurzinterventionen am Arbeitsplatz kann aufgrund erheblicher methodischer Mängel in den verfügbaren Studien keine eindeutige Aussage getroffen werden. Der Arbeitsplatz wird allerdings grundsätzlich als geeignetes Setting für Interventionen empfohlen, da mit Ausnahme einer Studie in allen Evaluationen durchweg Effekte beobachtet wurden. Dies bestätigt die Befunde des iga.Reports 28, der kurzfristigen Maßnahmen zur Alkoholprävention durchaus Wirkungspotenzial bescheinigt, jedoch deutlichen Forschungsbedarf sieht.

23.3.2 Stress und psychische Störungen

mehrere evidenzbasierte Interventionen

Der Bereich Stress und psychische Störungen erweist sich als der am besten untersuchte Themenbereich im iga.Report 40. Laut Studienlage gibt es mehrere gut erprobte Interventionen, die am Arbeitsplatz sinnvoll eingesetzt werden können, um Stress und psychischen Störungen vorzubeugen. Mit Blick auf klinisch relevante Depressionen besteht eine überzeugende Evidenz für die Wirksamkeit von Programmen, die mit kognitiv-behavioralen Techniken arbeiten und mehrere konzeptionelle Strategien miteinander verbinden (z. B. kognitiv-behaviorale mit Problemlöse- oder Stressbewältigungstechniken).

Zunehmend finden sich technologiebasierte Interventionen, was vor dem Hintergrund erheblicher Kostenaufwände für die Implementierung entsprechender Programme aus ökonomischer Perspektive durchaus sinnvoll erscheint. Das Ergebnis einer Studie lässt allerdings vermuten, dass Face-to-Face-Interventionen den technologievermittelten Interventionen im Hinblick auf die Reduktion von arbeitsbezogenem Stress überlegen sind. Allerdings ist diese Frage aufgrund fehlender Studien noch nicht abschließend geklärt. Technologiebasierte Maßnahmen zur Prävention von Depressionen scheinen darüber hinaus mit einer gewissen Gefahr hoher Abbrecherquoten einherzugehen. Um dem entgegenzuwirken, kann die Begleitung der Maßnahmen durch therapeutisches Fachpersonal sinnvoll sein.

Für Kurzinterventionen zur Prävention von Stress und psychischen Störungen ist die Evidenz derzeit unzureichend. Besondere Aufmerksamkeit erfahren achtsamkeitsbasierte Interventionen, die in zahlreichen Studien erprobt wurden. Hier berichtet die Mehrzahl positive Outcomes sowohl bezüglich der psychischen Gesundheit als auch weiterer Endpunkte wie z. B. Stress oder Resilienz. Die Evidenz ist jedoch aufgrund vieler methodischer Schwächen der Studien eingeschränkt.

Positive Effekte zeigen sich auch für Führungskräftetrainings (z. B. in Form verbesserten Wissens über psychische Störungen) sowie für betriebliche Programme gegen die Stigmatisierung psychischer Störungen. Für Maßnahmen gegen Mobbing am Arbeitsplatz ist die Evidenz nur von sehr geringer Qualität, es werden allerdings ebenfalls positive Befunde berichtet.

Eine Reihe zielgruppenspezifischer Reviews findet Wirksamkeitsnachweise für diverse Maßnahmen wie z. B. Stressmanagement, darunter eine Reduktion des Auftretens von Stress bei Pflegekräften.

Zwei Meta-Reviews, die eine große Zahl an Übersichtsarbeiten einschließen, bestätigen die Wirksamkeit kognitiv-behavioraler Programme und bescheinigen ihnen teilweise sogar starke Evidenz. Größere Effekte finden sich hier für Maßnahmen auf individueller Ebene, die einen verhaltenspräventiven Ansatz verfolgen. Allerdings können individuell ausgerichtete Programme organisationsrelevante Zielgrößen wie Absentismus in der Regel nicht beeinflussen.

Moderate Evidenz wird für Interventionen berichtet, die den Handlungsspielraum für Beschäftigte erweitern (Employee Control), sowie für Maßnahmen zur Förderung der körperlichen Aktivität. Für sekundärpräventive Ansätze abseits der kognitiv-behavioralen Verhaltenstherapie (z. B. Beratung) ist die Evidenzbasis weniger belastbar (Bhui et al., 2012; Joyce et al., 2016).

23.3.3 Muskel-Skelett-Erkrankungen

Evidenz insgesamt uneinheitlich

Der Prävention von Muskel-Skelett-Erkrankungen konnten nur zwei Reviews zugeordnet werden, die beide den verhältnispräventiven Ansatz der Job Rotation untersuchen, davon einer ausschließlich bei Beschäftigten in der Produktion. Entsprechend den Ergebnissen beider Arbeiten ist die Evidenzlage mit Blick auf muskuloskelettale Outcomes wenig überzeugend. Einige Studien berichten von Effekten auf die Arbeitszufriedenheit, die methodischen Mängel schränken die Verlässlichkeit der Ergebnisse jedoch ein.

Laut iga.Report 28 liegt für Maßnahmen zur Prävention von Muskel-Skelett-Erkrankungen eine breite Studienbasis vor, die Evidenz ist jedoch uneinheitlich. Demnach sind Präventionsmaßnahmen, die auf reine Wissens- und Informationsvermittlung in Unterrichtsform abzielen, darunter auch rein edukative Rückenschulen mit Blick auf MSE-bezogene Zielgrößen bei gesunden Beschäftigten nicht effektiv. Vergleichbares gilt für Stressmanagementprogramme. Wirksamkeitsnachweise gibt es dagegen für körperliche Bewegungsprogramme, z. B. in Form reduzierter Fehlzeiten aufgrund muskuloskelettaler Erkrankungen. Verhältnispräventive Maßnahmen, beispielsweise im Bereich der klassischen *Ergonomie*, sind deutlich seltener erforscht, zudem widersprechen sich die einzelnen Studienergebnisse.

23.3.4 Arbeitsunfälle und Verletzungen

Arbeitsschutztrainings nachweislich wirksam

Für Maßnahmen des Arbeitsschutzes mit Schwerpunkt auf der Vermeidung von Arbeitsunfällen und arbeitsbedingten Verletzungen liegen Erkenntnisse vor, die auf einen positiven Nutzen für Beschäftigte und Unternehmen insbesondere mit Blick auf Aspekte der Nachhaltigkeit hindeuten. Belege gibt es für die Wirksamkeit von *Arbeitsschutztrainings*. Starke Evidenz zeigt sich im Besonderen für Verbesserungen in sicherheitsrelevanten Verhaltensweisen. Für einen langfristigen Rückgang des Verletzungsrisikos aufgrund von Inspektionen wird geringe eine Evidenz festgestellt. Im Kontext qualitativer Untersuchungen konnte jedoch gezeigt werden, dass Beschäftigte in der Tendenz die Durchführung von Inspektionen durch die dafür zuständigen Behörden unterstützen. Die eingeschlossenen Reviews berichten darüber hinaus von positiven Effekten auf das Arbeitsunfallgeschehen durch die Einführung sicherer Arbeitsmittel. Die Belastbarkeit der Ergebnisse ist jedoch bislang gering. Für Interventionen auf Unternehmensebene wie z. B. Sicherheitskampagnen werden Effekte in Form reduzierter Verletzungsrisiken berichtet.

Ein Meta-Review untersucht die Wirksamkeit von Programmen, Strategien, Regelungen und anderen unternehmerischen Handlungen, die auf die Förderung und Gestaltung nachhaltiger, gesunder Arbeitsplätze und sozial gerechter Arbeitsbedingungen abzielen (Haby et al., 2016). Positiv auf Gesundheitsoutcomes wirkt sich laut der eingeschlossenen Reviews Folgendes aus:

- die Durchsetzung und Kontrolle der Einhaltung von Regelungen in den Bereichen Arbeitssicherheit und Gesundheit (z. B. in Form von Begehungen und Inspektionen),
- die Anwendung von Methoden der Erfahrungsbewertung beim Festlegen von Versicherungstarifen in der Unfallversicherung (Degree of Experience Rating in Workers' Compensation Insurance),
- flexible Arbeitsarrangements, die Kontroll- und Wahlmöglichkeiten für Beschäftigte erhöhen (z. B. hinsichtlich Berentung, Teilzeitarbeit, Telearbeit),
- Veränderungen in der Arbeitsorganisation in Bezug auf Schichtarbeit sowie
- diverse partizipative Ansätze zur Einbindung von Beschäftigten (z. B. in Form von Gremien).

23.3.5 Prozessvariablen und Gelingensbedingungen

Neben der »reinen« Effektivität von Maßnahmen untersucht der iga.Report 40 erstmals systematisch auch die Befundlage, inwiefern Rahmenbedingungen und Prozessvariablen wie beispielsweise die Erreichbarkeit der Zielgruppe oder die Nachhaltigkeit der Maßnahme die Wirksamkeit beeinflussen. Hierfür wurden die Übersichtsstudien mithilfe des sogenannten »RE-AIM«-Modells ausgewertet (Glasgow/Vogt/Boles, 1999; Glasgow et al., 2019). Das Modell wurde ursprünglich entwickelt, um einen einheitlichen Berichtsstandard zu etablieren, mit dem Programme und Studien leichter geplant, bewertet und dokumentiert werden können. Neben Aspekten der Effektivität bzw. der internen Validität rückt das Modell Rahmenbedingungen und wesentliche Programmelemente einschließlich der externen Validität stärker in den Fokus, wodurch die nachhaltige Implementierung wirksamer, evidenzbasierter Interventionen in der Praxis erleichtert werden soll.

RE-AIM MODELL

Das 1999 von Glasgow et al. vorgestellte »RE-AIM«-Modell soll dabei unterstützen, Programme und/oder Studien zum Gesundheitsverhalten zu planen, zu bewerten oder zu dokumentieren. Das Akronym steht für die Dimensionen »Reach«, »Effectiveness«, »Adoption«, »Implementation« und »Maintenance«. Es fußt auf der Annahme, dass eine Intervention, damit sie ihre Wirkung entfalten kann,

- die beabsichtigten Zielgruppen erreichen (Reach),
- wirksam sein (Effectiveness),

- von anderen relevanten Organisationen angenommen und übernommen werden (Adoption),
- wie vorgesehen implementiert werden (Implementation) sowie
- über einen längeren Zeitraum beibehalten (Maintenance) werden kann und sollte.

RE-AIM wurde bereits in den verschiedensten Evaluationskontexten eingesetzt, darunter auch erfolgreich in der Betrieblichen Gesundheitsförderung und Prävention (Bellicha et al., 2015).

Während in Bezug auf zum Beispiel die Erreichbarkeit von Beschäftigten oder die Nachhaltigkeit von Maßnahmen Informationen in den Studien eher rar gesät sind, finden sich in den Reviews verhältnismäßig viele Hinweise zur erfolgreichen Implementierung von Maßnahmen. So wird allen voran die Unterstützung durch Führungskräfte als wesentlicher Faktor benannt. Neben überbetrieblichen Rahmenbedingungen beeinflussen betriebliche Merkmale wie zum Beispiel personelle Ressourcen oder die Unternehmenskultur den Erfolg von Maßnahmen. Auf Seite der Intervention werden zum Beispiel das Setzen von Teilnahmeanreizen, eine kleinere Gruppengröße oder die Durchführung während der Arbeitszeit als wirksamkeitsfördernd identifiziert. Nicht zuletzt geht auch eine aktive Einbindung der Mitarbeitenden nachweislich mit höheren Teilnahmeraten einher. In den Studien zum ökonomischen Nutzen werden neben dem Einsatz von Mehrkomponentenprogrammen mehrfach die Verbesserung der Arbeitsorganisation sowie eine professionelle Beratung (zum Beispiel durch Betriebsärztinnen und Betriebsärzte, physiotherapeutische Fachkräfte) als Erfolgselemente betont.

Gelingensbedingungen für die Implementierung

Ein Realist Review untersucht u.a. die Wirksamkeit von Arbeitssicherheitstrainings und Arbeitsschutzausschüssen (letztere im kanadischen Kontext), stellt Schlüsselfaktoren für die effektive Arbeit der Ausschüsse zusammen und beleuchtet den Zusammenhang zwischen verschiedenen betrieblichen Variablen und geringen Verletzungsraten. Als wesentliche Einflussfaktoren für die Wirksamkeit der Ausschüsse werden über verschiedene Rechtssysteme hinweg folgende identifiziert: die angemessene Information, Schulung und das Training der Mitglieder, die adäquate Zusammensetzung des Ausschusses, das eindeutige Bekenntnis und das Commitment der Geschäftsführung zum Arbeitsschutzausschuss sowie insbesondere ein klares Auftragsmandat (z.B. durch den Gesetzgeber) mit breitem Zuständigkeitsbereich und entsprechenden Handlungsbefugnissen.

23.3.6 Ökonomischer Nutzen

Bereits der iga.Report 3 kam zu dem Ergebnis, dass die positiven Auswirkungen auf Absentismus und Krankheitskosten ausreichend belegt sind (Kreis/Bödeker 2003). Dieser grundsätzlich positive Tenor hat sich nicht geändert – nach wie vor sprechen die Resultate überwiegend dafür, dass sich die Maßnahmen auch aus wirtschaftlicher Perspektive für Unternehmen lohnen.

ROI von 2,7

Die für den iga.Report 40 analysierten Reviews zeigen, dass im Durchschnitt 65 Prozent der eingeschlossenen Studien einen ökonomischen Nutzen belegen. Der umfangreichste Review (Baxter et al., 2014) dokumentiert 47 Returns on Investment (ROI) unter Berücksichtigung verschiedenster Outcomes wie Fehlzeiten und Krankheitskosten, die im Mittel betrachtet einen *ROI von 2,7* ergeben. Jedem in betriebliche Programme zur Gesundheitsförderung und Prävention investierten Euro steht demnach eine Einsparung von 2,70 Euro z. B. durch vermiedene Ausfallzeiten der Beschäftigten gegenüber. Die Studien stammen aus verschiedenen Branchen, darunter produzierende Unternehmen sowie Betriebe und Einrichtungen aus der Verwaltungs- und Dienstleistungsbranche. Untersucht wird eine Vielzahl an verhaltens- und verhältnispräventiven Maßnahmen, die in der Regel als Mehrkomponentenprogramme durchgeführt wurden.

Die Studien weisen dabei eine erhebliche Spannbreite der berichteten Kennzahlen aus: So steht als Minimum für den ROI ein Wert von minus 3,3 einem Maximum von 15,6 gegenüber. Insgesamt sind 85 Prozent der ROI bei Baxter et al. (2014) größer als eins und belegen damit einen ökonomischen Nutzen der untersuchten Programme. Detaillierte Analysen der hier eingeschlossenen Studien zeigen allerdings auch auf, dass kontrollierte und randomisierte Studien im Vergleich zu methodisch weniger belastbaren Studien einen geringeren bzw. auch keinen ökonomischen Nutzen berichten. Bei ausschließlicher Betrachtung europäischer Studien ergibt sich ein durchschnittlicher ROI von 1,7, während Studien aus den USA im Schnitt einen ROI von 2,8 berichten. Diese Ergebnisse basieren allerdings lediglich auf fünf europäischen Studien (im Vergleich zu 40 aus den USA), die in die Berechnung eingehen konnten.

23.4 Fazit

Sowohl die Wirksamkeit als auch die Wirtschaftlichkeit arbeitsweltbezogener Gesundheitsförderung und Prävention konnten zwischenzeitlich in einer nahezu unüberschaubaren Zahl an Einzelstudien nachgewiesen werden. Allein die Zahl der in den vier iga.Reporten 3, 13, 28 und 40 ausgewerteten Veröffentlichungen beläuft sich auf zusammen 179 systematische Reviews aus den Jahren 1995 bis 2018. Damit befindet sich Betriebliche Gesundheitsförderung und Prävention sowohl hinsichtlich der Breite als auch der Qualität der Evidenzbasis in einer privilegierten Position, die im Vergleich zu anderen Handlungsfeldern der Prävention ihresgleichen sucht.

Leider illustriert gerade diese an sich wünschenswerte Vielfalt eine der Hauptschwierigkeiten im Umgang mit der Evidenz: Vielfach erweist sich bei der Zusammenfassung der Studienergebnisse die Heterogenität von Maßnahmen, Messinstrumenten und Herangehensweisen als Hindernis, das eine meta-analytische Auswertung grundlegend ausschließt. Hinzu kommt, dass auch die Interventionen selbst häufig nur knapp beschrieben und damit schwer untereinander vergleichbar sind. Fehlende Informationen zur Rekrutierung der Stichproben oder zu Ausfallraten sind weitere Beispiele, wie zuverlässige Beurteilungen erschwert werden. Wichtig ist es daher hervorzuheben, dass mangelnde Evidenzbelege nicht automatisch mit fehlender Effektivität gleichgesetzt werden können.

Positiv ist die Beobachtung, dass die vielfach beanstandete »ausschließliche Nordamerikalastigkeit« der verfügbaren Studien für nahezu alle der untersuchten Interventionsbereiche rückläufig ist. Auch wenn die Anzahl der Studien aus dem nordamerikanischen Raum nach wie vor überwiegt: Knapp ein Viertel der im iga.Report 40 berichteten Studien stammt aus Europa. Zudem finden sich zahlreiche Studien aus einkommensstarken asiatischen Ländern oder aus Australien.

Eine Verbesserung der Evidenzlage in der betrieblichen Prävention und Gesundheitsförderung auf der internationalen Ebene kann zukünftig nicht mehr über eine reine Erhöhung der Quantität, sondern einzig durch die Verbesserung der Qualität der Studien erreicht werden. Mögliche Lösungsansätze zielen dabei auf die Weiterentwicklung geeigneter Studiendesigns, eine stärkere Theorieorientierung bei der Planung und allen voran die Verbesserung der Berichtsqualität von Studien, beispielsweise durch die Orientierung an Konzepten wie RE-AIM.

Literatur

Ackermann, Günter (2016): Evaluation und Komplexität. Wirkungskonstruktion in der Evaluation von Gesundheitsförderung und Prävention. Universität Basel, Philosophisch-Historische Fakultät. https://guenterackermann.ch/wp-content/uploads/2013/02/Ackermann-2016-Evaluation-und-Komplexit%C3%A4t.pdf (abgerufen 05.01.2022).

Antes, Gerd/Kunzweiler, Katharina/Töws, Ingrid (2016): Das medizinische Dilemma der Prävention – Evidenz, Nutzen, Chancen und Risiken. In: Rebscher, Herbert/Kaufmann, Stefan (Hg.): Präventionsmanagement in Gesundheitssystemen. Heidelberg: medhochzwei Verlag. S. 29–44.

Atzler, Beate et al. (2011): Ökonomische Evaluation von Betrieblicher Gesundheitsförderung (Wissen 1). Wien: Fonds Gesundes Österreich. https://fgoe.org/sites/fgoe.org/files/2017-10/2011-10-03.pdf (abgerufen 05.01.2022).

Backé, Eva-Maria/Kreis, Lotte/Latza, Ute (2019): Interventionen am Arbeitsplatz, die zur Veränderung des Sitzverhaltens anregen. In: Zentralblatt für Arbeitsmedizin, Arbeitsschutz und Ergonomie 69, S. 1–10.

Barthelmes, Ina et al. (2019): iga.Report 40. Wirksamkeit und Nutzen arbeitsweltbezogener Gesundheitsförderung und Prävention. Dresden: iga in Kooperation mit der DRV Bund. https://www.iga-info.de/fileadmin/redakteur/Veroeffentlichungen/iga_Reporte/

Dokumente/iga-Report_40_Wirksamkeit_und_Nutzen_Gesundheitsfoerderung_Praevention.pdf (abgerufen 07.01.2022).

Barthelmes, Ina et al. (2021): Ansätze der Gesundheitsförderung und Prävention für Jugendliche und junge Erwachsene ohne Schul- und/oder Berufsabschluss. Eine internationale Literaturrecherche und nationale Bestandsaufnahme. Ergebnisbericht. Berlin: GKV-Spitzenverband. https://www.gkv-buendnis.de/fileadmin/user_upload/Publikationen/Bericht-Jugendliche-ohne-Schulabschluss_IGES_2021.pdf (abgerufen 11.01.2022).

Barthelmes, Ina et al. (in Vorb.): Gestaltung von Rahmenbedingungen und wirksame Ansätze zur Förderung einer gesunden Ernährungsweise und der individuellen Ernährungskompetenz in Lebenswelten – Ein Umbrella-Review. Berlin: GKV-Spitzenverband.

Baxter, Siyan et al. (2014): The relationship between return on investment and quality of study methodology in workplace health promotion programs. In: American journal of health promotion: AJHP 28, S. 347–363vu.

Bellicha, Alice et al. (2015): Stair-use interventions in worksites and public settings – a systematic review of effectiveness and external validity. In: Preventive Medicine 70, S. 3–13.

Bhui, Kamaldeep S. et al. (2012): A synthesis of the evidence for managing stress at work: a review of the reviews reporting on anxiety, depression, and absenteeism. In: Journal of Environmental and Public Health 2012, S. 515874.

Bödeker, Wolfgang (2012): Wirkungen und Wirkungsnachweis bei komplexen Interventionen. In: RKI/Bayerisches Landesamt für Gesundheit und/Lebensmittelsicherheit (Hg.): Evaluation komplexer Interventionen in der Prävention: Lernende Systeme, lehrreiche Systeme? Berlin. S. 33–42.

Dömling, Pia (2016): Wirkungen des Betriebssports: ein systematischer Review. In: Sciamus – Sport und Management, S. S. 1-22.

Elkeles, Thomas (2006): Evaluation von Gesundheitsförderung und Evidenzbasierung? In: Zeitschrift für Evaluation 1, S. 39–70.

Fishwick, David et al. (2013): Smoking cessation in the workplace. In: Occupational Medicine 63, S. 526–536.

Geene, Raimund/Topritz, Katharina (2017): Literatur- und Datenbankrecherche zu Gesundheitsförderungs- und Präventionsansätzen bei Alleinerziehenden und Auswertung der vorliegenden Evidenz. Berlin: GKV-Spitzenverband. https://www.gkv-buendnis.de/fileadmin/user_upload/Publikationen/Literaturrecherche_Alleinerziehende_Geene_2017.pdf (abgerufen 11.01.2022).

Glasgow, Russell E. et al. (2019): RE-AIM Planning and Evaluation Framework: Adapting to New Science and Practice With a 20-Year Review. In: Frontiers in Public Health 7, S. 64.

Glasgow, Russell E./Vogt, Thomas M./Boles, Shaun M. (1999): Evaluating the public health impact of health promotion interventions: the RE-AIM framework. In: American Journal of Public Health 89, S. 1322–1327.

Haby, Michelle M. et al. (2016): Interventions that facilitate sustainable jobs and have a positive impact on workers' health: an overview of systematic reviews. In: Revista Panamericana De Salud Publica = Pan American Journal of Public Health 40, S. 332–340.

Joyce, Sadhbh et al. (2016): Workplace interventions for common mental disorders: a systematic meta-review. In: Psychological Medicine 46, S. 683–697.

König, Hans-Helmut (2017): Ökonomische Evaluation von Gesundheitsförderung und Prävention. BZgA Leitbegriffe. https://leitbegriffe.bzga.de/alphabetisches-verzeichnis/oekonomische-evaluation-von-gesundheitsfoerderung-und-praevention/ (abgerufen 05.01.2022).

Kreis, Julia/Bödeker, Wolfgang (2003): iga.Report 3. Gesundheitlicher und ökonomischer Nutzen betrieblicher Gesundheitsförderung und Prävention. Essen, Dresden: BKK Bundesverband und Hauptverband der gewerblichen Berufsgenossenschaften.

Marlo, Karen et al. (2015). *Beyond ROI: Building employee health & wellness value of investment* [Whitepaper]. Eden Prairie: Optum & National Business Group on Health. https://www.wellsteps.com/images/stories/webinars/other%20webinar%20attachments/2.%20Beyond_ROI.pdf (abgerufen 11.01.2022).

Moher, David, et al. (2009). Preferred Reporting Items for Systematic Reviews and Meta-Analyses: The PRISMA Statement. PLoS Medicine, 6(7), e1000097.

Mühlhauser, Ingrid/Lenz, Matthias/Meyer, Gabriele (2012): Bewertung von komplexen Interventionen: Eine methodische Herausforderung. In: Deutsches Ärzteblatt International 109, S. A-22.

O‹Donnell, Michael P. (2015). Editor's notes. What Is the ROI for Workplace Health Promotion? It Really Does Depend, and That's the Point. In: American Journal of Health Promotion, 29(3), S. v-viii.

Ozminkowski, Ronald J. et al. (2016): Commentaries. Beyond ROI: Using Value of Investment to Measure Employee Health and Wellness. In: Population Health Management, 19(4), S. 227-229.

Page, Matthew J. et al. (2020). PRISMA 2020 explanation and elaboration: updated guidance and exemplars for reporting systematic reviews. BMJ 372, S. n160.

Pieper, Claudia et al. (2015): iga.Report 28. Wirksamkeit und Nutzen betrieblicher Prävention. Dresden: iga. https://www.iga-info.de/fileadmin/redakteur/Veroeffentlichungen/iga_Reporte/Dokumente/iga-Report_28_Wirksamkeit_Nutzen_betrieblicher_Praevention.pdf (abgerufen 07.01.2022).

Roling, Maren/Metzing, Sabine (2020): Literaturrecherche zu Gesundheitsförderungs- und Präventionsansätzen bei Kindern und Jugendlichen aus mit Pflegeaufgaben belasteten Familien und Auswertung der vorliegenden Evidenz. Ergebnisbericht. Berlin: GKV-Spitzenverband. https://www.gkv-buendnis.de/fileadmin/user_upload/Publikationen/Bericht_Kinder_mit_Pflegeaufgaben_barrierefrei.pdf (abgerufen 11.01.2022).

Shea, Beverley J. et al. (2017): AMSTAR 2: a critical appraisal tool for systematic reviews that include randomised or non-randomised studies of healthcare interventions, or both. In: BMJ (Clinical research ed.) 358, S. j4008.

Sörensen, Jelena/Barthelmes, Ina/Marschall, Jörg (2018): Strategien der Erreichbarkeit vulnerabler Gruppen in der Prävention und Gesundheitsförderung in Kommunen. Ein Scoping Review. Berlin: GKV-Spitzenverband. https://www.gkv-buendnis.de/fileadmin/

user_upload/Publikationen/Scoping-Review_Vulnerable-Gruppen_IGES_2019.pdf (abgerufen 11.01.2022).

The Cochrane Collaboration (2021): Über uns. https://www.cochrane.org/de/about-us (abgerufen 27.12.2021).

White, Marc et al. (2016): Physical Activity and Exercise Interventions in the Workplace Impacting Work Outcomes: A Stakeholder-Centered Best Evidence Synthesis of Systematic Reviews. In: The international journal of occupational and environmental medicine 7, S. 61–74.

Teil 5: Zukunftsthemen im BGM

24 Resilienz im Kontext Arbeit

Alexandra Löwe

Dieser Beitrag richtet sich an Akteure, die Resilienz als übergreifendes Konzept zur Gesundheitsförderung verstehen lernen und auf allen Unternehmensebenen durch zielgerichtete Interventionen fördern möchten. In einem ersten Schritt wird ein Überblick über die Entwicklung des psychologischen Resilienzbegriffs, seine Merkmale, Komponenten und Wirkungsmechanismen gegeben. Darauf aufbauend wird die Bedeutung von Resilienz im Kontext Arbeit dargestellt und es werden aktuelle wissenschaftliche Herausforderungen diskutiert sowie ihre Implikationen für die Praxis beleuchtet. Abschließend werden wesentliche Aspekte der Entwicklung und Implemetierung von arbeitsweltbezogenen Resilienzinterventionen aufgegriffen.

24.1 Einleitung

Salutogenese

Positive Erfahrungen am Arbeitsplatz können Sinn im Leben geben, die Arbeitszufriedenheit steigern und das Engangement sowie die Arbeitsleistung erhöhen (Ehresmann & Badura, 2018; Badura et al., 2018; Butts et al., 2009). Im Gegenzug dazu kann Arbeit ebenso einen wesentlichen Stressor darstellen. Die psychische Belastung Beschäftigter sowie die damit verbundenen Arbeitsausfälle gewinnen zunehmend an Aufmerksamkeit (Badura et al., 2021). Gleichzeitig wird aus einer salutogenetischen Perspektive heraus die Aufrechterhaltung der Arbeits- und Leistungsfähigkeit von Beschäftigten diskutiert (Seligman & Csikszentmihalyi, 2000) und es werden mannigfaltige Maßnahmen dafür adressiert. Bei vielen dieser Präventionsmaßnahmen steht der Aufbau psychischer Widerstandskraft, der sogenannten psychischen Resilienz, im Mittelpunkt (Rutter, 2011; Linz et al., 2020; Kunzler et al., 2018; WHO, 2013).

Resilienz als Dachkonzept

Die Studienlage zur Beschreibung und Entstehung von Resilienz zeigt sich umfangreich. Das Begriffsverständnis, mögliche Einflussfaktoren, Wirkungsmechanismen und Modelle variieren je nach Forschungsdisziplin und Setting. Trotz dieser Heterogenität findet sich in allen Ansätzen der Kerngedanke wieder, Resilienz als ein Dachkonzept zu verstehen, das die psychische Widerstandsfähigkeit gegenüber Krisen beschreibt. Darin spielen persönliche, soziale und gesellschaftliche Ressourcen eine wesentliche Rolle. Diese wirken als Schutzfaktoren und ermöglichen es sowohl auf individueller als auch systemischer Ebene, Krisen und Widrigkeiten nicht nur unbeschadet zu überstehen, sondern auch daran zu wachsen und sie für den eigenen Kompetenzaufbau zu nutzen (Bengel & Lyssenko, 2012).

Resilienz im Arbeitskontext befähigt Menschen, auch in herausfordernden Zeiten handeln und somit Veränderungsprozesse aktiv gestalten zu können (Chen & Bonanno,

2020). Wer es schafft, auch unter widrigen Bedingungen für eine Weiterentwicklung sowohl im persönlichen Bereich als auch auf allen Ebenen des Unternehmens zu sorgen, kann die darin liegenden Chancen nutzen und Wettbewerbsvorteile schaffen. Resilienz wird vor diesem Hintergrund nicht nur auf individueller Ebene betrachtet, sondern auch auf Teams und Organisationen übertragen. Daraus ergeben sich vielfältige Ansatzpunkte für ein ganzheitliches betriebliches Resilienz-Management.

Resilienzförderung in der Arbeitswelt stellt in großen Teilen noch ein Forschungsdesiderat dar. In der Praxis haben sich zwar mittlerweile viele Beratungs- und Trainingsangebote entwickelt, jedoch basieren sie auf unterschiedlichen theoretischen Ansätzen, adressieren abweichende Resilienzfaktoren und sind selten ausreichend wissenschaftlich evaluiert (Linz et al., 2020). Die Ursachen hierfür liegen unter anderem darin begründet, dass es an einem einheitlichen Begriffsverständnis sowie an der Darstellung evidenzbasierter Wirkungszusammenhänge mangelt, eine zielgerichtete Entwicklung von Messinstrumentarien fehlt und damit die Möglichkeit, Resilienz und deren Veränderung durch Interventionen messbar zu machen (Hofmann et al., 2021; Linz et al., 2020; Liu et al., 2020; Ungar, 2019; Kunzler et al., 2018).

24.2 Der Resilienzbegriff im Wandel

Der Begriff der Resilienz stammt von dem lateinischen »resilire« (»zurückspringen«) ab und wird mittlerweile von verschiedenen Forschungsdisziplinen aufgegriffen. Daraus sind vielfältige kontextspezifische Definitionen, Konzepte und Modelle entstanden, die durchaus kontrovers diskutiert werden (Rönnau-Böse & Fröhlich-Gildhoff, 2020; Fröhlich-Gildhoff & Rönnau-Böse, 2019; Galli & Gonzalez, 2015; Endreß & Maurer, 2015; Bengel & Lyssenko, 2012; Galli & Vealey, 2008).

dynamischer Anpassungsprozess

In der Psychologie wird das Konstrukt seit den 1950er Jahren verwendet (Thun-Hohenstein et al., 2020; Endreß & Maurer, 2015). Es beschreibt darin die Fähigkeit eines Systems, seine Leistungsfähigkeit trotz Störeinflüssen aufrecht zu erhalten bzw. nach einem Zusammenbruch seinen Ausgangszustand wieder zu erlangen (Block & Block, 1980; Fooken, 2016). Zunächst wurden innerhalb der Entwicklungspsychologie Kinder und Jugendliche untersucht, die unter schwierigen Bedingungen aufwuchsen und trotz dieser widrigen Umstände zu gesunden Erwachsenen heranreiften. Resilienz wurde dabei als die Summe verschiedener recht stabiler Persönlichkeitseigenschaften angesehen, die die erfolgreiche Bewältigung herausfordernder Situationen ermöglicht (Kalisch et al., 2017; Werner, 2002; Masten, 2001). Im weiteren Verlauf wurde die Forschung auf andere psychologische Subdisziplinen und Lebensspannen ausgeweitet. Die Untersuchung von Resilienz im Erwachsenenalter brachte neue Perspektiven mit sich. Dadurch hat das Konzept der Resilienz in den vergangenen Jahrzehnten einen stetigen Wandel erfahren. In Anlehnung an die Arbeiten von Luthar, Cicchetti und Becker (2000) und Richardson

(2002) wird Resilienz mittlerweile als ein lebenslanger Anpassungsprozess aufgefasst, der durch die Interaktion eines Menschen mit seiner Umwelt entsteht.

Diese prozessorientierte Sichtweise hat dazu geführt, dass Resilienz als dynamisch, variabel, kontextspezifisch und multidimensional betrachtet wird (Fröhlich-Gildhoff & Rönnau-Böse, 2019; Fooken, 2016; Bengel & Lyssenko, 2012). Sie bildet sich über die Lebensspanne durch Anpassungs- und Entwicklungsprozesse, bei denen Menschen aus widrigen Erfahrungen lernen und darüber neue Kompetenzen aufbauen (Hofmann et al., 2021; Kunzler et al., 2018; Helmreich et al., 2017; Richardson, 2002). Resilienz variiert in Abhängigkeit vom Lebensalter, der jeweiligen Entwicklungsphase, den gemachten Erfahrungen und bewältigten Ereignissen. Je nach individuellen biologischen, psychologischen und sozialen Ressourcen können Menschen verschiedenen Stressoren ein unterschiedliches Ausmaß an wirksamen Handlungsweisen entgegensetzen. Dies führt dazu, dass sie in einigen Bereichen eine gute Anpassungsfähigkeit besitzen und in anderen wiederum Bewältigungsprobleme zeigen können.

Einige Studien geben Hinweise darauf, dass zwischen einer situationsübergreifenden Basisresilienz sowie einer kontextspezifischen Resilienz unterschieden werden kann (Tonkin et al., 2018; Ueno & Oshio, 2017). Die Basisresilienz ist mit einer generellen Stressmanagementkompetenz vergleichbar, die den Umgang mit Alltagswidrigkeiten (daily hassles) ermöglicht. Die kontextspezifische Resilienz beschreibt Fähigkeiten in einem speziellen Lebensbereich, die nicht automatisch auch in anderen Situationen Anwendung finden. Beide Resilienzarten können, müssen sich aber nicht zwangsläufig parallel entwickeln.

Die kontextspezifische Betrachtung von Resilienz hat in den vergangenen Jahren viele unterschiedliche Sichtweisen auf das Konstrukt, seine Modellierung und Operationalisierung hervorgebracht. Abseits dieser Heterogenität besteht in zwei Punkten über alle Ansätze hinweg wissenschaftlicher Konsens: Resilienz erfordert einerseits die Exposition gegenüber einem bedeutsamen Risikofaktor bzw. Stressor und besteht andererseits in der erfolgreichen Bewältigung dieses Risikofaktors bzw. Stressors (Masten, 2001; Luthar et al., 2000).

24.3 Resilienzkomponenten, Wirkungsmechanismen und Modelle

24.3.1 Risikofaktoren

In der ersten Welle fand die Resilienzforschung vor allem im therapeutischen Kontext an Menschen statt, die in ihrem Leben widrigen Umständen ausgesetzt waren. Darunter wurden Bedingungen verstanden, die mit großer Wahrscheinlichkeit zu einer

Gefährdung der gesunden Entwicklung sowie zum Auftreten von psychischen Störungen führen können (Holtmann & Schmidt, 2004). Solche krankheitsbegünstigende, risikoerhöhende und entwicklungshemmende Merkmale werden als Risikofaktoren bezeichnet (Fröhlich-Gildhoff & Rönnau-Böse, 2019).

Systematisierung

Es gibt unterschiedliche Systematiken, anhand derer Risikofaktoren in der Resilienzforschung strukturiert und eingeordnet werden können. Die Mehrzahl davon bezieht sich auf chronisch widrige Situationen im Kindes- und Jugendalter (bspw. sozioökonomische Benachteiligung), da diese Altersgruppen zu Beginn der Resilienzforschung im Fokus standen (Masten, 2001; Masten & Coatsworth, 1998; Masten, 2001). Diese Systeme sind jedoch nur bedingt für die Betrachtung von Resilienz im Erwachsenenalter geeignet, da in dieser Lebensspanne zu den chronisch widrigen Bedingungen vor allem Alltagsstressoren und potenziell traumatische Ereignisse hinzukommen. Diese zusätzlichen Risikofaktoren führten zu einer Erweiterung der Begrifflichkeiten. So wird in der Literatur auch von Widrigkeiten, widrigen/schwierigen (Lebens-)Umständen, potenziell traumatischen Ereignissen, außergewöhnlichen Belastungen, Stress und Stressoren, Krisen, Traumata oder Schock gesprochen (Sarkar & Fletcher, 2014; Bengel & Lyssenko, 2012; Galli & Vealey, 2008; Luthar et al., 2000).

Eine Einteilung der Risikofaktoren kann beispielsweise anhand der statistischen Eintrittswahrscheinlichkeit einer Maladaptation erfolgen (Fletcher & Sarkar, 2013). Weitere Einteilungskriterien für Risikofaktoren sind ihre Veränderbarkeit, ihr Schweregrad, ihre Vorhersehbarkeit, ihre Kontrollierbarkeit, ihre Ambiguität und ihre Verursachung (Fröhlich-Gildhoff & Rönnau-Böse, 2019; Bengel & Lyssenko, 2012). Daneben haben sich auch inhaltliche Betrachtungen etabliert, die beispielsweise in psychische, soziale und strukturelle Faktoren unterteilen (Hofmann et al., 2021).

Es bedarf nicht immer eines einzelnen einschneidenden Ereignisses (»major life event«), um Menschen an den Rand ihrer Kräfte zu bringen. Auch die Summe vieler kleinerer Negativeffekte kann ab einem kritischen Schwellenwert (»tipping point«) zur Überforderung eines Menschen führen. Die Überschreitung des Schwellenwertes kann durch ein Ereignis ausgelöst werden, das abseits der anderen Belastungsfaktoren für die jeweilige Person gut zu bewältigen wäre. Ebenso kann die Verkettung mehrerer unglücklicher Umstände (der sog. Kaskadeneffekt) dazu führen, dass Betroffenen keine weitere Anpassungsfähigkeit mehr zeigen können. Gleiches gilt für Belastungen, die zwar unabhängig voneinander, aber zeitgleich auftreten. Risikofaktoren wirken meist multifinal, daher lässt sich selten eine allgemeingültige Ursache-Wirkungsbeziehung aufzeigen (Fröhlich-Gildhoff & Rönnau-Böse, 2019; Fooken, 2016; Bengel & Lyssenko, 2012).

Merken Sie sich bitte:

!

Das Vorhandensein eines Risikofaktors führt nicht automatisch auch zu einer Gefährdung. So wie unser Immunsystem wirksame Reize benötigt, um Antikörper gegen Krankheitserreger aufzubauen, braucht unsere Psyche Herausforderungen, um Resilienz aufbauen zu können (Masten, 2016). Ab wann ein Risikofaktor für einen Menschen bedeutsam wird, hängt vor allem vom Ausmaß der daraus entstehenden individuellen Beanspruchung ab. Rohmert und Rutenfranz (1975) formulierten dies in ihrem Belastungs- und Beanspruchungskonzept, wonach die von außen auferlegte Belastung als neutrale objektive Größe und die resultierende Beanspruchung als individuelle Empfindung eingeordnet wird. Die persönliche Bewertung eines Menschen bestimmt damit über die Auswirkung der Belastung. Der Bewertungsprozess unterliegt vielfältigen biologischen, personenbezogenen sowie gesellschaftlich-sozialen, historischen und kulturellen Einflüssen (Fooken, 2016; Endreß & Maurer, 2015; Wink, 2016). Die Belastungs- und Beanspruchungssituation eines Menschen sollte daher immer in Summe betrachtet und der individuelle »Stressorload« im Vordergrund stehen (Kunzler et al., 2018).

24.3.2 Schutzfaktoren

Neben den Risikofaktoren werden in der Resilienzforschung insbesondere die Schutzfaktoren untersucht. Diese internen und externen Ressourcen ermöglichen Menschen den positiven Umgang mit Widrigkeiten (Kunzler et al., 2018). Hierzu gehören genetische, psychologische, soziale und umweltbezogene Faktoren, die oftmals interagieren oder sich überschneiden können (Helmreich et al., 2017; Bonanno & Diminich, 2013; Bengel & Lyssenko, 2012).

interne Ressourcen

Zu den internen Resilienzfaktoren zählen individuelle psychische Ressourcen, beispielsweise resilienzförderliche Denk-, Interpretations- und Verhaltensstrategien, Bewältigungsstile und kognitive Fähigkeiten (Rutter, 2013; Garmezy, 1991). Darüber hinaus scheinen (neuro-)biologische Ressourcen in Form von Neurotransmittern wie Dopamin oder das Neuropeptid Y eine Rolle zu spielen (Kunzler et al., 2018; Masten, 2016; Russo et al., 2012).

Für einige der internen Faktoren existiert bereits empirische Evidenz. Dazu zählen das aktive Coping, die Selbstwirksamkeit, Optimismus bzw. ein positiver Attributionsstil, Hardiness (die Fähigkeit einer Person, Stresssituationen sachlich und problemorientiert ohne emotionale Färbung zu handhaben), kognitive Flexibilität, Religiosität, Spiritualität und religiöses Coping, positive Emotionen, Sinn/Zweck im Leben, eine internale Kontrollüberzeugung, ein ausgeprägtes Selbstwertgefühl bzw. Selbstbewusstsein sowie das Kohärenzgefühl (Hofmann et al., 2021; Joyce et al., 2018; Helmreich et al., 2017).

externe Ressourcen

Externe Ressourcen stehen dem Menschen aus seiner Umwelt zur Verfügung. Hierunter fallen sowohl soziale als auch strukturelle Aspekte. Soziale Ressourcen umfassen die (psycho-)soziale Unterstützung, die Personen aus ihrem Umfeld zuteil wird und die es ihnen ermöglicht, einen positiven Umgang mit Herausforderungen und Belastungen zu finden (Helmreich et al., 2017; Chapman et al., 2020; Joyce et al., 2018; Todt et al., 2018; Liu et al., 2020). Studien geben Hinweise darauf, dass die soziale Unterstützung eine größere Wirkung auf Resilienz ausüben kann, wenn sie aus dem gleichen Kontext erwächst, in dem auch das Problem gelagert ist. So zeigte die Unterstützung von Kollegen und Vorgesetzten beispielsweise eine positive Wirkung auf die Resilienz von Arbeitnehmerinnen und Arbeitnehmern. Unterstützung von Familien und Freunden hatte dagegen keinen Einfluss auf die Resilienz (Todt et al., 2018).

Strukturelle Ressourcen stellen kontextuelle Voraussetzungen für resilientes Verhalten dar. Solche resilienzförderlichen Verhältnisse können unter anderem durch Schulungsangebote, Einrichtungen, persönliche Ansprechpartner, Informationen oder Plattformen geschaffen werden. Sie schaffen Rahmenbedingungen und werden auch als Voraussetzung dafür angesehen, dass psychische und soziale Resilienzressourcen gestärkt werden können (Hofmann et al., 2021).

!

Merken Sie sich bitte:

Schutzfaktoren senken die Eintrittswahrscheinlichkeit von Anpassungsproblemen oder psychischen Störungen. Gleichzeitig erhöhen sie die Chance auf eine resiliente Reaktion auf Herausforderungen. Trotz dieser positiven Wirkungen ist Vorsicht geboten. Resilienzressourcen, gleich welcher Herkunft, führen weder automatisch zu subjektivem Wohlbefinden eines Menschen, noch können sie das Erleben von Krisen verhindern oder gar zu einer psychischen Unverwundbarkeit führen (Bengel & Lyssenko, 2012; Rutter, 1987). Dies ist ein wichtiger Aspekt in der Diskussion um Resilienz, die teilweise als Allheilmittel für jegliche Belastungssituationen dargestellt wird.

Je nach Situation kann ein Faktor gleichzeitig als Risiko- oder auch als Schutzfaktor wirken. Vor diesem Hintergrund werden gerade Schutzfaktoren funktionell und nicht absolut definiert im Rahmen des jeweiligen Kontextes betrachtet (Fröhlich-Gildhoff & Rönnau-Böse, 2019; Masten, 2016; Bengel & Lyssenko, 2012).

Beispiel

Ein Beispiel hierfür ist die soziale Interaktion, bei der die wahrgenommene Unterstützung als protektiver Faktor eine wichtigere Rolle zu spielen scheint als die tatsächlich erhaltene. Letztere kann sogar zu einem zusätzlichen Stressfaktor werden, wenn Abweichungen zwischen der erwarteten und tatsächlich erhaltenen Hilfe auftreten, die erhaltene Unterstützung nicht wirklich als zielführend wahrgenommen wird oder sogar den eigenen Bemühungen entgegensteht. Darüber hinaus kann »zu viel« Hilfe von außen der betroffenen Person das Gefühl von Hilfsbedürftigkeit vermitteln und ihr Selbstwertgefühl sowie die Selbstwirksamkeitserwartung senken. Das Maß der benötigten sozialen Unterstützung ist individuell und abhängig von der Situation, den Bedürfnissen sowie Zielen der betroffenen Person (Bengel & Lyssenko, 2012).

Neben dem Kontext beeinflussen Alter, Geschlecht, kultureller Hintergrund sowie das subjektive Bewertungs- und Bewältigungsverhalten den Wirkungsgrad von Schutzfaktoren. Darüber hinaus schwanken Ressourcen und Merkmale sowohl zwischen Personen (interindividuell) als auch über den Lebensverlauf eines Menschen hinweg (intraindividuell) (Fooken, 2016).

Wirkpfade

Bezüglich der genauen Bedeutung einzelner Schutzfaktoren besteht zurzeit noch Forschungsbedarf. Viele Faktoren tragen nur in geringem Maß dazu bei, die unterschiedliche Anpassung an Widrigkeiten erklären zu können. Zum anderen zeigen sich keine einheitlichen Studienergebnisse hinsichtlich ihres Einflusses auf die Resilienz. Vor diesem Hintergrund wird daher angenommen, dass die einzelnen Resilienzfaktoren auf übergeordnete Mechanismen einwirken. Diese Resilienzmechanismen stellen übergeordnete Wirkpfade dar, die den positiven Einfluss der Faktoren auf die Resilienz mediieren. Zurzeit werden Mechanismen auf verschiedenen Ebenen diskutiert, darunter kognitive, psychologische, neuronale oder auch neurobiologische Aspekte (Kunzler et al., 2018; Kalisch et al., 2017; Masten, 2016; Luthar et al., 2000).

Wechselwirkungen

Risiko- und Schutzfaktoren werden innerhalb der Psychologie als zwei voneinander unabhängige Dimensionen betrachtet (Bengel & Lyssenko, 2012; Fröhlich-Gildhoff & Rönnau-Böse, 2019). Dabei können fehlende Schutzfaktoren als Risikofaktor wirken, die Abwesenheit von Risikofaktoren ist jedoch nicht automatisch als Schutzfaktor zu bewerten. Bei beiden Faktoren ist die kumulative Wirkungsweise ausschlaggebend: Je mehr Schutz- bzw. Risikofaktoren vorhanden sind, umso größer ist die protektive Wirkung bzw. Belastung. Risiko- und Schutzfaktoren können jedoch nicht einfach im Rahmen eines »Balance-Modells« gegeneinander abgewogen werden und sich wie in einer mathematischen Gleichung aufheben. Vielmehr sind die Hierarchie der Faktoren sowie ihre Wechselwirkungen ausschlaggebend (Patzelt, 2015).

24.3.3 Positive Anpassung

Unter der resilienten Bewältigung einer Situation wird die positive Anpassung an die jeweilige Herausforderung verstanden. Luthar und Cushing (2002) trugen in einem Review die Vorgehensweise verschiedener psychologischer Subdisziplinen bezüglich der Messung positiver Anpassung zusammen. Dabei identifizierten sie drei verschiedene Ansätze: die Einordnung eines Individuums auf einem Kontinuum zwischen Anpassung und Fehlanpassung, die Abwesenheit einer schwerwiegenden Psychopathologie sowie den Erwerb verschiedener persönlicher Fähigkeiten.

Der Gewinn neuer Ressourcen stellt den wesentlichen Charakter der Resilienz heraus und zeigt sich beispielsweise in Form neuer Fähigkeiten und Fertigkeiten, Sichtweisen auf das Leben oder die eigene Person, gesteigertes Wohlbefinden, Lebensqualität, stärkere psychische Gesundheit sowie Leistungsfähigkeit bzw. ihre Aufrechterhaltung trotz ungünstiger Umstände (Helmreich et al., 2017; Hofmann et al., 2021; Richardson, 2002). Der Ressourcengewinn grenzt die Resilienz gleichzeitig vom klassischen Stressmanagement ab, dessen primäres Ziel nach der Einwirkung eines Stressors die Wiedererlangung des Ausgangszustandes (der sog. Homöostase) ist (Masten, 2016; Luthar et al., 2000).

!

Merken Sie sich bitte:

Die Kriterien, anhand derer die Reaktion eines Individuums als positive Anpassung gewertet wird, sind **stark kontextabhängig** und werden unter anderem von sozialen und kulturellen Normen geprägt. Ein und dieselbe Reaktion kann eine resiliente Anpassung in einem Umfeld und eine nicht-resiliente in einem anderen darstellen (Timm et al., 2017). Eine gelingende Auseinandersetzung mit Risikofaktoren zeigt sich daher immer personenindividuell, situationsspezifisch und in Abhängigkeit der zur Verfügung stehenden Ressourcen (Patzelt, 2015).

24.3.4 Resilienzmodelle

Resilienz als dynamischer Prozess

Resilienzmodelle bilden das jeweilige Zusammenspiel von Risiko- und Vulnerabilitätsfaktoren sowie Resilienzfaktoren (Ressourcen) ab, das im Optimalfall zu einer positiven Anpassung an Widrigkeiten und damit zu einer resilienten Bewältigung der Herausforderung führt (Luthar et al., 2000; Bengel & Lyssenko, 2012; Wink, 2016; Fröhlich-Gildhoff & Rönnau-Böse, 2019). Sie beinhalten Entwicklungs- und Lernprozesse, die für die Konzeptualisierung von Resilienz als Prozess notwendig sind (Pätzold, 2015; Fooken, 2016; Masten, 2016). Die Mehrzahl der Modelle weist einen Kontextbezug auf (Bengel & Lyssenko, 2012; Fletcher & Sarkar, 2013). Dazu gehören beispielsweise das Nursing Model of Resilience (Polk, 1997), das Adolescent Resilience Model (Haase, 2004) oder die Theory of Risk and Resilience Factors in Military Families (Palmer, 2008). Darüber hinaus existieren generische Ansätze, die die Grundlage für viele der kontextbezogenen Resilienzmodelle bilden (Masten, 2016; Fröhlich-Gildhoff & Rönnau-Böse, 2014; Kumpfer, 2002).

24.4 Resilienz im Arbeitskontext

drei Ebenen

In Anbetracht der Herausforderungen der heutigen Arbeitswelt wird Resilienz als wesentlicher Faktor angesehen, der über die psychologische Widerstandskraft negative Auswirkungen auf die psychische Gesundheit Beschäftigter zu reduzieren vermag (Hartmann et al., 2020). Die Betrachtung erfolgt sowohl auf der individuellen Ebene einzelner Personen, als auch in Teams sowie bezogen auf die gesamte Organisation (Soucek et al., 2016).

Personenindividuelle Resilienzressourcen äußern sich nach Soucek et al. (2016) in einer emotionalen Bewältigung kritischer Ereignisse, der positiven Umdeutung der Situation als Möglichkeit zur Weiterentwicklung sowie einer gezielten Planung und Umsetzung des eigenen Handelns.

DEFINITION

Individuelle Resilienz
In Anlehnung an Hofmann & Müller-Hotop (2021, S. 9) wird die individuelle Resilienz in diesem Beitrag als Prozess verstanden, in dem es Mitarbeiter und Mitarbeiterinnen durch die Nutzung von psychischen, sozialen und strukturellen Resilienzressourcen gelingt, einen positiv-adaptiven Umgang mit außergewöhnlichen arbeitsbezogenen Belastungen und Rückschlägen zu finden.

Auf der Ebene der Teams steht neben der Betrachtung der Ressourcen vor allem der dynamische Prozess im Vordergrund, der die Interaktion der einzelnen Teammitglieder abbildet (Weiss et al., 2015). Eine resiliente Bewältigung der Situation zeigt sich in einer flexiblen Anpassung des Teams an die neuen Herausforderungen.

Die organisationale Resilienz beschreibt die Fähigkeit von Organisationen, während einer Krise ihre Handlungsfähigkeit aufrecht erhalten zu können und dabei auch auf unerwartete Ereignisse reagieren zu können. Zudem beinhaltet sie die Antizipation zukünftige Entwicklungen und möglicher Risiken, die beständige Anpassung an neue Anforderungen sowie einen kontinuierlichen Lernprozess (Soucek et al., 2015). Dies spiegelt sich auch in der Definition der ISO Norm 22316 (Sicherheit und Resilienz – Resilienz von Organisationen – Grundsätze und Attribute) wider, die organisationale Resilienz als die Fähigkeit einer Organisation beschreibt, etwas abzufedern und sich in einer sich verändernden Umgebung anzupassen, um so ihre Ziele zu erreichen, zu überleben und zu gedeihen.

Resilienzmanagement

Eine ganzheitliche Förderung im Sinne eines betrieblichen Resilienzmanagements bezieht alle drei Ebenen ein (Soucek et al., 2015). Auf organisationaler Ebene wird der Handlungsrahmen geschaffen, in dem einzelne Personen und Teams miteinander interagieren. Die Bereitstellung organisationaler Ressourcen trägt wesentlich dazu bei, resilientes Verhalten einzelner Personen und Teams zu ermöglichen bzw. zu fördern. Im Arbeitskontext wird Resilienz in verschiedenen Branchen und Berufen untersucht (Hartmann et al., 2020). Dabei haben sich übergreifende Risiko- und Schutzfaktoren gezeigt, die entsprechend in Resilienzinterventionen adressiert werden können.

24.4.1 Arbeitsbezogene Risikofaktoren

individuelle Risikofaktoren

Auf der persönlichen Ebene scheint vor allem die individuelle Bedeutung eine Rolle zu spielen, die einem Belastungsfaktor beigemessen wird. Herausforderungen können motivieren, eine Belohnung in Aussicht stellen und zur Höchstleistung beflügeln. Genauso können sie auch das Gegenteil bewirken. Dies wird im Ansatz des »challenge-hindrance stressors framework« aufgegriffen (Cavanaugh et al., 2000; Crane & Searle, 2016). Persönliche Stressverstärker wie beispielsweise hinderliche Denkmuster, Glaubenssätze und innere Antreiber können ebenso wie ein ungünstiges Mindset (»fixed mindset« anstatt eines »growth mindset«; Dweck & Yeager, 2019) als psychische Risikofaktoren wirken.

Risikofaktoren für Teams

Neben den inneren Prozessen spielen der Arbeitsumfang sowie die Arbeitsumstände eine wichtige Rolle. Die persönliche Arbeitsüberlastung kann einerseits durch isoliert auftretende hochintensive Arbeitsbelastungen entstehen, andererseits auch durch weniger fordernde, dafür aber lang anhaltende Umstände (Hartmann et al., 2020). Als weitere Risikofaktoren gelten unter anderem mangelnde Kontrolle, Angst um den Arbeitsplatz, unzureichende Kommunikation sowie Konflikte zwischen Arbeit und Privatleben (Vanhove et al., 2016). Auf Teamebene stehen veränderte Aufgabenverteilungen, neue Arbeitsinhalte oder auch der Verlust interner Ressourcen (z. B. durch den krankheitsbedingten Ausfall von Teammitgliedern) im Fokus.

Risikofaktoren für Organisationen

Organisationale Risikofaktoren betreffen strukturelle übergeordnete Aspekte. Dazu gehören der Informationsmangel zu Veränderungen oder Strategien, eine schlechte Prozessgestaltung und übergreifend ein hoher Zeitdruck sowie eine große Arbeitsbelastung (Soucek et al., 2016).

24.4.2 Arbeitsbezogene Resilienzressourcen

individuelle Ressourcen

Zu den individuellen Schutzfaktoren gehören berufliches Engagement, Fachkenntnisse im Zusammenhang mit der Tätigkeit, die effektive Bewältigung von Arbeitsanforderungen, Selbstwirksamkeit, Selbstreflexion und reflektierte Kommunikation. Zudem ist das Gefühl, Kontrolle über eine Situation zu haben und Grenzen setzen zu können, ausschlaggebend für den Umgang mit Herausforderungen. Hilfreich hierfür sind emotionale Intelligenz, Empathie, Humor und positive Emotionen. Als weitere Ressourcen werden eine angemessene Work-Life-Balance, ausreichend Regeneration und die Pflege sozialer Kontakte in der arbeitsfreien Zeit diskutiert. Arbeit selbst kann dann als Ressource dienen, wenn sie als sinnhaft empfunden wird und das Bedürfnis nach Kompetenz erfüllt werden kann. Ausführlichere Betrachtungen der arbeitsbezogenen Schutzfaktoren finden sich bei Zhu & Li (2021), Hartmann et al. (2020), Stoverink et al. (2020), Degbey & Einola (2020), Förster & Duchek (2017) sowie Soucek et al. (2016).

Teamressourcen

Ergänzend zu den individuellen Ressourcen zeigen sich auch auf der Teamebene positive Emotionen (z. B. gemeinsame Begeisterung und Optimismus) als wichtiger Schutzfaktor. Zwischenmenschliche Prozesse, darunter Teamfähigkeit bzw. -verbundenheit, das Teilen sowohl positiver als auch negativer arbeitsbezogener Emotionen, gegenseitige Unterstützung und Feedback erzeugen ein positives Teamklima. Dies ermöglicht es, mit Kollegen über belastende Ereignisse reden zu können und bei Bedarf auch Konfliktmanagement zu betreiben. Eine klare Kommunikation von Aufgaben, transparente Teamstrukturen und Rollenverteilung sowie der Erfahrungsaustausch zwischen verschiedenen Beschäftigungsgruppen und Generationen gehören ebenso zu den Erfolgsfaktoren resilienter Teams wie das Teilen von Verantwortlichkeiten und Arbeitsaufgaben. Die flexible Anpassung der internen Ressourcen an veränderte Anforderungen sowie die Förderung von Innovation und Leistung stellen weitere Schutzfaktoren dar. In diesem Rahmen hat sich vor allem der transformationale Führungsstil als besonders zielführend erwiesen. Weitergehende Ausführungen finden sich bei Hartmann et al. (2021 & 2021), Soucek et al. (2016), Chapman et al. (2020), Cooke et al. (2019), Gucciardi et al. (Gucciardi et al., 2018) Dimas et al. (2018) sowie Förster & Duchek (2017).

organisationale Ressourcen

Die organisationale Ebene kann maßgeblich zur Resilienz beitragen, wenn Arbeitsbedingungen, Strukturen und Prozesse so gestaltet werden, dass sie Teams und individuellen Personen einen unterstützenden Rahmen bieten. Dies kann anhand einer systematischen Erschließung und Förderung individueller und kollektiver Ressourcen, einer kontinuierlichen und transparenten Unternehmenskommunikation sowie einer Förderung der Dialogkultur erfolgen. Ein strukturierter Wissensaustausch sowie die Gestaltung einer offenen und fehlerfreundlichen Lernkultur fördern den konstruktiven Umgang mit Krisen (Richards et al., 2020; Douglas, 2020; Soucek et al., 2016). Hilfreich sind ebenso Maßnahmen zum Ausbau des Beziehungsnetzwerkes im Unternehmen – sowohl formell über offizielle Kommunikationswege als auch darüber, informelle Zugänge zu Kolleginnen und Kollegen zu schaffen. Dies kann über gemeinsame Weiterbildungen, Coaching-Gespräche, Mentoring-/Tutoringprogramme, (psychologische) Beratungsangebote oder auch Netzwerk- und außercurriculare Veranstaltungen gewährleistet werden (Douglas, 2020).

24.4.3 Auswirkungen von Resilienz

Leistungsfähigkeit und Zufriedenheit

Berufliche Resilienz zeigt sich an einer hohen Leistungsfähigkeit, Arbeitszufriedenheit, einem organisationalen Commitment und an beruflichem Engagement). Damit einher gehen ebenso die Offenheit für und die positive Sicht auf Veränderungen (Zhu & Li, 2021; Lohse, 2021; Hartmann et al., 2021; Hartmann et al., 2020). Resilienz dient als Moderator, in dem sie hohe Jobanforderungen und negative Erfahrungen abpuffern kann und die Wahrscheinlichkeit reduziert, dass Arbeitskonflikte in den privaten Bereich mitgenommen werden (Martinez-Corts et al., 2015). All dies sind wichtige Voraussetzungen, um über das Arbeitsleben eine gute psychische und physische Gesundheit aufrecht erhalten zu können.

24.5 Wissenschaftliche Herausforderungen und Implikationen für die Praxis

Die bereits beschriebene konzeptionelle Heterogenität des Konstruktes Resilienz und seine speziellen Eigenschaften führen zu einer Reihe von Herausforderungen sowohl aus wissenschaftlicher Sicht wie auch in Bezug auf den Einsatz in der Praxis (King et al., 2016; Robertson et al., 2015; Secades et al., 2016; Wagstaff et al., 2018; Chmitorz et al., 2018; Fletcher & Sarkar, 2013).

kontextbezogene Betrachtung

Resilienz zeigt sich kontextspezifisch. Die Übernahme von Definitionen und Modellen aus anderen psychologischen Subdisziplinen in den Arbeitskontext bedarf einer entsprechenden Anpassung und Validierung. Vor diesem Hintergrund wurden verschiedene Resilienzmodelle entwickelt (ein Beispiel findet sich bei Soucek et al., 2016). Die Auswahl (und bei Bedarf auch die Modifikation) eines geeigneten Modells für das jeweilige Setting stellt eine wesentliche Basis dar, um die Dynamiken zwischen den verschiedenen Resilienzkomponenten möglichst realitätsnah abbilden zu können. Dies gilt ebenso für die einzelnen Resilienzkomponenten. Je mehr wissenschaftlich fundierte Erkenntnisse zu den ausschlaggebenden Risiko- und Schutzfaktoren, deren Ausprägungen und Wirkungsweisen einbezogen werde können, desto zielgerichteter kann in weiteren Schritten die Messung und Schulung von Resilienz gestaltet werden. Für eine möglichst individuelle Betrachtung erscheint es sinnvoll, neben den Besonderheiten einer Branche oder eines Berufszweiges auch unternehmensspezifische Bedingungen, organisationale Aspekte bis hin zu Anforderungen einzelner Stellenprofile zu berücksichtigen.

Resilienz zeigt sich je nach Verfügbarkeit von Ressourcen variabel über verschiedene Lebenswelten. So können Schutzfaktoren aus dem privaten Kontext auch im Arbeitsleben unterstützend wirken, dies jedoch meist in einem geringeren Ausmaß als Faktoren, die aus dem direkten Umfeld der Belastung kommen (Todt et al., 2018). Der Aufbau entsprechender arbeitsbezogener Ressourcen stellt damit eine wichtige Anforderung an Interventionen zur Förderung berufsbezogener Resilienz dar. Zudem ergibt sich aus der individuellen Verfügbarkeit von Ressourcen sowie aufgrund der Unterschiede zwischen Personen die Forderung, Resilienz nach Möglichkeit abgestimmt auf die individuellen Bedürfnisse zu schulen.

Operationalisierung

Dies setzt die Möglichkeit voraus, Resilienz auch individuell messen zu können (Luthar & Cushing, 2002). Dies ist sowohl für die Bestimmung des Ausgangszustandes wichtig als auch für die Evalutation von Interventionen. Hierfür stehen vielfältige Instrumente zur Verfügung, welche die unterschiedlichen Konzeptualisierungen von individueller Resilienz am Arbeitsplatz widerspiegeln (Mallak & Yildiz, 2016). Sie können in zwei verschiedene Ansätze unterteilt werden: bereichsübergreifende Instrumente, die Resilienz als generelle Eigenschaft eines Menschen betrachten und messen, sowie bereichsspezifische Skalen, die sich auf ein spezielles Setting beziehen. Eine Besonderheit stell die Skala von McLarnon und Rothstein (2013) dar, die neben den individuellen Charaktereigenschaften auch soziale Netzwerke, die Reaktion auf ein traumatisches Ereignis sowie Selbstregulierungsprozesse erfasst. Eine Übersicht und kritische Einordnung möglicher Instrumente im Arbeitsumfeld findet sich bei Fisher & Law (2021), Hartmann et al. (2020), Cheng et al. (2020) sowie Windle et al. (2011).

Potenzialbetrachtung

Die Auswahl eines Messinstrumentes sollte auf Basis des gewählten Resilienzverständnisses getroffen werden, eventuelle Besonderheiten des jeweiligen Arbeitsumfelds berücksichtigen und darüber hinaus sowohl die Anwenderfreundlichkeit als auch Kosten-Nutzen-Aspekte berücksichtigen. Die Bestimmung individueller Resilienz stellt eine Momentaufnahme dar und erfolgt meist prospektiv in Bezug auf mögliche Belastungssituationen. Ob und in welchem Ausmaß einem Menschen tatsächlich ein resilienter Umgang gelingt, zeigt sich erst bei Eintritt der Belastung anhand der gewählten Copingstrategien und der emotionalen Reaktion (Harmann et al., 2020). Bis dahin kann lediglich das Resilienzpotenzial betrachtet werden. Diese Aspekte sollten vor allem bei der Interpretation der Messergebisse berücksichtigt werden und verdeutlichen die Wichtigkeit einer Längsschnittbetrachtung, um die individuelle Entwicklung abbilden zu können (Kalisch et al., 2019; Fisher et al., 2019; Kunzler et al., 2018; Kalisch et al., 2017). So nehmen Kunzler et al. (2018) diese Gedanken durch die Entwicklung eines Resilienz-Scores (R-Score) auf, der neben dem individuellen Stressorload und der psychischen Gesundheit auch die Entwicklung der Resilienz zwischen zwei Messzeitpunkten berücksichtigt.

Der Aufbau von Resilienz ist ein dynamischer Prozess, der durch die Auseinandersetzung mit Belastungen angestoßen wird (Rutter, 2012; Masten, 2001). Wer Herausforderungen generell vermeidet, beraubt sich möglicher Lernprozesse und Entwicklungsmöglichkeiten. Jedoch sollten Menschen vor allem auch aus moralisch-ethischen Gesichtspunkten nicht absichtlich in extreme bzw. unnötige Belastungssituationen gebracht werden. Die Dosis macht in diesem Falle das Gift und ihr geeignetes Ausmaß hängt von den individuellen Voraussetzungen einer Person ab. Die Dynamik wirkt in beide Richtungen: Die erfolgreiche Bewältigung einer Herausforderung kann Resilienz aufbauen, ein Negativerlebnis kann wiederum zum Ressourcenverlust und zu einer maladaptiven Reaktion führen. Im Rahmen der Resilienz steht vor allem der Umgang mit unvermeidbaren, nicht selber gewählten oder auch systemimmanenten Belastungssituationen im Fokus, der den Aufbau eines entsprechenden Mindsets erfordert (Hofmann et al., 2021; Jamieson et al., 2018).

Resilienz wird von multidimensionalen Faktoren beeinflusst. Im Arbeitskontext sollten daher alle Unternehmensebenen einbezogen werden, von organisationalen Aspekten, über Teams bis hin zu den einzelnen Personen.

!

Merken Sie sich bitte:

Eine umfassende Betrachtung beinhaltet neben der ressourcenorientierten Perspektive auch immer den Abbau von Risiko- und Belastungsfaktoren. Ein entsprechendes betriebliches Resilienzmanagement vereint demnach die **Verhaltens- und Verhältnisprävention** und berücksichtigt das Zusammenspiel aller Resilienzressourcen.

24.6 Interventionen zur Förderung arbeitsweltbezogener Resilienz

Trainingskonzepte für Erwachsene

Die Entwicklung von Interventionen stand in der dritten Welle der Resilienzforschung im Vordergrund (Bengel & Lyssenko, 2012). Die geschilderten Eigenschaften von Resilienz legen nahe, dass es nicht eine einzige und für alle Zielgruppen wirksame Resilienzintervention geben kann (Bonanno & Burton, 2013). Ein Überblick über bestehende kontextübergreifende Trainingskonzepte zur Resilienzförderung bei Erwachsenen findet sich beispielsweise in der narrativen Übersichtsarbeit von Linz et al. (2019), im Protokoll von Helmreich et al. (2017) oder auch spezifisch auf die Arbeitswelt bezogen in Robertson et al. (2015) sowie Vanhove et al. (2016).

Die Gemeinsamkeit aller Interventionen besteht darin, dass sie vor allem auf die **Entwicklung psychosozialer Resilienzfaktoren** abzielen (Vanhove et al., 2016). Dafür bedienen sie sich unterschiedlicher psychoedukativer Methoden und eröffnen ebenso mannigfaltige Perspektiven auf Resilienz. So stehen beispielsweise im Rahmen der kongitiv-beharioralen Ansätze die Veränderung dysfunktionaler Denkweisen und der Aufbau neuer problemlösungsorientierter Coping-Strategien im Fokus. Weitere Ansätze sind die Schulung kognitiver Flexibilität, Förderung von Selbstwirksamkeit durch die gezielte Konfrontation mit Herausforderungen, erhöhte Akzeptanz und Achtsamkeit, der Umgang mit Emotionen oder auch die Problemlösungskompetenz (Robertson et al., 2015).

Ein validiertes theoretisches Rahmengebäude oder der Konsens über Leitlinien zur Gestaltung resilienzfördernder Interventionen fehlen bislang (Helmreich et al., 2017). Dementsprechend heterogen gestalten sich die Ansätze hinsichtlich der theoretischen Hintergründe und sie variieren zudem in ihrem Kontext, der adressierten Zielgruppe und dem Format. Dies erschwert gleichzeitig ihre Vergleichbarkeit (Linz et al., 2020; Robertson et al., 2015).

Evaluationsbedarf

Auch wenn sich einige Trainingskonzepte in der Praxis durchaus etabliert haben, ist ein Großteil der Interventionen aus wissenschaftlicher Sicht unzureichend evaluiert (Helmreich et al., 2017). Nur wenige Programme sind anhand von RCTs untersucht worden, davon keines aus dem deutschsprachigen Raum (Linz et al., 2019). Zudem wird Resilienz nicht immer als primäre Outcome-Variable anhand validierter Instrumentarien erfasst, sondern auch anhand von Ersatzmaßen oder mit Resilienz assoziierten Maßen (wie beispielsweise Lebensqualität, psychisches Wohlbefinden, subjektive Stresswahrnehmung, Depression) (Linz et al., 2019). Hinzu kommen meist kurze Follow-up Zeiträume von bis zu 3 Monaten, die nicht ausreichen, um Resilienz als Entwicklungsprozess abbilden zu können. Linz et al. (2019) weisen darauf hin, dass neben der konzeptionellen Bandbreite bei vielen Primärstudien zur Evaluation von Resilienzinterventionen die unzureichende methodische Qualität eine Schwachstelle darstellt.

Trainingsformate

Weiterer Forschungsbedarf besteht hinsichtlich der geeigneten Trainingsformate. Eins-zu-Eins-Trainingsprogramme (z. B. in Form von individuellem Coaching) zeigten den größten Erfolg, gefolgt von Gruppenformaten im Präsenzunterricht. Train-the-Trainer-Maßnahmen und digitale Ansätze wiesen einen geringeren Effekt auf (Vanhove et al., 2016). Die Teilnahme an virtuellen Veranstaltungen erzeugt dagegen eine geringere Hemmschwelle, da sie anonymer, ortsunabhängiger und meist mit einer besseren Kosten-Nutzen-Bilanz verbunden ist. Gleichzeitig weist sie jedoch auch eine hohe Ausstiegsrate auf (Vanhove et al., 2016).

Nutzen der Interventionen

Abseits der wissenschaftlichen Kritikpunkte sollte der Nutzen resilienzfördernder Programme im Arbeitskontext nicht unterschätzt werden. Die Erforschung von Resilienz im organisationalen Bereich ist eine junge Disziplin, weshalb die derzeitige Datenlage hinsichtlich der Auswirkungen der Interventionen durchaus noch lückenhaft erscheint (Hartmann et al., 2020; Fisher et al., 2019; McLarnon & Rothstein, 2013). Auch wenn bislang nur kleine Verbesserungen durch die Interventionen auf individueller Ebene nachgewiesen werden konnten, ergeben sich daraus möglicherweise größere Vorteile innerhalb der gesamten Organisation (Barton & Kahn, 2019).

Zudem stehen die einbezogenen Schutzfaktoren an sich weniger in der Diskussion als die Art und Weise ihrer Vermittlung sowie die Regelmäßigkeit ihrer Anwendung nach Abschluss der Maßnahmen. Der positive Einfluss von Resilienz auf die Arbeitsleistung, die psychische und physische Gesundheit sowie die Einstellung bezüglich Arbeit und Veränderungsprozessen zeigt sich in vielfachen Studien (Hartmann et al., 2020; Robertson et al., 2015). Vor allem vulnerable Zielgruppen scheinen auch langfristig von den Maßnahmen zu profitieren. Ein möglicher Erklärungsansatz besteht darin, dass sie aufgrund ihrer Lebensumstände wahrscheinlich mehr Möglichkeiten hatten, die gelernten Inhalte regelmäßig anzuwenden und damit zu festigen (Vanhove et al., 2016).

! **Merken Sie sich bitte:**

Die Förderung von Resilienz im Arbeitskontext kann als ein Grundpfeiler der Betrieblichen Gesundheitsförderung angesehen werden (Kunzler et al., 2018; Gilan et al., 2018; WHO, 2013). Entsprechende Interventionen sollten theoriebasiert und unter Einbeziehung des aktuellen Forschungsstandes gestalten werden. Ebenso spielt eine umfassende Evaluation der Maßnahmen eine wichtige Rolle, um darüber weitere Evidenz für mögliche Vermittlungsformate zu schaffen.

Abbildung 1 skizziert eine mögliche Herangehensweise, um die Eignung bestehender Interventionen für den eigenen betrieblichen Kontext überprüfen zu können, bei Bedarf Modifikationen vorzunehmen oder eigene Programme zu gestalten. Eine ausführlichere Erläuterung mit hilfreichen Aspekten und Fragestellungen steht bei den digitalen Extras zur Verfügung.

Abb. 1: Entwicklungsprozess von Resilienzprogrammen

24.7 Fazit

Ein ganzheitliches betriebliches Resilienzmanagement umfasst die gezielte Stärkung und den Aufbau von Ressourcen über alle Unternehmensebenen hinweg. Hierfür bedarf es einer Verantwortungsübernahme aufseiten aller Beteiligten. Arbeitnehmerinnen und Arbeitnehmer sind gefragt, ihre eigene Entwicklung zu verfolgen, Ressourcen aktiv zu nutzen und Bedarfe zu kommunizieren. Unternehmensseitig steht die Bereitstellung der Ressourcen sowie das Schaffen eines niederschwelligen Zugangs dazu im Vordergrund, begleitet von entsprechenden Kommunikations- und Evaluationsmaßnahmen. Auch wenn im Rahmen der Resilienz vor allem die Entwicklung personenindividueller Ressourcen im Mittelpunkt steht, darf die Verantwortung für den Aufbau einer »Krisenkompetenz« nicht ausschließlich auf die Belegschaft verlagert werden. Dies beinhaltet neben der Implementierung präventiver Maßnahmen ebenso eine gezielte Vermeidung von Belastung und Schädigung seitens der Unternehmensführung.

Neben den persönlichen Bedürfnissen von Mitarbeiterinnen und Mitarbeitern sollten mögliche Tradeoffs berücksichtigt werden. Was für eine einzelne Person hilfreich ist, muss nicht unbedingt gut für das Team oder das Unternehmen sein (bspw. längere Auszeiten, Start einer Weiterbildung, Umstrukturierung der Aufgaben). Daher sollten immer auch die systemischen Auswirkungen einzelner Maßnahmen betrachtet werden. Es gilt, Resilienz im Dialog zu entwickeln und die Störtoleranz auf individueller Ebene, im Team sowie der gesamten Organisation an die neuen Herausforderungen anzupassen. Dieses gemeinsame Ziel sollte nachhaltig geplant und verfolgt werden. Auch kleine Schritte können wertvoll sein und im Sinne des Mottos »Success breeds success« die Grundlage für weitere Entwicklungen darstellen. Wenn es gelingt, Arbeit als Ressource zu gestalten, die Potenziale entfalten und zur Gesunderhaltung beitragen kann, ist ein großer Schritt getan, um den aktuellen Herausforderungen der Arbeitswelt positiv und konstruktiv entgegen treten zu können.

Literatur

Badura, B., Ducki, A., Schröder, H. & Meyer, M. (Hg.) (2021) *Betriebliche Prävention stärken – Lehren aus der Pandemie*, Berlin, Heidelberg, Springer.

Barton, M. A. & Kahn, W. A. (2019) »Group Resilience: The Place and Meaning of Relational Pauses«, *Organization Studies*, Vol. 40, No. 9, S. 1409–1429.

Bengel, J. & Lyssenko, L. (2012) *Resilienz und psychologische Schutzfaktoren im Erwachsenenalter: Stand der Forschung zu psychologischen Schutzfaktoren von Gesundheit und Erwachsenalter*, Köln, BZgA.

Block, J. & Block, J. (1980) *The role of ego-control and ego-resiliency in the organization of behavior*, Hillsdale, N.J., L. Erlbaum Associates, 1980.

Bonanno, G. A. & Burton, C. L. (2013) »Regulatory Flexibility«, *Perspectives on psychological science: a journal of the Association for Psychological Science*, Vol. 8, No. 6, S. 591–612.

Bonanno, G. A. & Diminich, E. D. (2013) »Annual Research Review: Positive adjustment to adversity--trajectories of minimal-impact resilience and emergent resilience«, *1469-7610*, Vol. 54, No. 4, S. 378–401.

Butts, M. M., Vandenberg, R. J., DeJoy, D. M., Schaffer, B. S. & Wilson, M. G. (2009) »Individual reactions to high involvement work processes: investigating the role of empowerment and perceived organizational support«, *Journal of occupational health psychology*, Vol. 14, No. 2, S. 122–136.

Cavanaugh, M. A., Boswell, W. R., Roehling, M. V. & Boudreau, J. W. (2000) »An empirical examination of self-reported work stress among U.S. managers«, *The Journal of applied psychology*, Vol. 85, No. 1, S. 65–74.

Chapman, M. T., Lines, R. L. J., Crane, M., Ducker, K. J., Ntoumanis, N., Peeling, P., Parker, S. K., Quested, E., Temby, P., Thøgersen-Ntoumani, C. & Gucciardi, D. F. (2020) »Team resilience: A scoping review of conceptual and empirical work«, *Work & Stress*, Vol. 34, No. 1, S. 57–81.

Chen, S. & Bonanno, G. A. (2020) »Psychological adjustment during the global outbreak of COVID-19: A resilience perspective«, *Psychological trauma : theory, research, practice and policy*, Vol. 12, S1, S51-S54.

Cheng, S., King, D. D. & Oswald, F. (2020) »Understanding How Resilience is Measured in the Organizational Sciences«, *Human Performance*, Vol. 33, 2-3, S. 130–163.

Chmitorz, A., Kunzler, A., Helmreich, I., Tüscher, O., Kalisch, R., Kubiak, T., Wessa, M. & Lieb, K. (2018) »Intervention studies to foster resilience – A systematic review and proposal for a resilience framework in future intervention studies«, *Clinical psychology review*, Vol. 59, S. 78–100.

Cooke, F. L., Wang, J. & Bartram, T. (2019) »Can a Supportive Workplace Impact Employee Resilience in a High Pressure Performance Environment? An Investigation of the Chinese Banking Industry«, *Applied Psychology*, Vol. 68, No. 4, S. 695–718.

Crane, M. F. & Searle, B. J. (2016) »Building resilience through exposure to stressors: The effects of challenges versus hindrances«, *Journal of occupational health psychology*, Vol. 21, No. 4, S. 468–479.

Degbey, W. Y. & Einola, K. (2020) »Resilience in Virtual Teams: Developing the Capacity to Bounce Back«, *Applied Psychology*, Vol. 69, No. 4, S. 1301–1337.

Dimas, I. D., Rebelo, T., Lourenço, P. R. & Pessoa, C. I. P. (2018) »Bouncing Back from Setbacks: On the Mediating Role of Team Resilience in the Relationship Between Transformational Leadership and Team Effectiveness«, *The Journal of psychology*, Vol. 152, No. 6, S. 358–372.

Douglas, S. (2020) »Mitigating workplace adversity through employee resilience«, *Strategic HR Review*, Vol. 19, No. 6, S. 279–283.

Dweck, C. S. & Yeager, D. S. (2019) »Mindsets: A View From Two Eras«, *Perspectives on psychological science : a journal of the Association for Psychological Science*, Vol. 14, No. 3, S. 481–496.

Ehresmann, C. & Badura, B. (2018) »Sinnquellen in der Arbeitswelt und ihre Bedeutung für die Gesundheit«, in Badura, B., Ducki, A., Schröder, H., Klose, J. & Meyer, M. (Hg.) *Fehlzeiten-Report 2018,* Berlin, Heidelberg, Springer Berlin Heidelberg, S. 47–59.

Endreß, M. & Maurer, A. (2015) *Resilienz im Sozialen*, Wiesbaden, Springer Fachmedien Wiesbaden.

Fisher, D. M. & Law, R. D. (2021) »How to Choose a Measure of Resilience: An Organizing Framework for Resilience Measurement«, *Applied Psychology*, Vol. 70, No. 2, S. 643–673.

Fisher, D. M., Ragsdale, J. M. & Fisher, E. C. (2019) »The Importance of Definitional and Temporal Issues in the Study of Resilience«, *Applied Psychology*, Vol. 68, No. 4, S. 583–620.

Fletcher, D. & Sarkar, M. (2013) »Psychological Resilience«, *European Psychologist*, Vol. 18, No. 1, S. 12–23.

Fooken, I. (2016) »Psychologische Perspektiven der Resilienzforschung«, in *Multidisziplinäre Perspektiven der Resilienzforschung,* Wiesbaden, Springer, 2016.

Förster, C. & Duchek, S. (2017) »What makes leaders resilient? An exploratory interview study«, *German Journal of Human Resource Management: Zeitschrift für Personalforschung*, Vol. 31, No. 4, S. 281–306.

Fröhlich-Gildhoff, K. & Rönnau-Böse, M. (2019) *Resilienz*, 5. Aufl., München, Stuttgart, Ernst Reinhardt Verlag; UTB GmbH.

Galli, N. & Gonzalez, S. P. (2015) »Psychological resilience in sport: A review of the literature and implications for research and practice«, *International Journal of Sport and Exercise Psychology*, Vol. 13, No. 3, S. 243–257.

Galli, N. & Vealey, R. S. (2008) »Bouncing Back« from Adversity: Athletes' Experiences of Resilience«, *The Sport Psychologist*, Vol. 22, No. 3, S. 316–335.

Garmezy, N. (1991) »Resiliency and Vulnerability to Adverse Developmental Outcomes Associated With Poverty«, *American Behavioral Scientist*, Vol. 34, No. 4, S. 416–430.

Gilan, D. A., Kunzler, A. & Lieb, K. (2018) »Gesundheitsförderung und Resilienz«, *PSYCH up-2date*, Vol. 12, No. 02, S. 155–169.

Gucciardi, D. F., Crane, M., Ntoumanis, N., Parker, S. K., Thøgersen-Ntoumani, C., Ducker, K. J., Peeling, P., Chapman, M. T., Quested, E. & Temby, P. (2018) »The emergence of team resilience: A multilevel conceptual model of facilitating factors«, *Journal of Occupational and Organizational Psychology*, Vol. 91, No. 4, S. 729–768.

Haase, J. E. (2004) »The adolescent resilience model as a guide to interventions«, *Journal of pediatric oncology nursing : official journal of the Association of Pediatric Oncology Nurses*, Vol. 21, No. 5, 289-99; discussion 300-4.

Hartmann, S., Weiss, M., Hoegl, M. & Carmeli, A. (2021) »How does an emotional culture of joy cultivate team resilience? A sociocognitive perspective«, *Journal of Organizational Behavior*, Vol. 42, No. 3, S. 313–331.

Hartmann, S., Weiss, M., Newman, A. & Hoegl, M. (2020) »Resilience in the Workplace: A Multilevel Review and Synthesis«, *Applied Psychology*, Vol. 69, No. 3, S. 913–959.

Helmreich, I., Kunzler, A., Chmitorz, A., König, J., Binder, H., Wessa, M. & Lieb, K. (2017) »Psychological interventions for resilience enhancement in adults«, *Cochrane Database of Systematic Reviews*.

Hofmann, Y., Müller-Hotop, R., Hoegl, M., Datzer, D. & Razinskas, S. (2021) *Resilienz gezielt stärken. Interventionsmöglichkeiten für Hochschulen zur Förderung der akademischen Resilienz ihrer Studierenden. Ein Leitfaden.,* IHF – Bayerisches Staatsinstitut für Hochschulforschung und Hochschulplanung.

Holtmann, M. & Schmidt, M. H. (2004) »Resilienz im Kindes- und Jugendalter«, *Kindheit und Entwicklung*, Vol. 13, No. 4, S. 195–200.

Jamieson, J. P., Crum, A. J., Goyer, J. P., Marotta, M. E. & Akinola, M. (2018) »Optimizing stress responses with reappraisal and mindset interventions: an integrated model«, *Anxiety, Stress, & Coping*, Vol. 31, No. 3, S. 245–261.

Joyce, S., Shand, F., Tighe, J., Laurent, S. J., Bryant, R. A. & Harvey, S. B. (2018) »Road to resilience: a systematic review and meta-analysis of resilience training programmes and interventions«, *BMJ open*, Vol. 8, No. 6, e017858.

Kalisch, R., Baker, D. G., Basten, U., Boks, M. P., Bonanno, G. A., Brummelman, E., Chmitorz, A., Fernàndez, G., Fiebach, C. J., Galatzer-Levy, I., Geuze, E., Groppa, S., Helmreich, I., Hendler, T., Hermans, E. J., Jovanovic, T., Kubiak, T., Lieb, K., Lutz, B., Müller, M. B., Murray, R. J., Nievergelt, C. M., Reif, A., Roelofs, K., Rutten, B. P. F., Sander, D., Schick, A., Tüscher, O., van Diest, I., van Harmelen, A.-L., Veer, I. M., Vermetten, E., Vinkers, C. H., Wager, T. D., Walter, H., Wessa, M., Wibral, M. & Kleim, B. (2017) »The resilience framework as a strategy to combat stress-related disorders«, *Nature human behaviour*, Vol. 1, No. 11, S. 784–790.

Kalisch, R., Cramer, A. O. J., Binder, H., Fritz, J., Leertouwer, I., Lunansky, G., Meyer, B., Timmer, J., Veer, I. M. & van Harmelen, A.-L. (2019) »Deconstructing and Reconstructing Resilience: A Dynamic Network Approach«, *Perspectives on psychological science : a journal of the Association for Psychological Science*, Vol. 14, No. 5, S. 765–777.

King, D. D., Newman, A. & Luthans, F. (2016) »Not if, but when we need resilience in the workplace«, *Journal of Organizational Behavior*, Vol. 37, No. 5, S. 782–786.

Kumpfer, K. (2002) »Factors and processes contributing to resilience: The resilience framework.«, in Glantz, M. D. (Hg.) *Resilience and Development: Positive Life Adaptations,* Boston, MA, Kluwer Academic Publishers.

Kunzler, A. M., Gilan, D. A., Kalisch, R., Tüscher, O. & Lieb, K. (2018) »Aktuelle Konzepte der Resilienzforschung«, *Der Nervenarzt*, Vol. 89, No. 7, S. 747–753.

Linz, S., Helmreich, I., Kunzler, A., Chmitorz, A., Lieb, K. & Kubiak, T. (2020) »Interventionen zur Resilienzförderung bei Erwachsenen«, *Psychotherapie, Psychosomatik, medizinische Psychologie*, Vol. 70, No. 1, S. 11–21.

Liu, J. J. W., Ein, N., Gervasio, J., Battaion, M., Reed, M. & Vickers, K. (2020) »Comprehensive meta-analysis of resilience interventions«, *Clinical psychology review*, Vol. 82, S. 101919.

Lohse, K. (2021) *Resilienz im Wandel*, Wiesbaden, Springer Fachmedien Wiesbaden.

Luthar, S. S., Cicchetti, D. & Becker, B. (2000) »The Construct of Resilience: A Critical Evaluation and Guidelines for Future Work«, *Child development*, Vol. 71, No. 3, S. 543–562.

Luthar, S. S. & Cushing, G. (2002) »Measurement Issues in the Empirical Study of Resilience«, in Glantz, M. D. & Johnson, J. L. (Hg.) *Resilience and Development,* Boston, Kluwer Academic Publishers, S. 129–160.

Mallak, L. A. & Yildiz, M. (2016) »Developing a workplace resilience instrument«, *Work (Reading, Mass.)*, Vol. 54, No. 2, S. 241–253.

Martinez-Corts, I., Demerouti, E., Bakker, A. B. & Boz, M. (2015) »Spillover of interpersonal conflicts from work into nonwork: A daily diary study«, *Journal of occupational health psychology*, Vol. 20, No. 3, S. 326–337.

Masten, A. S. (2001) »Ordinary magic: Resilience processes in development«, *American Psychologist*, Vol. 56, No. 3, S. 227–238.

Masten, A. S. (2016) *Resilienz: Modelle, Fakten & Neurobiologie: Das ganz normale Wunder entschlüsselt* [Online], Paderborn, Stuttgart, Junfermann Verlag; UTB GmbH. Verfügbar unter https://elibrary.utb.de/doi/book/10.5555/9783955715304.

Masten, A. S. & Coatsworth, J. D. (1998) »The development of competence in favorable and unfavorable environments: Lessons from research on successful children«, *American Psychologist*, Vol. 53, No. 2, S. 205–220.

McLarnon, M. J. W. & Rothstein, M. G. (2013) »Development and Initial Validation of the Workplace Resilience Inventory«, *Journal of Personnel Psychology*, Vol. 12, No. 2, S. 63–73.

Palmer, C. (2008) »A Theory of Risk and Resilience Factors in Military Families«, *Military Psychology*, Vol. 20, No. 3, S. 205–217.

Patzelt, A. (2015) »Resilienz und Stressmanagement. Eine Untersuchung des Einflussfaktors Resilienz auf die Stressbewältigung am Arbeitsplatz«, *Wirschaftspsychologie*, Vol. 17, No. 4, S. 33–43.

Pätzold, P. B. (2015) »Die Bedeutung einer resilienzorientierten Haltung bei Führungskräften im Zusammenhang mit Selbstverantwortung – Eine qualitative Untersuchung«, *Wirtschaftspsychologie*, Vol. 17, No. 4, S. 23–32.

Polk, L. V. (1997) »Toward a middle-range theory of resilience«, *Advances in Nurising Science*, Vol. 19, No. 3, S. 1–13.

Richards, K. A. R., Wilson, W. J., Holland, S. K. & Haegele, J. A. (2020) »The Relationships Among Perceived Organization Support, Resilience, Perceived Mattering, Emotional Exhaustion, and Job Satisfaction in Adapted Physical Educators«, *Adapted physical activity quarterly : APAQ*, Vol. 37, No. 1, S. 90–111.

Richardson, G. E. (2002) »The metatheory of resilience and resiliency«, *Journal of clinical psychology*, Vol. 58, No. 3, S. 307–321.

Robertson, I. T., Cooper, C. L., Sarkar, M. & Curran, T. (2015) »Resilience training in the workplace from 2003 to 2014: A systematic review«, *Journal of Occupational and Organizational Psychology*, Vol. 88, No. 3, S. 533–562.

Rohmert, W. & Rutenfranz, J. (1975) *Arbeitswissenschaftliche Beurteilung der Belastung und Beanspruchung an unterschiedlichen industriellen Arbeitsplätzen*, Bonn, Bundesminister für Arbeit und Sozialordnung Referat Öffentlichkeitsarbeit.

Rönnau-Böse, M. & Fröhlich-Gildhoff, K. (2020) *Resilienz und Resilienzförderung über die Lebensspanne*, 2. Aufl., Stuttgart, Kohlhammer.

Russo, S. J., Murrough, J. W., Han, M.-H., Charney, D. S. & Nestler, E. J. (2012) »Neurobiology of resilience«, *1546-1726*, Vol. 15, No. 11, S. 1475–1484.

Rutter, M. (1987) »Psychosocial resilience and protective mechanisms«, *The American journal of orthopsychiatry*, Vol. 57, No. 3, S. 316–331.

Rutter, M. (2011) »Resilience Reconsidered: Conceptual Considerations, Empirical Findings, and Policy Implications«, in Shonkoff, J. P., Meisels, S. J. & Zigler, E. F. (Hg.) *Handbook of Early Childhood Intervention,* Cambridge University Press, S. 651–682.

Rutter, M. (2012) »Resilience as a dynamic concept«, *Development and psychopathology*, Vol. 24, No. 2, S. 335–344.

Rutter, M. (2013) »Annual Research Review: Resilience--clinical implications«, *1469-7610*, Vol. 54, No. 4, S. 474–487.

Sarkar, M. & Fletcher, D. (2014) »Psychological resilience in sport performers: a review of stressors and protective factors«, *Journal of Sports Sciences*, Vol. 32, No. 15, S. 1419–1434.

Secades, X. G., Molinero, O., Salguero, A., Barquín, R. R., La Vega, R. de & Márquez, S. (2016) »Relationship Between Resilience and Coping Strategies in Competitive Sport«, *Perceptual and motor skills*, Vol. 122, No. 1, S. 336–349.

Seligman, M. E. P. & Csikszentmihalyi, M. (2000) »Positive psychology: An introduction«, *American Psychologist*, Vol. 55, No. 1, S. 5–14.

Shonkoff, JP, Meisels, SJ & Zigler, EF (Hg.) (2011) *Handbook of Early Childhood Intervention*, Cambridge University Press.

Soucek, R., Pauls, N., Ziegler, M. & Schlett, C. (2015) »Entwicklung eines Fragebogens zur Erfassung resilienten Verhaltens bei der Arbeit.«, *Wirtschaftspsychologie*, Vol. 17, S. 13–22.

Soucek, R., Ziegler, M., Schlett, C. & Pauls, N. (2016) »Resilienz im Arbeitsleben – Eine inhaltliche Differenzierung von Resilienz auf den Ebenen von Individuen, Teams und Organisationen«, *Gruppe. Interaktion. Organisation. Zeitschrift für Angewandte Organisationspsychologie (GIO)*, Vol. 47, No. 2, S. 131–137.

Stoverink, A. C., Kirkman, B. L., Mistry, S. & Rosen, B. (2020) »Bouncing Back Together: Toward a Theoretical Model of Work Team Resilience«, *Academy of Management Review*, Vol. 45, No. 2, S. 395–422.

Thun-Hohenstein, L., Lampert, K. & Altendorfer-Kling, U. (2020) »Resilienz – Geschichte, Modelle und Anwendung«, *Zeitschrift für Psychodrama und Soziometrie*, Vol. 19, No. 1, S. 7–20.

Timm, K., Kamphoff, C., Galli, N. & Gonzalez, S. P. (2017) »Resilience and Growth in Marathon Runners in the Aftermath of the 2013 Boston Marathon Bombings«, *The Sport Psychologist*, Vol. 31, No. 1, S. 42–55.

Todt, G., Weiss, M. & Hoegl, M. (2018) »Mitigating Negative Side Effects of Innovation Project Terminations: The Role of Resilience and Social Support«, *Journal of Product Innovation Management*, Vol. 35, No. 4, S. 518–542.

Tonkin, K., Malinen, S., Näswall, K. & Kuntz, J. C. (2018) »Building employee resilience through wellbeing in organizations«, *Human Resource Development Quarterly*, Vol. 29, No. 2, S. 107–124.

Ueno, Y. & Oshio, A. (2017) »Formation of resilience in Japanese athletes: Relevance to personality traits and day-to-day resilience«, *Journal of Physical Education and Sport*, Vol. 17, No. 3, S. 2030–2033.

Ungar, M. (2019) *What Works: A Manual for Designing Programs that Build Resilience* [Online]. Verfügbar unter https:// resilienceresearch.org/whatworks/.

Vanhove, A. J., Herian, M. N., Perez, A. L. U., Harms, P. D. & Lester, P. B. (2016) »Can resilience be developed at work? A meta-analytic review of resilience-building programme effectiveness«, *Journal of Occupational and Organizational Psychology*, Vol. 89, No. 2, S. 278–307.

Wagstaff, C., Hings, R., Larner, R. & Fletcher, D. (2018) »Psychological Resilience's Moderation of the Relationship Between the Frequency of Organizational Stressors and Burnout in Athletes and Coaches«, *The Sport Psychologist*, Vol. 32, No. 3, S. 178–188.

Weiss, M., Högl, M. & Hartmann, S. (2015) »Team-Resilienz verstehen: Konzeption eines empirischen Forschungsprojektes«, *1615-7729*, Vol. 17, No. 4, S. 44–52.

Werner, E. E. (2002) »Looking for trouble in paradise: some lessons learned from the Kauai Longitudinal Study.«, in Colby, A., Phelps, E. & Furstenberg, F. F. (Hg.) *Looking at lives: American longitudinal studies of the twentieth century,* New York, Russel Sage Foundation.

WHO (2013) *Health 2020: A European Policy Framework and Strategy for the 21st Century*, Geneva, World Health Organization.

Windle, G., Bennett, K. M. & Noyes, J. (2011) »A methodological review of resilience measurement scales«, *Health and quality of life outcomes*, Vol. 9, S. 8.

Wink, R. (2016) »Resilienzperspektive als wissenschaftliche Chance: Eine Einstimmung zu diesem Sammelband«, in *Multidisziplinäre Perspektiven der Resilienzforschung,* Wiesbaden, Springer, 2016.

Zhu, Y. & Li, W. (2021) »Proactive personality triggers employee resilience: A dual-pathway model«, *Social Behavior and Personality: an international journal*, Vol. 49, No. 2, S. 1–11.

25 New Work & BGM – ein starkes Team für das New Normal

Oliver Hasselmann, Birgit Schauerte

Ziel dieses Beitrags ist es, die Handlungsfelder und Gestaltungspotenziale des Betrieblichen Gesundheitsmanagements (BGM) in einer hybriden Arbeitswelt 4.0 – dem New Normal – aufzuzeigen. Einleitend verdeutlicht die Darstellung der aktuellen Veränderungen und Entwicklungstrends in der Arbeitswelt die Schnittstellen zum BGM (Kap. 25.1). Anschließend werden die Handlungsfelder eines innovativen BGM auf die Unternehmenskultur, die Organisation, das Führungsverständnis und das Individuum beleuchtet (Kap. 25.2). Dabei wird deutlich, dass auch aufgrund der veränderten Werteorientierung neben der gesundheitsförderlichen Gestaltung der Arbeitswelt im New Normal das Wohlbefinden und die Zufriedenheit der Beschäftigten viel mehr im Vordergrund stehen müssen. Schließlich stellt dieses Kapitel wichtige Herausforderungen und Spannungsfelder des BGM im New Normal heraus (Kap. 25.3) und geht auf die Bedeutung einer neuen Führungsqualität sowie der Selbstorganisation der Beschäftigten ein (Kap. 25.4), bevor ein abschließendes Fazit gezogen wird (Kap. 25.5).

25.1 Das New Normal – VUCA, New Work, Arbeiten 4.0 und Wertewandel

Die mobilen und flexiblen Arbeitsformen haben im Pandemiejahr 2020 deutlich zugenommen. Es wird davon ausgegangen, dass sich mobile und flexible Arbeitsformen in größerem Umfang etablieren und als Baustein hybrider Arbeitsmodelle fortgesetzt und ausgebaut werden.

Die Arbeitswelt befindet sich in einem Umbruch. Digitalisierung, VUCA, New Work, mobile Arbeit, Arbeit 4.0 oder künstliche Intelligenz (KI) sind die Schlagwörter – schnell geht der Überblick bei den vielfältigen Entwicklungen verloren.

Dabei handelt es sich nicht um losgelöste Einflüsse und Treiber, sondern vielmehr um ein zusammenhängendes Konglomerat der aktuellen Veränderungsprozesse der Arbeitswelt.

Entwicklungstendenzen

In Anbetracht der Entwicklungsprozesse und befeuert durch die Corona-Pandemie wurde bereits 2020 der Begriff des »New Normal« (Hofmann, 2020, S. 8) eingeführt. Unternehmen sind aufgefordert, in der Welt des New Normal den Spagat zwischen Ressourcenoptimierung, kultureller Transformation u. a. mit flexiblen Arbeitsmodellen und Technologiemodernisierung zu meistern. Damit verändert sich die Art und Weise, wie, wo und wann Mitarbeitende und Entscheider ihre Aufgaben erfüllen. Welche Herausforderungen, Potenziale und Handlungsfelder ergeben sich unter diesen Rahmenbedingungen für ein innovatives BGM und wie kann der Praxistransfer gelingen?

Digitalisierung, Arbeit 4.0 und digitale Transformation

Arbeit 4.0

Die Digitalisierung ist neben der Globalisierung und dem demografischen Wandel der wesentliche Treiber der Veränderungen der Arbeitswelt. Während die *Digitalisierung* bereits in den 1970er Jahren mit dem Einsatz von Elektronik und Informationstechnologie begann (3. Industrielle Revolution) und bis heute fortwährt, spricht man seit den 2010er Jahren mit der Entwicklung von Cyberphysischen Systemen (CPS) in technischer Hinsicht von der Industrie 4.0 (4. Industrielle Revolution) bzw. für den sozialen und organisationalen Bereich in Unternehmen von der *Arbeit 4.0* (Rau, 2020, S. 7 f.). Im Gegensatz zu den Automatisierungen des 20. Jahrhunderts zeichnen sich CPS durch die Vernetzung verschiedenster Dinge wie z. B. Maschinen, Werkzeuge, Fahrzeuge oder Bauteile in der Cloud bzw. im Internet aus. Mit Steuerungs- und Regelungsfunktionen durch Sensoren und Aktoren stehen sie in Wechselwirkung und kommunizieren miteinander. Gesteuert werden die Prozesse von Algorithmen und KI.

In dieser Arbeitswelt 4.0 verändern sich die Arbeitsaufgaben der Beschäftigten. Viele Tätigkeiten werden von den CPS übernommen, andere Aufgaben werden komplexer und bedürfen zusätzlicher Qualifikationen. Digitalisierung in diesem Sinne beschreibt den Wandel der Industrie- zur Informationsgesellschaft als *Transformationsprozess*, der sowohl technologische Entwicklungen wie auch organisationale und kulturelle Prozesse umfasst (Rau, 2020, S. 8; Offensive Mittelstand, 2019, S. 9). Daraus ergeben sich auch für das BGM neue Möglichkeiten, Herausforderungen und Handlungsfelder, um diese Veränderungen mitarbeiterorientiert zu gestalten.

VUCA

VUCA

VUCA (siehe auch Kapitel 5.1, Cave) ist ein Akronym, das von den US-Amerikanischen Streitkräften in den 1990er Jahren geprägt wurde und die diffusen, ungewissen militärischen Herausforderungen wie z. B. den Kampf gegen Terroristen beschreibt. Der Ansatz wurde in den wirtschaftlichen Kontext übertragen und durch folgende Merkmale geprägt (Lenz, 2019, S. 52):

- V = Volatilität, Sprunghaftigkeit bzw. Beweglichkeit und Unvorhersagbarkeit der Verhältnisse, z. B. disruptive Geschäftsmodelle, die einen Markt auf den Kopf stellen.
- U = Uncertainty, Unsicherheit und Unvorhersagbarkeit der Verhältnisse, Prognosen und Erfahrungen verlieren an Relevanz und Gültigkeit
- C = Complexity, Komplexität der Verhältnisse, Probleme sind vielschichtiger, Zusammenhänge unübersichtlicher. Was ist Ursache, was ist Wirkung?
- A = Ambiguity, Mehrdeutigkeit der Verhältnisse, es gibt nur noch selten, die eine Lösung, oft erfordern widersprüchliche oder paradoxe Situationen Entscheidungen.

Damit beschreibt VUCA die Rahmenbedingungen einer sich durch die Digitalisierung rasant ändernden Wirtschaftswelt und die daraus resultierenden Herausforderungen. In der VUCA-Welt geben langfristige Planungen und Strategien lediglich trügerische Sicherheiten, die jederzeit Gefahr laufen, ihren Wert disruptiv zu verlieren. Stattdessen bieten Flexibilität und Agilität den Unternehmen die notwendige Reaktionsfähigkeit, sich auf unerwartete Marktbewegungen und ändernde Rahmenbedingungen einzustellen und zu agieren. Eine mitarbeiterorientiert gestaltete VUCA-Welt versucht den Herausforderungen passende Methoden und Werte entgegenzusetzen:

- V = Vision: ist Kompass und Orientierung, gibt Sinn und fördert Motivation und Identifikation.
- U = Understanding: Zusammenhänge und Kontexte verstehen, Kompetenzen erwerben und reagieren.
- C = Clarity: Fokussierung auf den Kern, die Bildung von Vertrauen, und Transparenz.
- A = Agility: die schnelle Anpassungsfähigkeit und Beweglichkeit, Fehlerkultur mit Toleranz und dem Lernen aus den Fehlern, individuelle und organisationale Resilienz sowie Innovationen.

Ein innovatives und in die Unternehmensstrategie verankertes BGM 4.0 ist in der Lage, auf diesen Wandel zu reagieren. BGM fokussiert das Wohlbefinden und die Zufriedenheit der Beschäftigten, deren Potenzialentfaltung und schließlich den Unternehmenserfolg.

Eine entscheidende Größe für die erfolgreiche Gestaltung der VUCA-Welt ist eine gelebte Vertrauenskultur mit den Führungskräften in der Schlüsselrolle. Beschäftigte sind offen für Neues, wenn Sinn und Nutzen notwendiger Veränderungen verstanden und sie beteiligt werden (Lotzmann, 2020, S. 26).

New Work

New Work

Der Philosoph Frithjof Bergmann prägte bereits in den 1980er Jahren den Begriff New Work und meinte damit eine Umkehr der klassischen Erwerbsarbeit. Nicht die Menschen sollten der Arbeit dienen, sondern die Arbeit den Menschen. Noch heute wird New Work als Zukunftsthema der Arbeitswelt und der Arbeitsgestaltung vielfältig diskutiert, ohne dass eine einheitliche Definition existiert. Obwohl die verschiedenen Definitionen von kurz und prägnant bis lang und umfassend reichen (siehe den folgenden Kasten), finden sich in ihnen die wesentlichen Aspekte meist wieder.

BEISPIELDEFINITIONEN NEW WORK

Bergmann, 2017, S. 11: »Nicht wir sollten der Arbeit dienen, sondern die Arbeit sollte uns dienen. Die Arbeit, die wir leisten, sollte nicht all unsere Kräfte aufzehren und uns erschöpfen. Sie sollte uns stattdessen mehr Kraft und Energie verleihen, sie sollte uns bei unserer Entwicklung unterstützen, lebendigere, vollständigere, stärkere Menschen zu werden.«

> Hackl et al., 2017, S. 122: »New Work ist die Antwort auf die sich ändernden Arbeitsanforderungen. Dies spiegelt sich auch in unserer Unternehmenskultur wider, die von Wertschätzung, Teamgeist und flachen Hierarchien geprägt ist.«
> Hofmann et al., 2019, S. 22: »Unter New Work verstehen wir erwerbsorientierte Arbeit mit einer Arbeitsweise, die durch ein hohes Maß an Virtualisierung von Arbeitsmitteln, Vernetzung von Personen, Flexibilisierung von Arbeitsorten, -zeiten und -inhalten gekennzeichnet ist. Die digitale Transformation und der damit verbundene Innovationsdruck fordern und fördern zudem zunehmend agile, selbstorganisierte und hochgradig kundenorientierte Arbeitsprinzipien. Nicht nur das Wann und Wo der Arbeit, sondern auch der Modus der Zusammenarbeit mit Kollegen und Kunden ändern sich. New Work steht auch für die veränderten Erwartungen der Mitarbeitenden in Bezug auf Beteiligung, Autonomie und Sinnstiftung durch die Arbeit. In der Konsequenz verändern sich Anforderungen an Führungskräfte und -systeme, weg von Hierarchien hin zu einem coachenden, lateralen und unterstützenden Führungsverständnis.«

Kernelemente von New Work sind die Flexibilisierung der Arbeitszeiten und -orte, agile Arbeitsmethoden und projektbasierte Organisationsformen, die die Stärken der Mitarbeitenden berücksichtigen, sinnstiftende Arbeitsinhalte und Arbeitsbedingungen sowie eine neue Führungskultur mit Machtverschiebungen, Partizipation, Transparenz und Fairness. New Work steht damit auch für die veränderten Erwartungen der Mitarbeitenden in Bezug auf Beteiligung, Autonomie und Sinnstiftung durch die Arbeit. In der Konsequenz verändern sich die Anforderungen an Führungskräfte sowie Beschäftigte in Unternehmen (Hofmann et al, 2019; S. 22 ff.). Gleichzeitig geht es darum, den Arbeitsplatz Büro als Treffpunkt des sozialen Austauschs zu gestalten, der den Mitarbeitenden einen Mehrwert bietet und den sie gerne besuchen; z. B. mit Desk-Sharing und aktivitätsbasierten Bürozonen für Ruhearbeit, Meetings oder kreative Prozesse. Ziele der Maßnahmen sind eine Motivationssteigerung, die Verbesserung der Konzentrations- und Leistungsfähigkeit sowie die Förderung von Kreativität, Innovation und Produktivität (Matusiewicz, 2019, S. 296).

Diese Veränderungen lassen sich in drei Dimensionen gliedern, die ganzheitlich zu betrachten sind (Hackl et al., 2017, S. 122):

- **People**: Rolle der Führungskraft als Coach, Vertrauen statt Kontrolle, flache Hierarchien, projektorientierte Organisationsformen, Mitbestimmung und Partizipation, zeitliche und räumliche Flexibilität, Agilität, Sinnstiftung bei und durch die Arbeit, Selbstorganisation, Selbstbestimmung
- **Places**: verschieden Raummodule wie Meetingräume, Rückzugsräume, Kreativräume, Think Tanks oder Open Spaces, Treffpunkte; Desk-Sharing Systeme,

mobile Arbeit – abwechslungsreich, modern und kreativ, optisch ansprechend gestaltet, ergonomisch optimierte Ausstattung
- **Tools**: Software, flächendeckendes Internet, mobile Endgeräte, sicherer und zuverlässiger Zugriff auf Unternehmens- und Kundendaten (VPN), neue Kommunikationskanäle oder Videokonferenzen

Wertewandel

Insgesamt gehen diese Entwicklungen mit einem gesellschaftlichen und individuellen Wertewandel einher, durch den »die alten« Werte an Bedeutung verlieren und andere Werte mehr Gewicht erhalten. Werte sind ein Maßstab von Normen, die die individuellen oder gesellschaftlichen Ziele und Handlungen beschreiben. Der Wertewandel bezieht sich auf kontinuierliche oder plötzliche disruptive Änderungen dieser Normen in der Gesellschaft oder bei Individuen. Mit dem Wertewandel ändern sich Einstellungen, Wünsche und Erwartungen (Birkner und Fischer, 2021, S. 2).

Auch in der Arbeitswelt 4.0, der VUCA-Welt und der New-Work-Arbeitswelt haben klassische Werte wie sichere Arbeitsplätze und eine leistungsgerechte Entlohnung nach wie vor einen hohen Stellenwert. Hinzu kommen neue Ansprüche und Erwartungen, wie die bessere Vereinbarkeit von Beruf und Privatleben, Partizipation, Selbstbestimmtheit, Fairness und Gerechtigkeit oder Sinn der Arbeit (Mikfeld, 2017, S. 21; Lotzmann, 2020, S. 27).

Die Initiative Gesundheit und Arbeit (iga) hat im Kontext New Work elf Werte identifiziert, die sowohl vonseiten der Unternehmen wie auch als Erwartung der Beschäftigten eine zunehmende Rolle in der Arbeitswelt spielen:
- Nachhaltigkeit; Sicherheit; Gleichberechtigung; Vertrauen; Offenheit; Sinn der Arbeit; Mut; Engagement; Selbstentwicklung; Sozialleben und Work-Life-Blending; Individualisierung (Birkner & Fischer, 2021, S. 3).

Es ist deutlich geworden, mit welchen Veränderungen Unternehmen und die dort Tätigen konfrontiert sind (siehe Abb. 1). Die Dynamik der Veränderungen wurde durch die Pandemie extrem beschleunigt, sodass bereits jetzt vielerorts vom New Normal gesprochen wird, das es mitarbeiterorientiert zu gestalten gilt.

Die vorherrschenden New-Normal-Rahmenbedingungen werden von den Kriterien der VUCA-Welt gut beschrieben. Der New-Work-Ansatz stellt Handlungsfelder (People, Places) und Methoden (Tools) bereit, die für die Arbeitsgestaltung und das Miteinander in der VUCA-Welt gestaltbare Größen sind. Parallel dazu erfahren Unternehmen und Individuen einen kontinuierlichen und umfassenden Wertewandel, der Einstellungen, Wünsche und Erwartungen verändert. Ein nachhaltiges, intelligentes und vernetztes sowie digitales BGM hält vielfältige Ansätze bereit, um den Herausforderungen gerecht zu werden und eine zukunftsorientierte Gestaltung der Arbeitswelten zu unterstützen. Dies wird im folgenden Kapitel beleuchtet.

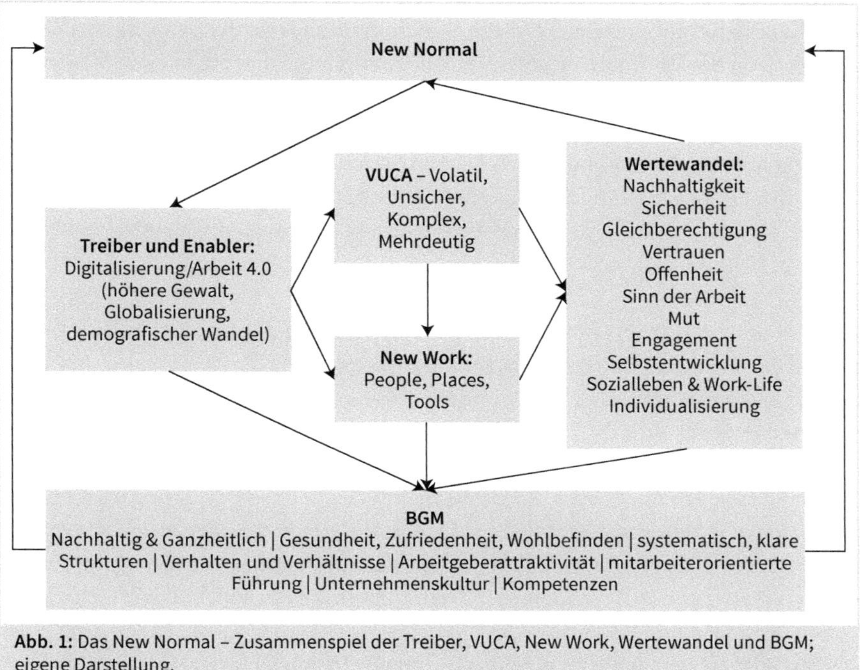

Abb. 1: Das New Normal – Zusammenspiel der Treiber, VUCA, New Work, Wertewandel und BGM; eigene Darstellung.

25.2 New Work und BGM im New Normal – ein gutes Team

Die Erkenntnis, dass gesunde, innovative und motivierte Beschäftigte die Basis jedes erfolgreichen Unternehmens sind, ist nicht neu.

intelligentes, vernetztes BGM

Ein wirkungsvolles BGM hat nachhaltige Effekte auf die mitarbeiterorientierte Gestaltung der Arbeitsbedingungen und befähigt Mitarbeitende selbstwirksam zu einem gesunden Arbeits- und Lebensstil (Lotzmann, 2020, S. 25). Bereits 1999 haben Badura et al. (Badura et al., 1999, S. 17) unter BGM die gesundheitsförderliche Gestaltung der Arbeitsbedingungen und des Verhaltens am Arbeitsplatz durch Betriebliche Gesundheitsförderung integriert in Strukturen und Prozesse verstanden. Auch der Leitfaden Prävention der gesetzlichen Krankenkassen hat ein umfassendes und vernetztes Verständnis von BGM (Hupfeld et al., 2021).

BGM im New Normal umfasst neben den klassischen auf Gesundheit & Sicherheit einzahlenden, gesetzlichen Auflagen zum Arbeits- und Gesundheitsschutz, freiwillige Angebote zur Betrieblichen Gesundheitsförderung, das Betriebliche Eingliederungsmanagement und medizinische Leistungen der DRV (siehe Abb. 2). Die Kriterien eines

BGM fokussieren auf eine ganzheitliche, systemische und nachhaltige Ausrichtung, die in Zeiten von New Normal u. a. verstärkt auf Partizipation und digitales BGM setzen.

Verändern werden sich die Handlungsfelder eines BGM hin zu einer verstärkten Ausrichtung auf das Wohlbefinden und die Motivation der Beschäftigten, die auch ihre subjektive Erlebnis- und Bedürfniswelt im Blick hat. Ein modernes BGM ist somit digital, vernetzt, individuell und fördert die Werte in einer Welt des New Normal (Lotzmann, 2020, S. 26).

Die Förderung des Wohlbefindens und der Zufriedenheit der Mitarbeitenden verbessert deren Motivation und Engagement. Dies wirkt sich auf die Qualität, Produktivität und die Innovationsfähigkeit der Unternehmen aus und sichert ihre Zukunft und Wettbewerbsfähigkeit.

Neben klassischen Angeboten der Betrieblichen Gesundheitsförderung wird der Boden dafür durch eine auf Vertrauen setzende Unternehmenskultur und durch mitarbeiterorientierte Führungsqualitäten bereitet. Diese setzen u. a. auf Vertrauen, Fairness, Partizipation, Transparenz, Sinnstiftung sowie Respekt und Wertschätzung. Neben der agilen Anpassungsfähigkeit sind Unternehmen sowie Individuen mit einer starken Widerstandsfähigkeit gut vor disruptiven Zerwürfnissen geschützt. Die Resilienz befähigt zum souveränen Umgang mit kritischen Situationen sowohl als Organisation als auch für Individuen (Faller, 2021, S. 25).

Ein vernetztes und intelligentes BGM nutzt gleichermaßen digitale wie analoge Tools und optimiert die Kombination zwischen virtuellen Aktivitäten und Präsenzveranstaltungen, sodass in der Regel hybride Umsetzungsstrategien genutzt werden (vgl. Matusiewicz, 2019, S. 292 ff.; Hasselmann, 2018, S. 63 ff.).

Passen die Module des BGM gut zusammen und sind dauerhaft angelegt, verbessert sich die Arbeitgeberattraktivität – insbesondere in Zeiten von Fachkräftemangel ein wichtiger Baustein, um die besten Köpfe für sich zu gewinnen und an sich zu binden sowie motiviert, gesund und leistungsfähig zu halten (Lotzmann, 2020, S. 25).

Somit ist BGM eine zentrale Größe im Unternehmen, die als Querschnittsaufgabe verstanden werden muss. Dabei sind die Handlungsfelder gestaltbare Größen, die im Unternehmen betrachtet und umgesetzt werden können (siehe Abb. 2).

Entscheidend ist, dass Präventionsexperten frühzeitig in Planungs- und Entscheidungsprozesse eingebunden werden, damit neue Entwicklungen im Unternehmen als mitarbeiterorientiert gestaltbare Handlungsfelder eines BGM angegangen und umgesetzt werden.

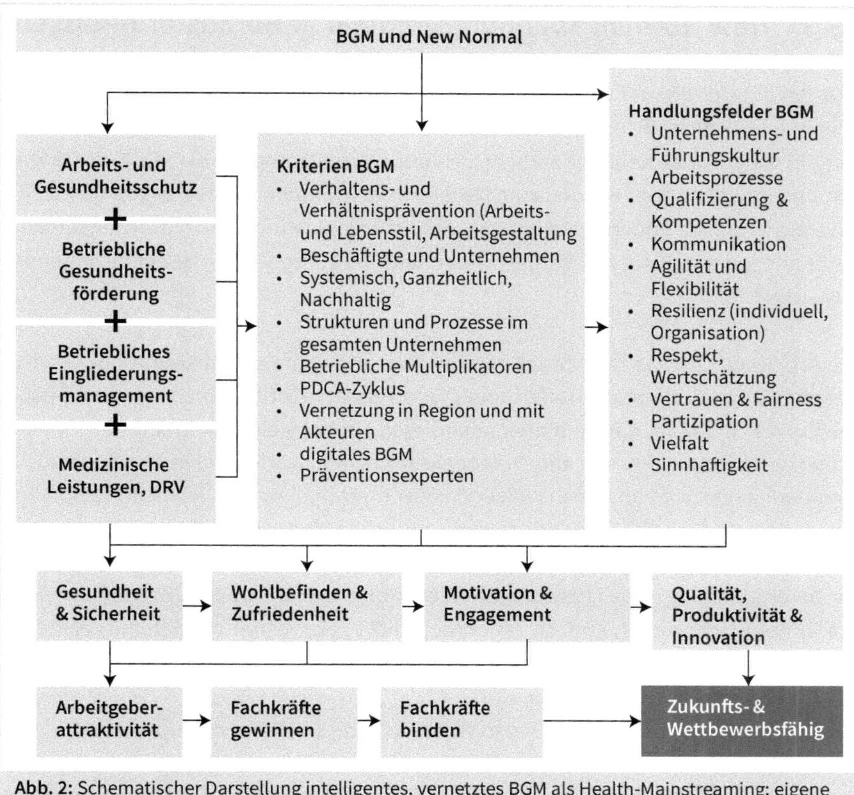

Abb. 2: Schematischer Darstellung intelligentes, vernetztes BGM als Health-Mainstreaming; eigene Darstellung

Ein solcher Prozess ermöglicht es Unternehmen, wettbewerbsfähig auf die VUCA-Welt und den Wertewandel zu reagieren. In diesem Sinne muss BGM die neuen Werte zu zentralen Handlungsfeldern machen, die weit über das Kernthema Gesundheit hinausgehen. Es geht um die Gestaltung von Arbeitsbedingungen und des Miteinanders in Unternehmen, damit die dort Tätigen Wohlbefinden & Zufriedenheit erfahren, um motiviert und engagiert sinnstiftende Innovationen vorantreiben zu können. Mitarbeitende geben – wie bereits mehrfach angeklungen – unter diesen Bedingungen gerne ihr Bestes, sind produktiv und sichern damit die Wettbewerbs- und Zukunftsfähigkeit des Unternehmens.

Die aufgezeigten Entwicklungen und die damit einhergehenden Anforderungen an die Arbeitsbedingungen können durch einen innovativen BGM-Prozess, der die sich verändernden Werte in den Vordergrund stellt, begleitet und mitarbeiterfördernd gestaltet werden.

25.3 New Normal: Spannungsfelder und Herausforderungen

Seit Beginn der Pandemie haben sich flexible Arbeitsformen wie mobiles Arbeiten, Arbeiten im Homeoffice, virtuelle Teams sowie virtuelle Zusammenarbeit und Führung in vielen Unternehmen etabliert. Hybride Arbeitsmodelle als Mix aus Präsenzzeit und mobiler Arbeit werden zum New Normal (Hofmann, 2021a, S. 40). Damit sind weitreichende Veränderungen für die Arbeitsorganisation und die Arbeitsqualität verbunden, die sich auf das Wohlbefinden und die Zufriedenheit der Mitarbeitenden auswirken.

Arbeitsverdichtung

Die Arbeit auf Distanz ist geprägt von der Nutzung digitaler Kollaborations- und Videoplattformen, die reale Treffen und Dienstreisen substituieren. Trotz der Einsparung von Fahrzeiten, führen die Videokonferenzen bei vielen Beschäftigten zu einer Arbeitsverdichtung. Permanente Videocalls mit schnell variierenden Themen und Zusammenhängen sind anspruchsvoll und konzentrationsintensiv. Reiht sich ein Call an den anderen, führt dies nicht nur zu einer zeitlichen, sondern auch zu einer qualitativen Arbeitsverdichtung (Rau & Hoppe, 2020, S. 41). Das Phänomen des *Zoom Fatigue* hat bereits Eingang in die Literatur gefunden (Rump & Brandt, 2020). Betroffene leiden u. a. unter Erschöpfung, Konzentrationsschwäche, Nervosität oder Unausgeglichenheit und unter körperlichen Symptomen wie Rücken-, Glieder- oder Kopfschmerzen sowie Sehstörungen. Die Ursachen sind

- *zwischenmenschlich*, wie z. B. das Wegfallen von Gestik und Körpersprache oder Smalltalk,
- *organisatorisch*, wie z. B. das Fehlen von Pausen innerhalb und zwischen den Videocalls, oder
- *technisch*, wie z. B. Probleme mit der Verbindungsqualität.

Ziel muss es sein, eine Pausen- und Terminkultur zu entwickeln, die notwendige Erholungsphasen sowie Vor- und Nachbereitungszeiten berücksichtigt. Die Moderation sollte einerseits stringent und zielorientiert durchgeführt werden, andererseits Räume für Zwischenmenschliches lassen bzw. dies durch bestimmte Fragestellungen hervorrufen. Beispielsweise kann eine Vorstellungsrunde mit der Frage »Was hat Ihnen heute schon ein Lächeln bereitet?« abgerundet werden und die Atmosphäre zu Beginn eines Meetings auflockern. Insgesamt geht es um eine gemeinsam zu entwickelnde virtuelle Meetingkultur, die das Wohlbefinden und die Motivation der Teilnehmenden positiv unterstützt (Rump & Brandt, 2020, S. 3 ff.).

Vereinbarkeit von Beruf und Privatleben

Auf die räumliche Flexibilisierung folgt eine zeitliche Flexibilisierung der Arbeitsformen. Dies äußert sich in fragmentierter Arbeit, Überstunden oder im Arbeiten zu unüblichen Zeiten, wie z. B. am Wochenende. Dies ist zunächst nicht negativ zu bewerten, solange die Teammitglieder über Handlungssouveränität verfügen und die Arbeitszeiten entsprechend ihrer individuellen Vereinbarkeit von Beruf und Privatleben gestalten können. Jedoch besteht das Risiko der permanenten Erreichbarkeit und der *Entgrenzung* mit gesundheitlichen Folgen von mangelnder Erholung und Regeneration sowie den daraus resultierenden Qualitätseinbußen bei den Arbeitsergebnissen. Die Vereinbarkeit von Beruf und Privatleben ist individuell sehr differenziert zu bewerten, denn es hängt von der jeweiligen Lebenssituation, der individuellen Resilienz, den Erfahrungen und den Vorlieben sowie dem Umfeld ab, ob die Arbeitssituation die Vereinbarkeit fördert oder belastend wirkt.

EXKURS – VEREINBARKEIT BERUF UND PRIVATLEBEN

Work-Life-Balance, Work-Life-Blending – zwei Begriffe, zwei Bedeutungen, ein Ziel

Das Thema der Vereinbarkeit von Beruf und Privatleben spielt im New Normal eine zentrale Rolle. Ob mehr Handlungs- und Entscheidungsspielraum, flexiblere Arbeitszeiten und die Möglichkeit zu Hause oder mobil zu Arbeiten – die Vereinbarkeit von Beruf und Privatleben fördern hängt a) von der Gestaltung der flexiblen Arbeitsbedingungen und b) von den individuellen Präferenzen und Umfeldbedingungen ab.

a) Um eine Entgrenzung und ständige Erreichbarkeit zu vermeiden, ist es wichtig, klare Kommunikationswege und Regeln zu etablieren und insbesondere die Erwartungen an die Erreichbarkeit transparent für alle Beteiligten zu klären (Work-Life-Balance).
b) Je nach Lebensphase, eigener Präferenz oder externen Umständen wird die Balance zwischen Beruf und Privatleben sehr differenziert wahrgenommen. Während z. B. ein Elternteil mit kleinen Kindern abends oder am Wochenende familiären Verpflichtungen nachkommt und berufliche Angelegenheiten zu diesen Zeiten als sehr belastend empfindet, findet z. B. ein junger Berufseinsteiger seinen Lebensmittelpunkt im Beruf und liebt es, den Job und das Privatleben auch außerhalb der Kernzeiten eng miteinander zu verknüpfen (Work-Life-Blending).

Es gibt hier also nicht den Königsweg, vielmehr geht es darum, individuelle Lösungen und Möglichkeiten zu besprechen, zu finden und umzusetzen. Das bedeutet auch, dass sowohl die Führungskraft wie auch die Teammitglieder untereinander ihre gegenseitigen Präferenzen und Verabredungen respektieren müssen.

Wichtig sind verbindliche Regelungen zu den Erwartungen hinsichtlich der Erreichbarkeit und der Reaktionszeiten vonseiten der Führung und der Unternehmensleitung, die die individuellen Bedürfnisse der Beschäftigten berücksichtigen. Um eine *interessierte Selbstgefährdung,* also das alltägliche Überschreiten der Belastungsgrenze aufgrund intrinsischer Motivation oder Konkurrenzdrucks zu vermeiden, sind Sensibilisierungen und Schulungen zu empfehlen sowie faire und transparente Bewertungskriterien der mobil Arbeitenden (Hofmann, 2021a, S. 36; Hasselmann, 2021, S. 5).

Arbeitsunterbrechungen sind im Homeoffice seltener und störungsfreies Arbeiten gelingt besser als in der Präsenzarbeit. Der Effekt steigert sich mit zunehmendem Anteil der Arbeitszeit im Homeoffice. Umgekehrt sind mehr Aufgaben gleichzeitig zu erledigen und die Belastung durch Technostress ist deutlich höher als in der Präsenzarbeit (Hasselmann, 2021, S. 8 ff.).

Die ergonomische Ausstattung ist im Homeoffice nur selten optimal. Laut einer repräsentativen Befragung des BMAS im Februar 2021 erhielten zwar 85 % der Befragten einen Laptop bzw. einen Computer vom Arbeitgeber und knapp 50 % ein Smartphone, jedoch lediglich 10 % bekamen ergonomische Bürostühle oder Tische (Bonin et al., 2021, S. 22).

Im Rahmen eines BGM sollte es z. B. eine digitale Ergonomieberatung durch Experten geben, die Hilfestellungen leisten, um das ergonomisch Beste aus den jeweiligen Bordmitteln herauszuholen. Es ist wichtig, in einer hybriden Arbeitswelt die Bürolandschaften in Unternehmen als attraktive Orte zu gestalten, die den Mitarbeitenden einen Mehrwert bieten, in denen sie gerne arbeiten und in denen Innovationen und Kreativität gefördert werden.

25.4 Selbstorganisation und neues Führungsverständnis

Die Zusammenarbeit auf Distanz erfordert sowohl von Führungskräften wie auch von Beschäftigten zusätzliche Kompetenzen und ein verändertes Rollenverständnis. Während die Beschäftigten über mehr Handlungs- und Entscheidungsspielraum verfügen und ihre Aufgaben selbst strukturieren und organisieren müssen, haben Führungskräfte eine Schlüsselfunktion für das Gelingen der virtuellen Zusammenarbeit. Sie müssen den Rahmen schaffen, um möglichst optimale Bedingungen für die einzelnen Teammitglieder herzustellen. Neben einem vertrauensvollen Verhältnis geht es um die individuelle Unterstützung der Teammitglieder, um Partizipation und Transparenz, Agilität, Arbeitszeitgestaltung, Fehler- und Lernkultur sowie Respekt und Wertschätzung (Franke & Eichhorn, 2021, S. 2).

Führungsverständnis

Führung heißt nicht mehr Macht und Kontrolle, sondern wird als Coaching verstanden und basiert auf Vertrauen mit individueller Ausrichtung. Die Führungskraft fördert ihre Teammitglieder, indem sie Potenziale, Stärken und Schwächen erkennt und die Aufgaben entsprechend der Qualitäten, Kompetenzen, Ressourcen und der Bedürfnisse der Teammitglieder verteilt. Dies bedeutet auch, zu wissen, wie ausgelastet und belastet ein Teammitglied ist. Die Wertvorstellungen und Gestaltungsansätze von New Work und BGM passen hier hervorragend zusammen.

Darüber hinaus ist es Aufgabe der Führungskraft, den Handlungsraum der Teammitglieder mithilfe von Qualifikationen, Learning on the job oder blended Learning zu erweitern. Eine vertrauensvolle Zusammenarbeit geht mit einer indirekten Führung einher, die gemeinsame Zielvereinbarungen und ergebnisorientierte Systeme der Leistungsbemessung erfordert, da detaillierte Kontrollen wie bei Präsenzarbeit in der virtuellen Zusammenarbeit nicht umsetzbar sind. Dies macht eine faire und transparente Leistungsbemessung notwendig.

Darüber hinaus sind klare Kommunikationsregeln und transparente Erwartungen an die Erreichbarkeit sowohl der Führungskraft als auch der Teammitglieder wichtig. Es sind eindeutige Regelungen notwendig, was über welchen Kanal kommuniziert wird, wie der Kalender zu führen ist oder in welchen Zeiten jemand erreichbar ist. So lassen sich Missverständnisse vermeiden und dem Risiko der Entgrenzung und der ständigen Erreichbarkeit und den damit verbundenen Belastungen entgegenwirken.

Ein weiterer Punkt, der New Work wie auch das BGM prägt, ist die Partizipation der Beschäftigten. Die Belegschaft wird intensiver eingebunden und an der Arbeitsgestaltung beteiligt. Die Eigenverantwortung und die Anforderungen zur Selbstorganisation der Teammitglieder steigen. Es ist wichtig, dass es den Teammitgliedern gelingt, ihre Tage selbst zu organisieren, zu strukturieren und systematisch zu arbeiten. Selbstorganisation und Zeitmanagement sind wichtige Kernkompetenzen, die ggf. aufgebaut werden müssen. Beschäftigte erhalten so mehr Handlungs- und Entscheidungsspielraum, was mit mehr Verantwortung einhergeht, Vertrauen und Anerkennung aufseiten der Führungskraft voraussetzt und häufig motivierende Wirkung entfaltet. Zufriedenheit und Wohlbefinden nehmen zu. Für Beschäftigte ist es aber gleichzeitig wichtig, auf die Unterstützung durch Führungskräfte und Teammitglieder zurückgreifen zu können.

Agilität und **Flexibilität** sowie **Arbeitszeitautonomie** im Rahmen der gesetzlichen Vorgaben und der betrieblichen Erfordernisse ermöglichen die schnelle Anpassung an sich ändernde Rahmenbedingungen für die Zukunftsfähigkeit von Unternehmen. Sie ermöglichen es den Beschäftigten, orts- und zeitunabhängig zu arbeiten. Parallel dazu hilft eine positive Fehler- und Lernkultur, den Umgang mit neuen Situationen zu erproben und zu erleben. Gerade auf neuem Terrain passieren Fehler, aus denen es ohne Vorwürfe zu lernen gilt.

Es ist wichtig zu betonen, dass ein **respektvoller** und **wertschätzender Umgang** miteinander sowohl zwischen Führungskraft und Teammitgliedern als auch innerhalb des Teams Voraussetzungen für die vertrauensvolle und erfolgreiche Zusammenarbeit sind. Gleichzeitig erfüllen die Führungskräfte eine **Vorbildfunktion** und sind gefordert, einen flexiblen, mobilen sowie gesunden Arbeitsstil vorzuleben.

25.5 Fazit

Agilität und Flexibilität sind Voraussetzungen, um auf einen disruptiven Markt bzw. in einer VUCA-Welt rechtzeitig reagieren zu können und als Unternehmen oder Organisation innovativ und wettbewerbsfähig zu bleiben. New Work bietet Methoden und Ansätze, um den Herausforderungen gerecht zu werden, indem orts- und zeitflexibles Arbeiten, ein neues Führungsverständnis, neue Kommunikationswege und neue Werte umgesetzt und gelebt werden.

! **Merksätze**

Agilität und Flexibilität sind Voraussetzungen, um auf einen disruptiven Markt bzw. in einer VUCA-Welt reagieren zu können und wettbewerbsfähig zu bleiben.

1. Dies erfordert eine Anpassung der Unternehmenskultur – Wertschätzung, Respekt, Partizipation, Fairness.
2. Dies erfordert mehr Handlungsfreiheit und Selbstorganisation für Beschäftigte.
3. Dies erfordert klare Regeln für Kommunikation und Erreichbarkeit.
4. Dies erfordert einen vertrauensvollen Führungsstil und Umgang miteinander. Führen nach Zielen, Coaching und faire, transparente Leistungsbemessung.

New Work und ein intelligentes und vernetztes BGM gewährleisten diese Rahmenbedingungen und fördern die Arbeitgeberattraktivität, fokussieren das Wohlbefinden und die Zufriedenheit der Mitarbeitenden, sind in der Unternehmensstrategie verankert und für alle Unternehmensbereiche relevant. Dies ist die Basis für Engagement, Produktivität, Innovation und Kreativität und führt zur Zukunfts- und Wettbewerbsfähigkeit des Unternehmens.

BGM fokussiert die Zielsetzung im klassischen Sinne auf gesundheitsförderliche Arbeitsbedingungen und einen gesunden Arbeits- und Lebensstil. Ein vernetztes, intelligentes BGM geht darüber hinaus und stellt das Wohlbefinden und die Zufriedenheit der Mitarbeitenden in den Mittelpunkt. Dies sind – unter Berücksichtigung der sich verändernden Werte – neue Gestaltungsfelder eines BGM im New Normal. In der betrieblichen Praxis müssen damit alle Entscheidungen im Sinne der Gesundheit, der Zufriedenheit und des Wohlbefindens der Mitarbeitenden geprüft und entsprechend angepasst werden. In diesem Sinne könnte man von einem Health-Mainstreaming sprechen. Entsprechend der hybriden Arbeitswelt sind digitale BGM-Methoden mit Präsenzveranstaltungen zu kombinieren und die Vorteile der analogen und digitalen Welt optimal zum Wohle der Beschäftigten und der Unternehmen einzusetzen. In der zukünftigen Arbeitswelt erhöht das BGM nicht nur die Arbeitgeberattraktivität, sondern auch die Identifikation mit dem Unternehmen, die Zufriedenheit, Motivation und das Engagement. In der Folge bleiben Mitarbeitende im Unternehmen, arbeiten innovativer, produktiver, sind leistungsfähiger und tragen zur zukunfts- und wettbewerbsfähig des Unternehmens bei.

Literatur

Badura, Bernhard; Ritter, Wolfgang; Scherf, Michael: Betriebliches Gesundheitsmanagement – ein Leitfaden für die Praxis (Forschung aus der Hans-Böckler-Stiftung, 17).

Bergmann Frithjof: Neue Arbeit, Neue Kultur. 6. Auflage. Freiburg im Breisgau: Arbor.

Birkner Susanne, Fischer Peter (2021): New Work & Werte. Werteblätter. Hg. v. Iniative Gesundheit und Arbeit – IGA. Berlin. Verfügbar unter: https://www.iga-info.de/fileadmin/redakteur/Veroeffentlichungen/iga_Arbeitshilfe/Dokumente/iga.Arbeitshilfe_Werteblaetter.pdf (abgerufen am 11.08.2021).

Bonin Holger, Krause-Pilatus Annabelle Rinne Ulf (2021): Arbeitssituation und Belastungsempfinden im Kontext der Corona-Pandemie. Ergebnisse einer repräsentativen Befragung von abhängig Beschäftigten im Februar 2021. Expertise. Hg. v. BMAS. Verfügbar unter: https://ftp.iza.org/report_pdfs/iza_report_108.pdf (abgerufen am 28.12.2021).

Faller Gudrun (2021): Organisationale Resilienz in der Pandemie. In: *Gute Arbeit* 33. (11), S. 24–27.

Franke Sven, Eichhorn Diana (2020): New Work & Werte. Experteninterview. Hg. v. Iniative Gesundheit und Arbeit – IGA. Berlin. Verfügbar unter: https://www.iga-info.de/fileadmin/redakteur/Veroeffentlichungen/iga_Arbeitshilfe/Dokumente/iga.Experteninterview_Werte.pdf (abgerufen am 11.08.2021).

Hackl Benedikt, Wagner Marc Attmer Lars Baumann Dominik (2017): New Work: Auf dem Weg zur neuen Arbeitswelt. Management-Impulse, Praxisbeispiele, Studien. Wiesbaden: Springer Gabler.

Hasselmann Oliver (2018): Digitales BGM für die Arbeitswelt 4.0. Optionen für das Betriebliche Gesundheitsmanagement. In: David Matusiewicz und Linda Kaiser (Hg.): Digitales Betriebliches Gesundheitsmanagement. Theorie und Praxis (FOM-Edition), S. 57–71.

Hasselmann Oliver (2021): New Work & Führung. Ressourcen und Belastungen. Kurzbericht Sonderauswertung 2021. Hg. v. iga. Stollenwerk Esther. Verfügbar unter: https://www.iga-info.de/fileadmin/redakteur/Veroeffentlichungen/iga_Arbeitshilfe/Dokumente/New-Work_Fuehrung_2_Ressourcen_Belastungen_Bericht.pdf (abgerufen am 28.12.2021).

Hofmann Josephine: Arbeit in Zeiten von Gesundheitsrisiken – Veränderungen in der Corona-Arbeitswelt und danach. In: Badura, Ducki et al. (Hg.) 2021a – Fehlzeiten-Report 21, S. 27–41.

Hofmann Josephine, Piele Alexander Piele Christian (2019): New Work. Best Practice und Zukunftsmodelle. Unter Mitarbeit von Springel Sarah. Hg. v. Fraunhofer IAO. Stuttgart. Verfügbar unter: https://publica.fraunhofer.de/eprints/urn_nbn_de_0011-n-5436648.pdf (abgerufen am 10.11.2021).

Hofmann Josephine, Piele Alexander Piele Christian (2020): Arbeiten in der Corona Pandemie. Auf dem Weg ins New Normal. Hg. v. IAO Fraunhofer. Verfügbar unter: http://publica.fraunhofer.de/eprints/urn_nbn_de_0011-n-5934454.pdf (abgerufen am 16.06.2021).

Hupfeld Jens, Warnek Volker Schreiner-Kürten Karin (2021): Leitfaden Prävention. Handlungsfelder und Kriterien nach § 20 Abs. 2 SGB V. Berlin. Verfügbar unter: https://www.gkv-spitzenverband.de/media/dokumente/krankenversicherung_1/praevention__selbsthilfe__beratung/praevention/praevention_leitfaden/Leitfaden_Pravention_komplett_P210177_2021_barrierefrei.pdf (abgerufen am 25.11.2021).

Lenz Ulrich (2019): Coaching im Kontext der VUCA-Welt: Der Umbruch steht bevor. In: Heller Jutta (Hg.): Resilienz für die VUCA-Welt. Individuelle und organisaitonale Resilienz entwickeln. Wiesbaden: Springer, S. 50–68.

Lotzmann Natalie (2020): Betriebliches Gesundheitsmanagement 4.0. Intelligente Vernetzung in der VUCA-Welt am Beispiel der Softwarebranche. In: *Arbeitsmedizin, Sozialmedizin, Umweltmedizin* 55. (01), S. 25–28.

Matusiewicz, David (2019): Gesunde Arbeitswelt der Zukunft. Der Produktionsfaktor Mensch und seine digitale Gesundheit am Arbeitsplatz. In: Heupel Thomas Fichtner-Rosada Sabine Hermeier Burghard (Hg.): Arbeitswelten der Zukunft. Wie die Digitalisierung unsere Arbeitsplätze und Arbeitsweisen verändert. Wiesbaden: Springer Fachmedien Wiesbaden (FOM-Edition), S. 290–302.

Mikfeld Benjamin (2017): Digitale Transformation und die Arbeitswelt der Zukunft. Diskurses über den Wandel von Wirtschaft, Gesellschaft und Arbeit in der digitalisierten Welt. Diskussionspapier aus der Kommission »Arbeit der Zukunft«. Hg. v. Hans-Böckler-Stiftung. Verfügbar unter: https://www.boeckler.de/pdf/arbeit_zukunft_diskussionspapier_mikfeld.pdf (abgerufen am 27.11.2021).

Offensive Mittelstand (Hg.) (2019): Umsetzungshilfen Arbeit 4.0. Künstliche Intelligenz für die produktive und präventive Arbeitsgestaltung nutzen: Hintergrundwissen und Gestaltungsempfehlungen zur Einführung der 4.0-Technologien. Heidelberg. Verfügbar unter: https://www.offensive-mittelstand.de/fileadmin/user_upload/pdf/uh40_2019/umsetzungshilfen_paperback_3103_web.pdf (abgerufen am 14.12.2021).

Rau Renate, Hoppe Johannes (2020): Neue Technologien und Digitalisierung in der Arbeitswelt. Erkenntnisse für Prävention und betriebliche Gesundheitsförderung. Hg. v. iga. Berlin, Dresden (iga.Report, 41). Verfügbar unter: https://www.iga-info.de/fileadmin/redakteur/Veroeffentlichungen/iga_Reporte/Dokumente/iga-Report_41_Digitalisierung.pdf (abgerufen am 09.07.2021).

Rump Jutta, Brandt Marc (2020): Zoom-Fatigue. 2. Phase. IBE. Ludwigshafen. Verfügbar unter: https://www.ibe-ludwigshafen.de/wp-content/uploads/2021/01/IBE-Studie-Zoom-Fatigue-2-Phase.pdf (abgerufen am 10.10.2021).

26 Soziale Ungleichheit und Gesundheit

Katrin Schneiders

In diesem Kapitel geht es um den Zusammenhang zwischen sozialer Ungleichheit und Gesundheit. Es wird gezeigt, welchen Einfluss berufs- und arbeitsplatzbezogene Aspekte auf die Gesundheit haben bzw. wie sich die gesundheitliche Situation auf arbeitsmarktliche Chancen auswirkt. Aus diesen Erkenntnissen werden Hinweise zur Gestaltung des BGMs abgeleitet.

26.1 Soziale Ungleichheit im Kontext des BGM

Gesundheit als wertvolles Gut im Wohlfahrtsstaat

Zu den zentralen Zielen des deutschen Wohlfahrtsstaats gehört die Reduzierung, bestenfalls die Beseitigung von sozialer Ungleichheit. Als sozial ungleich werden aus soziologischer bzw. sozialpolitischer Perspektive gesellschaftliche Formationen verstanden, die durch eine strukturell ungleiche Verteilung wertvoller Güter geprägt sind. Zu diesen wertvollen Gütern gehören materielle Güter wie Einkommen und Vermögen, aber auch immaterielle Güter wie bspw. soziale Anerkennung. In den letzten Jahren ist darüber hinaus die hier besonders interessierende Gesundheit in den Fokus theoretischer Modelle und empirischer Forschungen – insbesondere die der Sozialepidemiologie – gerückt.

Zunächst ist die gesundheitliche Situation einer Person abhängig von biologischen Dispositionen sowie demografischen Faktoren wie v. a. dem Alter. Zahlreiche Studien haben jedoch gezeigt, dass gesundheitliche Ressourcen und Beeinträchtigungen zudem mit den Statusdeterminanten Einkommen, Beruf, Bildung und somit der Erwerbstätigkeit in einem engen Zusammenhang stehen. Bevor diese Erkenntnisse genauer erläutert werden (Kapitel 26.3) soll zunächst aus soziologischer Perspektive präzisiert werden, inwiefern und inwieweit Gesundheit auch eine Kategorie sozialer Ungleichheit und nicht nur Ausdruck biologischer Unterschiede ist (Kapitel 26.2). Im Kapitel 2.4 wird dargestellt, welche Rolle das Betriebliche Gesundheitsmanagement im Kontext sozialer Ungleichheit bislang spielt, in Kapitel 26.5 geht es darum, welche weiteren Potenziale vorhanden sind und wie diese genutzt werden können. Das abschließende Fazit (Kapitel 26.6) diskutiert, inwiefern soziale Ungleichheiten in bzw. von einer Gesellschaft akzeptiert werden können, formuliert weitere Forschungsbedarfe und benennt Herausforderungen für die Praxis des Betrieblichen Gesundheitsmanagements.

26.2 Gesundheit als Kategorie sozialer Ungleichheit

Die WHO definiert soziale Ungleichheiten im Kontext von Gesundheit folgendermaßen:

!

Definition: Soziale Ungleichheit

»Health inequities are avoidable inequalities in health between groups of people within countries and between countries. These inequities arise from inequalities within and between societies. Social and economic conditions and their effects on people's lives determine their risk of illness and the actions taken to prevent them becoming ill or treat illness when it occurs.« (WHO 2015: 1).

Diese Unterschiede und Ungleichheiten manifestieren sich auf der nationalstaatlichen Ebene in der Sozialstruktur einer Gesellschaft.

Kategorien der Sozialstrukturanalyse

Die Sozialstruktur der deutschen Gesellschaft kann zunächst anhand der Kategorien Alter, Geschlecht und Migrationshintergrund sowie der Verteilung von materiellen und immateriellen Gütern beschrieben werden. Zur Sozialstrukturanalyse gehört aber auch die Ermittlung von Zusammenhängen zwischen einzelnen Kategorien sowie in einem weiteren Schritt auch die Analyse strukturell vorhandener sozialer Ungleichheiten. Im Unterschied zu sozialen Unterschieden wird dann von sozialen Ungleichheiten gesprochen, wenn bestimmten Bevölkerungsgruppen regelmäßig weniger Ressourcen zur Verwirklichung von Lebenschancen, gesellschaftlicher Teilhabe und Anerkennung zur Verfügung stehen (vgl. Hradil, 2000: 27 ff.; Huinink/Schröder, 2008: 96; Steuerwald, 2016: 227f.). Es handelt sich bei der Verteilung dieser Güter nicht nur um eine »Andersartigkeit« (Steuerwald, 2016: 228). Vielmehr bestimmt die Verfügungsmacht über diese in einer Gesellschaft als wertvoll erachteten Güter (Hradil, 2000: 28) die Position eines Individuums innerhalb des gesellschaftlichen Gefüges.

Zu den in vielen Theorien sozialer Ungleichheit genannten wichtigen Statusdeterminanten gehören neben den Kategorien Geschlecht und Alter das Einkommen sowie die Bildung und der Beruf. In erweiterten Modellen werden zusätzliche Faktoren wie Wohnverhältnisse, politische und gesellschaftliche Teilhabe sowie auch die gesundheitliche Situation berücksichtigt.

Die Gesundheit ist für die »Verwirklichung allgemein anerkannter Lebensziele« (Huinink/Schröder, 2008: 104) insofern von zentraler Bedeutung, als sie sowohl Determinante als auch Dimension sozialer Ungleichheit ist (vgl. zu dieser Kategorisierung Huinink/Schröder, 2008: 98).

Beispiel für die Bedeutung der Gesundheit

Ein Mensch mit einer gesundheitlichen Beeinträchtigung, wie bspw. einer chronischen Krankheit, hat nur einen bedingten Zugang zum ersten Arbeitsmarkt (siehe die Daten im nächsten Abschnitt). Die fehlende Gesundheit, also die Krankheit, wirkt sich negativ auf die Erwerbschancen und damit auch auf das Einkommen und somit auf zwei der zentralen Kategorien der sozialen Positionierung aus. Darüber hinaus wird über die Erwerbstätigkeit das wertvolle Gut der sozialen Anerkennung generiert (Bonß, 2018: 414).

Gesundheit ist also eine wesentliche Bestimmungsgröße sozialer Ungleichheit. Gleichzeitig wirken sich die berufliche Position und die Arbeitsbedingungen signifikant auf die Gesundheit von Erwerbstätigen aus, und zwar in Form von Arbeitsunfällen, Berufskrankheiten und anderen arbeitsplatzbedingten physischen und psychischen Belastungen. Insofern kann Gesundheit auch als Dimension sozialer Ungleichheit bezeichnet werden.

Interdependenzen zwischen Dimensionen sozialer Ungleichheit

Die gesundheitliche Situation steht in engem Zusammenhang mit anderen wichtigen Dimensionen von Ungleichheit wie Bildung, Beruf und Einkommen. Die in vormodernen Gesellschaften dominierende Determinante »soziale Herkunft« hat in modernen Gesellschaften an Prägekraft verloren. Der mit der Aufklärung verbundene Anspruch, dass die Statusdeterminante »Herkunft« durch »Bildung« bzw. »Wissen« vollständig abgelöst würde, wurde jedoch nicht gänzlich eingelöst: Studien zeigen weiterhin, dass sowohl der Zugang zu Bildungsinstitutionen, der Bildungserfolg (Blaeschke/Freitag, 2021: 107) als auch die Berufswahl (Brändle/Grundmann 2020) durch die Ursprungsfamilie stark beeinflusst werden.

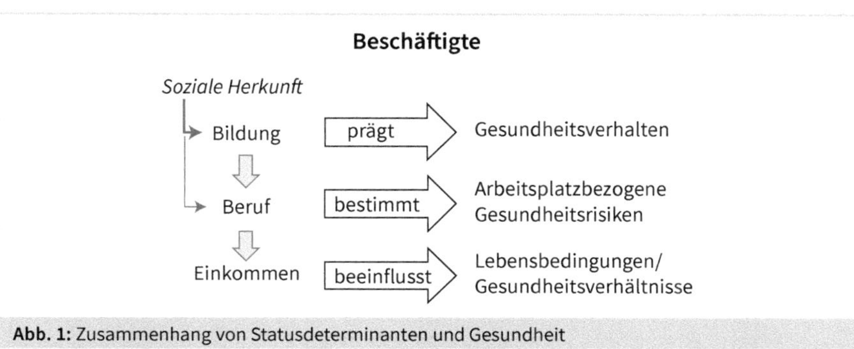

Abb. 1: Zusammenhang von Statusdeterminanten und Gesundheit

Im Folgenden werden die zentralen Dimensionen für die sozialen Ungleichheiten im Kontext der Gesundheit dargestellt.

26.3 Gesundheit: Dimension und Determinante sozialer Ungleichheit

Auswertungen auf der Basis des Sozioökonomischen Panels (SOEP) zeigen, dass Frauen ihren Gesundheitszustand tendenziell weniger schlecht einschätzen als Männer. Auffällig sind zudem Unterschiede zwischen Altersgruppen, aber auch hinsichtlich des jeweiligen Einkommens. Erwartungsgemäß wird der eigene Gesundheitszustand mit steigendem Alter weniger gut eingeschätzt. Dieses mit biologischen Alterungsprozessen erklärbare Phänomen wird darüber hinaus von einer negativen Einschätzung der Menschen in besonders prekären Einkommensverhältnissen überlagert: die 45-64-Jährigen dieser Gruppe zeigen die schlechtesten Werte in der Einschätzung der eigenen Gesundheit: 43,3 % der Männer bzw. 40,5 % der Frauen in besonders prekären Einkommensverhältnissen geben an, dass ihr Gesundheitszustand »weniger gut« bzw. »schlecht« ist (Lampert et al., 2021: 334).

Zusammenhang zwischen Bildungsressourcen und Gesundheit

Wiederum anhand von Daten des SOEP wurde ein enger Zusammenhang zwischen Bildungsstand und der Gesundheit – operationalisiert anhand des selbst wahrgenommenen Leistungsvermögens bei der Arbeit und im Alltag – ermittelt. 2018 gaben »Personen mit niedriger Bildung in jeder Altersgruppe häufiger als Personen mit hoher Bildung an, aufgrund körperlicher oder seelischer Probleme in ihren arbeits- oder arbeitsplatzbezogenen Beschäftigungen eingeschränkt zu sein« (Lampert et al., 2021: 336). Personen mit niedriger Bildung sind auch deutlich öfter starken körperlichen Schmerzen ausgesetzt: In den jeweiligen Altersgruppen ist das Risiko für Menschen mit niedrigem Bildungsniveau teilweise viermal so hoch wie für Menschen mit hohem Bildungsniveau (Lampert et al., 2021: 337).

Neben diesen Indikatoren, die auf Selbsteinschätzung beruhen, zeigen sich auch soziale Ungleichheiten im gesundheitsrelevanten Verhalten, bspw. im Bezug auf den Tabakkonsum: Menschen mit niedriger Bildung rauchen deutlich häufiger als Menschen mit einem hohen formalen Bildungsniveau (Lampert et al. 2021: 337). Ähnliche Unterschiede zeigen sich auch im Bezug auf die Inanspruchnahme von Präventionsangeboten und die Kompetenzen zur Krankheitsbewältigung (Lampert et al., 2021: 338).

berufsspezifische Unterschiede

Dragano et al. 2016 haben auf der Basis von Daten des European Working Conditions Survey (EWCS) berufsspezifische Unterschiede gesundheitlicher Belastungen ermittelt. Die im Datensatz vorhandenen Berufe wurden dabei nicht horizontal analysiert, sondern es wurde eine neue vertikale Klassifikation des beruflichen Status nach Goldthorpe und Portocarero (EGP-Schema) generiert. Zentrales Ergebnis der Analysen ist, dass Beschäftigte mit manuellen Berufen und mit Berufen, in denen einfache Tätigkeiten ausgeführt werden, höheren psychischen und physischen Arbeitsbelastungen ausgesetzt sind als Beschäftigte anderer Berufe. Berufs- bzw. arbeitsplatzbedingte gesundheitliche Unterschiede können bspw. durch krankheits- bzw. unfallbezogene

Fehlzeiten operationalisiert werden. Aus dem jährlich von der AOK herausgegebenen Fehlzeitenreport geht regelmäßig hervor, dass Männer und Frauen, die einfache gewerbliche oder Dienstleistungstätigkeiten ausüben, überdurchschnittlich lang und häufig krankheitsbedingt ihren Arbeitsplatz nicht aufsuchen können. Ähnliche Ergebnisse zeigt die Analyse des Zusammenhangs zwischen Arbeitsbelastung und Unzufriedenheit mit der Arbeit auf der einen und dem Einkommensniveau auf der anderen Seite: Menschen in unteren Gehaltsgruppen fühlen sich – verglichen mit Menschen aus den höheren Gruppen – deutlich stärker körperlich und psychosozial belastet bzw. sind unzufrieden mit ihrer Arbeit (Lampert, 2021: 339).

Neben diesen Morbiditätsfaktoren besteht auch ein Zusammenhang zwischen dem Einkommen und der Mortalität: Männer mit sehr hohem Einkommen haben eine um vier, einkommensstarke Frauen eine um 2,4 Jahre höhere Lebenserwartung als Männer und Frauen der niedrigsten Einkommensklasse (Lampert, 2019).

Arbeitsbedingungen als Gesundheitsrisiko

Zusammenfassend kann festgehalten werden: »Eine niedrigere Position in der betrieblichen Beschäftigung oder eine schlecht bezahlte und prekäre berufliche Tätigkeit sind ein Gesundheitsrisiko« (Dragano et al., 2016: 217). Darüber hinaus konnten inzwischen Arbeitsbedingungen identifiziert werden, die eine Gesundheitsgefahr darstellen: eine hohe Arbeitsintensität, lange Arbeitszeiten, viele Überstunden, ungünstig gestaltete Schichtarbeit, aggressives Verhalten am Arbeitsplatz (Gewalt/Mobbing) sowie eine hohe Arbeitsplatzunsicherheit (Rau, 2015). Auf der anderen Seite zeigt sich aber auch, dass sich die »Erwerbstätigkeit außerordentlich auf das Wohlbefinden des Einzelnen aus[wirkt]« (Bäcker et al., 2020: 853). Eine ähnlich ambivalente Einschätzung wurde für den Zusammenhang zwischen dem Einsatz digitaler Technologien am Arbeitsplatz und psychischem Stress ermittelt (Dragano et al., 2021b).

Merken Sie sich bitte: !

Die Erklärung sozialer Ungleichheiten anhand der Darstellung einfacher Kausalitäten, also der Herstellung von Wenn-Dann-Zusammenhängen zwischen dem sozialen Status von Individuen bzw. Gruppen und einzelnen Determinanten sozialer Ungleichheit, ist aufgrund der Komplexität der gesundheitsbezogenen Determinanten und v. a. der vorhandenen Interdependenzen zwischen diesen und anderen biologischen Faktoren nur sehr bedingt darstellbar.

Vorhandene Erklärungsmodelle beziehen die genannten Aspekte Bildung, Beruf und Einkommen und weitere personenbezogene Ressourcen (Resilienzfaktoren) ein, integrieren zum Teil auch weitere Faktoren wie Wohnverhältnisse oder regionalökonomische Aspekte und/oder berücksichtigen eine Lebenslaufperspektive (vgl. für einen zusammenfassenden Überblick der vorhandenen Erklärungsmodelle Lampert 2016: 127-130; vgl. ganz aktuell für regionalökonomische Zusammenhänge im Bezug auf die Erkrankung mit SARS-CoV-2 Dragano et al., 2021a).

26.4 Verstärkung oder Reduktion sozialer Ungleichheit durch BGM?

Der Zugang zum Arbeitsmarkt sowie die Arbeitsbedingungen wirken sich also signifikant auf die Gesundheit aus. Deshalb sind privatwirtschaftliche, aber auch öffentliche und gemeinnützige Unternehmen in ihrer Funktion als Arbeitgeber zentrale Akteure in sozialpolitischen Settings. Durch sie wird die Umsetzung sozialpolitischer Maßnahmen zum Arbeitsschutz gewährleistet (vgl. Kapitel 15 in diesem Buch) und sie beteiligen sich finanziell und infrastrukturell wie bspw. durch die paritätische Finanzierung der Sozialversicherungen sowie im Rahmen des hier besonders interessierenden Betrieblichen Gesundheitsmanagements. All diese Maßnahmen tragen letztlich auch zur Reduktion sozialer Ungleichheiten im Kontext von Gesundheit bei.

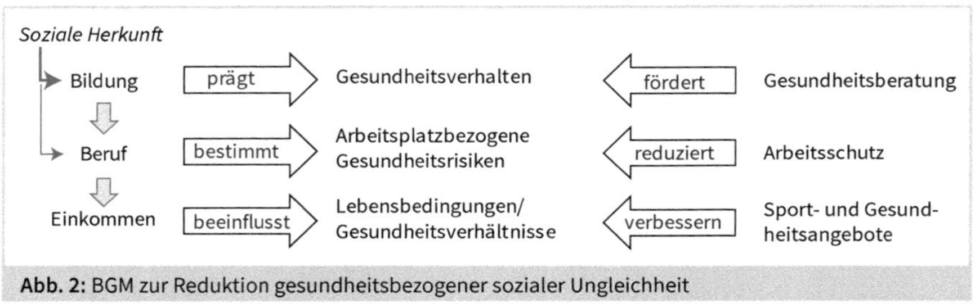

Abb. 2: BGM zur Reduktion gesundheitsbezogener sozialer Ungleichheit

Ein Großteil der sozialpolitischen Aktivitäten der Unternehmen, wie z. B. die Beteiligung der Arbeitgeberinnen und Arbeitgeber an den Sozialversicherungen, ist gesetzlich reguliert. Hinzu kommen Leistungen, die tarifvertraglich oder durch Vereinbarungen auf betrieblicher Ebene geregelt sind oder aber durch den Arbeitgeber selbst gewährt werden.

staatliche und betriebliche Sozialpolitik

Im Verhältnis zwischen der (sozial-)staatlichen, tariflichen und betrieblichen Sozialpolitik ist in den letzten Jahren ein Veränderungsprozess erkennbar. Eine zunehmende Zahl von Unternehmen unterbreitet den Beschäftigten neben Lohn- und Gehaltszahlungen zusätzliche monetäre und/oder infrastrukturelle Angebote. Beschäftigten großer Unternehmen bzw. Konzerne wird auch ein umfangreiches Angebot gesundheitsbezogener Maßnahmen angeboten (vgl. Schneiders/Arendt, 2018). Kleinere Unternehmen, in denen vielfach auch die besonders belastenden manuellen Tätigkeiten ausgeführt werden (bspw. Handwerksbetriebe), können in der Regel kein derart umfangreiches Angebot unterbreiten; mit der Unternehmensgröße steigt die Wahrscheinlichkeit, dass Gesundheitsförderung durch die Unternehmen angeboten wird (Pronova BKK 2018).

staatliche und betriebliche Sozialpolitik

Zusätzlich zu dieser vertikalen Segmentierung zwischen größeren auf der einen und kleinen und mittelständischen Unternehmen auf der anderen Seite ist eine horizontale Segmentierung erkennbar. Aktuelle Auswertungen deuten an, dass Angebote der Gesundheitsförderung eher Mitarbeitenden mittlerer und höherer beruflicher Positionen unterbreitet werden (Hollederer, 2021). Zusätzlich ist davon auszugehen, dass zumindest ein Teil der betrieblichen Sozialpolitik durch innerbetriebliche Segmentierungsprozesse geprägt ist, und zwar sowohl horizontal, d. h. zwischen Stamm- und Randbelegschaften, als auch vertikal zwischen Führungskräften und Mitarbeitenden der unteren bzw. mittleren Hierarchiestufen. (Schneiders/Höffling, 2019)

Auch wenn es paradox anmutet: Vor dem Hintergrund dieser Segmentierungen kann das BGM tatsächlich zu einer Verstärkung sozialer Ungleichheiten im Kontext der Gesundheit beitragen, indem eher gut qualifizierten Beschäftigten in Großunternehmen Leistungen der Gesundheitsförderung angeboten werden, zu denen Menschen ohne Beschäftigungsverhältnis bzw. Personen, die einfache Tätigkeiten in kleineren Betrieben ausführen, keinen Zugang haben. Insbesondere bei einer Fortsetzung der »Verbetrieblichung« vormals staatlich organisierter und finanzierter Leistungen würde sich die Schere weiter öffnen.

Für den Bereich der Altersvorsorge konnte gezeigt werden, dass die »Verbetrieblichung« von Sozialpolitik zu zunehmend ungleich verteilten Chancen der Beschäftigten beim Zugang zu sozialer Absicherung und zu zunehmend ungleichen nichtstaatlichen Sozialleistungen führt – und damit auf lange Sicht zu einem Anstieg der sozialen Ungleichheit (Fehmel, 2013: S. 20). Die Ausweitung betrieblicher bzw. tarifvertraglicher Sozialpolitik führt darüber hinaus dazu, dass sich die Kluft zwischen Arbeitsmarktinsidern und -outsidern vergrößert, weil nur Erwerbstätige von den Leistungen profitieren. Diese These wird durch internationale Erfahrungen gestützt (Seeleib-Kaiser, 2002: 20). Insofern führt die betriebliche Sozialpolitik, zu der auch das Betriebliche Gesundheitsmanagement gehört, nicht per se zu einer Reduktion sozialer Ungleichheit bzw. einer besseren gesundheitlichen Situation in der Gesellschaft.

Trotz dieser Einschränkungen bietet das BGM auch erhebliche Potenziale, soziale Ungleichheiten im Kontext von Gesundheit zu reduzieren. Auf die Voraussetzungen zur Aktivierung dieser Potenziale wird im Folgenden eingegangen.

26.5 Potenziale und Grenzen des BGM

Auch wenn die Identifizierung konkreter Ursache-Wirkung-Beziehungen bislang (noch) nicht möglich ist, können aus den dargestellten Zusammenhängen zwischen Bildung, Beruf und Einkommen auf der einen und der gesundheitlichen Situation auf der anderen Seite Hinweise für ein erfolgreiches BGM abgeleitet werden. Ein BGM, das alle Mitarbeitenden oder sogar primär die Mitarbeitenden mit den größten gesundheitlichen Problemen und Risiken erreichen möchte, muss sowohl an der Verhaltens- als auch an der Verhältnisprävention ansetzen (vgl. für eine Übersicht und deren Relevanz Barthelmes et al., 2019).

Interessenausgleich als wichtiges Ziel des BGM

Wichtig erscheinen auch eine geeignete Kommunikation/Ansprache der Beschäftigten sowie insbesondere der Interessenausgleich zwischen dem Unternehmen bzw. der Unternehmensleitung und den Beschäftigten. Für kleine und mittelständische Unternehmen ist darüber hinaus der Aufbau unternehmensübergreifender Netzwerke für ein gemeinsames BGB von hoher Relevanz. Da auf die konzeptionelle Ebene in anderen Kapiteln dieses Bandes differenziert eingegangen wird, sollen im Folgenden die drei Aspekte Kommunikation, Interessenausgleich und überbetriebliche Netzwerke genauer betrachtet werden. Den drei Herausforderungen ist gemein, dass ihre Bewältigung spezifisch ausgebildeten Personals bedarf.

Konzeptentwicklung anhand des biopsychosozialen Modells

Für die Entwicklung zielgruppenspezifischer Angebote und die Motivierung der Beschäftigten, diese auch anzunehmen, sind spezifische Qualifikationen innerhalb des BGMs erforderlich. Nimmt man die oben dargestellten Zusammenhänge ernst, so sollte die Konzeptentwicklung entlang des biopsychosozialen Modells von Gesundheit bzw. Krankheit erfolgen, da sich die drei Faktoren gegenseitig bedingen. Eine aufwendige medizinische Anamnese durch (Betriebs-)Ärzte bzw. Ärztinnen, ergänzt um eine umfangreiche Diagnostik psychischer Erkrankungen durch Psychologinnen und Psychologen sowie die Ermittlung sozialer Belastungsfaktoren durch Sozialpsychologinnen und -psychologen eines jeden Mitarbeitenden, wird nur in den wenigsten Unternehmen durchführbar sein. Erforderlich sind vielmehr Fachkräfte, die die vorgestellten Erkenntnisse der Sozialepidemiologie in Konzepte überführen und auch über die kommunikativen Kompetenzen verfügen, die besonders vulnerablen Gruppen anzusprechen.

Eine Berufsausbildung zum »Betrieblichen Gesundheitsmanager«, in deren Rahmen diese und weitere Kompetenzen vermittelt werden könnten, existiert bislang nicht. Allerdings verfügen staatlich anerkannte Sozialarbeiterinnen und Sozialarbeiter bzw. Sozialpädagoginnen und Sozialpädagogen über eine Vielzahl der für ein erfolgreiches BGM erforderlichen Fähigkeiten (vgl. hierzu auch Klein, 2019; Nguyen, 2021).

Sozialarbeiterinnen und Sozialarbeiter als kompetente Fachkräfte im BGM

Besonders hervorzuheben ist, dass Sozialarbeiterinnen und Sozialarbeiter schon während des Studiums das Spannungsverhältnis zwischen wirtschaftlichen Erfordernissen und Prozessen auf der einen sowie individuellen bzw. sozialen Fragen oder Problemen der Beschäftigten auf der anderen Seite reflektieren. Das Selbstverständnis der Sozialen Arbeit als Profession umfasst den Anspruch, bei nicht übereinstimmenden Perspektiven zwischen Unternehmen und Beschäftigten eine Vermittlerrolle einzunehmen. Hierbei unterstützt die Existenz einer berufsethischen Perspektive als Legitimationsbasis. Die Soziale Arbeit kann insofern einen entscheidenden Beitrag zu einer sozialverantwortlichen Unternehmenskultur leisten, indem sie die Bedürfnisse und Bedarfe, aber auch die Ressourcen der Beschäftigten ermittelt und die Geschäftsführung bzgl. der Notwendigkeit und Zielorientierung von Maßnahmen des BGM berät sowie auch erforderliche Evaluationen durchführt (vgl. für ein Evaluationsmodell Neuner, 2019).

Die sozialen und fachlichen Kompetenzen von Sozialarbeiterinnen und Sozialarbeitern, zu denen die biopsychosoziale Perspektive auf Problemlagen, aber auch die Ressourcenerschließung gehören, befähigen zu beratenden und konzeptionellen Tätigkeiten im Rahmen des BGMs. Dies gilt insbesondere für das im BGM oftmals eingeschlossene Betriebliche Eingliederungsmanagement (vgl. Schneiders, 2020: 146f.).

betriebsübergreifende Netzwerke

Ähnliches gilt für einen weiteren, hier besonders fokussierten Aspekt: die Herausforderung, Gesundheitsförderung auch in kleinen und mittleren Unternehmen (KMU) zu etablieren. Von betrieblichen Maßnahmen profitieren insbesondere Beschäftigte großer Unternehmen; kleinere und mittelständische Unternehmen verfügen über weniger ausgebaute und strukturierte bzw. keine betrieblichen Sozialleistungen (vgl. zum Zusammenhang von Unternehmensgröße und betrieblichen Sozialleistungen die Beiträge in BMFSFJ 2016). Hier müssen betriebsübergreifende Netzwerke (vgl. zu betriebsübergreifenden Maßnahmen für kleine und mittlere Unternehmen Bendig et al., 2016: 10f.) einerseits und eine gute Vernetzung mit vorhandenen öffentlichen und privaten Gesundheitsinfrastrukturen andererseits etabliert werden – ggf. unter Einbeziehung digitaler Möglichkeiten (Winter/Riedel, 2021). Auch dies ist eine Aufgabe, für die sowohl Kenntnisse der vorhandenen Strukturen als auch kommunikative Kompetenzen zur Netzwerkbildung erfordert sind.

26.6 Fazit

Soziale Ungleichheiten sind soziologisch betrachtet zunächst ein empirisch festzustellendes Phänomen. Inwieweit diese von der Gesellschaft akzeptiert werden oder aber als illegitim gelten und damit bekämpft werden müssen, ist Gegenstand gerechtigkeits- und sozialpolitischer Debatten (vgl. hierzu bspw. die Beiträge in Badura et al., 2020).

auch individuelle Faktoren sind wichtig

Vorliegende Forschungsergebnisse zeigen, dass sich die Faktoren Bildung, Beruf, Einkommen und schlechte/wenig Gesundheitsressourcen gegenseitig zu verstärken scheinen. Zur Identifikation entscheidender Faktoren – und damit auch zur Entwicklung zielgerichteter Maßnahmen wären multivariate Analysen sozialepidemiologischer Daten erforderlich. Neben struktureller sozialer Ungleichheit spielen auch die individuellen Ressourcen (Qualifikation, Alter, Morbidität) eine wichtige Rolle sowie das Maß, in dem gesundheitsbelastende Arbeitsbedingungen als solche wahrgenommen werden. Unumstritten ist jedoch »die Notwendigkeit einer Ausrichtung der betrieblichen Prävention auf die Hochrisikogruppe der Beschäftigten in niedrigen beruflichen Positionen« (Dragano et al., 2016: 226).

Und letztlich handelt es sich bei dem Zusammenhang von sozialer Ungleichheit und Gesundheit auch um die bekannte »Henne-Ei-Problematik«: Auf individueller Ebene ist oftmals nur schwer zu entscheiden, ob gesundheitliche Probleme auf prekäre Beschäftigungsverhältnisse zurückzuführen sind oder aber Menschen mit gesundheitlichen Problemen einen schlechteren Zugang zu nicht-prekären, gesundheitsförderlichen Beschäftigungsverhältnissen haben. Festzuhalten bleibt, dass gesundheitliche Selektionsprozesse (Auswahl von Arbeitnehmenden nach gesundheitlichem Zustand) sowohl beim Eintritt ins Berufsleben als auch im Rahmen von Aufstiegsprozessen stattfinden (Dragano et al., 2016: 218).

Forschungsbedarfe

Neben einer Würdigung des umfangreichen und vielfältigen sozialpolitischen Engagements deutscher Großunternehmen, wie sie bspw. im Rahmen des »Unternehmensmonitors« (BMFSFJ 2016) vorgenommen wird, scheint es erforderlich zu sein, die aus der betrieblichen Sozialpolitik unter Umständen resultierenden Segmentierungs- und Exklusionsprozesse zu beobachten. Das Verhältnis zwischen staatlicher und betrieblicher Sozialpolitik ist durch unterschiedliche Entwicklungen geprägt. Einerseits werden betriebliche und/oder tarifliche Leistungen in (sozial-)gesetzliche Regelungen überführt, auf der anderen Seite werden aber auch staatlich garantierte und organisierte Leistungen teilweise auf die Betriebe verlagert und staatliche bzw. kommunale Dienstleistungsangebote durch betriebliche Angebote ergänzt. Da von betrieblicher Sozialpolitik insbesondere Arbeitsmarktinsider profitieren, würde aus einer weiteren Verlagerung sozialpolitischer Verantwortung von staatlicher auf die unternehmerische Ebene die Verschärfung sozialer Ungleichheit auch im Kontext von Gesundheit resultieren.

Auch wenn Unternehmen keinen direkten Einfluss auf die sozialen Statusdeterminanten und damit auf die gesundheitliche Situation haben: Die Gesundheit der Mitarbeitenden kann insbesondere durch Angebote der Gesundheitsförderung sowie durch die Verbesserung der Arbeitsbedingungen für die Mitarbeitenden, die über niedrige Ressourcen verfügen und hohen Belastungen ausgesetzt sind, gestärkt werden. Hierfür ist bei den für das BGM Verantwortlichen sowohl Wissen über strukturelle Ungleichheiten als auch die Entwicklung angemessener Kommunikationsformen gegenüber den Mitarbeitenden notwendig. Im besten Fall werden die Interessen sowohl der Mitarbeitenden als auch des Unternehmens erreicht: eine Verbesserung des Gesundheitszustandes und damit der Lebensqualität auf individueller Ebene sowie eine Reduzierung von Fehlzeiten und die Verbesserung der Arbeitsqualität auf betrieblicher Ebene. Nicht alle Maßnahmen des BGM können unmittelbar beide Zielsetzungen erreichen. Ein Ausgleich zwischen den Interessen der Beschäftigten und der

Unternehmen kann dann gelingen, wenn betriebliche sozialpolitische Maßnahmen, insbesondere das BGM, von Professionellen organisiert und durchgeführt werden. Hierfür eignet sich die Profession der Sozialen Arbeit insofern besonders gut, als sie Erfahrungen in der Vermittlung divergierender Interessen hat und eine Schnittstellenfunktion zu sozialpolitischen Akteuren/Angeboten jenseits des einzelnen Unternehmens übernehmen kann.

Literatur

Bäcker, Gerhard/Naegele, Gerhard/Bispinck, Reinhard (2020): Sozialpolitik und soziale Lage in Deutschland. 6. Aufl., Wiesbaden: Springer Fachmedien.

Badura, Bernhard/Ducki, Antje/Schröder, Helmut/Klose, Joachim/Meyer, Markus (Hrsg.) (2020): Fehlzeitenreport 2020. Gerechtigkeit und Gesundheit, Wiesbaden: Springer.

Barthelmes, Ina/Bödeker, Wolfgang/Sörensen, Jelena/Kleinlercher, Kai-Michael/Odoy, Jennifer (2012): Wirksamkeit und Nutzen arbeitsweltbezogener Gesundheitsförderung und Prävention. Zusammenstellung der wissenschaftlichen Evidenz 2012 bis 2018. IGA.Report40. https://www.iga-info.de/fileadmin/redakteur/Veroeffentlichungen/iga_Reporte/Dokumente/iga-Report_40_Wirksamkeit_und_Nutzen_Gesundheitsfoerderung_Praevention.pdf (abgerufen am 10.12.2021).

Bendig, Hanka/Lück, Patricia/Mätschke/Laura-Marie (2016): Psyche und Gesundheit im Erwerbsleben. IGA. Fakten. https://www.iga-info.de/fileadmin/redakteur/Veroeffentlichungen/iga_Fakten/Dokumente/Publikationen/iga-Fakten_10_Psyche_und_Gesundheit.pdf (abgerufen am 11.11.2021).

Blaeschke, Frédéric/Freitag, Hans-Werner (2021): Bildung. In: Destatis/WZB (Hrsg.): Datenreport 2021, S. 101 – 127. https://www.destatis.de/DE/Service/Statistik-Campus/Datenreport/Downloads/datenreport-2021pdf?__blob=publicationFile (abgerufen am 10.12.2021).

Bonß, Wolfgang (2018): Arbeitslosigkeit. In: Böhle, Fritz/Voß, G. Günter/Wachtler, Günther (Hrsg.): Handbuch Arbeitssoziologie. 2. Band, 2. Aufl., Wiesbaden: Springer, S. 397-422.

Brändle, Tobias/Grundmann, Matthias (2020): Soziale Determinanten der Studien- und Berufswahl: Theoretische Konzepte und empirische Befunde. In: Tim Brüggemann, Sylvia Rahn (Hrsg.): Berufsorientierung. Ein Lehr- und Arbeitsbuch. 2. Auflage, S. 83-96.

Bundesministerium für Familie, Senioren, Frauen und Jugend (BMFSFJ) (2016): Unternehmensmonitor Familienfreundlichkeit 2016. https://www.bmfsfj.de/resource/blob/95434/ede1131bedf5bbbb477cffd478bcc1b7/unternehmensmonitor-familienfreundlichkeit-2016-broschuere-data.pdf (abgerufen am 30.10.2021).

Dragano, Nico/Hoebel, Jens/Wachtler, Benjamin/Diercke, Michaela/Lunau, Thorsten/Wahrendorf, Morten (2021a): Soziale Ungleichheit in der regionalen Ausbreitung von SARS-CoV-2. In: 64. Jg., H. 9, S. 1116–1124.

Dragano, Nico/Riedel-Heller, Steffi G./Lunau, Thorsten (2021b): Haben digitale Technologien bei der Arbeit Einfluss auf die psychische Gesundheit? In: Nervenarzt, 92. Jg., H. 11, S. 1111–1120.

Fehmel, Thilo (2013): Sozialpolitik per Tarifvertrag. Ursache und Folgen der Vertariflichung sozialer Sicherung. SEU Working Paper 5. Sozialraum Europa, Universität Leipzig: Institut für Soziologie. https://www.ssoar.info/ssoar/bitstream/handle/document/36598/ssoar-2013-fehmel-Sozialpolitik_per_Tarifvertrag__Ursachen.pdf?sequence=1&isAllowed=y&lnkname=ssoar-2013-fehmel-Sozialpolitik_per_Tarifvertrag__Ursachen.pdf (abgerufen am 10.12.2021).

Hradil, Stefan (2000): Soziale Ungleichheit in Deutschland. 8. Aufl., Opladen: Leske + Budrich.

Huinink, Johannes/Schröder, Torsten (2008): Sozialstruktur Deutschlands. Konstanz: UVK.

Klein, Martin (2019): Gesundheit ist nicht alles! In: Forum Sozialarbeit + Gesundheit, 24. Jg, H. 1, S. 11-14.

Lampert, Thomas (2016): Soziale Ungleichheit und Gesundheit. In: Richter, Matthias/Hurrelmann, Klaus (Hrsg.): Soziologie von Gesundheit und Krankheit, Wiesbaden: Springer Fachmedien.

Lampert, Thomas/Michalski, Niels/Müters, Stephan/Wachtier, Benjamien/Hoebel, Jens (2021): Gesundheitliche Ungleichheit. In: Destatis/WZB (Hrsg.): Datenreport 2021, S. 334-345. https://www.destatis.de/DE/Service/Statistik-Campus/Datenreport/Downloads/datenreport-2021-kap-9.pdf?__blob=publicationFile (abgerufen am 10.12.2021).

Neuner, Ralf (2019): Betriebliches Gesundheitsmanagement. In: Neuner, Ralf: Psychische Gesundheit bei der Arbeit. Gefährdungsbeurteilung und Betriebliches Gesundheitsmanagement, 3. überarbeite Aufl., Wiesbaden: Springer Gabler, S. 103-140.

Nguyen, Hong Long (2021): Gesundheit und Wohlbefinden am Arbeitsplatz verbessern. In: Forum Sozialarbeit + Gesundheit, 26. Jg., H. 1, S. 6-9.

Pronova BKK (2018): Betriebliches Gesundheitsmanagement 2018. Ergebnisse der Arbeitnehmerbefragung. https://www.pronovabkk.de/media/downloads/presse_studien/studie_bgm_2018/pronovaBKK_BGM_Studie2018.pdf (abgerufen am 10.12.2021).

Rau, Renate (2015): Risikobereiche für psychische Belastungen. IGA.Report31. file:///C:/Users/nerma/Downloads/Rau%202015_iga-Report_31_Risikobereiche_fuer_psychische_Belastungen.pdf (abgerufen am 11.12.2021).

Scholz, André/Schneider, Stefan (2020): Multikausale Wirkung von Interventionen der Betrieblichen Gesundheitsförderung und besondere Chancen für kleine und mittelständige Unternehmen. In: Prävention und Gesundheitsförderung, 50. Jh., H. 2, S. 159-166.

Schneiders, Katrin (2020): Sozialwirtschaft und Soziale Arbeit. Stuttgart: Kohlhammer.

Schneiders, Katrin/Arendt, Ines (2018): Betriebliche Sozialpolitik. Eine Bestandsaufnahme. Abteilung Wirtschafts- und Sozialpolitik, Friedrich-Ebert-Stiftung: Bonn. http://library.fes.de/pdf-files/wiso/13982.pdf (abgerufen am 11.11.2021).

Schneiders, Katrin/Höffling, Stephanie (2019): Strukturen und Governance betrieblicher Sozialpolitik. In: Zeitschrift für Sozialreform, Jg. 65, H. 3, S. 275–303.

Seeleib-Kaiser, Martin (2002): Betriebliche Sozialpolitik oder mehr Staat? Das Modell USA revisited. Universität Bremen, Zentrum für Sozialpolitik. ZeS-Arbeitspapier. https://www.ssoar.info/ssoar/handle/document/10957 (abgerufen am 11.11.2021).

Steuerwald, Christian (2016): Die Sozialstruktur Deutschlands im internationalen Vergleich. Wiesbaden: Springer Fachmedien.

WHO (2015): Backgrounder 3: Key concepts. https://www.who.int/social_determinants/final_report/key_concepts_en.pdf (abgerufen am 11.12.2021).

Winter, Raphaela/Riedl, René (2021): Chancen und Herausforderungen eines digitalen betrieblichen Gesundheitsmanagements. Literaturreview und Experteninterviews. https://doi.org/10.1007/s11553-021-00830-3 (abgerufen am 11.12.2021).

27 BGM im Setting Homeoffice

Julia Schorlemmer, Axel Schiffler
In diesem Kapitel wird das BGM im Setting Homeoffice beleuchtet und es wird ein Überblick gegeben über die wichtigsten Aspekte, die für ein gesundheitsförderliches Arbeiten beachtet werden sollten. Bei den digitalen Extras finden Sie zudem eine Checkliste, die Ihnen Orientierung bei der praktischen Umsetzung gibt. In diesem Kapitel werden zunächst Grundlagen dargestellt und aktuelle Entwicklung thematisiert, die relevant für orts- und zeitunabhängiges Arbeiten sind. Herausforderungen und Chancen, die das Homeoffice für die Gesundheit mit sich bringt, werden beschrieben. Darauf aufbauend werden fundierte Handlungsempfehlungen und Stellschrauben abgeleitet. Dazu zählen: Arbeitsplatz- und Arbeitszeitgestaltung, Führung auf Distanz und Kommunikation sowie Aufgaben- und Prozessgestaltung. Für die konkrete Umsetzung von BGM wird ein Schwerpunkt auf die Selbstorganisation und den Aufbau von gesundheitsförderlichen Routinen gesetzt. BGM im Setting Homeoffice bietet somit die Chance, bestehende BGM-Konzepte zu überdenken und für die Zukunft weiterzuentwickeln.

27.1 Einleitung

Das eigene Zuhause wird immer mehr zu einem Ort, der unterschiedliche Lebensbereiche und deren Anforderungen vereint. Ein verstärkender Aspekt für diese Entwicklung ist die ständige Veränderung der heutigen Arbeitswelt. Orte, die außerhalb einer festen Arbeitsstätte liegen und trotzdem zur Erfüllung der Arbeitsaufgaben dienen können, werden auch in Zukunft eine wichtige Rolle spielen. Homeoffice steht in den letzten Jahren, wie kein anderer Begriff, für diese Entwicklung. Bei etwa der Hälfte aller derzeit Erwerbstätigen eignen sich die Tätigkeit oder Teilaspekte der Tätigkeit dazu, im Homeoffice ausgeführt zu werden (Alipour, Falck & Schüller, 2020; Emmler & Kohlrausch, 2021).

Wie jede Veränderung, birgt das Homeoffice Chancen und Herausforderungen. Die Frage danach, wie in diesem Setting gesund gearbeitet werden kann, sollte daher im Fokus eines modernen Betrieblichen Gesundheitsmanagements (BGM) stehen. Der vorliegende Beitrag soll dabei helfen, Ansätze und Handlungsspielräume für den Arbeitsort Homeoffice aufzuzeigen. Dafür werden einleitend Grundlagen beschrieben und aktuelle Entwicklungen dargestellt. Anschließend wird beschrieben, wie den damit verbundenen Herausforderungen gesundheitsförderlicher als bisher begegnet werden kann. Abgeleitet davon werden fundierte Handlungsempfehlungen und Stellschrauben aufgezeigt, die es ermöglichen, die Gesundheit der Mitarbeiterinnen und

Mitarbeiter an flexiblen Arbeitsorten und -zeiten zu fördern. Dadurch wird ein persönlicher und ein dauerhafter unternehmerischer Mehrwert etabliert.

27.2 Grundlagen für das BGM im Homeoffice

Zunächst gilt es, Begrifflichkeiten zu definieren, den Status quo zum Thema Homeoffice zu beschreiben und die wichtigsten BGM-Ansätze des betrieblichen Präventionsmanagements zu schärfen.

27.2.1 Abgrenzung und Definition von Homeoffice

»Ich bin im Homeoffice!«, ist in den letzten Jahren ein oft gesagter und gehörter Satz – aber was genau meint Homeoffice und wie grenzt sich der Begriff von Telearbeit und mobilem Arbeiten ab?

Telearbeit

Die Definition von Telearbeit nach der Arbeitsstättenverordnung (ArbStättV) beinhaltet die Rahmenbedingungen für ein regelmäßiges Arbeiten außerhalb der Betriebsstätte in privaten Räumlichkeiten an einem extra dafür eingerichteten Arbeitsplatz (§ 2 Abs. 7 ArbStättV). Die Nutzung kann zeitlich alternierend oder fest sein, wobei die Anforderungen äquivalent zu denen eines Bildschirmarbeitsplatzes am betrieblichen Arbeitsort sind.

mobiles Arbeiten

Von der Telearbeit kann das mobile Arbeiten abgegrenzt werden. Mobiles Arbeiten beschreibt das ortsunabhängige Arbeiten, das sich nicht nur auf private Räumlichkeiten beschränken muss (Backhaus, Tisch & Beermann, 2021). Es handelt sich dabei um eine zeitlich begrenzte oder anlassbezogene Tätigkeit, die außerhalb der Arbeitsstätte ausgeführt wird. Der Arbeitsort der Beschäftigten unterliegt in dem Fall nicht der ArbStättV, es gelten dennoch das Arbeitsschutzgesetz (ArbSchG) und das Arbeitszeitgesetz (ArbZG). Gesonderte Regelungen, die z. B. die Ausstattung des Arbeitsplatzes oder den zeitlichen Umfang der Arbeit betreffen, wie bei Telearbeit, gibt es derzeit nicht.

Homeoffice, in all seinen Facetten, bildet oft eine rechtliche Grauzone und eine definitorische Mischform ab. Je nachdem, ob es vertraglich geregelt ist oder an einem fest dafür eingerichteten Arbeitsplatz mit dementsprechenden Arbeitsmitteln stattfindet, ist es entweder eine Unterform des mobilen Arbeitens oder geht in die Telearbeit über (s. Abbildung 1) (Backhaus & Beermann, 2021). Gemeinsam haben Telearbeit, mobiles Arbeiten und Homeoffice, dass räumlich flexibles Arbeiten, gestützt durch digitale Arbeitsmittel, umgesetzt wird (Backhaus, Tisch & Beermann, 2021).

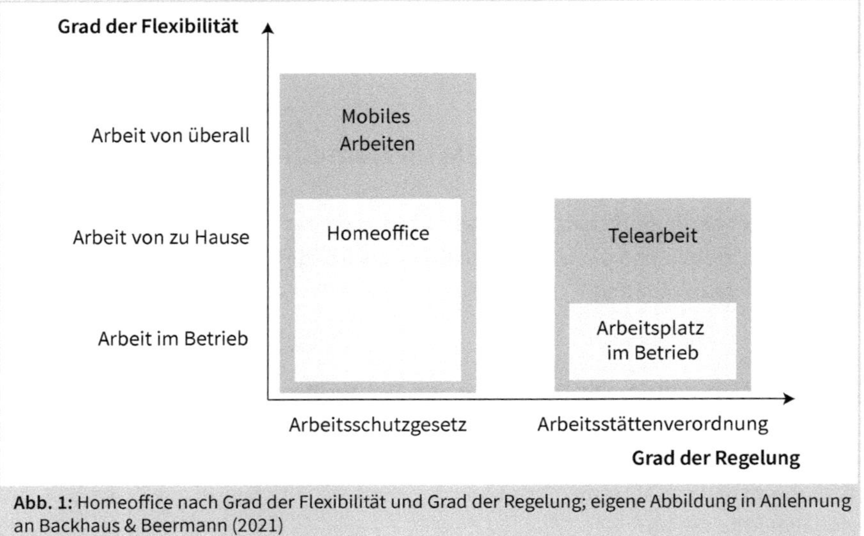

Abb. 1: Homeoffice nach Grad der Flexibilität und Grad der Regelung; eigene Abbildung in Anlehnung an Backhaus & Beermann (2021)

27.2.2 Aktuelle Entwicklungen zum orts- und zeitunabhängigen Arbeiten

Verschiedene Entwicklungen der letzten Jahre haben die Bedingungen geschaffen, um orts- und zeitunabhängig arbeiten zu können. Globale Krisen wie Naturkatastrophen oder Pandemien können dazu führen, dass Arbeiten im Homeoffice auch unfreiwillig umgesetzt werden muss. Im Folgenden werden aktuelle Entwicklungen der orts- und zeitunabhängigen Arbeit beschrieben sowie Chancen und Risiken näher beleuchtet.

27.2.2.1 Digitalisierung und andere Entwicklungen

Occupational e-(mental) Health

Die fortschreitende Digitalisierung bedingt einen weitreichenden Strukturwandel der Gesellschaft im Allgemeinen und der Arbeitswelt im Speziellen (Cascio and Montealegre, 2016)[1] (s. Kapitel 25). Besonders technologische Entwicklungen (z. B. Cloud-Technologien, Big Data und artifizielle Intelligenz, virtuelle Realitäten etc.) verändern das Arbeiten und die Wirtschaft (Bundesministerium für Wirtschaft und Energie, 2015, 2016). Neue Wirtschaftszweige entwickeln sich, Berufsbilder verändern sich und neue Berufe entstehen (Dengler, 2019, p. 7) Dadurch verändert sich auch das BGM: Unter dem Begriff Occupational e-(mental) Health prägen technologische Entwicklungen die Ausgestaltung des digitalen BGM (Lehr & Boß, 2019, p. 156; Matusiewicz, Kardys & Nürnberg, 2021).

1 Für eine Überblick s. auch Kapitel 5.2 in dem vorliegenden Buch

Neue Technologien und digitale Informations- und Kommunikationstechnologien (IKT) haben zu einer Neuausrichtung etablierter Organisationsprozesse und Arbeitsbedingungen geführt und werden weitere Veränderungen nach sich ziehen (Cascio & Montealegre, 2016, p. 350) (s. Kapitel 29). Die Verantwortung für einen flexiblen Umgang mit einer sich immer schneller verändernden Arbeitswelt liegt hauptsächlich bei den Menschen selbst (Voß & Pongratz, 1998). Individualisierung und sich ändernde Werte, die z. B. dazu führen, dass Arbeit mehr Bedeutung als nur Erwerbssicherung zugeschrieben wird, lassen sich vermehrt feststellen (Rump & Eilers, 2017, p. 20) und können zu interessierter Selbstgefährdung[2] führen (Kraus & Rieder, 2019).

interessierte Selbstgefährdung

Bereits erwähnte globale Ereignisse beschleunigen die Veränderung digitaler Arbeits- und Prozessgestaltung: Beispielsweise hat die pandemische Situation, ausgelöst durch das SARS-Cov 2-Virus, seit März 2020 zu einem Anstieg der Arbeit von zu Hause geführt (Emmler & Kohlrausch, 2021). Das Potenzial des technologischen Fortschritts hat in dieser krisenhaften Situation seine volle Kraft entfaltet und ermöglichte trotz eines gesamtgesellschaftlichen Lockdowns[3] die nahezu ungebremste Fortführung unternehmerischer Abläufe vom heimischem (Schreib-)Tisch aus. Zahlreiche Studien seit der Zeit von März 2020 bis heute[4] zeigen gesundheitliche Belastungen durch den veränderten Arbeitsort und lenken den Blick auf Defizite im Betrieblichen Gesundheitsmanagement.

Klar ist: Homeoffice bleibt als ein möglicher Arbeitsort für viele Beschäftigte in der Zukunft relevant. Die Möglichkeit über Distanz zu kommunizieren, garantiert jedoch nicht eine gesundheitsförderliche Arbeit für alle Beschäftigten. Deshalb sollten Chancen und Risiken im Homeoffice klar definiert werden, damit das BGM an den richtigen Stellen ansetzen kann.

Homeoffice als Zukunftsmodell

27.2.2.2 Chancen und Risiken für die Gesundheit

Die Chancen und Risiken von Homeoffice müssen für unterschiedliche Personengruppen, z. B. bei dem Vergleich der Belastungen von Männern und Frauen (Zucco & Lott, 2021), unterschiedlich betrachtet werden.

Diversität

2 Interessierte Selbstgefährdung = Gesundheitsgefährdendes Arbeitshandeln

3 Der Begriff wird hier mit Blick auf die Schließung von (halb-)öffentlichen und privaten Einrichtungen, die Abriegelung von Gebieten bis hin zu ganzen Ländern sowie den Stillstand des öffentlichen Lebens, der aufgrund des Ausbruchs von COVID-19 über Wochen und Monate anhielt, verwendet (Wirtschaftslexikon Gabler, letzter Zugriff am 13.09.21)

4 Herbst 2021

Vereinbarkeit

Studien aus der Zeit vor Beginn der Coronapandemie[5] zeigen, dass Auswirkungen digitaler flexibler Arbeitsbedingungen auf die psychische und somatische Gesundheit vielfältig sind (Zolg, Heiden & Herbig, 2021): Die Vereinbarkeit von Privatleben und Arbeit kann individueller gestaltet werden, da die zeitliche Verteilung von Arbeitszeit und privater Zeit selbstgesteuert erfolgen kann (Praeg & Bauer, 2017). Besteht eine höhere Zufriedenheit mit der Verteilung und dem Umfang von Arbeits- und Privatzeit, da hier individuelle Bedürfnisse berücksichtigt werden, können positive Effekte auf die Gesundheit gezeigt werden (Schorlemmer, Halbe-Haenschke & Maguhn, 2018, p. 215; Kraus, Grzech-Sukalo & Rieder, 2020, p. 174). Flexible Arbeitszeiten haben zudem direkte gesundheitsförderliche Effekte, z. B. steigt damit die Wahrscheinlichkeit sportlicher Betätigung (Großmann, Schiffler & Schorlemmer, in prep.)

Entgrenzung

Hingegen sind die zunehmende Menge und Komplexität der Arbeitsaufgaben sowie die permanente Erreichbarkeit und Entgrenzung beanspruchender für die Gesundheit (Lott, 2021). Die verschiedenen Lebensbereiche, in denen Menschen unterschiedliche Rollen erfüllen, sind nicht oder weniger räumlich (und zeitlich) voneinander abgrenzbar. Es zeigen sich relevante Zusammenhänge von ständiger Erreichbarkeit mit Anspannungen, Konzentrationsschwächen und emotionaler Erschöpfung (Burnout) (Pauls, Pangert & Schüpbach, 2016). Der Anspruch an die eigene Leistung führt vermehrt zu einer interessierten Selbstgefährdung, die durchschnittlichen Arbeitszeiten sind im Homeoffice höher (Lott, 2021). Hinzu kommt, dass nicht jeder heimische Arbeitsplatz optimal ausgestattet ist und dadurch ergonomisch bedingte Belastungen für die Gesundheit entstehen können.

27.2.3 Präventionsansätze im Homeoffice

Generell ergibt sich durch das Setting Homeoffice ein neues Spannungsfeld zwischen dem Selbstmanagement der Arbeitenden und der Organisationsverantwortung der Führungsebenen, das durch BGM moderiert und unterstützt werden sollte. Um die Chancen, die orts- und zeitunabhängiges Arbeiten bietet, zu fördern und gleichzeitig die gesundheitlichen Risiken zu verringern, kann BGM aktiv werden.

Verhältnis- und Verhaltensprävention

Grundsätzlich sind alle Maßnahmen und Interventionen, die vorbeugend »zur Vermeidung oder Verringerung […], der Ausbreitung und der negativen Auswirkungen von Krankheiten oder Gesundheitsstörungen« (Franzkowiak, 2018, p. 776) wirken,

5 Befragungsergebnisse, die währende der Corona-Pandemie entstanden sind, z. B. zu Gesundheit, Zufriedenheit oder Produktivität im Homeoffice, sind mit Vorsicht zu interpretieren: Der Arbeitsort war erzwungen durch die rechtliche Ausnahmesituation im Rahmen des Infektionsschutzgesetzes und nicht freiwillig gewählt oder vereinbart. Für einige war die Situation unvorbereitet. Hinzu kommt, dass insgesamt mit der Pandemie höhere Belastungen für alle Menschen in allen Lebenslagen einhergingen.

als präventiv[6] anzusehen. In den Gesundheitswissenschaften und damit auch im betrieblichen Präventionsmanagement wird zwischen primärer, sekundärer und tertiärer Prävention unterschieden (Uhle & Treier, 2019, p. 167), die jeweils auf der Verhaltens- und Verhältnisebene ansetzen können. Die Verhaltensprävention bildet das gesamte Spektrum der individuellen Förderung von Gesundheitskompetenzen im weitesten Sinne ab. Hier finden sich Maßnahmen, Methoden und Herangehensweisen, die das Ziel verfolgen, das Präventions- und Gesundheitsverhalten von Mitarbeitenden zu stärken oder zu verbessern (Uhle & Treier, 2019, p. 166). Verhältnisprävention hingegen umfasst alle Ansatzpunkte, die auf die Bedingungsfaktoren gesunden Arbeitens abzielen und die Verantwortung für die Gesundheit auf organisationaler Ebene in den Blick nehmen. Damit sind z. B. Führung, Arbeitskultur, Arbeitsbedingungen oder Aufgaben- und Prozessgestaltung gemeint (Uhle & Treier, 2019, p. 166).

Beispiel

Führungskräfteschulung als Verhältnis- und Verhaltensprävention
Eine Schulung für Führungskräfte zur virtuellen Führung kann z. B. sowohl verhaltenspräventiv auf die Person selbst wirken, die dadurch ihr Selbstmanagement verbessert, als auch verhältnispräventive Effekte auf die Gesundheit aller zu führenden Mitarbeitenden haben, z. B. durch eine gelungenere Aufgabenverteilung und zielführendere Kommunikation.

Wirksames BGM verbindet Verhaltens- mit Verhältnisprävention, da die Handlungsfelder in Wechselwirkung zueinanderstehen. Deshalb ist die Mischung beider Möglichkeiten erforderlich und wünschenswert. Das Jobcrafting ist ein Ansatz, Verhältnis- mit Verhaltensprävention zu verbinden, da dadurch Verhalten gefördert wird, das zur individuellen Verhältnisgestaltung befähigt (Zhang and Parker, 2019). Bezogen auf das Arbeiten im Homeoffice bietet die nachfolgende Übersicht (s. Tabelle 1) BGM-Handlungsansätze.

Jobcrafting

Verhaltensprävention	Verhältnisprävention
Arbeitsbedingungen	
• Gesundes Sitzen • Routinen	• Ergonomische Arbeitsplatzgestaltung
Führung	
• Selbstführung • Selbstmanagement	• Führungskultur

6 Im Vergleich zur Prävention wäre nach Franzkowiak (2018) Krankheitsprävention der präzisere und strukturell eindeutigere Begriff.

Verhaltensprävention	Verhältnisprävention
Kommunikation	
• Wertschätzung • z. B. Feedback geben und nehmen, wertschätzende Kommunikation, transparent Zugang zu Informationen gewähren • Aktuelle Informations- und Kommunikationstechnologien	• z. B. VPN, technische Möglichkeiten in Interaktion zu treten • Gesprächskultur (Feedback)
Aufgaben- und Prozessgestaltung	
• Selbstmanagement, fachliche Weiterbildung	• Flexible Arbeitszeiten, Vertrauensarbeit

Tab 1: Ansätze der Verhaltens- und Verhältnisprävention im Homeoffice mit Beispielen

27.3 Anwendungsbereiche für BGM im Homeoffice

Für alle im Folgenden beschriebenen Anwendungsbereiche für BGM im Homeoffice gilt, dass sie generell für das BGM wirkverstärkend sind. Im Setting Homeoffice sollten sie jedoch besondere Beachtung finden. Dazu zählen: Die ergonomische Gestaltung des Arbeitsplatzes und die Kompetenz gesundheitsförderlich zu handeln, Führungskräfte und Führungsstil als Schlüssel für die Umsetzung von BGM, die Art der Kommunikation, die Gestaltung von Arbeitsprozessen und -aufgaben sowie die Berücksichtigung aktueller Entwicklungen im Bereich des digitalen BGM für digitales Arbeiten.

27.3.1 Arbeitsplatzgestaltung und Verhaltenskompetenz

Verhältnis-ergonomie

Ergonomisch gut eingerichtete Bildschirmarbeitsplätze haben ein hohes Potenzial, die Gesundheit zu fördern, da damit eine höhere Zufriedenheit, besseres Wohlbefinden und Arbeitseffizienz einhergehen (Ulich & Wülser, 2018). Unter gesunder Arbeitsplatzgestaltung werden im Allgemeinen die zur Erfüllung der Arbeitsaufgaben notwendigen Arbeitsmittel und die Arbeitsumgebung gefasst (Deutsche Gesetzliche Unfallversicherung (DGUV), 2021). Somit spricht man in diesem Zusammenhang von Verhältnisergonomie, die der Sorgfaltspflicht des Arbeitsgebers/der Arbeitgeberin unterliegt.[7] Da es keine rechtliche Grundlage für das Homeoffice gibt, ist es Aufgabe

7 Diese Sorgfaltspflicht beinhalten z. B. das Betriebsverfassungsgesetz (BetrVG), die Arbeitsstättenverordnung (ArbStättV), die Gefahrstoffverordnung (GefStoffV) und das Arbeitssicherheitsgesetz (ASiG). Im Anhang 6 der ArbStättV und dem Abschn. 7.2 DGUV-I 215-410 sind genaue Richtlinien für die Einrichtung eines gesunden Bildschirmarbeitsplatzes gesetzlich festgelegt.

des BGM, pragmatische und praxisnahe Lösungen zu finden und für eine ausreichende Präventionskultur zu sorgen.

Bezogen auf die Verhältnisergonomie am Arbeitsplatz im Homeoffice sollten folgende Schwerpunkte gesetzt werden:

- **Arbeitsmittel** sollten zur Verfügung gestellt werden, z. B. ein Laptop mit separater Tastatur und Maus, ein zweiter abgespiegelter Bildschirm oder eine Laptophalterung und ein drahtloses Headset.
- Für den **Arbeitsplatz** sollte sichergestellt sein, dass z. B. ein ergonomisch verstellbarer Stuhl und eine höhenverstellbare Arbeitsfläche zur Verfügung stehen und im besten Fall in einem separaten Raum gearbeitet werden kann.
- Die **Arbeitsumgebung** sollte wie folgt gestaltet sein: ausreichende Lichtverhältnisse, lärmgedämmt, Luftzufuhr über Fenster, freundliche Gestaltung des Arbeitsbereichs durch Pflanzen und Bilder.

Dabei weicht die bestmögliche ergonomische Gestaltung eines Arbeitsplatzes oft von der Realität im Homeoffice ab. Es ist die Aufgabe eines professionellen BGM, den Einsatz notwendiger Arbeitsmittel zu unterstützen sowie den Arbeitsplatz und die Arbeitsumgebung optimal einzurichten.

Praxisbeispiel

Höheverstellbarer Schreibtisch mit Sitz-Steh-Empfehlung

Für eine gelungene Sitz-Steh-Dynamik empfiehlt sich ein höhenverstellbarer Schreibtisch und die Aufteilung einer Stunde in folgendem Takt: Maximal 40 Minuten Sitzen, ca. 16 Minuten Stehen und ca. 4 Minuten Bewegung (z. B. Dehnen oder Mobilisieren). Die Aufteilung kann auch für einen 30-minütigen Takt erfolgen.

Verhaltensergonomische Gesundheitskompetenz

Alle verhältnisergonomischen Maßnahmen wirken nur im Zusammenspiel mit einem bewusst proaktiven Verhalten und entfalten erst durch verhaltensergonomische Handlungen wie z. B. gesundheitsförderliche Routinen ihre volle Wirkung (Mojtahedzadeh et al., 2021, p. 70). Als verhaltensergonomische Gesundheitskompetenz wird vor allem eine aktive Sitz-Steh-Dynamik verstanden, die weitläufig als dynamisches Sitzen bekannt ist. Bei diesem Präventionsansatz sind vorrangig Sitz-Steh-Schulungen oder eine Weiterbildung über die Physiologie und Biomechanik der Wirbelsäule in Bezug auf Ergonomie sowie eine aktive Regeneration und Pausengestaltung zu fassen. Weiterhin sind Handlungsmöglichkeiten, wie aktive Gegenbewegungen zu einseitigen (Sitz)Haltungen (Körperpositionen) und Mobilisationsübungen (auch im Sitzen) eine gute Ergänzung. Digitale point-of-decision prompts, wie Desktop-Erinnerungen zum Aufstehen oder aktive Pausengestaltung, können die Verhaltensergonomie maßgeblich unterstützen und verbessern (Ruffault et al., 2018). Generell sollten

BGM-Maßnahmen, die der durch das Homeoffice gesteigerten körperlichen Inaktivität und deren Folgen kompensatorisch entgegenwirken, fokussiert werden – z. B. die Sensibilisierung für einen ausreichend aktiven und sportlichen Lebensstil (DAK, 2021).

27.3.2 Führung und Führungsstil als Schlüssel

gesundheits-orientierte Führung

Führungskräfte und die Führungskultur haben eine Schlüsselfunktion für die Wirksamkeit und Umsetzung von BGM generell und insbesondere im Homeoffice. Die Grundsätze von gesundheitsförderlicher Führung gelten im Homeoffice wie beim Arbeiten an der betrieblichen Arbeitsstätte. Bestimmte Aspekte von Führung haben jedoch eine besondere Bedeutung im Homeoffice, da die zwischenmenschliche Interaktion auf weniger Wahrnehmungskanäle beschränkt ist und die Führung auf Distanz andere Umsetzungsstrategien erforderlich macht. Generell ist ein transformationaler Führungsstil, der aufgaben- und beziehungsorientiert ist, für die virtuell geprägte Arbeitsumgebung gesundheitsförderlich (Staar, Gurt & Janneck, 2019). Durch gesundheitsorientierte Führung ist es möglich, herausfordernde Situationen in Organisationen besser zu bewältigen (Felfe et al., 2021, p. 286). Anhand ausgewählter Grundsätze gesundheitsförderlicher Führung sollen im Folgenden konkrete Handlungsbeispiele verdeutlichen, wie Führung im Homeoffice Teil eines erfolgreichen BGM sein kann.

Selbstführung

Vorbildfunktion

Über die eigene gesundheitsorientierte Selbstführung, deren Ergebnis leistungsförderlich wirkt, können Führungskräfte einen großen Beitrag zu einer gesunden Arbeitskultur als Ziel von BGM leisten. Wenn Führungskräfte ein Bewusstsein für ihren eigenen Gesundheitszustand haben und ihr individueller Gesundheitszustand positiv ausgerichtet ist, hat das eine entschiedene Wirkung auf die Leistungsfähigkeit der Beschäftigten (Klug, Felfe & Krick, 2019). Über das eigene Verhalten können Führungskräfte als Vorbild hinsichtlich gesunden Arbeitsverhaltens dienen, woraus sich eine positive Wirkung für die Gesundheit des Teams und der gesamten Organisation ergibt (Amler, Jakobi & Schöffski, 2015, p. 356).

Wertschätzung und Anerkennung

Partizipation und Förderung

Wertschätzung durch die Führungskraft ist ein Schutz gegen psychische Belastungen (Pohrt et al., 2021). Sie kann ausgedrückt werden, indem Führungskräfte z. B. Interesse für den jeweiligen Mitarbeitenden als Mensch und nicht nur als Arbeitserbringer zeigen. Eine ehrliche Nachfrage, sich einen Moment Zeit nehmen für individuelle Anliegen oder regelmäßiger sozialer Austausch im Team sind gelebte Wertschätzung. Hier könnte z. B. einmal in der Woche als Arbeitsauftakt oder -abschluss im Rahmen eines virtuellen Teammeetings eine Gesprächsroutine mit Raum für individuelle Reflexion entstehen (vgl. Kapitel 27.3.4, Abschnitt Routinen).

Partizipation der Beschäftigten und des Teams kann ebenso eine besondere Form der Anerkennung sein. Für eine gesteigerte Beteiligung können z. B. zu unterschiedlichen Themen Ideen aus dem Team eingefordert, gesammelt und umgesetzt werden.

Die Förderung individueller Ziele einer Mitarbeiterin/eines Mitarbeiters und das Ermöglichen von Entwicklungschancen drücken ebenso Wertschätzung aus und wirken motivierend. Das können beispielsweise auch Förderungen zur Kompetenzerweiterung im Bereich digitaler Arbeitsformen und digitaler Anwendungen sein.

Vertrauen und Transparenz

Wenn die Beschäftigten nicht an einem identischen räumlichen Ort sind, ist Vertrauen in ihre Tätigkeiten und Fähigkeiten besonders wichtig. Klare Regelungen für Projektabläufe und eindeutige Verantwortlichkeiten mit entsprechenden Entscheidungsspielräumen unterstützen den Aufbau von Vertrauen.

Feedbackkultur

Die Orientierung am Ergebnis in Kombination mit regelmäßigem Feedback, das an Zwischenergebnisse geknüpft sein kann, informiert Führungskräfte über den aktuellen Arbeitsstand, ohne aktiv zu kontrollieren. Die Regelmäßigkeit und Qualität des Feedbacks (vgl. Kapitel 27.3.3) trägt dazu bei, Rückmeldung für und von beiden Seiten als selbstverständlich zu etablieren. Übergriffiges Kontrollverhalten, z. B. durch kleinteiliges Mikromanagement, führt dagegen zu geringerem Vertrauen, das in der Regel nur langsam wiederaufgebaut werden kann.

Authentizität

Mitarbeitende vertrauen Führungskräften, die authentisch und ehrlich agieren. Mit einer räumlichen Distanz bleibt aufgesetztes und unaufrichtiges Verhalten länger unbemerkt. Umso wichtiger ist es, Ehrlichkeit und Authentizität konstant zu vermitteln und vorzuleben. Führungskräfte können z. B. Wort halten und dadurch eine verlässliche Basis schaffen. Wenn das eigene Verhalten von Gesagtem abweicht, ist eine zeitnahe und offene Begründung für die Abweichung entscheidend für das Vertrauen zwischen Führungskraft und Beschäftigten.

Insbesondere zur Steigerung des Vertrauens und für einen produktiven Informationsfluss zwischen Beschäftigten und Führungskraft kommt es auf die richtigen Kommunikationsformen an.

27.3.3 Gesundheitsförderliche Kommunikation

Kommunikationskultur

Für das BGM im Homeoffice ist Kommunikation zentral. Wie Führung ist sie ein Querschnittsthema. Die Art der Kommunikation zu und über das BGM im Homeoffice entscheidet, wie wirkungsvoll Gesundheitsprävention und -förderung ist. Die Kommunikationskultur einer Organisation ist die Basis für gesunde Arbeitsstrukturen im Homeoffice und trägt zu einer attraktiven Arbeits- und Unternehmenskultur bei.

Kommunikationskanäle

Zunächst sollte auf organisationaler Ebene und im jeweiligen Team klar sein, welche Kommunikationskanäle zur Verfügung stehen. Durch den Ausbau der Informations- und Kommunikationstechnik (IKT) hat sich die Anzahl der Kommunikationskanäle erheblich erweitert. Durch das BGM kann angeregt werden, zunächst eine Bestandsaufnahme der Kommunikationskanäle durchzuführen und diese dann bedarfsgerecht zu erweitern, zu reduzieren oder zur Klarheit der Regeln für eine wirksame Nutzung beizutragen. Innerhalb der Organisation(-seinheiten) sollte klar sein, welcher Kanal von wem für was genutzt wird. Die Art der Inhalte sollte an das jeweilige Kommunikationsmedium angepasst werden. Es ist das oberste Gebot, Klarheit darüber zu schaffen, welche Inhalte in welchem Kanal kommuniziert werden. Für Gespräche, in denen Emotionen, eine individuelle Reaktion oder Kreativität gefordert sind, eignet sich der Videocall oder das persönliche Gespräch. Genaue Regeln helfen, Informationsüberflutung zu vermeiden, z. B. die Beschränkung auf sachliche Inhalte beim Medium E-Mail. Gerade im Homeoffice bietet sich zusätzlich ein Chat an.

Für die Kommunikation zu Themen des BGM gilt dasselbe: Welche Inhalte zu welchem Zweck werden an wen am besten über welche Kommunikationskanäle verbreitet, damit sie wirkungsvoll sind? Es können über organisationsinterne Kommunikationskanäle oder mithilfe externer Apps Befragungstools zum Einsatz kommen, die Feedback institutionalisieren, anonyme Erhebungen zu Gesundheitsparametern[8] ermöglichen oder Ankündigungen sowie Erinnerungen an Gesundheitsangebote übermitteln (z. B. über internes Marketing).

!

Merken Sie sich bitte:

Gefährdungsbeurteilung psychischer Belastungen (GB-Psyche)

Die Durchführung der gesetzlich vorgeschriebenen Beurteilung psychischer Belastungen (§ 5 ArbSchG) ist ein fortlaufender Prozess, der mit einer Ist-Stand-Analyse beginnt. Regelmäßige Erhebungen von Daten über digitale Erhebungstools vereinfachen die Analyse. Weitere Schritte der GB-Psyche sind, gesundheitsförderliche Maßnahmen abzuleiten, deren Umsetzung, Evaluation und Weiterentwicklung.

Zusätzlich zu der Nutzung der digitalen Möglichkeiten ist die Art der Kommunikation für eine gesunde Unternehmenskultur entscheidend. Hier ist eine gelebte Feedbackkultur hervorzuheben. Wie bereits im Kapitel 27.3.2 beschrieben, trägt diese maßgeblich zu einer Verbesserung des Vertrauens und gegenseitiger Wertschätzung innerhalb einer Organisation bei.

8 Darüber könnten kontinuierlich Daten in Form von Befragungen von Mitarbeiterinnen und Mitarbeitern erhoben werden, die in die Gefährdungsbeurteilung psychischer Belastungen nach dem Arbeitsschutzgesetz einfließen können.

27.3.4 Optimale Aufgaben- und Prozessgestaltung

Selbstmanagement und Organisationsstruktur

Im Homeoffice ist die berufliche Leistungskraft – die effiziente und effektive Erfüllung der Arbeitsaufgaben – stark davon abhängig, wie gut Mitarbeitende im Selbstmanagement sind und auf welche Ressourcen sie zugreifen können. Beide Parameter sind wichtige Einflussgrößen zum Erhalt des subjektiven Wohlbefindens und somit auch für Zufriedenheit und Gesundheit (Röhrle, 2018; Schaeffer et al., 2021; Begerow et al., 2020). Die bewusstere Eigenverantwortung bei der Aufgaben- und Prozessgestaltung kann helfen, den beschriebenen Risiken entgegenzuwirken. BGM sollte gezielt Maßnahmen zur Verbesserung des Selbstmanagements fördern, um die Beschäftigten im Sinne der Chancen, die das Homeoffice für die Gesundheit hat, zu unterstützen. Ein gesundes Selbstmanagement zielt auf eine angemessene Priorisierung der Arbeitsaufgaben, ein effektives Zeitmanagement sowie einen ausgeglichenen Arbeitsrhythmus ab (Mojtahedzadeh et al., 2021, p. 72). Weiterhin spielen verhältnispräventive BGM-Maßnahmen, wie das Ermöglichen von flexibler Arbeitszeiteinteilung, eindeutige Aufgabenverteilung innerhalb der Organisationsstruktur sowie die Zahl der Hierarchieebenen in einer Organisation, eine entscheidende Rolle. Klare Absprachen zur Kommunikation und ein beziehungsorientierter Führungsstil (s. Kapitel 27.3.2 und 27.3.3) haben einen zusätzlichen Einfluss auf die erfolgreiche Aufgaben- und Prozessgestaltung im Homeoffice.

Priorisierung von Arbeitsaufgaben

Die Berücksichtigung chronobiologischer Erkenntnisse zur individuellen Bestimmung produktiver Hochphasen sollte zur Verbesserung der Leistungsfähigkeit vermittelt werden (Pilcher and Morris, 2020). Damit geht auch die Priorisierung der zu erledigenden Arbeitsaufgaben innerhalb eines Arbeitstages einher (Weber, Hörmann & Ferreira, 2008, pp. 497–503). Beispielsweise sollten komplexe Anforderungen (hohe Denkleistung, Kreativität, Kurzzeitgedächtnisaktivität) eher in den Vormittag und administrative, koordinierende Aufgaben sowie Meetings oder Telefonate eher in die Zeit nach dem Mittagstief gelegt werden. Aufgaben, die als weniger komplex und beanspruchend wahrgenommen werden, können auch zum späteren Nachmittag erledigt werden.

!

Merken Sie sich bitte:

Chronobiologie

Die Chronobiologie ist die Lehre vom zeitlichen Rhythmus biologischer Prozesse. Dies umfasst sowohl Jahres-, Monats- und Wochenrhythmen wie auch zirkadiane, etwa 24-stündige und ultradiane Rhythmen mit einer kürzeren Periodenlänge. In der Schlafmedizin versucht die Chronobiologie vor allem zu erklären, wie es zu Verschiebungen der Schlaf-Wach-Rhythmik kommt. Für die Gestaltung flexibler Arbeitszeiten hilft chronobiologisches Wissen zur Synchronisierung produktiver Wachepisoden mit Arbeitsaufgaben. Leistungsfähigkeit und Wohlbefinden können dadurch gefördert werden.

Zeitmanagement

Priorisierung

Um die täglich priorisierten Arbeitsaufgaben oder länger andauernde Prozesse effektiv erledigen zu können, bedarf es eines sinnvollen Zeitmanagements. Nicht jede Methode ist für jede Aufgabe und nicht für jede/n Mitarbeiterin/Mitarbeiter geeignet. Beispielsweise empfiehlt sich die A-L-P-E-N Methode[9] (Meier, 2009, p. 88) für größere Arbeitspakete (z. B. Texte verfassen, Recherchen) oder die Pomodoro-Technik (Cirillo, 2013) eher für administrative Aufgaben sowie mehrere kleine Arbeitspakete. Dabei sollte im Sinne einer zielgruppenspezifischen BGM-Maßnahme die Berufserfahrung der Mitarbeitenden bei der Einführung und Umsetzung von Zeitmanagement-Methoden beachtet werden.

Arbeitszeit- und Pauseneinteilung

Pausen steigern Produktivität

Ein weiterer Vorteil der Arbeit im Homeoffice liegt im größeren Handlungsspielraum bezüglich der flexiblen Arbeitszeiteinteilung sowie im Aufbau individueller Arbeitsabläufe. Eine gelungene und individuell passende Zeiteinteilung ermöglicht fokussiertes Arbeiten und führt zu einer besseren Wahrnehmung der eigenen Produktivität sowie einer besseren Vereinbarkeit von Privat- und Berufsleben (DAK & IGES, 2021). Regelmäßige bewusste Pausen und Erholungsphasen spielen eine zentrale Rolle für die Konzentration und Leistungsfähigkeit. Da im Alltag der Mehrwert von Pausen oft unterschätzt, als selbstverständlich angenommen und dadurch häufig vernachlässigt wird, sollten BGM-Verantwortliche im Homeoffice besonderen Wert auf die Einhaltung von Pausen legen. Hierbei können Routinen helfen.

Routinen

Gewohnheiten und Zielsetzung

Um das Gesundheitsverhalten aller Mitarbeitenden zu fördern und eine Präventionskultur erfolgreich zu leben, bedarf es einer dauerhaften Umsetzung im (Berufs-)Alltag. Gesundheitsförderliche Routinen, Rituale und Gewohnheiten können dabei maßgeblich helfen. Somit sollte bei jeder BGM-Maßnahme (z. B. Verbesserung des Selbstmanagements) die Umsetzung im Sinne der Verhaltensänderung vorrangig Beachtung finden. Dabei bewähren sich in der Praxis häufig pragmatische Ansätze wie tiny habits (Fogg, 2013) oder die wissenschaftlich fundierte WOOP-Methode zur Zielsetzung (Oettingen & Kluge, 2009).

27.3.5 Digitales Betriebliches Gesundheitsmanagement

Employee Assistance Program (EAP)

Digitale Umsetzung von BGM-Prozessen und -Maßnahmen sind im Arbeitsort Homeoffice von besonderer Bedeutung. Dazu zählen z. B. Apps, rein virtuelle oder Blended-Learning-Konzepte, die Umsetzung durch Virtual Reality (VR) und Augmented

9 Aufgaben notieren, Länge einschätzen, Pufferzeiten einplanen, Entscheidungen treffen und Nachkontrolle vornehmen

Reality (AR) oder auch das Employee Assistance Program (EAP) (für einen Überblick s. Matusiewicz, Kardys & Nürnberg, 2021). Bei der Umsetzung von digitalem BGM, das stets in Kombination mit analogem BGM stehen sollte (Nürnberg & Matusiewicz, 2021, p. 267), sind zwei Aspekte besonders zu beachten. Zum einen muss der Datenschutz gemäß der europäischen Datenschutzgrundverordnung gewährleistet sein. Und zum anderen sollten Angebote inhaltlich und sprachlich individuell anpassbar sein, um zielgruppenspezifisch eingesetzt werden zu können. Einheitliche Qualitätsstandards für ein digitales BGM liegen derzeit nicht vor, sodass die Qualität externer Angebote aufmerksam überprüft werden sollte.[10]

27.4 Zukunftsmodell Homeoffice

gesetzliche Regelungen

Nach aktuellem Stand[11] ist die Arbeit im Homeoffice eine rechtliche Grauzone mit vielen Unklarheiten hinsichtlich Haftung und Möglichkeiten der Gesundheitsförderung. Da die Arbeit im Homeoffice nicht mehr wegzudenken ist und als Zukunftsmodell (Froböse and Wallmann-Sperlich, 2021) gilt, ist es nur eine Frage der Zeit, bis gesetzliche Regelungen für das Homeoffice Rechtssicherheit bieten[12]. Mit ihnen wird sich die Wahrscheinlichkeit für eine produktive und gesundheitsförderliche Arbeitsumgebung erhöhen und Gefährdungen werden geringer werden (Wöhrmann & Ebner, 2021).

zielgruppenspezifisches BGM

Es bleibt die Herausforderung, die Arbeitsaufgabe zu identifizieren, für die, je nach Mitarbeitendem, Team und Profil, das Homeoffice der geeignete Arbeitsort ist. Sind Arbeitsaufgabe und -setting aber inkongruent, dann wird das beste Gesundheitsmanagement nicht für eine gesundheitsförderliche Arbeit sorgen können. Mit partizipativen Ansätzen kann ein innovatives BGM dabei unterstützen, eine gute Passung herzustellen und für das Homeoffice geeignete Aufgaben zu identifizieren und festzulegen.

Entgrenzung von Lebensbereichen und Rollenunklarheiten gehören zu den größten psychischen Belastungen für die Arbeit im Homeoffice. Durch bestehende soziale Strukturen ergeben sich daraus kurz- und langfristig Geschlechterungleichheiten. Für das BGM im Homeoffice bedeutet das, einen besonderen Fokus auf zielgruppenspezifische und geschlechtsspezifische Angebote zu legen.

10 Für die Qualitätsprüfung digitaler Gesundheitsanwendungen (DiGA) als Leistungen von Krankenkassen liegen bereits Kriterien vor, die vom Bundesamt für Arzneimittel und Medizinprodukte überprüft werden https://www.bfarm.de/DE/Medizinprodukte/Aufgaben/DiGA/_node.html und einer ständigen Weiterentwicklung unterliegen, wie sie z. B. von Health Innovation Hub durchgeführt werden https://hih-2025.de/about/

11 Herbst 2021

12 Was z. B. auch aus Sicht der Unfallversicherungsträger relevant ist und umfangreich diskutiert wird.

Homeoffice als Chance für innovatives BGM

Bei der Gestaltung von BGM-Maßnahmen für das Homeoffice ist zu beachten, dass Beschäftigte nicht persönlich bzw. weniger gut erreichbar sind und die persönliche Sichtbarkeit eingeschränkt ist. Deshalb ist die Selbstverantwortung für Gesundheit und Gesundheitskompetenz ein zentrales Thema für das BGM im Setting Homeoffice. Hier kann durch eine nachhaltige Veränderung von Verhalten, als integrativer Bestandteil aller BGM-Maßnahmen, ein entscheidender Beitrag geleistet werden. Im Sinne der Qualitätssicherung wird es verstärkt Aufgabe von BGM-Verantwortlichen sein, Maßnahmen dahingehend zu prüfen, dass die notwendigen Qualitätskriterien Planen, Verändern und langfristiges Umsetzen von gesundheitsförderlichem Verhalten erfüllt sind. Somit müssen Verhaltensänderungsprozesse mehr Raum bekommen. Trotz des Schwerpunkts der gesteigerten Selbstverantwortung gilt auch für das BGM im Homeoffice der Grundsatz: Die Verhältnisprävention sollte vor der Verhaltensprävention stehen. Nur unter gesunden Bedingungen können Menschen sich nachhaltig gesund verhalten (Klotter, 1999, p. 43).

Die Auseinandersetzung mit dem Thema BGM im Homeoffice führt dazu, bisherige BGM Konzepte zu überdenken. Gleichzeitig steckt darin die Chance, Konzepte weiterzuentwickeln, sie in den digitalen Arbeitsalltag gesundheitsförderlich einzubinden und dahingehend anzupassen, dass sie auch in Zukunft innovativ, individuell und flexibel sind.

Literatur

Alipour, J.-V., Falck, O. and Schüller, S. (2020) »Homeoffice während der Pandemie und die Implikationen für eine Zeit nach der Krise«, *ifo Schnelldienst*, 73(07), pp. 30–36.

Amler, N., Jakobi, C. and Schöffski, O. (2015) »Status Quo des betrieblichen Gesundheitsmanagements im Middle und Top Management«, *Ein systematischer Überblick. ASU–Z Arbeitsmed, Sozialmed, Umweltmed*, 5, pp. 354–361.

Backhaus, N. and Beermann, B. (2021) *Arbeiten von zu Hause und überall? Herausforderungen zeit- und ortsflexibler Arbeit aus Sicht des Arbeitsschutzes*. 6/2021.

Backhaus, N., Tisch, A. and Beermann, B. (2021) »Telearbeit, Homeoffice und Mobiles Arbeiten: Chancen, Herausforderungen und Gestaltungsaspekte aus Sicht des Arbeitsschutzes«. doi:10.21934/BAUA:FOKUS20210505.

Begerow, E. et al. (2020) »Homeoffice gesund gestalten – ein Überblick zu aktuellen Erkenntnissen«, (DGUV Forum 08/2020).

Bellmann, L. and Hübler, O. (2020) *Regeln für und steuerliche Förderung von Homeoffice: Stellungnahme des IAB zur schriftlichen Anhörung des Sozialausschusses des SchleswigHolsteinischen Landtags vom 16.11.2020*. IAB-Stellungnahme 15/2020. Nürnberg: Institut für Arbeitsmarkt- und Berufsforschung (IAB). Verfügbar unter: http://hdl.handle.net/10419/234312.

Bundesministerium für Wirtschaft und Energie (2015) *Industrie 4.0 und Digitale Wirtschaft. Impulse für Wachstum, Beschäftigung und Innovation*. Verfügbar unter: https://www.bmwi.de/Redaktion/DE/Publikationen/Industrie/industrie-4-0-und-digitale-wirtschaft.pdf%3F__blob%3DpublicationFile%26v%3D3 (abgerufen am 01.10.2021).

Bundesministerium für Wirtschaft und Energie (2016) *Gründbuch Digitale Plattformen*. Verfügbar unter: https://www.bmwi.de/Redaktion/DE/Publikationen/Digitale-Welt/gruenbuch-digitale-plattformen.pdf?__blob=publicationFile&v=32 (abgerufen am 20.12.2021).

Cascio, W.F. and Montealegre, R. (2016) »How Technology Is Changing Work and Organizations«, *Annual Review of Organizational Psychology and Organizational Behavior*, 3(1), pp. 349–375. doi:10.1146/annurev-orgpsych-041015-062352.

Cirillo, F. (2013) *The Pomodoro technique: Do more and have fun with time management*. FC Garage. Verfügbar unter: https://francescocirillo.com/pages/pomodoro-technique (abgerufen am 01.12.2021).

DAK (2021) *Ist der Trend zum Homeoffice gesundheitsförderlich? Ergebnisse einer Forsa-Studie der DAK*. 2452404. DAK. Verfügbar unter: https://www.dak.de/dak/download/studie-2452404.pdf (abgerufen am 29.11.2021).

DAK and IGES (2021) *Digitalisierung und Homeoffice in der Corona-Krise – Update -*. 2448800. DAK. Verfügbar unter: https://www.dak.de/dak/download/studie-pdf-2448800.pdf (abgerufen am 29.11.2021).

Dengler, K. (2019) *Substituierbarkeitspotenziale von Berufen und Veraenderbarkeit von Berufsbildern*. IAB Stellungnahme 2 2019. Verfügbar unter: https://doku.iab.de/stellungnahme/2019/sn0219.pdf (abgerufen am 23.09.2021).

Deutsche Gesetzliche Unfallversicherung (DGUV) (2021) *Arbeiten im Homeoffice – nicht nur in der Zeit der SARS-CoV-2-Epidemie*. FBVW-402. Verfügbar unter: https://publikationen.dguv.de/widgets/pdf/download/article/3925 (abgerufen am 20.12.2021).

Emmler, H. and Kohlrausch, B. (2021) »Homeoffice: Potenziale und Nutzung«, *Greenberger. Düsseldorf (WSI Policy Brief, 52)* [Preprint].

Felfe, J. et al. (2021) »Prävention auch in der Krise?–Bedeutung gesundheitsförderlicher Führung«, in *Fehlzeiten-Report 2021*. Springer, pp. 279–293.

Fogg, B.J. (2013) *Proceedings of the 4th International Conference on Persuasive Technology*. ACM Digital Library.

Franzkowiak, P. (2018) »Prävention und Krankheitsprävention«, *Leitbegriffe der Gesundheitsförderung und Prävention: Glossar zu Konzepten*, p. Strategien und Methoden. doi:10.17623/BZGA:224-I091-2.0.

Froböse, I. and Wallmann-Sperlich, B. (2021) *DKV-Report 2021*. 2021st edn. Verfügbar unter: file:///C:/Users/User/Downloads/DKV-Report-2021.pdf (abgerufen am 15.11.2021).

Großmann, U., Schiffler, A. and Schorlemmer, J. (in prep.) »Erwerbstätigkeit und sportlische Aktivität – Analysen anhand des Sozio-ökonomischen Panels (SOEP).«

Klotter, C. (1999) »Historische und aktuelle Entwicklungen der Prävention und Gesundheitsförderung–Warum Verhaltensprävention nicht ausreicht«, *Oesterreich, R./Volpert, W.(Hg.): Psychologie gesundheitsgerechter Arbeitsbedingungen. Bern*, pp. 23–61.

Klug, K., Felfe, J. and Krick, A. (2019) »Caring for Oneself or for Others? How Consistent and Inconsistent Profiles of Health-Oriented Leadership Are Related to Follower Strain and Health«, *Frontiers in Psychology*, 10, p. 2456. doi:10.3389/fpsyg.2019.02456.

Kraus, S., Grzech-Sukalo, H. and Rieder, K. (2020) »Mobile Arbeit – Home-Office, Dienstreisen, Außendienst – was ist wirklich belastend?«, *Zeitschrift für Arbeitswissenschaft*, 74(3), pp. 167–177. doi:10.1007/s41449-020-00214-x.

Kraus, S. and Rieder, K. (2019) »Mobilitätsbezogene Arbeitsbedingungen und interessierte Selbstgefährdung: Bedeutung für die psychische Gesundheit«, *Wirtschaftspsychologie*, 21, pp. 6–16.

Lehr, D. and Boß, L. (2019) »Occupational e-Mental Health – eine Übersicht zu Ansätzen, Evidenz und Implementierung«, in Badura, B. et al. (eds) *Fehlzeiten-Report 2019: Digitalisierung – gesundes Arbeiten ermöglichen*. Berlin, Heidelberg: Springer Berlin Heidelberg, pp. 155–178. doi:10.1007/978-3-662-59044-7_11.

Lott, Y. (2021) *Do employees always reciprocate homebased working with commitment? The role of blurring boundaries, trust and fairness*. WSI Working Paper.

Matusiewicz, D., Kardys, C. and Nürnberg, V. (eds) (2021) *Betriebliches Gesundheitsmanagement: analog und digital*. Berlin: Medizinisch Wissenschaftliche Verlagsgesellschaft.

Meier, R. (2009) *Zeitmanagement: Grundlagen, Methoden und Techniken*. GABAL Verlag GmbH.

Mojtahedzadeh, N. et al. (2021) »Gesundheitsfördernde Arbeitsgestaltung im Homeoffice im Kontext der COVID-19-Pandemie«, *Zentralblatt für Arbeitsmedizin, Arbeitsschutz und Ergonomie*, 71(2), pp. 69–74. doi:10.1007/s40664-020-00419-1.

Nürnberg, V. and Matusiewicz, D. (2021) »BGM analog und digital: eine Checkliste«, in Matusiewicz, D., Kardys, C., and Nürnberg, V. (eds) *Betriebliches Gesundheitsmanagement: analog und digital*. Berlin: Medizinisch Wissenschaftliche Verlagsgesellschaft, pp. 260–269.

Oettingen, G. and Kluge, L. (2009) »Kluges Zielsetzen durch Mentales Kontrastieren von Zukunft und Realität«, *Prävention – Intervention – Konfliktlösung: Pädagogisch-psychologische Förderung und Evaluation*. Edited by T. Iwers-Stelljes. Wiesbaden: VS Verlag für Sozialwissenschaften. Verfügbar unter: https://doi.org/10.1007/978-3-531-91702-3_15.

Pauls, N., Pangert, B. and Schüpbach, H. (2016) »Arbeitsbezogene erweiterte Erreichbarkeit, Gesundheit und Life-Domain-Balance–Stand der Forschung und Ausblick«, *Arbeit in komplexen Systemen–Digital, vernetzt, human*, 62.

Pilcher, J.J. and Morris, D.M. (2020) »Sleep and Organizational Behavior: Implications for Workplace Productivity and Safety«, *Frontiers in Psychology*, 11, p. 45. doi:10.3389/fpsyg.2020.00045.

Pohrt, A. et al. (2021) »Appreciation and job control predict depressive symptoms: results from the Study on Mental Health at Work«, *International Archives of Occupational and Environmental Health*, pp. 1–11.

Praeg, C.-P. and Bauer, W. (2017) »Vom Zukunftstrend zum Arbeitsalltag 4.0: Die Zukunft der Arbeit im Spannungsfeld von Work-Life-Separation und Work-Life-Integration«, in Jochmann, W., Böckenholt, I., and Diestel, S. (eds) *HR-Exzellenz: Innovative Ansätze in Leadership und Transformation*. Wiesbaden: Springer Fachmedien Wiesbaden, pp. 165–185. doi:10.1007/978-3-658-14725-9_10.

Röhrle, B. (2018) »Wohlbefinden/ Well-being«, *Leitbegriffe der Gesundheitsförderung und Prävention: Glossar zu Konzepten* [Preprint]. doi:10.17623/BZGA:224-I134-1.0.

Ruffault, A. et al. (2018) »Experimental investigation of decision-making processes in daily physically active behaviors using a virtual reality set-up«, August. Verfügbar unter: http://hdl.handle.net/2268/228128.

Rump, J. and Eilers, S. (2017) »Arbeit 4.0 – Leben und Arbeiten unter neuen Vorzeichen«, in Rump, J. and Eilers, S. (eds) *Auf dem Weg zur Arbeit 4.0: Innovationen in HR*. Berlin, Heidelberg: Springer Berlin Heidelberg, pp. 3–77. doi:10.1007/978-3-662-49746-3_1.

Schaeffer, D. et al. (2021) *Gesundheitskompetenz der Bevölkerung in Deutschland vor und während der Corona Pandemie: Ergebnisse des HLS-GER 2* [application/pdf]. Universität Bielefeld, Interdisziplinäres Zentrum für Gesundheitskompetenzforschung, p. 5180909 bytes. doi:10.4119/UNIBI/2950305.

Schorlemmer, J., Halbe-Haenschke, B. and Maguhn, R. (2018) »Digital durch die »Rushhour« des Lebens? Zusammenhänge zwischen Flexibilisierung der Arbeit, psychosomatischer Gesundheit und Work-Life- Balance. Und die Rolle von (digitalem) betrieblichem Gesundheitsmanagement (BGM)«, in Matusiewicz, D., Nürnberg, V., and Nobis, S. (eds) *Gesundheit und Arbeit 4.0 – Mitarbeitergesundheit im Kontext der neuen Arbeitswelt*, pp. 205–221.

Staar, H., Gurt, J. and Janneck, M. (2019) »Gesunde Führung in vernetzter (Zusammen-) Arbeit–Herausforderungen und Chancen«, in Badura, B. et al. (eds) *Fehlzeiten-Report 2019*. Springer, pp. 217–235.

Uhle, T. and Treier, M. (2019) *Betriebliches Gesundheitsmanagement: Gesundheitsförderung in der Arbeitswelt – Mitarbeiter einbinden, Prozesse gestalten, Erfolge messen*. Wiesbaden: Springer Fachmedien Wiesbaden. doi:10.1007/978-3-658-25410-0.

Ulich, E. and Wülser, M. (2018) *Gesundheitsmanagement in Unternehmen*. Wiesbaden: Springer Fachmedien Wiesbaden. doi:10.1007/978-3-658-18435-3.

Voß, G.G. and Pongratz, H.J. (1998) »Der Arbeitskraftunternehmer: Eine neue Grundform der Ware Arbeitskraft?«, *Kölner Zeitschrift für soziologie und sozialpsychologie*, 50(1), pp. 131–158.

Weber, A., Hörmann, G. and Ferreira, Y. (eds) (2008) *Psychosoziale Gesundheit im Beruf: Mensch, Arbeitswelt, Gesellschaft*. 1. Aufl., 1. Nachdr. Stuttgart: Gentner.

Wöhrmann, A. M. and Ebner, C. (2021) »Understanding the bright side and the dark side of telework: An empirical analysis of working conditions and psychosomatic health complaints«, *New Technology, Work and Employment* [Preprint].

Zhang, F. and Parker, S.K. (2019) »Reorienting job crafting research: A hierarchical structure of job crafting concepts and integrative review«, *Journal of Organizational Behavior*, 40(2), pp. 126–146. doi:10.1002/job.2332.

Zolg, S., Heiden, B. and Herbig, B. (2021) »Digitally connected work and its consequences for strain – a systematic review«, *Journal of Occupational Medicine and Toxicology*, 16(1), p. 42. doi:10.1186/s12995-021-00333-z.

Zucco, A. and Lott, Y. (2021) *Stand der Gleichstellung: Ein Jahr Corona*. WSI Report.

28 Psychische Belastung und Regeneration

Axel Telzerow

In den letzten Kapiteln wurden die gesundheitswissenschaftlichen Grundlagen, die Bedarfsbestimmung und Initiierung des BGM sowie die Prozesse und Evaluationsmöglichkeiten besprochen. Als ein Zukunftsthema des Betrieblichen Gesundheitsmanagements steht auch die langfristige Leistungsfähigkeit der Mitarbeitenden im Zentrum. Hierbei spielt nicht nur die physische Belastung eine Rolle, sondern zunehmend auch die psychische Belastung. Viele Unternehmen haben darauf reagiert und damit begonnen, die psychische Belastung der Mitarbeitenden intern verstärkt zu thematisieren und differenziert zu diskutieren.

In diesem Kapitel wird auf die psychische Belastung und Beanspruchung der Mitarbeitenden eingegangen, der Blickwinkel erweitert auf die Mitarbeiterunterstützungssysteme (EAP) und es werden verschiedene Lösungsmöglichkeiten aufgezeigt. Integrale Beratungsansätze lassen den Übergang von Business Coaching zum Life Coaching bis hin zu psychotherapeutischen Beratungen fließend erscheinen. Auch scheint die Digitalisierung viele Möglichkeiten für eine kundennahe Beratung zu ergeben. Und ein weiterer Aspekt wird in diesem Kapitel thematisiert: Durch die Corona-Pandemie und die entsprechenden Lockdown-Maßnahmen sowie die Intensivierung von Split Teams, des Homeoffice und eine vermehrte digitale Leistungserbringung kam es zusätzlich zu einer Verschärfung der psychischen Belastungen.

28.1 Einleitung

Im Fehlzeiten-Report der Krankenkassen konnte über den Zeitraum der letzten Jahre aufgezeigt werden, dass die psychische Belastung bzw. Beanspruchung sowie die entsprechenden Krankmeldungen aufgrund von psychischen Diagnosen zunehmen. Dieser Effekt ist sicherlich nicht auf die intensivierte Diagnostik, sondern auch auf die Arbeitssituation zurückzuführen. Es zeigte sich, dass die Belastung nicht nur im privaten und sozialen Umfeld zu finden war. Zu einer Belastung führten auch Aspekte wie Arbeit mit Zeitdruck, Arbeitsverdichtung, der (digitale) Umgang mit Kunden, agile Organisationen mit evtl. unklaren Aufgabenzuteilungen und fehlenden Vertretungen, Konkurrenz zwischen Beschäftigten, Mobbing, Mangel an Ressourcen sowie vermehrte Arbeitszeit und der Druck, sich permanent weiterqualifizieren zu müssen.

Burnout

Dementsprechend reagierte auch die Weltgesundheitsorganisation (WHO) und änderte den ICD-11 dahingehend, dass Burnout als Zusatzdiagnose ins Regelwerk aufgenommen werden konnte (WHO, 2020):

QD85 Burnout

»Burnout is a syndrome conceptualized as resulting from chronic workplace stress that has not been successfully managed. It is characterised by three dimensions: 1) feelings of energy depletion or exhaustion; 2) increased mental distance from one's job, or feelings of negativism or cynicism related to one's job; and 3) a sense of ineffectiveness and lack of accomplishment. Burn-out refers specifically to phenomena in the occupational context and should not be applied to describe experiences in other areas of life.«

Wichtig erscheint bei dieser Aufnahme ins Regelwerk, dass Burnout nicht als ein medizinischer Zustand definiert wird, sondern als ein arbeitsplatzbezogenes Phänomen. Deshalb wurde er auch in die Gruppe »Faktoren, die den Gesundheitszustand beeinflussen« aufgenommen. Die Definition des Burnouts am Arbeitsplatz erscheint nicht klar abgrenzbar von den klinischen Diagnosen wie Anpassungsstörung und Depression. Deshalb besteht die Gefahr, dass andere Gesundheitszustände verallgemeinert werden könnten.

Die einzelnen Punkte lassen sich wie folgt gliedern:

- Gefühle von Energieschwund oder Erschöpfung
- erhöhte mentale Distanz zum Beruf oder Gefühle von Negativismus oder Zynismus in Verbindung mit dem Beruf
- reduzierte professionelle Effizienz.

Schwierig erscheint hierbei eine Messbarkeit der beschriebenen Punkte in Bezug auf das Individuum bzw. die Organisation. Das heißt, es ist schwierig, einzugrenzen, welche Einflüsse die oben beschriebenen Phänomene in welcher Wechselwirkung verursachen.

Merken Sie sich bitte: !

Burnout

Burnout ist eine Zusatzdiagnose und gilt als ein arbeitsplatzbezogenes Phänomen, das den Gesundheitszustand beeinflusst.

28.2 Psychische Belastung und Beanspruchung

Um zu verstehen, wie die Umwelt auf den Menschen einwirkt, kann das Modell der Belastungen und Beanspruchungen genutzt werden. Als psychische Belastung ist die Gesamtheit aller erfassbaren Einflüsse, die von außen auf den Menschen zukommen und psychisch auf ihn einwirken, definiert. Diese sind multifaktoriell abhängig von der

Arbeitsaufgabe, den Arbeitsmitteln, der Arbeitsumgebung, der Arbeitsorganisation sowie dem Arbeitsplatz. Im Gegensatz dazu gilt als psychische Beanspruchung die unmittelbare Auswirkung der psychischen Belastung auf das Individuum in Abhängigkeit von den eigenen überdauernden augenblicklichen Voraussetzungen einschließlich der individuellen Bewältigungsstrategien.

Belastung und Beanspruchung

Das heißt, dass Menschen, die die gleiche psychische Belastung erfahren, eine unterschiedliche psychische Beanspruchung aufgrund ihrer eigenen Konstitution haben können.

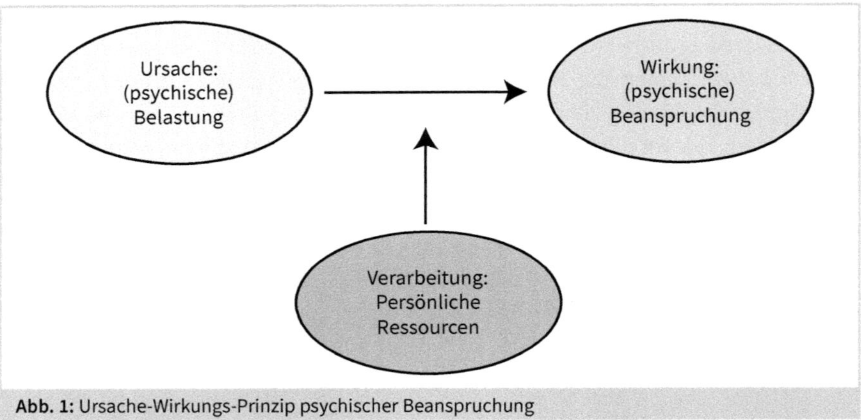

Abb. 1: Ursache-Wirkungs-Prinzip psychischer Beanspruchung

In dem Belastungen-Beanspruchungsmodell geht es vor allem darum, dass von außen die Belastung durch die Arbeit, die Arbeitsumgebung, die Arbeitsorganisation, aber auch den Arbeitsplatz erfolgt. Natürlich spielen Dauer, Stärke und Verlauf der Belastung eine Rolle. Beeinflusst wird dies durch persönliche Ressourcen wie zum Beispiel erlernte Fähigkeiten und Fertigkeiten, Erfahrungen, Kenntnisse, Einstellungen und auch Resilienz. Hinzu kommen noch wenig beeinflussbare Größen wie z. B. Alter, Geschlecht, die Konstitution sowie der Gesundheitszustand der Betroffenen.

Der Übergang von einer bloßen Aktivierung zu einer erhöhten Beanspruchung kann fließend geschehen: Initiale Belastungen können aktivierend und auch fördernd sein, jedoch langfristig adverse Effekte verursachen wie z. B. psychische und somatische Beschwerden, die dann in erhöhte Fehlzeiten, eine vermehrte Fluktuation und Frühverrentung münden könnten.

Die Verbindung von physischem und psychischem Stress konnten in den Neurowissenschaften nachgewiesen werden. Während vor allem kurzfristige Impulse keine wesentliche Veränderung bzw. Schädigungen herbeiführen konnten, war dies anders durch chronischen Stress, der als ursächlich für neuroanatomische Veränderungen sowie auch für eine Änderung der Hormonspiegel nachgewiesen werden konnte.

Stress kann zu Müdigkeit, Gereiztheit und Schlafproblemen etc. führen und eben dadurch zu weniger Erholung und einer dauerhaften Aktivierung bis hin zur Erschöpfung. Als eine weitere Auswirkung wären kardiovaskuläre und Stoffwechselerkrankungen zu nennen.

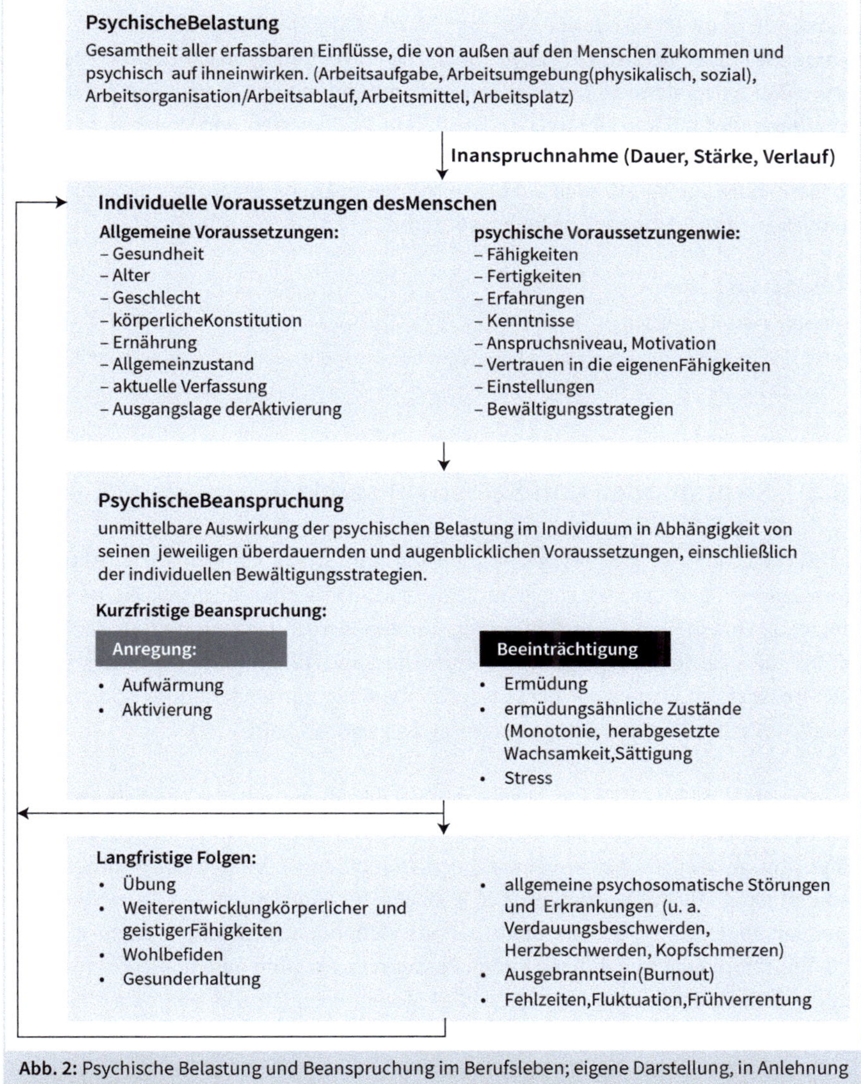

Abb. 2: Psychische Belastung und Beanspruchung im Berufsleben; eigene Darstellung, in Anlehnung an BAuA, 2022, S. 11

Grundlage für die Eingruppierung der psychischen Belastung (vgl. Abbildung 2) ist im betrieblichen Setting die Gefährdungsbeurteilung Psyche, die auf organisationaler, gruppen- oder individueller Ebene mittels Fragebogen, Beobachtungsinterviews oder moderierten Workshops erhoben werden kann. Wichtig erscheinen die Schritte: Tätigkeiten und Bereiche festlegen, Belastungen ermitteln und beurteilen, Maßnahmen entwickeln und durchführen sowie die Wirksamkeit prüfen und die Gefährdungsbeurteilung fortschreiben und dokumentieren.

psychische Gefährdungsbeurteilung

Eine mittlerweile größere Verbreitung haben auch Mitarbeiterunterstützungsprogramme (Employee Assistance Programs; kurz: EAP), die Mitarbeitende und Unternehmen vor allem in Bezug auf psychologische Fragestellungen ganzheitlich beraten. So werden beispielsweise bei intrapersonalen Konflikten oft bis zu fünf Beratungen angeboten und bei interpersonalen Konflikten Mediationen und Coachings. Die gesamtheitliche Beratung der Unternehmen durch externe Ressourcen kann somit sowohl auf individueller als auch auf organisationaler Ebene ergänzend und neutral im Hinblick auf ihre Erbringung gesehen werden.

!

Merken Sie sich bitte:

Belastung-Beanspruchung

Belastung ist nicht gleich Beanspruchung, sondern von individueller Kompetenz und Fähigkeiten abhängig.

28.3 Stressmodell und Selbstwirksamkeit

Stressmodell nach Lazarus

Zur Betrachtung der psychischen Dimension von Stress kann das transaktionelle Stressmodell nach Lazarus gut genutzt werden, da es eben auch auf die Belastung (Ursache), Verarbeitung bzw. Bewertung und die Beanspruchung (Wirkung) eingeht. Gemäß diesem Modell erfolgt eine mehrfache Bewertung: Initial die Interpretation des Stressors, im weiteren Prozess werden dann die vorhandenen Ressourcen analysiert, um schließlich Bewältigungsstrategien zu entwickeln.

Wir sind stets äußeren Reizen ausgesetzt, da wir in und mit der Umwelt interagieren. Über unsere Sinnesorgane nehmen wir die Umwelt wahr und interpretieren sie als positiv, gefährlich oder irrelevant. Im weiteren Schritt werden die Wahrnehmung und erste kognitive Bewertungen z. B. in Bezug auf Fähigkeiten und Kenntnisse miteinander abgeglichen, um sie dann bei ausreichenden Ressourcen zu verarbeiten (z. B. Routinetätigkeiten). Bei fehlenden Ressourcen entsteht eine Überforderung und Coping-Strategien werden eingesetzt. Das Modell nach Lazarus kann als eine Lernschleife gesehen werden, da bei erfolgreichen Coping-Strategien die nächste primäre Bewertung an den Stressor angepasst werden kann. Wichtig erscheint hierbei, dass die Coping-Strategien konstruktiv und gesundheitserhaltend erscheinen.

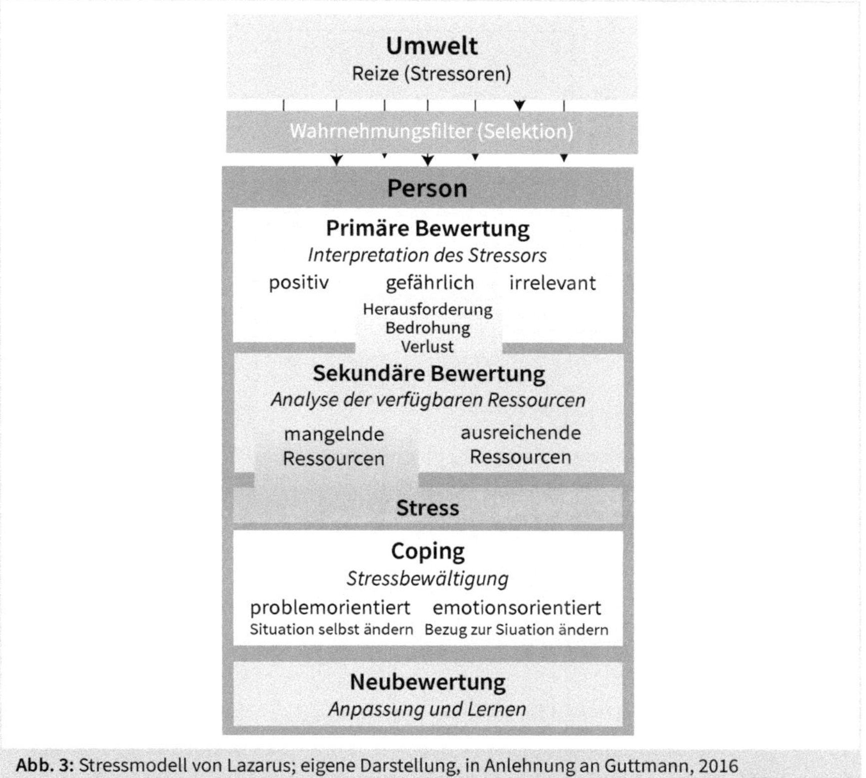

Abb. 3: Stressmodell von Lazarus; eigene Darstellung, in Anlehnung an Guttmann, 2016

Salutogenese nach Antonovsky

Zusätzlich bringt ein salutogenetischer Ansatz nach Antonovsky im betrieblichen Setting die Möglichkeit, um nach Faktoren zu fragen und zu suchen, die das Wohlbefinden der Mitarbeitenden möglichst aufrechterhalten und unterstützen. Hierbei geht es vor allem darum, ein sog. Kohärenzgefühl zu entwickeln, das sich aus Verstehbarkeit, Handhabbarkeit und auch Sinnhaftigkeit ableitet. Diese verschiedenen Fähigkeiten stehen in einer hohen Wechselwirkung zueinander: Es geht darum, Zusammenhänge zu verstehen sowie die Überzeugung zu entwickeln, das Leben gestalten und ihm eine Bedeutsamkeit zuschreiben zu können. Wenn die eigene Fähigkeit erkannt wird, Herausforderungen zu lösen und zum Positiven zu verändern, mündet dies in ein positive Selbstwirksamkeitserwartung.

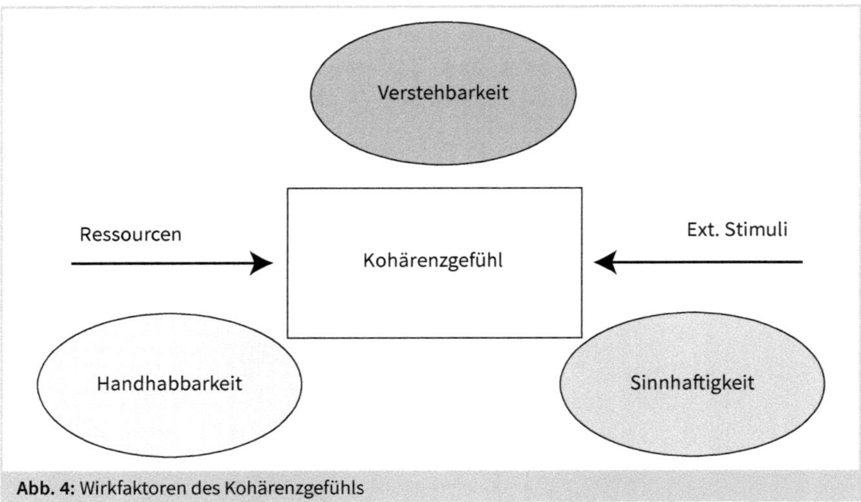

Abb. 4: Wirkfaktoren des Kohärenzgefühls

!

Merken Sie sich bitte:

Selbstwirksamkeitserwartung bedeutet, die innere optimistische Einschätzung eigener Handlungsmöglichkeiten zu haben, dass man schwierige oder herausfordernde Situationen aus eigener Kraft heraus meistern kann.

28.4 Need for Recovery

Das Erholungsbedürfnis (Need for Recovery) am Ende des Arbeitstages kann als eine individuelle Leistungsfähigkeit beschrieben werden. Dieses Bedürfnis äußert sich in einem vorübergehenden Gefühl von Überlastung, Gereiztheit, dem Wunsch, in Ruhe gelassen zu werden, Energiemangel und Leistungsabfall (Veldhoven et al., 2003). Permanente Überlastungen und der Mangel an Erholungsphasen können zu psychosomatischen Erkrankungen führen (Kopfschmerzen, Muskelschmerzen etc.). Erholungen können nicht aufgeschoben werden, sondern werden nach dem jeweiligen Arbeitstag benötigt. Der Need for Recovery besteht aus insgesamt elf Fragen, die mit JA oder NEIN beantwortet werden können und somit Hinweise auf die Arbeitsbelastung geben:

Self-Assessment

1. Es fällt mir schwer, mich am Ende eines Arbeitstages zu entspannen.
2. Am Ende des Arbeitstages fühle ich mich wirklich erschöpft.
3. Aufgrund meiner Arbeit fühle ich mich am Ende des Arbeitstages ziemlich erschöpft.
4. Nach dem Abendessen fühle ich mich im Allgemeinen gut in Form.
5. Generell fühle ich mich erst ab dem zweiten arbeitsfreien Tag entspannt.

6. In meiner Freizeit nach der Arbeit fällt es mir schwer, mich zu konzentrieren.
7. Wenn ich von der Arbeit nach Hause komme, fällt es mir schwer, mich auf andere einzulassen.
8. In der Regel brauche ich mehr als eine Stunde, bis ich mich nach der Arbeit vollständig erholt fühle.
9. Wenn ich von der Arbeit nach Hause komme, muss ich eine Weile in Ruhe gelassen werden.
10. Oft fühle ich mich nach einem Arbeitstag so müde, dass ich mich nicht auf andere Aktivitäten einlassen kann.
11. Ein Gefühl der Müdigkeit hindert mich am Ende eines Arbeitstages daran, meine Arbeit so gut zu erledigen, wie ich es normalerweise tun würde.

Für jede mit JA beantwortete Frage wird ein Punkt vergeben (Ausnahme die vierte Frage, bei der NEIN ein Punkt ergibt). Falls insgesamt mehr als 6 Punkte erreicht werden, ergibt sich die Notwendigkeit, Maßnahmen einzuleiten.

28.5 Balancemodell

Balancemodell nach Peseschkian

Um unterschiedliche Lebensbereiche zu integrieren und um einen Perspektivenwechsel und eben dadurch eine bessere Introspektion und Integration zu ermöglichen, entwickelte Nossrat Peseschkian im Rahmen der positiven und transkulturellen Psychotherapie das Balance-Modell, in dem vier Lebensbereiche unterschieden werden: Körper-Gesundheit, Beruf-Leistung, Zukunft-Sinn sowie Beziehung-Kontakt (DGPP).

Einem ressourcenorientierten Ansatz folgend geht es nicht um Widersprüche und Konflikte, die es zu überwinden gilt, sondern um einen angemessenen Umgang und eine Ausgewogenheit der unterschiedlichen Bereiche, die in wechselseitiger Abhängigkeit zueinanderstehen. Eine zu einseitige Belastung führt zu einer übermäßigen Beanspruchung. Kurzfristig kann dies oft kompensiert werden, aber längerfristig können die Einschränkungen in den anderen Bereichen limitierend bzw. sogar schädigend sein. Die Trennung der Lebensbereiche dient vor allem einer grafischen Aufbereitung und damit der Visualisierung. Die wechselseitige Abhängigkeit ist in einer tiefergehenden Betrachtung erkennbar: Die Arbeit beispielsweise besteht nicht nur aus Leistung, sondern auch aus sozialen Kontakten oder es eine familiäre Beziehung kann zur Leistung werden, wenn Angehörige versorgt oder gepflegt werden müssen. Auch Sport kann bei einer zu großen Ergebnisorientierung zu Leistungsdruck führen. Ausgehend vom Zeit- und Energieaufwand und annehmend, dass man nur 100 Prozent zur Verfügung hat, erfolgt eine Verteilung auf die vier verschiedenen Lebensbereiche: Durch die entstehende Raute kann die Ausrichtung optisch dargestellt werden. Die Schwerpunktsetzung erfolgt alters- und lebenssituationsabhängig.

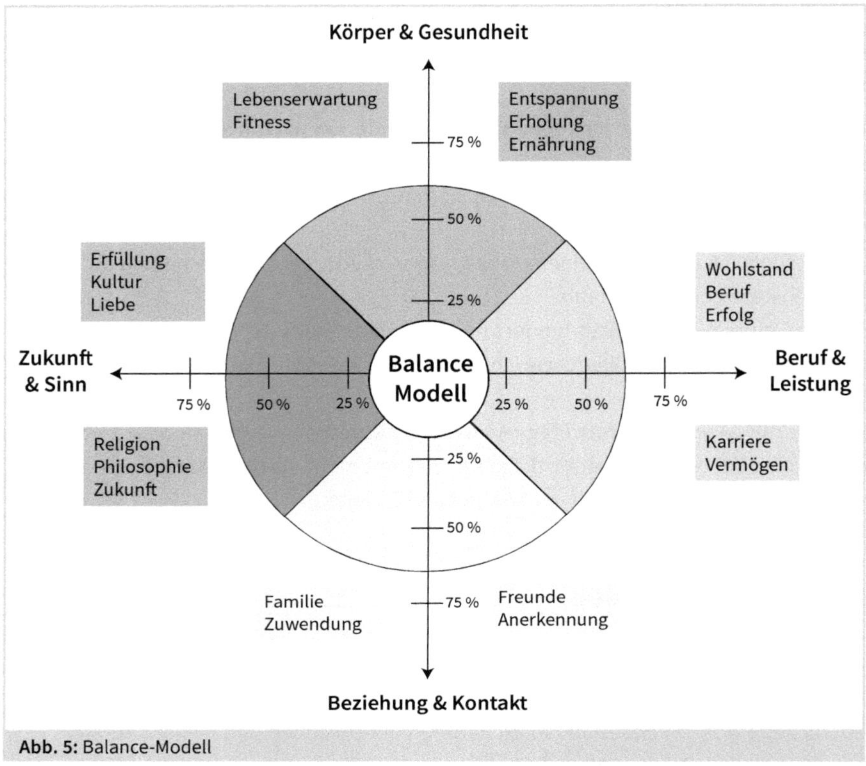

Abb. 5: Balance-Modell

!

Merken Sie sich bitte:

Steigerung der Introspektion

Es gibt viele Modelle und Werkzeuge, um die Introspektion zu erhöhen. Wichtig erscheint, dass Mitarbeitende befähigt werden, diese als Möglichkeit zu sehen und auch zu nutzen.

28.6 Regeneration

Um nicht nur kurzfristig, sondern auch langfristig im Arbeitsleben erfolgreich und vor allem gesund zu sein, ist eine angemessene Erholung notwendig. So können Ressourcen geschützt werden. Im Rahmen der Digitalisierung und Transformation der Arbeit kommt es zu einer zunehmenden zeitlichen Flexibilisierung und räumlichen Mobilität. Hierdurch können sich die Grenzen zwischen einzelnen Lebensbereichen auflösen bzw. eine klare Trennung von Arbeit und Freizeit kann nicht erfolgen: E-Mails vom Smartphone, Telefonate von zu Hause, Homeoffice/Teleworking, kurzfristige Terminierungen – um nur einige Beispiele zu nennen. Zusätzlich erscheint eine zunehmende, komparative (Selbst-)Optimierung in vielen Lebensbereichen verstärkt Einzug zu halten, denn dies scheint die richtige individuelle Antwort in einer VUCA-Welt mit ihrer Unsicherheit und wechselseitiger Dynamik zu sein. Eine Daueraktivierung kann aber zu einer Dysregulation in Psyche und Körper führen.

Wörtlich bedeutet der Begriff Regeneration »Wiedererzeugung«. Im medizinischen Sinne kann diese vollständig (restitutio ad integrum) oder unvollständig (reparatio) sein. Der Begriff wird kontextabhängig genutzt: in der Physiologie als die Wiederherstellung eines Gleichgewichtes, im Sport als Erholung nach körperlicher Anstrengung und psychisch als eine Entspannung nach Anstrengung. Wichtig erscheint in der Betrachtung zu sein, dass die Regeneration nicht über längere Zeiten aufgeschoben werden kann, sondern belastungs- und beanspruchungsabhängig ist. Den Menschen als ein bio-psycho-soziales Wesen zu erfassen, ist entscheidend, da eben die verschiedenen Bereiche wechselseitig voneinander abhängig sind. Auch ist Regeneration nicht nur ein Standardschema, sondern hoch-individuell, da eben auf die eigenen Bedürfnisse adäquat eingegangen werden kann.

zeitnahe Regeneration

Generell können einige Punkte aufgelistet werden, die eine Regeneration fördern:

- Anstatt weiter einen arbeitszentrierten Blick zu haben, wäre es sinnvoll, Hobbys zu verfolgen und auch Sport zu machen, also Tätigkeiten auszuüben, von denen man subjektiv profitiert.
- Die (einseitigen) Anforderungen, die durch die Arbeit entstehen, sollten möglichst in der Freizeit vermieden werden, z. B. Wechsel von geistiger zu körperlicher Tätigkeit bzw. anders herum.
- Zeit für Abschalten planen und versuchen, dass eben die verschiedenen Lebensbereiche, wie im Balancemodell aufgezeigt, nicht zu sehr vermischt werden. Quasi nach dem Motto: Stets den Fokus auf die eigentliche Tätigkeit zu richten. Multitasking scheint eher mehr Ressourcen zu benötigten.
- Urlaube und Freizeiten nicht als eine Unterbrechung der Arbeit wahrnehmen, sondern als Ressource in sich, d. h. eben auch in den arbeitsfreien Zeiten nicht zu (digital) zu arbeiten.
- Die Erholungseffekte von Urlauben wirken oft nur ein bis zwei Wochen und sind eher unabhängig von der Länge des Urlaubs. Somit erzeugen mehrere Kurzurlaube mehr Regeneration als ein langer Urlaub.
- Erholung scheint auch in der Balance von Aktivierung und Entspannung zu liegen.
- Da Regeneration nicht nur körperlich, sondern auch psychisch und sozial ist, sind soziale Bindungen eben für diesen Aspekt auch wichtig.

Die (arbeits-)medizinischen und (arbeits-)psychologischen Erkenntnisse werfen die Frage auf, wie eine langfristige Gesundheit und ein produktives Gleichgewicht nicht nur am Arbeitsplatz, sondern auch im privaten Leben aufrechterhalten werden kann. Eben durch das Verschwimmen von Grenzen und einen Anspruch von steter (Selbst-)Optimierung und lebenslangem Lernen entsteht die Herausforderung, Zeiten und

Orte zur Regeneration und zum Ressourcenaufbau zu definieren und zu entwickeln. In dieser Diskussion wird häufig die individuelle Optimierung angesprochen: beispielsweise wie ausreichender Schlaf erreicht, möglichst gesundes Essen hergestellt und der Körper altersadjustiert trainiert wird. Es kann der Eindruck entstehen, dass die Lösung der VUCA-Welt und der organisationalen Herausforderungen die individuelle Anpassung und Optimierung ist. Das heißt, dass Diskussionen über Rahmenbedingungen durch Anleitungen zur Lebenshaltung ersetzt werden. Dieser Ansatz ist auch erkenntlich, wenn es um Verbesserungen im privaten Lebensbereich geht: Es geht nicht nur um Entspannung oder Sport etc. und damit um Regeneration, sondern in dem Ansatz ist gleichzeitig inhärent die Aufforderung einer Performance-Optimierung.

Beispiel

Entspannung im Alltag
Wenn Mitarbeitende unter einem zunehmenden Performance-Druck stehen, dann kann bei einer starken Leistungsorientierung im Privaten, z. B. beim Sport, dieser verschärft werden. Jedoch sind Entspannungstechniken nicht für alle geeignet, da sie evtl. zu diametral zur längerfristigen Leistungserbringung stehen. Deshalb ist eine individuelle Betrachtung wichtig.

Die individuelle Erholung und Regeneration hängen mit den individuellen Bewältigungsstrategien, aber auch mit der Arbeitsbelastung und der entsprechenden Beanspruchung zusammen. Durch eine langfristig zu hohe Belastung und Beanspruchung können sich die Ressourcen reduzieren. Unternehmen haben die Möglichkeiten mit EAPs, innerbetrieblichen Kursen zur Gesundheitsförderung, Ruheräumen, klaren Pausen- und Überstundengestaltungen, Maßnahmen zur Erreichbarkeit und auch Arbeitsplatzgestaltung zu unterstützen. Dennoch bleibt immer noch eine Eigenverantwortung beim Mitarbeitenden, die eben durch eine vermehrte Achtsamkeit z. B. auf Schlafhygiene, Ernährung, Bewegung etc. Einfluss nehmen können. Den Fokus darauf zu richten, dass man seine Zeit nicht immer sinnvoll nutzen und nicht immer planen oder optimieren musss, scheint ein erster Schritt zu sein.

Literaturverzeichnis

Bundesanstalt für Arbeitsschutz und Arbeitsmedizin (BAUA) (Hrsg.) (2022): Psychische Belastung und Beanspruchung im Berufsleben.

Erkennen – Gestalten. https://www.baua.de/DE/Angebote/Publikationen/Praxis/A45.pdf?__blob=publicationFile (abgerufen am: 15.01.2022).

BZGA: Was erhält Menschen gesund? Antonovskys Modell der Salutogenese https://www.bzga.de/infomaterialien/fachpublikationen/forschung-und-praxis-der-gesundheitsfoerderung/band-06-was-erhaelt-menschen-gesund-antonovskys-modell-der-salutogenese/ (abgerufen am: 15.01.2022).

Deutsche Gesellschaft für Positive und Transkulturelle Psychotherapie (DGPP): Das Balance-Modell: https://dgpp.positum.org/methode/balancemodell/ (abgerufen am: 15.01.2022).

Guttmann, Philipp (2016): Stressmodell von Richard Lazarus: https://de.wikipedia.org/wiki/Stressmodell_von_Lazarus. Zuletzt geprüft am 23.01.2022.

Kommunale Unfallversicherung Bayern / Bayrische Landesunfallkasse (Hrsg.): Wissensplattform: Gefährdungsbeurteilung psychischer Belastung. https://kuvb.de/fileadmin/daten/dokumente/GBI/Arbeitspsychologie/Gefaehrdungsbeurteilung/GUV-X-99985.pdf (abgerufen am: 15.01.2022).

World Health Organisation (WHO): ICD-11 for Mortality and Morbidity Statistics: QD85 Burnout. https://icd.who.int/browse11/l-m/en#/http://id.who.int/icd/entity/129180281 (abgerufen am: 15.01.2022).

Van Veldhoven M, Broersen S. (2003) Measurement quality and validity of the «need for recovery scale«. Occup Environ Med, 60 (1 Suppl), 3 -9.

Wikipedia: Stressmodell nach Lazarus. https://de.wikipedia.org/wiki/Stressmodell_von_Lazarus (abgerufen am: 15.01.2022).

29 Agilität und Betriebliches Gesundheitsmanagement

Martin Lange, Sven Adomat, David Matusiewicz

Die digitale Transformation durchdringt seit Jahren zunehmend die Gesellschaft und beeinflusst gleichzeitig Strukturen und Prozesse ganzer Organisationen. Die Ausbreitung von Sars-Cov-2-19 wirkte in diesem Zusammenhang wie ein Brandbeschleuniger und führte dazu, dass selbst in noch so digital-aversiven Betrieben softwarebasierte Lösungen implementiert wurden. Das vorher Undenkbare – wie beispielsweise Arbeit von zu Hause aus – ist plötzlich möglich. Im Zuge der digitalen Transformation wird vor allem den agilen Arbeitsmethoden der Weg geebnet. Immer mehr Unternehmen führen agile Arbeitsweisen ein oder setzen sich mit diesen auseinander. Doch während Unternehmen in ihrer Arbeitsweise agiler und dynamischer werden, bleibt das Betriebliche Gesundheitsmanagement (BGM) weiterhin sehr strukturiert und prozessbehaftet, flankiert von Gesetzen und Regularien. Damit ist das BGM für agile Unternehmen nicht obsolet oder weniger gut umsetzbar. Vielmehr ist es nun notwendig, BGM agil zu denken und mit Blick auf die Haltung ein agiles Mindset zu etablieren. In diesem Beitrag wird ein konzeptioneller Aufschlag für ein agiles BGM unternommen. Dazu werden zunächst die grundlegenden Aspekte der Agilität und seiner Prinzipien vorgestellt (Kapitel 29.2). Anschließend wird ein Transfer zur praktischen Realisierung von agilem BGM (Kapitel 29.3) geschlagen.

29.1 Einleitung

dauerhafte Veränderungen der Arbeitswelt

Die derzeitigen Entwicklungen der Globalisierung, der Vernetzung und der Digitalisierung zeigen sich in starken gesamtgesellschaftlichen Veränderungen. Smartphones, ständige Erreichbarkeit und der orts- und zeitunabhängige Zugriff auf Informationen sind aus dem privaten wie auch beruflichen Leben nicht mehr wegzudenken. Veränderungen sind ein natürlicher Bestandteil unseres gesellschaftlichen Lebens, des technologischen Fortschritts und der Evolution, und doch stellen große Anpassungen Menschen vor enorme Herausforderungen. Vor allem im Kontext der Arbeit ist Wandel ein genuiner und ubiquitärer Bestandteil (Bartonitz et al., 2018; Ehmann, 2019), der jedoch in der Vergangenheit mehr ein Schattendasein pflegte. Heutzutage steht der Wandel der Arbeitswelt unmittelbar im Fokus. Digitale Technologien und die damit einhergehende digitale Transformation verändern Produktionsabläufe, Arbeitsprozesse und die Art und Weise, wie Menschen miteinander arbeiten und leben (Work-Life-Balance). Es ist folglich eine systemverändernde Zäsur, die vor allem die Rolle der Arbeit gänzlich verändert. Heutzutage ist es nicht mehr von Interesse, von wo aus

Menschen arbeiten, sondern dass sie arbeiten und ein vereinbartes Ziel, ein Ergebnis, eine Leistung oder ein Produkt erzeugen (vgl. Kapitel 25 und 27).

Die Auswirkungen der Arbeitswelt lassen sich nach verschiedenen Ebenen systematisieren, die interdependent miteinander verknüpft sind, jedoch über unterschiedliche Ausprägungsmerkmale verfügen (Steuck, 2019b). Hierzu gehören

- die Ebene des Marktes: Spontane Dynamiken und Entwicklungen der Wirtschaftsmärkte oder Branchen nehmen durch technologische Entwicklungen zu. Diese erzeugen Marktbedürfnisse und wirken unmittelbar auf die Organisation.
- die Ebene der Organisation: Die Organisation reagiert entsprechend ihrer Ressourcen und Kompetenzen auf die Marktbedürfnisse. Gleichzeitig ergibt sich der Handlungsrahmen einer Organisation aus der Befähigung und den Potenzialen der Ressource Mensch (Mitarbeiter, Unternehmenskultur, Haltung, Kompetenzen usw.).
- die Ebene des Individuums: Auf der Ebene der Mitarbeiter werden Einflussfaktoren wie die Demografie, das Kompetenzspektrum, die Haltung und das Mindset sowie kulturelle Dynamiken gebündelt. Mitarbeiter stehen damit im Zentrum einer Organisation.

Umgang mit Veränderung

Das Zusammenspiel von Markt, Organisation und Mensch ist entscheidend für den nachhaltigen Erfolg eines Unternehmens. Schnelle Anpassungen an Marktveränderungen wie der Aufbau einer Social-Media-Plattform, eine Umstellung auf digitale Verkaufsangebote oder die digitale Kommunikation mit Kunden erfordern Wissen und Kompetenz der Organisation und ihrer Mitarbeiter. Die Reaktion auf eine plötzliche Umstellung von Präsenzarbeiten auf digitale Arbeitsweisen verlangt eine positive Fehlerkultur und proaktive Einstellung zu neuen Technologien und die Bereitschaft, etablierte Arbeitsprozesse zu verändern.

Der Fortschritt und die Dynamik von Veränderungen sind als einzige Komponenten nicht veränderbar, der Umgang mit Veränderung allerdings schon. In der Vergangenheit zeigten sich zahlreiche Beispiele, wo Veränderung funktioniert hat und wo genau nicht. So schaffte die bis 2015 traditionell strukturierte Bank ING die Transformation zu einer reinen Onlinebank. Adidas hat seine Organisationsstrukturen aufgeweicht und setzt mit agilen Methoden direkt auf der Führungsebene an. Dabei sollen Innovationszyklen schneller durchlaufen werden und der Wandel dauerhaft präsent sein. Dieses radikale Umdenken und Lösen von tradierten, festgemauerten Strukturen erfordert viel Energie, Disziplin und ständige Selbstreflexion. Auf eben diese Eigenschaften wurde bei Unternehmen wie Toys R Us oder Thomas Cook nicht ausreichend gesetzt.

Wechselspiel von Organisation und Belegschaft

Unternehmen sind nunmehr gezwungen, sich schnellstmöglich an die Veränderungen des Marktes anzupassen. Anpassungsfähigkeit und Geschwindigkeit sind nunmehr wichtige Kernkompetenzen, die häufig innerhalb des Konstrukts der Agilität (vgl. Kapitel 29.2) subsumiert werden. Die Fähigkeit, agil auf Veränderungen zu reagieren, ist jedoch nicht nur eine organisationale Komponente, sondern sie ergibt sich vielmehr durch das Mindset (Haltung) aller Mitarbeitenden einer Organisation. Konkret bedeutet dies, dass eine agile Organisation eine agil agierende und denkende Belegschaft in einer Umgebung mit agilen Strukturen und Prozessen beschäftigt.

trügerischer Gegensatz

Auf den ersten Blick stehen Agilität oder ein agiles Mindset diametral entgegengesetzt zu Konstrukten wie Struktur, Stabilität und Sicherheit – Konstrukte, die die Unternehmenskultur in den vergangenen Jahrzehnten stark geprägt und das Miteinander sozialisiert haben. Bei genauerer Betrachtung zeigt sich jedoch, dass Agilität als eine Haltung und Methode, Veränderungen zu bewältigen, den Struktur- und Stabilitätsgedanken ergänzt. Es ist damit eine organisationale und individuelle Fähigkeit, mit Widrigkeiten und disruptiven Situationen umzugehen.

Während Agilität im Rahmen von Transformationsprozessen oder Führung zunehmend praktische Bedeutung in den Unternehmen erlangt, fehlt bislang eine Verknüpfung mit dem Betrieblichen Gesundheitsmanagement (BGM). Aus einer Gesundheitsperspektive heraus betrachtet, ergeben sich durch den Übertrag einer agilen Haltung drei wesentliche Kernaspekte mit hoher praktischer Relevanz:

- Agilität als Ressource für das Individuum: Aufgrund der Befähigung im Umgang mit Widrigkeiten durch schnelle, proaktive Anpassungen ergibt sich ein reduziertes Stresserleben einerseits und eine verbesserte Widerstandsfähigkeit andererseits. Disruptive und veränderte Situationen wirken weniger stark negativ auf die psychophysische Gesundheit.
- Agilität als organisationale Kompetenz: Agile Organisationen gestalten Veränderungen proaktiv mit, (re-)agieren flexibel und begegnen Herausforderungen positiv. Sie bilden damit ein positives Arbeitsumfeld und kreieren dynamischere und kollegialere Sozialstrukturen als hierarchisch geführte Unternehmen.
- Agilität als Grundhaltung für das BGM: Sind Arbeitsprozesse und Teamstrukturen agil, kann ein stark strukturiertes und systemisch-prozessorientiertes BGM kontraproduktiv wirken und eine »falsche« Sicherheit suggerieren. Ein agiles BGM ist Grundlage der Unternehmenskultur (Menschenzentriert) und genuiner Bestandteil aller strategischen Entscheidung. Operativ passt es sich den individuellen und organisationalen Gegebenheiten an, ohne Verletzung der BGM-Systematik.

agile Unternehmen brauchen agiles BGM

BGM unterstützt kontinuierlich und systematisch dabei, die Gesundheit von Mitarbeitern aufrechtzuerhalten, zu fördern und wiederherzustellen (vgl. Kapitel 6). Doch während Unternehmen stets agiler und dynamischer werden, bleibt das BGM weiterhin sehr strukturiert und prozessbehaftet, flankiert von Gesetzen und Regularien. Damit ist BGM für agile Unternehmen nicht obsolet oder weniger gut umsetzbar. Vielmehr ist es notwendig, BGM agil zu denken und mit Blick auf die Haltung ein agiles Mindset zu etablieren. Ansätze und Interventionen sollten vermehrt agile Arbeitssettings berücksichtigen. In einem weiteren Schritt sind dann die klassischen Elemente eines BGM-Systems wie bspw. die Zielfestlegung, der PDCA-Zyklus und der Managementansatz mit agilen Prinzipien zu verknüpfen. Danach können Ansätze und Interventionen im konkreten Setting – wie bspw. im Homeoffice oder in der kollaborativen Arbeit – implementiert werden. All dies geschieht selbstorganisiert, im selbst gewählten Tempo und vor allem unternehmensspezifisch.

Bislang wurde das Konzept der Agilität noch nicht ausreichend und fundiert mit den Ansätzen eines Betrieblichen Gesundheitsmanagements verknüpft. Auch der Zusammenhang zwischen Agilität und Gesundheit sowie die synergistische Wirkung von agilen Prinzipien und betrieblichen Gesundheitsansätzen wurde bislang nur am Rande und indirekt untersucht. In den folgenden Abschnitten wird daher ein Vorschlag für ein agiles BGM unterbreitet und ein praktischer Ansatz erläutert. Dazu werden zunächst die Grundlagen der Agilität und des Agilen Manifests aufgearbeitet, bevor dann methodisch-praktische Ableitungen erläutert werden.

29.2 Agilität und agiles Arbeiten

29.2.1 Agilität: Definition und Konstrukt

Bis dato existiert kein einheitliches Agilitätsverständnis. Die Gründe dafür sind verschieden und abhängig von der eingenommenen Perspektive. Erstmalig zeigt sich der Agilitätsbegriff im Umfeld der Sozialwissenschaften in der 1950er Jahren. Förster und Wendler (2012) zeigen in ihrer Übersichtsarbeit auf, dass Agilität ursprünglich nicht dem lateinischem Wort *agilis* – übersetzt »leicht beweglich, schnell, geschäftig« (Langenscheidt, 2022) – entstammt, sondern sich aus den vier Buchstaben des AGIL-Schemas (**A**daption, **G**oal attainment, **I**ntegration und **L**atency) von Talcott Parsons (Parson et al., 1953) abgeleitet hat. Das AGIL-Schema basierte auf dem Modell der Handlungstheorie und beschreibt laut Fischer (2016) die Fähigkeit eines Systems (bspw. ein Unternehmen), auf veränderte Bedingungen außerhalb einer Organisation zu reagieren (*Adaption*), Ziele festzulegen und stringent umzusetzen (*Goal attainment*), dabei einen Zusammenhalt zu erzeugen und die Inklusion der Beteiligten zusichern (*Integration*) sowie wesentliche Strukturen und Wertemuster aufrechtzuerhalten (*Latency*). Das AGIL-Schema wurde erst ab den frühen 1990ern durch den sogenannten Lehigh Report (zitiert nach Hooper et al., 2001) mit den Organisationstheorien verknüpft (Förster & Wendler, 2012). Fischer (2016) unterscheidet dabei drei wesentliche historische Entwicklungsabschnitte der Agilität:

AGIL-Schema

- *Agile Manufacturing*: Mit Beginn der 1990er-Jahre stand vor allem die schnelle Produktentwicklung und die permanente Optimierung von Produktionsabläufen durch multifunktionale Teams im Fokus.
- *Agile Softwareentwicklung*: Mit Beginn des 21. Jahrhunderts definierte die Softwareentwicklungsbranche Agilität mit einem methodischen Schwerpunkt (bspw. Scrum) neu. Das Agile Manifest bildet den Handlungsrahmen und formuliert Prinzipien zu einer kundenzentrierten Produkterstellung und Arbeitsweise.
- *Agile Organisation*: Aus der organisationalen Perspektive wird der Kerngedanke der Agilität auf eine Systemebene transferiert und vor allem bei Transformationsprozessen von ganzen Unternehmen als eine Art Haltung genutzt. Es stehen nicht mehr einzelne methodische oder prozessuale Aspekte im Vordergrund, sondern vor allem systemisch-strategische Aspekte.

Dimensionalität der Agilität

Es lässt sich konstatieren, dass in der Literatur zahlreiche Agilitätskonzepte und -definitionen existieren. Eine umfangreiche Übersicht findet sich bei Förster und Wendler (2012, Anhang A1, S. VII ff.). Entgegen der Vielzahl und Breite an Definitionen und Konzepten offenbaren sich für das Agilitätsverständnis charakteristische Merkmalsausprägungen wie Zeit, Kosten, Flexibilität, Qualität sowie die reaktive und proaktive Reaktion auf Marktveränderungen unter dem Fokus der Kundenzufriedenheit (Förster & Wendler, 2012). Weiterhin zählen dazu Schnelligkeit/Geschwindigkeit, Anpassungsfähigkeit, Dynamik, agile Haltung bzw. Mindsets und Selbstorganisation (Fischer, 2016). Darüber hinaus zeigen weitere Arbeiten weitere Merkmale wie die Variabilität in Bezug auf die Fähigkeit zu agieren und reagieren (Scholz, 2014, S. 86) oder die Reagibilität (vgl. Kienbaum Management Consultants, 2015, p. 7). Aulinger und Heudorf (2017, S. 3) unterstreichen zudem, dass agile Organisationen flexibel und stabil zugleich sind, was den Flexibilitätsbegriff bewusst eingrenzt.

DEFINITION

Agilität als Fähigkeit

»Als Agilität kann [...] zum einen die Fähigkeit einer Organisation bezeichnet werden, schnell und adäquat Veränderungen der Umwelt wahrzunehmen und zum anderen sich kontinuierlich an die komplexe, turbulente und unsichere Umwelt anzupassen, d. h. flexibel, schnell und vollumfänglich auf Veränderungen reagieren zu können [...]« (Steuck, 2019b, S. 13).

Mit Blick auf die Genese und das heutige Verständnis, teils gelebt als Megatrend, lässt sich Agilität letztlich durch vier Charakteristika beschreiben (vgl. Abbildung 1), die sowohl die organisationale als auch die individuelle Ebene einschließen. Hierzu gehören die Geschwindigkeit, die Anpassungsfähigkeit die Kundenzentriertheit (global Menschenzentriertheit) und die agile Haltung (Mindset) (vgl. Fischer, 2016; Steuck, 2019b).

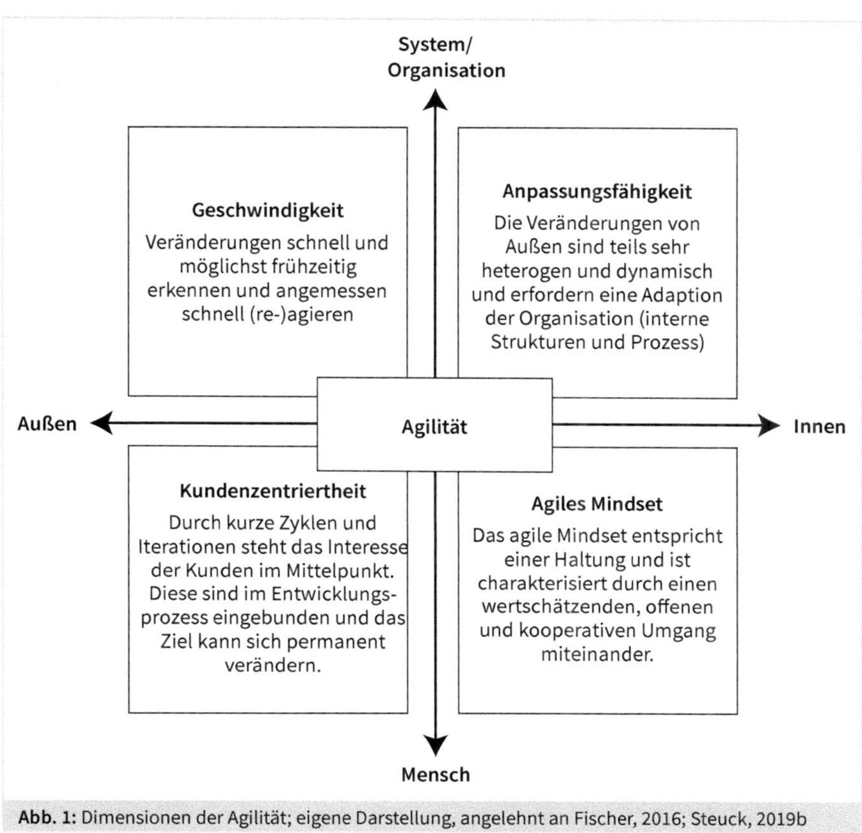

Abb. 1: Dimensionen der Agilität; eigene Darstellung, angelehnt an Fischer, 2016; Steuck, 2019b

Mensch und Haltung im Mittelpunkt

Zusammenfassend lässt sich festhalten, dass trotz der existierenden Definitionsvielfalt und der verschiedensten Entwicklungsperspektiven (Manufacturing, Softwareentwicklung, Organisation) vor allem ein Kern (Core Set) an Eigenschaften mit Agilität verbunden wird, die Organisationen vor allem auf kultureller und haltungsorientierter Weise einnehmen. Die agile Haltung stellt vor allem den Menschen (und Teams) mit seinen Kompetenzen in den Mittelpunkt. Diese positive Neuausrichtung spiegelt sich in verschiedensten organisationalen Themen wie Führung, Wertschätzung, Sozialkapital, Arbeitskultur und vor allem im Thema Mitarbeitergesundheit wider.

29.2.2 Agiles Manifest

Agiles Manifest

Agilität, wie es heute umgesetzt und verstanden wird, fußt auf dem Agilen Manifest. Hintergrund der Entstehung war insbesondere eine sich zunehmend dynamischer, volatiler und komplexer verändernde Arbeitswelt, die mittlerweile als VUKA-Welt bekannt ist. Ist soeben eine neue Technologie flächendeckend eingeführt, so ist sie mitunter schon überholt, bevor sie Marktreife erlangt. Die Situation der Schnelllebigkeit und extrem hohen Veränderungsgeschwindigkeit ist grundsätzlich nicht neu, jedoch zunehmend Gegenstand von Entwicklungsprozessen jeglicher Art. Noch während Entscheidungen diskutiert werden, verändert sich die Faktenlage und ein rasches Umdenken ist erforderlich (vgl. Michl, 2018).

DEFINITION

VUKA (engl. VUCA)

VUKA ist ein Akronym und setzt sich aus den vier Begriffen Volatilität, Unsicherheit, Komplexität und Ambiguität zusammen. Es rührt aus dem militärischen Kontext, wo sich Soldaten unsicheren Situationen ausgesetzt sehen und schnellstmöglich reagieren müssen. VUKA wird in den vergangenen Jahren vermehrt im Arbeitskontext verwendet und hat die vier Charakteristika entsprechend dorthin übertragen (Nowotny, 2017).

Die Softwareentwicklung war von Schnelllebigkeit besonders geprägt, was 17 Entwickler dazu veranlasste, eine neue Arbeits- und Denkweise konträr zu tradierten Arbeitsprozessen zu formulieren. Diese Arbeits- und Denkweise wurde im Agilen Manifest (orig. Manifesto for Agile Software Development) festgehalten (Beck et al., 2001). Es stellt die Basis für agiles Projektmanagement dar und umfasst insgesamt

- vier agile Werte
- 12 agile Prinzipien.

VIER WERTE DES AGILEN MANIFESTS

Wir erschließen bessere Wege, Dienstleistungen zu entwickeln, indem wir es selbst tun und anderen dabei helfen. Durch diese Tätigkeit haben wir diese Werte zu schätzen gelernt:

- **Individuen und Interaktionen** mehr als Prozesse und Werkzeuge
- **Funktionierende Dienstleistungen** mehr als umfassende Dokumentation
- **Zusammenarbeit mit dem Kunden** mehr als Vertragsverhandlung
- **Reagieren auf Veränderung** mehr als das Befolgen eines Plans

Das heißt, obwohl wir die Werte auf der rechten Seite wichtig finden, schätzen wir die Werte auf der linken Seite (fett) höher ein (Beck et al., 2001).

Werte bieten Orientierung

Das Manifesto versteht die formulierten Werte nicht absolut, sondern vielmehr als eine Orientierung. Die Haltung auf der linken Seite (fett abgedruckt) erhält jeweils einen höheren Wert als diejenige auf der rechten Seite. Entlang der Agilität versteht sich die soziale Dimension der Arbeit mit Menschen als deutlich wertvoller als die rein technischen Aspekte oder Formalien. Prozesse und Werkzeuge sind demnach Hilfsmittel, die von Menschen verwendet werden. Sie dürfen jedoch nicht zum Selbstzweck werden. Weiterhin liegt der Fokus des agilen Arbeitens auf den Bedürfnissen aller Beteiligten und dem Stiften von Mehrwert, Sinnhaftigkeit und Nutzen. Prozesse nur um der Prozesse willen zu etablieren, schafft keinen Nutzen. Ebenso löst eine umfassende Dokumentation eines Vorgangs häufig das Problem nicht. Auch hierarchische Strukturen mit kontrollhaften Aufgabendelegationen und einem narzisstischen Verhalten funktionieren nur selten nachhaltig. Vor allem dann nicht, wenn die Führung auf die Mitwirkung der Mitarbeiter angewiesen ist (Ehmann, 2019, S. 5 ff.).

Mit den Werten des Agilen Manifests werden Menschen – auch wenn zu dem damaligen Zeitpunkt vornehmlich der Kunde betrachtet wurde – und deren wertschätzendes Zusammenarbeiten auf Augenhöhe in den Mittelpunkt gestellt. Gleichzeitig rückt die Kompetenz vor die Hierarchie. Dies zeigt ein Blick auf die 12 agilen Prinzipien, die sich aus den agilen Werten als eine Art Arbeitsanweisung ableiten lassen (Beck et al., 2001):

12 PRINZIPIEN DES AGILEN MANIFEST

1. Unsere höchste Priorität ist es, den Kunden durch frühe und kontinuierliche Auslieferung wertvoller Software zufriedenzustellen.
2. Heiße Anforderungsänderungen selbst spät in der Entwicklung willkommen. Agile Prozesse nutzen Veränderungen zum Wettbewerbsvorteil des Kunden.
3. Liefere funktionierende Software regelmäßig innerhalb weniger Wochen oder Monate und bevorzuge dabei die kürzere Zeitspanne.
4. Fachexperten und Entwickler müssen während des Projektes täglich zusammenarbeiten.
5. Errichte Projekte rund um motivierte Individuen. Gib ihnen das Umfeld und die Unterstützung, die sie benötigen, und vertraue darauf, dass sie die Aufgabe erledigen.
6. Die effizienteste und effektivste Methode, Informationen an und innerhalb eines Entwicklungsteams zu übermitteln, ist im Gespräch von Angesicht zu Angesicht.
7. Funktionierende Software ist das wichtigste Fortschrittsmaß.
8. Agile Prozesse fördern nachhaltige Entwicklung. Die Auftraggeber, Entwickler und Benutzer sollten ein gleichmäßiges Tempo auf unbegrenzte Zeit halten können.
9. Ständiges Augenmerk auf technische Exzellenz und gutes Design fördert Agilität.
10. Einfachheit – die Kunst, die Menge nicht getaner Arbeit zu maximieren – ist essenziell.
11. Die besten Architekturen, Anforderungen und Entwürfe entstehen durch selbstorganisierte Teams.
12. In regelmäßigen Abständen reflektiert das Team, wie es effektiver werden kann und passt sein Verhalten entsprechend an.

Prinzipien stellen den Rahmen der agilen Arbeit

Die 12 Prinzipien präzisieren die Werte auf eine gut verständliche Weise. Der generische Charakter von Prinzipien erlaubt ihre leichte Übertragung auf andere Kontexte, wie bspw. das BGM (vgl. Kapitel 29.3). Es zeigt sich, dass eine frühzeitige Auslieferung von Produkten eine höhere Bedeutung hat als ein übertriebener Perfektionismus. Ebenso zeigt sich in den Ausführungen von Beck et al. (2001), dass vor allem selbstorganisierte Teams die besten Ergebnisse liefern – und sich dabei regelmäßig reflektieren. Bei Betrachtung der agilen Prinzipien offenbart sich damit ein hohes Anforderungsniveau hinsichtlich der Kompetenz, Disziplin und Zusammenarbeit (resp. Kommunikation).

29.2.3 Organisation, Führung und Arbeitsweise

Agilität vs. Wasserfall

Die agile Denk- und Arbeitsweise hat sich mittlerweile in der dritten Welle, der agilen Organisation, etabliert und in klaren Merkmalen manifestiert. Neben der agilen Arbeitsweise hat sich eine hybride Mischform aus klassischer und agiler Arbeitsweise entwickelt. Die Gründe für die hybriden Arbeitsweisen sind verschieden und können in der Belegschaft, der Branche oder in anderen Ursachen liegen (Pfannstiel et al., 2021; Steuck, 2019b). Auf Ebene der Belegschaft offenbaren sich häufig fehlende Qualifikationen der Mitarbeiter und aufkommende Widerstände. Teilweise lassen es die Akteure der Branche nicht zu, wie bspw. im Verwaltungs- und Behördenwesen.

Agilität wirkt in der betrieblichen Praxis auf drei Ebenen:

- die Organisationsebene,
- die Führungsebene,
- die Arbeitsebene.

Aufbau- und Ablauforganisation vs. agile Netzwerkorganisation

Einige Branchen und Tätigkeiten sind nur bedingt für Agilität geeignet bzw. sind limitiert, da sie auf einem hohen Maß an Qualitätssicherheit, Strukturstabilität und Prozessordnung basieren. Hierzu gehört unter andere die Intensivstation oder Notfallambulanz eines Krankenhauses oder die Polizei. In Notfällen muss klar sein, wer welche Verantwortung hat, welche Ressourcen wo abzurufen sind und wer etwas zu tun hat. Dies bedeutet an dieser Stelle nicht, dass ein agiles Mindset für Innovation oder effizientere Prozesse in diesen Settings gänzlich ungeeignet ist. Für die Mehrheit an Organisationen bestehen diese Limitierungen nicht (Pfannstiel et al., 2021).

Silodenken vs. Schwarmintelligenz

Agile Organisationen unterscheiden sich hinsichtlich der Struktur von der klassischen Aufbau- und Ablauforganisation durch Merkmale wie die Zusammenarbeit (intern wie extern), eine hohe Nutzenorientierung (Sinn vor Profit), eine dezentrale Verantwortung (Führungskraft als Teammitglied), eine Unterstützung-vor-Befehl-Kultur und eine optimale End-to-end-Wertschöpfung (alle Prozesse sind miteinander verzahnt) (Steuck, 2019b). Klassische Aufbau- und Ablauforganisationen hingegen weisen eine klare Kontroll- und Hierarchiestruktur auf (Führungskraft als Kontrollinstanz), klare Zielvorgaben und ein klassisches Silodenken im Sinne von »jede Abteilung für sich« (vgl. Abbildung 2) (Aulinger & Heudorf, 2017).

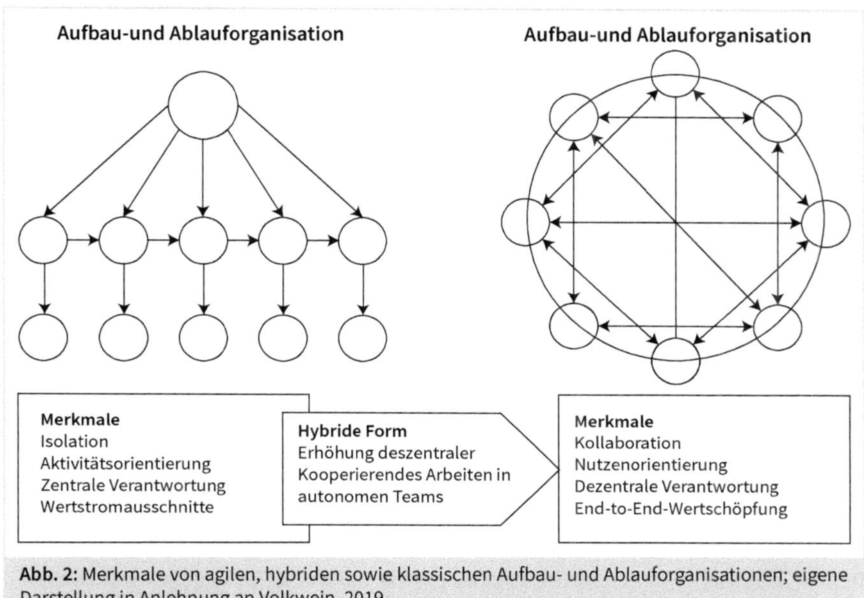

Abb. 2: Merkmale von agilen, hybriden sowie klassischen Aufbau- und Ablauforganisationen; eigene Darstellung in Anlehnung an Volkwein, 2019

Agile Strukturen stellen die Stärken und Kompetenzen der Mitarbeitenden in den Vordergrund und erhöhen so die Individualität. Ferner benötigen sie nur wenige Standards und Routinen und bleiben dadurch schlank und effizient (Pfannstiel et al., 2021).

Agile vs. klassische Führung

Vertrauen vs. Kontrolle

Die strukturengere bzw. die organisationale Haltung im weiteren Sinne spiegelt sich stark in der Führung wider (vgl. Kapitel 10). Umgekehrt ist agile Führung nur schwer umsetzbar, wenn die Haltung der Organisation tradierterweise strukturiert ist. Agile Führung stellt die Mitarbeiter und ihre Kompetenzen in den Mittelpunkt und zeichnet sich durch ein Dasein als Coach, Mentor und Begleitung aus (Pfannstiel et al., 2021; Steinert & Büser, 2018). Es befähigt die Mitarbeiter und verteilt angemessen Verantwortung. Die Führungskraft agiert hierarchiegelöst und versteht sich als Teammitglied (vgl. Abbildung 3).

Ein wesentliches Merkmal der klassischen Führung liegt in der klaren hierarchischen Struktur und Kontrolle (Top-Down). Dieses Rollenverständnis wird häufig begleitet von einem klaren Leistungsgedanken mit Zeit- und Zielvorgaben. Erreichte Leistung wird mit monetären Anreizsystemen belohnt. Führungskräfte haben sich dabei häufig über eine hohe fachliche Expertise qualifiziert. Soziale Kompetenzen stehen dabei meist im Hintergrund (Steinert & Büser, 2018).

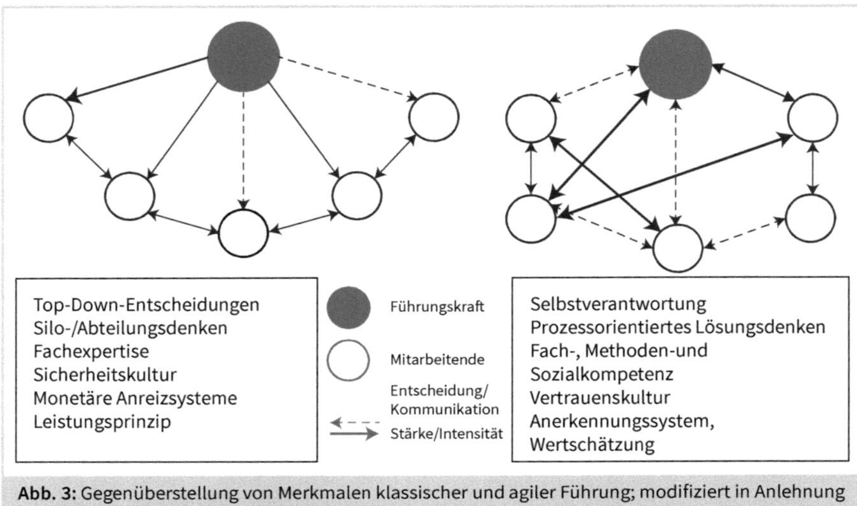

Abb. 3: Gegenüberstellung von Merkmalen klassischer und agiler Führung; modifiziert in Anlehnung an Kaltenecker et al., 2011, p. 27.

Klassische, plangetriebene vs. agile Arbeitsweise

Zielrichtung vs. Zielzahlen

Bei der klassischen Arbeitsweise geht es primär darum, sich möglichst frühzeitig auf Inhalt, Umfang, Zeitbedarf und den Kostenrahmen festzulegen. Die Festlegung der wesentlichen Rahmenbedingungen bietet allen Beteiligten ein hohes Maß an Sicherheit. Der Projektplan steht sinnbildlich für eine Zusage an einem festgelegten Tag X ein definiertes Ergebnis Y (fertiges Produkt oder Dienstleistung) abzuliefern (Ehmann, 2019; Steuck, 2019a). Diese Zusage impliziert gleichzeitig Vorgaben zu Umfang, Inhalt, Zeitpunkt, vereinbarte Kosten und entsprechende Qualität. In diesem Modus haben Auftraggeber und Ausführende ein gutes und gemeinsames Verständnis vom angestrebten und erwarteten Ergebnis. Die Arbeit ist folglich gut plan- und kontrollierbar, Ressourcen und Kosten sind festgelegt und methodisch wird zielstrebig auf das Ergebnis hingearbeitet. Das Ergebnis wird im verabredeten Umfang, der verabredeten Qualität, zur vereinbarten Zeit und zu den vereinbarten Kosten abgeliefert. An dieser Ergebnisverantwortung wird ein Projektleiter im Regelfall gemessen (Ehmann, 2019; Steuck, 2019a).

Bei der agilen Arbeitsweise steht das Ziel oder das Endprodukt nicht detailliert fest. Es gibt eine Vorstellung und eine Richtung, die eingeschlagen wird. Für die Aufgabe stellt sich das Team gemäß den benötigten Kompetenzen zusammen. Im Entwicklungsverlauf stellt das Team dem Kunden (vorläufige) Ergebnisse vor. Jedes Vorstellen von Ergebnissen mündet in einem Feedback und der Chance, Anforderungen detaillierter kennenzulernen und das Ergebnis Schritt für Schritt zu präzisieren. Der permanente Anpassungs- oder Veränderungsprozess ist damit ein inhärenter Teil des agilen Ansatzes (Pfannstiel et al., 2021).

AGILES ARBEITEN IM BGM

Im Betrieblichen Gesundheitsmanagement sind die Endbedingungen nicht von Anfang an klar. Das betrifft die Zusammensetzung des Steuerungskreises, die umzusetzenden Maßnahmen oder neu aufkommende Gegebenheiten wie plötzliche Krankheitswellen oder Fluktuationen. Eine agile Haltung und Arbeitsweise stellt sich den Herausforderungen und entwickelt in kleinen Teams geeignete Lösungen, sei es für einen komplexen BEM-Fall, einen Gesundheitstag oder für spontane Maßnahmen zur Eindämmung von Grippewellen.

Mitarbeiter als Ressource

Der Weg und das Endergebnis werden nicht immer in aller Klarheit im Vorfeld zu definieren sein, sondern nach und nach explorativ entdeckt. Dazu dienen die fortlaufende Überprüfung und Anpassung. Die Generierung von Nutzen und Mehrwert für den Kunden und das Unternehmen stehen bei der agilen Arbeitsweise im Vordergrund. Ein weiterer wesentlicher Aspekt im agilen Arbeiten ist der Umstand, dass Mitarbeiter die Arbeit vorantreiben und das Ergebnis als Team verantworten. Das Team ist in seiner Gesamtheit für die Arbeitsweise, die Zusammenarbeit und das Ergebnis verantwortlich. In der agilen Arbeitsweise werden Mitarbeiter vor diesem Hintergrund als Ressourcen und Stakeholder betrachtet (Pfannstiel et al., 2021).

hybride Mischform

Die hybride Arbeitsweise ist eine Mischform aus der klassischen und agilen Form. Die Kernmerkmale aller drei Arbeitsweisen sind in Tabelle 1 gegenübergestellt.

Klassisch	Agil	Hybrid
Plangetrieben	Vision zählt	Situationsabhängig
Regelkonform	Feedbackgetrieben	Kontextgebunden
Strukturiert	Flexibel	Bunt
Konstant	Schnell	Wechselhaft
Detailliert	Schlank	Komplex
Sicher	Offen	Gemischt

Tab. 1: Kernmerkmale der klassischen, agilen und hybriden Arbeitsweise (vgl. Ehmann, 2019; Kaltenecker et al., 2011; Pfannstiel et al., 2021)

29.2.4 Agile Methoden

permanente Rückkopplung und Ergebnisanpassung

Agiles Arbeiten wird oftmals assoziiert mit einem hohen Maß an Freiheit, hoher Umsetzungsgeschwindigkeit und viel Kreativität – ganz nach dem Motto »Arbeiten, wenn die Muse es zulässt«. Dieses Verständnis entspricht jedoch nicht der Realität, denn agiles Arbeiten und die dabei eingesetzten Methoden verlangen Mitarbeitern und Teams ein extrem hohes Maß an Disziplin, Stringenz und Transparenz ab. Jedes Teammitglied sieht, was die anderen im Team gemacht haben. Damit fallen Bequemlichkeitsfaktoren schnell auf. Eine reine agile Arbeitsweise kann daher lediglich bis zu einem gewissen Maß gelernt werden, für eine gelebte agile Arbeit benötigt es jedoch eine agile Haltung.

Ein Vorteil der agilen Methoden ist der inkrementelle Ansatz, wodurch Produkte oder Leistungen bereits frühzeitig vom Kunden getestet werden und Rückmeldungen mit in den Entwicklungsprozess einfließen. Die klassischen, plangetriebenen Methoden hingegen veröffentlichen ihr Produkt erst, wenn dessen Entwicklung vollständig abgeschlossen ist, sie arbeiten also sequenziell (vgl. Abbildung 4).

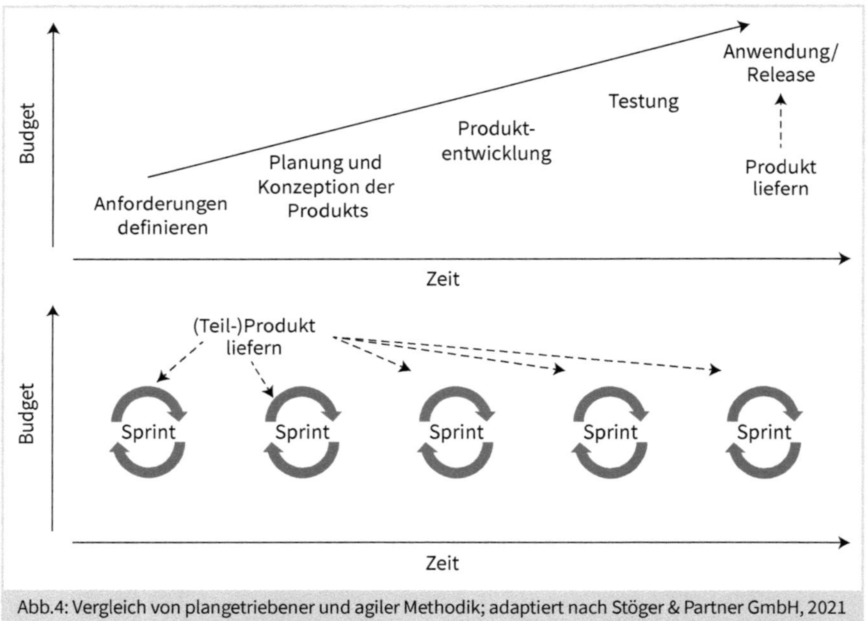

Abb.4: Vergleich von plangetriebener und agiler Methodik; adaptiert nach Stöger & Partner GmbH, 2021

Zu den gängigsten und bekanntesten agilen Methoden gehören OKR, Scrum und Kanban. Die Methoden sind teils sehr umfangreich und komplex. Sie werden daher nur kurz angerissen.

OKR

OKR zur Transparenz und Fortschrittsvisualisierung

Die OKR-Methode gehört zu den klassischen, jedoch sehr schlanken Managementmethoden, bei denen es darum geht, Ziele (Objectives) zu formulieren und mit Kennzahlen (Key Results) messbar zu machen. OKR wird genutzt, um die Zusammenarbeit transparenter und visibel zu gestalten. Ziele sind leicht merkbar, sie sind qualitative Beschreibungen dessen, was ein Team erreichen möchte – wie bspw. die Mitarbeiterzufriedenheit erhöhen. Dieses Ziel wird anschließend mit quantitativen Metriken messbar gemacht und transparent dargestellt. Zu jedem Ziel sollten zwei bis fünf messbare Marker genutzt werden, um den Fortschritt sichtbar zu machen. Für das Ziel der Mitarbeiterzufriedenheit können Metriken wie Fluktuation, geringe Burnout-Quote, niedrige AU-Kennzahlen und Weiterempfehlungsraten bei Bewerbungen genutzt werden. Im Nachgang werden die Key Results mit einem Punktesystem (0,3 – Ziel verfehlt; 0,7 – Ziel nicht erreicht, jedoch deutlicher Fortschritt; 1,0 – Ziel erreicht) bewertet (Ehmann, 2019).

Damit der Fortschritt gut sichtbar ist, sollten die Metriken schnell und regelmäßig erhoben werden. Metriken, die nur einmal im Jahr erfasst werden, können nur schlecht visualisiert und verfolgt werden. Die Vorteile der OKR-Methode bestehen vor allem darin, dynamische Ziele und Metriken zu verwenden, die ein regelmäßiges Verfolgen der Veränderung zulassen.

Scrum

Scrum gilt als eine der bekanntesten agilen Methoden und hat sich im Projektmanagement durch seine Disziplin, Schlankheit und hohe Zielorientierung etabliert. Im Rahmen von Scrum werden drei Rollen definiert (Dams, 2019):

- der Product Owner: Er ist verantwortlich für den Produktwert. Er erstellt alle wichtigen Aufgaben für die Zielerreichung und priorisiert diese im Backlog.
- der Scrum Master: Er nimmt eine Coach-Rolle ein und koordiniert bzw. moderiert den Prozess. Er unterstützt das Team, organisiert Ressourcen und löst Hindernisse im Hintergrund auf.
- das Scrum Team: Das Scrum-Team ist eine heterogene Gruppe (3 bis 9 Personen) ohne Hierarchien mit unterschiedlichen Expertisen, die für das Projekt benötigt werden und sich selbst organisieren.

schnell, flexibel und anwenderorientiert

Scrum läuft in sogenannten Sprints und Daily Scrum Meetings ab. Ein Sprint definiert einen Zyklus über mehrere Tage (i. d. R. 14 bis 30 Tage), an denen an der Umsetzung der Aufgaben gearbeitet wird. Wichtig ist, dass Aufgaben definiert werden, die innerhalb eines Sprints vom Scrum-Team bearbeitet werden sollen. Die Aufgaben werden aus den hoch priorisierten Aufgaben des Backlog abgeleitet. Im Daily-Scrum-Meeting werden täglich (max. 15 Minuten) die erledigten Aufgaben, mögliche Hindernisse und die Aufgaben bis zum nächsten Meeting besprochen (Dams, 2019; Ehmann, 2019).

Am Ende jedes Sprints werden die Ergebnisse dem Product Owner und den Kunden vorgestellt (Sprint Review). Nach dieser Vorstellung können Erfahrungen, Änderungswünsche und Verbesserungsvorschläge mit in die Agenda aufgenommen und umgesetzt werden. Die Vorteile von Scrum liegen vor allem in der aktiven Kundenpartizipation während des Entwicklungsprozesses, den schlanken Teamstrukturen und der hohen Flexibilität und Transparenz. Scrum gilt mitunter als eine sehr anspruchsvolle Methode, die effizient zu einer hohen Qualität führen kann.

Kanban

Kanban als strukturierte Agilitätsmethode

Die Kanban-Methode ist eine Technik, die ursprünglich aus der Fertigung des Toyota-Produktionssystems stammt (Ehmann, 2019). Sie regelt die Anzahl paralleler Arbeiten und verkürzt damit Durchlaufzeiten und minimiert Probleme (damals Materialengpässe). Die Methode und deren Prinzipien wurden von der IT-Branche adaptiert. Zunächst werden in einem Projekt die wesentlichsten Projektschritte definiert (Gesundheitstag: Planung, Vorbereitung, Umsetzung, Nacharbeit/Evaluation). Auf einem Kanban-Boards werden dann die wichtigsten Aufgaben (Tickets) zu den Prozessschritten im sogenannten Backlog hinterlegt. Das Kanban-Team legt dann entsprechende Rollen und Verantwortlichkeiten fest. Sobald die Arbeit beginnt, nimmt sich ein Teammitglied ein Ticket aus dem Backlog und legt es in die »In progress«-Spalte. Alle anderen Team-Mitglieder können die in Bearbeitung stehende Aufgabe sehen und sich anderen Aufgaben (Tickets) widmen. Erledigte Aufgaben werden abschließend in die »Done«-Spalte gelegt (Dams, 2019; Ehmann, 2019).

Die Kanban-Methode ist eine sehr beliebte Methode und kann mit einem physischen oder digitalen Board einfach umgesetzt werden. Entscheidend für den Erfolg ist eine gute Absprache der Rollen und Verantwortungen im Team (Ehmann, 2019).

29.3 Verzahnung von Agilität und BGM

Wie bereits erläutert: Die im Agilen Manifest formulierten 12 Prinzipien präzisieren die Werte in einer gut verständlichen Art. Aufgrund des generischen Charakters von Prinzipien können sie leicht auf andere Kontexte übertragen werden, wie bspw. auf das BGM. Die eckigen Klammern [] stellen in der folgenden Tabelle 2 (Kapitel 29.3.1) Ergänzungen dar, sodass ein stärkerer BGM-Bezug entsteht. Damit ergibt sich beispielsweise aus dem ersten Prinzip eine schnelle und frühzeitige Auslieferung von »Produkten« an den Kunden. Im BGM bedeutet dies etwa, dass Maßnahmen zügig an die Mitarbeiter gelangen oder auch Ergebnisse einer Mitarbeiterbefragung zeitnah kommuniziert werden.

agiles BGM

Sprachlich stellt agiles Betriebliches Gesundheitsmanagement keine Sonderform des klassischen BGM-Verständnisses dar. Basierend auf den vorherigen Ausführungen geht es um eine mehr philosophische, inhaltliche und methodische Ausgestaltung der Arbeit im Betrieblichen Gesundheitsmanagement in Form einer Haltung. Ein agiles Verständnis von BGM zeigt sich an drei wesentlichen Merkmalen:

- eine agile Haltung,
- Themen, die durch die Agilität in den Vordergrund rücken, und
- eine agile Vorgehensweise, die sich u. a. in bestimmten Methoden ausdrücken kann.

DEFINITION

Agiles Betriebliches Gesundheitsmanagement
Agiles Betriebliches Gesundheitsmanagement (BGM) versteht sich als eine ergänzende Perspektive zum bisherigen BGM-Ansatz und basiert auf den Grundwerten der Agilität. Es stehen das Individuum, eine positive Haltung gegenüber Veränderungen und Herausforderungen sowie eine selbstorganisierte, autonome, befähigende, kritisch-reflektierende und wertschätzende Arbeitsweise im Mittelpunkt.

29.3.1 Agile Haltung im BGM

Agilität ist eine Haltung

Ausgangsbasis eines agilen BGM sind die 12 Prinzipien des Agilen Manifest. Diese lassen sich auf den BGM-Kontext transferieren. Tabelle 2 gibt zu den einzelnen Prinzipien des Agilen Manifests und der Übertragung auf das BGM eine detaillierte Auflistung. Zunächst wurden die 12 agilen Prinzipien neutraler gefasst, also ohne Bezug auf die Softwareentwicklung angepasst (eckigen Klammern []). Anschließend wurden die Ableitungen für das BGM präzisiert (rechte Spalte).

Nr.	Prinzip des Agilen Manifest mit Adaption	Agiles BGM-Prinzip
1	Unsere höchste Priorität ist es, den [**Menschen**] durch frühe und kontinuierliche [Angebote] wertvoller [Maßnahmen] zufriedenzustellen.	BGM-Maßnahmen rechtzeitig und regelmäßig anbieten und die Bedarfe der Mitarbeitenden bedienen.
2	Heiße Anforderungsänderungen selbst spät in der [**Arbeit und Planung**] willkommen. Agile Prozesse nutzen Veränderungen zum Vorteil des Mitarbeitenden.	Veränderte Bedingungen sind im BGM willkommen. Auf diese wird flexibel reagiert und das Positive wird genutzt.
3	Liefere funktionierende [**Arbeitsfortschritte**] regelmäßig innerhalb weniger Wochen oder Monate und bevorzuge dabei die kürzere Zeitspanne.	Das BGM-Team (Steuerungskreis) berichtet regelmäßig und rechtzeitig über Fortschritte und erreichte Ziele.
4	Fachexperten müssen während des Projektes [**regelmäßig**] zusammenarbeiten.	Das interdisziplinäre BGM-Team setzt sich aus motivierten und kompetenten Menschen zusammen.
5	Errichte Projekte rund um motivierte Individuen. Gib ihnen das Umfeld und die Unterstützung [**Ressourcen**], die sie benötigen, und vertraue darauf, dass sie die Aufgabe erledigen.	Gib dem BGM-Team ausreichend Ressourcen, Vertrauen und eine Richtung. Der Rest läuft von allein!

Nr.	Prinzip des Agilen Manifest mit Adaption	Agiles BGM-Prinzip
6	Die effizienteste und effektivste Methode, Informationen an und innerhalb eines Teams zu übermitteln, ist im Gespräch von [**Angesicht zu Angesicht**].	Die effektivste und effizienteste Methode der Informationsvermittlung ist die persönliche Kommunikation.
7	Funktionierende [**Maßnahmen**] sind das wichtigste Fortschrittsmaß.	Alle Maßnahmen, die bei Mitarbeitenden ankommen und wirken, sind erlaubt.
8	Agile Prozesse fördern nachhaltige [**BGM-Arbeit**]. Die Auftraggeber und Benutzer sollten ein gleichmäßiges Tempo auf unbegrenzte Zeit halten können.	Das BGM-Team und die Mitarbeiter arbeiten in einem Tempo. Zu hohe oder gar falsche Erwartungshaltungen sind kontraproduktiv.
9	Ständiges Augenmerk auf Exzellenz und gutes Design fördert Agilität. Maßnahmen müssen [**ansprechend**] sein.	Bei allen Maßnahmen steht der Mensch mit seinen Bedürfnissen im Mittelpunkt. Maßnahmen sollten die Bedürfnisse ansprechend adressieren.
10	[**Einfachheit**] – die Kunst, die Menge nicht getaner Arbeit zu maximieren – ist essenziell.	Gesundheitsmaßnahmen sollen einfach und leicht zugänglich konzipiert sein.
11	Die besten [**Ideen**] und [**Projekte**] entstehen durch selbstorganisierte Teams.	BGM-Teams organisieren sich selbst in einem vorgegebenen Zielrahmen.
12	In regelmäßigen Abständen reflektiert das Team in [**Steuerungskreissitzungen**], wie BGM effektiver werden kann und passt seine Arbeitsweise entsprechend an.	Die BGM-Arbeit (Prozesse) und die Maßnahmen (Ergebnisse) werden regelmäßig evaluiert.

Tab. 2: Anwendung der 12 Prinzipien des Agilen Manifest auf das BGM.

Quick-Win vor ewiger Planung

Die 12 agilen BGM-Prinzipien stellen wie beim Agilen Manifest eine Grundhaltung in der täglichen Arbeit dar. Sie betonen damit Aspekte, die zu einem nachhaltigen Erfolg des Betrieblichen Gesundheitsmanagements beitragen. Die Aspekte umfassen Themen wie eine rechtzeitige und transparente Kommunikation, die Bedürfnisse der Mitarbeiter, regelmäßige Reflexonen und Evaluationen sowie eine ressourcenorientierte und bedarfsgerechte Maßnahmenplanung. Auch beim Roll-Out von Maßnahmen ist es entscheidend, dass die Komplexität und penible Planung den Erfolg nicht torpediert, sondern die Maßnahmen den Mitarbeitern schnell und frühzeitig zur Verfügung stehen.

Agilität und wachsende Haltung

Der Ansatz der Agilität verfolgt neben der groben Strukturierung der Arbeit durch Prinzipien, dass eine konkrete Haltung bzw. Grundannahme eingenommen wird. Diese Haltung bzw. agile Denkweise ist die Voraussetzung zur Umsetzung der agilen Prinzipien, anderenfalls kommt Agilität nicht über den Status einer mechanisch umsetzbaren Verhaltensdoktrin hinaus. Eine agile Denkweise wird oftmals als »growth mindset«

bezeichnet und bedeutet, dass Denkvermögen wachsen kann (Dweck, 2006). Menschen mit einem *growth mindset* sind überzeugt, dass Sie sich weiterentwickeln und sich Fähigkeiten aneignen können. Demgegenüber steht das »*fixed mindset*«, das angeborene und sich nicht veränderbare Fähigkeiten umfasst (Dweck, 2006). Das growth mindset bündelt Eigenschaften, die es Personen erlauben, Veränderungen positiv zu begegnen und neue Weg durch neue Methoden zu erkunden. Im Kontext von Arbeit und Gesundheit ist die Haltung und das dahinterliegende Mindset ausschlaggebend für den Umgang mit Herausforderungen. Im Spektrum der beiden Mindset-Typen ergeben sich verschiedene Charakteristika, die in der Haltung gegenüber einer Person oder der Arbeit bestehen (vgl. Tabelle 3).

Personen mit …	**… growth mindset**	**… fixed mindset**
Haltung sich selbst gegenüber	• wachsende Haltung • stets lernbereit, • explorativ • akzeptieren Fehler konstruktiv	• starre Haltung • glauben nicht an Veränderung • präferieren die Sicherheit des Gewohnten und • meiden Kritik
Haltung der eigenen Arbeit gegenüber	• dienende Haltung • denken Kundenzentriert • agieren auf Augenhöhe • helfen und unterstützen	• arrogante Haltung • Status und Hierarchie sind wichtig • befehlen und kontrollieren • angreifen und absichern
Haltung Menschen gegenüber	• motivierte Selbstverwirklichung • intrinsisch motiviert • verantwortungsvoll • kreativ	• unmotivierter Faulenzer • Belohnung und Bestrafung nötig • Arbeit nur mit Kontrolle • Druck formt Diamanten
Haltung Arbeit gegenüber	• sinnvolle Beschäftigung • suche nach dem Why/Purpose • gesellschaftliche Verantwortung • positive, faire und gerechte Grundhaltung	• Lebensunterhalt • Arbeit des Geldes wegen • Geld für Freiheit • Arbeit ist Kampf/Anstrengung

Tab. 3: Vier Dimensionen der Haltung differenziert für Personen mit einem growth und fixed mindset (in Anlehnung an (Tißen & Bern, 2022)

Agilität und BGM wie die Pommes und der Frites

Die Implikationen für das Betriebliche Gesundheitsmanagement sind vielfältig, liegen jedoch vor allem in der Unternehmenskultur begründet. Eine positive Unternehmenskultur ist mit verbesserten Gesundheitsparametern wie eine niedrige Arbeitsunfähigkeitsquote, eine erhöhte Lebensqualität, verbesserte Zufriedenheit, geringere subjektive Stresswahrnehmung und weiteren assoziiert (Badura et al., 2016, 2018; Dweck, 2006).

Beispiel:

Auswirkung des Upstalsboom-Weges
Die Hotelkette Upstalsboom hat sich dazu entschieden, eine grundsätzlich »gesunde Haltung« mit einem agilen Grundverständnis einzunehmen. Sie haben sich, ohne ein klassisches BGM zu implementieren, mit zahlreichen Gesundheitsthemen auseinandergesetzt und sie agil bearbeitet. Die positiven Auswirkungen lassen sich folgendermaßen zusammenfassen (www.der-upstalsboom-weg.de):

- Steigerung der Zufriedenheit der über 600 Mitarbeitern auf 80 %,
- Senkung der durchschnittlichen Krankheitsquote von 8 % auf 3 %,
- Steigerung der Weiterempfehlungsrate der über 300.000 Gäste auf 98 %,
- Verdopplung der Unternehmensumsätze innerhalb von drei Jahren, bei überproportionaler Steigerung der Produktivität (von 2013 auf 2014 40 % mehr Ertrag).

29.3.2 Themen des agilen BGM

Mit agilem Betrieblichen Gesundheitsmanagement rücken Themen in den Vordergrund, die nicht ausschließlich durch die Agilität begründet sind. Vielmehr zeigt sich durch eine offene und wachsende Haltung eine Verschiebung von Schwerpunkten und Prioritäten. Mit einer menschenzentrierten Denkweise erhalten zwangsläufig Themen Aufmerksamkeit, die mit Menschen und Gesundheit belegt sind. Einige Themen sind bereits gut untersucht bzw. in einen explorativen Fokus wissenschaftlicher Studien gerückt. Im Folgenden werden ausgewählte Themen und deren Evidenz zu Agilität und Gesundheit vorgestellt.

Gesunde Führung

Führung als Unterstützung

Im Kontext der Agilität verstehen sich Führungskräfte als dienende Führungskräfte (*Servant Leader*). Sie sehen Ihre Funktion weniger in der Kontrolle, in der des Micromanagers oder des Entscheiders als vielmehr in der Unterstützung, dem Coaching und dem Geben von Orientierung. Im agilen BGM wird die Rolle des *Servant Leaders* durch eine Gesundheitsperspektive erweitert. Gesunde Führung unterstützt Mitarbeiter bei der gesunden Arbeitsgestaltung, der gemeinsamen Steuerung der Arbeitsbelastung, einer nachhaltigen Leistungsfähigkeit und im Hinblick auf ihr Wohlbefinden (Hoeven & van Zoonen, 2015).

Unternehmenskultur und Wertschätzung

Kultur bindet Menschen

Im Zentrum des agilen Arbeitens steht der Mensch und damit die Themen Unternehmenskultur und Wertschätzung den Mitarbeitern gegenüber. Beide Themen sind im Kontext des BGM nicht neu (vgl. Badura et al., 2016), werden durch ein agiles BGM jedoch deutlich früher im BGM-Prozess angesprochen, da sie die Basis aller weiteren Aktivitäten bilden. Als zur Verhältnisebene gehörender Aspekt sichert Unternehmenskultur den Rahmen, der agiles Arbeiten ermöglicht, durch Ressourcenbereitstellung,

Offenheit dem Unbekannten und Innovationen gegenüber. Agiles BGM fördert durch eine agile Arbeitskultur die sozialen Beziehungen (vertikal wie horizontal) und die subjektiv wahrgenommene Wertschätzung (Laughton & Thatcher, 2019), reduziert Fehltage (Tham et al., 2015) und erhöht die Produktivität (Laughton & Thatcher, 2019; Menezes & Kelliher, 2011). Umgekehrt zeigt sich ein gesteigertes Commitment seitens der Mitarbeitenden zum Unternehmen (Horn et al., 2004; Kelliher & Anderson, 2010).

Gestaltung einer agilen Arbeitsumgebung

Agilität benötigt agiles Setting

Eine weitere, wichtige Facette des agilen BGM ist die Arbeitsgestaltung. Die Förderung agiler Prinzipien verlangt verschiedene physische Strukturen zur Erlangung eines optimalen Reifegrads. Hierzu gehören Bürostrukturen (workplace layouts) wie de Schreibtischanordnung, Besprechungsräume oder Kommunikationsinseln usw. Aber auch die IT-Umgebung sollte verschiedene Arbeitsformen der Agilität zulassen. Dies umfasst vor allem Videokonferenzsysteme, agile Software (bspw. Miro) und Hardware-Ausstattung. Laughton and Thatcher (2019) zeigten in einer ersten umfangreicheren Untersuchung beim Vergleich von agilen und traditionellen Bürogestaltungen signifikante Effekte auf die körperliche Gesundheit wie die Reduzierung von Nackenschmerzen und Schmerzen im unteren Rückenbereich. Ebenso offenbaren Untersuchungen eine verbesserte Konzentrationsfähigkeit und Produktivität durch die Bindung und Stärkung von sozialen Strukturen (Charalampous et al., 2019; Hoeven & van Zoonen, 2015).

Lebenslanges Lernen

stetiges Wachstum

Wie im Vorfeld ausgeführt ist ein *growth-mindset* ein wichtiger Bestandteil der agilen Haltung. Damit wird Lernen ein elementarer Bestandteil. Mitarbeiter sollen und dürfen Lernen. Organisationen müssen dazu die entsprechenden Ressourcen (Zeit und Angebote) zur Verfügung stellen. Personalentwicklungsmaßnahmen gewinnen an Bedeutung und werden ein regulärer, kontinuierlicher Bestandteil des Personalmanagements. Sie sind kein singuläres Event, das im Rahmen des jährliches Personalgespräches angerissen wird. Menschen, die sich dem lebenslangen Lernprozess stellen, gelten insgesamt als selbstwirksam, stressresistenter und verhältnismäßig belastbarer (Dweck, 2006). Agiles BGM adressiert die Befähigung und Kompetenz von Menschen kontinuierlich als fundamentalen Baustein.

Vertrauen und Fehlerkultur

Vertrauen reduziert Stress

In Umgebungen, in denen Lernen zur Unternehmenskultur gehört, ist ein gesunder Umgang mit Fehlern unabdingbar. Vor allem bei neuen Themen sind nicht immer alle Unwägbarkeiten im Vorfeld ersichtlich. Zudem ist Lernen ein Prozess und kein finaler Zustand. Im agilen Arbeiten werden Fehler positiv bewerten und ihre Ursache bzw. ihr Entstehen gründlich hinterfragt, sodass sie nicht noch einmal auftauchen. Ein positiver Umgang fördert die Transparenz, gibt Menschen Sicherheit und reduziert das subjektive Stressempfinden (Charalampous et al., 2019; Sewell & Taskin, 2015).

Autonomie

Selbstorganisation der Arbeit

Agile Arbeitsweisen erfordern ein hohes Maß an Disziplin und finden überwiegend selbstorganisiert statt. Damit Mitarbeiter selbstorganisiert arbeiten können, benötigen sie entsprechende Autonomie. Autonomie gilt als ein bedeutendes Motivationstool (Sousa et al., 2012, p. 161) und räumt Mitarbeitenden das notwendige Maß an Freiheit ein, um mit verschiedenen Herausforderungen umzugehen. Das ist mit einer höheren Zufriedenheit und einer geringeren Stresswahrnehmung assoziiert (Humphrey et al., 2007). Damit ist es weniger entscheidend, wann die Mitarbeiter etwas erarbeiten, als vielmehr, dass sie es bis zu einem festgelegten Zeitpunkt erledigen. Hier offenbaren Untersuchungen, dass die Arbeitsintensität in autonomen Settings höher ist als in restriktiven und stark überwachten Settings (Michel, 2011; Morganson et al., 2010; Sewell & Taskin, 2015).

29.3.3 From Science to Practice: Umsetzung des agilen BGM

Aus den theoretischen Ausführungen abgeleitet, ergeben sich für die praktische Umsetzung des agilen BGM nun verschiedene Ansatzmöglichkeiten: über die Adressaten, die Umweltbedingungen, die Verhältnisse, die Abläufe oder die gewünschten Ergebnisse (vgl. Abbildung 5).

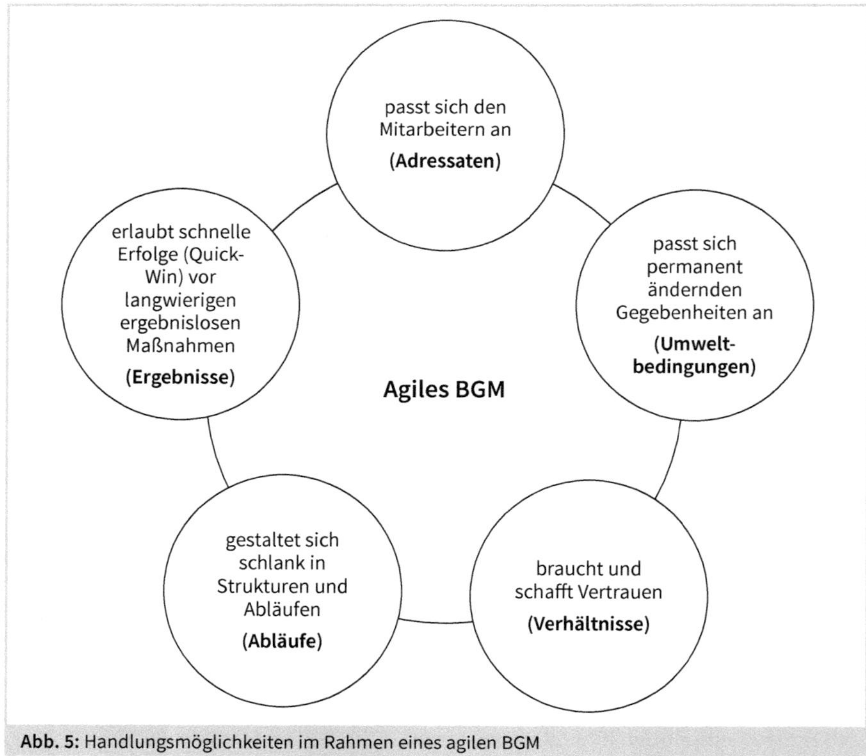

Abb. 5: Handlungsmöglichkeiten im Rahmen eines agilen BGM

Bei der konkreten Umsetzung eines agilen BGM wird im Unternehmen in einem ersten Schritt zunächst eine Experimentier- und Erprobungsphase in den aktuellen Fokus rücken. Hier nähert sich das Unternehmen tastend den neuen, agilen Aspekten an. Oft werden punktuell und ausschnittsweise Dinge ausprobiert. Die Dinge entstammen hier dem Methodenkoffer der Agilität und/oder den agilen Mindsets und können sowohl im kleinen, abgesteckten Rahmen als auch für grundlegende Transformationen ausprobiert werden. Entscheidend für eine professionelle Vorgehensweise ist die Bewertung und Reflexion, um funktionale von dysfunktionalen Maßnahmen zu unterscheiden. Den Rahmen legt hierbei der Handlungsspielraum der Akteure im BGM. Manchmal kann auch die Frage: »Was ist der kleinste agile Schritt, den wir heute gehen können?« einen guten Ansatzpunkt darstellen.

experimentieren

So arbeitet der Entwickler von Gesundheit im Betrieb beispielsweise zunächst an der internen Rolle, an der strategischen und organisationalen, unternehmensinternen Verzahnung und der Entwicklung und Schärfung eines gemeinsamen Grundverständnisses im Unternehmen.

Für dieses Ziel bietet es sich an, den benötigten Wissensaustausch, die Vernetzung, Partizipation und Kollaboration im Themenfeld BGM voranzutreiben. Klassische Konzepte im BGM wählen an dieser Stelle die strukturelle Verankerung eines festen Arbeitskreises Gesundheit, der aber Gefahr läuft, am künstlich hergestellten Silo »Gesundheit« zu scheitern.

Partizipation

Das Zusammenführen von relevanten internen Stakeholdern des BGM kann hierbei unter agilen Bedingungen ein zügiges Vorankommen des BGM sehr verbessern. Die Einladung von verschiedenen Abteilungen (sowohl von solchen, die direkt mit Human Resources assoziierten sind, als auch von allen anderen Interessierten) in einen Innovations- und Denkraum erzeugt zumeist eine große Kraft, lebhafte Diskussionen, Wissensaustausch und eine deutliche Profilschärfung und Etablierung eines BGM im Unternehmen. Hier können Gemeinsamkeiten, Entwicklungsschritte, Denkweisen und Grundlagen Schritt für Schritt diskutiert und weiterentwickelt werden, wobei eine hohe Flexibilisierung und Dynamik den agilen Prozess auszeichnet.

gemeinsam zum Ziel

Merken Sie sich bitte: !

Innovations- und Denkraum

Um fundiert und umfassend komplexe Probleme zu lösen, braucht es Wissen aus unterschiedlichen Disziplinen, verschiedene Perspektiven und vielfältiges Praktikerwissen. Echte Innovation mit alternativen Ideen und Lösungsvorschlägen erfordert es, auf andersartige, neuartige und originelle Art zu denken, d. h., aus den festgelegten und eingefahrenen (Denk-) Mustern herauszutreten.

Der Innovations- und Denkraum muss zunächst eine Vertrauensbasis schaffen und braucht die Motivation aller Beteiligten, sich auf Augenhöhe einzubringen. Aspekte der gleichbe-

rechtigten, offenen und respektvollen Kommunikation sollten festgelegt und vereinbart werden. Eventuell braucht der Innovations- und Denkraum auch eine »echte Gestaltung« der Umgebung, weshalb der Standardseminarraum nicht unbedingt geeignet ist. Dann wird ein gemeinsames Problem- oder Frageverständnis festgelegt.
Es folgt die Phase des transdisziplinären Austauschs, der Bearbeitung und Problem- bzw. Fragebeantwortung. Den Abschluss bildet die gemeinsame Entwicklung des Prototypen.

Zumeist verweilt der Prozess eine Zeitlang in der Experimentier- und Erprobungsphase, da die Aspekte von Selbstorganisation und Selbstverantwortung »nebenbei« mit entwickelt werden müssen.

29.4 Fazit

Agiles Betriebliches Gesundheitsmanagement zeichnet sich durch verschiedene Schnittmengen zu klassisch organisierten BGM-Ansätzen aus, unterscheidet sich jedoch vor allem in der Haltung wie auch in der Arbeitsweise hinsichtlich verschiedener Themenschwerpunkt. Aufgrund der Menschenzentriertheit ist agiles BGM vor allem mit der Unternehmenskultur eng verzahnt und befähigt Mitarbeitenden zu einem selbstorganisierten, selbstreflektierenden und autonomen Arbeiten. Es steht damit weniger die Einhaltung eines strengen Regulariums im Vordergrund als vielmehr das Ergebnis – den Menschen im Kontext Gesundheit nachhaltig in allen Facetten möglichst optimal zu unterstützen. Der agile Ansatz bietet sich aufgrund seiner positiven Haltung grundsätzlich in allen Settings an, wobei er für agile Organisationen prädestiniert ist. Abschließend ist zu betonen, dass die Umsetzung eines agilen BGM Zeit und eine gewisse Reifung benötigt. Menschen sollen genügend Zeit erhalten, neue Arbeitsweisen zu erlernen und an den neuen Arbeitsformen zu wachsen.

Literatur

Aulinger, A., & Heudorf, M. (2017, February 15). *Die drei Säulen agiler Organisationen* (Whitepaper). Berlin. Steinbeis-IOM. https://steinbeis-iom.de/app/uploads/2016-10-Whitepaper_Die_drei_Sa%CC%88ulen_agiler_Organisationen.pdf (abgerufen am 21.01.2022).

Badura, B., Ducki, A., Schröder, H., Klose, J., & Meyer, M. (2016). *Unternehmenskultur und Gesundheit – Herausforderungen und Chancen: Zahlen, Daten, Analysen aus allen Branchen der Wirtschaft : mit 130 Abbildungen und 253 Tabellen. Fehlzeiten-Report: Vol. 2016*. Springer. https://doi.org/10.1007/978-3-662-49413-4.

Badura, B., Ducki, A., Schröder, H., Klose, J., & Meyer, M. (2018). *Sinn erleben – Arbeit und Gesundheit: Zahlen, Daten, Analysen aus allen Branchen der Wirtschaft. Fehlzeiten-Report: Vol. 2018*. Springer. https://doi.org/10.1007/978-3-662-57388-4.

Bartonitz, M., Lévesque, V., Michl, T., Steinbrecher, W., Vonhof, C., & Wagner, L. (Eds.). (2018). *Agile Verwaltung*. Springer Berlin Heidelberg. https://doi.org/10.1007/978-3-662-57699-1.

Beck, K., Beedle, M., van Bennekum, A., Cockburn, A., Cunningham, W., Fowlr, M., Grenning, J., Highsmith, J., Hunt, A., Jeffries, R., Kern, J., Marick, B., Martin, R. C., Mellor, S., Schwaber, K., Sutherland, J., & Thomas, D. (2001). *Manifest für Agile Softwareentwicklung*. https://agilemanifesto.org/iso/de/manifesto.html (abgerufen am 21.01.2022).

Charalampous, M., Grant, C. A., Tramontano, C., & Michailidis, E. (2019). Systematically reviewing remote e-workers' well-being at work: a multidimensional approach. *European Journal of Work and Organizational Psychology*, *28*(1), 51–73. https://doi.org/10.1080/1359432X.2018.1541886.

Dams, C. M. (2019). *Agiles Event Management*. Springer Fachmedien Wiesbaden. https://doi.org/10.1007/978-3-658-25500-8.

Dweck, C. S. (2006). *Mindset: The New Psychology of Success*. Random House Publishing Group. https://ebookcentral.proquest.com/lib/kxp/detail.action?docID=5336864 (abgerufen am 21.01.2022).

Ehmann, B. (2019). *Quick Guide Agile Methoden für Personaler: So gelingt der Wandel in die agile Unternehmenskultur* (1. Auflage 2020). *Quick Guide*. Springer Gabler. http://www.springer.com/ (abgerufen am 21.01.2022).

Fischer, S. (2016). *Definition: Agilität als höchste Form der Anpassungsfähigkeit*. https://www.haufe.de/personal/hr-management/agilitaet/definition-agilitaet-als-hoechste-form-der-anpassungsfaehigkeit_80_378520.html (abgerufen am 21.01.2022).

Förster, K., & Wendler, R. (2012). *Theorien und Konzepte zur Agilität* (Dresdner Beiträge zur Wirtschaftsinformatik 63/12). Dresden. https://core.ac.uk/download/pdf/236369498.pdf (abgerufen am 21.01.2022).

Hoeven, C. L. ter, & van Zoonen, W. (2015). Flexible work designs and employee well-being: examining the effects of resources and demands. *New Technology, Work and Employment*, *30*(3), 237–255. https://doi.org/10.1111/ntwe.12052.

Hooper, M. J., Steeple, D., & Winters, C. N. (2001). Costing customer value: an approach for the agile enterprise. *International Journal of Operations & Production Management*, *21*(5/6), 630–644. https://doi.org/10.1108/01443570110390372.

Horn, J. E., Taris, T. W., Schaufeli, W. B., & Schreurs, P. J. (2004). The structure of occupational well-being: A study among Dutch teachers. *Journal of Occupational and Organizational Psychology*, *77*(3), 365–375. https://doi.org/10.1348/0963179041752718.

Humphrey, S. E., Nahrgang, J. D., & Morgeson, F. P. (2007). Integrating motivational, social, and contextual work design features: A meta-analytic summary and theoretical extension of the work design literature. *The Journal of Applied Psychology*, *92*(5), 1332–1356. https://doi.org/10.1037/0021-9010.92.5.1332.

Kaltenecker, S., Spielhofer, T., Eybl, S., Schober, J., & Jäger, S. (2011). *Erfolgreiche Führung in der agilen Welt: Eine Studie der Plattform für agiles Management* (Discussion Paper No. 12). Institut für systemische Organisationsentwicklung. http://organisationsforschung.at/wordpress/wp-content/uploads/DP12_2011_Kaltenegger-Spielhofer-Eybl_erfolgreiche-Führung-in-der-agilen-Welt.pdf (abgerufen am 21.01.2022).

Kelliher, C., & Anderson, D. (2010). Doing more with less? Flexible working practices and the intensification of work. *Human Relations*, *63*(1), 83–106. https://doi.org/10.1177/0018726709349199.

Kienbaum Management Consultants (Ed.). (2015). *Agility – überlebensnotwendig für Unternehmen in unsicheren und dynamischen Zeiten: Change-Management Studie 2014/2015*. Düsseldorf. https://amortisat.de/wp-content/uploads/Kienbaum_Agility_Studie_Digital.pdf (abgerufen am 21.01.2022).

Langenscheidt (Ed.). (2022). *Online Lexikon Latein – Deutsch / Deutsch – Latein*. München. https://de.langenscheidt.com/latein-deutsch/agilis (abgerufen am 21.01.2022).

Laughton, K.-A., & Thatcher, A. (2019). Health and Wellbeing in Modern Office Layouts: The Case of Agile Workspaces in Green Buildings. In S. Bagnara, R. Tartaglia, S. Albolino, T. Alexander, & Y. Fujita (Eds.), *Advances in Intelligent Systems and Computing. Proceedings of the 20th Congress of the International Ergonomics Association (IEA 2018)* (Vol. 825, pp. 831–840). Springer International Publishing. https://doi.org/10.1007/978-3-319-96068-5_89.

Menezes, L. M. de, & Kelliher, C. (2011). Flexible Working and Performance: A Systematic Review of the Evidence for a Business Case. *International Journal of Management Reviews, 13*(4), 452–474. https://doi.org/10.1111/j.1468-2370.2011.00301.x.

Michel, A. (2011). Transcending Socialization: A nine-year ethnography of the body's role in organizational control and knowledge workers' transformation. *Administrative Science Quarterly*, *56*(3), 325–368. https://doi.org/10.1177/0001839212437519.

Michl, T. (2018). Das agile Manifest – eine Einführung. In M. Bartonitz, V. Lévesque, T. Michl, W. Steinbrecher, C. Vonhof, & L. Wagner (Eds.), *Agile Verwaltung* (pp. 3–13). Springer Berlin Heidelberg. https://doi.org/10.1007/978-3-662-57699-1_1.

Morganson, V. J., Major, D. A., Oborn, K. L., Verive, J. M., & Heelan, M. P. (2010). Comparing telework locations and traditional work arrangements. *Journal of Managerial Psychology*, *25*(6), 578–595. https://doi.org/10.1108/02683941011056941.

Nowotny, V. (2017). *Agile Unternehmen: Nur was sich bewegt, kann sich verbessern*. BusinessVillage.

Parson, T., Bales, R. F., & Shils, E. A. (1953). *Working Papers in the Theory of Action*. Free Press.

Pfannstiel, M. A., Siedl, W., & Steinhoff, P. (Eds.). (2021). *Springer eBook Collection. Agilität in Unternehmen: Eine praktische Einführung in SAFe® und Co* (1st ed. 2021). Springer Fachmedien Wiesbaden; Imprint Springer Gabler. https://doi.org/10.1007/978-3-658-31001-1.

Sewell, G., & Taskin, L. (2015). Out of Sight, Out of Mind in a New World of Work? Autonomy, Control, and Spatiotemporal Scaling in Telework. *Organization Studies*, *36*(11), 1507–1529. https://doi.org/10.1177/0170840615593587.

Sousa, C. M. P., Coelho, F., & Guillamon-Saorin, E. (2012). Personal Values, Autonomy, and Self-efficacy: Evidence from frontline service employees. *International Journal of Selection and Assessment*, *20*(2), 159–170. https://doi.org/10.1111/j.1468-2389.2012.00589.x.

Steinert, C., & Büser, T. (2018). *Spot-Leadership*. Springer Fachmedien Wiesbaden. https://doi.org/10.1007/978-3-658-22652-7.

Steuck, A. (Ed.). (2019a). *BestMasters. Mit einer schwarmintelligenten Verwaltung agil und stabil in die Zukunft: Eine empirische Untersuchung am Beispiel der Bundesverwaltung*. Springer Gabler. https://doi.org/10.1007/978-3-658-27820-5.

Steuck, A. (2019b). Was sind Schwarmintelligenz und Agilität? In A. Steuck (Ed.), *BestMasters. Mit einer schwarmintelligenten Verwaltung agil und stabil in die Zukunft: Eine empirische Untersuchung am Beispiel der Bundesverwaltung* (pp. 13–23). Springer Gabler. https://doi.org/10.1007/978-3-658-27820-5_3.

Stöger & Partner GmbH. (2021). *Projektmanagement im agilen Umfeld.* https://www.stoegerpartner.de/agiles-projektmanagement/ (abgerufen am 21.01.2022).

Tham, K. W., Wargocki, P., & Tan, Y. F. (2015). Indoor environmental quality, occupant perception, prevalence of sick building syndrome symptoms, and sick leave in a Green Mark Platinum-rated versus a non-Green Mark-rated building: A case study. *Science and Technology for the Built Environment, 21*(1), 35–44. https://doi.org/10.1080/10789669.2014.967164.

Tißen, N., & Bern, V. (Eds.). (2022). *Agile Mindset: Warum Agilität nur mit Haltung funktioniert: Internetbeitrag.* https://www.me-company.de/magazin/agile-mindset/ (abgerufen am 21.01.2022).

Volkwein, C. (2019). *Agile Arbeits- und Organisationsform: Abbildungen aus dem Vortrag Prof. Matthias Groß, Rheinische Fachhochschule Köln, zum Thema Agiles Arbeiten vom 23. Oktober 2018 in Darmstadt.* https://hessenchemie-blog.de/hessenchemie/agile-arbeits-und-organisationsformen/ (abgerufen am 21.01.2022).

30 Erfolgsfaktoren für die Implementierung digitaler BGM-Angebote

Marinko Spahić, Céleste Kleinjans

Die Zukunft ist digital. Auch das BGM in Unternehmen wird immer digitaler. Auf dem Markt nimmt die Anzahl der digitalen Gesundheitsangebote immer mehr zu. So gibt es mobile Apps für das Smartphone oder Web-Apps (z. B. Webportale, Online-Plattformen). Hier ist es wichtig, die Unterschiede sowie die Vor- und Nachteile zu kennen (vgl. Kapitel 30.1.1). Welche wichtigen Kriterien das Angebot eines digitalen Betrieblichen Gesundheitsmanagements (dBGM) erfüllen sollte, wird in den folgenden Kapiteln Schritt für Schritt erläutert. Dabei stehen das Nutzungserlebnis (vgl. Kapitel 30.2), die individuellen Bedürfnisse der Nutzer und Nutzerinnen (vgl. Kapitel 30.2.1) sowie die Digital-Ethics- und Digital-Responsibility-Maßnahmen der Anbieter (vgl. Kapitel 30.2.2) im Fokus. Andere Unternehmensbereiche, wie das Employer Branding, können ebenfalls von den Vorzügen der dBGM-Angebote profitieren (vgl. Kapitel 30.2.3). Bei der Einführung eines dBGM-Angebots im Unternehmen kann es aber auch einige Stolpersteine geben, die unbedingt beachtet werden sollten (vgl. Kapitel 30.2.4). Alle Themenaspekte werden dabei nutzerorientiert beleuchtet, denn dBGM-Angebote dienen letztendlich der Gesundheit und dem Wellbeing der Mitarbeiter und Mitarbeiterinnen und sollen von diesen auch gerne in Anspruch genommen werden.

30.1 Relevanz von Hürdenlosigkeit bei dBGM-Angeboten

Ohne Eigenmotivation wird es keine erfolgreiche Gesundheitsförderung geben. Ein wichtiger Schlüsselaspekt für die Gesundheitsförderung ist es also, möglichst viele Menschen aus der jeweiligen Zielgruppe abzuholen. Es gilt zu überzeugen, zu motivieren und im besten Fall zu begeistern.

Einstiegshürden niedrig halten

Je niedriger die Einstiegshürde zu einem neuen Thema ist, desto höher ist die Wahrscheinlichkeit, dass man sich mit diesem Thema auseinandersetzen wird. Die erste Hürde für ein gesundheitsförderndes Angebot besteht darin, überhaupt ins Bewusstsein der Zielgruppe zu gelangen. Das ist bei der Informationsflut, der wir tagtäglich ausgesetzt sind, gar nicht einmal so einfach. Zudem muss das Angebot Relevanz erzeugen. Das heißt, es muss ein Interesse erzeugt werden, das hoch genug ist, damit man das Angebot auch in Anspruch nehmen möchte. Jede Hürde, die danach kommt, kann das Interesse unmittelbar wieder in die Tiefe schnellen lassen.

In Bezug auf digitale Angebote bedeutet das: Jeder zusätzliche Klick, jede kontraintuitive Gestaltung, jede komplizierte Menüstruktur stellt eine Hürde dar, die das Absprungpotenzial der adressierten Zielgruppe signifikant erhöht. Zum Beispiel:

Webseiten mit einer Fülle von Infomaterial lesen sich nur die Menschen durch, die an sich schon eine sehr hohe Eigenmotivation für ein bestimmtes Gesundheitsthema mitbringen. Aber die große Mehrheit bringt dieses Interesse und diese Eigenmotivation »noch« nicht mit.

Nachfolgend werden wir darstellen, was das Potenzial von digitalen BGM-Angeboten ist, worauf es zu achten gilt und wie Sie diese erfolgreich in Ihr Unternehmen einführen.

Merken Sie sich bitte: !

Möglichst hürdenlos sollte es sein

Neuartige Angebote im Betrieblichen Gesundheitsmanagement, vor allem bei digitalen Varianten, sollten möglichst ohne Hürden konzipiert sein. Damit ist der Zugang für eine möglichst breite Zielgruppe gegeben.

Digitales BGM schließt eine große Lücke

Unter digitalem Betrieblichen Gesundheitsmanagement wird der Einsatz von digitalen Methoden und Instrumenten im Betrieblichen Gesundheitsmanagement verstanden.

mHealth und eHealth im Vergleich

MHealth Lösungen gewinnen im Bereich des dBGM immer mehr an Bedeutung. Der Begriff mHealth (Kurzform für engl. »mobile Health«) beschreibt laut WHO ein Teilgebiet der eHealth (Kurzform für »electronic Health«, oft auch »digital Health« genannt), besitzt allerdings keine durchgängige beziehungsweise normierte Definition (vgl. WHO., 2020, zitiert in Pfannstiel et al., 2020). Während eHealth ein Oberbegriff für die allgemeine Zurverfügungstellung digitaler Technologien im Bereich des Gesundheitswesens ist, bezieht sich der Ausdruck mHealth auf die Verwendung und Nutzung von Gesundheitsservices auf mobilen Endgeräten. Das einheitliche Ziel mobiler Anwendungen und Applikationen aus den Bereichen eHealth und mHealth ist die Förderung und der Erhalt physischer wie psychischer Gesundheit, beispielsweise durch die Unterstützung von Verhaltensanpassungen oder dem Vermitteln von relevantem Wissen.

Aufgrund der in unserer Gesellschaft mittlerweile weiten Verbreitung von mobilen Endgeräten mit Internetanbindung bieten mHealth-Applikationen, kurz mHealth-Apps, ein großes Potenzial, um die Gesundheitsfürsorge zu revolutionieren. Vor allem, da die immer stärker belasteten Gesundheitssysteme zunehmend auf Selbstfürsorge verweisen (Davies & Mueller, 2020). Durch ihre Flexibilität und Interaktivität bieten sie, gegenüber anderen Kontaktpunkten, einen großen Vorteil bezüglich der Vermittlung von Themen und Inhalten (Davies & Mueller, 2020). Außerdem fallen, durch die zeitlich und örtlich flexible Nutzungsmöglichkeit von mHealth Angeboten, weitere potenzielle Hürden, wie die Angst vor Beobachtung oder Druck durch den Arbeitgeber weg. Die mobilen Endgeräte und ihre Ökosysteme sind bereits auf Nutzerfreundlichkeit optimiert. Inhalte können über mHealth-Angebote somit leicht von überall abgerufen und das Gesundheitsbewusstsein kann z. B. durch Erinnerungsfunktionen unterstützt werden. Außerdem können die Nutzer und Nutzerinnen individuell den Umfang und das Tempo der Inhalte steuern.

Im Gegensatz zu eHealth-Anwendungen bekommt man durch mHealth einen niederschwelligen Zugang zur jeweiligen Zielgruppe und die Nutzer und Nutzerinnen erhalten die Möglichkeit, aktiv an der eigenen Versorgung teilzunehmen und diese selbst mitzugestalten, was zum »Empowerment« der Nutzer und Nutzerinnen beiträgt. »Mit mHealth kann ein Paradigmenwechsel von rein empfangenden gesundheitlichen Modellen zu mitzugestaltenden Modellen vollzogen werden« (Albrecht 2016, S. 52).

Smart Devices sind aus unserem Leben nicht mehr wegzudenken. Im Gegenteil, die aktuelle Entwicklung neuer Technologien zeigt auf, dass das Digitale noch nahtloser in unser Alltagsleben integriert wird, als es die bestehenden mobilen Devices und die dazugehörigen Wearables, wie z. B. Smart Watches, schon tun. Als nächstes werden z. B. Augmented Reality (AR) Lösungen Einzug in unseren Alltag erhalten und das Digitale wird zu einem immer immersiveren Erlebnis werden.

Der direkte Zugang zu Menschen und die Erreichbarkeit von Individuen war noch nie so unmittelbar wie heute.

30.2 Reizüberflutung vermeiden und Angebote »greifbar« machen

Wir Menschen neigen dazu, Reizen zu folgen, die unsere Sinne positiv stimulieren. Neugierde wird also verstärkt, wenn es um positive Emotionen geht, die in uns ausgelöst werden. Dazu gehören z. B. Lust, Freude oder Zufriedenheit. Mit Abschreckung, also negativen Reizen und Emotionen, auf ein Gesundheitsthema aufmerksam zu machen, wie z. B. mit den Schockbildern auf Zigarettenpackungen, hat dagegen keinen nachhaltigen Effekt. »Wissenschaftliche Evidenzen belegen, dass das Abschreckungskonzept keine langfristige Wirkung hat und sogar gegensätzliche Ergebnisse verursacht«, sagte 2020 ein Sprecher des Thüringer Gesundheitsministeriums (https://www.aerzteblatt.de/nachrichten/109290/Gesundheitsministerium-sieht-wenig-Nutzen-in-Schockfotos-auf-Tabakwaren, abgerufen am 20.01.2022).

positive Motivation

Positive Motivation ist also der vielversprechendere Ansatz, die Zielgruppe zu erreichen. Dabei ist es ein wichtiger Schritt, das Angebot für die Zielgruppe, im wahrsten Sinne des Wortes, »greifbar« zu machen. »Greifbar« bedeutet zum einen die unmittelbare und hürdenlose Verfügbarkeit eines Angebots, zum anderen muss auch der Impuls ausgelöst werden, dass man dieses Angebot greifen möchte; dass man es unbedingt ausprobieren möchte, weil es bei der Zielgruppe bzw. beim Individuum eine hohe Relevanz erzeugt.

Ein weiterer wichtiger Aspekt bei einer digitalen Lösung zur Gesundheitsfürsorge ist die Fokussierung. Mit der Digitalisierung und den Smart Devices ist auch die Reizüberflutung stark angestiegen. Wer kennt es nicht, eigentlich wollte man nur ein Rezept für Lasagne googlen und drei Stunden später schaut man bei Amazon nach Staubsaugerangeboten. Wir sind sehr vielen Informationen und Reizen ausgesetzt und diese Reize schwächen unsere Konzentrations- und Aufmerksamkeitsspanne. Fokussierung

Anbieter von digitalen Gesundheitsangeboten, wie z. B. Krankenkassen oder dBGM-Anbieter, haben oft den Wunsch, alle für »sie« wichtigen Gesundheitsthemen direkt in einer Lösung abzubilden. Denn es gehören ja viele verschiedene Themen zu einer ganzheitlichen Gesundheitsfürsorge. Das stimmt insoweit, als z. B. regelmäßiger Sport genauso wichtig ist wie eine gesunde Ernährung. Doch je mehr verschiedene Themen in einer Lösung angeboten werden, desto höher ist die Reizüberflutung bei den Nutzern und Nutzerinnen und die Greifbarkeit der einzelnen Themen nimmt ab.

Es ist also wichtig die Nutzer und Nutzerinnen an die Hand zu nehmen und sie genau zu dem zu führen, was für sie wirklich relevant ist, ihren individuellen Bedürfnissen und dem jeweiligen Wissensstand entspricht. Hierbei können intelligente Assistenzsysteme sowie psychologisch gestaltete User Journeys helfen.

MHealth Applikationen bieten also bei der Erreichbarkeit der Zielgruppe und dem Greifbarmachen des Gesundheitsthemas ganz klare Vorteile.

30.2.1 Personalisierung und individuelle Förderung als wichtiger Faktor für Nutzerakzeptanz

Durch die ständige Verfügbarkeit und den hohen Grad an möglicher Personalisierbarkeit von mHealth-Angeboten können die Nutzer und Nutzerinnen zur nachhaltigen Stabilisierung von Verhaltensänderungen motiviert sowie in ihrer individuellen Gesundheit gestärkt werden.

Folgendes Beispiel zeigt, wie wichtig die Personalisierbarkeit für die Nutzerakzeptanz ist: Auf dem Markt existieren viele Angebote zu den Themen Stressmanagement und Stressreduktion. Viele davon stellen hauptsächlich Mediatheken mit verschiedensten Inhalten zur Verfügung und agieren damit weitestgehend passiv. Die individuellen Bedürfnisse des einzelnen Menschen werden nicht berücksichtigt und die Nutzer und Nutzerinnen müssen das Angebot an Inhalten und Interventionsmöglichkeiten umständlich selbst durchsuchen, ohne dass die aktuelle Situation, persönliche Bedürfnisse oder eventuelle Vorerfahrungen berücksichtigt werden. Viele Entscheidungsmöglichkeiten, Unübersichtlichkeit und Komplexität erzeugen Stress. Ein solcher Aufbau eines digitalen Angebots ist besonders kontraproduktiv, wenn die

Zielgruppe, die man erreichen möchte, Menschen mit einem erhöhten Stressempfinden sind. Solche digitalen Produkte verfehlen ihr Ziel schon auf dem Weg dorthin, da sie die Bedürfnisse ihrer Zielgruppe nicht richtig verstanden haben.

Digitale gesundheitsfördernde Lösungen müssen also explizit für die Bedürfnisse der jeweiligen Zielgruppe entwickelt werden. Es genügt nicht, nur Inhalte bereitzustellen, sondern der Weg zu den Inhalten (User Journey) und wie die Inhalte erlebbar gemacht werden (User Experience) müssen ebenfalls den Bedürfnissen der Zielgruppe entsprechen.

Bei unserer Zusammenarbeit mit Unternehmen erreichen wir mit unserer mHealth-App MINDZEIT® eine hohe Nutzerakzeptanz bei den Mitarbeiterinnen und Mitarbeitern. Mit MINDZEIT® haben wir eine intelligente und emotionsbasierte App entwickelt, die den Usern einen hürdenlosen Zugang zu personalisierten Achtsamkeits-, Selbsterfahrungs- und Selbstreflexionsübungen bietet, welche die mentale Gesundheit präventiv stärken und eine regelmäßige Entspannung fördern. Die MINDZEIT®-Mentaltrainings basieren auf Achtsamkeit und Meditation und wurden zusammen mit Wissenschaftlern und Psychologen speziell für die Anforderungen im (Berufs-)Alltag entwickelt.

Durch Umfragen konnten wir feststellen, dass bei unserem Produkt vor allem geschätzt wird, dass es auf den persönlichen Zustand und die akute Stimmungslage eingeht und Übungen empfiehlt, die genau dazu passen. Darüber hinaus überzeugt das personalisierbare Nutzungserlebnis unserer App.

Die Berücksichtigung der individuellen Bedürfnisse ist, neben den generellen zielgruppenspezifischen Anforderungen, somit ein weiterer wichtiger Faktor für eine hohe Nutzerakzeptanz. Das zukünftige Potenzial von mHealth Angeboten liegt in der intelligenten Verknüpfung von User-Daten mit relevanten Inhalten, Motivationsfunktionen (z. B. Gamification) und einer psychologisch gestalteten User Experience (Digital Behavioural Design), welche die Wahrnehmung und das Verhalten der User positiv beeinflusst. Angebote, die diese Kriterien erfüllen, können zu persönlichen Assistenzsystemen werden, welche die Kompetenzerweiterung von gesundheitlichem Verhalten maßgeblich stärken.

30.2.2 Digital Responsibility und das Schaffen von Vertrauen

Generell ist der Datenschutz im Digital-Health-Bereich ein sehr wichtiger Faktor. Digital Responsibilty beschreibt einen Ansatz, der über den reinen Datenschutz und die Vorschriften der DSGVO hinaus geht. Es geht um Ethik in unserer digitalen Welt, in der der Mensch im Mittelpunkt stehen soll.

Digital-Responsibility- und Digital-Ethic-Strategien werden mehr und mehr in Unternehmen unter dem Begriff Corporate Digital Responsibility (CDR) eingeführt und sollen unter anderem einen verantwortungsvollen Umgang mit digitalen Daten und eine nachhaltige Digitalisierung fördern. Wenn es um den Einsatz von KI geht, spielt die Ethik eine noch größere Rolle, aber dieses Thema würde hier den Rahmen sprengen.

Im Fall des dBGM geht es vor allem um Vertrauen. Ohne Vertrauen in die digitalen Angebote werden sich die Menschen auch nicht auf sie einlassen.

Digital Responsibility und Digital Ethics im Kontext des dBGM umfassen für uns vor allem folgende Punkte:

- Das Prinzip der Datensparsamkeit wird angewandt und es werden nur die Daten erhoben, die für das digitale Angebot unbedingt notwendig sind.
- Die persönlichen Daten gehören den Nutzern und Nutzerinnen.
- Es findet keine Datenweitergabe statt und die Daten werden auch nicht für andere Zwecke bzw. Geschäftsmodelle genutzt.
- Die eingesetzte Technik entspricht den höchstmöglichen Sicherheitsstandards zum Schutz der persönlichen Daten und es wird auch keine Dritttechnologie eingebunden, die diesen Anspruch nicht erfüllt.
- Das Angebot erfüllt selbstverständlich die Vorgaben der DSGVO.

Es gilt also nicht nur im Blick zu behalten, wie die Qualität des Produkts ist, sondern welche Interessen und Geschäftsmodelle eigentlich hinter dem Produkt bzw. Anbieter stehen.

Daten sind das Gold des digitalen Zeitalters

Es ist mittlerweile allgemein bekannt, dass Daten das Gold des digitalen Zeitalters sind. Die Finanzierung von Start-up-Unternehmen findet in den allermeisten Fällen über Investoren und/oder Risikokapitalgeber statt und bei der Bewertung von diesen Unternehmen spielen die Daten, die mit der jeweiligen Geschäftsidee erhoben, gesammelt und ausgewertet werden, in den allermeisten Fällen eine große Rolle. Zum Beispiel haben viele Medienkonzerne von Natur aus, ein großes Interesse an Nutzerdaten, um Nutzerprofile erstellen zu können und diese dann zu vermarkten (http://medienpolitik.eu/wer-beherrscht-die-medien, abgerufen am 08.04.2022).

Es stehen also vielerlei Interessen hinter digitalen Produkten und Angeboten und in vielen Fällen stehen dabei die wirtschaftlichen Interessen im Mittelpunkt und nicht der Schutz der Nutzerdaten.

Gegenwärtige Datenskandale, wie bei Facebook oder Google, haben den Umgang mit persönlichen Daten mehr in das Bewusstsein unserer Gesellschaft gerückt. Diese Skandale erzeugen Skepsis und Misstrauen auch gegenüber anderen digitalen Produkten.

Für ein erfolgreiches dBGM und das Schaffen von Akzeptanz bei den Nutzern und Nutzerinnen sind die Aspekte »Digitale Verantwortung« und »Digitale Ethik« somit entscheidend bei der Auswahl eines dBGM-Anbieters.

30.2.3 Die Rolle von digitalem BGM für das Employer Branding

Motivierte, zufriedene und gesunde Beschäftigte sind leistungsbereiter und innovativer – das ist allgemein bekannt. Für viele Mitarbeiter und Mitarbeiterinnen wird die Unternehmenskultur immer wichtiger. Identifikation, Work-Life-Balance und Wertschätzung werden mittlerweile stärker priorisiert als die Höhe des Gehalts. Mit einem attraktiven BGM zeigen Arbeitgeber ihren Mitarbeitern und Mitarbeiterinnen Wertschätzung und das fördert die Identifikation mit dem Unternehmen. Außerdem ist die Außenwirkung eines Unternehmens als attraktiver Arbeitgeber ein entscheidender Faktor, um Talente zu gewinnen und zu halten. Das BGM wird somit zu einem bedeutenden Wettbewerbsfaktor und ein modernes und ansprechendes BGM zu einem wichtigen Puzzlestück für ein erfolgreiches Employer Branding.

Digitale Angebote können durch Ihre Innovationskraft, Flexibilität und Attraktivität das BGM in Unternehmen auf ein neues Level bringen. Apps sind für viele Menschen ein selbstverständlicher Teil des Alltags geworden. Egal, ob es um Soziales, Produktivität, Unterhaltung oder eben die eigene Gesundheit geht. Für viele Menschen ist es heutzutage daher eine Selbstverständlichkeit, dass auch der Arbeitgeber digitale Angebote zur Verfügung stellt. Dabei geht es hier längst nicht mehr nur um die »jüngere« Generation.

Das BGM nimmt nicht zuletzt durch die imageverbessernde und attraktivitätssteigernde Wirkung eine immer größere Schlüsselrolle in Unternehmen ein und sollte keineswegs stiefmütterlich behandelt oder als nebensächlich gesehen werden. Zumal die Verbesserung der Unternehmensattraktivität ebenfalls zu einer geringeren Fluktuation führt und dadurch die Kosten für Recruiting und Marketing senkt.

30.2.4 Was gilt es bei der Einführung eines dBGM Angebots zu beachten?

Stakeholder von Anfang an miteinbinden

Damit eine Entscheidung für ein dBGM-Angebot überhaupt stattfinden kann, müssen von Anfang an die wichtigen Stakeholder im Unternehmen miteingebunden werden. Dazu zählen, je nach Unternehmensstruktur, die Personalabteilung, die Rechtsabteilung, der Betriebsrat, die Datenschutzbeauftragten und die Geschäftsführung. Werden diese Stakeholder nicht von Anfang an miteinbezogen, kann das sehr schnell zum Scheitern des Vorhabens führen, da strategisch wichtige Entscheidungsprozesse missachtet wurden. Leider ist das ein häufiger Grund, weshalb es dBGM-Angebote, unabhängig von ihrer Qualität und ihrem Preis, nicht in Unternehmen schaffen. Haben alle Stakeholder zugestimmt, kommt der nächste wichtige Schritt.

Großartig! Sie haben ein überzeugendes dBGM-Produkt für Ihr Unternehmen gefunden und eingekauft. Alle Mitarbeiter und Mitarbeiterinnen Ihres Unternehmens können nun einfach, modern und ansprechend erreicht werden. Um ehrlich zu sein, muss an dieser Stelle eigentlich »könnten« gesagt werden. Denn das digitale Angebot kann noch so gut sein, es wird nicht von allein ein Selbstläufer werden.

Stichwort: Reizüberflutung. Auch das tollste dBGM-Angebot ist nur eine Neuigkeit, eine Nachricht von vielen, die man am Tag erhält. Selbst wenn es neugierig macht, heißt es nicht, dass man dem sofort nachgeht und man sich bei dem Angebot anmeldet. Und wenn man es nicht sofort tut, ja dann ist es, wie man so schön sagt, »aus den Augen, aus dem Sinn«.

der Kümmerer als Schlüsselfaktor

Es sind also Strategien gefragt, die die Mitarbeiter und Mitarbeiterinnen überhaupt erstmal dazu bringen, das Angebot auszuprobieren. Damit also möglichst viele Mitarbeiter und Mitarbeiterinnen das Angebot für sich testen, ist es unabdingbar, dass es eine »Kümmerin« bzw. einen »Kümmerer« im Unternehmen gibt, die oder der sich intern darum kümmert, die Angebote an die Menschen im Unternehmen zu bringen.

Ja, was habe ich denn von den tollen digitalen Angeboten, wenn sie so viel Arbeit machen? Sie sollen doch eigentlich viel effizienter sein und auch einfacher funktionieren. Das wird sich an dieser Stelle so manche/r denken. Und jetzt kommt einer der wichtigsten Schlüsselaspekte für die erfolgreiche Einführung eines dBGM Angebots: Digitale Angebote können ihr Potenzial erst ausspielen, wenn sie nicht nur »greifbar« sind, sondern auch »gegriffen« werden; sich also buchstäblich in den Händen der Nutzer und Nutzerinnen befinden.

Es ist vergleichbar mit einem Rennwagen. Es kann der tollste und schnellste Rennwagen der Welt sein, solange er nur in der Garage steht, beeindruckt er niemanden. Aber wenn man ihn auf die Rennstrecke bringt, dann kann er zeigen, was in ihm steckt.

Damit das dBGM-Angebot erfolgreich ins Rennen gebracht wird, ist es unbedingt notwendig, dass der/die Kümmer/in Kommunikationsstrategien mit entwickelt und diese dann im Unternehmen umsetzt.

Wie das Angebot an die Mitarbeiter und Mitarbeiterinnen herangetragen wird und wie die genaue Kommunikation stattfindet, ist ausschlaggebend für die Akzeptanz und Nutzung des Angebots. Es gibt z. B. oft Bedenken zum Datenschutz, die mit der richtigen Kommunikation direkt aufgefangen werden können.

User Adoption Service

Es gibt auch dBGM-Anbieter, die dafür einen Extraservice bieten und den/die Kümmer/in bei der Kommunikationsstrategie unterstützen. Das ist schon einmal sehr gut, denn der dBGM-Anbieter kennt zum einen sein Produkt am besten und er hat bestenfalls auch schon einige Erfahrung mit anderen Unternehmen sammeln können. Von dieser Erfahrung kann der/die Kümmer/in dann profitieren.

In unserer Arbeit mit Unternehmen hat sich herausgestellt, dass jedes Unternehmen anders tickt. Selbst wenn es hinsichtlich der Größe mit einem anderen vergleichbar ist und aus der gleichen Branche kommt, kann die Strategie, um die Mitarbeiter und Mitarbeiterinnen zu erreichen, vollkommen anders ausfallen. Es ist also wichtig, darauf zu achten, was für einen User-Adoption-Service der Anbieter bereitstellt. Ist es eine »Nullachtfünfzehn«-Strategie oder wird die Strategie an das Unternehmen und seine bisherigen Erfahrungen mit den eigenen Mitarbeitern und Mitarbeiterinnen angepasst?

Auf der anderen Seite kann der Anbieter den besten und individuellsten Service offerieren, wenn es keine Unterstützung aus dem Unternehmen in Form eines Kümmerers oder einer Kümmerin gibt, dann verläuft auch dieses Potenzial im Sande. Wenn Sie sich also dafür entschieden haben, etwas Innovatives für die Gesundheitsförderung Ihrer Mitarbeiter und Mitarbeiterinnen zu tun, dann seien Sie sich darüber bewusst, dass es eine Frage der Unternehmenskultur wird. Trägt Ihre Unternehmenskultur innovative dBGM-Angebote oder trägt Ihre Unternehmenskultur dazu bei, dass diese im Keller verschwinden?

Nutzen Sie den Dialog mit den Anbietern, und wenn Sie ein passendes Angebot gefunden und Sie sich dafür entschieden haben, dann wird dies auf jeden Fall Ihre Unternehmenskultur bereichern.

!

Merken Sie sich bitte:

Kommunikation und Nutzung

Digitale Angebote können ihr Potenzial erst ausspielen, wenn sie nicht nur »greifbar« sind, sondern auch »gegriffen« werden; sich also buchstäblich in den Händen der Nutzer und Nutzerinnen befinden.

30.3 Fazit

Akzeptanz als Schlüssel für eine erfolgreiche Einführung von dBGM-Angeboten

Moderne digitale Lösungen wie Apps bieten durch ihre personalisierten und jederzeit abrufbaren Angebote viele Vorteile für eine erfolgreiche Gesundheitsfürsorge. So können z. B. auch diejenigen von gesundheitsfördernden Angeboten profitieren, denen es sonst nicht möglich ist an zeitlich und örtlich gebundenen Angeboten teilzunehmen, wie z. B. Außendienstler, Vertriebler oder Lieferanten.

Die digitalen Angebote ermöglichen eine niederschwellige Integration in die verschiedensten Alltagssituationen und die Eigenmotivation kann z. B. durch Erinnerungsfunktionen, Gamification oder durch eine eigene User Historie enorm gesteigert werden. Diese zielgerichtete und bedarfsorientierte Ausrichtung kann zudem dazu beitragen, frühzeitig Risikofaktoren zu erkennen und diesen präventiv mit weiteren passenden Maßnahmen entgegenzuwirken. Damit sind digitale Angebote eine wertvolle Ergänzung und Aufwertung für das BGM eines Unternehmens.

Arbeitgeber können durch passende dBGM-Angebote von vielen Vorteilen profitieren. Dazu zählen, neben der potenziellen Reduzierung von Fehlzeiten und dadurch verursachten Ausfallkosten und Fehlerquoten, auch die Förderung einer mitarbeiterzentrierten Unternehmenskultur. Ansprechende, moderne Fitness- oder Gesundheits-Apps bedeuten nicht lediglich einen zusätzlichen finanziellen Aufwand, den der Arbeitgeber für seine Mitarbeiter und Mitarbeiterinnen aufbringt, sondern sie zeigen auch, dass der Arbeitgeber sich um die Menschen in seinem Unternehmen kümmert – sie wertschätzt. Das stärkt die Identifikation und die Mitarbeiterbindung mit dem Unternehmen. Neben der Reduzierung der Ausfallkosten und Fehlerquoten sowie der Steigerung der Mitarbeitermotivation beeinflusst der direkte und zielgerichtete Zugang zu den Menschen zusätzlich den ROI (Return on Investment) eines dBGM-Angebots positiv, da Kosten für pauschale Workshop- oder Coachingangebote eingespart werden können.

Digitalisierung und New Work

Nun wollen wir nicht hoffen, dass wir von einer Pandemie in die nächste rutschen, aber eines hat uns die Corona-Pandemie gezeigt: Es können Einschränkungen in der Mobilität und bei den sozialen Kontakten plötzlich notwendig sein und dann müssen neue Wege für die Kommunikation, das Zusammenarbeiten, das soziale Leben oder die Freizeit gefunden werden. Neue Arbeitsmodelle wie z. B. das Homeoffice bekamen durch die Pandemie einen nie zuvor dagewesenen Aufwind und etablierten sich in Windeseile. Eine räumliche und zeitliche Flexibilität bei der Arbeit wurde für viele Menschen damit zu einer neuen Selbstverständlichkeit.

Auch der tägliche Umgang mit neuen digitalen Tools erzeugte ein neues Selbstverständnis in der Arbeitswelt. Vorher Unvorstellbares ist jetzt nicht mehr wegzudenken und wird auch nach der Pandemie Teil des Arbeitslebens bleiben.

Auf diese neuen Bedürfnisse und dieses neue Selbstverständnis müssen Unternehmen in Zukunft ganzheitlich eingehen, um als Arbeitsgeber attraktiv zu bleiben.

Anforderungen an dBGM-Angebote

Es sind aber nicht nur die Unternehmen selbst, die sich neu aufstellen müssen. Auch die Anbieter von digitalen Lösungen für das BGM müssen wichtige Anforderungen erfüllen, um relevant zu sein. Es geht um nachhaltige Angebote, die bedarfsorientiert spezifische und individuelle Bedürfnisse erfüllen. Eine Sammlung von Ratschlägen oder Übungen reicht bei weitem nicht mehr aus.

Die größte Herausforderung für moderne dBGM-Angebote ist es, die Zielgruppe zu erreichen und dann auch zu halten. Jede Lösung, die nur für einen kurzen Moment oder gar nicht genutzt wird, ist wertlos für das Unternehmen. Abbildung 1 fasst die wichtigsten Kernaspekte für die Nutzerakzeptanz zusammen.

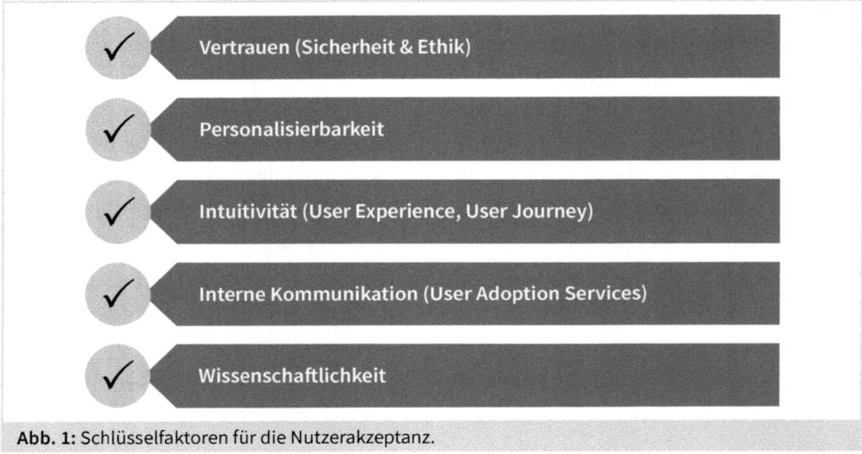

Abb. 1: Schlüsselfaktoren für die Nutzerakzeptanz.

Das Vertrauen wird durch Prinzipien des Datenschutzes und der Datenethik, die der Anbieter des digitalen Angebots vertritt, erzeugt. Hier gilt es, die Datenschutzerklärung des Anbieters genau zu prüfen. Abbildung 2 stellt die wesentlichsten Fragen als eine Art Leitfaden für die Beurteilung von dBGM-Anwendungen zusammen.

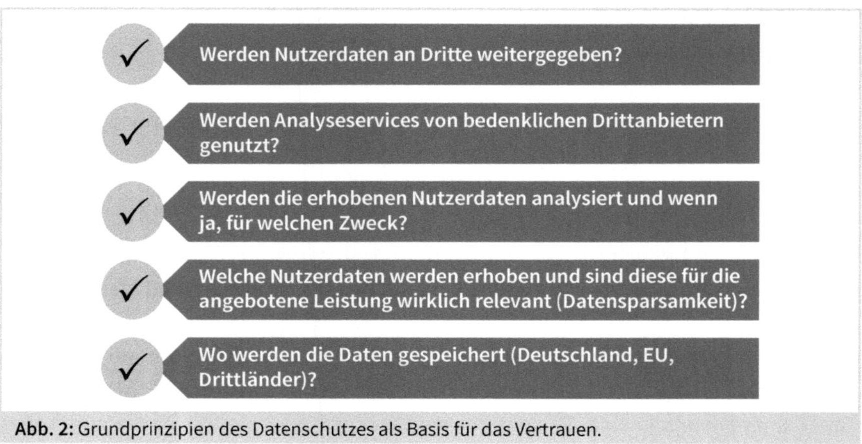

Abb. 2: Grundprinzipien des Datenschutzes als Basis für das Vertrauen.

Digitale Angebote, wie Apps, sollten möglichst auf die persönlichen Bedürfnisse ihrer Nutzer eingehen, denn da liegt ihr großer Mehrwert. Es gibt viele Angebote, die ihre Nutzer und Nutzerinnen mit zu vielen unterschiedlichen Themen überfrachten, was zu einer Überforderung führen kann. Die Nutzer und Nutzerinnen sollten an die Hand genommen werden und nur zu den Inhalten geführt werden, die für sie relevant sind und ihren individuellen Bedürfnissen entsprechen. Pauschale Angebote, durch die man sich selbst durcharbeiten muss, sind überholt. Daher ist es auch immens wichtig, wie die User Experience, also das Nutzungserlebnis, gestaltet ist. Ist die User Experience intuitiv gestaltet und fühlt sie sich gut an, sodass man sich auch gerne mit der App beschäftigt? Dann gibt es noch die sogenannte User Journey, auf die sich die Nutzer in der App begeben. Wird man in der App ganz intuitiv und leicht zu dem geführt, was für einen selbst auch wirklich relevant ist und regt die Interaktion mit der App und der Weg zu den Inhalten schon die Eigenmotivation an? Oder ist man verloren in einer unübersichtlichen Menüstruktur?

Damit ein digitales Angebot auch in Anspruch genommen und ausprobiert wird, ist die Kommunikation sehr entscheidend. Hier bieten einige Anbieter auch User-Adoption-Services an und unterstützen das Unternehmen dabei, dass das Angebot nicht untergeht, sondern im Bewusstsein der Mitarbeiter und Mitarbeiterinnen ankommt und von ihnen auch in Anspruch genommen wird.

Ein dBGM-Angebot kann Ihnen und Ihrem Unternehmen viele Vorteile bieten, doch der Erfolg steht und fällt mit der Akzeptanz der Zielgruppe. Die Schlüsselaspekte, die von uns beleuchtet wurden, bieten Ihnen einen hilfreichen Leitfaden, um Angebote zu prüfen und passende Lösungen zu finden. Seien Sie bereit für das BGM der Zukunft.

Literatur

Albrecht, U.-V. & von Jan, U. (2016): Kapitel 1. Einführung und Begriffsbestimmungen. In: Albrecht, U.-V. (Hrsg.), Chancen und Risiken von Gesundheits-Apps (CHARISMHA). Medizinische Hochschule Hannover, 2016, S. 48–61. urn:nbn:de:gbv:084-16040811207. http://www.digibib.tu-bs.de/?docid=60005 (abgerufen am 20.01.2022).

Davies, A., & Mueller, J. (2020). Developing Medical Apps and mHealth Interventions – A Guide for Researchers, Physicians and Informaticians. Cham: Springer Nature Switzerland AG.

Pfannstiel, M. A., Holl, F., & Swoboda, W. J. (2020). mHealth-Anwendungen für chronisch Kranke – Trends, Entwicklungen, Technologien. Wiesbaden: Springer Gabler.

31 New Business Mindset – Berlinlobby – Sieben Wege aus der Krise

Gerd Westermayer

31.1 The New Business Mindset und Heuristik

Dieser Beitrag gibt einen praktischen Einblick in das, was mit einem neuen Business Mindset entstehen kann. In Bezug auf Berlin beginnen wir mit der Aussage: Berlin begeistert. Damit sind mindestens zwei Phänomene gemeint. Eines ist, dass die Stadt Berlin einen bestimmten Ruf in der Welt hat und eine große Anziehungskraft auf besonders kreative Menschen ausübt. Die andere ist, dass Berlin für mehr steht als für einen Ort. Berlin steht für ein freiheitliches Lebensgefühl von Toleranz und Anerkennung. In diesem Zusammenhang kann die berühmte Aussage Kennedys: »Ich bin ein Berliner!« verstanden werden.

Ich bin der Meinung, dass der Senat von Berlin, die Verwaltung und die Stadtorganisation auf diese Bedeutungsänderung noch nicht hinreichend vorbereitet sind. Mehr noch, in der unmittelbar nächsten Zeit droht durch Verrentung und Krankenstände ein Kollaps der öffentlichen Verwaltung.

Was muss also geschehen? Wir haben eine Vision: Eine neue Superverwaltung soll geboren werden und Berlin wird weltweit Vorbild für Kultur, Kunst und intelligente Gebäude bleiben. Berlin wird soziale Gerechtigkeit, Gesundheit und das Internet der Dinge mit ökologischer Nachhaltigkeit verbinden und einen neuen bürgerorientierten Politikstil entwickeln.

Wenn wir in der Wissenschaft davon sprechen, dass wir etwas Neues entdecken, dann wird es vage. Karl Popper hat zwar davon gesprochen, dass eine wissenschaftliche Überprüfung von aus Theorien abgeleiteten Hypothesen notwendig sei und nur dadurch gewährleistet werden könne, dass die Hypothesen so formuliert werden, dass sie widerlegt werden können, genau dann, wenn sie widerlegt werden können. Er hat damit bereits gesagt, dass es unmöglich sei, die Wahrheit von Theorien oder Hypothesen zu beweisen, denn diese seien immer nur vorläufig wahr, bis sie eben widerlegt werden. In diesem Zusammenhang hat Popper aber auch den aus meiner Sicht voreilig gezogenen Schluss formuliert, dass das Aufstellen von Hypothesen und die daraus entwickelten Theorien keiner wissenschaftlichen Systematik entsprechen müssten. Kreativität sei unergründbar, wissenschaftliches Schlussfolgern hingegen steuerbar.

Ganz anders sehen das Charles Sanders Pierce und Kurt Lewin. Für Charles Sanders Pierce geht das Entdecken von neuen Zusammenhängen immer mit einer überraschenden Erfahrung einher: Nur, wenn etwas dadurch auffällt, dass es einer bestehenden Überzeugung widerspricht, wird es zum Objekt des Interesses. Dieser Grundsatz lässt sich allerdings auch umdrehen: Nur dann wird eine bestehende Überzeugung näher begutachtet, wenn sie sich nicht mit einer Beobachtung in Übereinstimmung bringen lässt. Für Kurt Lewin sind bestehende Überzeugungen immer schon geteilte widersprüchliche Auffassungen, deren sich widersprechende Kräfte sich in ihrer Geschichte experimentell nachvollziehen lassen können. Mit diesen beiden, dem großen Philosophen und dem großen Psychologen können wir sagen, dass Neues genau dann entsteht, wenn die kollektive Wahrnehmung von Phänomenen in einer sich erst um ein neues Paradigma herausbildenden scientific Commmunity von den zukünftigen Wissenschaftlern eingeübt wird – so hat das Thomas Kuhn tatsächlich formuliert: Es ist ein Prozess des kollektiven Einübens, während die Vertreter der alten Wahrnehmungsmuster aussterben.

Dieses Kapitel ist eher als ein Teil einer solchen heuristischen Einübung zu verstehen. Mit Jeremy Rifkin wissen wir zwar, dass das neue Business Mindset eines sein muss, das die Empathie über den menschlichen Horizont hinaus auf eine biosoziale Sphäre übertragen können muss, aber, was das bedeutet, wissen wir noch nicht. Mit ihm wissen wir auch, dass das gesamte Wirtschaftssystem sich grundlegend verändern muss – von einer Fortschrittswirtschaft zu einer robusten resilienten Wirtschaft. Wie dieser Übergang allerdings bewerkstelligt werden kann, wissen wir nicht.

Fast sieht es im Moment so aus, als ob Putin die Rolle des Mephisto übernimmt und darin Europa einigt, die USA stärkt und hoffentlich sein eigenes Volk bald frei gibt, damit es zusammen mit dem chinesischen Volk den größten weltweit existierenden zusammenhängenden Landraum entlang der antiken Seidenstraße zur Grundlage einer ökologischen Zivilisation macht, so wie das die chinesische Regierung nach Rifkin geplant hat. Nur in diesem Projekt ist die Ukraine ein ganz wesentlicher Bestandteil, allerdings nur eine freie und souveräne Ukraine.

Das neue Business Mindset ist ein fürsorgendes und lässt das ausschließende hinter sich. Ich möchte einen Spruch aus meiner Jugend, der mir wegen meines Alters verziehen werden sollte, als Motto für diesen Beitrag wählen: Seid realistisch, fordert das Unmögliche. Schweden, 28.2.2022, Gerhard Westermayer.

31.2 Von Schaden und Spott zu Anerkennung und Arbeitsfreude

Die Pandemie hat die Gelegenheit gegeben, die bestehenden Prozesse in Berlin auf ihre Wirksamkeit hin zu prüfen. Die Art und Weise der Vorbereitung auf das Unerwartete, die Verarbeitung des Unberechenbaren konnte hier deutlich beobachtet werden.

Das Ergebnis ist nicht zufriedenstellend. Das Unheimliche am Coronavirus und vielen Schritten seiner Bekämpfung ist die geringe Nachvollziehbarkeit der Entstehung, Verbreitung und Sinnhaftigkeit des Geschehens. In Zeiten einer solchen heimtückischen Unsicherheit gedeihen Gerüchte und Verschwörungstheorien, die die ohnehin vorhandene Verunsicherung noch verstärken. Wenn dann noch berechtigte Zweifel an einzelnen Präventionsschritten ohne Argumente zurückgewiesen werden, kann sich die ohnehin vorhandene kollektive Angst zur Existenzangst steigern und Motivation, Produktivität, aber auch die Gesundheit nachhaltig beeinträchtigen.

Hinzu kommt, dass drohende Arbeitslosigkeit mit Sicherheit zu einem enormen Anstieg von psychischen und psychosomatischen Erkrankungen führen wird. Empirisch nachgewiesen ist ein Anstieg von klinischen Depressionen um 30% nach einem Jahr Arbeitslosigkeit, um 39% nach zwei Jahren. Hier ist allerdings zu berücksichtigen, dass die Vorlaufzeit, in der die Arbeitslosigkeit als Bedrohung wahrgenommen wurde, schon zu einem Dauerstresszustand bei den Betroffenen geführt hat, also noch während sie gearbeitet haben. Daher muss jetzt präventiv gehandelt werden. So wie wir im Wettlauf um genügend Intensivbehandlungsbetten schneller als die Verbreitungsgeschwindigkeit des Virus sein müssen, müssen wir schneller bei der Vermeidung der vorauszusehenden Entstehung von psychischen Gefährdungen sein. Allerdings gibt es hier einen wesentlichen Unterschied: Die Maßnahmen zur Eindämmung der Verbreitungsgeschwindigkeit des Virus beruhen weitgehend auf Spekulation und Vermutungen, da fast alles, was dieses Virus angeht, noch weitgehend unbekannt ist.

Anders verhält es sich bei den Lockdown-Maßnahmen in der Wirtschaft. Hier kennen wir die Zusammenhänge sehr gut und können vorhersagen, was für Folgen sie haben werden und warum das so ist: Stresspsychologisch und aus Sicht der Resilienzforschung und Gesundheitsförderung führt die Kombination eines starken Anstiegs psychischer Gefährdungen (Zeitdruck durch Doppelbelastung, Angst vor Arbeitslosigkeit, schlechte Work-Life-Balance, Zunahme von Mobbing und Konflikten etc.) und des Rückgangs bzw. Vorenthaltens von Gesundheitspotenzialen (Lernen, Identifikationsmöglichkeiten, Anerkennung, positive Work-Life-Balance, gutes Arbeitsklima, guter Kontakt zu Kunden und Kollegen etc.) zu einem Anstieg von Befindlichkeitsstörungen (Gereiztheit, Erschöpfung , körperliche Symptome) und einem Rückgang der persönlichen Ressourcen Arbeitsfreude und Selbstvertrauen (vgl. Sense of Coherence, aus der Theorie der Salutogenese).

Es muss also nicht nur dafür gesorgt werden, dass die Quellen von Angst reduziert werden, wo das möglich ist, sondern es muss schnell dafür gesorgt werden, dass die Potenziale, welche die Arbeit bietet, durch alternative Aktivitäten auf anderem Wege erhalten werden können. Das gilt nicht nur für die besondere Situation des Lockdowns. Die generell rasante Umstellung der Arbeit auf das Homeoffice bringt noch weitere, zu beachtende Aspekte mit sich. Laut Digitalverband Bitkom arbeiten fast die

Hälfte der Arbeitnehmer in Deutschland aktuell schon im Homeoffice. Dies hat neben den genannten psychischen Belastungen auch Auswirkungen auf die physische Verfassung der Arbeitnehmer. Neben dem Wegfall von Bewegung aufgrund der nun fehlenden üblichen Arbeitswege, lassen die meisten Arbeitszimmer (wenn überhaupt ein solches vorhanden ist) vor allem in Sachen Ergonomie zu wünschen übrig. Wer denkt dort schon daran, einen ergonomischen Bürostuhl, höhenverstellbaren Arbeitstisch und optimale Licht- und Lärm-Verhältnisse zu gewährleisten? Die ohnehin schon beständig steigenden Zahlen von Rückenschmerzen, Nackenverspannungen und Gewichtszunahmen könnten dadurch noch weiter in die Höhe schießen. Um diesen vermehrten physischen Belastungen entgegenzuwirken, bedarf es auch hier zusätzlicher präventiver Maßnahmen.

Wir wissen, dass gerade auch Krisenzeiten die Chance bieten, schnell Neues zu lernen, sich mit der eigenen Firma oder auch der eigenen Arbeitsstelle aufs Neue zu identifizieren und den Umgang mit Kunden und Kolleginnen in einer so noch nie erlebten Wertschätzung zu pflegen. Voraussetzung hierfür ist es allerdings, einen Dialog mit der Belegschaft herzustellen. Ein aktuelles Beispiel ist die öffentliche Aufwertung all derjenigen Tätigkeiten, die zurzeit als systemrelevant anerkannt und regelrecht gefeiert werden. Und in der Tat galten noch vor zwei Jahren gerade diese Tätigkeiten (Pfleger, Erzieher, Lehrer, Boten und zusätzlich jene, die unter den Begriff Scheinselbstständige fallen, wie viele Mitarbeiter in Callcentern und allen möglichen Dienstleistungsbereichen sowie aus der Gastronomie, Eventbranche oder Hotellerie) als ganz besonders gesundheitsgefährdend.

Wie absurd manche Politiker handeln, sieht man daran, dass sie weiterhin Pflegekräfte unter noch größeren Druck setzen wollen, obwohl nur im letzten Jahr weitere 5.000 Intensivbetten verloren gegangen sind, weil das Personal die geltenden Arbeitsbedingungen nicht mehr akzeptieren kann. Das weltberühmte Berliner Hotel Adlon hat im Lockdown 200 von seinen 500 Mitarbeitern und Mitarbeiterinnen verloren und sie werden nicht wiederkommen. Die DAK hat in ihrem Gesundheitsbericht für das erste Halbjahr 2021 als positiven Effekt der Pandemieprävention berichtet, dass der Krankenstand zurück gegangen sei. Allerdings sind 20 % psychiatrischer Erkrankungen ein historischer Rekord. In Zusammenhang mit dem Arbeitskräftemangel ist das nicht nur ein Schlag ins »humane« Gesicht unserer Gesellschaft, sondern ein Milliardengrab für unsere Wirtschaft. Gerade Pflegekräfte und die Verwaltungsmitarbeiter geraten derzeit noch stärker unter Druck.

31.3 Wo ist das Problem?

Erst die oben genannte Kombination von Gefährdungssteigerung und Potenzialentzug führt dazu, dass die genannten Tätigkeiten so stressvoll sind. Insbesondere die Gesundheitspotenziale Entscheidungsspielraum, Ansehen der Tätigkeit, Identifikation und guter Kontakt mit Kunden sind hier wichtig. Bei vielen Dienstleistern wird durch die Einführung von (Schein-)Selbstständigkeit einerseits als psychologisches Motiv der Stolz angesprochen, sein eigener Herr/Frau zu sein, wobei man sich gleichzeitig der in der Regel als sehr unangenehm empfundenen Kommunikation mit dem früheren Vorgesetzten entziehen konnte. Freilich wird diese früher eher als Belastung empfundene raue Kommunikation aktuell durch eine scheinbar freundliche, aber »sachliche« Ansprache als noch viel stärkere Belastung empfunden. Für Boten gilt in diesem Fall etwa bei der Diskussion der Verkehrssituation in der Stadt: »Chef, wie soll ich das schaffen, bei all den Staus?« »Keine Ahnung, übrigens bin ich nicht Ihr Chef, Sie sind selbstständig«.

Auf einmal ist man 60-70 Stunden am Arbeiten und hat keine Möglichkeit, Zeitdruck, Stress und daraus folgende körperliche Beeinträchtigungen zu vermeiden. Krankheit kommt nicht infrage, da dann die Bezahlung komplett ausbleibt. Diese typischen Stresskonstellationen existieren in verschiedenen Varianten des immer gleichen Schemas, das Fritz Böhle bereits 1988 »leistungspolitisches Double-Blind« genannt hat und Marstedt (1984) »kontrollierte Autonomie«. In einem zweijährigen Forschungsprojekt mit der Volkswagen AG, der TU Berlin, dem Wissenschaftszentrum Berlin und der LMU München haben wir dieses Stressphänomen eingehend untersucht. Im Herbst 2019 haben das RKI und im Dezember das MPI zwei Forschungsergebnisse veröffentlicht, die beide unabhängig voneinander zu denselben Schlussfolgerungen kamen: *Für Arbeitnehmer, die einen geringen Bildungsabschluss haben, die Tätigkeiten mit geringer Bezahlung ausführen und Mitarbeiter, die ihren Job verloren haben,* gibt es *inzwischen einen enormen Unterschied in der Lebenserwartung zu den gut ausgebildeten, den gut bezahlten und denen mit sicherem Job: bis zu 15 Jahre.* Es scheint bei allen Dienstleistungsberufen immer dieses Dilemma zwischen den für das Wohlergehen notwendigen Potenzialen und den damit paradox verbundenen Gefährdungen zu geben. Viele Lehrer opfern sich für ihren Beruf auf, werden dann mit ach so witzigen Lehrerhasser-Büchern konfrontiert, Pflegekräfte arbeiten bis an die Leistungsgrenze und werden dann von Angehörigen der Pflegenden bei der eigenen Chefin angeschwärzt und diese bietet ihnen keine Rückendeckung. Mitarbeiter werden gedemütigt, oder schlimmer noch, als Mensch völlig ignoriert.

31.4 Jetzt die Wahrnehmung auf Potenziale lenken

Da in allen Krisenzeiten in der Regel mit verstärktem Druck auch vonseiten des Managements reagiert wird, laufen wir derzeit Gefahr, einen historisch einzigartigen Anstieg von psychischen Gefährdungen zu erleben. Daher muss in der Tat sehr schnell eine Gegenstrategie zu den Folgen des Lockdowns entwickelt werden. Diese muss dafür sorgen, dass die vorher durch die normale Arbeit entstandenen psychologischen Gesundheits- und Motivationspotenziale durch alternative Aktivitäten erworben werden können, die zur Wiederaufnahme des Wirtschaftsbetriebs gerade in den Branchen/Tätigkeiten, die besonders gefährdet sind, führen. Und wie oben erwähnt, sehen wir ja, dass z. B. durch die Aktivierung des *Gesundheitspotenzials Anerkennung* für das systemrelevante Personal bereits eine deutliche Verbesserung der Arbeitssituation im Vergleich zu vorher entstanden ist. Wenn dies nun auch noch um die angemessene finanzielle Anerkennung der Leistungen erweitert wird, dürfte man einen deutlichen Rückgang von Krankheitszeiten und eine weitere Leistungssteigerung erfahren. Dieser Prozess der Reduktion von Gefährdungen bei gleichzeitiger Steigerung von Potenzialen kann systematisch geplant und umgesetzt werden.

31.5 Die Magie des Dialogs durch die Software MiGeLe

In den letzten 30 Jahren unserer Arbeit mit Organisationen und deren erfolgreichen Veränderungen haben wir ein Instrument entwickelt, das man mit beliebig vielen Mitarbeitern oder Bürgern nutzen kann. Mit unserer Befragungs- und Echtzeitauswertungssoftware MiGeLe (Mitarbeiter, Gesundheit und Lernen) machen wir diesen Dialog möglich, und zwar unabhängig von der Anzahl der beteiligten Mitarbeiter oder Bürger. Das geht auch mit mehreren 100.000 Menschen. Unternehmer und Führungskräfte, Politikerinnen und Politiker sowie ihre Beamtinnen und Beamten erfahren von Ihren Mitarbeitern bzw. Mitbürgern, welche positiven Aspekte in der derzeitigen Situation am wichtigsten sind und beibehalten werden sollten und welche negativen schädlich sind und abgeschafft werden müssen. In Online- oder direkten Rückmeldeworkshops können sie die Vorschläge ihrer Mitarbeiter/Bürger aufnehmen und sie dabei nicht nur beteiligen, sondern motivieren, gesund erhalten und für die Zukunft binden. Wir brauchen Exitstrategien aus den jeweiligen Krisen, die nicht nur die wirtschaftlichen Verluste zu kompensieren in der Lage ist, sondern die auch das Vertrauen in die Demokratie, das Gesundheitswesen und andere gesellschaftliche Institutionen verstärken. Dabei muss berücksichtigt werden, dass sich die schon vorher relevanten Herausforderungen durch die Krisen, mit ihren psychischen und wirtschaftlichen Begleiterscheinungen, nochmals deutlich verschärft haben: Demografischer Wandel, Klimaveränderung, Migration und Digitalisierung. Es geht um die Wahrnehmung, das Denken und um, die Beurteilungsfähigkeit von Menschen beeinflussende, Emotionen, die aktuell Gegenstand von Beeinflussungskampagnen unterschiedlichster Richtung sind.

Die Zeit für die Entwicklung unserer sieben Verbundprojekte (vgl. Kapitel 31.11) wollen wir auf zunächst einmal drei Jahre begrenzen. In dieser Zeit müssen wir die repräsentative demokratische Grundordnung nicht nur schützen, sondern stärken. Denn für diesen Zeitraum können auch nach unserer Verfassung präventiv begründete Einschränkungen der Grundrechte möglich bleiben. Wir, das heißt die Verwaltung Berlins, die Verantwortlichen und Führungskräfte müssen daher in dieser Zeit die physische und psychische Gesundheit von Mitarbeitern aller Branchen und Bürgern schützen und fördern.

Und wir alle müssen schnellstens neue Formen des Wirtschaftens entwickeln. Krisen wird es immer geben. Darauf zu hoffen, dass jede Krise auch eine Chance und damit auch eine oder gar die endgültige Lösung erzeugt, ist nicht sinnvoll. Es braucht strategisches Denken. Solche Strategien werden wir mit unseren Projekten anstoßen.

31.6 Dialog im New Business Mindset und in Town Hall Meetings

Zu einem Dialog gehören immer mindestens 2 Personen … oder? Das kommt darauf an, wie man heute eine Person definiert. Folgt man den Ergebnissen aktueller Hirnforscher, haben wir es bei Personen immer mit verschiedenen Systemen zu tun. Eine Tatsache, die in Marketingansätzen und Politik erfolgreich umgesetzt wird und auch als »political Framing« bekannt geworden ist. Der Buchtitel von Richard David Prechts erfolgreichem Buch: »Wer bin ich und wenn ja, wie viele?« bringt es auf den Punkt: Neben der tatsächlich für die Selbstwahrnehmung als Person zuständigen Hirnregion, die mit Insula bezeichnet wird, gibt es unterschiedliche Systeme, die unser Handeln ohne unser eigenes Zutun steuern. Achtsamkeit beispielsweise ist der Versuch, mit den als Emotionen wahrnehmbaren Steuerungsprozessen in den Dialog zu treten und das meist auch noch vorsprachlich.

Aber auch die psychischen Effekte von Sucherfolgen wie bei Google treten direkt, an unserer Person vorbei, mit verschiedenen Systemen in unserem Hirn in den Dialog, Likes bei Social Media wie Facebook aktivieren unsere Endorphin-Produktion, ohne dass wir da besonders dran beteiligt wären, das machen die beiden weitgehend in einem Dialog unter sich aus.

Psychotherapie, so verstanden, wäre dann immer schon eine Gruppentherapie und oder Selbsterfahrung. Wenn wir nun sagen, die kleinste Gruppe, die wir kennen, ist die Person und innerhalb dieser Gruppe kann der Dialog als Selbstgespräch, Selbstreflexion, Meditation, Achtsamkeitsübung oder resilientes Reframing durchgeführt werden, dann könnte man auch Sporttraining und Sprachenlernen als eine Art Gespräch mit sich selbst beschreiben. »Denken ist nichts anderes als das Gespräch eines Geistes mit seinem zukünftigen Selbst.« So drückte das Charles Sanders Pierce, der Pragmatiker und Begründer der Semiotik aus.

Warum ist das mit dem Dialog so wichtig? Weil Gesundheitspotenziale nur im Dialog hergestellt werden können.

Es sieht also so aus, dass ein Dialog nicht nur mit sich selbst, also mit Teilen des Gehirns möglich ist, die man als solche normalerweise nicht anspricht, sondern sich vielmehr von ihnen leiten lässt bzw. geleitet wird. Nach oben gibt es allerdings eine

Begrenzung, innerhalb derer ein Dialog möglich bleibt: Es ist die magische Zahl 12. Ab 12 Personen ist es nicht mehr möglich, einen Dialog zu führen, denn dann entsteht eine Organisation und diese braucht Regeln der Kommunikation: Wer spricht wann, mit wem, worüber? Es entsteht eine Hierarchie, in der Personen nur noch oder weitgehend Mittel zum Zweck werden, für eine bestimmte Tätigkeit eingestellt und nicht selten auf diese reduziert betrachtet und geachtet werden. Wir können beim Dialog unterscheiden:

- Dialoge mit sich selbst: mentale Techniken aller Art,
- Dialoge zwischen 2 Personen: Mitarbeitergespräche, Coaching, Psychotherapie, Mentoring etc.
- Dialoge in Gruppen bis 12 Personen: Teambuilding, T-Groups, Mannschaftssport.

Bei größeren Einheiten werden die Produkte von Dialogen, die Motivations- bzw. Gesundheitspotenziale in der Regel durch Kommunikationsrituale erhalten, die sehr oft von Führungskräften initiiert werden.

Eine Abfolge von solchen Kommunikationsritualen wird in den Town Hall Meetings von Amerika Speaks an einem Tag konzentriert durchgeführt und im Rahmen eines kompletten Gestaltzyklus mit Datenfeedbackmethoden und T-Group-Anleihen umgesetzt. Hier entstehen dann kollektive und kreative Lösungsideen in Windeseile. Man nennt dieses Vorgehen der Ideenproduktion Heuristik

Dazu ein Beispiel aus einem Befragungsprojekt bei einer Berliner Verwaltung. Wir haben beim Landesamt für Gesundheit im Jahr 2006 eine Befragung durchgeführt und dort statistisch den Haupteinflussfaktor für Arbeitsfreude im Gesundheitspotenzial »Identifikation« ermittelt. Eine weitere statistische Analyse der Skala Identifikation ergab, dass dort das Item »Unser Unternehmen hat Zukunft« die stärkste Ausprägung besaß. Im Datenfeedbackworkshop nach der Befragung mit den sechs Dezernatsleitern fiel auf, dass in einem Dezernat dieses Item eine doppelt so hohe Ausprägung hatte wie in den anderen fünf Dezernaten. Gleichzeitig war nach der statistischen Analyse die Überzeugung »Unser Unternehmen hat Zukunft« der wichtigste Gesundheitsfaktor im ganzen Unternehmen. Also fragte ich die Dezernatsleiterin, wie sie diese enorm starke Einstellung bei ihren Mitarbeiterinnen zustande gebracht habe, mit dieser für das Unternehmen so wichtigen Grundüberzeugung an erster Stelle zu stehen. Sie sah mich etwas fassungslos an und meinte nur knapp: »Keine Ahnung«.

Wir diskutierten die anderen Ergebnisse und die Führungskräfte, die die jeweils besten Werte bei den wichtigsten Einflussfaktoren hatten, gaben den anderen Tipps im Austausch gegen deren Tipps. Es war ein Basar, auf dem Best-Practice-Regeln gehandelt wurden. Das Dezernat mit den geringsten Werten für Zeitdruck gab Hinweise, wie diese Arbeit organisatorisch besser gestaltet werden konnte und erhielt dafür Hinweise, mit welchen Kommunikationen Anerkennung am besten bei den Mitarbeitern ankam. Da meldete sich plötzlich die Dezernatsleiterin mit den besten Werten für die Identifikation wieder zu Wort: »Jetzt fällt mir doch etwas ein! Das hatte ich vorher gar nicht auf dem Schirm. In der Tat beginne ich meine wöchentlichen Teamsitzungen am Montagmorgen in der Regel mit einem Ausblick in die Zukunft. Wo geht es demnächst mit dem LAGeSo [für alle Nichtberliner: Landesamt für Gesundheit und Soziales Berlin] hin! Stimmt, das hatte ich völlig vergessen, weil selbstverständlich und eigentlich nichts Besonderes.«

Der interessante und verallgemeinerbare Aspekt dieses Einfalls war, dass die wirksame Tätigkeit als wöchentliches Ritual zur Routine geworden war und *als solche nicht mehr* ihre *Sinn erzeugenden Wirkung gesehen wurde, man macht das automatisch.* Erst im Dialog mit ihren Kolleginnen zur Frage, was machen wir, das so erfolgreich wirksam wird, konnte die Wirkung erklärt werden. Denn auch die Mitarbeiter hätten auf die Frage, warum sie für das LAGeSo arbeiten, in einem Dialog nicht geantwortet, »Weil das LAGeSo Zukunft hat«, sondern wahrscheinlich, weil sie dort Geld verdienen.[1]

Und genau das ist das Prinzip des sogenannten Datenfeedbacksystems in der Organisationsentwicklung. Aus den großen Zusammenhängen werden statistische Korrelationen auf Ihre Bedeutung hin hinterfragt, um in Dialogen Hinweise und Tipps zu erhalten, wie diese tatsächlich hergestellt werden. Im Beispiel war es möglich, aus der Einzelroutine einer Führungskraft eine Regel für die gesamte Organisation abzuleiten.

31.7 Demokratischer Dialog – effektiver und effizienter als Zwangsmaßnahmen

Dabei ist es interessant zu beobachten, dass ganz offensichtlich allgemein die Auffassung vorherrscht, schnelles Handeln lasse sich nur durch eine autokratische Kommunikation bewerkstelligen, obwohl tatsächlich das Gegenteil richtig ist. Walter Steinmeier hat darauf am 23./24.5. 2020 in der Süddeutschen Zeitung in einem Artikel mit dem Titel: »Gesunde Demokratie« hingewiesen: »Wenn die Coronakrise ein Test für die Demokratie ist, der Gesellschaften und politische Systeme auf die Probe stellt, dann sind viele autokratisch regierte Staaten den Beweis für ihre vorgebliche Effizienz und Schnelligkeit bislang schuldig geblieben.«

Der wahrscheinlich wichtigste Psychologe der Geschichte, Kurt Lewin, schreibt bereits im Jahr 1939 über den Unterschied zwischen demokratischer und autokratischer Atmosphäre folgendes: »Es ist daher kein Zufall, dass erst beim Entstehen der

1 Übrigens wurde das LAGeSo in der Flüchtlingskrise in der Öffentlichkeit in seinen Wertüberzeugungen systematisch infrage gestellt, sein Leiter wurde vorübergehend entlassen. Der Krankenstand schnellt auf 50 % hoch, der zuständige Senator übernahm keinerlei Verantwortung. Als Präsident Allert wieder eingestellt wurde, weil sich alle Vorwürfe als haltlos herausgestellt hatten, berichtete darüber kaum ein Medium.

Demokratie zur Zeit der amerikanischen und französischen Revolutionen die Göttin der »Vernunft« in der modernen Gesellschaft inthronisiert wurde. Und wiederum ist es kein Zufall, dass die erste Handlung des modernen Faschismus in jedem Land darin bestand, offiziell und mit Nachdruck diese Göttin zu entthronen und stattdessen auf dem Gebiet der Erziehung vom Kindergarten bis zum Tod Gefühle und Gehorsam zu alles bestimmenden Prinzipien zu machen.« (Kurt Lewin: Experimente über den sozialen Raum. In: Die Lösung sozialer Konflikte.) Lewin hat im oben zitierten Artikel auch ein Experiment beschrieben, das sowohl die Anzahl von Äußerungen, welche die demokratische und autokratische Führung unterscheiden, als auch die Geschwindigkeit von damit verbundenen Arbeiten gemessen hat. Außerdem wurden die jeweils gegebene Tendenz der Entfaltung der individuellen Persönlichkeit, das Wir-Gefühl in beiden Gruppen wie auch das Ausmaß der Aggressivität beschrieben.

31.8 Die dritte industrielle Revolution und das Ende des Anthropozäns

Jeremy Rifkin hat in seinem Buch »The Green New Deal« (2018) unsere Zukunft beschrieben, wie sie sich aus einer ökowirtschaftlichen Perspektive noch rechtzeitig so organisieren ließe, dass das Klimaziel der Begrenzung der Erwärmung auf 1,5 Grad gelingen kann. Technisch und wirtschaftlich wäre das kein Problem, so Rifkin. Er entwickelt ein Modell einer dritten industriellen Revolution, deren Grundpfeiler in Resilienzprinzipien und einer Wirtschaft, die nicht mehr auf Fortschritt, Besitz und Wettbewerb ausgerichtet sei, sondern auf einer Kultur des Teilens und der Kooperation beruht. Der Weg dorthin scheint tatsächlich nur »disruptiv« über Schumpeters berühmte kreative Zerstörung zu gehen. Rifkin terminiert das Ende des aktuellen Wirtschaftssystems bereits auf 2028.

Was am 6.8.1945 mit dem Abwurf der ersten Atombombe seinen Anfang nahm, wird laut Rifkin im Jahre 2028 sein Ende finden: Eine Wirtschaft, die auf die Vernichtung der Spezies Mensch ausgerichtet ist.

Wenn diese Veränderung nicht gelingt, wird eben die Natur selbst für das Ende sorgen. Der neue Film von David Attenborough: »A Life on Our Planet« zeigt, was passieren wird und was bereits geschehen ist. Wir müssen schnell sein. Der neue Film mit DiCaprio und Meryl Streep: »Don't Look Up«, deutet an, mit welcher psychologischen Power wir uns anlegen müssen, selbst wenn, wie in diesem Fall eines voraussichtlichen und berechenbaren Meteoriteneinschlages auf der Erde, die wissenschaftlichen Fakten klar sein sollten.

Hierfür gibt es ein Kampagnenkonzept, das dem Prinzip des Resilienten Reframing folgt (beschrieben im Buch »Organisationsdesign 4.0 von A.-Z.«). Wie Rifkin zeigt

Häring in seinem Buch »Endspiel des Kapitalismus« auf, wie sich das globale Wirtschaftssystem gerade selbst erledigt. Allerdings warnt er eindringlich vor dem Verlust der demokratischen Rechte bei einem möglichen Übergang in ein neues Feudal-/Kastensystem, das entstehen wird, wenn die Konflikte zwischen den USA, China und Russland eskalieren. Wie gerade (Februar 2022) mit dem Überfall Russlands auf die Ukraine zu sehen ist, beginnt dieser Prozess, vorausgesagt wie ein Meteoriteneinschlag und ignoriert oder abgestritten wie im Film, direkt vor unseren Augen.

Ganz ähnlich sieht das auch Marcel Fratzscher, Chef des Deutschen Instituts für Wirtschaftsforschung und Professor für Makroökonomie an der Humboldtuniversität, der eine »Neue Aufklärung« fordert.

Alles läuft auf eine völlig neue Einstellung, auf ein neues Business Mindset hinaus.

31.9 Was muss konkret getan werden?

31.9.1 Verschwörungstheorien bekämpfen

Zentral ist hier die Aufgabe, den Verschwörungstheorien den Wind aus den Segeln zu nehmen und gleichzeitig durch eine geeignete Kommunikationsstrategie der Regierung den Übergang von einer Befehls- und Kontrollstrategie zu Prinzipien der repräsentativen und der deliberativen Demokratie zu steuern. Das geschieht am besten durch Reframing. Hierfür wird die Durchführung eines Pilotprojektes für Berlin oder auch andere Kommunen bzw. Unternehmen nach der erfolgreichen Methode von »Townhall Meetings«, wie sie von der Organisation »Amerika Speaks« organisiert werden, in Kombination mit der Echtzeitauswertungsmöglichkeit der Software MiGeLe geplant.

In der Tat lassen sich die gängigen Verschwörungstheorien in der Regel nur zwei Narrationstypen zuordnen: *Tragödie und Satire*. Gemeinsam haben diese, dass hier auf Vermutungen über Mächte zurückgegriffen werden muss, die man selbst kaum beeinflussen kann. Der *Locus of Control* liegt außen, nicht beim Mitarbeiter oder Bürger selbst.

Anders verhält es sich bei den Narrationstypen *Romanze, Komödie, Abenteuer*. Hier liefern in der Regel die Helden genügend Identifikationspotenzial, um ihrem Weg zu folgen. Hier ist der *Locus auf Control* innen: Mitarbeiter und Bürger werden aufgefordert, selbst tätig zu werden. Es geht also um Techniken der Kommunikation, die verantwortliche Manager, Politiker und deren Mitarbeiter und Bürger in einen gemeinsamen Dialog über die Gestaltung der Zukunft einbinden. Das erzeugt nachweislich eine bessere Gesundheit, höhere Produktivität, stabile demokratische Prozesse und last but not least geringere Kosten und höhere Renditen. Nicht nur, um den Prozess zu dokumentieren, sondern auch um ihn zu verstärken, werden wir alle Projekte mit einer Filmdokumentation begleiten. Die Verstärkung von Potenzialen erfolgt über die Wahrnehmung und diese kann technisch gesteigert werden.

31.9.2 New Business Mindset entwickeln

Die Wiederaufnahme der wirtschaftlichen Tätigkeit von Unternehmen sollte unter der Leitlinie eines New Business Mindset erfolgen: Das Motto könnte sein: »Von der Fortschrittsgesellschaft zur resilienten, auf Consensus und Kollaboration basierenden Gesellschaft«. Auch hier dürften zunehmende und neu erfahrene psychische Belastungen (Kombination von Angst vor Ansteckung und Arbeitslosigkeit, veränderte Work-Life-Balance-Erfahrungen, veränderte Kommunikationsformen durch neue Technologien etc.) eine große Rolle spielen. Für den Aufbau des beschriebenen New Business Mindset sind auf der einen Seite neue Erfahrungen mit *Potenzialen* (Lernen, Identifikation etc.) auf der anderen Seite gesundheitsförderliche und präventive *Maßnahmen* zum Abbau und zur Vermeidung psychischer Belastungen sowie zum Aufbau einer unternehmensspezifischen robusten Resilienzkultur gemäß ISO Norm erforderlich. Es ist notwendig, die wiederaufzunehmenden politischen und wirtschaftlichen Tätigkeiten an den bis 2030 umzusetzenden Zielen des demografischen Wandels, der Digitalisierung, der Klimaziele und der Migrationssteuerung neu auszurichten. Hier sollten möglichst viele Großunternehmen so einbezogen werden, dass auch für ihre Belegschaft die Entwicklung einer resilienten Unternehmenskultur möglich wird, die durch interne auszubildende Berater gewartet werden kann.

Was an den Kriseneffekten hilft uns, diesen Zielen näher zu kommen? Hier müssen die Dialogsysteme in den Unternehmen etabliert werden.

Ziel ist es, die Ergebnisse der Projekte zunächst in einem Festival »Berlin begeistert« eine Woche lang mit repräsentativem kulturellem Rahmenprogramm und einem repräsentativ hergestellten Miniatur-Berlin-Designs auf dem Tempelhofer Feld zu präsentieren. Dies könnte der Start eines jährlich zu wiederholenden Events sein. Erste Kosten-Nutzen-Abschätzungen sprechen dafür, dass Berlin mit einem solchen Design die geschätzte Neuverschuldung von 8 Milliarden Euro durch die Folgen der Coronapandemie in 4 Jahren abtragen könnte.

31.10 Ein neues Mindset für Europa

Durch Projekte wie »Arbeiten im Paradies«, also die Organisation von Remote Work in Thailand und auf Hainan, kann ein neues Mindset ausprobiert werden. Die Entwicklung eines neuen Mindsets für Europa kann sich durchaus unter schwedisch-deutscher Führung vollziehen, weil hier meines Erachtens optimale geistige Grundlagen bereits bestehen. Das gilt für das Berlin-Gefühl, von dem ich oben sprach, wie auch für die soliden Erfahrungen des schwedischen Sozialsystems. Dafür braucht es aber auch weltweit ein neues »Mindset« für wirtschaftliches Handeln. Die Begründung hierfür liefert Johan Rockstroem auf einer Konferenz der schwedischen Botschaft und der schwedischen Handelskammer: https://youtu.be/bzPuhV_Rm1w

Eine Bedingung für das Erreichen der Klimaziele ist also, wie wir gesehen haben, ein neues Business Mindset. In unserer, auf Kurt Lewin zurückgehenden, Schule der gestaltorientierten Organisationsentwicklung hat Herb Shepard im Jahre 1964 nicht nur mit der Erfindung des Begriffs Organisationsentwicklung den Ausdruck dieses neuen Business Mindsets beschrieben, sondern ihn auch als *secondary Mentality* definiert: Eine *secondary Mentality* sucht immer nach Konsens und strebt Kollaboration an, also genau das, was wir in unserem Datenfeedbacksystem im Dialog umsetzen. Eine *primary Mentality* steht immer im Wettbewerb und beim Risiko, diesen nicht zu gewinnen, strebt sie einen Kompromiss an, der sofort wieder infrage gestellt wird, wenn sich neue Wettbewerbschancen bieten, so Shepard.

Frank Schirmmacher hat diese Eskalation des Wettbewerbs in seinem sehr lesenswerten letzten Buch »Ego. Das Spiel des Lebens« beschrieben – eine neue Hypothese zur Erklärung der letzten Finanzkrise.

31.11 Dafür wirbt #berlinlobby: Sieben Wege aus der Krise. Berlin begeistert

Voraussetzung für die Bewältigung der demografischen Krise, die Bewältigung der Flüchtlingskrise, der ökologischen Klimakrise, der Pandemie und der aktuellen, durch Lockdowns erzeugten Wirtschaftskrise ist eine nicht nur funktionierende, sondern eine *Hochleistungsverwaltung* – und das nicht nur in Berlin, sondern überall.

Diese, so ist unsere Vision, ist ausgerüstet mit modernen Führungskonzepten, mit modernster Technik und modernsten Medien. Sie zieht den wählerisch gewordenen Nachwuchs an hochgebildeten mehrsprachigen Arbeitnehmern wie ein Magnet an. Diese zukünftigen Verwaltungsangestellten gestalten Berlin mit ihren altgedienten Kolleginnen und Kollegen, hochmotiviert und begeistert, zur weltweiten Vorbildstadt des Wachstums und der europäischen Integration. In dieser Zukunft sind alle stolz, dieser wunderbaren Organisation zu dienen, in der Verwaltungsakte elegant und präzise aussehen, wie einer dieser vielen genialen Spielzüge des FC Bayern, mit denen die Mannschaft bereits in den ersten 20 Minuten fünf Tore erzielt. Das passioniert vorgetragene Bekenntnis: »Ich bin Beamter oder Verwaltungsangestellter« provoziert nun nicht mehr nur Witze, sondern weckt das Interesse daran, mit welchem Organisationswissen, welcher Strategie, welchen attraktiven Geschichten und welchen Kampagnen diese wunderbare Wende herbeigeführt wurde. Wenn Kinder das Wort »Beamter« hören, werden in Zukunft Träume aufgerufen, die früher nur für Pippi Langstrumpf oder Superman reserviert waren, heute jedoch für Lisa und Lena oder Toni Kros.

Die Gegenwart sieht allerdings immer noch so aus: *Die Berliner Verwaltungen haben insgesamt 10,1 % Krankenstand mit steigender Tendenz. In Euro bedeutet das bei 112.081 Mitarbeitern ca. 50 Millionen Euro Kosten jedes Jahr nur für 1 % des Krankenstands. Rechnet man die Kosten für Präsentismus, Dienst nach Vorschrift oder andere passive Arbeitsverweigerungen hinzu, dürften wir konservativ geschätzt bei ca. 600 Millionen jedes Jahr liegen. Da in den kommenden 2 Jahren ca. ein Drittel der Verwaltungsangestellten und Beamten in Pension gehen werden, dürfte es sich lohnen, für einen Bruchteil dieser Summen* ein nachhaltiges Veränderungsprojekt zu starten. *Bundesweit fehlen fast 1 Million Arbeitskräfte in der Administration. Wenn wundert es, dass die Menschen dort heute buchstäblich auf dem Zahnfleisch gehen.*

Es geht um folgende sieben Wege aus der Krise bzw. aus den verschiedenen Krisen des demografischen Wandels, der stockenden Digitalisierung, der Migrationskrise, der Klimakrise und der durch Pandemie und Lockdown-Maßnahmen erzeugten psychischen und Wirtschaftskrisen. »Berlin begeistert« ist eine in sieben Schritten verschränkte Kampagne zur Bewältigung dieser Krisen:

1. Ein Cobranding-Projekt: Berlin begeistert!
2. Ein breit angelegtes Recruiting-Projekt für den logistischen Erhalt der Berliner Verwaltung.
3. Verlängerung der gesunden Lebensarbeitszeit der Berliner Verwaltungsangestellten, z. B. durch die Entwicklung von Telearbeitsplätzen in Urlaubsregionen: »Work in Paradise«.
4. Ein Town Hall Meeting für und mit der Berliner Verwaltung.
5. Ein Town Hall Meeting für die Berliner Bevölkerung und deren Politiker.
6. Eine Werbekampagne zum New Business Mindset.
7. Etablierung einer nachhaltigen neuen politischen Problemlösungskultur.

31.12 Geschichte wird gemacht

Unsere Projekte sind Teil der Anstrengung, ein neues »Mindset« weltweit zu fördern. »Mindset« bedeutet so viel wie »Einstellung«, geistige, emotionale Haltung mit entsprechenden Überzeugungen und Resilienztechniken, eine Aufgabe, fast wie die, in einem technischen System die Regler für Feinabstimmungen zu suchen. Nur, im menschlichen Bereich geht das nicht mit Steuerung, sondern *nur durch Dialog*.

Auch hier kann unsere bereits bei mehr als 40.000 Menschen in Dialogprozessen eingesetzte Software MiGeLe helfen. Die Menschen werden nicht nur angesprochen, sondern in Dialogprozesse als Experten und Lebewesen mit Überzeugungen, Bedürfnissen und ihren individuellen Eigenarten einbezogen. Dieses Einbeziehen muss getragen sein von einer respektvollen Distanz, die es erst erlauben wird, Nähe zu entwickeln. Vielleicht entwickelt sich dieser Aspekt des *social Distancing* der verschiedenen Lockdown-Maßnahmen als ungewollter positiver Effekt für die zukünftige Konstruktion einer neuen gemeinsamen Geschichte einer Klimakultur. »*Berlin begeistert*« reicht von Thailand über Sumatra, Mexico und Kanada nach Schweden und China. »*Berlin begeistert*« könnte, wie 10 schwedische Städte, die wunderbare und märchenhafte Story des Erreichens der Klimaziele erzählen, von der Chancengleichheit in Bildung und Entwicklungsmöglichkeiten und es könnte von der interkulturellen Versöhnung durch spannende Diversity erzählen. Es existiert seit 2006 ein weltweites Netzwerk von 1.000 Städten, die sich auf das Erreichen der Klimaziele verpflichtet haben und dafür zusammenarbeiten werden. Der oben erwähnte Wirtschaftswissenschaftler und Resilienzforscher Jeremy Rifkin geht davon aus, dass nicht nur diese Städte, sondern alle Pensionskassen weltweit ihre Fonds und Anlagen umschichten werden, weg von allen fossilen Wirtschaftszweigen (und das sind nicht nur Kohlekraftwerke, sondern der überwiegende Teil jeder Produktion und Dienstleistung) hin zu erneuerbaren Energien und den damit verbundenen Dienstleistungen (Internet der Dinge, der Energie und die damit verbundene weltweite Infrastruktur). Dieser Prozess hat bereits begonnen.

Ein Ressort zur Entwicklung dieses neuen Mindsets ist auf Hainan geplant, der einzigen chinesischen tropischen Insel – eine Kooperation von chinesischen Investoren und deutsch-schwedisch-chinesischen Beratungsansätzen in der Tradition der Organisationsentwicklung nach Lewin und Sheppard.

Laut Rifkin plant die chinesische Regierung, die alte Seidenstrasse (Shanghai bis Amsterdam) wieder zu nutzen, um entlang ihrer Strecke ein CO_2 freies Energiesystem in einem *Hub- und Bitcoin-Chain-System* zu etablieren. Technisch sei das jetzt schon möglich. Der Kerngedanke besteht darin, sogenannte Peers, Gruppen von jeweils 300 repräsentativ ausgewählten Bürgern am politischen Willensbildungsprozess neben den gewählten Regierungen zu beteiligen. Die gewählte Größenordnung dieser *peer Governances* hängt von der technischen Infrastruktur ab, die ein Internet der Dinge mit einem Internet der Energieerzeugung des Verbrauchs verbindet. Dazu müssen freilich erst die politischen und wirtschaftlichen Voraussetzungen geschaffen werden, die aber schon bearbeitet werden. Auch Biden hat kürzlich betont, dass die USA China in Zukunft weniger als Konkurrent, mehr als Partner in Kooperationen sehen wollen. Man darf gespannt sein, wie die neue Videodiplomatie zwischen Biden und dem Chinesischen Parteichef oder Putin funktionieren wird. Das ist eine Story, die, um erzählt werden zu können, erst einmal uraufgeführt werden muss: Mit echten internationalen Berlinern, die wie Kennedy das schon Anfang der 60er wusste, überall auf der Welt zu Hause sind, wenn sie die Freiheit lieben. Wir freuen uns auf Euch und Sie, wenn Sie im Jahr 2022 an unserer wunderbaren Story aktiv mitbauen.

Nachtrag:

Jetzt – zwei Wochen nach Putins Angriff auf die Ukraine – wissen wir, wie höchstwahrscheinlich der von Rifkin für das Jahr 2028 vorhergesagte Zusammenbruch der auf den fossilen Energien beruhenden Wirtschaft zustande kommen wird: Anstatt miteinander zu sprechen, wie wir das im vorigen Abschnitt noch gehofft haben, sprechen jetzt die Waffen. Vom Start-up zum Stay-up: Das älteste Berliner Unternehmen ist die Charité, was die wirkliche Übersetzung von Compassion ist, nicht wie üblich Mitgefühl. Was also tun?

Wenn wir einen ökologischen, friedensstiftenden Umbau der Welt haben wollen, müssen wir jetzt handeln. Natürlich gehen wir auf die Straße, aber das alleine wird nicht genug sein. Wir haben #berlinlobby gegründet, eine Lobby, in der Berlin nicht nur für die Stadt, sondern für die internationale Grundhaltung steht, freiheitlich, friedlich, kreativ, multinational, gemäß dem berühmten Satz von John F. Kennedy aus dem Jahr 1963: »All free men, wherever they may live, are citizens of Berlin, and, therefore, as a free man, I take pride in the words: Ich bin ein Berliner!« Alle freien Menschen, wo immer sie leben mögen, sind Bürger Berlins, und deshalb bin ich als freier Mensch stolz darauf, sagen zu können »Ich bin ein Berliner«!

Durch ein Friedensfestival im Town-Hall-Meeting-Format werden wir alle gemeinsam einen weltweiten neuen Green-Deal, ein Pazifistisches Business Mindset kreieren.

HIER IST EIN TEXT, VON BELLA ZHANG, CHINESISCH-SCHWEDISCHE EMBODYMENT-SPEZIALISTIN:

It has been extremely difficult for all of us during the global pandemic over the last two years, we have seen the world being divided by different opinions and beliefs. Now with the war, we are experiencing even more uncertainties and fear, frustration and desperation. I'd like to propose three qualities of feminine energy that we can embody in our everyday life that can hopefully help ourselves, others, and the world to regain the peace.

The first quality is Compassion; to be able to empathize and take care of ourselves and others. It's very easy to get caught up in strong emotions when we read news and see pictures of people suffering, so it becomes even more important for us to look after our own feeling, emotions and mental health. Only if we can offer compassion to ourselves and keep our own inner peace, can we offer help, support, and hold space for others.

The second quality is an emphasis on Connection & Collaboration rather than competition or violence. We've seen many times how conflicts can create divisions and even hatred among social and cultural groups. It's very easy to form bias and prejudices when there's a lack of communication and mutual understanding. Despite one's ethnicity, nationality, social status, gender, etc., at the end of the day, we all are just people who are longing for happiness, love, good health, and belongingness. If we can keep an open mind and be willing to collaborate, we'd be surprised by how much we share in common, how much we can learn and get inspired by one another. For example, I've been collaborating with Dr. Westmayer, Marie Norberg, Max Tramboo, and many others in our upcoming project in Hainan Island (it is a beautiful tropical island in southern China, its a free trade port will be a place where China meets the world).

Our project aims to create a green space which can promote intercultural exchange and collaboration in leadership, health and well-being promotion, and reaching climate neutrality through learning, arts, scientific research, and ecological living. In this process, we've learned so much about each other's cultures as well as our own bias. With a common goal and an intention to collaborate, we can overcome any differences.

The last quality is Sensitivity. Here I'd like you to reflect on: How can we bring more sensitivity and consideration in our interactions with others?

How can we use more inclusive language and behaviors to create harmony and inclusion in our workplaces and communities? With Embodyment!

Embodyment is from my perspective one of the really effective, efficient, productive and healthy method. I will also present the comparison we did at University between scrum and our potential BGF approach.

With embodyment we could also show that we move toward Respect Motivation which we applied first time ever at Moll – Marzipan (Then they thought Health is a weichei topic for softies and females you know, now we together could convince ourselves that health could be also a quite tough approach and now they believe New Work is more for softies. I am sure we will inspire them to even higher productivity.)

PEACE

I see colors
I see light
I see movement and turns I see stillness
I see hope.
I see suffering
Then I give it a tissue to wipe away the tears;
I see conflicts
Then I hold out an olive branch to keep the peace;
I see shame and fear
Then I give them a hug to let go of the guilt.
I allow myself to be with my inner peace at this moment.
The world around me is still turning and changing, But I'm not afraid to adapt to its pace,

Nor defend my own pace.
I wish and
I pray
For love, peace, and happiness for all beings.
I radiate my serenity to the space around me.
May the compassion I give to myself will transcend pains we're all going through together in this
world.
(Bella Zhang)

Und hier ist der wunderbare Start unserer globalen Narration als Film von der UNO:

https://dontchooseextinction.com/en/

Berlin retten mit unserer #berlinlobby

Dr. Gerhard Westermayer

Literatur

Antonovsky, Aaron. Salutogenese. DGVT-Verlag, 1997.

Fratzscher, Marcel. Die neue Aufklärung. Piper. Berlin 2020.

Häring, Norbert. Endspiel des Kapitalismus: Wie die Konzerne die Macht übernahmen und wie wir sie zurückholen. Bastei-Lübbe. Köln 2021.

Kurt Lewin. Experimente über den sozialen Raum. In: Die Lösung sozialer Konflikte. Bad Nauheim 1953.

Rifkin, Jeremy. The Green New Deal. St Martin's Press. New York 2019.

Schirrmacher, Frank. Das Spiel des Lebens. Blessing. München 2013.

Westermayer, Gerd. Organisationsdesign 4.0 von A.-Z. Springer. Berlin 2022.ss

32 Wertewandel und Generationenmanagement

Sarah Staut

Deutschland ist wie kein anderes Land in Europa von den Auswirkungen des demografischen Wandels betroffen (siehe Kapitel 4). Wir altern und werden weniger. Der demografische Wandel führt neben der Veränderung der Altersstruktur auch zu neuen Ansprüchen und Vorstellungen der Beschäftigten im Arbeitsleben und bereits in einigen Branchen zu einer Fachkräftelücke im Arbeitsmarkt. Hinzu kommen neue Arbeitsformen aufgrund der als 4.0 titulierten Arbeitswelt mit ihrer zunehmenden Digitalisierung, Vernetzung und Flexibilisierung. Die zunehmende Präsenz der als digital Natives bezeichneten Generationen Y und Z, der Fachkräftemangel, die neuen Arbeitsformen der Arbeitswelt 4.0 und die veränderten Wertevorstellungen stellen Herausforderungen an die Betriebe und die Arbeitsmarktpolitik. Zur Steuerung der daraus resultierenden personalwirtschaftlichen Risiken verstärken immer mehr Unternehmen ihre Bemühungen durch den Aufbau eines BGM. Der Beitrag zeigt auf, welche Auswirkungen der demografische Wandel auf die Arbeitswelt hat und veranschaulicht, welche Generationen sich in einem Unternehmen befinden und welche Faktoren beim Generationenmanagement eine große Rolle spielen.

32.1 Wesentliche Komponenten des Wertewandels

Dieses Kapitel zeigt wesentliche demografische Komponenten sowie Definitionen zu den Themen Arbeitsfähigkeit und demografiefeste Arbeit auf und es wird einen Überblick zum Fehlzeitengeschehen sowie zum gesundheitsförderlichen Verhalten in Deutschland gegeben.

32.1.1 Folgen des demografischen Wandels

Unternehmen werden durch die Veränderung der Altersstruktur ihrer Belegschaft vor enorme Herausforderungen gestellt. Laut dem Statistischen Bundesamt verschieben die sinkende Zahl der Menschen im jüngeren Alter und die gleichzeitig steigende Zahl älterer Menschen den demografischen Rahmen in bisher nicht gekannter Art und Weise. Durch den anhaltenden Alterungsprozess in Deutschland wachsen die Anteile höherer Altersgruppen an.

Die Jahrgänge 1955 bis 1970 waren mit den sogenannten Babyboom-Generationen stark besetzt. Sie waren im Jahr 1990 als 20 bis 35-Jährige für die größte Altersgruppe verantwortlich. Diese Altersgruppe wird jedoch in den nächsten zwei Jahrzenten aus dem Erwerbsleben ausscheiden. Daneben ist die Anzahl der Personen im Alter ab 70 Jahren zwischen 1990 und 2019 von 8 auf 13 Millionen angestiegen. All diese Prozesse werden sich in naher Zukunft deutlich beschleunigen. Auch die Zahl der Personen im hohen Alter ab 80 Jahren wird beständig steigen.

Laut einer Studie des Wirtschaftsforschungsinstituts Prognos werden im Jahr 2025 2,9 Millionen Fachkräfte auf dem deutschen Arbeitsmarkt fehlen. Dadurch, dass die Babyboomer-Generation schrittweise aus dem Arbeitsleben ausscheidet, wird die Lücke 2031 mit 3,6 Millionen fehlenden Fachkräften ihren Höhepunkt erreichen und sich danach wieder ein wenig schließen. Folglich wird die Fachkräftelücke durch die Reduktion der Personen im erwerbsfähigen Alter beeinflusst. Eine ausreichend große Verfügbarkeit von passenden Arbeitskräften hängt unter anderem von Faktoren wie der Erwerbsbeteiligung von Frauen und Älteren, der Studien- und Berufswahl, der Zahl der Teilzeitbeschäftigten oder der Zuwanderung ab (Vereinigung der Bayerischen Wirtschafz e. V., 2019, S. 1–35).

Fachkräftemangel nimmt stetig zu

Der Fachkräftemangel macht sich zudem auch beim Arbeitsschutz bemerkbar. Laut einer Umfrage des Instituts für Arbeitsschutz der Deutschen Gesetzlichen Unfallversicherung, in der mehr als 800 Fachleuten für Prävention befragt wurden, stellt das Fehlen von qualifiziertem Personal in 33 von 42 untersuchten Branchen ein Risiko für Sicherheit und Gesundheit bei der Arbeit dar (Institut für Arbeitsschutz der Deutschen Gesetzlichen Unfallversicherung [IFA], 2021, S. 33).

32.1.2 Krankheits- und Arbeitsunfähigkeitsgeschehen

Fehlzeitengeschehen

Im Jahr 2020 waren Atemwegserkrankungen für über ein Fünftel der Arbeitsunfähigkeitsfälle (20,5 %) von AOK-Mitgliedern verantwortlich. Da mit diesen jedoch eine relativ geringe durchschnittliche Erkrankungsdauer (7,9 Tage je Fall) einherging, betrug der Anteil der Atemwegserkrankungen am Krankenstand nur 11,8 %. Die meisten Arbeitsunfähigkeitstage wurden durch Muskel- und Skelett-Erkrankungen verursacht, die oftmals mit langen Ausfallzeiten verbunden sind (18,7 Tage je Fall). Auch wenn sie nur für 16,1 % der Arbeitsunfähigkeitsfälle verantwortlich waren, waren immerhin 22,1 % der Arbeitsunfähigkeitstage darauf zurückzuführen (Meyer, Wing, Schenkel & Meschede, 2021, 476).

Die Dauer eines durchschnittlichen psychisch bedingten Arbeitsunfähigkeitsfalls stieg bei den AOK-Mitgliedern im Vergleich zum Vorjahreszeitraum um mehr als drei Tage (von 27,1 Tage in 2019 auf 30,3 Tage in 2020). Der Trend zu immer länger anhaltenden Krankschreibungen bei psychischen Diagnosen bleibt somit ungebrochen und hat sich im Pandemiejahr noch einmal verstärkt (Meyer et al., 2021, 529).

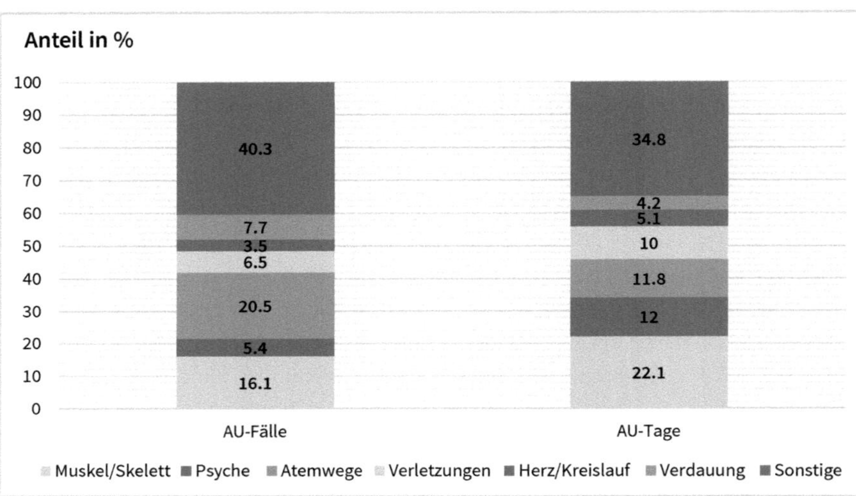

Abb. 1: Arbeitsunfähigkeit der AOK-Mitglieder nach Krankheitsarten im Jahr 2020; in Anlehnung an Meyer et al., 2021, 376

Darüber hinaus hat die Deutsche Gesetzliche Unfallversicherung [DGUV] (2021) seit Beginn der Pandemie bei 103.244 Versicherten COVID-19 als Berufskrankheit und bei 10.202 Versicherten als Folge eines Arbeits- oder Schulunfalls anerkannt.

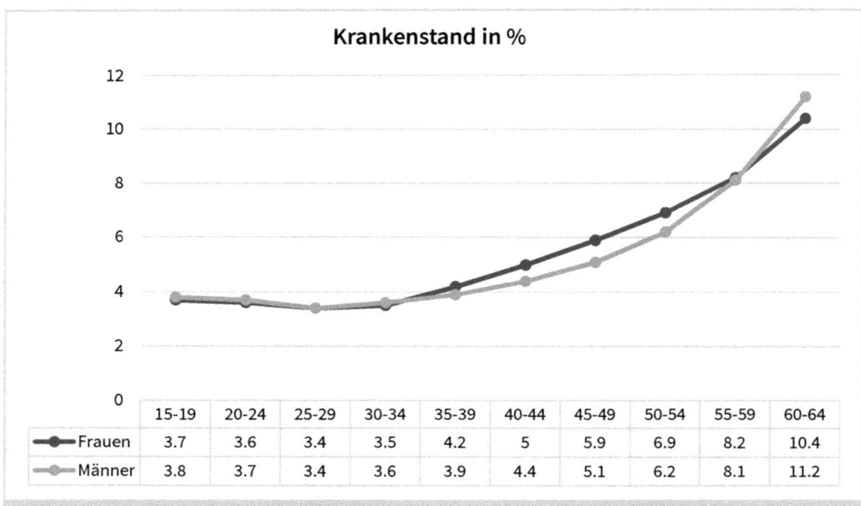

	15-19	20-24	25-29	30-34	35-39	40-44	45-49	50-54	55-59	60-64
Frauen	3.7	3.6	3.4	3.5	4.2	5	5.9	6.9	8.2	10.4
Männer	3.8	3.7	3.4	3.6	3.9	4.4	5.1	6.2	8.1	11.2

Abb. 2: Krankenstand der AOK-Mitglieder im Jahr 2020 nach Alter und Geschlecht; modifiziert nach Meyer et al., 2021, 459

Abbildung 2 verdeutlicht, dass die krankheitsbedingten Fehlzeiten mit steigendem Alter zunehmen, weshalb die Krankenstandsquote entscheidend vom Alter der Beschäftigten abhängt.

Auch wenn die Zahl der Krankmeldungen mit zunehmendem Alter zurückgeht, steigt jedoch die durchschnittliche Dauer der Arbeitsunfähigkeitsfälle kontinuierlich an. Ältere Beschäftigte sind zwar nicht unbedingt häufiger krank gegenüber ihren jüngeren Kollegen, jedoch fallen sie bei einer Erkrankung in der Regel wesentlich länger aus (Meyer et al., 2021, 458).

Krankenstand und Alter

Laut der Bundesanstalt für Arbeitsschutz und Arbeitsmedizin [BAuA] (BAuA, 2021, S. 1) ergaben sich im Jahr 2019 insgesamt 712,2 Millionen Arbeitsunfähigkeitstage. Dabei wird von einer durchschnittlichen Arbeitsunfähigkeit von 17,3 Tagen je Beschäftigtem ausgegangen. Darauf basierend schätzt die BAuA die volkswirtschaftlichen Produktionsausfälle auf insgesamt 88 Milliarden Euro bzw. den Ausfall an Bruttowertschöpfung auf 149 Milliarden Euro.

Dabei gibt es erhebliche Unterschiede zwischen den Branchen bzw. Wirtschaftszweigen: Neben der Anzahl an Beschäftigten schwankt auch die Anzahl der durchschnittlichen Arbeitsunfähigkeitstage. Die öffentliche Verwaltung sowie private Dienstleistungen verzeichnen zwar die höchsten Produktionsausfallkosten (31,6 Mrd. €), jedoch liegen die Produktionsausfallkosten pro Arbeitsunfähigkeitstag im produzierenden Gewerbe (161 €) höher als im Dienstleistungsbereich (112 €).

Produktionsausfallkosten

Wirtschaftszweig	Arbeitnehmer im Inland in Tsd.	Arbeitsunfähigkeitstage pro Arbeitnehmer	Produktionsausfallkosten		
			Mrd. €	je Arbeitnehmer	pro Arbeitsunfähigkeitstag
Land-, Forstwirtschaft, Fischerei	358	16,6	0,4	1.044	63
Produzierendes Gewerbe ohne Baugewerbe	8.115	21,3	27,8	3.421	161
Baugewerbe	2.085	19,9	4,9	2.300	117
Handel, Verkehr, Gastgewerbe, Information und Kommunikation	10.620	18,6	21,3	2.004	108
Finanz-, Versicherungs- und Unternehmensdienstleister, Grundstücks- und Wohnungswesen	6.717	16,9	14,4	2.140	127
Öffentliche und sonstige Dienstleister, Erziehung, Gesundheit	13.222	21,3	31,6	2.393	112

Tab. 1: Arbeitsunfähigkeitsvolumen und Produktionsausfallkosten nach Wirtschaftszweigen 2019; modifiziert nach BAuA, 2021, S. 3–4

Die nachstehende Tabelle liefert einen Überblick darüber, wie hoch die Produktionsausfallkosten pro Diagnosegruppe sind. Besonders auffällig hierbei sind die Produktionsausfallkosten in Bezug auf Krankheiten des Muskel-Skelett-Systems und des Bindegewebes (19,5 Mrd. €) sowie auf psychische und Verhaltensstörungen (14,4 Mrd. €).

Diagnosegruppe	**Arbeitsunfähigkeitstage**		**Produktionsausfallkosten**		**Ausfall an Bruttowertschöpfung**	
	Mio.	**%**	**Mrd. €**	**vom Bruttonationaleinkommen in %**	**Mrd. €**	**vom Bruttonationaleinkommen in %**
Psychische und Verhaltens-störungen	117,2	16,5	14,4	0,4	24,5	0,7
Krankheiten des Kreislaufsystems	35,5	5,0	4,4	0,1	7,4	0,2
Krankheiten des Atmungssystems	93,4	13,1	11,5	0,3	19,5	0,6
Krankheiten des Verdauungssystems	34,1	4,8	4,2	0,1	7,1	0,2
Krankheiten des Muskel-Skelett-Systems und des Bindegewebes	158,8	22,3	19,5	0,6	33,2	0,9
Verletzungen, Vergiftungen und Unfälle	76,0	10,7	9,3	0,3	15,9	0,4
Übrige Krankheiten	197,2	27,7	24,2	0,7	41,2	1,2
Alle Diagnosegruppen	**712,2**	**100**	**87,6**	**2,5**	**148,7**	**4,2**

Tab. 2: Produktionsausfallkosten und Ausfall an Bruttowertschöpfung nach Diagnosegruppen 2019; modifiziert nach BAuA, 2021, S. 2

Arbeitsfähigkeit

In Kapitel 1.4 wurde bereits ausführlich dargestellt, dass man sich am »Haus der Arbeitsfähigkeit« von Ilmarinen orientieren kann, wenn es um die Förderung der Arbeitsfähigkeit geht. Daneben entwickelte Ilmarinen in den 1980er Jahren in Finnland den Fragebogen zum Work Ability Index (WAI) (auch Arbeitsbewältigungsindex (ABI) genannt).

Dabei handelt es sich um ein quantitatives Befragungsverfahren mittels Fragebogen, mit dem die aktuelle sowie zukünftige Arbeitsfähigkeit von Beschäftigten erfasst und bewertet werden kann.

Instrument zum Messen der Arbeitsfähigkeit

Der WAI-Fragebogen setzt sich aus 7 Dimensionen zusammen:

1. Derzeitige Arbeitsfähigkeit im Vergleich zu der besten je erreichten Arbeitsfähigkeit
2. Arbeitsfähigkeit in Bezug auf die Anforderungen der Arbeit
3. Anzahl der aktuellen vom Arzt diagnostizierten Krankheiten
4. Geschätzte Beeinträchtigung der Arbeitsleistung durch die Krankheiten
5. Krankheitstage in den vergangenen 12 Monaten
6. Einschätzung der eigenen Arbeitsfähigkeit in 2 Jahren
7. Psychische Leistungsreserven

Über Punktwerte (7-49) bildet der WAI-Fragebogen ab, ob die Arbeitsfähigkeit als gering, mäßig, gut oder sehr gut einzustufen ist (INQA, 2018, S. 8).

Tipp zur Anwendung des WAI-Fragebogens

!

Prüfen Sie in Ihrem Unternehmen den Work Ability Index. Bezüglich der Datenerhebung sowie Datenauswertung steht Ihnen das WAI-Netzwerk zur Verfügung. Wie der Fragebogen aussieht und wie er anzuwenden ist, erfahren Sie über folgenden Link: https://www.wainetzwerk.de/de/testen-sie-ihre-arbeitsfaehigkeit-493.html

Neben den Begriffen demografischer Wandel (siehe Kapitel 4) sowie Arbeitsfähigkeit (siehe Kapitel 1) sollte auch der Begriff demografiefeste Arbeit erläutert werden.

DEFINITION

Demografiefeste Arbeit

Unter demografiefester Arbeit versteht das RKW Kompetenzzentrum (2016) »den Erhalt und die Entwicklung der Leistungsfähigkeit aller Beschäftigtengruppen im Unternehmen. [...] Es geht sowohl um ältere als auch um jüngere Beschäftigte«. Hierbei ist es jedoch angebracht, den Fokus auf die Zielgruppe älterer Beschäftigten zu legen.

32.2 Subjektive Gesundheit, gesundheitsfördernde Verhaltensweisen und Gesundheitskompetenz in Deutschland

Um den Gesundheitszustand in Deutschland zu ermitteln, wird unter anderem die **subjektive Gesundheit** von Deutschen erhoben. Nach Ergebnissen der Studie zur Gesundheit von Erwachsenen in Deutschland (DEGS1) schätzen die meisten Menschen ihren allgemeinen Gesundheitszustand als gut oder sogar sehr gut ein (74,7 %). 22,5 % der Befragten bewerten ihre Gesundheit als mittelmäßig und lediglich 2,7 % als schlecht oder sehr schlecht. Dabei schätzen mehr Männer (76,6 %) ihre Gesundheit als gut oder sehr gut ein, als Frauen (72,9 %). Personen mit niedrigem Sozialstatus bewerten ihre Gesundheit schlechter als Personen mit mittlerem und hohem Status (Robert Koch Institut, 2015, S. 30–31).

Gesundheitsfördernde Verhaltensweisen

Im Rahmen der bundesweiten repräsentativen Befragung *Gesundheit in Deutschland* (GEDA 2019/2020-EHIS) wurde ermittelt, wie häufig bestimmte Verhaltensweisen aktuell im Alltag der erwachsenen Bevölkerung auftreten. Insgesamt gehen 44,8 % der Frauen und 51,2 % der Männer der WHO-Empfehlung zur Ausdaueraktivität nach (der Indikator »Ausdaueraktivität« gilt bei einer Dauer von mindestens 150 Minuten pro Woche als erfüllt).

Bewegungsmangel

Der Anteil derjenigen, die die WHO-Empfehlung zur Ausdaueraktivität erfüllen, ist in der Altersgruppe der 18- bis 29-Jährigen am höchsten und in der Altersgruppe der 65-Jährigen und Älteren am niedrigsten.

Daneben weisen 50 % der Frauen und 38,3 % der Männer einen normalen BMI auf. Mit 45,1 % gaben fast doppelt so viele Frauen wie Männer (24,1 %) einen täglichen Verzehr von Obst und Gemüse an. Die meisten Erwachsenen in Deutschland setzen zwei oder drei der gesundheitsrelevanten Verhaltensweisen (dazu zählen risikoarmer Alkoholkonsum, kein aktuelles Rauchen, Ausdaueraktivität, Einhalten des Normalgewichts, täglicher Verzehr von Obst und Gemüse) um: 56,2 % der Frauen (n = 11.469) und 62,5 % der Männer (n = 10.337). Bei mehr Frauen als Männern lagen gleichzeitig vier oder fünf der gesundheitsrelevanten Verhaltensweisen vor (Richter et al., 2021, S. 31–36).

Gesundheitskompetenz

Zu dieser Fähigkeit wurde eine Trendanalyse mit über 2.100 Befragten zwischen Dezember 2019 und Januar 2020 sowie von August bis September 2020 durchgeführt.

geringe Gesundheitskompetenz in Deutschland

Mit 58,8 % weist deutlich mehr als die Hälfte der Bevölkerung eine geringe Gesundheitskompetenz auf. In allen drei abgefragten Bereichen (Krankheitsbewältigung/Versorgung, Prävention und Gesundheitsförderung) fällt den Befragten der Umgang mit Informationen schwer. Dies gilt insbesondere für den Bereich Gesundheitsförderung: Hier weisen 68 % der Befragten eine geringe Gesundheitskompetenz auf (im Vergleich: Krankheitsbewältigung/Versorgung: 45 % mit geringer Gesundheitskompetenz; Prävention: 55 % mit geringer Gesundheitskompetenz) (Schaeffer et al., 2021, S. 5).

Als schwierig/sehr schwierig wird eingeschätzt (nur Angaben mit BGM-Bezug) (Schaeffer et al., 2021, S. 110–111):

- Informationen über *Gesetzesänderungen* zu finden, die *Auswirkungen auf Gesundheit* [...] haben könnten (77 %)
- Informationen darüber zu finden, wie die *Gesundheit am Arbeitsplatz* gefördert werden kann (72 %)
- Angaben auf *Lebensmittelverpackungen* zu verstehen (62 %)
- Informationen darüber zu verstehen, wie man *psychisch gesund bleiben* kann (55 %)
- Informationen in *Medien* zu verstehen, wie man seine *Gesundheit verbessern* kann (36 %)
- Informationen über Aktivitäten zu finden, die *gut für psychische Gesundheit* und *Wohlbefinden* sind, z. B. Entspannung, körperliche Aktivität, Yoga (23 %)
- Beurteilen zu können, welche alltäglichen *Gewohnheiten* die Gesundheit beeinflussen (20 %)
- Informationen über *gesunde Lebensweisen* zu finden, z. B. ausreichend Bewegung/gesunde Ernährung (8 %)

Die Stärkung der Gesundheitskompetenz bleibt laut Schaeffer et al. (2021, S. 3) eine Public-Health-Aufgabe. Bei der Förderung von Gesundheitskompetenz gilt es laut Schaeffer, Hurrelmann, Bauer und Kolpatzik (2018, S. 52–55), fünf Prinzipien zu beachten:

Prinzipien zum Aufbau von Gesundheitskompetenz

- Prinzip 1: Soziale und gesundheitliche Ungleichheit verringern
- Prinzip 2: Sowohl die individuellen als auch die strukturellen Bedingungen verändern
- Prinzip 3: Partizipation und Teilhabe ermöglichen
- Prinzip 4: Chancen der Digitalisierung nutzen
- Prinzip 5: Die Kooperation von Akteuren aus allen Bereichen der Gesellschaft herstellen

32.3 Wertewandel und Generationenmanagement

Die einzelnen Altersgruppen bringen unterschiedliche Anforderungen und Erwartungshaltungen mit. Und auch die Rahmenbedingungen verändern sich: So verkürzen sich die Ausbildungszeiten junger Mitarbeiter, während die Älteren später in den Ruhestand gehen. Die Erwerbsphase verlängert sich und damit auch die Zusammenarbeit zwischen den Altersgruppen. Hierdurch wird es zu keiner einfachen Ablösung der Älteren durch Jüngere mehr kommen, sondern der Trend geht zur Mehr-Generationen-Belegschaft. Damit verbunden existieren Parallelitäten unterschiedlicher Werte und Vorstellungen im Unternehmen.

32.3.1 Generationen im Unternehmen: Ein Mix aus Werten, Ansprüchen und Erwartungen

In der Regel werden Personen nach ihrem Alter einer bestimmten Generation zugeordnet, doch sollte das Konzept »Generation« nicht zu eng gesehen werden. So ist das Wertemuster oftmals entscheidender als das Geburtsjahr. In Unternehmen finden sich derzeit vier Generationen: die Babyboomer (ab 1950), die Generation X (ab 1965), Generation Y (ab 1980) und Generation Z (ab 1995).

Abgrenzung der Generationen

Die Babyboomer mit ihrer Ausrichtung auf das Materielle und auf Sicherheit werden auch »Generation Jones« genannt. Die Generation X strebt dagegen nach Wohlstand und Karriere, Sicherheit ist ihr aber auch wichtig. Sie wird auch als »Generation Me« tituliert. Wandel und Veränderung werden von der Generation Y (»Millenials«) als normal angesehen, sie schätzen die Vereinbarkeit von Lebensbereichen und finden den klassischen hierarchischen Aufstieg nicht mehr so attraktiv wie ihre Vorgänger. Mit der Generation Z bilden sie die Gruppe der »Digital Natives«, also jener, die in der digitalen Welt aufgewachsen sind. Daher ist es nicht verwunderlich, dass die Generation Z auch als »Generation Internet« bezeichnet wird. Als eines ihrer Hauptmerkmale wird ihnen Flatterhaftigkeit nachgesagt. Da die Geburtsjahre lediglich als grober Richtwert zu sehen sind, gibt es auch davon abweichende Einteilungen. Zum Beispiel werden manchmal die Silver Worker der Jahrgänge 1945 bis 1955 als eigenständige Generation hinzugezählt. Sie gelten als Storyteller, die ihre Erfahrungen an die Jüngeren weitergeben werden und in den nächsten Jahren aus dem Arbeitsleben ausscheiden. Sie vertreten traditionelle Werte, Fleiß, Sparsamkeit und Pflichtbewusstsein (Eberhardt, 2016; Scholz, 2014).

Die Nachfolgegeneration der Generation Z ist die Generation Alpha (geboren ab 2010). Die Spanne dieser Generation wird bis ca. 2022-2025 gehen. Viele Wissenschaftler gehen davon aus, dass die Generationenspanne immer kürzer werden wird. Dies begründen sie mit den exponentiell wachsenden technischen Entwicklungen, den Neuerungen, die immer schneller auf den Markt kommen, sowie mit der zunehmenden Komplexität, die hinter der Technik steckt. Für Unternehmen bedeutet das, dass sich die Generation Alpha im digitalen Dschungel zurechtfinden und dessen rasende Geschwindigkeit adaptieren wird wie keine Generation vor ihr. Die analoge Welt kann dadurch für diese Generation Alpha nahezu zu einer Art »Nebenerscheinung« werden (Institut für Generationenforschung, o. J.).

So denkt Generation Y

Eine Trendstudie des Zukunftsinstituts liefert spannende Ergebnisse zu Ansprüchen, Einstellungen und Erwartungen der Generation Y.

Ansprüche an berufliche Tätigkeiten

Zu den Top 3-Dingen, die für diese Generation besonders wichtig und erstrebenswert sind, zählen *Unabhängigkeit, sein Leben selbst bestimmen zu können* (89 %), *Spaß zu haben, das Leben zu genießen* (87 %) sowie *einen sinnvollen, erfüllenden Job zu haben* (87 %). Bei einer beruflichen Tätigkeit sind vor allem *eine gute Arbeitsatmosphäre und Zusammenarbeit im Team* (90 %), *eine gute Planung und erfüllbare Ziele* (82 %), *eine gute Vereinbarkeit von Beruf und Familie* (81 %), ein *sicherer Arbeitsplatz, der Planbarkeit bietet* (81 %) sowie *ein abwechslungsreicher Job* (78 %) wichtig. Weiterhin setzen 48 % der Befragten auf *ein professionelles Stressmanagement für die Work-Life-Balance*. Darüber hinaus geht fast die Hälfte (45 %) davon aus, dass sie im Laufe ihres Lebens einmal *ganz bewusst für einige Zeit aus dem Beruf aussteigen werden*, um einmal etwas anderes zu machen (Sabbatical) (Zukunftsinstitut, 2013, S. 18–33).

Ansprüche von Generationen in Unternehmen

Im Rahmen einer Studie der Deutschen Hochschule für Prävention und Gesundheitsmanagement zum Thema Generationen im BGM wurde herausgefunden, dass – auch wenn sich die Jahrgänge verschieben – man trotzdem die Generationen Babyboomer und X sowie die Generationen Y und Z zusammenfassen kann, da ihre Merkmale in Bezug auf die Arbeitswelt ähnlich sind. Gerade Y und Z unterscheiden sich aufgrund ihrer veränderten Werte und der Nutzung digitaler Medien (Umfang, Technikaffinität) erheblich von den anderen Generationen.

	Babyboomer & Generation X	**Generationen Y & Z**
Führung	Autorität und Hierarchien werden akzeptiert, Respekt vor Führungskraft, emotionale Bindung zum Unternehmen, Denken in verschiedenen Strukturen	autoritäre Führung nicht erwünscht, fehlender Respekt, keine emotionale Bindung zum Unternehmen, Hierarchien werden hinterfragt
Kommunikation	autoritär, distanziert (»Sie«), direkter/persönlicher Kommunikationsweg bevorzugt, neue Kommunikationsmittel werden nur zum Teil akzeptiert	»kooperativ«, freundschaftlich, moderne Wege (soziale Netzwerke, Messenger)
Gesundheit	Unternehmen vor Gesundheit, neigen oft zu Präsentismus, längere Ausfallzeiten; besitzen mehr Pflichtbewusstsein, ernstes Interesse an Maßnahmen, aber unsicher	Gesundheit vor Unternehmen, oft Kurzzeiterkrankungen; grundsätzlich offen gegenüber neuen Maßnahmen, aber wenig Interesse
Forderungen	Akzeptanz von Arbeitszeit, Arbeit steht im Mittelpunkt, Freizeit & Work-Life-Balance haben geringen Stellenwert	Mehr Flexibilität, mehr Work-Life-Balance, Freizeit geht vor Arbeit

Tab. 3: Ansprüche der einzelnen Generationen in Unternehmen; DHfPG/BSA

Um Fehlzeiten vorzubeugen und Produktivität sowie Wettbewerbsfähigkeit auch zukünftig zu sichern, rücken der präventive Gesundheitsschutz und die Gesundheitsförderung stärker in den Fokus. Für die jüngeren Generationen dient ein BGM zwar u. a. der Vermeidung von Rückenschmerzen und/oder dem Erhalt der Arbeitsfähigkeit; jedoch wird hier oftmals der Vorteil darin gesehen, die Arbeitgeberattraktivität zu steigern, indem BGM-Maßnahmen einen »Fun-Factor« für die Jüngeren darstellen. Dies fördert den Aufbau und die Erhaltung von Bindung der jüngeren Generationen zum Unternehmen. Für die Älteren steht dagegen der Erhalt der Arbeits- und Leistungsfähigkeit bis zur Rente im Vordergrund. Auch die Vermeidung von Fehlbelastungen aufgrund der Ergonomie und von Schichtmodellen sind von Bedeutung.

32.4 Generationenübergreifende Führung

Generationenmanagement bedeutet zum einen, die Unterschiede zwischen den Generationen aufzuzeigen und diese zu akzeptieren, zum anderen, Führungskräfte zu befähigen, mit dieser Herausforderung in ihrer täglichen Führungsarbeit umgehen zu können.

Ilmarinen (2015) erachtet bezüglich alter(n)sgerechter Führung folgende Faktoren für wichtig:

- Einstellung gegenüber dem Altern und dem Alter,
- Zusammenarbeit zwischen den Generationen,
- Individuelle Lösungen in der Arbeitsgestaltung,
- Kommunikationsfähigkeit.

In der gegenwärtigen Diskussion um psychische Belastungen und Anforderungen in der Arbeitswelt ist es umso wichtiger, für ausreichende Erholungs- und Stressbewältigungsmaßnahmen sowie Distanzierungsfähigkeit zu sorgen. Auch wenn Führungskräfte für ausreichend Entscheidungsbefugnisse und Autonomie ihrer Mitarbeiter sorgen sollten, ist es dennoch notwendig zu prüfen, ob und inwieweit die Mitarbeiter mit den damit verbundenen Anforderungen zurechtkommen oder gar über- bzw. unterfordert sind. Gerade bei strukturellen oder technologischen Veränderungen sollte versucht werden, auf die individuellen Bedürfnisse und Belange der jeweiligen Mitarbeiter einzugehen, da nicht jeder Mitarbeiter gleich mit Veränderungen umgehen kann. Ein offener Umgang mit sensiblen oder auch kritischen Themen, wie beispielsweise der Umgang mit psychischen Belastungen, sollte vonseiten der Führungskräfte aktiv angegangen und geprüft werden. Bei Bedarf sollte Unterstützung angeboten werden.

offener Umgang und Empathie

Diesbezüglich sollten Führungskräfte ihre Mitarbeiter dazu anregen und motivieren, ihre Arbeitstätigkeiten und die eingesetzte(n) Technologie(n) regelmäßig zu reflektieren, um Risiken zu erkennen und zielorientiert arbeiten zu können. Veränderungen und die Vorteile des Wandels müssen für alle Ebenen nachvollziehbar sein und als

Chance verstanden werden. Damit dies geschehen kann, ist soziale Unterstützung ein wesentlicher Bestandteil sowohl für die Arbeitswelt als auch für das BGM.

Nicht nur in der Arbeitswelt kann es zu Veränderungen kommen. Werden beispielsweise neue BGM-Maßnahmen implementiert oder eine Gefährdungsbeurteilung durchgeführt, müssen Mitarbeiter über solche Änderungen bzw. Neuerungen ebenfalls informiert werden. Zudem müssen sie über den Umgang mit den jeweiligen Maßnahmen und über deren Inanspruchnahme aufgeklärt werden.

Gesundheitskommunikation und Kompetenzerwerb

Sowohl im Rahmen der beruflichen Tätigkeit als auch im Rahmen des BGM sollten Mitarbeiter die Chance erhalten, sich weiterzuentwickeln und (Gesundheits-/Medien-) Kompetenzen aufbauen zu können.

Für Führungskräfte bedeutet das, dass sie auch für das BGM Wegbereiter sowie Wegbegleiter sein sollten: Da neue Arbeitsformen durch die Digitalisierung auch Möglichkeiten des mobilen bzw. multilokalen Arbeitens bieten, die u.a. positiv zur Work-Life-Balance beitragen können, sollten diese den Mitarbeitern auch angeboten und von Führungskräften befürwortet und unterstützt werden.

Mit BGM alle Generationen erreichen

Eine alter(n)sgerechte Arbeits- und Beschäftigungspolitik ist ein komplexes Vorhaben. Dennoch sollten Unternehmen mit dem demografischen Wandel professionell umgehen. Aus diesem Grund schlägt die INQA (2011, S. 26) einige Gestaltungsfelder sowie Instrumente vor, die eine professionelle Umsetzung und Gestaltung ermöglichen (vgl. Abbildung 3).

In der unten aufgeführten Abbildung wird auch der Begriff »altersgemischte Arbeitsgruppen« aufgeführt. Laut Metz-Kleine (2018, S. 134–135) wird Jobsharing (Arbeitsplatzteilung) zu einem wirksamen Instrument der kontinuierlichen Wissensweitergabe zwischen Generationen. Die verschiedenen Hintergründe, Erfahrungen und das Know-how zweier Menschen geben zudem Impulse, Ideen sowie Lösungsvorschläge und tragen so zur Innovationsfähigkeit eines Unternehmens bei. Da Jobsharing auf dieser engen Teamarbeit basiert, wird nahezu jede 100%-Stelle teilzeittauglich und auch Besetzungen, die über diese 100% hinaus gehen, sind möglich und häufig vertreten. Was die Arbeitszeitaufteilung betrifft, ist Jobsharing enorm flexibel, es ist nahezu jedes Modell und jede Kombination möglich. Außerdem ist es ein Arbeitsmodell für alle, egal welchem Geschlecht, welchem Alter, welcher Branche oder Hierarchiestufe sie angehören. Jobsharing vereinbart ganz flexibel verschiedene Wertemodelle und Lebenseinstellungen – immer wieder neu auf individuelle Lebensphasen angepasst (Metz-Kleine, 2018, S. 134–135). Lechner (2017, S. 178) erachtet Jobsharing für die Generationen X und Y aufgrund der Flexibilität als besonders attraktiv und kann damit auch als Instrument der Mitarbeiterbindung bei den jüngeren Generationen angesehen werden.

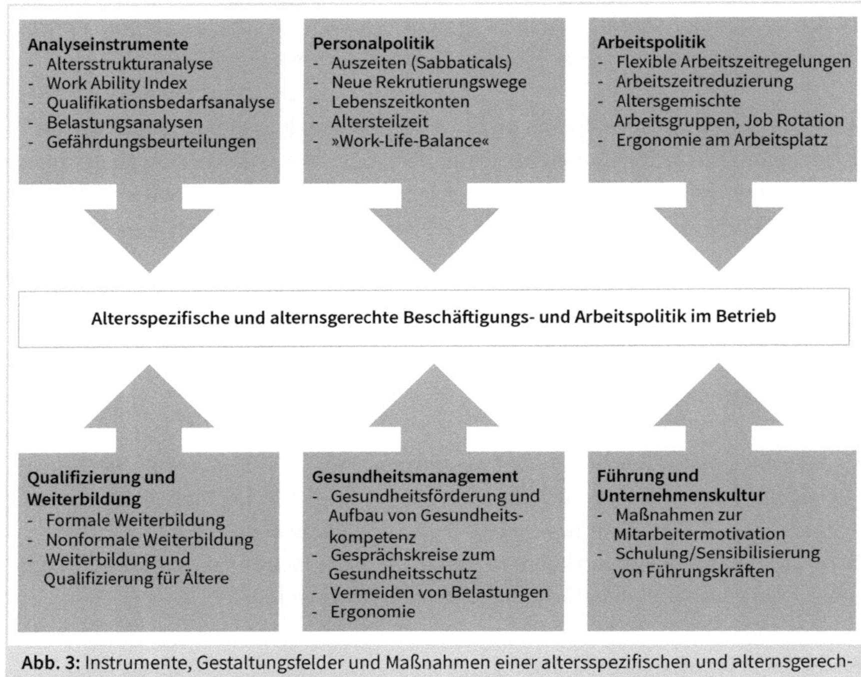

Abb. 3: Instrumente, Gestaltungsfelder und Maßnahmen einer altersspezifischen und alternsgerechten Beschäftigungs- und Arbeitspolitik im Betrieb; in Anlehnung an INQA, 2011, S. 26

Da jede Generation ihre Eigenarten hat, sollten Unternehmen die Relevanz eines Generationenmanagements erkennen und danach auch ihr BGM ausrichten. Ein BGM sollte gleichermaßen dem Erhalt und der Förderung der Gesundheit und Arbeitsfähigkeit bzw. der Minderung von Risiken (z. B. alter(n)sgerechte Arbeitsplatzgestaltung) sowie der Steigerung der Arbeitgeberattraktivität (z. B. BGM-App, Gamification, Wearables) gerecht werden.

Ausrichtung des BGMs

Um möglichst hohe Teilnahmequoten bei Maßnahmen zu erzielen und ein erfolgreiches BGM durchführen zu können, ist es von großer Bedeutung, die unterschiedlichen Motivationslagen und Anforderungen der Beschäftigten zu kennen und bei der Planung und Umsetzung des BGM zu berücksichtigen. Daher bieten sich zielgruppenspezifische Maßnahmen an, um jede Generation zu erreichen zu können.

zielgruppenspezifische Maßnahmen zur Gesundheitsförderung

Zum Beispiel können digitale Lösungen Unternehmen bei der Etablierung eines nachhaltigen Gesundheitsmanagements unterstützen, was insbesondere die jüngeren Generationen anspricht. Die Älteren fühlen sich dagegen oftmals eher durch analoge Maßnahmen angesprochen. Der Mix macht's, denn ein Mix aus Generationen erfordert auch einen Mix aus Maßnahmen der Gesundheitsförderung. Um ein nachhaltig wirksames BGM durchführen zu können, müssen verschiedene Handlungsfelder abgedeckt und somit mehrere Maßnahmen angeboten werden.

Generell empfiehlt es sich, eine Übersicht zu vorhandenen/geplanten Gesundheitsförderungsmaßnahmen zu erstellen und daneben Generationen aufzuführen, die an den jeweiligen Maßnahmen teilnehmen würden.

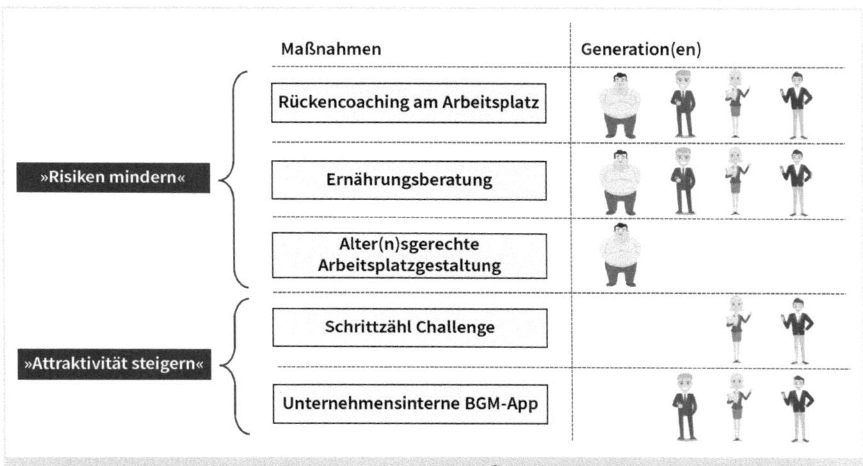

Abb. 4: Exemplarische Darstellung vorhandener BGM-Maßnahmen (von links nach rechts: Generation Babyboomer, Generation X, Generation Y und Generation Z); Grafiken: Felix Noll

32.5 Fazit

Deutschland sieht nicht nur einem hohen Durchschnittsalter entgegen. Mit steigendem Alter gehen auch mehr Arbeitsunfähigkeitstage einher. Zudem hat Deutschland noch Nachholbedarf, wenn es um das Thema Gesundheitskompetenz geht. Hinzu kommen die Forderungen von Bewerbern der Generationen Y und Z nach Work-Life-Balance und Gesundheitsmaßnahmen bereits beim Berufseintritt.

Vor dem Hintergrund des demografischen Wandels wird es für Unternehmen eine zunehmende Herausforderung sein, dafür zu sorgen, dass ihre Beschäftigten bis zum Renteneintritt gesund, leistungsfähig und motiviert bleiben. Je mehr Beschäftigte ein Unternehmen verlassen, desto höher ist der Bedarf, Wissen im Unternehmen zu sichern und somit für Wissenstransfer zu sorgen – gerade, wenn vermehrt Beschäftigte der älteren Generationen in den Ruhestand gehen. Daher werden dem Generationenmanagement sowie dem Aufbau eines Betrieblichen Gesundheitsmanagements immer mehr Bedeutung beigemessen.

Literatur

Bundesanstalt für Arbeitsschutz und Arbeitsmedizin. (2021). *Volkswirtschaftliche Kosten durch Arbeitsunfähigkeit 2019*. Verfügbar unter: https://www.baua.de/DE/Themen/Arbeitswelt-und-Arbeitsschutz-im-Wandel/Arbeitsweltberichterstattung/Kosten-der-AU/pdf/Kosten-2019.pdf?__blob=publicationFile&v=4 (abgerufen am 23.11.2021).

Bundesministerium für Arbeit und Soziales. (2021). *Alternde Gesellschaft*. Verfügbar unter: https://www.bmas.de/DE/Soziales/Rente-und-Altersvorsorge/Fakten-zur-Rente/Alternde-Gesellschaft/alternde-gesellschaft.html (abgerufen am 29.11.2021).

Bundeszentrale für politische Bildung. (2016). *Demografischer Wandel*. Verfügbar unter: https://www.bpb.de/nachschlagen/lexika/lexikon-der-wirtschaft/240461/demografischer-wandel (abgerufen am 24.11.2021).

Destatis. (2021a). *Bevölkerung und Demografie – Auszug aus dem Datenreport 2021*. Verfügbar unter: https://www.destatis.de/DE/Service/Statistik-Campus/Datenreport/Downloads/datenreport-2021-kap-1.pdf;jsessionid=6A3439F5BE81BBEB2B99B923145A0EE9.live711?__blob=publicationFile (abgerufen am 14.09.2021).

Deutsche Gesetzliche Unfallversicherung. (2021). *Gesetzliche Unfallversicherung: Über 100.000 Fälle von COVID-19 als Berufskrankheit anerkannt Berufsgenossenschaften und Unfallkassen werben für Impfung*. Verfügbar unter: https://www.presseportal.de/pm/65320/5019524 (abgerufen am 14.09.2021).

Deutsches Statistisches Bundesamt. (2021b). *Bevölkerung – Migration und Integration*. Verfügbar unter: https://www.destatis.de/DE/Themen/Gesellschaft-Umwelt/Bevoelkerung/Migration-Integration/_inhalt.html (abgerufen am 11.04.2021).

Eberhardt, D. (2016). *Generationen zusammenführen. Mit Millenials, Generation X und Babyboomern die Arbeitswelt gestalten* (1.). Freiburg i. Br.: HaufeLexware.

Ilmarinen, J. (2015). *Alters- und Generationen-Management im Kontext Arbeitsfähigkeit*. Verfügbar unter: https://docplayer.org/71287131-Alters-und-generationen-management-im-kontext-arbeitsfaehigkeit.html (abgerufen am 24.11.2021).

Ilmarinen, J. & Tempel, J. (2013). *Arbeitsleben 2025. Das Haus der Arbeitsfähigkeit im Unternehmen bauen*. Hamburg: VSA Verlag.

Initiative Neue Qualität der Arbeit. (2011). *Arbeitsfähigkeit erhalten und fördern – Chance für Betriebe und Tarifpolitik,* Initiative Neue Qualität der Arbeit. Verfügbar unter: https://sofi.uni-goettingen.de/fileadmin/Publikationen/INQA_Arbeitsfaehigkeit-erhalten-foerdern.pdf (abgerufen am 22.11.2021).

Initiative Neue Qualität der Arbeit (Hrsg.). (2018). *Eine Familie stellt sich vor. WAI-basierte Instrumente – Arbeits- und Beschäftigungsfähigkeit wiederherstellen, erhalten und fördern*. Berlin. Verfügbar unter: https://www.wainetzwerk.de/uploads/z-neue%20Uploads/Literatur/WAI_Arbeits-%20und%20Besch%C3%A4ftigungsf%C3%A4higkeit/Eine%20Familie%20stellt%20sich%20vor_INQA.pdf (abgerufen am 23.11.2021).

Institut für Arbeitsschutz der Deutschen Gesetzlichen Unfallversicherung (Deutsche Gesetzliche Unfallversicherung (DGUV), Hrsg.). (2021). *Arbeitswelten. Menschenwelten*. Verfügbar unter: https://publikationen.dguv.de/praevention/allgemeine-informationen/4355/arbeitswelten.menschenwelten-prioritaeten-fuer-den-arbeitsschutz-von-morgen (abgerufen am 24.11.2021).

Institut für Generationenforschung. (o. J.). *Generation Alpha*. Verfügbar unter: https://www.generation-thinking.de/generation-alpha (abgerufen am 24.11.2021).

Lechner, A. (2017). Praxisbeispiel Daimler AG: Teilzeitführung als Bestandteil eines umfassenden Diversity-Management-Ansatzes. In A. Karlshaus & B. Kaehler (Hrsg.), *Teilzeitführung. Rahmenbedingungen und Gestaltungsmöglichkeiten in Organisationen* (1., S. 175–184). Wiesbaden: Springer Gabler.

Metz-Kleine, A. (2018). Die Zukunft der Arbeit ist fexibel. In H. R. Fortmann & B. Kolocek (Hrsg.), *Arbeitswelt der Zukunft. Trends – Arbeitsraum – Menschen – Kompetenzen* (1., S. 131–137). Wiesbaden: Springer Gabler.

Meyer, M., Wing, L., Schenkel, A. & Meschede, M. (2021). Krankheitsbedingte Fehlzeiten in der deutschen Wirtschaft im Jahr 2020. In B. Badura, A. Ducki, H. Schröder & M. Meyer (Hrsg.), *Fehlzeiten-Report 2021 -Betriebliche Prävention stärken – Lehren aus der Pandemie* (441-538). Berlin: Springer.

Richter, A., Schienkiwitz, A., Starker, A., Krug, S., Domanska, O., Kuhnert, R. et al. (2021). *Gesundheitsfördernde Verhaltensweisen bei Erwachsenen in Deutschland – Ergebnisse der Studie GEDA 2019/2020-EHIS* (Robert Koch-Institut, Hrsg.). https://doi.org/10.25646/8460

RKW Kompetenzzentrum. (2016). *Arbeit demografiefest gestalten – Ihre Belegschaft: Spiegel der Demografie*. Verfügbar unter: https://www.rkw-kompetenzzentrum.de/publikationen/leitfaden/arbeit-demografiefest-gestalten/ihre-belegschaft-spiegel-der-demografie/ (abgerufen am 22.11.2021).

Robert Koch Institut (Hrsg.). (2015). *Gesundheitsberichterstattung des Bundes. Gesundheit in Deutschland*. Berlin. Verfügbar unter: file:///D:/DHfPG/P%C3 %A4dagogikordner%20 neu/02_Fachartikel/Walle,%20 Matusiewicz,%20Lange/gesundheit-in-deutschland-publikation.pdf%3Bjsessionid=7DF44FBEBCE9C78335654BB2385CDF14.live721.pdf

Robert Koch Institut. (2021, 1. Februar). *Gesundheitskompetenz / Health Literacy*. Verfügbar unter: https://www.rki.de/DE/Content/GesundAZ/G/Gesundheitskompetenz/Gesundheitskompetenz_node.html (abgerufen am 23.11.2021).

Schaeffer, D., Berens, E.-M., Gille, S., Griese, L., Klinger, J., Sombre, S. de et al. (2021). *Gesundheitskompetenz der Bevölkerung in Deutschland – vor und während der Corona Pandemie: Ergebnisse des HLS-GER 2.* Bielefeld: Interdisziplinäres Zentrum für Gesundheitskompetenzforschung (IZGK); Universität Bielefeld.

Schaeffer, D., Hurrelmann, K., Bauer, U. & Kolpatzik, K. (2018). *Nationaler Aktionsplan Gesundheitskompetenz. Die Gesundheitskompetenz in Deutschland stärken*. Berlin: Kom-Part. Verfügbar unter: https://aok-bv.de/imperia/md/aokbv/gesundheitskompetenz/nag_broschuere_web_020218.pdf (abgerufen am 23.11.2021).

Scholz, C. (2014). *Generation Z. Wie sie tickt, was sie verändert und warum sie uns alle ansteckt* (1.). Weinheim: Wiley-VCH; Wiley.

Statista GmbH. (2021). *Auswanderung und Zuwanderung*. Verfügbar unter: https://de.statista.com/statistik/studie/id/41957/dokument/auswanderung-und-zuwanderung/ (abgerufen am 15.09.2021).

Statistisches Bundesamt. (2020a). *Durchschnittsalter der Bevölkerung in Deutschland nach Staatsangehörigkeit am 31. Dezember 2019*. Verfügbar unter: https://de.statista.com/statistik/daten/studie/723069/umfrage/durchschnittsalter-der-bevoelkerung-in-deutschland-nach-staatsangehoerigkeit/ (abgerufen am 15.09.2021).

Statistisches Bundesamt. (2020b). *Geburtenziffer 2019 auf 1,54 Kinder je Frau gesunken – Frauen bei Geburt des ersten Kindes im Durchschnitt älter als 30 Jahre*. Verfügbar unter: https://www.destatis.de/DE/Presse/Pressemitteilungen/2020/07/PD20_282_122.html (abgerufen am 15.09.2021).

Statistisches Bundesamt. (2021c). *Datenreport 2021. Ein Sozialbericht für die Bundesrepublik Deutschland* (Statistisches Bundesamt (Destatis), Wissenschaftszentrum Berlin für Sozialforschung (WZB) & Bundesinstitut für Bevölkerungsforschung (BiB), Hrsg.). Bonn. Verfügbar unter: https://www.destatis.de/DE/Service/Statistik-Campus/Datenreport/Downloads/datenreport-2021.pdf;jsessionid=55E4C4603CBF07F4608DE92CD37C91CE.live712?__blob=publicationFile (abgerufen am 29.11.2021).

Statistisches Bundesamt. (2021d). *Demografischer Wandel*. Verfügbar unter: https://www.destatis.de/DE/Themen/Querschnitt/Demografischer-Wandel/_inhalt.html (abgerufen am 15.09.2021).

Statistisches Bundesamt. (2021e). *Geburtenzahl im März 2021: Höchster Wert seit mehr als 20 Jahren*. Verfügbar unter: https://www.destatis.de/DE/Presse/Pressemitteilungen/2021/06/PD21_280_126.html;jsessionid=EE8158E5CDB37D4145C4AC4C9287869E.live722 (abgerufen am 15.09.2021).

Statistisches Bundesamt. (2021f). *Lebenserwartung in Deutschland nahezu unverändert – Lebenserwartung stagniert, Hauptursache sind hohe Sterbefallzahlen im Zuge der Corona-Pandemie*. Verfügbar unter: https://www.destatis.de/DE/Presse/Pressemitteilungen/2021/07/PD21_331_12621.html (abgerufen am 15.09.2021).

Vereinigung der Bayerischen Wirtschaft e. V. (2019). *Arbeitslandschaft 2025. Eine vbw Studie, erstellt von der Prognos AG*. Verfügbar unter: https://www.vbw-bayern.de/Redaktion/Frei-zugaengliche-Medien/Abteilungen-GS/Sozialpolitik/2019/Downloads/20190221_Arbeitslandschaft-2025_final.docx.pdf (abgerufen am 24.11.2021).

Zukunftsinstitut. (2013). *Generation Y – Das Selbstverständnis der Manager von morgen. Eine Trendstudie des Zukunftsinstituts im Auftrag von Signium International*. Verfügbar unter: https://www.zukunftsinstitut.de/fileadmin/user_upload/Publikationen/Auftragsstudien/studie_generation_y_signium.pdf (abgerufen am 25.11.2021).

Stichwortverzeichnis

G

H

Die Autorinnen und Autoren

Ina Barthelmes

Frau Barthelmes ist Diplom-Psychologin mit Spezialisierung in den Bereichen Arbeit und Gesundheit. Seit Januar 2021 ist sie als Referentin für die Prävention von Berufskrankheiten bei der BG BAU – Berufsgenossenschaft der Bauwirtschaft u. a. für die Konzipierung von Präventionsprogrammen zuständig. Davor war sie mehrere Jahre lang wissenschaftlich tätig, zunächst für die Initiative Gesundheit und Arbeit (iga), später beim Berliner IGES Institut im Bereich Arbeitswelt und Prävention. Neben Kenntnissen in den Bereichen Evidenzbasierung, arbeitsbedingte Gesundheitsgefahren und Förderung der Gesundheit am Arbeitsplatz umfasst ihre Expertise die Methodik systematischer Literaturrecherchen und die Erstellung systematischer Reviews.

Dr. PH Iris Brandes, Dipl. Kffr., MPH

Jahrgang 1958. Diplomkauffrau, Master Public Health und Doktor Public Health. Iris Brandes hat 11 Jahre im Controlling einer Bank gearbeitet und ist seit 2001 als wissenschaftliche Mitarbeiterin am Institut für Epidemiologie, Sozialmedizin und Gesundheitssystemforschung an der Medizinischen Hochschule Hannover beschäftigt. Die Forschungstätigkeit umfasst neben der gesundheitsökonomischen Evaluation (unterschiedlicher Interventionen in verschiedenen Sektoren des Gesundheitssystems) die Untersuchung des gesundheitsbezogenen Inanspruchnahmeverhaltens und der Motivation zu Lebensstiländerungen bestimmter Zielgruppen unter dem Blickwinkel der daraus resultierenden volkswirtschaftlichen Konsequenzen.

Prof. Dr. Lena Christiaans

Frau Prof. Dr. Lena Christiaans ist Professorin im Fachbereich Kommunikation & Wirtschaft sowie Studiengangleiterin des Bachelors Kommunikation & Eventmanagement an der IST-Hochschule für Management. Zuvor war sie in unterschiedlichen Management-Positionen bei der Henkel AG & Co. KGaA tätig. Unter anderem verantwortete sie Kommunikation und Change Management in weltweiten Transformationsprojekten und leitete das globale Employer Branding & Recruitment. Ihre Expertise in Lehre und Forschung liegt in den Bereichen Unternehmenskommunikation, Kommunikations- und Markenmanagement sowie Konsumentenverhalten & Marktforschung.

Dr. Silja Fiedler

Dr. Silja Fiedler ist seit 2012 bei der Software AG im Bereich Human Resources beschäftigt. Von 2015-2018 arbeitete sie zudem als Wissenschaftliche Mitarbeiterin am Institut für Medizinsoziologie, Versorgungsforschung und Rehabilitationswissenschaften (IMVR) in Köln im Forschungsprojekt HeLEvi. Sie promovierte 2018 zum Thema Förderung der Gesundheitskompetenz von Führungskräften.

Prof. Dr. Miriam Goetz

Frau Prof. Dr. Miriam Goetz ist Professorin im Fachbereich Kommunikation & Wirtschaft und verantwortliche Studiengangsleiterin des Bachelor-Studiengangs Kommunikation- & Medienmanagement bei der IST-Hochschule. Zuvor war sie bei verschiedenen Verlagen in unterschiedlichen Positionen im Bereich Marketing, Vertrieb und Produktmanagement tätig, zuletzt als Leiterin Neue Geschäftsfelder bei der Frankfurter Allgemeine Zeitung. Sie lehrt in den Bereichen Strategisches und operatives Medienmanagement, Internationale Medien, Journalistische Medienpraxis und Kommunikations- & Markenmanagement. Ihre Expertise in Lehre und Forschung liegt in den Bereichen Medienkommunikation, Medienmarketing sowie Kommunikations- & Markenmanagement.

Oliver Hasselmann

Institut für Betriebliche Gesundheitsförderung, Köln

Oliver Hasselmann beschäftigt sich im Team Forschung & Entwicklung mit der Durchführung von praxisorientierten Forschungsprojekten zum Betrieblichen Gesundheitsmanagement und arbeitet aktiv mit der Initiative Gesundheit und Arbeit (iga) zusammen. Ziel ist es, den Transfer wissenschaftlicher Erkenntnisse in die Praxis betrieblicher Gesundheitsförderung zu unterstützen. Themenschwerpunkte sind dabei der demographische Wandel, die trägerübergreifende Zusammenarbeit, Arbeit und BGM 4.0 sowie der Wandel der Arbeit in der Digitalisierung und New Work. Herr Hasselmann ist Diplom-Geograph und M. Sc. der Gesundheitswissenschaften.

Angelina Heub

Frau Angelina Heub obliegt die Fachbereichskoordination für die Bereiche Betriebliches Gesundheitsmanagement und RV-Fit (dem Präventionsprogramm der Deutschen Rentenversicherung) in der salvea Rehazentrum Obere Nahe IO GmbH. Weiterhin ist sie hier in der Prävention und Sporttherapie tätig und beschäftigt sich insbesondere mit den Themen Prävention, Gesundheitsförderung und psychische Gefährdungsbeurteilung. Im Rahmen Ihres dualen Masterstudiums an der IST-Hochschule fokussierte Frau Heub den Schwerpunkt Betriebliches Gesundheitsmanagement. Zuvor hat sie, neben einem Bachelorstudium des Medizinischen Managements (B.Sc.) an der Technischen Hochschule Mittelhessen, in Zusammenarbeit mit der SKOLAWORK GmbH & Co. KG den IHK-Lehrgang »Prozessmanager für die Gefährdungsbeurteilung psychischer Belastung« erarbeitet. Weiterhin ist sie wissenschaftliche Mitarbeiterin am Institut für Gesundheitsförderung & -forschung.

Prof. Dr. Claudia Kardys

Claudia Kardys ist Professorin für Gesundheits- und Sozialmanagement an der FOM Hochschule. Nach der Ausbildung zur Gesundheits- und Krankenpflegerin studierte sie berufsbegleitend Gesundheitsmanagement/-wissenschaften in Köln und Bielefeld. Anschließend promovierte sie an der Technischen Universität Dortmund zum Thema

»Effekte von körperlichem und mentalem Training auf die kognitive und motorische Leistungsfähigkeit bei Beschäftigten. Längsschnittstudie im Feld.« Ihre Forschungs- und Praxisschwerpunkte liegen im Betrieblichen Gesundheitsmanagement (Fokus gesunde Führung), bei Thema Altern und Kognition in der Arbeitswelt sowie rund um den Aspekt der Gesundheit(sförderung) über die Lebensspanne. Zudem arbeitet sie freiberuflich als Beraterin und Referentin im Bereich der betrieblichen Gesundheitskompetenz.

Prof. Dr. Ina Kayser

Prof. Dr. Ina Kayser ist seit Oktober 2016 an die IST-Hochschule berufen; sie ist die Dekanin des Fachbereichs Kommunikation & Wirtschaft. Schwerpunkt ihrer Lehrtätigkeit bilden die Gebiete Digitale Transformation, Smart Data Analytics sowie empirische Wirtschaftsforschung und Statistik. Zuletzt war Frau Prof. Dr. Kayser als wissenschaftliche Projektverantwortliche und Fachbeiratsleiterin beim VDI tätig. Zu ihren weiteren beruflichen Stationen zählt unter anderem die Wirtschaftsprüfungsgesellschaft Deloitte; außerdem war sie als freiberufliche Dozentin für die Ruhr Campus Academy und an der Universität Bern tätig. Sie ist zertifizierte Projektmanagerin nach PRINCE2 und verfügt über Zertifizierungen nach den IT-Management-Standards ITIL und COBIT. Während ihrer Promotion war sie als wissenschaftliche Mitarbeiterin an der Universität Duisburg-Essen beschäftigt und forschte unter anderem zu Akzeptanzentscheidungen der E-Government-Partizipation und zur Digitalen Agenda der EU. Frau Prof. Dr. Kayser studierte Wirtschaftsinformatik an der Universität Essen mit den Schwerpunkten Wirtschaftsinformatik der Produktionsunternehmen, Statistik und Ökonometrie. Zusätzlich absolvierte sie ein Masterstudium in internationaler Wirtschaft an der University of Sydney in Australien.

Céleste Kleinjans

Frau Céleste Kleinjans (27) ist Co-Gründerin des mHealth Startups MINDZEIT®. Sie hat sich auf die Themen Maschinenethik, Mensch-Technik-Interaktion, Achtsamkeit und Technikphilosophie spezialisiert. Auf Grundlage ihrer Schwerpunkte entwickelte sie, noch während ihres Studiums an der Humboldt Universität zu Berlin, das Konzept zu MINDZEIT und überzeugte führende Wissenschaftler*innen (Hirnforschung, Stressforschung und Psychologie) von ihrer Idee, welche MINDZEIT bis heute mit ihrer Expertise beratend unterstützen.

Céleste Kleinjans ist zudem Gastdozentin, u. a. an der Fakultät für Psychologie und Bewegungswissenschaft der Universität Hamburg, zu den Themen Achtsamkeit, Entspannungstechniken, Entrepreneurship sowie mHealth.

Georg Kolbe

Georg Kolbe, Dipl.-Ing. Elektrotechnik und B.Sc. Psychologie, unterstützt beim BIT e.V. seit 2012 Unternehmen bei der Gestaltung alternsgerechter Arbeitsbedingungen, der Entwicklung zeitgemäßer Arbeitszeitsysteme und beim Wissens- und Erfahrungstransfer.

Seit 1985 unterstützt BIT e. V. in Form von Forschung, Beratung und Schulung Unternehmen und Organisationen bei der menschengerechten Arbeitsgestaltung.

Andrea Lange

Andrea Lange: Dipl.-Ing. Verfahrenstechnik, berufsbegleitendes arbeitswissenschaftliches Studium an der Universität Hannover (2002-2004), Seit 1997 in der Leitung von Projekten zum demografischen Wandel, Betrieblichen Gesundheitsmanagement, Betrieblichen Eingliederungsmanagement, alterns- und leistungsgerechten Arbeitsgestaltung im BIT e. V.

Vorstandsvorsitzende des BIT e. V.; Aufsichtsratsmitglied der Georgsmarienhütte Holding GmbH und der Georgsmarienhütte GmbH

Seit 1985 unterstützt BIT e. V. in Form von Forschung, Beratung und Schulung Unternehmen und Organisationen bei der menschengerechten Arbeitsgestaltung.

Prof. Dr. Martin Lange

Prof. Dr. Martin Lange ist seit 2018 Professor für Management im Gesundheitswesen an der IST-Hochschule für Management in Düsseldorf. Seine Schwerpunktthemen in Lehre und Forschung sind Betriebliches Gesundheitsmanagement, Prävention und Gesundheitsförderung, Finanzierung von Gesundheitseinrichtungen und Qualitätsmanagement. Seit 2019 ist er Vorstandsmitglied im Bundesverband Betriebliches Gesundheitsmanagement (BBGM) e. V. und Leiter des Ressorts Wissenschaft. Ebenso engagiert er sich aktiv in der Arbeitsgruppe bewegungsbezogene Versorgungsforschung des DNVF. In der unternehmerischen Praxis hält Prof. Lange Vorträge, unterstützt Unternehmen bei der gesundheitsbezogenen Analyse und begleitet diese bei der Implementierung von BGM-Systemen.

Prof. Dr. Anja Liebrich

Anja Liebrich, Diplom-Psychologin, promovierte Wirtschaftswissenschaftlerin, arbeitet, berät und forscht seit über 20 Jahren zu arbeits- und organisationspsychologischen Fragestellungen. 2013 war sie Mitgründerin der Institut für Arbeitsfähigkeit GmbH. 2015 wurde sie an die FOM Hochschule für Oekonomie und Management berufen und vertritt am Standort Nürnberg die Wirtschaftspsychologie. Ihre Arbeitsschwerpunkte liegen in den Bereichen »menschen- und gesundheitsgerechte Arbeitsgestaltung«, »Psychische Belastung und Beanspruchung« sowie »Betriebliches Gesundheitsmanagement«.

Prof. Dr. Angela Lindfeld

Prof. Dr. Angela Lindfeld ist seit 2013 an die IST-Hochschule für Management, Düsseldorf berufen. Sie ist Vorsitzende des Senates und Mitglied des Prüfungsausschusses. Schwerpunkte ihrer Lehrtätigkeit sind Module mit wirtschaftsrechtlichen Inhalten, insbesondere im Master das Modul Rechtsmanagement. Frau Lindfeld ist seit 2005 Rechtsanwältin, davon 13 Jahre bei der Kanzlei Kapellmann und Partner in Düsseldorf. Als Fachanwältin für Handels- und Gesellschaftsrecht hat sie zahlreiche Mandanten, darunter auch börsennotierten Unternehmen in wirtschaftsrechtlichen Fragen beraten.

Prof. Dr. Sonia Lippke

Prof. Dr. Sonia Lippke arbeitete an der Freien Universität Berlin, wo sie mit Promotion 2004 und Habilitation 2010 abschloss. Anschließend war sie als Professorin an der University of Alberta, Canada und der Universiteit Maastricht, Niederlande (UHD) sowie der Humboldt Universität zu Berlin angestellt. Von 2011 bis 2016 war Sonia Lippke Associate Professor for Health Psychology an der Jacobs University Bremen, 2016 wurde sie zum Full Professor of Health Psychology and Behavioral Medicine berufen. Sonia Lippke hat Expertise im Bereich der Prävention und Gesundheitsförderung, des Lebenslangen Lernen, und der Nutzung von Technologien bei der Gesundheitsverhaltensänderung (Apps etc.). Ihr liegen partizipative und co-creative Projekte am Herzen, die für die Nutzenden passen und mit ihnen zusammen gestaltet sind.

Alexandra Löwe

Alexandra Löwe ist Diplom-Ökonomin, Personal- und Business Coach, Yogalehrerin und hat zusätzlich den Master für Prävention, Sporttherapie und Gesundheitsmanagement erworben. Sie arbeitet als wissenschaftliche Mitarbeiterin an der IST-Hochschule für Management in Düsseldorf. Ihre Schwerpunktthemen sind Stressmanagement, Resilienz, psychoregulative Verfahren, Kommunikation, Projektmanagement sowie Personal- und Unternehmensführung. Zudem leitet sie das Projekt »Healthy Habits«, ein digitales Gesundheitsförderungsprogramm der IST-Hochschule. Ergänzend zu ihrer Hochschultätigkeit ist sie als selbständige Trainerin, Moderatorin und Coach bei Einstellungsentwickler im Einsatz.

Prof. Dr. David Matusiewicz

David Matusiewicz ist Professor für Medizinmanagement an der FOM Hochschule – der größten Privathochschule in Deutschland. Seit 2015 verantwortet er als Dekan den Hochschulbereich Gesundheit & Soziales und leitet als Direktor das Forschungsinstitut für Gesundheit & Soziales (ifgs). Darüber hinaus unterstützt als Gründer bzw. Business Angel technologie-getriebene Start-ups im Gesundheitswesen.

Prof. Dr. Rüdiger Meierjürgen

Prof. Dr. Rüdiger Meierjürgen studierte Volkswirtschaftslehre und Soziologe an der Universität Bielefeld und war wissenschaftlicher Mitarbeiter am Institut für Steuern, Finanzen und sozialpolitische Forschung der FU Berlin. Nach der Promotion folgten Tätigkeiten bei einem Industrieverband und einer Krankenkasse. Langjährige Praxiserfahrungen in der Prävention und Gesundheitsförderung. Seit 2017 Professor für

Gesundheits- und Sozialmanagement an der FOM Hochschule für Oekonomie und Management in Essen. Arbeitsschwerpunkte: Prävention und Gesundheitsförderung, Sozialpolitik und Leistungsmanagement.

Prof. Dr. Volker Nürnberg

Prof. Dr. Volker Nürnberg ist derzeit als Unternehmensberater weltweit tätig. Davor war er u.a. Leiter des Health Management Departments beim internationalen Beratungsunternehmen Mercer. Als Professor lehrt er national wie international u.a. seit 2010 an der Hochschule Allensbach, der FOM Hochschule und der TU München zu den Schwerpunktthemen »Strategisches Management im Gesundheitswesen«, »Digitalisierung des Gesundheitswesens«, »Betriebliches Gesundheitsmanagement« und vielen weiteren. Aufgrund seiner umfangreichen Expertise im Gesundheitswesen wurde Herr Nürnberg vom Gemeinsamen Bundesausschuss als externer Berater bestellt (nach § 92b Abs. 6 SGB V). Praktisch weist er im Bereich des BGM außerordentliche Erfahrung durch zahlreiche Vorträge, Publikationen und weit über 300 unternehmensbegleitende Beratungen auf.

Prof. Dr. Thomas Olbrecht

Prof. Dr. Thomas Olbrecht ist Diplom Psychologe mit einer Professur für Gesundheitsmanagement & Wirtschaftspsychologie an der Hochschule für Oekonomie & Management (FOM). Seine Expertise wendet er als Wissenschaftler am Institut für Gesundheit & Soziales (FOM) sowie als selbständiger Berater an. Hauptsächlich beschäftigt er sich mit dem Aufbau und der Begleitung von nachhaltigen und messbaren Managementlösungen in Unternehmen.

Prof. Dr. Holger Pfaff

Prof. Dr. Holger Pfaff ist studierter Verwaltungswissenschaftler und Soziologe. 1989 promovierte er an der Technischen Universität Berlin zum Thema »Streßbewältigung und soziale Unterstützung«. Seine Habilitation schloss er ebenfalls an der Technischen Universität Berlin 1995 zum Thema »Arbeit, Technik und Gesundheit« ab. Im Jahr 1998 gründete Prof. Pfaff das Institut für Organisationsdiagnostik und Sozialforschung (IfOS) GbR und hat seither unterstützende und beratende Tätigkeiten in vielen verschiedenen Unternehmen übernommen. Zudem ist Prof. Pfaff seit 2002 geschäftsführender Direktor des Zentrums für Versorgungsforschung Köln (ZVFK) und seit 2009 Direktor des Instituts für Medizinsoziologie, Versorgungsforschung und Rehabilitationswissenschaft (IMVR), einem Brückeninstitut der Humanwissenschaftlichen Fakultät und der Medizinischen Fakultät der Universität zu Köln. Seit August 2020 ist Prof. Pfaff Mitgründer und Inhaber der vivalue GmbH.

Prof. Dr. Jörg Pscherer

Prof. Dr. Jörg Pscherer, Dipl.-Psychologe, ist seit 2017 Professor für Wirtschaftpsychologie und Gesundheitsmanagement an der FOM Hochschule für Oekonomie & Management. Als psychologischer Experte für wirtschaftliche und gesundheitliche Fragen rund um individuelle und betrieblich orientierte Maßnahmen der Gesundheitsgestaltung beschäftigt er sich seit Jahren mit Themen resilienten Selbstmanagements. Neben seinen Erfahrungen in eigener klinischer Praxis sowie Unternehmensberatung arbeitet er in der Weiterbildung am Ausbau von Konzepten der Selbstwirksamkeit und des Empowerments im gesundheitlichen Kontext. Auch in seiner Funktion als Tutor im Qualitätsmanagement der Kassenärztlichen Bundesvereinigung

Dr. Andrea Reusch

Dr. Andrea Reusch war nach dem Psychologie-Diplom 1998 bis 2019 als wissenschaftliche Mitarbeiterin der Medizinischen Psychologie an der Universität Würzburg beschäftigt. Dort leitete sie etliche Forschungsprojekte zu Patientenschulung, Gesundheitsförderung und Motivation zur Lebensstiländerung. In ihrer Promotion beschäftigte sie sich mit der Evaluation von Patientenschulungen in der Rehabilitation. Bereits 1999 gründete sie mit Kolleg*innen eine überregionale Arbeitsgruppe, die 2008 im »Zentrum Patientenschulung und Gesundheitsförderung« (ZePG e. V.) mündete. Hier ist sie leitet sie Geschäftsstelle und Wissenschaftsreferat und bietet zahlreiche Fachtagungen und Fortbildungen an. Seit 2019 bereichert sie das Team Gesunde Hochschule an der Universität Würzburg und engagiert sich hier für den strukturellen Aufbau des Betrieblichen Gesundheitsmanagements.

Prof. Dr. Mustapha Sayed, MPH

Mustapha Sayed ist Professor für Gesundheitsmanagement an der FOM Hochschule für Ökonomie und Management in Berlin und BGM-Experte bei der BARMER. Nach seinem Public-Health-Studium mit den Schwerpunkten Gesundheitsmanagement und Versorgungsforschung an der Universität Bremen war er mehrere Jahre als wissenschaftlicher Mitarbeiter am Institut für Epidemiologie, Sozialmedizin und Gesundheitssystemforschung an der Medizinischen Hochschule Hannover tätig und dort für die wissenschaftliche Begleitung von Präventionsprojekten verantwortlich. Er verfügt über langjährige Erfahrung in der BGM-Beratung von Großkonzernen als auch Klein- und Mittelständischen Unternehmen. Er hat aktuell zu unterschiedlichen gesundheitswissenschaftlichen Themen Lehraufträge an verschiedenen Universitäten und Hochschulen.

Prof. Dr. Arnd Schaff

Prof. Dr. Arnd Schaff begann seine berufliche Karriere nach dem Studium der Physik und der Promotion in Physikalischer Chemie als Unternehmensberater und beschäftigte sich mit Reorganisations- und Restrukturierungsaufgaben. 2002 wechselte er in die produzierende Industrie, wo er als Geschäftsführer und Vorstand in international tätigen Konzernen beschäftigt war. Im Jahr 2015 begann Arnd Schaff seine Lehrtätigkeit, seit 2017 ist er als Professor mit dem Spezialgebiet Change Management an der FOM Hochschule tätig. Daneben unterhält er in Essen eine Praxis für Psychotherapie und ein Beratungsunternehmen, in dem er sich unter anderem der Organisationsgestaltung und dem Betrieblichen Gesundheitsmanagement widmet.

Univ.-Prof.in Dr. Andrea Schaller
Frau Univ.-Prof.in Dr. Andrea Schaller ist seit 2018 Universitätsprofessorin für Bewegungsbezogene Präventionsforschung im Institut für Bewegungstherapie und bewegungsorientierte Präventions- und Rehabilitationswissenschaften an der Deutschen Sporthochschule Köln. Ihr Forschungsschwerpunkt liegt in der Entwicklung und Evaluation komplexer Interventionen zur Gesundheits- und Bewegungsförderung in Prävention und Rehabilitation.

Dr. Birgit Schauerte
Institut für Betriebliche Gesundheitsförderung, Köln

Dr. Birgit Schauerte arbeitet seit 20 Jahren im Institut für Betriebliche Gesundheitsförderung in Köln und leitet dort den Bereich Forschung & Entwicklung. Sie setzt mit Ihrem Team schwerpunktmäßig drittmittelgeförderte anwendungsorientierte Forschungsprojekte im Bereich der betrieblichen Prävention um und entwickelt innovative Beratungsansätze für die Gestaltung der Arbeitswelten im Wandel der Zeit (New Work, VUCA usw.).

Sie studierte Sportwissenschaften mit dem Schwerpunkt Rehabilitation und Prävention an der Deutschen Sporthochschule (DSHS) und schloss 2014 Ihre berufsbegleitende Promotion ab. Sie ist ausgebildeter systemischer Business Coach und Beraterin für systemische Organisationsentwicklung.

Axel Schiffler
Axel Schiffler ist selbstständiger Gesundheitsmanager und Dipl. Sportwissenschaftler. Zuvor war er als wissenschaftlicher Mitarbeiter sowohl am Institut für Sportpsychologie an der Universität Potsdam als auch am Institut für Arbeitsmedizin an der Charité Universitätsmedizin Berlin angestellt. Seine thematischen Schwerpunkte sind Verhaltensveränderung, körperliche Aktivität, sportpsychologische Interventionen und Betriebliches Gesundheitsmanagement in KMU.

Zusätzlich engagiert sich Herr Schiffler für ein stärkeres Bewusstsein von gesundheitsförderlicher Alltagsaktivität. Er arbeite als freie Trainer und Beratung schwerpunktmäßig zu den Themen gesunde Schichtarbeit, Ernährung, Schlaft, Bewegung und Resilienz mit dem Fokus auf Auszubildenden und Führungskräften. Seine Expertise liegt vor allem in der Übersetzung von gesundheitlichen Erkenntnissen in alltagstaugliche Muster und Routinen.

Prof. Dr. Katrin Schneiders
Prof. Dr. Katrin Schneiders ist Professorin für Wissenschaft der Sozialen Arbeit mit Schwerpunkt Sozialwirtschaft im Fachbereich Sozialwissenschaften an der Hochschule Koblenz. Ihre Lehr- und Forschungsschwerpunkte konzentrieren sich auf die Analyse soziologischer und ökonomischer Aspekte wohlfahrtsstaatlicher Settings. Aktuelle

(Publikations-)projekte in den Bereichen Fachkräftemangel im sozialen Dienstleistungssektor, Betriebliche Kindertagesstätten, Sozialunternehmertum und Auswirkungen der Covid 19 Pandemie auf Wohlfahrtsstaaten im europäischen Vergleich.

Prof. Dr. Julia Schorlemmer

Julia Schorlemmer ist hauptberuflich Professorin an der FOM Hochschule für Oekonomie und Management im Bereich Gesundheitsmanagement. Als diplomierte Psychologin beschäftigt sie sich in ihrer Forschung vor allem mit psychischen Aspekten von Gesundheit im Arbeitskontext. Schwerpunkte sind hier das Betriebliche Gesundheitsmanagement und die Verknüpfung des »Faktors Mensch« mit strategischen unternehmerischen Entscheidungen. Julia Schorlemmer hat sich an der Freien Universität promoviert zu Themen der Motivations- und Verhaltensprozesse in beruflichen Entwicklungskontexten. In ihrer Tätigkeit als systemische Beraterin, Betriebliche Gesundheitsmanagerin und Trainerin begleitet sie öffentliche und privatwirtschaftliche Organisationen durch Veränderungsprozesse, mit Schwerpunkten auf Führungskräfteentwicklung und Gesundheitsförderung. Ihre Expertise liegt besonders im Aufbau nachhaltiger Verhaltensweisen, die mit einem ganzheitlichen Blick Gesundheit, Leistungsfähigkeit und Wohlbefinden erhalten.

Dr. Sarah Siefen

Frau Dr. Sarah Siefen ist Mitgründerin und geschäftsführende Gesellschafterin des Unternehmens BGM neo und engagiert sich im Vorstand des Bundesverbands Betriebliches Gesundheitsmanagement [BBGM] e.V. Sie begleitet deutschlandweit Unternehmen auf dem Weg zu einer vitalen Unternehmenskultur und unterstützt in der Organisationsentwicklung und Durchführung von betrieblichen Gesundheitsmaßnahmen. Ihre Expertise liegt hierbei insbesondere in der individuellen Konzeptionierung und Durchführung von lokalen und digitalen Formaten in den Bereichen Führungskräfteentwicklung, Stressbewältigung, Bewegung und Ernährung.

Marinko Spahić

Herr Marinko Spahić (42) ist Co-Gründer des mHealth Startups MINDZEIT®. Er studierte an der renommierten Filmakademie Baden-Württemberg und ist Experte für Film, Experience Design und Digital Behavioural Design. Als Co-Gründer und Geschäftsführer eines Kölner VFX- & Animationsstudios (2008-2011), wirkte er an internationalen Kino- sowie Werbefilmproduktionen (u. a. »Melancholia« von Lars von Trier) mit und realisierte als freier Concept Writer und Regisseur zahlreiche Werbe- und Imagefilme sowie interaktive Formate. Zudem entwickelte und leitete er (2012 – 2015) den Bachelor Studiengang »Visual Arts« an der »ifs – internationale filmschule köln«. Im Rahmen seiner Hochschultätigkeit dozierte er fachübergreifend in den Bereichen »Digital Storytelling« sowie »Digital Producing« und war Gastdozent an folgenden internationalen Hochschulen: Universidade Lusófona (Lissabon), MOME Moholy-Nagy University of Art and Design (Budapest), LUCA School of Arts (Brüssel).

Sarah Staut

Sarah Staut, Jahrgang 1993, Master of Arts Prävention und Gesundheitsmanagement, ist seit 2021 als HR-Referentin mit Schwerpunkt BGM am Universitätsklinikum des Saarlandes für die Weiterentwicklung des BGM und für die Themen Vereinbarkeit Beruf & Familie, Mitarbeiterbindung und Steigerung der Arbeitgeberattraktivität verantwortlich.

Darüber hinaus ist sie seit 2017 als Dozentin, Fachautorin und Tutorin an der Deutschen Hochschule für Prävention und Gesundheitsmanagement und an der BSA-Akademie im Bereich BGM tätig.

Praktische Erfahrungen im Bereich BGM sammelte sie zuvor in namhaften Unternehmen, wie z. B. Continental, u. a. in den Bereichen Betriebliches Eingliederungsmanagement und psychische Gefährdungsbeurteilung sowie bei der Planung, Umsetzung und Evaluation betrieblicher Gesundheitsprogramme. Sarah Staut ist Projektleiterin der Regionalgruppe Südwest des Bundesverbandes BGM (BBGM).

Dr. med. Axel Telzerow

Dr. med. Dipl.-Betr (BA) Axel Telzerow studierte Betriebswirtschaft (BA Mannheim), Gesundheitswissenschaften (InterUni Graz) sowie Humanmedizin (Universität Witten/Herdecke). Zusätzlich längere Auslandsstudien und Aufenthalte an Beijing University of Chinese Medicine (China), University of the Witswatersrand (Südafrika) sowie King's College London und Queen Square Institute of Neurology (England). Weiterbildungen als Facharzt für Allgemein- und Arbeitsmedizin sowie Fortbildung als (hypno-)systemischer Coach und aktuell als ärztlicher Psychotherapeut. Seit Jahren als niedergelassener Arbeitsmediziner tätig und unter anderen hierbei auch in die Betreuung der Europäischen Zentralbank in Frankfurt.

Oliver Walle

Oliver Walle, Jahrgang 1970, ist Geschäftsführer der Health 4 Business GmbH, Dozent an der Deutschen Hochschule für Prävention und Gesundheitsmanagement und an der BSA-Akademie, Dozent an der Technischen Universität Kaiserslautern sowie Vorstandsvorsitzender des Bundesverbandes BGM. Als Experte für den strategischen Aufbau und die Steuerung eines BGM durch Kennzahlensysteme berät er seit nunmehr 20 Jahren bundesweit namhafte Unternehmen auch in Demografieprojekten sowie bei der Gestaltung gesundheitsförderlicher Arbeitsbedingungen. Zudem begleitet er Unternehmen bei der Integration des BGM in die DIN ISO 45001 – Managementsysteme für Sicherheit und Gesundheit bei der Arbeit.

Dr. Gerhard Westermayer

Dr. Gerhard Westermayer arbeitet seit Beginn der BGF 1993 GmbH als Wissenschaftler und publiziert regelmäßig neue Erkenntnisse und Ansichten aus dem Bereich der

Betrieblichen Gesundheit. Die Gesellschaft für Betriebliche Gesundheitsförderung (BGF GmbH) wurde gegründet, um als privatwirtschaftlich organisierte Gesellschaft auf den Gebieten des betrieblichen Gesundheitsmanagements (BGM) tätig zu werden. Seitdem berät und begleitet BGF GmbH Unternehmen aller Branchen bei der Planung, Umsetzung und Evaluation von BGM-Systemen.

Dr. Westermayer führt seine beiden Beratungsfirmen ausschließlich über Drittmittel seit 30 Jahren sehr erfolgreich.

Er ist mit Marie Norberg in Schweden verheiratet, sie haben 4 erwachsene Kinder und 5 Enkelkinder in drei Ländern.

Dr. Sabrina Zeike
Nach einem gesundheitswissenschaftlichen Bachelor in den Niederlanden (Bachelor of Health) absolvierte Frau Dr. Zeike das Masterstudium Rehabilitationswissenschaften mit den Schwerpunkten Personal- und Organisationsentwicklung an der Universität zu Köln. Von Juli 2015 bis Mai 2021 war sie als wissenschaftliche Mitarbeiterin am Institut für Medizinsoziologie, Versorgungsforschung und Rehabilitationswissenschaft (IMVR) der Humanwissenschaftlichen und Medizinischen Fakultät der Universität zu Köln in der Lehre und Forschung tätig. Seit August 2020 ist sie geschäftsführende Gesellschafterin der vivalue Health Consulting GmbH (www.vivalue-gmbh.de). Darüber hinaus engagiert sie sich in verschiedenen Netzwerken und leitet die AG Wissenschaft des Bundesverbands für Betriebliches Gesundheitsmanagement (BBGM).

Melanie Zirves
Melanie Zirves ist am Forschungskolleg GROW (Gerontologic Research on Well-being) an der Universität zu Köln als Wissenschaftliche Mitarbeiterin angestellt. Hier verfasst sie ihre Dissertation zum Einfluss organisationaler Determinanten auf die Lebensqualität hochaltriger Bewohner der stationären Langzeitpflege. Sie wirkte von 2016-2017 als Wissenschaftliche Hilfskraft am HeLEvi-Projekt mit.

Mit digitalen Extras: exklusiv für Buchkäuferinnen und Buchkäufer!

Ihre Arbeitshilfen zum Download:

- **http://mybook.haufe.de/**
- **Buchcode:** NOC-1218